国外油气勘探开发新进展丛书（九）

# 现代油藏工程

[美] 塔雷克·艾哈迈德　保罗·麦金尼　著

董　旭　董玉红　郭　昊　徐光焰　付良壁　等译

石油工业出版社

## 内 容 提 要

本书内容涵盖了油藏工程的基本理论和常用的分析方法，包括试井解释、水侵、非常规气藏、油藏动态、油藏动态预测和油田经济学等内容。

本书适合从事油气藏开发的科研人员、技术人员、管理人员和高等院校相关专业师生参考。

## 图书在版编目（CIP）数据

现代油藏工程 /［美］艾哈迈德等著；董旭等译 .

北京：石油工业出版社，2012.3

（国外油气勘探开发新进展丛书 . 第 9 辑）

书名原文：Advanced Reservoir Engineering

ISBN 978-7-5021-8782-8

Ⅰ . 现…

Ⅱ .①艾…②董…

Ⅲ . 油藏工程

Ⅳ . TE34

中国版本图书馆 CIP 数据核字（2011）第 228536 号

出版发行：石油工业出版社

（北京安定门外安华里 2 区 1 号　100011）

网　址：www. petropub. com.cn

编辑部：（010）64523562　发行部：（010）64523620

经　　销：全国新华书店

印　　刷：北京中石油彩色印刷有限责任公司

2012 年 3 月第 1 版　2012 年 3 月第 1 次印刷

787×1092 毫米　开本：1/16　印张：43.5

字数：1053 千字

定价：180.00 元

（如出现印装质量问题，我社发行部负责调换）

# 《国外油气勘探开发新进展丛书（九）》
# 编 委 会

主　　　任：赵政璋

副 主 任：赵文智　张卫国

编　　　委：（按姓氏笔画排序）

马　纪　刘德来　杨　虎　张　磊

张仲宏　周思柱　周家尧　侯玉芳

姬忠礼　章卫兵　詹盛云

# 序

　　为了及时学习国外油气勘探开发新理论、新技术和新工艺，推动中国石油上游业务技术进步，本着先进、实用、有效的原则，中国石油勘探与生产分公司和石油工业出版社组织多方力量，对国外著名出版社和知名学者最新出版的、代表最先进理论和技术水平的著作进行了引进，并翻译和出版。

　　从 2001 年起，在跟踪国外油气勘探、开发最新理论新技术发展和最新出版动态基础上，从生产需求出发，通过优中选优已经翻译出版了 8 辑近 50 本专著。在这套系列丛书中，有些代表了某一专业的最先进理论和技术水平，有些非常具有实用性，也是生产中所亟需。这些译著发行后，得到了企业和科研院校广大生产管理、科技人员的欢迎，并在实用中发挥了重要作用，达到了促进生产、更新知识、提高业务水平的目的。部分石油单位统一购买并配发到了相关的技术人员手中。同时中国石油总部也筛选了部分适合基层员工学习参考的图书，列入"千万图书送基层，百万员工品书香"活动的书目，配发到中国石油所属的 4 万个基层队站。该套系列丛书也获得了我国出版界的认可，三次获得了中国出版工作者协会的"引进版科技类优秀图书奖"，形成了规模品牌，产生了很好的社会效益。

　　2011 年在前 8 辑出版的基础上，经过多次调研、筛选，又推选出了国外最新出版的 6 本专著，即《油藏工程手册》、《现代油藏工程》、《钻井工程手册》、《空气与气体钻井手册（第三版）》、《燃气轮机工程手册》、《阀门选用手册（第五版）》，以飨读者。

　　在本套丛书的引进、翻译和出版过程中，中国石油勘探与生产分公司和石油工业出版社组织了一批著名专家、教授和有丰富实践经验的工程技术人员担任翻译和审校人员，使得该套丛书能以较高的质量和效率翻译出版，并和广大读者见面。

　　希望该套丛书在相关企业、科研单位、院校的生产和科研中发挥应有的作用。

中国石油天然气股份有限公司副总裁

# 前　言

　　《现代油藏工程》一书由阿纳达科石油公司高级责任顾问塔雷克·艾哈迈德和阿纳达科加拿大分公司油藏工程副总裁保罗·麦金尼编著，内容涵盖了油藏工程的基本理论和常用的分析方法，包括试井解释、水侵、非常规气藏、油藏动态、油藏动态预测和油田经济学简介，共六章。

　　翻译本书的目的是寻找更多的机会了解国际同行业的专业理论与技术进步，为国内工程师、现场操作人员以及在校学生提供查询、借鉴和学习的资料。

　　本书的第 1 章由大庆油田有限责任公司第二采油厂侯玉芳、付良璧译；第 2 章由澳大利亚南奥大学郭昊译；第 3 章由东北石油大学董旭译；第 4、5 章由东北石油大学董玉红译，第 6 章由大庆油田有限责任公司第二采油厂徐光焰译；同时第二采油厂李万荣，第四采油厂李净然等同志参加了本书部分章节的翻译。全书由侯玉芳、董旭审校。

　　另外，在本书翻译过程中得到了东北石油大学夏惠芬教授、大庆油田有限责任公司第三采油厂高级工程师王俊亮的指导和帮助，在此表示诚挚的感谢。

　　由于翻译人员的专业知识与现场经验的限制，书中难免存在不足和不当之处，欢迎广大专家、读者批评指正。

译　者

2010 年 9 月

# 原 书 前 言

　　本书的主要目的是借助于最简单最直接的数学方法，介绍油藏工程的基本理论。工程师们只有全面了解油藏工程理论，才能以实用的方式解决复杂的油藏问题。本书编排的内容适合作为高等院校的教材和现场工程师的参考书。

　　第 1 章描述了测井理论及实际应用、压力分析技术，这是油藏工程中最重要的科目。第 2 章讨论了各种水侵模型，详细论述了应用这些模型的计算过程。第 3 章介绍了非常规气藏的数学计算方法，非常规气藏包括异常压力气藏、煤层甲烷、致密气藏、气体水化物以及浅层气藏。第 4 章论述了油藏开发的基本原理和物质平衡方程的各种形式。第 5 章重点说明了应用物质平衡方法预测不同驱动机理下的油藏动态。第 6 章介绍了油田经济学的基础知识。

塔雷克·艾哈迈德　保罗·麦金尼

# 目　录

# 1　试井解释

## 1.1　油藏基本特性

孔隙介质中的流动是非常复杂的现象，不像管线中的流动那样可以详细描述。对于管线流动，可以很容易地测量管线的长度和直径，并计算不同压力下的产能系数。而孔隙介质中的流动则不同，它因没有清晰的流道，而不能进行测量。

多年来，孔隙介质中的流体流动分析围绕以下两方面展开：试验研究和理论分析。物理学家、工程师、水力学家等通过试验测量了各种流体在不同孔隙介质（从填砂模型到熔融硬质玻璃）中流动的动态。基于分析，他们尝试建立流动定律和关系式，这些关系式能够对相似的系统进行分析预测。

本章的主要目的是介绍描述油藏流体动态的数学关系式。这些关系式的数学形式很大程度取决于油藏的特点。必须考虑的油藏基本特点包括：油藏流体的类型；流动形态；油藏几何形态；油藏中流动流体的数量。

### 1.1.1　流体类型

等温压缩系数是在确定油藏流体的类型时必须考虑的控制因素。一般情况下，油藏流体分为三种类型：（1）不可压缩流体；（2）微可压缩流体；（3）可压缩流体。

等温压缩系数 $c$ 用以下两个等价表达式描述。

用流体体积表示：

$$c = \frac{-1}{V}\frac{\partial V}{\partial p} \tag{1.1}$$

用流体密度表示：

$$c = \frac{1}{\rho}\frac{\partial \rho}{\partial p} \tag{1.2}$$

式中　$V$——流体体积；

　　　$\rho$——流体密度；

　　　$p$——压力，psi；

　　　$c$——等温压缩系数，$psi^{-1}$。

#### 1.1.1.1　不可压缩流体

体积或密度不随压力的变化而变化的流体定义为不可压缩流体。即：

$$\frac{\partial V}{\partial p} = 0 \quad 和 \quad \frac{\partial \rho}{\partial p} = 0$$

不可压缩流体是不存在的；然而，在某些情况下为了简化推导过程和许多流动方程的最终形式，会做这种假设。

### 1.1.1.2 微可压缩流体

微可压缩流体的体积或密度随压力的变化只发生微小变化。假设某一微可压缩流体在初始压力 $p_{ref}$ 下的体积为 $V_{ref}$，流体体积的变化与压力 $p$ 的数学关系式可通过对方程（1.1）积分得到：

$$-c \int_{p_{ref}}^{p} \mathrm{d}p = \int_{V_{ref}}^{V} \frac{\mathrm{d}V}{V}$$

$$\exp[c(p_{ref} - p)] = \frac{V}{V_{ref}} \qquad (1.3)$$

$$V = V_{ref} \exp[c(p_{ref} - p)]$$

式中　$p$——压力，psia；

　　$V$——压力 $p$ 对应的体积，$ft^3$；

　　$p_{ref}$——初始压力，psia；

　　$V_{ref}$——初始压力下的流体体积，$ft^3$。

指数 $e^x$ 可以展开为：

$$e^x = 1 + x + \frac{x^2}{2!} + \frac{x^3}{3!} + \cdots + \frac{x^n}{n!} \qquad (1.4)$$

因为指数 $x$[它代表 $c$（$p_{ref}-p$）]非常小，通过截取方程（1.4），$e^x$ 可近似地表示为：

$$e^x = 1 + x \qquad (1.5)$$

联合方程（1.5）和方程（1.3）得：

$$V = V_{ref}[1 + c(p_{ref} - p)] \qquad (1.6)$$

对方程（1.2）进行同样的推导得：

$$\rho = \rho_{ref}[1 - c(p_{ref} - p)] \qquad (1.7)$$

式中　$V$——压力 $p$ 下的体积；

　　$\rho$——压力 $p$ 下的密度；

　　$V_{ref}$——初始压力 $p_{ref}$ 下的体积；

　　$\rho_{ref}$——初始压力 $p_{ref}$ 下的密度。

应该指出的是原油和水属于微可压缩流体。

### 1.1.1.3 可压缩流体

这种流体的体积随着压力的变化而发生很大的变化。所有气体均可看做可压缩流体。方程（1.5）所表示的级数展开式的截取式对可压缩流体不适用，应该用方程（1.4）所表示的完全展开式。

任一可压缩流体的等温压缩系数可表示为：

$$c_g = \frac{1}{p} - \frac{1}{Z}\left(\frac{\partial Z}{\partial p}\right)_T \tag{1.8}$$

图 1.1 和图 1.2 说明了三种类型流体的体积和密度随压力的变化情况。

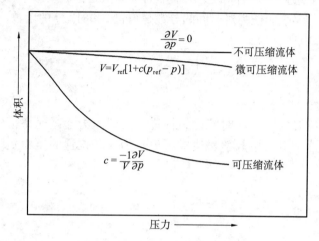

图 1.1    压力—体积关系

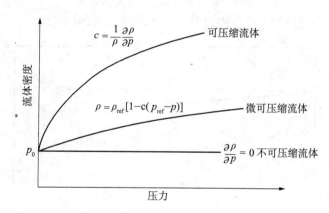

图 1.2    不同类型流体密度随压力的变化

### 1.1.2    流动形态

为了描述流体流动动态及油藏压力分布与时间的函数关系，必须识别三种基本流动形态，即：稳定流、不稳定流、拟稳定流。

#### 1.1.2.1    稳定流

油藏中任一位置的压力保持恒定，也就是压力不随时间变化而变化的流动形态称为稳定流。这种情况的数学表达式是：

$$\left(\frac{\partial p}{\partial t}\right)_i = 0 \tag{1.9}$$

该方程表示任一位置 $i$ 的压力随时间的变化率为零。在油藏中，只有当油藏被高压含水层充分补给或恒压开采时，才会出现稳定流情况。

### 1.1.2.2 不稳定流

油藏中任一位置的压力随时间的变化率不为零或恒定的流动形态称为不稳定流（通常称为瞬变流）。这一定义表明压力对时间的导数是位置 $i$ 和时间 $t$ 的函数，因此：

$$\left(\frac{\partial p}{\partial t}\right) = f(i,t) \tag{1.10}$$

### 1.1.2.3 拟稳定流

当油藏中不同位置的压力随时间呈线性递减，即压力递减速率恒定，这种流动形态定义为拟稳定流。这个定义用数学表达式可表示为任一位置的压力随时间的变化率为常数，即：

$$\left(\frac{\partial p}{\partial t}\right)_i = 常数 \tag{1.11}$$

应该指出的是拟稳定流通常也被称为半稳定流或准稳定流。

图 1.3 显示了三种流动形态的压力递减与时间的函数关系的对比。

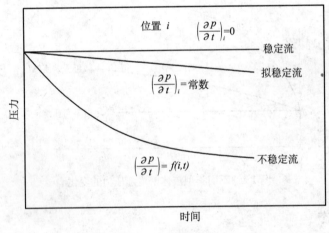

图 1.3　流动形态

### 1.1.3 油藏几何形态

油藏的形状对它的流动动态有很大的影响。多数油藏的边界不规则，只有使用数值模拟程序才有可能对它的几何形态进行精确的数学描述。然而，为了一些工程目的，实际流动的几何形态可以用下列流动的几何形态之一代替。

（1）径向流。

（2）单向线性流。

（3）球形流和半球形流。

#### 1.1.3.1　径向流

当油藏不存在严重的非均质性的情况时，在离井眼一定距离的位置，流体沿着径向流线流向或流出井。因为流体是从各个方向流向井并在井眼处汇集，术语"径向流"通常用于表示流向井的流动。图 1.4 显示了径向流体系的理想流线和等压线。

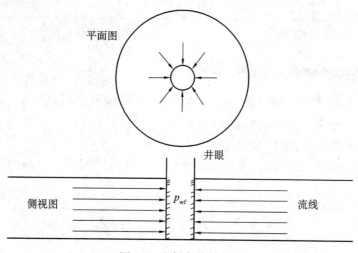

图 1.4　理想向井径向流

#### 1.1.3.2　单向线性流

流线平行且单方向的流动称为单向线性流。另外，流体流经的横截面积必须恒定。理想的单向线性流体系如图 1.5 所示。单向线性流方程常见的应用是流体流入垂直水力裂缝，如图 1.6 所示。

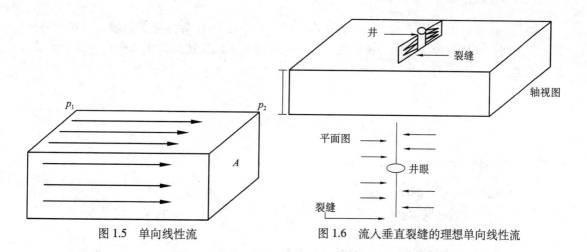

图 1.5　单向线性流　　　　　图 1.6　流入垂直裂缝的理想单向线性流

#### 1.1.3.3　**球形流和半球形流**

由于完井方式的不同，在井底附近可能出现球形流或半球形流。有限射孔层段的井在孔眼附近就会出现球形流，如图 1.7 所示。只局部射开油层的井，如图 1.8 所示，会出现半球形流。当底水锥进占主导时会出现这种情况。

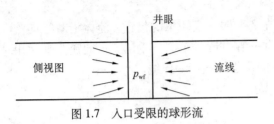

图 1.7　入口受限的球形流　　　　图 1.8　局部射孔井的半球形流

### 1.1.4 油藏中流动流体的数量

预测油藏流体体积性能以及压力动态的数学表达式的形式和复杂性取决于油藏中可流动流体的数量。一般有三种流动体系：（1）单相流（油、水或气）；（2）两相流（油水、油气或气水）；（3）三相流（油、水和气）。

随着流动流体数量的增加，液体流动的描述以及后续的压力数据的分析会变得更加困难。

# 1.2　流体流动方程

描述油藏内的流动动态的流体流动方程可以有多种形式，主要取决于前面介绍的变量的不同组合（即流动类型、流体类型等）。综合考虑质量守恒方程、运动方程（达西方程）以及各种状态方程，可以得到所需的流动方程。因为所有的流动方程都是以达西定律为基础，因此先介绍这一运动关系式是很重要的。

### 1.2.1 达西定律

达西定律是孔隙介质中流体运动的基本定律。达西在 1956 年建立的数学表达式表明孔隙介质中均质流体的速度与压力梯度成正比，与流体黏度成反比。对于水平线性流动体系，关系式是：

$$v = \frac{q}{A} = -\frac{K}{\mu}\frac{\mathrm{d}p}{\mathrm{d}x} \tag{1.12a}$$

式中　$v$——视速度，cm/s；

　　　　$q$——体积流量，$cm^3/s$；

　　　　$A$——岩石的总横截面积，包括岩石的面积和孔道的面积，$cm^2$；

　　　　$\mu$——流体的黏度，mPa·s；

　　　　$\mathrm{d}p/\mathrm{d}x$——压力梯度，方向与速度 $v$ 和体积流量 $q$ 相同，atm/cm；

　　　　$K$——岩石的渗透率，D。

方程（1.12a）的负号表示压力梯度 $\mathrm{d}p/\mathrm{d}x$ 的方向与流动方向相反。如图 1.9 所示。

对于水平径向流体系，压力梯度为正（图 1.10），达西方程可以表示为下列通用的径向流方程形式：

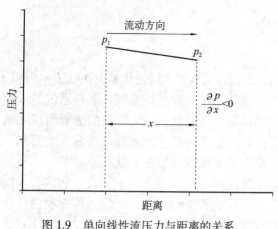

图 1.9　单向线性流压力与距离的关系　　　　图 1.10　径向流的压力梯度

$$v = \frac{q_r}{A_r} = \frac{K}{\mu}\left(\frac{\partial p}{\partial r}\right)_r \tag{1.12b}$$

式中　$q_r$——半径 $r$ 处的体积流量；

　　　$A_r$——半径 $r$ 处流经的横截面积；

　　　$(\partial p / \partial r)_r$——半径 $r$ 处的压力梯度；

　　　$v$——半径 $r$ 处的视速度。

半径 $r$ 处的横截面积是圆柱的表面积。对于有效厚度为 $h$ 且全部射孔的井，横截面积 $A$ 可以表示为：

$$A_r = 2\pi rh$$

应用达西定律必须满足下列条件：

（1）层流（黏性流）；

（2）稳定流；

（3）不可压缩流体；

（4）均质地层。

流速过高会出现紊流，此时压力梯度的增加速度大于流速的增加速度，达西方程需要修正。如果紊流存在，应用达西方程会导致严重错误。本章后面的内容将介绍紊流时达西方程的修正。

### 1.2.2　稳定流

根据稳定流的定义，只有当整个油藏的压力不随时间变化时才具备稳定流的条件。下面列出了可以应用稳定流进行动态描述的几种不同几何形态的油藏的流体类型。

（1）不可压缩流体单向线性流。

（2）微可压缩流体单向线性流。

（3）可压缩流体（气体）单向线性流。

（4）不可压缩流体径向流。

（5）微可压缩流体径向流。

（6）可压缩流体径向流。

（7）水平多相流。

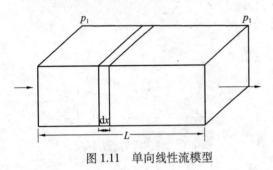

图 1.11　单向线性流模型

**1.2.2.1　不可压缩流体单向线性流**

在某一单向线性流系统，假设系统的入口和出口端完全开放，流体流经的横截面积 $A$ 恒定。且假设单向线性流系统的两侧、上面和下面没有流动通过，如图 1.11 所示。某一不可压缩流体流过单元 $\mathrm{d}x$，各点的速度 $v$ 和流量 $q$ 恒定。该系统的流动动态可以用达西方程的微分形式表示，即方程（1.12a）。对方程（1.12a）分离变量，并在单向线性流系统的长度范围内积分：

$$\frac{q}{A}\int_0^L \mathrm{d}x = -\frac{K}{\mu}\int_{p_1}^{p_2}\mathrm{d}p$$

得到：

$$q = \frac{KA(p_1 - p_2)}{\mu L}$$

用现场常用单位表示上述关系式：

$$q = \frac{0.001127KA(p_1 - p_2)}{\mu L} \tag{1.13}$$

式中　$q$——流量，bbl/d；

　　　$K$——绝对渗透率，mD；

　　　$P$——压力，psia；

　　　$\mu$——黏度，mPa·s；

　　　$L$——长度，ft；

　　　$A$——横截面积，ft²。

**例 1.1**　某一不可压缩流体在线性孔隙介质中流动，性能参数如下：

$L$=2000ft，$h$=20ft，width=300ft，$K$=100mD，$\phi$=15%，$\mu$=2 mPa·s，$p_1$=2000psi，$p_2$=1990psi。

求：（1）流量，bbl/d；（2）流体视速度，ft/d；（3）流体的实际速度，ft/d。

**解**　计算横截面积 $A$：

$$A=(h)(\text{width})=20\times300=6000\text{ft}^2$$

（1）根据方程（1.13）计算流量：

$$q = \frac{0.001127KA(p_1 - p_2)}{\mu L}$$

$$= \frac{0.001127 \times 100 \times 6000 \times (2000 - 1990)}{2 \times 2000}$$

$$= 1.6905 \text{bbl/d}$$

（2）计算视速度：

$$v = \frac{q}{A} = \frac{1.6905 \times 5.615}{6000} = 0.0016 \text{ft/d}$$

（3）计算实际速度：

$$v = \frac{q}{\phi A} = \frac{1.6905 \times 5.615}{0.15 \times 6000} = 0.0105 \text{ft/d}$$

在倾斜油层，方程（1.13）中的压力差（$p_1 - p_2$）不是唯一的驱动力。在确定流动方向和流量时，重力是另一个必须考虑的重要的驱动力。流体重力通常垂直向下，而压力降产生的力可能在任一方向。使流体流动的力是这两个力的矢量和。实际应用中，为了得到矢量和，我们引进一个新的参数"流体势能"，它和压力有相同的量纲，即 psi，用符号 $\phi$ 表示。油藏中任一点的流体势能等于该点处的压力减去该点相对于任一指定的基准面的流体压头产生的压力。用 $\Delta Z_i$ 表示油藏中任一位置 $i$ 到指定基准面的垂直距离，则：

$$\phi_i = p_i - \left(\frac{\rho}{144}\right)\Delta Z_i \tag{1.14}$$

式中　$\rho$——密度，lb/ft$^3$。

在方程（1.14）中流体密度用 g/cm$^3$ 表示，则得到：

$$\phi_i = p_i - 0.433\gamma \Delta Z \tag{1.15}$$

式中　$\phi_i$——$i$ 点处的流体势能，psi；

　　　$p_i$——$i$ 点处的压力，psi；

　　　$\Delta Z_i$——$i$ 点到指定基准面的垂直距离，ft；

　　　$\rho$——油藏条件下的流体密度，lb/ft$^3$；

　　　$\gamma$——油藏条件下的流体密度，g/cm$^3$，它不是流体的相对密度。

基准面通常选在油气界面、油水界面或地层的最高点。应用方程（1.14）或方程（1.15）计算位置 $i$ 处的流体势能 $\phi_i$，当 $i$ 点在基准面以下时垂直距离 $Z_i$ 取正号，而当 $i$ 点在基准面以上时垂直距离 $Z_i$ 取负号。

如果 $i$ 点在基准面以上：

$$\phi_i = p_i + \left(\frac{\rho}{144}\right)\Delta Z_i$$

等价方程：

$$\phi_i = p_i + 0.433 \gamma \Delta Z_i$$

如果 $i$ 点在基准面以下：

$$\phi_i = p_i - \left(\frac{\rho}{144}\right)\Delta Z_i$$

等价方程：

$$\phi_i = p_i - 0.433 \gamma \Delta Z_i$$

把上面的概念应用到达西方程（1.13）得到：

$$q = \frac{0.001127 KA(\phi_1 - \phi_2)}{\mu L} \tag{1.16}$$

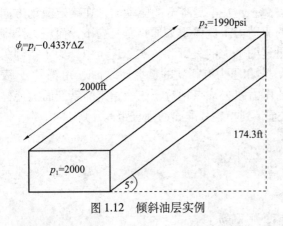

图 1.12　倾斜油层实例

应该指出的是如果流动体系是水平的，流体势能降（$\phi_1 - \phi_2$）等于压力降（$p_1 - p_2$）。

**例 1.2**　假设孔隙介质的性质与前面例子给定的相同，油藏倾角 5°，如图 1.12 所示。不可压缩流体密度 42lb/ft³。应用附加的条件求解例 1.1。

**解**　步骤 1：为了说明流体势能的概念，基准面选在两点垂直距离的中间位置，即在 87.15ft 处。如图 1.12 所示。

步骤 2：计算点 1 和点 2 处的流体势能。因为点 1 在基准面以下，那么：

$$\phi_1 = p_1 - \left(\frac{\rho}{144}\right)\Delta Z_1 = 2000 - \left(\frac{42}{144}\right) \times 87.15 = 1974.58\text{psi}$$

因为点 2 在基准面以上，那么：

$$\phi_2 = p_2 + \left(\frac{\rho}{144}\right)\Delta Z_2 = 1990 + \left(\frac{42}{144}\right) \times 87.15 = 2015.42\text{psi}$$

因为 $\phi_2 > \phi_1$，流体从点 2 向下流到点 1。流体的势能差：

$$\Delta\phi = 2015.42 - 1974.58 = 40.84\text{psi}$$

注意，如果选择点 2 为基准面，那么：

$$\phi_1 = 2000 - \left(\frac{42}{144}\right) \times 174.3 = 1949.16\text{psi}$$

$$\phi_2 = 1990 + \left(\frac{42}{144}\right) \times 0 = 1990\text{psi}$$

上述计算表明，与基准面的位置无关，流体从点 2 向下流到点 1 ：

$$\Delta \phi = 1990 - 1949.16 = 40.84\text{psi}$$

步骤 3 ：计算流量。

$$q = \frac{0.001127KA(\phi_1 - \phi_2)}{\mu L} = \frac{0.001127 \times 100 \times 6000 \times 40.84}{2 \times 2000} = 6.9\text{bbl/d}$$

步骤 4 ：计算速度。

$$视速度 = \frac{6.9 \times 5.615}{6000} = 0.0065\text{ft/d}$$

$$实际速度 = \frac{6.9 \times 5.615}{0.15 \times 6000} = 0.043\text{ft/d}$$

### 1.2.2.2　微可压缩流体单向线性流

方程（1.6）描述了微可压缩流体的压力与体积的关系，即：

$$V = V_{\text{ref}}\left[1 + c\left(p_{\text{ref}} - p\right)\right]$$

该方程写成流量的形式：

$$q = q_{\text{ref}}\left[1 + c\left(p_{\text{ref}} - p\right)\right] \tag{1.17}$$

式中　$q_{\text{ref}}$——基准压力 $p_{\text{ref}}$ 对应的流量。

把上述关系式代入达西方程：

$$\frac{q}{A} = \frac{q_{\text{ref}}\left[1 + c\left(p_{\text{ref}} - p\right)\right]}{A} = -0.001127\frac{K}{\mu}\frac{\text{d}p}{\text{d}x}$$

分离变量并整理：

$$\frac{q_{\text{ref}}}{A}\int_0^L \text{d}x = -0.001127\frac{K}{\mu}\int_{p_1}^{p_2}\left[\frac{\text{d}p}{1 + c\left(p_{\text{ref}} - p\right)}\right]$$

积分得：

$$q_{\text{ref}} = \left(\frac{0.001127KA}{\mu cL}\right)\ln\left[\frac{1 + c\left(p_{\text{ref}} - p_2\right)}{1 + c\left(p_{\text{ref}} - p_1\right)}\right] \tag{1.18}$$

式中　$q_{ref}$——基准压力 $p_{ref}$ 对应的流量，bbl/d；

　　　　$p_1$——上游压力，psi；

　　　　$p_2$——下游压力，psi；

　　　　$K$——渗透率，mD；

　　　　$\mu$——黏度，mPa·s；

　　　　$c$——流体平均压缩系数，$psi^{-1}$。

选择上游压力 $p_1$ 作为基准压力 $p_{ref}$，代入方程（1.18）得到点 1 处的流量：

$$q_1 = \left( \frac{0.001127KA}{\mu cL} \right) \ln \left[ 1 + c(p_1 - p_2) \right] \tag{1.19}$$

选择下游压力 $p_2$ 作为基准压力 $p_{ref}$，代入方程（1.18）得到：

$$q_2 = \left( \frac{0.001127KA}{\mu cL} \right) \ln \left[ \frac{1}{1 + c(p_2 - p_1)} \right] \tag{1.20}$$

式中　$q_1$，$q_2$——点 1 和点 2 处的流量。

**例 1.3**　假设某一微可压缩流体流经例 1.1 给定的单向线性流系统，计算线性流系统两端的流量。流体的平均压缩系数为 $21 \times 10^{-5} psi^{-1}$。

**解**　选择上游压力作为基准压力。

$$q_1 = \left( \frac{0.001127KA}{\mu cL} \right) \ln \left[ 1 + c(p_1 - p_2) \right]$$

$$= \left[ \frac{0.001127 \times 100 \times 6000}{2 \times (21 \times 10^{-5}) \times 2000} \right] \times \ln \left[ 1 + (21 \times 10^{-5}) \times (2000 - 1990) \right]$$

$$= 1.689 bbl/d$$

选择下游压力作为基准压力：

$$q_2 = \left( \frac{0.001127KA}{\mu cL} \right) \ln \left[ 1 + \frac{1}{c(p_2 - p_1)} \right]$$

$$= \left[ \frac{0.001127 \times 100 \times 6000}{2 \times (21 \times 10^{-5}) \times 2000} \right] \times \ln \left[ \frac{1}{1 + (21 \times 10^{-5}) \times (1990 - 2000)} \right]$$

$$= 1.692 bbl/d$$

上述计算结果表明 $q_1$ 和 $q_2$ 相差很小，是因为流体微可压缩，体积不是压力的强函数。

### 1.2.2.3　可压缩流体（气体）单向线性流

对于黏性气体在均质单向线性流系统中流动（层流），可以应用真实气体的状态方程计算压力 $p$、温度 $T$ 和体积 $V$ 对应的气体物质的量 $n$。

$$n = \frac{pV}{ZRT}$$

标准条件下，物质的量为 $n$ 的气体所占据的体积：

$$V_{sc} = \frac{nZ_{sc}RT_{sc}}{p_{sc}}$$

联合上述两个表达式并假设 $Z_{sc}=1$ 得：

$$\frac{pV}{ZT} = \frac{p_{sc}V_{sc}}{T_{sc}}$$

同样，上面表达式可以用油藏条件下的流量 $q$（bbl/d）表示，也可以用地面条件下的流量 $Q_{sc}$（SCF/d）表示。

$$\frac{p(5.615q)}{ZT} = \frac{p_{sc}Q_{sc}}{T_{sc}}$$

整理：

$$\left(\frac{p_{sc}}{T_{sc}}\right)\left(\frac{ZT}{p}\right)\left(\frac{Q_{sc}}{5.615}\right) = q \qquad (1.21)$$

式中　$q$——压力 $p$ 对应的气体流量，bbl/d；

$Q_{sc}$——标准条件下的气体流量，ft³/d；

$Z$——气体压缩因子；

$T_{sc}$——标准温度，°R；

$p_{sc}$——标准压力，psi。

将方程（1.21）的两侧分别除以横截面积 $A$，并使它等于达西方程（1.12）：

$$\frac{q}{A} = \left(\frac{p_{sc}}{T_{sc}}\right)\left(\frac{ZT}{p}\right)\left(\frac{Q_{sc}}{5.615}\right)\left(\frac{1}{A}\right) = -0.001127\frac{K}{\mu}\frac{dp}{dx}$$

常数 0.001127 是将达西单位转换为现场单位的换算系数。分离变量并整理得：

$$\left(\frac{Q_{sc}p_{sc}T}{0.006328KT_{sc}A}\right)\int_0^L dx = -\int_{p_1}^{p_2}\frac{p}{Z\mu_g}dp$$

假设在指定压力范围 $p_1$ 和 $p_2$ 之间，$Z\mu_g$ 的乘积恒定，积分得：

$$\left(\frac{Q_{sc}p_{sc}T}{0.006328KT_{sc}A}\right)\int_0^L dx = -\frac{1}{Z\mu_g}\int_{p_1}^{p_2}pdp$$

或：

$$Q_{sc} = \frac{0.003164 T_{sc} AK \left( p_1^2 - p_2^2 \right)}{p_{sc} T \left( Z \mu_g \right) L}$$

式中　$Q_{sc}$——标准条件下的气体流量，ft³/d；

　　　$K$——渗透率，mD；

　　　$T$——温度，°R；

　　　$\mu_g$——气体黏度，mPa·s；

　　　$A$——横截面积，ft²；

　　　$L$——单向线性流系统的总长度，ft。

在上面的表达式中，令 $p_{sc}$=14.7psi，$T_{sc}$=520°R，则：

$$Q_{sc} = \frac{0.111924 AK \left( p_1^2 - p_2^2 \right)}{TLZ \mu_g} \tag{1.22}$$

必须注意气体的特性参数 $Z$ 和 $\mu_g$ 是压力的强函数，但是为了简化气体流动方程的最终形式，把它们从积分符号内移出。当压力低于 2000psi 时，上面的方程是有效可用的。气体的特性参数必须在平均压力 $\bar{p}$ 下计算，平均压力确定为：

$$\bar{p} = \sqrt{\frac{p_1^2 + p_2^2}{2}} \tag{1.23}$$

**例 1.4**　天然气相对密度为 0.72，在线性孔隙介质中流动，温度为 140°F。上游和下游的压力分别是 2100psi 和 1894.73psi。横截面积 4500ft² 恒定。总长度 2500ft，绝对渗透率 60mD，计算气体的流量，单位 ft³/d（$p_{sc}$=14.7psi，$T_{sc}$=520°R）。

**解**　步骤 1：利用方程（1.23）计算平均压力。

$$\bar{p} = \sqrt{\frac{2100^2 + 1894.73^2}{2}} = 2000psi$$

步骤 2：利用下列方程，用气体的相对密度计算它的临界特性参数。

$$T_{pc} = 168 + 325\gamma_g - 12.5\gamma_g^2 = 168 + 325 \times 0.72 - 12.5 \times 0.72^2 = 395.5°R$$

$$p_{pc} = 677 + 15.0\gamma_g - 37.5\gamma_g^2 = 677 + 15.0 \times 0.72 - 37.5 \times 0.72^2 = 668.4psi$$

步骤 3：计算拟压力和温度。

$$p_{pr} = \frac{2000}{668.4} = 2.99$$

$$T_{pr} = \frac{600}{395.5} = 1.52$$

步骤4：利用 Standing-Katz 图版确定压缩因子 $Z$。

$$Z = 0.78$$

步骤5：利用 Lee-Gonzales-Eakin 方法及下面的计算过程，求气体的黏度。

$$M_a = 28.96\gamma_g = 28.96 \times 0.72 = 20.85$$

$$\rho_g = \frac{pM_a}{ZRT} = \frac{2000 \times 20.85}{0.78 \times 10.73 \times 600} = 8.30 \text{lb/ft}^3$$

$$K = \frac{(9.4 + 0.02 M_a)T^{1.5}}{209 + 19 M_a + T} = \frac{(9.4 + 0.02 \times 20.96) \times 600^{1.5}}{209 + 19 \times 20.96 + 600} = 119.2$$

$$X = 3.5 + \frac{986}{T} + 0.01 M_a = 3.5 + \frac{986}{600} + 0.01 \times 20.85 = 5.35$$

$$Y = 2.4 - 0.2X = 2.4 - 0.2 \times 5.35 = 1.33$$

$$\mu_g = 10^{-4} K \exp\left[X\left(\rho_g / 62.4\right)^Y\right] = 10^{-4} \times \left\{119.72 \exp\left[5.35 \times \left(\frac{8.3}{62.4}\right)^{1.33}\right]\right\} = 0.0173 \text{mPa} \cdot \text{s}$$

步骤6：利用方程（1.22）计算气体流量。

$$Q_{sc} = \frac{0.111924 AK\left(p_1^2 - p_2^2\right)}{TLZ\mu_g}$$

$$= \frac{0.111924 \times 4500 \times 60 \times \left(2100^2 - 1894.73^2\right)}{600 \times 2500 \times 0.78 \times 0.0173}$$

$$= 1224242 \text{ft}^3/\text{d}$$

#### 1.2.2.4　不可压缩流体径向流

在一个径向流系统，所有流体从各个方向流向生产井。然而，流动发生之前压差必须存在。因此，如果一口井产油，这意味着流体通过地层流向井底，井底的地层压力必须低于距离井底某一距离处的地层压力。

生产井井底的地层压力就是所谓的井底流动压力（流动 BHP，$p_{wf}$）

图1.13说明了不可压缩流体流向直井的径向流。假设地层等厚 $h$，恒定渗透率 $K$。因为流体不可压缩，所有半径处的流量 $q$ 一定恒定。由于稳定流条件，井周围的压力分布不随时间变化。

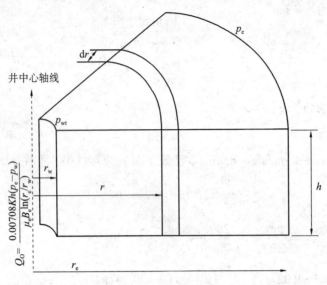

图 1.13 径向流模型

用 $p_{wf}$ 表示井筒半径 $r_w$ 处的井底流动压力，$p_e$ 表示外边界或泄油半径处的压力。方程 (1.12b) 所表示的通用达西方程可用于计算任一半径 $r$ 处的流量：

$$v = \frac{q}{A_r} = 0.001127 \frac{K}{\mu} \frac{dp}{dr} \tag{1.24}$$

式中 $v$——流体视速度，$bbl/(d \cdot ft^2)$；

$q$——半径 $r$ 处的流量，$bbl/d$；

$K$——渗透率，$mD$；

$\mu$——黏度，$mPa \cdot s$；

0.001127——方程用现场单位表示的换算系数；

$A_r$——半径 $r$ 处的横截面积，$ft^2$。

图 1.13 所示的径向流系统中不再需要负号，因为半径增加方向与压力的增加方向相同。换句话说，随着半径增加压力也增加。油藏中任一点流体流经的横截面积等于圆柱体的表面积，即 $2\pi rh$，因此：

$$v = \frac{q}{A_r} = \frac{q}{2\pi rh} = 0.001127 \frac{K}{\mu} \frac{dp}{dr}$$

原油系统习惯用地面单位表示流量，即储罐桶数（bbl），而不用油藏单位。用 $Q_o$ 表示 bbl/d 单位下的流量，那么：

$$q = B_o Q_o$$

式中 $B_o$——原油地层体积系数，bbl/bbl。

达西方程中的流量可以用 bbl/d 表示，则：

$$\frac{Q_\text{o} B_\text{o}}{2\pi rh} = 0.001127 \frac{K}{\mu_\text{o}} \frac{\mathrm{d}p}{\mathrm{d}r}$$

在两个半径 $r_1$ 和 $r_2$ 及对应的两个压力 $p_1$ 和 $p_2$ 之间积分上述方程得：

$$\int_{r_1}^{r_2} \left( \frac{Q_\text{o}}{2\pi h} \right) \frac{\mathrm{d}r}{r} = 0.001127 \int_{p_1}^{p_2} \left( \frac{K}{\mu_\text{o} B_\text{o}} \right) \mathrm{d}p \tag{1.25}$$

对于不可压缩流体在均质地层中流动，方程（1.25）可以简化为：

$$\frac{Q_\text{o}}{2\pi h} \int_{r_1}^{r_2} \frac{\mathrm{d}r}{r} = \frac{0.001127 K}{\mu_\text{o} B_\text{o}} \int_{p_1}^{p_2} \mathrm{d}p$$

积分：

$$Q_\text{o} = \frac{0.00708 Kh (p_2 - p_1)}{\mu_\text{o} B_\text{o} \ln (r_2 / r_1)}$$

通常，比较重要的两个半径是井筒半径 $r_\text{w}$ 和外边界半径或泄油半径 $r_\text{e}$。那么：

$$Q_\text{o} = \frac{0.00708 Kh (p_\text{e} - p_\text{wf})}{\mu_\text{o} B_\text{o} \ln (r_\text{e} / r_\text{w})} \tag{1.26}$$

式中　$Q_\text{o}$——油的流量，bbl/d；

$p_\text{e}$——外边界压力，psi；

$p_\text{wf}$——井底流动压力，psi；

$K$——渗透率，mD；

$\mu_\text{o}$——油黏度，mPa·s；

$B_\text{o}$——油地层体积系数；

$h$——厚度，ft；

$r_\text{e}$——外边界半径或泄油半径，ft；

$r_\text{w}$——井筒半径，ft。

外边界半径或泄油半径 $r_\text{e}$ 根据单井的控制面积确定，令单井的控制面积等于圆的面积，即：

$$\pi r_\text{e}^2 = 43560 A$$

或：

$$r_\text{e} = \sqrt{\frac{43560 A}{\pi}} \tag{1.27}$$

式中　$A$——单井的控制面积，acre。

实际上，外边界半径和井筒半径一般都不能精确地知道。值得庆幸的是，它们在方程中以对数的形式存在，因此方程的误差小于半径的误差。

整理方程（1.26）求解任一半径 $r$ 处的压力 $p$：

$$p = p_{wf} + \left(\frac{Q_o B_o \mu_o}{0.00708 Kh}\right) \ln\left(\frac{r}{r_w}\right) \qquad (1.28)$$

**例 1.5** 某一油田的一口油井以稳定产量 600bbl/d 和稳定井底流压 1800psi 生产。分析压力恢复试井数据得到油层渗透率 120mD，等厚 25ft。油井泄油面积大约为 40acre。其他数据如下：

$r_w$=0.25ft，$A$=40acre，$B_o$=1.25bbl/bbl，$\mu_o$=2.5mPa·s。

计算压力分布并列出半径由 $r_w$ 到 1.25ft、4ft 到 5ft、19ft 到 20ft、99ft 到 100ft 及 744ft 到 745ft 每间隔 1ft 的压力降。

**解** 步骤 1：重新整理方程（1.26），求解半径 $r$ 处的压力 $p$。

$$
\begin{aligned}
p &= p_{wf} + \left(\frac{\mu_o B_o Q_o}{0.00708 Kh}\right) \ln\left(\frac{r}{r_w}\right) \\
&= 1800 + \left(\frac{2.5 \times 1.25 \times 600}{0.00708 \times 120 \times 25}\right) \ln\left(\frac{r}{0.25}\right) \\
&= 1800 + 88.28 \ln\left(\frac{r}{0.25}\right)
\end{aligned}
$$

步骤 2：计算指定半径对应的压力。

| $r$ (ft) | $p$ (psi) | 半径间隔 (ft) | 压力降 (psi) |
|---|---|---|---|
| 0.25 | 1800 | | |
| 1.25 | 1942 | 0.25 ~ 1.25 | 1942−1800=142 |
| 4 | 2045 | | |
| 5 | 2064 | 4 ~ 5 | 2064−2045=19 |
| 19 | 2182 | | |
| 20 | 2186 | 19 ~ 20 | 2186−2182=4 |
| 99 | 2328 | | |
| 100 | 2329 | 99 ~ 100 | 2329−2328=1 |
| 744 | 2506.1 | | |
| 745 | 2506.2 | 744 ~ 745 | 2506.2−2506.1=0.1 |

图 1.14 显示了计算的压力分布与半径的函数关系。

上面例子的计算结果显示井筒周围的压力降（142psi）是 4 ~ 5ft 的压力降的 7.5 倍，是 19 ~ 20ft 压力降的 36 倍，是 99 ~ 100ft 压力降的 142 倍。井筒周围压力降较大的原因是流体从很大的泄油面积 40acre 流入。

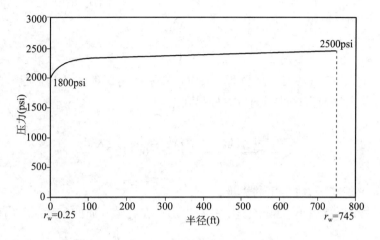

图 1.14    井筒周围压力分布

方程（1.26）中用到的外边界压力 $p_e$ 不能很容易地测量，但是如果有强且活跃的含水层存在，$p_e$ 与原始地层压力不会有很大的偏差。

有几位作者建议在进行物质平衡计算和流量预测时应该使用油藏平均压力 $p_r$，油藏平均压力通常从试井结果得到。Craft 和 Hawkins（1959）表示在稳定流条件下平均压力大约在泄油半径 $r_e$ 的 61% 的位置。

将 $0.61r_e$ 代入方程（1.28）得：

$$p\left(r = 0.61r_e\right) = p_r = p_{wf} + \left(\frac{Q_o B_o \mu_o}{0.00708Kh}\right)\ln\left(\frac{0.61r_e}{r_w}\right)$$

或者用流量表示：

$$Q_o = \frac{0.00708Kh\left(p_r - p_{wf}\right)}{\mu_o B_o \ln\left(0.61r_e / r_w\right)} \tag{1.29}$$

但是因为 $\ln\left(0.61r_e/r_w\right) = \ln\left(r_e/r_w\right) - 0.5$，那么：

$$Q_o = \frac{0.00708Kh\left(p_r - p_{wf}\right)}{\mu_o B_o \left[\ln\left(r_e / r_w\right) - 0.5\right]} \tag{1.30}$$

Golan 和 Whitson（1986）提出了计算常规油藏生产井泄油面积的近似方法。他们假设单井产出的流体体积正比于它的流量。假设油藏特性参数恒定并且等厚。单井泄油面积 $A_w$ 近似值为：

$$A_w = A_T\left(\frac{q_w}{q_T}\right) \tag{1.31}$$

式中    $A_w$——井的泄油面积；

$\qquad A_T$——油田的总面积；

$q_T$——油田的总流量；

$q_o$——井的流量。

### 1.2.2.5 微可压缩流体径向流

Terry 和他的合作者（1991）用方程（1.17）表示微可压缩流体的流量与压力的关系。如果将这个方程代入达西定律的径向流方程得到：

$$\frac{q}{A_r} = \frac{q_{ref}\left[1 + c\left(p_{ref} - p\right)\right]}{2\pi r h} = 0.001127\frac{K}{\mu}\frac{dp}{dr}$$

式中　$q_{ref}$——某一基准压力 $p_{ref}$ 下的流量。

分离变量并假设在整个压力降内压缩系数恒定，在孔隙介质的长度范围内积分：

$$\frac{q_{ref}\mu}{2\pi Kh}\int_{r_w}^{r_e}\frac{dr}{r} = 0.001127\int_{p_{wf}}^{p_e}\frac{dp}{1 + c\left(p_{ref} - p\right)}$$

得到：

$$q_{ref} = \left[\frac{0.00708Kh}{\mu c\ln\left(r_e/r_w\right)}\right]\ln\left[\frac{1 + c\left(p_e - p_{ref}\right)}{1 + c\left(p_{wf} - p_{ref}\right)}\right]$$

式中　$q_{ref}$——基准压力 $p_{ref}$ 下的油流量。

选择井底流动压力 $p_{wf}$ 作为基准压力并用 bbl/d 表示流量，得到：

$$Q_o = \left[\frac{0.00708Kh}{\mu_o B_o c_o\ln\left(r_e/r_w\right)}\right]\ln\left[1 + c_o\left(p_e - p_{wf}\right)\right] \tag{1.32}$$

式中　$c_o$——等温压缩系数，$psi^{-1}$；

　　　$Q_o$——油的流量，bbl/d；

　　　$K$——渗透率，mD。

**例 1.6**　下列数据来自红河油田一口井：

$p_e$=2506psi，$p_{wf}$=1800psi，$r_e$=745ft，$r_w$=0.25ft，$B_o$=1.25bbl/bbl，$\mu_o$=2.5mPa·s，$K$=0.12D，$h$=25ft，$c_o$=25×10⁻⁶psi⁻¹。

假设微可压缩流体。计算油的流量，并与不可压缩流体的计算结果对比。

**解**　对于微可压缩流体，油的流量用方程（1.32）计算：

$$Q_o = \left[\frac{0.00708Kh}{\mu_o B_o c_o\ln\left(r_e/r_w\right)}\right]\ln\left[1 + c_o\left(p_e - p_{wf}\right)\right]$$

$$= \left[\frac{0.00708\times120\times25}{2.5\times1.25\times\left(25\times10^{-6}\right)\ln\left(745/0.25\right)}\right]\times\ln\left[1 + \left(25\times10^{-6}\right)\times\left(2506 - 1800\right)\right]$$

$$= 595STB/d$$

对于不可压缩流体，流量用达西方程（1.26）计算：

$$Q_o = \frac{0.00708 Kh(p_e - p_w)}{\mu_o B_o \ln(r_e / r_w)}$$

$$= \frac{0.00708 \times 120 \times 25 \times (2506 - 1800)}{2.5 \times 1.25 \ln(745 / 0.25)} = 600 \text{STB/d}$$

### 1.2.2.6 可压缩气体径向流

水平层流的达西定律基本微分形式即可用于描述液体流动也可用于描述气体流动。对于气体径向流，达西方程的形式：

$$q_{gr} = \frac{0.001127 \times (2\pi rh) K}{\mu_g} \frac{dp}{dr} \tag{1.33}$$

式中　$q_{gr}$——半径 $r$ 处的气体流量，bbl/d ；

　　　$r$——半径长度，ft ；

　　　$h$——油层厚度，ft ；

　　　$\mu_g$——气体黏度，mPa·s ；

　　　$p$——压力，psi。

　　　0.001127——达西单位转换到现场单位的换算常数。

气体流量习惯用 ft³/d 表示。$Q_g$ 表示标准条件（地面条件）下的气体流量，用气体地层体积系数 $B_g$ 可以将井底流动条件下的气体流量 $q_{gr}$ 转换到地面条件下的气体流量：

$$Q_g = \frac{q_{gr}}{B_g}$$

其中：

$$B_g = \frac{p_{sc}}{5.615 T_{sc}} \frac{ZT}{p} \text{bbl/ft}^3$$

或：

$$\left(\frac{p_{sc}}{5.615 T_{sc}}\right)\left(\frac{ZT}{p}\right) Q_g = q_{gr} \tag{1.34}$$

式中　$p_{sc}$——标准压力，psia ；

　　　$T_{sc}$——标准温度，°R ；

　　　$Q_g$——气体流量，ft³/d ；

　　　$q_{gr}$——半径 $r$ 处的气体流量，bbl/d ；

　　　$p$——半径 $r$ 处的压力；

　　　$T$——油藏温度，°R ；

　　　$Z$——在 $p$ 和 $T$ 下的气体压缩因子；

$Z_{sc}$——标准条件下的气体压缩因子，约等于1.0。

联合方程（1.33）和方程（1.34）得：

$$\left(\frac{p_{sc}}{5.615T_{sc}}\right)\left(\frac{ZT}{p}\right)Q_g = \frac{0.001127\times(2\pi rh)K}{\mu_g}\frac{dp}{dr}$$

假设 $T_{sc}=520°R$，$p_{sc}=14.7psia$：

$$\left(\frac{TQ_g}{Kh}\right)\frac{dr}{r} = 0.703\left(\frac{2p}{\mu_g Z}\right)dp \tag{1.35}$$

从井底（$r_w$ 和 $p_{wf}$）到油藏中任一点（$r$ 和 $p$）积分方程（1.35）：

$$\int_{r_w}^{r}\left(\frac{TQ_g}{Kh}\right)\frac{dr}{r} = 0.703\int_{p_{wf}}^{p}\left(\frac{2p}{\mu_g Z}\right)dp \tag{1.36}$$

将达西定律的条件应用到方程（1.36），即所有半径处的流量 $Q_g$ 恒定的稳定流，$K$ 和 $h$ 恒定的均质地层，得：

$$\left(\frac{TQ_g}{Kh}\right)\ln\left(\frac{r}{r_w}\right) = 0.703\int_{p_{wf}}^{p}\left(\frac{2p}{\mu_g Z}\right)dp$$

将 $\int_{p_{wf}}^{p}\left(\frac{2p}{\mu_g Z}\right)dp$ 展开：

$$\int_{p_{wf}}^{p}\left(\frac{2p}{\mu_g Z}\right)dp = \int_{0}^{p}\left(\frac{2p}{\mu_g Z}\right)dp - \int_{0}^{p_{wf}}\left(\frac{2p}{\mu_g Z}\right)dp$$

用上面的展开式替换方程（1.35）中的积分式：

$$\left(\frac{TQ_g}{Kh}\right)\ln\left(\frac{r}{r_w}\right) = 0.703\left[\int_{0}^{p}\left(\frac{2p}{\mu_g Z}\right)dp - \int_{0}^{p_{wf}}\left(\frac{2p}{\mu_g Z}\right)dp\right] \tag{1.37}$$

积分式 $\int_{0}^{p}2p/(\mu_g Z)dp$ 被称为"真实气体的拟势能"或"真实气体的拟压力"，通常用 $m(p)$ 或 $\Psi$ 表示。因此：

$$m(p) = \psi = \int_{0}^{p}\left(\frac{2p}{\mu_g Z}\right)dp \tag{1.38}$$

方程（1.37）用真实气体的拟压力表示为：

$$\left(\frac{TQ_g}{Kh}\right)\ln\left(\frac{r}{r_w}\right) = 0.703(\psi - \psi_w)$$

或 ：

$$\psi = \psi_w + \frac{Q_g T}{0.703 Kh} \ln\left(\frac{r}{r_w}\right)$$ (1.39)

方程（1.39）表明 $\Psi$ 与 $\ln (r/r_w)$ 的关系图形是一条直线，斜率 $Q_g T/(0.703Kh)$，截距 $\Psi_w$，见图 1.15。那么精确流量表示为 ：

$$Q_g = \frac{0.703 Kh(\psi - \psi_w)}{T \ln(r/r_w)}$$ (1.40)

当 $r=r_e$ 时 ：

$$Q_g = \frac{0.703 Kh(\psi_e - \psi_w)}{T \ln(r_e/r_w)}$$ (1.41)

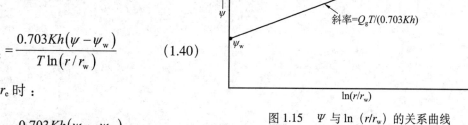

图 1.15    $\Psi$ 与 $\ln (r/r_w)$ 的关系曲线

式中    $\Psi_e$——从 0 到 $p_e$ 积分得到的真实气体拟压力，psi²/（mPa·s）；

$\Psi_w$——从 0 到 $p_{wf}$ 积分得到的真实气体拟压力，psi²/（mPa·s）；

$K$——渗透率，mD ；

$h$——厚度，ft ；

$r_e$——泄油半径，ft ；

$r_w$——井筒半径，ft ；

$Q_g$——气体流量，ft³/d。

因为气体流量通常用 10³ft³/d 表示，方程（1.41）可以表示为 ：

$$Q_g = \frac{Kh(\psi_e - \psi_w)}{1422T \ln(r_e/r_w)}$$ (1.42)

式中    $Q_g$——气体流量，10³ft³/d。

用油藏平均压力 $p_r$ 代替原始油藏压力 $p_e$，方程（1.42）可以表示为 ：

$$Q_g = \frac{Kh(\psi_r - \psi_w)}{1422T\left[\ln(r_e/r_w) - 0.5\right]}$$ (1.43)

为了计算方程（1.42）中的积分项，需要计算不同压力 $p$ 下的 $2p/(\mu_g Z)$ 值，并将 $2p/(\mu_g Z)$ 与 $p$ 的对应关系绘制在直角坐标系中，曲线下方的面积可以通过数值或图表计算，从 $p=0$ 到任一压力 $p$ 的曲线下方的面积代表与压力 $p$ 相对应的 $\Psi$ 值。下面的例子将说明这一过程。

**例 1.7**    Anaconda 气田一口气井的 PVT 数据如下表所示。

| $p$ (psi) | $\mu_g$ (mPa·s) | $Z$ |
|---|---|---|
| 0 | 0.0127 | 1.000 |
| 400 | 0.01286 | 0.937 |
| 800 | 0.01390 | 0.882 |
| 1200 | 0.01530 | 0.832 |
| 1600 | 0.01680 | 0.794 |
| 2000 | 0.01840 | 0.770 |
| 2400 | 0.02010 | 0.763 |
| 2800 | 0.02170 | 0.775 |
| 3200 | 0.02340 | 0.797 |
| 3600 | 0.02500 | 0.827 |
| 4000 | 0.02660 | 0.860 |
| 4400 | 0.02831 | 0.896 |

该井以稳定井底流压 3600psi 生产。井筒半径 0.3ft。其他数据如下：

$K$=65mD，$h$=15ft，$T$=600°R，$p_e$=4400psi，$r_e$=1000ft。

计算气体流量，$10^3\text{ft}^3/\text{d}$。

**解** 步骤 1：计算每个压力对应的 $2p/(\mu_g Z)$，见下表。

| $p$ (psi) | $\mu_g$ (mPa·s) | $Z$ | $2p/(\mu_g Z)$ |
|---|---|---|---|
| 0 | 0.0127 | 1.000 | 0 |
| 400 | 0.01286 | 0.937 | 66391 |
| 800 | 0.01390 | 0.882 | 130508 |
| 1200 | 0.01530 | 0.832 | 188537 |
| 1600 | 0.01680 | 0.794 | 239894 |
| 2000 | 0.01840 | 0.770 | 282326 |
| 2400 | 0.02010 | 0.763 | 312983 |
| 2800 | 0.02170 | 0.775 | 332986 |
| 3200 | 0.02340 | 0.797 | 343167 |
| 3600 | 0.02500 | 0.827 | 348247 |
| 4000 | 0.02660 | 0.860 | 349711 |
| 4400 | 0.02831 | 0.896 | 346924 |

步骤 2：绘制 $2p/(\mu_g Z)$ 与压力的关系曲线，如图 1.16 所示。

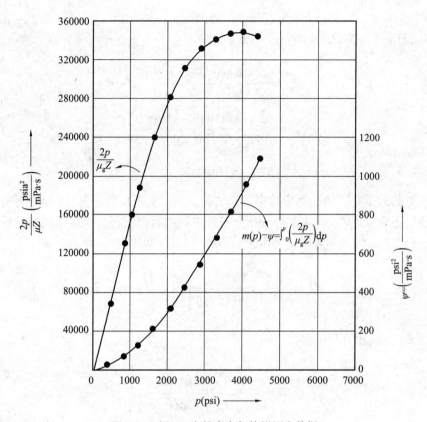

图 1.16 例 1.7 中的真实气体拟压力数据

步骤 3：计算每个压力对应的曲线下方的面积。这些面积对应于每个压力下的真实气体的拟压力 $\Psi$。这些 $\Psi$ 值列在下表中；注意 $\Psi$ 与 $p$ 的对应关系也绘制在图 1.16 中。

| $p$ (psi) | $\Psi[\text{psi}^2/(\text{mPa}\cdot\text{s})]$ |
|---|---|
| 400 | $13.2\times10^6$ |
| 800 | $52.0\times10^6$ |
| 1200 | $113.1\times10^6$ |
| 1600 | $198.0\times10^6$ |
| 2000 | $304.0\times10^6$ |
| 2400 | $422.0\times10^6$ |
| 2800 | $542.4\times10^6$ |
| 3200 | $678.0\times10^6$ |
| 3600 | $816.0\times10^6$ |
| 4000 | $950.0\times10^6$ |
| 4400 | $1089.0\times10^6$ |

步骤 4：利用方程（1.41）计算流量。

$p_w$=3600psi：$\varPsi_w$=816.0×10$^6$psi$^2$/（mPa·s）

$p_e$=4400psi：$\varPsi_e$=1089.0×10$^6$psi$^2$/（mPa·s）

$$Q_g = \frac{0.703Kh(\psi_e - \psi_w)}{T\ln(r_e/r_w)}$$

$$= \frac{65\times15\times(1089-816)\times10^6}{1422\times600\ln(1000/0.25)}$$

$$= 37614\times10^3\text{ft}^3/\text{d}$$

气体流量的近似解，由达西定律微分形式即方程（1.36）到方程（1.43）所表示的精确气体流量通过将 2/（$\mu_g Z$）作为常数从积分符号中移出近似求得。应该指出的是只有当压力低于 2000psi 时 $Z\mu_g$ 的乘积才被认为恒定。方程（1.42）可以表示为：

$$Q_g = \left[\frac{Kh}{1422T\ln(r_e/r_w)}\right]\int_{p_{wf}}^{p_e}\left(\frac{2p}{\mu_g Z}\right)\mathrm{d}p$$

把 2/（$\mu_g Z$）从积分号中移出并积分：

$$Q_g = \frac{Kh(p_e^2 - p_{wf}^2)}{1422T(\mu_g Z)_{avg}\ln(r_e/r_w)} \tag{1.44}$$

式中 $Q_g$——气体流量，10$^3$ft$^3$/d；

$K$——渗透率，mD。

（$\mu_g Z$）$_{avg}$ 的值是在平均压力 $\bar{p}$ 下计算的，$\bar{p}$ 用下面的表达式计算：

$$\bar{p} = \sqrt{\frac{p_{wf}^2 + p_e^2}{2}}$$

上面的近似计算方法称为压力平方法，只限于油藏压力低于 2000psi 的流动计算。其他的近似计算方法在第 2 章介绍。

**例 1.8** 利用例 1.7 给定的数据，利用压力平方法计算气体流量。并与精确计算方法（即真实气体拟压力求解法）对比。

**解** 步骤 1：计算平均压力。

$$\bar{p} = \sqrt{\frac{4400^2 + 3600^2}{2}} = 4020\text{psi}$$

步骤 2：确定 4020psi 下的气体黏度和气体压缩因子。

$$\mu_g = 0.0267$$
$$Z = 0.862$$

步骤 3：应用方程（1.44）。

$$Q_g = \frac{Kh\left(p_e^2 - p_{wf}^2\right)}{1422T\left(\mu_g Z\right)_{avg} \ln\left(r_e / r_w\right)}$$

$$= \frac{65 \times 15 \times \left(4400^2 - 3600^2\right)}{1422 \times 600 \times 0.0267 \times 0.82 \ln\left(1000 / 0.25\right)}$$

$$= 38314 \times 10^3 \text{ft}^3/\text{d}$$

步骤 4：计算结果表明压力平方法的计算值与精确值 $37614 \times 10^3 \text{ft}^3/\text{d}$ 比较，绝对误差为 1.86%。产生误差的原因是压力平方法只限于应用在压力低于 2000psi 的情况。

#### 1.2.2.7　水平多相流

当几种相态的流体同时在一个水平多孔介质中流动时，每种相态的有效渗透率和相关的物理特性必须引入达西方程中。对于一个径向流体系，达西方程的通用形式可以用于油藏中的每一种相态：

$$q_o = 0.001127 \, \frac{2\pi rh}{\mu_o} \, K_o \frac{dp}{dr}$$

$$q_w = 0.001127 \, \frac{2\pi rh}{\mu_w} \, K_w \frac{dp}{dr}$$

$$q_g = 0.001127 \, \frac{2\pi rh}{\mu_g} \, K_g \frac{dp}{dr}$$

式中　$K_o$、$K_w$、$K_g$——油、水、气的有效渗透率，mD；

　　　$\mu_o$、$\mu_w$、$\mu_g$——油、水、气的黏度，mPa·s；

　　　$q_o$、$q_w$、$q_g$——油、水、气的流量，bbl/d；

　　　$K$——绝对渗透率，mD。

有效渗透率可以用相对渗透率和绝对渗透率表示：

$$K_o = K_{ro}K$$
$$K_w = K_{rw}K$$
$$K_g = K_{rg}K$$

把上面的概念应用到达西方程中，并将流量用标准条件表示：

$$Q_o = 0.00708\left(rhK\right)\left(\frac{K_{ro}}{\mu_o B_o}\right)\frac{dp}{dr} \tag{1.45}$$

$$Q_w = 0.00708\left(rhK\right)\left(\frac{K_{rw}}{\mu_w B_w}\right)\frac{dp}{dr} \tag{1.46}$$

$$Q_g = 0.00708(rhK)\left(\frac{K_{rg}}{\mu_g B_g}\right)\frac{dp}{dr} \tag{1.47}$$

式中　$Q_o$，$Q_w$——油、水的流量，bbl/d；

　　　$B_o$，$B_w$——油、水的地层体积系数，bbl/bbl；

　　　$Q_g$——气体流量，ft³/d；

　　　$B_g$——气体的地层体积系数，bbl/ft³；

　　　$K$——绝对渗透率，mD。

气体的地层体积系数 $B_g$ 表示为：

$$B_g = 0.005035\frac{ZT}{p}\text{bbl/ft}^3$$

对方程（1.45）到方程（1.47）进行常规积分。

油相：

$$Q_o = \frac{0.00708(Kh)(K_{ro})(p_e - p_{wf})}{\mu_o B_o \ln(r_e/r_w)} \tag{1.48}$$

水相：

$$Q_w = \frac{0.00708(Kh)(K_{rw})(p_e - p_{wf})}{\mu_w B_w \ln(r_e/r_w)} \tag{1.49}$$

气相：

$$Q_g = \frac{(Kh)K_{rg}(\psi_e - \psi_w)}{1422T\ln(r_e/r_w)} \quad (\text{用真实气体势能表示}) \tag{1.50}$$

$$Q_g = \frac{(Kh)K_{rg}(p_e^2 - p_{wf}^2)}{1422(\mu_g Z)_{avg}T\ln(r_e/r_w)} \quad (\text{用压力平方表示}) \tag{1.51}$$

式中　$Q_g$——气体流量，10³ft³/d；

　　　$K$——绝对渗透率，mD；

　　　$T$——温度，°R。

在大量的油藏工程计算中，为了方便将任一相的流量表示为与其他相流量的比。两个重要的流量比是瞬时水油比（$WOR$）和瞬时气油比（$GOR$）。达西方程的通用形式可以用来确定这两个流量比。

水油比定义为水的流量与油的流量的比值。这两个流量的单位都是 bbl/d，则：

$$WOR = \frac{Q_w}{Q_o}$$

用方程（1.46）除以方程（1.45）：

$$WOR = \left(\frac{K_{rw}}{K_{ro}}\right)\left(\frac{\mu_o B_o}{\mu_w B_w}\right) \tag{1.52}$$

式中　$WOR$——水油比，bbl/bbl。

瞬时 $GOR$，用 ft³/bbl 表示，定义为总气体流量，即自由气和溶解气的总流量除以油的流量：

$$GOR = \frac{Q_o R_s + Q_g}{Q_o}$$

或：

$$GOR = R_s + \frac{Q_g}{Q_o} \tag{1.53}$$

式中　$GOR$——瞬时气油比，ft³/bbl；

　　　$R_s$——气体溶解度，ft³/bbl；

　　　$Q_g$——自由气流量，ft³/d；

　　　$Q_o$——油的流量，bbl/d。

将方程（1.45）和方程（1.47）代入方程（1.51）中得：

$$GOR = R_s + \left(\frac{K_{rg}}{K_{ro}}\right)\left(\frac{\mu_o B_o}{\mu_g B_g}\right) \tag{1.54}$$

式中　$B_g$——气体地层体积系数，bbl/ft³。

$WOR$ 和 $GOR$ 实际应用的详细讨论将在后面的章节中介绍。

### 1.2.3　不稳定流

图 1.17（a）表示的是半径为 $r_e$ 且各点压力 $p_i$ 相等的均质圆形油藏中心的一口关井。原始油藏条件表示生产时间为零。如果使该井以某一恒定流量 $q$ 生产，井底钻开的砂层就会出现压力扰动。一旦开井，井底压力 $p_{wf}$ 将立即下降。压力扰动以某一速度由井底逐渐向外传播，该速度取决于渗透率、孔隙度、流体黏度、岩石和流体的压缩系数。

图 1.17（b）表示在 $t_1$ 时刻，压力扰动向油藏内移动 $r_1$ 的距离。注意压力扰动半径随着时间的增加不断增加。这个半径通常称为探测半径，用 $r_{inv}$ 表示。应该指出的是只要探测半径没有到达油藏边界 $r_e$，油藏动态符合无限大。在这期间油藏无边界作用是因为外部泄油半径 $r_e$ 的数值可以无限大，即 $r_e = \infty$。关于上面的类似讨论也可用于描述以恒定井底流

动压力生产的井。

图 1.17（c）说明了探测半径的传播随时间的变化。在 $t_4$ 时刻，压力扰动到达边界，即 $r_{inv}=r_e$。这引起压力动态改变。

根据上面的讨论，不稳定流定义为边界对油藏压力动态没有影响且油藏动态符合无限大的时间区间内的流动。图 1.17（b）显示恒定流量情况下不稳定流出现在 $0<t<t_t$ 的时间区间内。图 1.17（c）显示恒定 $p_{wf}$ 情况下不稳定流出现在 $0<t<t_4$ 的时间区间内。

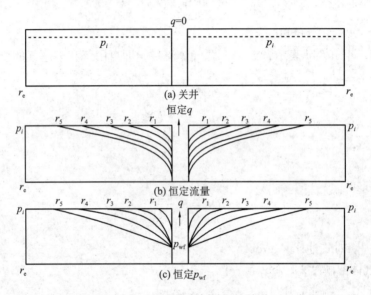

图 1.17　压力分布与时间的关系

### 1.2.4　不稳定流基本方程

在稳定流条件下，流入与流出流动体系的量相等。在不稳定流情况下，流入孔隙介质单元体的量可能不等于流出该单元的量，相应地，孔隙介质中的流体体积随时间变化。除了在介绍稳定流时已经用到的变量外，不稳定流需要的其他控制变量是时间 $t$、孔隙度 $\phi$、总压缩系数 $c_t$。

不稳定流方程的数学表达式是基于三个独立的方程以及组成不稳定流方程的一组特定边界条件和初始条件。下面主要介绍这些方程和边界条件。

连续性方程：连续性方程是一个基本的物质平衡方程，用来表示产出、注入或存留在油藏中的流体的质量。

运动方程：连续性方程与流体运动方程联合来描述流体流进或流出油藏的流量。基本的运动方程是达西方程的通用微分形式。

状态方程（压缩性方程）：在建立不稳定流方程时，用流体的状态方程（压缩性方程）（用密度或体积表示）描述流体的体积随压力的变化。

初始条件和边界条件：在构建不稳定流方程的表达式和求解不稳定流方程时，需要用到两个边界条件和一个初始条件。

两个边界条件是：（1）地层流体以恒定流量流入井底；（2）外边界没有流动通过，油藏可以看做无限大，即 $r_e = \infty$ 。

初始条件可以简单地表示为：在油藏开始生产时，即时间 $=0$ 时，油藏各处的压力相等。

分析图 1.18 所示的流动单元。单元体宽 dr，与井中心的距离 r。孔隙单元的微分体积 dV。根据物质平衡方程的概念，在时间差 $\Delta t$ 内流入单元体的质量流量减去流出单元体的质量流量等于该时间段内累积量。即：

$$\begin{bmatrix} \Delta t \text{时间内流入} \\ \text{单元体的质量} \end{bmatrix} - \begin{bmatrix} \Delta t \text{时间内流出} \\ \text{单元体的质量} \end{bmatrix} = \begin{bmatrix} \Delta t \text{时间内的} \\ \text{质量的累积量} \end{bmatrix} \tag{1.55}$$

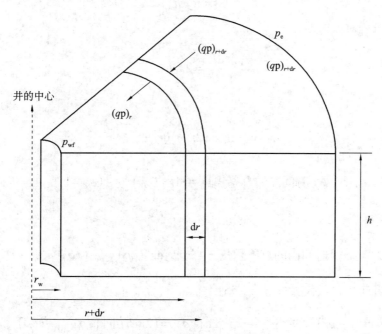

图 1.18　径向流示意图

下面分别讨论方程（1.55）中的各项：

时间 $\Delta t$ 内流入单元体的质量：

$$(\text{Mass})_{\text{in}} = \Delta t \left[ A \nu \rho \right]_{r+dr} \tag{1.56}$$

式中　$\nu$——流体的流动速度，ft/d；

　　　$\rho$——（r+dr）处的流体密度，lb/ft$^3$；

　　　$A$——（r+dr）处的面积；

　　　$\Delta t$——时间间隔，d。

单元体入口端的面积：

$$A_{r+dr} = 2\pi (r + dr) h \tag{1.57}$$

联合方程（1.57）和方程（1.56）得：

$$(\text{Mass})_{\text{in}} = 2\pi\Delta t(r+\mathrm{d}r)h(v\rho)_{r+\mathrm{d}r} \tag{1.58}$$

流出单元体的质量采用同样的方法：

$$(\text{Mass})_{\text{out}} = 2\pi\Delta t r h(v\rho)_r \tag{1.59}$$

总累积量：半径为 $r$ 的某一单元的体积：

$$V = \pi r^2 h$$

将上面的方程对 $r$ 求导：

$$\frac{\mathrm{d}V}{\mathrm{d}r} = 2\pi rh$$

或：

$$\mathrm{d}V = (2\pi rh)\mathrm{d}r \tag{1.60}$$

$$\Delta t \text{ 时间内的总累积量} = \mathrm{d}V\left[(\phi\rho)_{t+\Delta t} - (\phi\rho)_t\right]$$

将 $\mathrm{d}V$ 代入得：

$$\Delta t \text{ 时间内的总累积量} = (2\pi rh)\mathrm{d}r\left[(\phi\rho)_{t+\Delta t} - (\phi\rho)_t\right] \tag{1.61}$$

将上面的几个关系式代入方程（1.55）：

$$2\pi h(r+\mathrm{d}r)\Delta t(v\rho)_{r+\mathrm{d}r} - 2\pi hr\Delta t(v\rho)_r = (2\pi rh)\mathrm{d}r\left[(\phi\rho)_{t+\Delta t} - (\phi\rho)_t\right]$$

将上面的方程除以（$2\pi rh$）$\mathrm{d}r$ 并简化：

$$\frac{1}{r\mathrm{d}r}\left[(r+\mathrm{d}r)(v\rho)_{r+\mathrm{d}r} - r(v\rho)_r\right] = \frac{1}{\Delta t}\left[(\phi\rho)_{t+\Delta t} - (\phi\rho)_t\right]$$

或：

$$\frac{1}{r}\frac{\partial}{\partial r}\left[r(v\rho)\right] = \frac{\partial}{\partial t}(\phi\rho) \tag{1.62}$$

式中　$\phi$ ——孔隙度；

　　　$\rho$ ——密度，$\mathrm{lb/ft^3}$；

　　　$v$ ——流体速度，$\mathrm{ft/d}$。

方程（1.62）称为连续性方程，它提供了径向坐标系中的质量守恒定律。

把运动方程代入连续性方程建立控制体积 $\mathrm{d}V$ 内的流体速度与压力梯度的关系。达西定律是基本运动方程，它表明了速度正比于压力梯度 $\partial p / \partial r$。根据方程（1.24）：

$$v = 5.615 \times 0.001127 \frac{K}{\mu} \frac{\partial p}{\partial r} = 0.006328 \times \frac{K}{\mu} \frac{\partial p}{\partial r} \tag{1.63}$$

式中　　$K$——渗透率，mD；

　　　　$v$——速度，ft/d。

联合方程（1.63）和方程（1.62）得：

$$\frac{0.006328}{r} \frac{\partial}{\partial r} \left[ \frac{K}{\mu} (\rho r) \frac{\partial p}{\partial r} \right] = \frac{\partial}{\partial t} (\phi \rho) \tag{1.64}$$

展开方程右侧：

$$\frac{\partial}{\partial t} (\phi \rho) = \phi \frac{\partial \rho}{\partial t} + \rho \frac{\partial \phi}{\partial t} \tag{1.65}$$

孔隙度与地层压缩系数的关系：

$$c_f = \frac{1}{\phi} \frac{\partial \phi}{\partial p} \tag{1.66}$$

对 $\partial \phi / \partial t$ 应用微分的链式法则：

$$\frac{\partial \phi}{\partial t} = \frac{\partial \phi}{\partial p} \frac{\partial p}{\partial t}$$

把方程（1.66）代入上面的方程中：

$$\frac{\partial \phi}{\partial t} = \phi c_f \frac{\partial p}{\partial t}$$

最后，把上面的关系式代入方程（1.65），并把结果代入方程（1.64）中得：

$$\frac{0.006328}{r} \frac{\partial}{\partial r} \left[ \frac{K}{\mu} (\rho r) \frac{\partial p}{\partial r} \right] = \rho \phi c_f \frac{\partial p}{\partial t} + \phi \frac{\partial p}{\partial t} \tag{1.67}$$

方程（1.67）是描述孔隙介质中任一流体径向流的通用偏微分方程。除了达西方程中所做的初始假设即假设流动是层流以外，该方程不受流体类型的限制，适用于气体或液体。然而，为了建立能够描述可压缩流体和微可压缩流体的流动动态的实用方程，这两种流体必须分开考虑。下面介绍这两种流动体系的分析过程：（1）微可压缩流体的径向流；（2）可压缩流体的径向流。

### 1.2.5　微可压缩流体的径向流

为了简化方程（1.67），假设在压力、时间和距离范围内渗透率和黏度恒定，得到：

$$\left(\frac{0.006328K}{\mu r}\right)\frac{\partial}{\partial r}\left(r\rho\frac{\partial p}{\partial r}\right)=\rho\phi c_{\mathrm{f}}\frac{\partial p}{\partial t}+\phi\frac{\partial\rho}{\partial t} \tag{1.68}$$

展开上面的方程：

$$0.006328\left(\frac{K}{\mu}\right)\left[\frac{\rho}{r}\frac{\partial p}{\partial r}+\rho\frac{\partial^2 p}{\partial r^2}+\frac{\partial p}{\partial r}\frac{\partial\rho}{\partial r}\right]=\rho\phi c_{\mathrm{f}}\left(\frac{\partial p}{\partial t}\right)+\phi\left(\frac{\partial\rho}{\partial t}\right)$$

对上面的关系式应用链式法则：

$$0.006328\left(\frac{K}{\mu}\right)\left[\frac{\rho}{r}\frac{\partial p}{\partial r}+\rho\frac{\partial^2 p}{\partial r^2}+\left(\frac{\partial p}{\partial r}\right)^2\frac{\partial\rho}{\partial p}\right]=\rho\phi c_{\mathrm{f}}\left(\frac{\partial p}{\partial t}\right)+\phi\left(\frac{\partial p}{\partial t}\right)\left(\frac{\partial\rho}{\partial p}\right)$$

上面的表达式除以流体密度 $\rho$：

$$0.006328\left(\frac{K}{\mu}\right)\left[\frac{1}{r}\frac{\partial p}{\partial r}+\frac{\partial^2 p}{\partial r^2}+\left(\frac{\partial p}{\partial r}\right)^2\left(\frac{1}{\rho}\frac{\partial\rho}{\partial p}\right)\right]=\phi c_{\mathrm{f}}\left(\frac{\partial p}{\partial t}\right)+\phi\left(\frac{\partial p}{\partial t}\right)\left(\frac{1}{\rho}\frac{\partial\rho}{\partial p}\right)$$

又因为任一流体的压缩系数与它的密度的关系：

$$c=\frac{1}{\rho}\frac{\partial\rho}{\partial p}$$

联合上面两个方程：

$$0.006328\left(\frac{K}{\mu}\right)\left[\frac{\partial^2 p}{\partial r^2}+\frac{1}{r}\frac{\partial p}{\partial r}+c\left(\frac{\partial p}{\partial r}\right)^2\right]=\phi c_{\mathrm{f}}\left(\frac{\partial p}{\partial t}\right)+\phi c\left(\frac{\partial p}{\partial t}\right)$$

考虑 $c\left(\partial p/\partial r\right)^2$ 非常小可以忽略，得到：

$$0.006328\left(\frac{K}{\mu}\right)\left[\frac{\partial^2 p}{\partial r^2}+\frac{1}{r}\frac{\partial p}{\partial r}\right]=\phi\left(c_{\mathrm{f}}+c\right)\left(\frac{\partial p}{\partial t}\right) \tag{1.69}$$

确定总压缩系数 $c_{\mathrm{t}}$ 为：

$$c_{\mathrm{t}}=c+c_{\mathrm{f}} \tag{1.70}$$

联合方程（1.68）和方程（1.69）并整理：

$$\frac{\partial^2 p}{\partial r^2}+\frac{1}{r}\frac{\partial p}{\partial r}=\frac{\phi\mu c_{\mathrm{t}}}{0.006328K}\frac{\partial p}{\partial t} \tag{1.71}$$

其中时间 $t$ 以 d 为单位。

方程（1.71）称为扩散方程。在石油工程领域被认为是最重要、应用最广泛的数学表达式之一。该方程常用于试井数据的分析。在试井资料中时间通常以小时记录，方程可以表示为：

$$\frac{\partial^2 p}{\partial r^2}+\frac{1}{r}\frac{\partial p}{\partial r}=\frac{\phi\mu c_{\text{t}}}{0.0002637K}\frac{\partial p}{\partial t} \tag{1.72}$$

式中  $K$——渗透率，mD；

$r$——半径，ft；

$p$——压力，psia；

$c_{\text{t}}$——总压缩系数，$psi^{-1}$；

$t$——时间，h；

$\phi$——孔隙度，用分数表示；

$\mu$——黏度，mPa·s。

当油藏中包含多种流体时，总压缩系数应该计算为：

$$c_{\text{t}}=c_{\text{o}}S_{\text{o}}+c_{\text{w}}S_{\text{w}}+c_{\text{g}}S_{\text{g}}+c_{\text{f}} \tag{1.73}$$

式中  $c_{\text{o}}$，$c_{\text{w}}$，$c_{\text{g}}$——油、水和气的压缩系数；

$S_{\text{o}}$，$S_{\text{w}}$，$S_{\text{g}}$——油、水和气的饱和度。

应该注意，尽管方程（1.71）中引入 $c_{\text{t}}$ 也不能使该方程用于多相流体的流动；方程（1.73）所确定的 $c_{\text{t}}$ 的使用只是说明油藏中与正在流动的流体共存的任何可流动流体的压缩性。

$0.0002637K/(\phi\mu c_{\text{t}})$ 称为导压系数，用符号 $\eta$ 表示。即：

$$\eta=\frac{0.0002637K}{\phi\mu c_{\text{t}}} \tag{1.74}$$

扩散方程可以用更简便的形式表示：

$$\frac{\partial^2 p}{\partial r^2}+\frac{1}{r}\frac{\partial p}{\partial r}=\frac{1}{\eta}\frac{\partial p}{\partial t} \tag{1.75}$$

关系式（1.75）所表示的扩散方程用于确定压力与时间 $t$ 和位置 $r$ 之间的函数关系。

注意对于稳定流条件，油藏中任一点的压力恒定，不随时间变化，即 $\partial p/\partial t=0$，因此，方程（1.75）简化为：

$$\frac{\partial^2 p}{\partial r^2}+\frac{1}{r}\frac{\partial p}{\partial r}=0 \tag{1.76}$$

方程（1.76）称为稳定流的拉普拉斯方程。

**例 1.9**  证明达西方程的径向流形式是方程（1.76）的解。

**解**  步骤 1：从方程（1.28）表示的达西定律开始。

$$p=p_{\text{wf}}+\left(\frac{Q_{\text{o}}B_{\text{o}}\mu_{\text{o}}}{0.00708Kh}\right)\ln\left(\frac{r}{r_{\text{w}}}\right)$$

步骤 2：对于不可压缩流体的稳定流，方括号内的项是个常数，用 $C$ 代替。则：

$$p = p_{wf} + [C]\ln\left(\frac{r}{r_w}\right)$$

步骤 3：对上面的表达式进行一次求导和二次求导。

$$\frac{\partial p}{\partial r} = [C]\left(\frac{1}{r}\right)$$

$$\frac{\partial^2 p}{\partial r^2} = [C]\left(\frac{-1}{r^2}\right)$$

步骤 4：把上面的两次求导代入方程（1.76）。

$$\frac{-1}{r^2}[C] + \left(\frac{1}{r}\right)[C]\left(\frac{1}{r}\right) = 0$$

步骤 5：步骤 4 的结果表明达西方程符合方程（1.76），确实是拉普拉斯方程的解。

为了得到扩散方程（1.75）的解，必须确定一个初始条件和两个边界条件。初始条件可以简单地表示为在油藏开始生产时油藏各处的压力 $p_i$ 相等。两个边界条件要求井以恒定产量生产和油藏可以看做无限大，即 $r_e = \infty$。

把边界条件应用到方程（1.75）得到扩散方程的两个通用解：(1) 恒边界压力解；(2) 恒边界流量解。

恒边界压力解用于计算边界压力保持恒定的油藏内任一时刻的累计流量。该方法多用于气藏和油藏的水侵计算。

径向扩散方程的恒边界流量解用于计算整个径向流体系的压力变化，假定该体系的一端，即井底的流量保持恒定。恒边界流量解的两个常用形式为：(1) Ei 函数解；(2) 无量纲压力降 $p_D$ 解。

### 1.2.5.1　恒边界压力解

在径向扩散方程的恒流量解中，某一半径（通常是井底半径）处的流量被认为是恒定的，该半径周围的压力分布是时间和位置的函数。在恒边界压力解中，某一特定半径处的压力被认为是恒定的，该解用于计算流经特定半径（外边界）的流体的累计流量。

恒压力解广泛用于水侵计算。有关该解的详细论述和它在油藏工程中的实际应用将在本书的水侵章节（第 2 章）进行论述。

### 1.2.5.2　恒边界流量解

恒边界流量解是多数不稳定试井分析技术，如压降试井和压力恢复试井分析的重要组成部分。大多数试井都牵涉生产井以恒定流量生产并记录流动压力随时间的变化，即 $p$ $(r_w, t)$。恒边界流量解有两种常用的形式：(1) Ei 函数解；(2) 无量纲压力降 $p_D$ 解。

下面介绍扩散方程的这两种常用解。

### 1.2.5.3　Ei 函数解

对于无边界作用油藏，Matthews 和 Russel（1967）提出了扩散方程的下列解：

$$p(r,t) = p_i + \left(\frac{70.6Q_o\mu B_o}{Kh}\right)\mathrm{Ei}\left(\frac{-948\phi\mu c_t r^2}{Kt}\right) \tag{1.77}$$

式中　$p(r, t)$ ——$t$ h 后，与井距离为半径 $r$ 处的压力；

　　　$t$ ——时间，h；

　　　$K$ ——渗透率，mD；

　　　$Q_o$ ——流量，bbl/d。

数学函数式 Ei 被称为指数积分式，定义为：

$$\mathrm{Ei}(-x) = -\int_x^\infty \frac{e^{-u}\mathrm{d}u}{u} = \left[\ln x - \frac{x}{1!} + \frac{x^2}{2\times(2!)} - \frac{x^3}{3\times(3!)} + \cdots\right] \tag{1.78}$$

Craft 等（1991）建立了 Ei 函数值的表格和图形，分别如表 1.1 和图 1.19 所示。

**表 1.1　–Ei（–$x$）对应 $x$ 的函数值**

| $x$ | –Ei（–$x$） | $x$ | –Ei（–$x$） | $x$ | –Ei（–$x$） |
|---|---|---|---|---|---|
| 0.1 | 1.82292 | 3.5 | 0.00697 | 6.9 | 0.00013 |
| 0.2 | 1.22265 | 3.6 | 0.00616 | 7.0 | 0.00012 |
| 0.3 | 0.90568 | 3.7 | 0.00545 | 7.1 | 0.00010 |
| 0.4 | 0.70238 | 3.8 | 0.00482 | 7.2 | 0.00009 |
| 0.5 | 0.55977 | 3.9 | 0.00427 | 7.3 | 0.00008 |
| 0.6 | 0.45438 | 4.0 | 0.00378 | 7.4 | 0.00007 |
| 0.7 | 0.37377 | 4.1 | 0.00335 | 7.5 | 0.00007 |
| 0.8 | 0.31060 | 4.2 | 0.00297 | 7.6 | 0.00006 |
| 0.9 | 0.26018 | 4.3 | 0.00263 | 7.7 | 0.00005 |
| 1.0 | 0.21938 | 4.4 | 0.00234 | 7.8 | 0.00005 |
| 1.1 | 0.18599 | 4.5 | 0.00207 | 7.9 | 0.00004 |
| 1.2 | 0.15841 | 4.6 | 0.00184 | 8.0 | 0.00004 |
| 1.3 | 0.13545 | 4.7 | 0.00164 | 8.1 | 0.00003 |
| 1.4 | 0.11622 | 4.8 | 0.00145 | 8.2 | 0.00003 |
| 1.5 | 0.10002 | 4.9 | 0.00129 | 8.3 | 0.00003 |
| 1.6 | 0.08631 | 5.0 | 0.00115 | 8.4 | 0.00002 |
| 1.7 | 0.07465 | 5.1 | 0.00102 | 8.5 | 0.00002 |
| 1.8 | 0.06471 | 5.2 | 0.00091 | 8.6 | 0.00002 |
| 1.9 | 0.05620 | 5.3 | 0.00081 | 8.7 | 0.00002 |
| 2.0 | 0.04890 | 5.4 | 0.00072 | 8.8 | 0.00002 |
| 2.1 | 0.04261 | 5.5 | 0.00064 | 8.9 | 0.00001 |
| 2.2 | 0.03719 | 5.6 | 0.00057 | 9.0 | 0.00001 |
| 2.3 | 0.03250 | 5.7 | 0.00051 | 9.1 | 0.00001 |

续表

| x | −Ei (−x) | x | −Ei (−x) | x | −Ei (−x) |
|---|---|---|---|---|---|
| 2.4 | 0.02844 | 5.8 | 0.00045 | 9.2 | 0.00001 |
| 2.5 | 0.02491 | 5.9 | 0.00040 | 9.3 | 0.00001 |
| 2.6 | 0.02185 | 6.0 | 0.00036 | 9.4 | 0.00001 |
| 2.7 | 0.01918 | 6.1 | 0.00032 | 9.5 | 0.00001 |
| 2.8 | 0.01686 | 6.2 | 0.00029 | 9.6 | 0.00001 |
| 2.9 | 0.01482 | 6.3 | 0.00026 | 9.7 | 0.00001 |
| 3.0 | 0.01305 | 6.4 | 0.00023 | 9.8 | 0.00001 |
| 3.1 | 0.01149 | 6.5 | 0.00020 | 9.9 | 0.00000 |
| 3.2 | 0.01013 | 6.6 | 0.00018 | 10.0 | 0.00000 |
| 3.3 | 0.00894 | 6.7 | 0.00016 | | |
| 3.4 | 0.00789 | 6.8 | 0.00014 | | |

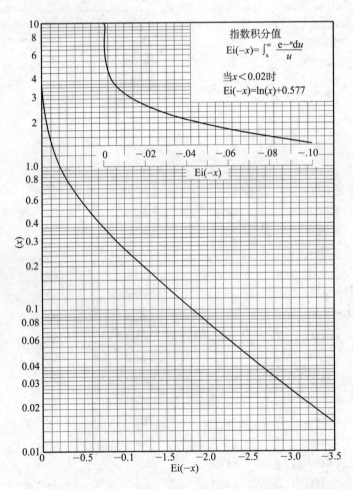

图 1.19　Ei 函数

方程（1.77）所表示的 Ei 解通常被称为线源解。当自变量 $x$ 小于 0.01 时，指数积分式 Ei 可以用下面的方程求得近似值：

$$\text{Ei}(-x) = \ln(1.781x) \tag{1.79}$$

在这种情况下自变量 $x$：

$$x = \frac{948\phi\mu c_t r^2}{Kt}$$

方程（1.79）近似求 Ei 函数值的误差小于 0.25%。当 $0.01 < x < 3.0$ 时，另一个用来求 Ei 函数近似值的表达式如下所示：

$$\text{Ei}(-x) = a_1 + a_2\ln(x) + a_3\left[\ln(x)\right]^2 + a_4\left[\ln(x)\right]^3 + a_5x$$
$$+ a_6x^2 + a_7x^3 + a_8/x \tag{1.80}$$

系数 $a_1$ 到 $a_8$ 的值如下：

$a_1 = -0.33153973$；$a_2 = -0.81512322$；$a_3 = 5.22123384 \times 10^{-2}$；$a_4 = 5.9849819 \times 10^{-3}$；$a_5 = 0.662318450$；$a_6 = -0.12333524$；$a_7 = 1.0832566 \times 10^{-2}$；$a_8 = 8.6709776 \times 10^{-4}$。

用上面的关系式求 Ei 的近似值的平均误差为 0.5%。

应该指出的是，对于油藏工程计算，当 $x > 10.9$ 时，Ei$(-x)$ 可看做零。

**例 1.10** 一口油井在不稳定流条件下以恒定流量 300bbl/d 生产。油藏岩石和流体的特性参数如下：

$B_o = 1.25$bbl/bbl，$\mu_o = 1.5$mPa·s，$c_t = 12 \times 10^{-6}$psi$^{-1}$，$K_o = 60$mD，$h = 15$ft，$p_i = 4000$psi，$\phi = 15\%$，$r_w = 0.25$ft

（1）计算 1h 半径 0.25ft，5ft，10ft，50ft，100ft，500ft，1000ft，1500ft，2000ft，2500ft 处的压力，并用计算结果绘制：①压力与半径对数的关系曲线；②压力与半径的关系曲线。

（2）重复第一部分，时间 $t = 12$h 和 14h。并利用结果绘制压力与半径对数的关系曲线。

**解** 步骤 1：用方程（1.77）进行计算。

$$p(r,t) = 4000 + \left(\frac{70.6 \times 300 \times 1.5 \times 1.25}{60 \times 15}\right) \times \text{Ei}\left[\frac{-948 \times 1.5 \times 1.5 \times (12 \times 10^{-6})r^2}{60t}\right]$$

$$= 4000 + 44.125\text{Ei}\left[(-42.6 \times 10^{-6})\frac{r^2}{t}\right]$$

步骤 2：时间为 1h，用下面的表格形式进行必要的计算。

| $r$ (ft) | $x = (-42.6 \times 10^{-6})r^2/1$ | Ei$(-x)$ | $p(r, 12) = 4000 + 44.125\text{Ei}(-x)$ |
|---|---|---|---|
| 0.25 | $-2.6625 \times 10^{-6}$ | $-12.26$ [①] | 3459 |
| 5 | $-0.001065$ | $-6.27$ [①] | 3723 |
| 10 | $-0.00426$ | $-4.88$ [①] | 3785 |

续表

| $r$ (ft) | $x= (-42.6 \times 10^{-6}) r^2/1$ | Ei $(-x)$ | $p$ $(r, 12) = 4000 + 44.125\text{Ei} (-x)$ |
|---|---|---|---|
| 50 | −0.1065 | −1.76[②] | 3922 |
| 100 | −0.4260 | −0.75[②] | 3967 |
| 500 | −10.65 | 0 | 4000 |
| 1000 | −42.60 | 0 | 4000 |
| 1500 | −95.85 | 0 | 4000 |
| 2000 | −175.40 | 0 | 4000 |
| 2500 | −266.25 | 0 | 4000 |

①由方程（1.78）计算得到。

②由图 1.19 得到。

步骤 3：利用计算结果绘制曲线，如图 1.20 和图 1.21 所示。

步骤 4：重复 $t$=12h 和 24h 的计算，如下表所示。

| $r$ (ft) | $x= (-42.6 \times 10^{-6}) r^2/12$ | Ei $(-x)$ | $p$ $(r, 12) = 4000 + 44.125\text{Ei} (-x)$ |
|---|---|---|---|
| 0.25 | $-0.222 \times 10^{-6}$ | −14.74[①] | 3350 |
| 5 | $-88.75 \times 10^{-6}$ | −8.75[①] | 3614 |
| 10 | $-355.0 \times 10^{-6}$ | −7.37[①] | 3675 |
| 50 | −0.0089 | −4.14[①] | 3817 |
| 100 | −0.0355 | −2.81[②] | 3876 |
| 500 | −0.888 | −0.269 | 3988 |
| 1000 | −3.55 | −0.0069 | 4000 |
| 1500 | −7.99 | $-3.77 \times 10^{-5}$ | 4000 |
| 2000 | −14.62 | 0 | 4000 |
| 2500 | −208.3 | 0 | 4000 |

①由方程（1.78）计算得到。

②由图 1.19 得到。

| $r$ (ft) | $x= (-42.6 \times 10^{-6}) r^2/24$ | Ei $(-x)$ | $p$ $(r, 12) = 4000 + 44.125\text{Ei} (-x)$ |
|---|---|---|---|
| 0.25 | $-0.111 \times 10^{-6}$ | −15.44[①] | 3319 |
| 5 | $-44.38 \times 10^{-6}$ | −9.45[①] | 3583 |
| 10 | $-177.5 \times 10^{-6}$ | −8.06[①] | 3644 |
| 50 | −0.0045 | −4.83[①] | 3787 |
| 100 | −0.0178 | −8.458[②] | 3847 |
| 500 | −0.444 | −0.640 | 3972 |
| 1000 | −1.775 | −0.067 | 3997 |
| 1500 | −3.995 | −0.0427 | 3998 |
| 2000 | −7.310 | $8.24 \times 10^{-6}$ | 4000 |
| 2500 | −104.15 | 0 | 4000 |

①由方程（1.78）计算得到。

②由图 1.19 得到。

步骤 5：利用步骤 4 的计算结果绘制曲线，如图 1.21 所示。

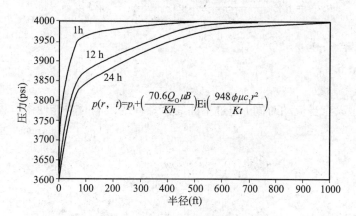

图 1.20　压力分布与时间的函数曲线

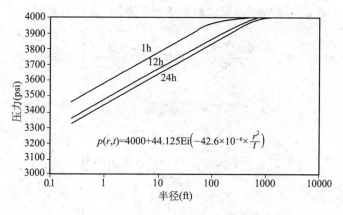

图 1.21　压力分布与时间的半对数曲线

图 1.21 表明当压力扰动快速地从井底向外传播时，油藏边界和它的轮廓对压力动态没有影响，由此得到不稳定流的定义：不稳定流出现在边界对压力动态没有影响，油井好像在一个无限大油藏中生产的时间区间。

例 1.10 说明压力损失的大部分发生在井底附近，因此近井条件对流动动态有很大的影响。图 1.21 表明压力分布和泄油半径随着时间不断变化。值得注意的是油井的产量对压力扰动的速度或距离没有影响，因为 Ei 函数与流量无关。

当 Ei 函数的参数 $x < 0.01$ 时，方程（1.79）表示的 Ei 函数的对数形式可用于方程（1.77）：

$$p(r,t) = p_i - \frac{162.6 Q_o B_o \mu_o}{Kh}\left[\lg\left(\frac{Kt}{\phi \mu c_t r^2}\right) - 3.23\right] \tag{1.81}$$

对于大多数不稳定流计算，工程师们主要关心井底（$r = r_w$）流动压力的动态。当 $r = r_w$ 时，根据方程（1.81）得到：

$$p_{wf} = p_i - \frac{162.6 Q_o B_o \mu_o}{Kh} \left[ \lg \left( \frac{Kt}{\phi \mu c_t r_w^2} \right) - 3.23 \right] \qquad (1.82)$$

式中　　$K$——渗透率，mD；

　　　　$t$——时间，h；

　　　　$c_f$——总压缩系数，$psi^{-1}$。

应该注意的是只有当流动时间 $t$ 超过下面约束条件的限制时才能使用方程（1.81）和方程（1.82）。

$$t > 9.48 \times 10^4 \frac{\phi \mu c_t r^2}{K} \qquad (1.83)$$

式中　　$K$——渗透率，mD；

　　　　$t$——时间，h。

注意当油井在不稳定流条件下以恒定流量生产，方程（1.82）可以表示为直线方程：

$$p_{wf} = p_i - \frac{162.6 Q_o B_o \mu_o}{Kh} \left[ \lg(t) + \lg \left( \frac{K}{\phi \mu c_t r_w^2} \right) - 3.23 \right]$$

或

$$p_{wf} = a + m\lg(t)$$

上面的方程表明，在半对数坐标中 $p_{wf}$ 与 $t$ 的关系曲线是一条直线，截距 $a$ 和斜率 $m$ 如下：

$$a = p_i - \frac{162.6 Q_o B_o \mu_o}{Kh} \left[ \lg \left( \frac{K}{\phi \mu c_t r_w^2} \right) - 3.23 \right]$$

$$m = \frac{162.6 Q_o B_o \mu_o}{Kh}$$

**例 1.11**　利用例 1.10 中的数据，计算生产 10h 后井底流动压力。

**解**　步骤 1：方程（1.82）只能用于计算方程（1.83）的时间限制以外的任一时间的 $p_{wf}$。

$$t > 9.48 \times 10^4 \frac{\phi \mu c_t r^2}{K}$$

$$t = 9.48 \times 10^4 \times \frac{0.15 \times 1.5 \times (12 \times 10^{-6}) \times 0.25^2}{60}$$

$$= 0.000267h$$

$$= 0.153s$$

在实际应用中，方程（1.82）可用于计算不稳定流期间任意时刻的井底压力。

步骤 2：因为给定的时间 10h 大于 0.000267h，所以 $p_{wf}$ 的值可以用方程（1.82）计算。

$$p_{wf} = p_i - \frac{162.6 Q_o B_o \mu_o}{Kh} \left[ \lg \left( \frac{Kt}{\phi \mu c_t r_w^2} \right) - 3.23 \right]$$

$$= 4000 - \frac{162.6 \times 300 \times 1.25 \times 1.5}{60 \times 15}$$

$$\times \left\{ \lg \left[ \frac{60 \times 10}{0.15 \times 1.5 \times \left( 12 \times 10^6 \right) \times 0.25^2} \right] - 3.23 \right\}$$

$$= 3358 \text{psi}$$

扩散方程解的第二种形式被称为无量纲压力降解，将在下面讨论。

#### 1.2.5.4　无量纲压力降 $p_D$ 解

为了介绍无量纲压力降解的概念，以方程（1.26）所表示的达西方程的径向流形式为例进行分析。

$$Q_o = \frac{0.00708 Kh \left( p_c - p_w \right)}{\mu_o B_o \ln \left( r_e / r_w \right)} = \frac{Kh \left( p_e - p_{wf} \right)}{141.2 \mu_o B_o \ln \left( r_e / r_w \right)}$$

整理上面的方程得到：

$$\frac{p_e - p_{wf}}{\left( \dfrac{141.2 Q_o B_o \mu_o}{Kh} \right)} = \ln \left( \frac{r_e}{r_w} \right) \tag{1.84}$$

很显然上面方程的右侧没有单位（即无量纲），相应地方程的左侧一定无量纲。因为左侧无量纲，而 $p_e - p_{wf}$ 的单位是 psi，因此 $Q_o B_o \mu_o / (0.00708 Kh)$ 具有压力的单位。实际上，任一压差除以 $Q_o B_o \mu_o / (0.00708 Kh)$ 得到一个无量纲压力。因此，方程（1.84）可以用无量纲的形式表示：

$$p_D = \ln \left( r_{eD} \right)$$

其中：

$$p_D = \frac{p_e - p_{wf}}{\left( \dfrac{141.2 Q_o B_o \mu_o}{Kh} \right)}$$

$$r_{eD} = \frac{r_e}{r_w}$$

无量纲压力降的概念可以用于描述不稳定流条件下压力的变化，不稳定流条件下压力是时间和半径的函数：

$$p = p \left( r, t \right)$$

因此，不稳定流条件下的无量纲压力确定为：

$$p_D = \frac{p_i - p(r,t)}{\left(\dfrac{141.2 Q_o B_o \mu_o}{Kh}\right)} \qquad (1.85)$$

当表示为无量纲形式时，因为压力 $p$ ($r$, $t$) 随时间和位置变化，因此通常表示为无量纲时间 $t_D$ 和无量纲半径 $r_D$ 的函数。

$$t_D = \frac{0.0002637 Kt}{\phi \mu c_t r_w^2} \qquad (1.86a)$$

无量纲时间 $t_D$ 的另一个常用形式是基于总泄油面积 $A$，表示为：

$$t_{DA} = \frac{0.0002637 Kt}{\phi \mu c_t A} = t_A \left(\frac{r_w^2}{A}\right) \qquad (1.86b)$$

$$r_D = \frac{r}{r_w} \qquad (1.87)$$

且：

$$r_{eD} = \frac{r_e}{r_w} \qquad (1.88)$$

式中　$p_D$——无量纲压力降；

　　　$r_{eD}$——无量纲外边界半径；

　　　$t_D$——基于井底半径 $r_w$ 的无量纲时间；

　　　$t_{DA}$——基于井泄油面积 $A$ 的无量纲时间；

　　　$A$——井泄油面积，即 $\pi r_e^2$，$ft^2$；

　　　$r_D$——无量纲半径；

　　　$t$——时间，h；

　　　$p$ ($r$, $t$) ——半径 $r$ 处 $t$ 时刻的压力；

　　　$K$——渗透率，mD；

　　　$\mu$——黏度，mPa·s。

把上面的无量纲组（即 $p_D$, $t_D$ 和 $r_D$）代入扩散方程 [ 方程 (1.75) ]，把方程变换为下面的无量纲形式：

$$\frac{\partial^2 p_D}{\partial r_D^2} + \frac{1}{r_D} \frac{\partial p_D}{r_D} = \frac{\partial p_D}{\partial t_D} \qquad (1.89)$$

van Everdingen 和 Hurst（1949）提出了上面方程的分析解并假设：(1) 理想的径向油藏体系；(2) 生产井位于油藏中心并以恒定产量 $Q$ 生产；(3) 生产前油藏各处的压力 $p_i$ 相等；(4) 外边界半径 $r_e$ 处没有流动通过。

　　van Everdingen 和 Hurst 以指数项的无穷级数和贝塞尔方程的形式提出了方程（1.89）的解。作者在较宽的 $t_D$ 取值范围内计算了几个 $r_{eD}$ 的值对应的级数并用无量纲压力降 $p_D$ 与无量纲半径 $r_{eD}$ 和无量纲时间 $t_D$ 的函数关系表示方程的解。Chatas（1953）和 Lee（1982）以便捷的表格形式列出了下列两种情况的解：（1）无边界作用油藏，$r_{eD}= \infty$ ；（2）有限径向油藏。

　　无边界作用油藏：对于无边界作用油藏，即 $r_{eD}= \infty$，方程（1.89）的解用无量纲压力降表示，是无量纲时间的函数。即：

$$p_D = f(t_D)$$

　　Chatas 和 Lee 用表列出了无边界作用油藏的 $p_D$ 值，如表 1.2 所示。下面的数学表达式可用于近似计算表中 $p_D$ 的值。

**表 1.2　$p_D$ 与 $t_D$ 的关系—无限径向流体系，内边界流量恒定**

| $t_D$ | $p_D$ | $t_D$ | $p_D$ | $t_D$ | $p_D$ |
|---|---|---|---|---|---|
| 0 | 0 | 0.15 | 0.3750 | 60.0 | 2.4758 |
| 0.0005 | 0.0250 | 0.2 | 0.4241 | 70.0 | 2.5501 |
| 0.001 | 0.0352 | 0.3 | 0.5024 | 80.0 | 2.6147 |
| 0.002 | 0.0495 | 0.4 | 0.5645 | 90.0 | 2.6718 |
| 0.003 | 0.0603 | 0.5 | 0.6167 | 100.0 | 2.7233 |
| 0.004 | 0.0694 | 0.6 | 0.6622 | 150.0 | 2.9212 |
| 0.005 | 0.0774 | 0.7 | 0.7024 | 200.0 | 3.0636 |
| 0.006 | 0.0845 | 0.8 | 0.7387 | 250.0 | 3.1726 |
| 0.007 | 0.0911 | 0.9 | 0.7716 | 300.0 | 3.2630 |
| 0.008 | 0.0971 | 1.0 | 0.8019 | 350.0 | 3.3394 |
| 0.009 | 0.1028 | 1.2 | 0.8672 | 400.0 | 3.4057 |
| 0.01 | 0.1081 | 1.4 | 0.9160 | 450.0 | 3.4641 |
| 0.015 | 0.1312 | 2.0 | 1.0195 | 500.0 | 3.5164 |
| 0.02 | 0.1503 | 3.0 | 1.1665 | 550.0 | 3.5643 |
| 0.025 | 0.1669 | 4.0 | 1.2750 | 600.0 | 3.6076 |
| 0.03 | 0.1818 | 5.0 | 1.3625 | 650.0 | 3.6476 |
| 0.04 | 0.2077 | 6.0 | 1.4362 | 700.0 | 3.6842 |
| 0.05 | 0.2301 | 7.0 | 1.4997 | 750.0 | 3.7184 |
| 0.06 | 0.2500 | 8.0 | 1.5557 | 800.0 | 3.7505 |
| 0.07 | 0.2680 | 9.0 | 1.6057 | 850.0 | 3.7805 |
| 0.08 | 0.2845 | 10.0 | 1.6509 | 900.0 | 3.8088 |
| 0.09 | 0.2999 | 15.0 | 1.8294 | 950.0 | 3.8355 |
| 0.1 | 0.3144 | 20.0 | 1.9601 | 1000.0 | 3.8584 |
| | | 30.0 | 2.1470 | | |
| | | 40.0 | 2.2824 | | |
| | | 50.0 | 2.3884 | | |

注：当 $t_D < 0.01$ 时，$p_D \cong \dfrac{2zt_D}{r}$；　　当 $100 < t_D < 0.25 r_{eD}^2$ 时，$p_D \cong 0.5\left(\ln t_D + 0.80907\right)$。

当 $t_D < 0.01$ 时：

$$p_D = 2\sqrt{\frac{t_D}{\pi}} \tag{1.90}$$

当 $t_D > 100$ 时：

$$p_D = 0.5\left[\ln(t_D) + 0.80907\right] \tag{1.91}$$

当 $0.02 < t_D \leqslant 100$ 时：

$$
\begin{aligned}
p_D = {}& a_1 + a_2\ln(t_D) + a_3\left[\ln(t_D)\right]^2 + a_4\left[\ln(t_D)\right]^3 + a_5 t_D \\
& + a_6(t_D)^2 + a_7(t_D)^3 + \frac{a_8}{t_D}
\end{aligned} \tag{1.92}
$$

上面方程的系数值：$a_1 = 0.8085064$；$a_2 = 0.29302022$；$a_3 = 3.5264177 \times 10^{-2}$；$a_4 = -1.4036304 \times 10^{-3}$；$a_5 = -4.7722225 \times 10^{-4}$；$a_6 = 5.1240532 \times 10^{-7}$；$a_7 = -2.3033017 \times 10^{-10}$；$a_8 = -2.6723117 \times 10^{-3}$。

有限径向流油藏：对于有限径向流体系，方程（1.89）的解是无量纲时间 $t_D$ 和无量纲半径 $r_{eD}$ 的函数：

$$p_D = f(t_D, r_{eD})$$

其中：

$$r_{eD} = \frac{\text{外边界半径}}{\text{井眼半径}} = \frac{r_e}{r_w} \tag{1.93}$$

表 1.3 列出了当 $1.5 < r_{eD} < 10$ 时压力 $p_D$ 与 $t_D$ 的函数值。应该指出的是 van Everdingen 和 Hurst 主要利用 $p_D$ 函数解建立水侵入油藏的动态模型。在这种情况下，作者所说的井底半径 $r_w$ 是油藏的外边界半径，而 $r_e$ 是含水层外边界的半径。因此，表 1.3 中的 $r_{eD}$ 的取值范围适用于这种情况。

**表 1.3　$p_D$ 与 $t_D$ 的关系——有限径向流体系，内边界流量恒定**

| $r_{eD}=1.5$ | | $r_{eD}=2.0$ | | $r_{eD}=2.5$ | | $r_{eD}=3.0$ | | $r_{eD}=3.5$ | | $r_{eD}=4.0$ | |
|---|---|---|---|---|---|---|---|---|---|---|---|
| $t_D$ | $p_D$ | $t_D$ | $p_D$ | $t_D$ | $p_D$ | $t_D$ | $p_D$ | $t_D$ | $p_D$ | $t_D$ | $p_D$ |
| 0.06 | 0.251 | 0.22 | 0.443 | 0.40 | 0.565 | 0.52 | 0.627 | 1.0 | 0.802 | 1.5 | 0.927 |
| 0.08 | 0.288 | 0.24 | 0.459 | 0.42 | 0.576 | 0.54 | 0.636 | 1.1 | 0.830 | 1.6 | 0.948 |
| 0.10 | 0.322 | 0.26 | 0.476 | 0.44 | 0.587 | 0.56 | 0.645 | 1.2 | 0.857 | 1.7 | 0.968 |
| 0.12 | 0.355 | 0.28 | 0.492 | 0.46 | 0.598 | 0.60 | 0.662 | 1.3 | 0.882 | 1.8 | 0.988 |
| 0.14 | 0.387 | 0.30 | 0.507 | 0.48 | 0.608 | 0.65 | 0.683 | 1.4 | 0.906 | 1.9 | 1.007 |
| 0.16 | 0.420 | 0.32 | 0.522 | 0.50 | 0.618 | 0.70 | 0.703 | 1.5 | 0.929 | 2.0 | 1.025 |

续表

| $r_{eD}=1.5$ | | $r_{eD}=2.0$ | | $r_{eD}=2.5$ | | $r_{eD}=3.0$ | | $r_{eD}=3.5$ | | $r_{eD}=4.0$ | |
|---|---|---|---|---|---|---|---|---|---|---|---|
| $t_D$ | $p_D$ | $t_D$ | $p_D$ | $t_D$ | $p_D$ | $t_D$ | $p_D$ | $t_D$ | $p_D$ | $t_D$ | $p_D$ |
| 0.18 | 0.452 | 0.34 | 0.536 | 0.52 | 0.628 | 0.75 | 0.721 | 1.6 | 0.951 | 2.2 | 1.059 |
| 0.20 | 0.484 | 0.36 | 0.551 | 0.54 | 0.638 | 0.80 | 0.740 | 1.7 | 0.973 | 2.4 | 1.092 |
| 0.22 | 0.516 | 0.38 | 0.565 | 0.56 | 0.647 | 0.85 | 0.758 | 1.8 | 0.994 | 2.6 | 1.123 |
| 0.24 | 0.548 | 0.40 | 0.579 | 0.58 | 0.657 | 0.90 | 0.776 | 1.9 | 1.014 | 2.8 | 1.154 |
| 0.26 | 0.580 | 0.42 | 0.593 | 0.60 | 0.666 | 0.95 | 0.791 | 2.0 | 1.034 | 3.0 | 1.184 |
| 0.28 | 0.612 | 0.44 | 0.607 | 0.65 | 0.688 | 1.0 | 0.806 | 2.25 | 1.083 | 3.5 | 1.255 |
| 0.30 | 0.644 | 0.46 | 0.621 | 0.70 | 0.710 | 1.2 | 0.865 | 2.50 | 1.130 | 4.0 | 1.324 |
| 0.35 | 0.724 | 0.48 | 0.634 | 0.75 | 0.731 | 1.4 | 0.920 | 2.75 | 1.176 | 4.5 | 1.392 |
| 0.40 | 0.804 | 0.50 | 0.648 | 0.80 | 0.752 | 1.6 | 0.973 | 3.0 | 1.221 | 5.0 | 1.460 |
| 0.45 | 0.884 | 0.60 | 0.715 | 0.85 | 0.772 | 2.0 | 1.076 | 4.0 | 1.401 | 5.5 | 1.527 |
| 0.50 | 0.964 | 0.70 | 0.782 | 0.90 | 0.792 | 3.0 | 1.328 | 5.0 | 1.579 | 6.0 | 1.594 |
| 0.55 | 1.044 | 0.80 | 0.849 | 0.95 | 0.812 | 4.0 | 1.578 | 6.0 | 1.757 | 6.5 | 1.660 |
| 0.60 | 1.124 | 0.90 | 0.915 | 1.0 | 0.832 | 5.0 | 1.828 | | | 7.0 | 1.727 |
| 0.65 | 1.204 | 1.0 | 0.982 | 2.0 | 1.215 | | | | | 8.0 | 1.861 |
| 0.70 | 1.284 | 2.0 | 1.649 | 3.0 | 1.506 | | | | | 9.0 | 1.994 |
| 0.75 | 1.364 | 3.0 | 2.316 | 4.0 | 1.977 | | | | | 10.0 | 2.127 |
| 0.80 | 1.444 | 5.0 | 3.649 | 5.0 | 2.398 | | | | | | |

| $r_{eD}=4.5$ | | $r_{eD}=5.0$ | | $r_{eD}=6.0$ | | $r_{eD}=7.0$ | | $r_{eD}=8.0$ | | $r_{eD}=9.0$ | | $r_{eD}=10.0$ | |
|---|---|---|---|---|---|---|---|---|---|---|---|---|---|
| $t_D$ | $p_D$ | $t_D$ | $p_D$ | $t_D$ | $p_D$ | $t_D$ | $p_D$ | $t_D$ | $p_D$ | $t_D$ | $p_D$ | $t_D$ | $p_D$ |
| 2.0 | 1.023 | 3.0 | 1.167 | 4.0 | 1.275 | 6.0 | 1.436 | 8.0 | 1.556 | 10.0 | 1.651 | 12.0 | 1.732 |
| 2.1 | 1.040 | 3.1 | 1.180 | 4.5 | 1.322 | 6.5 | 1.470 | 8.5 | 1.582 | 10.5 | 1.673 | 12.5 | 1.750 |
| 2.2 | 1.056 | 3.2 | 1.192 | 5.0 | 1.364 | 7.0 | 1.501 | 9.0 | 1.607 | 11.0 | 1.693 | 13.0 | 1.768 |
| 2.3 | 1.702 | 3.3 | 1.204 | 5.5 | 1.404 | 7.5 | 1.531 | 9.5 | 1.631 | 11.5 | 1.713 | 13.5 | 1.784 |
| 2.4 | 1.087 | 3.4 | 1.215 | 6.0 | 1.441 | 8.0 | 1.559 | 10.0 | 1.663 | 12.0 | 1.732 | 14.0 | 1.801 |
| 2.5 | 1.102 | 3.5 | 1.227 | 6.5 | 1.477 | 8.5 | 1.586 | 10.5 | 1.675 | 12.5 | 1.750 | 14.5 | 1.817 |
| 2.6 | 1.116 | 3.6 | 1.238 | 7.0 | 1.511 | 9.0 | 1.613 | 11.0 | 1.697 | 13.0 | 1.768 | 15.0 | 1.832 |
| 2.7 | 1.130 | 3.7 | 1.249 | 7.5 | 1.544 | 9.5 | 1.638 | 11.5 | 1.717 | 13.5 | 1.786 | 15.5 | 1.847 |
| 2.8 | 1.144 | 3.8 | 1.259 | 8.0 | 1.576 | 10.0 | 1.663 | 12.0 | 1.737 | 14.0 | 1.803 | 16.0 | 1.862 |
| 2.9 | 1.158 | 3.9 | 1.270 | 8.5 | 1.607 | 11.0 | 1.711 | 12.5 | 1.757 | 14.5 | 1.819 | 17.0 | 1.890 |
| 3.0 | 1.171 | 4.0 | 1.281 | 9.0 | 1.638 | 12.0 | 1.757 | 13.0 | 1.776 | 15.0 | 1.835 | 18.0 | 1.917 |
| 3.2 | 1.197 | 4.2 | 1.301 | 9.5 | 1.668 | 13.0 | 1.810 | 13.5 | 1.795 | 15.5 | 1.851 | 19.0 | 1.943 |

续表

| $r_{eD}$=4.5 | | $r_{eD}$=5.0 | | $r_{eD}$=6.0 | | $r_{eD}$=7.0 | | $r_{eD}$=8.0 | | $r_{eD}$=9.0 | | $r_{eD}$=10.0 | |
|---|---|---|---|---|---|---|---|---|---|---|---|---|---|
| $t_D$ | $p_D$ | $t_D$ | $p_D$ | $t_D$ | $p_D$ | $t_D$ | $p_D$ | $t_D$ | $p_D$ | $t_D$ | $p_D$ | $t_D$ | $p_D$ |
| 3.4 | 1.222 | 4.4 | 1.321 | 10.0 | 1.698 | 14.0 | 1.845 | 14.0 | 1.813 | 16.0 | 1.867 | 20.0 | 1.968 |
| 3.6 | 1.246 | 4.6 | 1.340 | 11.0 | 1.757 | 15.0 | 1.888 | 14.5 | 1.831 | 17.0 | 1.897 | 22.0 | 2.017 |
| 3.8 | 1.269 | 4.8 | 1.360 | 12.0 | 1.815 | 16.0 | 1.931 | 15.0 | 1.849 | 18.0 | 1.926 | 24.0 | 2.063 |
| 4.0 | 1.292 | 5.0 | 1.378 | 13.0 | 1.873 | 17.0 | 1.974 | 17.0 | 1.919 | 19.0 | 1.955 | 26.0 | 2.108 |
| 4.5 | 1.349 | 5.5 | 1.424 | 14.0 | 1.931 | 18.0 | 2.016 | 19.0 | 1.986 | 20.0 | 1.983 | 28.0 | 2.151 |
| 5.0 | 1.403 | 6.0 | 1.469 | 15.0 | 1.988 | 19.0 | 2.058 | 21.0 | 2.051 | 22.0 | 2.037 | 30.0 | 2.194 |
| 5.5 | 1.457 | 6.5 | 1.513 | 16.0 | 2.045 | 20.0 | 2.100 | 23.0 | 2.116 | 24.0 | 2.906 | 32.0 | 2.236 |
| 6.0 | 1.510 | 7.0 | 1.556 | 17.0 | 2.103 | 22.0 | 2.184 | 25.0 | 2.180 | 26.0 | 2.142 | 34.0 | 2.278 |
| 7.0 | 1.615 | 7.5 | 1.598 | 18.0 | 2.160 | 24.0 | 2.267 | 30.0 | 2.340 | 28.0 | 2.193 | 36.0 | 2.319 |
| 8.0 | 1.719 | 8.0 | 1.641 | 19.0 | 2.217 | 26.0 | 2.351 | 35.0 | 2.499 | 30.0 | 2.244 | 38.0 | 2.360 |
| 9.0 | 1.823 | 9.0 | 1.725 | 20.0 | 2.274 | 28.0 | 2.434 | 40.0 | 2.658 | 34.0 | 2.345 | 40.0 | 2.401 |
| 10.0 | 1.927 | 10.0 | 1.808 | 25.0 | 2.560 | 30.0 | 2.517 | 45.0 | 2.817 | 38.0 | 2.446 | 50.0 | 2.604 |
| 11.0 | 2.031 | 11.0 | 1.892 | 30.0 | 2.846 | | | | | 40.0 | 2.496 | 60.0 | 2.806 |
| 12.0 | 2.135 | 12.0 | 1.975 | | | | | | | 45.0 | 2.621 | 70.0 | 3.008 |
| 13.0 | 2.239 | 13.0 | 2.059 | | | | | | | 50.0 | 2.746 | 80.0 | 3.210 |
| 14.0 | 2.343 | 14.0 | 2.142 | | | | | | | 60.0 | 2.996 | 90.0 | 3.412 |
| 15.0 | 2.447 | 15.0 | 2.225 | | | | | | | 70.0 | 3.246 | 100.0 | 3.614 |

注：对于无边界作用油藏某一给定 $r_{eD}$，$t_D$ 小于该表中列出的值。在表 1.2 中查得 $p_D$。当 $25 < t_D$ 且 $t_D$ 大于表中的值时，$p_D \cong \dfrac{1/2 + 2t_D}{r_{eD}^2} - \dfrac{3r_{eD}^4 - 4r_{eD}^4 \ln r_{eD} - 2r_{eD}^2 - 1}{4\left(r_{eD}^2 - 1\right)^2}$；对于弹性油藏的井且 $r_{eD}^2 \gg 1$ 时，$p_D \cong \dfrac{2t_D}{r_{eD}^2} + \ln r_{eD} - \dfrac{3}{4}$。

讨论方程（1.77）给出的扩散方程的 Ei 函数解：

$$p\left(r,t\right) = p_i + \left(\frac{70.6QB\mu}{Kh}\right)\text{Ei}\left(\frac{-948\phi\mu c_t r^2}{Kt}\right)$$

这个关系式可以表示为无量纲形式：

$$\frac{p_i - p\left(r,t\right)}{\left(\dfrac{141.2Q_o B_o \mu_o}{Kh}\right)} = -\frac{1}{2}\text{Ei}\left[\frac{-\left(\dfrac{r}{r_w}\right)^2}{4\left(\dfrac{0.0002637Kt}{\phi\mu c_t r_w^2}\right)}\right]$$

根据方程（1.85）到方程（1.88）中的无量纲变量的定义，即 $p_D$，$t_D$ 和 $r_D$，这个关系式用这些无量纲变量表示为：

$$p_D = -\frac{1}{2}Ei\left(-\frac{r_D^2}{4t_D}\right) \tag{1.94}$$

Chatas（1953）提出了当 $25 < t_D$ 和 $0.25r_{eD}^2 < t_D$ 时计算 $p_D$ 的数学表达式：

$$p_D = \frac{0.5 + 2t_D}{r_{eD}^2 - 1} - \frac{r_{eD}^4\left[3 - 4\ln\left(r_{eD}\right)\right] - 2r_{eD}^2 - 1}{4\left(r_{eD}^2 - 1\right)^2}$$

当 $r_{eD}^2 \gg 1$ 或当 $t_D/r_{eD}^2 > 25$ 时上面方程有两种特殊情况。

如果 $r_{eD}^2 \gg 1$，那么：

$$p_D = \frac{2t_D}{r_{eD}^2} + \ln\left(r_{eD}\right) - 0.75$$

如果 $t_D/r_{eD}^2 > 25$，那么：

$$p_D = \frac{1}{2}\left(\ln\frac{t_D}{r_D^2} + 0.80907\right) \tag{1.95}$$

用 $p_D$ 函数确定不稳定流期间，即无边界作用期间的井底流动压力变化的计算过程归结为以下步骤。

步骤1：用方程（1.86）计算无量纲时间 $t_D$。

$$t_D = \frac{0.0002637Kt}{\phi\mu c_t r_w^2}$$

步骤：确定无量纲半径 $r_{eD}$。注意对于无边界作用油藏，无量纲半径 $r_{eD} = \infty$。

步骤3：用 $t_D$ 的计算值，利用适当的表格或方程，如方程（1.91）或方程（1.95），确定相应的压力函数 $p_D$。

对于无边界作用油藏：$p_D = 0.5\left[\ln\left(t_D\right) + 0.80907\right]$

对于有限油藏：$p_D = \frac{1}{2}\left[\ln\left(\frac{t_D}{r_D^2}\right) + 0.80907\right]$

步骤4：用方程（1.85）求解压力。

$$p\left(r_w, t\right) = p_i - \left(\frac{141.2Q_oB_o\mu_o}{Kh}\right)p_D \tag{1.96}$$

**例1.12**　一口井在不稳定流条件下以恒定流量 300bbl/d 生产。油藏具有下列岩石和流体特性（见例1.10）：

$B_o$=1.25bbl/bbl，$\mu_o$=1.5mPa·s，$c_t$=12×10⁻⁶psi⁻¹，$K$=60mD，$h$=15ft，$p_i$=4000psi，$\phi$=15%，$r_w$=0.25ft。

假设无边界作用油藏，即 $r_{eD}= \infty$，运用无量纲压力法计算生产 1h 后井底流动压力。

解 步骤 1：用方程（1.86）计算无量纲时间 $t_D$。

$$t_D = \frac{0.0002637Kt}{\phi \mu c_t r_w^2}$$

$$= \frac{0.000264 \times 60 \times 1}{0.15 \times 1.5 \times (12 \times 10^{-6}) \times 0.25^2} = 93866.67$$

步骤 2：因为 $t_D > 100$，所以用方程（1.91）计算无量纲压力降函数。

$$p_D = 0.5 \big[ \ln(t_D) + 0.80907 \big]$$

$$= 0.5 \big[ \ln(93866.67) + 0.80907 \big] = 6.1294$$

步骤 3：用方程（1.96）计算 1h 后井底压力。

$$p(r_w, t) = p_i - \left( \frac{141.2 Q_o B_o \mu_o}{Kh} \right) p_D$$

$$p(0.25, 1) = 4000 - \left( \frac{141.2 \times 300 \times 1.25 \times 1.5}{60 \times 15} \right) \times 6.1294 = 3459 \text{ ps}$$

这个例子表明 $p_D$ 函数法计算的结果与 Ei 函数法的计算结果相同。这两个公式的主要差别是 $p_D$ 函数只能用于计算流量 $Q$ 恒定且已知的情况下半径 $r$ 处的压力。因此，$p_D$ 函数的使用仅限于井底半径，因为这里的流量已知。相反，Ei 函数法能够利用井的流量 $Q$ 计算油藏中任一半径处的压力。

应该指出的是，对于无边界作用油藏且 $t_D > 100$ 时，下面的关系式把 $p_D$ 函数和 Ei 函数联系起来：

$$p_D = 0.5 \left[ -\text{Ei} \left( \frac{-1}{4t_D} \right) \right] \tag{1.97}$$

例 1.12 不是一个实际问题，举这个例子的目的是说明 $p_D$ 解法的物理意义。对于不稳定试井，通常记录井底流动压力随时间的变化。因此，无量纲压力降法可用于确定一个或多个油藏特性参数，如 $K$ 或 $Kh$，这将在本章的后面讨论。

### 1.2.6 可压缩流体的径向流

气体的黏度和密度对压力非常敏感，因此方程（1.75）所做的假设不适用于气体，即可压缩流体。为了建立适当的数学函数来描述油藏中可压缩流体的流动，必须考虑下面另外两个气体方程。

（1）气体密度方程：

$$\rho = \frac{pM}{ZRT}$$

（2）气体的压缩系数方程：

$$c_g = \frac{1}{p} - \frac{1}{Z}\frac{\mathrm{d}Z}{\mathrm{d}p}$$

联合上面两个基本气体方程和方程（1.67）得到：

$$\frac{1}{r}\frac{\partial}{\partial r}\left(r\frac{p}{\mu Z}\frac{\partial p}{\partial r}\right) = \frac{\phi\mu c_t}{0.000264K}\frac{p}{\mu Z}\frac{\partial p}{\partial t} \tag{1.98}$$

式中　$t$——时间，h ；

　　　$K$——渗透率，mD ；

　　　$c_t$——总等温压缩系数，$psi^{-1}$ ；

　　　$\phi$——孔隙度。

Al–Hussainy 等（1966）通过在方程（1.98）中引入真实气体拟压力函数 $m(p)$ 使上面的基本流动方程线性化。回顾一下前面定义的 $m(p)$ 方程：

$$m(p) = \int_0^p \frac{2p}{\mu Z}\mathrm{d}p \tag{1.99}$$

将该关系式对 $p$ 求导：

$$\frac{\partial m(p)}{\partial p} = \frac{2p}{\mu Z} \tag{1.100}$$

应用链式法则得到下面的关系式：

$$\frac{\partial m(p)}{\partial r} = \frac{\partial m(p)}{\partial p}\frac{\partial p}{\partial r} \tag{1.101}$$

$$\frac{\partial m(p)}{\partial t} = \frac{\partial m(p)}{\partial p}\frac{\partial p}{\partial t} \tag{1.102}$$

把方程（1.100）代入方程（1.101）和方程（1.102）得到：

$$\frac{\partial p}{\partial r} = \frac{\mu Z}{2p}\frac{\partial m(p)}{\partial r} \tag{1.103}$$

和

$$\frac{\partial p}{\partial t} = \frac{\mu Z}{2p}\frac{\partial m(p)}{\partial t} \tag{1.104}$$

将方程（1.103）和方程（1.104）与方程（1.98）联合，得到：

$$\frac{\partial^2 m(p)}{\partial r^2} + \frac{1}{r}\frac{\partial m(p)}{\partial r} = \frac{\phi\mu c_t}{0.000264K}\frac{\partial m(p)}{\partial t} \tag{1.105}$$

方程（1.105）是可压缩流体的径向扩散方程。该微分方程把真实气体拟压力与时间 $t$ 和半径 $r$ 联系起来。Al-Hussainy 等（1966）指出在气井试井分析时，恒流量解比恒压解更具有实际应用价值。作者提供了方程（1.105）的精确解，这通常被称为 $m(p)$ 解法。还有两个近似于精确解的其他解法。这两个近似求解方法被称为压力平方法和压力法。

一般情况下，扩散方程的数学解有三种形式：（1）$m(p)$ 解法（精确解）；（2）压力平方法（$p^2$ 近似求解法）；（3）压力法（$p$ 近似求解法）。

下面介绍这三种求解方法。

### 1.2.6.1 第一种解法：$m(p)$ 解法（精确解）

为了求解方程（1.105），将恒定流量作为边界条件之一，Al-Hussainy 等（1966）提出了下列扩散方程精确解：

$$m(p_{wf}) = m(p_i) - 57895.3\left(\frac{p_{sc}}{T_{sc}}\right)\left(\frac{Q_g T}{Kh}\right) \times \left[\lg\left(\frac{Kt}{\phi\mu_i c_{ti} r_w^2}\right) - 3.23\right] \tag{1.106}$$

式中　$p_{wf}$——井底流动压力，psi；

$p_e$——原始油藏压力；

$Q_g$——气体流量，$10^3 ft^3/d$；

$t$——时间，h；

$K$——渗透率，mD；

$p_{sc}$——标准压力，psi；

$T_{sc}$——标准温度，°R；

$T$——油藏温度，°R；

$r_w$——井底半径，ft；

$h$——厚度，ft；

$\mu_i$——原始压力下气体黏度，mPa·s；

$c_{ti}$——压力 $p_i$ 下的总压缩系数，$psi^{-1}$；

$\phi$——孔隙度。

令 $p_{sc}$=14.7psia，$T_{sc}$=520°R，方程（1.106）可以简化为：

$$m(p_{wf}) = m(p_i) - \left(\frac{1637Q_g T}{Kh}\right)\left[\lg\left(\frac{Kt}{\phi\mu_i c_{ti} r_w^2}\right) - 3.23\right] \tag{1.107}$$

通过在方程（1.107）中引入无量纲时间 [ 方程（1.85）所定义的 ] 简化上面方程：

$$t_D = \frac{0.0002637Kt}{\phi\mu_i c_{ti} r_w^2}$$

结果，方程（1.107）用无量纲时间 $t_D$ 表示为：

$$m(p_{wf}) = m(p_i) - \left(\frac{1637Q_g T}{Kh}\right)\left[\lg\left(\frac{4t_D}{\gamma}\right)\right] \tag{1.108}$$

变量 $\gamma$ 被称为欧拉常数，由下式计算得到：

$$\gamma = e^{0.5772} = 1.781 \tag{1.109}$$

扩散方程（1.107）和方程（1.108）的解表明真实气体的井底拟压力是不稳定流时间 $t$ 的函数。在进行气井压力分析时，$m(p)$ 表示的解是推荐的数学表达式，因为它适用于所有的压力范围。

径向气体扩散方程可以用真实气体无量纲拟压力降 $\Psi_D$ 表示为无量纲形式。无量纲方程的解：

$$\psi_D = \frac{m(p_i) - m(p_{wf})}{1422Q_g T/(Kh)}$$

或

$$m(p_{wf}) = m(p_i) - \left(\frac{1422Q_g T}{Kh}\right)\psi_D \tag{1.110}$$

式中    $Q_g$——气体流量，$10^3 ft^3/d$；

$K$——渗透率，mD。

无量纲拟压力降 $\Psi_D$，作为 $t_D$ 的函数，可以通过使用方程（1.90）到方程（1.95）中适当的表达式来确定。当 $t_D > 100$ 时，$\Psi_D$ 可以用方程（1.81）计算：

$$\psi_D = 0.5\left[\ln(t_D) + 0.80907\right] \tag{1.111}$$

**例 1.13**    一口气井井底半径 0.3ft，在不稳定流条件下以恒定流量 $2000 \times 10^3 ft^3/d$ 生产。原始油藏压力（关井压力）4400psi，温度 140°F。地层渗透率 65mD，厚度 15ft，孔隙度 15%。例 1.7 记录了气体的特性以及 $m(p)$ 与压力的函数值。为了方便再一次列出表格。

| $p$（psi） | $\mu_g$（mPa·s） | $Z$ | $m(p)$ [psi²/（mPa·s）] |
|---|---|---|---|
| 0 | 0.01270 | 1.000 | 0.000 |
| 400 | 0.01286 | 0.937 | $13.2 \times 10^6$ |
| 800 | 0.01390 | 0.882 | $52.0 \times 10^6$ |
| 1200 | 0.01530 | 0.832 | $113.1 \times 10^6$ |
| 1600 | 0.01680 | 0.794 | $198.0 \times 10^6$ |
| 2000 | 0.01840 | 0.770 | $304.0 \times 10^6$ |
| 2400 | 0.02010 | 0.763 | $422.0 \times 10^6$ |
| 2800 | 0.02170 | 0.775 | $542.4 \times 10^6$ |
| 3200 | 0.02340 | 0.797 | $678.0 \times 10^6$ |
| 3600 | 0.02500 | 0.827 | $816.0 \times 10^6$ |
| 4000 | 0.02660 | 0.860 | $950.0 \times 10^6$ |
| 4400 | 0.02831 | 0.896 | $1089.0 \times 10^6$ |

假设原始总等温压缩系数是 $3 \times 10^{-4}\mathrm{psi}^{-1}$，计算 1.5h 后的井底流动压力。

**解** 步骤 1：计算无量纲时间 $t_D$。

$$t_D = \frac{0.0002637Kt}{\phi\mu_i c_{ti} r_w^2}$$

$$= \frac{0.0002637 \times 65 \times 1.5}{0.15 \times 0.02831 \times (3 \times 10^{-4}) \times 0.3^2} = 224498.6$$

步骤 2：用方程（1.108）求解 $m$（$p_{wf}$）。

$$m(p_{wf}) = m(p_i) - \left(\frac{1637Q_g T}{Kh}\right)\left[\lg\left(\frac{4t_D}{\gamma}\right)\right]$$

$$= 1089 \times 10^6 - \frac{1637 \times 2000 \times 600}{65 \times 15} \times \left[\lg\left(\frac{4 \times 224498.6}{\mathrm{e}^{0.5772}}\right)\right] = 1077.5 \times 10^6$$

步骤 3：根据给定的 PVT 数据，利用 $m$（$p_{wf}$）值采用内插法确定对应的 $p_{wf}$ 值（4367psi）。

使用 $\varPsi_D$ 法也能得到相同的解：

步骤 1：利用方程（1.111）计算 $\varPsi_D$。

$$\psi_D = 0.5[\ln(t_D) + 0.80907]$$

$$= 0.5[\ln(224498.6) + 0.80907] = 6.565$$

步骤 2：利用方程（1.110）计算 $m$（$p_{wf}$）。

$$m(p_{wf}) = m(p_i) - \left(\frac{1422Q_g T}{Kh}\right)\psi_D$$

$$= 1089 \times 10^6 - \left(\frac{1422 \times 2000 \times 600}{65 \times 15}\right) \times 6.565$$

$$= 1077.5 \times 10^6$$

在 $m$（$p_{wf}$）$=1077.5 \times 10^6$ 点内插，得到相应的值 $p_{wf}=4367\mathrm{psi}$。

**1.2.6.2 第二种解法：压力平方法**

精确解的第一种近似求法是把与压力有关的（$\mu Z$）项从 $m$（$p_{wf}$）和 $m$（$p_i$）的定义式的积分号中移出，得到：

$$m(p_i) - m(p_{wf}) = \frac{2}{\mu Z}\int_{p_{wf}}^{p_i} p\mathrm{d}p \tag{1.112}$$

或

$$m(p_i) - m(p_{wf}) = \frac{p_i^2 - p_{wf}^2}{\overline{\mu Z}} \tag{1.113}$$

$\overline{\mu}$ 和 $\overline{Z}$ 代表平均压力 $\overline{p}$ 下的气体黏度值和压缩因子值。平均压力计算如下：

$$\overline{p} = \sqrt{\frac{p_i^2 + p_{wf}^2}{2}} \tag{1.114}$$

联合方程（1.113）和方程（1.107），方程（1.108）或方程（1.110）得：

$$p_{wf}^2 = p_i^2 - \left(\frac{1637Q_g T\overline{\mu Z}}{Kh}\right)\left[\lg\left(\frac{Kt}{\phi\mu_i c_{ti}r_w^2}\right) - 3.23\right] \tag{1.115}$$

或

$$p_{wf}^2 = p_i^2 - \left(\frac{1637Q_g T\overline{\mu Z}}{Kh}\right)\left[\lg\left(\frac{4t_D}{\gamma}\right)\right] \tag{1.116}$$

相当于：

$$p_{wf}^2 = p_i^2 - \left(\frac{1422Q_g T\overline{\mu Z}}{Kh}\right)\psi_D \tag{1.117}$$

上面的近似解形式表明在平均压力 $\overline{p}$ 下假设（$\mu Z$）的乘积恒定。这使 $p^2$ 法只能用于油藏压力小于 2000psi 的情况。应该指出，当用 $p^2$ 法确定 $p_{wf}$ 时，令 $\overline{\mu Z} = \mu_i Z$ 就足够了。

**例 1.14**　一口气井在不稳定流条件下以恒定产量 $7454.2\times10^3\text{ft}^3/\text{d}$ 生产。其他数据如下：

$K$=50mD，$h$=10ft，$\phi$=20%，$p_i$=1600psi，$T$=600°R，$r_w$=0.3ft，$c_{ti}=6.25\times10^{-4}\text{psi}^{-1}$。气体的特性参数如下表所示。

| $p$ | $\mu_g$ (mPa·s) | $Z$ | $m(p)$ [psi²/(mPa·s)] |
|---|---|---|---|
| 0 | 0.01270 | 1.000 | 0.000 |
| 400 | 0.01286 | 0.937 | $13.2\times10^6$ |
| 800 | 0.01390 | 0.882 | $52.0\times10^6$ |
| 1200 | 0.01530 | 0.832 | $113.1\times10^6$ |
| 1600 | 0.01680 | 0.794 | $198.0\times10^6$ |

计算 4h 后井底流动压力，采用方法如下：

(1) $m(p)$ 法；

(2) $p^2$ 法。

**解**　(1) $m(p)$ 法。

步骤1：计算 $t_D$。

$$t_D = \frac{0.000264 \times 50 \times 4}{0.2 \times 0.0168 \times \left(6.25 \times 10^{-4}\right) \times 0.3^2} = 279365.1$$

步骤2：计算 $\Psi_D$。

$$\psi_D = 0.5\left[\ln\left(t_D\right) + 0.80907\right]$$
$$= 0.5\left[\ln\left(279365.1\right) + 0.80907\right] = 6.6746$$

步骤3：用方程（1.110）求 $m$（$p_{wf}$）。

$$m\left(p_{wf}\right) = m\left(p_i\right) - \left(\frac{1422Q_gT}{Kh}\right)\psi_D$$
$$= \left(198 \times 10^6\right) - \left(\frac{1422 \times 7454.2 \times 600}{50 \times 10}\right) \times 6.6746$$
$$= 113.1 \times 10^6$$

对应的 $p_{wf}$=1200psi。

（2）$p^2$ 法。

步骤1：用方程（1.111）计算 $\Psi_D$。

$$\psi_D = 0.5\left[\ln\left(t_D\right) + 0.80907\right]$$
$$= 0.5\left[\ln\left(279365.1\right) + 0.80907\right] = 6.6747$$

步骤2：用方程（1.117）计算 $p_{wf}^2$。

$$p_{wf}^2 = p_i^2 - \left(\frac{1422Q_gT\overline{\mu Z}}{Kh}\right)\psi_D$$
$$= 1600^2 - \left(\frac{1422 \times 7454.2 \times 600 \times 0.0168 \times 0.794}{50 \times 10}\right) \times 6.6747$$
$$= 1427491$$

$$p_{wf} = 1195psi$$

步骤3：平均绝对误差是 0.4%。

### 1.2.6.3 第三种解法：压力近似法

气体径向流精确解的第二种近似求法是把气体看做假液体。气体的地层体积系数用 bbl/ft³ 表示为：

$$B_g = \left(\frac{p_{sc}}{5.615T_{sc}}\right)\left(\frac{ZT}{p}\right)$$

或

$$B_g = 0.00504 \left( \frac{ZT}{p} \right)$$

那么 $p/Z$ 可以表示为：

$$\frac{p}{Z} = \left( \frac{Tp_{sc}}{5.615T_{sc}} \right) \left( \frac{1}{B_g} \right)$$

真实气体拟压力差：

$$m(p_i) - m(p_{wf}) = \int_{p_{wf}}^{p_i} \frac{2p}{\mu Z} \, dp$$

联合上面的两个表达式：

$$m(p_i) - m(p_{wf}) = \frac{2Tp_{sc}}{5.165T_{sc}} \int_{p_{wf}}^{p_i} \left( \frac{1}{\mu B_g} \right) dp \tag{1.118}$$

Fetkovich（1973）提出当压力大于3000psi，$1/(\mu_g B_g)$ 接近恒定，如图 1.22 所示。把 Fetkovich 提出的条件用于方程（1.118）并整理：

$$m(p_i) - m(p_{wf}) = \frac{2Tp_{sc}}{5.615T_{sc}\bar{\mu}\bar{B}_g}(p_i - p_{wf}) \tag{1.119}$$

联合方程（1.119）和方程（1.107），方程（1.108）或方程（1.110）得：

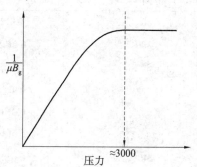

图 1.22　$1/(\mu B_g)$ 与压力函数曲线

$$p_{wf} = p_i - \left( \frac{162.5 \times 10^3 Q_g \bar{\mu}\bar{B}_g}{Kh} \right) \left[ \lg\left( \frac{Kt}{\phi\bar{\mu}c_t r_w^2} \right) - 3.23 \right] \tag{1.120}$$

或

$$p_{wf} = p_i - \left( \frac{162.5 \times 10^3 Q_g \bar{\mu}\bar{B}_g}{Kh} \right) \left[ \lg\left( \frac{4t_D}{\gamma} \right) \right] \tag{1.121}$$

或用无量纲压力降表示：

$$p_{wf} = p_i - \left[ \frac{(141.2 \times 10^3) Q_g \bar{\mu}\bar{B}_g}{Kh} \right] p_D \tag{1.122}$$

式中　$Q_g$——气体流量，$10^3 ft^3/d$；

$K$——渗透率，mD；

$B_g$——气体地层体积系数，bbl/ft³；

$t$——时间，h；

$p_D$——无量纲压力降；

$t_D$——无量纲时间。

应该指出的是气体的特性参数即 $\mu$，$B_g$ 和 $c_t$ 是平均压力 $\overline{p}$ 下的值，平均压力 $\overline{p}$ 定义为：

$$\overline{p} = \frac{p_i + p_{wf}}{2} \tag{1.123}$$

另外，该方法只适用于压力大于 3000psi。当求 $p_{wf}$ 时，应先计算 $p_i$ 下的气体特性参数。

**例 1.15**　为了方便，再一次列出例 1.13 的数据。

一口气井井底半径 0.3ft，在不稳定流条件下以恒定流量 $2000 \times 10^3$ft³/d 生产。原始油藏压力（关井压力）4400psi，温度 140°F。地层渗透率 65mD，厚度 15ft，孔隙度 15%。气体特性以及 $m$（$p$）与压力的函数值列表如下。

| $p$ (psi) | $\mu_g$ (mPa·s) | $Z$ | $m$ ($p$) [psi²/ (mPa·s)] |
|---|---|---|---|
| 0 | 0.0127 | 1.000 | 0.000 |
| 400 | 0.01286 | 0.937 | $13.2 \times 10^6$ |
| 800 | 0.01390 | 0.882 | $52.0 \times 10^6$ |
| 1200 | 0.01530 | 0.832 | $113.1 \times 10^6$ |
| 1600 | 0.01680 | 0.794 | $198.0 \times 10^6$ |
| 2000 | 0.01840 | 0.770 | $304.0 \times 10^6$ |
| 2400 | 0.02010 | 0.763 | $422.0 \times 10^6$ |
| 2800 | 0.02170 | 0.775 | $542.4 \times 10^6$ |
| 3200 | 0.02340 | 0.797 | $678.0 \times 10^6$ |
| 3600 | 0.02500 | 0.827 | $816.0 \times 10^6$ |
| 4000 | 0.02660 | 0.860 | $950.0 \times 10^6$ |
| 4400 | 0.02831 | 0.896 | $1089.0 \times 10^6$ |

假设原始总等温压缩系数为 $3 \times 10^{-4}$psi$^{-1}$，用压力近似法计算 1.5h 后的井底流动压力，并与精确解比较。

**解**　步骤 1：计算无量纲时间 $t_D$。

$$t_D = \frac{0.0002637Kt}{\phi \mu_i c_{ti} r_w^2}$$

$$= \frac{0.000264 \times 65 \times 1.5}{0.15 \times 0.02831 \times \left(3 \times 10^{-4}\right) \times 0.3^2} = 224498.6$$

步骤 2：计算 $p_i$ 下的 $B_g$。

$$B_g = 0.00504\left(\frac{Z_i T}{p_i}\right)$$
$$= 0.00504 \times \frac{0.896 \times 600}{4400} = 0.0006158 \text{ bbl/ft}^3$$

步骤 3：用方程（1.91）计算无量纲压力 $p_D$。

$$p_D = 0.5\left[\ln(t_D) + 0.80907\right]$$
$$= 0.5\left[\ln(224498.6) + 0.80907\right] = 6.565$$

步骤 4：根据方程（1.122）求 $p_{wf}$ 的近似值。

$$p_{wf} = p_i - \left[\frac{\left(141.2 \times 10^3\right)Q_g \bar{\mu}\bar{B}_g}{Kh}\right]p_D$$
$$= 4400 - \left(\frac{141.2 \times 10^3 \times 2000 \times 0.02831 \times 0.0006158}{65 \times 15}\right) \times 6.565$$
$$= 4367 \text{ psi}$$

计算结果与例 1.13 的精确解一致。

应该指出的是列举例 1.10 到例 1.15 的目的是说明不同求解方法的使用。然而这些例子不是实用的，因为在不稳定流分析中，井底流动压力作为时间的函数通常是已知的。前面介绍的所有方法常用于确定油藏渗透率 $K$ 或渗透率与厚度的乘积（$Kh$）。

### 1.2.7 拟稳定流

前面已经讨论过，在不稳定流情况下，假设井位于非常大的油藏中并以恒定流量生产。这一产量在油藏中产生压力扰动，压力扰动在"无限大油藏"中向外传播。在不稳定流期间，油藏边界对井的压力动态没有影响。显然，这种假设可用的时间间隔非常短。一旦压力扰动到达所有的泄油边界，不稳定流结束，边界占支配作用的流动条件开始。这种不同类型的流动形态称为拟稳定流。对于拟稳定流，需要对扩散方程加入不同的边界条件，并求出这种流动形态的近似解。

图 1.23 表示径向流体系中一口井以恒定流量生产了足够长时间，以至于影响了整个泄油面积。在拟稳定流过程中，在整个泄油面积内压力随时间的变化相同。图 1.23（b）表示在连续的时间间隔内压力分布曲线平行。这一重要条件用数学式表示为：

$$\left(\frac{\partial p}{\partial t}\right)_r = 常数 \tag{1.124}$$

上面方程中的"常数"能够根据物质平衡原理，利用压缩系数的概念求得，假设没有自由气生产：

$$c = \frac{-1}{V}\frac{\mathrm{d}V}{\mathrm{d}p}$$

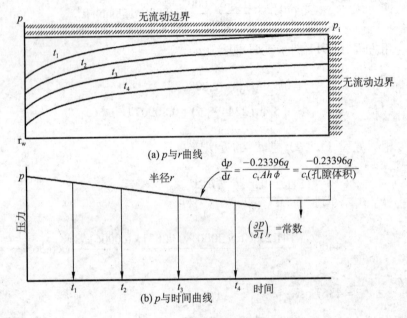

(a) $p$ 与 $r$ 曲线

(b) $p$ 与时间曲线

图 1.23　拟稳定流动形态

整理：

$$cV\mathrm{d}p = -\mathrm{d}V$$

对时间求导：

$$cV\frac{\mathrm{d}p}{\mathrm{d}t} = -\frac{\mathrm{d}V}{\mathrm{d}t} = q$$

或

$$\frac{\mathrm{d}p}{\mathrm{d}t} = -\frac{q}{cV}$$

把上面关系式中的压力递减速度 $\mathrm{d}p/\mathrm{d}t$ 用 psi/h 表示：

$$\frac{\mathrm{d}p}{\mathrm{d}t} = -\frac{q}{24cV} = -\frac{Q_{\mathrm{o}}B_{\mathrm{o}}}{24cV} \tag{1.125}$$

式中　$q$——流量，bbl/d；

　　　$Q_{\mathrm{o}}$——流量，bbl/d；

　　　$\mathrm{d}p/\mathrm{d}t$——压力递减速度，psi/h；

　　　$V$——孔隙体积，bbl。

对于径向泄油体系，孔隙体积表示为：

$$V = \frac{\pi r_e^2 h\phi}{5.615} = \frac{Ah\phi}{5.615} \tag{1.126}$$

式中  $A$——泄油面积，$ft^2$。

联合方程（1.126）和方程（1.125）得：

$$\frac{dp}{dt} = -\frac{0.23396q}{c_t\left(\pi r_e^2\right)h\phi} = \frac{-0.23396q}{c_t Ah\phi} = \frac{-0.23396q}{c_t(\text{孔隙体积})} \tag{1.127}$$

观察方程（1.127）得到拟稳定流期间压力递减速度 $dp/dt$ 的几个重要动态特性：（1）随着流体产量的增加，油藏压力以较高的速度递减；（2）总压缩系数越高，油藏压力递减速度越低；（3）孔隙体积越大，油藏压力递减速度越低。

在水侵的情况下，水侵速度为 $e_w$（bbl/d），方程可以改为：

$$\frac{dp}{dt} = \frac{-0.23396q + e_w}{c_t(\text{孔隙体积})}$$

**例 1.16**　一口油井在拟稳定流形态下以恒定油流量 120bbl/d 生产。试井数据显示压力递减速度恒定，为 0.04655psi/h。其他数据如下：

$h$=72ft，$\phi$=25%，$B_o$=1.3bbl/bbl，$c_t$=25×10⁻⁶psi⁻¹。

计算井的泄油面积。

**解**　　　　　　　　　　$q = Q_o B_o = 120 \times 1.3 = 156\text{bbl/d}$

用方程（1.127）求 $A$：

$$\frac{dp}{dt} = -\frac{0.23396q}{c_t\left(\pi r_e^2\right)h\phi} = \frac{-0.23396q}{c_t Ah\phi} = \frac{-0.23396q}{c_t(\text{孔隙体积})} - 0.04655$$

$$= \frac{0.23396 \times 156}{\left(25 \times 10^{-6}\right) \times A \times 72 \times 0.25}$$

$$A = 1742400\text{ft}^2$$

或：

$$A = \frac{1742400}{43560} = 40\text{acre}$$

Matthews 及其他人等（1954）指出一旦油藏处于拟稳定条件生产，每一口井都将在它各自的无流动边界内生产，与其他井无关。在这种状态，整个油藏内的压力递减速度 $dp/dt$ 一定近似为常数，否则边界上将有流动通过而导致边界位置重新调整。因为油藏中每一点的压力以相同的速度变化，由此得出的结论是油藏平均压力也以同样的速度变化。通常令这个油藏平均压力等于油藏体积平均压力 $\bar{p}_r$。它是拟稳定流条件下的流动计算需要用到的压力。上面的讨论表明，原则上，方程（1.127）可用于确定井的泄油面积内的平均压力 $\bar{p}$，用 $(p_i - \bar{p})/t$ 替换压力递减速度 $\mathrm{d}p/\mathrm{d}t$：

$$p_i - \bar{p} = \frac{0.23396qt}{c_t\left(Ah\phi\right)}$$

或

$$\bar{p} = p_i - \left[\frac{0.23396q}{c_t\left(Ah\phi\right)}\right]t \tag{1.128}$$

注意上面的表达式是一个直线方程，斜率 $m'$，截距 $p_i$，因此方程表示为：

$$\bar{p} = a + m't$$

$$m' = -\left[\frac{0.23396q}{c_t\left(Ah\phi\right)}\right] = -\left[\frac{0.23396q}{c_t\left(\text{孔隙体积}\right)}\right]$$

$$a = p_i$$

方程（1.128）表明在生产了 $N_p$ bbl 累计油量后，油藏平均压力可以近似地表示为：

$$\bar{p} = p_i - \left[\frac{0.23396B_0 N_P}{c_t\left(Ah\phi\right)}\right]$$

应该注意，在进行物质平衡计算时，整个油藏的体积平均压力用于计算流体特性。这个压力可以根据单井的泄油特性确定：

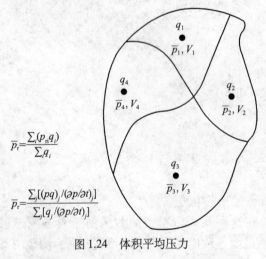

$$\bar{p}_r = \frac{\sum_i (p_n q_i)}{\sum_i q_i}$$

$$\bar{p}_r = \frac{\sum_i [(pq)_i/(\partial p/\partial t)_i]}{\sum_i [q_i/(\partial p/\partial t)_i]}$$

图 1.24 体积平均压力

$$\bar{p}_r = \frac{\sum_j \left(\bar{p}V\right)_j}{\sum_j V_j}$$

式中 $V_j$——第 $j$ 口井泄油体积内的孔隙体积；

$\left(\bar{p}\right)_j$——第 $j$ 口井泄油体积内的体积平均压力。

图 1.24 说明了体积平均压力的概念。实际上，$V_i$ 是很难确定的。因此，在根据单井平均泄油压力确定油藏平均压力时，通常用单井流量 $q_i$：

$$\overline{p}_r = \frac{\sum_j (\overline{p}q)_j}{\sum_j q_j}$$

流量测量是油田开发全过程中的一项日常基础工作，因此计算油藏的体积平均压力 $\overline{p}_r$ 就变得简单了。油藏平均压力可以用单井平均泄油压力递减速度和液体流量表示：

$$\overline{p}_r = \frac{\sum_j (\overline{p}q)_j \left(\dfrac{\partial \overline{p}}{\partial t}\right)_j}{\sum_j \left[\dfrac{q_j}{\left(\dfrac{\partial \overline{p}}{\partial t}\right)_j}\right]} \tag{1.129}$$

然而，因为物质平衡方程常用的时间间隔为 3 ~ 6 个月，即 $\Delta t$=3 ~ 6 个月，在油田开发全过程，油藏平均压力可以用地下流体采出量的净增量 $\Delta(F)$ 表示：

$$\overline{p}_r = \frac{\sum_j \dfrac{\overline{p}_j \Delta(F)_j}{\Delta \overline{p}_j}}{\sum_j \dfrac{\Delta(F)_j}{\Delta \overline{p}_j}} \tag{1.130}$$

其中 $t$ 时刻和 $t+\Delta t$ 时刻的总地下流体采出量为：

$$F_t = \int_0^t \left[Q_o B_o + Q_w B_w + \left(Q_g - Q_o R_s - Q_w R_{sw}\right)B_g\right] dt$$

$$F_{t+\Delta t} = \int_0^{t+\Delta t} \left[Q_o B_o + Q_w B_w + \left(Q_g - Q_o R_s - Q_w R_{sw}\right)B_g\right] dt$$

并且：

$$\Delta(F) = F_{t+\Delta t} - F_t$$

式中　$R_s$——气体溶解度，ft³/bbl；

$\quad\quad R_{sw}$——水中气体溶解度，ft³/bbl；

$\quad\quad B_g$——气体地层体积系数，bbl/ft³；

$\quad\quad Q_o$——油的流量，bbl/d；

$\quad\quad Q_w$——水的流量，bbl/d；

$\quad\quad Q_g$——气的流量，ft³/d。

接下来介绍用拟稳定流条件描述下面两种类型流体的流动动态的实际应用：（1）微可压缩流体的径向流；（2）可压缩流体的径向流。

### 1.2.8　微可压缩流体的径向流

方程（1.72）表示的不稳定流形态的扩散方程是：

$$\frac{\partial^2 p}{\partial r^2} + \frac{1}{r}\frac{\partial p}{\partial r} = \left(\frac{\phi\mu c_{\mathrm{t}}}{0.000264K}\right)\frac{\partial p}{\partial t}$$

对于拟稳定流，$\partial p/\partial t$ 是个常数，如方程（1.127）所示。把方程（1.127）代入扩散方程：

$$\frac{\partial^2 p}{\partial r^2} + \frac{1}{r}\frac{\partial p}{\partial r} = \left(\frac{\phi\mu c_{\mathrm{t}}}{0.000264K}\right)\left(\frac{-0.23396q}{c_{\mathrm{t}}Ah\phi}\right)$$

或

$$\frac{\partial^2 p}{\partial r^2} + \frac{1}{r}\frac{\partial p}{\partial r} = \frac{-887.22q\mu}{AhK}$$

这个表达式可以表示为：

$$\frac{1}{r}\frac{\partial}{\partial r}\left(r\frac{\partial p}{\partial r}\right) = -\frac{887.22q\mu}{\left(\pi r_{\mathrm{e}}^2\right)hK}$$

积分这个方程得：

$$r\frac{\partial p}{\partial r} = -\frac{887.22q\mu}{\left(\pi r_{\mathrm{e}}^2\right)hK}\left(\frac{r^2}{2}\right) + c_1$$

其中 $c_1$ 是积分常数，可以通过对上面的关系式加入无流动外边界条件 [ 即 $(\partial p/\partial r)_{r_{\mathrm{e}}} = 0$] 确定：

$$c_1 = \frac{141.2q\mu}{\pi hK}$$

联合这两个表达式得：

$$\frac{\partial p}{\partial r} = \frac{141.2q\mu}{hK}\left(\frac{1}{r} - \frac{r}{r_{\mathrm{e}}^2}\right)$$

再积分：

$$\int_{p_{\mathrm{wf}}}^{p_{\mathrm{i}}} \mathrm{d}p = \frac{141.2q\mu}{hK}\int_{r_{\mathrm{w}}}^{r_{\mathrm{e}}}\left(\frac{1}{r} - \frac{r}{r_{\mathrm{e}}^2}\right)\mathrm{d}r$$

对上面的积分式进行积分并假设 $r_{\mathrm{w}}^2/r_{\mathrm{e}}^2$ 可以忽略得到：

$$p_{\mathrm{i}} - p_{\mathrm{wf}} = \frac{141.2q\mu}{hK}\left[\ln\left(\frac{r_{\mathrm{e}}}{r_{\mathrm{w}}}\right) - \frac{1}{2}\right]$$

上面方程更适用的形式是求流量，用 bbl/d 表示为：

$$Q = \frac{0.00708Kh(p_i - p_{wf})}{\mu B\left[\ln\left(\dfrac{r_e}{r_w}\right) - 0.5\right]} \tag{1.131}$$

式中　$Q$——流量，bbl/d；

　　　$B$——地层体积系数，bbl/bbl；

　　　$K$——渗透率，mD。

井泄油面积内的体积平均压力 $\bar{p}$ 通常用于计算拟稳定流条件下的液体流量。在方程（1.131）中引入 $\bar{p}$：

$$Q = \frac{0.00708Kh(\bar{p} - p_{wf})}{\mu B\left[\ln\left(\dfrac{r_e}{r_w}\right) - 0.75\right]} = \frac{\bar{p} - p_{wf}}{141.2\mu B\left[\ln\left(\dfrac{r_e}{r_w}\right) - 0.75\right]} \tag{1.132}$$

注意：

$$\ln\left(\frac{r_e}{r_w}\right) - 0.75 = \ln\left(\frac{0.471r_e}{r_w}\right)$$

上面的关系式表明拟稳定流条件下，体积平均压力 $\bar{p}$ 大约出现在泄油半径的 47% 处。因此：

$$Q = \frac{0.00708Kh(\bar{p} - p_{wf})}{\mu B\left[\ln\left(\dfrac{0.471r_e}{r_w}\right)\right]}$$

应该指出的是拟稳定流的产生与油藏的几何形态无关。不规则几何形态的油藏，当它们已生产了足够长的时间以至于整个泄油面积都受到了影响时，也能达到拟稳态。

Ramey 和 Cobb（1971）不是为每一种泄油面积的几何形态建立一个独立的方程，而是引入了一个称为形状系数 $C_A$ 的校正系数，形状系数的引入是为了说明实际泄油面积与理想圆形泄油面积的偏差。如表 1.4 所示，形状系数也说明了井在泄油面积中的位置。在方程（1.132）中引入 $C_A$ 并求解 $p_{wf}$，得到下面两个解。

（1）用体积平均压力 $\bar{p}$ 表示：

$$p_{wf} = \bar{p} - \frac{162.6QB\mu}{hK}\lg\left(\frac{2.2458A}{C_A r_w^2}\right) \tag{1.133}$$

（2）用原始油藏压力 $p_i$ 表示。回顾方程（1.128），它表示了油藏平均压力 $p$ 随时间与原始油藏压力 $p_i$ 的变化：

$$\overline{p} = p_i - \frac{0.23396qt}{c_t Ah\phi}$$

联合上面的方程和方程（1.133）得：

$$p_{wf} = \left( p_i - \frac{0.23396QBt}{c_t Ah\phi} \right) - \frac{162.6QB\mu}{hK} \lg \left( \frac{2.2458A}{C_A r_w^2} \right) \tag{1.134}$$

式中　$K$——渗透率，mD；

　　　$A$——泄油面积，ft$^2$；

　　　$C_A$——形状系数；

　　　$Q$——流量，bbl/d；

　　　$T$——时间，h；

　　　$c_t$——总压缩系数，psi$^{-1}$。

整理方程（1.134）：

$$p_{wf} = \left[ p_i - \frac{162.6QB\mu}{hK} \lg \left( \frac{2.2458A}{C_A r_w^2} \right) \right] - \left( \frac{0.23396QB}{c_t Ah\phi} \right) t$$

上面的表达式表明在拟稳定流和恒定流量条件下，它可以表示为一个直线方程：

$$p_{wf} = a_{pss} + m_{pss} t$$

其中 $a_{pss}$ 和 $m_{pss}$ 定义如下：

$$a_{pss} = \left[ p_i - \frac{162.6QB\mu}{hK} \lg \left( \frac{2.2458A}{C_A r_w^2} \right) \right]$$

$$m_{pss} = -\frac{0.23396QB}{c_t Ah\phi} = -\frac{0.23396QB}{c_t (\text{孔隙体积})}$$

显然拟稳定流情况下，井底流动压力 $p_{wf}$ 与时间 $t$ 的关系图形是一条直线，斜率为 $m_{pss}$，截距为 $a_{pss}$。

达西方程的更通用的形式可以通过整理方程（1.133）并求解 $Q$ 得到：

$$Q = \frac{Kh(\overline{p} - p_{wf})}{162.6B\mu \lg \left[ 2.2458A / \left( C_A r_w^2 \right) \right]} \tag{1.135}$$

应该注意，如果方程（1.135）应用于半径为 $r_e$ 的圆形油藏，那么：

$$A = \pi r_e^2$$

圆形泄油面积的形状系数在表 1.4 中给出：

$$C_A = 31.62$$

代入方程（1.135）并简化：

$$Q = \frac{0.00708Kh\left(\overline{p} - p_{\mathrm{wf}}\right)}{\mu B\left[\ln\left(\dfrac{r_{\mathrm{e}}}{r_{\mathrm{w}}}\right) - 0.75\right]}$$

该方程与方程（1.134）是等价的。

**表 1.4　各种单井泄油面积的形状系数**

| 有界油藏 | $C_A$ | $\ln C_A$ | $\dfrac{1}{2}\ln\left(\dfrac{2.2458}{C_A}\right)$ | 精确解 $t_{DA} >$ | 误差小于 1%，$t_{DA} >$ | 应用无限系统解且误差小于 1%，$t_{DA} >$ |
|---|---|---|---|---|---|---|
| ⊙ 圆形 | 31.62 | 3.4538 | −1.3224 | 0.1 | 0.06 | 0.10 |
| ⬡ 六边形 | 31.6 | 3.4532 | −1.3220 | 0.1 | 0.06 | 0.10 |
| △ 三角形 | 27.6 | 3.3178 | −1.2544 | 0.2 | 0.07 | 0.09 |
| 60° 菱形 | 27.1 | 3.2995 | −1.2452 | 0.2 | 0.07 | 0.09 |
| 1/3 直角三角形 | 21.9 | 3.0865 | −1.1387 | 0.4 | 0.12 | 0.08 |
| 3△4 三角形 | 0.098 | −2.3227 | +1.5659 | 0.9 | 0.60 | 0.015 |
| 正方形中心 | 30.8828 | 3.4302 | −1.3106 | 0.1 | 0.05 | 0.09 |
| 正方形 | 12.9851 | 2.5638 | −0.8774 | 0.7 | 0.25 | 0.03 |
| 正方形 | 10132 | 1.5070 | −0.3490 | 0.6 | 0.30 | 0.025 |
|  |  |  |  |  | 0.25 | 0.01 |
| 矩形 | 3.3351 | 1.2045 | −0.1977 | 0.7 |  |  |
| 矩形 1:2 | 21.8369 | 3.0836 | −1.1373 | 0.3 | 0.15 | 0.025 |
| 矩形 1:2 | 10.8374 | 2.3830 | −0.7870 | 0.4 | 0.15 | 0.025 |
| 矩形 1:2 | 10141 | 1.5072 | −0.3491 | 1.5 | 0.50 | 0.06 |
| 矩形 1:2 | 2.0769 | 0.7309 | −0.0391 | 1.7 | 0.50 | 0.02 |
| 矩形 1:2 | 3.1573 | 1.1497 | −0.1703 | 0.4 | 0.15 | 0.005 |
| 矩形 1:2 | 0.5813 | −0.5425 | +0.6758 | 2.0 | 0.60 | 0.02 |
| 矩形 1:2 | 0.1109 | −2.1991 | +1.5041 | 3.0 | 0.60 | 0.005 |
| 矩形 1:4 | 5.3790 | 1.6825 | −0.4367 | 0.8 | 0.30 | 0.01 |

续表

| 有界油藏 | $C_A$ | $\ln C_A$ | $\frac{1}{2}\ln\left(\dfrac{2.2458}{C_A}\right)$ | 精确解 $t_{DA}>$ | 误差小于1%，$t_{DA}>$ | 应用无限系统解且误差小于1%，$t_{DA}>$ |
|---|---|---|---|---|---|---|
| 矩形（井在下1/4处） | 2.6896 | 0.9894 | −0.0902 | 0.8 | 0.30 | 0.01 |
| 矩形（井居中） | 0.2318 | −1.4619 | +1.1355 | 4.0 | 2.00 | 0.03 |
| 矩形（井居中） | 0.1155 | −2.1585 | +1.4838 | 4.0 | 2.00 | 0.01 |
| 矩形（井偏1/4） | 2.3606 | 0.8589 | −0.0249 | 1.0 | 0.40 | 0.025 |
| 在垂直裂缝油藏，对于裂缝体系用 $(x_e/x_f)^2$ 替换 $A/r_w^2$ | | | | | | |
| 0.1 $=X_f/X_e$ | 2.6541 | 0.9761 | −0.0835 | 0.175 | 0.08 | 不能使用 |
| 0.2 | 2.0348 | 0.7104 | +0.0493 | 0.175 | 0.09 | 不能使用 |
| 0.3 | 1.9986 | 0.6924 | +0.0583 | 0.175 | 0.09 | 不能使用 |
| 0.5 | 1.6620 | 0.5080 | +0.1505 | 0.175 | 0.09 | 不能使用 |
| 0.7 | 1.3127 | 0.2721 | +0.2685 | 0.175 | 0.09 | 不能使用 |
| 水驱油藏 | | | | | | |
| 1.0 | 0.7887 | −0.2374 | +0.5232 | 0.175 | 0.09 | 不能使用 |
| ⊙ | 19.1 | 2.95 | −1.07 | — | — | — |
| 生产特性未知的油藏 | | | | | | |
| ⊙ | 25.0 | 3.22 | −1.20 | — | — | — |

**例 1.17** 一口油井位于面积为 40acre 的正方形油藏的中心。该井在拟稳定条件下以恒定流量 100bbl/d 生产。油藏特性参数如下：

$\phi=15\%$，$h=30$ft，$K=20$mD，$\mu=1.5$mPa·s，$B_o=1.2$bbl/bbl，$c_t=25\times10^{-6}$psi$^{-1}$，$p_i=4500$psi，$r_w=0.25$ft，$A=40$acre。

（1）计算并绘制井底流动压力与时间的函数关系曲线。

（2）根据曲线，计算压力递减速度。从 $t=10$h 到 $t=200$h，油藏平均压力递减多少？

**解** （1）计算 $p_{wf}$。

步骤1：根据表 1.4 确定 $C_A$。

$$C_A=30.8828$$

步骤2：把面积 $A$ 的单位由 acre 转化到 ft$^2$。

$$A = 40 \times 43560 = 1742400 \text{ft}^2$$

步骤3：应用方程（1.134）。

$$p_{\text{wf}} = \left( p_{\text{i}} - \frac{0.23396 QBt}{c_{\text{t}} Ah\phi} \right) - \frac{162.6 QB\mu}{hK} \lg \left( \frac{2.2458 A}{C_{\text{A}} r_{\text{w}}^2} \right)$$

$$= 4500 - 0.143t - 48.78 \lg(2027436)$$

或

$$p_{\text{wf}} = 4192 - 0.143t$$

步骤4：计算不同时刻的 $p_{\text{wf}}$ 如下。

| $t$ (h) | $p_{\text{wf}}=4192-0.143t$ |
|---|---|
| 10 | 4191 |
| 20 | 4189 |
| 50 | 4185 |
| 100 | 4178 |
| 200 | 4163 |

步骤5：用步骤4的计算结果绘制图形，如图1.25所示。

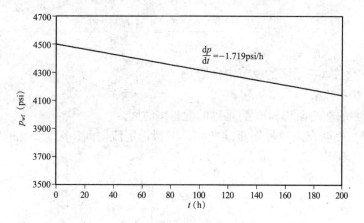

图1.25　井底流动压力与时间的函数关系曲线

（2）从图1.25和上面的计算看出井底流动压力以0.143psi/h的速度递减，即：

$$\frac{\text{d}p}{\text{d}t} = -0.143 \, \text{psi/h}$$

该例表明拟稳定期间整个泄油面积内的压力递减速度相同。这意味着油藏平均压力 $\overline{p}_{\text{r}}$ 以同样的速度0.143psi/h递减，因此时间由10h到200h的 $\overline{p}_{\text{r}}$ 的变化为：

$$\Delta \overline{p}_{\text{r}} = 0.143 \times (200 - 10) = 27.17 \, \text{psi}$$

**例 1.18** 一口油井以恒定井底流动压力 1500psi 生产。目前油藏平均压力 $p_r$ 是 3200psi。该井位于面积为 40acre 的正方形油藏的中心。下面列出了附加信息：$\phi = 16\%$，$h = 15ft$，$K = 50mD$，$\mu = 26mPa \cdot s$，$B_o = 1.15bbl/bbl$，$c_t = 10 \times 10^{-6}psi^{-1}$，$r_w = 0.25ft$。

计算流量。

**解** 因为体积平均压力已知，用方程（1.135）求流量：

$$Q = \frac{Kh(\overline{p} - p_{wf})}{162.6B\mu \lg\left[2.2458A/\left(C_A r_w^2\right)\right]}$$

$$= \frac{50 \times 15 \times (3200 - 1500)}{162.6 \times 1.15 \times 2.6 \lg\left(\dfrac{2.2458 \times 40 \times 43560}{30.8828 \times 0.25^2}\right)}$$

$$= 416 \text{ bbl/d}$$

注意方程（1.135）也可以表示为无量纲形式，引入无量纲时间 $t_D$ 和无量纲压力降 $p_D$ 并整理：

$$p_D = 2\pi t_{DA} + \frac{1}{2}\ln\left(\frac{2.3458A}{C_A r_w^2}\right) + s \tag{1.136}$$

而无量纲时间是以方程（1.86a）所示的泄油面积为基础：

$$t_{DA} = \frac{0.0002637Kt}{\phi\mu c_t A} = t_A\left(\frac{r_w^2}{A}\right)$$

式中　$s$——表皮系数（在后面的章节中介绍）；

　　　$C_A$——形状系数；

　　　$t_{DA}$——以井的泄油面积 $\pi r_e^2$ 为基础的无量纲时间。

方程（1.136）表明在边界控制流动期间，即拟稳定流期间，$p_D$ 与 $t_{DA}$ 的直角坐标函数图形是一条直线，斜率为 $2\pi$，即：

$$\frac{\partial p_D}{\partial t_{DA}} = 2\pi \tag{1.137}$$

对于位于圆形泄油面积内的一口井，没有表皮效应，即 $s=0$，对方程（1.136）的两侧取对数：

$$\lg(p_D) = \lg(2\pi) + \lg(t_{DA})$$

这表明 $p_D$ 与 $t_{DA}$ 的双对数坐标函数图形是一条 45° 的直线，截距为 $2\pi$。

### 1.2.9　可压缩流体（气体）的径向流

方程（1.105）所示的径向流扩散方程是用于研究可压缩流体在不稳定流条件下的动态。方程的形式是：

$$\frac{\partial^2 m(p)}{\partial r^2} + \frac{1}{r}\frac{\partial m(p)}{\partial r} = \frac{\phi\mu c_t}{0.000264K}\frac{\partial m(p)}{\partial t}$$

对于拟稳定流，真实气体的拟压力随时间的变化速度恒定，即：

$$\frac{\partial m(p)}{\partial t} = 常数$$

使用前面介绍过的用于液体的相同的方法得到下面的扩散方程的精确解：

$$Q_g = \frac{Kh\left[m(\bar{p}_r) - m(p_{wf})\right]}{1422T\left[\ln\left(\dfrac{r_e}{r_w}\right) - 0.75\right]} \tag{1.138}$$

式中　$Q_g$——气体流量，$10^3 ft^3/d$；

　　　$T$——温度，$°R$；

　　　$K$——渗透率，$mD$。

上述解的两种近似求法应用广泛，它们是压力平方近似法和压力近似法。

### 1.2.9.1　压力平方近似法

如前所述，当 $p < 2000psi$ 时，该方法的计算结果与精确解法的计算结果相近。下面列出了该解常用的形式：

$$Q_g = \frac{Kh\left(\bar{p}_r^{\,2} - p_{wf}^2\right)}{1422T\bar{\mu}\bar{Z}\left[\ln\left(\dfrac{r_e}{r_w}\right) - 0.75\right]} \tag{1.139}$$

气体特性参数 $\bar{Z}$ 和 $\bar{\mu}$ 是平均压力 $\bar{p}$ 下的值：

$$\bar{p} = \sqrt{\frac{\bar{p}_r^{\,2} + p_{wf}^2}{2}}$$

式中　$Q_g$——气体流量，$10^3 ft^3/d$；

　　　$T$——温度，$°R$；

　　　$K$——渗透率，$mD$。

### 1.2.9.2　压力近似法

该方法用于 $p > 3000psi$ 时，数学表达形式如下：

$$Q_g = \frac{Kh\left(\bar{p}_r - p_{wf}\right)}{1422\bar{\mu}\bar{B}_g\left[\ln\left(\dfrac{r_e}{r_w}\right) - 0.75\right]} \tag{1.140}$$

式中　$Q_g$——气体流量，$10^3 ft^3/d$；

$K$——渗透率，mD；

$\overline{B}_g$——平均压力下的气体地层体积系数，bbl/ft$^3$。

气体特性参数是平均压力 $\overline{p}$ 下的值：

$$\overline{p} = \frac{\overline{p}_r + p_{wf}}{2}$$

气体地层体积系数用下面的表达式计算：

$$B_g = 0.00504 \frac{\overline{Z}T}{\overline{p}}$$

在推导流动方程时，做了下面两个主要假设：（1）整个泄油面积内的渗透性相同；（2）层流。

在应用前面论述的流动方程的任一数学解之前，必须修正这个解来消除上面两个假设可能导致的偏差。在流动方程的解中引入下面两个校正系数能够消除这两个假设导致的偏差：（1）表皮系数；（2）紊流系数。

### 1.2.10  表皮系数

在钻井、完井或修井过程中经常有一些物质如滤液、水泥浆、黏土颗粒等进入地层，减小井眼周围地层的渗透率。这种影响通常被称为"井筒污染"，而渗透率被改变的区域称为"污染带"。污染带可以从井眼周围的几英寸扩展到几英尺。许多井通过酸化、压裂等增加近井地带渗透率达到增产的目的。因此，近井地带的渗透率不同于没有被钻井、增产措施等影响的远井地带的渗透率。示意图 1.26 说明了污染带的情况。

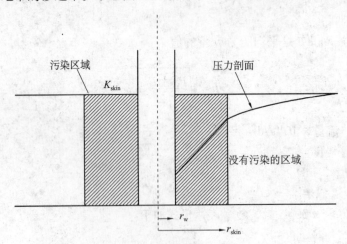

图 1.26  近井表皮效应的影响

污染带的影响是改变井眼周围的压力分布。在井筒污染情况下，在地层中污染带引起附加压力损失。在井筒改善的情况下，结果与井筒污染相反。如果用 $\Delta p_{skin}$ 表示污染带的压力降，图 1.27 对比了污染带压力降可能出现的三种结果。

（1）第一种结果：$\Delta p_{skin} > 0$，表示由于井筒污染，即 $K_{skin} < K$，产生附加压力降。

（2）第二种结果：$\Delta p_{skin} < 0$，表示由于井筒改善，即 $K_{skin} > K$，减小了压力降。

（3）第三种结果：$\Delta p_{skin}=0$，表示井筒条件没有改变，即 $K_{skin}=K$。

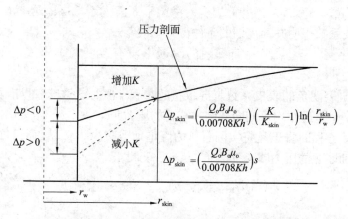

图 1.27　正表皮效应和负表皮效应的示意图

Hawkins（1956）假设污染带的渗透率 $K_{skin}$ 均等，通过污染带的压力降可以用达西方程近似求得。Hawkins 提出下面的方法：

$$\Delta p_{skin}= 由 K_{skin} 引起的污染带 \Delta p - 由 K 引起的污染带 \Delta p$$

应用达西方程：

$$\Delta p_{skin} = \left(\frac{Q_o B_o \mu_o}{0.00708 h K_{skin}}\right)\ln\left(\frac{r_{skin}}{r_w}\right) - \left(\frac{Q_o B_o \mu_o}{0.00708 h K}\right)\ln\left(\frac{r_{skin}}{r_w}\right)$$

或

$$\Delta p_{skin} = \left(\frac{Q_o B_o \mu_o}{0.00708 K h}\right)\left(\frac{K}{K_{skin}} - 1\right)\ln\left(\frac{r_{skin}}{r_w}\right)$$

式中　$K$——地层的渗透率，mD；

　　　$K_{skin}$——污染带的渗透率，mD。

上面用于确定污染带附加压力降的表达式通常用下列形式表示：

$$\Delta p_{skin} = \left(\frac{Q_o B_o \mu_o}{0.00708 K h}\right)s = 141.2\left(\frac{Q_o B_o \mu_o}{K h}\right)s \tag{1.141}$$

其中 $s$ 称为表皮系数，定义为：

$$s = \left(\frac{K}{K_{skin}} - 1\right)\ln\left(\frac{r_{skin}}{r_w}\right) \tag{1.142}$$

根据渗透率比值 $K/K_{skin}$ 和 $\ln(r_{skin}/r_w)$ 通常为正，在计算表皮系数 $s$ 时，有三种可能结果。

(1) 正表皮系数，$s > 0$：当井筒周围存在污染带时，$K_{skin}$ 小于 $K$，因此 $s$ 是正数。表皮系数的值随着 $K_{skin}$ 的降低和污染深度 $r_{skin}$ 的增加而增加。

(2) 负表皮系数，$s < 0$：当井筒周围的渗透率 $K_{skin}$ 大于地层渗透率 $K$ 时，表皮系数 $s$ 是负数。负的表皮系数表明井筒周围的条件得到了改善。

(3) 零表皮系数，$s=0$：当井筒周围的渗透率没有改变时，即 $K_{skin}=K$，出现零表皮系数。

方程（1.141）表明负的表皮系数将导致负的 $\Delta p_{skin}$ 值。这意味着以产量 $q$ 生产，增产井需要的压力降小于渗透性均等的同样的井需要的压力降。

对前面的流动方程的修正是将实际总压力降增加或减少 $\Delta p_{skin}$。假设 $(\Delta p)_{ideal}$ 表示渗透率 $K$ 均等的泄油区域的压力降，那么：

$$(\Delta p)_{actual} = (\Delta p)_{ideal} + (\Delta p)_{skin}$$

或

$$(p_i - p_{wf})_{actual} = (p_i - p_{wf})_{ideal} + (\Delta p)_{skin} \tag{1.143}$$

上述修正流动方程来说明井筒表皮效应引起的压力降变化的方法可以用于前面讨论过的三种流动状态：(1) 稳定流；(2) 不稳定流；(3) 拟稳定流。

下面介绍方程（1.143）的应用。

### 1.2.10.1  稳定径向流（考虑表皮系数）

把方程（1.26）和方程（1.141）代入方程（1.143）得：

$$(\Delta p)_{actual} = (\Delta p)_{ideal} + (\Delta p)_{skin}$$

$$(p_i - p_{wf})_{actual} = \left(\frac{Q_o B_o \mu_o}{0.00708 Kh}\right)\ln\left(\frac{r_e}{r_w}\right) + \left(\frac{Q_o B_o \mu_o}{0.00708 Kh}\right)s$$

求流量：

$$Q_o = \frac{0.00708 Kh(p_i - p_{wf})}{B_o \mu_o \left(\ln\dfrac{r_e}{r_w} + s\right)} \tag{1.144}$$

式中  $Q_o$——油的流量，bbl/d；

$K$——渗透率，mD；

$h$——厚度，ft；

$s$——表皮系数；

$B_o$——油的地层体积系数，bbl/bbl；

$\mu_o$——油的黏度，mPa·s；

$p_i$——原始油藏压力，psi；

$p_{wf}$——井底流动压力，psi。

### 1.2.10.2  不稳定径向流 (考虑表皮系数)

对于微可压缩流体:联合方程 (1.82)、方程 (1.141) 和方程 (1.143) 得:

$$(\Delta p)_{\text{actual}} = (\Delta p)_{\text{ideal}} + (\Delta p)_{\text{skin}}$$

$$p_{\text{i}} - p_{\text{wf}} = 162.6 \left(\frac{Q_{\text{o}} B_{\text{o}} \mu_{\text{o}}}{Kh}\right) \left(\lg \frac{Kt}{\phi \mu c_{\text{t}} r_{\text{w}}^2} - 3.23\right) + 141.2 \left(\frac{Q_{\text{o}} B_{\text{o}} \mu_{\text{o}}}{Kh}\right) s$$

或

$$p_{\text{i}} - p_{\text{wf}} = 162.6 \left(\frac{Q_{\text{o}} B_{\text{o}} \mu_{\text{o}}}{Kh}\right) \left(\lg \frac{Kt}{\phi \mu c_{\text{t}} r_{\text{w}}^2} - 3.23 + 0.87s\right) \tag{1.145}$$

对于可压缩流体应用与上面相同的方法:

$$m(p_{\text{i}}) - m(p_{\text{wf}}) = \frac{1637 Q_{\text{g}} T}{Kh} \left(\lg \frac{Kt}{\phi \mu c_{\text{t}_{\text{i}}} r_{\text{w}}^2} - 3.23 + 0.87s\right) \tag{1.146}$$

根据压力平方法,$[m(p_{\text{i}}) - m(p_{\text{wf}})]$ 的差可以替换为:

$$m(p_{\text{i}}) - m(p_{\text{wf}}) = \int_{p_{\text{wf}}}^{p_{\text{i}}} \frac{2p}{\mu Z} \mathrm{d}p = \frac{p_{\text{i}}^2 - p_{\text{wf}}^2}{\overline{\mu Z}}$$

得到:

$$p_{\text{i}}^2 - p_{\text{wf}}^2 = \frac{1637 Q_{\text{g}} T \overline{Z \mu}}{Kh} \left(\lg \frac{Kt}{\phi \mu_{\text{i}} c_{\text{ti}} r_{\text{w}}^2} - 3.23 + 0.87s\right) \tag{1.147}$$

式中　$Q_{\text{g}}$——气体流量,$10^3 \text{ft}^3/\text{d}$;

　　　$T$——温度,°R;

　　　$K$——渗透率,mD;

　　　$t$——时间,h。

### 1.2.10.3  拟稳定流 (考虑表皮系数)

对于微可压缩流体在方程 (1.134) 中引入表皮系数:

$$Q_{\text{o}} = \frac{0.00708 Kh(\overline{p}_{\text{r}} - p_{\text{wf}})}{\mu_{\text{o}} B_{\text{o}} \left[\ln\left(\frac{r_{\text{e}}}{r_{\text{w}}}\right) - 0.75 + s\right]} \tag{1.148}$$

对于可压缩流体:

$$Q_{\text{g}} = \frac{Kh[m(\overline{p}_{\text{r}}) - m(p_{\text{wf}})]}{1422 T \left[\ln\left(\frac{r_{\text{e}}}{r_{\text{w}}}\right) - 0.75 + s\right]} \tag{1.149}$$

或用压力平方近似法表示：

$$Q_g = \frac{Kh\left(p_r^2 - p_{wf}^2\right)}{1422 T \overline{\mu Z}\left[\ln\left(\dfrac{r_e}{r_w}\right) - 0.75 + s\right]}$$ (1.150)

式中 $Q_g$——气体流量，$10^3 \text{ft}^3/\text{d}$；

$K$——渗透率，mD；

$T$——温度，°R；

$\overline{\mu}_g$——平均压力 $\overline{p}$ 下的气体黏度，$\text{mPa} \cdot \text{s}$；

$\overline{Z}_g$——平均压力 $\overline{p}$ 下的气体压缩系数。

**例 1.19** 计算钻井流体侵入半径 2ft 引起的表皮系数。污染带的渗透率为 20mD，没有受影响的地层的渗透率 60mD。井底半径 0.25ft。

**解** 用方程（1.142）计算表皮系数：

$$s = \left(\frac{60}{20} - 1\right)\ln\left(\frac{2}{0.25}\right) = 4.16$$

Matthews 和 Russell（1967）提出了一种计算表皮效应的替代方法，该方法引进"有效井筒半径 $r_{wa}$"表示表皮效应引起的压力降。他们用下面的方程确定 $r_{wa}$：

$$r_{wa} = r_w e^{-s}$$ (1.151)

所有理想径向流方程都可以通过用有效井底半径 $r_{wa}$ 替换井底半径 $r_w$ 的方式修正为适用污染带的方程。例如方程（1.145）可以等效地表示为：

$$p_i - p_{wf} = 162.6\left(\frac{Q_o B_o \mu_o}{Kh}\right)\left[\lg\left(\frac{Kt}{\phi\mu c_t r_{wa}^2}\right) - 3.23\right]$$ (1.152)

### 1.2.11 紊流系数

到目前为止，所有的数学表达式都是基于层流的假设条件。在径向流过程中，流动速度随着近井距离的减小而增加。速度增加有可能在井筒周围导致紊流出现。如果有紊流存在，就非常有可能出现大量的气体而导致附加压力降，类似于污染带的影响。工业上用"非达西流"描述紊流引起的附加压力降。

用 $\Delta\Psi_{\text{non-Darcy}}$ 表示非达西流引起的真实气体附加拟压力降，总（实际）压力降为：

$$(\Delta\Psi)_{\text{actual}} = (\Delta\Psi)_{\text{ideal}} + (\Delta\Psi)_{\text{skin}} + (\Delta\Psi)_{\text{non-Darcy}}$$

Wattenbarger 和 Ramey（1968）提出了下列计算 $(\Delta\Psi)_{\text{non-Darcy}}$ 的表达式：

$$(\Delta\psi)_{\text{non-Darcy}} = 3.161 \times 10^{-12}\left(\frac{\beta T \gamma_g}{\mu_{gw} h^2 r_w}\right)Q_g^2$$ (1.153)

该方程以更便捷的形式表示为：

$$(\Delta\Psi)_{\text{non-Darcy}}=FQ_g^2 \tag{1.154}$$

其中 $F$ 被称为"非达西流系数"，并表示为：

$$F = 3.161\times10^{-12}\left(\frac{\beta T\gamma_g}{\mu_{gw}h^2r_w}\right) \tag{1.155}$$

式中　$Q_g$——气体流量，$10^3\text{ft}^3/\text{d}$；

　　　$\mu_{gw}$——井底流压 $p_{wf}$ 下的气体黏度，$\text{mPa}\cdot\text{s}$；

　　　$\gamma_g$——气体相对密度；

　　　$h$——厚度，ft；

　　　$F$——非达西流系数，$\text{psi}^2\cdot\text{d}^2/(\text{mPa}\cdot\text{s}\cdot10^3\text{ft}^3)$；

　　　$\beta$——紊流参量。

Jones（1987）提出了估算紊流参量 $\beta$ 的数学表达式：

$$\beta = 1.88\times10^{10}K^{-1.47}\phi^{-0.53} \tag{1.156}$$

式中　$K$——渗透率，mD；

　　　$\phi$——孔隙度，分数。

与表皮系数一样，$FQ_g^2$ 包含在所有的可压缩气体的流动方程中。该非达西项被称为与速度有关的表皮系数。下面介绍三种流动状态下紊流条件的气体流动方程的修正：（1）不稳定流；（2）拟稳定流；（3）稳定流。

#### 1.2.11.1　不稳定径向流

不稳定流气体流动方程（1.146），可以修正为包括真实气体附加势能降。

$$m(p_i)-m(p_{wf})=\left(\frac{1637Q_gT}{Kh}\right)\left[\lg\left(\frac{Kt}{\phi\mu_ic_{ti}r_w^2}\right)-3.23+0.87s\right]+FQ_g^2 \tag{1.157}$$

方程（1.157）通常以更便捷的形式表示为：

$$m(p_i)-m(p_{wf})=\left(\frac{1637Q_gT}{Kh}\right)\left[\lg\left(\frac{Kt}{\phi\mu_ic_{ti}r_w^2}\right)-3.23+0.87s+0.87DQ_g\right] \tag{1.158}$$

其中 $DQ_g$ 被称为与速度有关的表皮系数。系数 $D$ 被称为紊流系数，表示为：

$$D=\frac{FKh}{1422T} \tag{1.159}$$

反映地层污染或改善程度的真实表皮系数 $s$ 通常和非达西与速度有关的表皮系数合起来被称为有效表皮系数 $s'$。即：

$$s'=s+DQ_g \tag{1.160}$$

或

$$m(p_{\mathrm{i}}) - m(p_{\mathrm{wf}}) = \left(\frac{1637Q_{\mathrm{g}}T}{Kh}\right)\left[\lg\left(\frac{Kt}{\phi\mu_{\mathrm{i}}c_{\mathrm{ti}}r_{\mathrm{w}}^2}\right) - 3.23 + 0.87s'\right] \tag{1.161}$$

方程（1.161）可以表示为压力平方近似法形式：

$$p_{\mathrm{i}}^2 - p_{\mathrm{wf}}^2 = \left(\frac{1637Q_{\mathrm{g}}T\overline{Z}\overline{\mu}}{Kh}\right)\left[\lg\left(\frac{Kt}{\phi\mu_{\mathrm{i}}c_{\mathrm{ti}}r_{\mathrm{w}}^2}\right) - 3.23 + 0.87s\right] \tag{1.162}$$

式中　$Q_{\mathrm{g}}$——气体流量，$10^3\mathrm{ft}^3/\mathrm{d}$；

　　　$t$——时间，h；

　　　$K$——渗透率，mD；

　　　$\mu_{\mathrm{i}}$——压力 $p_{\mathrm{i}}$ 下的气体黏度，$\mathrm{mPa\cdot s}$。

### 1.2.11.2　拟稳定流

修正方程（1.149）和方程（1.150）以适用于非达西流：

$$Q_{\mathrm{g}} = \frac{Kh\left[m(\overline{p}_{\mathrm{r}}) - m(p_{\mathrm{wf}})\right]}{1422T\left[\ln\left(\dfrac{r_{\mathrm{e}}}{r_{\mathrm{w}}}\right) - 0.75 + s + DQ_{\mathrm{g}}\right]} \tag{1.163}$$

或用压力平方法表示：

$$Q_{\mathrm{g}} = \frac{Kh\left(\overline{p}_{\mathrm{r}}^2 - \overline{p}_{\mathrm{wf}}^2\right)}{1422T\overline{\mu}\overline{Z}\left[\ln\left(\dfrac{r_{\mathrm{e}}}{r_{\mathrm{w}}}\right) - 0.75 + s + DQ_{\mathrm{g}}\right]} \tag{1.164}$$

其中系数 $D$ 定义为：

$$D = \frac{FKh}{1422T} \tag{1.165}$$

### 1.2.11.3　稳定流

与上面的修正过程相似，方程（1.43）和方程（1.44）可以表示为：

$$Q_{\mathrm{g}} = \frac{Kh\left[m(p_{\mathrm{i}}) - m(p_{\mathrm{wf}})\right]}{1422T\left[\ln\left(\dfrac{r_{\mathrm{e}}}{r_{\mathrm{w}}}\right) - 0.5 + s + DQ_{\mathrm{g}}\right]} \tag{1.166}$$

$$Q_{\mathrm{g}} = \frac{Kh\left(p_{\mathrm{e}}^2 - p_{\mathrm{wf}}^2\right)}{1422T\overline{\mu}\overline{Z}\left[\ln\left(\dfrac{r_{\mathrm{e}}}{r_{\mathrm{w}}}\right) - 0.5 + s + DQ_{\mathrm{g}}\right]} \tag{1.167}$$

**例 1.20**　一口气井污染半径 2ft，污染带渗透率降低到 30mD。地层渗透率和孔隙度分别为 55mD 和 12%。气井产量 $20 \times 10^3 ft^3/d$，气体相对密度 0.6。其他数据如下：

$r_w$=0.25ft，$h$=20ft，$T$=140°F，$\mu_{gw}$=0.013mPa·s。

计算有效表皮系数。

**解**　步骤 1：利用方程（1.142）计算表皮系数。

$$s = \left(\frac{K}{K_{skin}} - 1\right)\ln\left(\frac{r_{skin}}{r_w}\right) = \left(\frac{55}{30} - 1\right)\ln\left(\frac{2}{0.25}\right) = 1.732$$

步骤 2：利用方程（1.156）计算紊流参量 $\beta$。

$$\beta = 1.88 \times 10^{-10} \times K^{-1.47} \times \phi^{-0.53}$$
$$= 1.88 \times 10^{10} \times 55^{-1.47} \times 0.12^{-0.53}$$
$$= 159.904 \times 10^6$$

步骤 3：利用方程（1.155）计算非达西流系数。

$$F = 3.161 \times 10^{-12}\left(\frac{\beta T \gamma_g}{\mu_{gw} h^2 r_w}\right)$$
$$= 3.161 \times 10^{-12}\left(\frac{159.904 \times 10^6 \times 600 \times 0.6}{0.013 \times 20^2 \times 0.25}\right)$$
$$= 0.14$$

步骤 4：利用方程（1.159）计算系数 $D$。

$$D = \frac{FKh}{1422T} = \frac{0.14 \times 55 \times 20}{1422 \times 600} = 1.805 \times 10^{-4}$$

步骤 5：利用方程（1.160）计算有效表皮系数。

$$s' = s + DQ_g = 1.732 + \left(1.805 \times 10^{-4}\right) \times 20000 = 5.342$$

### 1.2.12　叠加原理

显然本章前面讨论的径向流扩散方程的解只适用于描述无限大油藏中一口以恒定产量生产的井引起的压力分布。因为实际中的油藏体系通常有多口井以不同产量生产，为了研究不稳定流期间的液体流动动态，需要一个更加通用的方法。

叠加原理可以有效地消除施加于不稳定流方程各种形式解的限制条件。数学上的叠加理论表明扩散方程单个解的任意和也是扩散方程的解。这一理论可用于解决下面几个因素对不稳定流解的影响：

（1）多井的影响；

（2）流量变化的影响；

（3）边界的影响；

（4）压力变化的影响。

Slider（1976）详细地论述了叠加原理在解决各种不稳定流问题的实际应用。

### 1.2.12.1 多井的影响

通常，需要讨论多井对油藏中某一点压力的影响。叠加理论表明油藏中任一点的总压力降是油藏中每一口井的流动在该点引起的压力变化的和。换句话说，就是简单地叠加一个影响与另一个影响。

图 1.28 表示的是无边界作业油藏，即不稳定流油藏中以不同流量生产的三口井。用叠加原理表示任一口井，如井 1 处的总压力降：

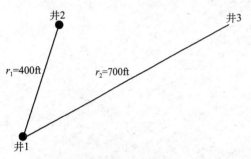

图 1.28 例 1.21 中井的布局

$$(\Delta p)_{\text{井1的总压降}} = (\Delta p)_{\text{井1引起的压降}} + (\Delta p)_{\text{井2引起的压降}} + (\Delta p)_{\text{井3引起的压降}}$$

井 1 自身生产引起的压力降可根据方程（1.145）所示的 $Ei$ 函数解的对数近似法得到：

$$(p_i - p_{wf}) = (\Delta p)_{\text{井1}} = \frac{162.6 Q_o 1 B_o \mu_o}{Kh}\left[\lg\left(\frac{Kt}{\phi\mu c_t r_w^2}\right) - 3.23 + 0.87s\right]$$

式中  $t$——时间，h；

$s$——表皮系数；

$K$——渗透率，mD；

$Q_{o1}$——井 1 的油流量。

井 2 和井 3 生产在井 1 处产生的附加压力降必须用方程（1.77）所示的 Ei 函数解的形式表示，因为对数近似法不能用于计算与井距离 $r$ 较大的点的压力，因为 $x > 0.1$。因此：

$$p(r,t) = p_i + \left(\frac{70.6 Q_o \mu B_o}{Kh}\right)\text{Ei}\left(\frac{-948\phi\mu_o c_t r^2}{Kt}\right)$$

用上面的表达式计算这两口井产生的附加压力降：

$$(\Delta p)_{\text{井2引起的压降}} = p_i - p(r_1, t)$$

$$= -\left(\frac{70.6 Q_{o2} \mu_o B_o}{Kh}\right) \times \text{Ei}\left(\frac{-948\phi\mu_o c_t r_1^2}{Kt}\right)$$

$$(\Delta p)_{\text{井3引起的压降}} = p_i - p(r_2, t)$$

$$= -\left(\frac{70.6 Q_{o3} \mu_o B_o}{Kh}\right) \times \text{Ei}\left(\frac{-948\phi\mu_o c_t r_2^2}{Kt}\right)$$

那么，总压力降：

$$\left(p_i - p_{wf}\right)_{\text{井1的总压降}} = 162.6\left(\frac{Q_{o1}B_o\mu_o}{Kh}\right)\left(\lg\frac{Kt}{\phi\mu c_t r_w^2} - 3.23 + 0.87s\right) - \left(\frac{70.6Q_{o2}\mu_o B_o}{Kh}\right)$$

$$\times \text{Ei}\left(-\frac{948\phi\mu c_t r_1^2}{Kt}\right) - \left(\frac{70.6Q_{o3}\mu_o B_o}{Kh}\right) \times \text{Ei}\left(-\frac{948\phi\mu c_t r_2^2}{Kt}\right)$$

式中　$Q_{o1}$，$Q_{o2}$，$Q_{o3}$——井 1、井 2 和井 3 的产量。

上面的计算方法也可用于计算井 2 和井 3 处的压力。而且，它可以扩展到任一数量的井的不稳定流条件下的流动。应该注意的是，如果计算点是一口生产井，该井的表皮系数 $s$ 必须考虑在内。

**例** 1.21　假设图 1.28 所示的三口井在不稳定流条件下生产 15h。其他数据如下：

$Q_{o1}=100$bbl/d，$Q_{o2}=160$bbl/d，$Q_{o3}=200$bbl/d，$P_i=4500$psi，$B_o=1.20$bbl/bbl，$c_t=20\times10^{-6}$ psi$^{-1}$，$(s)_{\text{井1}}=-0.5$，$h=20$ft，$\phi=15\%$，$K=40$mD，$r_w=0.25$ft，$\mu_o=2.0$mPa·s，$r_1=400$ft，$r_2=700$ft。

如果三口井以恒定流量生产，计算井 1 井底压力。

**解**　步骤 1：用方程（1.145）计算井 1 自身生产引起的压力降。

$$p_i - p_{wf} = \left(\Delta p\right)_{\text{井1}} = \frac{162.6Q_{o1}B_o\mu_o}{Kh}\left[\lg\left(\frac{Kt}{\phi\mu c_t r_w^2}\right) - 3.23 + 0.87s\right]$$

$$\left(\Delta p\right)_{\text{井1}} = \frac{162.6\times100\times1.2\times2.0}{40\times20}$$

$$\times\left[\lg\frac{40\times15}{0.15\times2\times\left(20\times10^{-6}\right)\times0.25^2} - 3.23 - 0.87\times0.5\right]$$

$$= 270.2\ \text{psi}$$

步骤 2：计算井 2 生产在井 1 引起的压力降。

$$\left(\Delta p\right)_{\text{井2引起的压降}} = p_i - p\left(r_1,t\right) = -\left(\frac{70.6Q_{o2}\mu_o B_o}{Kh}\right)\text{Ei}\left(\frac{-948\phi\mu_o c_t r_1^2}{Kt}\right)$$

$$\left(\Delta p\right)_{\text{井2引起的压降}} = -\left(\frac{70.6\times160\times1.2\times2}{40\times20}\right)\times\text{Ei}\left[\frac{-948\times0.15\times2.0\times\left(20\times10^{-6}\right)\times400^2}{40\times15}\right]$$

$$= 33.888\times\left[-\text{Ei}\left(-1.5168\right)\right]$$

$$= 33.888\times0.13 = 4.14\text{psi}$$

步骤 3：计算井 3 生产在井 1 引起的压力降。

$$\left(\Delta p\right)_{\text{井3引起的压降}} = -\left(\frac{70.6 \times 200 \times 1.2 \times 2}{40 \times 20}\right) \times \text{Ei}\left[\frac{-948 \times 0.15 \times 2.0 \times \left(20 \times 10^{-6}\right) \times 700^2}{40 \times 15}\right]$$

$$= 42.36 \times \left[-\text{Ei}\left(-4.645\right)\right]$$

$$= 42.36 \times \left(1.84 \times 10^{-3}\right) = 0.08\text{psi}$$

步骤 4：计算井 1 总的压力降。

$$\left(\Delta p\right)_{\text{井1引起的压降}} = 270.2 + 4.14 + 0.08 = 274.69\text{psi}$$

步骤 5：计算井 $1 p_{\text{wf}}$。

$$P_{\text{wf}} = 4500 - 274.69 = 4225.31\text{psi}$$

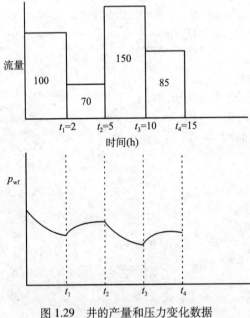

图 1.29 井的产量和压力变化数据

### 1.2.12.2　流量变化的影响

本章前面介绍的所有数学表达式要求油井在不稳定流期间以恒定流量生产。实际上，所有井的产量都是变化的，因此预测产量变化时的压力动态是很重要的。为此，叠加理论表明井的每一次流量变化都将导致压力响应，而该响应与其他之前发生的流量变化而导致的压力响应无关。据此，任一时刻产生的总压力降是每一次净流量变化引起的压力变化的总和。

考虑一口关井的井，即 $Q=0$，然后令其在不同的时间间隔内以一系列恒定产量生产，如图 1.29 所示。计算生产 $t_4$ 时间井底的总压力降。计算给定的流量 – 时间序列中每个恒定流量对应的压力降，然后累加得到总压力降。即：

$$\left(\Delta p\right)_{\text{总}} = \left(\Delta p\right)_{\left(Q_{O1}-0\right)} + \left(\Delta p\right)_{\left(Q_{o2}-Q_{o1}\right)} + \left(\Delta p\right)_{\left(Q_{O3}-Q_{o2}\right)} + \left(\Delta p\right)_{\left(Q_{O4}-Q_{o3}\right)}$$

上面的表达式表明总压力降由四部分组成，每一部分是由每一次产量的变化引起的。第一部分是产量由零增加到 $Q_1$ 在整个时间期间 $t_4$ 内产生的，即：

$$\left(\Delta p\right)_{Q_1-0} = \left[\frac{162.6\left(Q_1-0\right)B\mu}{Kh}\right] \times \left[\lg\left(\frac{Kt_4}{\phi\mu c_t r_{\text{w}}^2}\right) - 3.23 + 0.87s\right]$$

必须注意上面方程中用到的产量变化量是新产量减去原产量。这是引起压力扰动的产量变化。另外，还应该注意方程中的"时间"代表从产量变化产生影响开始所经过的总时间。

第二部分是 $t_1$ 时间内产量由 $Q_1$ 减少到 $Q_2$ 产生的，即：

$$(\Delta p)_{Q_2-Q_1} = \left[\frac{162.6(Q_2-Q_1)B\mu}{Kh}\right] \times \left\{\lg\left[\frac{K(t_4-t_1)}{\phi\mu c_t r_w^2}\right] - 3.23 + 0.87s\right\}$$

利用相同的方法，计算产量由 $Q_2$ 到 $Q_3$ 和由 $Q_3$ 到 $Q_4$ 引起的其他两部分：

$$(\Delta p)_{Q_3-Q_2} = \left[\frac{162.6(Q_3-Q_2)B\mu}{Kh}\right] \times \left\{\lg\left[\frac{K(t_4-t_2)}{\phi\mu c_t r_w^2}\right] - 3.23 + 0.87s\right\}$$

$$(\Delta p)_{Q_4-Q_3} = \left[\frac{162.6(Q_4-Q_3)B\mu}{Kh}\right] \times \left\{\lg\left[\frac{K(t_4-t_3)}{\phi\mu c_t r_w^2}\right] - 3.23 + 0.87s\right\}$$

扩展上面的方法建立一口井多次产量变化的模型。然而，应该注意只有当井以初始速度流动开始所经过的总时间内一直处于不稳定流条件下流动，上面的方法才适用。

**例 1.22** 图 1.29 显示了一口井在不稳定流条件下生产 15h 产量的变化过程。其他数据如下：

$p_i$=5000psi，$h$=20ft，$B_o$=1.1bbl/bbl，$\phi$=15%，$\mu_o$=2.5mPa·s，$r_w$=0.3ft，$c_t$=20× $10^{-6}$psi$^{-1}$，$s$=0，$K$=40mD。

计算 15h 后井底压力。

**解** 步骤 1：计算第一次流量变化在整个流动期间产生的压力降。

$$(\Delta p)_{Q_1-0} = \left[\frac{162.6 \times (100-0) \times 1.1 \times 2.5}{40 \times 20}\right]$$
$$\times \left\{\lg\left[\frac{40 \times 15}{0.15 \times 2.5 \times (20 \times 10^{-6}) \times 0.3^2}\right] - 3.23 + 0\right\}$$
$$= 319.6 \text{ psi}$$

步骤 2：计算流量由 100bbl/d 变化到 70bbl/d 产生的附加压力差。

$$(\Delta p)_{Q_2-Q_1} = \left[\frac{162.6 \times (70-100) \times 1.1 \times 2.5}{40 \times 20}\right]$$
$$\times \left\{\lg\left[\frac{40 \times (15-2)}{0.15 \times 2.5 \times (20 \times 10^{-6}) \times 0.3^2}\right] - 3.23\right\}$$
$$= -94.85 \text{ psi}$$

步骤 3：计算流量由 70bbl/d 变化到 150bbl/d 产生的附加压力差。

$$\left(\Delta p\right)_{Q_3-Q_2}=\left[\frac{162.6\times(150-70)\times1.1\times2.5}{40\times20}\right]$$

$$\times\left\{\lg\left[\frac{40\times(15-5)}{0.15\times2.5\times(20\times10^{-6})\times0.3^2}\right]-3.23\right\}$$

$$=249.18\text{ psi}$$

步骤 4：计算流量由 150bbl/d 变化到 85bbl/d 产生的附加压力差。

$$\left(\Delta p\right)_{Q_4-Q_3}=\left[\frac{162.6\times(85-150)\times1.1\times2.5}{40\times20}\right]$$

$$\times\left\{\lg\left[\frac{40\times(15-10)}{0.15\times2.5\times(20\times10^{-6})\times0.3^2}\right]-3.23\right\}$$

$$=-190.44\text{ psi}$$

步骤 5：计算总压力降。

$$\left(\Delta p\right)_{\text{总}}=319.6+(-94.85)+249.18+(-190.44)=283.49\text{psi}$$

步骤 6：计算不稳定流动 15h 后的井底压力。

$$p_{\text{wf}}=5000-283.49=4716.51\text{psi}$$

### 1.2.12.3　油藏边界的影响

叠加理论也可用于预测有界油藏单井的压力。图 1.30 显示了一口井与无流动边界，如封闭断层的距离为 L。无流动边界可以用下面的压力梯度表达式表示：

$$\left(\frac{\partial p}{\partial L}\right)_{\text{边界}}=0$$

数学上，上述边界条件可以通过放置一口假想井来满足，这个假想井与实际井相同，位于断层的另一侧，与断层距离为 L。结果，边界对井的压力动态的影响与距离实际井 2L 的假想井的影响相等。

在考虑边界影响时，叠加理论通常被称为镜像法。因此，图 1.30 所示的确定体系边界影响的问题，简化为确定镜像井对实际井的影响的问题。实际井的总压力降是它自身生产引起的压力降加上距离实际井 2L 且与实际井相同的镜像井引起的压力降，即：

$$(\Delta p)_{\text{total}}=(\Delta p)_{\text{实际井}}+(\Delta p)_{\text{镜像井}}$$

或：

$$(\Delta p)_{\text{总}}=\frac{162.6Q_oB\mu}{Kh}\left(\lg\frac{Kt}{\phi\mu c_t r_w^2}-3.23+0.87s\right)-\left(\frac{70.6Q_o\mu B}{Kh}\right)\text{Ei}\left[-\frac{948\phi\mu c_t(2L)^2}{Kt}\right]\quad(1.168)$$

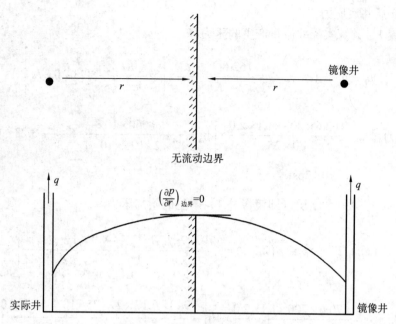

图 1.30　用镜像法解决边界问题

注意，除了指定边界外，该方程假设油藏是无限大的。边界影响产生的压力降通常比无限大油藏计算的压力降大。

镜像法理论可以应用于各种边界轮廓内一口井的压力动态。

**例 1.23**　图 1.31 显示一口井位于两个封闭断层之间，与两个断层的距离分别为 400ft 和 600ft。该井在不稳定流条件下以恒定流量 200bbl/d 生产。其他参数如下。

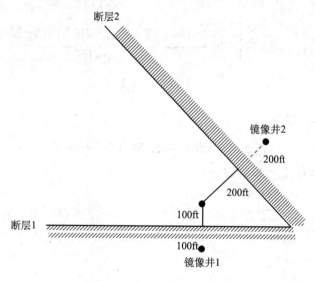

图 1.31　例 1.23 中井的布局

$p_i$=5000psi，$K$=600mD，$B_o$=1.1bbl/bbl，$\phi$=17%，$\mu_o$=2.0mPa·s，$h$=25ft，$r_w$=0.3ft，$s$=0，$c_t$=25×10$^{-6}$psi$^{-1}$。

计算 10h 后井底压力。

**解**　步骤 1：计算实际井流量产生的压力降。

$$p_i - p_{wf} = (\Delta p)_{\text{实际井}} = \frac{162.6 Q_{o1} B_o \mu_o}{Kh} \times \left[ \lg \frac{Kt}{\phi \mu c_t r_w^2} - 3.23 + 0.87s \right]$$

$$(\Delta p)_{\text{实际井}} = \frac{162.6 \times 200 \times 1.1 \times 2.0}{60 \times 25} \times \left[ \lg \frac{60 \times 10}{0.17 \times 2 \times (25 \times 10^{-6}) \times 0.3^2} - 3.23 + 0 \right]$$

$$= 270.17\text{psi}$$

步骤 2：确定第一个断层（即镜像井 1）产生的附加压力降。

$$(\Delta p)_{\text{镜像井}1} = p_i - p(2L_1, t) = \left( \frac{70.6 Q_{o2} \mu_o B_o}{Kh} \right) \text{Ei} \left[ \frac{-948 \phi \mu_o c_t (2L_1)^2}{Kt} \right]$$

$$(\Delta p)_{\text{镜像井}1} = -\frac{70.6 \times 200 \times 1.1 \times 2.0}{60 \times 25} \times \text{Ei} \left[ -\frac{948 \times 0.17 \times 2 \times (25 \times 10^{-6}) \times (2 \times 100)^2}{60 \times 10} \right]$$

$$= 20.71 \times \left[ -\text{Ei}(-0.537) \right] = 10.64\text{psi}$$

步骤 3：确定第二个断层（即镜像井 2）的影响。

$$(\Delta p)_{\text{镜像井}2} = p_i - p(2L_2, t) = -\left( \frac{70.6 Q_{o2} \mu_o B_o}{Kh} \right) \text{Ei} \left[ -\frac{948 \phi \mu_o c_t (2L_2)^2}{Kt} \right]$$

$$(\Delta p)_{\text{镜像井}2} = 20.71 \left\{ -\text{Ei} \left[ \frac{-948 \times 0.17 \times 2 \times (25 \times 10^{-6}) \times (2 \times 200)^2}{60 \times 10} \right] \right\}$$

$$= 20.71 \times \left[ -\text{Ei}(-2.15) \right] = 1.0\text{psi}$$

步骤 4：计算总压力降。

$$(\Delta p)_{\text{总}} = 270.17 + 10.64 + 1.0 = 281.8\text{psi}$$

步骤 5：$p_{wf} = 5000 - 281.8 = 4718.2\text{psi}$。

**1.2.12.4　压力变化的影响**

叠加方法也用于恒定压力情况。压力变化对不稳定流解的影响方式与产量变化对不稳定流解的影响方式相同。分析压力变化影响的叠加方法将在本书的第 2 章进行全面的介绍。

# 1.3　不稳定试井

为了分析油藏目前特性和预测未来动态，油藏工程师需要详细的油藏信息。压力不稳定试井为工程师提供了油藏特性的定量分析。不稳定试井是通过在油藏中产生压力扰动并在井底记录压力响应，即井底流动压力 $p_{wf}$ 随时间的变化而进行的。油藏工业最常用的压力不稳定试井如下：

(1) 压降试井；

(2) 压力恢复试井；

(3) 多流量测试；

(4) 干扰试井；

(5) 脉冲试井；

(6) 中途测试（DST）；

(7)（注水井）压降试井；

(8) 注水井吸水剖面测试；

(9) 系统试井。

应该指出的是流量变化和压力响应记录在同一口井上进行的试井称为"单井试井"。压降试井、压力恢复试井、注水井吸水剖面测试、（注水井）压降试井和系统试井都是单井试井的例子。当一口井流量变化而在另一口井或其他几口井上测量压力响应的测试称为多井试井。

下面主要介绍几种上面列出的试井技术。

很长时间以来就认识到产量变化引起油藏压力的变化直接反映油藏的几何形态和流动特性。各种试井技术能够得到的油层信息如下：

| | |
|---|---|
| 压降试井 | 压力剖面 |
| | 油藏动态 |
| | 渗透率 |
| | 表皮系数 |
| | 裂缝长度 |
| | 油藏界限和形状 |
| 压力恢复试井 | 油藏动态 |
| | 渗透率 |
| | 裂缝长度 |
| | 表皮系数 |
| | 油藏压力 |
| | 边界 |
| DST | 油藏动态 |
| | 渗透率 |
| | 表皮系数 |
| | 裂缝长度 |
| | 油藏界限 |
| | 边界 |

| | |
|---|---|
| （注水井）压降试井 | 各种储存单元的流度 |
| | 表皮系数 |
| | 油藏压力 |
| | 裂缝长度 |
| | 前缘位置 |
| | 边界 |
| 干扰试井和脉冲试井 | 井间连通 |
| | 油藏典型特性 |
| | 孔隙度 |
| | 井间渗透率 |
| | 垂直渗透率 |
| 分层测试 | 水平渗透率 |
| | 垂直渗透率 |
| | 表皮系数 |
| | 平均地层压力 |
| | 外边界 |
| 系统试井 | 地层破裂压力 |
| | 渗透率 |
| | 表皮系数 |

### 1.3.1 压降试井

压降试井是在稳定产量流动期间进行的一系列井底压力测量。通常在测试之前关井一段时间使地层各处的压力相等，即达到静压。理想的流量和压力变化如图 1.32 所示。

压降试井的主要目的是得到井的泄油面积内的油藏岩石平均渗透率 $K$，评价钻井和完井过程在井筒附近引起的污染或改善程度。另一个目的是确定孔隙体积，确定井的泄油面积内油藏的非均质性。

当一口井在不稳定流条件下以稳定流量 $Q_o$ 生产，井的压力动态符合无限大油藏情况。压力动态用方程（1.145）表示：

$$p_{wf} = p_i - \frac{162.6 Q_o B_o \mu}{Kh} \left[ \lg\left( \frac{Kt}{\phi \mu c_t r_w^2} \right) - 3.23 + 0.87s \right]$$

式中　$K$——渗透率，mD；

　　　$t$——时间，h；

　　　$r_w$——井底半径，ft；

　　　$s$——表皮系数。

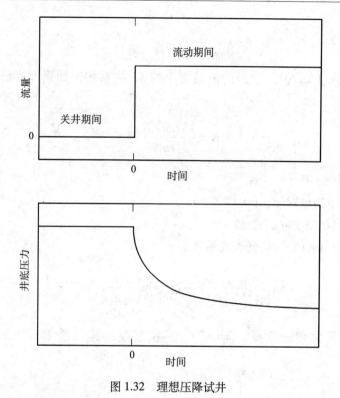

图 1.32　理想压降试井

上面的表达式可以写成：

$$p_{wf} = p_i - \frac{162.6 Q_o B_o \mu_o}{Kh} \times \left[ \lg(t) + \lg\left( \frac{K}{\phi \mu c_t r_w^2} \right) - 3.23 + 0.87 s \right] \tag{1.169}$$

这个关系式是一个直线方程，可以表示为：

$$p_{wf} = a + m \lg(t)$$

其中：

$$a = p_i - \frac{162.6 Q_o B_o \mu_o}{Kh} \times \left[ \lg\left( \frac{K}{\phi \mu c_t r_w^2} \right) - 3.23 + 0.87 s \right]$$

斜率 $m$ 可以表示为：

$$-m = -\frac{162.6 Q_o B_o \mu_o}{Kh} \tag{1.170}$$

方程（1.169）表明 $p_{wf}$ 与时间 $t$ 的半对数坐标函数图形是一条直线，斜率为 $m$（psi/ 周期）。压降数据的半对数直线部分，如图 1.33 所示，也可以用另一种方便的形式表示，应用斜率概念：

$$m = \frac{p_{wf} - p_{1h}}{\lg(t) - \lg(1)} = \frac{p_{wf} - p_{1h}}{\lg(t) - 0}$$

或

$$p_{wf} = m \lg(t) + p_{1h}$$

重新整理方程（1.170），求井的泄油面内的 $Kh$ 的乘积。如果厚度已知，那么平均渗透率：

$$K = \frac{162.6 Q_o B_o \mu_o}{|m| h}$$

式中　$K$——渗透率，mD；

　　　$|m|$——斜率的绝对值，psi/周期。

显然，也可以估算 $Kh/\mu$ 或 $K/\mu$。

重新整理方程（1.169）得到表皮系数：

$$s = 1.151 \left[ \frac{p_i - p_{wf}}{|m|} - \lg t - \lg\left(\frac{K}{\phi \mu c_t r_w^2}\right) + 3.23 \right]$$

或者，为了更方便，选择 $p_{wf} = p_{1h}$，$p_{1h}$ 是在直线的延长线上 $t=1h$ 时读取的压力值，那么：

$$s = 1.151 \left[ \frac{p_i - p_{1h}}{|m|} - \lg\left(\frac{K}{\phi \mu c_t r_w^2}\right) + 3.23 \right] \tag{1.171}$$

式中　$|m|$——斜率 $m$ 的绝对值。

在方程（1.171）中，$p_{1h}$ 必须从半对数直线上读取。如果在 1h 处测得的压力数据没有落在直线上，必须将直线外推到 1h 处并将外推值 $p_{1h}$ 用方程（1.171）中。为了避免用续流影响的压力计算出错误的表皮系数，这一过程是非常必要的。图 1.33 说明了外推 $p_{1h}$。

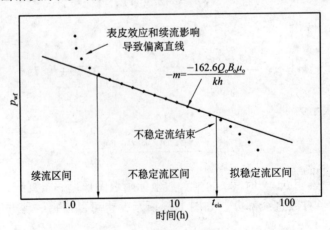

图 1.33　压降数据的半对数图形

表皮效应导致的附加压力降用方程（1.141）表示为：

$$\Delta p_{skin} = 141.2 \left( \frac{Q_o B_o \mu_o}{Kh} \right) s$$

将上面的表达式和方程（1.171）联合，附加压力降可以用半对数直线斜率 $m$ 表示：

$$\Delta p_{skin} = 0.87 \, | m | \, s$$

表皮系数另一个物理特性是流动系数 $E$。流动系数定义为井的实际采油指数 $J_{actual}$ 与理想采油指数 $J_{ideal}$ 的比。理想采油指数 $J_{ideal}$ 是在井筒周围的渗透率没有改变的情况下得到的采油指数值。流动系数的数学表示式为：

$$E = \frac{J_{actual}}{J_{idcal}} = \frac{\overline{p} - p_{wf} - \Delta p_{skin}}{\overline{p} - p_{wf}}$$

式中　$\overline{p}$ ——井的泄油面积内的平均压力。

如果压降试井的时间足够长，井底压力将偏离半对数直线，并使流动由不稳定流转变到拟稳定流。拟稳定流期间的压力递减速度用方程（1.127）确定：

$$\frac{dp}{dt} = -\frac{0.23396q}{c_t \left( \pi r_e^2 \right) h\phi} = \frac{-0.23396q}{c_t (A) h\phi} = \frac{-0.23396q}{c_t (孔隙体积)}$$

在这种情况下，油藏内任一点的压力，包括井底流动压力 $p_{wf}$，以恒定速度递减，即：

$$\frac{dp_{wf}}{dt} = -m' = \frac{-0.23396q}{c_t (A) h\phi}$$

这个表达式表明在拟稳定流期间 $p_{wf}$ 与 $t$ 的直角坐标图形是一条直线，负的斜率 $m'$ 定义为：

$$-m' = \frac{-0.23396q}{c_t (A) h\phi}$$

式中　$m'$ ——拟稳定流期间直角坐标直线的斜率，psi/h；

　　　$q$——流量，bbl/d；

　　　$A$——泄油面积，ft²。

**例 1.24**　根据图 1.34 的压降数据估算油的渗透率和表皮系数，油藏的数据如下：

$h$=130ft，$\phi$ =20%，$r_w$=0.25ft，$p_i$=1154psi，$Q_o$=348bbl/d，$m$=−22psi/周期，$B_o$=1.14bbl/bbl，$\mu_o$=3.93mPa · s，$c_t$=8.74 × 10⁻⁶psi⁻¹。

假设续流影响不明显，计算：（1）渗透率；（2）表皮系数；（3）表皮效应导致的附加压力降。

**解**　步骤 1：根据图 1.34 计算 $p_{1h}$。

$$p_{1h}=954\text{psi}$$

步骤 2：确定不稳定流直线的斜率。

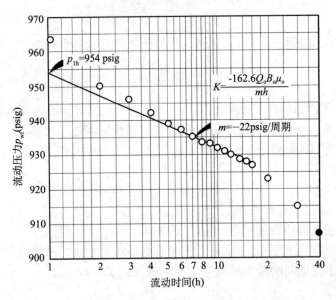

图 1.34　埃洛弗尔压降试井的半对数图形

步骤 3：用方程（1.170）计算渗透率。

$$K = \frac{-162.6Q_o B_o \mu_o}{mh} = \frac{-162.6 \times 348 \times 1.14 \times 3.93}{-22 \times 130} = 89\text{mD}$$

步骤 4：用方程（1.171）求表皮系数。

$$s = 1.151\left[\frac{p_i - p_{1h}}{|m|} - \lg\left(\frac{K}{\phi\mu c_t r_w^2}\right) + 3.23\right]$$

$$= 1.151 \times \left\{\left(\frac{1154 - 954}{22}\right) - \lg\left[\frac{89}{0.2 \times 3.93 \times \left(8.74 \times 10^{-6}\right) \times 0.25^2}\right] + 3.2275\right\}$$

$$= 4.6$$

步骤 5：计算附加压力降。

$$\Delta p_{skin} = 0.87\,|m|\,s = 0.87 \times 22 \times 4.6 = 88\text{psi}$$

应该注意，在多相流的情况下，方程（1.169）和方程（1.171）表示为：

$$p_{wf} = p_i - \frac{162.6q_t}{\lambda_t h} \times \left[\lg(t) + \lg\left(\frac{\lambda_t}{\phi c_t r_w^2}\right) - 3.23 + 0.87s\right]$$

$$s = 1.151\left[\frac{p_i - p_{1h}}{|m|} - \lg\left(\frac{\lambda_t}{\phi c_t r_w^2}\right) + 3.23\right]$$

且

$$\lambda_t = \frac{K_o}{\mu_o} + \frac{K_w}{\mu_w} + \frac{K_g}{\mu_g}$$

$$q_1 = Q_o B_o + Q_w B_w + (Q_g - Q_o R_s) B_g$$

或用 *GOR* 表示：

$$q_1 = Q_o B_o + Q_w B_w + (GOR - R_s) Q_o B_g$$

式中　$q_t$——流体总流量，bbl/d；

　　　$Q_o$——油的流量，bbl/d；

　　　$Q_w$——水的流量，bbl/d；

　　　$Q_g$——气体总流量，ft³/d；

　　　$R_s$——气体溶解度，ft³/bbl；

　　　$B_g$——气体地层体积系数，bbl/ft³；

　　　$\lambda_t$——总流度，mD/（mPa·s）；

　　　$K_o$——油的有效渗透率，mD；

　　　$K_w$——水的有效渗透率，mD；

　　　$K_g$——气体的有效渗透率，mD。

上面的压降关系式表明 $p_{wf}$ 与 $t$ 的半对数坐标图形是一条直线，斜率 $m$ 可用于确定总流度 $\lambda_t$：

$$\lambda_t = \frac{162.6 q_t}{mh}$$

Perrine（1956）提出每一相的有效渗透率，即 $K_o$，$K_w$ 和 $K_g$ 可以确定为：

$$K_o = \frac{162.6 Q_o B_o \mu_o}{mh}$$

$$K_w = \frac{162.6 Q_w B_w \mu_w}{mh}$$

$$K_g = \frac{162.6 (Q_g - Q_o R_s) B_g \mu_g}{mh}$$

如果不稳定流期间和拟稳定流期间的压降数据都可以得到，就能估算测试井的泄油区域的形状和泄油面积。不稳定流半对数图形用于确定它的斜率 $m$ 和 $p_{1h}$；拟稳定流数据的直角坐标直线用于确定它的斜率 $m'$ 和截距 $p_{int}$。Earlougher（1977）建立了下面确定形状系数 $C_A$ 的表达式：

$$C_A = 5.456 \left( \frac{m}{m'} \right) \exp \left[ \frac{2.303 (p_{1h} - p_{int})}{m} \right]$$

式中 $m$——不稳定流半对数直线的斜率，psi/ 对数周期；

$\quad m'$ ——拟稳定流直角坐标直线的斜率；

$\quad p_{1h}$——不稳定流半对数直线上 $t=1h$ 时的压力，psi；

$\quad p_{int}$——拟稳定流直角坐标直线上 $t=0$ 时的压力，psi。

把利用上面关系式计算得到的形状系数与表 1.4 列出的值对比，选择形状系数与计算值接近的泄油区域的几何形状。当延长压降试井时间，使压力降落到达测试井的边界，这种试井通常称为油藏探边试井。

Earlougher 把例 1.24 中记录的数据延伸到拟稳定流期间，并用来确定测试井泄油区域的几何形状。下面的例子对此进行了介绍。

**例 1.25** 利用例 1.24 的数据和拟稳定流直角坐标图形，如图 1.35 所示，确定测试井泄油区域的几何形状和面积。

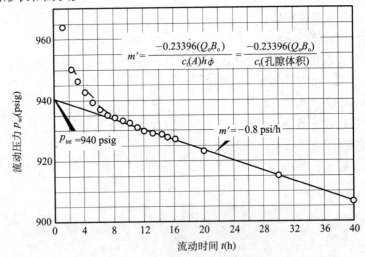

$$m' = \frac{-0.23396(Q_o B_o)}{c_t(A)h\phi} = \frac{-0.23396(Q_o B_o)}{c_t(\text{孔隙体积})}$$

$p_{int} = 940\ psig$

$m' = -0.8\ psi/h$

图 1.35 压降试井数据的直角坐标图形

**解** 步骤 1：根据图 1.35 确定斜率 $m'$ 和截距 $p_{int}$。

$$m' = -0.8\,psi/h$$
$$p_{int} = 940\,psi$$

步骤 2：根据例 1.24 确定 $m$ 和 $p_{1h}$。

$$m = -22\,psi/\text{周期}$$
$$p_{1h} = 954\,psi$$

步骤 3：用 Earlougher 方程计算形状系数。

$$C_A = 5.456\left(\frac{m}{m'}\right)\exp\left[\frac{2.303(p_{1h} - p_{int})}{m}\right]$$

$$= 5.456 \times \left(\frac{-22}{-0.8}\right)\exp\left[\frac{2.303 \times (954 - 940)}{-22}\right]$$

$$= 34.6$$

步骤 4：根据表 1.4，$C_A$=34.6 对应着圆形、正方形或正六边形中心的一口井。

$$圆形：C_A=31.62$$
$$正方形：C_A=30.88$$
$$正六边形：C_A=31.6$$

步骤 5：用方程（1.127）计算孔隙体积和泄油面积。

$$\frac{\mathrm{d}p}{\mathrm{d}t} = m' = \frac{-0.23396Q_\mathrm{o}B_\mathrm{o}}{c_\mathrm{t}(A)h\phi} = \frac{-0.23396Q_\mathrm{o}B_\mathrm{o}}{c_{\mathrm{t}(孔隙体积)}}$$

$$孔隙体积 = \frac{-0.23396q}{c_\mathrm{t}m'} = \frac{-0.23396\times348\times1.14}{\left(8.74\times10^{-6}\right)\times\left(-0.8\right)} = 13.27\times10^6\mathrm{bbl}$$

泄油面积：

$$A = \frac{13.27\times10^6\times5.615}{43460\times0.2\times130} = 65.94\mathrm{acre}$$

上面的例子表明测量的井底流动压力是 88psi，大于没有表皮影响时的值。应该指出的是正表皮系数 +s 表明地层被污染，负表皮系数 −s 表明地层被改善的观点是对表皮系数的一个错误认识。任何不稳定试井分析确定的表皮系数是一个总表皮系数，它包括以下几个表皮系数：

（1）井筒污染或改善导致的表皮系数 $s_\mathrm{d}$；

（2）打开程度不完善和入口限制导致的表皮系数 $s_\mathrm{r}$；

（3）射孔导致的表皮系数 $s_\mathrm{p}$；

（4）紊流导致的表皮系数 $s_\mathrm{t}$；

（5）斜井导致的表皮系数 $s_\mathrm{dw}$。

即：

$$s=s_\mathrm{d}+s_\mathrm{r}+s_\mathrm{p}+s_\mathrm{t}+s_\mathrm{dw}$$

式中　$s$——不稳定流分析计算得到的表皮系数。

因此，为了能够根据试井分析得到表皮系数 s 的值确定地层是否被污染或改善，上面关系式中表皮系数的每一个组分都必须知道，即：

$$s_\mathrm{d}=s-s_\mathrm{r}-s_\mathrm{p}-s_\mathrm{t}-s_\mathrm{dw}$$

一些关系式可用于分别确定每一个系数的值。

### 1.3.1.1 续流

试井分析主要是解释对于给定流量变化井底压力的响应（压降试井是从零到一恒定值，压力恢复试井是从一恒定值到零）。遗憾的是，产量是在地面控制而不是在射开砂岩层段控制。由于井筒体积，恒定的地面流量不能确保所有的产量都来自地层。这种影响是由续流产生的。分析压降试井情况，当关井了一段时间后首次开井生产，井筒压力降低。压力的降低会导致下面两种类型的续流：

(1) 流体膨胀引起的续流影响；

(2) 油套环空液面变化引起的续流影响。

当井底压力降低，井筒内的流体膨胀，因此，初始地面流量不是来自于地层，而是主要来自井筒中储存的流体。这被称为流体膨胀续流。

第二类续流是由于环空液面变化（压降试井液面下降，压力恢复试井液面上升）。在压降试井期间当开井生产时，压力降低导致环空中的液面下降，环空液量与地层的产液量一起构成了井的总流量。液面下降比液体膨胀贡献更多的液量。

上面的讨论表明部分流量来自于井筒而不是来自于油藏。即：

$$q = q_f + q_{wb}$$

式中　$q$——地面流量，bbl/d；

　　　$q_f$——地层流量，bbl/d；

　　　$q_{wb}$——井筒贡献的流量，bbl/d。

在此期间，当流动被续流支配时，测得的压降值不出现不稳定流的理想的半对数直线特性。这表明续流影响期间收集的压力数据不能用常规方法分析。随着生产时间的延长，井筒贡献减少而地层产量增加，直到地层产量等于地面产量，即 $q = q_f$，这意味着续流影响结束。

流体膨胀和液面变化的影响能够用续流系数 $C$ 定量表示，续流系数定义为：

$$C = \frac{\Delta V_{wb}}{\Delta p}$$

式中　$C$——续流系数，bbl/psi；

　　　$\Delta V_{wb}$——井筒中流体体积的变化，bbl。

上面的关系式能够用于表示井筒流体膨胀或液面下降（上升）的单独影响。

流体膨胀引起的续流影响：

$$C_{FE} = V_{wb} c_{wb}$$

式中　$C_{FE}$——流体膨胀引起的续流系数，bbl/psi；

　　　$V_{wb}$——井筒中的总液体体积，bbl；

　　　$c_{wb}$——井筒中液体的平均压缩系数，$psi^{-1}$。

流面变化引起的续流影响：

$$C_{FL} = \frac{144 A_a}{5.615 \rho}$$

且

$$A_a = \frac{\pi \left[ \left( ID_C \right)^2 - \left( OD_T \right)^2 \right]}{4 \times 144}$$

式中　$C_{FL}$——流面变化引起的续流系数，bbl/psi；

　　　$A_a$——环空横截面积，ft²；

　　　$OD_T$——生产油管的外径，in；

　　　$ID_C$——套管的内径，in；

　　　$\rho$——井筒流体密度，lb/ft³。

如果生产层附近安装了封隔器，液面变化的影响很小。总续流系数是两个系数的和。即：

$$C=C_{FE}+C_{FL}$$

应该注意在油井试井过程中，由于液体的压缩系数小，流体膨胀不明显。对于气井，续流影响主要源于气体膨胀。

为了确定续流影响的持续时间，用无量纲形式表示续流系数更方便：

$$C_D = \frac{5.615C}{2\pi h\phi c_t r_w^2} = \frac{0.8936C}{\phi h c_t r_w^2} \tag{1.172}$$

式中　$C_D$——无量纲续流系数；

　　　$C$——续流系数，bbl/psi；

　　　$c_t$——总压缩系数，psi⁻¹；

　　　$r_w$——井筒半径，ft；

　　　$h$——厚度，ft。

霍纳（1995）和 Earlougher（1977）以及其他作者指出试井中在续流占支配作用期间井底压力直接正比于时间，可以表示为：

$$p_D = \frac{t_D}{C_D} \tag{1.173}$$

式中　$p_D$——续流占支配作用期间无量纲压力；

　　　$t_D$——无量纲时间。

将此关系式两侧取对数：

$$\lg\,(p_D)\ =\lg(t_D)\ -\lg\,(C_D)$$

这个表达式有一个特性能够识别续流影响。它表明续流占支配作用期间，$p_D$ 和 $t_D$ 的双对数坐标图形是一条斜率为1的直线，即直线的倾角45°。因为 $p_D$ 正比于压力降 $\Delta p$ 而 $t_D$ 正比于时间 $t$，可以很方便地绘制出 $\lg\,(p_i-p_{wf})$ 与 $\lg\,(t)$ 的图形，找到斜率为1部分。斜率为1的特性在试井分析中具有很重要的价值。

当早期压力记录数据可用时，双对数坐标图形对识别不稳定试井（如压降试井或压力恢复试井）中续流的影响有很大帮助。建议把这个图形作为不稳定试井分析的一部分。当续流的影响变得非常小时，地层对井底压力的影响越来越大；当双对数坐标图形的数据点落在斜率为1的直线下方时，表明续流影响结束。在该点，续流的影响不再重要，而标准的半对数图形分析技术可以应用。作为经验法则，表示续流影响结束的时间可以在双对数坐标图形上，在曲线开始偏离斜率 1 直线后，移动 $1 \sim 1\frac{1}{2}$ 时间对数周期，读取 $x$ 轴上的对应时间得到。这个时间可以用下式计算：

$$t_D > (60+3.5s) \, C_D$$

或

$$t > \frac{(200000+12000s)C}{Kh/\mu}$$

式中  $t$——标志续流影响结束且半对数直线开始的总时间，h；

　　　$K$——渗透率，mD；

　　　$s$——表皮系数；

　　　$\mu$——黏度，mPa·s；

　　　$C$——续流系数，bbl/psi。

实际上，确定续流系数 $C$ 的便捷的方法是在双对数斜率为 1 的直线上选择一点，并读取该点的坐标 $t$ 和 $\Delta p$，得到：

$$C = \frac{qt}{24\Delta p} = \frac{QBt}{24\Delta p}$$

式中  $t$——时间，h；

　　　$\Delta p$——压力差（$p_i - p_{wf}$），psi；

　　　$q$——流量，bbl/d；

　　　$Q$——流量，bbl/d；

　　　$B$——地层体积系数，bbl/bbl。

储存在井筒中的液体体积使早期的压力响应失真并控制续流持续时间，尤其是深井具有较大的井筒体积。如果续流影响没有降到最低或试井持续时间没有超过续流占支配作用的时间，试井数据很难用目前常规的试井方法分析。为了减小续流变形并使试井在合理的时间长度内，可能需要使用油管封隔器及其他井下关井设备。

**例 1.26**  下面是一口油井的数据，是为压降试井提供的：

（1）井筒中的流体体积 =180bbl；

（2）油管外径 =2in；

（3）生产套管的内径 =7.675in；

（4）井筒中油的平均密度 =45lb/ft³；

（5）$h$=50ft，$\phi$=15%，$r_w$=0.25ft，$\mu_o$=2mPa·s，$K$=30mD，$s$=0，$c_t$=20×10⁻⁶psi⁻¹，$c_o$=10×10⁻⁶psi⁻¹。

如果该井以恒定产量生产，计算无量纲续流系数 $C_D$。多长时间续流影响结束？

**解**  步骤 1：计算环空的横截面积 $A_a$。

$$A_a = \frac{\pi\left[(ID_C)^2 - (OD_T)^2\right]}{4\times144} = \frac{\pi(7.675^2 - 2^2)}{4\times144} = 0.2995\text{ft}^2$$

步骤 2：计算流体膨胀的续流系数。

$$C_{FE}=V_{wb}c_{wb}=180 \times (10 \times 10^{-6}) =0.0018\text{bbl/psi}$$

步骤 3：计算液面下降的续流系数。

$$C_{FL} = \frac{144A_a}{5.615\rho} = \frac{144 \times 0.2995}{5.615 \times 45} = 0.1707\,\text{bbl/psi}$$

步骤 4：计算总的续流系数。

$$C=C_{FE}+C_{FL}=0.0018+0.1707=0.1725\text{bbl/psi}$$

上面的计算表明在原油系统中流体膨胀的影响 $C_{FE}$ 一般可以忽略。

步骤 5：用方程（1.172）计算无量纲续流系数。

$$C_D = \frac{0.8936C}{\phi h c_t r_w^2} = \frac{0.8936 \times 0.1707}{0.15 \times 50 \times (20 \times 10^{-6}) \times 0.25^2} = 16271$$

步骤 6：近似求续流影响结束的时间。

$$t = \frac{(200000+12000s)C\mu}{Kh} = \frac{(200000+0) \times 0.1725 \times 2}{30 \times 50} = 46\,\text{h}$$

方程（1.170）表示的直线关系式只有当油井在无边界作用的情况下才可用。显然，油藏的范围不是无限大，因此无边界作用径向流的持续时间不确定。最终油藏边界的影响在试井时能够测到。边界影响能够测到的时间取决于下面的因素：

（1）渗透率 $K$；

（2）总压缩系数 $c_t$；

（3）孔隙度 $\phi$；

（4）黏度 $\mu$；

（5）到边界的距离；

（6）泄油区域的形状。

Earlougher（1977）建议用下面的数学表达式计算无边界作用持续的时间：

$$t_{eia} = \left( \frac{\phi\mu c_t A}{0.0002637K} \right)(t_{DA})_{eia}$$

式中　$t_{eia}$——无边界作用阶段结束的时间，h；

$A$——井的泄油面积，$\text{ft}^2$；

$c_t$——总压缩系数，$\text{psi}^{-1}$；

$(t_{DA})_{eia}$——无边界作用阶段结束的无量纲时间。

从表 1.4 中查 $t_{DA}$ 的值，用上面的表达式预测任意几何形状的泄油体系的不稳定流的结束时间。表的最后三列提供了 $t_{DA}$ 的值，使工程师能够计算：（1）油藏无边界作用所经历的最大时间；（2）拟稳定解可以用于预测压力降且准确率在 1% 以内所需的时间；（3）拟稳定解等于精确解并可以应用所需要的时间。

举个例子，圆形油藏中心一口井，确定油藏保持为无边界作用体系的最大时间，根据表 1.4 最后一列的值确定 $(t_{DA})_{eia}$=0.1，因此：

$$t_{eia} = \left(\frac{\phi\mu c_t A}{0.0002637K}\right)(t_{DA})_{eia} = \left(\frac{\phi\mu c_t A}{0.0002637K}\right) \times 0.1$$

或

$$t_{eia} = \frac{380\phi\mu c_t A}{K}$$

例如，40acre 圆形泄油面积中心一口井具有下列特性：

$K$=60mD，$c_t$=$6 \times 10^{-6}$psi$^{-1}$，$\mu$=1.4mPa·s，$\phi$=0.12。

该井处于无边界作用体系的最大时间，用 h 表示为：

$$t_{eia} = \frac{380\phi\mu c_t A}{K} = \frac{380 \times 0.12 \times 1.4 \times \left(6 \times 10^{-6}\right) \times \left(40 \times 43560\right)}{60} = 11.1h$$

同样，在拟稳定流开始时间 $t_{pss}$ 之后的任意时间，拟稳定解都可以应用。$t_{pss}$ 的计算如下：

$$t_{pss} = \left(\frac{\phi\mu c_t A}{0.0002637K}\right)(t_{DA})_{pss}$$

其中 $(t_{DA})_{pss}$ 可以从表 1.4 中第五列的值查得。

因此，压降试井分析的详细步骤如下。

（1）绘制 $p_i$-$p_{wf}$ 与 $t$ 的双对数曲线。

（2）确定斜率为 1 的直线结束的时间。

（3）确定步骤 2 确定的时间之前 $1\frac{1}{2}$ 对数周期对应的时间，该时间标志着续流影响的结束和半对数直线的开始。

（4）计算续流系数：

$$C = \frac{qt}{24\Delta p} = \frac{QBt}{24\Delta p}$$

其中 $t$ 和 $\Delta p$ 是在双对数斜率为 1 的直线上的一点读取的值。$q$ 是流量，单位为 bbl/d。

（5）绘制 $p_{wf}$ 与 $t$ 的半对数曲线。

（6）像步骤 3 介绍的那样确定直线部分开始的时间，并通过各点画一条最佳线。

（7）计算直线斜率并用方程（1.170）和方程（1.171）分别确定渗透率 $K$ 和表皮系数 $s$：

$$K = \frac{-162.6 Q_o B_o \mu_o}{mh}$$

$$s = 1.151 \left[ \frac{p_i - p_{1h}}{|m|} - \lg \left( \frac{K}{\phi \mu c_t r_w^2} \right) + 3.23 \right]$$

（8）确定无边界作用（不稳定流）阶段结束的时间，即 $t_{eia}$，它标志着拟稳定流的开始。

（9）在一个普通直角坐标系中绘制 $t_{eia}$ 之后记录的压力数据与时间的函数图形。这些数据形成一条直线。

（10）确定拟稳定流直线的斜率，即 d$p$/d$t$（通常表示为 $m'$）并用方程（1.127）计算泄油面积 $A$：

$$A = \frac{-0.23396QB}{c_t h \phi \left( \dfrac{\mathrm{d}p}{\mathrm{d}t} \right)} = \frac{-0.23396QB}{C_t h \phi m'}$$

式中　$m'$——拟稳定流直角坐标直线的斜率；

　　　$Q$——流体流量，bbl/d；

　　　$B$——地层体积系数，bbl/bbl。

（11）根据 Earlougher（1977）建立的表达式计算形状系数 $C_A$：

$$C_A = 5.456 \left( \frac{m}{m'} \right) \exp \left[ \frac{2.303(p_{1h} - p_{int})}{m} \right]$$

式中　$m$——不稳定流半对数坐标直线的斜率，psi/ 对数周期；

　　　$m'$——拟稳定流直角坐标直线的斜率；

　　　$p_{1h}$——不稳定流半对数坐标直线上 $t$=1h 对应的压力，psi；

　　　$p_{int}$——拟稳定流直角坐标直线上 $t$=0 时对应的压力，psi。

（12）用表 1.4 确定测试井泄油区域的轮廓，其形状系数 $C_A$ 的值接近步骤（11）计算的值。

#### 1.3.1.2　探测半径

某一测试的探测半径 $r_{inv}$ 是压力瞬变传播的有效距离，在测试井上测得。该半径取决于压力波在油藏岩石中的传播速度，它是根据岩石和流体的特性确定：孔隙度、渗透率、流体黏度、总压缩系数。

随着时间的增加，油藏受井影响的部分增加，泄油半径或探测半径增加，表示如下：

$$r_{inv} = 0.0325 \sqrt{\frac{Kt}{\phi \mu c_t}}$$

式中　$t$——时间，h；

　　　$K$——渗透率，mD；

　　　$c_t$——总压缩系数，$psi^{-1}$。

应该指出的是为微可压缩流体建立的方程都可以用来描述真实气体的动态，只是把压力用真实气体拟压力 $m(p)$ 替换，定义如下：

$$m(p) = \int_0^p \frac{2p}{\mu Z} \mathrm{d}p$$

方程（1.162）表示的不稳定流压降动态可以表示为：

$$m(p_{\mathrm{wf}}) = m(p_{\mathrm{i}}) - \left(\frac{1637 Q_{\mathrm{g}} T}{Kh}\right) \times \left[\lg\left(\frac{Kt}{\phi\mu_{\mathrm{i}} c_{\mathrm{ti}} r_{\mathrm{w}}^2}\right) - 3.23 + 0.87 s'\right]$$

在恒定气体流量情况下，上面的关系式可以表示为线性形式：

$$m(p_{\mathrm{wf}}) = \left\{m(p_{\mathrm{i}}) - \left(\frac{1637 Q_{\mathrm{g}} T}{Kh}\right) \times \left[\lg\left(\frac{K}{\phi\mu_{\mathrm{i}} c_{\mathrm{ti}} r_{\mathrm{w}}^2}\right) - 3.23 + 0.87 s'\right]\right\} - \left(\frac{1637 Q_{\mathrm{g}} T}{Kh}\right)\lg(t)$$

或

$$m(p_{\mathrm{wf}}) = a + m\lg(t)$$

这表明 $m(p_{\mathrm{wf}})$ 与 $\lg(t)$ 的函数图形是一条半对数直线，斜率为负：

$$m = -\frac{1637 Q_{\mathrm{g}} T}{Kh}$$

同样，用压力平方法表示为：

$$p_{\mathrm{wf}}^2 = p_{\mathrm{i}}^2 - \left(\frac{1637 Q_{\mathrm{g}} T \bar{Z} \bar{\mu}}{Kh}\right) \times \left[\lg\left(\frac{Kt}{\phi\mu_{\mathrm{i}} c_{\mathrm{ti}} r_{\mathrm{w}}^2}\right) - 3.23 + 0.87 s'\right]$$

或

$$p_{\mathrm{wf}}^2 = \left\{p_{\mathrm{i}}^2 - \left(\frac{1637 Q_{\mathrm{g}} T \bar{Z} \bar{\mu}}{Kh}\right) \times \left[\lg\left(\frac{K}{\phi\mu_{\mathrm{i}} c_{\mathrm{ti}} r_{\mathrm{w}}^2}\right) - 3.23 + 0.87 s'\right]\right\} - \left(\frac{1637 Q_{\mathrm{g}} T \bar{Z} \bar{\mu}}{Kh}\right)\lg(t)$$

该方程是一个直线方程，可以简化为：

$$p_{\mathrm{wf}}^2 = a + m\lg(t)$$

这表明 $p_{\mathrm{wf}}^2$ 与 $\lg(t)$ 的函数图形是一条半对数直线，斜率为负：

$$m = -\frac{1637 Q_{\mathrm{g}} T \bar{Z} \bar{\mu}}{Kh}$$

反映地层污染或改善的真实表皮系数 $s$ 通常和与速度有关的非达西表皮系数合在一起被称为有效表皮系数或总表皮系数。

$$s' = s + DQ_{\mathrm{g}}$$

$DQ_g$ 是与速度有关的表皮系数。系数 $D$ 被称为紊流系数，由方程（1.159）求得：

$$D = \frac{FKh}{1422T}$$

式中　$Q_g$——气体流量，$10^3 ft^3/d$；

　　　$t$——时间，h；

　　　$K$——渗透率，mD；

　　　$\mu_i$——$p_i$ 下的气体黏度，$mPa \cdot s$。

有效表皮系数 $s'$ 表示为：

用拟压力方法：

$$s' = 1.151 \left[ \frac{m(p_i) - m(p_{1h})}{|m|} - \lg\left( \frac{K}{\phi \mu_i c_{ti} r_w^2} \right) + 3.23 \right]$$

用压力平方法：

$$s' = 1.151 \left[ \frac{p_i^2 - p_{1h}^2}{|m|} - \lg\left( \frac{K}{\phi \bar{\mu} \, \bar{c}_t r_w^2} \right) + 3.23 \right]$$

如果气井的压降试井时间足够长，达到了它的边界，边界支配期间（拟稳定条件）的压力动态用类似于方程（1.136）的一个方程表示。

用拟压力方法：

$$\frac{m(p_i) - m(p_{wf})}{q} = \frac{\Delta m(p)}{q} = \frac{711T}{Kh}\left( \ln \frac{4A}{1.781 C_A r_{wa}^2} \right) + \left[ \frac{2.356T}{\phi\left( \mu_g c_g \right)_i Ah} \right] t$$

表示为线性方程：

$$\frac{\Delta m(p)}{q} = b_{pss} + m't$$

该关系式表明 $\Delta m(p)/q$ 与 $t$ 的函数图形是一条直线。

截距：

$$b_{pss} = \frac{711T}{Kh}\left( \ln \frac{4A}{1.781 C_A r_{wa}^2} \right)$$

斜率：

$$m' = \frac{2.356T}{\left( \mu_g c_t \right)_i \left( \phi hA \right)} = \frac{2.356T}{\left( \mu_g c_t \right)_i \left( 孔隙体积 \right)}$$

用压力平方法：

$$\frac{p_i^2 - p_{wf}^2}{q} = \frac{\Delta(p^2)}{q} = \frac{711 \bar{\mu} \bar{Z} T}{Kh}\left( \ln \frac{4A}{1.781 C_A r_{wa}^2} \right) + \left[ \frac{2.356 \bar{\mu} \bar{Z} T}{\phi\left( \mu_g c_g \right)_i Ah} \right] t$$

表示为线性方程：

$$\frac{\Delta\left(p^2\right)}{q} = b_{pss} + m't$$

该关系式表明 $\Delta\left(p^2\right)/q$ 与 $t$ 的直角坐标函数图形是一条直线。

截距：
$$b_{pss} = \frac{711\bar{\mu}\bar{Z}T}{Kh}\left(\ln\frac{4A}{1.781C_Ar_{wa}^2}\right)$$

斜率：
$$m' = \frac{2.356\bar{\mu}\bar{Z}T}{\left(\mu_gc_t\right)_i\left(\phi hA\right)} = \frac{2.356\bar{\mu}\bar{Z}T}{\left(\mu_gc_t\right)_i\left(孔隙体积\right)}$$

式中    $q$——流量，$10^3 ft^3/d$；

$A$——泄油面积，$ft^2$；

$T$——温度，$°R$；

$t$——流动时间，h。

Meunier 等（1987）提出了表示时间 $t$ 和对应的压力 $p$ 的一种方法，这使得液体的流动方程不需要特别修正就可以用于气体流动。Meunier 和他的合作者引进了下面的归一化拟压力 $p_{pn}$ 和归一化拟时间 $t_{pn}$：

$$p_{pn} = p_i + \left[\left(\frac{\mu_iZ_i}{p_i}\right)\int_0^p\frac{p}{\mu Z}\mathrm{d}p\right]$$

$$t_{pn} = \mu_ic_{ti}\left(\int_0^\cdot\frac{1}{\mu c_t}\mathrm{d}p\right)$$

$\mu$、$Z$ 和 $c_t$ 的下标"i"表示这些参数取原始油藏压力 $p_i$ 下的值。

使用 Meunier 定义的归一化拟压力和归一化拟时间，不需要修正任何液体分析方程。然而在用气体流量替换液体流量时要特别慎重。应该注意，所有不稳定流方程，当用于油相时流量表示为 $Q_oB_o$ 的乘积，单位 bbl/d，即油藏条件下的 bbl/d。因此，当把这些方程用于气相时，气体流量和气体体积系数的乘积 $Q_gB_g$ 应该用 bbl/d 表示。例如，如果气体流量用 $ft^3/d$ 表示，气体的地层体积系数必须用 $bbl/ft^3$ 表示。在所有惯用的图解技术中，包括压力恢复，用归一化压力和归一化时间替代记录的压力和时间即可。

### 1.3.2    压力恢复试井

压力恢复数据的使用为油藏工程师确定油藏动态提供了一个更有用的工具。压力恢复分析描述了关井后井底压力随时间的恢复。该分析的主要目的之一是确定油藏静压，而不需要用几周或几个月的时间等油藏的压力稳定。因为井底压力恢复遵循一定的趋势。可以用压力恢复分析确定：（1）油藏有效渗透率；（2）井筒周围渗透性污染的程度；（3）断层的存在以及到断层的距离；（4）生产井之间的任何干扰；（5）油藏边界，在边界处没有强的水驱或者含水层远小于油气藏。

当然这些信息不可能从任一给定的分析中全部得到，而且这些信息的应用程度取决于该领域的经验和为了相关目的所能得到的其他信息的数量。

分析压力恢复数据的通式来自于扩散方程的解。在压力恢复和压降分析中，通常对油藏、流体和流动动态做以下假设。

（1）油藏：均质；各向同性；水平等厚。

（2）流体：单相；微可压缩；$\mu_o$ 和 $B_o$ 恒定。

（3）流动：层流；没有重力影响。

压力恢复试井需要关闭一口生产井并记录井底压力的增加与关井时间的关系。最常用和最简单的分析技术需要测试井在关井前以恒定产量生产的时间 $t_p$ 足够长，能够建立稳定的压力分布。通常，关井时间用符号 $\Delta t$ 表示。图 1.36 显示了关井前恒定流量以及压力恢复期间的理想的压力增加过程。关井前即刻测量压力，关井后记录关井期间压力随时间的变化。分析测得的压力恢复曲线确定油藏特性和井筒状况。

试井前以恒定产量稳定压力的过程是压力恢复试井的一个重要组成部分。如果稳定过程被忽略或没有达到稳定，标准的数据分析技术提供的有关地层的信息可能是错误的。

下面介绍两个应用比较广泛的方法：

（1）霍纳曲线；

（2）MDH 法（精简法）。

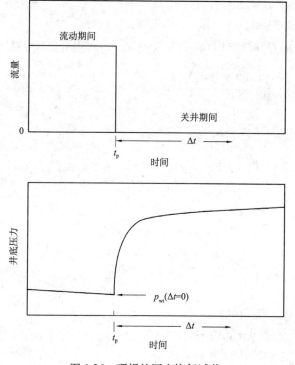

图 1.36　理想的压力恢复试井

### 1.3.3　霍纳曲线

压力恢复试井的数学描述应用的是叠加原理。关井前，使油井以恒定流量 $Q_o$STB/d 生产 $t_p$d。关井后流量发生变化，从原来的流量 $Q_{old}=Q_o$ 到新的流量 $Q_{new}=0$，即，$Q_{new}-Q_{old}=-Q_o$。

关井期间井底的总压力变化是下面原因引起的压力变化的和：

（1）油井以稳定流量 $Q_{old}$ 即关井前的流量 $Q_o$ 生产，在整个时间 $t_p+\Delta t$ 内产生影响；

（2）流量由 $Q_o$ 到零的净变化在时间 $\Delta t$ 内产生影响。

把给定的产量－时间序列中每个恒定流量的影响累加得到总的影响，即：

$$p_i - p_{ws} = (\Delta p)_{total} = (\Delta p)_{(Q_0-0)} + (\Delta p)_{(0-Q_0)}$$

式中　$p_i$——原始油藏压力，psi；

　　　$p_{ws}$——关井期间井底压力，psi。

上面的表达式表明井底总的压力变化由两部分组成，这两部分是由两个单一的流量引起的。

第一部分是产量由零增加到 $Q_o$ 并在整个时间 $t_p+\Delta t$ 内产生的影响引起的：

$$(\Delta p)_{Q_o-0} = \left[\frac{162.6(Q_o-0)B_o\mu_o}{Kh}\right] \times \left\{\lg\left[\frac{K(t_p+\Delta t)}{\phi\mu_o c_t r_w^2}\right] - 3.23 + 0.87s\right\}$$

第二部分是产量由 $Q_o$ 减少到零在关井时间 $\Delta t$ 内产生的影响引起的：

$$(\Delta p)_{0-Q_o} = \left[\frac{162.6(0-Q_o)B_o\mu_o}{Kh}\right] \times \left[\lg\left(\frac{K\Delta t}{\phi\mu_o c_t r_w^2}\right) - 3.23 + 0.87s\right]$$

关井期间井底的压力动态表示为：

$$p_i - p_{ws} = \frac{162.6Q_o\mu_o B_o}{Kh}\left\{\lg\left[\frac{K(t_p+\Delta t)}{\phi\mu_o c_t r_w^2}\right] - 3.23\right\} - \frac{162.6(-Q_o)\mu_o B_o}{Kh}\left[\lg\left(\frac{K\Delta t}{\phi\mu_o c_t r_w^2}\right) - 3.23\right]$$

展开方程并合并：

$$p_{ws} = p_i - \frac{162.6Q_o\mu_o B_o}{Kh}\left[\lg\left(\frac{t_p+\Delta t}{\Delta t}\right)\right] \tag{1.174}$$

式中　$p_i$——原始油藏压力，psi；

　　　$p_{ws}$——压力恢复期间井底压力，psi；

　　　$t_p$——关井前的流动时间，h；

　　　$Q_o$——关井前的稳定流量，bbl/d；

　　　$\Delta t$——关井时间，h。

压力恢复方程，即方程（1.174）由霍纳（1951）提出，通常被称为霍纳方程。

方程（1.174）是一个直线方程，可以表示为：

$$p_{ws} = p_i - m\left[\lg\left(\frac{t_p + \Delta t}{\Delta t}\right)\right] \tag{1.175}$$

该表达式表明 $p_{ws}$ 与 $(t_p + \Delta t)/\Delta t$ 的半对数坐标函数图形是一条直线，截距 $p_i$，斜率 $m$：

$$m = \frac{162.6 Q_o B_o \mu_o}{Kh} \tag{1.176}$$

或

$$K = \frac{162.6 Q_o B_o \mu_o}{mh}$$

式中    $m$——直线的斜率，psi/ 周期；

　　　　$K$——渗透率，mD。

这个图形被称为霍纳曲线，如图 1.37 所示。注意，在霍纳曲线上时间比 $(t_p + \Delta t)/\Delta t$ 的坐标从右向左逐渐增加。根据方程（1.174），当时间比为 1 时，$p_{ws} = p_i$。这意味着在图版上可以通过延长霍纳直线到 $(t_p + \Delta t)/\Delta t = 1$ 处得到原始油藏压力 $p_i$。

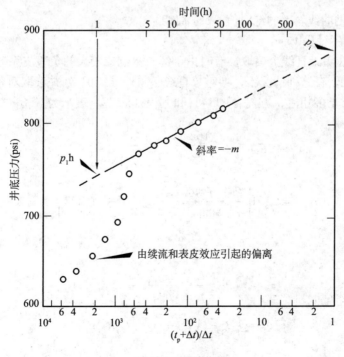

图 1.37　霍纳曲线

关井时间 $t_p$ 可以由下面的方程求得：

$$t_\mathrm{p} = \frac{24N_\mathrm{p}}{Q_\mathrm{o}}$$

式中　$N_\mathrm{p}$——关井前的累计产油量，bbl；

$\quad\quad Q_\mathrm{o}$——关井前的稳定流量，bbl/d；

$\quad\quad t_\mathrm{p}$——总生产时间，h。

Earlougher（1977）指出应用叠加理论的结果是表皮系数 $s$ 没有出现在常用的压力恢复方程，即方程（1.174）中。这意味着霍纳曲线的斜率不受表皮系数影响；然而，表皮系数仍然影响着压力恢复曲线的形状。实际上，表皮系数和续流能够导致早期的数据偏离直线，如图 1.37 所示。水力压裂井较大的负的表皮系数可以使偏离非常明显。表皮系数影响关井前流动压力，它的值可根据压力恢复试井数据和试井前测得的流动压力计算：

$$s = 1.151\left[\frac{p_{1\mathrm{h}} - p_{\mathrm{wf}(\Delta t=0)}}{|m|} - \lg\left(\frac{K}{\phi\mu c_\mathrm{t}r_\mathrm{w}^2}\right) + 3.23\right] \tag{1.177}$$

在污染带产生的附加压力降：

$$\Delta p_{\mathrm{skin}} = 0.87|m|s$$

式中　$p_{\mathrm{wf}(\Delta t=0)}$——关井前测得的流动压力，psi；

$\quad\quad s$——表皮系数；

$\quad\quad |m|$——霍纳曲线斜率的绝对值，psi/ 周期；

$\quad\quad r_\mathrm{w}$——井筒半径，ft。

$p_{1\mathrm{h}}$ 的值必须在霍纳直线上读取。有时由于续流影响或较大的负表皮系数，1h 时的压力数据不落在直线上。在这种情况下，半对数直线必须外推到 1h 处并读取对应的压力。

应该注意，对于多相流，方程（1.174）和方程（1.177）表示为：

$$p_{\mathrm{ws}} = p_\mathrm{i} - \frac{162.6q_\mathrm{t}}{\lambda_\mathrm{t}h}\left[\lg\left(\frac{t_\mathrm{p} + \Delta t}{\Delta t}\right)\right]$$

$$s = 1.151\left[\frac{p_{1\mathrm{h}} - p_{\mathrm{wf}(\Delta t=0)}}{|m|} - \lg\left(\frac{\lambda_\mathrm{t}}{\phi c_\mathrm{t}r_\mathrm{w}^2}\right) + 3.23\right]$$

且

$$\lambda_\mathrm{t} = \frac{K_\mathrm{o}}{\mu_\mathrm{o}} + \frac{K_\mathrm{w}}{\mu_\mathrm{w}} + \frac{K_\mathrm{g}}{\mu_\mathrm{g}}$$

$$q_\mathrm{t} = Q_\mathrm{o}B_\mathrm{o} + Q_\mathrm{w}B_\mathrm{w} + \left(Q_\mathrm{g} - Q_\mathrm{o}R_\mathrm{s}\right)B_\mathrm{g}$$

或用 *GOR* 表示为：

$$q_\mathrm{t} = Q_\mathrm{o}B_\mathrm{o} + Q_\mathrm{w}B_\mathrm{w} + \left(\mathrm{GOR} - R_\mathrm{s}\right)Q_\mathrm{o}B_\mathrm{g}$$

式中　$q_t$——流体总流量，bbl/d；

　　　$Q_o$——油的流量，bbl/d；

　　　$Q_w$——水的流量，bbl/d；

　　　$Q_g$——气体的流量，ft³/d；

　　　$R_s$——气体的溶解度，ft³/bbl；

　　　$B_g$——气体的地层体积系数，bbl/ft³；

　　　$\lambda_t$——总流度，mD/ (mPa·s)；

　　　$K_o$——油的有效渗透率，mD；

　　　$K_w$——水的有效渗透率，mD；

　　　$K_g$——气体的有效渗透率，mD。

常规霍纳曲线是一条半对数直线，斜率 $m$ 可用于确定总流度 $\lambda_t$：

$$\lambda_t = \frac{162.6q_t}{mh}$$

Perrine（1956）提出了每一相的有效渗透率，即 $K_o$，$K_w$ 和 $K_g$ 的确定如下：

$$K_o = \frac{162.6Q_oB_o\mu_o}{mh}$$

$$K_w = \frac{162.6Q_wB_w\mu_w}{mh}$$

$$K_g = \frac{162.6\left(Q_g - Q_oR_s\right)B_g\mu_g}{mh}$$

对于气体，$m(p_{ws})$ 或 $p_{ws}{}^2$ 与 $(t_p+\Delta t)/\Delta t$ 的半对数图形是一条直线，斜率 $m$ 和有效表皮系数 $s$ 确定如下。

拟压力法：

$$m = \frac{1637Q_gT}{Kh}$$

$$s' = 1.151\left\{\frac{m(p_{1h}) - m\left[p_{wf(\Delta t=0)}\right]}{|m|} - \lg\left(\frac{K}{\phi\mu_ic_{ti}r_w^2}\right) + 3.23\right\}$$

压力平方法：

$$m = \frac{1637Q_g\overline{Z}\overline{\mu}_g}{Kh}$$

$$s' = 1.151\left[\frac{p_{1h}^2 - p_{wf(\Delta t=0)}^2}{|m|} - \lg\left(\frac{K}{\phi\mu_ic_{ti}r_w^2}\right) + 3.23\right]$$

式中 $Q_g$——气体流量，$10^3 ft^3/d$。

应该指出的是关井进行压力恢复试井时，通常是在地面关井而不是在井底关井。即使井已经被关闭，油藏流体继续流动并在井筒内聚集，直到井充满足以把关井影响传递到地层。这一过程称为续流，它对压力恢复数据有很大的影响。在续流影响期间，压力数据点落在半对数直线的下方。通过绘制 $\lg(p_{ws}-p_{wf})$ 与 $\lg(\Delta t)$ 的双对数坐标图形并结合关井前测得的 $p_{wf}$ 值，可以确定续流影响持续的时间。当续流占支配作用时，图形是一条斜率为1的直线；当半对数直线出现时，双对数坐标图形弯曲成一条平缓的曲线，斜率较低。

在双对数斜率为1的直线上选取一点，并读取该点的坐标 $\Delta t$ 和 $\Delta p$，计算续流系数 $C$：

$$C = \frac{q\Delta t}{24\Delta p} = \frac{QB\Delta t}{24\Delta p}$$

式中 $\Delta t$——关井时间，h；

$\Delta p$——压力差 $(p_{ws}-p_{wf})$，psi；

$q$——流量，bbl/d；

$Q$——流量，bbl/d；

$B$——地层体积系数，bbl/bbl。

如方程（1.172）所示，无量纲续流系数：

$$C_D = \frac{0.8936C}{\phi h c_t r_w^2}$$

在压力恢复试井的所有分析中，在绘制半对数直线之前，应该绘制双对数坐标图形。这个双对数坐标图形能够避免用续流占支配作用的数据绘制半对数直线。观察双对数坐标图形的数据点慢慢弯曲成低斜率曲线的时间，并在斜率为1的双对数直线结束的时间上加 $1\sim1\frac{1}{2}$ 周期，就是半对数直线开始的时间。另外，半对数直线开始的时间也可根据下列方程计算：

$$\Delta t > \frac{170000Ce^{0.14s}}{Kh/\mu}$$

式中 $C$——计算的续流系数，bbl/psi；

$K$——渗透率，mD；

$s$——表皮系数；

$h$——厚度，ft。

**例 1.27** 表 1.5 列出了泄油半径为 2640ft 的一口油井的压力恢复数据。关井前，油井以稳定流量 4900bbl/d 生产了 310h。已知油藏数据：深度 =10476ft，$r_w$=0.354ft，$c_t$=22.6×$10^{-6}$psi$^{-1}$，$Q_o$=4900bbl/d，$h$=482ft，$p_{wf(\Delta t=0)}$=2761psig，$\mu_o$=0.2mPa·s，$B_o$=1.55bbl/bbl，$\phi$=0.09，$t_p$=310h，$r_e$=2640ft。

计算：（1）平均渗透率 $K$；（2）表皮系数；（3）表皮效应产生的附加压力降。

**表 1.5　埃洛弗尔的压力恢复数据**

| $\Delta t$ (h) | $t_p + \Delta t$ (h) | $(t_p + \Delta t)/\Delta t$ | $p_{ws}$ (psig) |
|---|---|---|---|
| 0.0 | — | — | 2761 |
| 0.10 | 310.10 | 3101 | 3057 |
| 0.21 | 310.21 | 1477 | 3153 |
| 0.31 | 310.31 | 1001 | 3234 |
| 0.52 | 310.52 | 597 | 3249 |
| 0.63 | 310.63 | 493 | 3256 |
| 0.73 | 310.73 | 426 | 3260 |
| 0.84 | 310.84 | 370 | 3263 |
| 0.94 | 310.94 | 331 | 3266 |
| 1.05 | 311.05 | 296 | 3267 |
| 1.15 | 311.15 | 271 | 3268 |
| 1.36 | 311.36 | 229 | 3271 |
| 1.68 | 311.68 | 186 | 3274 |
| 1.99 | 311.99 | 157 | 3276 |
| 2.51 | 312.51 | 125 | 3280 |
| 3.04 | 313.04 | 103 | 3283 |
| 3.46 | 313.46 | 90.6 | 3286 |
| 4.08 | 314.08 | 77.0 | 3289 |
| 5.03 | 315.03 | 62.6 | 3293 |
| 5.97 | 315.97 | 52.9 | 3297 |
| 6.07 | 316.07 | 52.1 | 3297 |
| 7.01 | 317.01 | 45.2 | 3300 |
| 8.06 | 318.06 | 39.5 | 3303 |
| 9.00 | 319.00 | 35.4 | 3305 |
| 10.05 | 320.05 | 31.8 | 3306 |
| 13.09 | 323.09 | 24.7 | 3310 |
| 16.02 | 326.02 | 20.4 | 3313 |
| 20.00 | 330.00 | 16.5 | 3317 |
| 26.07 | 336.07 | 12.9 | 3320 |
| 31.03 | 341.03 | 11.0 | 3322 |
| 34.98 | 344.98 | 9.9 | 3323 |
| 37.54 | 347.54 | 9.3 | 3323 |

**解**　步骤 1：绘制 $p_{ws}$ 与 $(t_p + \Delta t)/\Delta t$ 的半对数图形，如图 1.38 所示。

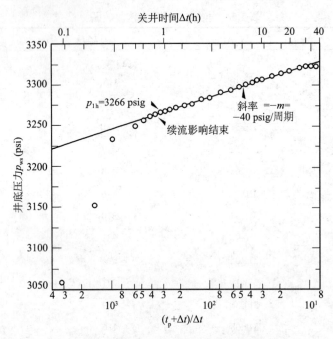

图 1.38　埃洛弗尔压力恢复试井半对数图形

步骤 2：正确识别曲线的直线部分并确定斜率 $m$。

$$m = 40\text{psi/ 周期}$$

步骤 3：用方程（1.176）计算平均渗透率。

$$K = \frac{162.6 Q_o B_o \mu_o}{mh} = \frac{162.6 \times 4900 \times 1.55 \times 0.22}{40 \times 482} = 12.8\text{mD}$$

步骤 4：利用曲线的直线部分确定 1h 后的 $p_{wf}$。

$$p_{1h} = 3266\text{psi}$$

步骤 5：用方程（1.177）计算表皮系数。

$$s = 1.151 \left[ \frac{p_{1h} - p_{wf(\Delta t=0)}}{m} - \lg\left( \frac{K}{\phi \mu c_t r_w^2} \right) + 3.23 \right]$$

$$= 1.151 \times \left\{ \frac{3266 - 2761}{40} - \lg\left[ \frac{12.8}{0.09 \times 0.20 \times \left(22.6 \times 10^{-6}\right) \times 0.354^2} \right] + 3.23 \right\}$$

$$= 8.6$$

步骤 6：计算附加压力降。

$$\Delta p_{skin} = 0.87 |m| s = 0.87 \times 40 \times 8.6 = 299.3\text{psi}$$

应该指出的是方程（1.174）假设油藏无限大，即 $r_e = \infty$，这意味着油藏中某一点的压力始终等于原始油藏压力 $p_i$，霍纳直线总能够外推到 $p_i$。然而，油藏是有界的，开始生产不久之后，流体流动就会引起油藏中各点的压力降低。在这种情况下，直线外推不能得到原始油藏压力 $p_i$，而得到的是视压力 $p^*$。如图1.39所示，视压力没有实际意义，但通常用于确定油藏平均压力 $\bar{p}$。显然只有当对一个新开发的油田上一口新井进行试井时 $p^*$ 才等于原始油藏压力 $p_i$。根据视压力 $p^*$ 的概念，方程（1.174）和方程（1.175）所表示的霍纳表达式应该用 $p^*$ 代替 $p_i$，表示如下：

$$p_{ws} = p^* - \frac{162.6 Q_o \mu_o B_o}{Kh}\left[\lg\left(\frac{t_p + \Delta t}{\Delta t}\right)\right]$$

且

$$p_{ws} = p^* - m\left[\lg\left(\frac{t_p + \Delta t}{\Delta t}\right)\right] \tag{1.178}$$

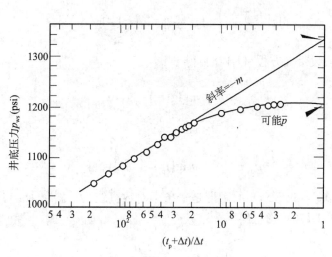

图 1.39    有界油藏中一口井的典型压力恢复曲线

Bossie−Codreanu（1989）提出用霍纳压力恢复曲线或下面将要介绍的 MDH 曲线确定油井的泄油面积。在图形的半对数直线部分任选三点坐标确定拟稳定流直线的斜率 $m_{pss}$。三点坐标为：（1）关井时间 $\Delta t_1$ 和对应的关井压力 $p_{ws1}$；（2）关井时间 $\Delta t_2$ 和对应的关井压力 $p_{ws2}$；（3）关井时间 $\Delta t_3$ 和对应的关井压力 $p_{ws3}$；（4）选择的关井时间满足 $\Delta t_1 < \Delta t_2 < \Delta t_3$。拟稳定流直线的斜率 $m_{pss}$ 为：

$$m_{pss} = \frac{\left(p_{ws2} - p_{ws1}\right)\lg\left(\Delta t_3 / \Delta t_1\right) - \left(p_{ws3} - p_{ws1}\right)\lg\left(\Delta t_2 / \Delta t_1\right)}{\left(\Delta t_3 - \Delta t_1\right)\lg\left(\Delta t_2 / \Delta t_1\right) - \left(\Delta t_2 - \Delta t_1\right)\lg\left(\Delta t_3 / \Delta t_1\right)} \tag{1.179}$$

井的泄油面积由方程（1.127）计算：

$$m' = m_{\text{pss}} = \frac{0.23396Q_{\text{o}}B_{\text{o}}}{c_{\text{t}}Ah\phi}$$

求解泄油面积：

$$A = \frac{0.23396Q_{\text{o}}B_{\text{o}}}{c_{\text{t}}m_{\text{pss}}h\phi}$$

式中　$m_{\text{pss}}$ 或 $m'$——拟稳定流直线的斜率，psi/h；

　　　$Q_{\text{o}}$——流量，bbl/d；

　　　$A$——井的泄油面积，$\text{ft}^2$。

### 1.3.4　Miller-Dyes-Hutchinson 法

如果油井生产的时间足够长，已经达到拟稳定状态，霍纳曲线可以简化。假设油井的生产时间 $t_{\text{p}}$ 远大于总的关井时间 $\Delta t$，即 $t_{\text{p}} \gg \Delta t$，则 $t_{\text{p}}+\Delta t \cong t_{\text{p}}$：

$$\lg\left(\frac{t_{\text{p}}+\Delta t}{\Delta t}\right) \cong \lg\left(\frac{t_{\text{p}}}{\Delta t}\right) = \lg(t_{\text{p}}) - \lg(\Delta t)$$

把上面的数学假设带入方程（1.178）得：

$$p_{\text{ws}} = p^* - m\left[\lg(t_{\text{p}}) - \lg(\Delta t)\right]$$

或

$$p_{\text{ws}} = \left[p^* - m\lg(t_{\text{p}})\right] + m\lg(\Delta t)$$

该表达式表明 $p_{\text{ws}}$ 与 $\lg(\Delta t)$ 的图形是一条半对数直线，正斜率 $+m$ 与霍纳曲线得到的斜率相同。用方程（1.176）确定斜率：

$$m = \frac{162.6Q_{\text{o}}B_{\text{o}}\mu_{\text{o}}}{Kh}$$

半对数直线的斜率 $m$ 的值与霍纳曲线的斜率值相等。这条线通常被称为 Miller-Dyes-Hutchinson（MDH）曲线。根据 MDH 曲线并应用下面的方程可以计算视压力 $p^*$：

$$p^* = p_{\text{1h}} + m\lg(t_{\text{p}} + 1) \tag{1.180}$$

其中 $p_{\text{1h}}$ 是在半对数直线上 $\Delta t$=1h 处读取的。表 1.5 给出的压力恢复数据 $p_{\text{ws}}$ 与 $\lg(\Delta t)$ 的 MDH 曲线如图 1.40 所示。

图 1.40 显示直线的正斜率 $m$=40psi/ 周期，与例 1.26 中 $p_{\text{1h}}$=3266psig 得到的斜率值相同。

与霍纳曲线一样，标志 MDH 半对数直线开始的时间点可以通过绘制 $(p_{\text{ws}}-p_{\text{wf}})$ 与 $\Delta t$ 的双对数坐标图形并找到数据开始偏离 45° 倾角（斜率为 1）的直线的点来判断。准确的时间是斜率为 1 的直线结束时间再移动 $1 \sim 1\frac{1}{5}$ 周期。

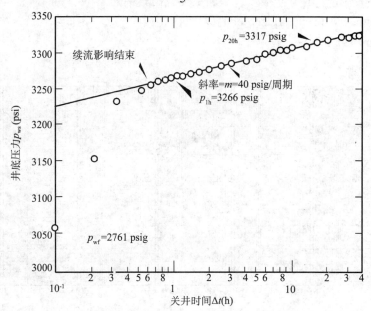

图 1.40　Miller–Dyes–Hutchinson 压力恢复试井曲线

不稳定流结束后测试井的压力动态取决于：（1）测试井泄油区域的形状和几何尺寸；（2）井与泄油边界的相对位置；（3）关井前生产时间 $t_p$ 的长短。

如果油藏中只有一口井，关井压力最终为一常数（图 1.38）且等于油藏体积平均压力 $\overline{p}_r$。在许多油藏工程计算中都需要这个压力，例如，物质平衡研究、水侵、压力保持方案、二次采油、油层连通程度。

最终，在进一步预测产 量随 $\overline{p}_r$ 的变化时，如果想把预测结果与实际动态相比较并对预测结果进行必要的调整，必须测量油藏开发全过程的压力。得到这个压力的一个办法是把油藏中所有生产井关井一段时间，使系统中各处的压力等于 $\overline{p}_r$。显然这一过程是不现实的。

应用 MDH 法计算关井前以拟稳定状态生产的圆形或正方形泄油区域的平均压力 $\overline{p}_r$。

（1）在半对数直线上任选一时间点 $\Delta t$，读取对应的压力 $p_{ws}$。

（2）根据泄油面积 $A$ 计算无量纲关井时间：

$$\Delta t_{DA} = \frac{0.0002637 K \Delta t}{\phi \mu c_t a}$$

（3）利用图 1.41 上部的那条曲线，根据无量纲时间 $\Delta t_{DA}$ 确定 MDH 无量纲压力 $p_{DMDH}$。

（4）计算封闭的泄油区域的油藏平均压力：

$$\overline{p}_r = p_{ws} + \frac{m p_{DMDH}}{1.1513}$$

式中　*m*——MDH 图形的半对数直线的斜率。

利用恢复试井确定 $\bar{p}_r$ 的方法很多，下面主要列出其中的三种：

（1）the Matthews–Brons–Hazebroek（MBH）法；

（2）the Ramey–Cobb 法；

（3）the Dietz 法。

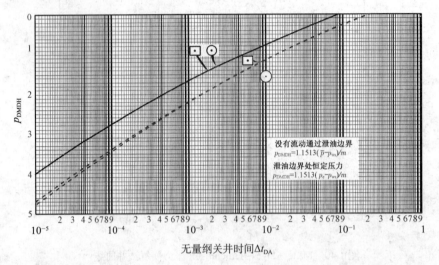

图 1.41　圆形和正方形泄油面积的 Miller–Dyes–Hutchinson 无量纲压力

### 1.3.5　MBH 法

压力恢复试井曲线是一条半对数直线，在关井后期由于边界的影响，曲线开始向下弯曲并变得平缓。Matthews 等（1954）提出了根据压力恢复试井资料计算有界泄油区域平均压力的方法。MBH 法以外推半对数直线得到的视压力 $p^*$ 和目前泄油区域的平均压力 $\bar{p}$ 的理论关系为基础。作者指出如果知道泄油区域的几何尺寸、形状及井与泄油边界的相对位置，就能建立每口井泄油区域的平均压力与 $p^*$ 的关系。他们为不同几何形状的泄油区域，建立了一套修正图表，如图 1.42～图 1.45 所示。

这些图表的 *y* 轴代表 MBH 无量纲压力 $p_{\text{DMBH}}$，它定义为：

$$p_{\text{DMBH}} = \frac{2.303\left(p^* - \bar{p}\right)}{|m|}$$

或

$$\bar{p} = p^* - \left(\frac{|m|}{2.303}\right)p_{\text{DMBH}} \tag{1.181}$$

式中　$|m|$——霍纳半对数直线的斜率的绝对值。

MBH 无量纲压力是在无量纲生产时间 $t_{\text{pDA}}$ 下确定的。无量纲生产时间 $t_{\text{pDA}}$ 与流动时间 $t_p$ 相对应。即：

$$t_{pDA} = \left( \frac{0.0002637K}{\phi\mu c_t A} \right) t_p \qquad (1.182)$$

式中　$t_p$——关井前流动时间，h；

　　　$A$——泄油面积，$ft^2$；

　　　$K$——渗透率，mD；

　　　$c_t$——总压缩系数，$psi^{-1}$。

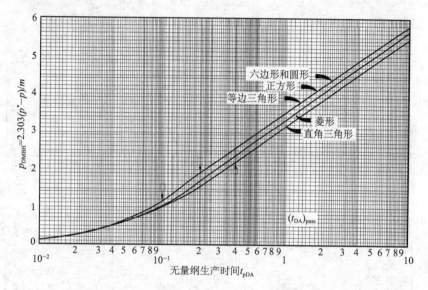

图 1.42　等边泄油区域中心一口井的 Matthews–Brons–Hazebroek 的无量纲压力

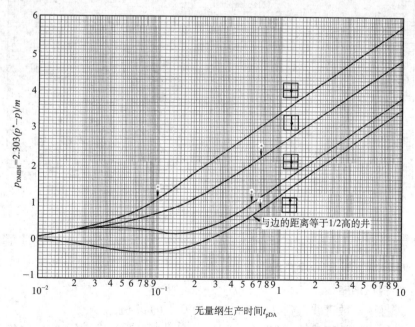

图 1.43　正方形泄油区域内不同井位的 Matthews–Brons–Hazebroek 的无量纲压力

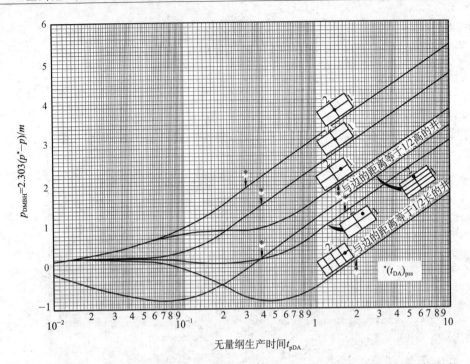

图 1.44　2:1 矩形泄油区域内不同井位的 Matthews−Brons−Hazebroek 的无量纲压力

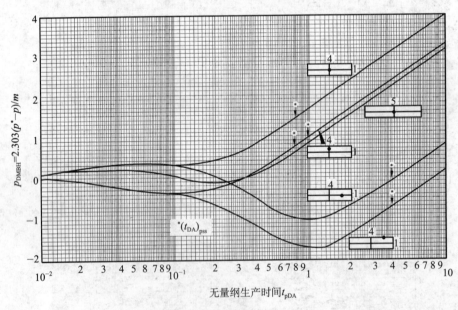

图 1.45　4:1 和 5:1 矩形泄油区域内不同井位的 Matthews−Brons−Hazebroek 的无量纲压力

下面是使用 MBH 法的步骤总结。

步骤 1：绘制霍纳曲线。

步骤 2：外推半对数直线得到（$t_p + \Delta t$）/$\Delta t$=1.0 处的 $p^*$ 值。

步骤 3：计算半对数直线的斜率 $m$。

步骤 4：利用方程（1.182）计算 MBH 无量纲生产时间 $t_{pDA}$。

$$t_{pDA} = \left( \frac{0.0002637K}{\phi \mu c_t A} \right) t_p$$

步骤 5：在图 1.41 ~ 图 1.44 中确定与泄油区域的形状最接近的图并确定修正曲线。

步骤 6：从修正曲线上读取 $t_{pDA}$ 对应的压力 $p_{DMBH}$ 值。

步骤 7：利用方程（1.181）计算 $\overline{p}$ 的值：

$$\overline{p} = p^* - \left( \frac{|m|}{2.303} \right) p_{DMBH}$$

与常规的霍纳分析方法相同，生产时间 $t_p$ 是：

$$t_p = \frac{24 N_p}{Q_o}$$

式中　$N_p$——最后一次压力恢复试井以来生产的累计体积；

　　　$Q_o$——关井前的恒定流量。

Pinson（1972）和 Kazemi（1974）提出 $t_p$ 应该与达到拟稳定状态所需要的时间 $t_{pss}$ 比较：

$$t_{pss} = \left( \frac{\phi \mu c_t A}{0.0002637K} \right) (t_{DA})_{pss} \tag{1.183}$$

对称封闭或圆形的泄油区域的 $(t_{DA})_{pss} = 0.1$，如表 1.4 的第五列所示。

如果 $t_p \gg t_{pss}$，那么在霍纳曲线和 MBH 无量纲压力曲线都应该用 $t_{pss}$ 代替 $t_p$。

上面的方法给出了一口井，如第 $i$ 井的泄油区域内的 $\overline{p}$ 值。如果一个油藏内有多口井生产，每一口井可以单独分析求得它自身泄油区域的 $\overline{p}$。油藏平均压力 $\overline{p}_r$ 可以根据这些单井的平均泄油压力，用方程（1.129）或方程（1.130）求得：

$$\overline{p}_r = \frac{\sum_i (\overline{p}q)_i / (\partial \overline{p} / \partial t)_i}{\sum_i q_i / (\partial \overline{p} / \partial t)_i}$$

或

$$\overline{p}_r = \frac{\sum_i \left[ \overline{p} \Delta(F) / \Delta \overline{p} \right]_i}{\sum_i \left[ \Delta(F) / \Delta \overline{p} \right]_i}$$

且

$$F_t = \int_0^t \left[ Q_o B_o + Q_w B_w + \left( Q_g - Q_o R_s - Q_w R_{sw} \right) B_g \right] dt$$

$$F_{t+\Delta t} = \int_0^{t+\Delta t} \left[ Q_o B_o + Q_w B_w + \left( Q_g - Q_o R_s - Q_w R_{sw} \right) B_g \right] dt$$

$$\Delta(F) = F_{t+\Delta t} - F_t$$

注意，MBH 法和图 1.41 ~ 图 1.44 可用于可压缩气体，用下面的表达式确定 $p_{DMBH}$。

拟压力法：

$$p_{DMBH} = \frac{2.303\left[ m\left(p^*\right) - m\left(\overline{p}\right) \right]}{|m|} \tag{1.184}$$

压力平方法：

$$p_{DMBH} = \frac{2.303\left[ \left(p^*\right)^2 - \left(\overline{p}\right)^2 \right]}{|m|} \tag{1.185}$$

**例 1.28**　利用例 1.27 资料和表 1.5 给出的压力恢复试井数据，用方程（1.179）计算井泄油区域的平均压力和泄油面积。

$r_e$=2640ft，$r_w$=0.354ft，$c_t$=22.6×10⁻⁶psi⁻¹，$Q_o$=4900bbl/d，$h$=482ft，$p_{wf\,(\Delta t=0)}$ = 2761psig，$\mu_o$=0.2mPa·s，$B_o$=1.55bbl/bbl，$\phi$=0.09，$t_p$=310h，深度 =10476ft。

记录的平均压力 =3323psi。

**解**　步骤 1：计算井的泄油面积。

$$A = \pi r_e^2 = \pi \left(2640\right)^2$$

步骤 2：比较生产时间 $t_p$（310h）和用方程（1.183）确定的达到拟稳定状态需要的时间 $t_{pss}$。用 $(t_{DA})_{pss}$=0.1 计算 $t_{pss}$：

$$\begin{aligned}
t_{pss} &= \left[ \frac{\phi \mu c_t A}{0.0002637 K} \right] (t_{DA})_{pss} \\
&= \left[ \frac{0.09 \times 0.2 \times \left(22.6 \times 10^{-6}\right) \times \pi \times 2640^2}{0.0002637 \times 12.8} \right] \times 0.1 \\
&= 264 \text{h}
\end{aligned}$$

因为 $t_p > t_{pss}$，在分析中用 264h 代替 $t_p$。然而，由于 $t_p$ 大约只是 $1.2 t_{pss}$，因此在计算中用实际生产时间 310h。

步骤 3：图 1.38 没有显示出 $p^*$，因为半对数直线没有延长到 $(t_p+\Delta t)/\Delta t$=1.0。然而，可以用 $(t_p+\Delta t)/\Delta t$=10.0 时的 $p_{ws}$ 外推一个对数周期计算 $p^*$。即：

$$p^* = 3325 + 1 \text{ 周期} \times \left(40\text{psi}/\text{周期}\right) = 3365\text{psig}$$

步骤 4：用方程（1.182）计算 $t_{pDA}$。

$$t_{pDA} = \left[ \frac{0.0002637K}{\phi \mu c_t A} \right] t_p$$

$$= \left[ \frac{0.0002637 \times 12.8}{0.09 \times 0.2 \times (22.6 \times 10^{-6}) \times \pi \times 2640^2} \right] \times 310$$

$$= 0.117$$

步骤5：根据图1.42中圆形泄油区域对应的曲线，得到 $t_{pDA}=0.117$ 时的 $p_{DMBH}$ 值。

$$p_{DMBH} = 1.34$$

步骤6：用方程（1.181）计算平均压力。

$$\overline{p} = p^* - \left( \frac{|m|}{2.303} \right) p_{DMBH} = 3365 - \left( \frac{40}{2.303} \right) \times 1.34 = 3342 \text{psig}$$

这个压力值比最大的压力记录3323psi 高19psi。

步骤7：在霍纳曲线的半对数直线部分任选三点坐标。

(1) $(\Delta t_1, p_{ws1}) = (2.52, 3280)$

(2) $(\Delta t_2, p_{ws2}) = (9.00, 3305)$

(3) $(\Delta t_3, p_{ws3}) = (20.0, 3317)$

步骤8：用方程（1.179）计算 $m_{pss}$。

$$m_{pss} = \frac{(p_{ws2} - p_{ws1}) \lg(\Delta t_3 / \Delta t_1) - (p_{ws3} - p_{ws1}) \lg(\Delta t_2 / \Delta t_1)}{(\Delta t_3 - \Delta t_1) \lg(\Delta t_2 / \Delta t_1) - (\Delta t_2 - \Delta t_1) \lg(\Delta t_3 / \Delta t_1)}$$

$$= \frac{(3305 - 3280) \lg(20/2.51) - (3317 - 3280) \lg(9/2.51)}{(20 - 2.51) \lg(9/2.51) - (9 - 2.51) \lg(20/2.51)}$$

$$= 0.52339 \text{psi/h}$$

步骤9：利用方程（1.127）计算泄油面积。

$$A = \frac{0.23396 Q_o B_o}{c_t m_{pss} h \phi}$$

$$= \frac{0.23396 \times 4900 \times 1.55}{(22.6 \times 10^{-6}) \times 0.52339 \times 482 \times 0.09}$$

$$= 3462938 \text{ft}^2$$

$$= \frac{3462938}{43560} = 80 \text{acre}$$

对应的泄油半径为1050ft，这与给定的泄油半径2640ft 有很大的差距。用计算得到的泄油半径1050ft 重复 MBH 计算：

$$t_{pss} = \left[ \frac{0.09 \times 0.2 \times (22.6 \times 10^{-6}) \times \pi \times 1050^2}{0.0002637 \times 12.8} \right] \times 0.1 = 41.7 \text{h}$$

$$t_{pDA} = \left[ \frac{0.0002637 \times 12.8}{0.09 \times 0.2 \times \left(22.6 \times 10^{-6}\right) \times \pi \times 1050^2} \right] \times 310 = 0.743$$

$$p_{DMBH} = 3.15$$

$$\bar{p} = 3365 - \left( \frac{40}{2.303} \right) \times 3.15 = 3311 \text{psig}$$

这个压力值比记录的油藏平均压力值高 12psi。

### 1.3.6  Ramey–Cobb 法

Ramey 和 Cobb（1977）提出如果下面的数据能够得到，泄油区域的平均压力可以直接从霍纳半对数直线上读取：(1) 泄油区域的形状；(2) 井在泄油区域内的位置；(3) 泄油面积的大小。

这个方法以方程（1.182）确定的无量纲生产时间 $t_{pDA}$ 为基础：

$$t_{pDA} = \left( \frac{0.0002637K}{\phi \mu c_t A} \right) t_p$$

式中  $t_p$——最后一次关井以来的生产时间，h；

$A$——泄油面积，$ft^2$。

已知泄油区域的形状和井的位置，确定达到拟稳定状态的无量纲时间 $(t_{DA})_{pss}$，如表 1.4 第五列所示。比较 $t_{pDA}$ 和 $(t_{DA})_{pss}$。

(1) 如果 $t_{pDA} < (t_{DA})_{pss}$，那么从霍纳半对数直线下列点处读取平均压力 $\bar{p}$：

$$\frac{t_p + \Delta t}{\Delta t} = \exp\left(4\pi t_{pDA}\right) \tag{1.186}$$

或者用下面的表达式计算 $\bar{p}$：

$$\bar{p} = p^* - m \lg\left[ \exp\left(4\pi t_{pDA}\right) \right] \tag{1.187}$$

(2) 如果 $t_{pDA} > (t_{DA})_{pss}$，那么从霍纳半对数直线下列点处读取平均压力 $\bar{p}$：

$$\left( \frac{t_p + \Delta t}{\Delta t} \right) = C_A t_{pDA} \tag{1.188}$$

式中  $C_A$——形状系数，可根据表 1.4 确定。

平均压力可以计算为：

$$\bar{p} = p^* - m \lg\left( C_A t_{pDA} \right) \tag{1.189}$$

式中  $m$——半对数直线斜率的绝对值，psi/ 周期；

$p^*$——视压力，psia；

$C_A$——形状系数，从表 1.4 中查得。

**例 1.29**    利用例 1.27 的数据，用 Ramey 和 Cobb 法重新计算平均压力。

**解**    步骤 1：用方程（1.182）计算 $t_{pDA}$。

$$
\begin{aligned}
t_{pDA} &= \left( \frac{0.0002637K}{\phi \mu c_t A} \right) t_p \\
&= \left[ \frac{0.0002637 \times 12.8}{0.09 \times 0.2 \times \left( 22.6 \times 10^{-6} \right) \times \pi \times 2640^2} \right] \times 310 \\
&= 0.1175
\end{aligned}
$$

步骤 2：根据表 1.4 确定圆形中心一口井的 $C_A$ 和 $(t_{DA})_{pss}$。

$$C_A = 31.62$$
$$(t_{DA})_{pss} = 0.1$$

步骤 3：因为 $t_{pDA} > (t_{DA})_{pss}$，利用方程（1.189）计算 $\bar{p}$。

$$\bar{p} = p^* - m \lg\left( C_A t_{pDA} \right) = 3365 - 40 \lg(31.62 \times 0.1175) = 3342 \text{psi}$$

这个值与 MBH 法计算的值一致。

### 1.3.7    Dietz 法

Dietz（1965）指出如果测试井生产了很长时间，关井前已经达到了拟稳定状态，平均压力可以直接从 MDH 半对数直线，即 $p_{ws}$ 与 $\lg(\Delta t)$ 的函数图形上下列关井时间点读取：

$$\left( \Delta t \right)_{\bar{p}} = \frac{\phi \mu c_t A}{0.0002637 C_A K} \tag{1.190}$$

式中    $\Delta t$——关井时间，h；

$A$——泄油面积，$\text{ft}^2$；

$C_A$——形状系数；

$K$——渗透率，mD；

$c_t$——总压缩系数，$\text{psi}^{-1}$。

**例 1.30**    利用 Dietz 法和例 1.27 的压力恢复试井数据，计算平均压力。

**解**    步骤 1：利用表 1.5 的压力恢复数据，绘制 $p_{ws}$ 和 $\lg(\Delta t)$ 的 MDH 图形，如图 1.40 所示。从图形上读取下列数值：

$$m = 40 \text{psi}/ 周期$$
$$p_{1h} = 3266 \text{psig}$$

步骤 2：利用方程（1.180）计算视压力 $p^*$。

$$p^* = p_{1h} + m \lg\left( t_p + 1 \right) = 3266 + 40 \lg(310 + 1) = 3365.7 \text{psi}$$

步骤 3：利用方程（1.188）计算关井时间 $(\Delta t)_{\bar{p}}$。

$$(\Delta t)_{\bar{p}} = \frac{0.09 \times 0.2 \times \left(22.6 \times 10^{-6}\right) \times \pi \times 2640^2}{0.0002637 \times 12.8 \times 31.62}$$
$$= 83.5\text{h}$$

步骤 4：因为 MDH 曲线没有延长到 83.5h，平均压力可以用下面给出的半对数直线方程计算。

$$p = p_{1\text{h}} + m\lg\left(\Delta t - 1\right) \tag{1.191}$$

或

$$\bar{p} = 3266 + 40\lg\left(83.5 - 1\right) = 3343\text{psi}$$

表皮系数 $s$ 用于计算井筒周围渗透率污染带的附加压力降并通过计算流动系数 $E$ 来反映井的特性。即：

$$\Delta p_{\text{skin}} = 0.87\left|m\right|s$$

且

$$E = \frac{J_{\text{实际}}}{J_{\text{理想}}} \approx \frac{\bar{p} - p_{\text{wf}} - \Delta p_{\text{skin}}}{\bar{p} - p_{\text{wf}}}$$

式中　$\bar{p}$——井泄油区域的平均压力。

为了快速分析压力恢复，Lee（1982）提出流动系数可以用外推半对数直线得到的压力 $p^*$ 近似计算：

$$E = \frac{J_{\text{实际}}}{J_{\text{理想}}} \approx \frac{p^* - p_{\text{wf}} - \Delta p_{\text{skin}}}{\bar{p} - p_{\text{wf}}}$$

Earlougher（1977）指出大多数情况下，定点压力是一口井能够得到的唯一的压力信息。泄油区域的平均压力 $\bar{p}$ 可以用关井时间 $\Delta t$ 时的定点压力计算：

$$\bar{p} = p_{\text{ws at }\Delta t} + \frac{162.6Q_{\text{o}}\mu_{\text{o}}B_{\text{v}}}{Kh}\left[\lg\left(\frac{\phi\mu c_{\text{t}}A}{0.0002637KC_{\text{A}}\Delta t}\right)\right]$$

对于封闭的正方形泄油区域 $C_{\text{A}} = 30.8828$ 且：

$$\bar{p} = p_{\text{ws at }\Delta t} + \frac{162.6Q_{\text{o}}\mu_{\text{o}}B_{\text{o}}}{Kh}\left[\lg\left(\frac{122.8\phi\mu c_{\text{t}}A}{K\Delta t}\right)\right]$$

式中　$p_{\text{ws at }\Delta t}$——关井时间 $\Delta t$ 时读取的定点压力；

　　　$\Delta t$——关井时间，h；

　　　$A$——泄油面积，ft²；

　　　$C_{\text{A}}$——形状系数；

　　　$K$——渗透率，mD；

　　　$c_{\text{t}}$——总压缩系数，psi⁻¹。

下面主要介绍一下典型曲线的概念和它们在试井分析中的应用。

## 1.4  典型曲线

典型曲线分析方法由 Agarwal 等（1970）引入石油工业，当与常规的半对数曲线结合使用时，是一个非常有用的工具。典型曲线是流动方程理论解的图形表示。典型曲线分析就是找到一条理论典型曲线，该曲线与产量或压力发生变化时测试井和油藏的实际响应相匹配。把实测数据的图形与相似的典型曲线的图形物理叠加，找到最匹配的典型曲线。因为典型曲线是不稳定流和拟稳定流方程的理论解的图形，它们通常用无量纲变量（如 $p_D$，$t_D$，$r_D$ 和 $C_D$）而不是用实际变量（如 $\Delta p$，$t$，$r$ 和 $C$）表示。油藏和井的参数，如渗透率和表皮系数，可以由这些无量纲参数求得。

任一变量乘以一组相反量纲的常数就能够无量纲化，但是这个组集的选择取决于要解决的问题的类型。例如，要建立一个无量纲压力 $p_D$，实际压力降 $\Delta p$ 的单位是 psi，乘以一个单位为 $psi^{-1}$ 的组集 $A$，即：

$$p_D = A \Delta p$$

用油藏流体的流动方程可以推导出使变量无量纲化的组集 $A$。为了介绍这一过程，回想一下不可压缩流体稳定径向流的达西方程：

$$Q = \left[ \frac{Kh}{141.2 B \mu \left[ \ln(r_e / r_{wa}) - 0.5 \right]} \right] \Delta p \tag{1.192}$$

式中  $r_{wa}$——有效井筒半径，用表皮系数 $s$ 通过方程（1.151）确定。

$$r_{wa} = r_w e^{-s}$$

重新整理达西方程确定组集 $A$：

$$\ln\left( \frac{r_e}{r_{wa}} \right) - \frac{1}{2} = \frac{Kh}{141.2 QB \mu} \Delta p$$

因为方程的左边无量纲，那么右边一定无量纲。这表明 $[Kh/(141.2QB\mu)]$ 就是组集 $A$，单位为 $psi^{-1}$，确定的无量纲变量 $p_D$：

$$p_D = \frac{Kh}{141.2 QB \mu} \Delta p \tag{1.193}$$

对该方程两侧取对数：

$$\lg(p_D) = \lg(\Delta p) + \lg\left( \frac{Kh}{141.2 QB \mu} \right) \tag{1.194}$$

式中  $Q$——流量，bbl/d；

  $B$——地层体积系数，bbl/bbl；

  $\mu$——黏度，mPa·s。

对于恒定流量，方程（1.194）表明无量纲压力降的对数 lg（$p_D$）不同于实际压力降的对数 lg（$\Delta p$），差值是一个常数：

$$\lg\left(\frac{Kh}{141.2QB\mu}\right)$$

同样，方程（1.86）给出的无量纲时间：

$$t_D = \left(\frac{0.0002637K}{\phi\mu c_t r_w^2}\right)t$$

对该方程的两侧取对数：

$$\lg(t_D) = \lg(t) + \lg\left(\frac{0.0002637K}{\phi\mu c_t r_w^2}\right) \tag{1.195}$$

式中　$t$——时间，h；

$c_t$——总压缩系数，$psi^{-1}$；

$\phi$——孔隙度。

因此，lg（$\Delta p$）与 lg（$t$）的函数图形和 lg（$p_D$）与 lg（$t_D$）的函数图形形状相同（即平行），曲线在垂向压力上相差 lg[$Kh$/（$141.2QB\mu$）]，在横向时间上相差 lg[$0.0002637$/（$\phi\mu c_t r_w^2$）]。这一情况如图 1.46 所示。

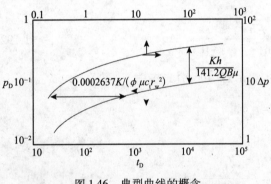

图 1.46　典型曲线的概念

这两条曲线不仅形状相同，而且如果这两条曲线相向移动直至重合，达到重合时需要的垂直和水平位移与方程（1.194）和方程（1.195）的常数项有关。一旦这些常数项通过垂直和水平位移确定，就能够计算油藏的特性参数，如渗透率和孔隙度。这一垂向和横向移动两条曲线相匹配并确定油藏或井的特性参数的过程称为典型曲线拟合。

如方程（1.94）所示，扩散方程的解可以用无量纲压力降表示：

$$p_D = -\frac{1}{2}Ei\left(-\frac{r_D^2}{4t_D}\right)$$

方程（1.95）表明，当 $t_D/r_D^2 > 25$ 时，$p_D$ 可以近似为：

$$p_D = \frac{1}{2}\left[\ln\left(t_D/r_D^2\right) + 0.080907\right]$$

注意：

$$\frac{t_\mathrm{D}}{r_\mathrm{D}^2} = \left( \frac{0.0002637K}{\phi\mu c_\mathrm{t}r^2} \right) t$$

对该方程的两侧取对数：

$$\lg\left(\frac{t_\mathrm{D}}{r_\mathrm{D}^2}\right) = \lg\left(\frac{0.0002637K}{\phi\mu c_\mathrm{t}r^2}\right) + \lg(t) \tag{1.196}$$

方程（1.194）和方程（1.196）表明 $\lg(\Delta p)$ 与 $\lg(t)$ 的函数图形和 $\lg(p_\mathrm{D})$ 与 $\lg(t_\mathrm{D}/r_\mathrm{D}^2)$ 的函数图形形状相同（即平行），曲线在垂向压力上相差 $\lg[Kh/(141.2QB\mu)]$，在横向时间上相差 $\lg[0.0002637K/(\phi\mu c_\mathrm{t}r^2)]$。当这两条曲线相向移动直至重合时，垂直和水平位移的数学表达式为：

$$\left(\frac{p_\mathrm{D}}{\Delta p}\right)_\mathrm{MP} = \frac{Kh}{141.2QB\mu} \tag{1.197}$$

和

$$\left(\frac{t_\mathrm{D}/r_\mathrm{D}^2}{t}\right)_\mathrm{MP} = \frac{0.0002637K}{\phi\mu c_\mathrm{t}r^2} \tag{1.198}$$

下标"MP"表示拟合点。

扩散方程的一个更实用的解是无量纲 $p_\mathrm{D}$ 与 $t_\mathrm{D}/r_\mathrm{D}^2$ 的曲线，如图 1.47 所示，它可以用来确定任一时间，与生产井任一距离的点的压力。图 1.47 是基本的典型曲线，多用于干扰试井分析，分析与生产井或注水井距离为 $r$ 的关井观察井的压力响应数据。

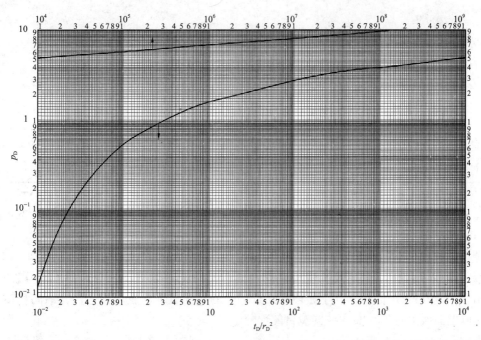

图 1.47  无限大油藏一口井的无量纲压力的指数积分解，没有续流和表皮系数的影响

一般情况下，典型曲线法采用下面的分析过程，利用图1.47对该过程加以说明。

步骤1：选择适当的典型曲线，例如图1.47。

步骤2：把透明纸覆盖在图1.47上，绘制与典型曲线具有相同量纲的双对数坐标。这可以通过把典型曲线上的主格线和次格线描到透明纸上来实现。

步骤3：在透明纸上绘制试井数据 $\Delta p$ 与 $t$ 的函数图形。

步骤4：把透明纸覆在典型曲线的上面，移动实测数据图形，保持两个图的 $x$ 轴和 $y$ 轴分别平行，直到实测数据点曲线与典型曲线重合。

步骤5：选择任意点作为拟合点MP，如主格线的交点，记录实测数据图形上 $(\Delta p)_{MP}$ 和 $(t)_{MP}$ 的值以及典型曲线上对应的 $(p_D)_{MP}$ 和 $(t_D/r_D^2)_{MP}$ 的值。

步骤6：利用拟合点，计算油藏特性参数。

下面的例子说明了在干扰试井分析中使用典型曲线法的便利。干扰试井48h，随后压降100h。

**例1.31** 干扰试井过程中，以170bbl/d注水48h。与注水井相距119ft的观察井的压力响应如下。

| $t$（h） | $p$（psi） | $\Delta p_{ws}=p_i-p$（psi） |
|---|---|---|
| 0 | $p_i$=0 | 0 |
| 4.3 | 22 | −22 |
| 21.6 | 82 | −82 |
| 28.2 | 95 | −95 |
| 45.0 | 119 | −119 |
| 48.0 | | 注入结束 |
| 51.0 | 109 | −109 |
| 69.0 | 55 | −55 |
| 73.0 | 47 | −47 |
| 93.0 | 32 | −32 |
| 142.0 | 16 | −16 |
| 148.0 | 15 | −15 |

其他数据包括：$p_i$=0psi，$B_w$=1.00bbl/bbl，$c_t$=9.0×10⁻⁶psi⁻¹，$h$=45ft，$\mu_w$=1.3mPa·s，$q$=−170bbl/d。

计算油藏渗透率和孔隙度。

**解** 步骤1：图1.48显示了注入期间，即48h的试井数据 $\Delta p$ 与时间 $t$ 的函数图形，将该图形绘制在透明纸上，并与图1.47具有相同的坐标量纲。应用拟合法，纵向和横向移动，在典型曲线上找到与实测数据拟合的部分。

步骤2：在图形上选择任意点作为拟合点MP，如图1.48所示。记录实测数据图形上

的 $(\Delta p)_{MP}$ 和 $(t)_{MP}$ 的值以及典型曲线上对应的 $(p_D)_{MP}$ 和 $(t_D/r_D^{\,2})_{MP}$ 的值。

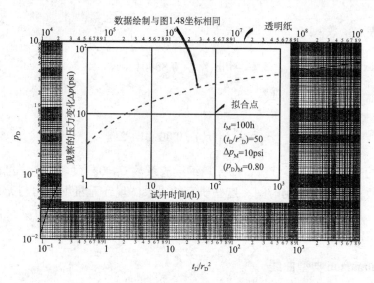

图 1.48　干扰试井应用典型曲线法进行拟合的说明

典型曲线拟合值：

$$\left(p_D\right)_{MP}=0.96, \quad \left(t_D/r_D^{\,2}\right)_{MP}=0.94$$

实测数据拟合值：

$$\left(\Delta p\right)_{MP}=-100\text{psig}, \ \left(t\right)_{MP}=10\text{h}$$

步骤 3：应用方程（1.197）和方程（1.198）计算渗透率和孔隙度。

$$K=\frac{141.2QB\mu}{h}\left(\frac{p_D}{\Delta p}\right)_{MP}=\frac{141.2\times(-170)\times1.0\times1.0}{45}\times\left(\frac{0.96}{-100}\right)_{MP}=5.1\text{mD}$$

$$\phi=\frac{0.0002637K}{\mu c_t r^2\left[\left(t_D/r_D^{\,2}\right)/t\right]_{MP}}=\frac{0.0002637\times5.1}{1.0\times\left(9.0\times10^{-6}\right)\times119^2\times\left(0.94/10\right)_{MP}}=0.11$$

方程（1.94）显示无量纲压力与无量纲半径及时间有关：

$$p_D=-\frac{1}{2}\text{Ei}\left(-\frac{r_D^{\,2}}{4t_D}\right)$$

在井底，半径 $r=r_w$，即 $r_D=1$，$p\ (r,\ t)=p_{wf}$，上面的表达式简化为：

$$p_D=-\frac{1}{2}\text{Ei}\left(\frac{-1}{4t_D}\right)$$

方程（1.91）给出的对数近似法可用于上面表达式：

$$p_D = \frac{1}{2}\left[\ln(t_D) + 0.80901\right]$$

如果考虑表皮系数 $s$：

$$p_D = \frac{1}{2}\left[\ln(t_D) + 0.80901\right] + s$$

或

$$p_D = \frac{1}{2}\left[\ln(t_D) + 0.80901 + 2s\right]$$

注意上面的表达式假设零续流，即无量纲续流系数 $C_D=0$。很多作者详细研究了续流对压降和压力恢复的影响及影响时间。这些研究的成果体现在无量纲压力与无量纲时间、半径和续流系数，即 $p_D=f(t_D, r_D, C_D)$ 的典型曲线的形式上。Gringarten 典型曲线和压力导数法应用了典型曲线法理论，这里进行基本介绍。

### 1.4.1 Gringarten 典型曲线

在试井的早期，续流占支配作用，井底压力由方程（1.173）表示为：

$$p_D = \frac{t_D}{C_D}$$

或

$$\lg(p_D) = \lg(t_D) - \lg(C_D)$$

这个关系式显示了续流对试井数据影响的特征，它表明 $p_D$ 与 $t_D$ 的双对数坐标图形是一条斜率为 1 的直线。续流影响结束时，表示无边界作用期开始，压力动态的半对数图形是一条直线，描述如下：

$$p_D = \frac{1}{2}\left[\ln(t_D) + 0.80901 + 2s\right]$$

在应用典型曲线法进行试井分析时，可以很方便地把无量纲续流系数引入到上面的关系式中。在上面方程的括号内加上和减去 $\ln(C_D)$：

$$p_D = \frac{1}{2}\left[\ln(t_D) - \ln(C_D) + 0.80901 + \ln(C_D) + 2s\right]$$

结果：

$$p_D = \frac{1}{2}\left[\ln\left(\frac{t_D}{C_D}\right) + 0.80901 + \ln\left(C_D e^{2s}\right)\right] \tag{1.199}$$

式中 　$p_D$——无量纲压力；

　　　$C_D$——无量纲续流系数；

　　　$t_D$——无量纲时间；

*s*——表皮系数。

方程（1.199）描述了均质油藏不稳定（无边界作用）流动期间，有续流和表皮影响的井的压力动态。Gringarten 等（1979）用上面的方程绘制了典型曲线，如图 1.49 所示。该图是无量纲压力 $p_D$ 和无量纲时间组 $t_D/c_D$ 的双对数坐标图。得到的曲线以无量纲组 $C_D e^{2s}$ 为特征，代表从污染井到改善井的不同情况。

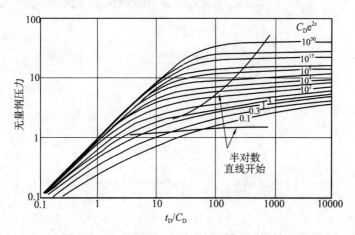

图 1.49　均质油藏有续流和表皮影响的井的典型曲线

图 1.49 显示，试井早期，所有的曲线都汇集到与纯续流流动相对应的斜率为 1 的直线上。试井后期，随着续流占支配作用时期的结束，曲线符合无边界作用径向流。续流的结束和无边界作用径向流的开始都被标志在图 1.49 的曲线上。Gringarten 等在绘制典型曲线时用到三个无量纲组：

①无量纲压力 $p_D$；

②无量纲比 $t_D/C_D$；

③无量纲特性组 $C_D e^{2s}$。

在压降试井和压力恢复试井中，确定上面三个无量纲参数的过程如下。

### 1.4.2　对于压降试井

无量纲压力 $p_D$：

$$p_D = \frac{Kh(p_i - p_{wf})}{141.2QB\mu} = \frac{Kh\Delta p}{141.2QB\mu} \tag{1.200}$$

式中　$K$——渗透率，mD；

　　　$p_{wf}$——井底流动压力，psi；

　　　$Q$——流量，bbl/d；

　　　$B$——地层体积系数，bbl/bbl。

对上面方程的两侧取对数：

$$\lg(p_D) = \lg(p_i - p_{wf}) + \lg\left(\frac{Kh}{141.2QB\mu}\right)$$

$$\lg(p_D) = \lg(\Delta p) + \lg\left(\frac{Kh}{141.2QB\mu}\right)$$ (1.201)

无量纲比 $t_D/C_D$：

$$\frac{t_D}{C_D} = \left(\frac{0.0002637Kt}{\phi\mu c_t r_w^2}\right)\left(\frac{\phi h c_t r_w^2}{0.8396C}\right)$$

简化得：

$$\frac{t_D}{C_D} = \left(\frac{0.0002951Kh}{\mu C}\right)t$$ (1.202)

式中　$t$——流动时间，h；

　　　$C$——续流系数，bbl/psi。

取对数得：

$$\lg\left(\frac{t_D}{C_D}\right) = \lg(t) + \lg\left(\frac{0.0002951Kh}{\mu C}\right)$$ (1.203)

方程（1.201）和方程（1.203）表明实测压降数据 $\lg(\Delta p)$ 与 $\lg(t)$ 的曲线和 $\lg(p_D)$ 与 $\lg(t_D/C_D)$ 的曲线相互平行，形状相同。垂向和横向移动实测图形，找到与实测数据拟合的无量纲曲线。垂向和横向位移由方程（1.200）和方程（1.202）的常数项给定：

$$\left(\frac{p_D}{\Delta p}\right)_{MP} = \frac{Kh}{141.2QB\mu}$$ (1.204)

和

$$\left(\frac{t_D/C_D}{t}\right)_{MP} = \frac{0.0002951Kh}{\mu C}$$ (1.205)

其中 MP 表示拟合点。

方程（1.204）和方程（1.205）可用来计算渗透率 $K$（或地层系数 $Kh$）和续流系数 $C$：

$$K = \frac{141.2QB\mu}{h}\left(\frac{p_D}{\Delta p}\right)_{MP}$$

和

$$C = \frac{0.0002951Kh}{\mu\left(\dfrac{t_D/C_D}{t}\right)_{MP}}$$

无量纲特性组 $C_De^{2s}$ 的数学定义式如下所示，对压降试井和压力恢复试井都有效：

$$C_{De^{2s}} = \left(\frac{5.615C}{2\pi\phi\mu c_t r_w^2}\right)e^{2s}$$ (1.206)

式中　　$\phi$——孔隙度；

　　　　$c_t$——总等温压缩系数，$psi^{-1}$；

　　　　$r_w$——井底半径，ft。

完成拟合后记录拟合曲线的无量纲特性组 $C_D e^{2s}$。

### 1.4.3　对于压力恢复试井

应该注意所有的典型曲线解都是为压降试井分析做的。因此，这些典型曲线在没有限制或修正的情况下不能用于压力恢复试井分析。唯一的约束条件是关井前的流动时间 $t_p$ 必须很长。然而，Agarwal（1980）通过实验发现，用当量时间 $\Delta t_e$ 代替关井时间 $\Delta t$ 并绘制压力恢复试井数据 $p_{ws}-p_{wf\,(\Delta t=0)}$ 与当量时间 $\Delta t_e$ 的双对数坐标图形，就可以进行典型曲线分析，而不需要关井前长时间降压流动。Agarwal 引进的当量时间 $\Delta t_e$ 由下面的表达式确定：

$$\Delta t_e = \frac{\Delta t}{1+\left(\Delta t/t_p\right)} = \left(\Delta t/t_p + \Delta t\right)t_p \tag{1.207}$$

式中　　$\Delta t$——关井时间，h；

　　　　$t_p$——最后一次关井以来的总流动时间，h；

　　　　$\Delta t_e$——Agarwal 当量时间，h。

Agarwal 的当量时间 $\Delta t_e$ 的提出是为了说明生产时间 $t_p$ 对压力恢复试井的影响。$\Delta t_e$ 的概念是压力恢复试井期间 $\Delta t$ 时刻的压力差（$\Delta p = p_{ws}-p_{wf}$）等于压降试井期间 $\Delta t_e$ 时刻的压力差（$\Delta p = p_i - p_{wf}$）。压力恢复试井的（$p_{ws}-p_{wf}$）与 $\Delta t_e$ 的函数图形和压降试井的压力差与流动时间的函数图形重叠。因此，在应用典型曲线法对压力恢复试井数据进行分析时，用当量时间 $\Delta t_e$ 替换实际关井时间。

当应用 Gringarten 典型曲线对压力恢复试井数据进行分析时，除了方程（1.206）所确定的特性组 $C_D e^{2s}$ 以外，还用到下面两个无量纲参数。

无量纲压力 $p_D$：

$$p_D = \frac{Kh\left(p_{ws}-p_{wf}\right)}{141.2QB\mu} = \frac{Kh\Delta p}{141.2QB\mu} \tag{1.208}$$

式中　　$p_{ws}$——关井压力，h；

　　　　$p_{wf}$——关井前，即 $\Delta t = 0$ 时的流动压力，psi。

对上面方程的两侧取对数：

$$\lg\left(p_D\right) = \lg\left(\Delta p\right) + \lg\left(\frac{Kh}{141.2QB\mu}\right) \tag{1.209}$$

无量纲比 $t_D/C_D$：

$$\frac{t_D}{C_D} = \left(\frac{0.0002951Kh}{\mu C}\right)\Delta t_e \tag{1.210}$$

对方程（1.210）的两侧取对数：

$$\lg\left(\frac{t_{\mathrm{D}}}{C_{\mathrm{D}}}\right) = \lg(\Delta t_{\mathrm{e}}) + \lg\left(\frac{0.0002951Kh}{\mu C}\right) \tag{1.211}$$

同样，实测压力恢复数据的 $\lg(\Delta p)$ 与 $\lg(\Delta t_{\mathrm{e}})$ 的函数图形和 $\lg(p_{\mathrm{D}})$ 与 $\lg(t_{\mathrm{D}}/C_{\mathrm{D}})$ 的函数图形形状相同。当实测图形与图 1.49 的曲线之一相匹配时：

$$\left(\frac{p_{\mathrm{D}}}{\Delta p}\right)_{\mathrm{MP}} = \frac{Kh}{141.2QB\mu}$$

这可用于求地层系数 $Kh$ 或渗透率 $K$。

$$K = \left(\frac{141.2QB\mu}{h}\right)\left(\frac{p_{\mathrm{D}}}{\Delta p}\right)_{\mathrm{MP}} \tag{1.212}$$

和：

$$\left(\frac{t_{\mathrm{D}}/C_{\mathrm{D}}}{\Delta t_{\mathrm{e}}}\right)_{\mathrm{MP}} = \frac{0.0002951Kh}{\mu C} \tag{1.213}$$

求 $C$：

$$C = \left(\frac{0.0002951Kh}{\mu}\right)\frac{(\Delta t_{\mathrm{e}})_{\mathrm{MP}}}{(t_{\mathrm{D}}/C_{\mathrm{D}})_{\mathrm{MP}}} \tag{1.214}$$

应用 Gringarten 典型曲线的步骤如下。

步骤 1：应用测试数据进行常规试井分析并确定续流系数 $C$ 和 $C_{\mathrm{D}}$；渗透率 $K$；视压力 $p^*$；平均压力 $\bar{p}$；表皮系数 $s$；形状系数 $C_{\mathrm{A}}$；泄油面积 $A$。

步骤 2：在双对数坐标纸（透明纸）上绘制压降试井的 $(p_{\mathrm{i}} - p_{\mathrm{wf}})$ 与流动时间 $t$ 的函数图形或压力恢复试井的 $(p_{\mathrm{ws}} - p_{\mathrm{wp}})$ 与当量时间 $\Delta t_{\mathrm{e}}$ 的函数图形，取与 Gringarten 典型曲线相同的对数周期。

步骤 3：检验实测数据图形的早期数据点，确定斜率为 1（45°角）的直线证明续流影响的存在。如果斜率为 1 的直线存在，根据斜率为 1 的直线上的任一点的坐标 $(\Delta p, t)$ 或 $(\Delta p, \Delta t_{\mathrm{e}})$ 计算续流系数 $C$ 和无量纲 $C_{\mathrm{D}}$。

对于压降试井：
$$C = \frac{QBt}{24(p_{\mathrm{i}} - p_{\mathrm{wf}})} = \frac{QB}{24}\left(\frac{t}{\Delta p}\right) \tag{1.215}$$

对于压力恢复试井：
$$C = \frac{QB\Delta t_{\mathrm{e}}}{24(p_{\mathrm{ws}} - p_{\mathrm{wf}})} = \frac{QB}{24}\left(\frac{\Delta t_{\mathrm{e}}}{\Delta p}\right) \tag{1.216}$$

计算无量纲续流系数：

$$C_{\mathrm{D}} = \left(\frac{0.8936}{\phi h c_{\mathrm{t}} r_{\mathrm{w}}^2}\right) \tag{1.217}$$

步骤 4：把试井数据的图形覆盖在典型曲线上找到与实测数据图形最吻合的典型曲线。记录典型曲线的无量纲特性组 $(C_D e^{2s})_{MP}$。

步骤 5：选择一个拟合点 MP 并记录 y 轴上对应的 $(p_D，\Delta p)_{MP}$ 值和 x 轴上对应的 $(t_D/C_D，t)_{MP}$ 或 $(t_D/C_D，\Delta t_e)_{MP}$ 的值。

步骤 6：利用拟合点计算。

$$K = \left(\frac{141.2QB\mu}{h}\right)\left(\frac{p_D}{\Delta p}\right)_{MI}$$

且对于压降试井：

$$C = \left(\frac{0.0002951Kh}{\mu}\right)\left(\frac{t}{t_D/C_D}\right)_{MP}$$

或对于压力恢复试井：

$$C = \left(\frac{0.0002951Kh}{\mu}\right)\left(\frac{\Delta t_e}{t_D/C_D}\right)_{MP}$$

且

$$C_D = \left(\frac{0.8936}{\phi h c_t r_w^2}\right)C$$

$$s = \frac{1}{2}\ln\left[\frac{\left(C_D e^{2s}\right)_{MP}}{C_D}\right]$$

(1.218)

Sabet（1991）应用 Bourdet 等（1983）提供的压力恢复数据说明 Gringarten 典型曲线的使用。这些数据应用在下面的例子中。

**例 1.32**  表 1.6 列出了一口油井的压力恢复试井数据，该井关井前一直以恒定流量 174bbl/d 生产。其他相关数据如下：

$\phi = 25\%$，$c_t = 4.2 \times 10^{-6} \text{psi}^{-1}$，$Q = 174\text{bbl/d}$，$t_p = 15\text{h}$，$B = 1.06\text{bbl/bbl}$，$r_w = 0.29\text{ft}$，$\mu = 2.5\text{mPa}\cdot\text{s}$，$h = 107\text{ft}$。

应用霍纳曲线法进行常规压力恢复试井分析并与应用 Gringarten 典型曲线法的分析结果进行对比。

**表 1.6  有续流的压力恢复试井数据**

| $\Delta t$ (h) | $p_{ws}$ (psi) | $\Delta p$ (psi) | $\dfrac{t_p + \Delta t}{\Delta t}$ | $\Delta t_e$ |
|---|---|---|---|---|
| 0.00000 | 3086.33 | 0.00 | — | 0.00000 |
| 0.00417 | 3090.57 | 4.24 | 3600.71 | 0.00417 |
| 0.00833 | 3093.81 | 7.48 | 1801.07 | 0.00833 |
| 0.01250 | 3096.55 | 10.22 | 1201.00 | 0.01249 |

| $\Delta t$ (h) | $p_{ws}$ (psi) | $\Delta p$ (psi) | $\dfrac{t_p + \Delta t}{\Delta t}$ | $\Delta t_e$ |
|---|---|---|---|---|
| 0.01667 | 3100.03 | 13.70 | 900.82 | 0.01666 |
| 0.02083 | 3103.27 | 16.94 | 721.12 | 0.02080 |
| 0.02500 | 3106.77 | 20.44 | 601.00 | 0.02496 |
| 0.02917 | 3110.01 | 23.68 | 515.23 | 0.02911 |
| 0.03333 | 3113.25 | 26.92 | 451.05 | 0.03326 |
| 0.03750 | 3116.49 | 30.16 | 401.00 | 0.03741 |
| 0.04583 | 3119.48 | 33.15 | 328.30 | 0.04569 |
| 0.05000 | 3122.48 | 36.15 | 301.00 | 0.04983 |
| 0.05830 | 3128.96 | 42.63 | 258.29 | 0.05807 |
| 0.06667 | 3135.92 | 49.59 | 225.99 | 0.06637 |
| 0.07500 | 3141.17 | 54.84 | 201.00 | 0.07463 |
| 0.08333 | 3147.64 | 61.31 | 181.01 | 0.08287 |
| 0.09583 | 3161.95 | 75.62 | 157.53 | 0.09522 |
| 0.10833 | 3170.68 | 84.35 | 139.47 | 0.10755 |
| 0.12083 | 3178.39 | 92.06 | 125.14 | 0.11986 |
| 0.13333 | 3187.12 | 100.79 | 113.50 | 0.13216 |
| 0.14583 | 3194.24 | 107.91 | 103.86 | 0.14443 |
| 0.16250 | 3205.96 | 119.63 | 93.31 | 0.16076 |
| 0.17917 | 3216.68 | 130.35 | 84.72 | 0.17706 |
| 0.19583 | 3227.89 | 141.56 | 77.60 | 0.19331 |
| 0.21250 | 3238.37 | 152.04 | 71.59 | 0.20953 |
| 0.22917 | 3249.07 | 162.74 | 66.45 | 0.22572 |
| 0.25000 | 3261.79 | 175.46 | 61.00 | 0.24590 |
| 0.29167 | 3287.21 | 200.88 | 52.43 | 0.28611 |
| 0.33333 | 3310.15 | 223.82 | 46.00 | 0.32608 |
| 0.37500 | 3334.34 | 248.01 | 41.00 | 0.36585 |
| 0.41667 | 3356.27 | 269.94 | 37.00 | 0.40541 |
| 0.45833 | 3374.98 | 288.65 | 33.73 | 0.44474 |
| 0.50000 | 3394.44 | 308.11 | 31.00 | 0.48387 |
| 0.54167 | 3413.90 | 327.57 | 28.69 | 0.52279 |
| 0.58333 | 3433.83 | 347.50 | 26.71 | 0.56149 |
| 0.62500 | 3448.05 | 361.72 | 25.00 | 0.60000 |

| $\Delta t$ (h) | $p_{ws}$ (psi) | $\Delta p$ (psi) | $\dfrac{t_p + \Delta t}{\Delta t}$ | $\Delta t_e$ |
|---|---|---|---|---|
| 0.66667 | 3466.26 | 379.93 | 23.50 | 0.63830 |
| 0.70833 | 3481.97 | 395.64 | 22.18 | 0.67639 |
| 0.75000 | 3493.69 | 407.36 | 21.00 | 0.71429 |
| 0.81250 | 3518.63 | 432.30 | 19.46 | 0.77075 |
| 0.87500 | 3537.34 | 451.01 | 18.14 | 0.82677 |
| 0.93750 | 3553.55 | 467.22 | 17.00 | 0.88235 |
| 1.00000 | 3571.75 | 485.42 | 16.00 | 0.93750 |
| 1.06250 | 3586.23 | 499.90 | 15.12 | 0.99222 |
| 1.12500 | 3602.95 | 516.62 | 14.33 | 1.04651 |
| 1.18750 | 3617.41 | 531.08 | 13.63 | 1.10039 |
| 1.25000 | 3631.15 | 544.82 | 13.00 | 1.15385 |
| 1.31250 | 3640.86 | 554.53 | 12.43 | 1.20690 |
| 1.37500 | 3652.85 | 566.52 | 11.91 | 1.25954 |
| 1.43750 | 3664.32 | 577.99 | 11.43 | 1.31179 |
| 1.50000 | 3673.81 | 587.48 | 11.00 | 1.36364 |
| 1.62500 | 3692.27 | 605.94 | 10.23 | 1.46617 |
| 1.75000 | 3705.52 | 619.19 | 9.57 | 1.56716 |
| 1.87500 | 3719.26 | 632.93 | 9.00 | 1.66667 |
| 2.00000 | 3732.23 | 645.90 | 8.50 | 1.76471 |
| 2.25000 | 3749.71 | 663.38 | 7.67 | 1.95652 |
| 2.37500 | 3757.19 | 670.86 | 7.32 | 2.05036 |
| 2.50000 | 3763.44 | 677.11 | 7.00 | 2.14286 |
| 2.75000 | 3774.65 | 688.32 | 6.45 | 2.32394 |
| 3.00000 | 3785.11 | 698.78 | 6.00 | 2.50000 |
| 3.25000 | 3794.06 | 707.73 | 5.62 | 2.67123 |
| 3.50000 | 3799.80 | 713.47 | 5.29 | 2.83784 |
| 3.75000 | 3809.50 | 723.17 | 5.00 | 3.00000 |
| 4.00000 | 3815.97 | 729.64 | 4.75 | 3.15789 |
| 4.25000 | 3820.20 | 733.87 | 4.53 | 3.31169 |
| 4.50000 | 3821.95 | 735.62 | 4.33 | 3.46154 |
| 4.75000 | 3823.70 | 737.37 | 4.16 | 3.60759 |
| 5.00000 | 3826.45 | 740.12 | 4.00 | 3.75000 |

续表

| $\Delta t$ (h) | $p_{ws}$ (psi) | $\Delta p$ (psi) | $\dfrac{t_p + \Delta t}{\Delta t}$ | $\Delta t_e$ |
|---|---|---|---|---|
| 5.25000 | 3829.69 | 743.36 | 3.86 | 3.88889 |
| 5.50000 | 3832.64 | 746.31 | 3.73 | 4.02439 |
| 5.75000 | 3834.70 | 748.37 | 3.61 | 4.15663 |
| 6.00000 | 3837.19 | 750.86 | 3.50 | 4.28571 |
| 6.25000 | 3838.94 | 752.61 | 3.40 | 4.41176 |
| 6.75000 | 3838.02 | 751.69 | 3.22 | 4.65517 |
| 7.25000 | 3840.78 | 754.45 | 3.07 | 4.88764 |
| 7.75000 | 3843.01 | 756.68 | 2.94 | 5.10989 |
| 8.25000 | 3844.52 | 758.19 | 2.82 | 5.32258 |
| 8.75000 | 3846.27 | 759.94 | 2.71 | 5.52632 |
| 9.25000 | 3847.51 | 761.18 | 2.62 | 5.72165 |
| 9.75000 | 3848.52 | 762.19 | 2.54 | 5.90909 |
| 10.25000 | 3850.01 | 763.68 | 2.46 | 6.08911 |
| 10.75000 | 3850.75 | 764.42 | 2.40 | 6.26214 |
| 11.25000 | 3851.76 | 765.43 | 2.33 | 6.42857 |
| 11.75000 | 3852.50 | 766.17 | 2.28 | 6.58879 |
| 12.25000 | 3853.51 | 767.18 | 2.22 | 6.74312 |
| 12.75000 | 3854.25 | 767.92 | 2.18 | 6.89189 |
| 13.25000 | 3855.07 | 768.74 | 2.13 | 7.03540 |
| 13.75000 | 3855.50 | 769.17 | 2.09 | 7.17391 |
| 14.50000 | 3856.50 | 770.17 | 2.03 | 7.37288 |
| 15.25000 | 3857.25 | 770.92 | 1.98 | 7.56198 |
| 16.00000 | 3857.99 | 771.66 | 1.94 | 7.74194 |
| 16.75000 | 3858.74 | 772.41 | 1.90 | 7.91339 |
| 17.50000 | 3859.48 | 773.15 | 1.86 | 8.07692 |
| 18.25000 | 3859.99 | 773.66 | 1.82 | 8.23308 |
| 19.00000 | 3860.73 | 774.40 | 1.79 | 8.38235 |
| 19.75000 | 3860.99 | 774.66 | 1.76 | 8.52518 |
| 20.50000 | 3861.49 | 775.16 | 1.73 | 8.66197 |
| 21.25000 | 3862.24 | 775.91 | 1.71 | 8.79310 |
| 22.25000 | 3862.74 | 776.41 | 1.67 | 8.95973 |
| 23.25000 | 3863.22 | 776.89 | 1.65 | 9.11765 |

续表

| $\Delta t$ (h) | $p_{ws}$ (psi) | $\Delta p$ (psi) | $\dfrac{t_p + \Delta t}{\Delta t}$ | $\Delta t_e$ |
|---|---|---|---|---|
| 24.25000 | 3863.48 | 777.15 | 1.62 | 9.26752 |
| 25.25000 | 3863.99 | 777.66 | 1.59 | 9.40994 |
| 26.25000 | 3864.49 | 778.16 | 1.57 | 9.54545 |
| 27.25000 | 3864.73 | 778.40 | 1.55 | 9.67456 |
| 28.50000 | 3865.23 | 778.90 | 1.53 | 9.82759 |
| 30.00000 | 3865.74 | 779.41 | 1.50 | 10.00000 |

注：引自 Bourded 等 (1983)。

**解**  步骤 1：绘制 $\Delta p$ 与 $\Delta t_e$ 的双对数函数图形，如图 1.50 所示。图形显示早期数据形成一条 45°倾角的直线，这表明有续流影响。确定直线上一点的坐标，例如，$\Delta p$=50psi 和 $\Delta t_e$=0.06，计算 $C$ 和 $C_D$。

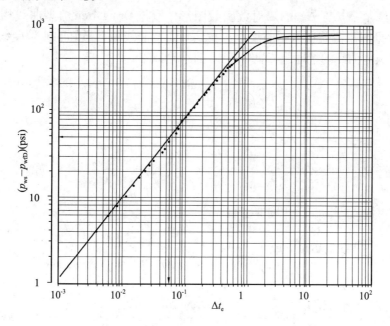

图 1.50   双对数坐标图形（数据来源于表 1.6）

$$C = \frac{QB\Delta t_e}{24\Delta p} = \frac{174 \times 1.06 \times 0.06}{24 \times 50} = 0.0092 \text{ bbl/psi}$$

$$C_D = \frac{0.8936C}{\phi h c_t r_w^2} = \frac{0.8936 \times 0.0092}{0.25 \times 107 \times 4.2 \times 10^{-6} \times 0.29^2} = 872$$

步骤 2：在半对数坐标纸上绘制 $p_{ws}$ 与 $(t_p + \Delta t) / \Delta t$ 的霍纳曲线，如图 1.51 所示，并进行常规试井分析。

$$m=65.62\text{psi}/\text{周期}$$

$$K = \frac{162.6QB\mu}{mh} = \frac{162.6 \times 174 \times 2.5 \times 1.06}{65.62 \times 107} = 10.7\text{mD}$$

$$p_{1h}=3797\text{psi}$$

$$s = 1.151\left[\frac{p_{1h} - p_{wf}}{m} - \lg\left(\frac{k}{\phi\mu c_t r_w^2}\right) + 3.23\right]$$

$$= 1.151 \times \left\{\frac{3797 - 3086.33}{65.62} - \lg\left[\frac{10.7}{0.25 \times 2.5 \times \left(4.2 \times 10^{-6}\right) \times 0.29^2}\right]\right\} + 3.23$$

$$= 7.34$$

$$\Delta p_{skin} = 0.87 \times 65.62 \times 7.37 = 419\text{psi}$$

$$p^* = 3878\text{psi}$$

步骤 3：绘制 $\Delta p$ 与 $\Delta t_e$ 的双对数函数图形，取与 Gringarten 典型曲线相同的对数周期。把实测数据图形覆盖在典型曲线上，找到与实测曲线拟合最好的典型曲线。如图 1.52 所示，拟合的典型曲线的特性组 $C_D e^{2s}=10^{10}$，且拟合点：

$$\left(p_D\right)_{MP} = 1.79$$

$$\left(\Delta p\right)_{MP} = 100$$

$$\left(t_D/C_D\right) = 14.8$$

$$\left(\Delta t_e\right) = 1.0$$

步骤 4：根据拟合数据，计算下面的特性参数。

$$K = \left(\frac{141.2QB\mu}{h}\right)\left(\frac{p_D}{\Delta p}\right)_{MP} = \frac{141.2 \times 174 \times 10.7 \times 2.5}{107} \times \left(\frac{1.79}{100}\right) = 10.9\text{mD}$$

$$C = \left(\frac{0.0002951kh}{\mu}\right)\left(\frac{\Delta t_e}{t_D/C_D}\right)_{MP} = \left(\frac{0.0002951 \times 10.9 \times 107}{2.5}\right)\left(\frac{1.0}{14.8}\right) = 0.0091$$

$$C_D = \left(\frac{0.8936}{\phi h c_t r_w^2}\right)C = \left[\frac{0.8936}{0.25 \times 107 \times \left(4.2 \times 10^{-6}\right) \times 0.29^2}\right]0.0091 = 860$$

$$s = \frac{1}{2}\ln\left[\frac{\left(C_D e^{2s}\right)_{MP}}{C_D}\right] = \frac{1}{2}\ln\left(\frac{10^{10}}{860}\right) = 8.13$$

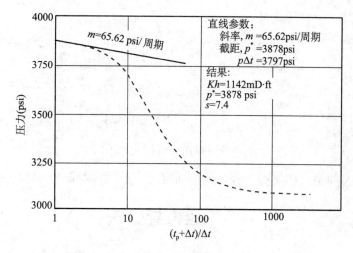

图 1.51　霍纳曲线（数据来源于表 1.6）

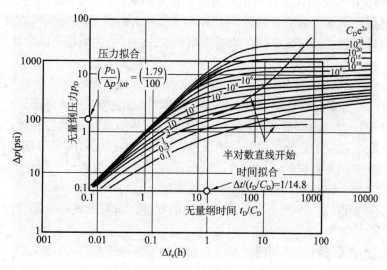

图 1.52　压力恢复试井数据绘制在双对数坐标图纸上并与典型曲线拟合

该示例的计算结果显示常规试井分析的结果与 Gringarten 典型曲线法的结果非常吻合。

同样，通过重新确定无量纲压力降和无量纲时间，Gringarten 典型曲线也可用于气体系统。

对于气体拟压力法：
$$p_D = \frac{Kh\Delta\left[m(p)\right]}{1422Q_gT}$$

对于压力平方法：
$$p_D = \frac{Kh\Delta\left(p^2\right)}{1422Q_g\mu_iZ_iT}$$

无量纲时间：

$$t_D = \left(\frac{0.0002637K}{\phi\mu c_t r_w^2}\right)t$$

式中　$Q_g$——气体流量，$10^3 ft^3/d$ ;

$T$——温度，°R。

$$\Delta[m(p)] = m(p_{ws}) - m[p_{wf(\Delta t=0)}] \text{ 压力恢复试井}$$

$$= m(p_i) - m(p_{wf}) \text{ 压降试井}$$

$$\Delta[p^2] = (p_{ws})^2 - [p_{wf(\Delta t=0)}]^2 \text{ 压力恢复试井}$$

$$= (p_i)^2 - (p_{wf})^2 \text{ 压降试井}$$

对于压力恢复试井，把上面方程中的流动时间 $t$ 用关井时间 $\Delta t$ 替换。

# 1.5　压力导数法

用于试井数据分析的典型曲线法能够确定续流占支配作用期间和无边界作用径向流期间的流动形态。例 1.31 说明典型曲线法还可用于计算油藏特性参数和井筒状况。然而，因为曲线的形状相似，很难得到唯一的解。如图 1.49 所示，$C_D e^{2s}$ 高值处的所有典型曲线的形状非常相似，这导致很难通过简单的形状对比找到唯一的拟合曲线以及确定正确的 $K$, $s$ 和 $C$ 的值。

Tiab 和 Kumar（1980）和 Bourdet 等（1983）提出确定正确的流动形态和选择适当的解释模型的问题。Bourdet 和他的合作者提出如果在双对数坐标系中绘制压力导数与时间的函数图形，而不是压力与时间的函数图形，流动形态可以有很清晰的特性图形。压力导数典型曲线的引入很大程度上强化了试井分析。压力导数典型曲线的应用具有以下优点：

（1）非均匀性在试井数据的常规曲线上很难看到，而在导数图形上得到了放大。

（2）在导数图形上流动形态有很清晰的特性图形。

（3）导数图形能够在一个图上显示多个独立的特性，否则这些特性需要绘制在不同的图上。

（4）导数法提高了分析图形的清晰度，从而提高了解释质量。

Bourdet 等（1983）把 $p_D$ 对 $t_D/C_D$ 的导数确定为压力导数：

$$p_D' = \frac{dp_D}{d(t_D/C_D)} \tag{1.219}$$

续流占支配作用期间，压力动态描述为：

$$p_D = \frac{t_D}{C_D}$$

将 $p_D$ 对 $t_D/C_D$ 求导：

$$\frac{dp_D}{d(t_D/C_D)} = p_D' = 1.0$$

因为 $p_D'=1$，这意味着 $p_D'$ 乘以 $t_D/C_D$ 等于 $t_D/C_D$，即：

$$p_{D}^{'}\left(\frac{t_{D}}{C_{D}}\right)=\frac{t_{D}}{C_{D}} \tag{1.220}$$

方程（1.220）表明，在续流占支配作用的流动期间，$p'_D$（$t_D/C_D$）与 $t_D/C_D$ 的双对数坐标图形是一条斜率为 1 的直线。

同样，在无边界作用径向流期间，方程（1.219）给出的压力动态为：

$$p_{D}=\frac{1}{2}\left[\ln\left(\frac{t_{D}}{C_{D}}\right)+0.80907+\ln\left(C_{D}\mathrm{e}^{2s}\right)\right]$$

对 $t_D/C_D$ 求导：

$$\frac{\mathrm{d}p_{D}}{\mathrm{d}\left(t_{D}/C_{D}\right)}=p_{D}^{'}=\frac{1}{2}\left[\frac{1}{\left(t_{D}/C_{D}\right)}\right]$$

简化：

$$p_{D}^{'}\left(\frac{t_{D}}{C_{D}}\right)=\frac{1}{2} \tag{1.221}$$

这表明，在不稳定流（无边界作用径向流）期间，$p'_D$（$t_D/C_D$）与 $t_D/C_D$ 的双对数坐标图形是一条经过 $p'_D$（$t_D/C_D$）= $\frac{1}{2}$ 的水平直线。如方程（1.220）和方程（1.221）所示，全部试井数据的 $p'_D$（$t_D/C_D$）与 $t_D/C_D$ 的导数图形形成两条直线，具有以下特性：

（1）续流占支配作用的流动期间是一条斜率为 1 的直线。

（2）不稳定流期间是一条经过 $p'_D$（$t_D/C_D$）=0.5 的水平直线。

压力导数法的基础是确定这两条直线，作为选择适当的试井数据解释模型的参考线。

Bourdet 等在双对数坐标上重新绘制了 $p'_D$（$t_D/C_D$）与 $t_D/C_D$ 的 Gringarten 典型曲线，如图 1.53 所示。

图 1.53 表明，在试井早期续流占支配作用，曲线是一条斜率为 1 的双对数直线。当达到无边界作用径向流时，曲线成为一条经过 $p'_D$（$t_D/C_D$）=0.5 的水平直线，如方程（1.221）所示。另外，注意到从纯续流到无边界作用动态的过渡期有一个"巅峰值"，它的高度表征表皮系数 s 值的大小。

图 1.53 说明，表皮系数的影响只表现在续流直线和无边界作用径向流水平线之间的弯曲部分。Bourdet 等指出曲线的弯曲部分的数据不是总能很好确定。为此，作者发现把压力导数典型曲线和 Gringarten 典型曲线，即图 1.49 和图 1.50 叠加在一个坐标系上，结合使用这两种类型的典型曲线非常有用。这两套典型曲线叠加在同一张图纸的结果如图 1.54 所示。新的典型曲线的使用允许同时拟合压力差数据和导数数据，因为它们都绘制在同一个坐标系上。压力导数数据提供了的压力拟合和时间拟合，而 $C_D\mathrm{e}^{2s}$ 的值通过比较压力导数数据的拟合曲线和压降数据的拟合曲线得到。

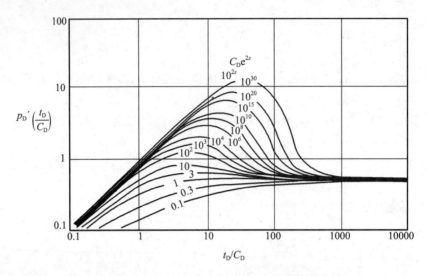

图 1.53   $p'_D$（$t_D/C_D$）与 $t_D/C_D$ 的压力导数典型曲线

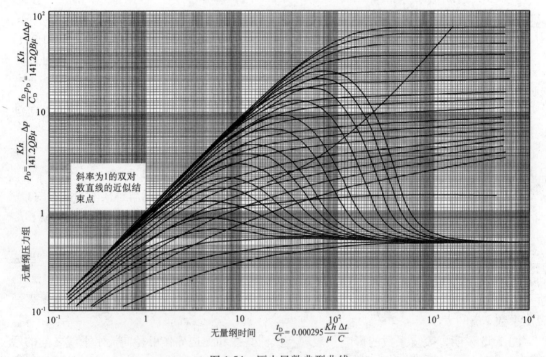

图 1.54   压力导数典型曲线

使用压降导数典型曲线分析试井数据的过程归纳如下。

步骤 1：利用实际试井数据计算压力差 $\Delta p$ 和压力导数。利用下面确定的函数关系绘制压降试井和压力恢复试井的函数图形。

压降试井，对于每个压降记录点，即流动时间 $t$ 和对应的井底流动压力 $p_{wf}$ 计算压力差和压力导数函数。

压力差：

$$\Delta p = p_i - p_{wf}$$

压力导数函数：
$$t\Delta p' = -t\left[\frac{\mathrm{d}(\Delta p)}{\mathrm{d}t}\right] \tag{1.222}$$

压力恢复试井，对于每个压力恢复记录点，即关井时间 $\Delta t$ 和对应的关井压力 $p_{ws}$ 计算压力差和压力导数函数。

压力差：
$$\Delta p = p_{ws} - p_{wf(\Delta t=0)}$$

压力导数函数：
$$\Delta t_e\Delta p' = \Delta t\left(\frac{t_p + \Delta t}{\Delta t}\right)\left[\frac{\mathrm{d}(\Delta p)}{\mathrm{d}(\Delta t)}\right] \tag{1.223}$$

方程（1.222）和方程（1.223）涉及的导数，即 $[\mathrm{d}p_{wf}/\mathrm{d}t]$ 和 $[\mathrm{d}(\Delta p_{ws})/\mathrm{d}(\Delta t)]$ 可以根据任一点 $i$ 的数据，应用中心差分公式（用于等时间间距）或三点加权平均近似法确定，作图法如图 1.55 所示，数学法采用下面的表达式。

中心差分：
$$\left(\frac{\mathrm{d}p}{\mathrm{d}x}\right)_i = \frac{p_{i+1} - p_{i-1}}{x_{i+1} - x_{i-1}} \tag{1.224}$$

三点加权平均：
$$\left(\frac{\mathrm{d}p}{\mathrm{d}x}\right)_i = \frac{(\Delta p/\Delta x_1)\Delta x_2 + (\Delta p_2/\Delta x_2)\Delta x_1}{\Delta x_1 + \Delta x_2} \tag{1.225}$$

应该指出数值微分法的选择是应用压力导数法时必须考虑和检验的问题。有许多只用两个点的微分法，如后向差分、前向差分和中心差分公式。也有用几个压力点的复杂算法。为了找到最好的平滑数据的方法，几种不同的方法都应该试用。

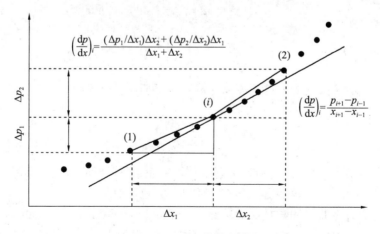

图 1.55　三点的微分算法

步骤 2：在透明纸上，用与图 1.54 所示的 Bourdet-Gringarten 典型曲线相同的对数周期绘制。

（1）在分析压降试井数据时，绘制（$\Delta p$）和（$t\Delta p'$）与流动时间 $t$ 的函数图形。注意在同一个双对数坐标图形上有两套数据，如图 1.56 所示。第一套是分析解而第二套是实际压降试井数据。

（2）压力差 $\Delta p$ 与当量时间 $\Delta t_e$ 和导数函数（$\Delta t_e\Delta p$）与实际关井时间 $\Delta t$ 的函数图形。有两套数据在同一个图形上，如图 1.56 所示。

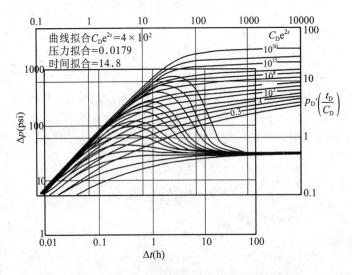

图 1.56　典型曲线拟合（数据来源于表 1.6）

步骤 3：观察早期实测压力点，即压力差与时间的双坐标图形，找斜率为 1 的直线。如果存在，通过这些点画一条直线，在斜率为 1 的直线上任选一点坐标为（$t$，$\Delta p$）或（$\Delta t_e$，$\Delta p'$），利用方程（1.215）或方程（1.216）计算续流系数 $C$。

对于压降试井：
$$C=\frac{QB}{24}\left(\frac{t}{\Delta p}\right)$$

对于压力恢复试井：
$$C=\frac{QB}{24}\left(\frac{\Delta t_e}{\Delta p}\right)$$

步骤 4：应用方程（1.217）和步骤 3 计算的 $C$ 值计算无量纲续流系数 $C_D$。

$$C_D=\left(\frac{0.8936}{\phi h c_t r_w^2}\right)C$$

步骤 5：观察实际压力导数图形的后期数据点确定是否形成一条表示不稳定流出现的水平直线。如果存在，通过这些导数数据点绘制一条水平直线。

步骤 6：把压力差曲线和导数函数曲线放在图 1.54 的 Gringarten-Bourdet 典型曲线上，使两条曲线与 Gringarten-Bourdet 典型曲线同时拟合。斜率为 1 的直线应该与典型曲线的斜率为 1 的直线重合，后期的水平直线应该与典型曲线的值为 0.5 的水平直线重合。注意同时拟合压力和压力导数曲线是很方便的，尽管这有一点多余。双重拟合，得到的结果可信度更高。

步骤 7：从拟合最好的曲线上选择一个拟合点 MP 并记录下列的坐标值。

（1）从 Gringarten 典型曲线上确定 $(p_D, \Delta p)_{MP}$ 和相应的 $(t_D/C_D, t)_{MP}$ 或 $(t_D/C_D, \Delta t_e)_{MP}$。

（2）从 Bourdet 典型曲线上记录典型曲线无量纲组（$C_D e^{2s}$）的值。

步骤 8：应用方程（1.212）计算渗透率。

$$K = \left(\frac{141.2 QB\mu}{h}\right)\left(\frac{p_D}{\Delta p}\right)_{MP}$$

步骤 9：应用方程（1.214）和方程（1.217）重新计算续流系数 $C$ 和 $C_D$。

对于压降试井：

$$C = \left(\frac{0.0002951 Kh}{\mu}\right)\frac{(t)_{MP}}{(t_D/C_D)_{MP}}$$

对于压力恢复试井：

$$C = \left(\frac{0.0002951 Kh}{\mu}\right)\frac{(\Delta t_e)_{MP}}{(t_D/C_D)_{MP}}$$

且

$$C_D = \left(\frac{0.8936}{\phi h c_t r_w^2}\right) C$$

比较计算的 $C$ 和 $C_D$ 的值与步骤 3 和步骤 4 计算的 $C$ 和 $C_D$ 的值。

步骤 10：利用步骤 9 的 $C_D$ 值和步骤 7 的 $(C_D e^{2s})_{MP}$ 的值，利用方程（1.218）计算表皮系数 $s$。

$$s = \frac{1}{2}\ln\left[\frac{(C_D e^{2s})_{MP}}{C_D}\right]$$

**例 1.33**　用例 1.31 的数据，利用压力导数法分析试井数据。

**解**　步骤 1：利用方程（1.223）或近似法方程（1.224）计算每一个数据记录点的导数函数。结果如表 1.7 和图 1.57 所示。

表 1.7　压力导数法（数据来源于表 1.6）

| $\Delta t$ (h) | $\Delta p$ (psi) | 斜率 (psi/h) | $\Delta p'$ (psi/h) | $\Delta t \Delta t'$ $(t_p + \Delta t)/t_p$ |
|---|---|---|---|---|
| 0.00000 | 0.00 | 1017.52 | — | — |
| 0.00417 | 4.24 | 777.72 | 897.62 | 3.74 |
| 0.00833 | 7.48 | 657.55 | 717.64 | 5.98 |
| 0.01250 | 10.22 | 834.53 | 746.04 | 9.33 |
| 0.01667 | 13.70 | 778.85 | 806.69 | 13.46 |
| 0.02083 | 16.94 | 839.33 | 809.09 | 16.88 |
| 0.02500 | 20.44 | 776.98 | 808.15 | 20.24 |

续表

| $\Delta t$ (h) | $\Delta p$ (psi) | 斜率 (psi/h) | $\Delta p'$ (psi/h) | $\Delta t \Delta t'$ $(t_p + \Delta t)/t_p$ |
|---|---|---|---|---|
| 0.02917 | 23.68 | 778.85 | 777.91 | 22.74 |
| 0.03333 | 26.92 | 776.98 | 777.91 | 25.99 |
| 0.03750 | 30.16 | 358.94 | 567.96 | 21.35 |
| 0.04583 | 33.15 | 719.42 | 539.18 | 24.79 |
| 0.05000 | 36.15 | 780.72 | 750.07 | 37.63 |
| 0.05830 | 42.63 | 831.54 | 806.13 | 47.18 |
| 0.06667 | 49.59 | 630.25 | 730.90 | 48.95 |
| 0.07500 | 54.84 | 776.71 | 703.48 | 53.02 |
| 0.08333 | 61.31 | 1144.80 | 960.76 | 80.50 |
| 0.09583 | 75.62 | 698.40 | 921.60 | 88.88 |
| 0.10833 | 84.35 | 616.80 | 657.60 | 71.75 |
| 0.12083 | 92.06 | 698.40 | 657.60 | 80.10 |
| 0.13333 | 100.79 | 569.60 | 634.00 | 85.28 |
| 0.14583 | 107.91 | 703.06 | 636.33 | 93.70 |
| 0.16250 | 119.63 | 643.07 | 673.07 | 110.56 |
| 0.17917 | 130.35 | 672.87 | 657.97 | 119.30 |
| 0.19583 | 141.56 | 628.67 | 650.77 | 129.10 |
| 0.21250 | 152.04 | 641.87 | 635.27 | 136.91 |
| 0.22917 | 162.74 | 610.66 | 626.26 | 145.71 |
| 0.25000 | 175.46 | 610.03 | 610.34 | 155.13 |
| 0.29167 | 200.88 | 550.65 | 580.34 | 172.56 |
| 0.33333 | 223.82 | 580.51 | 565.58 | 192.71 |
| 0.37500 | 248.01 | 526.28 | 553.40 | 212.71 |
| 0.41667 | 269.94 | 449.11 | 487.69 | 208.85 |
| 0.45833 | 288.65 | 467.00 | 458.08 | 216.36 |
| 0.50000 | 308.11 | 467.00 | 467.00 | 241.28 |
| 0.54167 | 327.57 | 478.40 | 472.70 | 265.29 |
| 0.58333 | 347.50 | 341.25 | 409.82 | 248.36 |
| 0.62500 | 361.72 | 437.01 | 389.13 | 253.34 |
| 0.66667 | 379.93 | 377.10 | 407.05 | 283.43 |
| 0.70833 | 395.64 | 281.26 | 329.18 | 244.18 |
| 0.75000 | 407.36 | 399.04 | 340.15 | 267.87 |
| 0.81250 | 432.30 | 299.36 | 349.20 | 299.09 |
| 0.87500 | 451.01 | 259.36 | 279.36 | 258.70 |
| 0.93750 | 467.22 | 291.20 | 275.28 | 274.20 |

| $\Delta t$ (h) | $\Delta p$ (psi) | 斜率 (psi/h) | $\Delta p'$ (psi/h) | $\Delta t \Delta t'$ $(t_p + \Delta t)/t_p$ |
|---|---|---|---|---|
| 1.00000 | 485.42 | 231.68 | 261.44 | 278.87 |
| 1.06250 | 499.90 | 267.52 | 249.60 | 283.98 |
| 1.12500 | 516.62 | 231.36 | 249.44 | 301.67 |
| 1.18750 | 531.08 | 219.84 | 225.60 | 289.11 |
| 1.25000 | 544.82 | 155.36 | 187.60 | 254.04 |
| 1.31250 | 554.53 | 191.84 | 173.60 | 247.79 |
| 1.37500 | 566.52 | 183.52 | 187.68 | 281.72 |
| 1.43750 | 577.99 | 151.84 | 167.68 | 264.14 |
| 1.50000 | 587.48 | 147.68 | 149.76 | 247.10 |
| 1.62500 | 605.94 | 106.00 | 126.84 | 228.44 |
| 1.75000 | 619.19 | 109.92 | 107.96 | 210.97 |
| 1.87500 | 632.93 | 103.76 | 106.84 | 225.37 |
| 2.00000 | 645.90 | 69.92 | 86.84 | 196.84 |
| 2.25000 | 663.38 | 59.84 | 64.88 | 167.88 |
| 2.37500 | 670.66 | 50.00 | 54.92 | 151.09 |
| 2.50000 | 677.11 | 44.84 | 47.42 | 138.31 |
| 2.75000 | 688.32 | 41.84 | 43.34 | 141.04 |
| 3.00000 | 698.78 | 35.80 | 38.82 | 139.75 |
| 3.25000 | 707.73 | 22.96 | 29.38 | 118.17 |
| 3.50000 | 713.47 | 38.80 | 30.88 | 133.30 |
| 3.75000 | 723.17 | 25.88 | 32.34 | 151.59 |
| 4.00000 | 729.64 | 16.92 | 21.40 | 108.43 |
| 4.25000 | 733.87 | 7.00 | 11.96 | 65.23 |
| 4.50000 | 735.62 | 7.00 | 7.00 | 40.95 |
| 4.75000 | 737.37 | 11.00 | 9.00 | 56.29 |
| 5.00000 | 740.12 | 12.96 | 11.98 | 79.87 |
| 5.25000 | 743.36 | 11.80 | 12.38 | 87.74 |
| 5.50000 | 746.31 | 8.24 | 10.02 | 75.32 |
| 5.75000 | 748.37 | 9.96 | 9.10 | 72.38 |
| 6.00000 | 750.86 | 7.00 | 8.48 | 71.23 |
| 6.25000 | 752.51 | −1.84 | 2.58 | 22.84 |
| 6.75000 | 751.69 | 5.52 | 1.84 | 18.01 |
| 7.25000 | 754.45 | 4.46 | 4.99 | 53.66 |
| 7.75000 | 756.68 | 3.02 | 3.74 | 43.96 |
| 8.25000 | 758.19 | 3.50 | 3.26 | 41.69 |

续表

| $\Delta t$ (h) | $\Delta p$ (psi) | 斜率 (psi/h) | $\Delta p'$ (psi/h) | $\Delta t \Delta t'$ $(t_p + \Delta t)/t_p$ |
|---|---|---|---|---|
| 8.75000 | 759.94 | 2.48 | 2.99 | 41.42 |
| 9.25000 | 761.18 | 2.02 | 2.25 | 33.65 |
| 9.75000 | 762.19 | 2.98 | 2.50 | 40.22 |
| 10.25000 | 763.68 | 1.48 | 2.23 | 38.48 |
| 10.75000 | 764.42 | 2.02 | 1.75 | 32.29 |
| 11.25000 | 765.43 | 1.48 | 1.75 | 34.45 |
| 11.75000 | 766.17 | 2.02 | 1.75 | 36.67 |
| 12.25000 | 767.18 | 1.48 | 1.75 | 38.94 |
| 12.75000 | 767.92 | 1.64 | 1.56 | 36.80 |
| 13.25000 | 768.74 | 0.86 | 1.25 | 31.19 |
| 13.75000 | 769.17 | 1.33 | 1.10 | 28.90 |
| 14.50000 | 770.17 | 1.00 | 1.17 | 33.27 |
| 15.25000 | 770.92 | 0.99 | 0.99 | 30.55 |
| 16.00000 | 771.66 | 1.00 | 0.99 | 32.85 |
| 16.75000 | 772.41 | 0.99 | 0.99 | 35.22 |
| 17.50000 | 773.15 | 0.68 | 0.83 | 31.60 |
| 18.25000 | 773.66 | 0.99 | 0.83 | 33.71 |
| 19.00000 | 774.40 | 0.35 | 0.67 | 28.71 |
| 19.75000 | 774.66 | 0.67 | 0.51 | 23.18 |
| 20.50000 | 775.16 | 1.00 | 0.83 | 40.43 |
| 21.25000 | 775.91 | 0.50 | 0.75 | 38.52 |
| 22.25000 | 776.41 | 0.48 | 0.49 | 27.07 |
| 23.25000 | 776.89 | 0.26 | 0.37 | 21.94 |
| 24.25000 | 777.15 | 0.51 | 0.38 | 24.43 |
| 25.25000 | 777.66 | 0.50 | 0.50 | 34.22 |
| 26.25000 | 778.16 | 0.24 | 0.37 | 26.71 |
| 27.25000 | 778.40 | 0.40① | 0.32② | 24.56③ |
| 28.50000 | 778.90 | 0.34 | 0.37 | 30.58 |
| 30.00000 | 779.41 | 25.98 | 13.16 | 1184.41 |

① （778.9−778.4）/（28.5−27.25）=0.40。

② （0.40+0.24）/2=0.32。

③ 27.25−0.32−（15+27.25）/15=24.56。

  步骤2：画一条倾角为45°的直线拟合早期的试井数据点，如图1.57所示，选择直线上一点坐标，如（0.1，70）。计算 $C$ 和 $C_D$：

$$C = \frac{QB\Delta t}{24\Delta p} = \frac{174 \times 1.06 \times 0.1}{24 \times 70} = 0.00976$$

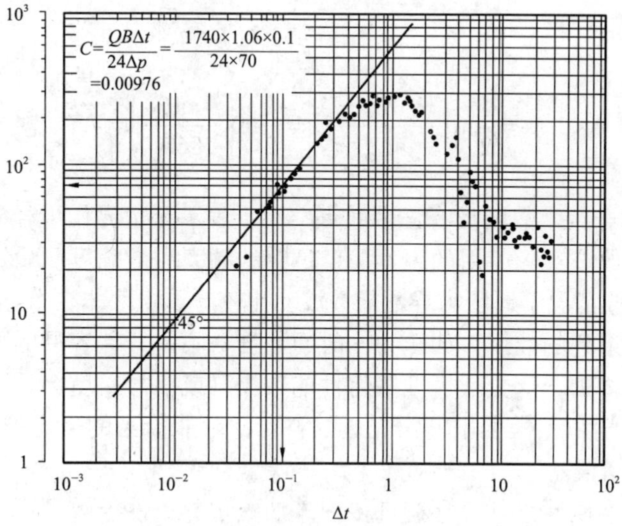

图 1.57    双对数图形（数据来源于表 1.7）

$$C_D = \frac{0.8936}{\phi h c_t r_w^2} = \frac{0.8936 \times 0.00976}{0.25 \times 107 \times (4.2 \times 10^{-6}) \times 0.29^2} = 923$$

步骤 3：把压差数据和压力导数数据的图形叠加到 Gringarten–Bourdet 典型曲线上进行典型曲线拟合，如图 1.57 所示，得到下列拟合点：

$$\left( C_D e^{2s} \right)_{MP} = 4 \times 10^9$$

$$\left( p_D / \Delta p \right)_{MP} = 0.0179$$

$$\left[ \left( t_D / C_D \right) / \Delta t \right]_{MP} = 14.8$$

步骤 4：计算渗透率 $K$。

$$K = \left( \frac{141.2 QB\mu}{h} \right) \left( \frac{p_D}{\Delta p} \right)_{MP}$$

$$= \left( \frac{141.2 \times 174 \times 1.06 \times 2.5}{107} \right) \times 0.0179$$

$$= 10.9\text{mD}$$

步骤 5：计算 $C$ 和 $C_D$。

$$C = \left( \frac{0.0002951 Kh}{\mu} \right) \frac{(\Delta t_e)_{MP}}{(t_D / C_D)_{MP}}$$

$$= \left( \frac{0.0002951 \times 10.7 \times 107}{2.5} \right) \times \left( \frac{1}{14.8} \right)$$

$$= 0.0091\,\text{bbl/psi}$$

$$C_{\mathrm{D}} = \frac{0.8936C}{\phi h c_{\mathrm{t}} r_{\mathrm{w}}^2} = \frac{0.8936 \times 0.0091}{0.25 \times 107 \times \left(4.2 \times 10^{-6}\right) \times 0.29^2} = 860$$

步骤 6：计算表皮系数 $s$。

$$s = \frac{1}{2}\ln\left(\frac{\left(C_{\mathrm{D}}\mathrm{e}^{2s}\right)_{\mathrm{MP}}}{C_{\mathrm{D}}}\right) = \frac{1}{2}\ln\left(\frac{4 \times 10^9}{860}\right) = 7.7$$

　　注意图 1.57 的导数函数图形有许多散点，而且表示无边界作用径向流的水平直线也不清晰。限制压力导数法实际应用的因素是以足够的频率和准确度测量压力瞬时数据使其能够分辨的能力。一般情况下，压力导数函数波动比较严重，除非在求导前就平滑数据。

　　平滑任意时间序列的数据，如压力—时间数据，不是一件容易的事，除非非常谨慎并且知道如何去做，否则一部分代表油藏特性的数据（或信号）就会丢失。信号过滤、平滑和插值都是自然科学和工程学中非常先进的科目，除非恰当的平滑技术应用到油田数据，否则会导致极大的错误。

　　除了油藏的非均质性以外，还有许多内外油藏边界条件导致测试井的无边界作用期间的瞬时状态曲线偏离预期的半对数直线。例如，断层和其他非渗透流动障碍；局部射孔；相分离和封隔器失效；干扰；多层；天然和水力裂缝油藏；边界；侧向流动增加。

　　描述不稳定流数据的理论是基于均质油藏的理想径向流，厚度、孔隙度和渗透率都均等。任何偏离这一理想条件都能导致预测的压力与实测压力之间有很大的偏差。另外，试井时不同的时间测得的压力响应动态可能不同。一般情况下，下面四个不同的时间阶段能够在图 1.58 的 $\Delta p$ 和 $\Delta t$ 的双对数坐标图形上识别出来。

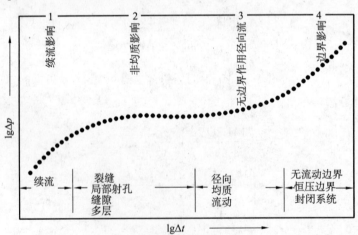

图 1.58　压降试井双对数典型图形

　　（1）续流影响通常是第一个出现的流动形态。

　　（2）然后是井和油藏的非均质影响在压力响应动态中表现出来。这一动态可能是多层油藏、表皮效应、水力裂缝或裂隙油层导致的。

　　（3）压力响应显示无边界作用径向流动态，代表等效均质油藏。

（4）最后一个阶段表示发生在晚期的边界影响。

因此，在实际半对数直线出现之前或之后可能出现许多类型的流动形态，而且它们的压力响应遵循一个非常严格的时序。只有整体分析，识别所有出现的连续的流动状态，才能准确地判断常规分析是正确的，如半对数技术。识别上述四种不同的压力响应的次序可能是试井分析中最重要的部分。困难在于通过传统的半对数直线图形法，会有部分响应可能丢失、忽视或探测不到。在分析试井数据和解释试井结果之前，选择正确的油藏解释模型是先决条件和重要的步骤。如果有合理的试井设计和足够长的试井时间使压力响应能够测到，大多数瞬时压力数据都能够提供清楚的油藏类型和相关特性的显示。

然而，许多试井不能或没有持续足够长的时间，不能消除选择适当的试井数据分析模型时的不确定性。如果试井时间足够长，那么试井期间的油藏响应就可用于确定试井解释模型。根据这些模型可以确定井和油藏的参数，如渗透率和表皮系数等。模型选择时的这一要求对传统的图解分析和计算机辅助技术都是有效的。

应该指出的是压力与时间的半对数图形和双对数坐标图形都对压力变化不敏感，不能作为唯一的诊断曲线来确定最能代表试井期间井和油藏动态特性的解释模型。在确定适当的解释模型方面，压力导数典型曲线是最具有决定性的典型曲线。压力导数法作为诊断工具应用获得极大成功的原因如下。

（1）它放大了小的压力变化。

（2）压力导数曲线上的流动形态有清晰的特性图形。

（3）它清晰地区分了各种类型油藏的响应。

①双重孔隙介质产层动态；

②天然或水力裂缝油藏；

③封闭边界体系；

④恒压边界；

⑤断层和非渗透边界

⑥无边界作用体系。

（4）它能识别在传统试井分析方法中不明显的各种油藏动态和条件。

（5）它确定了各种流动期间的可识别图形。

（6）它提高了试井分析的总精度。

（7）它提供了油藏相关参数的精确值。

Al-Ghamdi 和 Issaka（2001）指出在确定适当的解释模型的过程中有三个主要困难。

（1）受特定假设和理想条件的限制，可用的解释模型数量有限。

（2）现存的大多数非均质油藏模型只局限于一种非均质类型，以及同一模型适用多层非均质的能力。

（3）不唯一的问题。不同地质构造的完全不同的油藏模型会产生同一种响应。

Lee（1982）提出确定正确解释模型的最好方法是结合下面三种绘图技术。

（1）压力差 $\Delta p$ 与时间的传统的双对数典型曲线。

（2）压力导数典型曲线。

（3）"专业曲线"如均质油藏的霍纳曲线及其他曲线。

基于对不同流动形态的曲线形状的了解，使用压力和压力导数两条曲线识别油藏系统并选择井/油藏模型来拟合试井数据。然后用专业曲线确认压力导数典型曲线拟合的结果。因此，检查和核对原始试井数据的质量后，试井分析能够分为以下两个步骤。

（1）识别油藏模型和确定试井过程中经历的各种流动形态。

（2）计算油藏和井的各种参数值。

### 1.5.1 模型的确定

试井解释的正确性完全取决于两个重要的因素，测试油田数据的准确性和选择的解释模型的适用性。在确定试井数据分析的正确模型时，把试井数据绘制成几种形式的图形来消除模型选择的不确定性。Gringarten（1984）指出解释模型由三个主要部分组成，这三个部分相互独立，在试井过程中的不同时间段内占支配作用，而且遵循压力响应时序。

（1）内边界。内边界的确定根据早期试井数据进行。井筒内及其周围只有五种可能的内边界和流动条件：①续流；②表皮效应；③相分离；④局部射孔；⑤裂缝。

（2）油藏动态。油藏动态的确定根据试井中期无边界作用期间的数据进行，包括两种主要类型：①均质；②非均质。

（3）外边界。外边界的确定根据后期数据进行。有两种外边界：①无流动边界；②恒压边界。

上面三个组分中的每一个组分都显示了不同的特性，这些特性可以单独识别并可以用不同的数学形式表示。

### 1.5.2 早期试井数据分析

早期试井数据很有意义，可用于得到井筒周围油藏的独特的信息。在早期试井期间，续流、裂缝以及其他的内边界流动形态是占支配作用的流动条件，明显地表现出不同的动态。下面主要讨论这些内边界条件及其相关的流动形态。

#### 1.5.2.1 续流和表皮效应

分析和解释全部不稳定试井数据的最有效的方法是使用压力差 $\Delta p$ 以及它的导数 $\Delta p'$ 与经历的时间的双对数坐标图形。内边界的确定依据早期试井数据进行，并从续流开始。在此期间，当续流占支配作用时，$\Delta p$ 及它的导数 $\Delta p'$ 与经历的时间成正比，双对数坐标图形是一条 45° 直线，如图 1.59 所示。在导数曲线上，从续流到无边界作用径向流的过渡形成一个最大值的"驼峰"，它表示表皮效应影响（正表皮系数）。相反，不出现最大值表明井无污染或改善。

#### 1.5.2.2 油管中的相分离

Stegemeier 和 Matthews（1958），在压力恢复动态异常研究中，作图说明并讨论了几种油藏条件对霍纳直线的影响，如图 1.60 所示。关井期间，当气体和油在油管和油套环空中分离时，会引起井筒压力增加。压力的增量能超过油藏压力并迫使液体回流到地层中，从而导致井筒压力的降低。Stegemeier 和 Matthews 调查了这一"驼峰"的影响，如图 1.60 所示，这表明井底压力恢复到一个最大值然后减小。他们把这一动态归因于井筒内气泡上升和流体重新分布。呈现"驼峰"动态的井具有下列特性：

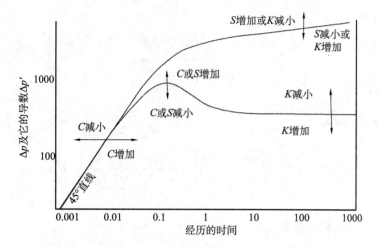

图 1.59　$\Delta p$ 及它的导数 $\Delta p'$ 与时间的函数图形

（1）它们位于中等渗透地层，较大的表皮影响或近井流动受限。

（2）环空密封。

这种现象不会发生在致密地层，因为产量很小而且有较大的空间供分离的气体流进和膨胀。同样，如果近井流动不受限制，流体可以很容易地流回地层而使压力相等，不会出现"驼峰"。如果环空没有密封，油管内气泡上升很容易使液体进入油套环空而不是将流体驱回地层。

Stegemeier 和 Matthews 还显示了不同压力的双层完井区域通过井筒漏失是如何引起测试压力出现异常"驼峰"的。当这种漏失发生时，层间的压差变小，使流体流动，并在其他层出现压力"驼峰"。

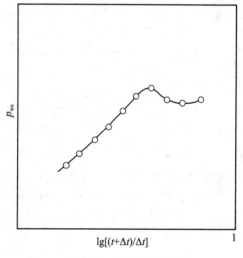

图 1.60　油管中的相分离
（参照 Stegemeier 和 Matthews，1958）

#### 1.5.2.3　局部射孔的影响

根据井筒的完井方式，近井有可能出现球形或半球形流动。如果井穿透盖层下面的油层深度很浅，流动将会呈现半球形。当井的套管穿过一个厚的产层而只射开套管的一小部分，靠近井筒的流动就呈球形。远离井筒的流动呈径向流。然而，对于短期的不稳定试井，试井期间的流动还是球形。

针对局部射孔井的压力恢复试井，Culham（1974）用下面的表达式描述：

$$p_i - p_{ws} = \frac{2453QB\mu}{K^{2/3}}\left[\frac{1}{\sqrt{\Delta t}} - \frac{1}{\sqrt{t_p + \Delta t}}\right]$$

这个关系式表明 $(p_i - p_{ws})$ 与 $\left[1/\sqrt{\Delta t} - (1/\sqrt{t_p + \Delta t})\right]$ 的直角坐标图形是一条通过原点的

直线，斜率 $m$ 如下。

对于球形流动：
$$m = \frac{2453QB\mu}{K^{2/3}}$$

对于半球形流动：
$$m = \frac{1226QB\mu}{K^{2/3}}$$

总的表皮系数 $s$ 定义为：

$$s = 34.7 r_{ew} \sqrt{\frac{\phi \mu c_t}{K}} \left[ \frac{(p_{ws})_{\Delta t} - p_{wf(\Delta t=0)}}{m} + \frac{1}{\sqrt{\Delta t}} \right] - 1$$

对于球形流动，无量纲参数 $r_{ew}$ 为：
$$r_{ew} = \frac{h_p}{2\ln(h_p/r_w)}$$

对于半球形流动，无量纲参数 $r_{ew}$ 为：
$$r_{ew} = \frac{h_p}{\ln(2h_p/r_w)}$$

式中　$(p_{ws})_{\Delta t}$——任一关井时间 $\Delta t$ 对应的关井压力，psi；

$h_p$——射开厚度，ft；

$r_w$——井筒半径，ft。

在确定局部射孔表皮系数时，一个重要的因数是水平渗透率与垂直渗透率的比值，即 $K_h/K_v$。如果垂直渗透率小，油井的动态趋向于地层厚度 $h$ 等于完井厚度 $h_p$。当垂直渗透率很大时，局部射孔的影响是在井筒附近产生一个额外的压力降。当分析试井数据时，这个额外的压力降将导致一个大的正表皮系数或较小的井筒有效半径。同样，套管上只射开很少孔也能引起额外的表皮效应。Saidikowski（1979）指出压力不稳定试井计算得到的总表皮系数 $s$ 与地层污染引起的真实表皮系数 $s_d$ 和局部射孔引起的表皮系数 $s_p$ 有关，关系式如下：

$$s = \left( \frac{h}{h_p} \right) s_d + s_p$$

Saidikowski 用下面的表达式计算局部射孔引起的表皮系数：

$$s_p = \left( \frac{h}{h_p} - 1 \right) \left[ \ln\left( \frac{h}{r_w} \sqrt{\frac{K_h}{K_v}} \right) - 2 \right]$$

式中　$r_w$——井筒半径，ft；

$h_p$——射开厚度，ft；

$h$——总厚度，ft；

$K_h$——水平渗透率，mD；

$K_v$——垂直渗透率，mD。

### 1.5.3  中期试井数据分析

在油藏的无边界作用期间，应用中期试井数据确定油藏的基本特性参数。无边界作用的流动发生在内边界影响（如续流、表皮效应等）消失之后、外边界影响出现之前。Gringarten 等（1979）建议所有的油藏动态可分为均质系统和非均质系统。在常规试井分析方法中，均质系统被描述为只有一种孔隙介质，其特性用平均岩石特性表征。非均质系统进一步分为以下两种类型：

（1）双孔隙油藏；

（2）多层或双重渗透油藏。

下面对上述两种类型进行简要的论述。

#### 1.5.3.1  天然裂缝（双孔隙）油藏

天然裂缝油藏具有双孔隙动态的特点，原生孔隙度代表基岩的孔隙度 $\phi_m$，而次生孔隙度代表裂隙系统的孔隙度 $\phi_f$。基本上，"裂缝"是水力增产措施产生的，而"裂隙"是指天然裂缝。双孔隙模型假设地层中两个孔隙区域的孔隙度和渗透率明显不同。只有裂隙系统的渗透率 $K_f$ 很高才可以使流体流入井中。基岩系统不能直接向井中供液，但起到了为裂隙系统供液的作用。双孔隙系统一个非常重要的特点是两个不同孔隙系统之间的流体交换。Gringarten（1984）提出了裂隙油藏动态的综合处理和评价方法以及适用的试井数据分析方法。

Warren 和 Root（1963）对天然裂缝油藏的动态进行了广泛的理论研究。他们假设地层流体从基岩系统流入裂缝是在拟稳定条件下进行，裂缝的作用就像一个通往井底的导管。Kazemi（1969）提出了一个相似的模型，假设介质间的流动发生在不稳定流条件下。Warren 和 Root 指出控制双孔隙系统动态的特性参数除了孔隙度和表皮系数外，还有如下两个。

（1）无量纲参数 $\omega$，确定为裂缝的储存系数与油藏总储存系数的比值。数学表达式为：

$$\omega = \frac{(\phi h c_t)_f}{(\phi h c_t)_{f+m}} = \frac{(\phi h c_t)_f}{(\phi h c_t)_f + (\phi h c_t)_m} \tag{1.226}$$

式中　$\omega$——储存系数比；

　　　$h$——厚度，ft；

　　　$c_t$——总压缩系数，$psi^{-1}$；

　　　$\phi$——孔隙度。

下标 $f$ 和 $m$ 分别代表裂隙和基岩。$\omega$ 的典型范围是 0.1 ~ 0.001。

（2）第二个参数是介质间流动因子 $\lambda$，它表示流体由基岩流入裂隙的能力，用下面的关系式确定：

$$\lambda = \alpha \left( \frac{k_m}{K_f} \right) r_w^2 \tag{1.227}$$

式中　$\lambda$——介质间流动因子；

　　　$K$——渗透率；

　　　$r_{\mathrm{w}}$——井筒半径；

　　　$\alpha$——岩石形状参数，它取决于基岩—裂隙系统的几何尺寸和形状特征，它的量纲是面积量纲的倒数，$\alpha = \dfrac{A}{Vx}$；

　　　$A$——基岩块的表面积，$\mathrm{ft}^2$；

　　　$V$——基岩块的体积，$\mathrm{ft}^3$；

　　　$x$——基岩块的特征长度，ft。

多数模型假设基岩—裂隙系统可以用下列的几何形状的一种表示。

①立方体基岩块由裂缝分割，$\lambda$ 表示为：

$$\lambda = \frac{60}{l_{\mathrm{m}}^2}\left(\frac{K_{\mathrm{m}}}{K_{\mathrm{f}}}\right)r_{\mathrm{w}}^2$$

式中　$l_{\mathrm{m}}$——块侧面的长度。

②球形基岩块由裂缝分割，$\lambda$ 表示为：

$$\lambda = \frac{15}{r_{\mathrm{m}}^2}\left(\frac{K_{\mathrm{m}}}{K_{\mathrm{f}}}\right)r_{\mathrm{w}}^2$$

式中　$r_{\mathrm{m}}$——球的半径。

③水平层状（矩形板块）基岩块由裂缝分割，$\lambda$ 表示为：

$$\lambda = \frac{12}{h_{\mathrm{f}}^2}\left(\frac{K_{\mathrm{m}}}{K_{\mathrm{f}}}\right)r_{\mathrm{w}}^2$$

式中　$h_{\mathrm{f}}$——单个裂缝的厚度或高渗透层的厚度。

④垂直圆柱形基岩块由裂缝分割，$\lambda$ 表示为：

$$\lambda = \frac{8}{r_{\mathrm{m}}^2}\left(\frac{K_{\mathrm{m}}}{K_{\mathrm{f}}}\right)r_{\mathrm{w}}^2$$

式中　$r_{\mathrm{m}}$——每个圆柱的半径。

　　一般情况下，介质间流动因子的取值范围为 $10^{-3} \sim 10^{-9}$。Cinco 和 Samaniego（1981）确定了下列介质间流动情况。

　　①不同介质间限制性流动，对应的低渗透介质（基岩）和高渗透介质（裂隙）之间有较高的表皮效应，在数学上它等于拟稳定状态解，即 Warren 和 Root 模型。

　　②不同介质间无限制流动，对应的多数是最高渗透介质，其间表皮系数为零，用不稳定流解描述。

　　Warren 和 Root 提出的第一个双孔隙系统的识别方法，如图 1.61 的压降试井半对数图形所示。曲线的特点是油藏中两个独立的孔隙体系对应着两条平行的直线。因为次生孔隙

（裂隙）有较高的导压系数且与井筒相连，它首先响应，如第一条半对数直线所示。原生孔隙（基岩）有非常低的导压系数，响应得比较晚。两种孔隙的共同影响产生了第二条半对数直线。两条直线被一个压力趋于稳定的过渡阶段分开。

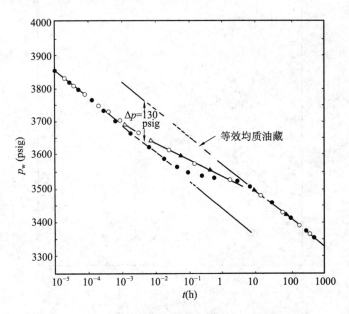

图 1.61　根据 Warren 和 Root 的模型绘制的压降图形

第一条直线反映的是通过裂缝的不稳定径向流，因此，它的斜率用来确定系统的渗透率与厚度的乘积。然而，由于裂缝的储存量很小，裂缝中的流体快速枯竭，随之而来裂缝中的压力快速递减。裂缝中的压力降低使得更多的流体从基岩流入裂缝中，这使压力的递减速率降低，如图 1.61 的过渡阶段所示。当基岩的压力接近于裂缝的压力，两个系统中的压力稳定，产生了第二条半对数直线。应该指出的是第一条半对数直线可能会被续流影响遮蔽而识别不出来。因此，实际应用中，只有反映整个系统的均质动态的参数 $K_f h$ 能够得到。

图 1.62 显示了天然裂缝油藏的压力恢复数据。和压降分析一样，续流影响可能遮蔽第一条半对数直线。如果两条半对数直线都显现，用其中一条直线的斜率 $m$ 和方程（1.176）计算总的渗透率和厚度的乘积：

$$K_f h = \frac{162.6 Q B \mu}{m}$$

用第二条直线计算表皮系数 $s$ 和视压力 $p^*$。Warren 和 Root 提出用两条直线的垂向距离计算储存系数比 $\omega$，在图 1.61 和图 1.62 中确定 $\Delta p$，用下面的表达式计算：

$$\omega = 10^{(-\Delta p/m)} \tag{1.228}$$

Bourdet 和 Gringarten（1980）提出通过过渡阶段曲线的中点画一条水平直线与两条半对数直线相交，如图 1.61 和图 1.62 所示，读取两条直线的两个交点中的一个交点对应的时

间 $t_1$ 或 $t_2$，利用下列关系式计算介质间流动因子 $\lambda$。

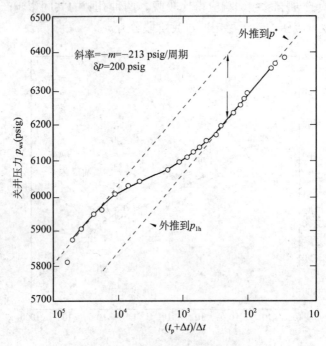

图 1.62　裂缝油藏压力恢复曲线

在压降试井中：

$$\lambda = \left(\frac{\omega}{1-\omega}\right)\left[\frac{(\phi h c_t)_m \mu r_w^2}{1.781 K_f t_1}\right] = \left(\frac{1}{1-\omega}\right)\left[\frac{(\phi h c_t)_m \mu r_w^2}{1.781 K_f t_2}\right] \qquad (1.229)$$

在压力恢复试井中：

$$\lambda = \left(\frac{\omega}{1-\omega}\right)\left[\frac{(\phi h c_t)_m \mu r_w^2}{1.781 K_f t_p}\right]\left(\frac{t_p + \Delta t}{\Delta t}\right)_1$$

或

$$\lambda = \left(\frac{1}{1-\omega}\right)\left[\frac{(\phi h c_t)_m \mu r_w^2}{1.781 K_f t_p}\right]\left(\frac{t_p + \Delta t}{\Delta t}\right)_2 \qquad (1.230)$$

式中　$K_f$——裂缝渗透率，mD；

　　　$t_p$——关井前生产时间，h；

　　　$r_w$——井筒半径，ft；

　　　$\mu$——黏度，mPa·s。

下标 1 和 2（如 $t_1$）表示在压降试井或压力恢复试井期间，第一条直线和第二条直线与经过过渡区域压力响应的中点的水平线的时间交点。

上面的关系式表明 $\lambda$ 的值与 $\omega$ 的值有关。因为 $\omega$ 是裂缝和基岩的储存系数的比，根据方程（1.226），用基岩和裂缝的总等温压缩系数表示为：

$$\omega = \cfrac{1}{1+\left[\cfrac{(\phi h)_{\mathrm{m}}\,(c_{\mathrm{t}})_{\mathrm{m}}}{(\phi h)_{\mathrm{f}}\,(c_{\mathrm{t}})_{\mathrm{f}}}\right]}$$

它表明 $\omega$ 也与流体的 PVT 特性有关。很有可能裂缝中的油在饱和压力以下而基岩中的油在饱和压力以上。因此，$\omega$ 与压力有关，而 $\lambda$ 大于 10，因此非均质程度不足以使双孔隙的影响很严重，而油藏可看做单孔隙。

**例 1.34** Najurieta（1980）和 Sabet（1991）给出的双孔隙系统的压力恢复数据如下表所示。

| $\Delta t$（h） | $\rho_{\mathrm{ws}}$（psi） | $\cfrac{t_{\mathrm{p}}+\Delta t}{\Delta t}$ |
|---|---|---|
| 0.003 | 6617 | 31000000 |
| 0.017 | 6632 | 516668 |
| 0.033 | 6644 | 358334 |
| 0.067 | 6650 | 129168 |
| 0.133 | 6654 | 64544 |
| 0.267 | 6661 | 32293 |
| 0.533 | 6666 | 16147 |
| 1.067 | 6669 | 8074 |
| 2.133 | 6678 | 4038 |
| 4.267 | 6685 | 2019 |
| 8.533 | 6697 | 1010 |
| 17.067 | 6704 | 506 |
| 34.133 | 6712 | 253 |

油藏和流体的其他特性参数如下：

$p_{\mathrm{i}}$=6789.5psi，$p_{\mathrm{wf}\,(\Delta t=0)}$=6352psi，$Q_{\mathrm{o}}$=2554bbl/d，$B_{\mathrm{o}}$=2.3bbl/bbl，$\mu_{\mathrm{o}}$=1mPa·s，$t_{\mathrm{p}}$=8611h，$r_{\mathrm{w}}$=0.375ft，$c_{\mathrm{t}}$=8.17×10$^{-6}$psi$^{-1}$，$\phi_{\mathrm{m}}$=0.21，$K_{\mathrm{m}}$=0.1mD，$h_{\mathrm{m}}$=17ft。

计算 $\omega$ 和 $\lambda$。

**解** 步骤 1：绘制 $p_{\mathrm{ws}}$ 与 $(t_{\mathrm{p}}+\Delta t)$／$\Delta t$ 的半对数坐标图形，如图 1.63 所示。

步骤 2：图 1.63 显示两条平行的半对数直线的斜率 $m$=32psi／周期。

步骤 3：根据斜率 $m$ 计算 $K_{\mathrm{f}}h$。

$$K_{\mathrm{f}}h = \frac{162.6 Q_{\mathrm{o}} B_{\mathrm{o}} \mu_{\mathrm{o}}}{m} = \frac{162.6 \times 2554 \times 2.3 \times 1.0}{32} = 29848.3\,\mathrm{mD \cdot ft}$$

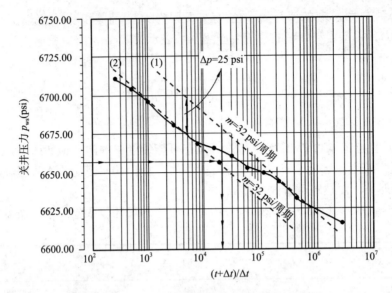

图 1.63  压力恢复试井数据的半对数坐标图形

而且：

$$K_f = \frac{29848.3}{17} = 1756\text{mD}$$

步骤 4：确定两条直线的垂向距离 $\Delta p$。

$$\Delta p = 25\text{psi}$$

步骤 5：利用方程（1.228）计算储存系数比 $\omega$。

$$\omega = 10^{-(\Delta p/m)} = 10^{-(25/32)} = 0.165$$

步骤 6：经过过渡区域的中点画一条水平线与两条半对数直线相交。读取第二个交点对应的时间：

$$\left(\frac{t_p + \Delta t}{\Delta t}\right)_2 = 20000$$

步骤 7：利用方程（1.230）计算 $\lambda$。

$$\lambda = \left(\frac{1}{1-\omega}\right)\left[\frac{(\phi h c_t)_m \mu r_w^2}{1.781 K_f t_p}\right]\left(\frac{t_p + \Delta t}{\Delta t}\right)_2$$

$$= \left(\frac{1}{1-0.165}\right) \times \left[\frac{0.21 \times 17 \times \left(8.17 \times 10^{-6}\right) \times 1 \times 0.375^2}{1.781 \times 1756 \times 8611}\right] \times 20000$$

$$= 3.64 \times 10^{-9}$$

应该注意天然裂缝油藏的压力动态与没有窜流的层状油藏的压力动态相似。实际上，任何一个有两种主要岩石类型的油藏系统的压力恢复动态都与图 1.62 所示的类似。

Gringarten（1987）指出两条半对数直线出现与否取决于井的条件和试井时间。他总结出半对数图形不是确定双孔隙油藏动态的有效的和适用的工具。双孔隙油藏动态的双对数坐标图形，如图 1.62 所示，是一条 S 形曲线。曲线的初始部分代表渗透率最高的介质，如裂隙中由于枯竭导致的均质动态。接下来的过渡阶段对应着介质间流动。最后部分代表两种介质的均质动态，此时从最低渗透介质（基岩）的补给已全部建立且压力相等。在确定双孔隙动态上，双对数分析比常规半对数分析有明显的改进。然而，在污染严重的情况下 S 形曲线很难出现，井的动态很容易被误诊为均质。另外，泄油边界不规则的井也可能会出现 S 形动态曲线。

也许确定双孔隙系统的最有效的方式是应用压力导数曲线。如果压力数据的质量足够好，更重要的是，计算压力导数的方法准确，压力导数曲线就能够明确地识别系统动态。前面已经介绍过，压力导数分析涉及压力对时间的导数与时间的双对数曲线。图 1.64 表示的是双孔隙系统的压力及压力导数与时间的双对数曲线。压力导数图形显示，压力导数曲线上有一个"最小值"，这是由过渡阶段介质间的流动引起的。"最小值"位于两条水平线之间；第一条代表裂隙控制的径向流，第二条直线描述双孔隙系统的综合动态。图 1.64 显示了早期续流影响的典型动态以及偏离 45° 直线达到一个最大值，该最大值表示井筒的污染程度。Gringarten（1987）提出最小值的形状取决于双孔隙动态。对于介质间的限制流动，最小值为 V 形，而介质间的非限制流动则产生 U 形最小值。

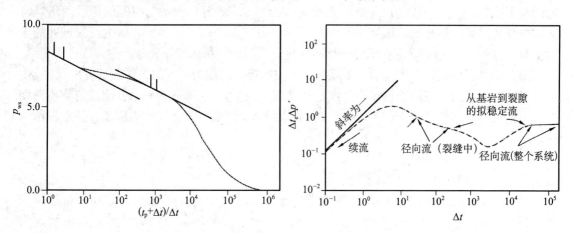

图 1.64　双孔隙动态两条平行的半对数直线，导数曲线上的一个最小值

基于 Warren 和 Root 的双孔隙理论及 Mavor 和 Cinco（1979）的研究，Bourdet 和 Gringarten（1980）建立了专门的压力典型曲线，用来分析双孔隙系统的试井数据。他们表明双孔隙系统的动态受下列相互独立的变量控制：

（1）$p_D$；

（2）$t_D/C_D$；

（3）$C_D e^{2s}$；

（4）$\omega$；

（5）$\lambda \, \mathrm{e}^{-2s}$。

无量纲压力 $p_\mathrm{D}$ 和无量纲时间 $t_\mathrm{D}$ 表示为：

$$p_\mathrm{D} = \left( \frac{K_\mathrm{f} h}{141.2 Q B \mu} \right) \Delta p$$

$$t_\mathrm{D} = \frac{0.0002637 K_\mathrm{f} t}{\left[ (\phi \mu c_\mathrm{t})_\mathrm{f} + (\phi \mu c_\mathrm{t})_\mathrm{m} \right] \mu r_\mathrm{w}^2} = \frac{0.0002637 K_\mathrm{f} t}{(\phi \mu c_\mathrm{t})_\mathrm{f+m} \, \mu r_\mathrm{w}^2}$$

式中　$K$——渗透率，mD；

　　　$t$——时间，h；

　　　$\mu$——黏度，mPa·s；

　　　$r_\mathrm{w}$——井筒半径，ft；

下标：f——裂隙；

　　　m——基岩；

　　　f+m——总系统；

　　　D——无量纲。

Bourdet 等（1984）扩展了这些曲线的实际应用并通过在解中引进压力导数典型曲线强化了它们的用途。他们建立了两组压力导数典型曲线，如图 1.65 和图 1.66 所示。第一组即图 1.65 以假设介质间的流动遵循拟稳定流条件为基础，而另一组（图 1.66）假设介质间的流动为不稳定流。任一组的应用都涉及绘制压力差 $\Delta p$ 和导数函数与时间的函数图形且与典型曲线的对数周期相同。压降试井的导数函数由方程（1.222）确定，压力恢复试井的导数函数由方程（1.223）确定。下面介绍两组典型曲线每一组的控制变量。

第一组典型曲线：介质间拟稳定流实际压力响应，即压力差，用下面三部分曲线描述。

（1）试井早期，流动来自裂隙（渗透率最高的介质），实际压力差 $\Delta p$ 曲线与均质曲线之一拟合，该均质曲线被标记为 $(C_\mathrm{D} \mathrm{e}^{2s})$，对应的值为 $(C_\mathrm{D} \mathrm{e}^{2s})_\mathrm{f}$，表示裂隙流。该值表示为 $[(C_\mathrm{D} \mathrm{e}^{2s})_\mathrm{f}]_\mathrm{M}$。

（2）当压力差响应进入过渡形态，$\Delta p$ 偏离 $(C_\mathrm{D} \mathrm{e}^{2s})$ 曲线，沿着表示该形态的一条过渡曲线 $\lambda \, \mathrm{e}^{-2s}$，表示为 $[\lambda \, \mathrm{e}^{-2s}]_\mathrm{M}$。

（3）最后，压力差响应离开过渡曲线，与一条新的 $C_\mathrm{D} \mathrm{e}^{2s}$ 曲线拟合，该曲线位于第一条曲线的下方，对应值为 $(C_\mathrm{D} \mathrm{e}^{2s})_\mathrm{f+m}$，表示总系统，即基岩和裂隙的动态。该值记录为 $[(C_\mathrm{D} \mathrm{e}^{2s})_\mathrm{f+m}]_\mathrm{M}$。

对于压力导数响应，储存系数比 $\omega$ 确定了过渡阶段压力导数曲线的形状，这部分曲线被描述为"降落阶段"或"最低值"。降落阶段持续的时间和深度与 $\omega$ 的值有关，$\omega$ 值小则产生一个长且深的过渡。介质间流动因子 $\lambda$ 是确定过渡形态在时间轴的位置的第二个参数。$\lambda$ 值的减小使降落阶段向图形的右侧移动。

如图 1.65 所示，压力导数图形与四部分曲线拟合：

（1）导数曲线与裂隙流动曲线 $[(C_\mathrm{D} \mathrm{e}^{2s})_\mathrm{f}]_\mathrm{M}$ 拟合。

（2）导数曲线达到一个早期过渡阶段，表现为一个降落阶段，用早期过渡曲线

$\{\lambda\,(C_{\mathrm{D}})_{\mathrm{f+m}}/[\omega\,(1-\omega)]\}_{\mathrm{M}}$ 表示。

（3）压力导数曲线与标记为 $[\lambda\,(C_{\mathrm{D}})_{\mathrm{f+m}}/(1-\omega)]_{\mathrm{M}}$ 的晚期过渡曲线拟合。

（4）在0.5线处出现总系统的动态曲线。

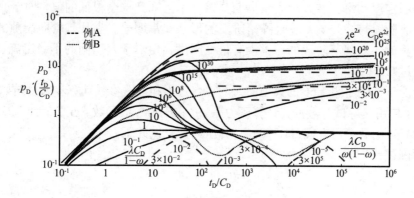

图1.65　典型曲线拟合

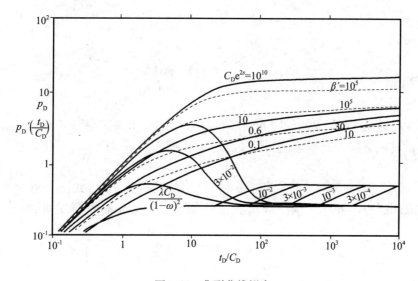

图1.66　典型曲线拟合

第二组典型曲线：介质间不稳定流由 Bourdet 和 Gringarten（1980）建立，并由 Bourdet 等扩展并引入压力导数法，这组曲线的建立与介质间拟稳定流曲线建立的方式相同。如图1.66所示，压力动态由三部分曲线确定，$(C_{\mathrm{D}}\mathrm{e}^{2s})_{\mathrm{f}}$，$\beta'$ 和 $(C_{\mathrm{D}}\mathrm{e}^{2s})_{\mathrm{f+m}}$。作者把 $\beta'$ 确定为介质间无量纲组，表示为：

$$\beta'=\delta\left[\frac{\left(C_{\mathrm{D}}\mathrm{e}^{2s}\right)_{\mathrm{f+m}}}{\lambda\mathrm{e}^{-2s}}\right]$$

式中　$\delta$——形状系数，$\delta=1.0508$ 为球形基岩块，$\delta=1.8914$ 为板状基岩块。

当第一阶段裂隙流是短期介质间不稳定流时，实际上看不到 $(C_{\mathrm{D}}\mathrm{e}^{2s})_{\mathrm{f}}$ 曲线，因此压力导数曲线中不包括这部分曲线。双孔隙压力导数响应从 $\beta'$ 导数过渡曲线开始，然后沿着晚期过渡曲线 $[\lambda(C_D)_{f+m}/(1-\omega)^2]$ 直到它进入总系统的动态曲线 0.5 线。

Bourdet（1985）指出过渡流形态期间两种双孔隙模型的压力导数响应有很大差别。对于介质间不稳定流动解，过渡阶段从早期开始，不会降到一个很低的值。对于介质间的拟稳定流，过渡阶段较晚开始，并且降落阶段的形状非常明显。当从基岩向裂隙的流动遵循拟稳定流模型时，对降落阶段的深度没有最低限度，但对于介质间的不稳定流，降落阶段的深度不超过 0.25。

一般情况下，应用图 1.66 的典型曲线的拟合过程和油藏参数计算步骤总结如下：

步骤 1：应用实际试井数据，计算压力差 $\Delta p$ 和压力导数函数。用方程（1.222）计算压降试井压力导数函数，用方程（1.223）计算压力恢复试井压力导数函数。

对于压降试井：

压力差

$$\Delta p = p_i - p_{wf}$$

导数函数

$$t\Delta p' = -t\left[\frac{\mathrm{d}(\Delta p)}{\mathrm{d}(t)}\right]$$

对于压力恢复试井：

压力差

$$\Delta p = p_{ws} - p_{wf(\Delta t=0)}$$

导数函数

$$\Delta t_e \Delta p' = \Delta t\left(\frac{t_p + \Delta t}{\Delta t}\right)\left[\frac{\mathrm{d}(\Delta p)}{\mathrm{d}(\Delta t)}\right]$$

步骤 2：在透明纸上，以与图 1.66 相同的对数周期，绘制步骤 1 计算的数据与流动时间 $t$ 的压降试井函数图形，或绘制步骤 1 计算的数据与当量时间 $\Delta t_e$ 的压力恢复试井函数图形。

步骤 3：把实际的两组曲线，即 $\Delta p$ 和导数曲线放在图 1.65 或图 1.66 上，使这两组曲线与 Gringarten−Bourdet 典型曲线达到最佳拟合。读取拟合的导数曲线的 $[\lambda(C_D)_{f+m}/(1-\omega)^2]_M$。

步骤 4：在两个图形上任选一点，读取它的坐标，$(\Delta p, p_D)_{MP}$ 和 $(t$ 或 $\Delta t_e, t_D/C_D)_{MP}$。

步骤 5：继续保持拟合状态，分别读取与初始部分曲线 $[(C_De^{2s})_f]_M$ 及最后部分曲线 $[(C_De^{2s})_{f+m}]_M$ 拟合的曲线的 $(C_De^{2s})$ 值。

步骤 6：利用下列关系式计算井和油藏参数。

$$\omega = \frac{\left[\left(C_De^{2s}\right)_{f+m}\right]_m}{\left[\left(C_De^{2s}\right)_f\right]_m} \tag{1.231}$$

$$K_f h = 141.2 QB\mu\left(\frac{p_D}{\Delta p}\right)_{MP} \tag{1.232}$$

$$C = \left( \frac{0.0002951 K_{\text{f}} h}{\mu} \right) \frac{(\Delta t)_{\text{MP}}}{(t_{\text{D}}/C_{\text{D}})_{\text{MP}}} \tag{1.233}$$

$$(C_{\text{D}})_{\text{f+m}} = \frac{0.8926 C}{\phi c_{\text{t}} h r_{\text{w}}^2} \tag{1.234}$$

$$s = 0.5\ln\left\{ \frac{\left[ \left( C_{\text{D}} e^{2s} \right)_{\text{f+m}} \right]_{\text{m}}}{(C_{\text{D}})_{\text{f+m}}} \right\} \tag{1.235}$$

$$\lambda = \left[ \frac{\lambda (C_{\text{D}})_{\text{f+m}}}{(1-\omega)^2} \right]_{\text{M}} \frac{(1-\omega)^2}{(C_{\text{D}})_{\text{f+m}}} \tag{1.236}$$

在介质间拟稳定状态和不稳定流之间选择最佳解通常是很简单的。对于拟稳定模型，在过渡阶段压力导数的降幅是过渡段持续时间的函数。过渡阶段时间长，对应的 $\omega$ 值小，使导数值远低于实际的不稳定流 0.25 的限度。

由 Bourdet 等人给出并由 Sabet（1991）发表的下列压力恢复试井数据用于下面的例子中，来说明压力导数曲线的应用。

**例 1.35**　表 1.8 列出了天然裂缝油藏的压力恢复数据和压力导数数据。其他流动数据和油藏数据如下：

$Q=960\text{bbl/d}$，$B_{\text{o}}=1.28\text{bbl/bbl}$，$c_{\text{t}}=1\times10^{-5}\text{psi}^{-1}$，$\phi=0.007$，$\mu=1\text{mPa}\cdot\text{s}$，$r_{\text{w}}=0.29\text{ft}$，$h=36\text{ft}$。

据记载，该井以 2952bbl/d 的流量开井生产 1.33h，关井 0.31h，再次开井以同样的流量生产 5.05h，关井 0.39h，以 960bbl/d 的流量开井生产 31.13h，然后关井进行压力恢复试井。

分析压力恢复数据，假设介质间不稳定流，确定井和油藏参数。

**表 1.8　天然裂缝油藏压力恢复试井数据**

| $\Delta t$ (h) | $\Delta p_{\text{ws}}$ (psi) | $\dfrac{t_{\text{p}}+\Delta t}{t_{\text{p}}}$ | 斜率 (psi/h) | $\Delta p' \dfrac{t_{\text{p}}+\Delta t}{t_{\text{p}}}$ (psi) |
|---|---|---|---|---|
| 0.00000 | 0.000 | | 3180.10 | |
| $3.48888\times10^{-3}$ | 11.095 | 14547.22 | 1727.63 | 8.56 |
| $9.04446\times10^{-3}$ | 20.693 | 5612.17 | 847.26 | 11.65 |
| $1.46000\times10^{-2}$ | 25.400 | 3477.03 | 486.90 | 9.74 |
| $2.01555\times10^{-2}$ | 28.105 | 2518.92 | 337.14 | 8.31 |
| $2.57111\times10^{-2}$ | 29.978 | 1974.86 | 257.22 | 7.64 |
| $3.12666\times10^{-2}$ | 31.407 | 1624.14 | 196.56 | 7.10 |

续表

| $\Delta t$ (h) | $\Delta p_{ws}$ (psi) | $\dfrac{t_p + \Delta t}{t_p}$ | 斜率 (psi/h) | $\Delta p' \dfrac{t_p + \Delta t}{t_p}$ (psi) |
|---|---|---|---|---|
| $3.68222 \times 10^{-2}$ | 32.499 | 1379.24 | 159.66 | 6.56 |
| $4.23777 \times 10^{-2}$ | 33.386 | 1198.56 | 127.80 | 6.10 |
| $4.79333 \times 10^{-2}$ | 34.096 | 1059.76 | 107.28 | 5.64 |
| $5.90444 \times 10^{-2}$ | 35.288 | 860.52 | 83.25 | 5.63 |
| $7.01555 \times 10^{-2}$ | 36.213 | 724.39 | 69.48 | 5.36 |
| $8.12666 \times 10^{-2}$ | 36.985 | 625.49 | 65.97 | 5.51 |
| $9.23777 \times 10^{-2}$ | 37.718 | 550.38 | 55.07 | 5.60 |
| 0.10349 | 38.330 | 491.39 | 48.83 | 5.39 |
| 0.12571 | 39.415 | 404.71 | 43.65 | 5.83 |
| 0.14793 | 40.385 | 344.07 | 37.16 | 5.99 |
| 0.17016 | 41.211 | 299.25 | 34.38 | 6.11 |
| 0.19238 | 41.975 | 264.80 | 29.93 | 6.21 |
| 0.21460 | 42.640 | 237.49 | 28.85 | 6.33 |
| 0.23682 | 43.281 | 215.30 | 30.96 | 7.12 |
| 0.25904 | 43.969 | 196.92 | 25.78 | 7.39 |
| 0.28127 | 44.542 | 181.43 | 24.44 | 7.10 |
| 0.30349 | 45.085 | 168.22 | 25.79 | 7.67 |
| 0.32571 | 45.658 | 156.81 | 20.63 | 7.61 |
| 0.38127 | 46.804 | 134.11 | 18.58 | 7.53 |
| 0.43682 | 47.836 | 117.18 | 17.19 | 7.88 |
| 0.49238 | 48.791 | 104.07 | 16.36 | 8.34 |
| 0.54793 | 49.700 | 93.62 | 15.14 | 8.72 |
| 0.60349 | 50.541 | 85.09 | 12.50 | 8.44 |
| 0.66460 | 51.305 | 77.36 | 12.68 | 8.48 |
| 0.71460 | 51.939 | 72.02 | 11.70 | 8.83 |
| 0.77015 | 52.589 | 66.90 | 11.14 | 8.93 |
| 0.82571 | 53.208 | 62.46 | 10.58 | 9.11 |
| 0.88127 | 53.796 | 58.59 | 10.87 | 9.62 |

续表

| $\Delta t$ (h) | $\Delta p_{ws}$ (psi) | $\dfrac{t_p + \Delta t}{t_p}$ | 斜率 (psi/h) | $\Delta p' \dfrac{t_p + \Delta t}{t_p}$ (psi) |
|---|---|---|---|---|
| 0.93682 | 54.400 | 55.17 | 8.53 | 9.26 |
| 0.99238 | 54.874 | 52.14 | 10.32 | 9.54 |
| 1.04790 | 55.447 | 49.43 | 7.70 | 9.64 |
| 1.10350 | 55.875 | 46.99 | 8.73 | 9.26 |
| 1.21460 | 56.845 | 42.78 | 7.57 | 10.14 |
| 1.32570 | 57.686 | 39.28 | 5.91 | 9.17 |
| 1.43680 | 58.343 | 36.32 | 6.40 | 9.10 |
| 1.54790 | 59.054 | 33.79 | 6.05 | 9.93 |
| 1.65900 | 59.726 | 31.59 | 5.57 | 9.95 |
| 1.77020 | 60.345 | 29.67 | 5.44 | 10.08 |
| 1.88130 | 60.949 | 27.98 | 4.74 | 9.93 |
| 1.99240 | 61.476 | 26.47 | 4.67 | 9.75 |
| 2.10350 | 61.995 | 25.13 | 4.34 | 9.87 |
| 2.21460 | 62.477 | 23.92 | 3.99 | 9.62 |
| 2.43680 | 63.363 | 21.83 | 3.68 | 9.79 |
| 2.69240 | 64.303 | 19.85 | 3.06 [1] | 9.55 [2] |
| 2.91460 | 64.983 | 18.41 | 3.16 | 9.59 |
| 3.13680 | 65.686 | 17.18 | 2.44 | 9.34 |
| 3.35900 | 66.229 | 16.11 | 19.72 | 39.68 |

注：引自 Bourdet 等（1984）。

[1] （64.983−64.303）/（2.91460−2.69240）=3.08。

[2] [（3.68+3.06）/2] × 19.85 × 2.69240²/50.75=9.55。

**解** 步骤 1：计算流动时间 $t_p$。

累计产油量 $= N_P$

$$= \frac{2952}{24} \times (1.33 + 5.05) + \frac{960}{24} \times 31.13 \cong 2030 \text{bbl}$$

$$t_p = \frac{24 \times 2030}{960} = 50.75 \text{h}$$

步骤 2：绘制霍纳图形，如图 1.67 所示，确认双孔隙动态。图形显示两条平行的直线证明是双孔隙系统。

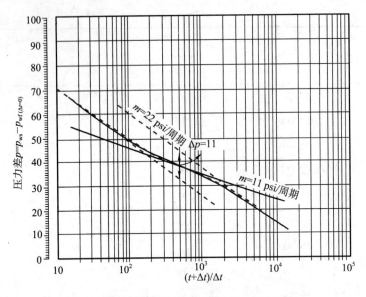

图 1.67　霍纳曲线（数据来源于表 1.8）

步骤 3：用与图 1.66 相同的坐标系统绘制实际压力导数与关井时间的函数图，如图 1.68（a）所示。绘制 $\Delta p_{ws}$ 与时间的图形，如图 1.68（b）所示。45°直线表示试井受到续流的轻微影响。

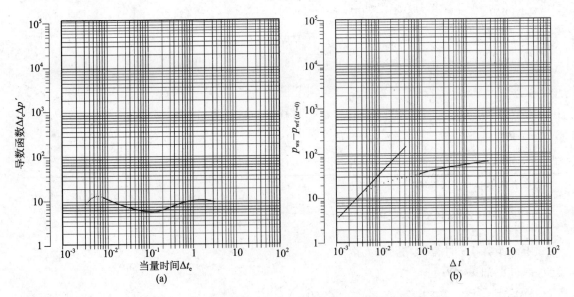

图 1.68　导数函数（a）和 $\Delta p$ 与 $\Delta t_e$ 的双对数坐标图形（b）

步骤 4：把压力差和压力导数图形覆在介质间不稳定流典型曲线上，如图 1.69 所示，确定下列拟合参数。

$$\left(\frac{p_D}{\Delta p}\right)_{MP} = 0.053$$

$$\left(\frac{t_{\mathrm{D}}/C_{\mathrm{D}}}{\Delta t}\right)_{\mathrm{MP}}=270$$

$$\left[\frac{\lambda(C_D)_{\mathrm{f+m}}}{(1-\omega)^2}\right]_{\mathrm{M}}=0.03$$

$$\left[\left(C_{\mathrm{D}}\mathrm{e}^{2s}\right)_{\mathrm{f}}\right]_{\mathrm{M}}=33.4$$

$$\left[\left(C_{\mathrm{D}}\mathrm{e}^{2s}\right)_{\mathrm{f+m}}\right]_{\mathrm{M}}=0.6$$

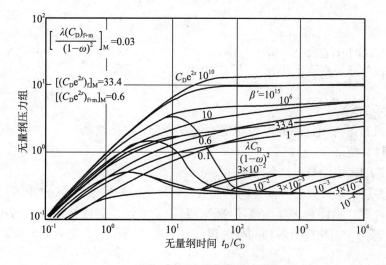

图1.69　典型曲线拟合

步骤5：应用方程（1.231）到方程（1.236）计算井和油藏参数。

$$\omega=\frac{\left[\left(C_{\mathrm{D}}\mathrm{e}^{2s}\right)_{\mathrm{f+m}}\right]_{\mathrm{M}}}{\left[\left(C_{\mathrm{D}}\mathrm{e}^{2s}\right)_{\mathrm{f}}\right]_{\mathrm{M}}}=\frac{0.6}{33.4}=0.018$$

**Kazemi**（1969）指出如果两条平行斜线的垂直距离 $\Delta p$ 小于 100psi，用方程（1.228）计算的 $\omega$ 值会出现明显的错误。图 1.67 显示 $\Delta p$ 大约为 11psi，方程（1.228）给出的是一个错误的值：

$$\omega=10^{-(\Delta p/m)}=10^{-(11/22)}=0.316$$

另外：

$$K_{\mathrm{f}}h=141.2QB\mu\left(\frac{p_{\mathrm{D}}}{\Delta p}\right)_{\mathrm{MP}}$$
$$=141.2\times960\times1\times1.28\times0.053=9196\mathrm{mD}\cdot\mathrm{ft}$$

$$C = \frac{0.0002951 \times 9196}{1.0 \times 270} = 0.01 \text{bbl/psi}$$

$$
\begin{aligned}
\left(C_{\mathrm{D}}\right)_{\mathrm{f+m}} &= \frac{0.8926C}{\phi c_t h r_{\mathrm{w}}^2} \\
&= \frac{0.8936 \times 0.01}{0.07 \times \left(1 \times 10^{-5}\right) \times 36 \times 90.29^2} = 4216
\end{aligned}
$$

$$s = 0.5\ln\left\{\frac{\left[\left(C_{\mathrm{D}}\mathrm{e}^{2s}\right)_{\mathrm{f+m}}\right]_{\mathrm{M}}}{\left[\left(C_{\mathrm{D}}\right)_{\mathrm{f+m}}\right]}\right\} = 0.5\ln\left(\frac{0.6}{4216}\right) = -4.4$$

$$\lambda = \left[\frac{\lambda\left(C_{\mathrm{D}}\right)_{\mathrm{f+m}}}{\left(1-\omega\right)^2}\right]_{\mathrm{M}} \frac{\left(1-\omega\right)^2}{\left(C_{\mathrm{D}}\right)_{\mathrm{f+m}}} = 0.03 \times \left[\frac{\left(1-0.018\right)^2}{4216}\right] = 6.86 \times 10^{-6}$$

#### 1.5.3.2 多层油藏

没有窜流只通过井筒连通的多层油藏的压力动态与单层油藏有很大的不同。多层油藏可分为以下三种类型：

（1）有窜流的多层油藏，这种油藏井筒和油层都连通。

（2）混合多层油藏，只有井筒连通的油藏。各层之间是完全不渗透的隔层。

（3）复合油藏，由混合多层油藏区域和有窜流的多层油藏区域组成。试井时，每个有窜流的层的动态与一个均质且各向同性的层的动态相似。然而，复合油藏的动态更像混合多层油藏。

一些多层油藏的动态似乎是双孔隙油藏而实际不是。当油藏具有低渗透层和高渗透薄层互层的特点时，试井时它们的动态好像是天然裂缝油藏，而用双孔隙解释模型进行分析。无论油井开采的是混合多层油藏、有窜流的多层油藏还是复合油藏，试井的目的是确定表皮系数、渗透率和平均压力。

试井期间有窜流的多层油藏的压力响应与均质系统的压力响应类似，可以用适当的常规半对数和双对数坐标图形技术进行分析。试井结果应该用渗透率—厚度乘积的算术和及孔隙度—压缩系数—厚度乘积的算术和解释。

$$\left(Kh\right)_{\mathrm{t}} = \sum_{i=1}^{n\text{层}} \left(Kh\right)_i$$

$$\left(\phi c_t h\right)_{\mathrm{t}} = \sum_{i=1}^{n\text{层}} \left(\phi c_t h\right)_i$$

Kazemi 和 Seth（1969）提出如果根据试井结果已知渗透率—厚度乘积的总和 $\left(Kh\right)_{\mathrm{t}}$，那么单层的渗透率 $K_i$ 可以根据单层的流量 $q_i$ 和总流量 $q_t$ 利用下面的关系式计算：

$$K_i = \frac{q_i}{q_t}\left[\frac{\left(Kh\right)_{\mathrm{t}}}{h_i}\right]$$

混合无窜流的两层油藏的压力恢复动态如图 1.70 所示。早期试井数据的直线 AB 给出了油藏地层系数 $(Kh)_t$ 的平均值。变平的部分 BC 类似于一个单层油藏达到静压时的情况，表明较高渗透区域的压力几乎达到油藏的平均压力。CD 部分表示较高渗透层由衰竭较少的低渗透层补充，低渗透层的最后上升部分 DE 表示稳定在平均压力。注意这里的压力恢复类似于天然裂缝油藏的压力恢复。

Sabet（1991）指出当混合多层油藏在拟稳定流条件下生产时，任一层的流量 $p_i$ 可以根据总流量和该层的 $\phi c_t h$ 近似求出：

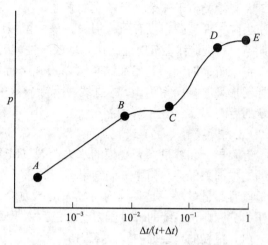

图 1.70　两层油藏压力恢复理论曲线

$$q_i = q_t \left[ \frac{(\phi c_t h)_i}{\sum_{j=1} (\phi c_t h_i)_j} \right]$$

### 1.5.4　水力裂缝油藏

水力裂缝是指通过水力压裂产生的一条起始于井筒的裂缝。应该注意裂缝不同于裂隙，裂隙是地层中的天然裂缝。水力压裂裂缝通常是垂直的，但是如果地层的深度小于 3000ft，裂缝也可能是水平的。垂直裂缝具有下列特性参数：

（1）裂缝半长 $x_f$，ft；

（2）无量纲半径 $r_{eD}$，其中 $r_{eD}=r_e/r_f$；

（3）裂缝高 $h_f$，时常假设裂缝高等于地层厚度，ft；

（4）裂缝渗透率 $K_f$，mD；

（5）裂缝宽度 $w_f$，ft；

（6）裂缝导流能力 $F_C$，其中 $F_C=K_f w_f$。

压裂井的试井分析是确定井和油藏的变量，这些变量对井的未来动态有影响。然而压裂井相当复杂。不知道井的穿透裂缝的几何特性，即 $x_f$，$w_f$ 和 $h_f$，也不知道导流特性。

Gringarten 等（1974）、Cinco 和 Samaniego（1981）以及其他人提议，在分析垂直裂缝井的不稳定压力试井数据时，应该考虑如下三个不稳定流模型：

（1）无限导流垂直裂缝；

（2）有限导流垂直裂缝；

（3）流量均布型裂缝。

上面三种类型的裂缝描述如下。

1.5.4.1　无限导流垂直裂缝

这些裂缝由常规水力压裂产生，具有较高的导流能力，通常被认为是无限。在这种情况下，裂缝类似于一个直径较大的管子，具有无限大的渗透率而且从裂缝末端到井筒不需要压力降，即裂缝内没有压力损失。该模型假设流体只通过裂缝流入井筒且经历三个流动时期：（1）裂缝线性流时期；（2）地层线性流时期；（3）无边界影响拟稳定流时期。

每个流动时期的开始和结束可以用几个特定曲线确定。例如 $\Delta p$ 与 $\Delta t$ 的早期双对数坐标图形是一条斜率为 1/2 的直线。无限导流裂缝的几个流动时期和特定曲线的诊断将在本章的后面部分介绍。

### 1.5.4.2 有限导流裂缝

有限导流裂缝是指大规模的水力压裂（MHF）产生的非常长的裂缝。这种裂缝需要大量的支撑剂来保持它们张开，结果裂缝的渗透率 $K_f$ 低于无限导流裂缝的渗透率。这些有限导流垂直裂缝的特点是裂缝内有较大的压力降，因此，在水力压裂井试井时，会出现独特的压力响应。该系统的瞬时压力动态包括以下四个流动时序（后面将讨论）：

（1）最初的"裂缝内线性流"；

（2）接下来的是"双线性流"；

（3）然后是"地层中的线性流"；

（4）最后是"无边界作用拟稳定流"。

### 1.5.4.3 流量均布型裂缝

流量均布型裂缝是指沿着整个裂缝长度从地层流入裂缝的油藏流体的流量均等。在某些方面，该模型类似于无限导流垂直裂缝。这两个系统的差别出现在裂缝的边界。该系统的特点是压力沿着裂缝变化，包括如下两个流动时期：

（1）线性流；

（2）无边界作用拟稳定流。

除了大量支撑剂和高导流能力的裂缝外，通常认为流量均布型裂缝理论比无限导流裂缝更能代表实际情况。然而二者的差别很小。

裂缝的渗透率远高于它穿透的地层的渗透率，因此它明显地影响着试井的压力响应。油藏压力动态的通用解用无量纲变量表示。当分析水力压裂井的瞬时压力数据时，常用到下列无量纲组。

传导组：
$$\eta_{fD} = \frac{K_f \phi c_t}{K \phi_f c_{ft}} \tag{1.237}$$

时间组：
$$t_{Dx_f} = \left( \frac{0.0002637K}{\phi \mu c_t x_f^2} \right) t = t_D \left( \frac{r_w^2}{x_f^2} \right) \tag{1.238}$$

导流组：
$$F_{CD} = \frac{K_f}{K} \frac{w_f}{x_f} = \frac{F_C}{Kx_f} \tag{1.239}$$

储存组：
$$C_{Df} = \frac{0.8937C}{\phi c_t h x_f^2} \tag{1.240}$$

压力组：
$$p_D = \frac{Kh\Delta p}{141.2QB\mu} \quad （油） \tag{1.241}$$

$$p_D = \frac{Kh\Delta m(p)}{1424QT} \quad (\text{气})$$ (1.242)

裂缝组：
$$r_{eD} = \frac{r_e}{x_f}$$

式中　$x_f$——裂缝半长，ft；

　　　$w_f$——裂缝宽度，ft；

　　　$K_f$——裂缝渗透率，mD；

　　　$K$——压裂前地层渗透率，mD；

　　　$t_{Dx_f}$——基于裂缝半长 $x_f$ 的无量纲时间；

　　　$t$——压降试井的流动时间 $\Delta t$ 或压力恢复试井的时间 $\Delta t_e$，h；

　　　$T$——温度，°R；

　　　$F_C$——裂缝导流能力，mD·ft；

　　　$F_{CD}$——无量纲裂缝导流能力；

　　　$\eta$——水力扩散系数；

　　　$c_{ft}$——裂缝的总压缩系数，psi$^{-1}$。

注意上面的方程表示为压降试井的形式。把方程中的压力和时间用下面适当的值替换，修改后这些方程就可以用于压力恢复试井。

| 试井 | 压力 | 时间 |
|---|---|---|
| 压降试井 | $\Delta p = p_i - p_{wf}$ | $t$ |
| 压力恢复试井 | $\Delta p = p_{ws} - p_{wf\ (\Delta t=0)}$ | $\Delta t$ 或 $\Delta t_e$ |

一般情况下，当裂缝的无量纲导流能力大于 300，即 $F_{CD} > 300$，裂缝就被确定为无限导流裂缝。

三种类型的垂直裂缝有四种流动形态，如图 1.71 所示。

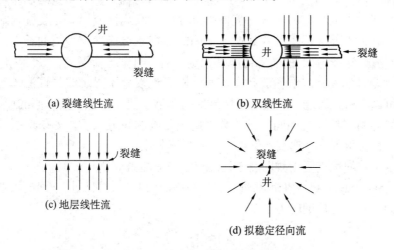

(a) 裂缝线性流　　　　　　　(b) 双线性流

(c) 地层线性流　　　　　　　(d) 拟稳定径向流

图 1.71　垂直裂缝井的四个流动形态

这些流动时期可通过把瞬时压力数据用不同类型的图形表示来确定。这些图形是诊断和识别流动形态的极好的工具，因为试井数据对应着不同的流动时期。

分析每个流动时期的特定图形如下：

（1）线性流的 $\Delta p$ 与 $\sqrt{\text{时间}}$ 的图形；

（2）双线性流的 $\Delta p$ 与 $\sqrt[4]{\text{时间}}$ 的图形；

（3）无边界作用的拟稳定流的 $\Delta p$ 与 lg（时间）的图形。

下面讨论这些流动形态和诊断曲线。

裂缝线性流：是第一个流动时期，它发生在裂缝内。在此期间，由于裂缝内的膨胀，大多数流体进入井筒，即来自地层的流体可以忽略。此时，裂缝内和从裂缝到井筒的流动都是线性的，可以用扩散方程的线性形式描述。扩散方程的线性形式适用于裂缝线性流期间和地层线性流期间。线性流期间的压力不稳定试井数据可以借助 $\Delta p$ 与 $\sqrt{\text{时间}}$ 的图形分析。遗憾的是，裂缝线性流出现的时间太早，在试井分析中没有实际用处。然而，如果裂缝的线性流存在（导流能力 $F_{CD} > 300$ 的裂缝），方程（1.237）到方程（1.242）所给出的地层线性流关系式可用来准确分析地层线性流期间的压力数据。

如果裂缝的线性流出现且持续的时间短，$F_{CD} < 300$ 的有限导流裂缝的线性流就经常是这样，要非常小心不要把早期的压力数据解释错误。在这种情况下，常常是表皮和续流的影响改变压力响应以至于线性流直线不出现或很难识别。如果用早期斜率确定裂缝长度，斜率 $m_{vf}$ 不正确地大，计算得到的裂缝长度将会不切实际地小，有关裂缝导流能力的定量信息就得不到。

Cinco 等（1981）通过观察总结出裂缝线性流结束的时间：

$$t_{Dx_1} \approx \frac{0.01\left(F_{CD}\right)^2}{\left(\eta_{fD}\right)^2}$$

双线性流：这一流动期间之所以称为双线性流是因为两种线性流同时发生。正如 Cinco（1981）最初提出的，一个是裂缝内不可压缩流体的线性流，另一个是地层中可压缩流体的线性流。在此期间进入井筒的大部分流体来自地层。双线性流期间，裂缝末端的影响不能影响井筒的动态，因此，根据井双线性流期间的数据不可能确定裂缝的长度。然而，在这个流动期间裂缝导流能力 $F_c$ 的实际值能够确定。对于有限导流裂缝，裂缝内的压力降是很明显的，而且能够观察到双线性流动态；而无限导流裂缝不显示双线性流动态，因为裂缝内的压力降可以忽略。因此，识别双线性流期间非常重要，有以下两方面的原因。

（1）不可能用双线性流期间的试井数据确定正确的裂缝长度。如果这些数据用于确定裂缝的长度，将会得到一个比实际值小很多的裂缝长度。

（2）可以用双线性流压力数据确定裂缝实际导流能力 $K_f w_f$。

Cinco 和 Samaniego 提出在此流动期间，井筒压力的变化可以用下面的表达式描述。

对于压裂油井，无量纲压力：

$$p_D = \left(\frac{2.451}{\sqrt{F_{CD}}}\right)\left(t_{Dx_f}\right)^{1/4} \tag{1.243}$$

对方程（1.243）的两侧取对数得：

$$\lg(p_D) = \lg\left(\frac{2.451}{\sqrt{F_{CD}}}\right) + \frac{1}{4}\lg\left(t_{Dx_f}\right) \qquad (1.244)$$

用压力表示：

$$\Delta p = \left[\frac{44.1QB\mu}{h\sqrt{F_C}\left(\phi\mu C_t K\right)^{1/4}}\right]t^{1/4} \qquad (1.245)$$

或等价于：

$$\Delta p = m_{bf}t^{1/4}$$

对上面表达式的两侧取对数：

$$\lg(\Delta p) = \lg(m_{bf}) + \frac{1}{4}\lg(t) \qquad (1.246)$$

双线性流的斜率 $m_{bf}$ 表示为：

$$m_{bf} = \left[\frac{44.1QB\mu}{h\sqrt{F_C}\left(\phi\mu c_t K\right)^{1/4}}\right]$$

其中 $F_C$ 是裂缝的导流能力，表示为：

$$F_C = K_f w_f \qquad (1.247)$$

对于压裂气井，表示为无量纲形式：

$$m_D = \left(\frac{2.451}{\sqrt{F_{CD}}}\right)\left(t_{Dx_f}\right)^{1/4}$$

或

$$\lg(m_D) = \lg\left(\frac{2.451}{\sqrt{F_{CD}}}\right) + \frac{1}{4}\lg\left(t_{Dx_f}\right) \qquad (1.248)$$

用 $m$（$p$）表示：

$$\Delta m(p) = \left[\frac{444.6QT}{h\sqrt{F_C}\left(\phi c_t K\right)^{1/4}}\right]t^{1/4} \qquad (1.249)$$

或等价于：

$$\Delta m(p) = m_{bf}t^{1/4}$$

两边取对数得：

$$\lg|\Delta m(p)| = \lg(m_{bf}) + \frac{1}{4}\lg(t) \tag{1.250}$$

方程（1.245）和方程（1.249）表明 $\Delta p$ 或 $\Delta m$（$p$）与（时间）$^{1/4}$ 在直角坐标系中的图形是一条通过原点的直线，斜率 $m_{bf}$（双线性流斜率）表示如下。

对于油井：

$$m_{bf} = \frac{44.1QB\mu}{h\sqrt{F_C}\left(\phi\mu c_t K\right)^{1/4}} \tag{1.251}$$

那么斜率可用于求解裂缝的导流能力 $F_C$：

$$F_C = \left[\frac{44.1QB\mu}{m_{bf}h\left(\phi\mu c_t K\right)^{1/4}}\right]^2$$

对于气井：

$$m_{bf} = \frac{444.6QT}{h\sqrt{F_C}\left(\phi\mu c_t K\right)^{1/4}} \tag{1.252}$$

且

$$F_C = \left[\frac{444.6QT}{m_{bf}h\left(\phi\mu c_t K\right)^{1/4}}\right]^2$$

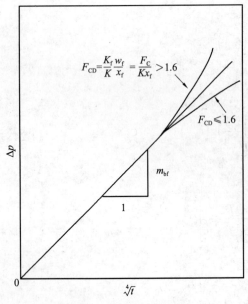

图 1.72　线性流压力数据分析

应该注意，如果直线不通过原点，表明在井筒附近裂缝内流动受到限制而产生附加压力降 $\Delta p_s$（节流裂缝，裂缝的渗透率远离井筒逐渐减小）。导致产量损失的流动限制包括：不完全射孔；紊流，增大支撑剂的粒径和浓度能够减小紊流；支撑剂的后置液；压井液泵入裂缝。

同样，方程（1.246）和方程（1.250）表明 $\Delta p$ 或 $\Delta m$（$p$）与时间的双对数坐标图形是一条直线，斜率 $m_{bf}=1/4$，它可作为检测双线性流的诊断工具。

当双线性流结束，图形显示为曲线，曲线向上还是向下弯曲取决于裂缝无量纲导流能力 $F_{CD}$ 的值，如图 1.72 所示。当 $F_{CD} < 1.6$ 时，曲线向下弯曲，当 $F_{CD} > 1.6$ 时，曲线向上弯曲。向上走向表明裂缝端部开始影响井筒动态。如果试井时间不够长，没有等到双线性流结束，当 $F_{CD} > 1.6$，确定裂缝的长度是不可能的。当裂缝无量纲导流能力 $F_{CD} < 1.6$ 时，它表明油藏中的流动已经从一维线性流为主的流动转变到二维流形态。在这种特殊情况下，即使试井期间双线性流已经结束，也不能准确地确定裂缝的长度。

Cinco 和 Samaniego 指出裂缝无量纲导流能力 $F_{CD}$ 可以根据双线性流直线，即 $\Delta p$ 与（时间）$^{1/4}$ 的函数曲线确定。读取直线结束点的压力差 $\Delta p$ 的值 $\Delta p_{ebf}$ 并用下列近似求值公式。

对于油井：
$$F_{CD} = \frac{194.9 Q B \mu}{Kh \Delta p_{ebf}} \tag{1.253}$$

对于气井：
$$F_{CD} = \frac{1965.1 QT}{Kh \Delta m(p)_{ebf}} \tag{1.254}$$

式中　$Q$——流量，bbl/d 或 $10^3 ft^3/d$ ；

$T$——温度，$^\circ R$。

双线性流直线的结束点"ebf"与裂缝的导流能力有关，可以用下面的关系式确定：

对于 $F_{CD} > 3$，$t_{Debf} \cong \dfrac{0.1}{(F_{CD})^2}$ ；

对于 $1.6 \leqslant F_{CD} \leqslant 3$，$t_{Debf} \cong 0.0205 (F_{CD} - 1.5)^{-1.53}$ ；

对于 $F_{CD} \leqslant 1.6$，$t_{Debf} \cong \left( \dfrac{4.55}{\sqrt{F_{CD}}} - 2.5 \right)^{-4}$ 。

分析双线性流数据的过程归纳如下。

步骤 1：绘制 $\Delta p$ 与时间的双对数坐标图形。

步骤 2：确定是否所有数据落在 1/4 斜率的直线上。

步骤 3：如果数据点落在 1/4 斜率的直线上，再绘制 $\Delta p$ 与（时间）$^{1/4}$ 的直角坐标图形并确定形成双线性流直线的数据。

步骤 4：确定步骤 3 绘制的双线性流直线的斜率 $m_{bf}$。

步骤 5：利用方程（1.251）或方程（1.252）计算裂缝导流能力 $F_C = K_f w_f$。

对于油井：
$$F_C = (K_f w_f) = \left[ \frac{44.1 Q B \mu}{m_{bf} h (\phi \mu c_t K)^{1/4}} \right]^2$$

对于气井：
$$F_C = (K_f w_f) = \left[ \frac{444.6 QT}{m_{bf} h (\phi \mu c_t K)^{1/4}} \right]^2$$

步骤 6：读取直线结束点对应的压力差值 $\Delta p_{ebf}$ 或 $\Delta m(p)_{ebf}$。

步骤 7：计算无量纲导流能力。

对于油井：
$$F_{CD} = \frac{194.9 Q B \mu}{Kh \Delta p_{ebf}}$$

对于气井：

$$F_{CD} = \frac{1965.1QT}{Kh\Delta m(p)_{ebf}}$$

步骤 8：利用方程（1.239）所表示的 $F_{CD}$ 的数学定义和步骤 5 求得的 $F_C$ 的值计算裂缝长。

$$x_f = \frac{F_C}{F_{CD}K}$$

**例 1.36** 对一口开采致密气藏的压裂井进行压力恢复试井。下面列出了气藏和井的参数：

$Q = 7350 \times 10^3 ft^3/d$，$t_p = 2640h$，$h = 118ft$，$\phi = 0.10$，$K = 0.025mD$，$\mu = 0.0252mPa \cdot s$，$T = 690° R$，$c_t = 0.129 \times 10^{-3}psi^{-1}$，$p_{wf(\Delta t=0)} = 1320psia$，$r_w = 0.28ft$。

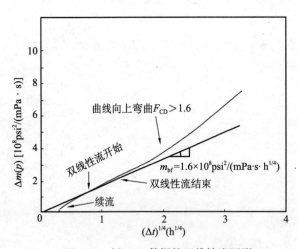

图 1.73　例 1.36 数据的双线性流图形

表示压力恢复数据 $\Delta m(p)$ 与 $(\Delta t)^{1/4}$ 的双对数坐标图形如图 1.73 所示。

进行常规试井分析，计算裂缝和气藏参数。

**解**　步骤 1：根据图 1.73 的 $\Delta m(p)$ 与 $(\Delta t)^{1/4}$ 的图形确定下列参数。

$M_{bf} = 1.6 \times 10^8 psi^2/(mPa \cdot s \cdot h^{1/4})$

$t_{sbf} \approx 0.35h$（双线性流开始时间）

$t_{ebf} \approx 2.5h$（双线性流结束时间）

$\Delta m(p)_{ebf} \approx 2.05 \times 10^8 psi^2/(mPa \cdot s)$

步骤 2：进行双线性流分析。

（1）用方程（1.252）计算裂缝导流能力 $F_C$。

$$F_C = \left[ \frac{444.6QT}{m_{bf}h(\phi\mu c_t K)^{1/4}} \right]^2$$

$$= \left\{ \frac{444.6 \times 7350 \times 690}{(1.62 \times 10^8) \times 118 \times [0.1 \times 0.0252 \times (0.129 \times 10^{-3}) \times 0.025]^{1/4}} \right\}^2$$

$$= 154 mD \cdot ft$$

（2）用方程（1.254）计算裂缝无量纲导流能力 $F_{CD}$：

$$F_{CD} = \frac{1965.1QT}{Kh\Delta m(p)_{ebf}}$$

$$= \frac{1965.1 \times 7350 \times 690}{0.025 \times 118 \times (2.05 \times 10^8)} = 16.5$$

（3）用方程（1.239）计算裂缝半长：

$$x_f = \frac{F_C}{F_{CD}K} = \frac{154}{16.5 \times 0.025} = 373\text{ft}$$

地层线性流：双线性流结束后经过一个过渡时期，然后裂缝末端开始影响井筒的压力响应，线性流期间开始。无量纲导流能力大于 300，即 $F_{CD} > 300$ 的垂直裂缝出现线性流。与裂缝线性流相似，在此期间收集的地层线性流压力数据是裂缝长 $x_f$ 和裂缝导流能力 $F_C$ 的函数。在该线性流期间，压力动态可以用扩散方程的线性形式表示：

$$\frac{\partial^2 p}{\partial x^2} = \frac{\phi \mu c_t}{0.0002637K} \frac{\partial p}{\partial t}$$

上面线性扩散方程的解既可用于裂缝线性流也可用于地层线性流，用无量纲形式表示为：

$$p_D = \left(\pi t_{Dx_f}\right)^{1/2}$$

或用实际压力和时间表示。

对于压裂油井：

$$\Delta p = \left(\frac{4.064QB}{hx_f}\sqrt{\frac{\mu}{K\phi c_t}}\right)t^{1/2}$$

或用简化形式：

$$\Delta p = m_{vf}\sqrt{t}$$

对于压裂气井：

$$\Delta m(p) = \left(\frac{40.925QT}{hx_f}\sqrt{\frac{1}{K\phi \mu c_t}}\right)t^{1/2}$$

或等价于：

$$\Delta m(p) = m_{vf}\sqrt{t}$$

线性流阶段可以用压力数据来识别，即 $\Delta p$ 与时间的双对数坐标图形是一条斜率为 $\frac{1}{2}$ 的直线，如图 1.74 所示。另一个压力数据点的诊断图形是 $\Delta p$ 或 $\Delta m(p)$ 与 $\sqrt{\text{时间}}$ 的直角坐标图形（图 1.75）是一条斜率为 $m_{vf}$ 的直线，$m_{vf}$ 与裂缝长度的关系式如下。

压裂油井：

$$x_f = \left(\frac{4.064QB}{m_{vf}h}\right)\sqrt{\frac{\mu}{K\phi c_t}} \tag{1.255}$$

压裂气井：

$$x_f = \left(\frac{40.925QT}{m_{vf}h}\right)\sqrt{\frac{1}{K\phi \mu c_t}} \tag{1.256}$$

式中　　$Q$——流量，bbl/d 或 $10^3\text{ft}^3/\text{d}$；

　　　　$T$——温度，°R；

　　　　$m_{vf}$——斜率，psi/$\sqrt{\text{h}}$ 或 psi²/（mPa·s·$\sqrt{\text{h}}$）；

　　　　$K$——渗透率，mD；

　　　　$c_t$——总压缩系数，psi⁻¹。

　　图 1.74 和图 1.75 所表示的直线关系提供了明显的、易于识别的裂缝迹象。如果应用得适当，这些曲线是探测裂缝存在的最好的诊断工具。实际上，除了高导流能力的裂缝，$\frac{1}{2}$ 斜线很少看到。有限导流裂缝在双线性流（$\frac{1}{4}$ 斜线）之后进入过渡阶段，然后达到无边界作用拟稳定流形态，最后达到斜线 $\frac{1}{2}$（线性流）。由于续流影响持续的时间较长，双线性流压力动态可能被遮盖，用现行的解释方法进行数据分析将变得很难。

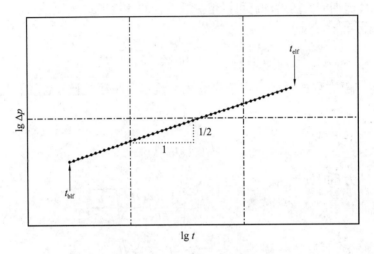

图 1.74　双对数坐标图形是一条斜率为 $\frac{1}{2}$ 的直线的压力数据

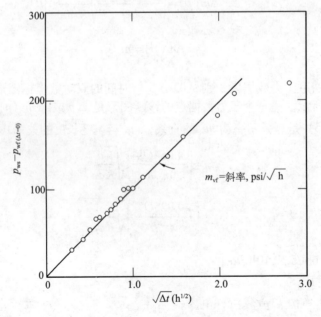

图 1.75　压力恢复试井数据平方根曲线

Agarwal 等（1979）指出过渡期间的压力数据显示为一条曲线，然后变直形成一条代表裂缝线性流的斜线。代表过渡流的曲线部分的持续时间取决于裂缝的产能系数。裂缝产能系数越小，曲线部分持续的时间越长。地层线性流的开始点"blf"与 $F_{CD}$ 有关，可以用下面的关系式近似计算：

$$t_{Dblf} \approx \frac{100}{\left(F_{CD}\right)^2}$$

地层线性流的结束时间点"elf"近似为：

$$t_{Delf} \approx 0.016$$

确定这两个点（直线的开始和结束）的时间坐标，用于计算 $F_{CD}$：

$$F_{CD} \approx 0.0125\sqrt{\frac{t_{elf}}{t_{blf}}}$$

其中 $t_{elf}$ 和 $t_{blf}$ 用 h 表示。

无边界作用拟稳定流：在此期间，流动动态类似于压裂引起的负表皮影响的油藏径向流。常用的瞬时压力数据的半对数和双对数坐标图形在此期间适用。例如，压降试井数据可以用方程（1.169）到方程（1.171）进行分析。即：

$$p_{wf} = p_i - \frac{162.6 Q_o B_o \mu}{Kh} \times \left[ \lg(t) + \lg\left(\frac{K}{\phi\mu c_t r_w^2}\right) - 3.23 + 0.87s \right]$$

或表示为线性形式：

$$p_i - p_{wf} = \Delta p = a + m\lg(t)$$

斜率 $m$ 为：

$$m = \frac{162.6 Q_o B_o \mu_o}{Kh}$$

求解地层系数：

$$Kh = \frac{162.6 Q_o B_o \mu_o}{|m|}$$

表皮系数 $s$ 可以用方程（1.171）计算：

$$s = 1.151\left[ \frac{p_i - p_{1h}}{|m|} - \lg\left(\frac{K}{\phi\mu c_t r_w^2}\right) + 3.23 \right]$$

如果绘制 $\Delta p$ 与时间的半对数图形，注意斜率 $m$ 和 $p_{wf}$ 与时间的半对数图形的斜率相同。那么：

$$s = 1.151\left[\frac{\Delta p_{1h}}{|m|} - \lg\left(\frac{K}{\phi\mu c_t r_w^2}\right) + 3.23\right]$$

$\Delta p_{1h}$ 可以用斜率 $m$ 的数学定义式计算，即用半对数直线上的两点 [ 为了方便，一个点可以取 $\lg$（10）对应的 $\Delta p$] 进行计算：

$$m = \frac{\Delta p_{\lg(10)} - \Delta p_{1h}}{\lg(10) - \lg(1)}$$

用这个表达式计算 $\Delta p_{1h}$：

$$\Delta p_{1h} = \Delta p_{\lg(10)} - m \tag{1.257}$$

另外，$\Delta p_{\lg(10)}$ 必须在直线上 $\lg$（10）对应的点读取。

Wattenbarger 和 Ramey（1968）表示压力差 $\Delta p$ 在线性流结束点的值 $\Delta p_{elf}$ 与在无边界作用拟稳定流开始时的值 $\Delta p_{bsf}$ 存在近似的关系：

$$\Delta p_{bsf} \geqslant 2\Delta p_{elf} \tag{1.258}$$

上面的法则通常被称为"双倍 $\Delta p$ 法则"而且可以从双对数曲线得到，当 1/2 斜率直线结束，读取结束点的压力差 $\Delta p$ 的值，即 $\Delta p_{elf}$。对于压裂井，取 $\Delta p_{elf}$ 的两倍标志无边界作用拟稳定流期间开始。同样，一个被称为"$10\Delta t$ 法则"的时间法则可用于标志拟稳定流的开始。

对于压降试井：  $\qquad\qquad\qquad t_{bsf} \geqslant 10t_{elf}$ $\qquad\qquad\qquad\qquad$ (1.259)

对于压力恢复试井：  $\qquad\qquad\quad \Delta t_{bsf} \geqslant 10\Delta t_{elf}$ $\qquad\qquad\qquad\quad$ (1.260)

这表示线性流结束后再经过一个对数周期出现无边界作用拟稳定流。上面两个法则的理论解释如图 1.76 所示。

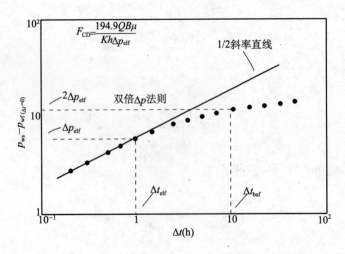

图 1.76   利用双对数坐标图形近似求拟稳定流的开始

另一个用于标志有限导流裂缝无边界作用径向流开始的近似方法是：

对于 $F_{CD} > 0.1$, $t_{Dbs} \approx 5\exp\left[-0.5\left(F_{CD}\right)^{-0.6}\right]$

Sabet（1991）应用下面的压降试井数据，这些数据最初由 Gringarten 等（1975）给出，说明分析水力压裂井试井数据的过程。

**例 1.37**    无限导流压裂井的压降试井数据如下表所示。

| $t$ (h) | $p_{wf}$ (psi) | $\Delta p$ (psi) | $\sqrt{t}$ ($h^{1/2}$) |
|---|---|---|---|
| 0.0833 | 3759.0 | 11.0 | 0.289 |
| 0.1670 | 3755.0 | 15.0 | 0.409 |
| 0.2500 | 3752.0 | 18.0 | 0.500 |
| 0.5000 | 3744.5 | 25.5 | 0.707 |
| 0.7500 | 3741.0 | 29.0 | 0.866 |
| 1.0000 | 3738.0 | 32.0 | 1.000 |
| 2.0000 | 3727.0 | 43.0 | 1.414 |
| 3.0000 | 3719.0 | 51.0 | 1.732 |
| 4.0000 | 3713.0 | 57.0 | 2.000 |
| 5.0000 | 3708.0 | 62.0 | 2.236 |
| 6.0000 | 3704.0 | 66.0 | 2.449 |
| 7.0000 | 3700.0 | 70.0 | 2.646 |
| 8.0000 | 3695.0 | 75.0 | 2.828 |
| 9.0000 | 3692.0 | 78.0 | 3.000 |
| 10.0000 | 3690.0 | 80.0 | 3.162 |
| 12.0000 | 3684.0 | 86.0 | 3.464 |
| 24.0000 | 3662.0 | 108.0 | 4.899 |
| 48.0000 | 3635.0 | 135.0 | 6.928 |
| 96.0000 | 3608.0 | 162.0 | 9.798 |
| 240.0000 | 3570.0 | 200.0 | 14.142 |

其他油藏参数：

$h$=82ft，$\phi$=0.12，$c_t$=21×10⁻⁶psi⁻¹，$\mu$=0.65mPa·s，$B_o$=1.26bbl/bbl，$r_w$=0.28ft，$Q$=419bbl/d，$p_i$=3770psi。

计算：渗透率 $K$；裂缝半长 $x_f$；表皮系数 $s$。

**解**    步骤 1：绘制下列图形。

（1）$\Delta p$ 与 $t$ 的双对数坐标图形，如图 1.77 所示；

（2）$\Delta p$ 与 $\sqrt{t}$ 的直角坐标图形，如图 1.78 所示；

（3）$\Delta p$ 与 $t$ 的半对数图形，如图 1.79 所示。

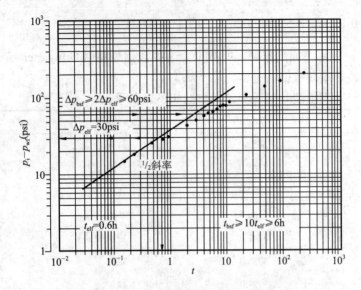

图 1.77　例 1.37 压降试井数据的双对数坐标图形

步骤 2：通过代表 lg（$\Delta p$）与 lg（$t$）的早期数据点画一条直线，如图 1.77 所示，确定直线的斜率。图 1.77 显示的是一条斜率为 1/2 的直线（不是 45°角），表明线性流没有续流影响。线性流持续的时间大约为 0.6h，即：

$$t_{\text{elf}}=0.6\text{h}$$
$$\Delta p_{\text{elf}}=30\text{psi}$$

因此，无边界作用拟稳定流的开始点可以用"双倍 $\Delta p$ 法则"或"一个对数周期法则"，即方程（1.258）和方程（1.259）近似求得：

$$t_{\text{bsf}} \geqslant 10 t_{\text{elf}} \geqslant 6\text{h}$$
$$\Delta p_{\text{bsf}} \geqslant 2\Delta p_{\text{elf}} \geqslant 60\text{psi}$$

步骤 3：在 $\Delta p$ 与 $\sqrt{t}$ 的直角坐标图形上，通过代表试井初期 0.3h 的早期压力数据点画一条直线（图 1.79），确定直线的斜率。

$$m_{\text{vf}}=36\text{psi/h}^{1/2}$$

步骤 4：在图 1.79 确定代表不稳定径向流的半对数直线的斜率。

$$m=94.1\text{psi/ 周期}$$

步骤 5：根据斜率计算渗透率。

$$K = \frac{162.6 Q_{\text{o}} B_{\text{o}} \mu_{\text{o}}}{mh} = \frac{162.6 \times 419 \times 1.26 \times 0.65}{94.1 \times 82} = 7.23\text{mD}$$

步骤 6：利用方程（1.255）计算裂缝半长。

$$x_f = \left( \frac{4.064QB}{m_{vf}h} \right) \sqrt{\frac{\mu}{K\phi c_t}}$$

$$= \left( \frac{4.064 \times 419 \times 1.26}{36 \times 82} \right) \times \sqrt{\frac{0.65}{7.23 \times 0.12 \times \left( 21 \times 10^{-6} \right)}}$$

$$= 137.3 \text{ft}$$

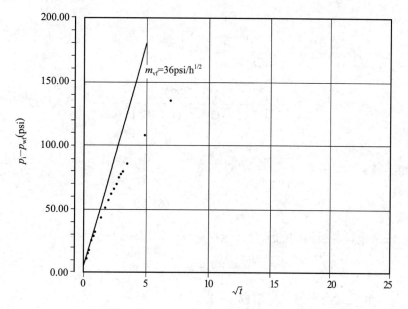

图 1.78　例 1.37 压降试井数据的直线图形

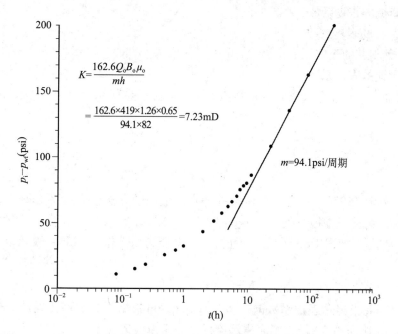

图 1.79　例 1.37 压降试井数据的半对数图形

步骤 7：根据图 1.78 半对数直线确定 $t=10h$ 时的 $\Delta p$。

$$\Delta p_{\Delta t=10}=71.7\text{psi}$$

步骤 8：应用方程（1.257）计算 $\Delta p_{1h}$。

$$\Delta p_{1h}=\Delta p_{\Delta t=0}-m=71.7-94.1=-22.4\text{psi}$$

步骤 9：计算总表皮系数 $s$。

$$s=1.151\left[\frac{\Delta p_{1h}}{|m|}-\lg\left(\frac{K}{\phi\mu c_t r_w^2}\right)+3.23\right]$$

$$=1.151\left\{\frac{-22.4}{94.1}-\lg\left[\frac{7.23}{0.12\times0.65\times\left(21\times10^{-6}\right)\times0.28^2}\right]+3.23\right\}$$

$$=-5.5$$

有效井筒半径：

$$r_w'=r_w\text{e}^{-s}=0.28\text{e}^{5.5}=68.5\text{ft}$$

注意总表皮系数是各类影响的综合，包括：

$$s=s_d+s_f+s_t+s_p+s_{sw}+s_r$$

式中 $s_d$——地层和裂缝伤害的表皮系数；

$s_f$——压裂的表皮系数，很大的负值，$s_f\ll0$；

$s_t$——紊流的表皮系数；

$s_p$——射孔的表皮系数；

$s_{sw}$——侧斜井的表皮系数；

$s_r$——限流的表皮系数。

对于压裂油井，有几个表皮系数是负值或不能用，主要有 $s_t$，$s_p$，$s_{sw}$ 和 $s_r$，因此：

$$s=s_d+s_f$$

或

$$s_d=s-s_f$$

Smith 和 Cobb（1979）提出评价压裂井伤害的最好的办法是应用平方根曲线。一口无伤害的理想井，延长平方根直线到 $\Delta t=0$ 时的 $p_{wf}$，即 $p_{wf(\Delta t=0)}$。而如果井被伤害，截距压力 $p_{int}$ 大于 $p_{wf(\Delta t=0)}$，如图 1.80 所示。注意井的关井压力用方程（1.253）表示：

$$p_{ws}=p_{wf(\Delta t=0)}+m_{vf}\sqrt{t}$$

Smith 和 Cobb 指出总表皮系数减去 $s_f$，即 $s-s_f$，可根据平方根直线确定，外推平方根直线到 $\Delta t=0$，截距压力 $p_{int}$ 给出了表皮污染导致的压力损失 $(\Delta p_s)_d$：

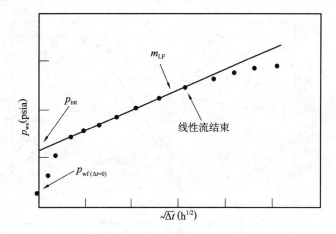

图1.80    表皮效应对平方根曲线的影响

$$\left(\Delta p_s\right)_d = p_{int} - p_{wf(\Delta t=0)} = \left(\frac{141.2QB\mu}{Kh}\right)s_d$$

方程（1.253）表明，如果 $p_{int} = p_{wf(\Delta t=0)}$，那么压裂井的表皮系数 $s_f$ 等于总表皮系数。

应该指出的是，如果裂缝半长大于泄油半径的1/3，外边界能够干扰半对数直线。无边界作用期间的压力动态与裂缝长度有很大关系。对于相对较短的裂缝，流动是径向的，但随着裂缝长度的增加变为线性，直至裂缝长度达到泄油半径。正如 Russell 和 Truitt（1964）记录的，压裂井传统试井分析得到的斜率非常小是不正确的，且随着裂缝长度的增加斜率的计算值不断减小。压力响应动态对裂缝长度的依赖关系可以用理论的霍纳压力恢复曲线说明，该曲线由 Russell 和 Truitt 给出，如图1.81所示。如果裂缝穿透比 $x_f/x_e$ 定义为裂缝半长 $x_f$ 与封闭的正方形泄油区域的半长 $x_e$ 的比值，那么图1.81显示了裂缝穿透对压力恢复曲线斜率的影响。对于穿透小的裂缝，压力恢复曲线的斜率只是稍微小于非压裂的径向流情况的曲线斜率。然而，压力恢复曲线的斜率随着裂缝穿深的增加而不断减小。这将导致计算的地层系数 $Kh$ 太大、平均压力错误及表皮系数非常小。显然，必须采取修正方法进行数据分析和解释，以说明裂缝长度对无边界作用期间的压力响应的影响。大多数出版的修正方法需要使用迭代程序。典型曲线拟合方法和其他专业图形技术作为准确、便捷的分析压裂井压力数据的方法已被石油工业接受，下面进行简要介绍。

典型曲线拟合是分析压裂井不稳定试井数据不可替代的便捷方法。典型曲线拟合方法的基础是绘制压力差 $\Delta p$ 与时间的函数曲线，该曲线与选定的典型曲线的坐标相同并与其中的一条典型曲线拟合。Gringarten 等（1974）绘制了正方形泄油区域的无限导流垂直裂缝和流量均布型垂直裂缝的典型曲线，分别如图1.82和图1.83所示。两个图都是表示无量纲压力降 $p_d$（或无量纲井筒压力 $p_{wd}$）与无量纲时间 $t_{Dxf}$ 的双对数曲线。裂缝解显示在线性流控制的初期，压力是时间平方根的函数。在双对数坐标，该流动期间的特征是一条1/2斜率的直线。无边界作用拟稳定流出现的时间 $t_{Dxf}$ 介于1和3之间。最后，所有解达到拟稳定状态。

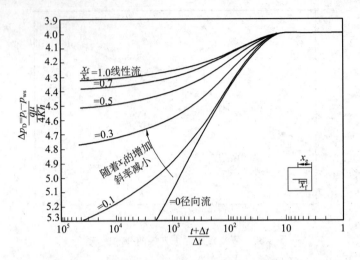

图 1.81　垂直裂缝油藏，计算的压力恢复曲线

在拟合过程中选择 一个拟合点，用典型曲线坐标轴上的无量纲参数计算地层渗透率和裂缝长度：

$$K = \frac{141.2QB\mu}{h}\left(\frac{p_D}{\Delta p}\right)_{MP} \tag{1.261}$$

$$x_f = \sqrt{\frac{0.0002637K}{\phi\mu C_t}\left(\frac{\Delta t}{t_{Dx_f}}\right)_{MP}} \tag{1.262}$$

对于 $x_e/x_f$ 的比值较大情况，Gringarten 与他的合作者建议有效井筒半径 $r'_w$ 可以近似表示为：

$$r'_w \approx \frac{x_f}{2} = r_w e^{-s}$$

因此，表皮系数可以近似为：

$$s = \ln\left(\frac{2r_w}{x_f}\right) \tag{1.263}$$

Earlougher（1977）指出如果所有的试井数据都落在 lg（$\Delta p$）与 lg（时间）的 1/2 斜率的直线上，即试井时间不够长，没有达到无边界作用拟稳定流期间，那么地层的渗透率 $K$ 既不能用典型曲线拟合计算，也不能用半对数曲线计算。这种情况通常出现在致密气井。然而，1/2 斜率直线的最后点，即 $(\Delta p)_{last}$ 和 $(t)_{last}$ 可用于计算渗透率的上限和裂缝长度的最小值：

$$K \leqslant \frac{30.358QB\mu}{h(\Delta p)_{last}} \tag{1.264}$$

$$x_{\text{f}} \geqslant \sqrt{\frac{0.01648K(t)_{\text{last}}}{\phi\mu c_{\text{t}}}} \qquad (1.265)$$

上面两个近似式只对 $x_{\text{e}}/x_{\text{f}} \gg 1$ 和无限导流裂缝有效。对于流量均布型裂缝，常数 30.358 和 0.01648 变为 107.312 和 0.001648。

为了说明 Gringarten 典型曲线在分析试井数据中的应用，作者提供了下面的例子。

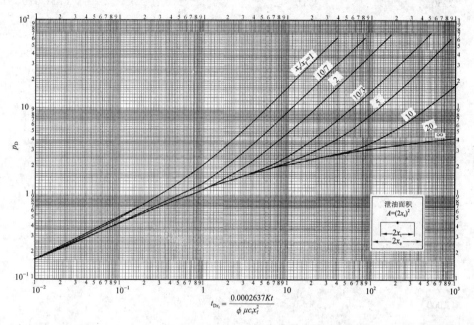

图 1.82　封闭正方形中心一口垂直裂缝井的无量纲压力，无续流，无限导流裂缝

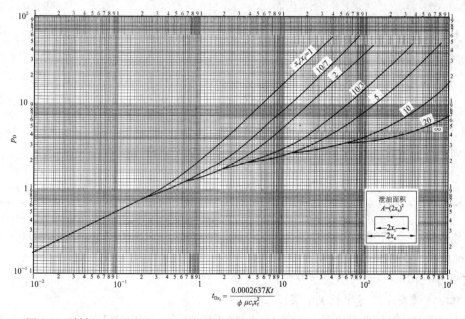

图 1.83　封闭正方形中心一口垂直裂缝井的无量纲压力，无续流，流量均布型裂缝

**例 1.38** 下表列出了一口无限导流裂缝井的压力恢复试井数据。

| $t$ (h) | $p_{ws}$ (psi) | $p_{ws} - p_{wf(\Delta t=0)}$ (psi) | $(t_p + \Delta t) / \Delta t$ |
|---|---|---|---|
| 0.000 | 3420.0 | 0.0 | 0.0 |
| 0.083 | 3431.0 | 11.0 | 93600.0 |
| 0.167 | 3435.0 | 15.0 | 46700.0 |
| 0.250 | 3438.0 | 18.0 | 31200.0 |
| 0.500 | 3444.5 | 24.5 | 15600.0 |
| 0.750 | 3449.0 | 29.0 | 10400.0 |
| 1.000 | 3542.0 | 32.0 | 7800.0 |
| 2.000 | 3463.0 | 43.0 | 3900.0 |
| 3.000 | 3471.0 | 51.0 | 2600.0 |
| 4.000 | 3477.0 | 57.0 | 1950.0 |
| 5.000 | 3482.0 | 62.0 | 1560.0 |
| 6.000 | 3486.0 | 66.0 | 1300.0 |
| 7.000 | 3490.0 | 70.0 | 1120.0 |
| 8.000 | 3495.0 | 75.0 | 976.0 |
| 9.000 | 3498.0 | 78.0 | 868.0 |
| 10.000 | 3500.0 | 80.0 | 781.0 |
| 12.000 | 3506.0 | 86.0 | 651.0 |
| 24.000 | 3528.0 | 108.0 | 326.0 |
| 36.000 | 3544.0 | 124.0 | 218.0 |
| 48.000 | 3555.0 | 135.0 | 164.0 |
| 60.000 | 3563.0 | 143.0 | 131.0 |
| 72.000 | 3570.0 | 150.0 | 109.0 |
| 96.000 | 3582.0 | 162.0 | 82.3 |
| 120.000 | 3590.0 | 170.0 | 66.0 |
| 144.000 | 3600.0 | 180.0 | 55.2 |
| 192.000 | 3610.0 | 190.0 | 41.6 |
| 240.000 | 3620.0 | 200.0 | 33.5 |

其他数据：$p_i$=3700psi，$r_w$=0.28ft，$\phi$=12%，$h$=82ft，$c_t = 21 \times 10^{-6}$psi$^{-1}$，$\mu$=0.65mPa·s，$B$=1.26bbl/bbl，$Q$=419bbl/d，$t_p$=7800h

泄油面积 =1600acre（不完全发育）

计算：渗透率；裂缝半长 $x_f$；表皮系数。

**解** 步骤 1：在透明纸上绘制 $\Delta p$ 与 $\Delta t$ 的函数图形，与图 1.82 的 Gringarten 典型曲线

的坐标相同。把透明纸覆在典型曲线的上面，如图 1.84 所示，得到下列的拟合点：

$$(\Delta p)_{MP}=100psi$$

$$(\Delta t)_{MP}=10h$$

$$(p_D)_{MP}=1.22$$

$$(t_D)_{MP}=0.68$$

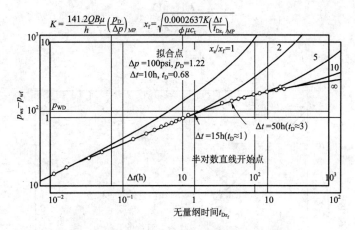

图 1.84  典型曲线拟合（根据例 1.38 的数据）

步骤 2：应用方程（1.261）和方程（1.262）计算 $K$ 和 $x_f$。

$$K=\frac{141.2QB\mu}{h}\left(\frac{p_D}{\Delta p}\right)_{MP}=\frac{141.2\times419\times1.26\times0.65}{82}\times\left(\frac{1.22}{100}\right)=7.21mD$$

$$x_f=\sqrt{\frac{0.0002637K}{\phi\mu c_t}\left(\frac{\Delta t}{t_{Dx_f}}\right)_{MP}}=\sqrt{\frac{0.0002637\times7.21}{0.12\times0.65\times\left(21\times10^{-6}\right)}\times\left(\frac{10}{0.68}\right)}=131ft$$

步骤 3：应用方程（1.263）计算表皮系数。

$$s=\ln\left(\frac{2r_w}{x_f}\right)\approx\ln\left(\frac{2\times0.28}{131}\right)=5.46$$

步骤 4：根据 Gringarten 的判别依据，确定半对数直线开始的时间。

$$t_{Dx_f}=\left(\frac{0.0002637K}{\phi\mu c_t x_f^2}\right)t\geqslant3$$

或：

$$t\geqslant\frac{3\times0.12\times0.68\times\left(21\times10^{-6}\right)\times131^2}{0.0002637\times7.21}\geqslant50h$$

50h 以后的所有数据都可以用于常规霍纳曲线法计算渗透率和表皮系数。图 1.85 显示了一条霍纳曲线，并有下列的结果：

$$m=95\text{psi}/\text{周期}$$

$$p^*=3764\text{psi}$$

$$p_{1h}=3395\text{psi}$$

$$K=7.16\text{mD}$$

$$s=-5.5$$

$$x_f=137\text{ft}$$

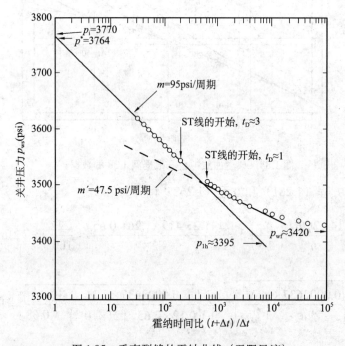

图 1.85　垂直裂缝的霍纳曲线（无限导流）

Cinco 和 Samaniego（1981）建立了有限导流垂直裂缝典型曲线，如图 1.86 所示。这些曲线以双线性流理论为基础，用 $(p_D F_{CD})$ 与 $(t_{Dx_f} F_{CD}^2)$ 的双对数坐标图形表示，各种 $F_{CD}$ 值的变化范围为 $0.1\pi \sim 1000\pi$。该图的主要特点是对于所有的 $F_{CD}$ 值双线性流（1/4 斜率）的动态和地层线性流（1/2 斜率）的动态用一条曲线表示。注意双线性流和线性流之间有一个过渡阶段。图中的虚线表示无边界作用拟稳定流的开始。

绘制压力数据 $\lg(\Delta p)$ 与 $\lg(t)$ 的函数图形，并把得到的图形与无量纲有限导流 $(F_{CD})_M$ 典型曲线拟合，拟合点为：（1）$(\Delta p)_{MP}$，$(p_D F_{CD})_{MP}$；（2）$(t)_{MP}$，$(t_{Dx_f} F^2_{CD})_{MP}$；（3）双线性流结束 $(t_{ebf})_{MP}$；（4）地层线性流开始 $(t_{blf})_{MP}$；（5）半对数直线开始 $(t_{bssl})_{MP}$。

根据上面的拟合点计算 $F_{CD}$ 和 $x_f$。

对于油藏：
$$F_{CD}=\left(\frac{141.2QB\mu}{hK}\right)\frac{(p_D F_{CD})_{MP}}{(\Delta p)_{MP}} \tag{1.266}$$

对于气藏：

$$F_{CD} = \left(\frac{1424QT}{hK}\right)\frac{(p_D F_{CD})_{MP}}{[\Delta m(p)]_{MP}} \tag{1.267}$$

裂缝半长：

$$x_f = \left(\frac{0.0002637K}{\phi\mu c_t}\right)\frac{(t)_{MP}(F_{CD})_M^2}{(t_{Dx_f}F_{CD}^2)_{MP}} \tag{1.268}$$

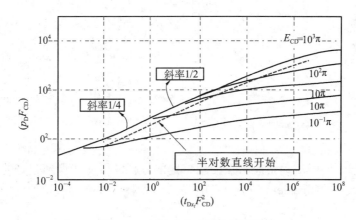

图 1.86    气井垂直裂缝的典型曲线

无量纲有效井筒半径 $r'_{wD}$ 定义为有效井筒半径 $r'_{wD}$ 与裂缝半长 $x_f$ 的比值，即 $r'_{wD} = r'_w/x_f$，Cinco 和 Samaniego 用无量纲裂缝导流能力 $F_{CD}$ 校正 $r'_{wD}$ 并将校正结果用图形表示，如图 1.87 所示。

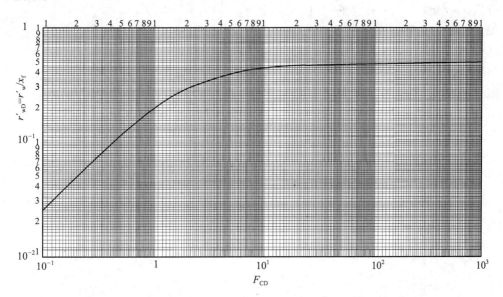

图 1.87    垂直裂缝有效井筒半径与无量纲裂缝导流能力关系图

图 1.87 表明当无量纲裂缝导流能力大于 100，无量纲有效井筒半径 $r'_{wD}$ 与裂缝导流能力无关，是固定值 0.5，即当 $F_{CD} > 100$ 时，$r'_{wD} = 0.5$。有效井筒半径用裂缝表皮系数 $s_f$ 表

示为：

$$r_w' = r_w e^{-s_f}$$

将 $r_{wD}'$ 代入上面的表达式并求解 $s_f$：

$$s_f = \ln\left[\left(\frac{x_f}{r_w}\right) r_{wD}'\right]$$

当 $F_{CD} > 100$，得：

$$s_f = -\ln\left(\frac{x_f}{2r_w}\right)$$

式中　$s_f$——裂缝导致的表皮系数；

　　　$r_w$——井筒半径，ft。

应该记住对于不同的流动形态必须使用特定的分析图形才能得到较好的裂缝和油藏参数的计算值。Cinco 和 Samaniego 利用下列压力恢复数据说明如何应用他们的典型曲线确定裂缝和油藏参数。

**例 1.39**　压力恢复试井数据与例 1.36 给出的相同，但为了方便下面再列出来：

$Q=7530\times10^3\text{ft}^3/\text{d}$，$t_p=2640\text{h}$，$h=118\text{ft}$，$\phi=0.10$，$K=0.025\text{mD}$，$\mu=0.0252\text{mPa}\cdot\text{s}$，$T=690°\text{R}$，$c_t=0.129\times10^{-3}\text{psi}^{-1}$，$p_{\text{wf}(\Delta t=0)}=1320\text{psi}$，$r_w=0.28\text{ft}$。

压力恢复数据的图形表示用下面两种形式：

（1）$\Delta m(p)$ 与（$\Delta t$）$^{1/4}$ 的双对数坐标图形，如图 1.73 所示。

（2）$\Delta m(p)$ 与（$\Delta t$）的双对数坐标图形，与图 1.86 的典型曲线拟合，拟合结果如图 1.88 所示。

利用常规分析方法和典型曲线分析方法计算裂缝和油藏参数，并比较结果。

**解**　步骤 1：根据图 1.73 中 $\Delta m(p)$ 与（$\Delta t$）$^{1/4}$ 的双对数曲线确定如下参数。

$m_{\text{bf}} \approx 1.6\times10^8\text{psi}^2/(\text{mPa}\cdot\text{s}\cdot\text{h}^{1/4})$，$t_{\text{sbf}} \approx 0.35\text{h}$（双线性流开始），$t_{\text{ebf}} \approx 2.5\text{h}$（双线性流结束），$\Delta m(p)_{\text{ebf}} \approx 2.05\times10^8\text{psi}^2/(\text{mPa}\cdot\text{s})$。

步骤 2：进行双线性流分析。

（1）用方程（1.252）计算裂缝导流能力 $F_C$：

$$
\begin{aligned}
F_C &= \left[\frac{444.6QT}{m_{\text{bf}}h(\phi\mu c_t K)^{1/4}}\right]^2 \\
&= \left\{\frac{444.6\times7350\times690}{(1.62\times10^8)\times118\times\left[0.1\times0.0252\times(0.129\times10^{-3})\times0.025\right]^{1/4}}\right\}^2 \\
&= 154\text{mD}\cdot\text{ft}
\end{aligned}
$$

（2）用方程（1.254）计算无量纲导流能力 $F_{CD}$：

$$F_{CD} = \frac{1965.1 QT}{Kh\Delta m(p)_{ebf}}$$

$$= \frac{1965.1 \times 7350 \times 690}{0.025 \times 118 \times (2.05 \times 10^8)} = 16.5$$

（3）用方程（1.239）计算裂缝半长：

$$x_f = \frac{F_C}{F_{CD}K} = \frac{154}{16.5 \times 0.025} = 369\text{ft}$$

（4）根据图 1.86 确定无量纲比 $r'_w / x_f$：

$$\frac{r'_w}{x_f} \approx 0.46$$

（5）计算有效井筒半径 $r'_w$：

$$r'_w = 0.46 \times 369 = 170\text{ft}$$

（6）计算有效表皮系数：

$$s = \ln\left(\frac{r_w}{r'_w}\right) = \ln\left(\frac{0.28}{170}\right) = -6.4$$

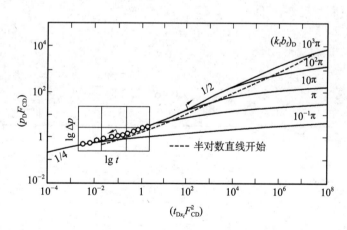

图 1.88　双线性流数据和过渡流数据的典型曲线拟合

步骤 3：进行典型曲线分析。

（1）根据图 1.88 确定拟合点：

$$\Delta m(p)_{MP} = 10^9 \text{psi}^2/(\text{mPa} \cdot \text{s})$$

$$(p_D F_{CD})_{MP} = 6.5$$

$$\left(\Delta t\right)_{MP} = 1h$$

$$\left[t_{Dx_f}\left(F_{CD}\right)^2\right]_{MP} = 3.69 \times 10^{-2}$$

$$t_{sbf} \approx 0.35h$$

$$t_{ebf} \approx 2.5h$$

（2）根据方程（1.267）计算 $F_{CD}$：

$$F_{CD} = \left(\frac{1424 \times 7350 \times 690}{118 \times 0.025}\right) \times \frac{6.5}{10^9} = 15.9$$

（3）根据方程（1.268）计算裂缝半长：

$$x_f = \left[\frac{0.0002637 \times 0.025}{0.1 \times 0.0252 \times \left(0.129 \times 10^{-3}\right)} \times \frac{1 \times 15.9^2}{3.69 \times 10^{-2}}\right]^{1/2} = 373 \text{ft}$$

（4）根据方程（1.239）计算 $F_C$：

$$F_C = F_{CD} x_f K = 15.9 \times 373 \times 0.025 = 148 \text{mD} \cdot \text{ft}$$

（5）根据图 1.86：

$$\frac{r'_w}{x_f} = 0.46$$

$$r'_w = 373 \times 0.46 = 172 \text{ft}$$

| 试井结果 | 典型曲线分析 | 双线性流分析 |
| --- | --- | --- |
| $F_C$ | 148.0 | 154 |
| $x_f$ | 373.0 | 369 |
| $F_{CD}$ | 15.9 | 16.5 |
| $r'_w$ | 172.0 | 170 |

压力导数法可以有效地用于确定水力压裂井不同流动形态的期间。如图 1.89 所示，有限导流裂缝压力差 $\Delta p$ 和它的导数都是斜率为 1/4 的直线，两条平行线的距离是 4 的倍数。同样，对于无限导流裂缝，表示 $\Delta p$ 和它的导数的两条平行直线斜率为 1/2，距离是 2 的倍数（图 1.90）。

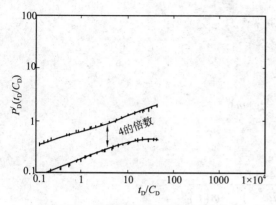

图 1.89　有限导流裂缝的压力差和它
的导数图形都是一条 1/4 斜率的双对
数直线，两条线的距离是 4 的倍数

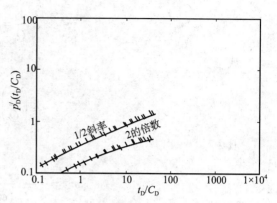

图 1.90　无限导流裂缝的压力差和它
的导数图形都是一条 1/2 斜率的双对
数直线，两条线的距离是 2 的倍数

致密油藏大型水力压裂（MHF）能够增加井的产能，得到裂缝的特点是有限导流的长垂直裂缝。这些井趋于以恒定低井底流动压力生产，而不是恒定流量。双线性流数据的诊断曲线和常规分析方法可用于恒定流动压力下的试井数据分析。重新整理方程（1.245）到方程（1.249），并用下列形式表示。

对于压裂油井：

$$\frac{1}{Q} = \left[\frac{44.1B\mu}{h\sqrt{F_C}\left(\phi\mu c_t K\right)^{1/4}\Delta p}\right] t^{1/4}$$

或等价于：

$$\frac{1}{Q} = m_{bf}t^{1/4}$$

且

$$\lg\left(\frac{1}{Q}\right) = \lg\left(m_{bf}\right) + \frac{1}{4}\lg(t)$$

其中：

$$m_{bf} = \frac{44.1B\mu}{h\sqrt{F_C}\left(\phi\mu c_t K\right)^{1/4}\Delta p}$$

$$F_C = K_f w_f = \left[\frac{44.1B\mu}{hm_{bf}\left(\phi\mu c_t K\right)^{1/2}\Delta p}\right]^2 \tag{1.269}$$

对于压裂气井：

$$\frac{1}{Q} = m_{bf} t^{1/4}$$

或

$$\lg\left(\frac{1}{Q}\right) = \lg(m)$$

其中：

$$m_{bf} = \frac{444.6T}{h\sqrt{F_C}\left(\phi\mu c_t K\right)^{1/4}\Delta m(p)}$$

求解 $F_C$：

$$F_C = \left[\frac{444.6T}{hm_{bf}\left(\phi\mu c_t K\right)^{1/4}\Delta m(p)}\right]^2 \tag{1.270}$$

下列过程可用于分析恒定流动压力下的双线性流数据。

步骤 1：绘制 $1/Q$ 与 $t$ 的双对数坐标图形，确定是否所有的数据都落在 1/4 斜率的直线上。

步骤 2：如果步骤 1 中所有的数据都落在 1/4 斜率直线上，绘制 $1/Q$ 与 $t^{1/4}$ 的直角坐标图，确定斜率 $m_{bf}$。

步骤 3：根据方程（1.269）或方程（1.270）计算裂缝导流能力 $F_C$。

对于油井：
$$F_C = \left[\frac{44.1B\mu}{hm_{bf}\left(\phi\mu c_t K\right)^{1/4}\left(p_i - p_{wf}\right)}\right]^2$$

对于气井：
$$F_C = \left[\frac{444.6T}{hm_{bf}\left(\phi\mu c_t K\right)^{1/4}\left[m(p_i) - m(p_{wf})\right]}\right]^2$$

步骤 4：确定双线性流直线结束时的 $Q$ 值，并命名为 $Q_{ebf}$。

步骤 5：根据方程（1.253）或方程（1.254）计算 $F_{CD}$。

对于油井：
$$F_{CD} = \frac{194.9Q_{ebf}B\mu}{Kh\left(p_i - p_{wf}\right)}$$

对于气井：
$$F_{CD} = \frac{1965.1Q_{ebf}T}{Kh\left[m(p_i) - m(p_{wf})\right]}$$

步骤 6：计算裂缝半长。

$$x_f = \frac{F_C}{F_{CD}K}$$

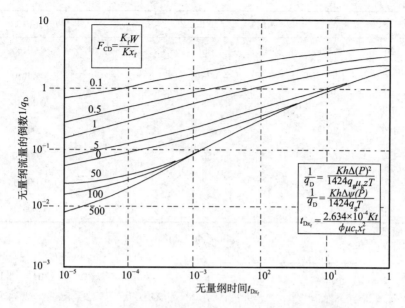

图 1.91  有限导流垂直裂缝恒定井底压力典型曲线

Agarwal 等（1979）建立了有限导流裂缝恒定压力典型曲线，如图 1.91 所示。在双对数坐标图纸上，无量纲流量的倒数 $1/Q_D$ 表示为无量纲时间 $t_{Dx_f}$ 的函数，无量纲裂缝导流能力 $F_{CD}$ 作为校正参数。无量纲流量的倒数 $1/Q_D$ 如下。

对于油井：
$$\frac{1}{Q_D} = \frac{Kh(p_i - p_{wf})}{141.2Q\mu B} \tag{1.271}$$

对于气井：
$$\frac{1}{Q_D} = \frac{Kh\left[m(p_i) - m(p_{wf})\right]}{1424QT} \tag{1.272}$$

且
$$t_{Dx_f} = \frac{0.0002637Kt}{\phi(\mu c_t)_i x_f^2} \tag{1.273}$$

式中　$p_{wf}$——井底压力，psi；

　　　$Q$——流量，bbl/d 或 $10^3ft^3/d$；

　　　$T$——温度，°R；

　　　$t$——时间，h；

下标：i——初始；

　　　D——无量纲。

下面的例子由 Agarwal 等（1979）提出，用来说明这些典型曲线的应用。

**例 1.40**　致密气藏一口生产井，压前进行了压力恢复试井，得到地层渗透率为 0.0081mD。进行了大型水力压裂之后，该井以恒定压力生产，记录的产量—时间数据如下。

| $t$ (d) | $Q$ ($10^3$ft$^3$/d) | $I/Q$ (d/$10^3$ft$^3$) |
|---|---|---|
| 20 | 625 | 0.00160 |
| 35 | 476 | 0.00210 |
| 50 | 408 | 0.00245 |
| 100 | 308 | 0.00325 |
| 150 | 250 | 0.00400 |
| 250 | 208 | 0.00481 |
| 300 | 192 | 0.00521 |

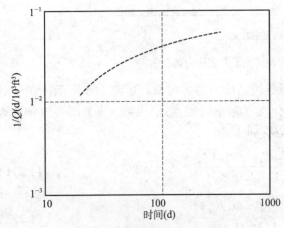

图 1.92　大型水力压裂井流量倒数平滑数据与时间的关系曲线，例 1.40

其他数据为：$p_i$=2394psi，$\triangle m$ $(p)$ =396×10$^6$psi$^2$/（mPa·s），$h$=32ft，$\phi$=0.107，$T$=720°R，$c_{ti}$=2.34×10$^{-4}$psi$^{-1}$，$\mu_i$=0.0176mPa·s，$K$=0.0081mD。

计算：（1）裂缝半长 $x_f$；（2）裂缝导流能力 $F_C$。

**解**　步骤 1：用与典型曲线相同的双对数坐标，在透明纸上绘制 $1/Q$ 与 $t$ 的函数图形，如图 1.92 所示。

步骤 2：利用已知的 $K$，$h$ 和 $\triangle m$ $(p)$ 的值，随机选择一个方便的流量，计算对应的 $1/Q_D$。选择 $Q$=1000×10$^3$ft$^3$/d，应用方程（1.272）计算对应的 $1/Q_D$：

$$\frac{1}{Q_D} = \frac{Kh\triangle m(p)}{1424QT}$$

$$= \frac{0.0081\times32\times(396\times10^6)}{1424\times1000\times720} = 0.1$$

步骤 3：因此，$1/Q$=10$^{-3}$ 在透明纸上 $y$ 轴上的位置与 $1/Q_D$=0.1 在典型曲线图纸上 $y$ 轴上的位置是固定关系，如图 1.93 所示。

步骤 4：沿着 $x$ 轴水平方向移动透明纸直到拟合，得到如下参数。

$$t=100\text{d}=2400\text{h}$$
$$t_{Dx_f}=2.2\times10^{-2}$$
$$F_{CD}=50$$

步骤 5：用方程（1.273）计算裂缝半长。

$$x_f^2 = \left[\frac{0.0002637K}{\phi(\mu c_t)_i}\right]\left(\frac{t}{t_{Dx_f}}\right)_{MP}$$

$$= \left[\frac{0.0002637 \times 0.0081}{0.107 \times 0.0176 \times (2.34 \times 10^{-4})}\right] \times \left(\frac{2400}{2.2 \times 10^{-2}}\right)$$

$$= 528174$$

$$x_f \approx 727\text{ft}$$

因此总裂缝长度：

$$2x_f = 1454\text{ft}$$

步骤 6：利用方程（1.220）计算裂缝导流能力 $F_C$。

$$F_C = F_{CD}Kx_f = 50 \times 0.081 \times 727 = 294\text{mD} \cdot \text{ft}$$

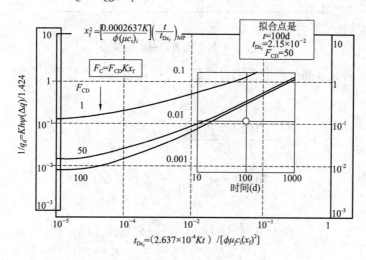

图 1.93    大型水力压裂气井的典型曲线拟合，例 1.40

应该指出的是如果压前的压力恢复试井数据不能得到，拟合时需要同时沿着 $x$ 轴和 $y$ 轴移动透明图纸达到拟合。这里强调需要根据压前试井数据确定 $Kh$。

#### 1.5.4.4    断层或非渗透性阻挡层

压力恢复试井的一个重要应用是分析试井数据来检测或确认断层和其他流动阻挡层的存在。当闭合断层位于测试井附近时，它明显影响压力恢复试井期间记录的压力动态。这一压力动态可以用镜像法的叠加原理进行数学描述。图 1.94 显示与闭合断层的距离为 $L$ 的一口测试井。应用方程（1.168）给出的镜像法，总压力降是时间 $t$ 的函数：

$$(\Delta p)_{total} = \frac{162.6Q_oB\mu}{Kh}\left[\lg\left(\frac{Kt}{\phi\mu c_t r_w^2}\right) - 3.23 + 0.87s\right]$$

$$- \left(\frac{70.6Q_oB\mu}{Kh}\right)\text{Ei}\left(-\frac{948\phi\mu c_t(2L)^2}{Kt}\right)$$

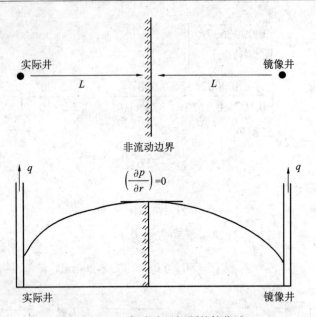

图 1.94　解决边界问题的镜像法

当测试井和镜像井都关井进行压力恢复试井时，叠加原理可用于方程（1. 68）来预测 $\Delta t$ 时的恢复压力：

$$
\begin{aligned}
p_{ws} = p_i &- \frac{162.6 Q_o B_o \mu_o}{Kh}\left[\lg\left(\frac{t_p + \Delta t}{\Delta t}\right)\right] \\
&- \left(\frac{70.6 Q_o B_o \mu_o}{Kh}\right)\text{Ei}\left[\frac{-948\phi\mu c_t (2L)^2}{K(t_p + \Delta t)}\right] \\
&- \left[\frac{70.6(-Q_o) B_o \mu_o}{Kh}\right]\text{Ei}\left[\frac{-948\phi\mu c_t (2L)^2}{K\Delta t}\right]
\end{aligned}
\tag{1.274}
$$

回想一下，当 $x < 0.01$ 时，指数积分 Ei $(x)$ 可以近似表示为方程（1.79）：

$$
\text{Ei}(-x) = \ln(1.781x)
$$

当 $x$ 大于 10.9 时，Ei $(-x)$ 的值可以认为等于零，即当 $x > 10.9$ 时，Ei $(-x)$ =0。注意 $(2L)^2$ 的值很大，而压力恢复早期 $\Delta t$ 很小，方程（1.274）中的后两项可以认为等于零。或：

$$
p_{ws} = p_i - \frac{162.6 Q_o B_o \mu_o}{Kh}\left[\lg\left(\frac{t_p + \Delta t}{\Delta t}\right)\right]
\tag{1.275}
$$

这是基本的通用霍纳方程，半对数直线的斜率为：

$$
m = \frac{162.6 Q_o B_o \mu_o}{Kh}
$$

当关井时间足够长，对数近似值是 Ei 函数的精确值，方程（1.274）成为：

$$p_{ws} = p_i - \frac{162.6Q_oB_o\mu_o}{Kh}\left[\lg\left(\frac{t_p + \Delta t}{\Delta t}\right)\right] - \frac{162.6Q_oB_o\mu_o}{Kh}\left[\lg\left(\frac{t_p + \Delta t}{\Delta t}\right)\right]$$

重新整理这个方程并合并得：

$$p_{ws} = p_i - 2\left(\frac{162.6Q_oB_o\mu_o}{Kh}\right)\left[\lg\left(\frac{t_p + \Delta t}{\Delta t}\right)\right]$$

简化为：

$$p_{ws} = p_i - 2m\left[\lg\left(\frac{t_p + \Delta t}{\Delta t}\right)\right] \tag{1.276}$$

根据方程（1.275）和方程（1.276）可以得到三个结论：

（1）对于关井早期的压力恢复数据，方程（1.275）表明关井早期试井数据的霍纳曲线形成一条斜直线，其斜率与没有闭合断层的油藏的斜率相同。

（2）当关井时间较长时，试井数据的霍纳曲线形成第二条直线，斜率是第一条直线斜率的 2 倍，即第二个斜率 =2m。斜率是第一条直线斜率 2 倍的第二条直线的出现提供了根据压力恢复数据识别断层存在的一种方式。

（3）2 倍斜率出现所需的关井时间可根据下面的表达式近似求得：

$$\frac{948\phi\mu c_t(2L)^2}{K\Delta t} < 0.01$$

求解 $\Delta t$ 得：

$$\Delta t > \frac{380000\phi\mu c_t L^2}{K}$$

式中　　$\Delta t$——最小关井时间，h；

　　　　$K$——渗透率，mD；

　　　　$L$——井与闭合断层之间的距离，ft。

注意计算泄油区域平均压力 $\bar{p}$ 用到的 $p^*$ 的值可通过外推第二条直线到单位时间比，即（$t_p + \Delta t$）/$\Delta t$=1 处得到。用第一条直线的斜率计算渗透率和表皮系数。

Gray（1965）提出对于压力恢复试井的斜率出现 2 倍的情况时，如图 1.95 所示，井与断层的距离可以用两条半对数直线的交点 $\Delta t_x$ 计算。即：

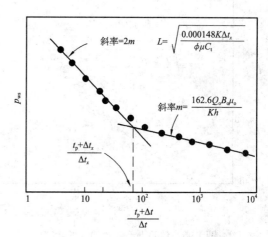

图 1.95　断层系统的理论霍纳曲线

$$L = \sqrt{\frac{0.000148K\Delta t_x}{\phi\mu c_t}} \tag{1.277}$$

Lee（1982）利用下面的例子说明 Gray 法。

**例 1.41** 进行压力恢复试井确认新钻井附近闭合断层的存在。试井数据列表如下。

| $\Delta t$ (h) | $p_{ws}$ (psi) | $(t_p+\Delta t)/\Delta t$ |
|---|---|---|
| 6 | 3996 | 47.5 |
| 8 | 4085 | 35.9 |
| 10 | 4172 | 28.9 |
| 12 | 4240 | 24.3 |
| 14 | 4298 | 20.9 |
| 16 | 4353 | 18.5 |
| 20 | 4435 | 15.0 |
| 24 | 4520 | 12.6 |
| 30 | 4614 | 10.3 |
| 36 | 4700 | 8.76 |
| 42 | 4770 | 7.65 |
| 48 | 4827 | 6.82 |
| 54 | 4882 | 6.17 |
| 60 | 4931 | 5.65 |
| 66 | 4975 | 5.23 |

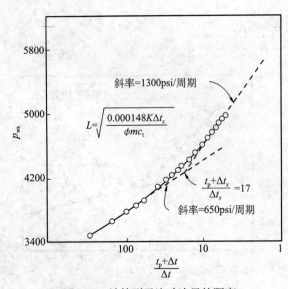

图 1.96　计算到无流动边界的距离

其他数据包括：$\phi=0.15$，$\mu_o=0.6$ mPa·s，$c_t=17\times10^{-6}\text{psi}^{-1}$，$r_w=0.5\text{ft}$，$Q_o=1221\text{bbl/d}$，$h=8\text{ft}$，$B_o=1.31\text{bbl/bbl}$。

关井前累计产油量 14206bbl。确定闭合断层是否存在和井与断层的距离。

**解** 步骤 1：计算累计生产时间 $t_p$。

$$t_p = \frac{24N_p}{Q_o} = \frac{24\times14206}{1221} = 279.2\text{h}$$

步骤 2：绘制图 1.96 所示的 $p_{ws}$ 与 $(t_p+\Delta t)/\Delta t$ 的曲线。曲线清晰地显示两条直线，第一条直线的斜率 650psi/ 周期，第二条直线的斜率 1300psi/ 周期。注意第二条直线的斜率是第一条直线斜率的 2 倍，表明闭合断层存在。

步骤 3：用第一条直线的斜率值计算渗透率 $K$。

$$K = \frac{162.6Q_oB_o\mu_o}{mh} = \frac{162.6 \times 1221 \times 1.31 \times 0.6}{650 \times 8} = 30\text{mD}$$

步骤 4：确定图 1.96 所示的两条半对数直线交点的霍纳时间比。

$$\frac{t_p + \Delta t_x}{\Delta t_x} = 17$$

或：

$$\frac{279.2 + \Delta t_x}{\Delta t_x} = 17$$

据此：

$$\Delta t_x = 17.45\text{h}$$

步骤 5：应用方程（1.277）计算井到断层的距离 $L$。

$$L = \sqrt{\frac{0.000148K\Delta t_x}{\phi\mu c_t}} = \sqrt{\frac{0.000148 \times 30 \times 17.45}{0.15 \times 0.6 \times \left(17 \times 10^{-6}\right)}} = 225\text{ft}$$

#### 1.5.4.5　压力恢复曲线的定性解释

霍纳曲线自从 1951 年引入，已经成为分析压力恢复试井数据最广泛接受的方式。在压力瞬变分析时，另一个广泛应用的辅助工具是压力差 $\Delta p$ 与时间的双对数曲线。Economides（1988）指出该双对数坐标图形可以实现下列两个目的：

（1）数据可以与典型曲线拟合；

（2）典型曲线能够说明大多数井和油藏系统压力瞬变数据的预期趋势。

双对数坐标图形提供的可视化效果已经被压力导数的引入而强化，压力导数代表压力恢复数据斜率随时间的变化。当数据形成一条半对数直线，压力导数将会恒定。这意味着对于霍纳曲线上半对数直线对应的那部分数据，压力导数曲线是水平的。

许多工程师依据 $\Delta p$ 和它的导数与时间的双对数曲线，为给定的一组压力瞬变数据确定和选择正确的解释模型。由 Economides 建立的五种经常遇到的油藏系统的双对数诊断曲线和霍纳曲线的组合图，如图 1.97 所示。右侧的曲线 $a$ 到 $e$ 代表五种不同情况下的压力恢复响应，左侧的曲线代表对应 $\Delta p$ 和（$\Delta t \Delta p'$）与时间的双对数曲线。

图 1.97 所示的五种不同的压力恢复的例子由 Economides（1988）提出，下面进行主要介绍。

图 1.97（a）表示最普遍的响应——均质油藏，有续流和表皮影响。续流的导数瞬时值在早期形成"峰值"。后期平的导数部分作为霍纳半对数直线，很容易解释。

图 1.97（b）显示无限导流的动态，它是一口穿透天然裂缝井的特性。压力差和压力导

数的斜率都是 1/2，该流动形态期间的两条平行线，表示线性流入裂缝。

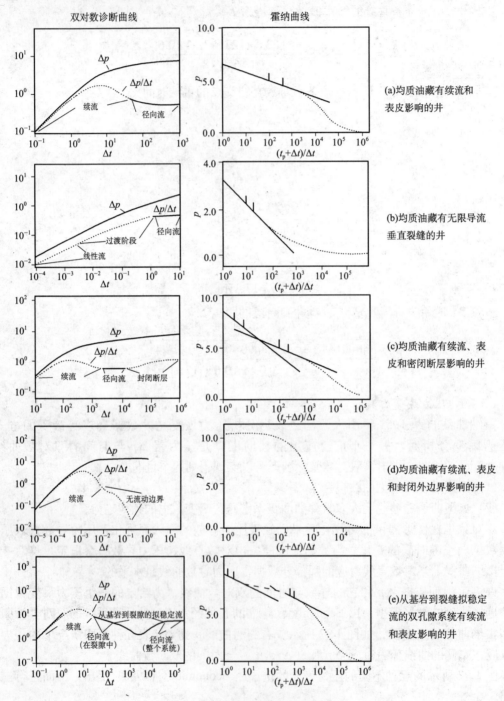

图 1.97　压力恢复曲线的定性解释

　　图 1.97（c）均质油藏，有一个垂直流动屏障或断层。第二条导数曲线平直部分的高度是第一条导数曲线平直部分高度的 2 倍，而霍纳曲线也显示 2 倍斜率的影响。

图 1.97（d）说明闭合泄油区域的影响。与压降试井的瞬时压力不同，这里在后期有一条表示拟稳定流的斜率为 1 的直线；恢复压力导数降到零。渗透率和表皮系数不能根据霍纳曲线确定，因为这个例子中没有数据显示导数曲线是平的。当瞬时数据与图 1.97（d）相似时，确定油藏参数的唯一途径是应用典型曲线拟合。

图 1.97（e）显示压力导数曲线有一个凹陷处，这表示油藏不均匀。这种情况源于双孔隙动态，从基岩到裂缝是拟稳定流。

图 1.97 清晰地显示压力和压力导数图形。双对数坐标图形的一个重要的优点是只要按照对数周期的乘方绘制数据，瞬时图形就有一个标准的形状。调整纵轴的范围可以放大半对数曲线的可视结构。如果不调整，多数或所有数据可能显示位于一条线上，微小的变化被忽略。

一些压力导数图形显示和其他模型的特点相似。例如，和断层有关 [图 1.97（c）] 的压力导数双倍也表示双孔隙体系介质间的不稳定流。恢复数据的压力导数突然降低即表示封闭的外边界也表示源于气顶、含水层或井网注水井的恒定压力外边界。压力导数的凹陷 [图 1.97（e）] 表示的可以是多层系统而不是双孔隙。因为这些情况及其他因素，分析师应该查询地质、地震或岩心数据来确定解释时应该使用哪个模型。借助于其他数据，对于给定的瞬时数据，可以找到一个更具有结论性的解释。

应用压力 / 压力导数诊断曲线的一个重要的地点是井场。如果试井的目的是确定渗透率和表皮系数，当导数的平直部分可识别，试井就可以终结。如果检测不稳定流的非均质性或边界影响，试井的时间可以长一些以记录分析所需的全部压力 / 压力导数响应图形。

# 1.6  干扰试井和脉冲试井

当流量变化和记录压力响应在同一口井上进行，这种试井称为单井试井。单井试井的例子有压降试井，压力恢复试井，注水井吸水能力测试，（注水井）压降试井和系统试井。当流量变化在一口井上进行而压力响应记录在另一口井上进行，这种试井称为多井试井。多井试井的例子有干扰试井和脉冲试井。

单井试井提供有价值的油藏和井的特性参数包括地层系数 $Kh$，井筒条件和裂缝长度等。而这些试井不提供油藏特性的定向性质（如在 $x$, $y$, $z$ 方向的渗透率），不能表明测试井与邻井的连通程度。多井试井可以确定：测试井和周围井的连通或不连通情况；流动系数 $Kh/\mu$；孔隙度—压缩系数—厚度的乘积 $\phi c_t h$；裂缝方向，是否与测试井相交；主轴和次轴方向上的渗透率。

多井试井至少需要一口激动井（生产井或注水井）和一口压力观察井，示意图如图 1.98 所示。干扰试井时，关闭所有测试井直到它们的井底压力稳定。然后让激动井以恒定流量生产或注入，记录观察井的压力响应。图 1.98 表示的一口激动井和一口观察井的情况。该图表明，当激动井开始生产，关闭的观察井的压力开始响应要经过一段滞后时间，这段时间的长短取决于油藏岩石和流体的性质。

脉冲试井是干扰试井的一种形式。生产井或注水井看做是"脉冲发生器"或"激动井"，而观察井被称为"响应器"。试井是通过从激动井（生产井或注水井）发出一系列短时间生产脉冲到已关的观察井进行。脉冲一般是生产（注入）与关井期间交互，且每一个生产（注入）期间的速度相同，图 1.99 说明了两口井的情况。

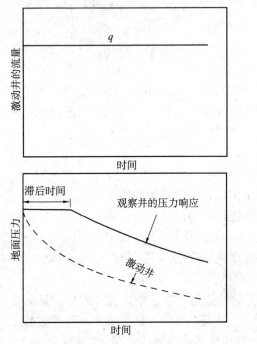

图 1.98　激动井以恒定产量生产的两口
井干扰试井的产量和压力响应数据

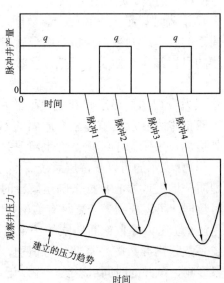

图 1.99　脉冲试井的产量和压力响应数据

Kamal（1983）较好地概括了干扰试井和脉冲试井，并总结了分析试井数据的各种方法。分析干扰试井和脉冲试井的方法介绍如下。

### 1.6.1　均质各向同性油藏的干扰试井

孔隙度和厚度不随位置发生明显变化的油藏被确定为均质油藏。各向同性油藏是指整个系统内的渗透率相同。在这类油藏中，分析均质油藏系统干扰试井数据时，使用典型曲线拟合方法也许是最方便的。如前面的方程（1.77）给出，与激动井任一距离 $r$（即激动井与关井的观察井之间的距离）处的压力降表示为：

$$p_i - p(r,t) = \Delta p = \left(\frac{-70.6QB\mu}{Kh}\right)\mathrm{Ei}\left(\frac{-948\phi c_t r^2}{Kt}\right)$$

Earlougher（1977）把上面的表达式表示为无量纲形式：

$$\frac{p_i - p(r,t)}{\frac{141.2QB\mu}{Kh}} = -\frac{1}{2}\mathrm{Ei}\left[\left(\frac{-1}{4}\right)\left(\frac{\phi\mu c_t r_w^2}{0.0002637Kt}\right)\left(\frac{r}{r_w}\right)^2\right]$$

根据无量纲参数 $p_D$，$t_D$ 和 $r_D$ 的定义，上面的方程可以表示为无量纲形式：

$$p_{\mathrm{D}} = -\frac{1}{2}\mathrm{Ei}\left(\frac{-r_{\mathrm{D}}^2}{4t_{\mathrm{D}}}\right) \tag{1.278}$$

无量纲参数确定为：

$$p_{\mathrm{D}} = \frac{\left[p_{\mathrm{i}} - p\left(r, t\right)\right]Kh}{141.2QB\mu}$$

$$r_{\mathrm{D}} = \frac{r}{r_{\mathrm{w}}}$$

$$t_{\mathrm{D}} = \frac{0.0002637Kt}{\phi\mu c_{\mathrm{t}}r_{\mathrm{w}}^2}$$

式中  $p\left(r, t\right)$ ——距离 $r$ 处 $t$ 时刻的压力，psi；

$r$ ——激动井和关井观察井之间的距离，ft；

$t$ ——时间，h；

$p_{\mathrm{i}}$ ——油藏压力，psi；

$K$ ——渗透率，mD。

Earlougher 把方程（1.278）表示为典型曲线形式，如图 1.47 所示，而且为了方便重新绘制了图 1.100。

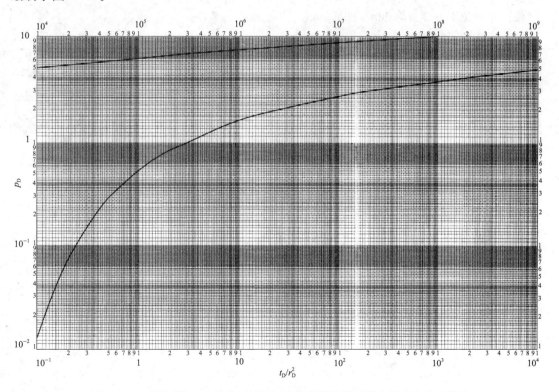

图 1.100　无限系统一口井的无量纲压力指数积分解，没有续流和表皮影响

为了利用典型曲线拟合法分析干扰试井数据，在透明纸上绘制观察井的压力差 $\Delta p$ 与时间的函数曲线并覆在图 1.100 上，用前面介绍的过程进行拟合。当数据与曲线拟合时，选择任一方便的拟合点并读取拟合点在透明纸和典型曲线上的值。然后，用下面的表达式计算油藏平均特性参数：

$$K = \left(\frac{141.2QB\mu}{h}\right)\left(\frac{p_D}{\Delta p}\right)_{MP} \tag{1.279}$$

$$\phi = \frac{0.0002637}{c_t r^2}\left(\frac{K}{\mu}\right)\left(\frac{t}{t_D/r_D^2}\right)_{MP} \tag{1.280}$$

式中　$r$——激动井和关井观察井之间的距离，ft；

　　　$K$——渗透率，mD。

Sabet（1991）应用 Strobel 等（1976）提供的试井数据，较好地论述了典型曲线法在分析干扰试井数据中的应用。Sabet 提供的数据用于下面的例子中来说明典型曲线拟合的过程。

**例 1.42**　对一干气藏进行干扰试井，两口观察井标志为井 1 和井 3，一口激动井标志为井 2。干扰试井数据如下：

（1）井 2 是生产井，$Q_g$=12.4×10⁶ft³/d；

（2）井 1 位于井 2 以东 8m，即 $r_{12}$=8m；

（3）井 3 位于井 2 以西 2m，即 $r_{23}$=2m。

| 流量 $Q$ (10⁶ft³/d) | 时间 $t$ (h) | 观察的压力（psia） | | | |
|---|---|---|---|---|---|
| | | 井 1 | | 井 3 | |
| | | $p_1$ | $\Delta p_1$ | $p_3$ | $\Delta p_3$ |
| 0.0 | 24 | 2912.045 | 0.000 | 2908.51 | 0.00 |
| 12.4 | 0 | 2912.045 | 0.000 | 2908.51 | 0.00 |
| 12.4 | 24 | 2912.035 | 0.010 | 2907.66 | 0.85 |
| 12.4 | 48 | 2912.032 | 0.013 | 2905.80 | 2.71 |
| 12.4 | 72 | 2912.015 | 0.030 | 2903.79 | 4.72 |
| 12.4 | 96 | 2911.997 | 0.048 | 2901.85 | 6.66 |
| 12.4 | 120 | 2911.969 | 0.076 | 0899.98 | 8.53 |
| 12.4 | 144 | 2911.918 | 0.127 | 2898.25 | 10.26 |
| 12.4 | 169 | 2911.864 | 0.181 | 2/896.58 | 11.93 |
| 12.4 | 216 | 2911.755 | 0.290 | 2893.71 | 14.80 |
| 12.4 | 240 | 2911.685 | 0.360 | 2892.36 | 16.15 |

| 流量<br>$Q$<br>($10^6\text{ft}^3$/d) | 时间<br>$t$<br>(h) | 观察的压力（psia） | | | |
|---|---|---|---|---|---|
| | | 井 1 | | 井 3 | |
| | | $p_1$ | $\Delta p_1$ | $p_3$ | $\Delta p_3$ |
| 12.4 | 264 | 2911.612 | 0.433 | 2891.06 | 17.45 |
| 12.4 | 288 | 2911.533 | 0.512 | 2889.79 | 18.72 |
| 12.4 | 312 | 2911.456 | 0.589 | 2888.54 | 19.97 |
| 12.4 | 336 | 2911.362 | 0.683 | 2887.33 | 21.18 |
| 12.4 | 360 | 2911.282 | 0.763 | 2886.16 | 22.35 |
| 12.4 | 384 | 2911.176 | 0.869 | 2885.01 | 23.50 |
| 12.4 | 408 | 2911.108 | 0.937 | 2883.85 | 24.66 |
| 12.4 | 432 | 2911.030 | 1.015 | 2882.69 | 25.82 |
| 12.4 | 444 | 2910.999 | 1.046 | 2882.11 | 26.40 |
| 0.0 | 450 | 井 2 关井 | | | |
| 0.0 | 480 | 2910.833 | 1.212 | 2881.45 | 27.06 |
| 0.0 | 504 | 2910.714 | 1.331 | 2882.39 | 26.12 |
| 0.0 | 528 | 2910.616 | 1.429 | 2883.52 | 24.99 |
| 0.0 | 552 | 2910.520 | 1.525 | 2884.64 | 23.87 |
| 0.0 | 576 | 2910.418 | 1.627 | 2885.67 | 22.84 |
| 0.0 | 600 | 2910.316 | 1.729 | 28816.61 | 21.90 |
| 0.0 | 624 | 2910.229 | 1.816 | 2887.46 | 21.05 |
| 0.0 | 648 | 2910.146 | 1.899 | 2888.24 | 20.27 |
| 0.0 | 672 | 2910.076 | 1.969 | 2888.96 | 19.55 |
| 0.0 | 696 | 2910.012 | 2.033 | 2889.60 | 18.91 |

其他油藏数据如下：

$T$=671.6°R，$h$=75ft，$c_{ti}$=2.74×$10^{-4}$psi$^{-1}$，$B_{gi}$=920.9bbl/$10^6$ft$^3$，$r_w$=0.25ft，$Z_i$=0.868，$S_w$=0.21，$\gamma_g$=0.62，$\mu_{gi}$=0.0186mPa·s。

利用典型曲线法，确定油藏的渗透率和孔隙度。

**解**　步骤 1：在透明纸上绘制 $\Delta p$ 与 $t$ 的双对数曲线，取与图 1.100 相同的量纲，井 1 和井 3 的曲线分别如图 1.101 和图 1.102 所示。

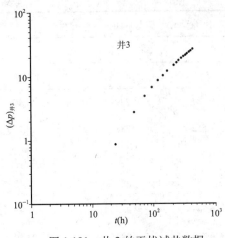

图 1.101　井 3 的干扰试井数据

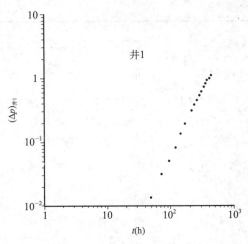

图 1.102　井 1 的干扰试井数据图

步骤 2：图 1.103 显示井 3 干扰试井数据的拟合，得到下列拟合点。

$(p_D)_{MP}$=0.1，$(\Delta p)_{MP}$=2psi，$(t_D/r_D^2)_{MP}$=1，$(t)_{MP}$=159h。

步骤 3：应用方程（1.279）和方程（1.280）计算井 2 和井 3 之间的 $K$ 和 $\phi$。

$$K = \left(\frac{141.2QB\mu}{h}\right)\left(\frac{p_D}{\Delta p}\right)_{MP} = \left(\frac{141.2 \times 12.4 \times 920.9 \times 0.0186}{75}\right) \times \left(\frac{0.1}{2}\right) = 19.7 \text{ mD}$$

$$\phi = \frac{0.0002637}{c_t r^2}\left(\frac{K}{\mu}\right)\left(\frac{t}{t_D/r_D^2}\right)_{MP} = \frac{0.0002637}{(2.74 \times 10^{-4}) \times (2 \times 5280)^2} \times \left(\frac{19.7}{0.0186}\right) \times \left(\frac{159}{1}\right) = 0.00144$$

步骤 4：图 1.104 显示井 1 干扰试井数据的拟合，得到下列拟合点。

$(p_D)_{MP}$=1，$(\Delta p)_{MP}$=5.6psi，$(t_D/r_D^2)_{MP}$=0.1，$(t)_{MP}$=125h。

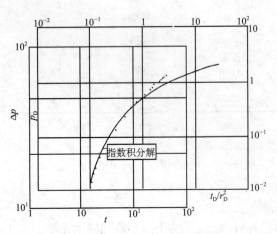

图 1.103　井 3 干扰试井数据拟合

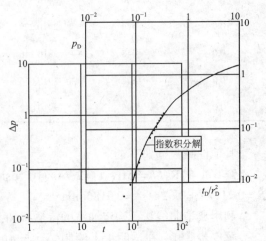

图 1.104　井 1 干扰试井数据的拟合

步骤5：计算 $K$ 和 $\phi$。

$$K = \left(\frac{141.2 \times 12.4 \times 920.9 \times 0.0186}{75}\right) \times \left(\frac{1}{5.6}\right) = 71.8\mathrm{mD}$$

$$\phi = \frac{0.0002637}{\left(2.74 \times 10^{-4}\right) \times \left(8 \times 5280\right)^2} \times \left(\frac{71.8}{0.0186}\right) \times \left(\frac{125}{0.1}\right) = 0.0026$$

在均质和各向同性油藏即整个油藏内渗透率相同的干扰试井过程中，相距 $r$ 的两口井之间的最小油藏探测面积可通过以每口井为中心以 $r$ 为半径画两个圆而得到。

### 1.6.2　均质各向异性油藏的干扰试井

均质各向异性油藏的孔隙度 $\phi$ 和厚度 $h$ 在整个系统是相同的，而渗透率则随方向变化。在均质各向异性油藏进行干扰试井时，使用多口观察井有可能确定最大和最小渗透率即 $K_{\max}$ 和 $K_{\min}$，以及它们与井的位置有关的方向。基于 Papadopulos（1965）的研究，Ramey（1975）采纳了 Papadopulos 根据干扰试井数据求解各向异性油藏特性的方法，该分析方法需要至少三口观察井。图 1.105 定义了均质各向异性油藏干扰试井分析需要用到的术语。

图 1.105 显示一口激动井位于坐标原点，几口观察井的位置坐标定义为 $(x, y)$。假设测试区域内的所有井已经关井足够长的时间使压力等于 $p_\mathrm{i}$，激动井生产（或注入）引起所有观察井的压力差 $\Delta p$，即 $\Delta p = p_\mathrm{i} - p(x, y)$。压力发生变化的滞后时间的长度取决于以下参数：

（1）激动井和观察井之间的距离；

（2）渗透率；

（3）激动井的续流；

（4）滞后时间之后的表皮系数。

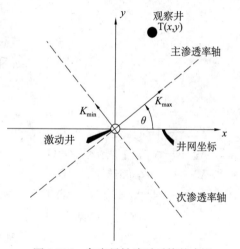

图 1.105　各向异性渗透系统的术语

Ramey（1975）将坐标为 $(x, y)$ 的观察井任一时间 $t$ 的压力变化用 Ei 函数表示为：

$$p_\mathrm{D} = -\frac{1}{2}\mathrm{Ei}\left(\frac{-r_\mathrm{D}^2}{4t_\mathrm{D}}\right)$$

无量纲变量定义为：

$$p_\mathrm{D} = \frac{\bar{K}h\left[p_\mathrm{i} - p(x, y, t)\right]}{141.2QB\mu} \tag{1.281}$$

$$\frac{t_D}{r_D^2} = \left[ \frac{\left( \bar{K} \right)^2}{y^2 K_x + x^2 K_y - 2xy K_{xy}} \right] \left( \frac{0.0002637 t}{\phi \mu c_t} \right) \tag{1.282}$$

且

$$\bar{K} = \sqrt{K_{max} K_{min}} = \sqrt{K_x K_y - K_{xy}^2} \tag{1.283}$$

Ramey 也建立了下列关系式：

$$K_{max} = \frac{1}{2} \left[ \left( K_x + K_y \right) + \sqrt{\left( K_x - K_y \right)^2 + 4 K_{xy}^2} \right] \tag{1.284}$$

$$K_{min} = \frac{1}{2} \left[ \left( K_x + K_y \right)^2 - \sqrt{\left( K_x - K_y \right)^2 + 4 K_{xy}^2} \right] \tag{1.285}$$

$$\theta_{max} = \arctan \left( \frac{K_{max} - K_x}{K_{xy}} \right) \tag{1.286}$$

$$\theta_{min} = \arctan \left( \frac{K_{min} - K_y}{K_{xy}} \right) \tag{1.287}$$

式中　$K_x$——$x$ 方向渗透率，mD；

　　　　$K_y$——$y$ 方向渗透率，mD；

　　　　$K_{xy}$——$xy$ 方向渗透率，mD；

　　　　$K_{min}$——最小渗透率，mD；

　　　　$K_{max}$——最大渗透率，mD；

　　　　$\bar{K}$——系统平均渗透率，mD；

　　　　$\theta_{max}$——$K_{max}$ 的方向角，从 $+x$ 轴量起；

　　　　$\theta_{min}$——$K_{min}$ 的方向角，从 $+y$ 轴量起；

　　　　$x$，$y$——坐标，ft；

　　　　$t$——时间，h。

　　Ramey 指出如果不知道 $\phi \mu c_t$，求解上面方程需要测试时至少用到三口观察井，否则需要的信息只能根据两口观察井得到。典型曲线拟合是分析方法的第一步。记录每一口观察井的压力差，即 $\Delta p = p_i - p$ $(x, y)$，绘制在双对数坐标纸上并与图 1.100 所示的指数积分典型曲线拟合。应用典型曲线确定均质各向异性油藏特性参数的方法的特定步骤总结如下。

　　步骤 1：根据至少三口观察井，以与图 1.100 所示的典型曲线相同的坐标，为每口井绘制记录的压力差 $\Delta p$ 与时间 $t$ 的曲线。

　　步骤 2：将每口观察井的数据曲线与图 1.100 所示的典型曲线拟合。为每条曲线选择方便的拟合点，确保所有观察井的压力拟合点 $(\Delta p, p_D)_{MP}$ 都相同，而时间拟合点 $(t, t_D/$

$r_D{}^2)_{MP}$ 变化。

步骤 3：根据压力拟合点（$\Delta p$，$p_D$）$_{MP}$，计算系统平均渗透率。

$$\bar{K} = \sqrt{K_{max} K_{min}} = \left(\frac{141.2 QB\mu}{h}\right)\left(\frac{p_D}{\Delta p}\right)_{MP} \tag{1.288}$$

根据方程（1.283）得：

$$\left(\bar{K}\right)^2 = K_{max} K_{min} = K_x K_y - K_{xy}^2 \tag{1.289}$$

步骤 4：假设三口观察井，对于每口观察井，利用时间拟合点 $[t, (t_D/r_D^2)]_{MP}$ 表示。

井 1：

$$\left[\frac{\left(t_D/r_D^2\right)}{t}\right]_{MP} = \left(\frac{0.0002637}{\phi\mu c_t}\right) \times \left[\frac{\left(\bar{K}\right)^2}{y_1^2 K_x + x_1^2 K_y - 2x_1 y_1 K_{xy}}\right]$$

整理得：

$$y_1^2 K_x + x_1^2 K_y - 2x_1 y_1 K_{xy} = \left(\frac{0.0002637}{\phi\mu c_t}\right) \times \left\{\frac{\left(\bar{K}\right)^2}{\left[\dfrac{\left(t_D/r_D^2\right)}{t}\right]_{MP}}\right\} \tag{1.290}$$

井 2：

$$\left[\frac{\left(t_D/r_D^2\right)}{t}\right]_{MP} = \left(\frac{0.0002637}{\phi\mu c_t}\right) \times \left[\frac{\left(\bar{K}\right)^2}{y_2^2 K_x + x_2^2 K_y - 2x_2 y_2 K_{xy}}\right]$$

$$y_2^2 K_x + x_2^2 K_y - 2x_2 y_2 K_{xy} = \left(\frac{0.0002637}{\phi\mu c_t}\right) \times \left\{\frac{\left(\bar{K}\right)^2}{\left[\dfrac{\left(t_D/r_D^2\right)}{t}\right]_{MP}}\right\} \tag{1.291}$$

井 3：

$$\left[\frac{\left(t_D/r_D^2\right)}{t}\right]_{MP} = \left(\frac{0.0002637}{\phi\mu c_t}\right) \times \left[\frac{\left(\bar{K}\right)^2}{y_3^2 K_x + x_3^2 K_y - 2x_3 y_3 K_{xy}}\right]$$

$$y_3^2 K_x + x_3^2 K_y - 2x_3 y_3 K_{xy} = \left(\frac{0.0002637}{\phi\mu c_t}\right) \times \left\{\frac{\left(\bar{K}\right)^2}{\left[\dfrac{\left(t_D/r_D^2\right)}{t}\right]_{MP}}\right\} \tag{1.292}$$

方程（1.298）到方程（1.292）包含下列四个未知数：

（1）$K_x$=$x$ 方向渗透率；

（2）$K_y$=$y$ 方向渗透率；

（3）$K_{xy}$=$xy$ 方向渗透率；

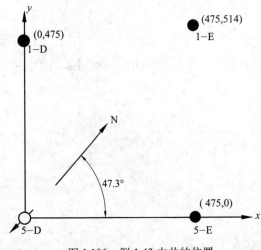

图 1.106　例 1.43 中井的位置

（4）$\phi \mu c_t$= 孔隙度组。

这四个方程可同时求解上面四个未知数。下面的例子由 Ramey（1975）提供，而后一个例子由 Earlougher（1977）提供，用来说明使用建议的方法确定各向异性油藏特性。

**例 1.43**　下列数据是一口激动井和八口观察井的九点井网的干扰试井数据。试井前，所有井关井。试井时，一口井以 115bbl/d 注入，记录剩余八口关井的井的液面。图 1.106 显示了井的位置。为了方便，在下表中只列出三口观察井记录的压力数据来说明应用方法。这些选定的井标志为井 5−E、井 1−D 和井 1−E。

| 井 1−D | | 井 5−E | | 井 1−E | |
|---|---|---|---|---|---|
| $t$ (h) | $\Delta p$ (psi) | $t$ (h) | $\Delta p$ (psi) | $t$ (h) | $\Delta p$ (psi) |
| 23.5 | −6.7 | 21.0 | −4.0 | 27.5 | −3.0 |
| 28.5 | −7.2 | 47.0 | −11.0 | 47.0 | −5.0 |
| 51.0 | −15.0 | 72.0 | −16.3 | 72.0 | −11.0 |
| 77.0 | −20.0 | 94.0 | −21.2 | 95.0 | −13.0 |
| 95.0 | −25.0 | 115.0 | −22.0 | 115.0 | −16.0 |
| | | | −25.0 | | |

井的坐标 $(x, y)$ 如下：

| | 井 | $x$ (ft) | $y$ (ft) |
|---|---|---|---|
| 1 | 1−D | 0 | 475 |
| 2 | 5−E | 475 | 0 |
| 3 | 1−E | 475 | 514 |

$i_w$=−115bbl/d，$B_w$=1.0bbl/bbl，$\mu_w$=1.0mPa·s，$\phi$=20%，$T$=75°F，$h$=25ft，$c_o$=7.5×$10^{-6}$psi$^{-1}$，$c_w$=3.3×$10^{-6}$psi$^{-1}$，$c_f$=3.7×$10^{-6}$psi$^{-1}$，$r_w$=0.563ft，$p_i$=240psi。

计算 $K_{max}$，$K_{min}$ 和它们相对于 $x$ 轴的方向。

**解** 步骤 1：绘制每一口观察井的 $\Delta p$ 与时间 $t$ 的双对数坐标图形，与图 1.100 所示的典型曲线的坐标相同。绘制的曲线及相拟合的典型曲线如图 1.107 所示。

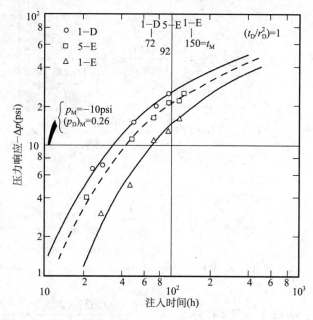

图 1.107 例 1.43 的干扰数据，与图 1.100 拟合，所有曲线压力拟合相同

步骤 2：在压力轴上，所有观察井选择相同的压力拟合点；而所有井在时间轴上的拟合点不同。

| 拟合点 | 井 1−D | 井 5−E | 井 1−E |
|---|---|---|---|
| $(p_D)_{MP}$ | 0.26 | 0.26 | 0.26 |
| $(t_D/r_D^2)_{MP}$ | 1.00 | 1.00 | 1.00 |
| $(\Delta p)_{MP}$ | −10.00 | −10.00 | −10.00 |
| $(t)_{MP}$ | 72.00 | 92.00 | 150.00 |

步骤 3：根据压力拟合点，利用方程（1.288）计算 $\bar{K}$。

$$\bar{K} = \sqrt{K_{max}K_{min}} = \left(\frac{141.2QB\mu}{h}\right)\left(\frac{p_D}{\Delta p}\right)_{MP}$$

$$= \sqrt{K_{max}K_{min}} = \left[\frac{141.2\times(-115)\times1.0\times1.0}{25}\right]\times\left(\frac{0.26}{-10}\right)$$

$$= 16.89\text{mD}$$

或：

$$K_{max}K_{min} = 16.89^2 = 285.3$$

步骤 4：用每口观察井的时间拟合点 $(t, t_D/r_D{}^2)_{mp}$，利用方程（1.290）到方程（1.292）得到如下参数。

对于井 1-D，$(x_1, y_1) = (0, 475)$

$$y_1^2 K_x + x_1^2 K_y - 2x_1 y_1 K_{xy} = \left(\frac{0.0002637}{\phi \mu c_t}\right) \times \left\{\frac{(\bar{K})^2}{\left[\frac{(t_D/r_D^2)}{t}\right]_{MP}}\right\}$$

$$475^2 K_x + 0^2 K_y - 2 \times 0 \times 475 K_{xy} = \frac{0.0002637 \times 285.3}{\phi \mu c_t} \times \left(\frac{72}{1.0}\right)$$

简化得：

$$K_x = \frac{2.401 \times 10^{-5}}{\phi \mu c_t} \tag{A}$$

对于井 5-E，$(x_2, y_2) = (475, 0)$

$$0^2 K_x + 475^2 K_y - 2 \times 475 \times 0 \times K_{xy} = \frac{0.0002637 \times 285.3}{\phi \mu c_t} \times \left(\frac{92}{1.0}\right)$$

或：

$$K_y = \frac{3.068 \times 10^{-5}}{\phi \mu c_t} \tag{B}$$

对于井 1-E，$(x_3, y_3) = (475, 514)$

$$514^2 K_x + 475^2 K_y - 2 \times 475 \times 514 K_{xy} = \frac{0.0002637 \times 283.5}{\phi \mu c_t} \times \left(\frac{150}{1.0}\right)$$

或：

$$0.5411 K_x + 0.4621 K_y - K_{xy} = \frac{2.311 \times 10^{-5}}{\phi \mu c_t} \tag{C}$$

步骤 5：联合方程（A）到方程（C）得：

$$K_{xy} = \frac{4.059 \times 10^{-6}}{\phi \mu c_t} \tag{D}$$

步骤 6：将方程（A），方程（B）和方程（D）代入方程（1.289）。

$$| K_x K_y | - K_{xy}^2 = \left( \bar{K} \right)^2 \left[ \frac{2.401 \times 10^{-5}}{\phi \mu c_t} \times \frac{\left( 3.068 \times 10^{-5} \right)}{\phi \mu c_t} \right] - \frac{\left( 4.059 \times 10^{-6} \right)^2}{\phi \mu c_t}$$

$$= 16.89^2 = 285.3$$

或：

$$\phi \mu c_t = \sqrt{\frac{\left( 2.401 \times 10^{-5} \right) \times \left( 3.068 \times 10^{-5} \right) - \left( 4.059 \times 10^{-6} \right)^2}{285.3}} = 1.589 \times 10^{-6} \, \text{mPa} \cdot \text{s/psi}$$

步骤 7：计算 $c_t$。

$$c_t = \frac{1.589 \times 10^{-6}}{0.20 \times 1.0} = 7.95 \times 10^{-6} \, \text{psi}^{-1}$$

步骤 8：将步骤 6 计算得到的 $\phi \mu c_t$ 的值，即 $\phi \mu c_t = 1.589 \times 10^{-6}$，代入方程（A），方程（B）和方程（D）计算 $K_x$，$K_y$ 和 $K_{xy}$：

$$K_x = \frac{2.401 \times 10^{-5}}{1.589 \times 10^{-6}} = 15.11 \text{mD}$$

$$K_y = \frac{3.068 \times 10^{-5}}{1.589 \times 10^{-6}} = 19.31 \text{mD}$$

$$K_{xy} = \frac{4.059 \times 10^{-6}}{1.589 \times 10^{-6}} = 2.55 \text{mD}$$

步骤 9：应用方程（1.284）计算最大渗透率。

$$K_{\max} = \frac{1}{2} \left[ \left( K_x + K_y \right) + \sqrt{\left( K_x - K_y \right)^2 + 4 K_{xy}^2} \right]$$

$$= \frac{1}{2} (15.11 + 19.31) + \sqrt{(15.11 - 19.31)^2 + 4 \times 2.55^2}$$

$$= 20.5 \text{mD}$$

步骤 10：应用方程（1.285）计算最小渗透率。

$$K_{\min} = \frac{1}{2} \left[ \left( K_x + K_y \right) - \sqrt{\left( K_x - K_y \right)^2 + 4 K_{xy}^2} \right]$$

$$= \frac{1}{2} \left[ (15.11 + 19.31) - \sqrt{(15.11 - 19.31)^2 + 4 \times 2.55^2} \right]$$

$$= 13.9 \text{mD}$$

步骤 11：应用方程（1.286）计算 $K_{\max}$ 的方向：

$$\theta_{\tan} = \arctan \left( \frac{K_{\max} - K_x}{K_{xy}} \right) = \arctan \left( \frac{20.5 - 15.11}{2.55} \right) = 64.7$$

由 $+x$ 轴测得。

### 1.6.3　均质各向同性油藏的脉冲试井

脉冲试井与常规干扰试井的目的相同，包括：（1）计算渗透率 $K$；（2）计算孔隙度 − 压缩系数的乘积 $\phi c_t$；（3）井与井之间的压力是否连通。

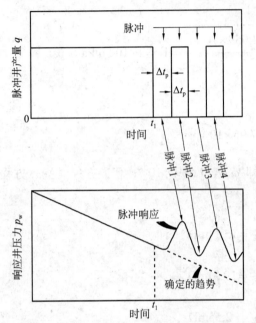

图 1.108　脉冲试井产量变化和压力响应示意图

试井时，从激动井向油藏发出一序列流动干扰脉冲，在已关的观察井监测压力对这些信号的响应。脉冲序列的产生是从激动井产出（或注入），然后关闭激动井，规律性地重复上述序列，如图 1.108 所示。图中一口激动生产井关井，然后生产，重复这个周期产生脉冲。

每个周期的产量（或注入量）应该相同。所有生产期间的时间长度和所有关井期间的时间长度应该相等；而生产时间不一定要等于关井时间。这些脉冲在观察井产生了明显的压力响应，可以很容易地与油藏压力预先存在的趋势或随时出现的压力杂波区分开。

应该注意，与常规干扰试井相比，脉冲试井有下列几个优点：

（1）因为脉冲试井的脉冲宽度短，从几小时到几天，边界很少影响试井数据。

（2）因为明显的压力响应，很少出现由瞬时压力杂波和观察井油藏压力趋势引起的误解释问题。

（3）因为试井时间较短，与干扰试井相比，脉冲试井很少干扰正常的油田生产。

对于每个脉冲，在观察井用非常敏感的压力表记录压力响应（图 1.109）。在脉冲试井中，脉冲 1 和脉冲 2 的特点与所有后续脉冲的特点不同。接下来的这些脉冲，所有奇脉冲具有相似的特点，所有偶脉冲具有相似的特点。任意一个脉冲可用来分析 $K$ 和 $\phi c_t$。通常，分析几个脉冲并进行比较。

图 1.109 显示了激动井的流量变化和观察井的压力响应，说明分析脉冲试井需要下列五个参数：

（1）脉冲时间 $\Delta t_p$ 表示关井时间的长度。

（2）循环周期 $\Delta t_C$ 表示一个周期的总时间长度，即关井时间加流动或注入时间。

（3）流动或注入时间 $\Delta t_f$ 表示流动

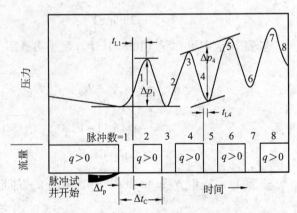

图 1.109　脉冲试井产量变化和压力响应示意图，显示了滞后时间（$t_L$）的确定和脉冲振幅（$\Delta p$）曲线

或注入时间的长度。

（4）滞后时间 $t_L$ 表示脉冲结束和脉冲引起的压力响应峰值之间的时间。每个脉冲都有滞后时间 $t_L$，用来表示产量变化产生的脉冲从激动井到观察井所需的时间。应该指出的是流动（或注入）是一个脉冲，关井时是另一个脉冲，两个脉冲组成一个循环。

（5）压力响应振幅 $\Delta p$ 是两个相邻的峰（或谷）的连线和与之平行的谷（或峰）的线之间的垂直距离，如图 1.109 所示。脉冲试井分析显示，脉冲 1（即第一个奇数脉冲）和脉冲 2（即第一个偶数脉冲）的特点与所有后续脉冲不同。除了这两个初始脉冲，所有奇脉冲有相似的特点，所有偶脉冲显示相似的动态。

Kamal 和 Brigham（1975）提出了一个脉冲试井分析方法，该方法使用下列四个无量纲组。

（1）脉冲比 $F'$，定义为：

$$F' = \frac{脉冲时间}{循环周期} = \frac{\Delta t_p}{\Delta t_p + \Delta t_f} = \frac{\Delta t_p}{\Delta t_C} \tag{1.293}$$

其中时间以 h 表示。

（2）无量纲滞后时间 $(t_L)_D$，表示为：

$$(t_L)_D = \frac{t_L}{\Delta t_C} \tag{1.294}$$

（3）激动井和观察井之间的无量纲距离 $(r_D)$：

$$r_D = \frac{r}{r_w} \tag{1.295}$$

式中　$r$——激动井和观察井之间的距离，ft。

（4）无量纲压力响应振幅 $\Delta p_D$：

$$\Delta p_D = \frac{\bar{K}h}{141.2 B \mu} \frac{\Delta p}{Q} \tag{1.296}$$

式中　$Q$——激动井开井时的流量，$\Delta p / Q$ 的符号通常为正，即绝对值 $|\Delta p / Q|$。

Kamal 和 Brigham 建立了一组曲线，如图 1.110 ~ 图 1.117 所示，该曲线把脉冲比 $F'$ 及无量纲滞后时间 $(t_L)_D$ 与无量纲压力 $\Delta p_D$ 联系起来。设计这些曲线来分析下列状况的脉冲试井数据。

（1）第一个奇脉冲：图 1.110 和图 1.114。

（2）第一个偶脉冲：图 1.111 和图 1.115。

（3）除了第一个以外的所有剩余奇脉冲：图 1.112 和图 1.116。

（4）除了第一个以外的所有剩余偶脉冲：图 1.113 和图 1.117。

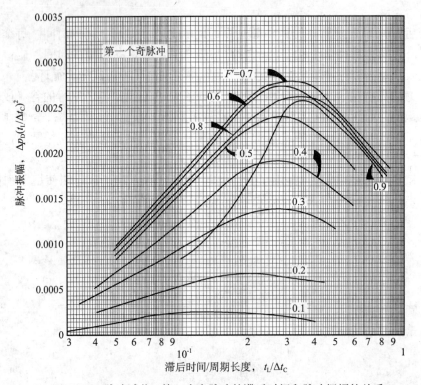

图 1.110　脉冲试井：第一个奇脉冲的滞后时间和脉冲振幅的关系

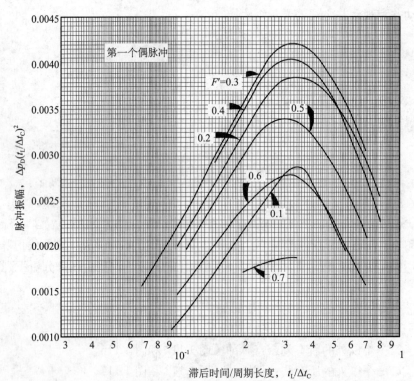

图 1.111　脉冲试井：第一个偶脉冲的滞后时间和脉冲振幅的关系

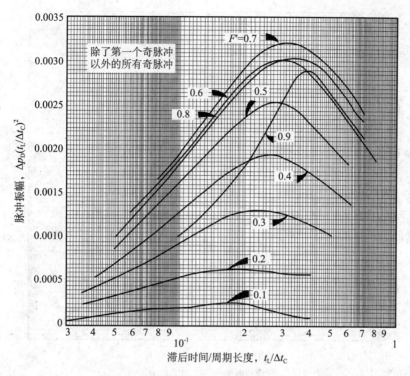

图 1.112　脉冲试井：除了第一个奇脉冲以外的所有奇脉冲的滞后时间和脉冲振幅的关系

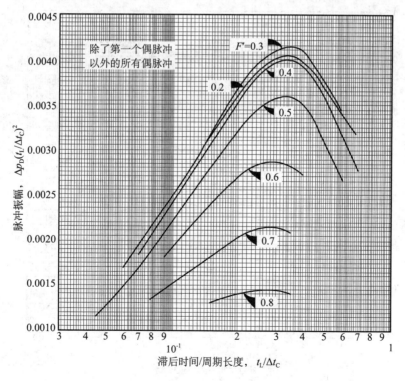

图 1.113　脉冲试井：除了第一个偶脉冲以外的所有偶脉冲的滞后时间和脉冲振幅的关系

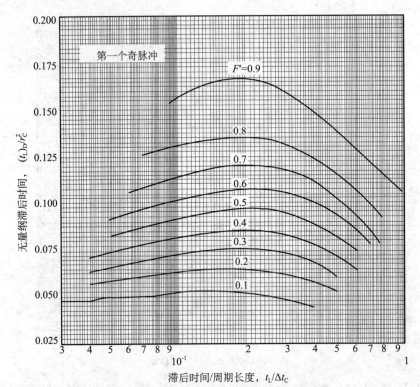

图 1.114 脉冲试井：第一个奇脉冲的滞后时间和周期长度的关系

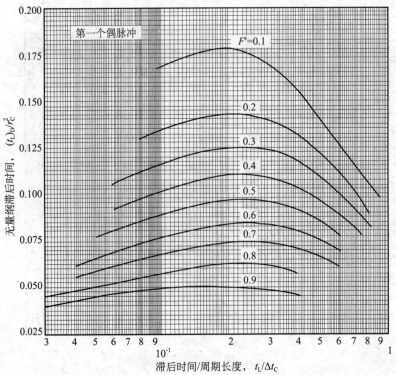

图 1.115 脉冲试井：第一个偶脉冲的滞后时间和周期长度的关系

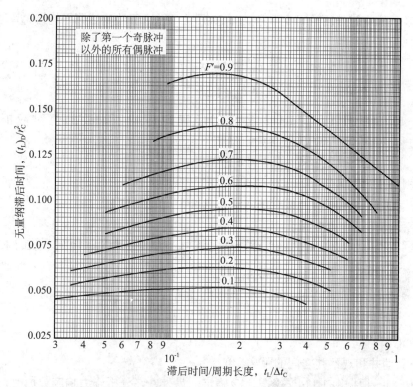

图 1.116　脉冲试井：除了第一个奇脉冲以外的所有奇脉冲的滞后时间和周期长度的关系

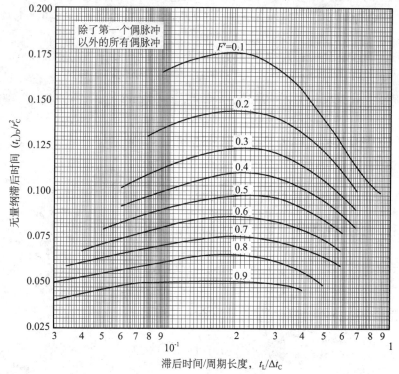

图 1.117　脉冲试井：除了第一个偶脉冲以外的所有偶脉冲的滞后时间和周期长度的关系

一个或多个脉冲的滞后时间 $t_L$ 和压力响应振幅 $\Delta p$ 用于计算油藏平均渗透率：

$$\bar{K} = \left\{\frac{141.2QB\mu}{h\Delta p\left[(t_L)_D\right]^2}\right\}\left[\Delta p_D\left(t_L/\Delta t_C\right)^2\right]_{Fig} \tag{1.297}$$

由图 1.110、图 1.111、图 1.112 或图 1.113 确定 $t_L/\Delta t_C$ 和 $F'$ 的值对应的 $[\Delta p_D(t_L/\Delta t_C)^2]_{Fig}$。方程（1.297）中的其他参数定义如下：

$\Delta p$——观察井被分析的脉冲的压力响应振幅，psi；

$\Delta t_C$——周期长度，h；

$Q$——激动井开井期间的产量（注入量），bbl/d；

$\bar{K}$——平均渗透率，mD。

一旦根据方程（1.297）计算得到渗透率，就可以计算孔隙度－压缩系数的乘积：

$$\phi c_t = \left(\frac{0.0002637\bar{K}t_L}{\mu r^2}\right)\frac{1}{\left[(t_L)_D/r_D^2\right]_{Fig}} \tag{1.298}$$

式中　$t_L$——滞后时间，h；

$r$——激动井和观察井之间的距离，ft。

$[(t_L)_D/r_D^2]_{Fig}$ 根据图 1.114～图 1.117 确定。另外，在分析压力响应数据时，使用哪个图取决于分析第一个奇脉冲，或第一个偶脉冲，或剩余脉冲之一。

**例** 1.44　稳定流量后进行脉冲试井，激动井关井 2h，然后生产 2h，上述序列重复几次。

在距离激动井 933ft 的一口观察井记录第四个脉冲的压力响应振幅 0.639psi，滞后时间 0.4h。其他数据如下：

$Q$=425bbl/d，$B$=1.26bbl/bbl，$r$=933ft，$h$=26ft，$\mu$=0.8mPa·s，$\phi$=0.08。

计算 $\bar{K}$ 和 $\phi c_t$。

**解**　步骤 1：利用方程（1.293）计算脉冲比 $F'$。

$$F' = \frac{\Delta t_p}{\Delta t_C} = \frac{\Delta t_p}{\Delta t_p + \Delta t_f} = \frac{2}{2+2} = 0.5$$

步骤 2：利用方程（1.294）计算无量纲滞后时间 $(t_L)_D$。

$$(t_L)_D = \frac{t_L}{\Delta t_C} = \frac{0.4}{4} = 0.1$$

步骤 3：根据 $(t_L)_D$=0.1 和 $F'$=0.5，利用图 1.113 得到：

$$\left[\Delta p_D\left(t_L/\Delta t_C\right)^2\right]_{Fig} = 0.00221$$

步骤 4：利用方程（1.297）计算平均渗透率。

$$\bar{K} = \left\{ \frac{141.2QB\mu}{h\Delta p \left[(t_{\text{L}})_{\text{D}}\right]^2} \right\} \left[\Delta p_{\text{D}} \left(t_{\text{L}}/\Delta t_{\text{C}}\right)^2\right]_{\text{Fig}}$$

$$= \left( \frac{141.2 \times 425 \times 1.26 \times 0.8}{26 \times 0.639 \times 0.1^2} \right) \times 0.00221 = 805 \text{ mD}$$

步骤 5：根据 $(t_{\text{L}})_{\text{D}}$=0.1 和 $F'$=0.5，利用图 1.117 得到 $\left[(t_{\text{L}})_{\text{D}}/r_{\text{D}}^2\right]_{\text{Fig}}$。

$$\left[(t_{\text{L}})_{\text{D}}/r_{\text{D}}^2\right]_{\text{Fig}} = 0.091$$

步骤 6：利用方程（1.298）计算的 $\phi c_{\text{t}}$ 乘积。

$$\phi c_{\text{t}} = \left( \frac{0.0002637 \bar{K} t_{\text{L}}}{\mu r^2} \right) \frac{1}{\left[(t_{\text{L}})_{\text{D}}/r_{\text{D}}^2\right]_{\text{Fig}}}$$

$$= \frac{0.0002637 \times 805 \times 0.4}{0.8 \times 933^2} \times \frac{1}{0.091}$$

$$= 1.34 \times 10^{-6}$$

步骤 7：计算 $c_{\text{t}}$。

$$c_{\text{t}} = \frac{1.34 \times 10^{-6}}{0.08} = 16.8 \times 10^{-6} \text{psi}^{-1}$$

**例 1.45**　五点法井网，一口注水井作为激动井，四口边界生产井作为观察井。当 9：40 以 700bbl/d 的注入量产生第一个脉冲时，油藏处于静压状态。连续注入 3h，然后关井 3h。注入和关井时间重复几次，压力观察结果列于表 1.9。其他数据如下。

**表 1.9　生产井压力动态**

| 时间 | 压力 (psig) | 时间 | 压力 (psig) | 时间 | 压力 (psig) |
|---|---|---|---|---|---|
| 9:40a.m. | 390.1 | 2:23p.m. | 411.6 | 11:22p.m. | 425.1 |
| 10:10a.m. | 390.6 | 2:30p.m. | 411.6 | 12:13a.m. | 429.3 |
| 10:30a.m. | 392.0 | 2:45p.m. | 411.4 | 12:40a.m. | 431.3 |
| 10:40a.m. | 393.0 | 3:02p.m. | 411.3 | 1:21a.m. | 433.9 |
| 10:48a.m. | 393.8 | 3:30p.m. | 411.0 | 1:53a.m. | 433.6 |
| 11:05a.m. | 395.8 | 4:05p.m. | 410.8 | 2:35a.m. | 432.0 |
| 11:15a.m. | 396.8 | 4:30p.m. | 412.0 | 3:15a.m. | 430.2 |
| 11:30a.m. | 398.6 | 5:00p.m. | 413.2 | 3:55a.m. | 428.5 |
| 11:45a.m. | 400.7 | 5:35p.m. | 416.4 | 4:32a.m. | 428.8 |

续表

| 时间 | 压力<br>(psig) | 时间 | 压力<br>(psig) | 时间 | 压力<br>(psig) |
|---|---|---|---|---|---|
| 12:15p.m. | 403.8 | 6:00p.m. | 418.9 | 5:08a.m. | 430.6 |
| 12:30p.m. | 405.8 | 6:35p.m. | 422.3 | 5:53a.m. | 434.5 |
| 12:47p.m. | 407.8 | 7:05p.m. | 424.6 | 6:30a.m. | 437.4 |
| 1:00p.m. | 409.1 | 7:33p.m. | 425.3 | 6:58a.m. | 440.3 |
| 1:20p.m. | 410.7 | 7:59p.m. | 425.1 | 7:30a.m. | 440.9 |
| 1:32p.m. | 411.3 | 8:31p.m. | 423.9 | 7:58a.m. | 440.7 |
| 1:45p.m. | 411.7 | 9:01p.m. | 423.1 | 8:28a.m. | 439.6 |
| 2:00p.m. | 411.9 | 9:38p.m. | 421.8 | 8:57a.m. | 438.6 |
| 2:15p.m. | 411.9 | 10:26p.m. | 421.4 | 9:45a.m. | 437.0 |

$\mu = 0.86 \text{mPa} \cdot \text{s}$，$c_t = 9.6 \times 10^{-6} \text{psi}^{-1}$，$\phi = 16\%$，$r = 330 \text{ft}$。

计算渗透率和平均厚度。

**解** 步骤1：绘制一口观察井的压力响应与时间的函数图，如图1.118所示。

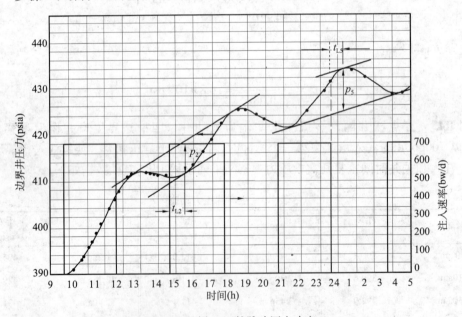

图1.118 例1.45的脉冲压力响应

分析第一个奇脉冲的压力数据。

步骤1：根据图1.118确定第一个脉冲的压力响应振幅和滞后时间。

$$\Delta p = 6.8 \text{psi}$$

$$t_L = 0.9 \text{h}$$

步骤2：利用方程（1.293）计算脉冲比 $F'$。

$$F' = \frac{\Delta t_p}{\Delta t_C} = \frac{3}{3+3} = 0.5$$

步骤3：利用方程（1.294）计算无量纲滞后时间 $(t_L)_D$。

$$(t_L)_D = \frac{t_L}{\Delta t_C} = \frac{0.9}{6} = 0.15$$

步骤4：根据 $(t_L)_D = 0.15$ 和 $F' = 0.5$，利用图 1.110 得到 $\left[\Delta p_D \left(t_L / \Delta t_C\right)^2\right]_{\text{Fig}}$。

$$\left[\Delta p_D \left(t_L / \Delta t_C\right)^2\right]_{\text{Fig}} = 0.0025$$

步骤5：利用方程（1.297）计算 $h\bar{K}$。

$$
\begin{aligned}
h\bar{K} &= \left\{\frac{141.2 QB\mu}{\Delta p\left[(t_L)_D\right]^2}\right\}\left[\Delta p_D\left(t_L / \Delta t_C\right)^2\right]_{\text{Fig}} \\
&= \frac{141.2 \times 700 \times 1.0 \times 0.86}{6.8 \times 0.15^2} \times 0.0025 \\
&= 1387.9 \, \text{mD} \cdot \text{ft}
\end{aligned}
$$

步骤6：根据 $(t_L)_D = 0.15$ 和 $F' = 0.5$，利用图 1.114 得到 $\left[(t_L)_D / r_D^2\right]_{\text{Fig}}$。

$$\left[(t_L)_D / r_D^2\right]_{\text{Fig}} = 0.095$$

步骤7：重新整理方程（1.298），计算平均渗透率。

$$
\begin{aligned}
\bar{K} &= \left[\frac{\phi c_t \mu r^2}{0.0002637 (t_L)}\right]\left[(t_L)_D / r_D^2\right]_{\text{Fig}} \\
&= \left[\frac{0.16 \times \left(9.6 \times 10^{-6}\right) \times 0.86 \times 330^2}{0.0002637 \times 0.9}\right] \times 0.095 \\
&= 57.6 \, \text{mD}
\end{aligned}
$$

根据步骤5计算的 $h\bar{K}$ 的乘积值和上面的平均渗透率计算厚度 $h$：

$$h = \frac{h\bar{K}}{\bar{K}} = \frac{1387.9}{57.6} = 24.1 \text{ft}$$

分析第五个脉冲的压力数据。

步骤1：根据图 1.110 确定第五个脉冲的压力响应振幅和滞后时间。

$$\Delta p = 9.2 \text{psi}$$

$$t_L = 0.7 \text{h}$$

步骤 2：利用方程（1.293）计算脉冲比 $F'$。

$$F' = \frac{\Delta t_{\mathrm{p}}}{\Delta t_{\mathrm{C}}} = \frac{\Delta t_{\mathrm{p}}}{\Delta t_{\mathrm{p}} + \Delta t_{\mathrm{f}}} = \frac{3}{3+3} = 0.5$$

步骤 3：利用方程（1.294）计算无量纲滞后时间 $(t_{\mathrm{L}})_{\mathrm{D}}$。

$$(t_{\mathrm{L}})_{\mathrm{D}} = \frac{t_{\mathrm{L}}}{\Delta t_{\mathrm{C}}} = \frac{0.7}{6} = 0.117$$

步骤 4：根据 $(t_{\mathrm{L}})_{\mathrm{D}}=0.117$ 和 $F'=0.5$，利用图 1.111 得到 $\left[ \Delta p_{\mathrm{D}} \left( t_{\mathrm{L}}/\Delta t_{\mathrm{C}} \right)^2 \right]_{\mathrm{Fig}}$。

$$\left[ \Delta p_{\mathrm{D}} \left( t_{\mathrm{L}}/\Delta t_{\mathrm{C}} \right)^2 \right]_{\mathrm{Fig}} = 0.0018$$

步骤 5：利用方程（1.297）计算 $h\bar{K}$。

$$h\bar{K} = \left\{ \frac{141.2QB\mu}{\Delta p \left[ (t_{\mathrm{L}})_{\mathrm{D}} \right]^2} \right\} \left[ \Delta p_{\mathrm{D}} \left( t_{\mathrm{L}}/\Delta t_{\mathrm{C}} \right)^2 \right]_{\mathrm{Fig}}$$

$$= \frac{141.2 \times 700 \times 1.0 \times 0.86}{9.2 \times 0.117^2} \times 0.0018$$

$$= 1213 \, \mathrm{mD \cdot ft}$$

步骤 6：根据 $(t_{\mathrm{L}})_{\mathrm{D}}=0.117$ 和 $F'=0.5$，利用图 1.115 得到 $\left[ (t_{\mathrm{L}})_{\mathrm{D}}/r_{\mathrm{D}}^2 \right]_{\mathrm{Fig}}$。

$$\left[ (t_{\mathrm{L}})_{\mathrm{D}}/r_{\mathrm{D}}^2 \right]_{\mathrm{Fig}} = 0.093$$

步骤 7：重新整理方程（1.298），计算平均渗透率。

$$\bar{K} = \left[ \frac{\phi c_{\mathrm{t}} \mu r^2}{0.0002637(t_{\mathrm{L}})} \right] \left[ (t_{\mathrm{L}})_{\mathrm{D}}/r_{\mathrm{D}}^2 \right]_{\mathrm{Fig}}$$

$$= \left[ \frac{0.16 \times \left( 9.6 \times 10^{-6} \right) \times 0.86 \times 330^2}{0.0002637 \times 0.7} \right] \times 0.095$$

$$= 72.5 \mathrm{mD}$$

根据步骤 5 计算的 $h\bar{K}$ 的乘积值和上面的平均渗透率计算厚度 $h$：

$$h = \frac{h\bar{K}}{\bar{K}} = \frac{1213}{72.5} = 16.7 \mathrm{ft}$$

对所有的其他脉冲重复上述计算过程，并把计算结果同岩心和常规试井分析进行对比，确定描述这些特性的最符合值。

### 1.6.4　均质各向异性油藏的脉冲试井

除了在方程（1.297）和方程（1.298）中引入方程（1.283）所确定的平均渗透率 $\bar{K}$ 以外，这种情况的脉冲试井分析方法与均质各向同性的分析方法相同。

$$\bar{K} = \sqrt{K_x K_y - K_{xy}^2} = \left\{ \frac{141.2 Q B \mu}{h \Delta p \left[ \left( t_L \right)_D \right]^2} \right\} \left[ \Delta p_D \left( t_L / \Delta t_C \right)^2 \right]_{\text{Fig}} \tag{1.299}$$

且：

$$\phi c_t = \left[ \frac{0.0002637 \left( t_L \right)}{\mu r^2} \right] \left[ \frac{\left( \bar{K} \right)^2}{y^2 K_x + x^2 K_y - 2xy K_{xy}} \right] \times \frac{1}{\left[ \left( t_L \right)_D / r_D^2 \right]_{\text{Fig}}} \tag{1.300}$$

均质各向异性油藏干扰试井数据分析列出的计算方法可用来根据脉冲试井计算各种渗透率参数。

### 1.6.5　脉冲试井设计程序

事先了解预期的压力响应对确定压力表的量程和敏感度及需要的试井时间很重要。Kamal 和 Brigham（1975）提出了下列脉冲试井设计程序。

步骤 1：设计脉冲试井的第一步是选择方程（1.293）所定义的适当的脉冲比 $F'$，即脉冲比＝脉冲周期／循环周期。如果分析奇脉冲，脉冲比推荐值 0.7；如果分析偶脉冲，脉冲比取 0.3。应该注意 $F'$ 不应超过 0.8 或低于 0.2。

步骤 2：利用下列近似求法中的一个计算无量纲滞后时间。

对于奇脉冲　　　　　　　　$(t_L)_D = 0.09 + 0.3F'$ 　　　　　　　　　　(1.301)

对于偶脉冲　　　　　　　　$(t_L)_D = 0.027 - 0.027F'$ 　　　　　　　　(1.302)

步骤 3：利用步骤 1 和步骤 2 分别得到的 $F'$ 和 $(t_L)_D$，根据图 1.114 或图 1.115 确定无量纲参数 $[(t_L)_D / r_D^2]_{\text{Fig}}$。

步骤 4：利用 $F'$ 和 $(t_L)_D$ 的值，根据图 1.110 或图 1.111 中适当的曲线确定无量纲响应振幅 $[\Delta p_D (t_L / \Delta t_C)^2]_{\text{Fig}}$。

步骤 5：利用参数，即 $K$，$h$，$\phi$，$\mu$ 和 $c_t$ 的值；步骤 3 和步骤 4 得到的 $[(t_L)_D / r_D^2]_{\text{Fig}}$ 和 $[\Delta p_D (t_L / \Delta t_C)^2]_{\text{Fig}}$ 的值；方程（1.278）和方程（1.279）。

计算循环周期 $(\Delta t_C)$ 和响应振幅 $\Delta p$：

$$t_L = \left( \frac{\phi c_t \mu r^2}{0.0002637 \bar{K}} \right) \left[ (t_L)_D / r_D^2 \right]_{\text{Fig}} \tag{1.303}$$

$$\Delta t_C = \frac{t_L}{(t_L)_D} \tag{1.304}$$

$$\Delta p = \left\{ \frac{141.2QB\mu}{h\overline{K}\left[\left(t_{L}\right)_{D}\right]^{2}} \right\} \left[ \Delta p_{D} \left(t_{L}/\Delta t_{C}\right)^{2} \right]_{Fig} \tag{1.305}$$

步骤 6：利用脉冲比 $F'$ 和循环周期 $\Delta t_{C}$，计算脉冲（关井）周期和流动周期。

脉冲（关井）周期：$\Delta t_{p}=F'\Delta t_{C}$。

流动周期：$\Delta t_{f}=\Delta t_{C}-\Delta t_{p}$。

**例 1.46**　利用下列特性参数设计脉冲试井：

$\mu=3\text{mPa·s}$，$\phi=0.18$，$K=200\text{mD}$，$h=25\text{ft}$，$r=660\text{ft}$，$c_{t}=10\times10^{-6}\text{psi}^{-1}$，$B=1\text{bbl/bbl}$，$Q=100\text{bbl/d}$，$F'=0.6$。

**解**　步骤 1：利用方程（1.301）或方程（1.302）计算 $(t_{L})_{D}$。因为 $F'$ 为 0.6，应该用奇脉冲，因此根据方程（1.301）得到 $(t_{L})_{D}$。

$$(t_{L})_{D}=0.09+0.3\times0.6=0.27$$

步骤 2：选择第一个奇脉冲，根据图 1.114 确定无量纲循环周期。

$$\left[\left(t_{L}\right)_{D}/r_{D}^{2}\right]_{Fig}=0.106$$

步骤 3：根据图 1.110 确定无量纲响应振幅。

$$\left[\Delta p_{D}\left(t_{L}/\Delta t_{C}\right)^{2}\right]_{Fig}=0.00275$$

步骤 4：应用方程（1.303）到方程（1.305）计算 $t_{L}$，$\Delta t_{C}$ 和 $\Delta p$。

滞后时间：

$$t_{L}=\left(\frac{\phi c_{t}\mu r^{2}}{0.0002637\overline{K}}\right)\left[\left(t_{L}\right)_{D}/r_{D}^{2}\right]_{Fig}$$

$$=\left[\frac{0.18\times3\times\left(10\times10^{-6}\right)\times660^{2}}{0.0002637\times200}\right]\times0.106$$

$$=4.7\text{h}$$

周期时间：

$$\Delta t_{C}=\frac{t_{L}}{\left(t_{L}\right)_{D}}=\frac{4.7}{0.27}=17.5\text{h}$$

脉冲周期（关井）：

$$\Delta t_{p}=\Delta t_{C}F'=17.5\times0.6\approx10\text{h}$$

流动周期：

$$\Delta t_{f}=\Delta t_{C}-\Delta t_{p}=17.5-10\approx8\text{h}$$

步骤 5：利用方程（1.305）计算压力响应。

$$\Delta p = \left\{\frac{141.2QB\mu}{h\overline{K}\left[\left(t_{\mathrm{L}}\right)_{\mathrm{D}}\right]^2}\right\}\left[\Delta p_{\mathrm{D}}\left(t_{\mathrm{L}}/\Delta t_{\mathrm{C}}\right)^2\right]_{\mathrm{Fig}}$$

$$= \frac{141.2\times100\times1\times3}{25\times200\times0.27^2}\times0.00275 = 0.32\mathrm{psi}$$

这是奇脉冲分析预期的响应振幅。我们关井 10h、生产 8h，每个周期 18h。
如果想分析第一个偶脉冲，可以重复上面的计算过程。

# 1.7　注水井测试

注水井吸水能力测试是注入过程中的不稳定试井。注水井测试和相关的分析比较简单，只需要注入流体和油藏流体的流度比是 1。Earlougher（1977）指出对于大多数注水开发油藏，单位流度比是合理的。注水井试井的目的与生产井试井的目的相似，就是确定如下参数。

（1）渗透率；

（2）表皮系数；

（3）平均压力；

（4）储层非均质性；

（5）前缘。

注水井试井将用到下列方法中的一个或多个。

（1）注水井吸水能力测试；

（2）注水井压力降落试井；

（3）系统试井。

下面对注水井试井的上述三种分析进行介绍。

### 1.7.1　注水井吸水能力测试分析

注水井吸水能力测试，关井直至压力稳定且等于原始地层压力 $p_{\mathrm{i}}$。此时，开始以恒定流量 $q_{\mathrm{inj}}$ 注入，如图 1.119 所示，同时记录井底压力 $p_{\mathrm{wf}}$。对于单位流度比体系，注水井吸水能力测试等同于压降试井，只是恒定流量是负的 $q_{\mathrm{inj}}$。然而，前期介绍过的所有关系式，注入量作为正值进行计算，即 $q_{\mathrm{inj}} > 0$。

对于恒定注入量，井底压力用方程（1.169）的线性形式表示：

$$p_{\mathrm{wf}} = p_{\mathrm{1h}} + m\lg(t) \tag{1.306}$$

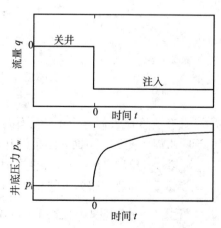

图 1.119　注水井吸入能力测试的
流量和压力响应示意图

上面的关系式表明井底注入压力与注入时间对数的图形产生图 1.119 所示的直线部分，截距 $p_{1h}$，斜率 $m$ 表示为：

$$m = \frac{162.6q_{inj}B\mu}{Kh}$$

式中　$q_{inj}$——注入量的绝对值，bbl/d；

　　　$m$——斜率，psi/ 周期；

　　　$K$——渗透率，mD；

　　　$h$——厚度，ft。

Sabet（1991）指出，注入流体的密度高于或低于油藏流体的密度决定了注入流体潜伏在油藏流体的下面或超覆在油藏流体的上面，因此，注水井吸水能力测试解释采用的产层有效厚度 $h$ 不同于压降试井解释采用的产层有效厚度。

Earlougher（1977）指出，像压降试井一样，由于续流系数的值较大，续流对注水井吸水能力测试数据的影响很大。Earlougher 建议注水井吸水能力测试分析必须包括（$p_{wf}-p_i$）与注入时间的双对数坐标图形分析，目的是确定续流影响持续的时间。和前面介绍的一样，半对数直线的开始，即续流影响的结束可以用下面的表达式确定：

$$t > \frac{(200000+12000s)C}{Kh/\mu} \tag{1.307}$$

式中　$t$——标志续流影响结束的时间，h；

　　　$K$——渗透率，mD；

　　　$s$——表皮系数

　　　$C$——续流系数，bbl/psi；

　　　$\mu$——黏度，mPa·s。

如果半对数直线能够识别，渗透率和表皮系数就可以确定：

$$K = \frac{162.6q_{inj}B\mu}{mh} \tag{1.308}$$

$$s = 1.1513\left[\frac{p_{1h}-p_i}{m} - \lg\left(\frac{K}{\phi\mu c_t r_w^2}\right) + 3.2275\right] \tag{1.309}$$

只有流度比近似等于 1，上面的关系式才有效。如果油藏处于注水开发且一口注水井用于吸水能力测试，下面总结了试井数据的分析过程，假设流度比为 1。

步骤 1：绘制（$p_{wf}-p_i$）与注入时间的双对数坐标图形。

步骤 2：确定斜率为 1 的直线，即 45°直线结束的时间。

步骤 3：由步骤 2 确定的时间向前移动 $\frac{1}{2}$ 对数周期并记录对应的时间，它标志半对数直线的开始。

步骤4：在斜率为1的直线上任选一点并读取坐标 $\Delta p$ 和 $t$，用下面的表达式计算续流系数 $C$：

$$C = \frac{q_{\text{inj}} B t}{24 \Delta p} \tag{1.310}$$

步骤5：绘制 $p_{\text{wf}}$ 与 $t$ 的半对数图形，确定表示不稳定流条件的直线的斜率 $m$。

步骤6：根据方程（1.308）和方程（1.309）分别计算渗透率 $K$ 和表皮系数。

步骤7：计算注入时间结束时的探测半径 $r_{\text{inv}}$。即：

$$r_{\text{inv}} = 0.0359 \sqrt{\frac{Kt}{\phi \mu c_{\text{t}}}} \tag{1.311}$$

步骤8：计算注水井吸水能力测试开始前的水带前缘半径 $r_{\text{wb}}$。

$$r_{\text{wb}} = \sqrt{\frac{5.615 W_{\text{inj}}}{\pi h \phi \left( \overline{S}_{\text{w}} - S_{\text{wi}} \right)}} = \sqrt{\frac{5.615 W_{\text{inj}}}{\pi h \phi \left( \Delta S_{\text{w}} \right)}} \tag{1.312}$$

式中　$r_{\text{wb}}$——水带前缘半径，ft；

　　　$W_{\text{inj}}$——试井开始时的累计注水量，bbl；

　　　$\overline{S}_{\text{w}}$——试井开始时的平均含水饱和度；

　　　$S_{\text{wi}}$——原始含水饱和度。

步骤9：比较 $r_{\text{wb}}$ 和 $r_{\text{inv}}$：如果 $r_{\text{inv}} < r_{\text{wb}}$，单位流度比的假设是合理的。

**例1.47**　图1.120和图1.121分别显示注水开发油藏7h吸水能力测试压力响应数据 $\lg\ (p_{\text{wf}} - p_{\text{i}})$ 与 $\lg\ (t)$ 及 $\lg\ (p_{\text{wf}})$ 与 $\lg\ (t)$ 的曲线。试井前，油藏注水开发已经2年，恒定注入量为100bbl/d。所有的井关井几周使压力稳定在 $p_{\text{i}}$，然后开始注水井吸水能力测试。其他数据如下：

$c_{\text{t}} = 6.67 \times 10^{-6} \text{psi}^{-1}$，$B = 1.0 \text{bbl/bbl}$，$\mu = 1 \text{mPa} \cdot \text{s}$，$S_{\text{w}} = 62.4 \text{lb/ft}^3$，$\phi = 0.15$，$q_{\text{inj}} = 100 \text{bbl/d}$，$h = 16 \text{ft}$，$r_{\text{w}} = 0.25 \text{ft}$，$p_{\text{i}} = 194 \text{psi}$，$\Delta S_{\text{w}} = 0.4$，深度 $= 1002 \text{ft}$，总试井时间 $= 7 \text{h}$。

井用2in套管完井并加装了封隔器。计算油藏渗透率和表皮系数。

**解**　步骤1：图1.120的双对数曲线表明大约在0.55h数据开始偏离斜率为1的直线。根据经验法则，把数据开始偏离斜率为1的直线的时间点向后移动 $1 \sim 1\frac{1}{2}$ 对数周期，表明在试井 $5 \sim 10\text{h}$ 后半对数直线开始出现。然而图1.120和图1.121清晰地显示 $2 \sim 3\text{h}$ 后续流影响就结束了。

步骤2：在图1.120斜率为1的直线部分选择一点坐标（$\Delta p$，$t$），利用方程（1.310）计算续流系数 $C$。

$$\Delta p = 408 \text{psi}$$

$$t = 1\text{h}$$

$$C = \frac{q_{\text{inj}} B t}{24 \Delta p} = \frac{100 \times 1.0 \times 1}{24 \times 408} = 0.0101 \text{bbl} / \text{psi}$$

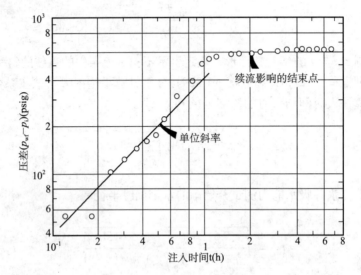

图 1.120　例 1.47 注水井吸入能力测试的双对数曲线（油藏静压条件下注水）

步骤 3：根据图 1.121 的半对数曲线，确定直线的斜率 $m$。

$$m = 80 \text{psig} / \text{周期}$$

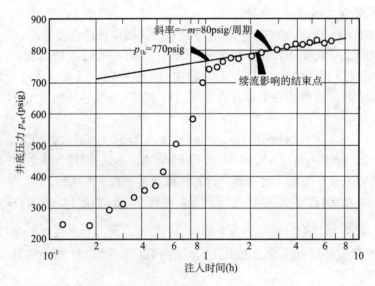

图 1.121　例 1.47 注水井吸入能力测试的半对数曲线（油藏静压条件下注水）

步骤 4：利用方程（1.308）和方程（1.309）计算渗透率和表皮系数。

$$K = \frac{162.6 q_{\text{inj}} B \mu}{m h} = \frac{162.6 \times 100 \times 1.0 \times 1.0}{80 \times 16} = 12.7 \text{mD}$$

$$s = 1.1513 \left[ \frac{p_{1h} - p_i}{m} - \lg\left( \frac{K}{\phi \mu c_t r_w^2} \right) + 3.2275 \right]$$

$$= 1.1513 \left\{ \frac{770 - 194}{80} - \lg\left( \frac{12.7}{0.15 \times 1.0 \times (6.67 \times 10^{-6}) \times 0.25^2} \right) + 3.2275 \right\}$$

$$= 2.4$$

步骤 5：利用方程（1.311）计算 7h 后的探测半径。

$$r_{inv} = 0.0359 \sqrt{\frac{Kt}{\phi \mu c_t}} = 0.0359 \sqrt{\frac{12.7 \times 7}{0.15 \times 1.0 \times (6.67 \times 10^{-6})}} \approx 338 \text{ft}$$

步骤 6：根据方程（1.312）计算试井开始前水带前缘的距离。

$$W_{inj} \approx 2 \times 365 \times 100 \times 1.0 = 73000 \text{bbl}$$

$$r_{wb} = \sqrt{\frac{5.615 W_{inj}}{\pi h \phi (\Delta S_w)}} = \sqrt{\frac{5.615 \times 7300}{\pi \times 16 \times 0.15 \times 0.4}} \approx 369 \text{ft}$$

因为 $r_{inv} < r_{wb}$，用单位流度比进行分析是合理的。

### 1.7.2　压力降落试井

压力降落试井通常在较长时间的注水井吸入能力测试后进行。如图 1.122 所示，压力降落试井类似于生产井的压力恢复试井。在总注入时间 $t_p$、恒定注入量 $q_{inj}$ 的注水井吸入能力测试后，井被关闭。立刻记录关井前和关井期间的压力数据，并用霍纳曲线法分析。

记录的压力降落数据可以用方程（1.316）表示：

$$p_{ws} = p^* + m \left[ \lg\left( \frac{t_p + \Delta t}{\Delta t} \right) \right]$$

且：

$$m = \left| \frac{162.6 q_{inj} B \mu}{Kh} \right|$$

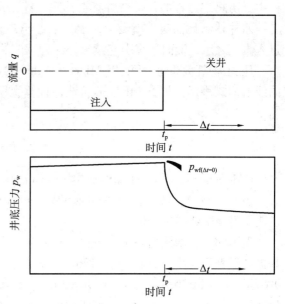

图 1.122　压力降落试井的理想流量和压力响应示意图

其中 $p^*$ 是视压力，对于新开发的油田，它等于原始油藏压力。如图 1.123 所示，$p_{ws}$ 与 $\lg[ (t_p + \Delta t) / \Delta t]$ 的曲线形成一条直线，在 $(t_p + \Delta t) / \Delta t = 1$ 处的截距是 $p^*$，斜率为负的 $m$。

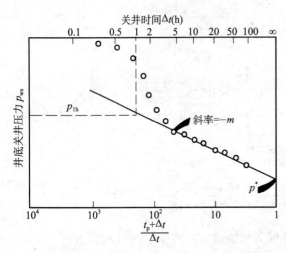

图 1.123 压力降落试井的霍纳典型曲线

应该指出，为了确定续流影响的结束和半对数直线的开始，应该绘制双对数曲线。渗透率和表皮系数可以用下面的表达式计算：

$$K = \frac{162.6 q_{\text{inj}} B \mu}{|m| h}$$

$$s = 1.513 \left[ \frac{p_{wf(\Delta t=0)} - p_{1h}}{|m|} - \lg\left(\frac{K}{\phi \mu c_t r_w^2}\right) + 3.2275 \right]$$

Earlougher（1977）指出如果压力降落试井前注入量发生变化，当量注入时间可以表示为：

$$t_p = \frac{24 W_{\text{inj}}}{q_{\text{inj}}}$$

式中 $W_{\text{inj}}$——从最后一次压力稳定，即最后一次关井时起的累计注入体积；

$q_{\text{inj}}$——关井前的注入速度。

通常，在注水井吸水能力测试结束、压力降落试井开始后，续流会发生变化。试井过程中经历真空过程的任一口井都会出现上述情况。一口注水井，当井底压力降低到不足以支撑水柱达到地面时，就会出现真空。在出现真空之前，注水井经历水膨胀产生的续流；进入真空之后，液面下降引起续流。这种续流的变化将表现在压力递减速度的减小。

压力降落数据也可以用 MDH（Miller–Dyes–Hutchinson）提出的 $p_{ws}$ 与 $\lg(\Delta t)$ 的曲线的形式表示。根据 MDH 分析法，计算视压力 $p^*$ 的数学表达式由方程（1.180）给出，即：

$$p^* = p_{1h} - |m| \lg(t_p + 1) \tag{1.313}$$

Earlougher 指出 MDH 曲线更实用，但 $t_p$ 必须大于两倍的关井时间。

下面的例子，来源于 Mcleod 和 Coulter（1969）以及 Earlougher（1977）的研究，用以说明压力降落数据的分析方法。

**例 1.48** 在增注措施中，一口井注入盐水，Mcleod 和 Coulter（1969）记录的压力降落数据图形表示为图 1.124～图 1.126。其他数据包括：累计注入时间 $t_p$=6.82h，总降落时间 = 0.67h，$q_{\text{inj}}$=807bbl/d，$B_w$=1.0bbl/bbl，$c_w$=3.0×10⁻⁶psi⁻¹，$\phi$=0.25，$h$=28ft，$\mu_w$= 1.0mPa·s，$c_t$=1.0×10⁻⁵psi⁻¹，$r_w$=0.4ft，$S_w$=67.46lb/ft³，深度=4819ft，流体静压梯度= 0.4685psi/ft。

记录的关井压力用井口压力 $p_{ts}$ 表示，且 $p_{tf(\Delta t=0)}$=1310psig。计算续流系数、渗透率、表皮系数、平均压力。

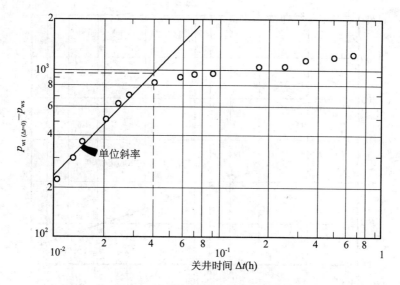

图 1.124　例 1.48 注入盐水后压力降落试井的双对数曲线

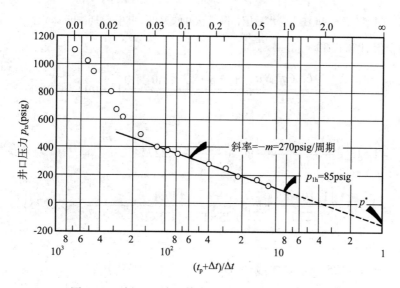

图 1.125　例 1.48 注入盐水后压力降落试井的霍纳曲线

**解**　步骤 1：根据图 1.124 的双对数曲线，关井后 0.1 ～ 0.2h 开始出现半对数直线。在斜率为 1 的直线上选择一点坐标，$\Delta p$=238psi、$\Delta t$=0.01h，利用方程（1.310）计算续流系数：

$$C = \frac{q_{\text{inj}}Bt}{24\Delta p} = \frac{807 \times 1.0 \times 0.01}{24 \times 238} = 0.0014\text{bbl} / \text{psi}$$

步骤 2：图 1.125 和图 1.126 分别显示了井口压力与 lg[（$t_{\text{p}}+\Delta t$）/ $\Delta t$] 的霍纳曲线，井口压力与 lg（$\Delta t$）的 MDH 曲线。根据两条曲线得：$m$=270psig/ 周期，$p_{\text{1h}}$=85psig。

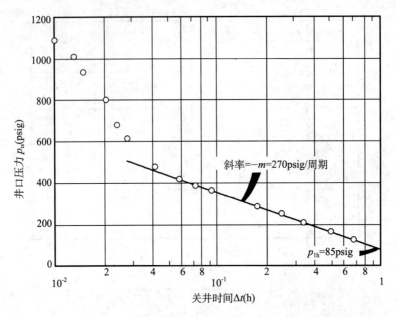

图 1.126  例 1.48 注入盐水后压力降落试井的 Miller–Dyes–Hutchinson 曲线

利用这两个值计算 $K$ 和 $s$ ：

$$K = \frac{162.6 q_{\text{inj}} B \mu}{|m| h} = \frac{162.6 \times 807 \times 1.0 \times 1.0}{270 \times 28} 17.4 \text{mD}$$

$$s = 1.513 \left[ \frac{p_{\text{wf}(\Delta t=0)} - p_{1h}}{|m|} - \lg\left( \frac{K}{\phi \mu c_t r_w^2} \right) + 3.2275 \right]$$

$$= 1.513 \times \left\{ \frac{1310 - 85}{270} - \lg\left[ \frac{17.4}{0.25 \times 1.0 \times \left(1.0 \times 10^{-5}\right) \times 0.4^2} \right] + 3.2275 \right\}$$

$$= 0.15$$

步骤 3：外推图 1.125 的霍纳曲线到 $(t_p + \Delta t) / \Delta t = 1$ 得到 $p_{\text{ts}}^*$。

$$p_{\text{ts}}^* = -151 \text{psig}$$

利用方程（1.313）计算 $p^*$ ：

$$p^* = p_{1h} - |m| \lg\left(t_p + 1\right)$$

$$p_{\text{ts}}^* = 85 - 270 \lg\left(6.82 + 1\right) = -156 \text{psig}$$

这是井口视压力，即地面视压力。利用流体静压梯度 0.4685psi/ft 和深度 4819ft，计算油藏视压力：

$$p^* = 4819 \times 0.4685 - 151 = 2107 \text{psig}$$

因为与关井时间相比注入时间 $t_p$ 很短，因此假设：

$$\bar{p} = p^* = 2107\text{psig}$$

#### 1.7.2.1 非单位流度比系统的压力降落分析

图 1.127 显示注水井附近饱和度分布平面图。该图显示两个明显的区域。

区域 1：表示水带，它的前缘与注水井距离为 $r_{f1}$。该区域注入流体的流度 $\lambda$ 定义为平均含水饱和度下注入流体的有效渗透率与其黏度的比值。即：

$$\lambda_1 = (K/\mu)_1$$

区域 2：表示油带，它的前缘与注水井距离为 $r_{f2}$。该区域油带的流度 $\lambda$ 定义为原始含水饱和度下油的有效渗透率与其黏度的比值。即：

$$\lambda_2 = (K/\mu)_2$$

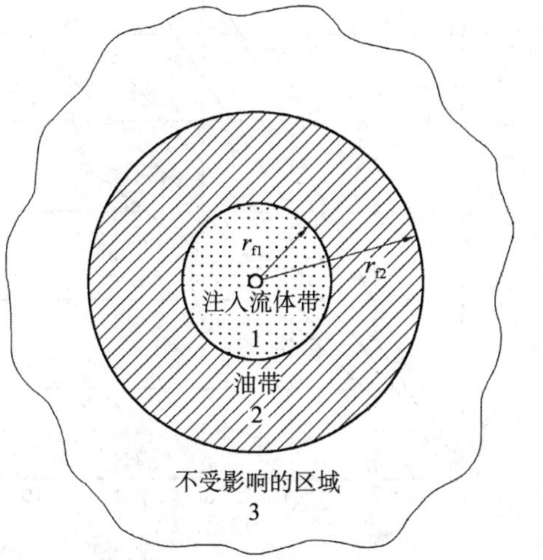

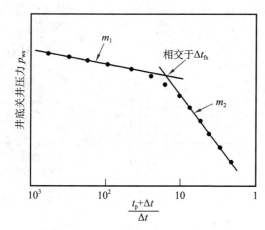

图 1.127　注水井周围液体分布示意图（混合曲线）

只有油藏充满液体或压力降落试井的最大关井时间不足以使试井的探测半径超过油带的外径，两条带系统的假设才可以应用。两条带系统压力降落的理想动态表示为图 1.128 所示的霍纳曲线。

图 1.128 显示两条清晰的直线，斜率分别为 $m_1$ 和 $m_2$，相交于 $\Delta t_{fx}$。第一条直线的斜率 $m_1$ 用于确定水淹区域水的有效渗透率 $K_w$ 和表皮系数 $s$。第二条直线的斜率 $m_2$ 用于计算油带的流度 $\lambda_o$。然而，Merrill 等（1974）指出，如果 $r_{f2} > 10r_{f1}$ 且 $(\phi c_t)_1 = (\phi c_t)_2$，斜率 $m_2$ 才能用于确定油区的流度，他提出了确定距离 $r_{f1}$ 和每个区域的流度的方法。该方法

图 1.128　两条带系统压力降落动态

需要知道第一和第二区域的 $(\phi c_t)$ 值，即 $(\phi c_t)_1$ 和 $(\phi c_t)_2$。作者建立了下列表达式：

$$\lambda = \frac{K}{\mu} = \frac{162.6QB}{m_2 h}$$

作者还建立了两组关系曲线，如图 1.129 和图 1.130 所示。该图和霍纳曲线一起用于分析压力降落数据。建立的方法总结如下。

步骤 1：绘制 $\Delta p$ 和 $\Delta t$ 的双对数曲线并确定续流影响的结束点。

步骤 2：绘制霍纳曲线或 MDH 曲线并确定 $m_1$，$m_2$ 和 $\Delta t_{fx}$。

步骤 3：计算第一个区域，即注入流体侵入区域，区域 1 的有效渗透率和表皮系数。

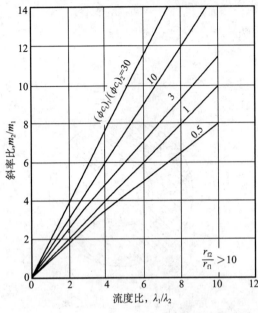

图 1.129　流度比、斜率比以及储存比之间的关系

$$K_1 = \frac{162.6 q_{inj} B \mu}{|m_1| h} \qquad (1.314)$$

$$s = 1.513 \left[ \frac{p_{wf(\Delta t=0)} - p_{1h}}{|m_1|} \right.$$
$$\left. - \lg \left( \frac{K}{\phi \mu_1 c_t r_w^2} \right) + 3.2275 \right]$$

其中下标"1"表示区域 1，注入流体区域。

步骤 4：计算下列无量纲比。

$$\frac{m_2}{m_1} \text{和} \frac{(\phi c_t)_1}{(\phi c_t)_2}$$

下标"1"和"2"分别表示区域 1 和区域 2。

步骤 5：利用图 1.129 和步骤 4 的两个无量纲比读取流度比 $\lambda_1 / \lambda_2$。

步骤 6：利用下列表达式计算第二个区域的有效渗透率。

$$K_2 = \left( \frac{\mu_2}{\mu_1} \right) \frac{K_1}{\lambda_1 / \lambda_2} \qquad (1.315)$$

步骤 7：根据图 1.130 得到无量纲时间 $\Delta t_{Dfx}$。

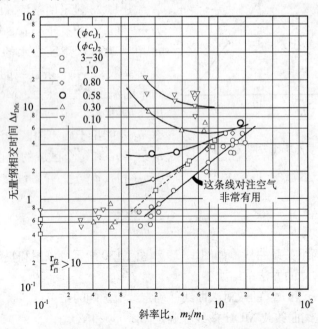

图 1.130　两区域油藏压力降落数据的无量纲相交时间 $\Delta t_{Dfx}$ 的相互关系

步骤 8：计算与注入流体带前缘的距离 $r_{f1}$。

$$r_{f1} = \sqrt{\left[\frac{0.0002637(K/\mu)_1}{(\phi c_t)_1}\right]\left(\frac{\Delta t_{fx}}{\Delta t_{Dfx}}\right)} \qquad (1.316)$$

为了说明该方法，Merrill 等（1974）提供了下面的例子。

**例 1.49**　图 1.131 显示了注水开发两区域油藏的模拟压力降落数据的 MDH 半对数曲线，没有明显的续流影响。模拟中用到的数据如下：

$r_w$=0.25ft，$h$=20ft，$r_{f1}$=30ft，$r_{f2}$=$r_e$=3600ft，$(K/\mu)_1$=$\eta_1$=100mD/（mPa·s），$(K/\mu)_2$=$\eta_2$=50mD/（mPa·s），$(\phi c_t)_1$=8.95×10$^{-7}$psi$^{-1}$，$(\phi c_t)_2$=1.54×10$^{-6}$psi$^{-1}$，$q_{inj}$=400bbl/d，$B_w$=1.0bbl/bbl。

计算 $\lambda_1$，$\lambda_2$ 和 $r_{f1}$ 并与模拟数据对比。

**解**　步骤 1：由图 1.131 确定 $m_1$，$m_2$ 和 $\Delta t_{fx}$。

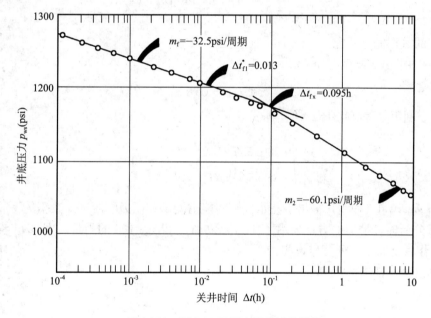

图 1.131　例 1.49 的压力降落试井数据

$$m_1=32.5\text{psi}/\text{周期}$$

$$m_2=60.1\text{psi}/\text{周期}$$

$$\Delta t_{fx}=0.095\text{h}$$

步骤 2：利用方程（1.314）计算 $(K/\mu)_1$，即水带的流度。

$$\left(\frac{K}{\mu}\right)_1 = \frac{162.6 q_{inj} B}{|m_1| h} = \frac{162.6 \times 400 \times 1.0}{32.5 \times 20} = 100\text{mD}$$

该值与模拟中用到的值相匹配。

步骤 3：计算下列无量纲比。

$$\frac{m_2}{m_1} = \frac{-60.1}{-32.5} = 1.85$$

$$\frac{(\phi c_t)_1}{(\phi c_t)_2} = \frac{8.95 \times 10^{-7}}{1.54 \times 10^{-6}} = 0.581$$

步骤 4：利用步骤 3 计算的两个无量纲比，根据图 1.129 确定 $\lambda_1 / \lambda_2$ 的比值。

$$\frac{\lambda_1}{\lambda_2} = 2.0$$

步骤 5：利用方程（1.315）计算第二区域的流度，即油带流度 $\lambda_2 = (K/\mu)_2$。

$$\left(\frac{K}{\mu}\right)_2 = \frac{(K/\mu)_1}{(\lambda_1/\lambda_2)} = \frac{100}{2.0} = 50\text{mD}/(\text{mPa} \cdot \text{s})$$

与输入的数据完全匹配。

步骤 6：由图 1.130 确定 $\Delta t_{Dfx}$。

$$\Delta t_{Dfx} = 3.05$$

步骤 7：利用方程（1.316）计算 $r_{f1}$。

$$r_{f1} = \sqrt{\frac{0.0002637 \times 100 \times 0.095}{(8.95 \times 10^{-7}) \times 3.05}} = 30\text{ft}$$

Yeh 和 Agarwal（1989）提出了注水井吸水能力测试和压力降落试井数据的不同分析方法。在进行分析时，他们的方法使用了压力导数 $\Delta p$ 和 Agarwal 的当量时间 $\Delta t_e$[ 参照方程（1.207）]。作者定义了下列符号说明。

在注水井吸水能力测试中：

$$\Delta p_{wf} = p_{wf} - p_i$$

$$\Delta p'_{wf} = \frac{d(\Delta p_{wf})}{d(\ln t)}$$

式中 $p_{wf}$——注入过程中 $t$ 时刻的井底压力，psi；

$t$——注入时间，h；

$\ln t$——$t$ 的自然对数。

在压力降落试井中：

$$\Delta p_{ws} = p_{wf(\Delta t=0)} - p_{ws}$$

$$\Delta p'_{ws} = \frac{d(\Delta p_{ws})}{d(\ln \Delta t_e)}$$

且：

$$\Delta t_e = \frac{t_p \Delta t}{t_p + \Delta t}$$

式中　$\Delta t$——关井时间，h；

　　　$t_p$——注入时间，h。

通过应用数值模拟，Yeh 和 Agarwal 对注水井吸水能力测试和压力降落试井进行了大量的模拟，并对这两种试井得到了下列观察结果。

1.7.2.2　注水井吸水能力测试过程的压力动态

（1）注入压力差 $\Delta p_{wf}$ 以及它的导数 $\Delta p'_{wf}$ 与注入时间的双对数曲线显示一段恒定斜率期间，如图 1.132 所示，表示为 $(\Delta p'_{wf})_{const}$。水淹区即水带，水的流度 $\lambda_1$ 计算为：

$$\lambda_1 = \left(\frac{K}{\mu}\right)_1 = \frac{70.62 q_{inj} B}{h\left(\Delta p'_{wf}\right)_{const}}$$

注意常数用 70.62 代替 162.6，因为压力导数的计算是对时间的自然对数求导。

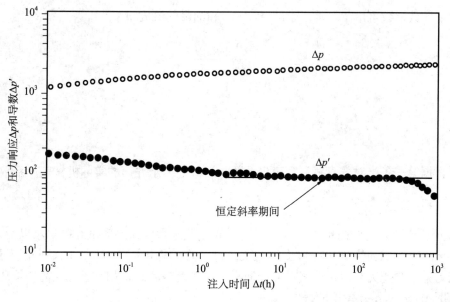

图 1.132　注入压力响应和导数（基本情况）

（2）因为注入流体与油藏流体性质的差异，半对数分析法计算的表皮系数通常超过它的实际值。

1.7.2.3　压力降落试井过程的压力动态

（1）压力降落响应 $\Delta p$ 和它的导数与压力降落当量时间的双对数函数曲线如图 1.133 所示。得到的导数曲线显示两段恒定斜率期间，$(\Delta p'_{ws})_1$ 和 $(\Delta p'_{ws})_2$ 代表水淹区即水带的径向流和非水淹区即油带的径向流。

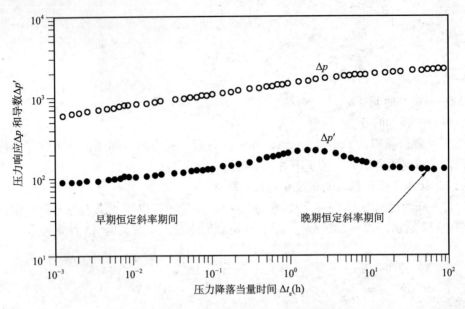

图 1.133 压力降落响应和导数

这两个导数常数可用于计算水带的流度 $\lambda_1$ 和油带的流度 $\lambda_2$：

$$\lambda_1 = \frac{70.62 q_{\text{inj}} B}{h \left( \Delta p'_{\text{ws}} \right)_1}$$

$$\lambda_2 = \frac{70.62 q_{\text{inj}} B}{h \left( \Delta p'_{\text{ws}} \right)_2}.$$

（2）根据第一条半对数直线计算表皮系数，近似地表示井筒的实际机械表皮系数。

### 1.7.3 系统试井

注水井系统试井是专门用于确定油藏岩石的破裂压力。在这类试井中，水以恒定流量注入 30min，然后增加流量并保持连续注入，每一阶段都持续 30min。在每个注入量结束时记录压力并绘制压力与流量曲线。曲线通常显示为两条直线，相交于地层的破裂压力点，示意图如图 1.134 所示。建议的程序如下。

步骤 1：关井使井底的压力稳定（如果不能关井，将井稳定在较低流量）。记录稳定压力。

步骤 2：以较低的注入量开井并在预定时间内保持这一流量。在该流动期间结束时记录压力。

步骤 3：增加流量，持续时间等于步骤 2 的时间，在结束时再记录压力。

步骤 4：多次增加流量，重复步骤 3，直至破裂压力显示在图 1.134 所示的系统试井曲线上。

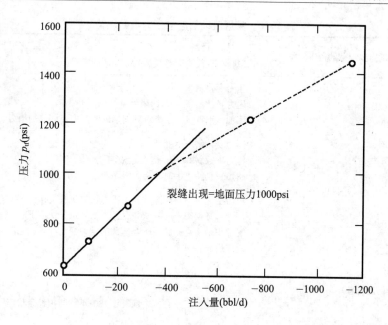

图 1.134　注水井系统试井曲线

正如霍纳（1995）指出，数据以曲线的形式表示比单一的数据表形式更易于理解。霍纳建立了下列曲线功能"工具箱"，这被认为是计算机辅助试井解释系统的必不可少的一部分。

| 流动期间 | 特点 | 使用的曲线 |
| --- | --- | --- |
| 无边界作用径向流（压降试井） | 半对数直线 | $p$ 与 lg $(t)$（半对数曲线，有时也称为 MDH 曲线） |
| 无边界作用径向流（压力恢复试井） | 霍纳直线 | $p$ 与 lg $(t_p+\Delta t)$ /$\Delta t$（霍纳曲线） |
| 续流 | $p$ 与 $t$ 的直线或 lg$\Delta p$ 与 lg$\Delta t$ 的斜率为 1 的直线 | lg$\Delta p$ 与 lg$\Delta t$（双对数曲线，典型曲线） |
| 有限导流裂缝 | 直线斜率 1/4，lg$\Delta p$ 与 lg$\Delta t$ 曲线 | lg$\Delta p$ 与 lg$\Delta t$，或 $\Delta p$ 与 $\Delta t^{1/4}$ |
| 无限导流裂缝 | 直线斜率 1/2，lg$p$ 与 lg$t$ 曲线 | lg$\Delta p$ 与 lg$\Delta t$，或 $\Delta p$ 与 $\Delta t^{1/2}$ |
| 双孔隙动态 | 平行的半对数直线之间的 S 形过渡 | $p$ 与 lg$\Delta t$（半对数曲线） |
| 封闭边界 | 拟稳定状态，压力随时间线性变化 | $p$ 与 $\Delta t$（直角坐标曲线） |
| 非渗透断层 | 半对数直线的两倍斜率 | $p$ 与 lg$\Delta t$（半对数曲线） |
| 稳定压力边界 | 压力恒定，所有 $p$，$t$ 的曲线是水平线 | 任意 |

Chaudhry（2003）提出了另一个有用的"工具箱"，它总结了本章中已经介绍过的常规流动形态的压力导数趋势，如表 1.10 所示。

表 1.10　常规流动形态的压力导数趋势

| | |
|---|---|
| 续流影响双孔隙基岩到裂隙的流动 | 半对数直线斜率 1.151<br>平行的直线响应是天然裂缝油藏的特点 |
| 双孔隙介质间拟稳定流 | 压力变化斜率→增加，变平，增加<br>压力导数斜率 =0，凹陷处 =0<br>附加识别特点：多个对数周期内时间中点凹陷的趋势 |
| 双孔隙介质间不稳定流 | 压力变化斜率→变陡<br>压力导数斜率 =0，向上趋势 =0<br>附加识别特点：时间中点斜率两倍 |
| 拟稳定状态 | 压力变化斜率→压降试井，压力恢复试井为零<br>压力导数斜率→压降试井，压力恢复试井快速下降<br>附加识别特点→后期压降试井的压力变化和导数上浮；导数的斜率 1 出现得比较早 |
| 恒定压力边界（稳定状态） | 压力变化斜率→ 0<br>压力导数斜率→快速下降<br>附加识别特点：在压力恢复试井中不能与拟稳定状态区分开 |
| 单个封闭断层（拟稳定径向流） | 压力变化斜率→较陡<br>压力导数斜率→ 0，向上趋势→ 0<br>附加识别特点：后期斜率两倍 |
| 狭长油藏线性流 | 压力变化斜率→ 0.5<br>压力导数斜率→ 0.5<br>附加识别特点：后期压力变化和导数偏离 2 的倍数；压力导数 0.5 斜率出现的比较早 |
| 续流，无边界作用径向流 | 压力变化斜率 =1，压力导数斜率 =1<br>附加识别特点：早期压力变化和导数上浮 |
| 续流，局部射孔，无边界作用径向流 | 压力变化增加，而压力导数斜率 =0<br>附加识别特点：时间中点导数水平 |
| 无限导流垂直裂缝中的线性流动 | $K(x_f)^2$ →根据专用曲线计算<br>压力斜率 =0.5，压力导数斜率 =0.5<br>附加识别特点：早期压力变化和压力导数偏离 2 的倍数 |
| 双线性流向无限导流垂直裂缝 | $K_f w$ →根据专用曲线计算<br>压力斜率 =0.25，压力导数斜率 =0.25<br>附加识别特点：早期压力变化和压力导数偏离 4 的倍数 |
| 续流无边界作用径向流 | 封闭断层 |
| 续流 | 无流动边界 |
| 续流线性流 | $Kb^2$ →根据专用曲线计算 |

　　Kamal 等（1995）以列表形式总结了不稳定试井中最常用的各种曲线和流动形态，以及每类试井得到的信息，如表 1.11 和表 1.12 所示。

**表 1.11　各种不稳定试井得到的油藏特性**

| 钻井测井 | 油藏动态<br>渗透率<br>表皮系数<br>裂缝长度<br>油藏压力<br>油藏界限<br>边界 | 系统试井 | 地层破裂压力<br>渗透率<br>表皮系数 |
|---|---|---|---|
| 重复式地层测试 / 多次地层测试 | 压力剖面 | 压力降落试井 | 各条带的流度<br>表皮系数<br>油藏压力<br>裂缝长度<br>前缘位置<br>边界 |
| 压降试井 | 油藏动态<br>渗透率<br>表皮系数<br>裂缝长度<br>油藏界限<br>边界 | 干扰试井和脉冲试井 | 井间连通情况<br>油藏典型动态<br>孔隙度<br>井间渗透率<br>垂直渗透率 |
| 压力恢复试井 | 油藏动态<br>渗透率<br>表皮系数<br>裂缝长度<br>油藏压力<br>边界 | 多层油藏试井 | 单层性质<br>水平渗透率<br>垂直渗透率<br>表皮系数<br>层平均压力<br>外边界 |

**表 1.12　不稳定试井曲线和流动形态**

| 流动形态 | 曲线 | | | | |
|---|---|---|---|---|---|
| | 直角坐标 | $\sqrt{\Delta t}$ | $\sqrt[4]{\Delta t}$ | 双对数 | 半对数 |
| 续流 | 直线<br>斜率→常数<br>相交→ $\Delta t_C$<br>$\quad$ $\Delta p_C$ | | | $\Delta p$ 和 $p'$ 的斜率为 1<br>$\Delta p$ 和 $p'$ 一致 | 正 $s$<br>负 $s$ |
| 线性流 | 直线<br>斜率 $=m_f \to l_f$<br>交点 = 裂缝<br>污染 | | | 如果 $s=0$, $p'$ 和 $\Delta p$ 的斜率 $=1/2$<br>如果 $s \neq 0$, $\Delta p$ 的斜率 $< 1/2$,<br>$p'$ 的斜率为 $\Delta p$ 的一半 | |
| 双线性流 | 直线<br>斜率<br>$=m_{bf} \to C_{fd}$ | | | 斜率 $=1/4$<br>$p'=1/4\,\Delta p$ | |
| 第一个无限边界径向流 | 递减斜率 | | | $p'$ 水平且 $p'_D=0.5$ | 直线<br>斜率 $=m \to Kh$<br>$\Delta p_{1h} \to s$ |

| 流动形态 | 曲线 | | | | |
|---|---|---|---|---|---|
| | 直角坐标 | $\sqrt{\Delta t}$ | $\sqrt[4]{\Delta t}$ | 双对数 | 半对数 |
| 过渡流 | 快速递减斜率 | | | $\Delta p=\lambda\,e^{-2s}$ 或 $B'$ <br> $p'_D=0.25$（过渡流） <br> $\leqslant 0.25$（拟稳定流） | 直线 <br> 斜率 $=m/2$（过渡流） <br> $=0$（拟稳定流） |
| 第二个无限边界径向流（整个系统） | 与第一个无限边界径向流的斜率相似 | | | $p'$ 水平且 $p'_D=0.5$ | 直线 <br> 斜率 $=m\to Kh$，$p^*$ <br> $\Delta p_{1h}\to s$ |
| 无流动单一边界 | | | | $p'$ 水平且 $p'=1$ | 直线 <br> 斜率 $=2m$ <br> 与无限边界径向流相交 $\to$ 到边界的距离 |
| 无流动外边界（只针对压降试井） | 直线 <br> 斜率 $=$ <br> $m^*\to\phi Ah$ <br> $p_{int}\to C_A$ | | | $\Delta p$ 和 $p'$ 斜率为 1 <br> $\Delta p$ 和 $p'$ 一致 | 斜率增加 |

# 问　题

（1）某种不可压缩流体在线性孔隙介质中流动，流动特性为：$L=2500\text{ft}$，$h=30\text{ft}$，宽 $=500\text{ft}$，$K=50\text{mD}$，$\phi=17\%$，$\mu=2\text{mPa}\cdot\text{s}$，入口压力 $=2100\text{psi}$，$Q=4\text{bbl/d}$，$\rho=45\text{lb/ft}^3$。
计算整个线性系统的压力剖面并制图。

（2）假设问题 1 描述的油藏线性系统倾角 $7°$，计算整个线性系统的流体势能。

（3）相对密度为 0.7 的气体在线性油藏系统中流动，温度 $150°\text{F}$。上游和下游压力分别为 $2000\text{psi}$ 和 $1800\text{psi}$。系统具有下列特性：

$L=2000\text{ft}$，$w=300\text{ft}$，$h=15\text{ft}$，$K=40\text{mD}$，$\phi=15\%$。
计算气体流量。

（4）一口油井产量 $1000\text{bbl/d}$，井底流动压力 $2000\text{psi}$。油层和生产井具有下列特点：

$h=35\text{ft}$，$r_w=0.25\text{ft}$，泄油面积 $=40\text{acre}$，API$=45°$，$\gamma_g=0.72$，$R_s=700\text{ft}^3/\text{bbl}$，$K=80\text{mD}$。

假设稳定流条件，计算井筒周围压力剖面并制图。

（5）假设稳定流，不可压缩流体，计算下列条件下油的流量：

$p_e=2500\text{psi}$，$p_{wf}=2000\text{psi}$，$r_e=745\text{ft}$，$r_w=0.3\text{ft}$，$\mu_o=2\text{mPa}\cdot\text{s}$，$B_o=1.4\text{bbl/bbl}$，$h=30\text{ft}$，$K=60\text{mD}$。

（6）一口气井井底流压 $900\text{psi}$。目前油藏压力 $1300\text{psi}$。其他数据如下：

$T=140°\text{F}$，$\gamma_g=0.65$，$r_w=0.3\text{ft}$，$K=60\text{mD}$，$h=40\text{ft}$，$r_e=1000\text{ft}$。
利用下列方法计算气体流量：

①真实气体拟压力法；

②压力平方法。

（7）油井关井一段时间后，油藏压力稳定在 $3200\text{psi}$。然后在不稳定流条件下以恒定流量 500bbl/d 生产。另外：$B_o$=1.1bbl/bbl，$\mu_o$=2mPa·s，$c_t$=15×10⁻⁶psi⁻¹，$K$=50mD，$h$=20ft，$\phi$=20%，$r_w$=0.3ft，$p_i$=3200psi。

计算 1h，5h，10h，15h 和 20h 后的压力剖面并制图。

（8）一口油井在不稳定流条件下以恒定流量 800bbl/d 生产。其他数据如下：

$B_o$=1.2bbl/bbl，$\mu_o$=3mPa·s，$c_t$=15×10⁻⁶psi⁻¹，$K$=100mD，$h$=25ft，$\phi$=15%，$r_w$=0.5ft，$p_i$=4000psi。

利用 $Ei$ 函数法和 $p_D$ 法计算 1h，2h，3h，5h 和 10h 后的井底流压。并将计算结果绘制在半对数坐标和直角坐标内。

（9）一口井压降 350psi，恒定流量 300bbl/d，有效厚度 25ft。其他参数为：$r_e$=660ft，$r_w$=0.25ft，$\mu_o$=1.2mPa·s，$B_o$=1.25bbl/bbl。

计算：①平均渗透率；②地层系数。

（10）一口生产油井位于 40acre 正方形泄油区域中心，且：$\phi$=20%，$h$=15ft，$K$=60mD，$\mu_o$=1.5mPa·s，$B_o$=1.4bbl/bbl，$r_w$=0.25ft，$p_i$=2000psi，$p_{wf}$=1500psi。

计算油的流量。

（11）一口已关的井距离第一口井 700ft，距离第二口井 1100ft。第一口井以 180bbl/d 的流量生产 5d，然后第二口井以 280bbl/d 的流量生产。计算当第二口井生产 7d 时，关井的井的压力降。其他数据如下：

$p_i$=3000psi，$B_o$=1.3bbl/bbl，$\mu_o$=1.2mPa·s，$h$=60ft，$c_t$=15×10⁻⁶psi⁻¹，$\phi$=15%，$K$=45mD。

（12）一口井以 150bbl/d 开井生产 24h，然后流量增加到 360bbl/d 再持续 24h。流量再减小到 310bbl/d 持续 16h。计算距离该井 700ft 的一口关井的井的压力降。其他参数为：$\phi$=15%，$h$=20ft，$K$=100mD，$\mu_o$=2mPa·s，$B_o$=1.2bbl/bbl，$r_w$=0.25ft，$p_i$=3000psi，$c_t$=12×10⁻⁶psi⁻¹。

（13）一口井在不稳定流动条件下以 300bbl/d 生产 5d。该井距离两个密闭断层 350ft 和 420ft。其他参数为：$\phi$=17%，$c_t$=16×10⁻⁶psi⁻¹，$K$=80mD，$p_i$=3000psi，$B_o$=1.3bbl/bbl，$\mu_o$=1.1mPa·s，$r_w$=0.25ft，$h$=25ft。

计算该井 5d 后的压力。

（14）一口新井的压降试井数据如下：

| $t$ (h) | $p_{wf}$ (psi) | $t$ (h) | $p_{wf}$ (psi) |
|---|---|---|---|
| 1.5 | 2978 | 56.25 | 2863 |
| 3.75 | 2949 | 75.00 | 2848 |
| 7.50 | 2927 | 112.50 | 2810 |
| 15.0 | 2904 | 150.00 | 2790 |
| 37.50 | 2876 | 225.00 | 2763 |

且：$p_i$=3400psi，$h$=25ft，$Q$=300bbl/d，$c_t$=18×10⁻⁶psi⁻¹，$\mu_o$=1.8mPa·s，$B_o$=1.1bbl/bbl，$r_w$=0.25ft，$\phi$=12%。

假设没有续流，计算：①平均渗透率；②表皮系数。

（15）在一口探井上进行压降试井。该井以恒定流量 175bbl/d 生产。流体和油藏数据如下：

$S_{wi}$=25%，$\phi$=15%，$h$=30ft，$c_t$=18×10$^{-6}$psi$^{-1}$，$r_w$=0.25ft，$p_i$=4680psi，$\mu_o$=1.5mPa·s，$B_o$=1.25bbl/bbl。

压降试井数据如下：

| $t$（h） | $p_{wf}$（psi） | $t$（h） | $p_{wf}$（psi） |
|---|---|---|---|
| 0.6 | 4388 | 48.0 | 4258 |
| 1.2 | 4367 | 60.0 | 4253 |
| 1.8 | 4355 | 72.0 | 4249 |
| 2.4 | 4344 | 84.0 | 4244 |
| 3.6 | 4334 | 96.0 | 4240 |
| 6.0 | 4318 | 108.0 | 4235 |
| 8.4 | 4309 | 120.0 | 4230 |
| 12.0 | 4300 | 144.0 | 4222 |
| 24.0 | 4278 | 180.0 | 4206 |
| 36.0 | 4261 | | |

计算：①泄油面积；②表皮系数；③井底流压为 4300psi 时油的流量，假设拟稳定流动条件。

（16）一口井以 146bbl/d 生产 53h 后进行压力恢复试井。油藏和流体参数如下：

$B_o$=1.29bbl/bbl，$\mu_o$=0.85mPa·s，$c_t$=12×10$^{-6}$psi$^{-1}$，$\phi$=10%，$p_{wf}$=1426.9psi，$A$=20acre。

压力恢复数据如下：

| 时间 | $p_{ws}$（psig） | 时间 | $p_{ws}$（psig） |
|---|---|---|---|
| 0.167 | 1451.5 | 4.000 | 1783.5 |
| 0.333 | 1476.0 | 4.500 | 1800.7 |
| 0.500 | 1498.6 | 5.000 | 1812.8 |
| 0.667 | 1520.1 | 5.500 | 1822.4 |
| 0.833 | 1541.5 | 6.000 | 1830.7 |
| 1.000 | 1561.3 | 6.500 | 1837.2 |
| 1.167 | 1581.9 | 7.000 | 1841.1 |
| 1.333 | 1599.7 | 7.500 | 1844.5 |
| 1.500 | 1617.9 | 8.000 | 1846.7 |
| 1.667 | 1635.3 | 8.500 | 1849.6 |
| 2.000 | 1665.7 | 9.000 | 1850.4 |
| 2.333 | 1691.8 | 10.000 | 1852.7 |
| 2.667 | 1715.3 | 11.000 | 1853.5 |
| 3.000 | 1736.3 | 12.000 | 1854.0 |
| 3.333 | 1754.7 | 12.667 | 1854.0 |
| 3.667 | 1770.1 | 14.620 | 1855.0 |

计算：①油藏平均压力；②表皮系数；③地层系数；④计算泄油面积并与给定值比较。

# 2　水　侵

含水岩层称为含水层，几乎包围在所有油气藏的周围。这些含水层可能比与其相邻的油藏或气藏大很多，近于无限大。也可能非常小以至于它们对油藏动态的影响可以忽略。

当油藏流体被开采出来，油藏压力下降，在油藏和周围的含水层之间产生压差。遵循孔隙介质中流体流动的基本规律，含水层通过原始油水界面侵入。在某些情况下，水侵的发生是由于水动力条件和露头处地面水对地层的补给。在许多情况下，含水层的孔隙体积比油藏本身的孔隙体积小。因此，相对于整个能量系统和油藏体积动态，含水层水的膨胀可以忽略。在这种情况下，水侵的影响可以忽略。另外一种情况，含水层的渗透率非常低以至于水侵入油藏需要很大的压力差，在这种情况下，水侵的影响也可以忽略。

这一章的目的是讨论这样的油层－含水层体系，在该体系含水层足够大且岩石的渗透率足够高以至于在油藏能量消耗时能够发生水侵。本章提供了各种水侵计算模型和应用这些模型计算的详细步骤。

## 2.1　水侵分类

许多油气藏都是水驱开发。为了区分于人工水驱，通常把这类水驱称为天然水驱。油藏的油气开发以及随之产生的压力降促使含水层响应以补偿压力递减。响应的形式是水侵，这归因于：（1）含水层中水的膨胀；（2）含水层岩石的压缩性；（3）构造上含水层露头高于油气层时的自流。

油层－含水层系统的划分基于下面的基本描述。

### 2.1.1　压力的保持程度

根据含水层使油藏压力保持的程度，天然水驱通常定性地描述为：（1）活跃水驱；（2）部分水驱；（3）有限水驱。

活跃水驱是指水侵量等于油藏的总开采量的水侵机理。活跃水驱油藏的基本特点是油藏压力递减缓慢。如果在任意长的时间间隔内产量和油藏压力保持合理的恒定，油藏的消耗量一定等于水侵量：

$$[水侵量]=[油流量]+[自由气流量]+[水的产量]$$

或

$$e_w = Q_o B_o + Q_g B_g + Q_w B_w \tag{2.1}$$

式中　$e_w$——水侵量，bbl/d；

　　　$Q_o$——油流量，bbl/d；

　　　$B_o$——油的地层体积系数，bbl/bbl；

　　　$Q_g$——自由气流量，ft³/d；

$B_g$——天然气地层体积系数，bbl/ft³；

$Q_w$——水流量，bbl/d；

$B_w$——水的地层体积系数，bbl/bbl。

引进下列导数项，方程（2.1）可以用累计产量表示：

$$e_w = \frac{dW_e}{dt} = B_o \frac{dN_p}{dt} + (GOR - R_s) \frac{dN_p}{dt} B_g + \frac{dW_p}{dt} B_w \tag{2.2}$$

式中　$W_e$——累计水侵量，bbl；

　　　$t$——时间，d；

　　　$N_p$——累计产油量，bbl；

　　　$GOR$——目前气油比，ft³/bbl；

　　　$R_s$——目前天然气溶解度，ft³/bbl；

　　　$B_g$——天然气的地层体积系数，bbl/ft³；

　　　$W_p$——累计产水量，bbl；

　　　$dN_p/dt$——油的日产量 $Q_o$，bbl；

　　　$dW_p/dt$——水的日产量 $Q_w$，bbl；

　　　$dW_e/dt$——水的日侵入量 $e_w$，bbl；

　　　$(GOR-R_s)\ dN_p/dt$——自由气的日产量，ft³。

**例 2.1**　某一油藏的压力稳定在 3000psi，计算水侵入量 $e_w$。且有：原始油藏压力 =3500psi，$dN_p/dt$=32000bbl/d，$B_o$=1.4bbl/bbl，$GOR$=900ft³/bbl，$R_s$=700ft³/bbl，$B_g$=0.00082bbl/ft³，$dW_p/dt$=0，$B_w$=1.0bbl/bbl。

**解**　应用方程（2.1）或方程（2.2）得：

$$
\begin{aligned}
e_w &= \frac{dW_e}{dt} = B_o \frac{dN_p}{dt} + (GOR - R_s) \frac{dN_p}{dt} B_g + \frac{dW_p}{dt} B_w \\
&= 1.4 \times 32000 + (900 - 700) \times 32000 \times 0.00082 + 0 \\
&= 50048 \text{bbl/d}
\end{aligned}
$$

### 2.1.2　外边界条件

含水层可分为无限边界或有限边界。在地质学上，所有地层都是有限的，但如果油水接触面的压力变化影响不到含水层边界，那么含水层可看做无限。一些含水层露头，由于地表补充而表现为无边界作用。一般情况下，外边界控制含水层的动态，划分如下。

无限体系是指油水界面压力的变化影响不到外边界。外边界压力恒定且等于原始油藏压力。

有限体系是指含水层的外边界受水侵入油层的影响，且外边界的压力随时间变化。

### 2.1.3　流动形态

水侵入油藏有三种基本流动形态。如第 1 章所描述的，这些流动形态是：（1）稳定流；（2）拟稳定流；（3）不稳定流。

### 2.1.4  流动的几何形态

根据流动的几何形态，油层－含水层体系可划分为：（1）边水驱动；（2）底水驱动；（3）线性水驱。

边水驱动，如图 2.1 所示，由于油气开发和油层－含水层边界压力降低，水流入油藏的侧翼。该流动基本是径向的且垂直方向的流动可以忽略。

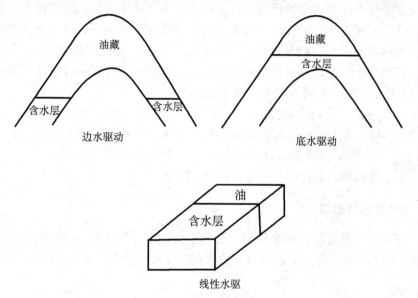

图 2.1    流动的几何形态

底水驱动发生在油藏具有较大的面积延伸且平缓倾斜，它的油水界面完全位于油藏的下面。该流动基本是径向的，与边水驱动相反，底水驱动有明显的垂直方向的流动。

线性水驱，水从油藏的一个侧面侵入。该流动是线性的，流经的横截面积恒定。

## 2.2    天然水侵的识别

通常，在油藏的勘探和开发期间，关于含水层的出现和特点的信息很少能够得到，而该含水层在衰竭期能够为水侵提供来源。天然水驱可以根据附近正在开发的油藏类推得到，早期的油藏动态也能够提供线索。随着累计采出量的增加油藏压力递减速度比较低且逐渐减小表明有流体侵入。油藏压力每变化 1psi 的地面采出量的连续计算能够补充动态曲线。如果油藏界限没有根据开发干井界定出来，水侵有可能来自油藏的未开发区域。如果油藏压力低于油的饱和压力，生产气油比 *GOR* 增加速度缓慢也表示有水侵。

边井早期产水表示有水侵。该结论必须排除早期产水是由于地层裂缝、高渗透薄夹层、有限含水层锥进引起的可能性。产水可能由于套管漏失。

根据油藏压力连续测量值，利用物质平衡法并假设没有水侵，计算的原始石油地质储量是不断增加的，也表明有水侵。

# 2.3 水侵模型

对于油藏工程，这一部分与其他部分相比有更多的不确定。这主要是因为人们很少把井钻在水层来获得有关孔隙度、渗透率、厚度以及流体特性等必需的信息。而这些特性通常根据油藏中已经掌握的信息推断而来。更加不确定的是含水层自身的几何形态和面积的连续性。

已经建立了许多计算水侵的模型，这些模型以描述含水层特性的假设为基础。由于含水层自身特性的不确定性，所有模型都需要用油藏历史动态数据计算代表含水层特性参数的常数，因为这些参数很少能从勘探和开发钻井中得到，而且精确度不高不能直接应用。物质平衡方程可用于确定历史水侵，假设原始石油地质储量可根据孔隙体积推算。据此可计算水侵方程中的常数，并可以预测未来水侵速度。

石油工业常用的水侵数学模型包括：（1）pot 含水层；（2）Schilthuis 稳态；（3）Hurst 修正的稳态；（4）van Everdingen 和 Hurst 不稳态（边水驱动，底水驱动）；（5）Carter-Tracy 不稳态；（6）Fetkovich 方法（径向含水层，线性含水层）。

下面介绍上述模型以及它们在水侵计算中的应用。

### 2.3.1 pot 含水层模型

用于计算侵入气藏或油藏的水侵量的最简单的模型是基于压缩系数的基本定义。由于流体的采出，油藏压力下降，引起含水层的水膨胀并流入油藏。压缩系数的数学定义是：

$$c = \frac{1}{V}\frac{\partial V}{\partial p} = \frac{1}{V}\frac{\Delta V}{\Delta p}$$

或

$$\Delta V = cV\Delta p$$

把上述压缩系数的基本定义应用于含水层得：

水侵量 =（含水层压缩系数）×（水的原始体积）×（压力降）

或

$$W_e = c_t W_i (p_i - p) \quad c_t = c_w + c_f \tag{2.3}$$

式中　$W_e$——累计水侵量，bbl；

　　　$c_t$——含水层总压缩系数，$psi^{-1}$；

　　　$c_w$——含水层中水的压缩系数，$psi^{-1}$；

　　　$c_f$——含水层中岩石的压缩系数，$psi^{-1}$；

　　　$W_i$——含水层中水的原始体积，bbl；

　　　$p_i$——原始油藏压力，psi；

　　　$p$——目前油藏压力（油水界面的压力），psi。

　　计算含水层中水的原始体积需要掌握含水层的尺寸和性质。然而，这些资料很少能够测量得到，因为不会有意地把井钻在含水层来得到这些信息。如果含水层形状是径向的，那么：

$$W_i = \frac{\pi\left(r_a^2 - r_e^2\right)h\phi}{5.615}$$ (2.4)

式中　$r_a$——含水层半径，ft；

　　　　$r_e$——油藏半径，ft；

　　　　$h$——含水层厚度，ft；

　　　　$\phi$——含水层孔隙度。

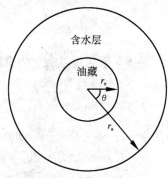

　　方程（2.4）需要水从各个方向径向侵入。通常，水不会从油藏的所有方向侵入，或油藏本身不是圆形。为了说明这些情况，必须对方程（2.4）进行修正以适合描述流动机理。最简单的修正方法之一是在方程中引入相对侵入角 $f$，如图 2.2 所示，得：

$$W_e = \left(c_w + c_f\right)W_i f\left(p_i - p\right)$$ (2.5)

　　其中相对侵入角 $f$ 确定为：

$$f = \frac{\text{侵入角}}{360^\circ} = \frac{\theta}{360^\circ}$$ (2.6)

图 2.2　径向含水层几何图形

　　上述模型只适用于小的含水层，即 pot 含水层，它的尺寸和油藏本身的大小处于同一数量级。Dake（1978）指出因为含水层相对较小，油藏的压力降很快传遍整个油层－含水层体系。Dake 提对于一个大的含水层，需要一个数学模型，该模型引入与时间有关的量以说明含水层对油藏压力变化发生响应需要的有限时间。

　　**例 2.2**　计算油水界面压力下降 200psi 时的累计水侵量，侵入角为 80°。油层－含水层系统的特性参数如下。

| 参数 | 油藏 | 含水层 |
| --- | --- | --- |
| 半径（ft） | 2600 | 10000 |
| 孔隙度 | 0.18 | 0.12 |
| $c_f$（psi$^{-1}$） | $4 \times 10^{-6}$ | $3 \times 10^{-6}$ |
| $c_w$（psi$^{-1}$） | $5 \times 10^{-6}$ | $4 \times 10^{-6}$ |
| $h$（ft） | 20 | 25 |

　　**解**　步骤 1：利用方程（2.4）计算含水层水的原始体积。

$$
\begin{aligned}
W_i &= \frac{\pi\left(r_a^2 - r_e^2\right)h\phi}{5.615} \\
&= \frac{\pi\left(10000^2 - 2600^2\right) \times 25 \times 0.12}{5.615} \\
&= 156.5 \times 10^6 \text{bbl}
\end{aligned}
$$

步骤 2：利用方程（2.5）计算累计水侵量。

$$W_e = (c_w + c_f) W_i f (p_i - p)$$
$$= (4.0 + 3.0) \times 10^{-6} \times (156.5 \times 10^6) \times \frac{80}{360} \times 200$$
$$= 48689 \text{bbl}$$

### 2.3.2  Schilthuis 稳态模型

Schilthuis（1936）提出稳定流动形态的含水层，流动动态可以用达西方程描述。那么，水侵量 $e_w$ 可用达西方程确定：

$$\frac{\mathrm{d}W_e}{\mathrm{d}t} = e_w = \left[ \frac{0.00708 Kh}{\mu_w \ln(r_a/r_e)} \right] (p_i - p) \tag{2.7}$$

该关系式可以表示为更便捷的形式：

$$\frac{\mathrm{d}W_e}{\mathrm{d}t} = e_w = C(p_i - p) \tag{2.8}$$

式中    $e_w$——水侵量，bbl/d；

$K$——含水层渗透率，mD；

$h$——含水层厚度，ft；

$r_a$——含水层半径，ft；

$r_e$——油藏半径，ft；

$t$——时间，d。

参数 $C$ 称为水侵常数，用 bbl/（d·psi）表示。该水侵常数 $C$ 可以根据特定时间间隔内油藏的一些历史生产数据计算，假设水侵量 $e_w$ 已经由不同的表达式确定。例如，参数 $C$ 可通过联立方程（2.1）和方程（2.8）求得。尽管只有当油藏压力稳定时，水侵常数才能通过此种方式得到，但一旦得到水侵常数，它既可用于油藏压力稳定情况，也可用于油藏压力变化情况。

**例 2.3**  利用例 2.1 中的数据：$p_i$=3500psi，$p$=3000psi，$Q_o$=32000bbl/d，$B_o$=1.4bbl/bbl，$GOR$=900ft³/bbl，$R_s$=700ft³/bbl，$B_g$=0.00082bbl/ft³，$Q_w$=0，$B_w$=1.0bbl/bbl。

计算 Schilthuis 水侵常数。

**解**  步骤 1：利用方程（2.1）求水侵量 $e_w$。

$$e_w = Q_o B_o + Q_g B_g + Q_w B_w$$
$$= 1.4 \times 32000 + (900 - 700) \times 32000 \times 0.00082 + 0$$
$$= 50048 \text{bbl/d}$$

步骤 2：根据方程（2.8）求水侵常数。

$$\frac{\mathrm{d}W_e}{\mathrm{d}t} = e_w = C(p_i - p)$$

或

$$C = \frac{e_w}{p_i - p} = \frac{50048}{3500 - 3000} = 100 \text{bbl}/(\text{d} \cdot \text{psi})$$

如果用稳态逼近法描述含水层的流动形态，水侵常数 $C$ 的计算值在整个开发期间将是常数。

注意引起水侵的压力降是从原始压力开始的累计压力降。

用累计水侵量 $W_e$ 表示，积分方程（2.8）得到水侵量的常用 Schilthuis 表达式：

$$\int_0^{W_e} \mathrm{d}W_e = \int_0^t C(p_i - p)\mathrm{d}t$$

或

$$W_e = C\int_0^t (p_i - p)\mathrm{d}t \tag{2.9}$$

式中　$W_e$——累计水侵量，bbl；

$C$——水侵常数，bbl/（d·psi）；

$t$——时间，d；

$p_i$——原始油藏压力，psi；

$p$——$t$ 时刻油水界面的压力，psi。

当绘制压力降（$p_i-p$）与时间 $t$ 的函数图形，如图 2.3 所示，曲线下方的面积代表积分项 $\int_0^t (p_i - p)\mathrm{d}t$。$t$ 时刻的面积值可用梯形法则（或任何其他数值积分法）确定：

$$\int_0^t (p_i - p)\mathrm{d}t = \text{aera}_1 + \text{aera}_2 + \text{aera}_3 + \cdots$$
$$= \left(\frac{p_i - p_1}{2}\right)(t_1 - t_0)$$
$$+ \frac{(p_i - p_1) + (p_i - p_2)}{2}(t_2 - t_1)$$
$$+ \frac{(p_i - p_2) + (p_i - p_3)}{2}(t_3 - t_2) + \cdots$$

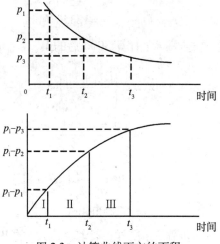

图 2.3　计算曲线下方的面积

方程（2.9）可表示为：

$$W_e = C\sum_0^t (\Delta p)\Delta t \tag{2.10}$$

**例 2.4**　水驱油藏压力的历史数据如下：

| $t$（d） | $p$（psi） |
|---|---|
| 0 | |
| 100 | 3450 |
| 200 | 3410 |
| 300 | 3380 |
| 400 | 3340 |

含水层处于稳定流动条件，水侵常数为 130bbl/（d·psi）。已知原始油藏压力 3500psi，利用稳态模型分别计算 100d，200d，300d 和 400d 后累计水侵量。

**解** 步骤 1：计算每个时刻 $t$ 的总压力降。

| $t$（d） | $p$（psi） | $p_i-p$（psi） |
|---|---|---|
| 0 | 3500 | 0 |
| 100 | 3450 | 50 |
| 200 | 3410 | 90 |
| 300 | 3380 | 120 |
| 400 | 3340 | 160 |

步骤 2：计算 100d 后的累计水侵量。

$$W_e = C\left[\left(\frac{p_i-p_1}{2}\right)(t_1-t_0)\right] = 130 \times \frac{50}{2} \times (100-0)$$
$$= 325000\text{bbl}$$

步骤 3：确定 200d 后的 $W_e$。

$$W_e = C\left\{\left(\frac{p_i-p_1}{2}\right)(t_1-t_0) + \left[\frac{(p_i-p_1)+(p_i-p_2)}{2}\right](t_2-t_1)\right\}$$
$$= 130 \times \left[\left(\frac{50}{2}\right) \times (100-0) + \left(\frac{50+90}{2}\right) \times (200-100)\right]$$
$$= 1235000\text{bbl}$$

步骤 4：计算 300d 后的 $W_e$。

$$W_e = C\left\{\left(\frac{p_i-p_1}{2}\right)(t_1-t_0) + \left[\frac{(p_i-p_1)+(p_i-p_2)}{2}\right](t_2-t_1) + \right.$$
$$\left. \frac{(p_i-p_2)+(p_i-p_3)}{2}(t_3-t_2)\right\}$$
$$= 130 \times \left[\left(\frac{50}{2}\right) \times 100 + \left(\frac{50+90}{2}\right) \times (200-100) + \left(\frac{120+90}{2}\right) \times (300-200)\right]$$
$$= 2600000\text{bbl}$$

步骤 5：同样，计算 400d 后的 $W_e$。

$$W_e = C\left\{\left(\frac{p_i-p_1}{2}\right)(t_1-t_0) + \cdots + \left[\frac{(p_i-p_3)+(p_i-p_4)}{2}\right](t_4-t_3)\right\}$$
$$= 130 \times \left[2500 + 7000 + 10500 + \left(\frac{160+120}{2}\right) \times (400-300)\right]$$
$$= 4420000\text{bbl}$$

### 2.3.3 Hurst 修正的稳态方程

与 Schilthuis 稳态模型有关的一个问题是当水从含水层流出时，含水层的泄油半径 $r_a$ 将随着时间的增加而增加。Hurst（1943）认为有效含水层半径 $r_a$ 随着时间的增加而增加，因此，无量纲半径 $r_a/r_e$ 可以用一个与时间有关的函数表示如下：

$$\frac{r_a}{r_e} = at \tag{2.11}$$

把方程（2.11）代入方程（2.7）得：

$$e_w = \frac{\mathrm{d}W_e}{\mathrm{d}t} = \frac{0.00708Kh(p_i - p)}{\mu_w \ln(at)} \tag{2.12}$$

Hurst 修正的稳态方程可以表示为更简单的形式：

$$e_w = \frac{\mathrm{d}W_e}{\mathrm{d}t} = \frac{C(p_i - p)}{\ln(at)} \tag{2.13}$$

用累计水侵量表示：

$$W_e = C\int_0^t \left[\frac{p_i - p}{\ln(at)}\right]\mathrm{d}t \tag{2.14}$$

把积分项近似地用求和表示得：

$$W_e = C\sum_0^t \left[\frac{p_i - p}{\ln(at)}\right]\Delta t \tag{2.15}$$

Hurst 修正的稳态方程包括两个未知常数，即 $a$ 和 $C$，它们必须根据油层 − 含水层压力及水侵历史数据确定。确定常数 $a$ 和 $C$ 的过程的基础是把方程（2.13）表示为线性关系式：

$$\frac{p_i - p}{e_w} = \frac{1}{C}\ln(at)$$

或

$$\frac{p_i - p}{e_w} = \left(\frac{1}{C}\right)\ln(a) + \left(\frac{1}{C}\right)\ln(t) \tag{2.16}$$

方程（2.16）表明 $(p_i-p)/e_w$ 与 $\ln(t)$ 的函数图形是一条直线，斜率为 $1/C$，截距为 $(1/C)\ln(a)$，如图 2.4 所示。

**例 2.5** 下列数据由 Craft 和 Hawkins（1959）提供，记录水驱油藏的油藏压力随时间的变化。根据油藏历史数据，Craft 和 Hawkins 应用物质平衡方程（参考第 4 章）计算了水侵量，也计算了每个时间间隔的水侵速度。

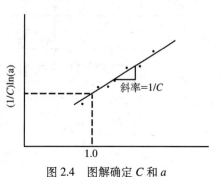

图 2.4　图解确定 $C$ 和 $a$

| 时间<br>(d) | 压力<br>(psi) | $W_e$<br>($10^3$bbl) | $e_w$<br>(bbl/d) | $p_i-p$<br>(psi) |
|---|---|---|---|---|
| 0 | 3793 | 0 | 0 | 0 |
| 182.5 | 3774 | 24.8 | 389 | 19 |
| 365.0 | 3709 | 172.0 | 1279 | 84 |
| 547.5 | 3643 | 480.0 | 2158 | 150 |
| 730.0 | 3547 | 978.0 | 3187 | 246 |
| 912.5 | 3485 | 1616.0 | 3844 | 308 |
| 1095.0 | 3416 | 2388 | 4458 | 377 |

据预测生产 1186.25d 后边界压力将降到 3379psi，计算此时的累计水侵量。

解　步骤 1：构建下表。

| $t$ (d) | ln ($t$) | $p_i-p$ | $e_w$<br>(bbl/d) | $(p_i-p)$ $/e_w$ |
|---|---|---|---|---|
| 0 | — | 0 | 0 | — |
| 182.5 | 5.207 | 19 | 389 | 0.049 |
| 365.0 | 5.900 | 84 | 1279 | 0.066 |
| 547.5 | 6.305 | 150 | 2158 | 0.070 |
| 730.0 | 6.593 | 246 | 3187 | 0.077 |
| 912.5 | 6.816 | 308 | 3844 | 0.081 |
| 1095.0 | 6.999 | 377 | 4458 | 0.085 |

步骤 2：绘制 $(p_i-p)$ $/e_w$ 与 ln ($t$) 的函数图形，通过各点画一条符合最好的直线，如图 2.5 所示，确定直线的斜率。

$$斜率 = 1/C = 0.020$$

步骤 3：根据斜率确定 Hurst 方程的系数 $C$。

$$C = 1/斜率 = 1/0.02 = 50$$

步骤 4：用直线上任一点的坐标，利用方程（2.13）计算参数 $a$。

$$a = 0.064$$

步骤 5：列出 Hurst 方程。

$$W_e = 50 \int_0 \left[ \frac{p_i - p}{\ln(0.064t)} \right] \mathrm{d}t$$

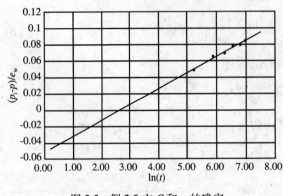

图 2.5　例 2.5 中 $C$ 和 $a$ 的确定

步骤 6：计算 1186.25d 后的累计水侵量。

$$W_e = 2388 \times 10^3 + \int_{1095}^{1186.25} 50 \left[ \frac{p_i - p}{\ln(0.064t)} \right] dt$$

$$= 2388 \times 10^3$$

$$+ 50 \times \left[ (3793 - 3379)/\ln(0.064 \times 1186.25) + \right.$$

$$\left. (3793 - 3416)/\ln(0.064 \times 1095)/2 \right] \times (1186.25 - 1095)$$

$$= 2388 \times 10^3 + 420.508 \times 10^3 = 2809 \times 10^3 \, \text{bbl}$$

### 2.3.4　van Everdingen 和 Hurst 不稳态模型

描述原油流入井底的数学表达式与描述含水层的水流入圆柱油藏（图 2.6）的那些方程在形式上是一致的。当关井一段时间后油井以恒定流量生产，压力动态受不稳定流条件控制。不稳定流动条件是指边界对压力动态没有影响的时期。

扩散方程的无量纲形式，如第 1 章方程（1.89）所示，是表示油藏或含水层不稳定流动动态的通用数学方程。扩散方程表示为无量纲形式：

$$\frac{\partial^2 p_D}{\partial r_D^2} + \frac{1}{r_D} \frac{\partial p_D}{\partial r_D} = \frac{\partial p_D}{\partial t_D}$$

van Everdingen 和 Hurst（1949）提出无量纲扩散方程解的两个油层 - 含水层的边界条件：(1) 末端流量恒定；(2) 末端压力恒定。

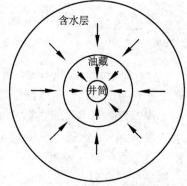

含水层

油藏

井筒

图 2.6　水侵入圆柱形油藏

对于末端流量恒定的边界条件，假设在给定时间内水侵量恒定，计算油层 - 含水层边界的压力降。

对于末端压力恒定的边界条件，假设在某一有限的时间内边界压力降恒定，计算水侵量。

在描述含水层水侵油藏时，更大的兴趣是计算水侵量而不是压力。因此需要确定水侵量与油层 - 含水层系统内边界压力降的函数关系。

van Everdingen 和 Hurst（1949）通过对方程应用拉普拉斯变换，求解了含水层 - 油层系统的扩散方程。得到的解可用于确定下列系统的水侵量：(1) 边水驱动系统（径向系统）；(2) 底水驱动系统；(3) 线性水驱系统。

#### 2.3.4.1　边水驱动

图 2.7 显示了一个理想的径向流系统，它代表边水驱动油藏。油层和含水层间的界面被确定为内边界。通过内边界的流动可认为是水平的且水侵是通过环绕油层的圆柱面发生的。因为界面作为内边界，可以认为在内边界末端压力恒定，确定通过界面的水侵量。

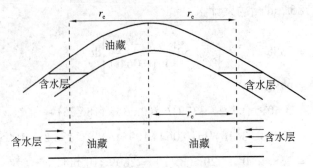

图 2.7　理想径向流模型

van Everdingen 和 Hurst 利用末端压力恒定条件及下列初始条件和外边界条件，提出了无量纲扩散方程的解。

初始条件：$p=p_i$（对于所有半径 $r$）。

外边界条件：对于无限含水层，在 $r=\infty$ 处，$p=p_i$；对于有界含水层，在 $r=r_a$ 处，$\partial r_D^2$。

van Everdingen 和 Hurst 假设含水层的特点为：（1）均匀等厚；（2）渗透率恒定；（3）孔隙度均匀；（4）岩石压缩系数恒定；（5）水的压缩系数恒定。

作者把计算水侵量的数学关系式表示为无量纲参数的形式，该无量纲参数称为无量纲水侵量 $W_{eD}$。他们还把无量纲水侵量表示为无量纲时间 $t_D$ 和无量纲半径 $r_D$ 的函数。因此，使扩散方程的解更通用，它适用于任一含水层，只要该含水层的水流入油藏是径向的。他们推导出了有界含水层和无界含水层的解。作者把他们的解表示为表格和图形的形式，如图 2.8 ~ 图 2.11 和表 2.1 ~ 表 2.2 所示。两个无量纲参数 $t_D$ 和 $r_D$ 表示为：

$$t_D = 6.328 \times 10^{-3} \frac{Kt}{\phi \mu_w c_t r_e^2} \tag{2.17}$$

$$r_D = \frac{r_a}{r_e} \tag{2.18}$$

$$c_t = c_w + c_f \tag{2.19}$$

式中　$t$——时间，d；

$K$——含水层渗透率，mD；

$\phi$——含水层孔隙度；

$\mu_w$——含水层中水的黏度，mPa·s；

$r_a$——含水层半径，ft；

$r_e$——油层半径，ft；

$c_w$——水的压缩系数，psi$^{-1}$；

$c_f$——含水层地层的压缩系数，psi$^{-1}$；

$c_t$——总压缩系数，psi$^{-1}$。

水侵量表示为：

$$W_e = B \Delta p W_{eD} \tag{2.20}$$

且

$$B = 1.119 \phi c_t r_e^2 h \tag{2.21}$$

式中　$W_e$——累计水侵量，bbl；

　　　　$B$——水侵常数，bbl/psi；

　　　　$\Delta p$——边界处的压力降，psi；

　　　　$W_{eD}$——无量纲水侵量。

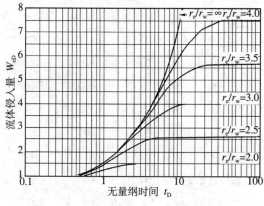

图 2.8　不同 $r_e/r_R$，即 $r_a/r_e$ 值
对应的无量纲水侵量 $W_{eD}$

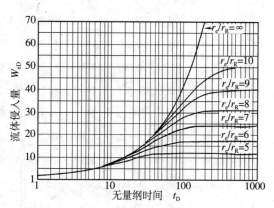

图 2.9　不同 $r_e/r_R$，即 $r_a/r_e$ 值
对应的无量纲水侵量 $W_{eD}$

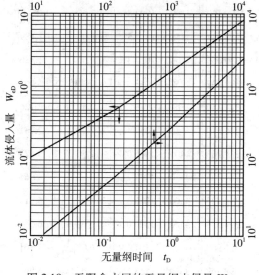

图 2.10　无限含水层的无量纲水侵量 $W_{eD}$

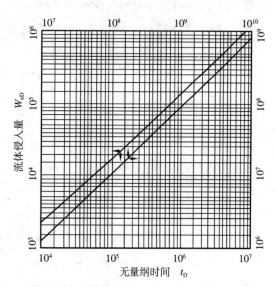

图 2.11　无限含水层的无量纲水侵量 $W_{eD}$

### 表2.1 无限含水层的无量纲水侵量 $W_{eD}$

| 无量纲时间 $t_D$ | 流体侵入量 $W_{eD}$ | 无量纲时间 $t_D$ | 流体侵入量 $W_{eD}$ | 无量纲时间 $t_D$ | 流体侵入量 $W_{eD}$ | 无量纲时间 $t_D$ | 流体侵入量 $W_{eD}$ | 无量纲时间 $t_D$ | 流体侵入量 $W_{eD}$ | 无量纲时间 $t_D$ | 流体侵入量 $W_{eD}$ |
|---|---|---|---|---|---|---|---|---|---|---|---|
| 0.00 | 0.000 | 79 | 35.697 | 455 | 150.249 | 1190 | 340.843 | 3250 | 816.090 | 35.000 | 6780.247 |
| 0.01 | 0.112 | 80 | 36.058 | 460 | 151.640 | 1200 | 343.308 | 3300 | 827.088 | 40.000 | 7650.096 |
| 0.05 | 0.278 | 81 | 36.418 | 465 | 153.029 | 1210 | 345.770 | 3350 | 838.067 | 50.000 | 9363.099 |
| 0.10 | 0.404 | 82 | 36.777 | 470 | 154.416 | 1220 | 348.230 | 3400 | 849.028 | 60.000 | 11047.299 |
| 0.15 | 0.520 | 83 | 37.136 | 475 | 155.801 | 1225 | 349.460 | 3450 | 859.974 | 70.000 | 12708.358 |
| 0.20 | 0.606 | 84 | 37.494 | 480 | 157.184 | 1230 | 350.688 | 3500 | 870.903 | 75.000 | 13531.457 |
| 0.25 | 0.689 | 85 | 37.851 | 485 | 158.565 | 1240 | 353.144 | 3550 | 881.816 | 80.000 | 14350.121 |
| 0.30 | 0.758 | 86 | 38.207 | 490 | 159.945 | 1250 | 355.597 | 3600 | 892.712 | 90.000 | 15975.389 |
| 0.40 | 0.898 | 87 | 38.563 | 495 | 161.322 | 1260 | 358.048 | 3650 | 903.594 | 100.000 | 17586.284 |
| 0.50 | 1.020 | 88 | 38.919 | 500 | 162.698 | 1270 | 360.496 | 3700 | 914.459 | 125.000 | 21560.732 |
| 0.60 | 1.140 | 89 | 39.272 | 510 | 165.444 | 1275 | 361.720 | 3750 | 925.309 | $1.5(10)^5$ | $2.538(10)^4$ |
| 0.70 | 1.251 | 90 | 39.626 | 520 | 168.183 | 1280 | 362.942 | 3800 | 936.144 | 2.0″ | 3.308″ |
| 0.80 | 1.359 | 91 | 39.979 | 525 | 169.549 | 1290 | 365.386 | 3850 | 946.966 | 2.5″ | 4.066″ |
| 0.90 | 1.469 | 92 | 40.331 | 530 | 170.914 | 1300 | 367.828 | 3900 | 957.773 | 3.0″ | 4.817″ |
| 1 | 1.569 | 93 | 40.684 | 540 | 173.639 | 1310 | 370.267 | 3950 | 968.566 | 4.0″ | 6.267″ |
| 2 | 2.447 | 94 | 41.034 | 550 | 176.357 | 1320 | 372.704 | 4000 | 979.344 | 5.0″ | 7.699″ |
| 3 | 3.202 | 95 | 41.385 | 560 | 179.069 | 1325 | 373.922 | 4050 | 990.108 | 6.0″ | 9.113″ |
| 4 | 3.893 | 96 | 41.735 | 570 | 181.774 | 1330 | 375.139 | 4100 | 1000.858 | 7.0″ | $1.051(10)^5$ |
| 5 | 4.539 | 97 | 42.084 | 575 | 183.124 | 1340 | 377.572 | 4150 | 1011.595 | 8.0″ | 1.189″ |
| 6 | 5.153 | 98 | 42.433 | 580 | 184.473 | 1350 | 380.003 | 4200 | 1022.318 | 9.0″ | 1.326″ |
| 7 | 5.743 | 99 | 42.781 | 590 | 187.166 | 1360 | 382.432 | 4250 | 1033.028 | $1.0(10)6'$ | 1.462″ |
| 8 | 6.314 | 100 | 43.129 | 600 | 189.852 | 1370 | 384.859 | 4300 | 1043.724 | 1.5″ | 2.126″ |
| 9 | 6.869 | 105 | 44.858 | 610 | 192.533 | 1375 | 386.070 | 4350 | 1054.409 | 2.0″ | 2.781″ |
| 10 | 7.411 | 110 | 46.574 | 620 | 195.208 | 1380 | 387.283 | 4400 | 1065.082 | 2.5″ | 3.427″ |
| 11 | 7.940 | 115 | 48.277 | 625 | 196.544 | 1390 | 389.705 | 4450 | 1075.743 | 3.0″ | 4.064″ |
| 12 | 8.457 | 120 | 49.968 | 630 | 197.878 | 1400 | 392.125 | 4500 | 1086.390 | 4.0″ | 5.313″ |
| 13 | 8.964 | 125 | 51.648 | 640 | 200.542 | 1410 | 394.543 | 4550 | 1097.024 | 5.0″ | 6.544″ |
| 14 | 9.461 | 130 | 53.317 | 650 | 203.201 | 1420 | 396.959 | 4600 | 1107.646 | 6.0″ | 7.761″ |
| 15 | 9.949 | 135 | 54.976 | 660 | 205.845 | 1425 | 398.167 | 4650 | 1118.257 | 7.0″ | 8.965″ |
| 16 | 10.434 | 140 | 56.625 | 670 | 208.502 | 1430 | 399.373 | 4700 | 1128.854 | 8.0″ | $1.016(10)^6$ |
| 17 | 10.913 | 145 | 58.265 | 675 | 209.825 | 1440 | 401.786 | 4750 | 1139.439 | 9.0″ | 1.134″ |

续表

| 无量纲时间 $t_D$ | 流体侵入量 $W_{eD}$ | 无量纲时间 $t_D$ | 流体侵入量 $W_{eD}$ | 无量纲时间 $t_D$ | 流体侵入量 $W_{eD}$ | 无量纲时间 $t_D$ | 流体侵入量 $W_{eD}$ | 无量纲时间 $t_D$ | 流体侵入量 $W_{eD}$ | 无量纲时间 $t_D$ | 流体侵入量 $W_{eD}$ |
|---|---|---|---|---|---|---|---|---|---|---|---|
| 18 | 11.386 | 150 | 59.895 | 680 | 211.145 | 1450 | 404.197 | 4800 | 1150.012 | $1.0(10)^7$ | 1.252″ |
| 19 | 11.855 | 155 | 61.517 | 690 | 213.784 | 1460 | 406.606 | 4850 | 1160.574 | 1.5″ | 1.828″ |
| 20 | 12.319 | 160 | 63.131 | 700 | 216.417 | 1470 | 409.013 | 4900 | 1171.125 | 2.0″ | 2.398″ |
| 21 | 12.778 | 165 | 64.737 | 710 | 219.046 | 1475 | 410.214 | 4950 | 1181.666 | 2.5″ | 2.961″ |
| 22 | 13.233 | 170 | 66.336 | 720 | 221.670 | 1480 | 411.418 | 5000 | 1192.198 | 3.0″ | 3.517″ |
| 23 | 13.684 | 175 | 67.928 | 725 | 222.980 | 1490 | 413.820 | 5100 | 1213.222 | 4.0″ | 4.610″ |
| 24 | 14.131 | 180 | 69.512 | 730 | 224.289 | 1500 | 416.220 | 5200 | 1234.203 | 5.0″ | 5.689″ |
| 25 | 14.573 | 185 | 71.090 | 740 | 226.904 | 1525 | 422.214 | 5300 | 1255.141 | 6.0″ | 6.758″ |
| 26 | 15.013 | 190 | 72.661 | 750 | 229.514 | 1550 | 428.196 | 5400 | 1276.037 | 7.0″ | 7.816″ |
| 27 | 15.450 | 195 | 74.226 | 760 | 232.120 | 1575 | 434.168 | 5500 | 1296.893 | 8.0″ | 8.866″ |
| 28 | 15.883 | 200 | 75.785 | 770 | 234.721 | 1600 | 440.128 | 5600 | 1317.709 | 9.0″ | 9.911″ |
| 29 | 16.313 | 205 | 77.338 | 775 | 236.020 | 1625 | 446.077 | 5700 | 1338.486 | $1.0(10)^8$ | $1.095(10)^7$ |
| 30 | 16.742 | 210 | 78.886 | 780 | 237.318 | 1650 | 452.016 | 5800 | 1359.225 | 1.5″ | 1.604″ |
| 31 | 17.167 | 215 | 80.428 | 790 | 239.912 | 1675 | 457.945 | 5900 | 1379.927 | 2.0″ | 2.108″ |
| 32 | 17.590 | 220 | 81.965 | 800 | 242.501 | 1700 | 463.863 | 6000 | 1400.593 | 2.5″ | 2.607″ |
| 33 | 18.011 | 225 | 83.497 | 810 | 245.086 | 1725 | 469.771 | 6100 | 1421.224 | 3.0″ | 3.100″ |
| 34 | 18.429 | 230 | 85.023 | 820 | 247.668 | 1750 | 475.669 | 6200 | 1441.820 | 4.0″ | 4.071″ |
| 35 | 18.845 | 235 | 86.545 | 825 | 248.957 | 1775 | 481.558 | 6300 | 1462.383 | 5.0″ | 5.032″ |
| 36 | 19.259 | 240 | 88.062 | 830 | 250.245 | 1800 | 487.437 | 6400 | 1482.912 | 6.0″ | 5.984″ |
| 37 | 19.671 | 245 | 89.575 | 840 | 252.819 | 1825 | 493.307 | 6500 | 1503.408 | 7.0″ | 6.928″ |
| 38 | 20.080 | 250 | 91.084 | 850 | 255.388 | 1850 | 499.167 | 6600 | 1523.872 | 8.0″ | 7.865″ |
| 39 | 20.488 | 255 | 92.589 | 860 | 257.953 | 1875 | 505.019 | 6700 | 1544.305 | 9.0″ | 8.797″ |
| 40 | 20.894 | 260 | 94.090 | 870 | 260.515 | 1900 | 510.861 | 6800 | 1564.706 | $1.0(10)^9$ | 9.725″ |
| 41 | 21.298 | 265 | 95.588 | 875 | 261.795 | 1925 | 516.695 | 6900 | 1585.077 | 1.5″ | $1.429(10)^8$ |
| 42 | 21.701 | 270 | 97.081 | 880 | 263.073 | 1950 | 522.520 | 7000 | 1605.418 | 2.0″ | 1.880″ |
| 43 | 22.101 | 275 | 98.571 | 890 | 265.629 | 1975 | 528.337 | 7100 | 1625.729 | 2.5″ | 2.328″ |
| 44 | 22.500 | 280 | 100.057 | 900 | 268.181 | 2000 | 534.145 | 7200 | 1646.011 | 3.0″ | 2.771″ |
| 45 | 22.897 | 285 | 101.540 | 910 | 270.729 | 2025 | 539.945 | 7300 | 1666.265 | 4.0″ | 3.645″ |
| 46 | 23.291 | 290 | 103.019 | 920 | 273.274 | 2050 | 545.737 | 7400 | 1686.490 | 5.0″ | 4.510″ |
| 47 | 23.684 | 295 | 104.495 | 925 | 274.545 | 2075 | 551.522 | 7500 | 1706.688 | 6.0″ | 5.368″ |
| 48 | 24.076 | 300 | 105.968 | 930 | 275.815 | 2100 | 557.299 | 7600 | 1726.859 | 7.0″ | 6.220″ |

续表

| 无量纲时间 $t_D$ | 流体侵入量 $W_{eD}$ | 无量纲时间 $t_D$ | 流体侵入量 $W_{eD}$ | 无量纲时间 $t_D$ | 流体侵入量 $W_{eD}$ | 无量纲时间 $t_D$ | 流体侵入量 $W_{eD}$ | 无量纲时间 $t_D$ | 流体侵入量 $W_{eD}$ | 无量纲时间 $t_D$ | 流体侵入量 $W_{eD}$ |
|---|---|---|---|---|---|---|---|---|---|---|---|
| 49 | 24.466 | 305 | 107.437 | 940 | 278.353 | 2125 | 563.068 | 7700 | 1747.002 | 8.0″ | 7.066″ |
| 50 | 24.855 | 310 | 108.904 | 950 | 280.888 | 2150 | 568.830 | 7800 | 1767.120 | 9.0″ | 7.909″ |
| 51 | 25.244 | 315 | 110.367 | 960 | 283.420 | 2175 | 574.585 | 7900 | 1787.212 | $1.0(10)^{10}$ | 8.747″ |
| 52 | 25.633 | 320 | 111.827 | 970 | 285.948 | 2200 | 580.332 | 8000 | 1807.278 | 1.5″ | 1.288″ $(10)^9$ |
| 53 | 26.020 | 325 | 113.284 | 975 | 287.211 | 2225 | 586.072 | 8100 | 1827.319 | 2.0″ | 1.697″ |
| 54 | 26.406 | 330 | 114.738 | 980 | 288.473 | 2250 | 591.806 | 8200 | 1847.336 | 2.5″ | 2.103″ |
| 55 | 26.791 | 335 | 116.189 | 990 | 290.995 | 2275 | 597.532 | 8300 | 1867.329 | 3.0″ | 2.505″ |
| 56 | 27.174 | 340 | 117.638 | 1000 | 293.514 | 2300 | 603.252 | 8400 | 1887.298 | 4.0″ | 3.299″ |
| 57 | 27.555 | 345 | 119.083 | 1010 | 296.030 | 2325 | 608.965 | 8500 | 1907.243 | 5.0″ | 4.087″ |
| 58 | 27.935 | 350 | 120.526 | 1020 | 298.543 | 2350 | 614.672 | 8600 | 1927.166 | 6.0″ | 4.868″ |
| 59 | 28.314 | 355 | 121.966 | 1025 | 299.799 | 2375 | 620.372 | 8700 | 1947.065 | 7.0″ | 5.643″ |
| 60 | 28.691 | 360 | 123.403 | 1030 | 301.053 | 2400 | 626.066 | 8800 | 1966.942 | 8.0″ | 6.414″ |
| 61 | 29.068 | 365 | 124.838 | 1040 | 303.560 | 2425 | 631.755 | 8900 | 1986.796 | 9.0″ | 7.183″ |
| 62 | 29.443 | 370 | 126.720 | 1050 | 306.065 | 2450 | 637.437 | 9000 | 2006.628 | $1.0(10)^{11}$ | 7.948″ |
| 63 | 29.818 | 375 | 127.699 | 1060 | 308.567 | 2475 | 643.113 | 9100 | 2026.438 | 1.5″ | $1.17(10)^{10}$ |
| 64 | 30.192 | 380 | 129.126 | 1070 | 311.066 | 2500 | 648.781 | 9200 | 2046.227 | 2.0″ | 1.55″ |
| 65 | 30.565 | 385 | 130.550 | 1075 | 312.314 | 2550 | 660.093 | 9300 | 2065.996 | 2.5″ | 1.92″ |
| 66 | 30.937 | 390 | 131.972 | 1080 | 313.562 | 2600 | 671.379 | 9400 | 2085.744 | 3.0″ | 2.29″ |
| 67 | 31.308 | 395 | 133.391 | 1090 | 316.055 | 2650 | 682.640 | 9500 | 2105.473 | 4.0″ | 3.02″ |
| 68 | 31.679 | 400 | 134.808 | 1100 | 318.545 | 2700 | 693.877 | 9600 | 2125.184 | 5.0″ | 3.75″ |
| 69 | 32.048 | 405 | 136.223 | 1110 | 321.032 | 2750 | 705.090 | 9700 | 2144.878 | 6.0″ | 4.47″ |
| 70 | 32.417 | 410 | 137.635 | 1120 | 323.517 | 2800 | 716.280 | 9800 | 2164.555 | 7.0″ | 5.19″ |
| 71 | 32.785 | 415 | 139.045 | 1125 | 324.760 | 2850 | 727.449 | 9900 | 2184.216 | 8.0″ | 5.89″ |
| 72 | 33.151 | 420 | 140.453 | 1130 | 326.000 | 2900 | 738.598 | 10000 | 2203.861 | 9.0″ | 6.58″ |
| 73 | 33.517 | 425 | 141.859 | 1140 | 328.480 | 2950 | 749.725 | 12500 | 2688.967 | $1.0(10)^{12}$ | 7.28″ |
| 74 | 33.883 | 430 | 143.262 | 1150 | 330.958 | 3000 | 760.833 | 15000 | 3164.780 | 1.5″ | $1.08(10)^{11}$ |
| 75 | 34.247 | 435 | 144.664 | 1160 | 333.433 | 3050 | 771.922 | 17500 | 3633.368 | 2.0″ | 1.42″ |
| 76 | 34.611 | 440 | 146.064 | 1170 | 335.906 | 3100 | 782.992 | 20000 | 4095.800 | | |
| 77 | 34.974 | 445 | 147.461 | 1175 | 337.142 | 3150 | 794.042 | 25000 | 5005.726 | | |
| 78 | 35.336 | 450 | 148.856 | 1180 | 338.376 | 3200 | 805.075 | 30000 | 5899.508 | | |

表 2.2  不同 $r_e/r_R$，即 $r_a/r_e$ 值对应的无量纲水侵量 $W_{eD}$

| $r_e/r_R$=1.5 | | $r_e/r_R$=2.0 | | $r_e/r_R$=2.5 | | $r_e/r_R$=3.0 | | $r_e/r_R$=3.5 | | $r_e/r_R$=4.0 | | $r_e/r_R$=4.5 | |
|---|---|---|---|---|---|---|---|---|---|---|---|---|---|
| 无量纲时间 $t_D$ | 流体侵入量 $W_{eD}$ | 无量纲时间 $t_D$ | 流体侵入量 $W_{eD}$ | 无量纲时间 $t_D$ | 流体侵入量 $W_{eD}$ | 无量纲时间 $t_D$ | 流体侵入量 $W_{eD}$ | 无量纲时间 $t_D$ | 流体侵入量 $W_{eD}$ | 无量纲时间 $t_D$ | 流体侵入量 $W_{eD}$ | 无量纲时间 $t_D$ | 流体侵入量 $W_{eD}$ |
| $5.0(10)^{-2}$ | 0.276 | $5.0(10)^{-2}$ | 0.278 | $1.0(10)^{-1}$ | 0.408 | $3.0(10)^{-1}$ | 0.755 | 1.00 | 1.571 | 2.00 | 2.442 | 2.5 | 2.835 |
| 6.0″ | 0.304 | 7.5″ | 0.345 | 1.5″ | 0.509 | 4.0″ | 0.895 | 1.20 | 1.761 | 2.20 | 2.598 | 3.0 | 3.196 |
| 7.0″ | 0.330 | $1.0(10)^{-1}$ | 0.404 | 2.0″ | 0.599 | 5.0″ | 1.023 | 1.40 | 1.940 | 2.40 | 2.748 | 3.5 | 3.537 |
| 8.0″ | 0.354 | 1.25″ | 0.458 | 2.5″ | 0.681 | 6.0″ | 1.143 | 1.60 | 2.111 | 2.60 | 2.893 | 4.0 | 3.859 |
| 9.0″ | 0.375 | 1.50″ | 0.507 | 3.0″ | 0.758 | 7.0″ | 1.256 | 1.80 | 2.273 | 2.80 | 3.034 | 4.5 | 4.165 |
| $1.0(10)^{-1}$ | 0.395 | 1.75″ | 0.553 | 3.5″ | 0.829 | 8.0″ | 1.363 | 2.00 | 2.427 | 3.00 | 3.170 | 5.0 | 4.454 |
| 1.1″ | 0.414 | 2.00″ | 0.597 | 4.0″ | 0.897 | 9.0″ | 1.465 | 2.20 | 2.574 | 3.25 | 3.334 | 5.5 | 4.727 |
| 1.2″ | 0.431 | 2.25″ | 0.638 | 4.5″ | 0.962 | 1.00 | 1.563 | 2.40 | 2.715 | 3.50 | 3.493 | 6.0 | 4.986 |
| 1.3″ | 0.446 | 2.50″ | 0.678 | 5.0″ | 1.024 | 1.25 | 1.791 | 2.60 | 2.849 | 3.75 | 3.645 | 6.5 | 5.231 |
| 1.4″ | 0.461 | 2.75″ | 0.715 | 5.5″ | 1.083 | 1.50 | 1.997 | 2.80 | 2.976 | 4.00 | 3.792 | 7.0 | 5.464 |
| 1.5″ | 0.474 | 3.00″ | 0.751 | 6.0″ | 1.140 | 1.75 | 2.184 | 3.00 | 3.098 | 4.25 | 3.932 | 7.5 | 5.684 |
| 1.6″ | 0.486 | 3.25″ | 0.785 | 6.5″ | 1.195 | 2.00 | 2.353 | 3.25 | 3.242 | 4.50 | 4.068 | 8.0 | 5.892 |
| 1.7″ | 0.497 | 3.50″ | 0.817 | 7.0″ | 1.248 | 2.25 | 2.507 | 3.50 | 3.379 | 4.75 | 4.198 | 8.5 | 6.089 |
| 1.8″ | 0.507 | 3.75″ | 0.848 | 7.5″ | 1.299 | 2.50 | 2.646 | 3.75 | 3.507 | 5.00 | 4.323 | 9.0 | 6.276 |
| 1.9″ | 0.517 | 4.00″ | 0.877 | 8.0″ | 1.348 | 2.75 | 2.772 | 4.00 | 3.628 | 5.50 | 4.560 | 9.5 | 6.453 |
| 2.0″ | 0.525 | 4.25″ | 0.905 | 8.5″ | 1.395 | 3.00 | 2.886 | 4.25 | 3.742 | 6.00 | 4.779 | 10 | 6.621 |
| 2.1″ | 0.533 | 4.50″ | 0.932 | 9.0″ | 2.440 | 3.25 | 2.990 | 4.50 | 3.850 | 6.50 | 4.982 | 11 | 6.930 |
| 2.2″ | 0.541 | 4.75″ | 0.958 | 9.5″ | 1.484 | 3.50 | 3.084 | 4.75 | 3.951 | 7.00 | 5.169 | 12 | 7.208 |
| 2.3″ | 0.548 | 5.00″ | 0.993 | 1.0 | 1.526 | 3.75 | 3.170 | 5.00 | 4.047 | 7.50 | 5.343 | 13 | 7.457 |
| 2.4″ | 0.554 | 5.50″ | 1.028 | 1.1 | 1.605 | 4.00 | 3.247 | 5.50 | 4.222 | 8.00 | 5.504 | 14 | 7.680 |
| 2.5″ | 0.559 | 6.00″ | 1.070 | 1.2 | 1.679 | 4.25 | 3.317 | 6.00 | 4.378 | 8.50 | 5.653 | 15 | 7.880 |
| 2.6″ | 0.565 | 6.50″ | 1.108 | 1.3 | 1.747 | 4.50 | 3.381 | 6.50 | 4.516 | 9.00 | 5.790 | 16 | 8.060 |
| 2.8″ | 0.574 | 7.00″ | 1.143 | 1.4 | 1.811 | 4.75 | 3.439 | 7.00 | 4.639 | 9.50 | 5.917 | 18 | 8.365 |
| 3.0″ | 0.582 | 7.50″ | 1.174 | 1.5 | 1.870 | 5.00 | 3.491 | 7.50 | 4.749 | 10 | 6.035 | 20 | 8.611 |
| 3.2″ | 0.588 | 8.00″ | 1.203 | 1.6 | 1.924 | 5.50 | 3.581 | 8.00 | 4.846 | 11 | 6.246 | 22 | 8.809 |
| 3.4″ | 0.594 | 9.00″ | 1.253 | 1.7 | 1.975 | 6.00 | 3.656 | 8.50 | 4.932 | 12 | 6.425 | 24 | 8.968 |
| 3.6″ | 0.599 | 1.00″ | 1.295 | 1.8 | 2.022 | 6.50 | 3.717 | 9.00 | 5.009 | 13 | 6.580 | 26 | 9.097 |
| 3.8″ | 0.603 | 1.1 | 1.330 | 2.0 | 2.106 | 7.00 | 3.767 | 9.50 | 5.078 | 14 | 6.712 | 28 | 9.200 |
| 4.0″ | 0.606 | 1.2 | 1.358 | 2.2 | 2.178 | 7.50 | 3.809 | 10.00 | 5.138 | 15 | 6.825 | 30 | 9.283 |

续表

| $r_e/r_R=1.5$ | | $r_e/r_R=2.0$ | | $r_e/r_R=2.5$ | | $r_e/r_R=3.0$ | | $r_e/r_R=3.5$ | | $r_e/r_R=4.0$ | | $r_e/r_R=4.5$ | |
|---|---|---|---|---|---|---|---|---|---|---|---|---|---|
| 无量纲时间 $t_D$ | 流体侵入量 $W_{eD}$ | 无量纲时间 $t_D$ | 流体侵入量 $W_{eD}$ | 无量纲时间 $t_D$ | 流体侵入量 $W_{eD}$ | 无量纲时间 $t_D$ | 流体侵入量 $W_{eD}$ | 无量纲时间 $t_D$ | 流体侵入量 $W_{eD}$ | 无量纲时间 $t_D$ | 流体侵入量 $W_{eD}$ | 无量纲时间 $t_D$ | 流体侵入量 $W_{eD}$ |
| 4.5″ | 0.613 | 1.3 | 1.382 | 2.4 | 2.241 | 8.00 | 3.843 | 11 | 5.241 | 16 | 6.922 | 34 | 9.404 |
| 5.0″ | 0.617 | 1.4 | 1.402 | 2.6 | 2.294 | 9.00 | 3.894 | 12 | 5.321 | 17 | 7.004 | 38 | 9.481 |
| 6.0″ | 0.621 | 1.6 | 1.432 | 2.8 | 2.340 | 10.00 | 3.928 | 13 | 5.385 | 18 | 7.076 | 42 | 9.532 |
| 7.0″ | 0.623 | 1.7 | 1.444 | 3.0 | 2.380 | 11.00 | 3.951 | 14 | 5.435 | 20 | 7.189 | 46 | 9.565 |
| 8.0″ | 0.624 | 1.8 | 1.453 | 3.4 | 2.444 | 12.00 | 3.967 | 15 | 5.476 | 22 | 7.272 | 50 | 9.586 |
| | | 2.0 | 1.468 | 3.8 | 2.491 | 14.00 | 3.985 | 16 | 5.506 | 24 | 7.332 | 60 | 9.612 |
| | | 2.5 | 1.487 | 4.2 | 2.525 | 16.00 | 3.993 | 17 | 5.531 | 26 | 7.377 | 70 | 9.621 |
| | | 3.0 | 1.495 | 4.6 | 2.551 | 18.00 | 3.997 | 18 | 5.551 | 30 | 7.434 | 80 | 9.623 |
| | | 4.0 | 1.499 | 5.0 | 2.570 | 20.00 | 3.999 | 20 | 5.579 | 34 | 7.464 | 90 | 9.624 |
| | | 5.0 | 1.500 | 6.0 | 2.599 | 22.00 | 3.999 | 25 | 5.611 | 38 | 7.481 | 100 | 9.625 |
| | | | | 7.0 | 2.613 | 24.00 | 4.000 | 30 | 5.621 | 42 | 7.490 | | |
| | | | | 8.0 | 2.619 | | | 35 | 5.624 | 46 | 7.494 | | |
| | | | | 9.0 | 2.622 | | | 40 | 5.625 | 50 | 7.499 | | |
| | | | | 10.0 | 2.624 | | | | | | | | |

| $r_e/r_R=5.0$ | | $r_e/r_R=6.0$ | | $r_e/r_R=7.0$ | | $r_e/r_R=8.0$ | | $r_e/r_R=9.0$ | | $r_e/r_R=10.10$ | |
|---|---|---|---|---|---|---|---|---|---|---|---|
| 无量纲时间 $t_D$ | 流体侵入量 $W_{eD}$ | 无量纲时间 $t_D$ | 流体侵入量 $W_{eD}$ | 无量纲时间 $t_D$ | 流体侵入量 $W_{eD}$ | 无量纲时间 $t_D$ | 流体侵入量 $W_{eD}$ | 无量纲时间 $t_D$ | 流体侵入量 $W_{eD}$ | 无量纲时间 $t_D$ | 流体侵入量 $W_{eD}$ |
| 3.0 | 3.195 | 6.0 | 5.148 | 9.0 | 6.861 | 9 | 6.861 | 10 | 7.417 | 15 | 9.96 |
| 3.5 | 3.542 | 6.5 | 5.440 | 9.50 | 7.127 | 10 | 7.398 | 15 | 9.945 | 20 | 12.32 |
| 4.0 | 3.875 | 7.0 | 5.724 | 10 | 7.389 | 11 | 7.920 | 20 | 12.26 | 22 | 13.22 |
| 4.5 | 4.193 | 7.5 | 6.002 | 11 | 7.902 | 12 | 8.431 | 22 | 13.13 | 24 | 14.95 |
| 5.0 | 4.499 | 8.0 | 6.273 | 12 | 8.397 | 13 | 8.930 | 24 | 13.98 | 26 | 14.95 |
| 5.5 | 4.792 | 8.5 | 6.537 | 13 | 8.876 | 14 | 9.418 | 26 | 14.79 | 28 | 15.78 |
| 6.0 | 5.074 | 9.0 | 6.795 | 14 | 9.341 | 15 | 9.895 | 26 | 15.59 | 30 | 16.59 |
| 6.5 | 5.345 | 9.5 | 7.047 | 15 | 9.791 | 16 | 10.361 | 30 | 16.35 | 32 | 17.38 |
| 7.0 | 5.605 | 10.0 | 7.293 | 16 | 10.23 | 17 | 10.82 | 32 | 17.10 | 34 | 18.16 |
| 7.5 | 5.854 | 10.5 | 7.533 | 17 | 10.65 | 18 | 11.26 | 34 | 17.82 | 36 | 18.91 |
| 8.0 | 6.094 | 11 | 7.767 | 18 | 11.06 | 19 | 11.70 | 36 | 18.52 | 38 | 19.65 |
| 8.5 | 6.325 | 12 | 8.220 | 19 | 11.46 | 20 | 12.13 | 38 | 19.19 | 40 | 20.37 |

| 无量纲时间 $t_D$ | 流体侵入量 $W_{eD}$ | 无量纲时间 $t_D$ | 流体侵入量 $W_{eD}$ | 无量纲时间 $t_D$ | 流体侵入量 $W_{eD}$ | 无量纲时间 $t_D$ | 流体侵入量 $W_{eD}$ | 无量纲时间 $t_D$ | 流体侵入量 $W_{eD}$ | 无量纲时间 $t_D$ | 流体侵入量 $W_{eD}$ |
|---|---|---|---|---|---|---|---|---|---|---|---|
| | | | | | | | | | | | |

$r_e/r_R=5.0$ | $r_e/r_R=6.0$ | $r_e/r_R=7.0$ | $r_e/r_R=8.0$ | $r_e/r_R=9.0$ | $r_e/r_R=10.10$

| 9.0 | 6.547 | 13 | 8.651 | 20 | 11.85 | 22 | 12.95 | 40 | 19.85 | 42 | 21.07 |
| 9.5 | 6.760 | 14 | 9.063 | 22 | 12.58 | 24 | 13.74 | 42 | 20.48 | 44 | 21.76 |
| 10 | 6.965 | 15 | 9.456 | 24 | 13.27 | 26 | 14.50 | 44 | 21.09 | 46 | 22.42 |
| 11 | 7.350 | 16 | 9.829 | 26 | 13.92 | 28 | 15.23 | 46 | 21.69 | 48 | 23.07 |
| 12 | 7.706 | 17 | 10.19 | 28 | 14.53 | 30 | 15.92 | 48 | 22.26 | 50 | 23.71 |
| 13 | 8.035 | 18 | 10.53 | 30 | 15.11 | 34 | 17.22 | 50 | 22.82 | 52 | 24.33 |
| 14 | 8.339 | 19 | 10.85 | 35 | 16.39 | 38 | 18.41 | 52 | 23.36 | 54 | 24.94 |
| 15 | 8.620 | 20 | 11.16 | 40 | 17.49 | 40 | 18.97 | 54 | 23.89 | 56 | 25.53 |
| 16 | 8.879 | 22 | 11.74 | 45 | 18.43 | 45 | 20.26 | 56 | 24.39 | 58 | 26.11 |
| 18 | 9.338 | 24 | 12.26 | 50 | 19.24 | 50 | 21.42 | 58 | 24.88 | 60 | 26.67 |
| 20 | 9.731 | 25 | 12.50 | 60 | 20.51 | 55 | 22.46 | 60 | 25.36 | 65 | 28.02 |
| 22 | 10.07 | 31 | 13.74 | 70 | 21.45 | 60 | 23.40 | 65 | 26.48 | 70 | 29.29 |
| 24 | 10.35 | 35 | 14.40 | 80 | 22.13 | 70 | 24.98 | 70 | 27.52 | 75 | 30.49 |
| 26 | 10.59 | 39 | 14.93 | 90 | 22.63 | 80 | 26.26 | 75 | 28.48 | 80 | 31.61 |
| 28 | 10.80 | 51 | 16.05 | 100 | 23.00 | 90 | 27.28 | 80 | 29.36 | 85 | 32.67 |
| 30 | 10.98 | 60 | 16.56 | 120 | 23.47 | 100 | 28.11 | 85 | 30.18 | 90 | 33.66 |
| 34 | 11.26 | 70 | 16.91 | 140 | 23.71 | 120 | 29.31 | 90 | 30.93 | 95 | 34.60 |
| 38 | 11.46 | 80 | 17.14 | 160 | 23.85 | 140 | 30.08 | 95 | 31.63 | 100 | 35.48 |
| 42 | 11.61 | 90 | 17.27 | 180 | 23.92 | 160 | 30.58 | 100 | 32.27 | 120 | 38.51 |
| 46 | 11.71 | 100 | 17.36 | 200 | 23.96 | 180 | 30.91 | 120 | 34.39 | 140 | 40.89 |
| 50 | 11.79 | 110 | 17.41 | 500 | 24.00 | 200 | 31.12 | 140 | 35.92 | 160 | 42.75 |
| 60 | 11.91 | 120 | 17.45 | | | 240 | 31.34 | 160 | 37.04 | 180 | 44.21 |
| 70 | 11.96 | 130 | 17.46 | | | 280 | 31.43 | 180 | 37.85 | 200 | 45.36 |
| 80 | 11.98 | 140 | 17.48 | | | 320 | 31.47 | 200 | 38.44 | 240 | 46.95 |
| 90 | 11.99 | 150 | 17.49 | | | 360 | 31.49 | 240 | 39.17 | 280 | 47.94 |
| 100 | 12.00 | 160 | 17.49 | | | 400 | 31.50 | 280 | 39.56 | 320 | 48.54 |
| 120 | 12.00 | 180 | 17.50 | | | 500 | 31.50 | 320 | 39.77 | 360 | 48.91 |
| | | 200 | 17.50 | | | | | 360 | 39.88 | 400 | 49.14 |
| | | 220 | 17.50 | | | | | 400 | 39.94 | 440 | 49.28 |
| | | | | | | | | 440 | 39.97 | 480 | 49.36 |
| | | | | | | | | 480 | 39.98 | | |

方程（2.21）假设水是径向形式侵入。通常水不会从油藏的所有侧面侵入，或油藏本身不是圆形。在这些情况下，必须对方程（2.21）进行一些修正以适用于描述流动机理。最简单的修正之一是在水侵常数 $B$ 中引进水侵角，作为空间参数。即：

$$f = \frac{\theta}{360} \tag{2.22}$$

$$B = 1.119\phi c_t r_e^2 hf \tag{2.23}$$

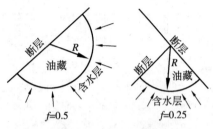

图 2.12　气顶驱油藏

$\theta$ 角与油藏的周边形状相对应，即圆形油藏 $\theta = 360°$；与断层相连的半圆形油藏 $\theta = 180°$。如图 2.12 所示。

**例 2.6**　计算具有无限延伸含水层，即 $r_{eD} = \infty$ 的圆形油藏 1 年，2 年和 5 年结束时的水侵量。原始和目前油藏压力分别为 2500psi 和 2490psi。油层－含水层系统具有下列特性参数。

| | 油藏 | 含水层 |
|---|---|---|
| 半径（ft） | 2000 | $\infty$ |
| $h$（ft） | 20 | 22.7 |
| $K$（mD） | 50 | 100 |
| $\phi$（%） | 15 | 20 |
| $\mu_w$（mPa·s） | 0.5 | 0.8 |
| $c_w$（psi⁻¹） | $1 \times 10^{-6}$ | $0.7 \times 10^{-6}$ |
| $c_f$（psi⁻¹） | $2 \times 10^{-6}$ | $0.3 \times 10^{-6}$ |

**解**　步骤 1：根据方程（2.19）计算含水层总压缩系数 $c_t$。

$$c_t = c_w + c_f$$
$$= 0.7 \times 10^{-6} + 0.3 \times 10^{-6} = 1 \times 10^{-6} \text{psi}^{-1}$$

步骤 2：根据方程（2.23）计算水侵常数。

$$B = 1.119\phi c_t r_e^2 hf$$
$$= 1.119 \times 0.2 \times (1 \times 10^{-6}) \times 2000^2 \times 22.7 \times (360/360)$$
$$= 20.4$$

步骤 3：计算 1 年，2 年和 5 年对应的无量纲时间。

$$t_p = 6.328 \times 10^{-3} \frac{Kt}{\phi \mu c_t r_e^2}$$
$$= 6.328 \times 10^{-3} \frac{100t}{0.8 \times 0.2 \times (1 \times 10^6) \times 2000^2}$$
$$= 0.9888t$$

表示为表格形式：

| $t$ (d) | $t_D$=0.9888$t$ |
| --- | --- |
| 365 | 361 |
| 730 | 722 |
| 1825 | 1805 |

步骤 4：利用表 2.1 确定无量纲水侵量 $W_{eD}$。

| $t$ (d) | $t_D$ | $W_{eD}$ |
| --- | --- | --- |
| 365 | 361 | 123.5 |
| 730 | 722 | 221.8 |
| 1825 | 1805 | 484.6 |

步骤 5：利用方程（2.20）计算累计水侵量。

$$W_e = B\Delta p W_{eD}$$

| $t$ (d) | $W_{eD}$ | $W_e$=20.4× （2500×2490）$W_{eD}$ |
| --- | --- | --- |
| 365 | 123.5 | 25194bbl |
| 730 | 221.8 | 45247bbl |
| 1825 | 484.6 | 98858bbl |

例 2.6 表明，对于给定压力降，时间间隔增加一倍而水侵量不会增加一倍。该例子也说明如何计算单一压力降引起的水侵量。在预测过程中通常有许多压力降产生，因此有必要归纳多个压力降出现时的分析过程。

图 2.13 说明了径向油层－含水层系统的边界压力随时间的递减情况。如果图 2.13 中的油层边界压力在 $t$ 时刻突然由 $p_i$ 降到 $p_1$，压力降 $(p_i-p_1)$ 将作用于含水层。水将不断膨胀而且一个新的递减压力不断传递到含水层。给定足够长的时间，含水层外边界的压力最终将降到 $p_1$。

如果边界压力降到 $p_1$ 后的某个时刻，第二个压力 $p_2$ 突然作用于边界，一个新的压力波将开始传递到含水层。这个新的压力波也将引起水膨胀和侵入油层。然而，新的压力降不是 $(p_i-p_2)$，而是 $(p_1-p_2)$。第二个压力波在第一个压力波的后面传播。第二个压力波开始的压力就是第一个压力降结束时的压力 $p_1$。

因为假设这些压力波在不同的时间发生，它们完全相互独立。因此，第一个压力降引起的水膨胀将不断发生，即使有一个或更多的后

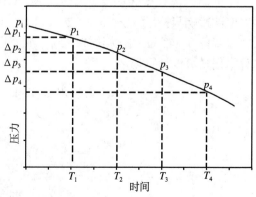

图 2.13  边界压力随时间的变化

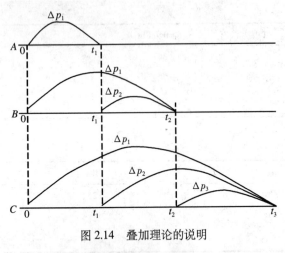

图 2.14　叠加理论的说明

来的压力降引起额外的水侵发生。这是叠加原理的基本应用。为了确定任一时刻侵入油藏的总水侵量，需要确定作用于油层和含水层的每一个连续的压力降引起的水侵量。

在计算连续的时间间隔内侵入油藏的累计水侵量时，需要计算从开始时刻起的总水侵量。这是因为不同的时间内各个压力降都起作用。

van Everdingen 和 Hurst 确定水侵量与时间和压力的函数关系的计算过程归纳如下，如图 2.14 所示。

步骤 1：假设 $t_1$d 后，边界压力由原始值 $p_i$ 降到 $p_1$，利用方程（2.20）计算与第一个压力降 $\Delta p_1 = p_i - p_1$ 对应的累计水侵量。即：

$$W_e = B\Delta p\left(W_{eD}\right)_{t_1}$$

式中　$W_e$——第一个压力降 $\Delta p_1$ 引起的累计水侵量。

无量纲水侵量 $(W_{eD})_{t1}$ 通过计算 $t_1$d 对应的无量纲时间得到。这个简单的计算过程用图 2.14 中的 A 表示。

步骤 2：$t_2$d 后边界压力又降到 $p_2$，对应的压力降 $\Delta p_2 = p_1 - p_2$。$t_2$d 后的总累计水侵量源于第一个压力降 $\Delta p_1$ 和第二个压力降 $\Delta p_2$，即：

$$W_e = \Delta p_1 \text{ 引起的水侵量} + \Delta p_2 \text{ 引起的水侵量}$$

$$W_e = \left(W_e\right)_{\Delta p_1} + \left(W_e\right)_{\Delta p_2}$$

其中：

$$\left(W_e\right)_{\Delta p_1} = B\Delta p_1 \left(W_{eD}\right)_{t_2}$$

$$\left(W_e\right)_{\Delta p_2} = B\Delta p_2 \left(W_{eD}\right)_{t_2 - t_1}$$

上面的关系式表明第一个压力降 $\Delta p_1$ 的影响将持续整个 $t_2$ 时间内，而第二个压力降 $\Delta p_2$ 的影响只持续 $(t_2 - t_1)$ d。如图 2.14 中的 B 表示。

步骤 3：第三个压力降 $\Delta p_3 = p_2 - p_3$ 将引起额外的水侵量，如图 2.14 中的 C 表示。总累计水侵量可以计算为：

$$W_e = \left(W_e\right)_{\Delta p_1} + \left(W_e\right)_{\Delta p_2} + \left(W_e\right)_{\Delta p_3}$$

其中：

$$\left(W_e\right)_{\Delta p_1} = B\Delta p_1 \left(W_{eD}\right)_{t_3}$$

$$\left(W_e\right)_{\Delta p_2} = B\Delta p_2 \left(W_{eD}\right)_{t_3 - t_1}$$

$$\left(W_e\right)_{\Delta p_3} = B\Delta p_3 \left(W_{eD}\right)_{t_3 - t_2}$$

van Everdingen 和 Hurst 水侵量关系式可以表示为更通用的形式：

$$W_e = B \sum \Delta p W_{eD}$$

(2.24)

作者还建议更近似的方法是，在第一阶段内用压力降的一半$\left[\frac{1}{2}(p_i - p_1)\right]$代替总的压力降在整个第一阶段内起作用。在第二个阶段有效压力降是第一阶段压力降的一半加上第二阶段压力降的一半，$\left[\frac{1}{2}(p_1 - p_2)\right]$，可以简单表示为：

$$\frac{1}{2}(p_i - p_1) + \frac{1}{2}(p_1 - p_2) = \frac{1}{2}(p_i - p_2)$$

同样，在第三阶段计算中用到的有效压力降是第二阶段压力降的一半$\left[\frac{1}{2}(p_1 - p_2)\right]$加上第三阶段压力降的一半$\left[\frac{1}{2}(p_2 - p_3)\right]$，简化为$\frac{1}{2}(p_1 - p_3)$。为了确保这些修正的准确性，各时间间隔必须相等。

**例 2.7** 利用例 2.6 的数据计算 6 个月、12 个月、18 个月和 24 个月结束时的累计水侵量。每个指定时间结束时的边界压力预测如下。

| 时间（d） | 时间（月） | 边界压力（psi） |
|---|---|---|
| 0 | 0 | 2500 |
| 182.5 | 6 | 2490 |
| 365 | 12 | 2472 |
| 547.5 | 18 | 2444 |
| 730.0 | 24 | 2408 |

例 2.6 中相关数据如下：

$$B=20.4$$
$$t_D=0.9888t$$

**解**（1）计算 6 个月后的水侵量。

步骤 1：确定水侵常数 $B$。例 2.6 给定的值是。

$$B=20.4\text{bbl/psi}$$

步骤 2：计算 $t$=182.5d 对应的无量纲时间。

$$t_D=0.9888t=0.9888 \times 182.5=180.5$$

步骤 3：计算第一个压力降 $\Delta p_1$。该压力降取实际压力降的一半，即：

$$\Delta p = \frac{p_i - p_1}{2} = \frac{2500 - 2490}{2} = 5\text{psi}$$

步骤 4：根据表 2.1 确定 $t_D$=180.5 时的无量纲水侵量 $W_{eD}$。

$$(W_{eD})_{t1}=69.46$$

步骤 5：利用 van Everdingen 和 Hurst 方程，计算 182.5d 结束时第一个压力降 5psi 引起的累计水侵量（$W_e$）$_{\Delta p_1 = 5}$。

$$(W_e)_{\Delta p_1 = 5psi} = B\Delta p_1 (W_{eD})_{t_1}$$
$$= 20.4 \times 5 \times 69.46 = 7058 bbl$$

（2）计算 12 个月后的累计水侵量。

步骤 1：经过另外的 6 个月后，压力已经由 2490psi 降到 2472psi。第二个压力降 $\Delta p_2$ 取第一阶段实际压力降的一半加上第二阶段实际压力降的一半，即：

$$\Delta p = \frac{p_i - p_2}{2} = \frac{2500 - 2472}{2} = 14 psi$$

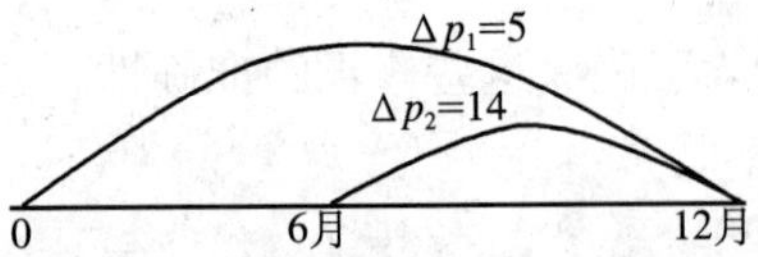

步骤 2：12 个月结束时的总累计水侵量源于第一个压力降 $\Delta p_1$ 和第二个压力降 $\Delta p_2$。

第一个压力降 $\Delta p_1$ 作用 1 年，而第二个压力降 $\Delta p_2$ 只作用 6 个月。如图 2.15 所示。由于时间的不同，分开计算两个压力降引起的水侵量，将结果累加得到总水侵量。即：

图 2.15　例 2.7 中压降持续时间

$$W_e = (W_e)_{\Delta p_1} + (W_e)_{\Delta p.}$$

步骤 3：计算 365d 对应的无量纲时间。

$$t_D = 0.9888 t = 0.9888 \times 365 = 361$$

步骤 4：根据表 2.1 确定 $t_D = 361$ 时的无量纲水侵量 $W_{eD}$。

$$W_{eD} = 123.5$$

步骤 5：计算第一个和第二个压力降引起的水侵量（$W_e$）$_{\Delta p_1}$ 和（$W_e$）$_{\Delta p_2}$。

$$(W_e)_{\Delta p_1 = 5psi} = 20.5 \times 5 \times 123.5 = 12597 bbl$$
$$(W_e)_{\Delta p_2 = 14psi} = 20.5 \times 14 \times 69.46 = 19838 bbl$$

步骤 6：计算 12 个月后总累计水侵量。

$$W_e = (W_e)_{\Delta p_1} + (W_e)_{\Delta p_2}$$
$$= 12597 + 19938 = 32435 bbl$$

（3）计算 18 个月后水侵量。

步骤 1：计算第三个压力降 $\Delta p_3$，取第二阶段实际压力降的一半加上第三阶段实际压力降的一半。即：

$$\Delta p_3 = \frac{p_i - p_3}{2} = \frac{2490 - 2444}{2} = 23 ps$$

步骤 2：计算 18 个月后的无量纲时间。

$$t_D = 0.9888 t = 0.9888 \times 547.5 = 541.5$$

步骤 3：根据表 2.1 确定 $t_D$=541.5 时的无量纲水侵量 $W_{eD}$。

$$W_{eD}=173.7$$

步骤 4：第一个压力降作用 18 个月，第二个压力降作用 12 个月，最后一个压力降只作用 6 个月。如图 2.16 所示。因此，累计水侵量计算如下：

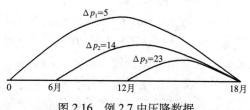

图 2.16　例 2.7 中压降数据

| 时间（d） | $t_D$ | $\Delta p$ | $W_{eD}$ | $B\Delta p W_{eD}$ |
|---|---|---|---|---|
| 547.5 | 541.5 | 5 | 173.7 | 17714 |
| 365 | 361 | 14 | 123.5 | 35272 |
| 182.5 | 180.5 | 23 | 69.4 | 32291 |
| $W_e$=85277bbl | | | | |

(4) 计算 24 个月后水侵量。

第一个压力降已经作用 24 个月，第二个压力降已经作用 18 个月，第三个压力降已经作用 12 个月，第四个压力降只作用 6 个月。计算结果如下。

| 时间（d） | $t_D$ | $\Delta p$ | $W_{eD}$ | $B\Delta p W_{eD}$ |
|---|---|---|---|---|
| 730 | 722 | 5 | 221.8 | 22624 |
| 547.5 | 541.5 | 14 | 173.7 | 49609 |
| 365 | 361 | 23 | 123.5 | 57946 |
| 182.5 | 180.5 | 32 | 69.4 | 45343 |
| $W_e$=175522bbl | | | | |

Edwardson 等（1962）建立了三套计算无边界作用含水层无量纲水侵量 $W_{eD}$ 的简单多项式。三个表达式近似表示了三个无量纲时间区间内的水侵量 $W_{eD}$。

①当 $t_D < 0.01$ 时：

$$W_{eD} = \sqrt{\frac{t_D}{\pi}} \tag{2.25}$$

②当 $0.01 < t_D < 200$ 时：

$$W_{eD} = \left[ 1.2838\sqrt{t_D} + 1.19328 t_D + 0.269872\left(t_D\right)^{3/2} + 0.00855294\left(t_D\right)^2 \right] \Big/ \left(1 + 0.616599\sqrt{t_D} + 0.0413008 t_D\right) \tag{2.26}$$

③当 $t_D > 200$ 时：

$$W_{eD} = \frac{-4.29881 + 2.02566 t_D}{\ln\left(t_D\right)} \tag{2.27}$$

### 2.3.4.2　底水驱动

迄今为止，van Everdingen 和 Hurst 的径向扩散方程解被认为是最精确的水侵量模型。然而，该求解方法不能用于描述底水驱动系统的垂向水侵。Coats（1962）建立了一个数学模型，该模型考虑了底水含水层的垂向流动的影响。他认识到在许多情况下，油层位于含水层的顶部，在油层流体和含水层的水之间有连续的水平界面，含水层有一定的厚度。他提出在这种情况下会出现明显的底部水驱。他通过在方程中引入一个附加项对扩散方程进行了修正，以适用于垂直流。

$$\frac{\partial^2 p}{\partial r^2} + \frac{1}{r}\frac{\partial p}{\partial r} + F_K \frac{\partial^2 p}{\partial z^2} = \frac{\mu \phi c}{K}\frac{\partial p}{\partial t} \tag{2.28}$$

式中　$F_K$——水平渗透率和垂直渗透率的比值。

$$F_K = K_v / K_h \tag{2.29}$$

式中　$K_v$——垂直渗透率；

　　　$K_h$——水平渗透率。

Allard 和 Chen（1988）指出方程（2.28）有无数个解，代表所有可能的油层－含水层情况。他们提出把方程（2.28）的解用无量纲时间 $t_D$、无量纲半径 $r_D$ 和一个新引进的无量纲变量 $z_D$ 表示，就有可能推导出适用于各类系统的通解。

$$z_D = \frac{h}{r_e \sqrt{F_K}} \tag{2.30}$$

式中　$z_D$——无量纲垂直距离；

　　　$h$——含水层厚度，ft。

Allen 和 Chen 利用数值模拟解方程（2.28）。作者建立了一个底水水侵量的解，该解在形式上与 van Everdingen 和 Hurst 的解类似：

$$W_e = B \sum \Delta p W_{eD} \tag{2.31}$$

他们定义的水侵常数 $B$ 与方程（2.21）中的水侵常数一致：

$$B = 1.119 \phi c_t r_e^2 h \tag{2.32}$$

注意，在底水驱动油藏，水侵常数 $B$ 不包含水侵角 $\theta$。

$W_{eD}$ 的实际值不同于 van Everdingen 和 Hurst 模型中 $W_{eD}$ 的实际值，因为底水驱动的 $W_{eD}$ 也是垂直渗透率的函数。Allard 和 Chen 把 $W_{eD}$ 与 $r_D$，$t_D$ 及 $z_D$ 的函数关系值列成表。这些值如表 2.3～表 2.7 所示。

表 2.3　无限含水层的无量纲水侵量 $W_{eD}$

| $t_D$ | $z'_D$ | | | | | | |
| --- | --- | --- | --- | --- | --- | --- | --- |
| | 0.05 | 0.1 | 0.3 | 0.5 | 0.7 | 0.9 | 1.0 |
| 0.1 | 0.700 | 0.677 | 0.508 | 0.349 | 0.251 | 0.195 | 0.176 |
| 0.2 | 0.793 | 0.786 | 0.696 | 0.547 | 0.416 | 0.328 | 0.295 |

续表

| $t_D$ | $Z'_D$ | | | | | | |
|---|---|---|---|---|---|---|---|
| | 0.05 | 0.1 | 0.3 | 0.5 | 0.7 | 0.9 | 1.0 |
| 0.3 | 0.936 | 0.926 | 0.834 | 0.692 | 0.548 | 0.440 | 0.396 |
| 0.4 | 1.051 | 1.041 | 0.952 | 0.812 | 0.662 | 0.540 | 0.486 |
| 0.5 | 1.158 | 1.155 | 1.059 | 0.918 | 0.764 | 0.631 | 0.569 |
| 0.6 | 1.270 | 1.268 | 1.167 | 1.021 | 0.862 | 0.721 | 0.651 |
| 0.7 | 1.384 | 1.380 | 1.270 | 1.116 | 0.953 | 0.806 | 0.729 |
| 0.8 | 1.503 | 1.499 | 1.373 | 1.205 | 1.039 | 0.886 | 0.803 |
| 0.9 | 1.621 | 1.612 | 1.477 | 1.286 | 1.117 | 0.959 | 0.872 |
| 1 | 1.743 | 1.726 | 1.581 | 1.347 | 1.181 | 1.020 | 0.932 |
| 2 | 2.402 | 2.393 | 2.288 | 2.034 | 1.827 | 1.622 | 1.509 |
| 3 | 3.031 | 3.018 | 2.895 | 2.650 | 2.408 | 2.164 | 2.026 |
| 4 | 3.629 | 3.615 | 3.477 | 3.223 | 2.949 | 2.669 | 2.510 |
| 5 | 4.217 | 4.201 | 4.048 | 3.766 | 3.462 | 3.150 | 2.971 |
| 6 | 4.784 | 4.766 | 4.601 | 4.288 | 3.956 | 3.614 | 3.416 |
| 7 | 5.323 | 5.303 | 5.128 | 4.792 | 4.434 | 4.063 | 3.847 |
| 8 | 5.829 | 5.808 | 5.625 | 5.283 | 4.900 | 4.501 | 4.268 |
| 9 | 6.306 | 6.283 | 6.094 | 5.762 | 5.355 | 4.929 | 4.680 |
| 10 | 6.837 | 6.816 | 6.583 | 6.214 | 5.792 | 5.344 | 5.080 |
| 11 | 7.263 | 7.242 | 7.040 | 6.664 | 6.217 | 5.745 | 5.468 |
| 12 | 7.742 | 7.718 | 7.495 | 7.104 | 6.638 | 6.143 | 5.852 |
| 13 | 8.196 | 8.172 | 7.943 | 7.539 | 7.052 | 6.536 | 6.231 |
| 14 | 8.648 | 8.623 | 8.385 | 7.967 | 7.461 | 6.923 | 6.604 |
| 15 | 9.094 | 9.068 | 8.821 | 8.389 | 7.864 | 7.305 | 6.973 |
| 16 | 9.534 | 9.507 | 9.253 | 8.806 | 8.262 | 7.682 | 7.338 |
| 17 | 9.969 | 9.942 | 9.679 | 9.218 | 8.656 | 8.056 | 7.699 |
| 18 | 10.399 | 10.371 | 10.100 | 9.626 | 9.046 | 8.426 | 8.057 |
| 19 | 10.823 | 10.794 | 10.516 | 10.029 | 9.432 | 8.793 | 8.411 |
| 20 | 11.241 | 11.211 | 10.929 | 10.430 | 9.815 | 9.156 | 8.763 |
| 21 | 11.664 | 11.633 | 11.339 | 10.826 | 10.194 | 9.516 | 9.111 |
| 22 | 12.075 | 12.045 | 11.744 | 11.219 | 10.571 | 9.874 | 9.457 |
| 23 | 12.486 | 12.454 | 12.147 | 11.609 | 10.944 | 10.229 | 9.801 |
| 24 | 12.893 | 12.861 | 12.546 | 11.996 | 11.315 | 10.581 | 10.142 |
| 25 | 13.297 | 13.264 | 12.942 | 12.380 | 11.683 | 10.931 | 10.481 |
| 26 | 13.698 | 13.665 | 13.336 | 12.761 | 12.048 | 11.279 | 10.817 |
| 27 | 14.097 | 14.062 | 13.726 | 13.140 | 12.411 | 11.625 | 11.152 |
| 28 | 14.493 | 14.458 | 14.115 | 13.517 | 12.772 | 11.968 | 11.485 |

| $t_D$ | $Z'_D$ | | | | | | |
|---|---|---|---|---|---|---|---|
| | 0.05 | 0.1 | 0.3 | 0.5 | 0.7 | 0.9 | 1.0 |
| 29 | 14.886 | 14.850 | 14.501 | 13.891 | 13.131 | 12.310 | 11.816 |
| 30 | 15.277 | 15.241 | 14.884 | 14.263 | 13.488 | 12.650 | 12.145 |
| 31 | 15.666 | 15.628 | 15.266 | 14.634 | 13.843 | 12.990 | 12.473 |
| 32 | 16.053 | 16.015 | 15.645 | 15.002 | 14.196 | 13.324 | 12.799 |
| 33 | 16.437 | 16.398 | 16.023 | 15.368 | 14.548 | 13.659 | 13.123 |
| 34 | 16.819 | 16.780 | 16.398 | 15.732 | 14.897 | 13.992 | 13.446 |
| 35 | 17.200 | 17.160 | 16.772 | 16.095 | 15.245 | 14.324 | 13.767 |
| 36 | 17.579 | 17.538 | 17.143 | 16.456 | 15.592 | 14.654 | 14.088 |
| 37 | 17.956 | 17.915 | 17.513 | 16.815 | 15.937 | 14.983 | 14.406 |
| 38 | 18.331 | 18.289 | 17.882 | 17.173 | 16.280 | 15.311 | 14.724 |
| 39 | 18.704 | 18.662 | 18.249 | 17.529 | 16.622 | 15.637 | 15.040 |
| 40 | 19.088 | 19.045 | 18.620 | 17.886 | 16.964 | 15.963 | 15.356 |
| 41 | 19.450 | 19.407 | 18.982 | 18.240 | 17.305 | 16.288 | 15.671 |
| 42 | 19.821 | 19.777 | 19.344 | 18.592 | 17.644 | 16.611 | 15.985 |
| 43 | 20.188 | 20.144 | 19.706 | 18.943 | 17.981 | 16.933 | 16.297 |
| 44 | 20.555 | 20.510 | 20.065 | 19.293 | 18.317 | 17.253 | 16.608 |
| 45 | 20.920 | 20.874 | 20.424 | 19.641 | 18.651 | 17.573 | 16.918 |
| 46 | 21.283 | 21.237 | 20.781 | 19.988 | 18.985 | 17.891 | 17.227 |
| 47 | 21.645 | 21.598 | 21.137 | 20.333 | 19.317 | 18.208 | 17.535 |
| 48 | 22.006 | 21.958 | 21.491 | 20.678 | 19.648 | 18.524 | 17.841 |
| 49 | 22.365 | 22.317 | 21.844 | 21.021 | 19.978 | 18.840 | 18.147 |
| 50 | 22.722 | 22.674 | 22.196 | 21.363 | 20.307 | 19.154 | 18.452 |
| 51 | 23.081 | 23.032 | 22.547 | 21.704 | 20.635 | 19.467 | 18.757 |
| 52 | 23.436 | 23.387 | 22.897 | 22.044 | 20.962 | 19.779 | 19.060 |
| 53 | 23.791 | 23.741 | 23.245 | 22.383 | 21.288 | 20.091 | 19.362 |
| 54 | 24.145 | 24.094 | 23.593 | 22.721 | 21.613 | 20.401 | 19.664 |
| 55 | 24.498 | 24.446 | 23.939 | 23.058 | 21.937 | 20.711 | 19.965 |
| 56 | 24.849 | 24.797 | 24.285 | 23.393 | 22.260 | 21.020 | 20.265 |
| 57 | 25.200 | 25.147 | 24.629 | 23.728 | 22.583 | 21.328 | 20.564 |
| 58 | 25.549 | 25.496 | 24.973 | 24.062 | 22.904 | 21.636 | 20.862 |
| 59 | 25.898 | 25.844 | 25.315 | 24.395 | 23.225 | 21.942 | 21.160 |
| 60 | 26.246 | 26.191 | 25.657 | 24.728 | 23.545 | 22.248 | 21.457 |
| 61 | 26.592 | 26.537 | 25.998 | 25.059 | 23.864 | 22.553 | 21.754 |
| 62 | 26.938 | 26.883 | 26.337 | 25.390 | 24.182 | 22.857 | 22.049 |
| 63 | 27.283 | 27.227 | 26.676 | 25.719 | 24.499 | 23.161 | 22.344 |

| $t_D$ | $Z'_D$ | | | | | | |
|---|---|---|---|---|---|---|---|
| | 0.05 | 0.1 | 0.3 | 0.5 | 0.7 | 0.9 | 1.0 |
| 64 | 27.627 | 27.570 | 27.015 | 26.048 | 24.616 | 23.464 | 22.639 |
| 65 | 27.970 | 27.913 | 27.352 | 26.376 | 25.132 | 23.766 | 22.932 |
| 66 | 28.312 | 28.255 | 27.688 | 26.704 | 25.447 | 24.088 | 23.225 |
| 67 | 28.653 | 28.596 | 28.024 | 27.030 | 25.762 | 24.369 | 23.518 |
| 68 | 28.994 | 28.936 | 28.359 | 27.356 | 26.075 | 24.669 | 23.810 |
| 69 | 29.334 | 29.275 | 28.693 | 27.681 | 26.389 | 24.969 | 24.101 |
| 70 | 29.673 | 29.614 | 29.026 | 28.008 | 26.701 | 25.268 | 24.391 |
| 71 | 30.011 | 29.951 | 29.359 | 28.329 | 27.013 | 25.566 | 24.881 |
| 72 | 30.349 | 30.288 | 29.691 | 28.652 | 27.324 | 25.864 | 24.971 |
| 73 | 30.686 | 30.625 | 30.022 | 28.974 | 27.634 | 26.161 | 25.260 |
| 74 | 31.022 | 30.960 | 30.353 | 29.296 | 27.944 | 26.458 | 25.548 |
| 75 | 31.357 | 31.295 | 30.682 | 29.617 | 28.254 | 26.754 | 25.836 |
| 76 | 31.692 | 31.629 | 31.012 | 29.937 | 28.562 | 27.049 | 26.124 |
| 77 | 32.026 | 31.963 | 31.340 | 30.257 | 28.870 | 27.344 | 26.410 |
| 78 | 32.359 | 32.296 | 31.668 | 30.576 | 29.178 | 27.639 | 26.697 |
| 79 | 32.692 | 32.628 | 31.995 | 30.895 | 29.485 | 27.933 | 25.983 |
| 80 | 33.024 | 32.959 | 32.322 | 31.212 | 29.791 | 28.226 | 27.268 |
| 81 | 33.355 | 33.290 | 32.647 | 31.530 | 30.097 | 28.519 | 27.553 |
| 82 | 33.686 | 33.621 | 32.973 | 31.846 | 30.402 | 28.812 | 27.837 |
| 83 | 34.016 | 33.950 | 33.297 | 32.163 | 30.707 | 29.104 | 28.121 |
| 84 | 34.345 | 34.279 | 33.622 | 32.478 | 31.011 | 29.395 | 28.404 |
| 85 | 34.674 | 34.608 | 33.945 | 32.793 | 31.315 | 29.686 | 28.687 |
| 86 | 35.003 | 34.935 | 34.268 | 33.107 | 31.618 | 29.976 | 28.970 |
| 87 | 35.330 | 35.263 | 34.590 | 33.421 | 31.921 | 30.266 | 29.252 |
| 88 | 35.657 | 35.589 | 34.912 | 33.735 | 32.223 | 30.556 | 29.534 |
| 89 | 35.984 | 35.915 | 35.233 | 34.048 | 32.525 | 30.845 | 29.815 |
| 90 | 36.310 | 36.241 | 35.554 | 34.360 | 32.826 | 31.134 | 30.096 |
| 91 | 36.636 | 36.566 | 35.874 | 34.672 | 33.127 | 31.422 | 30.376 |
| 92 | 36.960 | 36.890 | 36.194 | 34.983 | 33.427 | 31.710 | 30.656 |
| 93 | 37.285 | 37.214 | 36.513 | 35.294 | 33.727 | 31.997 | 30.935 |
| 94 | 37.609 | 37.538 | 36.832 | 35.604 | 34.026 | 32.284 | 31.215 |
| 95 | 37.932 | 37.861 | 37.150 | 35.914 | 34.325 | 32.570 | 31.493 |
| 96 | 38.255 | 38.183 | 37.467 | 36.223 | 34.623 | 32.857 | 31.772 |
| 97 | 38.577 | 38.505 | 37.785 | 36.532 | 34.921 | 33.142 | 32.050 |
| 98 | 38.899 | 38.826 | 38.101 | 36.841 | 35.219 | 33.427 | 32.327 |

续表

| $t_D$ | $Z'_D$ | | | | | | |
|---|---|---|---|---|---|---|---|
| | 0.05 | 0.1 | 0.3 | 0.5 | 0.7 | 0.9 | 1.0 |
| 99 | 39.220 | 39.147 | 38.417 | 37.149 | 35.516 | 33.712 | 32.605 |
| 100 | 39.541 | 39.467 | 38.733 | 37.456 | 35.813 | 33.997 | 32.881 |
| 105 | 41.138 | 41.062 | 40.305 | 38.987 | 37.290 | 35.414 | 34.260 |
| 110 | 42.724 | 42.645 | 41.865 | 40.508 | 38.758 | 36.821 | 35.630 |
| 115 | 44.299 | 44.218 | 43.415 | 42.018 | 40.216 | 38.221 | 36.993 |
| 120 | 45.864 | 45.781 | 44.956 | 43.520 | 41.666 | 39.612 | 38.347 |
| 125 | 47.420 | 47.334 | 46.487 | 45.012 | 43.107 | 40.995 | 39.694 |
| 130 | 48.966 | 48.879 | 48.009 | 46.497 | 44.541 | 42.372 | 41.035 |
| 135 | 50.504 | 50.414 | 49.523 | 47.973 | 45.967 | 43.741 | 42.368 |
| 140 | 52.033 | 51.942 | 51.029 | 49.441 | 47.386 | 45.104 | 43.696 |
| 145 | 53.555 | 53.462 | 52.528 | 50.903 | 48.798 | 46.460 | 45.017 |
| 150 | 55.070 | 54.974 | 54.019 | 52.357 | 50.204 | 47.810 | 46.333 |
| 155 | 56.577 | 56.479 | 55.503 | 53.805 | 51.603 | 49.155 | 47.643 |
| 160 | 58.077 | 57.977 | 56.981 | 55.246 | 52.996 | 50.494 | 48.947 |
| 165 | 59.570 | 59.469 | 58.452 | 56.681 | 54.384 | 51.827 | 50.247 |
| 170 | 61.058 | 60.954 | 59.916 | 58.110 | 55.766 | 53.156 | 51.542 |
| 175 | 62.539 | 62.433 | 61.375 | 59.534 | 57.143 | 54.479 | 52.832 |
| 180 | 64.014 | 63.906 | 62.829 | 60.952 | 58.514 | 55.798 | 54.118 |
| 185 | 65.484 | 65.374 | 64.276 | 62.365 | 59.881 | 57.112 | 55.399 |
| 190 | 66.948 | 66.836 | 65.718 | 63.773 | 61.243 | 58.422 | 56.676 |
| 195 | 68.406 | 68.293 | 67.156 | 65.175 | 62.600 | 59.727 | 57.949 |
| 200 | 69.860 | 69.744 | 68.588 | 66.573 | 63.952 | 61.028 | 59.217 |
| 205 | 71.309 | 71.191 | 70.015 | 67.967 | 65.301 | 62.326 | 60.482 |
| 210 | 72.752 | 72.633 | 71.437 | 69.355 | 66.645 | 63.619 | 61.744 |
| 215 | 74.191 | 74.070 | 72.855 | 70.740 | 67.985 | 64.908 | 63.001 |
| 220 | 75.626 | 75.503 | 74.269 | 72.120 | 69.321 | 66.194 | 64.255 |
| 225 | 77.056 | 76.931 | 75.678 | 73.496 | 70.653 | 67.476 | 65.506 |
| 230 | 78.482 | 78.355 | 77.083 | 74.868 | 71.981 | 68.755 | 66.753 |
| 235 | 79.903 | 79.774 | 78.484 | 76.236 | 73.306 | 70.030 | 67.997 |
| 240 | 81.321 | 81.190 | 79.881 | 77.601 | 74.627 | 71.302 | 69.238 |
| 245 | 82.734 | 82.602 | 81.275 | 78.962 | 75.945 | 72.570 | 70.476 |
| 250 | 84.144 | 84.010 | 82.664 | 80.319 | 77.259 | 73.736 | 71.711 |
| 255 | 85.550 | 85.414 | 84.050 | 81.672 | 78.570 | 75.098 | 72.943 |
| 260 | 86.952 | 86.814 | 85.432 | 83.023 | 79.878 | 76.358 | 74.172 |
| 265 | 88.351 | 88.211 | 86.811 | 84.369 | 81.182 | 77.614 | 75.398 |

续表

| $t_D$ | $Z'_D$ | | | | | | |
|---|---|---|---|---|---|---|---|
| | 0.05 | 0.1 | 0.3 | 0.5 | 0.7 | 0.9 | 1.0 |
| 270 | 89.746 | 89.604 | 88.186 | 85.713 | 82.484 | 78.868 | 76.621 |
| 275 | 91.138 | 90.994 | 89.558 | 87.053 | 83.782 | 80.119 | 77.842 |
| 280 | 92.526 | 92.381 | 90.926 | 88.391 | 85.078 | 81.367 | 79.060 |
| 285 | 93.911 | 93.764 | 92.292 | 89.725 | 86.371 | 82.612 | 80.276 |
| 290 | 95.293 | 95.144 | 93.654 | 91.056 | 87.660 | 83.855 | 81.489 |
| 295 | 96.672 | 96.521 | 95.014 | 92.385 | 88.948 | 85.095 | 82.700 |
| 300 | 98.048 | 97.895 | 96.370 | 93.710 | 90.232 | 86.333 | 83.908 |
| 305 | 99.420 | 99.266 | 97.724 | 95.033 | 91.514 | 87.568 | 85.114 |
| 310 | 100.79 | 100.64 | 99.07 | 96.35 | 92.79 | 88.80 | 86.32 |
| 315 | 102.16 | 102.00 | 100.42 | 97.67 | 94.07 | 90.03 | 87.52 |
| 320 | 103.52 | 103.36 | 101.77 | 98.99 | 95.34 | 91.26 | 88.72 |
| 325 | 104.88 | 104.72 | 103.11 | 100.30 | 96.62 | 92.49 | 89.92 |
| 330 | 106.24 | 106.08 | 104.45 | 101.61 | 97.89 | 93.71 | 91.11 |
| 335 | 107.60 | 107.43 | 105.79 | 102.91 | 99.15 | 94.93 | 92.30 |
| 340 | 108.95 | 108.79 | 107.12 | 104.22 | 100.42 | 96.15 | 93.49 |
| 345 | 110.30 | 110.13 | 108.45 | 105.52 | 101.68 | 97.37 | 94.68 |
| 350 | 111.65 | 111.48 | 109.78 | 106.82 | 102.94 | 98.58 | 95.87 |
| 355 | 113.00 | 112.82 | 111.11 | 108.12 | 104.20 | 99.80 | 97.06 |
| 360 | 114.34 | 114.17 | 112.43 | 109.41 | 105.45 | 101.01 | 98.24 |
| 365 | 115.68 | 115.51 | 113.76 | 110.71 | 106.71 | 102.22 | 99.42 |
| 370 | 117.02 | 116.84 | 115.08 | 112.00 | 107.96 | 103.42 | 100.60 |
| 375 | 118.36 | 118.18 | 116.40 | 113.29 | 109.21 | 104.63 | 101.78 |
| 380 | 119.69 | 119.51 | 117.71 | 114.57 | 110.46 | 105.83 | 102.95 |
| 385 | 121.02 | 120.84 | 119.02 | 115.86 | 111.70. | 107.04 | 104.13 |
| 390 | 122.35 | 122.17 | 120.34 | 117.14 | 112.95 | 108.24 | 105.30 |
| 395 | 123.68 | 123.49 | 121.65 | 118.42 | 114.19 | 109.43 | 106.47 |
| 400 | 125.00 | 124.82 | 122.94 | 119.70 | 115.43 | 110.63 | 107.64 |
| 405 | 126.33 | 126.14 | 124.26 | 120.97 | 116.67 | 111.82 | 108.80 |
| 410 | 127.65 | 127.46 | 125.56 | 122.25 | 117.90 | 113.02 | 109.97 |
| 415 | 128.97 | 128.78 | 126.86 | 123.52 | 119.14 | 114.21 | 111.13 |
| 420 | 130.28 | 130.09 | 128.16 | 124.79 | 120.37 | 115.40 | 112.30 |
| 425 | 131.60 | 131.40 | 129.46 | 126.06 | 121.60 | 116.59 | 113.46 |
| 430 | 132.91 | 132.72 | 130.75 | 127.33 | 122.83 | 117.77 | 114.62 |
| 435 | 134.22 | 134.03 | 132.05 | 128.59 | 124.06 | 118.96 | 115.77 |
| 440 | 135.53 | 135.33 | 133.34 | 129.86 | 125.29 | 120.14 | 116.93 |

| $t_D$ | $Z'_D$ | | | | | | |
|---|---|---|---|---|---|---|---|
| | 0.05 | 0.1 | 0.3 | 0.5 | 0.7 | 0.9 | 1.0 |
| 445 | 136.84 | 136.64 | 134.63 | 131.12 | 126.51 | 121.32 | 118.08 |
| 450 | 138.15 | 137.94 | 135.92 | 132.38 | 127.73 | 122.50 | 119.24 |
| 455 | 139.45 | 139.25 | 137.20 | 133.64 | 128.96 | 123.68 | 120.39 |
| 460 | 140.75 | 140.55 | 138.49 | 134.90 | 130.18 | 124.86 | 121.54 |
| 465 | 142.05 | 141.85 | 139.77 | 136.15 | 131.39 | 126.04 | 122.69 |
| 470 | 143.35 | 143.14 | 141.05 | 137.40 | 132.61 | 127.21 | 123.84 |
| 475 | 144.65 | 144.44 | 142.33 | 138.66 | 133.82 | 128.38 | 124.98 |
| 480 | 145.94 | 145.73 | 143.61 | 139.91 | 135.04 | 129.55 | 126.13 |
| 485 | 147.24 | 147.02 | 144.89 | 141.15 | 136.25 | 130.72 | 127.27 |
| 490 | 148.53 | 148.31 | 146.16 | 142.40 | 137.46 | 131.89 | 128.41 |
| 495 | 149.82 | 149.60 | 147.43 | 143.65 | 138.67 | 133.06 | 129.56 |
| 500 | 151.11 | 150.89 | 148.71 | 144.89 | 139.88 | 134.23 | 130.70 |
| 510 | 153.68 | 153.46 | 151.24 | 147.38 | 142.29 | 136.56 | 132.97 |
| 520 | 156.25 | 156.02 | 153.78 | 149.85 | 144.70 | 138.88 | 135.24 |
| 530 | 158.81 | 158.58 | 156.30 | 152.33 | 147.10 | 141.20 | 137.51 |
| 540 | 161.36 | 161.13 | 158.82 | 154.79 | 149.49 | 143.51 | 139.77 |
| 550 | 163.91 | 163.68 | 161.34 | 157.25 | 151.88 | 145.82 | 142.03 |
| 560 | 166.45 | 166.22 | 163.85 | 159.71 | 154.27 | 148.12 | 144.28 |
| 570 | 168.99 | 168.75 | 166.35 | 162.16 | 156.65 | 150.42 | 146.53 |
| 580 | 171.52 | 171.28 | 168.85 | 164.61 | 159.02 | 152.72 | 148.77 |
| 590 | 174.05 | 173.80 | 171.34 | 167.05 | 161.39 | 155.01 | 151.01 |
| 600 | 176.57 | 176.32 | 173.83 | 169.48 | 163.76 | 157.29 | 153.25 |
| 610 | 179.09 | 178.83 | 176.32 | 171.92 | 166.12 | 159.58 | 155.48 |
| 620 | 181.60 | 181.34 | 178.80 | 174.34 | 168.48 | 161.85 | 157.71 |
| 630 | 184.10 | 183.85 | 181.27 | 176.76 | 170.83 | 164.13 | 159.93 |
| 640 | 186.60 | 186.35 | 183.74 | 179.18 | 173.18 | 166.40 | 162.15 |
| 650 | 189.10 | 188.84 | 186.20 | 181.60 | 175.52 | 168.66 | 164.37 |
| 660 | 191.59 | 191.33 | 188.66 | 184.00 | 177.86 | 170.92 | 166.58 |
| 670 | 194.08 | 193.81 | 191.12 | 186.41 | 180.20 | 173.18 | 168.79 |
| 680 | 196.57 | 196.29 | 193.57 | 188.81 | 182.53 | 175.44 | 170.99 |
| 690 | 199.04 | 198.77 | 196.02 | 191.21 | 184.86 | 177.69 | 173.20 |
| 700 | 201.52 | 201.24 | 198.46 | 193.60 | 187.19 | 179.94 | 175.39 |
| 710 | 203.99 | 203.71 | 200.90 | 195.99 | 189.51 | 182.18 | 177.59 |
| 720 | 206.46 | 206.17 | 203.34 | 198.37 | 191.83 | 184.42 | 179.78 |
| 730 | 208.92 | 208.63 | 205.77 | 200.75 | 194.14 | 186.66 | 181.97 |

| $t_D$ | $Z'_D$ | | | | | | |
|---|---|---|---|---|---|---|---|
| | 0.05 | 0.1 | 0.3 | 0.5 | 0.7 | 0.9 | 1.0 |
| 740 | 211.38 | 211.09 | 208.19 | 203.13 | 196.45 | 188.89 | 184.15 |
| 750 | 213.83 | 213.54 | 210.62 | 205.50 | 198.76 | 191.12 | 186.34 |
| 760 | 216.28 | 215.99 | 213.04 | 207.87 | 201.06 | 193.35 | 188.52 |
| 770 | 218.73 | 218.43 | 215.45 | 210.24 | 203.36 | 195.57 | 190.69 |
| 780 | 221.17 | 220.87 | 217.86 | 212.60 | 205.66 | 197.80 | 192.87 |
| 790 | 223.61 | 223.31 | 220.27 | 214.96 | 207.95 | 200.01 | 195.04 |
| 800 | 226.05 | 225.74 | 222.68 | 217.32 | 210.24 | 202.23 | 197.20 |
| 810 | 228.48 | 228.17 | 225.08 | 219.67 | 212.53 | 204.44 | 199.37 |
| 820 | 230.91 | 230.60 | 227.48 | 222.02 | 214.81 | 206.65 | 201.53 |
| 830 | 233.33 | 233.02 | 229.87 | 224.36 | 217.09 | 208.86 | 203.69 |
| 840 | 235.76 | 235.44 | 232.26 | 226.71 | 219.37 | 211.06 | 205.85 |
| 850 | 238.18 | 237.86 | 234.65 | 229.05 | 221.64 | 213.26 | 208,00 |
| 860 | 240.59 | 240.27 | 237.04 | 231.38 | 223.92 | 215.46 | 210.15 |
| 870 | 243.00 | 242.68 | 239.42 | 233.72 | 226.19 | 217.65 | 212.30 |
| 880 | 245.41 | 245.08 | 241.80 | 236.05 | 228.45 | 219.85 | 214.44 |
| 890 | 247.82 | 247.49 | 244.17 | 238.37 | 230.72 | 222.04 | 216.59 |
| 900 | 250.22 | 249.89 | 246.55 | 240.70 | 232.98 | 224.22 | 218.73 |
| 910 | 252.62 | 252.28 | 248.92 | 243.02 | 235.23 | 226.41 | 220.87 |
| 920 | 255.01 | 254.68 | 251.28 | 245.34 | 237.49 | 228.59 | 223.00 |
| 930 | 257.41 | 257.07 | 253.65 | 247.66 | 239.74 | 230.77 | 225.14 |
| 940 | 259.80 | 259.46 | 256.01 | 249.97 | 241.99 | 232.95 | 227.27 |
| 950 | 262.19 | 261.84 | 258.36 | 252.28 | 244.24 | 235.12 | 229.39 |
| 960 | 264.57 | 264.22 | 260.72 | 254.59 | 246.48 | 237.29 | 231.52 |
| 970 | 266.95 | 266.60 | 263.07 | 256.89 | 248.72 | 239.46 | 233.65 |
| 980 | 269.33 | 268.98 | 265.42 | 259.19 | 250.96 | 241.63 | 235.77 |
| 990 | 271.71 | 271.35 | 267.77 | 261.49 | 253.20 | 243.80 | 237.89 |
| 1000 | 274.08 | 273.72 | 270.11 | 263.79 | 255.44 | 245.96 | 240.00 |
| 1010 | 276.35 | 275.99 | 272.35 | 265.99 | 257.58 | 248.04 | 242.04 |
| 1020 | 278.72 | 278.35 | 274.69 | 268.29 | 259.81 | 250.19 | 244.15 |
| 1030 | 281.08 | 280.72 | 277.03 | 270.57 | 262.04 | 252.35 | 246.26 |
| 1040 | 283.44 | 283.08 | 279.36 | 272.86 | 264.26 | 254.50 | 248.37 |
| 1050 | 285.81 | 285.43 | 281.69 | 275.15 | 266.49 | 256.66 | 250.48 |
| 1060 | 288.16 | 287.79 | 284.02 | 277.43 | 268.71 | 258.81 | 252.58 |
| 1070 | 290.52 | 290.14 | 286.35 | 279.71 | 270.92 | 260.95 | 254.69 |
| 1080 | 292.87 | 292.49 | 288.67 | 281.99 | 273.14 | 263.10 | 256.79 |

| $t_D$ | $Z'_D$ | | | | | | |
|---|---|---|---|---|---|---|---|
| | 0.05 | 0.1 | 0.3 | 0.5 | 0.7 | 0.9 | 1.0 |
| 1090 | 295.22 | 294.84 | 290.99 | 284.26 | 275.35 | 265.24 | 258.89 |
| 1100 | 297.57 | 297.18 | 293.31 | 286.54 | 277.57 | 267.38 | 260.98 |
| 1110 | 299.91 | 299.53 | 295.63 | 288.81 | 279.78 | 269.52 | 263.08 |
| 1120 | 302.28 | 301.87 | 297.94 | 291.07 | 281.98 | 271.66 | 265.17 |
| 1130 | 304.60 | 304.20 | 300.25 | 293.34 | 284.19 | 273.80 | 267.26 |
| 1140 | 306.93 | 308.54 | 302.56 | 295.61 | 286.39 | 275.93 | 269.35 |
| 1150 | 309.27 | 308.87 | 304.87 | 297.87 | 288.59 | 278.06 | 271.44 |
| 1160 | 311.60 | 311.20 | 307.18 | 300.13 | 290.79 | 280.19 | 273.52 |
| 1170 | 313.94 | 313.53 | 309.48 | 302.38 | 292.99 | 282.32 | 275.61 |
| 1180 | 316.26 | 315.86 | 311.78 | 304.64 | 295.19 | 284.44 | 277.69 |
| 1190 | 318.59 | 318.18 | 314.08 | 306.89 | 297.38 | 286.57 | 279.77 |
| 1200 | 320.92 | 320.51 | 316.38 | 309.15 | 299.57 | 288.69 | 281.85 |
| 1210 | 323.24 | 322.83 | 318.67 | 311.39 | 301.76 | 290.81 | 283.92 |
| 1220 | 325.56 | 325.14 | 320.96 | 313.64 | 303.95 | 292.93 | 286.00 |
| 1230 | 327.88 | 327.46 | 323.25 | 315.89 | 306.13 | 295.05 | 288.07 |
| 1240 | 330.19 | 329.77 | 325.54 | 318.13 | 308.32 | 297.16 | 290.14 |
| 1250 | 332.51 | 332.08 | 327.83 | 320.37 | 310.50 | 299.27 | 292.21 |
| 1260 | 334.82 | 334.39 | 330.11 | 322.61 | 312.68 | 301.38 | 294.28 |
| 1270 | 337.13 | 336.70 | 332.39 | 324.85 | 314.85 | 303.49 | 296.35 |
| 1280 | 339.44 | 339.01 | 334.67 | 327.08 | 317.03 | 305.60 | 298.41 |
| 1290 | 341.74 | 341.31 | 336.95 | 329.32 | 319.21 | 307.71 | 300.47 |
| 1300 | 344.05 | 343.61 | 339.23 | 331.55 | 321.38 | 309.81 | 302.54 |
| 1310 | 346.35 | 345.91 | 341.50 | 333.78 | 323.55 | 311.92 | 304.60 |
| 1320 | 348.65 | 348.21 | 343.77 | 336.01 | 325.72 | 314.02 | 306.65 |
| 1330 | 350.95 | 350.50 | 346.04 | 338.23 | 327.89 | 316.12 | 308.71 |
| 1340 | 353.24 | 352.80 | 348.31 | 340.46 | 330.05 | 318.22 | 310.77 |
| 1350 | 355.54 | 355.09 | 350.58 | 342.68 | 332.21 | 320.31 | 312.82 |
| 1360 | 357.83 | 357.38 | 352.84 | 344.90 | 334.38 | 322.41 | 314.87 |
| 1370 | 360.12 | 359.67 | 355.11 | 347.12 | 336.54 | 324.50 | 316.92 |
| 1380 | 362.41 | 361.95 | 357.37 | 349.34 | 338.70 | 326.59 | 318.97 |
| 1390 | 364.69 | 364.24 | 359.63 | 351.56 | 340.85 | 328.68 | 321.02 |
| 1400 | 366.98 | 366.52 | 361.88 | 353.77 | 343.01 | 330.77 | 323.06 |
| 1410 | 369.26 | 368.80 | 364.14 | 355.98 | 345.16 | 332.86 | 325.11 |
| 1420 | 371.54 | 371.08 | 366.40 | 358.19 | 347.32 | 334.94 | 327.15 |
| 1430 | 373.82 | 373.35 | 368.65 | 360.40 | 349.47 | 337.03 | 329.19 |

| $t_D$ | $Z'_D$ | | | | | | |
|---|---|---|---|---|---|---|---|
| | 0.05 | 0.1 | 0.3 | 0.5 | 0.7 | 0.9 | 1.0 |
| 1440 | 376.10 | 375.63 | 370.90 | 362.61 | 351.62 | 339.11 | 331.23 |
| 1450 | 378.38 | 377.90 | 373.15 | 364.81 | 353.76 | 341.19 | 333.27 |
| 1460 | 380.65 | 380.17 | 375.39 | 367.02 | 355.91 | 343.27 | 335.31 |
| 1470 | 382.92 | 382.44 | 377.64 | 369.22 | 358.06 | 345.35 | 337.35 |
| 1480 | 385.19 | 384.71 | 379.88 | 371.42 | 360.20 | 347.43 | 339.38 |
| 1490 | 387.46 | 386.98 | 382.13 | 373.62 | 362.34 | 349.50 | 341.42 |
| 1500 | 389.73 | 389.25 | 384.37 | 375.82 | 364.48 | 351.58 | 343.45 |
| 1525 | 395.39 | 394.90 | 389.96 | 381.31 | 369.82 | 356.76 | 348.52 |
| 1550 | 401.04 | 400.55 | 395.55 | 386.78 | 375.16 | 361.93 | 353.59 |
| 1575 | 406.68 | 406.18 | 401.12 | 392.25 | 380.49 | 367.09 | 358.65 |
| 1600 | 412.32 | 411.81 | 406.69 | 397.71 | 385.80 | 372.24 | 363.70 |
| 1625 | 417.94 | 417.42 | 412.24 | 403.16 | 391.11 | 377.39 | 368.74 |
| 1650 | 423.55 | 423.03 | 417.79 | 408.60 | 396.41 | 382.53 | 373.77 |
| 1675 | 429.15 | 428.63 | 423.33 | 414.04 | 401.70 | 387.66 | 378.80 |
| 1700 | 434.75 | 434.22 | 428.85 | 419.46 | 406.99 | 392.78 | 383.82 |
| 1725 | 440.33 | 439.79 | 434.37 | 424.87 | 412.26 | 397.89 | 388.83 |
| 1750 | 445.91 | 445.37 | 439.89 | 430.28 | 417.53 | 403.00 | 393.84 |
| 1775 | 451.48 | 450.93 | 445.39 | 435.68 | 422.79 | 408.10 | 398.84 |
| 1880 | 457.04 | 456.48 | 450.88 | 441.07 | 428.04 | 413.20 | 403.83 |
| 1825 | 462.59 | 462.03 | 456.37 | 446.46 | 433.29 | 418.28 | 408.82 |
| 1850 | 468.13 | 467.56 | 461.85 | 451.83 | 438.53 | 423.36 | 413.80 |
| 1875 | 473.67 | 473.09 | 467.32 | 457.20 | 443.76 | 428.43 | 418.77 |
| 1900 | 479.19 | 478.61 | 472.78 | 462.56 | 448.98 | 433.50 | 423.73 |
| 1925 | 484.71 | 484.13 | 478.24 | 467.92 | 454.20 | 438.56 | 428.69 |
| 1950 | 490.22 | 489.63 | 483.69 | 473.26 | 459.41 | 443.61 | 433.64 |
| 1975 | 495.73 | 495.13 | 489.13 | 478.60 | 464.61 | 448.66 | 438.59 |
| 2000 | 501.22 | 500.62 | 494.56 | 483.93 | 469.81 | 453.70 | 443.53 |
| 2025 | 506.71 | 506.11 | 499.99 | 489.26 | 475.00 | 458.73 | 448.47 |
| 2050 | 512.20 | 511.58 | 505.41 | 494.58 | 480.18 | 463.76 | 453.40 |
| 2075 | 517.67 | 517.05 | 510.82 | 499.89 | 485.36 | 468.78 | 458.32 |
| 2100 | 523.14 | 522.52 | 516.22 | 505.19 | 490.53 | 473.80 | 463.24 |
| 2125 | 528.60 | 527.97 | 521.62 | 510.49 | 495.69 | 478.81 | 468.15 |
| 2150 | 534.05 | 533.42 | 527.02 | 515.78 | 500.85 | 483.81 | 473.06 |
| 2175 | 539.50 | 538.86 | 532.40 | 521.07 | 506.01 | 488.81 | 477.96 |
| 2200 | 544.94 | 544.30 | 537.78 | 526.35 | 511.15 | 493.81 | 482.85 |

| $t_D$ | $Z'_D$ | | | | | | |
|---|---|---|---|---|---|---|---|
| | 0.05 | 0.1 | 0.3 | 0.5 | 0.7 | 0.9 | 1.0 |
| 2225 | 550.38 | 549.73 | 543.15 | 531.62 | 516.29 | 498.79 | 487.74 |
| 2250 | 555.81 | 555.15 | 548.52 | 536.89 | 521.43 | 503.78 | 492.63 |
| 2275 | 561.23 | 560.56 | 553.88 | 542.15 | 526.56 | 508.75 | 497.51 |
| 2300 | 566.64 | 565.97 | 559.23 | 547.41 | 531.68 | 513.72 | 502.38 |
| 2325 | 572.05 | 571.38 | 564.58 | 552.66 | 536.80 | 518.69 | 507.25 |
| 2350 | 577.46 | 576.78 | 569.92 | 557.90 | 541.91 | 523.65 | 512.12 |
| 2375 | 582.85 | 582.17 | 575.26 | 563.14 | 547.02 | 528.61 | 516.98 |
| 2400 | 588.24 | 587.55 | 580.59 | 568.37 | 552.12 | 533.56 | 521.83 |
| 2425 | 593.63 | 592.93 | 585.91 | 573.60 | 557.22 | 538.50 | 526.68 |
| 2450 | 599.01 | 598.31 | 591.23 | 578.82 | 562.31 | 543.45 | 531.53 |
| 2475 | 604.38 | 603.68 | 596.55 | 584.04 | 567.39 | 548.38 | 536.37 |
| 2500 | 609.75 | 609.04 | 601.85 | 589.25 | 572.47 | 553.31 | 541.20 |
| 2550 | 620.47 | 619.75 | 612.45 | 599.65 | 582.62 | 563.16 | 550.86 |
| 2600 | 631.17 | 630.43 | 623.03 | 610.04 | 592.75 | 572.99 | 560.50 |
| 2650 | 641.84 | 641.10 | 633.59 | 620.40 | 602.86 | 582.80 | 570.13 |
| 2700 | 652.50 | 651.74 | 644.12 | 630.75 | 612.95 | 592.60 | 579.73 |
| 2750 | 663.13 | 662.37 | 654.64 | 641.07 | 623.02 | 602.37 | 589.32 |
| 2800 | 673.75 | 672.97 | 665.14 | 651.38 | 633.07 | 612.13 | 598.90 |
| 2850 | 684.34 | 683.56 | 675.61 | 661.67 | 643.11 | 621.88 | 608.45 |
| 2900 | 694.92 | 694.12 | 686.07 | 671.94 | 653.12 | 631.60 | 617.99 |
| 2950 | 705.48 | 704.67 | 696.51 | 682.19 | 663.13 | 641.32 | 627.52 |
| 3000 | 716.02 | 715.20 | 706.94 | 692.43 | 673.11 | 651.01 | 637.03 |
| 3050 | 726.54 | 725.71 | 717.34 | 702.65 | 683.08 | 660.69 | 646.53 |
| 3100 | 737.04 | 736.20 | 727.73 | 712.85 | 693.03 | 670.36 | 656.01 |
| 3150 | 747.53 | 746.68 | 738.10 | 723.04 | 702.97 | 680.01 | 665.48 |
| 3200 | 758.00 | 757.14 | 748.45 | 733.21 | 712.89 | 689.64 | 674.93 |
| 3250 | 768.45 | 767.58 | 758.79 | 743.36 | 722.80 | 699.27 | 684.37 |
| 3300 | 778.89 | 778.01 | 769.11 | 753.50 | 732.69 | 708.87 | 693.80 |
| 3350 | 789.31 | 788.42 | 779.42 | 763.62 | 742.57 | 718.47 | 703.21 |
| 3400 | 799.71 | 798.81 | 789.71 | 773.73 | 752.43 | 728.05 | 712.62 |
| 3450 | 810.10 | 809.19 | 799.99 | 783.82 | 762.28 | 737.62 | 722.00 |
| 3500 | 820.48 | 819.55 | 810.25 | 793.90 | 772.12 | 747.17 | 731.38 |
| 3550 | 830.83 | 829.90 | 820.49 | 803.97 | 781.94 | 756.72 | 740.74 |
| 3600 | 841.18 | 840.24 | 830.73 | 814.02 | 791.75 | 766.24 | 750.09 |
| 3650 | 851.51 | 850.56 | 840.94 | 824.06 | 801.55 | 775.76 | 759.43 |

| $t_D$ | $Z'_D$ | | | | | | |
|---|---|---|---|---|---|---|---|
| | 0.05 | 0.1 | 0.3 | 0.5 | 0.7 | 0.9 | 1.0 |
| 3700 | 861.83 | 860.86 | 851.15 | 834.08 | 811.33 | 785.27 | 768.76 |
| 3750 | 872.13 | 871.15 | 861.34 | 844.09 | 821.10 | 794.76 | 778.08 |
| 3800 | 882.41 | 881.43 | 871.51 | 854.09 | 830.86 | 804.24 | 787.38 |
| 3850 | 892.69 | 891.70 | 881.68 | 864.08 | 840.61 | 813.71 | 796.68 |
| 3900 | 902.95 | 901.95 | 891.83 | 874.05 | 850.34 | 823.17 | 805.96 |
| 3950 | 913.20 | 912.19 | 901.96 | 884.01 | 860.06 | 832.62 | 815.23 |
| 4000 | 923.43 | 922.41 | 912.09 | 893.96 | 869.77 | 842.06 | 824.49 |
| 4050 | 933.65 | 932.62 | 922.20 | 903.89 | 879.47 | 851.48 | 833.74 |
| 4100 | 943.86 | 942.82 | 932.30 | 913.82 | 889.16 | 860.90 | 842.99 |
| 4150 | 954.06 | 953.01 | 942.39 | 923.73 | 898.84 | 870.30 | 852.22 |
| 4200 | 964.25 | 963.19 | 952.47 | 933.63 | 908.50 | 879.69 | 861.44 |
| 4250 | 974.42 | 973.35 | 962.53 | 943.52 | 918.16 | 889.08 | 870.65 |
| 4300 | 984.58 | 983.50 | 972.58 | 953.40 | 927.60 | 898.45 | 879.85 |
| 4350 | 994.73 | 993.64 | 982.62 | 963.27 | 937.43 | 907.81 | 889.04 |
| 4400 | 1004.9 | 1003.8 | 992.7 | 973.1 | 947.1 | 917.2 | 898.2 |
| 4450 | 1015.0 | 1013.9 | 1002.7 | 983.0 | 956.7 | 926.5 | 907.4 |
| 4500 | 1025.1 | 1024.0 | 1012.7 | 992.8 | 966.3 | 935.9 | 916.6 |
| 4550 | 1035.2 | 1034.1 | 1022.7 | 1002.6 | 975.9 | 945.2 | 925.7 |
| 4600 | 1045.3 | 1044.2 | 1032.7 | 1012.4 | 985.5 | 954.5 | 934.9 |
| 4650 | 1055.4 | 1054.2 | 1042.6 | 1022.2 | 995.0 | 963.8 | 944.0 |
| 4700 | 1065.5 | 1064.3 | 1052.6 | 1032.0 | 1004.6 | 973.1 | 953.1 |
| 4750 | 1075.5 | 1074.4 | 1062.6 | 1041.8 | 1014.1 | 982.4 | 962.2 |
| 4800 | 1085.6 | 1084.4 | 1072.5 | 1051.6 | 1023.7 | 991.7 | 971.4 |
| 4850 | 1095.6 | 1094.4 | 1082.4 | 1061.4 | 1033.2 | 1000.9 | 980.5 |
| 4900 | 1105.6 | 1104.5 | 1092.4 | 1071.1 | 1042.8 | 1010.2 | 989.5 |
| 4950 | 1115.7 | 1114.5 | 1102.3 | 1080.9 | 1052.3 | 1019.4 | 998.6 |
| 5000 | 1125.7 | 1124.5 | 1112.2 | 1090.6 | 1061.8 | 1028.7 | 1007.7 |
| 5100 | 1145.7 | 1144.4 | 1132.0 | 1110.0 | 1080.8 | 1047.2 | 1025.8 |
| 5200 | 1165.6 | 1164.4 | 1151.7 | 1129.4 | 1099.7 | 1065.6 | 1043.9 |
| 5300 | 1185.5 | 1184.3 | 1171.4 | 1148.8 | 1118.6 | 1084.0 | 1062.0 |
| 5400 | 1205.4 | 1204.1 | 1191.1 | 1168.2 | 1137.5 | 1102.4 | 1080.0 |
| 5500 | 1225.3 | 1224.0 | 1210.7 | 1187.5 | 1156.4 | 1120.7 | 1098.0 |
| 5600 | 1245.1 | 1243.7 | 1230.3 | 1206.7 | 1175.2 | 1139.0 | 1116.0 |
| 5700 | 1264.9 | 1263.5 | 1249.9 | 1226.0 | 1194.0 | 1157.3 | 1134.0 |
| 5800 | 1284.6 | 1283.2 | 1269.4 | 1245.2 | 1212.8 | 1175.5 | 1151.9 |

| $t_D$ | $Z'_D$ | | | | | | |
|---|---|---|---|---|---|---|---|
| | 0.05 | 0.1 | 0.3 | 0.5 | 0.7 | 0.9 | 1.0 |
| 5900 | 1304.3 | 1302.9 | 1288.9 | 1264.4 | 1231.5 | 1193.8 | 1169.8 |
| 6000 | 1324.0 | 1322.6 | 1308.4 | 1283.5 | 1250.2 | 1211.9 | 1187.7 |
| 6100 | 1343.6 | 1342.2 | 1327.9 | 1302.6 | 1268.9 | 1230.1 | 1205.5 |
| 6200 | 1363.2 | 1361.8 | 1347.3 | 1321.7 | 1287.5 | 1248.3 | 1223.3 |
| 6300 | 1382.8 | 1381.4 | 1366.7 | 1340.8 | 1306.2 | 1266.4 | 1241.1 |
| 6400 | 1402.4 | 1400.9 | 1386.0 | 1359.8 | 1324.7 | 1284.5 | 1258.9 |
| 6500 | 1421.9 | 1420.4 | 1405.3 | 1378.8 | 1343.3 | 1302.5 | 1276.6 |
| 6600 | 1441.4 | 1439.9 | 1424.6 | 1397.8 | 1361.9 | 1320.6 | 1294.3 |
| 6700 | 1460.9 | 1459.4 | 1443.9 | 1416.7 | 1380.4 | 1338.6 | 1312.0 |
| 6800 | 1480.3 | 1478.8 | 1463.1 | 1435.6 | 1398.9 | 1356.6 | 1329.7 |
| 6900 | 1499.7 | 1498.2 | 1482.4 | 1454.5 | 1417.3 | 1374.5 | 1347.4 |
| 7000 | 1519.1 | 1517.5 | 1501.5 | 1473.4 | 1435.8 | 1392.5 | 1365.0 |
| 7100 | 1538.5 | 1536.9 | 1520.7 | 1492.3 | 1454.2 | 1410.4 | 1382.6 |
| 7200 | 1557.8 | 1556.2 | 1539.8 | 1511.1 | 1472.6 | 1428.3 | 1400.2 |
| 7300 | 1577.1 | 1575.5 | 1559.0 | 1529.9 | 1491.0 | 1446.2 | 1417.8 |
| 7400 | 1596.4 | 1594.8 | 1578.1 | 1548.6 | 1509.3 | 1464.1 | 1435.3 |
| 7500 | 1615.7 | 1614.0 | 1597.1 | 1567.4 | 1527.6 | 1481.9 | 1452.8 |
| 7600 | 1634.9 | 1633.2 | 1616.2 | 1586.1 | 1545.9 | 1499.7 | 1470.3 |
| 7700 | 1654.1 | 1652.4 | 1635.2 | 1604.8 | 1564.2 | 1517.5 | 1487.8 |
| 7800 | 1673.3 | 1671.6 | 1654.2 | 1623.5 | 1582.5 | 1535.3 | 1505.3 |
| 7900 | 1692.5 | 1690.7 | 1673.1 | 1642.2 | 1600.7 | 1553.0 | 1522.7 |
| 8000 | 1711.6 | 1709.9 | 1692.1 | 1660.8 | 1619.0 | 1570.8 | 1540.1 |
| 8100 | 1730.8 | 1729.0 | 1711.0 | 1679.4 | 1637.2 | 1588.5 | 1557.6 |
| 8200 | 1749.9 | 1748.1 | 1729.9 | 1698.0 | 1655.3 | 1606.2 | 1574.9 |
| 8300 | 1768.9 | 1767.1 | 1748.8 | 1716.6 | 1673.5 | 1623.9 | 1592.3 |
| 8400 | 1788.0 | 1786.2 | 1767.7 | 1735.2 | 1691.6 | 1641.5 | 1609.7 |
| 8500 | 1807.0 | 1805.2 | 1786.5 | 1753.7 | 1709.8 | 1659.2 | 1627.0 |
| 8600 | 1826.0 | 1824.2 | 1805.4 | 1772.2 | 1727.9 | 1676.8 | 1644.3 |
| 8700 | 1845.0 | 1843.2 | 1824.2 | 1790.7 | 1746.0 | 1694.4 | 1661.6 |
| 8800 | 1864.0 | 1862.1 | 1842.9 | 1809.2 | 1764.0 | 1712.0 | 1678.9 |
| 8900 | 1883.0 | 1881.1 | 1861.7 | 1827.7 | 1782.1 | 1729.6 | 1696.2 |
| 9000 | 1901.9 | 1900.0 | 1880.5 | 1846.1 | 1800.1 | 1747.1 | 1713.4 |
| 9100 | 1920.8 | 1918.9 | 1899.2 | 1864.5 | 1818.1 | 1764.7 | 1730.7 |
| 9200 | 1939.7 | 1937.4 | 1917.9 | 1882.9 | 1836.1 | 1782.2 | 1747.9 |
| 9300 | 1958.6 | 1956.6 | 1936.6 | 1901.3 | 1854.1 | 1799.7 | 1765.1 |

| $t_D$ | $Z'_D$ | | | | | | |
|---|---|---|---|---|---|---|---|
| | 0.05 | 0.1 | 0.3 | 0.5 | 0.7 | 0.9 | 1.0 |
| 9400 | 1977.4 | 1975.4 | 1955.2 | 1919.7 | 1872.0 | 1817.2 | 1782.3 |
| 9500 | 1996.3 | 1994.3 | 1973.9 | 1938.0 | 1890.0 | 1834.7 | 1799.4 |
| 9600 | 2015.1 | 2013.1 | 1992.5 | 1956.4 | 1907.9 | 1852.1 | 1816.6 |
| 9700 | 2033.9 | 2031.9 | 2011.1 | 1974.7 | 1925.8 | 1869.6 | 1833.7 |
| 9800 | 2052.7 | 2050.6 | 2029.7 | 1993.0 | 1943.7 | 1887.0 | 1850.9 |
| 9900 | 2071.5 | 2069.4 | 2048.3 | 2011.3 | 1961.6 | 1904.4 | 1868.0 |
| $1.00 \times 10^4$ | $2.090 \times 10^3$ | $2.088 \times 10^3$ | $2.067 \times 10^3$ | $2.029 \times 10^3$ | $1.979 \times 10^3$ | $1.922 \times 10^3$ | $1.885 \times 10^3$ |
| $1.25 \times 10^4$ | $2.553 \times 10^3$ | $2.551 \times 10^3$ | $2.526 \times 10^3$ | $2.481 \times 10^3$ | $2.421 \times 10^3$ | $2.352 \times 10^3$ | $2.308 \times 10^3$ |
| $1.50 \times 10^4$ | $3.009 \times 10^3$ | $3.006 \times 10^3$ | $2.977 \times 10^3$ | $2.925 \times 10^3$ | $2.855 \times 10^3$ | $2.775 \times 10^3$ | $2.724 \times 10^3$ |
| $1.75 \times 10^4$ | $3.457 \times 10^3$ | $3.454 \times 10^3$ | $3.421 \times 10^3$ | $3.362 \times 10^3$ | $3.284 \times 10^3$ | $3.193 \times 10^3$ | $3.135 \times 10^3$ |
| $2.00 \times 10^4$ | $3.900 \times 10^3$ | $3.897 \times 10^3$ | $3.860 \times 10^3$ | $3.794 \times 10^3$ | $3.707 \times 10^3$ | $3.605 \times 10^3$ | $3.541 \times 10^3$ |
| $2.50 \times 10^4$ | $4.773 \times 10^3$ | $4.768 \times 10^3$ | $4.724 \times 10^3$ | $4.646 \times 10^3$ | $4.541 \times 10^3$ | $4.419 \times 10^3$ | $4.341 \times 10^3$ |
| $3.00 \times 10^4$ | $5.630 \times 10^3$ | $5.625 \times 10^3$ | $5.574 \times 10^3$ | $5.483 \times 10^3$ | $5.361 \times 10^3$ | $5.219 \times 10^3$ | $5.129 \times 10^3$ |
| $3.50 \times 10^4$ | $6.476 \times 10^3$ | $6.470 \times 10^3$ | $6.412 \times 10^3$ | $6.309 \times 10^3$ | $6.170 \times 10^3$ | $6.009 \times 10^3$ | $5.906 \times 10^3$ |
| $4.00 \times 10^4$ | $7.312 \times 10^3$ | $7.305 \times 10^3$ | $7.240 \times 10^3$ | $7.125 \times 10^3$ | $6.970 \times 10^3$ | $6.790 \times 10^3$ | $6.675 \times 10^3$ |
| $4.50 \times 10^4$ | $8.139 \times 10^3$ | $8.132 \times 10^3$ | $8.060 \times 10^3$ | $7.933 \times 10^3$ | $7.762 \times 10^3$ | $7.564 \times 10^3$ | $7.437 \times 10^3$ |
| $5.00 \times 10^4$ | $8.959 \times 10^3$ | $8.951 \times 10^3$ | $8.872 \times 10^3$ | $8.734 \times 10^3$ | $8.548 \times 10^3$ | $8.331 \times 10^3$ | $8.193 \times 10^3$ |
| $6.00 \times 10^4$ | $1.057 \times 10^4$ | $1.057 \times 10^4$ | $1.047 \times 10^4$ | $1.031 \times 10^4$ | $1.010 \times 10^4$ | $9.846 \times 10^3$ | $9.684 \times 10^3$ |
| $7.00 \times 10^4$ | $1.217 \times 10^4$ | $1.217 \times 10^4$ | $1.206 \times 10^4$ | $1.188 \times 10^4$ | $1.163 \times 10^4$ | $1.134 \times 10^4$ | $1.116 \times 10^4$ |
| $8.00 \times 10^4$ | $1.375 \times 10^4$ | $1.375 \times 10^4$ | $1.363 \times 10^4$ | $1.342 \times 10^4$ | $1.315 \times 10^4$ | $1.283 \times 10^4$ | $1.262 \times 10^4$ |
| $9.00 \times 10^4$ | $1.532 \times 10^4$ | $1.531 \times 10^4$ | $1.518 \times 10^4$ | $1.496 \times 10^4$ | $1.465 \times 10^4$ | $1.430 \times 10^4$ | $1.407 \times 10^4$ |
| $1.00 \times 10^5$ | $1.687 \times 10^4$ | $1.686 \times 10^4$ | $1.672 \times 10^4$ | $1.647 \times 10^4$ | $1.614 \times 10^4$ | $1.576 \times 10^4$ | $1.551 \times 10^4$ |
| $1.25 \times 10^5$ | $2.071 \times 10^4$ | $2.069 \times 10^4$ | $2.052 \times 10^4$ | $2.023 \times 10^4$ | $1.982 \times 10^4$ | $1.936 \times 10^4$ | $11906 \times 10^4$ |
| $1.50 \times 10^5$ | $2.448 \times 10^4$ | $2.446 \times 10^4$ | $2.427 \times 10^4$ | $2.392 \times 10^4$ | $2.345 \times 10^4$ | $2.291 \times 10^4$ | $2.256 \times 10^4$ |
| $2.00 \times 10^5$ | $3.190 \times 10^4$ | $3.188 \times 10^4$ | $3.163 \times 10^4$ | $3.119 \times 10^4$ | $3.059 \times 10^4$ | $2.989 \times 10^4$ | $2.945 \times 10^4$ |
| $2.50 \times 10^5$ | $3.918 \times 10^4$ | $3.916 \times 10^4$ | $3.885 \times 10^4$ | $3.832 \times 10^4$ | $3.760 \times 10^4$ | $3.676 \times 10^4$ | $3.622 \times 10^4$ |
| $3.00 \times 10^5$ | $4.636 \times 10^4$ | $4.633 \times 10^4$ | $4.598 \times 10^4$ | $4.536 \times 10^4$ | $4.452 \times 10^4$ | $4.353 \times 10^4$ | $4.290 \times 10^4$ |
| $4.00 \times 10^5$ | $6.048 \times 10^4$ | $6.044 \times 10^4$ | $5.999 \times 10^4$ | $5.920 \times 10^4$ | $5.812 \times 10^4$ | $5.687 \times 10^4$ | $5.606 \times 10^4$ |
| $5.00 \times 10^5$ | $7.438 \times 10^4$ | $7.431 \times 10^4$ | $7.376 \times 10^4$ | $7.280 \times 10^4$ | $7.150 \times 10^4$ | $6.998 \times 10^4$ | $6.900 \times 10^4$ |
| $6.00 \times 10^5$ | $8.805 \times 10^4$ | $8.798 \times 10^4$ | $8.735 \times 10^4$ | $8.623 \times 10^4$ | $8.471 \times 10^4$ | $8.293 \times 10^4$ | $8.178 \times 10^4$ |
| $7.00 \times 10^5$ | $1.016 \times 10^5$ | $1.015 \times 10^5$ | $1.008 \times 10^5$ | $9.951 \times 10^4$ | $9.777 \times 10^4$ | $9.573 \times 10^4$ | $9.442 \times 10^4$ |
| $8.00 \times 10^5$ | $1.150 \times 10^5$ | $1.149 \times 10^5$ | $1.141 \times 10^5$ | $1.127 \times 10^5$ | $1.107 \times 10^5$ | $1.084 \times 10^5$ | $1.070 \times 10^5$ |
| $9.00 \times 10^5$ | $1.283 \times 10^5$ | $1.282 \times 10^5$ | $1.273 \times 10^5$ | $1.257 \times 10^5$ | $1.235 \times 10^5$ | $1.210 \times 10^5$ | $1.194 \times 10^5$ |
| $1.00 \times 10^6$ | $1.415 \times 10^5$ | $1.412 \times 10^5$ | $1.404 \times 10^5$ | $1.387 \times 10^5$ | $1.363 \times 10^5$ | $1.335 \times 10^5$ | $1.317 \times 10^5$ |
| $1.50 \times 10^6$ | $2.059 \times 10^5$ | $2.060 \times 10^5$ | $2.041 \times 10^5$ | $2.016 \times 10^5$ | $1.982 \times 10^5$ | $1.943 \times 10^5$ | $1.918 \times 10^5$ |

| $t_D$ | $Z'_D$ | | | | | | |
|---|---|---|---|---|---|---|---|
| | 0.05 | 0.1 | 0.3 | 0.5 | 0.7 | 0.9 | 1.0 |
| $2.00 \times 10^6$ | $2.695 \times 10^5$ | $2.695 \times 10^5$ | $2.676 \times 10^5$ | $2.644 \times 10^5$ | $2.601 \times 10^5$ | $2.551 \times 10^5$ | $2.518 \times 10^5$ |
| $2.50 \times 10^6$ | $3.320 \times 10^5$ | $3.319 \times 10^5$ | $3.296 \times 10^5$ | $3.254 \times 10^5$ | $3.202 \times 10^5$ | $3.141 \times 10^5$ | $3.101 \times 10^5$ |
| $3.00 \times 10^6$ | $3.937 \times 10^5$ | $3.936 \times 10^5$ | $3.909 \times 10^5$ | $3.864 \times 10^5$ | $3.803 \times 10^5$ | $3.731 \times 10^5$ | $3.684 \times 10^5$ |
| $4.00 \times 10^6$ | $5.154 \times 10^5$ | $5.152 \times 10^5$ | $5.118 \times 10^5$ | $5.060 \times 10^5$ | $4.981 \times 10^5$ | $4.888 \times 10^5$ | $4.828 \times 10^5$ |
| $5.00 \times 10^6$ | $6.352 \times 10^5$ | $6.349 \times 10^5$ | $6.308 \times 10^5$ | $6.238 \times 10^5$ | $6.142 \times 10^5$ | $6.029 \times 10^5$ | $5.956 \times 10^5$ |
| $6.00 \times 10^6$ | $7.536 \times 10^5$ | $7.533 \times 10^5$ | $7.485 \times 10^5$ | $7.402 \times 10^5$ | $7.290 \times 10^5$ | $7.157 \times 10^5$ | $7.072 \times 10^5$ |
| $7.00 \times 10^6$ | $8.709 \times 10^5$ | $8.705 \times 10^5$ | $8.650 \times 10^5$ | $8.556 \times 10^5$ | $8.427 \times 10^5$ | $8.275 \times 10^5$ | $8.177 \times 10^5$ |
| $8.00 \times 10^6$ | $9.972 \times 10^5$ | $9.867 \times 10^5$ | $9.806 \times 10^5$ | $9.699 \times 10^5$ | $9.555 \times 10^5$ | $9.384 \times 10^5$ | $9.273 \times 10^5$ |
| $9.00 \times 10^6$ | $1.103 \times 10^6$ | $1.102 \times 10^6$ | $1.095 \times 10^6$ | $1.084 \times 10^6$ | $1.067 \times 10^6$ | $1.049 \times 10^6$ | $1.036 \times 10^6$ |
| $1.00 \times 10^7$ | $1.217 \times 10^6$ | $1.217 \times 10^6$ | $1.209 \times 10^6$ | $1.196 \times 10^6$ | $1.179 \times 10^6$ | $1.158 \times 10^6$ | $1.144 \times 10^6$ |
| $1.50 \times 10^7$ | $1.782 \times 10^6$ | $1.781 \times 10^6$ | $1.771 \times 10^6$ | $1.752 \times 10^6$ | $1.727 \times 10^6$ | $1.697 \times 10^6$ | $1.678 \times 10^6$ |
| $2.00 \times 10^7$ | $2.337 \times 10^6$ | $2.336 \times 10^6$ | $2.322 \times 10^6$ | $2.298 \times 10^6$ | $2.266 \times 10^6$ | $2.227 \times 10^6$ | $2.202 \times 10^6$ |
| $2.50 \times 10^7$ | $2.884 \times 10^6$ | $2.882 \times 10^6$ | $2.866 \times 10^6$ | $2.837 \times 10^6$ | $2.797 \times 10^6$ | $2.750 \times 10^6$ | $2.720 \times 10^6$ |
| $3.00 \times 10^7$ | $3.425 \times 10^6$ | $3.423 \times 10^6$ | $3.404 \times 10^6$ | $3.369 \times 10^6$ | $3.323 \times 10^6$ | $3.268 \times 10^6$ | $3.232 \times 10^6$ |
| $4.00 \times 10^7$ | $4.493 \times 10^6$ | $4.491 \times 10^6$ | $4.466 \times 10^6$ | $4.422 \times 10^6$ | $4.361 \times 10^6$ | $4.290 \times 10^6$ | $4.244 \times 10^6$ |
| $5.00 \times 10^7$ | $5.547 \times 10^6$ | $5.544 \times 10^6$ | $5.514 \times 10^6$ | $5.460 \times 10^6$ | $5.386 \times 10^6$ | $5.299 \times 10^6$ | $5.243 \times 10^5$ |
| $6.00 \times 10^7$ | $6.590 \times 10^6$ | $6.587 \times 10^6$ | $6.551 \times 10^6$ | $6.488 \times 10^6$ | $6.401 \times 10^6$ | $6.299 \times 10^6$ | $6.232 \times 10^6$ |
| $7.00 \times 10^7$ | $7.624 \times 10^6$ | $7.620 \times 10^6$ | $7.579 \times 10^6$ | $7.507 \times 10^6$ | $7.407 \times 10^6$ | $7.290 \times 10^6$ | $7.213 \times 10^6$ |
| $8.00 \times 10^7$ | $8.651 \times 10^6$ | $8.647 \times 10^6$ | $8.600 \times 10^6$ | $8.519 \times 10^6$ | $8.407 \times 10^6$ | $8.274 \times 10^6$ | $8.188 \times 10^6$ |
| $9.00 \times 10^7$ | $9.671 \times 10^6$ | $9.666 \times 10^6$ | $9.615 \times 10^6$ | $9.524 \times 10^6$ | $9.400 \times 10^6$ | $9.252 \times 10^6$ | $9.156 \times 10^6$ |
| $1.00 \times 10^8$ | $1.069 \times 10^7$ | $1.067 \times 10^7$ | $1.062 \times 10^7$ | $1.052 \times 10^7$ | $1.039 \times 10^7$ | $1.023 \times 10^7$ | $1.012 \times 10^7$ |
| $1.50 \times 10^8$ | $1.567 \times 10^7$ | $1.567 \times 10^7$ | $1.555 \times 10^7$ | $1.541 \times 10^7$ | $1.522 \times 10^7$ | $1.499 \times 10^7$ | $1.483 \times 10^7$ |
| $2.00 \times 10^8$ | $2.059 \times 10^7$ | $2.059 \times 10^7$ | $2.048 \times 10^7$ | $2.029 \times 10^7$ | $2.004 \times 10^7$ | $1.974 \times 10^7$ | $1.954 \times 10^7$ |
| $2.50 \times 10^8$ | $2.546 \times 10^7$ | $2.545 \times 10^7$ | $2.531 \times 10^7$ | $2.507 \times 10^7$ | $2.476 \times 10^7$ | $2.439 \times 10^7$ | $2.415 \times 10^7$ |
| $3.00 \times 10^8$ | $3.027 \times 10^7$ | $3.026 \times 10^7$ | $3.010 \times 10^7$ | $2.984 \times 10^7$ | $2.947 \times 10^7$ | $2.904 \times 10^7$ | $2.875 \times 10^7$ |
| $4.00 \times 10^8$ | $3.979 \times 10^7$ | $3.978 \times 10^7$ | $3.958 \times 10^7$ | $3.923 \times 10^7$ | $3.875 \times 10^7$ | $3.819 \times 10^7$ | $3.782 \times 10^7$ |
| $5.00 \times 10^8$ | $4.920 \times 10^7$ | $4.918 \times 10^7$ | $4.894 \times 10^7$ | $4.851 \times 10^7$ | $4.793 \times 10^7$ | $4.724 \times 10^7$ | $4.679 \times 10^7$ |
| $6.00 \times 10^8$ | $5.852 \times 10^7$ | $5.850 \times 10^7$ | $5.821 \times 10^7$ | $5.771 \times 10^7$ | $5.702 \times 10^7$ | $5.621 \times 10^7$ | $5.568 \times 10^7$ |
| $7.00 \times 10^8$ | $6.777 \times 10^7$ | $6.774 \times 10^7$ | $6.741 \times 10^7$ | $6.684 \times 10^7$ | $6.605 \times 10^7$ | $6.511 \times 10^7$ | $6.450 \times 10^7$ |
| $8.00 \times 10^8$ | $7.700 \times 10^7$ | $7.693 \times 10^7$ | $7.655 \times 10^7$ | $7.590 \times 10^7$ | $7.501 \times 10^7$ | $7.396 \times 10^7$ | $7.327 \times 10^7$ |
| $9.00 \times 10^8$ | $8.609 \times 10^7$ | $8.606 \times 10^7$ | $8.564 \times 10^7$ | $8.492 \times 10^7$ | $8.393 \times 10^7$ | $8.275 \times 10^7$ | $8.199 \times 10^7$ |
| $1.00 \times 10^9$ | $9.518 \times 10^7$ | $9.515 \times 10^7$ | $9.469 \times 10^7$ | $9.390 \times 10^7$ | $9.281 \times 10^7$ | $9.151 \times 10^7$ | $9.066 \times 10^7$ |
| $1.50 \times 10^9$ | $1.401 \times 10^8$ | $1.400 \times 10^8$ | $1.394 \times 10^8$ | $1.382 \times 10^8$ | $1.367 \times 10^8$ | $1.348 \times 10^8$ | $1.336 \times 10^8$ |
| $2.00 \times 10^9$ | $1.843 \times 10^8$ | $1.843 \times 10^8$ | $1.834 \times 10^8$ | $1.819 \times 10^8$ | $1.799 \times 10^8$ | $1.774 \times 10^8$ | $1.758 \times 10^8$ |
| $2.50 \times 10^9$ | $2.281 \times 10^8$ | $2.280 \times 10^8$ | $2.269 \times 10^8$ | $2.251 \times 10^8$ | $2.226 \times 10^8$ | $2.196 \times 10^8$ | $2.177 \times 10^8$ |

| $t_D$ | $Z'_D$ | | | | | | |
| --- | --- | --- | --- | --- | --- | --- | --- |
| | 0.05 | 0.1 | 0.3 | 0.5 | 0.7 | 0.9 | 1.0 |
| $3.00 \times 10^9$ | $2.714 \times 10^8$ | $2.713 \times 10^8$ | $2.701 \times 10^8$ | $2.680 \times 10^8$ | $2.650 \times 10^8$ | $2.615 \times 10^8$ | $2.592 \times 10^8$ |
| $4.00 \times 10^9$ | $3.573 \times 10^8$ | $3.572 \times 10^8$ | $3.558 \times 10^8$ | $3.528 \times 10^8$ | $3.489 \times 10^8$ | $3.443 \times 10^8$ | $3.413 \times 10^8$ |
| $5.00 \times 10^9$ | $4.422 \times 10^8$ | $4.421 \times 10^8$ | $4.401 \times 10^8$ | $4.367 \times 10^8$ | $4.320 \times 10^8$ | $4.263 \times 10^8$ | $4.227 \times 10^8$ |
| $6.00 \times 10^9$ | $5.265 \times 10^8$ | $5.262 \times 10^8$ | $5.240 \times 10^8$ | $5.199 \times 10^8$ | $5.143 \times 10^8$ | $5.077 \times 10^8$ | $5.033 \times 10^8$ |
| $7.00 \times 10^9$ | $6.101 \times 10^8$ | $6.098 \times 10^8$ | $6.072 \times 10^8$ | $6.025 \times 10^8$ | $5.961 \times 10^8$ | $5.885 \times 10^8$ | $5.835 \times 10^8$ |
| $8.00 \times 10^9$ | $6.932 \times 10^8$ | $6.930 \times 10^8$ | $6.900 \times 10^8$ | $6.847 \times 10^8$ | $6.775 \times 10^8$ | $6.688 \times 10^8$ | $6.632 \times 10^8$ |
| $9.00 \times 10^9$ | $7.760 \times 10^8$ | $7.756 \times 10^8$ | $7.723 \times 10^8$ | $7.664 \times 10^8$ | $7.584 \times 10^8$ | $7.487 \times 10^8$ | $7.424 \times 10^8$ |
| $1.00 \times 10^{10}$ | $8.583 \times 10^8$ | $8.574 \times 10^8$ | $8.543 \times 10^8$ | $8.478 \times 10^8$ | $8.389 \times 10^8$ | $8.283 \times 10^8$ | $8.214 \times 10^8$ |
| $1.50 \times 10^{10}$ | $1.263 \times 10^9$ | $1.264 \times 10^9$ | $1.257 \times 10^9$ | $1.247 \times 10^9$ | $1.235 \times 10^9$ | $1.219 \times 10^9$ | $1.209 \times 10^9$ |
| $2.00 \times 10^{10}$ | $1.666 \times 10^9$ | $1.666 \times 10^9$ | $1.659 \times 10^9$ | $1.646 \times 10^9$ | $1.630 \times 10^9$ | $1.610 \times 10^9$ | $1.596 \times 10^9$ |
| $2.50 \times 10^{10}$ | $2.065 \times 10^9$ | $2.063 \times 10^9$ | $2.055 \times 10^9$ | $2.038 \times 10^9$ | $2.018 \times 10^9$ | $1.993 \times 10^9$ | $1.977 \times 10^9$ |
| $3.00 \times 10^{10}$ | $2.458 \times 10^9$ | $2.458 \times 10^9$ | $2.447 \times 10^9$ | $2.430 \times 10^9$ | $2.405 \times 10^9$ | $2.376 \times 10^9$ | $2.357 \times 10^9$ |
| $4.00 \times 10^{10}$ | $3.240 \times 10^9$ | $3.239 \times 10^9$ | $3.226 \times 10^9$ | $3.203 \times 10^9$ | $3.171 \times 10^9$ | $3.133 \times 10^9$ | $3.108 \times 10^9$ |
| $5.00 \times 10^{10}$ | $4.014 \times 10^9$ | $4.013 \times 10^9$ | $3.997 \times 10^9$ | $3.968 \times 10^9$ | $3.929 \times 10^9$ | $3.883 \times 10^9$ | $3.852 \times 10^9$ |
| $6.00 \times 10^{10}$ | $4.782 \times 10^9$ | $4.781 \times 10^9$ | $4.762 \times 10^9$ | $4.728 \times 10^9$ | $4.682 \times 10^9$ | $4.627 \times 10^9$ | $4.591 \times 10^9$ |
| $7.00 \times 10^{10}$ | $5.546 \times 10^9$ | $5.544 \times 10^9$ | $5.522 \times 10^9$ | $5.483 \times 10^9$ | $5.430 \times 10^9$ | $5.366 \times 10^9$ | $5.325 \times 10^9$ |
| $8.00 \times 10^{10}$ | $6.305 \times 10^9$ | $6.303 \times 10^9$ | $6.278 \times 10^9$ | $6.234 \times 10^9$ | $6.174 \times 10^9$ | $6.102 \times 10^9$ | $6.055 \times 10^9$ |
| $9.00 \times 10^{10}$ | $7.060 \times 10^9$ | $7.058 \times 10^9$ | $7.030 \times 10^9$ | $6.982 \times 10^9$ | $6.914 \times 10^9$ | $6.834 \times 10^9$ | $6.782 \times 10^9$ |
| $1.00 \times 10^{11}$ | $7.813 \times 10^9$ | $7.810 \times 10^9$ | $7.780 \times 10^9$ | $7.726 \times 10^9$ | $7.652 \times 10^9$ | $7.564 \times 10^9$ | $7.506 \times 10^9$ |
| $1.50 \times 10^{11}$ | $1.154 \times 10^{10}$ | $1.153 \times 10^{10}$ | $1.149 \times 10^{10}$ | $1.141 \times 10^{10}$ | $1.130 \times 10^{10}$ | $1.118 \times 10^{10}$ | $1.109 \times 10^{10}$ |
| $2.00 \times 10^{11}$ | $1.522 \times 10^{10}$ | $1.521 \times 10^{10}$ | $1.515 \times 10^{10}$ | $1.505 \times 10^{10}$ | $1.491 \times 10^{10}$ | $1.474 \times 10^{10}$ | $1.463 \times 10^{10}$ |
| $2.50 \times 10^{11}$ | $1.886 \times 10^{10}$ | $1.885 \times 10^{10}$ | $1.878 \times 10^{10}$ | $1.866 \times 10^{10}$ | $1.849 \times 10^{10}$ | $1.828 \times 10^{10}$ | $1.814 \times 10^{10}$ |
| $3.00 \times 10^{11}$ | $2.248 \times 10^{10}$ | $2.247 \times 10^{10}$ | $2.239 \times 10^{10}$ | $2.224 \times 10^{10}$ | $2.204 \times 10^{10}$ | $2.179 \times 10^{10}$ | $2.163 \times 10^{10}$ |
| $4.00 \times 10^{11}$ | $2.965 \times 10^{10}$ | $2.964 \times 10^{10}$ | $2.953 \times 10^{10}$ | $2.934 \times 10^{10}$ | $2.907 \times 10^{10}$ | $2.876 \times 10^{10}$ | $2.855 \times 10^{10}$ |
| $5.00 \times 10^{11}$ | $3.677 \times 10^{10}$ | $3.675 \times 10^{10}$ | $3.662 \times 10^{10}$ | $3.638 \times 10^{10}$ | $3.605 \times 10^{10}$ | $3.566 \times 10^{10}$ | $3.540 \times 10^{10}$ |
| $6.00 \times 10^{11}$ | $4.383 \times 10^{10}$ | $4.381 \times 10^{10}$ | $4.365 \times 10^{10}$ | $4.337 \times 10^{10}$ | $4.298 \times 10^{10}$ | $4.252 \times 10^{10}$ | $4.221 \times 10^{10}$ |
| $7.00 \times 10^{11}$ | $5.085 \times 10^{10}$ | $5.082 \times 10^{10}$ | $5.064 \times 10^{10}$ | $5.032 \times 10^{10}$ | $4.987 \times 10^{10}$ | $4.933 \times 10^{10}$ | $4.898 \times 10^{10}$ |
| $8.00 \times 10^{11}$ | $5.783 \times 10^{10}$ | $5.781 \times 10^{10}$ | $5.706 \times 10^{10}$ | $5.723 \times 10^{10}$ | $5.673 \times 10^{10}$ | $5.612 \times 10^{10}$ | $5.572 \times 10^{10}$ |
| $9.00 \times 10^{11}$ | $6.478 \times 10^{10}$ | $6.746 \times 10^{10}$ | $6.453 \times 10^{10}$ | $6.412 \times 10^{10}$ | $6.355 \times 10^{10}$ | $6.288 \times 10^{10}$ | $6.243 \times 10^{10}$ |
| $1.00 \times 10^{12}$ | $7.171 \times 10^{10}$ | $7.168 \times 10^{10}$ | $7.143 \times 10^{10}$ | $7.098 \times 10^{10}$ | $7.035 \times 10^{10}$ | $6.961 \times 10^{10}$ | $6.912 \times 10^{10}$ |
| $1.50 \times 10^{12}$ | $1.060 \times 10^{11}$ | $1.060 \times 10^{11}$ | $1.056 \times 10^{11}$ | $1.050 \times 10^{11}$ | $1.041 \times 10^{11}$ | $1.030 \times 10^{11}$ | $1.022 \times 10^{11}$ |
| $2.00 \times 10^{12}$ | $1.400 \times 10^{11}$ | $1.399 \times 10^{11}$ | $1.394 \times 10^{11}$ | $1.386 \times 10^{11}$ | $1.374 \times 10^{11}$ | $1.359 \times 10^{11}$ | $1.350 \times 10^{11}$ |

表 2.4　$r_D'=4$ 时的无量纲水侵量 $W_{eD}$

| $t_D$ | $Z'_D$ | | | | | | |
| --- | --- | --- | --- | --- | --- | --- | --- |
| | 0.05 | 0.1 | 0.3 | 0.5 | 0.7 | 0.9 | 1.0 |
| 2 | 2.398 | 2.389 | 2.284 | 2.031 | 1.824 | 1.620 | 1.507 |
| 3 | 3.006 | 2.993 | 2.874 | 2.629 | 2.390 | 2.149 | 2.012 |
| 4 | 3.552 | 3.528 | 3.404 | 3.158 | 2.893 | 2.620 | 2.466 |
| 5 | 4.053 | 4.017 | 3.893 | 3.627 | 3.341 | 3.045 | 2.876 |
| 6 | 4.490 | 4.452 | 4.332 | 4.047 | 3.744 | 3.430 | 3.249 |
| 7 | 4.867 | 4.829 | 4.715 | 4.420 | 4.107 | 3.778 | 3.587 |
| 8 | 5.191 | 5.157 | 5.043 | 4.757 | 4.437 | 4.096 | 3.898 |
| 9 | 5.464 | 5.434 | 5.322 | 5.060 | 4.735 | 4.385 | 4.184 |
| 10 | 5.767 | 5.739 | 5.598 | 5.319 | 5.000 | 4.647 | 4.443 |
| 11 | 5.964 | 5.935 | 5.829 | 5.561 | 5.240 | 4.884 | 4.681 |
| 12 | 6.188 | 6.158 | 6.044 | 5.780 | 5.463 | 5.107 | 4.903 |
| 13 | 6.380 | 6.350 | 6.240 | 5.983 | 5.670 | 5.316 | 5.113 |
| 14 | 6.559 | 6.529 | 6.421 | 6.171 | 5.863 | 5.511 | 5.309 |
| 15 | 6.725 | 6.694 | 6.589 | 6.345 | 6.044 | 5.695 | 5.495 |
| 16 | 6.876 | 6.844 | 6.743 | 6.506 | 6.213 | 5.867 | 5.671 |
| 17 | 7.014 | 6.983 | 6.885 | 6.656 | 6.371 | 6.030 | 5.838 |
| 18 | 7.140 | 7.113 | 7.019 | 6.792 | 6.523 | 6.187 | 5.999 |
| 19 | 7.261 | 7.240 | 7.140 | 6.913 | 6.663 | 6.334 | 6.153 |
| 20 | 7.376 | 7.344 | 7.261 | 7.028 | 6.785 | 6.479 | 6.302 |
| 22 | 7.518 | 7.507 | 7.451 | 7.227 | 6.982 | 6.691 | 6.524 |
| 24 | 7.618 | 7.607 | 7.518 | 7.361 | 7.149 | 6.870 | 6.714 |
| 26 | 7.697 | 7.685 | 7.607 | 7.473 | 7.283 | 7.026 | 6.881 |
| 28 | 7.752 | 7.752 | 7.674 | 7.563 | 7.395 | 7.160 | 7.026 |
| 30 | 7.808 | 7.797 | 7.741 | 7.641 | 7.484 | 7.283 | 7.160 |
| 34 | 7.864 | 7.864 | 7.819 | 7.741 | 7.618 | 7.451 | 7.350 |
| 38 | 7.909 | 7.909 | 7.875 | 7.808 | 7.719 | 7.585 | 7.496 |
| 42 | 7.931 | 7.931 | 7.909 | 7.864 | 7.797 | 7.685 | 7.618 |
| 46 | 7.942 | 7.942 | 7.920 | 7.898 | 7.842 | 7.752 | 7.697 |
| 50 | 7.954 | 7.954 | 7.942 | 7.920 | 7.875 | 7.808 | 7.764 |
| 60 | 7.968 | 7.968 | 7.965 | 7.954 | 7.931 | 7.898 | 7.864 |
| 70 | 7.976 | 7.976 | 7.976 | 7.968 | 7.965 | 7.942 | 7.920 |
| 80 | 7.982 | 7.982 | 7.987 | 7.976 | 7.976 | 7.965 | 7.954 |
| 90 | 7.987 | 7.987 | 7.987 | 7.984 | 7.983 | 7.976 | 7.965 |
| 100 | 7.987 | 7.987 | 7.987 | 7.987 | 7.987 | 7.983 | 7.976 |
| 120 | 7.987 | 7.987 | 7.987 | 7.987 | 7.987 | 7.987 | 7.987 |

表 2.5　$r_D'=6$ 时的无量纲水侵量 $W_{eD}$

| $t_D$ | $Z'_D$ | | | | | | |
|---|---|---|---|---|---|---|---|
| | 0.05 | 0.1 | 0.3 | 0.5 | 0.7 | 0.9 | 1.0 |
| 6 | 4.780 | 4.762 | 4.597 | 4.285 | 3.953 | 3.611 | 3.414 |
| 7 | 5.309 | 5.289 | 5.114 | 4.779 | 4.422 | 4.053 | 3.837 |
| 8 | 5.799 | 5.778 | 5.595 | 5.256 | 4.875 | 4.478 | 4.247 |
| 9 | 6.252 | 6.229 | 6.041 | 5.712 | 5.310 | 4.888 | 4.642 |
| 10 | 6.750 | 6.729 | 6.498 | 6.135 | 5.719 | 5.278 | 5.019 |
| 11 | 7.137 | 7.116 | 6.916 | 6.548 | 6.110 | 5.648 | 5.378 |
| 12 | 7.569 | 7.545 | 7.325 | 6.945 | 6.491 | 6.009 | 5.728 |
| 13 | 7.967 | 7.916 | 7.719 | 7.329 | 6.858 | 6.359 | 6.067 |
| 14 | 8.357 | 8.334 | 8.099 | 7.699 | 7.214 | 6.697 | 6.395 |
| 15 | 8.734 | 8.709 | 8.467 | 8.057 | 7.557 | 7.024 | 6.713 |
| 16 | 9.093 | 9.067 | 8.819 | 8.398 | 7.884 | 7.336 | 7.017 |
| 17 | 9.442 | 9.416 | 9.160 | 8.730 | 8.204 | 7.641 | 7.315 |
| 18 | 9.775 | 9.749 | 9.485 | 9.047 | 8.510 | 7.934 | 7.601 |
| 19 | 10.09 | 10.06 | 9.794 | 9.443 | 8.802 | 8.214 | 7.874 |
| 20 | 10.40 | 10.37 | 10.10 | 9.646 | 9.087 | 8.487 | 8.142 |
| 22 | 10.99 | 10.96 | 10.67 | 10.21 | 9.631 | 9.009 | 8.653 |
| 24 | 11.53 | 11.50 | 11.20 | 10.73 | 10.13 | 9.493 | 9.130 |
| 26 | 12.06 | 12.03 | 11.72 | 11.23 | 10.62 | 9.964 | 9.594 |
| 28 | 12.52 | 12.49 | 12.17 | 11.68 | 11.06 | 10.39 | 10.01 |
| 30 | 12.95 | 12.92 | 12.59 | 12.09 | 11.46 | 10.78 | 10.40 |
| 35 | 13.96 | 13.93 | 13.57 | 13.06 | 12.41 | 11.70 | 11.32 |
| 40 | 14.69 | 14.66 | 14.33 | 13.84 | 13.23 | 12.53 | 12.15 |
| 45 | 15.27 | 15.24 | 14.94 | 14.48 | 13.90 | 13.23 | 12.87 |
| 50 | 15.74 | 15.71 | 15.44 | 15.01 | 14.47 | 13.84 | 13.49 |
| 60 | 16.40 | 16.38 | 16.15 | 15.81 | 15.34 | 14.78 | 14.47 |
| 70 | 16.87 | 16.85 | 16.67 | 16.38 | 15.99 | 15.50 | 15.24 |
| 80 | 17.20 | 17.18 | 17.04 | 16.80 | 16.48 | 16.06 | 15.83 |
| 90 | 17.43 | 17.42 | 17.30 | 17.10 | 16.85 | 16.50 | 16.29 |
| 100 | 17.58 | 17.58 | 17.49 | 17.34 | 17.12 | 16.83 | 16.66 |
| 110 | 17.71 | 17.69 | 17.63 | 17.50 | 17.34 | 17.09 | 16.93 |
| 120 | 17.78 | 17.78 | 17.73 | 17.63 | 17.49 | 17.29 | 17.17 |
| 130 | 17.84 | 17.84 | 17.79 | 17.73 | 17.62 | 17.45 | 17.34 |
| 140 | 17.88 | 17.88 | 17.85 | 17.79 | 17.71 | 17.57 | 17.48 |

| $t_D$ | $Z'_D$ | | | | | | |
|---|---|---|---|---|---|---|---|
| | 0.05 | 0.1 | 0.3 | 0.5 | 0.7 | 0.9 | 1.0 |
| 150 | 17.92 | 17.91 | 17.88 | 17.84 | 17.77 | 17.66 | 17.58 |
| 175 | 17.95 | 17.95 | 17.94 | 17.92 | 17.87 | 17.81 | 17.76 |
| 200 | 17.97 | 17.97 | 17.96 | 17.95 | 17.93 | 17.88 | 17.86 |
| 225 | 17.97 | 17.97 | 17.97 | 17.96 | 17.95 | 17.93 | 17.91 |
| 250 | 17.98 | 17.98 | 17.98 | 17.97 | 17.96 | 17.95 | 17.95 |
| 300 | 17.98 | 17.98 | 17.98 | 17.98 | 17.98 | 17.97 | 17.97 |
| 350 | 17.98 | 17.98 | 17.98 | 17.98 | 17.98 | 17.98 | 17.98 |
| 400 | 17.98 | 17.98 | 17.98 | 17.98 | 17.98 | 17.98 | 17.98 |
| 450 | 17.98 | 17.98 | 17.98 | 17.98 | 17.98 | 17.98 | 17.98 |
| 500 | 17.98 | 17.98 | 17.98 | 17.98 | 17.98 | 17.98 | 17.98 |

表 2.6　$r_D'$=8 时的无量纲水侵量 $W_{eD}$

| $t_D$ | $Z'_D$ | | | | | | |
|---|---|---|---|---|---|---|---|
| | 0.05 | 0.1 | 0.3 | 0.5 | 0.7 | 0.9 | 1.0 |
| 9 | 6.301 | 6.278 | 6.088 | 5.756 | 5.350 | 4.924 | 4.675 |
| 10 | 6.828 | 6.807 | 6.574 | 6.205 | 5.783 | 5.336 | 5.072 |
| 11 | 7.250 | 7.229 | 7.026 | 6.650 | 6.204 | 5.732 | 5.456 |
| 12 | 7.725 | 7.700 | 7.477 | 7.086 | 6.621 | 6.126 | 5.836 |
| 13 | 8.173 | 8.149 | 7.919 | 7.515 | 7.029 | 6.514 | 6.210 |
| 14 | 8.619 | 8.594 | 8.355 | 7.937 | 7.432 | 6.895 | 6.578 |
| 15 | 9.058 | 9.032 | 8.783 | 8.351 | 7.828 | 7.270 | 6.940 |
| 16 | 9.485 | 9.458 | 9.202 | 8.755 | 8.213 | 7.634 | 7.293 |
| 17 | 9.907 | 9.879 | 9.613 | 9.153 | 8.594 | 7.997 | 7.642 |
| 18 | 10.32 | 10.29 | 10.01 | 9.537 | 8.961 | 8.343 | 7.979 |
| 19 | 10.72 | 10.69 | 10.41 | 9.920 | 9.328 | 8.691 | 8.315 |
| 20 | 11.12 | 11.08 | 10.80 | 10.30 | 9.687 | 9.031 | 8.645 |
| 22 | 11.89 | 11.86 | 11.55 | 11.02 | 10.38 | 9.686 | 9.280 |
| 24 | 12.63 | 12.60 | 12.27 | 11.72 | 11.05 | 10.32 | 9.896 |
| 26 | 13.36 | 13.32 | 12.97 | 12.40 | 11.70 | 10.94 | 10.49 |
| 28 | 14.06 | 14.02 | 13.65 | 13.06 | 12.33 | 11.53 | 11.07 |
| 30 | 14.73 | 14.69 | 14.30 | 13.68 | 12.93 | 12.10 | 11.62 |
| 34 | 16.01 | 15.97 | 15.54 | 14.88 | 14.07 | 13.18 | 12.67 |
| 38 | 17.21 | 17.17 | 16.70 | 15.99 | 15.13 | 14.18 | 13.65 |
| 40 | 17.80 | 17.75 | 17.26 | 16.52 | 15.64 | 14.66 | 14.12 |

续表

| $t_D$ | $Z'_D$ | | | | | | |
|---|---|---|---|---|---|---|---|
| | 0.05 | 0.1 | 0.3 | 0.5 | 0.7 | 0.9 | 1.0 |
| 45 | 19.15 | 19.10 | 18.56 | 17.76 | 16.83 | 15.77 | 15.21 |
| 50 | 20.42 | 20.36 | 19.76 | 18.91 | 17.93 | 16.80 | 16.24 |
| 55 | 21.46 | 21.39 | 20.80 | 19.96 | 18.97 | 17.83 | 17.24 |
| 60 | 22.40 | 22.34 | 21.75 | 20.91 | 19.93 | 18.78 | 18.19 |
| 70 | 23.97 | 23.92 | 23.36 | 22.55 | 21.58 | 20.44 | 19.86 |
| 80 | 25.29 | 25.23 | 24.71 | 23.94 | 23.01 | 21.91 | 21.32 |
| 90 | 26.39 | 26.33 | 25.85 | 25.12 | 24.24 | 23.18 | 22.61 |
| 100 | 27.30 | 27.25 | 26.81 | 26.13 | 25.29 | 24.29 | 23.74 |
| 120 | 28.61 | 28.57 | 28.19 | 27.63 | 26.90 | 26.01 | 25.51 |
| 140 | 29.55 | 29.51 | 29.21 | 28.74 | 28.12 | 27.33 | 26.90 |
| 160 | 30.23 | 30.21 | 29.96 | 29.57 | 29.04 | 28.37 | 27.99 |
| 180 | 30.73 | 30.71 | 30.51 | 30.18 | 29.75 | 29.18 | 28.84 |
| 200 | 31.07 | 31.04 | 30.90 | 30.63 | 30.26 | 29.79 | 29.51 |
| 240 | 31.50 | 31.49 | 31.39 | 31.22 | 30.98 | 30.65 | 30.45 |
| 280 | 31.72 | 31.71 | 31.66 | 31.56 | 31.39 | 31.17 | 31.03 |
| 320 | 31.85 | 31.84 | 31.80 | 31.74 | 31.64 | 31.49 | 31.39 |
| 360 | 31.90 | 31.90 | 31.88 | 31.85 | 31.78 | 31.68 | 31.61 |
| 400 | 31.94 | 31.94 | 31.93 | 31.90 | 31.86 | 31.79 | 31.75 |
| 450 | 31.96 | 31.96 | 31.95 | 31.94 | 31.91 | 31.88 | 31.85 |
| 500 | 31.97 | 31.97 | 31.96 | 31.96 | 31.95 | 31.93 | 31.90 |
| 550 | 31.97 | 31.97 | 31.97 | 31.96 | 31.96 | 31.95 | 31.94 |
| 600 | 31.97 | 31.97 | 31.97 | 31.97 | 31.97 | 31.96 | 31.95 |
| 700 | 31.97 | 31.97 | 31.97 | 31.97 | 31.97 | 31.97 | 31.97 |
| 800 | 31.97 | 31.97 | 31.97 | 31.97 | 31.97 | 31.97 | 31.97 |

**表 2.7** $r_D=10$ 时的无量纲水侵量 $W_{eD}$

| $t_D$ | $Z'_D$ | | | | | | |
|---|---|---|---|---|---|---|---|
| | 0.05 | 0.1 | 0.3 | 0.5 | 0.7 | 0.9 | 1.0 |
| 22 | 12.07 | 12.04 | 11.74 | 11.21 | 10.56 | 9.865 | 9.449 |
| 24 | 12.86 | 12.83 | 12.52 | 11.97 | 11.29 | 10.55 | 10.12 |
| 26 | 13.65 | 13.62 | 13.29 | 12.72 | 12.01 | 11.24 | 10.78 |
| 28 | 14.42 | 14.39 | 14.04 | 13.44 | 12.70 | 11.90 | 11.42 |
| 30 | 15.17 | 15.13 | 14.77 | 14.15 | 13.38 | 12.55 | 12.05 |
| 32 | 15.91 | 15.87 | 15.49 | 14.85 | 14.05 | 13.18 | 12.67 |

| $t_D$ | $Z'_D$ | | | | | | |
|---|---|---|---|---|---|---|---|
| | 0.05 | 0.1 | 0.3 | 0.5 | 0.7 | 0.9 | 1.0 |
| 34 | 16.63 | 16.59 | 16.20 | 15.54 | 14.71 | 13.81 | 13.28 |
| 36 | 17.33 | 17.29 | 16.89 | 16.21 | 15.35 | 14.42 | 13.87 |
| 38 | 18.03 | 17.99 | 17.57 | 16.86 | 15.98 | 15.02 | 14.45 |
| 40 | 18.72 | 18.68 | 18.24 | 17.51 | 16.60 | 15.61 | 15.02 |
| 42 | 19.38 | 19.33 | 18.89 | 18.14 | 17.21 | 16.19 | 15.58 |
| 44 | 20.03 | 19.99 | 19.53 | 18.76 | 17.80 | 16.75 | 16.14 |
| 46 | 20.67 | 20.62 | 20.15 | 19.36 | 18.38 | 17.30 | 16.67 |
| 48 | 21.30 | 21.25 | 20.76 | 19.95 | 18.95 | 17.84 | 17.20 |
| 50 | 21.92 | 21.87 | 21.36 | 20.53 | 19.51 | 18.38 | 17.72 |
| 52 | 22.52 | 22.47 | 21.95 | 21.10 | 20.05 | 18.89 | 18.22 |
| 54 | 23.11 | 23.06 | 22.53 | 21.66 | 20.59 | 19.40 | 18.72 |
| 56 | 23.70 | 23.64 | 23.09 | 22.20 | 21.11 | 19.89 | 19.21 |
| 58 | 24.26 | 24.21 | 23.65 | 22.74 | 21.63 | 20.39 | 19.68 |
| 60 | 24.82 | 24.77 | 24.19 | 23.26 | 22.13 | 20.87 | 20.15 |
| 65 | 26.18 | 26.12 | 25.50 | 24.53 | 23.34 | 22.02 | 21.28 |
| 70 | 27.47 | 27.41 | 26.75 | 25.73 | 24.50 | 23.12 | 22.36 |
| 75 | 28.71 | 28.55 | 27.94 | 26.88 | 25.60 | 24.17 | 23.39 |
| 80 | 29.89 | 29.82 | 29.08 | 27.97 | 26.65 | 25.16 | 24.36 |
| 85 | 31.02 | 30.95 | 30.17 | 29.01 | 27.65 | 26.10 | 25.31 |
| 90 | 32.10 | 32.03 | 31.20 | 30.00 | 28.60 | 27.03 | 26.25 |
| 95 | 33.04 | 32.96 | 32.14 | 30.95 | 29.54 | 27.93 | 27.10 |
| 100 | 33.94 | 33.85 | 33.03 | 31.85 | 30.44 | 28.82 | 27.98 |
| 110 | 35.55 | 35.46 | 34.65 | 33.49 | 32.08 | 30.47 | 29.62 |
| 120 | 36.97 | 36.90 | 36.11 | 34.98 | 33.58 | 31.98 | 31.14 |
| 130 | 38.28 | 38.19 | 37.44 | 36.33 | 34.96 | 33.38 | 32.55 |
| 140 | 39.44 | 39.37 | 38.64 | 37.56 | 36.23 | 34.67 | 33.85 |
| 150 | 40.49 | 40.42 | 39.71 | 38.67 | 37.38 | 35.86 | 35.04 |
| 170 | 42.21 | 42.15 | 41.51 | 40.54 | 39.33 | 37.89 | 37.11 |
| 190 | 43.62 | 43.55 | 42.98 | 42.10 | 40.97 | 39.62 | 38.90 |
| 210 | 44.77 | 44.72 | 44.19 | 43.40 | 42.36 | 41.11 | 40.42 |
| 230 | 45.71 | 45.67 | 45.20 | 44.48 | 43.54 | 42.38 | 41.74 |
| 250 | 46.48 | 46.44 | 46.01 | 45.38 | 44.53 | 43.47 | 42.87 |
| 270 | 47.11 | 47.06 | 46.70 | 46.13 | 45.36 | 44.40 | 43.84 |

| $t_D$ | $Z'_D$ | | | | | | |
|------|------|------|------|------|------|------|------|
| | 0.05 | 0.1 | 0.3 | 0.5 | 0.7 | 0.9 | 1.0 |
| 290 | 47.61 | 47.58 | 47.25 | 46.75 | 46.07 | 45.19 | 44.68 |
| 310 | 48.03 | 48.00 | 47.72 | 47.26 | 46.66 | 45.87 | 45.41 |
| 330 | 48.38 | 48.35 | 48.10 | 47.71 | 47.16 | 46.45 | 46.03 |
| 350 | 48.66 | 48.64 | 48.42 | 48.08 | 47.59 | 46.95 | 46.57 |
| 400 | 49.15 | 49.14 | 48.99 | 48.74 | 48.38 | 47.89 | 47.60 |
| 450 | 49.46 | 49.45 | 49.35 | 49.17 | 48.91 | 48.55 | 48.31 |
| 500 | 49.65 | 49.64 | 49.58 | 49.45 | 49.26 | 48.98 | 48.82 |
| 600 | 49.84 | 49.84 | 49.81 | 49.74 | 49.65 | 49.50 | 49.41 |
| 700 | 49.91 | 49.91 | 49.90 | 49.87 | 49.82 | 49.74 | 49.69 |
| 800 | 49.94 | 49.94 | 49.93 | 49.92 | 49.90 | 49.85 | 49.83 |
| 900 | 49.96 | 49.96 | 49.94 | 49.94 | 49.93 | 49.91 | 49.90 |
| 1000 | 49.96 | 49.96 | 49.96 | 49.96 | 49.94 | 49.93 | 49.93 |
| 1200 | 49.96 | 49.96 | 49.96 | 49.96 | 49.96 | 49.96 | 49.96 |

底水水侵问题的求解过程与例 2.7 中边水水侵问题的求解过程相同。Allard 和 Chen 利用下面的例子说明他们的方法的应用。

**例 2.8** 一个无边界作用底水含水层具有下列特性参数：

$r_a = \infty$，$K_h = 50\text{mD}$，$F_K = 0.04$，$\phi = 0.1$，$\mu_w = 0.395\text{mPa} \cdot \text{s}$，$c_t = 8 \times 10^{-6}\text{psi}^{-1}$，$h = 200\text{ft}$，$r_e = 2000\text{ft}$，$\theta = 360°$。

边界压力的历史数据如下：

| 时间 (d) | $p$ (psi) |
|------|------|
| 0 | 3000 |
| 30 | 2956 |
| 60 | 2917 |
| 90 | 2877 |
| 120 | 2844 |
| 150 | 2811 |
| 180 | 2791 |
| 210 | 2773 |
| 240 | 2755 |

利用底水驱动解计算累计水侵量随时间的变化并与边水驱动方法比较。

**解** 步骤 1：计算无边界作用含水层的无量纲半径。

$$r_D = \infty$$

步骤 2：利用方程（2.30）计算 $z_D$。

$$z_D = \frac{h}{r_e \sqrt{F_K}}$$

$$= \frac{200}{2000\sqrt{0.04}} = 0.5$$

步骤 3：计算水侵常数 $B$。

$$B = 1.119 \phi c_t r_e^2 h$$

$$= 1.119 \times 0.1 \times (8 \times 10^{-6}) \times 2000^2 \times 200$$

$$= 716 \text{bbl/psi}$$

步骤 4：计算无量纲时间 $t_D$。

$$t_D = 6.328 \times 10^{-3} \frac{Kt}{\phi \mu_w c_t r_e^2}$$

$$= 6.328 \times 10^{-3} \left[ \frac{50}{0.1 \times 0.395 \times (8 \times 10^{-6}) \times 2000^2} \right] t$$

$$= 0.2503t$$

步骤 5：利用底水模型和边水模型计算水侵量。注意两个模型的差别在于计算无量纲水侵量 $W_{eD}$ 的方法。

$$W_e = B \sum \Delta p W_{eD}$$

| $t$ (d) | $t_D$ | $\Delta p$ (psi) | 底水模型 | | 边水模型 | |
|---|---|---|---|---|---|---|
| | | | $W_{eD}$ | $W_e$ ($10^3$bbl) | $W_{eD}$ | $W_e$ ($10^3$bbl) |
| 0 | 0 | 0 | — | — | — | — |
| 30 | 7.5 | 22 | 5.038 | 79 | 6.029 | 95 |
| 60 | 15.0 | 41.5 | 8.389 | 282 | 9.949 | 336 |
| 90 | 22.5 | 39.5 | 11.414 | 572 | 13.459 | 678 |
| 120 | 30.0 | 36.5 | 14.994 | 933 | 16.472 | 1103 |
| 150 | 37.5 | 33.0 | 16.994 | 1353 | 19.876 | 1594 |
| 180 | 45.0 | 26.5 | 19.641 | 1810 | 22.897 | 2126 |
| 210 | 52.5 | 19.0 | 22.214 | 2284 | 25.827 | 2676 |
| 240 | 60.0 | 18.0 | 24.728 | 2782 | 28.691 | 3250 |

#### 2.3.4.3　线性水驱

van Everdingen 和 Hurst 认为，线性含水层的水侵量正比于时间的平方根。用时间的平方根代替 van Everdingen 和 Hurst 模型的无量纲水侵量，得到：

$$W_e = B_L \sum \left[ \Delta p_n \sqrt{t - t_n} \right]$$

式中　$B_L$——线性含水层水侵常数，bbl/（psi·$\sqrt{时间}$）；

　　　　$t$——时间（任一方便的时间单位，如月、年）

　　　　$\Delta p_n$——与之前定义的径向边水驱压力降相同。

线性含水层水侵常数 $B_L$ 可以用第 4 章描述的物质平衡方程确定。

### 2.3.5　Carter 和 Tracy 水侵模型

van Everdingen 和 Hurst 方法提供了径向扩散方程的精确解，因此被认为是计算水侵量的合适方法。然而，因为求解过程中需要叠加，他们的方法含有繁琐的计算。所以为了简化水侵计算的复杂性，Carter 和 Tracy（1960）提出了一种计算方法，该方法不需要叠加，可以直接计算水侵量。

Carter—Tracy 方法与 van Everdingen—Hurst 方法的主要差别是 Carter—Tracy 假设在每个有限时间间隔内水侵速度恒定。利用 Carter—Tracy 方法，任一时间 $t_n$ 的累计水侵量可直接根据 $t_{n-1}$ 时得到的值计算：

$$(W_e)_n = (W_e)_{n-1} + \left[ (t_D)_n - (t_D)_{n-1} \right]$$
$$\times \left[ \frac{B \Delta p_n - (W_e)_{n-1} (p'_D)_n}{(p_D)_n - (t_D)_{n-1} (p'_D)_n} \right] \tag{2.33}$$

式中　$B$——方程（2.23）确定的 van Everdingen—Hurst 水侵常数；

　　　　$t_D$——方程（2.17）确定的无量纲时间；

　　　　$n$——目前的时间步长；

　　　　$n-1$——先前的时间步长；

　　　　$\Delta p_n$——总压力降，$p_i - p_n$，psi；

　　　　$p_D$——无量纲压力；

　　　　$p'_D$——无量纲压力导数。

无量纲压力 $p_D$ 的值是 $t_D$ 和 $r_D$ 的函数，列于第 1 章的表 1.2 中。除了第 1 章中介绍的曲线拟合方程 [ 方程（1.90）到方程（1.93）]，Edwardson 等（1962）建立了下列无边界作用含水层 $p_D$ 的近似计算公式：

$$p_D = \frac{370.529\sqrt{t_D} + 137.582 t_D + 5.69549 (t_D)^{1.5}}{328.834 + 265.488\sqrt{t_D} + 45.2157 t_D + (t_D)^{1.5}} \tag{2.34}$$

无量纲压力导数可近似表示为：

$$p'_D = \frac{E}{F} \tag{2.35}$$

其中：

$$E=716.441+46.7984\ (t_D)^{0.5}+270.038t_D+71.0098\ (t_D)^{1.5}$$

$$F=1296.86\ (t_D)^{0.5}+1204.73t_D+618.618\ (t_D)^{1.5}+538.072\ (t_D)^2+142.41\ (t_D)^{2.5}$$

当无量纲时间 $t_D > 100$ 时，下列近似方法可用于计算 $p_D$：

$$p_D = \frac{1}{2}\left[\ln(t_D) + 0.80907\right]$$

压力导数是：

$$p_D' = \frac{1}{2t_D}$$

Fanchi（1985）利用回归模型拟合了表 1.2 中 van Everdingen-Hurst 的无量纲压力 $p_D$ 与 $t_D$ 和 $r_D$ 的函数关系值，得到了下列表达式：

$$p_D = a_0 + a_1 t_D + a_2 \ln(t_D) + a_3 \left[\ln(t_D)\right]^2$$

式中的回归系数如下：

| $r_{eD}$ | $a_0$ | $a_1$ | $a_2$ | $a_3$ |
|---|---|---|---|---|
| 1.5 | 0.10371 | 1.6665700 | −0.04579 | −0.01023 |
| 2.0 | 0.30210 | 0.6817800 | −0.01599 | −0.01356 |
| 3.0 | 0.51243 | 0.2931700 | 0.015340 | −0.06732 |
| 4.0 | 0.63656 | 0.1610100 | 0.158120 | −0.09104 |
| 5.0 | 0.65106 | 0.1041400 | 0.309530 | −0.11258 |
| 6.0 | 0.63367 | 0.0694000 | 0.41750 | −0.11137 |
| 8.0 | 0.40132 | 0.0410400 | 0.695920 | −0.14350 |
| 10.0 | 0.14386 | 0.0264900 | 0.89660 | −0.15502 |
| ∞ | 0.82092 | −0.000368 | 0.289080 | 0.028820 |

应该注意 Carter-Tracy 法不是扩散方程的精确解，应该看做是近似解。

**例 2.9** 利用 Carter-Tracy 法重新计算例 2.7。

**解**：例 2.7 得到了下列初步结果：

水侵常数 $B$=20.4bbl/psi；$t_D$=0.9888$t$。

步骤 1：计算每一个时间步长 $n$ 的总压力降 $\Delta p_n=p_i-p_n$ 及相应的 $t_D$。

| $n$ | $t_1$ (d) | $p_n$ | $\Delta p_n$ | $t_D$ |
|---|---|---|---|---|
| 0 | 0 | 2500 | 0 | 0 |
| 1 | 182.5 | 2490 | 10 | 180.5 |
| 2 | 365.0 | 2472 | 28 | 361.0 |
| 3 | 547.5 | 2444 | 56 | 541.5 |
| 4 | 730.0 | 2408 | 92 | 722.0 |

步骤 2：因为 $t_D$ 的值大于 100，利用方程（1.91）计算 $p_D$ 和它的导数 $p'_D$：

$$p_D = \frac{1}{2}\Big[\ln(t_D) + 0.80907\Big]$$

$$p'_D = \frac{1}{2t_D}$$

| $n$ | $t$ | $t_D$ | $p_D$ | $p_D{}'$ |
|-----|-----|-------|-------|---------|
| 0 | 0 | 0 | — | — |
| 1 | 182.5 | 180.5 | 3.002 | $2.770 \times 10^{-3}$ |
| 2 | 365.0 | 361.0 | 3.349 | $1.385 \times 10^{-3}$ |
| 3 | 547.5 | 541.5 | 3.552 | $0.923 \times 10^{-3}$ |
| 4 | 730.0 | 722.0 | 3.696 | $0.639 \times 10^{-3}$ |

步骤 3：利用方程（2.33）计算累计水侵量。

182.5d 后的 $W_e$：

$$(W_e)_n = (W_e)_{n-1} + \Big[(t_D)_n - (t_D)_{n-1}\Big] \times \left[\frac{B\Delta p_n - (W_e)_{n-1}(p'_D)_n}{(p_D)_n - (t_D)_{n-1}(p'_D)_n}\right]$$

$$= 0 + (180.5 - 0) \times \left[\frac{20.4 \times 10 - 0 \times 2.77 \times 10^{-3}}{3.002 - 0 \times 2.77 \times 10^{-3}}\right]$$

$$= 12266\text{bbl}$$

365d 后的 $W_e$：

$$W_e = 12266 + (361 - 180.5) \times \left[\frac{20.4 \times 28 - 12266 \times (1.385 \times 10^{-3})}{3.349 - 180.5 \times (1.385 \times 10^{-3})}\right]$$

$$= 42546\text{bbl}$$

547.5d 后的 $W_e$：

$$W_e = 42546 + (541.5 - 361) \times \left[\frac{20.4 \times 56 - 42546 \times (0.923 \times 10^{-3})}{3.552 - 361 \times (0.923 \times 10^{-3})}\right]$$

$$= 104406\text{bbl}$$

720d 后的 $W_e$：

$$W_e = 104406 + (722 - 541.5) \times \left[\frac{20.4 \times 92 - 104406 \times (0.693 \times 10^{-3})}{3.696 - 541.5 \times (0.693 \times 10^{-3})}\right]$$

$$= 202477\text{bbl}$$

下表对比列出了 Carter-Tracy 法及 van Everdingen-Hurst 法的水侵量计算结果。

| 时间（月） | Carter 和 Tracy $W_e$ (bbl) | van Everdingen 和 Hurst $W_e$ (bbl) |
|---|---|---|
| 0 | 0 | 0 |
| 6 | 12266 | 7085 |
| 12 | 42546 | 32435 |
| 18 | 104400 | 85277 |
| 24 | 202477 | 175522 |

上面的对比显示 Carter-Tracy 法计算的水侵量过高。这是由于 Carter-Tracy 法计算水侵量采用 6 个月的时间步长较大。把时间步长控制在 1 个月，该方法的精确度能够提高。以一个月为时间步长重新计算水侵量，得到的结果与 van Everdingen-Hurst 法得到的结果非常匹配。如下表所示。

| 时间（月） | 时间（d） | $p$ (psi) | $\Delta p$ (psi) | $t_D$ | $p_D$ | $p_D'$ | Carter-Tracy $W_e$ (bbl) | van Everdiger 和 Hurst $W_e$ (bbl) |
|---|---|---|---|---|---|---|---|---|
| 0 | 0 | 2500.0 | 0.00 | 0 | 0.00 | 0 | 0.0 | 0 |
| 1 | 30 | 2498.9 | 1.06 | 30.0892 | 2.11 | 0.01661 | 308.8 | |
| 2 | 61 | 2497.7 | 2.31 | 60.1784 | 2.45 | 0.00831 | 918.3 | |
| 3 | 91 | 2496.2 | 3.81 | 90.2676 | 2.66 | 0.00554 | 1860.3 | |
| 4 | 122 | 2494.4 | 5.56 | 120.357 | 2.80 | 0.00415 | 3171.7 | |
| 5 | 152 | 2492.4 | 7.55 | 150.446 | 2.91 | 0.00332 | 4891.2 | |
| 6 | 183 | 2490.2 | 9.79 | 180.535 | 3.00 | 0.00277 | 7057.3 | 7088.9 |
| 7 | 213 | 2487.7 | 12.27 | 210.624 | 3.08 | 0.00237 | 9709.0 | |
| 8 | 243 | 2485.0 | 15.00 | 240.713 | 3.15 | 0.00208 | 12884.7 | |
| 9 | 274 | 2482.0 | 17.98 | 270.802 | 3.21 | 0.00185 | 16622.8 | |
| 10 | 304 | 2478.8 | 21.20 | 300.891 | 3.26 | 0.00166 | 20961.5 | |
| 11 | 335 | 2475.3 | 24.67 | 330.981 | 3.31 | 0.00151 | 25938.5 | |
| 12 | 365 | 2471.6 | 28.38 | 361.090 | 3.35 | 0.00139 | 31591.5 | 32435.0 |
| 13 | 396 | 2467.7 | 32.34 | 391.159 | 3.39 | 1.00128 | 37957.8 | |
| 14 | 426 | 2463.5 | 36.55 | 421.248 | 3.43 | 0.00119 | 45074.5 | |
| 15 | 456 | 2459.0 | 41.00 | 451.337 | 3.46 | 0.00111 | 52978.6 | |
| 16 | 487 | 2454.3 | 45.70 | 481.426 | 3.49 | 0.00104 | 61706.7 | |
| 17 | 517 | 2449.4 | 50.64 | 511.516 | 3.52 | 0.00098 | 71295.3 | |
| 18 | 547 | 2444.3 | 55.74 | 541.071 | 3.55 | 0.00092 | 81578.8 | 85277.0 |
| 19 | 578 | 2438.8 | 61.16 | 571.130 | 3.58 | 0.00088 | 92968.2 | |
| 20 | 608 | 2433.2 | 66.84 | 601.190 | 3.60 | 0.00083 | 105323.0 | |
| 21 | 638 | 2427.2 | 72.75 | 631.249 | 3.63 | 0.00079 | 118681.0 | |

| 时间<br>（月） | 时间<br>（d） | $p$<br>（psi） | $\Delta p$<br>（psi） | $t_D$ | $p_D$ | $p_D'$ | Carter−Tracy<br>$W_e$（bbl） | van Everdiger<br>和 Hurst<br>$W_e$（bbl） |
|---|---|---|---|---|---|---|---|---|
| 22 | 669 | 2421.1 | 78.92 | 661.309 | 3.65 | 0.00076 | 133076.0 | |
| 23 | 699 | 2414.7 | 85.32 | 691.369 | 3.67 | 0.00072 | 148544.0 | |
| 24 | 730 | 2408.0 | 91.98 | 721.428 | 3.70 | 0.00069 | 165119.0 | 175522.0 |

### 2.3.6　Fetkovich 法

Fetkovich（1971）建立了描述径向和线性几何形态的有限含水层的水侵动态的近似方法。在很多情况下，该模型的计算结果与 van Everdingen−Hurst 法的计算结果相近。Fetkovich 理论比较简单，和 Carter−Tracy 方法相似，不需要叠加。因此，比较容易应用，该方法也常用于数值模拟模型。

Fetkovich 模型假设生产指数概念可以用于描述有限含水层水侵油气藏。即水侵量直接正比于含水层平均压力与油层－含水层边界压力之间的压力降。该方法忽略了任一非稳定流动阶段的影响。因此，当含水层－油层界面的压力快速变化时，预测结果可能与更精确的 van Everdingen−Hurst 法或 Carter−Tracy 法得到的结果有很大差别。然而，在很多情况下，水前缘的压力变化比较缓慢，该方法的结果与前两个方法的结果非常接近。

该方法从两个简单的方程开始。第一个是含水层生产指数（PI）方程，该方程类似于描述油井或气井的 PI 方程：

$$e_w = \frac{\mathrm{d}W_e}{\mathrm{d}t} = J\left(\overline{p}_a - p_r\right) \tag{2.36}$$

式中　$e_w$——来自含水层的水侵量，bbl/d；

$J$——含水层生产指数，bbl/（d·psi）；

$\overline{p}_a$——含水层平均压力，psi；

$p_r$——含水层内边界压力，psi。

第二个方程是压缩系数恒定的含水层的物质平衡方程，它表明含水层压力递减量正比于含水层的水侵量，或：

$$W_e = c_t W_i \left(p_i - \overline{p}_a\right) f \tag{2.37}$$

式中　$W_i$——含水层水的原始体积，bbl；

$c_t$——含水层总压缩系数，$c_t = c_w + c_f$，$psi^{-1}$；

$p_i$——含水层原始压力，psi；

$f$——$\theta/360$。

方程（2.27）表明当 $\overline{p}_a = 0$ 时，出现最大可能水侵量：

$$W_{ei} = c_t W_i p_i f \tag{2.38}$$

式中　$W_{ei}$——最大水侵量，bbl。

联合方程（2.38）和方程（2.37）得：

$$\bar{p}_a = p_i \left( 1 - \frac{W_e}{c_t W_i p_i} \right) = p_i \left( 1 - \frac{W_e}{W_{ei}} \right) \tag{2.39}$$

方程（2.39）提供了一个简单的表达式，用来确定含水层流出 $W_e$（累计水侵量）的水进入油层后含水层平均压力 $\bar{p}_a$。

将方程（2.39）对时间求导：

$$\frac{dW_e}{dt} = -\frac{W_{ei}}{p_i} \frac{d\bar{p}_a}{dt} \tag{2.40}$$

Fetkovich 联合方程（2.40）和方程（2.36）并积分得到：

$$W_e = \frac{W_{ei}}{p_i} (p_i - p_r) \exp\left( \frac{-Jp_i t}{W_{ei}} \right) \tag{2.41}$$

式中　$W_e$——累计水侵量，bbl；

　　　$p_r$——油藏压力，即油或气水界面的压力，psi；

　　　$t$——时间，d。

方程（2.41）没有实际应用价值，因为它的推导基于恒定内边界压力。为了在边界压力随时间不断变化的情况下应用该方程，必须使用叠加方法。为了不使用叠加方法，Fetkovich 提出把油层－含水层边界压力的历史数据分成有限时间间隔，第 $n$ 个时间间隔的水侵量增量是：

$$(\Delta W_e)_n = \frac{W_{ei}}{p_i} \left[ (\bar{p}_a)_{n-1} - (\bar{p}_r)_n \right] \left[ 1 - \exp\left( \frac{-Jp_i \Delta t_n}{W_{ei}} \right) \right] \tag{2.42}$$

式中　$(\bar{p}_a)_{n-1}$——前一个时间步长结束时含水层平均压力，该平均压力由方程（2.39）计算。

$$(\bar{p}_a)_{n-1} = p_i \left[ 1 - \frac{(W_e)_{n-1}}{W_{ei}} \right] \tag{2.43}$$

油藏边界平均压力 $(\bar{p}_r)_n$ 计算为：

$$(\bar{p}_r)_n = \frac{(p_r)_n + (p_r)_{n-1}}{2} \tag{2.44}$$

计算中用到的生产指数 $J$ 是含水层几何形态的函数。Fetkovich 利用有界含水层达西方程计算生产指数。Lee 和 Wattenbarger（1996）指出 Fetkovich 方法可扩展到无边界作用含水层，只是需要油藏开采全过程中水侵量与压力降的比值近似于恒定。含水层的生产指数 $J$ 由下表列出。

| 含水层外边界类型 | 径向流的 $J$<br>[bbl/（d·psi）] | 线性流的 $J$<br>[bbl/（d·psi）] | 方程 |
|---|---|---|---|
| 有界，无流动 | $J = \dfrac{0.00708Khf}{\mu_{\mathrm{w}}\left[\ln\left(r_{\mathrm{D}}\right)-0.75\right]}$ | $J = \dfrac{0.003381Kwh}{\mu_{\mathrm{w}}L}$ | (2.45) |
| 有界，恒定压力 | $J = \dfrac{0.00708Khf}{\mu_{\mathrm{w}}\left[\ln\left(r_{\mathrm{D}}\right)\right]}$ | $J = \dfrac{0.001127Kwh}{\mu_{\mathrm{w}}L}$ | (2.46) |
| 无界 | $J = \dfrac{0.00708Khf}{\mu_{\mathrm{w}}\ln\left(a/r_{\mathrm{e}}\right)}$<br>$a = \sqrt{0.0142Kt/\left(\phi\mu_{\mathrm{w}}c_{\mathrm{t}}\right)}$ | $J = \dfrac{0.001Kwh}{\mu_{\mathrm{w}}\sqrt{0.0633Kt/\left(\phi\mu_{\mathrm{w}}c_{\mathrm{t}}\right)}}$ | (2.47) |

注：$W$ 为线性含水层的宽，ft；$L$ 为线性含水层的长，ft；$r_{\mathrm{D}}$ 为无量纲半径，$r_{\mathrm{a}}/r_{\mathrm{e}}$；$K$ 为含水层渗透率，mD；$t$ 为时间，d；$\theta$ 为侵入角；$h$ 为含水层厚度；$f$ 为 $\theta/360$。

下面介绍应用 Fetkovich 模型预测累计水侵量的步骤。

步骤 1：计算含水层水的原始体积。

$$W_{\mathrm{i}} = \frac{\pi}{5.615}\left(r_{\mathrm{a}}^2 - r_{\mathrm{e}}^2\right)h\phi$$

步骤 2：利用方程（2.38）计算最大可能水侵量 $W_{\mathrm{ei}}$。

$$W_{\mathrm{ei}} = c_{\mathrm{t}}W_{\mathrm{i}}p_{\mathrm{i}}f$$

步骤 3：根据边界条件和含水层几何形态计算生产指数 $J$。

步骤 4：利用方程（2.42）计算第 $n$ 个时间间隔内含水层水侵量的增量 $\left(\Delta W_{\mathrm{e}}\right)_n$，如第一个时间步长 $\Delta t_1$。

$$\left(\Delta W_{\mathrm{e}}\right)_1 = \frac{W_{\mathrm{ei}}}{p_{\mathrm{i}}}\left[p_{\mathrm{i}}-\left(\bar{p}_{\mathrm{r}}\right)_1\right]\left[1-\exp\left(\frac{-Jp_{\mathrm{i}}\Delta t_1}{W_{\mathrm{ei}}}\right)\right]$$

且

$$\left(\bar{p}_{\mathrm{r}}\right)_1 = \frac{p_{\mathrm{i}}+\left(p_{\mathrm{r}}\right)_1}{2}$$

对于第二个时间间隔 $\Delta t_2$：

$$\left(\Delta W_{\mathrm{e}}\right)_2 = \frac{W_{\mathrm{ei}}}{p_{\mathrm{i}}}\left[\left(\bar{p}_{\mathrm{a}}\right)_1-\left(\bar{p}_{\mathrm{r}}\right)_2\right]\left[1-\exp\left(\frac{-Jp_{\mathrm{i}}\Delta t_2}{W_{\mathrm{ei}}}\right)\right]$$

式中　$\left(\bar{p}_{\mathrm{a}}\right)_1$——第一个时间间隔结束且从含水层流出 $\left(\Delta W_{\mathrm{e}}\right)_1$ 桶水进入油藏时含水层平均压力。

根据方程（2.43）：

$$\left(\bar{p}_{\mathrm{a}}\right)_1 = p_{\mathrm{i}}\left[1-\frac{\left(\Delta W_{\mathrm{e}}\right)_1}{W_{\mathrm{ei}}}\right]$$

步骤 5：计算任一时间间隔结束时的累计（总）水侵量。

$$W_e = \sum_{i=1}^{n} \left( \Delta W_e \right)_i$$

**例 2.10**　应用 Fetkovich 方法，计算水侵量随时间变化的函数值，下面列出了含水层的特性参数和边界压力数据：

$p_i$=2740psi，$h$=100ft，$c_t$=7×10⁻⁶psi⁻¹，$\mu_w$=0.55mPa·s，$K$=200mD，$\theta$=140°，油藏面积 =40363acre，含水层面积 =1000000acre。

| 时间（d） | $p_r$（psi） |
| --- | --- |
| 0 | 2740 |
| 365 | 2500 |
| 730 | 2290 |
| 1095 | 2109 |
| 1460 | 1949 |

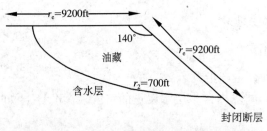

图 2.17　例 2.10 含水层－油藏的几何形状

图 2.17 显示了侵入角为 140° 的楔形油层－含水层系统。

**解**　步骤 1：计算油藏半径 $r_e$。

$$r_e = \left( \frac{\theta}{360} \right) \sqrt{\frac{43560A}{\pi}} = 9200\text{ft}$$

$$= \left( \frac{140}{360} \right) \sqrt{\frac{43560 \times 40363}{\pi}} = 9200\text{ft}$$

步骤 2：计算含水层有效半径 $r_a$。

$$r_a = \left( \frac{140}{360} \right) \sqrt{\frac{43560 \times 1000000}{\pi}} = 46000\text{ft}$$

步骤 3：计算无量纲半径 $r_D$。

$$r_D = r_a / r_e = 46000 / 9200 = 5$$

步骤 4：计算水的原始地质储量 $W_i$。

$$W_i = \frac{\pi}{5.615} \left( r_a^2 - r_e^2 \right) h\phi$$

$$= \frac{\pi \left( 46000^2 - 9200^2 \right) \times 100 \times 0.25}{5.615}$$

$$= 28.41 \times 10^6 \text{bbl}$$

步骤 5：根据方程（2.38）计算 $W_{ei}$。

$$W_{ei} = c_t W_i p_i f$$

$$= \left(7 \times 10^{-6}\right) \times \left(28.41 \times 10^9\right) \times 2740 \times \left(\frac{140}{360}\right)$$

$$= 211.9 \times 10^6 \text{bbl}$$

步骤 6：利用方程（2.45）计算径向含水层的生产指数 $J$。

$$J = \frac{0.00708 \times 200 \times 100 \times \left(\dfrac{140}{360}\right)}{0.55\ln(5)}$$

$$= 116.5 \text{bbl}/(\text{d} \cdot \text{psi})$$

因此：

$$\frac{Jp_i}{W_{ei}} = \frac{116.5 \times 2740}{211.9 \times 10^6} = 1.506 \times 10^{-3}$$

因为时间步长固定为 365d，那么：

$$1 - \exp^{\left(-Jp_i \Delta t / W_{ei}\right)} = 1 - \exp^{\left(-1.506 \times 10^{-3} \times 365\right)} = 0.4229$$

带入方程（2.43）得：

$$\left(\Delta W_e\right)_n = \frac{W_{ei}}{p_i}\left[\left(\overline{p}_a\right)_{n-1} - \left(\overline{p}_r\right)_n\right]\left[1 - \exp\left(\frac{-Jp_i \Delta t_n}{W_{ei}}\right)\right]$$

$$= \frac{211.9 \times 10^6}{2740}\left[\left(\overline{p}_a\right)_{n-1} - \left(\overline{p}_r\right)_n\right] \times 0.4229$$

$$= 32705\left[\left(\overline{p}_a\right)_{n-1} - \left(\overline{p}_r\right)_n\right]$$

步骤 7：计算累计水侵量，如下表所示。

| $n$ | $t$ (d) | $p_r$ | $\left(\overline{p}_r\right)_n$ | $\left(\overline{p}_r\right)_{n-1}$ | $\left(\overline{p}_r\right)_{n-1} - \left(\overline{p}_r\right)_n$ | $\left(\Delta W_e\right)_n$ ($10^6$bbl) | $\left(W_e\right)$ ($10^6$bbl) |
|---|---|---|---|---|---|---|---|
| 0 | 0 | 2740 | 2740 | — | — | — | — |
| 1 | 365 | 2500 | 2620 | 2740 | 120 | 3.925 | 3.925 |
| 2 | 730 | 2290 | 2395 | 2689 | 294 | 9.615 | 13.540 |
| 3 | 1095 | 2109 | 2199 | 2565 | 366 | 11.970 | 25.510 |
| 4 | 1460 | 1949 | 2029 | 2409 | 381 | 12.461 | 37.971 |

## 问　题

（1）计算油－水界面压力降 200psi 引起的累计水侵量，水侵角 50°。油层－含水层系统的特性参数如下。

| 参数 | 油层 | 含水层 |
|---|---|---|
| 半径（ft） | 6000 | 20000 |
| 孔隙度 | 0.18 | 0.15 |
| $c_f$（$psi^{-1}$） | $4 \times 10^{-6}$ | $3 \times 10^{-6}$ |
| $c_w$（$psi^{-1}$） | $5 \times 10^{-6}$ | $4 \times 10^{-6}$ |
| $h$（ft） | 25 | 20 |

（2）一活跃水驱油藏在稳定流动条件下生产。下列数据为：

$p_i$=4000psi，$p$=3000psi，$Q_o$=40000bbl/d，$B_o$=1.3bbl/bbl，$GOR$=700ft³/bbl，$r_s$=500ft³/bbl，$Z$=0.82，$T$=140°F，$Q_w$=0，$B_w$=1.0bbl/bbl。

计算 Schilthuis 水侵常数。

（3）水驱油藏的压力历史数据如下。

| $t$（d） | $p$（psi） |
|---|---|
| 0 | 4000 |
| 120 | 3950 |
| 220 | 3910 |
| 320 | 3880 |
| 420 | 3840 |

含水层处于稳定流动条件下，水侵常数 80bbl/（d·psi）。利用稳定流模型，计算并绘制累计水侵量随时间的变化。

（4）水驱油藏边界压力的历史数据如下。

| 时间（月） | 边界压力（psi） |
|---|---|
| 0 | 2610 |
| 6 | 2600 |
| 12 | 2580 |
| 18 | 2552 |
| 24 | 2515 |

含水层－油层系统的特性参数如下。

| 参数 | 油层 | 含水层 |
|---|---|---|
| 半径（ft） | 2000 | ∞ |
| $h$（ft） | 25 | 30 |
| $K$（mD） | 60 | 80 |
| $\phi$（%） | 17 | 18 |
| $\mu_w$（mPa·s） | 0.55 | 0.85 |
| $c_w$（$psi^{-1}$） | $0.7 \times 10^{-6}$ | $0.8 \times 10^{-6}$ |
| $c_f$（$psi^{-1}$） | $0.2 \times 10^{-6}$ | $0.3 \times 10^{-6}$ |

如果水侵角为 360°，计算水侵量随时间的变化，利用：① van Everdingen 和 Hurst 法；② Carter–Tracy 法。

（5）下表列出了西得克萨斯水驱油藏的原始数据。

| 参数 | 油层 | 含水层 |
|---|---|---|
| 几何形态 | 圆形 | 半圆形 |
| 面积（acre） | 640 | 无限大 |
| 原始油藏压力（psi） | 4000 | 4000 |
| 原始含油饱和度 | 0.80 | 0 |
| 孔隙度（%） | 22 | — |
| $B_{oi}$（bbl/bbl） | 1.36 | — |
| $B_{wi}$（bbl/bbl） | 1.00 | 1.05 |
| $c_o$（psi$^{-1}$） | $6 \times 10^{-6}$ | — |
| $c_w$（psi$^{-1}$） | $3 \times 10^{-6}$ | $7 \times 10^{-6}$ |

根据含水层地质数据计算水侵常数为 551bbl/psi。生产 1120d 后，油藏平均压力降到 3800psi，油田产油 860000bbl。

生产 1120d 后油田条件如下：

$p$=3800psi，$N_p$=860000bbl，$B_o$=1.34bbl/bbl，$B_w$=1.05bbl/bbl，$W_e$=991000bbl，$t_D$=32.99（1120d 后的无量纲时间），$W_p$=0bbl。

据预测 1520d（从开始生产算起）后油藏平均压力将降到 3400psi。计算 1520d 后累计水侵量。

（6）一楔形油层 – 含水层系统，水侵角 60°，边界压力历史数据如下。

| 时间（月） | 边界压力（psi） |
|---|---|
| 0 | 2850 |
| 365 | 2610 |
| 730 | 2400 |
| 1095 | 2220 |
| 1460 | 2060 |

含水层数据如下：

$h$=120ft，$c_f$=$5 \times 10^{-6}$psi$^{-1}$，$c_w$=$4 \times 10^{-6}$psi$^{-1}$，$\mu_w$=0.7mPa·s，$K$=60mD，$\phi$=12%，油藏面积 =40000acre，含水层面积 =980000acre，$T$=140°F。

计算累计水侵量随时间的变化，利用：① van Everdingen 和 Hurst 法；② Carter–Tracy 法；③ Fetkovich 法。

# 3 非常规气藏

天然气藏的有效开发与运营要依据对气藏特性及气井动态的掌握。预测气藏和生产井的未来可采量是气田进一步开发和资金投入的经济分析的最重要组成部分。为了预测气田及现存生产井的动态，必须确定油气系统开发的能量来源，并且评价它们对气藏动态的影响。

本章的主要目的是介绍评价和预测方法：垂直和水平气井动态；常规和非常规气田动态。

## 3.1 垂直气井动态

确定气井产能系数需要知道气体流入量和射开岩层压力或井底流动压力之间的关系式。该流入动态关系式可用达西方程的适当的解建立。达西定律的解取决于气藏中的流动条件或流动形态。

当一口气井关井一段时间后第一次生产时，在井的泄油边界压力开始下降之前，气藏中气体的流动是不稳定流。然后流入动态经过短期的过渡阶段后，达到稳定流或拟稳定状态。本章的目的是介绍能够用于建立拟稳定流条件下流入动态关系式的经验公式和解析表达式。

### 3.1.1 层流条件下的气体流动

拟稳定流条件下可压缩流体的达西方程微分形式的精确解由前面的方程（1.149）给出，即：

$$Q_g = \frac{Kh(\bar{\psi}_r - \psi_{wf})}{1422T\left[\ln(r_e/r_w) - 0.75 + s\right]} \tag{3.1}$$

且

$$\bar{\psi}_r = m(\bar{p}_r) = 2\int_0^{\bar{p}_r} \frac{p}{\mu Z}\mathrm{d}p$$

$$\psi_{wf} = m(p_{wf}) = 2\int_0^{p_{wf}} \frac{p}{\mu Z}\mathrm{d}p$$

式中 $Q_g$——气体流量 $10^3\text{ft}^3/\text{d}$；

$K$——渗透率，mD；

$\bar{\psi}_r$——气藏真实气体平均拟压力，$\text{psi}^2/(\text{mPa}\cdot\text{s})$；

$T$——温度，°R；

$s$——表皮系数；

$h$——厚度；

$r_\mathrm{e}$——泄油半径；

$r_\mathrm{w}$——井筒半径。

注意形状系数 $C_\mathrm{A}$ 用于说明泄油面积与理想圆形泄油面积的偏差，如第 1 章和表 1.4 所示，把 $C_\mathrm{A}$ 引入达西方程得：

$$Q_\mathrm{g} = \frac{Kh\left(\overline{\psi}_\mathrm{r} - \psi_\mathrm{wf}\right)}{1422T\left[\frac{1}{2}\ln\left(4A/1.781C_\mathrm{A}r_\mathrm{w}^2\right) + s\right]}$$

且

$$A = \pi r_\mathrm{e}^2$$

式中　$A$——泄油面积，$\mathrm{ft}^2$；

　　　$C_\mathrm{A}$——形状系数，值由表 1.4 给出。

例如，一圆形泄油区域形状系数为 31.62，即 $C_\mathrm{A}=31.62$，如表 1.4 所示，并把上面的方程代入方程（3.1）。

参照油井的采油指数，气井的采气指数 $J$ 可表示为单位压力降下的产量，即：

$$J = \frac{Q_\mathrm{g}}{\psi_\mathrm{r} - \psi_\mathrm{wf}} = \frac{Kh}{1422T\left[\frac{1}{2}\ln\left(4A/1.781C_\mathrm{A}r_\mathrm{w}^2\right) + s\right]}$$

对于最常用的流动几何形状，即圆形泄油区域，上面的方程简化为：

$$J = \frac{Q_\mathrm{g}}{\psi_\mathrm{r} - \psi_\mathrm{wf}} = \frac{Kh}{1422T\left[\ln\left(r_\mathrm{e}/r_\mathrm{w}\right) - 0.75 + s\right]} \tag{3.2}$$

或

$$Q_\mathrm{g} = J\left(\overline{\psi}_\mathrm{r} - \psi_\mathrm{wf}\right) \tag{3.3}$$

绝对无阻流量（$AOF$），即最大气体流量 $(Q_\mathrm{g})_{\max}$，可通过设定 $\psi_\mathrm{wf}=0$ 计算，那么：

$$AOF = \left(Q_g\right)_{\max} = J\left(\overline{\psi}_\mathrm{r} - 0\right)$$

或

$$AOF = \left(Q_g\right)_{\max} = J\overline{\psi}_\mathrm{r} \tag{3.4}$$

式中　$J$——采气指数，$10^3\mathrm{ft}^3\cdot\mathrm{mPa}\cdot\mathrm{s}/(\mathrm{d}\cdot\mathrm{psi}^2)$；

$(Q_g)_{max}$——最大气体流量，$10^3 ft^3/d$；

$AOF$——绝对无阻流量，$10^3 ft^3/d$。

方程（3.3）可以表示为线性关系式：

$$\psi_{wf} = \bar{\psi}_r - \left(\frac{1}{J}\right)Q_g \tag{3.5}$$

方程（3.5）表明 $\psi_{wf}$ 与 $Q_g$ 的图形是一条直线，斜率为 $1/J$，截距为 $\bar{\psi}_r$。如图 3.1 所示。如果能够得到两个不同的稳定流量，直线可以外推并确定斜率，计算 $AOF$、$J$ 和 $\bar{\psi}_r$。

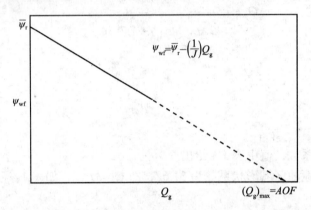

图 3.1　气井稳定流

方程（3.1）可以改写为下列积分形式：

$$Q_g = \frac{Kh}{1422T\left[\ln(r_e/r_w) - 0.75 + s\right]} \int_{P_{wf}}^{\bar{p}_r} \left(\frac{2p}{\mu_g Z}\right)dp \tag{3.6}$$

注意 $[p/(\mu_g Z)]$ 正比于 $[1/(\mu_g B_g)]$，其中 $B_g$ 是气体地层体积系数，定义为：

$$B_g = 0.00504\frac{ZT}{p} \tag{3.7}$$

式中　$B_g$——气体地层体积系数，$bbl/ft^3$；

　　　$Z$——气体压缩系数；

　　　$T$——温度，$°R$。

方程（3.6）可用方程（3.7）中的 $B_g$ 表示。整理方程 3.7 得：

$$\frac{p}{ZT} = \frac{0.00504}{B_g}$$

整理方程（3.6）并以下列形式表示：

$$Q_g = \frac{Kh}{1422\left[\ln(r_e/r_w) - 0.75 + s\right]} \int_{p_{wf}}^{p_r} \left(\frac{2}{\mu_g}\frac{p}{TZ}\right)dp$$

联合上面两个表达式：

$$Q_g = \left[\frac{7.08 \times 10^{-6} Kh}{\ln(r_e / r_w) - 0.75 + s}\right] \int_{p_{wf}}^{\bar{p}_r} \left(\frac{1}{\mu_g B_g}\right) \mathrm{d}p \tag{3.8}$$

式中　$Q_g$——气体流量，$10^3 ft^3/d$；

　　　$\mu_g$——气体黏度，$mPa \cdot s$；

　　　$K$——渗透率，$mD$。

图 3.2 显示了气体压力函数 $[2p/(\mu Z)]$ 和 $[1/(\mu_g B_g)]$ 与压力的函数关系典型曲线。方程（3.6）和方程（3.8）的积分项代表曲线下方 $\bar{p}_r$ 和 $p_{wf}$ 之间的面积。如图 3.2 所示，压力函数显示出下列三个明显的压力区域。

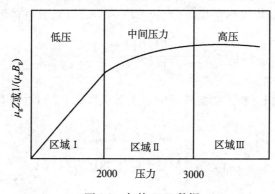

图 3.2　气体 PVT 数据

#### 3.1.1.1　高压区

当井底流动压力 $p_{wf}$ 和气藏平均压力 $\bar{p}_r$ 都高于 3000psi，压力函数 $[2p/(\mu_g z)]$ 和 $[1/(\mu_g B_g)]$ 几乎恒定，如图 3.2 区域Ⅲ所示。该结论表明方程（3.8）中的压力项 $[1/(\mu_g B_g)]$ 可看做常数处理，并可以从积分号中移出：

$$Q_g = \left[\frac{7.08 \times 10^{-6} Kh}{\ln(r_e / r_w) - 0.75 + s}\right]\left(\frac{1}{\mu_g B_g}\right) \int_{p_{wf}}^{\bar{p}_r} \mathrm{d}p$$

或

$$Q_g = \frac{7.08 \times 10^{-6} Kh(\bar{p}_r - p_{wf})}{(\mu_g B_g)_{avg}\left[\ln(r_e/r_w) - 0.75 + s\right]} \tag{3.9}$$

式中　$Q_g$——气体流量，$10^3 ft^3/d$；

　　　$B_g$——气体地层体积系数，$bbl/ft^3$；

　　　$K$——渗透率，$mD$。

气体黏度 $\mu_g$ 和气体地层体积系数 $B_g$ 应该取平均压力 $p_{avg}$ 下的值，$p_{avg}$ 计算如下：

$$p_{avg} = \frac{\bar{p}_r + p_{wf}}{2} \tag{3.10}$$

利用方程（3.9）计算气体流量的方法通常被称为"压力近似法"。

应该指出采气指数 $J$ 的概念不能引入到方程（3.9）中，因为只有当 $p_{wf}$ 和 $\bar{p}_r$ 都大于 3000psi 时该方程才可用。

注意，与圆形泄油面积的偏差，可通过在方程（3.9）中引入形状系数 $C_A$，作为一个附加表皮系数处理，即：

$$Q_g = \frac{7.08 \times 10^{-6} Kh(\bar{p}_r - p_{wf})}{(\mu_g B_g)_{avg} \left\{ \frac{1}{2} \ln \left[ 4A / (1.781 C_A r_w^2) \right] + s \right\}}$$

### 3.1.1.2　中间压力区

在 2000～3000psi，压力函数曲线明显弯曲。当井底流动压力和气藏平均压力都介于 2000～3000psi 时，应该用气体的拟压力法 [ 即方程(3.1)] 计算气体流量：

$$Q_g = \frac{Kh(\bar{\psi}_r - \psi_{wf})}{1422T \left[ \ln(r_e / r_w) - 0.75 + s \right]}$$

对于非圆形泄油面积，在上面的式子中引入形状系数 $C_A$ 和泄油面积加以修正，即：

$$Q_g = \frac{Kh(\bar{\psi}_r - \psi_{wf})}{1422T \left\{ \frac{1}{2} \ln \left[ 4A / (1.781 C_A r_w^2) \right] + s \right\}}$$

### 3.1.1.3　低压区

低压区，通常小于 2000psi，压力函数 $[(2p/(\mu Z))$ 和 $[1/(\mu_g B_g)]$ 与压力呈线性关系，如图 3.2 区域 I 所示。Golan 和 Whitson（1986）指出，当压力低于 2000psi 时，$(\mu_g Z)$ 恒定。将该结论应用到方程（3.6）并积分得：

$$Q_g = \frac{Kh}{1422T \left[ \ln(r_e / r_w) - 0.75 + s \right]} \frac{2}{\mu_g Z} \int_{p_{wf}}^{\bar{p}_r} p \, dp$$

或

$$Q_g = \frac{Kh(\bar{p}_r^2 - p_{wf}^2)}{1422T (\mu_g Z)_{avg} \left[ \ln(r_e / r_w) - 0.75 + s \right]} \tag{3.11}$$

对于非圆形泄油面积：

$$Q_g = \frac{Kh(\bar{p}_r^2 - p_{wf}^2)}{1422T (\mu_g Z)_{avg} \left[ \frac{1}{2} \ln(4A / 1.781 C_A r_w^2) + s \right]}$$

式中　$Q_g$——气体流量，$10^3 ft^3/d$；

$K$——渗透率，mD ；

$T$——温度，°R ；

$Z$——气体压缩系数 ；

$\mu_g$——气体黏度，mPa·s。

建议系数 $Z$ 和气体黏度 $\mu_g$ 取平均压力 $p_{avg}$ 下的值，$p_{avg}$ 计算如下 ：

$$p_{avg} = \sqrt{\frac{\overline{p}_r^2 + p_{wf}^2}{2}}$$

应该指出，在本章的余下部分，假设泄油面积是圆形，形状系数为 31.16。

应用方程 （3.11） 计算气体流量的方法被称为 "压力平方近似法"。

如果 $\overline{p}_r$ 和 $p_{wf}$ 都低于 2000psi，方程 （3.11） 可以用采气指数 $J$ 表示 ：

$$Q_g = J\left(\overline{p}_r^2 - p_{wf}^2\right) \tag{3.12}$$

且

$$\left(Q_g\right)_{max} = AOF = J\,\overline{p}_r^2 \tag{3.13}$$

其中 ：

$$J = \frac{Kh}{1422T\left(\mu_g Z\right)_{avg}\left[\ln\left(r_e/r_w\right) - 0.75 + s\right]} \tag{3.14}$$

**例 3.1**　某一干气藏气样的 PVT 参数如下 ：

| $p$ (psi) | $\mu_g$ (mPa·s) | $Z$ | $\psi$ [psi²/(mPa·s)] | $B_g$ (bbl/ft³) |
|---|---|---|---|---|
| 0 | 0.01270 | 1.000 | 0 | — |
| 400 | 0.01286 | 0.937 | $13.2 \times 10^6$ | 0.007080 |
| 1200 | 0.01530 | 0.832 | $113.1 \times 10^6$ | 0.002100 |
| 1600 | 0.01680 | 0.794 | $198.0 \times 10^6$ | 0.001500 |
| 2000 | 0.01840 | 0.770 | $304.0 \times 10^6$ | 0.001160 |
| 3200 | 0.02340 | 0.797 | $678.0 \times 10^6$ | 0.000750 |
| 3600 | 0.02500 | 0.827 | $816.0 \times 10^6$ | 0.000695 |
| 4000 | 0.02660 | 0.860 | $950.0 \times 10^6$ | 0.000650 |

气藏在拟稳定条件下生产，其他数据如下 ：

$K = 65$mD，$h = 15$ft，$T = 600$°R，$r_e = 1000$ft，$r_w = 0.25$ft，$s = -0.4$。

计算下列条件下的气体流量 ：

（1） $\overline{p}_r = 4000$psi，$p_{wf} = 3200$psi ；

（2）$\bar{p}_r = 2000\text{psi}$，$p_{wf} = 1200\text{psi}$。

利用适当的近似法并将计算结果与精确解对比。

**解** （1）计算 $\bar{p}_r = 4000\text{psi}$ 和 $p_{wf} = 3200\text{psi}$ 下的 $Q_g$。

步骤 1：选择近似法。因为 $\bar{p}_r$ 和 $p_{wf}$ 都大于 3000psi，使用压力近似法，即方程（3.9）。

步骤 2：计算平均压力并确定对应的气体特性。

$$\bar{p} = \frac{4000 + 3200}{2} = 3600\text{psi}$$

$$\mu_g = 0.025\text{mPa} \cdot \text{s}, \quad B_g = 0.000695\text{bbl/ft}^3$$

步骤 3：利用方程（3.9）计算气体流量。

$$Q_g = \frac{7.08 \times 10^{-6} Kh\left(\bar{p}_r - p_{wf}\right)}{\left(\mu_g B_g\right)_{\text{avg}}\left[\ln\left(r_e / r_w\right) - 0.75 + s\right]}$$

$$= \frac{7.08 \times 10^{-6} \times 65 \times 15 \times (4000 - 3200)}{0.025 \times 0.000695 \times \left[\ln(1000 / 0.25) - 0.75 - 0.4\right]}$$

$$= 44490 \times 10^3 \text{ft}^3 / \text{d}$$

步骤 4：应用拟压力方程，即方程（3.1）重新计算 $Q_g$。

$$Q_g = \frac{Kh\left(\bar{\psi}_r - \psi_{wf}\right)}{1422T\left[\ln\left(r_e / r_w\right) - 0.75 + s\right]}$$

$$= \frac{65 \times 15 \times (950.0 - 678.0) \times 10^6}{1422 \times 600 \times \left[\ln(1000 / 0.25) - 0.75 - 0.4\right]}$$

$$= 43509 \times 10^3 \text{ft}^3 / \text{d}$$

比较压力近似法和拟压力法的计算结果表明，应用压力法得到的气体流量比较近似，绝对百分误差 2.25%。

（2）计算 $\bar{p}_r = 2000\text{psi}$，$p_{wf} = 1200\text{psi}$ 下的 $Q_g$。

步骤 1：选择近似法。因为 $\bar{p}_r$ 和 $p_{wf}$ 都小于 2000psi，使用压力平方近似法。

步骤 2：计算平均压力和相应的 $\mu_g$ 和 $Z$。

$$\bar{p} = \sqrt{\frac{2000^2 + 1200^2}{2}} = 1649\text{psi}$$

$$\mu_g = 0.017\text{mPa} \cdot \text{s}, \quad Z = 0.791$$

步骤 3：利用压力平方方程，即方程（3.11）计算 $Q_g$。

$$Q_g = \frac{Kh\left(\bar{p}_r^2 - p_{wf}^2\right)}{1422T\left(\mu_g Z\right)_{avg}\left[\ln\left(r_e/r_w\right) - 0.75 + s\right]}$$

$$= \frac{65 \times 15 \times \left(2000^2 - 1200^2\right)}{1422 \times 600 \times 0.017 \times 0.791 \times \left[\ln\left(1000/0.25\right) - 0.75 - 0.4\right]}$$

$$= 30453 \times 10^3 \, \text{ft}^3 / \text{d}$$

步骤 4：根据表中真实气体拟压力值，利用方程（3.1）计算 $Q_g$ 的精确值。

$$Q_g = \frac{Kh\left[\bar{\psi}_r - \psi_{wf}\right]}{1422T\left[\ln\left(r_e/r_w\right) - 0.75 + s\right]}$$

$$= \frac{65 \times 15 \times \left(304.0 - 113.1\right) \times 10^6}{1422 \times 600 \times \left[\ln\left(1000/0.25\right) - 0.75 - 0.4\right]}$$

$$= 30536 \times 10^3 \, \text{ft}^3 / \text{d}$$

比较两种方法的结果，压力平方近似法预测的平均绝对误差 0.27%。

### 3.1.2 紊流条件下的气体流动

到目前为止，本章介绍的所有数学公式都是基于气体线性流条件的假设。在径向流过程中，随着气体接近井底，其流动速度增加。气体速度的增加可能引起井筒周围出现紊流。如果存在紊流，能够引起附加压力降，类似于机械表皮效应的影响。

如第 1 章介绍的方程（1.163）到方程（1.165），在可压缩流体的拟稳定流动方程中引入与速度有关的系数 $DQ_g$ 进行修正，来说明紊流引起的附加压力降。其中 $D$ 被称为紊流系数。得到的拟稳定方程有下列三种形式。

（1）压力平方近似形式：

$$Q_g = \frac{Kh\left(\bar{p}_r^2 - p_{wf}^2\right)}{1422T\left(\mu_g Z\right)_{avg}\left[\ln\left(r_e/r_w\right) - 0.75 + s + DQ_g\right]} \tag{3.15}$$

其中 $D$ 是惯性或紊流系数，由方程（1.159）给出，即：

$$D = \frac{FKh}{1422T} \tag{3.16}$$

而非达西流系数 $F$ 由方程（1.155）确定：

$$F = 3.161 \times 10^{-12} \left(\frac{\beta T \gamma_g}{\mu_g h^2 r_w}\right) \tag{3.17}$$

式中　$F$——非达西流系数；

　　　$K$——渗透率，mD；

　　　$T$——温度，°R；

　　　$\gamma_g$——气体相对密度；

　　$r_\mathrm{w}$——井筒半径，ft ；

　　$h$——厚度，ft ；

　　$\beta$——紊流参数，$\beta = 1.88 \times 10^{-10} K^{-1.47} \phi^{-0.53}$ ；

　　$\phi$——孔隙度。

（2）压力近似形式：

$$Q_\mathrm{g} = \frac{7.08 \times 10^{-6} Kh \left( \overline{p}_\mathrm{r} - p_\mathrm{wf} \right)}{\left( \mu_\mathrm{g} B_\mathrm{g} \right)_\mathrm{avg} T \left[ \ln \left( r_\mathrm{e}/r_\mathrm{w} \right) - 0.75 + s + DQ_\mathrm{g} \right]} \tag{3.18}$$

（3）真实气体拟压力形式：

$$Q_\mathrm{g} = \frac{Kh \left( \overline{\psi}_\mathrm{r} - \psi_\mathrm{wf} \right)}{1422T \left[ \ln \left( r_\mathrm{e}/r_\mathrm{w} \right) - 0.75 + s + DQ_\mathrm{g} \right]} \tag{3.19}$$

　　方程（3.15），方程（3.18）和方程（3.19）是 $Q_\mathrm{g}$ 的二次关系式，因此，它们不是计算气体流量表达式。有两个不同的经验处理方法可用于解决气井的紊流问题。这两个处理方法都是近似法，是由拟稳定方程的三种形式，即方程（3.15）到方程（3.17）直接推导而得。这两个处理方法称为：（1）简化处理法；（2）层流—惯性流—紊流（LIT）处理法。

### 3.1.2.1　简化处理法

　　基于大量气井流动数据的分析，Rawlins 和 Schellardt（1936）假定气体流量和压力的关系式可以用压力平方的形式表示，即方程（3.11），通过引入一个指数 $n$ 表示紊流引起的附加压力降：

$$Q_\mathrm{g} = \frac{Kh}{1422T \left( \mu_\mathrm{g} Z \right)_\mathrm{avg} \left[ \ln \left( r_\mathrm{e}/r_\mathrm{w} \right) - 0.75 + s \right]} \left( \overline{p}_\mathrm{r}^{\,2} - p_\mathrm{wf}^2 \right)^n$$

　　在上面的方程中引入动态系数 $C$，并定义 $C$ 为：

$$C = \frac{Kh}{1422T \left( \mu_\mathrm{g} Z \right)_\mathrm{avg} \left[ \ln \left( r_\mathrm{e}/r_\mathrm{w} \right) - 0.75 + s \right]}$$

得：

$$Q_\mathrm{g} = C \left( \overline{p}_\mathrm{r}^{\,2} - p_\mathrm{wf}^2 \right)^n \tag{3.20}$$

式中　$Q_\mathrm{g}$——气体流量，$10^3 \mathrm{ft}^3/\mathrm{d}$ ；

　　　　$\overline{p}_\mathrm{r}$——气藏平均压力，psi ；

　　　　$n$——指数 ；

　　　　$C$——动态系数，$10^3 \mathrm{ft}^3/ \left( \mathrm{d} \cdot \mathrm{psi}^2 \right)$。

　　指数 $n$ 用以表示气体高速流动，即紊流引起的附加压力降。根据流动条件，指数 $n$ 可以从完全层流的 1.0 到全部紊流的 0.5，即 $0.5 \leqslant n \leqslant 1.0$。

　　方程（3.20）中的动态系数 $C$ 表示：（1）气藏岩石特性；（2）流体特性；（3）气藏流

动几何形态。

应该指出，与达西方程的要求相同，方程（3.20）以气体流动遵循拟稳定流或稳定流条件的假设为基础。该条件意味着井的泄油半径 $r_e$ 恒定，且动态系数 $C$ 也应该保持恒定。相反，在不稳定流条件下，井的泄油半径是不断变化的。

方程（3.20）通常被称为产能方程或回压方程。如果方程中的系数（即 $n$ 和 $C$）能够确定，井底流动压力 $p_{wf}$ 对应的气体流量 $Q_g$ 就可以计算，且可以绘制流入动态关系（IPR）曲线。

对方程（3.20）的两侧取对数得：

$$\lg\left(Q_g\right)=\lg\left(C\right)+n\lg\left(\overline{p}_r^{\,2}-p_{wf}^2\right) \tag{3.21}$$

方程（3.21）表明 $Q_g$ 与（$\overline{p}_r^{\,2}-p_{wf}^2$）的双对数坐标图形是一条斜率为 $n$ 的直线。在天然气藏，传统的做法是绘制反向图形，即绘制（$\overline{p}_r^{\,2}-p_{wf}^2$）与 $Q_g$ 的双对数坐标图形，形成一条斜率为 $1/n$ 的直线。如图 3.3 所示，该图形通常被称为产能曲线或回压曲线。

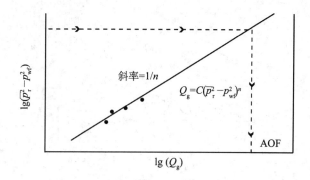

图 3.3　井的产能

产能指数 $n$ 可由直线上的任意两点，即（$Q_{g1}$，$\Delta p_1^2$）和（$Q_{g2}$，$\Delta p_2^2$），根据下列表达式确定：

$$n=\frac{\lg\left(Q_{g1}\right)-\lg\left(Q_{g2}\right)}{\lg\left(\Delta p_1^2\right)-\lg\left(\Delta p_2^2\right)} \tag{3.22}$$

给定 $n$，直线上任一点可用于计算动态系数 $C$：

$$C=\frac{Q_g}{\left(\overline{p}_r^{\,2}-p_{wf}^2\right)^n} \tag{3.23}$$

回压方程或其他任意经验方程中的系数通常由气井试井数据分析得到。产能试井已经被石油工业用于确定气井最大产能 60 多年。产能试井有三种基本类型：（1）常规产能（回压）试井；（2）等时试井；（3）等时间歇试井。

这些试井基本包括让井以多个流量流动，记录井底流动压力随时间的变化。分析记录的数据，确定气井的最大产能并建立气井的流入动态关系式。产能试井将在本章的后面部分介绍。

### 3.1.2.2　层流—惯性流—紊流（LIT）处理法

该方法的基础是用达西流（层流）的压力降和紊流的附加压力降表示总压力降。即：

$$(\Delta p)_{总} = (\Delta p)_{层流} + (\Delta p)_{紊流}$$

方程（3.15），方程（3.18）和方程（3.19）所表示的拟稳定方程的三种形式，即压力平方近似法、压力近似法和真实气体拟压力法，整理成二次形式，把层流项和惯性－紊流项分开，形成的方程如下。

压力平方近似形式方程（3.15）表示为更简单的形式：

$$Q_g = \frac{Kh\left(\overline{p}_r^2 - p_{wf}^2\right)}{1422T\left(\mu_g Z\right)_{avg}\left[\ln\left(r_e/r_w\right) - 0.75 + s + DQ_g\right]}$$

整理该方程得：

$$\overline{p}_r^2 - p_{wf}^2 = aQ_g + bQ_g^2 \tag{3.24}$$

且

$$a = \left(\frac{1422T\mu_g Z}{Kh}\right)\left[\ln\left(\frac{r_e}{r_w}\right) - 0.75 + s\right] \tag{3.25}$$

$$b = \left(\frac{1422T\mu_g Z}{Kh}\right)D \tag{3.26}$$

式中　$a$——层流系数

$b$——惯性—紊流系数；

$Q_g$——气体流量，$10^3\text{ft}^3/\text{d}$；

$Z$——气体压缩因子；

$K$——渗透率，mD；

$\mu_g$——气体黏度，mPa·s。

方程（3.24）表明方程右侧的第一项（即 $aQ_g$）代表层流（达西流）引起的压力降，而第二项（$bQ_g^2$）代表紊流引起的压力降。

方程（3.24）中 $aQ_g$ 代表层流引起的压力平方降，而 $bQ_g^2$ 表示惯性—紊流影响导致的压力平方降。

方程（3.24）的两侧除以 $Q_g$ 得：

$$\frac{\overline{p}_r^2 - p_{wf}^2}{Q_g} = a + bQ_g \tag{3.27}$$

系数 $a$ 和 $b$ 的确定，绘制（$\overline{p}_\mathrm{r}^2 - p_\mathrm{wf}^2$）$/Q_\mathrm{g}$ 与 $Q_\mathrm{g}$ 的直角坐标图形，得到一条直线，斜率为 $b$，截距为 $a$。本章后面的部分将介绍应用产能试井数据构建图 3.4 所示的线性关系。

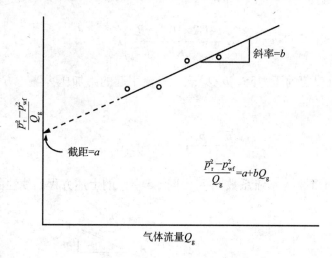

图 3.4　压力平方近似法数据

给定 $a$ 和 $b$，二次流动方程（3.24）可用于求任一流压 $p_\mathrm{wf}$ 对应的 $Q_\mathrm{g}$：

$$Q_\mathrm{g} = \frac{-a + \sqrt{a^2 + 4b\left(\overline{p}_\mathrm{r}^2 - p_\mathrm{wf}^2\right)}}{2b} \tag{3.28}$$

接下来，取不同的 $p_\mathrm{wf}$ 值利用方程（3.28）计算对应的 $Q_\mathrm{g}$，可以建立目前气藏压力 $\overline{p}_\mathrm{r}$ 下气井的 IPR。

应该指出，在推导方程（3.24）时做了下列假设：
（1）单相流；
（2）均质且各向同性气藏；
（3）渗透率与压力无关；
（4）气体黏度和压缩因子的乘积（$\mu_\mathrm{g}Z$）恒定。
建议在压力低于 2000psi 情况下应用该方法。

压力二次形式：整理压力近似法方程（3.18）并表示为下列二次形式：

$$Q_\mathrm{g} = \frac{7.08 \times 10^{-6} Kh\left(\overline{p}_\mathrm{r} - p_\mathrm{wf}\right)}{\left(\mu_\mathrm{g} B_\mathrm{g}\right)_\mathrm{avg} T\left[\ln\left(r_\mathrm{e}/r_\mathrm{w}\right) - 0.75 + s + DQ_\mathrm{g}\right]}$$

整理得：

$$\overline{p}_\mathrm{r} - p_\mathrm{wf} = a_1 Q_\mathrm{g} + b_1 Q_\mathrm{g}^2 \tag{3.29}$$

其中：

$$a_1 = \frac{141.2 \times 10^{-3} \mu_g B_g}{Kh} \left[ \ln(r_e/r_w) - 0.75 + s \right] \tag{3.30}$$

$$b_1 = \left( \frac{141.2 \times 10^{-3} \mu_g B_g}{Kh} \right) D \tag{3.31}$$

$a_1 Q_g$ 代表层流引起的压力降，$b_1 Q_g^2$ 表示紊流引起的附加压力降。方程（3.29）表示为线性形式：

$$\frac{\overline{p}_r - p_{wf}}{Q_g} = a_1 + b_1 Q_g \tag{3.32}$$

层流系数 $a_1$ 和惯性 − 紊流系数 $b_1$ 可由图 3.5 所示的上述方程的线性曲线确定。

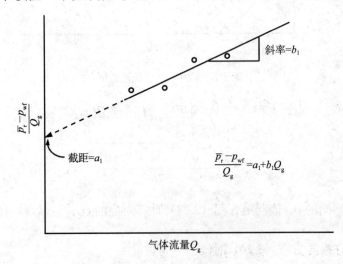

图 3.5  压力法数据

一旦系数 $a_1$ 和 $b_1$ 确定，就可以计算任一压力下的气体流量 $Q_g$：

$$Q_g = \frac{-a_1 + \sqrt{a_1^2 + 4b_1 (\overline{p}_r - p_{wf})}}{2b_1} \tag{3.33}$$

方程（3.29）的应用也受限于为压力平方法所做的假设。然而，压力法适用于压力高于 3000psi 的情况。

拟压力二次法：拟压力方程的形式：

$$Q_g = \frac{Kh(\overline{\psi}_r - \psi_{wf})}{1422T \left[ \ln(r_e/r_w) - 0.75 + s + DQ_g \right]}$$

该表达式可以表示为更简单的形式：

$$\overline{\psi}_r - \psi_{wf} = a_2 Q_g + b_2 Q_g^2 \tag{3.34}$$

其中：

$$a_2 = \left(\frac{1422}{Kh}\right)\left[\ln\left(r_e/r_w\right) - 0.75 + s\right] \tag{3.35}$$

$$b_2 = \left(\frac{1422}{Kh}\right)D \tag{3.36}$$

方程（3.34）中 $a_2 Q_g$ 表示层流引起的拟压力降，$b_2 Q_g^2$ 表示惯性－紊流影响引起的拟压力降。

方程（3.34）的两侧都除以 $Q_g$ 得：

$$\frac{\overline{\psi}_r - \psi_{wf}}{Q_g} = a_2 + b_2 Q_g \tag{3.37}$$

上面的表达式表明 $(\overline{\psi}_r - \psi_{wf})/Q_g$ 与 $Q_g$ 的直角坐标图形是一条直线，斜率为 $b_2$，截距为 $a_2$，如图 3.6 所示。

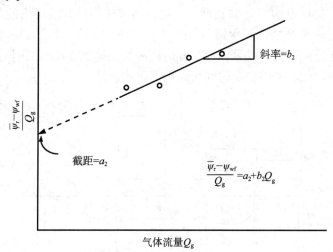

图 3.6　真实气体拟压力法数据

给定 $a_2$ 和 $b_2$，任一流压 $p_{wf}$ 下的气体流量计算为：

$$Q_g = \frac{-a_2 + \sqrt{a_2^2 + 4b_2\left(\overline{\psi}_r - \psi_{wf}\right)}}{2b_2} \tag{3.38}$$

应该指出真实气体拟压力法比压力近似法和压力平方近似法更加精确，且适用于各种压力范围。

在接下来的部分，介绍回压试井。然而，这里只是简单介绍。下面几个作者杰出的著作详细介绍了不稳定流和试井。

（1）Earlougher（1977）；

（2）Matthews 和 Russell（1967）；

（3）Lee（1982）；

（4）加拿大能源保护局（ERCB）（1975）。

### 3.1.3 回压试井

Rawlins 和 Schellhardt（1936）提出了一种气井试井方法，该方法计量气井克服高于大气压力的管线回压的流动能力。这种类型的流动试井通常被称为常规产能试井。回压试井的步骤如下。

步骤 1：关闭气井足够长的时间，使地层压力等于气藏体积平均压力 $\bar{p}_r$。

步骤 2：让气井以恒定流量 $Q_{g1}$ 生产足够长的时间，使井底流动压力稳定于 $p_{wf1}$，即达到拟稳态。

步骤 3：在几个不同的流量下重复步骤 2 并记录每个流量对应的稳定的井底流动压力。如果用三个或四个流量，这种试井被称为三点或四点流动试井。

一个典型的四点流动试井的流量和压力变化情况如图 3.7 所示。该图说明测试过程中产量正常的变化顺序是逐渐增加的。然而测试也可按相反的次序进行。经验表明大多数井按正常的产量次序能够获得更好的数据。在进行常规产能试井要考虑的最重要的因素是流动时间的长度。每一个产量需要保持足够长的时间使井稳定，即达到拟稳态。达到拟稳态的时间定义为恒定流量下整个气藏内压力随时间的变化速度 $dp/dt$ 达到恒定的时间。圆形或正方形泄油面积中心一口井的稳定时间可以根据下式计算：

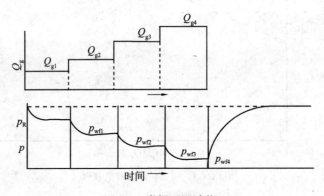

图 3.7 常规回压试井

$$t_{pss} = \frac{15.8\phi\mu_{gi}c_{ti}A}{K} \tag{3.39}$$

且

$$c_{ti} = S_w c_{wi} + (1 - S_w) c_{gi} + c_f$$

式中 $t_{pss}$——稳定（拟稳态）时间，d；

$c_{ti}$——原始压力下的总压缩系数，$psi^{-1}$；

$c_{wi}$——原始压力下水的压缩系数，$psi^{-1}$；

$c_f$——地层压缩系数，$psi^{-1}$；

$c_{gi}$——原始压力下气体的压缩系数，$psi^{-1}$；

$\phi$——孔隙度，小数；

$\mu_g$——气体黏度，$mPa \cdot s$；

$K$——气体有效渗透率，mD；

$A$——泄油面积，$ft^2$。

为了适当地应用方程（3.39），必须确定气藏平均压力下的流体特性和系统压缩性。而在原始气藏压力下计算的这些参数为达到拟稳态条件和建立恒定泄油面积所需的时间提供了较好的一次近似。为了确定所选气体流动方程的系数，对记录的井底流动压力 $p_{wf}$ 和流量 $Q_g$ 用几种图形的形式进行分析。

回压方程　　　　　$\lg(Q_g) = \lg(C) + n\lg\ (\ \bar{p}_r^2 - p_{wf}^2\ )$

压力平方方程　　　$\bar{p}_r^2 - p_{wf}^2 = aQ_g + bQ_g^2$

压力方程　　　　　$\dfrac{\bar{p}_r - p_{wf}}{Q_g} = a_1 + b_1 Q_g$

拟压力方程　　　　$\bar{\psi}_v - \psi_{wf} = a_2 Q_g + b_2 Q_g^2$

下面的例子说明了应用回压试井数据确定任一经验流动方程的系数。

**例 3.2**　一口气井进行三点常规产能试井，原始气藏平均压力为 1952psi。试井过程中记录的数据如下：

| $p_{wf}$ (psia) | $m(p_{wf}) = \psi_{wf}$ [$psi^2/(mPa \cdot s)$] | $Q_g$ ($10^3 ft^3/d$) |
|---|---|---|
| 1952 | $316 \times 10^6$ | 0 |
| 1700 | $245 \times 10^6$ | 2624.6 |
| 1500 | $191 \times 10^6$ | 4154.7 |
| 1300 | $141 \times 10^6$ | 5425.1 |

图 3.8 显示了气体拟压力 $\psi$ 与压力的函数图形。利用下列方法绘制目前的 IPR。

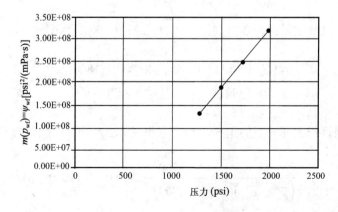

图 3.8　真实气体势能与压力的关系

（1）简化回压方程。

（2）层流－惯性－紊流（LIT）法。

①压力近似法，方程（3.29）。

②压力法，方程（3.33）。

③拟压力法，方程（3.26）。

（3）比较计算结果。

**解** （1）回压方程。

步骤 1：准备下表。

| $p_{wf}$ | $p_{wf}^2$<br>(psi²×10³) | $\bar{p}_r^2 - p_{wf}^2$<br>(psi²×10³) | $Q_g$<br>(10³ft³/d) |
|---|---|---|---|
| $\bar{p}_r = 1952$ | 3810 | 0 | 0 |
| 1700 | 2890 | 920 | 2624.6 |
| 1500 | 2250 | 1560 | 4154.7 |
| 1300 | 1690 | 2120 | 5425.1 |

步骤 2：绘制（$\bar{p}_r^2 - p_{wf}^2$）与 $Q_g$ 的双对数坐标图形，如图 3.9 所示。通过各点画一条直线。

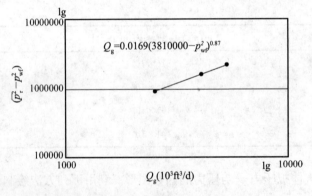

图 3.9　回压曲线

步骤 3：根据直线上任意两点，利用方程（3.22）计算指数 $n$。

$$n = \frac{\lg\left(Q_{g1}\right) - \lg\left(Q_{g2}\right)}{\lg\left(\Delta p_1^2\right) - \lg\left(\Delta p_2^2\right)} = \frac{\lg(4000) - \lg(1800)}{\lg(1500) - \lg(600)} = 0.87$$

步骤 4：根据直线上任一点的坐标，利用方程（3.23）计算动态系数 $C$。

$$C = \frac{Q_g}{\left(\bar{p}_r^2 - p_{wf}^2\right)^n} = \frac{1800}{(600000)^{0.87}} = 0.0169 \times 10^3 \text{ft}^3 / \text{psi}^2$$

步骤 5：那么，回压方程表示为：

$$Q_\mathrm{g} = 0.0169\left(3810000 - p_\mathrm{wf}^2\right)^{0.87}$$

步骤 6：生成 IPR 数据。利用不同的 $p_\mathrm{wf}$ 值，计算对应的流量 $Q_\mathrm{g}$。

| $p_\mathrm{wf}$ | $Q_\mathrm{g}(10^3\mathrm{ft}^3/\mathrm{d})$ |
|---|---|
| 1952 | 0 |
| 1800 | 1720 |
| 1600 | 3406 |
| 1000 | 6891 |
| 500 | 8465 |
| 0 | 8980 |

其中绝对无阻流量 $AOF = (Q_\mathrm{g})_\mathrm{max} = 8980 \times 10^3\mathrm{ft}^3/\mathrm{d}$。

（2）LIT 法。

①压力平方法。

步骤 1：构建下表。

| $p_\mathrm{wf}$ | $(\bar{p}_\mathrm{r}^2 - p_\mathrm{wf}^2)$ $(10^3\mathrm{psi}^2)$ | $Q_\mathrm{g}$ $(10^3\mathrm{ft}^3/\mathrm{d})$ | $(\bar{p}_\mathrm{r}^2 - p_\mathrm{wf}^2)/Q_\mathrm{g}$ |
|---|---|---|---|
| $\bar{p}_\mathrm{r} = 1952$ | 0 | 0 | — |
| 1700 | 920 | 2624.6 | 351 |
| 1500 | 1560 | 4154.7 | 375 |
| 1300 | 2120 | 5425.1 | 391 |

步骤 2：绘制 $(\bar{p}_\mathrm{r}^2 - p_\mathrm{wf}^2)/Q_\mathrm{g}$ 与 $Q_\mathrm{g}$ 的直角坐标图形，通过各点画一条直线。如图 3.10 所示。

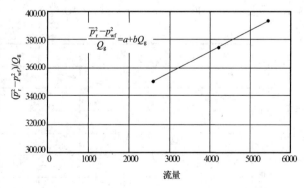

图 3.10  压力平方法

步骤 3：确定直线的截距和斜率。

截距 $a = 318$，斜率 $b = 0.01333$。

步骤 4：方程（3.24）给出的压力平方法的二次型如下。

$$\bar{p}_r^2 - p_{wf}^2 = aQ_g + bQ_g^2$$

$$(3810000 - p_{wf}^2) = 318Q_g + 0.01333Q_g^2$$

步骤 5：生成 IPR 数据。根据不同的 $p_{wf}$ 的值，利用方程（3.28）计算 $Q_g$。

| $p_{wf}$ | $(\bar{p}_r^2 - p_{wf}^2)$ ($10^3 psi^2$) | $Q_g$ ($10^3 ft^3/d$) |
|---|---|---|
| 1952 | 0 | 0 |
| 1800 | 570 | 1675 |
| 1600 | 1250 | 3436 |
| 1000 | 2810 | 6862 |
| 500 | 3560 | 8304 |
| 0 | 3810 | $8763 = AOF = (Q_g)_{max}$ |

②压力法。

步骤 1：构建下表。

| $p_{wf}$ | $(\bar{p}_r - p_{wf})$ | $Q_g$ ($10^3 ft^3/d$) | $(\bar{p}_r - p_{wf})/Q_g$ |
|---|---|---|---|
| $\bar{p}_r = 1952$ | 0 | 0 | — |
| 1700 | 252 | 262.6 | 0.090 |
| 1500 | 452 | 4154.7 | 0.109 |
| 1300 | 652 | 5425.1 | 0.120 |

步骤 2：绘制 $(\bar{p}_r - p_{wf})/Q_g$ 与 $Q_g$ 的直角坐标图形，如图 3.11 所示。通过各点画一条直线，确定截距和斜率：截距 $a_1 = 0.06$，斜率 $b_1 = 1.111 \times 10^{-5}$。

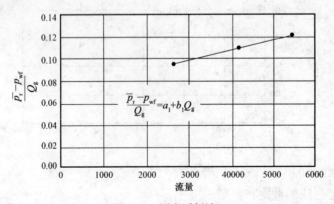

图 3.11 压力近似法

步骤 3：压力法的二次型如下。

$$\overline{p}_r - p_{wf} = a_1 Q_g + b_1 Q_g^2$$

或

$$1952 - p_{wf} = 0.06 Q_g + (1.111 \times 10^{-5}) Q_g^2$$

步骤 4：利用方程（3.33）计算 IPR 数据。

| $p_{wf}$ | $(\overline{p}_r - p_{wf})$ | $Q_g$ ($10^3 \text{ft}^3/\text{d}$) |
|---|---|---|
| 1952 | 0 | 0 |
| 1800 | 152 | 1879 |
| 1600 | 352 | 3543 |
| 1000 | 952 | 6942 |
| 500 | 1452 | 9046 |
| 0 | 1952 | 10827 |

③拟压力法。

步骤 1：构建下表。

| $p_{wf}$ | $\psi[\text{psi}^2/(\text{mPa} \cdot \text{s})]$ | $(\overline{\psi}_r - \psi_{wf})$ | $Q_g$ ($10^3\text{ft}^3/\text{d}$) | $(\overline{\psi}_r - \psi_{wf})/Q_g$ |
|---|---|---|---|---|
| $\overline{p}_r = 1952$ | $316 \times 10^6$ | 0 | 0 | — |
| 1700 | $245 \times 10^6$ | $71 \times 10^6$ | 262.6 | $27.05 \times 10^3$ |
| 1500 | $191 \times 10^6$ | $125 \times 10^6$ | 4154.7 | $30.09 \times 10^3$ |
| 1300 | $141 \times 10^6$ | $175 \times 10^6$ | 5425.1 | $32.26 \times 10^3$ |

步骤 2：绘制 $(\overline{\psi}_r - \psi_{wf})/Q_g$ 与 $Q_g$ 的直角坐标图形，如图 3.12 所示。确定截距 $a_2$ 和斜率 $b_2$：$a_2 = 22.28 \times 10^3$，$b_2 = 1.727$。

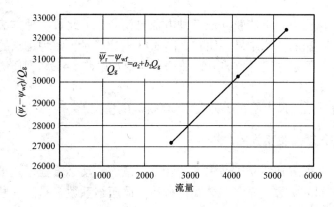

图 3.12　拟压力法

步骤 3：方程（3.34）所示的真实气体拟压力法的二次型如下。

$$\bar{\psi}_r - \psi_{wf} = a_2 Q_g + b_2 Q_g^2$$

$$(316 \times 10^6 - \psi_{wf}) = 22.28 \times 10^3 Q_g + 1.727 Q_g^2$$

步骤 4：生成 IPR 数据。根据不同的 $p_{wf}$ 值，即 $\psi_{wf}$ 值，利用方程（3.38）计算对应的 $Q_g$。

| $p_{wf}$ | $m(p)$ 或 $\psi$ | $\bar{\psi}_r - \psi_{wf}$ | $Q_g$（$10^3$ft$^3$/d） |
|---|---|---|---|
| 1952 | $316 \times 10^6$ | 0 | 0 |
| 1800 | $270 \times 10^6$ | $46 \times 10^6$ | 1794 |
| 1600 | $215 \times 10^6$ | $101 \times 10^6$ | 3503 |
| 1000 | $100 \times 10^6$ | $216 \times 10^6$ | 6331 |
| 500 | $40 \times 10^6$ | $276 \times 10^6$ | 7574 |
| 0 | 0 | $316 \times 10^6$ | 8342=AOF $(Q_g)_{max}$ |

（3）比较四种不同方法计算的气体流量。IPR 计算结果如下：

| 气体流量（$10^3$ft$^3$/d） | | | | |
|---|---|---|---|---|
| 压力 | 回压 | $p^2$ 法 | $p$ 法 | $\psi$ 法 |
| 1952 | 0 | 0 | 0 | 0 |
| 1800 | 1720 | 1675 | 1879 | 1811 |
| 1600 | 3406 | 3436 | 3543 | 3554 |
| 1000 | 6891 | 6862 | 6942 | 6460 |
| 500 | 8465 | 8304 | 9046 | 7742 |
| 0 | 8980 | 8763 | 10827 | 8536 |
| | 6.0% | 5.4% | 11% | — |

因为真实气体拟压力分析法较其他三种方法更精确，因此每一种方法预测 IPR 数据的准确度是与拟压力 $\psi$ 法的预测结果相比较。图 3.13 对比显示了每种方法的结果以及 $\psi$ 法的结果。结果显示压力平方方程得到的 IPR 数据平均绝对误差 5.4%，回压方程和压力近似法的误差分别为 6% 和 11%。

应该注意压力近似法只应用在压力大于 3000psi 的情况。

### 3.1.4　将来流入动态关系式

如果一口井试井完成并建立了适用的产能方程或流入动态方程，就可以预测 IPR 数据与气藏平均压力之间的函数关系。气体黏度 $\mu_g$ 和气体压缩系数 $Z$ 是随气藏压力 $\bar{p}_r$ 的变化而变化最大的参数。

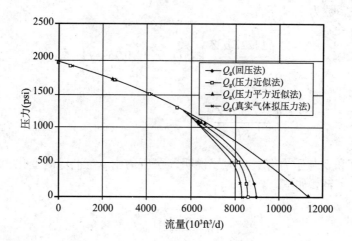

图 3.13　所有方法的 IPR 曲线

假设目前气藏的平均压力是 $\bar{p}_{r1}$，气体黏度为 $\mu_{g1}$，气体压缩系数为 $Z_1$。选定气藏某一将来平均压力 $\bar{p}_{r2}$，$\mu_{g2}$ 和 $Z_2$ 代表相应的气体性质。建议应用下列方法预测气藏压力变化，即从 $\bar{p}_{r1}$ 到 $\bar{p}_{r2}$，对产能方程系数的影响。

### 3.1.4.1　回压方程

回顾一下回压方程：

$$Q_g = C\left(\bar{p}_r^2 - p_{wf}^2\right)^n$$

其中系数 $C$ 表示气体和气藏的特性：

$$C = \frac{Kh}{1422T\left(\mu_g Z\right)_{avg}\left[\ln\left(r_e/r_w\right) - 0.75 + s\right]}$$

动态系数 $C$ 是与压力有关的参数，应该随气藏压力的每个变化进行调整。假设气藏压力从 $p_{r1}$ 递减到 $p_{r2}$，用下面的近似表达式对 $p_1$ 下的动态系数进行调整以反映压力降：

$$C_2 = C_1\left(\frac{\mu_{g1}Z_1}{\mu_{g2}Z_2}\right) \tag{3.40}$$

$n$ 值被认为是恒定的。下标 1 和 2 表示 $p_{r1}$ 和 $p_{r2}$ 下的特性参数。

### 3.1.4.2　LIT 法

前面介绍的 LIT 法的任一方程，即方程（3.24），方程（3.29）和方程（3.34）中的线性流系数 $a$ 和惯性 – 紊流系数 $b$ 可根据下面简单的关系式进行修正。

压力平方法：压力平方方程表示为：

$$\bar{p}_r^2 - p_{wf}^2 = aQ_g + bQ_g^2$$

上述表达式的系数为：

$$a = \left( \frac{1422 T \mu_g Z}{Kh} \right) \left[ \ln \left( r_e / r_w \right) - 0.75 + s \right]$$

$$b = \left( \frac{1422 T \mu_g Z}{Kh} \right) D$$

显然，系数 $a$ 和 $b$ 与压力有关，为了说明气藏压力由 $p_{r1}$ 到 $p_{r2}$ 的变化，应该对系数进行修正。系数调整关系式如下：

$$a_2 = a_1 \left( \frac{\mu_{g2} Z_2}{\mu_{g2} Z_1} \right) \tag{3.41}$$

$$b_2 = b_1 \left( \frac{\mu_{g2} Z_2}{\mu_{g1} Z_1} \right) \tag{3.42}$$

其中下标 1 和 2 分别代表气藏压力 $p_{r1}$ 和 $p_{r2}$ 下的条件。

压力近似法：计算气体流量的压力近似法方程如下：

$$\bar{p}_r - p_{wf} = a_1 Q_g + b_1 Q_g^2$$

且

$$a_1 = \frac{141.2 \times 10^{-3} \mu_g B_g}{Kh} \left[ \ln \left( r_e / r_w \right) - 0.75 + s \right]$$

$$b_1 = \left( \frac{141.2 \times 10^{-3} \mu_g B_g}{Kh} \right) D$$

系数 $a$ 和 $b$ 的调整方法建议利用下面两个简单的表达式：

$$a_2 = a_1 \left( \frac{\mu_{g2} B_{g2}}{\mu_{g1} B_{g1}} \right) \tag{3.43}$$

$$b_2 = b_1 \left( \frac{\mu_{g2} B_{g2}}{\mu_{g1} B_{g1}} \right) \tag{3.44}$$

式中 $B_g$——气体地层体积系数，$bbl/ft^3$。

拟压力法：拟压力方程为：

$$\bar{\psi}_r - \psi_{wf} = a_2 Q_g + b_2 Q_g^2$$

系数表示为：

$$a_2 = \frac{1422}{Kh}\left[\ln\left(r_e/r_w\right) - 0.75 + s\right]$$

$$b_2 = \left(\frac{1422}{Kh}\right)D$$

注意拟压力法的系数 $a$ 和 $b$ 与气藏压力无关，可看做常数。

**例3.3**　除了例3.2列出的数据，还有下面的关系式：

(1) 在1952psi下，$(\mu_g Z) = 0.01206$；

(2) 在1700psi下，$(\mu_g Z) = 0.01180$。

利用回压方程、压力平方方程和拟压力方程进行相应计算。

当气藏压力由1952psi降到1700psi，计算IPR数据。

**解**　步骤1：调整每个方程的系数 $a$ 和 $b$。

(1) 回压方程：利用方程 (3.40) 调整 $C$。

$$C_2 = C_1\left(\frac{\mu_{g1}Z_1}{\mu_{g2}Z_2}\right)$$

$$C = 0.0169 \times \left(\frac{0.01206}{0.01180}\right) = 0.01727$$

因此，将来气体流量表示为：

$$Q_g = 0.01727 \times \left(1700^2 - p_{wf}^2\right)^{0.87}$$

(2) 压力平方方程：利用方程 (3.41) 和方程 (3.42) 调整 $a$ 和 $b$。

$$a_2 = a_1\left(\frac{\mu_{g2}B_{g2}}{\mu_{g1}B_{g1}}\right)$$

$$a = 318 \times \left(\frac{0.01180}{0.01206}\right) = 311.14$$

$$b_2 = b_1\left(\frac{\mu_{g2}B_{g2}}{\mu_{g1}B_{g1}}\right)$$

$$b = 0.01333 \times \left(\frac{0.01180}{0.01206}\right) = 0.01304$$

$$\left(1700^2 - p_{wf}^2\right) = 311.14 Q_g + 0.01304 Q_g^2$$

（3）拟压力法：因为系数与压力无关，因此不需要调整。

$$\left(245 \times 10^6 - \psi_{wf}\right) = 22.28 \times 10^3 Q_g + 1.727 Q_g^2$$

步骤 2：生成 IPR 数据。

| $p_{wf}$ | 气体流量 ($10^3 \text{ft}^3/\text{d}$) | | |
| --- | --- | --- | --- |
| | 回压 | $p^2$ 法 | $\psi$ 法 |
| $\overline{p}_r = 1700$ | 0 | 0 | 0 |
| 1600 | 1092 | 1017 | 1229 |
| 1000 | 4987 | 5019 | 4755 |
| 500 | 6669 | 6638 | 6211 |
| 0 | 7216 | 7147 | 7095 |

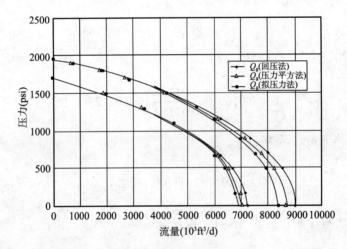

图 3.14    IPR 曲线对比

图 3.14 对比了上述三种方法预测的 IPR 数据。

应该指出前面讨论的所有试井方法和流入动态关系式主要用于评价在指定气藏平均压力 $\overline{p}_r$ 和井底流动压力 $p_{wf}$ 下地层向井筒输送气体的能力。实际能够传送到地面的气体体积还取决于地面油管头压力 $p_t$ 及由于气柱质量和油管内摩擦损失导致的井底到地面的压力降。Cullender 和 Smith（1956）用下列表达式描述压力损失：

$$p_{wf}^2 = e^s p_t^2 + \frac{L}{H}\left(F_r Q_g \overline{T}\overline{Z}\right)^2 \left(e^s - 1\right)$$

且

$$S = \frac{0.0375 \gamma_g H}{\overline{T}\overline{Z}}$$

$$F_r = \frac{0.004362}{d^{0.224}} \qquad\qquad d \leqslant 4.277\text{in}$$

$$F_r = \frac{0.004007}{d^{0.164}} \qquad\qquad d > 4.277\text{in}$$

式中　$p_{wf}$——井底流动压力，psi；

　　　$p_t$——油管头压力，psi；

　　　$Q_g$——气体流量，$10^3\text{ft}^3/\text{d}$；

　　　$L$——实际油管流动长度，ft；

　　　$H$——到射孔井段中点的垂直井深，ft；

　　　$\overline{T}$——算数平均温度，即 $(T_t + T_b)/2$，°R；

　　　$T_t$——油管头温度，°R；

　　　$T_b$——井底温度，°R；

　　　$\overline{Z}$——算数平均压力，即 $(p_t + p_{wf})/2$ 下的气体压缩因子；

　　　$F_r$——油管内壁的摩擦系数；

　　　$d$——油管内径，ft；

　　　$\gamma_g$——气体相对密度。

通过气体流量 $Q_g$ 把 Cullender–Smith 方程与回压方程联系起来得到：

$$\frac{p_{wf}^2 - e^s p_t^2}{\dfrac{L}{H}\left(F_r \overline{T Z}\right)^2 \left(e^s - 1\right)} = C\left(\overline{p}_r^2 - p_{wf}^2\right)^{2n}$$

对该方程进行迭代求出满足等式的 $p_{wf}$。$p_{wf}$ 值可用于计算井的气体产能。

# 3.2　水平气井动态

许多低渗透气藏因为产气量低而被看做没有工业开采价值。大多数钻遇致密气层的垂直井采取水力压裂或酸化处理等增产措施以获得有经济价值的产量。另外，为了有效开发致密气藏，垂直井必须采取小井距钻井，这将需要大量的垂直井。对于这样的气藏，水平井能够有效开发致密气藏并获得较高流量。Joshi（1991）指出水平井即可用于低渗透气藏也可用于高渗透气藏。Joshi（1991）的参考书提供了油藏和气藏水平井动态的综合处理方法。

在计算水平井气体流量时，Joshi（1991）在气体流动方程中引进了有效井筒半径 $r_w'$ 的概念。有效井筒半径表示为：

$$r_w' = \frac{r_{eh}\left(L/2\right)}{a\left[1 + \sqrt{1 - \left(L/2a\right)^2}\right]\left[h/2r_w\right]^{h/L}} \tag{3.45}$$

且：

$$a = \left(\frac{L}{2}\right)\left[0.5 + \sqrt{0.25 + \left(2r_{eh}/L\right)^4}\right]^{0.5} \tag{3.46}$$

和

$$r_{eh} = \sqrt{\frac{43560A}{\pi}} \tag{3.47}$$

式中　$L$——水平井长度，ft；

　　　$h$——厚度，ft；

　　　$r_w$——井筒半径，ft；

　　　$r_{eh}$——水平井泄油半径，ft；

　　　$a$——椭圆形泄油区域主轴的半长，ft；

　　　$A$——水平井泄油面积，ft²。

对于拟稳定流，Joshi（1991）用下列两种形式表示线性流达西方程。

（1）压力平方形式：

$$Q_g = \frac{Kh\left(\overline{p}_r^{\,2} - p_{wf}^2\right)}{1422T\left(\mu_g Z\right)_{avg}\left[\ln\left(r_e/r_w'\right) - 0.75 + s\right]} \tag{3.48}$$

式中　$Q_g$——气体流量，$10^3$ft³/d；

　　　$s$——表皮系数；

　　　$K$——渗透率，mD；

　　　$T$——温度，°R。

（2）拟压力形式：

$$Q_g = \frac{Kh\left(\overline{\psi}_r - \psi_{wf}\right)}{1422T\left[\ln\left(r_{eh}/r_w'\right) - 0.75 + s\right]} \tag{3.49}$$

**例 3.4**　水平气井长度 2000ft，泄油面积大约 120acre。其他数据如下：

$\overline{p}_r = 2000$psi，$\overline{\psi}_r = 340 \times 10^6$psi²/(mPa·s)，$p_{wf} = 1200$psi，$\psi_{wf} = 128 \times 10^6$psi²/(mPa·s)，$(\mu_g Z)_{avg} = 0.011826$，$r_w = 0.3$ft，$s = 0.5$，$h = 20$ft，$T = 180$°F，$K = 1.5$mD。

假设为拟稳定流，利用压力平方法和拟压力法计算气体流量。

**解**　步骤 1：计算水平井泄油半径。

$$r_{eh} = \sqrt{\frac{43560 \times 120}{\pi}} = 1290\text{ft}$$

步骤 2：利用方程（3.46）计算椭圆形泄油区域主轴的半长。

$$a = \left(\frac{2000}{2}\right) \times \left[0.5 + \sqrt{0.25 + \left(\frac{2 \times 1290}{2000}\right)^4}\right]^{0.5} = 1495.8$$

步骤 3：利用方程（3.45）计算有效井筒半径 $r_w'$。

$$\left(\frac{h}{2r_w}\right)^{\frac{h}{L}} = \left(\frac{20}{2 \times 0.3}\right)^{\frac{20}{2000}} = 1.0357$$

$$1 + \sqrt{1 - \left(\frac{L}{2a}\right)^2} = 1 + \sqrt{1 - \left(\frac{2000}{2 \times 1495.8}\right)^2} = 1.7437$$

应用方程（3.45）得：

$$r_w' = \frac{1290 \times \left(\dfrac{2000}{2}\right)}{1495.8 \times 1.7437 \times 1.0357} = 477.54 \text{ft}$$

步骤 4：应用压力平方近似法，利用方程（3.48）计算流量。

$$Q_g = \frac{1.5 \times 20 \times \left(2000^2 - 1200^2\right)}{1422 \times 640 \times 0.011826 \left[\ln\left(\dfrac{1290}{477.54}\right) - 0.75 + 0.5\right]}$$

$$= 9594 \times 10^3 \text{ft}^3/\text{d}$$

步骤 5：利用方程（3.49）描述的 $\psi$ 法计算流量。

$$Q_g = \frac{1.5 \times 20 \times (340 - 128) \times 10^6}{1422 \times 640 \left[\ln\left(\dfrac{1290}{477.54}\right) - 0.75 + 0.5\right]}$$

$$= 9396 \times 10^3 \text{ft}^3/\text{d}$$

对于紊流，为了说明非达西流引起的附加压力，引入与速度有关的表皮系数 $DQ_g$ 对达西方程进行修正。实际中，应用回压方程和 LIT 法计算水平井流量和绘制 IPR 曲线。为了确定所选方程的系数，必须在水平井上进行多流量测试，即产能试井。

## 3.3　常规气藏和非常规气藏的物质平衡方程

只包含游离气作为唯一碳氢化合物的储层被称为气藏。储层中的碳氢化合物混合物全部以气体状态存在。该混合物可能是干气、湿气或凝析气，这取决于气体的组分以及储层的压力和温度。

气藏可能存在来自邻近含水层的水侵，也可能没有水侵。

大多数气藏工程计算涉及气体地层体积系数 $B_g$ 和气体膨胀系数 $E_g$。为了方便，这两个系数的方程总结如下。

（1）气体地层体积系数 $B_g$ 定义为在某一压力 $p$ 和温度 $T$ 下 $n$ mol 气体占据的体积与标准条件下占据的体积之比。对两种条件应用真实气体方程得：

$$B_g = \frac{p_{sc}}{T_{sc}}\frac{ZT}{p} = 0.02827\frac{ZT}{p}\,\text{ft}^3/\text{ft}^3 \tag{3.50}$$

用 $\text{bbl}/\text{ft}^3$ 表示 $B_g$：

$$B_g = \frac{p_{sc}}{5.616T_{sc}}\frac{ZT}{p} = 0.00504\frac{ZT}{p}\,\text{bbl}/\text{ft}^3$$

（2）气体膨胀系数是 $B_g$ 的倒数，即：

$$E_g = \frac{1}{B_g} = \frac{T_{sc}}{p_{sc}}\frac{p}{ZT} = 35.37\frac{p}{ZT}\,\text{ft}^3/\text{ft}^3 \tag{3.51}$$

用 $\text{ft}^3/\text{bbl}$ 表示 $E_g$：

$$E_g = \frac{5.615T_{sc}}{p_{sc}}\frac{p}{ZT} = 198.6\frac{p}{ZT}\,\text{ft}^3/\text{bbl}$$

在进行气藏研究时，主要问题之一是确定天然气原始地质储量 $G$。通常有两种方法用于天然气工程：（1）体积法；（2）物质平衡法。

### 3.3.1　体积法

用于计算储气层孔隙体积（PV）的数据包括，但不局限于钻井记录、岩心分析、井底压力（BHP）、流体采样信息和试井资料。这些数据主要用于建立各类地下构造图。这些图中，地层构造图和横剖面图有助于确定气藏的面积和气藏的不连续性，如尖灭、断层或气水界面。地下等高线，通常是参照于已知层或标准层绘制，由高度相等的各点的连线构成，从而描述地质构造。地下等厚图由储气层有效厚度相等的各点的连线构成。根据这些图，利用体积近似计算方法如棱锥法或梯形法，计算等厚线之间的面积，然后确定气藏的 PV 数据。

体积方程在储量研究方面非常有用，用于计算任意开发阶段的天然气储量。在开发过程中，在气藏边界准确确定之前，计算单位体积储层岩石的天然气储量是很方便的。该单位数值乘以储层总体积得到租借区、圈闭或气层的天然气储量。在气藏开发的后期，气藏的体积已经确定且动态数据可用，体积计算能够检验物质平衡法得到的天然气储量。

计算天然气储量的方程是：

$$G = \frac{43560Ah\phi(1-S_{wi})}{B_{gi}} \tag{3.52}$$

且

$$B_{gi} = 0.02827\frac{Z_iT}{p_i}\,\text{ft}^3/\text{ft}^3$$

式中　$G$——天然气储量，ft³；

　　　$A$——气藏的面积，acre；

　　　$h$——气藏平均厚度，ft；

　　　$\phi$——孔隙度；

　　　$S_{wi}$——含水饱和度；

　　　$B_{gi}$——原始压力 $p_i$ 下的气体地层体积系数，ft³/ft³。

为了计算累计产气量 $G_p$，把上述方程用于原始压力 $p_i$ 及衰竭压力 $p$。

产气量 = 天然气原始地质储量 − 剩余气量

$$G_p = \frac{43560Ah\phi\left(1-S_{wi}\right)}{B_{gi}} - \frac{43560Ah\phi\left(1-S_{wi}\right)}{B_g}$$

或

$$G_p = 43560\,Ah\phi\left(1-S_{wi}\right)\left(\frac{1}{B_{gi}} - \frac{1}{B_g}\right)$$

整理得：

$$\frac{1}{B_g} = \frac{1}{B_{gi}} - \left[\frac{1}{43560Ah\phi\left(1-S_{wi}\right)}\right]G_p$$

根据气体膨胀系数 $E_g$ 的定义，即 $E_g = 1/B_g$，上述物质平衡方程的形式可以表示为：

$$E_g = E_{gi} - \left[\frac{1}{43560Ah\phi\left(1-S_{wi}\right)}\right]G_p$$

或

$$E_g = E_{gi} - \left[\frac{1}{(\mathrm{PV})\left(1-S_{wi}\right)}\right]G_p$$

该关系式表明 $E_g$ 与 $G_p$ 的函数图形是一条直线，在 $x$ 轴的截距是 $E_{gi}$ 的值，在 $y$ 轴的截距值代表天然气原始地质储量。注意当 $p = 0$ 时，气体膨胀系数也是零，即 $E_g = 0$，上述方程简化为：

$$G_p = (\text{孔隙体积})\,\left(1-S_{wi}\right)E_{gi} = G$$

为了计算可采气量，同样的方法可用于原始条件和废弃条件。

把方程（3.52）用于上述表达式：

$$G_p = \frac{43560Ah\phi\left(1-S_{wi}\right)}{B_{gi}} - \frac{43560Ah\phi\left(1-S_{wi}\right)}{B_{ga}}$$

或

$$G_p = 43560 Ah\phi(1-S_{wi})\left(\frac{1}{B_{gi}} - \frac{1}{B_{ga}}\right) \tag{3.53}$$

其中 $B_{ga}$ 是在废弃压力下计算的。应用体积法时假设天然气占据的孔隙体积恒定。如果有水侵发生，$A$、$h$ 和 $S_w$ 会发生变化。

**例 3.5**　一个气藏的特性参数如下：

$A = 3000\text{acre}$，$h = 30\text{ft}$，$\phi = 0.15$，$S_{wi} = 20\%$，$T = 150°\text{F}$，$p_i = 2600\text{psi}$，$Z_i = 0.82$。

| $p$ | $Z$ |
|-----|-----|
| 2600 | 0.82 |
| 1000 | 0.88 |
| 400 | 0.92 |

计算 1000psi 和 400psi 下累计产气量和采收率。

**解**　步骤 1：计算气藏 PV。

$$\text{PV} = 43560 Ah\phi = 43560 \times 3000 \times 30 \times 0.15 = 588.06 \times 10^6 \text{ft}^3$$

步骤 2：利用方程（3.50）计算每个给定压力下的 $B_g$。

$$B_g = 0.02827\frac{ZT}{p}\text{ft}^3/\text{ft}^3$$

| $p$ | $Z$ | $B_g$ (ft³/ft³) |
|-----|-----|-----------------|
| 2600 | 0.82 | 0.0054 |
| 1000 | 0.88 | 0.0152 |
| 400 | 0.92 | 0.0397 |

步骤 3：计算 2600psi 下的天然气原始地质储量。

$$G = \frac{43560 Ah\phi(1-S_{wi})}{B_{gi}} = \frac{(\text{PV})(1-S_{wi})}{B_{gi}}$$

$$= 588.06 \times 10^6 \times (1-0.2)/0.0054$$

$$= 87.12 \times 10^9 \text{ft}^3$$

步骤 4：因为假设气藏是封闭的，计算 1000psi 和 400psi 下的剩余气量。

1000psi 下的剩余气量：

$$G_{1000\text{psi}} = \frac{(\text{PV})(1-S_{wi})}{(B_g)_{1000\text{psi}}}$$

$$= 588.06 \times (10^6) \times (1-0.2)/0.0152$$

$$= 30.95 \times 10^9 \text{ft}^3$$

400psi 下的剩余气量：

$$G_{400\text{psi}} = \frac{(\text{PV})(1-S_{\text{wi}})}{(B_{\text{g}})_{400\text{psi}}}$$

$$= 588.06 \times (10^6) \times (1-0.2) / 0.0397$$

$$= 11.95 \times 10^9 \text{ft}^3$$

步骤 5：计算 1000psi 和 400psi 下累计产气量 $G_{\text{p}}$ 和采收率 $RF$。

在 1000psi 下：

$$G_{\text{p}} = (G - G_{1000\text{psi}}) = (87.12 - 30.95) \times 10^9 = 56.17 \times 10^9 \text{ft}^3$$

$$RF = \frac{56.17 \times 10^9}{87.12 \times 10^9} = 64.5\%$$

在 400psi 下：

$$G_{\text{p}} = (G - G_{400\text{psi}}) = (87.12 - 11.95) \times 10^9 = 75.17 \times 10^9 \text{ft}^3$$

$$RF = \frac{75.17 \times 10^9}{87.12 \times 10^9} = 86.3\%$$

封闭气藏的采收率范围为 80% ～ 90%，如果存在强水驱，高压下的剩余气捕集使采收率减小到 50% ～ 80%。

### 3.3.2　物质平衡法

物质平衡是油藏工程的基本工具之一。Pletcher（2000）提供了各种形式的物质平衡方程的参考文献，并讨论了预测天然气储量时的一些改进过程。如果气藏的下列产量－压力数据足够可用：

（1）累计产气量 $G_{\text{p}}$ 与压力的函数关系；

（2）气藏温度下天然气特性与压力的函数关系；

（3）原始气藏压力 $p_{\text{i}}$。

那么，在不知道气藏面积或井的泄油面积 $A$、厚度 $h$、孔隙度 $\phi$，或含水饱和度 $S_{\text{w}}$ 的情况下，也可以计算天然气储量。这可以通过建立气体质量或物质的量平衡来完成。即：

$$n_{\text{p}} = n_{\text{i}} - n_{\text{f}} \tag{3.54}$$

式中　$n_{\text{p}}$——产出气体的物质的量；

　　　$n_{\text{i}}$——气藏原始条件下气体的物质的量；

　　　$n_{\text{f}}$——气藏剩余气体的物质的量。

用一个理想气体容器代表气藏，如图 3.15 所示，方程（3.54）中的气体物质的量用真实气体定律中的等式代替，得：

$$n_p = \frac{p_{sc}G_p}{Z_{sc}RT_{sc}}$$

$$n_i = \frac{p_i V}{ZRT}$$

$$n_f = \frac{p\left[V - \left(W_e - B_w W_p\right)\right]}{ZRT}$$

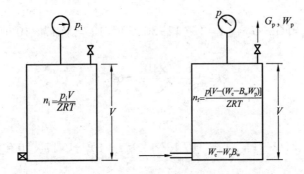

图 3.15  理想水驱气藏

把上述三个关系式代入方程（3.54）中，已知 $Z_{sc}=1$，得：

$$\frac{p_{sc}G_p}{Z_{sc}RT_{sc}} = \frac{p_i V}{ZRT} - \frac{p\left[V - \left(W_e - B_w W_p\right)\right]}{ZRT} \tag{3.55}$$

式中  $p_i$——原始气藏压力，psi；

$G_p$——气体累计产量，ft³；

$p$——目前气藏压力，psi；

$V$——气体原始体积，ft³；

$Z_i$——压力 $p_i$ 下的气体压缩因子；

$Z$——压力 $p$ 下的气体压缩因子；

$T$——温度，°R；

$W_e$——累计水侵量，ft³；

$W_p$——地面标准状态下累计产水量，ft³。

方程（3.55）是广义的物质平衡方程（MBE）。它可以表示为多种形式，这取决于应用的类型和驱动机理。一般情况下，干气藏可分为两种类型：(1) 封闭气藏；(2) 水驱气藏。下面讨论这两类气藏。

### 3.3.3  封闭气藏

对于封闭气藏，假设没有水产出，方程（3.55）简化为：

$$\frac{p_{sc}G_p}{T_{sc}} = \left(\frac{p_i}{Z_iT}\right)V - \left(\frac{p}{ZT}\right)V \tag{3.56}$$

方程（3.56）一般表示为下列两种形式：

（1）用 $p/Z$ 表示；

（2）用 $B_g$ 表示。

封闭气藏的 MBE 的上述两种形式讨论如下。

形式 1：用 $p/Z$ 表示 MBE。

整理方程（3.7）并求解 $p/Z$ 得：

$$\frac{p}{Z} = \frac{p_i}{Z_i} - \left(\frac{p_{sc}T}{T_{sc}V}\right)G_p \tag{3.57}$$

或等价于：

$$\frac{p}{Z} = \frac{p_i}{Z_i} - (m)G_p$$

方程（3.57）是直线方程，斜率为负 $m$，$p/Z$ 与累计产气量 $G_p$ 的函数图形如图 3.16 所示。该直线方程或许是计算天然气储量应用最广泛的关系式。方程（3.57）显示直线关系式为工程师提供了下列四个图形特点。

（1）直线的斜率等于：

$$-m = -\frac{p_{sc}T}{T_{sc}V}$$

或

$$V = \frac{p_{sc}T}{T_{sc}m} \tag{3.58}$$

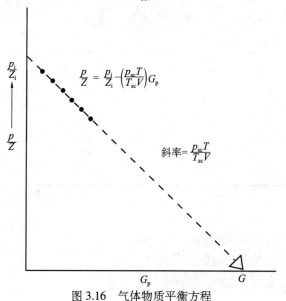

图 3.16　气体物质平衡方程

计算得到的气藏气体体积 $V$ 可用于计算气藏的面积：

$$V = 43560Ah\phi\left(1 - S_{wi}\right)$$

即：

$$A = \frac{V}{43560h\phi\left(1 - S_{wi}\right)}$$

如果储量计算是逐井进行的，井的泄油半径可根据下式计算：

$$r_e = \sqrt{\frac{43560A}{\pi}}$$

式中　$A$——气藏的面积，acre。

（2）$G_p = 0$ 时的截距等于 $p_i/Z_i$。

（3）$p/Z = 0$ 时的截距等于天然气原始地质储量 $G$，单位 $ft^3$。注意当 $p/Z = 0$ 时，方程（3.57）简化为：

$$0 = \frac{p_i}{Z_i} - \left(\frac{p_{sc}T}{T_{sc}V}\right)G_p$$

整理：

$$\frac{T_{sc}}{p_{sc}}\frac{p_i}{TZ_i}V = G_p$$

该方程是基本的 $E_{gi}V$，因此：

$$E_{gi}V = G$$

（4）计算任一压力下的累计产气量或天然气产量。

**例 3.6**　一封闭气藏生产记录如下。

| 时间<br>（年） | 气藏压力 $p$<br>（psia） | $Z$ | 累计产量 $G_p$<br>（$10^9ft^3$） |
|---|---|---|---|
| 0.0 | 1798 | 0.869 | 0.00 |
| 0.5 | 1680 | 0.870 | 0.96 |
| 1.0 | 1540 | 0.880 | 2.12 |
| 1.5 | 1428 | 0.890 | 3.21 |
| 2.0 | 1335 | 0.900 | 3.92 |

其他数据如下：

$\phi = 13\%$，$S_{wi} = 0.52$，$A = 1060$acre，$h = 54$ft，$T = 164\,^\circ F$。

利用 MBE 计算天然气原始地质体积储量。

**解**　步骤 1：利用方程（3.50）计算 $B_{gi}$。

$$B_{gi} = 0.02827 \times \frac{0.869 \times (164 + 460)}{1798} = 0.00853\,\text{ft}^3/\text{ft}^3$$

步骤 2：利用方程（3.52）计算天然气原始地质体积储量。

$$G = \frac{43560 Ah\phi (1 - S_{wi})}{B_{gi}}$$

$$= 43650 \times 1060 \times 54 \times 0.13 \times (1 - 0.52)\,/0.00853$$

$$= 18.2 \times 10^9\,\text{ft}^3$$

步骤 3：绘制 $p/Z$ 和 $G_p$ 的函数图形，如图 3.17 所示，确定 $G$。

$$G = 14.2 \times 10^9\,\text{ft}^3$$

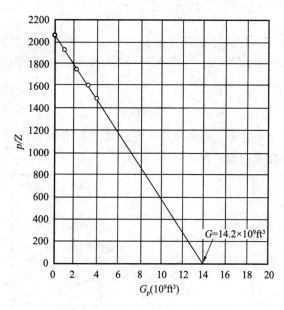

图 3.17　例 3.6 中 $p/Z$ 与 $G_p$ 的关系

利用 MBE 计算的天然气原始地质储量值与体积值相比比较合理。

气藏气体积 $V$ 可以表示为标准条件下的气体体积：

$$V = B_{gi}G = \left( \frac{p_{sc}}{T_{sc}} \frac{Z_i T}{p_i} \right) G$$

把上面的关系式与方程（3.57）联合：

$$\frac{p}{Z} = \frac{p_i}{Z_i} - \left( \frac{p_{sc}}{T_{sc}} \frac{T}{V} \right) G_p$$

得：

$$\frac{p}{Z} = \frac{p_i}{Z_i} - \left[ \left( \frac{p_i}{Z_i} \right) \frac{1}{G} \right] G_p \tag{3.59}$$

或

$$\frac{p}{Z} = \frac{p_i}{Z_i} - [m]G_p$$

上面的方程表明 $p/Z$ 与 $G_p$ 的函数图形是一条直线，斜率 $m$，截距 $p_i/Z_i$。斜率 $m$ 表示为：

$$m = \left(\frac{p_i}{Z_i}\right)\frac{1}{G}$$

方程（3.59）整理得：

$$\frac{p}{Z} = \frac{p_i}{Z_i}\left(1 - \frac{G_p}{G}\right) \tag{3.60}$$

另外，方程（3.59）表明，对于封闭气藏 $p/Z$ 和 $G_p$ 的关系式基本是线性的。该通用方程表明直线外推到横坐标，即 $p/Z = 0$，将得到天然气原始地质储量值 $G = G_p$。注意当 $p/Z = 0$ 时，由方程（3.59）和方程（3.60）得：

$$G = G_p$$

方程（3.59）的图形可用于确定水侵的出现，如图 3.18 所示。当 $p/Z$ 与 $G_p$ 的函数图形偏离线性关系，则表明有水侵发生。

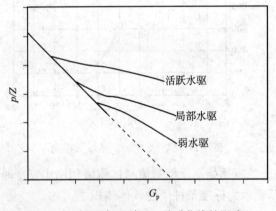

图 3.18   水驱对 $p/Z$ 与 $G_p$ 关系曲线的影响

气田平均 $p/Z$：根据单井 $p/Z$ 与 $G_p$ 的动态，确定整个气田的开发动态并形成下面的关系式：

$$\left(\frac{p}{Z}\right)_{\text{field}} = \frac{p_i}{Z_i} - \frac{\sum\limits_{j=1}^{n}\left(G_p\right)_j}{\sum\limits_{j=1}^{n}\left(\dfrac{G_p}{\dfrac{p_i}{Z_i} - \dfrac{p}{Z}}\right)_j}$$

求和 $\sum$ 范围是所有气井 $n$，即 $j = 1, 2, \cdots, n$。那么，整个气田的总动态 $(p/Z)_{\text{field}}$ 与 $(G_p)_{\text{field}}$ 的关系可根据气田 $p/Z$ 的计算值 $(p/Z)_{\text{field}}$ 与实际总产量 $\sum G_p$ 的关系构建。只有当所有井处于静态边界生产时，即处于拟稳定状态时，上述方程才可用。

当利用 MBE 进行整个气藏储量分析时，对于整体压力明显欠平衡的气藏，可以使用下列平均压力递减 $(p/Z)_{\text{field}}$：

$$\left(\frac{p}{Z}\right)_{\text{field}} = \frac{\sum\limits_{j=1}^{n}\left(\dfrac{p\Delta G_p}{\Delta p}\right)_j}{\sum\limits_{j=1}^{n}\left(\dfrac{\Delta G_p}{\Delta p / Z}\right)_j}$$

式中    $\Delta p$——压力差；

$\Delta G_p$——累计产量。

形式 2：用 $B_g$ 表示 MBE。

根据天然气原始地层体积系数的定义，它可以表示为：

$$B_{\text{gi}} = \frac{V}{G}$$

把关系式中的 $B_{\text{gi}}$ 用方程（3.50）代替得：

$$\frac{p_{\text{sc}}}{T_{\text{sc}}}\frac{Z_{\text{i}}T}{p_{\text{i}}} = \frac{V}{G} \tag{3.61}$$

式中    $V$——天然气原始地质体积储量，$\text{ft}^3$；

$G$——天然气原始地质体积储量，$\text{ft}^3$；

$p_{\text{i}}$——原始气藏压力；

$Z_{\text{i}}$——$p_{\text{i}}$ 下气体压缩系数。

回顾方程（3.57）：

$$\frac{p}{Z} = \frac{p_{\text{i}}}{Z_{\text{i}}} - \left(\frac{p_{\text{sc}}T}{T_{\text{sc}}V}\right)G_p$$

方程（3.61）与方程（3.57）联合得：

$$G = \frac{G_p B_g}{B_g - B_{\text{gi}}} \tag{3.62}$$

方程（3.62）表明计算天然气原始体积所需要的信息包括生产数据、压力数据，计算 $Z$ 系数所需的天然气相对密度及气藏温度。然而，在气藏开发早期，MBE 右侧的分母非常小，而分子相对较大。分母的很小变化将会导致天然气原始地质储量计算值出现很大误差。因此，MBE 不宜用于气藏开发早期。

　　封闭气藏的物质平衡很简单。利用方程（3.62），把累计产气量和开发过程中气藏压力对应的气体地层体积系数代入，计算天然气原始地质储量。如果连续计算开发过程中不同时间的天然气原始地质储量，值一致且恒定，那么气藏是在体积驱动下开发且计算得到的$G$值可靠。如图3.19所示。一旦$G$确定下来且已知没有水侵发生，可用同一方程预测将来的累计产气量随气藏压力的变化。

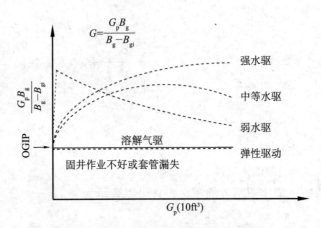

图3.19　内能消耗型气藏的天然气地质储量

　　应该指出连续应用方程（3.62）得到增加或减少的天然气原始地质储量值$G$。可能存在下列两种不同情况。

　　（1）当天然气原始地质储量$G$的计算值随时间增加，气藏可能被驱动。水的侵入减小了给定产量的压力降，使气藏表现出随时间的推移而变大。这种情况下的气藏应归类为水驱气藏。另一种可能，如果已知该区域没有水侵，则可能是不同气藏或气层的气体通过裂缝或渗漏断层运移过来。

　　（2）如果$G$的计算值随时间减小，压力下降速度高于封闭气藏应该具有的速度。这意味着气体漏失到其他气层，水泥环漏失或套管漏失，以及其他可能情况。

　　**例3.7**　封闭气藏采出$360 \times 10^6 ft^3$天然气后，压力从3200psi降到3000psi。

　　（1）计算天然气原始地质储量，已知：

　　在$p_i = 3200psi$下，$B_{gi} = 0.005278 ft^3/ft^3$；在$p = 3000psi$下，$B_g = 0.005390 ft^3/ft^3$。

　　（2）假设压力计量不准，实际平均压力是2900psi，而不是3000psi。该压力下的气体地层体积系数是$0.00558 ft^3/ft^3$，重新计算天然气原始地质储量。

　　**解**　（1）利用方程（3.62）计算$G$：

$$G = \frac{G_p B_g}{B_g - B_{gi}} = \frac{360 \times 10^6 \times 0.00539}{0.00539 - 0.005278} = 17.325 \times 10^9 ft^3$$

　　（2）利用正确的$B_g$值重新计算$G$：

$$G = \frac{360 \times 10^6 \times 0.00558}{0.00558 - 0.005278} = 6.652 \times 10^9 ft^3$$

因此，100psi 的误差是气藏总压力的 3.5%，使天然气原始地质储量计算值增加近 160%。注意相同的气藏压力误差在气藏开发后期产生的误差小于气藏开发早期产生的误差。

天然气采收率：任一压力下的天然气采收率（$RF$）定义为该压力下的累计产气量 $G_p$ 除以天然气原始地质储量 $G$：

$$RF = \frac{G_p}{G}$$

把天然气 RF 代入方程（3.60）得：

$$\frac{p}{Z} = \frac{p_i}{Z_i}\left(1 - \frac{G_p}{G}\right)$$

或

$$\frac{p}{Z} = \frac{p_i}{Z_i}\left(1 - RF\right)$$

求解任一压力下的 $RF$：

$$RF = 1 - \left(\frac{p}{Z}\frac{Z_i}{p_i}\right)$$

### 3.3.4    水驱气藏

$p/Z$ 与累计产气量 $G_p$ 的函数曲线是求解内能驱动条件下气体物质平衡的一种广泛接受的方法。外推曲线到大气压力将得到可靠的天然气原始地质储量值。如果有水侵出现，曲线通常表现为线性，但是如果外推将得到一个错误的非常高的天然气原始地质储量。如果气藏是水驱，即使生产数据、压力、温度和气体相对密度已知，MBE 中将还有两个未知数。这两个未知数是天然气原始地质储量和累计水侵量。为了应用 MBE 计算天然气原始地质储量，一些独立的计算累计水侵量 $W_e$ 的方法必须建立。

方程（3.62）可以修正为包含累计水侵量和产水量：

$$G = \frac{G_p B_g - \left(W_e - W_p B_w\right)}{B_g - B_{gi}} \tag{3.63}$$

整理上述方程并表示为：

$$G + \frac{W_e}{B_g - B_{gi}} = \frac{G_p B_g + W_p B_w}{B_g - B_{gi}} \tag{3.64}$$

式中    $B_g$——气体地层体积系数，$bbl/ft^3$；

$W_e$——累计水侵量，bbl。

方程（3.64）揭示了对于封闭气藏，即 $W_e = 0$，方程的右侧是一个常数，等于天然气原

始地质储量 $G$，与产出的气体的数量 $G_p$ 无关。就是：

$$G + 0 = \frac{G_p B_g + W_p B_w}{B_g - B_{gi}}$$

对于水驱气藏，方程（3.64）右侧的值因为 $W_e/(B_g - B_{gi})$ 将不断增加，连续时间间隔内的这些值的图形如图 3.20 所示。反向延长这些点形成的直线到 $G_p = 0$ 的点得到 $G$ 的真实值，因为当 $G_p = 0$ 时，$W_e/(B_g - B_{gi})$ 也是零。

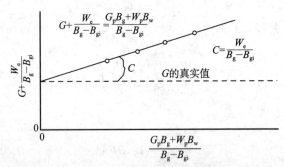

图 3.20　水侵对计算天然气原始地质储量的影响

这种图示法可用于计算 $W_e$ 的值，因为在任何时候水平线（即 $G$ 的实际值）与直线 $G + [W_e/(B_g - B_{gi})]$ 之间的差是 $W_e/(B_g - B_{gi})$ 的值。

因为天然气时常被侵入水绕过并圈闭，水驱气藏的采收率明显低于只依靠气体膨胀开采的封闭气藏的采收率。另外，气藏非均质性的存在，如低渗透薄层，可以进一步降低采收率。封闭气藏的最终采收率一般达到 80% ~ 90%，而水驱气藏的采收率多为 50% ~ 70%。侵入水淹没区域圈闭的天然气数量的计算可以通过确定下列气藏特性参数和下列步骤完成。

（PV）——气藏孔隙体积，$ft^3$；

（PV）$_水$——水侵区域的孔隙体积，$ft^3$；

$S_{grw}$——水驱区域剩余气体饱和度；

$S_{wi}$——原始含水饱和度；

$G$——气体原始地质储量，$ft^3$；

$G_p$——枯竭压力 $p$ 下的累计产气量，$ft^3$；

$B_{gi}$——气体原始地层体积系数，$ft^3/ft^3$；

$B_g$——枯竭压力 $p$ 下的气体地层体积系数，$ft^3/ft^3$；

$Z$——枯竭压力 $p$ 下的气体压缩因子。

步骤 1：用气体原始地质储量 $G$ 表示气藏孔隙体积（PV）。

$$GB_{gi} = (PV)(1 - S_{wi})$$

求解气藏孔隙体积得：

$$(PV) = \frac{GB_{gi}}{1 - S_{wi}}$$

步骤 2：计算水侵区域的孔隙体积。

$$W_e - W_p B_w = (\text{PV})_{\text{水}}(1 - S_{wi} - S_{grw})$$

求解水侵区域的孔隙体积 $(\text{PV})_{\text{水}}$，得：

$$(\text{PV})_{\text{水}} = \frac{W_e - W_p B_w}{1 - S_{wi} - S_{grw}}$$

步骤 3：计算水侵区域圈闭的气体体积。即：

$$\text{圈闭的气体体积} = (\text{PV})_{\text{水}} S_{grw}$$

$$\text{圈闭的气体体积} = \left(\frac{W_e - W_p B_w}{1 - S_{wi} - S_{grw}}\right) S_{grw}$$

步骤 4：利用状态方程计算水侵区域圈闭的气体的物质的量 $n$。

$$p(\text{圈闭的气体体积}) = ZnRT$$

求解 $n$ 得：

$$n = \frac{p\left(\dfrac{W_e - W_p B_w}{1 - S_{wi} - S_{grw}}\right) S_{grw}}{ZRT}$$

这表明压力越高，圈闭的气体的量越大。Dake（1994）指出如果由于气体快速采出而使压力降低，每个孔隙空间内圈闭的气体体积 $S_{grw}$ 保持不变，而它的物质的量 $n$ 减小。

步骤 5：任一压力下的气体饱和度可用于表示圈闭气体。

$$S_g = \frac{\text{剩余气体体积} - \text{圈闭气体体积}}{\text{气藏孔隙体积} - \text{水侵区域的孔隙体积}}$$

$$S_g = \frac{(G - G_p)B_g - \left(\dfrac{W_e - W_p B_w}{1 - S_{wi} - S_{grw}}\right) S_{grw}}{\left(\dfrac{GB_{gi}}{1 - S_{wi}}\right) - \left(\dfrac{W_e - W_p B_w}{1 - S_{wi} - S_{grw}}\right)}$$

用便捷的图解形式表示 MBE 的几种方法可用于描述封闭气藏或水驱气藏的开发动态，包括：（1）能量曲线；（2）MBE 的直线形式；（3）Cole 曲线；（4）修正的 Cole 曲线；（5）Roach 曲线；（6）修正的 Roach 曲线；（7）Fetkovich 等的曲线；（8）Paston 等的曲线；（9）Hammerlindl 法。

### 3.3.4.1  能量曲线

MBE 在确定水侵存在方面非常有用，有许多图解方法可用于求解气体的 MBE，一种图解技术被称为能量曲线，它以整理方程（3.60）为基础：

$$\frac{p}{Z} = \frac{p_i}{Z_i}\left(1 - \frac{G_p}{G}\right)$$

得到：

$$1-\left(\frac{p}{Z}\frac{Z_i}{p_i}\right)=\frac{G_p}{G}$$

对该方程两侧取对数：

$$\lg\left(1-\frac{Z_i p}{p_i Z}\right)=\lg G_p-\lg G \qquad (3.65)$$

图 3.21 是该曲线的示意图。

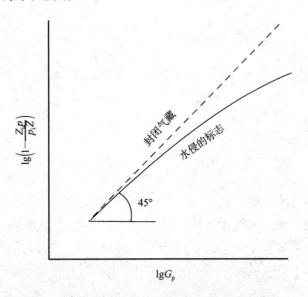

图 3.21　能量曲线

从方程（3.65）可以明显看出 $[1-(Z_i p)/(p_i Z)]$ 与 $G_p$ 的双对数坐标图形是一条直线，斜率为 1（45°角）。在纵轴方向（$p=0$）外推到 1 得到天然气原始地质储量 $G$。这类分析方法得到的图形被称为能量曲线。它们对确定气藏开发早期水侵非常有用。如果 $W_e$ 不是零，曲线的斜率将小于 1 且随着时间的延长而减小，因为 $W_e$ 随着时间的延长而增加。只有当气藏中的气体漏失或数据有误才会出现斜率增加的情况，因为斜率增加意味着气体占据的 PV 随着时间的增加而增加。

### 3.3.4.2　广义的 MBE 的直线形式

Havlena 和 Odeh（1963，1964）用气体产量、流体膨胀量和水侵量表示物质平衡：

[地下采出量]=[气体膨胀量]+[水膨胀量和岩石膨胀量]+[水侵量]+[流体注入量]

数学表达式为：

$$G_p B_g+W_p B_w=G\left(B_g-B_{gi}\right)+GB_{gi}\frac{\left(c_w S_{wi}+c_f\right)}{1-S_{wi}}\Delta p+W_e+\left(W_{inj}B_w+G_{inj}B_{ginj}\right)$$

假设没有水或气体注入，即 $W_{inj}$ 和 $G_{inj}=0$，上面的广义 MBE 简化为：

$$G_p B_g + W_p B_w = G\left(B_g - B_{gi}\right) + GB_{gi}\frac{\left(c_w S_{wi} + c_f\right)}{1 - S_{wi}}\Delta p + W_e \tag{3.66}$$

式中　$\Delta p$——$p_i - p$；

$B_g$——气体地层体积系数，bbl/ft³。

利用 Havlena 和 Odeh 的符号说明，方程（3.66）可以表示为下列形式：

$$F = G\left(E_G + E_{f,w}\right) + W_e \tag{3.67}$$

地下流体采出量 $F$：

$$F = G_p B_g + W_p B_w \tag{3.68}$$

气体膨胀系数 $E_G$：

$$E_G = B_g - B_{gi} \tag{3.69}$$

水和岩石膨胀系数 $E_{f,w}$：

$$E_{f,w} = B_{gi}\frac{\left(c_w S_{wi} + c_f\right)}{1 - S_{wi}}\Delta p \tag{3.70}$$

引入系统总膨胀系数 $E_t$，方程（3.67）可以进一步简化。$E_t$ 把两个膨胀系数 $E_G$ 和 $E_{f,w}$ 联合，表示为：

$$E_t = E_G + E_{f,w}$$

得到：

$$F = GE_t + W_e$$

注意对于没有水侵入或产出的封闭气藏，方程（3.66）表示为展开形式：

$$G_p B_g = G\left(B_g - B_{gi}\right) + GB_{gi}\frac{\left(c_w S_{wi} + c_f\right)}{1 - S_{wi}}\Delta p$$

上面方程的两侧除以 $G$ 并整理得：

$$\frac{G_p}{G} = 1 - \left[1 - \frac{\left(c_w S_{wi} + c_f\right)\Delta p}{1 - S_{wi}}\right]\frac{B_{gi}}{B_g}$$

在上述关系式中带入典型值 $c_w = 3 \times 10^{-6}\text{psi}^{-1}$，$c_f = 10 \times 10^{-6}\text{psi}^{-1}$ 及 $S_{wi} = 0.25$，并考虑较大压力降 $\Delta p = 1000\text{psi}$，方括号内的项为：

$$\left[1 - \frac{\left(c_w S_{wi} + c_f\right)\Delta p}{1 - S_{wi}}\right] = 1 - \frac{\left(3 \times 0.25 + 10\right) \times 10^{-6} \times 1000}{1 - 0.25} = 1 - 0.014$$

上面的值 0.014 表明束缚水膨胀和 PV 收缩引起的天然气 PV 的减少只改变物质平衡的 14%，因此该项通常被忽略。忽略的主要原因是因为与气体的压缩系数相比，水和地层的压缩系数非常小。

与气体的膨胀系数 $E_G$ 相比，假设岩石和水膨胀系数 $E_{f,w}$ 可以忽略，方程（3.67）简化为：

$$F = GE_G + W_e \qquad (3.71)$$

当应用 MBE 时，确定累计水侵量 $W_e$ 的适当模型也许是最大的未知。要计算水侵量通常必须先知道或根据 MBE 确定水侵分析模型。通过上述方程的两侧除以气体膨胀系数 $E_G$，把 MBE 表示为直线方程形式：

$$\frac{F}{E_G} = G + \frac{W_e}{E_G} \qquad (3.72)$$

方程（3.72）的图形表示如图 3.22 所示。假设水侵量可以用 van Everdingen 和 Hurst（1949）不稳定模型表示，把选择的水侵模型带入方程（3.72）中得：

$$\frac{F}{E_G} = G + B\frac{\sum(\Delta p W_{eD})}{E_G}$$

该表达式表明，只要不稳定状态水侵量总和 $\sum \Delta p W_{eD}$ 能够准确计算，$F/E_G$ 与 $\sum(\Delta p W_{eD})/E_G$ 的函数图形将是一条直线。直线交 $y$ 轴于气体原始地质储量 $G$，斜率等于水侵常数 $B$，如图 3.23 所示。

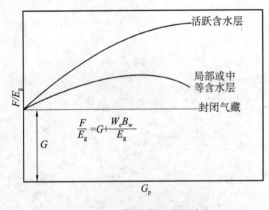

图 3.22　气藏驱动机理的确定

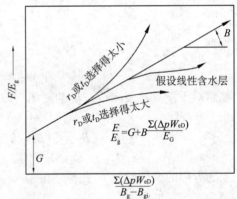

图 3.23　气藏的 Havlena–Odeh MBE 曲线

如果含水层不能准确定性，会导致非线性图形。曲线向上或向下弯曲分别表明求和项过小或过大，而 s 形曲线表明应该假设为线性（而不是径向）含水层。通常各点应该从左向右绘制。与该绘制顺序相反说明未确定的含水层边界已经到达，在计算水侵量时应该假设较小的含水层。

线性无限系统比径向系统可能更好代表一些气藏，如盐丘内的断块形成的气藏。van Everdingen 和 Hurst 的无量纲水侵量 $W_{eD}$ 用时间的平方根代替：

$$W_e = C\sum \Delta p_n \sqrt{t - t_n} \qquad (3.73)$$

式中　$C$——水侵常数，$ft^3/psi$ ；

$t$——时间（任意方便的单位，即天，年等）。

水侵常数 $C$ 必须用气田以往的产量和压力数据并结合 Havlena–Odeh 方法确定。对于线性流系统，绘制地下采出量 $F$ 与 $\left[\sum \Delta p_n \sqrt{t-t_n} / (B_g - B_{gi})\right]$ 的直角坐标图形。该图形应该是一条直线，$G$ 是截距，水侵常数 $C$ 是直线的斜率。

**例 3.8**  一干气气藏的气体原始地质储量的体积范围是 $(1.3 \sim 1.65) \times 10^{12} \text{ft}^3$。产量、压力以及对应的气体膨胀系数 $E_g = B_g - B_{gi}$ 列于表 3.1。计算气体原始地质储量 $G$。

表 3.1    例 3.8 中 Havlena–Odeh 干气藏的数据

| 时间（月） | 平均气藏压力（psi） | $E_g = (B_g - B_{gi}) \times 10^{-6}$ $(\text{ft}^3/\text{ft}^3)$ | $E_g = (G_g - B_g) \times 10^6$ $(\text{ft}^3)$ | $\dfrac{\sum \Delta p_n \sqrt{t-t_n}}{B_g - B_{gi}}$ $(10^6)$ | $F/E_g = \dfrac{G_p B_g}{B_g - B_{gi}}$ $(10^{12})$ |
|---|---|---|---|---|---|
| 0 | 2883 | 0.0 | — | — | — |
| 2 | 2881 | 4.0 | 5.5340 | 0.3536 | 1.3835 |
| 4 | 2874 | 18.0 | 24.5967 | 0.4647 | 1.3665 |
| 6 | 2866 | 34.0 | 51.1776 | 0.6487 | 1.5052 |
| 8 | 2857 | 52.0 | 76.9246 | 0.7860 | 1.4793 |
| 10 | 2849 | 68.0 | 103.3184 | 0.9306 | 1.5194 |
| 12 | 2841 | 85.0 | 131.5371 | 1.0358 | 1.5475 |
| 14 | 2826 | 116.5 | 180.0178 | 1.0315 | 1.5452 |
| 16 | 2808 | 154.5 | 240.7764 | 1.0594 | 1.5584 |
| 18 | 2794 | 185.5 | 291.3014 | 1.1485 | 1.5703 |
| 20 | 2782 | 212.0 | 336.6281 | 1.2426 | 1.5879 |
| 22 | 2767 | 246.0 | 392.8592 | 1.2905 | 1.5970 |
| 24 | 2755 | 273.5 | 441.3134 | 1.3702 | 1.6136 |
| 26 | 2741 | 305.5 | 497.2907 | 1.4219 | 1.6278 |
| 28 | 2726 | 340.0 | 556.1110 | 1.4672 | 1.6356 |
| 30 | 2712 | 373.5 | 613.6513 | 1.5714 | 1.6430 |
| 32 | 2699 | 405.0 | 672.5969 | 1.5714 | 1.6607 |
| 34 | 2688 | 432.5 | 723.0868 | 1.6332 | 1.6719 |
| 36 | 2667 | 455.5 | 771.4902 | 1.7016 | 1.6937 |

**解**  步骤 1：假设为封闭气藏。

步骤 2：绘制 $p/Z$ 与 $G_p$ 或 $G_p B_g / (B_g - B_{gi})$ 与 $G_p$ 函数图形。

步骤 3 ：$G_pB_g/(B_g-B_{gi})$ 与 $G_pB_g$ 的函数图形是一条向上的曲线，如图 3.24 所示，表明有水侵。

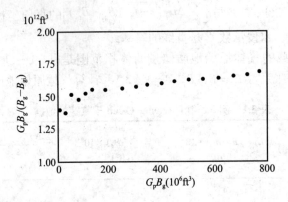

图 3.24　水侵的标志

步骤 4 ：假设线性水侵，绘制 $G_pB_g/(B_g-B_{gi})$ 与 $\left(\sum \Delta p_n\sqrt{t-t_n}\right)/\left(B_g-B_{gi}\right)$ 的函数图形，如图 3.25 所示。

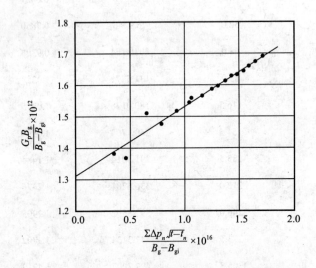

图 3.25　例 3.8 的 Havlena–Odeh MBE 曲线

步骤 5 ：图 3.25 证明，基本直线关系可看做线性水侵存在的证据。

步骤 6 ：根据图 3.25，确定气体原始地质储量 $G$ 和线性水侵常数 $C$。

$$G = 1.325 \times 10^{12}\text{ft}^3$$

$$C = 212.7 \times 10^3\text{ft}^3/\text{psi}$$

气藏驱动指数：为油藏定义的驱动指数（参考第 4 章）用来表示各种能量对油藏驱动的贡献的相对量。同样，气藏的驱动指数可通过方程（3.66）除以 $G_pB_g + W_pB_w$ 来确定，即：

$$\frac{G}{G_{\mathrm{p}}}\left(1-\frac{B_{\mathrm{gi}}}{B_{\mathrm{g}}}\right)+\frac{G}{G_{\mathrm{p}}}\frac{E_{\mathrm{f,w}}}{B_{\mathrm{g}}}+\frac{W_{\mathrm{e}}-W_{\mathrm{p}}B_{\mathrm{w}}}{G_{\mathrm{p}}B_{\mathrm{g}}}=1$$

定义下列三个驱动指数。

（1）气体驱动指数（*GDI*）：

$$GDI=\frac{G}{G_{\mathrm{p}}}\left(1-\frac{B_{\mathrm{gi}}}{B_{\mathrm{g}}}\right)$$

（2）压缩性驱动指数（*CDI*）：

$$CDI=\frac{G}{G_{\mathrm{p}}}\frac{E_{\mathrm{f,w}}}{B_{\mathrm{g}}}$$

（3）水驱动指数（*WDI*）：

$$WDI=\frac{W_{\mathrm{e}}-W_{\mathrm{p}}B_{\mathrm{w}}}{G_{\mathrm{p}}B_{\mathrm{g}}}$$

把上述三个驱动指数带入 MBE 得：

$$GDI+CDI+WDI=1$$

Pletcher（2000）指出如果驱动指数之和不等于 1，表明 MBE 的解没有得到或不正确。实际上，根据实际气田数据计算的驱动指数之和很少达到 1，除非生产数据计量得非常准确。驱动指数之和波动高于或低于 1 取决于不同时间收集的生产数据的质量。

### 3.3.4.3　Cole 曲线

Cole 曲线是区分水驱气藏和内能消耗式驱动气藏的一个非常有用的工具。该曲线由广义 MBE 推导而来，并用展开形式表示，即方程（3.64）：

$$\frac{G_{\mathrm{p}}B_{\mathrm{g}}+W_{\mathrm{p}}B_{\mathrm{w}}}{B_{\mathrm{g}}-B_{\mathrm{gi}}}=G+\frac{W_{\mathrm{e}}}{B_{\mathrm{g}}-B_{\mathrm{gi}}}$$

或用压缩形式，即方程（3.72）表示：

$$\frac{F}{E_{\mathrm{G}}}=G+\frac{W_{\mathrm{e}}}{E_{\mathrm{G}}}$$

Cole（1969）建议忽略水侵项 $W_{\mathrm{e}}/E_{\mathrm{G}}$，只绘制上述表达式的左侧与累计产气量 $G_{\mathrm{p}}$ 的函数图形，这样简化的目的是检验衰竭过程中它的变化。绘制 $F/E_{\mathrm{G}}$ 与生产时间或压力递减 $\Delta p$ 的关系曲线同样能说明这一点。

Dake（1994）讨论了 MBE 直线形式的优点和缺点。他指出图形将拥有图 3.19 所示的三种形状中的一种。如果是封闭内能消耗型气藏，$W_{\mathrm{e}}=0$，那么以 6 个月为时间间隔计算的 $F/E_{\mathrm{G}}$ 值的图形是一条平行于横坐标的直线，它的纵坐标值是气体的原始地质储量。相反，如果气藏受天然水侵影响，那么 $F/E_{\mathrm{G}}$ 的图形通常是一条下凹形的弧线，它的确切形状取决于含水层的大小和强度以及气体开采量。反向延长 $F/E_G$ 曲线趋向纵坐标，将不能得到气体原始地质储量值（$W_e=0$）。然而，在该区域，曲线的严重非线性产生相当不确定的结果。$F/E_G$ 与 $G_p$ 函数图形的主要优点是，在确定气藏是否受天然水侵影响时，它比其他方法更敏感。

然而，在弱水驱情况下，上述表达式右侧的 $[W_e/(B_g-B_{gi})]$ 随着时间的增加而减小，是因为分母比分子增加得快。然而，绘制的点将显示一个负的斜率，如图 3.19 所示。当气藏弱水驱开发，数据点向右下方运移趋于 $G$ 值。因此，在弱水驱情况下，视天然气原始地质储量随着时间的增加而减小，而强水驱或中等水驱则相反。Pletcher（2000）指出，在气藏开发的较早阶段，弱水驱曲线以正斜率开始（图 3.19），然后变为负斜率。较早阶段的数据点很难用于确定 $G$，因为在气藏开发过程中，即使很小的压力误差也会导致这些数据呈现大范围的分散动态。因此，曲线呈"驼峰状"，除驼峰的正斜率部分非常短且如果得不到早期数据就不会出现以外，与中等水驱类似。

### 3.3.4.4 修正的 Cole 曲线

疏松浅层气藏，孔隙的压缩系数可以非常大，超过 $100\times10^{-6}psi^{-1}$。在 Bolivar Coast 气田测得过如此大的值，因此不允许在气体 MBE 中省略 $c_f$。在这种情况下，构建 Cole 曲线时，应该包括 $E_{f,w}$ 项，方程应该表示为：

$$\frac{F}{E_t}=G+\frac{W_e}{E_t}$$

正如 Pletcher 指出，左侧项 $F/E_t$ 现在包含的能量组分来自于地层（和水）的压缩以及气体的膨胀。修正的 Cole 曲线的 $y$ 轴表示 $F/E_t$，$x$ 轴表示 $G_p$。垂直向上，这些点较原来的 Cole 曲线更接近于 $G$ 的实际值。地层压缩性是气藏能量较大来源，如异常压力气藏，即使不存在水驱，原来的 Cole 曲线也将显示负斜率。而修正曲线将是一条水平直线，假设在计算 $F/E_t$ 时应用的 $c_f$ 值是正确的。因此，构建原来的 Cole 曲线和修正的 Cole 曲线将有下列两种可能情况。

(1) 弱水驱气藏且 $c_f$ 明显。在这种情况下，原来的 Cole 曲线和修正的 Cole 曲线都是负斜率。

(2) $c_f$ 明显但没有含水层相邻的气藏。在这种特殊情况下，原来的 Cole 曲线是负斜率，而修正的 Cole 曲线是水平线。

应该指出原来的 Cole 曲线和修正的 Cole 曲线的负斜率源于任一未知的能量来源，且相对于气体膨胀，该能量来源随着时间的增加而减少。这包括与其他衰竭气藏的连通。

异常压力气藏（有时称过压型气藏或地压型气藏）定义为压力高于正常压力梯度（即高于 0.5psi/ft）的气藏。异常压力气藏的 $p/Z$ 与 $G_p$ 典型曲线是两条直线，如图 3.26 所示。

(1) 第一条直线对应视气藏动态，延长后得到视气体原始地质储量 $G_{app}$。

(2) 第二条直线对应正常压力动态，延长后得到实际气体原始地质储量 $G$。

Hammerlindl（1971）指出异常高压封闭气藏，当用 $p/Z$ 与 $G_p$ 的曲线预测储量时，因为地层和流体的压缩性的影响，两个斜率明显不同，如图 3.26 所示。$p/Z$ 曲线的后一个斜率比前一个斜率陡，结果，基于曲线早期部分计算的储量异常高。前一个斜率是源于气体膨胀以及地层压实、晶体膨胀和水膨胀导致的有效压力保持。在近于正常压力梯度时，地层压实基本完成，气藏具有正常气体膨胀的特点，则出现第二个斜率。大多数早期决策是根据早期 $p/Z$ 曲线的外推。因此，必须了解烃类 PV 的变化对储量计算、产量及废弃压力的影响。

　　所有气藏动态与有效压缩系数，而不是气体压缩系数有关。当压力异常高，有效压缩系数可以等于气体压缩系数的两倍或更多。如果有效压缩系数等于气体压缩系数的两倍，那么 1ft³ 的产气量有 50% 源于气体膨胀，50% 源于地层压缩性和水膨胀。随着气藏压力的降低，因为气体的压缩系数接近于有效压缩系数，气体膨胀的贡献增大。有两种方法利用地层压缩系数、产气量和关井井底压力，可对根据早期数据计算的储量进行修正（假设没有水侵）。

　　Gunawan Gan 和 Blasingame（2001）提供的综合文献评价了现存的、用于解释 $p/Z$ 与 $G_p$ 的非线性动态的方法和理论。有两种基本理论用于该动态，即岩石塌陷理论和泥质水侵理论。

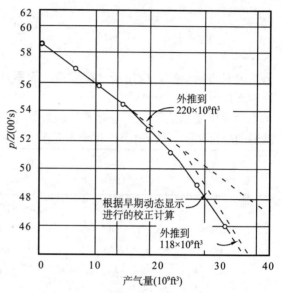

图 3.26　气藏 $p/Z$ 与累计产量的关系

　　（1）岩石塌陷理论。Harville 和 Hawkins（1969）提出非线性动态的两条直线图形的特点归因于孔隙塌陷和地层压实。他们根据对 North Ossum 气田的研究总结了第一个斜率源于生产过程中随着孔隙压力的降低上覆岩层净压力不断增加。上覆岩层净压力的增加导致岩石塌陷，结果使岩石压缩系数 $c_f$ 不断减小。这一过程持续到 $c_f$ 降到一个正常值，这标志第二个斜率的开始。此时，气藏动态开始类似于恒定体积正常压力气藏的动态。

　　（2）泥岩水侵理论。许多研究者把 $p/Z$ 与 $G_p$ 的非线性动态归因于来自有限含水层的泥岩水侵或边缘水侵以及把 PV 的压缩系数看做常数。Bourgoyne（1990）证明泥岩的渗透率和压缩系数的合理值是压力的函数，可用于拟合异常气藏动态形成第一条直线。第二条直线是气藏开发过程中周围泥岩的压力支撑减小的结果。

　　Fetkovich 等（1998）区分了两个不同的 PV 压缩系数，即总压缩系数和瞬时压缩系数。总 PV 压缩系数的数学表达式如下：

$$\overline{c}_f = \frac{1}{(PV)_i}\left[\frac{(PV)_i - (PV)_p}{p_i - p}\right]$$

式中　$\overline{c}_f$——累计孔隙体积（地层或岩石）压缩系数，psi⁻¹；

　　　　$p_i$——原始压力，psi；

　　　　$p$——压力，psi；

(PV)$_i$——原始气藏压力下的孔隙体积；

(PV)$_p$——压力 $p$ 下的孔隙体积。

方括号内的项是从原始条件点 $[p_i，(PV)_i]$ 到任一较低压力点 $[p，(PV)_p]$ 的弦的斜率。

瞬时孔隙体积（岩石或地层）压缩系数定义为：

$$c_f = \frac{1}{(PV)_p}\frac{\partial(PV)}{\partial p}$$

瞬时压缩系数 $c_f$ 应用于气藏模拟，而累计压缩系数 $\overline{c}_f$ 必须用于物质平衡，该物质平衡应用累计压力降 $(p_i-p)$。

两个压缩系数都与压力有关，最好用专门的岩心分析来确定。下面介绍了 Gulf Coast 砂岩的分析例子，由 Fetkovich 等人提供。

| $p$ (psia) | $p_i-p$ (psi) | $(PV)_i-(PV)_p$ (cm³) | $\overline{c}_f$ ($10^{-6}$psi$^{-1}$) | $c_f$ ($10^{-6}$psi$^{-1}$) |
|---|---|---|---|---|
| $p_i$= 9800 | 0 | 0.000 | 16.50 | 16.50 |
| 9000 | 800 | 0.041 | 14.99 | 13.70 |
| 8000 | 1800 | 0.083 | 13.48 | 11.40 |
| 7000 | 2800 | 0.117 | 12.22 | 9.10 |
| 6000 | 3800 | 0.144 | 11.08 | 6.90 |
| 5000 | 4800 | 0.163 | 9.93 | 5.00 |
| 4000 | 5800 | 0.177 | 8.92 | 3.80 |
| 3000 | 6800 | 0.190 | 8.17 | 4.10 |
| 2000 | 7800 | 0.207 | 7.76 | 7.30 |
| 1000 | 8800 | 0.243 | 8.07 | 16.80 |
| 500 | 9300 | 0.276 | 8.68 | 25.80 |

图 3.27 显示了 Gulf Coast 过压砂岩气藏的 $c_f$ 和 $\overline{c}_f$ 是如何随压力变化的。图 3.27 给出了"孔隙塌陷"的恰当定义，它是随着气藏压力降低瞬时 PV 压缩系数开始增加的原因。

### 3.3.4.5 异常压力气藏的 Roach 曲线

Roach（1981）提出了分析异常压力气藏的图解技术。对于封闭气藏，方程（3.66）所示的 MBE 可以表示为如下形式：

$$\left(\frac{p}{Z}\right)c_f = \left(\frac{p_i}{Z_i}\right)\left(1-\frac{G_p}{G}\right) \tag{3.74}$$

其中

$$c_t = 1 - \frac{(c_f + c_w S_{wi})(p_i - p)}{1 - S_{wi}} \tag{3.75}$$

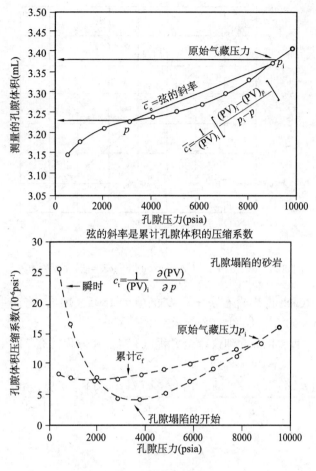

图 3.27　累计和瞬时 $c_f$

岩石的膨胀系数 $E_R$ 确定为：

$$E_R = \frac{c_f + c_w S_{wi}}{1 - S_{wi}} \tag{3.76}$$

方程（3.75）表示为：

$$c_f = 1 - E_R (p_i - p) \tag{3.77}$$

方程（3.74）表明 $(p/Z) c_t$ 与累计产气量 $G_p$ 的直角坐标图形是一条直线，在 $x$ 轴的截距是气体原始地质储量，在 $y$ 轴的截距是原始 $(p/Z)_i$。因为 $c_t$ 未知，因此必须通过选择符合最佳直线的压缩系数值来确定 $c_t$，该方法是一个试算过程。

Roach 利用 Duggan（1972）出版的 Mobil-David Anderson 气田的数据说明应用方程（3.74）和方程（3.77）图示确定天然气原始地质储量。Duggan 记录气藏深度 11300ft，原始压力 9507psia。天然气原始地质储量的体积估算表明该气藏储量 $69.5 \times 10^9 ft^3$。根据 $p/Z$ 与 $G_p$ 的历史图形得到天然气原始地质储量为 $87 \times 10^9 ft^3$，如图 3.28 所示。

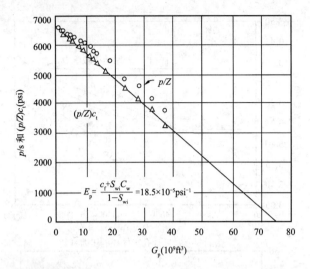

图 3.28　Mobil—David Anderson "L" $p/Z$ 与累计产量的关系

利用试算法，Roach 得出岩石膨胀率 $E_r$ 的值为 $1805 \times 10^{-6}$，将产生一条直线，且天然气原始地质储量 $75 \times 10^9 \text{ft}^3$，如图 3.28 所示。

为了免除试算过程，Roach 建议联合方程（3.74）和方程（3.77）并表示为线性形式：

$$\frac{(p/Z)_i/(p/Z)-1}{p_i-p} = \frac{1}{G}\left[\frac{(p/Z)_i/(p/Z)}{p_i-p}\right]G_p - \frac{S_{wi}c_w+c_f}{1-S_{wi}} \tag{3.78}$$

或等价于：

$$\alpha = \left(\frac{1}{G}\right)\beta - E_R \tag{3.79}$$

且

$$\alpha = \frac{(p_i/Z)_i/(p/Z)-1}{p_i-p} \tag{3.80}$$

$$\beta = \left[\frac{(p_i/Z_i)/(p/Z)}{p_i-p}\right]G_p \tag{3.81}$$

$$E_R = \frac{S_{wi}c_w+c_f}{1-S_{wi}}$$

式中　$G$——气体原始地质储量，$\text{ft}^3$；

$E_R$——岩石和水膨胀系数，psi$^{-1}$；

$S_{wi}$——原始含水饱和度。

方程（3.79）显示 $\alpha$ 与 $\beta$ 的图形是一条直线，且：斜率 = $1/G$，$y$ 轴截距 = $-E_R$。

为了说明该方法的使用，Roach 把方程（3.79）应用于 Mobil−David Anderson 气田，结果如图 3.29 所示。

直线的斜率给出 $G = 75.2 \times 10^9 \text{ft}^3$，截距给出 $E_R = 18.05 \times 10^{-6}$。

Begland 和 Whitehead（1989）提出了只有气藏原始数据的情况下，预测封闭高压气藏从原始压力到废弃压力的采收率的方法。该方法认可 PV 和水的压缩系数与压力有关。作者推导出封闭气藏的 MBE 的形式如下：

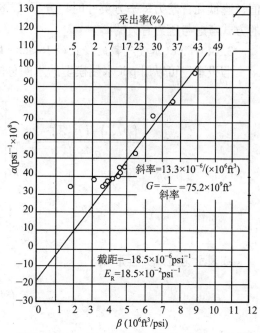

图 3.29　Mobil−David Anderson "L" $p/Z$ 气体物质平衡

$$r = \frac{G_p}{G} = \frac{B_g - B_{gi}}{B_g} + \frac{\dfrac{B_{gi}S_{wi}}{1-S_{wi}}\left[\dfrac{B_{tw}}{B_{twi}} - 1 + \dfrac{c_f\left(p_i-p\right)}{S_{wi}}\right]}{B_g} \tag{3.82}$$

式中　$r$——采收率；

$B_g$——气体地层体积系数，bbl/ft$^3$；

$c_f$——地层压缩系数，psi$^{-1}$；

$B_{tw}$——两相水地层体积系数，bbl/bbl；

$B_{twi}$——原始两相水地层体积系数，bbl/bbl。

水的两相地层体积系数（FVF）根据下式确定：

$$B_{tw} = B_w + B_g \left(R_{swi} - R_{sw}\right)$$

式中　$R_{sw}$——气体在水相中的溶解度，ft$^3$/bbl；

$B_w$——水 FVF，bbl/bbl；

$B_g$——气体 FVF，bbl/bbl。

方程（3.82）中包含下面三个假设：

（1）封闭单相气藏；

（2）没有水产出；

（3）压力降低过程中（$p_i-p$），地层压缩系数 $c_f$ 保持恒定。

作者指出，随着压力的变化，水压缩系数 $c_w$ 的变化隐含在 $B_{tw}$ 的变化内。

Begland 和 Whitehead 指出，因为 $c_f$ 与压力有关，当气藏压力从原始压力递减到某一值，降低几百磅力每平方英寸时，方程（3.82）是不正确的。因此方程（3.82）应该以增量的方式考虑与压力有关的 $c_f$。

**3.3.4.6 pot 水侵气藏的修正的 Roach 曲线。**

假设水侵可以用 pot 水侵模型的水的总体积 Waq 描述，整理 MBE 得：

$$\frac{(p/Z)_{i}/(p/Z)-1}{p_{i}-p}=\frac{1}{G}\left[\frac{(p/Z)_{i}/(p/Z)G_{p}+\dfrac{W_{p}B_{w}}{B_{gi}}}{p_{i}-p}\right]-\left[\frac{S_{wi}c_{w}+c_{f}}{1-S_{wi}}+\frac{(c_{w}+c_{f})W_{aq}}{GB_{gi}}\right]$$

或表示为直线方程形式：

$$\alpha=\left(\frac{1}{G}\right)\beta-E_{R}$$

且

$$\alpha=\frac{\left[(p/Z)_{i}/(p/Z)\right]-1}{p_{i}-p}$$

$$\beta=(p_{i}/Z_{i})/(p/Z)G_{p}$$

$$E_{R}=\left[\frac{S_{wi}c_{w}+c_{f}}{1-S_{wi}}+\frac{(c_{w}+c_{f})W_{aq}}{GB_{gi}}\right]$$

绘制 $\alpha$ 与 $\beta$ 的函数图形，得到一条直线，正斜率为 $1/G$，恒定截距 $E_{R}$。

**3.3.4.7 异常压力气藏的 Fetkovich 曲线**

Fetkovich 等（1998）采纳了泥岩水侵理论并建立了一个广义的气体 MBE，该 MBE 考虑了各种气藏压缩系数的总累计影响及气藏总伴生水量。伴生水包括：（1）原生水；（2）泥岩夹层和非产油层岩石内的水；（3）相邻含水层内的水。

作者用伴生水的总体积与气藏孔隙体积的比值表示伴生水。即：

$$M=\frac{\text{伴生水总体积}}{\text{气藏孔隙体积}}$$

式中 $M$——无量纲体积比。

在构建广义 MBE 时，作者也引进了累计有效压缩系数项 $\bar{c}_{e}$，定义为：

$$\overline{c}_e = \frac{S_{wi}\overline{c}_w + M\left(\overline{c}_f + \overline{c}_w\right) + \overline{c}_f}{1 - S_{wi}} \tag{3.83}$$

式中　$\overline{c}_e$——累计有效压缩系数，$psi^{-1}$；

　　　$\overline{c}_f$——总 PV（地层）压缩系数，$psi^{-1}$；

　　　$\overline{c}_w$——水的总累计压缩系数，$psi^{-1}$；

　　　$S_{wi}$——原始含水饱和度。

那么气体 MBE 可以表示为：

$$\frac{p}{Z}\left[1 - \overline{c}_e\left(p_i - p\right)\right] = \frac{p_i}{Z_i} - \left[\frac{\left(p_i/Z_i\right)}{G}\right]G_p \tag{3.84}$$

$\overline{c}_e$ 函数表示碳氢化合物 PV 的累计变化，该变化由压缩系数影响、来自泥岩夹层的水侵和非生产层气藏岩石、来自小型有界含水层的水侵等引起。压缩系数函数 $\overline{c}_e$ 对 MBE 的影响与 $\overline{c}_w$、$\overline{c}_f$ 以及无量纲参数 $M$ 的大小有直接关系。$p/Z$ 与 $G_p$ 图形的非线性动态源于 $\overline{c}_e$ 的量随着压力的递减而变化。

（1）早期的第一条直线形成于异常压力期，此时 $\overline{c}_w$ 和 $\overline{c}_f$ 的影响明显。

（2）晚期的第二条直线源于气体压缩系数明显增加以至于控制气藏的驱动机理。

利用方程（3.84）计算气体原始地质储量的过程总结如下。

步骤 1：在方程（3.83）中，利用岩石和水的压缩系数（$\overline{c}_f$ 和 $\overline{c}_w$ 是压力的函数）形成一组对应于假设的多个无量纲体积比 $M$ 值的 $\overline{c}_e$ 曲线。

$$\overline{c}_e = \frac{S_{wi}\overline{c}_w + M\left(\overline{c}_f + \overline{c}_w\right) + \overline{c}_f}{1 - S_{wi}}$$

步骤 2：假定 $G$ 值的范围，最大值基于早期开采数据的外推得到，最小值略大于目前的 $G_p$。对于某一假定的 $G$ 值，利用方程（3.84）为每个测量的 $p/Z$ 和 $G_p$ 数据点计算 $\overline{c}_e$。或：

$$\overline{c}_e = \left[1 - \frac{\left(p/Z\right)_i}{\left(p/Z\right)}\left(1 - \frac{G_p}{G}\right)\right]\frac{1}{p_i - p}$$

步骤 3：对于某一 $G$ 的假定值，绘制步骤 2 中 $\overline{c}_e$ 的计算值与压力的函数图形。对于所有其他的 $G$ 值重复上述过程。绘制 $\overline{c}_e$ 曲线组是为了拟合步骤 1 中 $\overline{c}_e$ 的计算值。

步骤 4：通过拟合得到 $G$、$M$ 的值以及 $\overline{c}_e$ 函数，可用于预测 $p/Z$ 与 $G_p$ 的图形。整理方程（3.84），设定几个 $p/Z$ 的值，计算对应的 $G_p$：

$$G_p = G\left\{1 - \left(\frac{Z_i}{p_i}\frac{p}{Z}\right)\left[1 - \overline{c}_e\left(p_i - p\right)\right]\right\}$$

### 3.3.4.8　异常压力气藏的 Paston 曲线

Harville 和 Hawkins（1969）把过压气藏的 $p/Z$ 与 $G_p$ 函数曲线的下凹形状归因于孔隙

塌陷和地层压实。Hammerlindl（1971）计算 PV 的变化并指出系统等温压缩系数从原始条件下的 $28 \times 10^{-6} \mathrm{psi}^{-1}$ 变化到最终的 $6 \times 10^{-6} \mathrm{psi}^{-1}$。Poston 和 Berg（1997）提议整理气体 MBE，可同时求解气体原始地质储量、地层压缩系数和水侵量。方程（3.66）表示的 MBE 可以整理为：

$$\frac{1}{\Delta p}\left[\left(\frac{p_{\mathrm{i}}Z}{pZ_{\mathrm{i}}}\right)-1\right]=\left(\frac{1}{G}\right)\left[\left(\frac{Zp_{\mathrm{i}}}{Z_{\mathrm{i}}p}\right)\left(\frac{G_{\mathrm{p}}}{\Delta p}\right)\right]-\left(c_{\mathrm{e}}+W_{\mathrm{en}}\right)$$

其中净水侵 $W_{\mathrm{en}}$ 和有效压缩系数 $c_{\mathrm{e}}$ 为：

$$W_{\mathrm{en}}=\frac{\left(W_{\mathrm{e}}-W_{\mathrm{p}}\right)B_{\mathrm{w}}}{\Delta pGB_{\mathrm{gi}}}$$

$$c_{\mathrm{e}}=\frac{c_{\mathrm{w}}S_{\mathrm{wi}}+c_{\mathrm{f}}}{1-S_{\mathrm{wi}}}$$

式中　$G$——气体原始地质储量，$\mathrm{ft}^3$；

　　　$B_{\mathrm{gi}}$——气体原始 FVF，$\mathrm{bbl/ft}^3$；

　　　$c_{\mathrm{w}}$——水压缩系数，$\mathrm{psi}^{-1}$；

　　　$\Delta p$——$p_{\mathrm{i}}-p$。

MBE 的上述形式表明，对于有效压缩系数恒定的封闭气藏（即 $W_{\mathrm{e}}=0$），方程左侧与 $(Zp_{\mathrm{i}}/Z_{\mathrm{i}}p)(G_{\mathrm{p}}/\Delta p)$ 的函数图形是一条直线，斜率 $1/G$ 和负截距 $-c_{\mathrm{e}}$ 可用于求解上面的方程，计算地层压缩系数 $c_{\mathrm{f}}$：

$$c_{\mathrm{f}}=c_{\mathrm{e}}\left(1-S_{\mathrm{wi}}\right)-c_{\mathrm{w}}S_{\mathrm{wi}}$$

经验表明 $c_{\mathrm{f}}$ 值的变化范围应该是 $6 \times 10^{-6} \mathrm{psi}^{-1} < c_{\mathrm{f}} < 25 \times 10^{-6} \mathrm{psi}^{-1}$，上面表达式计算值超过 $25 \times 10^{-6} \mathrm{psi}^{-1}$，意味着可能有水侵。

### 3.3.4.9　异常压力气藏的 Hammerlindl 法

Hammerlindl（1971）提出两种校正视气体地质储量 $G_{\mathrm{app}}$ 的方法，该视气体地质储量由 $p/Z$ 与 $G_{\mathrm{p}}$ 函数图形的早期直线外推得到。两种方法都使用原始气藏压力 $p_{\mathrm{i}}$ 和某一时刻的气藏平均压力 $p_1$，该时刻气藏的动态仍然是异常压力气藏。下面介绍两种方法的数学表达式。

（1）方法 I。Hammerlindl 提出实际气体地质储量 $G$ 可以用校正的视气体地质储量 $G_{\mathrm{app}}$ 并结合系统总有效压缩系数与气体的压缩系数的比值 $R$ 计算：

$$G=\frac{G_{\mathrm{app}}}{R}$$

且：

$$R=\frac{1}{2}\left(\frac{c_{\mathrm{eff,i}}}{c_{\mathrm{gi}}}+\frac{c_{\mathrm{eff,1}}}{c_{\mathrm{g1}}}\right)$$

其中原始气藏压力下系统的总有效压缩系数 $c_{\mathrm{eff,i}}$ 和气藏压力 $p_1$ 下的系统有效压缩系数 $c_{\mathrm{eff,1}}$ 表示为：

$$c_{\text{eff,i}} = \frac{S_{\text{gi}}c_{\text{gi}} + S_{\text{wi}}c_{\text{wi}} + c_{\text{f}}}{S_{\text{gi}}}$$

$$c_{\text{eff,1}} = \frac{S_{\text{gi}}c_{\text{g1}} + S_{\text{wi}}c_{\text{w1}} + c_{\text{f}}}{S_{\text{gi}}}$$

式中　$c_{\text{gi}}$——$p_{\text{i}}$ 下的气体压缩系数，$\text{psi}^{-1}$；

$\quad\quad c_{\text{g1}}$——$p_1$ 下的气体压缩系数，$\text{psi}^{-1}$；

$\quad\quad c_{\text{wi}}$——$p_{\text{i}}$ 下的水的压缩系数，$\text{psi}^{-1}$；

$\quad\quad c_{\text{w1}}$——$p_1$ 下的水的压缩系数，$\text{psi}^{-1}$；

$\quad\quad S_{\text{wi}}$——原始含水饱和度。

（2）方法 II。Hammerlindl 的第二个方法也使用两个压力 $p_{\text{i}}$ 和 $p_1$，利用下列关系式计算实际气体地质储量：

$$G = Corr\,G_{\text{app}}$$

其中校正系数 *Corr* 表示为：

$$Corr = \frac{\left(B_{\text{g1}} - B_{\text{gi}}\right)S_{\text{gi}}}{\left(B_{\text{g1}} - B_{\text{gi}}\right)S_{\text{gi}} + B_{\text{gi}}\left(p_{\text{i}} - p_1\right)\left(c_{\text{f}} + c_{\text{w}}S_{\text{wi}}\right)}$$

式中　$B_{\text{g}}$——$p_{\text{i}}$ 和 $p_1$ 下的气体地层体积系数，$B_{\text{g}} = 0.02827\dfrac{ZT}{p}$，$\text{ft}^3/\text{ft}^3$。

### 3.3.4.10　气体采出速度对最终采收率的影响

封闭气藏基本上是依靠膨胀开发，因此，气体最终采收率与气田采出速度无关。这类气藏的气体饱和度从不减小，只是占据孔隙空间的气体的质量减小。因此，减小废弃压力到最低水平是很重要的。封闭气藏的采收率 90% 是很平常的事。

Cole（1969）指出，对于水驱气藏，采收率与采出速度有关系。采出速度对最终采收率有两种可能影响。第一，在活跃水驱气藏，废弃压力可能很高，有时只稍微低于原始气藏压力。在这种情况下，废弃压力下孔隙空间内剩余气体量还相对较高。然而，侵入水降低了原始气体饱和度。因此，在某种程度上，原始气体饱和度降低抵消了高的废弃压力。如果气藏的采出速度大于水侵速度而且水没有锥进，那么通过降低废弃压力和减小原始气体饱和度的结合，高的采出速度能够得到最大采收率。第二，气藏水锥进问题可能很严重，在这种情况下，有必要限制采出速度来减小这类问题的影响。

Cole 指出水驱气藏的采收率远低于封闭气藏的采收率。作为一个经验法则，水驱气藏的采收率是 0 ~ 50%。在确定最终采收率时，生产井的结构位置和水锥进程度是重要的考虑因素。一切情况都有可能存在，如井的结构位置非常高，几乎不会有水锥进趋向，此时水驱采收率将大于溶解气驱采收率。在确定采收率时，废弃压力是一个主要因素，而在确定废弃压力的大小时，渗透率通常是最重要的因素。低渗透气藏的废弃压力将高于高渗透气藏的废弃压力。必须维持在某一最小流量，而较高的渗透率将允许在更低的压力下保持这一最小流量。

# 3.4 煤层甲烷（CBM）

"煤"是指含有质量大于 50% 和体积大于 70% 有机物质的沉积岩，有机物质主要由碳、氢、氧以及结构水组成。煤含有大量的碳氢化合物和非碳氢化合物组分。尽管"甲烷"在工业上使用的频率较高，实际上采出的气体是 $C_1$，$C_2$，微量的 $C_3$ 以及较重的 $N_2$ 和 $CO_2$ 的混合物。甲烷，作为组成煤的一种碳氢化合物组分，受到特别重视的原因有下列两方面。

（1）在煤中，甲烷通常以很高浓度出现，取决于组分、温度、压力以及其他因素。

（2）捕获在煤内的众多分子种类中，甲烷可以通过简单地降低煤层压力而被容易地释放出来。其他碳氢化合物组分被紧紧地包含着，只有通过不同的抽取法才能被释放出来。

Levine（1991）提出组成煤层的物质基本上分为下列两种类型：

（1）易挥发的低相对分子质量物质（组分）。这些物质可以通过降低压力、轻微加热或溶剂抽取而被煤释放出来。

（2）易挥发组分分离后仍然保持为固态的物质。

计算气体地质储量以及进行其他特性计算所需要的关键数据大多数来源于下列岩心测试。

（1）罐解吸测试这些测试是对煤样进行测试确定：煤样中吸附气的总含量 $G_c$，单位是 $ft^3/t$；解吸时间 $t$，定义为解吸吸附气总量的 63% 所需要的时间。

（2）近似测试进行这些测试是为了确定煤的组分，表示为：灰的质量分数；固定碳；水分含量；易挥发物质。

Remner 等（1986）综合研究了煤层性质对煤层甲烷排出过程的影响。作者指出煤层气藏的性质很复杂，因为它们是天然裂缝气藏，具有明显的双孔隙系统的特点。

（1）原生孔隙系统：在这些气藏中，基岩原生孔隙系统由非常微小的孔隙组成，微孔隙的渗透率极低。这些微孔隙拥有大的内表面积，可以吸附大量的气体。因为渗透率很低，原生孔隙既不渗透气体也不渗透水。然而，解吸气可以借助扩散过程流过原生孔隙，这将在本章后面的部分进行介绍。煤中的孔隙大多是原生孔隙。

（2）次生孔隙系统：煤层中的次生孔隙（大孔隙）由天然裂缝网络和煤自身的裂隙组成。大孔隙，如裂理的作用，类似于原生孔隙的汇点，为流体流动提供了渗透性。它们相当于连通生产井的通道，如图 3.30 所示。裂理由下列两种主要部分组成。

①主裂理。Remner 等人用图 3.30 示意，主裂理连续穿透气藏而且能够排泄较大面积。

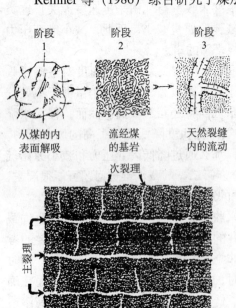

阶段 1　阶段 2　阶段 3

从煤的内表面解吸　流经煤的基岩　天然裂缝内的流动

次裂理

主裂理

含有微孔隙的基岩块

图 3.30　煤层甲烷流动动态示意图

②次裂理。次裂理连通气藏的面积很小，因此限制了它们的排泄能力。

除了裂理系统以外，构造活跃引起的裂缝系统也会在煤中出现。水和气通过裂理和裂缝系统流入煤层甲烷气井。这些裂理和裂缝联合组成渗透率（试井测得）的大部分，与煤层甲烷气井连通。

甲烷的绝大部分，即气体地质储量，以吸附状态储存在煤的内表面且可看做液态。与自由气相态相反。煤层裂理最初被水饱和，为了降低气藏压力，必须从天然裂缝，即裂理中把水采出。当压力降低，气体从煤层基岩中释放（解吸）出来进入裂缝。气体的产出包括四步过程。

步骤 1：把水从煤层裂理中采出，使气藏压力降到气体解吸压力。这一过程被称为气藏排水。

步骤 2：从煤的内表面解吸气体。

步骤 3：解吸气扩散进入煤层裂理系统。

步骤 4：气体通过裂缝流入井筒。

煤层甲烷（CBM）气藏的有效开发取决于下列四种煤层特性：

（1）气体含量 $G_c$ ；

（2）煤的密度 $\rho_B$ ；

（3）产能和排水效率；

（4）渗透率和孔隙度。

Hughes 和 Logan（1990）指出具有经济价值的气藏首先必须含有足够数量的吸附气（气体含量），必须有足够的渗透性使气体产出，必须有足够的压力以确保气体有充足的储藏量，最后，解吸时间必须满足气体的经济开发。下面讨论气藏经济开发所需要的这四种煤层特性参数。

### 3.4.1 气体含量

煤中的气体以分子形式吸附在煤较大的表面积上。气体含量的计算方法包括把新取的煤样放在不透气的气体解吸罐中并测量在环境温度和压力条件下解吸气体的体积随时间的变化。该分析过程的缺点是测量的吸附气体的体积不等于总气体含量，因为在取样过程中通常有大量气体解吸流失。取样过程中流失的气体被称为"流失气"。流失气的体积可以用 USBM 直接方法计算，如图 3.31 所示。该方法只涉及绘制解吸气体积与时间的平方根$\sqrt{t}$的直角坐标图形并反推早期解吸数据到时间为零。经验表明该技术对浅层、低压、低温的煤层适用，该类煤层流失气体的体积是煤中吸附气总含量的 5% ～ 10%。而高压煤层，流失气体的体积可能超过吸附气总含量的 50%。

应该指出的是到解吸测量结束时一些气体可能还没有从煤中解吸出来，而是仍然吸附在煤样中。"残余气"通常指解吸测试结束时的剩余气。Mclennan 和 Schafer（1995）以及 Nelson（1999）指出从煤中解吸气体的速度非常低，以至于完成气体解吸所需要的时间间隔不切实际地长。在解吸测试结束时的残余气的含量可通过破碎煤样并测量释放出的气体的体积来确定。该直接方法分析过程的主要缺点是它得到不同的气体含量值，取决于煤样类型、气体解吸测试条件和流失气计算方法。Nelson（1999）指出气体解吸测试结束时保持在煤样中的残余气体积的测量失败，会导致煤层气地质储量评价计算的明显错误。残余气体积占吸附气总含量的百分率范围介于 5% ~ 50%。

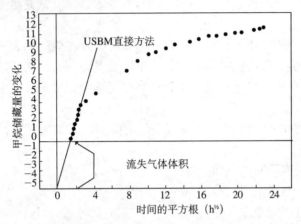

图 3.31　用于确定流失气体体积的测试数据曲线

　　另一个重要的实验室测量是大家所熟悉的"等温吸附线"，能够把煤样的气体储存量和压力联系起来。该信息用于预测当煤藏压力降低时从煤中释放出的气体体积。

　　注意气体含量 $G_c$ 是给定煤藏中含有的实际（总）气体的测量值，而等温吸附线确定的是压力与恒定温度下煤吸气储量的关系。

　　气体含量和等温吸附线的精确计算是确定可采储量和生产剖面的需要。一个等温吸附关系的典型例子如图 3.32 所示，由 Mavor 等（1990）提供。该等温吸附是在 San Juan 盆地 Fruitland Formation 煤层采集的煤样上进行测量的。作者指出在现场对全岩样进行解吸罐测试，确定煤中气体总含量 $G_c$ 为 $355 \times 10^3 ft^3/t$。气体含量比原始气藏压力 1620psi 下的等温吸附气体储存量 $440 \times 10^3 ft^3/t$ 少。这意味着压力必须降到 648psi，该值是等温吸附曲线上 $355 \times 10^3 ft^3/t$ 对应的压力。这个压力就是临界压力或解吸压力 $p_d$。该值决定了煤层是饱和或是欠饱和。饱和煤层在给定的储层压力和温度下能够吸附尽可能多的气体。类似于油藏的饱和压力等于原始油藏压力。如果原始气藏压力高于临界吸附压力，可认为煤层是欠饱和的，如 Fruitland Formation 煤就是这种情况。欠饱和煤层是不希望有的，因为在气体开始流动之前，需要产出更多的水（排水过程）。

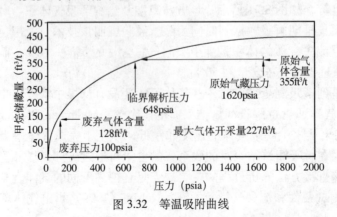

图 3.32　等温吸附曲线

对于欠饱和气藏，即 $p_i > p_d$，从原始气藏压力 $p_i$ 降到解吸压力 $p_d$ 必须排出的水的总体积可以根据总等温压缩系数确定：

$$c_t = \frac{1}{W_i}\frac{W_p}{p_i - p_d} \tag{3.85}$$

式中　$W_p$——排出水的总体积，bbl；

$W_i$——气藏内水的总体积，bbl；

$p_i$——原始气藏压力，psi；

$p_d$——解吸压力，psi。

$c_t$——系统的总压缩系数，$c_t = c_w + c_f$，$psi^{-1}$；

$c_w$——水的压缩系数；

$c_f$——岩层的压缩系数。

利用方程（3.85）求解排水量：

$$W_p = c_t W_i (p_i - p_d) \tag{3.86}$$

**例 3.9**　一个不饱和煤系统具有以下储层参数：

排水面积 = 160acre，厚度 =15ft，孔隙度 = 3%，原始压力 = 650psia，解吸压力 = 450psia，综合压缩系数 $=16 \times 10^{-5} psi^{-1}$。

计算使储层压力从原始压力降到解吸压力必须采出的水的总体积。

**解**　步骤 1：计算排水区内水的原始总体积。

$$W_i = 7758 Ah\phi S_{wi}$$

$$W_i = 7758 \times 160 \times 15 \times 0.03 \times 1.0 = 558576 bbl$$

步骤 2：利用方程（3.86）计算达到解吸压力时产出水的总体积。

$$W_p = 16 \times 10^{-5} \times 558576 \times (650 - 450) = 17874 bbl$$

步骤 3：假设该地区只有一口井以 300bbl/d 的速度排水，计算达到解吸压力的总时间。

$$t = 17874/300 = 60 d$$

对于大多数煤层，包含在煤中的气体数量主要是煤级、灰的含量、原始储层压力的函数。煤层的吸附量随着压力的变化呈非线性。应用吸附等温数据的一般方法是假设气体的存储量和压力的关系可以用一个关系式描述，该关系式最初是由朗格缪尔（1918）提出的。适合该关系式的等温吸附数据是大家所熟知的"朗格缪尔等温数据"，表示为：

$$V = V_L \frac{p}{p + p_L} \tag{3.87}$$

式中　$V$——目前压力 $p$ 下吸附在煤中的气体的体积，ft³/ft³；

$V_L$——朗格缪尔体积，ft³/ft³；

$p_L$——朗格缪尔压力，psi；

$p$ ——气藏压力，psi。

由于吸附的气体的量主要取决于煤的质量，而不是体积，朗格缪尔吸附方程的更有用的形式是用 ft³/t 表达吸附量：

$$V = V_m \frac{bp}{1+bp} \tag{3.88}$$

式中　$V$——目前压力 $p$ 下吸附在煤中的气体的体积，ft³/t；

　　　$V_m$——朗格缪尔等温常数，ft³/t；

　　　$b$——朗格缪尔压力常数，psi⁻¹；

　　　$p$——压力，psi

这两组朗格缪尔常数通过 $V_L$ 和 $p_L$ 联系：

$$V_L = 0.031214 V_m \rho_B$$

$$p_L = \frac{1}{b}$$

式中　$\rho_B$——煤沉积物的体积密度，g/cm³。

朗格缪尔压力 $b$ 和体积 $V_m$ 可以通过等温吸附数据和方程（3.88）得到。方程线性表示为：

$$V = V_m - \left(\frac{1}{b}\right)\frac{V}{p} \tag{3.89}$$

上述关系式表明，解吸气体的体积 $V$ 与比值 $V/p$ 的直角坐标图形是一条直线，斜率为 $-1/b$，截距为 $V_m$。

同样，当用 ft³/ft³ 表示吸附气体体积时，方程（3.87）可以表示为直线方程形式：

$$V = V_L - p_L \left(\frac{V}{p}\right)$$

$V$（ft³/ft³）与 $V/p$ 的函数图形是一条直线，截距为 $V_L$，负斜率 $-p_L$。

**例 3.10** 下面等温吸附数据是由 Mavor（1990）根据 San Juan 盆地的煤样给出的。

| $p$ (psi) | 76.0 | 122.0 | 205.0 | 221.0 | 305.0 | 504.0 | 507.0 | 756.0 | 1001.0 | 1008.0 |
|---|---|---|---|---|---|---|---|---|---|---|
| $V$ (ft³/t) | 77.0 | 113.2 | 159.8 | 175.0 | 206.4 | 265.3 | 267.2 | 311.9 | 339.5 | 340.5 |

计算 San Juan 盆地煤样的朗格缪尔等温常数 $V_m$、朗格缪尔压力常数 $b$。

解　步骤 1：计算每个数据测量点的 $V/p$ 并构建下面表格。

| $p$ | $V$ | $V/p$ |
|---|---|---|
| 76.0 | 77.0 | 1.013158 |
| 122.0 | 113.2 | 0.927869 |
| 205.0 | 159.8 | 0.779512 |

续表

| p | V | V/p |
|---|---|---|
| 221.0 | 175.0 | 0.791855 |
| 305.0 | 206.4 | 0.676721 |
| 504.0 | 265.3 | 0.526389 |
| 507.0 | 267.2 | 0.527022 |
| 756.0 | 311.9 | 0.412566 |
| 1001.0 | 339.5 | 0.339161 |
| 1008.0 | 340.5 | 0.307310 |

步骤2：绘制 $V$ 与 $V/p$ 的直角坐标图形，如图3.33所示，通过这些点画最符合的直线。

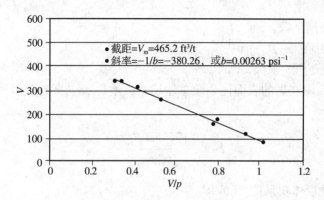

图3.33　例3.10的体积 $V$ 与比值 $V/p$ 的函数关系

步骤3：确定直线的系数，即斜率和截距。

截距 = $V_m$ = 465.2ft³/t

斜率 = $-1/b$ = $-380.26$，或 $b = 0.00263$psi⁻¹

步骤4：朗格缪尔方程，即方程（3.88）如下。

$$V = 465.2 \frac{0.00263p}{1 + 0.00263p}$$

Seidle 和 Arrl（1990）指出，在井达到拟稳定状态时，解吸气将通过煤的裂缝开始流动。对于一口位于圆形或正方形开采区域的气井，当无量纲时间 $t_{DA}$ 是0.1时，拟稳定流开始：

$$t_{DA} = 0.1 = \frac{2.637 \times 10^{-4} K_g t}{\phi (\mu_g c_t)_i A}$$

求解时间 $t$ 得：

$$t = \frac{379.2 \phi (\mu_g c_t)_i A}{K_g}$$

式中 $t$ ——时间，h；

$A$——开采面积，$ft^2$；

$K_g$——气体有效渗透率，mD；

$\phi$——裂隙孔隙度，分数；

$\mu_g$——天然气黏度，$mPa \cdot s$；

$c_t$——系统总压缩系数，$psi^{-1}$。

气体黏度和系统压缩系数都是在解析压力下计算的。系统总压缩系数为：

$$c_t = c_p + S_w c_w + S_g c_g + c_s$$

式中 $c_p$——体积压缩系数，$psi^{-1}$；

$S_w$——含水饱和度；

$S_g$——气体饱和度；

$c_w$——水的压缩系数，$psi^{-1}$；

$c_g$——气体的压缩系数，$psi^{-1}$；

$c_s$——有效吸附压缩系数，$psi^{-1}$。

作者指出气体吸附在煤的表面使系统总压缩系数增加 $c_s$，即有效吸附压缩系数，表示为：

$$c_s = \frac{0.17525 B_g V_m \rho_B b}{\phi (1 + bp)^2} \tag{3.90}$$

式中 $B_g$——气体地层体积系数，$bbl/ft^3$；

$\rho_B$——煤沉积物的体积密度，$gm/cm^3$；

$V_m$，$b$——朗格缪尔常数。

**例 3.11** 除了例 3.10 中给出的 San Juan 煤的数据，下列性质参数可用：

$\rho_B = 1.3 g/cm^3$，$\phi = 2\%$，$T = 575 \,^\circ R$，$p_d = 600 psi$，$S_w = 0.9$，$S_g = 0.1$，$c_f = 15 \times 10^{-6} psi^{-1}$，$c_w = 10 \times 10^{-6} psi^{-1}$，$c_g = 2.3 \times 10^{-3} psi^{-1}$，$A = 40 acre$，$K_g = 5 mD$，$\mu_g = 0.012 mPa \cdot s$，$Z = 0.86$（600psi）。

计算达到拟稳定状态所需要的时间。

**解** 步骤 1：根据例 3.10 计算 $V_m$ 和 $b$。

$$V_m = 465.2 ft^3/t$$

$$b = 0.00263 psi^{-1}$$

步骤 2：根据公式（3.7）计算 $B_g$，用 $bbl/ft^3$ 表示。

$$B_g = 0.00504 \frac{ZT}{p} = 0.00504 \times \frac{0.86 \times 575}{600} = 0.00415 bbl/ft^3$$

步骤 3：根据方程（3.90）计算 $c_s$。

$$c_s = \frac{0.17525 \times 0.00415 \times 465.2 \times 1.3 \times 0.00263}{0.02 (1 + 0.00263 \times 600)^2} = 8.71 \times 10^{-3} psi^{-1}$$

步骤 4：计算 $c_t$。

$$c_t = 15 \times 10^{-6} + 0.9 \times 10 \times 10^{-6} + 0.1 \times 2.3 \times 10^{-3} + 8.71 \times 10^{-3} = 0.011 \text{psi}^{-1}$$

步骤 5：计算到达拟稳定状态的时间。

$$t = \frac{379.2 \times 0.02 \times 0.012 \times 0.011 \times 40 \times 43560}{5} = 349 \text{ h}$$

Seidle 和 Arrl（1990）提议使用常规的黑油模型模拟煤层甲烷开采动态。作者指出，在给定压力下储存在煤中的气体类似于给定压力下溶解在原油系统中的气体。煤层的朗格缪尔等温线可比作常规油藏的溶解气油比。传统的油藏模拟器可用来描述煤层甲烷，只是把吸附在煤的表面的气体看做束缚油中的溶解气。

Seidle 和 Arrl 建议油相的引入需要增加孔隙度和改变原始饱和度。气－水的相对渗透率曲线必须修改，束缚油的流体性质也必须调整。使用常规的黑油模拟器所需的调整总结如下。

步骤 1：为模型选择任意初始含油饱和度 $S_{om}$，下标 m 表示模型值。初始值可以设置为残余油饱和度，而且在整个模拟过程中必须保持不变。

步骤 2：调整实际煤层内生裂隙 $\phi_m$。

$$\phi_m = \frac{\phi}{1 - S_{om}} \tag{3.91}$$

步骤 3：调整实际含水和含气饱和度，即 $S_w$ 和 $S_g$，为等效模型饱和度 $S_{wm}$ 和 $S_{gm}$。

$$S_{wm} = (1 - S_{om}) S_w \tag{3.92}$$

$$S_{gm} = (1 - S_{om}) S_g \tag{3.93}$$

这两个方程用于调整气－水相对渗透率的数据并输入模拟器。相对渗透率对应的实际 $S_g$ 或 $S_w$ 被调整为等效模型饱和度 $S_{gm}$ 或 $S_{wm}$。

步骤 4：为了确保油相不流动，对所有饱和度指定油的相对渗透率为零（$k_{ro} = 0$）或指定一个非常大的油的黏度（$\mu_0 = 10^6 \text{mPa} \cdot \text{s}$）。

步骤 5：为了与溶解在束缚油的气体 $R_s$ 建立联系，使用下列表达式将等温吸附数据转换为气体溶解度数据。

$$R_s = \left( \frac{0.17525 \rho_B}{\phi_m S_{om}} \right) V \tag{3.94}$$

式中　$R_s$——等效气体溶解度，$\text{ft}^3/\text{bbl}$；

　　　　$V$——气体含量，$\text{ft}^3/\text{bbl}$；

　　　　$\rho_B$——煤层体积密度，$\text{g/cm}^3$。

用方程（3.88）代替气体含量 $V$，方程（3.94）可以用朗格缪尔常数表示：

$$R_s = \left( \frac{0.17525 \rho_B}{\phi_m S_{om}} \right) (V_m) \left( \frac{bp}{1 + bp} \right) \tag{3.95}$$

步骤6：为了保证模拟过程的质量守恒，油的地层体积系数必须恒定，值为1.0bbl/bbl。

利用 Ancell 等（1980）与 Seidle 和 Arrl（1990）提供的相对渗透率与煤层性质，下面的例子说明了上述方法的使用。

**例 3.12** 煤层性质和相对渗透率如下：$S_{gi} = 0.0$，$V_m = 660\text{ft}^3/\text{t}$，$b = 0.00200\text{psi}^{-1}$，$\rho_B = 1.3\text{g/cm}^3$，$\phi = 3\%$。

| $S_g$ | $S_w = 1 - S_g$ | $k_{rg}$ | $k_{rw}$ |
|---|---|---|---|
| 0.000 | 1.000 | 0.000 | 1.000 |
| 0.100 | 0.900 | 0.000 | 0.570 |
| 0.200 | 0.800 | 0.000 | 0.300 |
| 0.225 | 0.775 | 0.024 | 0.256 |
| 0.250 | 0.750 | 0.080 | 0.210 |
| 0.300 | 0.700 | 0.230 | 0.140 |
| 0.350 | 0.650 | 0.470 | 0.090 |
| 0.400 | 0.600 | 0.750 | 0.050 |
| 0.450 | 0.550 | 0.940 | 0.020 |
| 0.475 | 0.525 | 0.980 | 0.014 |
| 0.500 | 0.500 | 1.000 | 0.010 |
| 0.600 | 0.400 | 1.000 | 0.000 |
| 1.000 | 0.000 | 1.000 | 0.000 |

调整以上相对渗透率数据并把等温吸附数据转换为气体溶解度数据用于黑油模型。

**解** 步骤1：选择任意初始含油饱和度。

$$S_{om} = 0.1$$

步骤2：利用方程（3.91）调整实际裂隙孔隙度。

$$\phi_m = \frac{0.03}{1 - 0.1} = 0.0333$$

步骤3：重新列出相对渗透率数据，只是利用方程（3.92）和方程（3.93）调整饱和度值。

| $S_g$ | $S_w$ | $S_{gm} = 0.9S_g$ | $S_{wm} = 0.9S_w$ | $k_{rg}$ | $k_{rw}$ |
|---|---|---|---|---|---|
| 0.0000 | 1.0000 | 0.0000 | 0.9000 | 0.0000 | 1.0000 |
| 0.1000 | 0.9000 | 0.9000 | 0.8100 | 0.0000 | 0.5700 |
| 0.2000 | 0.8000 | 0.1800 | 0.7200 | 0.0000 | 0.3000 |
| 0.2250 | 0.7750 | 0.2025 | 0.6975 | 0.0240 | 0.2560 |
| 0.2500 | 0.7500 | 0.2250 | 0.6750 | 0.0800 | 0.2100 |
| 0.3000 | 0.7000 | 0.2700 | 0.6300 | 0.2300 | 0.1400 |

续表

| $S_g$ | $S_w$ | $S_{gm}=0.9S_g$ | $S_{wm}=0.9S_w$ | $k_{rg}$ | $k_{rw}$ |
|---|---|---|---|---|---|
| 0.3500 | 0.6500 | 0.3150 | 0.5850 | 0.4700 | 0.0900 |
| 0.4000 | 0.6000 | 0.3600 | 0.5400 | 0.7500 | 0.0500 |
| 0.4500 | 0.5500 | 0.4045 | 0.4950 | 0.9400 | 0.0200 |
| 0.4750 | 0.5250 | 0.4275 | 0.4275 | 0.9800 | 0.0140 |
| 0.5000 | 0.5000 | 0.4500 | 0.4500 | 1.0000 | 0.0100 |
| 0.6000 | 0.4000 | 0.5400 | 0.3600 | 1.0000 | 0.0000 |
| 1.0000 | 0.0000 | 0.9000 | 0.0000 | 1.0000 | 0.0000 |

步骤 4：用方程（3.92）或方程（3.93）计算不同设定压力下的 $R_s$。

$$R_s = \left[\frac{0.17525 \times 1.30}{0.0333 \times 0.1}\right]V = 68354V$$

且

$$V = 660 \times \frac{0.0002p}{1 + 0.0002p}$$

得到下列数据。

| $p$ (psia) | $V$ (ft³/t) | $R_s$ (ft³/bbl) |
|---|---|---|
| 0.0 | 0.0 | 0.0 |
| 50.0 | 60.0 | 4101.0 |
| 100.0 | 110.0 | 7518.0 |
| 150.0 | 152.3 | 10520.0 |
| 200.0 | 188.6 | 12890.0 |
| 250.0 | 220.0 | 15040.0 |
| 300.0 | 247.5 | 16920.0 |
| 350.0 | 271.8 | 18570.0 |
| 400.0 | 293.3 | 20050.0 |
| 450.0 | 312.6 | 21370.0 |
| 500.0 | 330.0 | 22550.0 |

当压力低于临界解吸压力，利用下列关系式对气体采收率进行粗略估算：

$$RE = 1 - \left[\left(\frac{V_m}{G_c}\right)\left(\frac{bp}{1+bp}\right)\right]^a \tag{3.96}$$

式中　$RF$——气体采收率；

　　　$V_m, b$——朗格缪尔常数；

　　　$V$——压力 $p$ 下的气体含量，ft³/t；

　　　$G_c$——临界解吸压力下的气体含量，ft³/t；

　　　$p$——气藏压力，psi；

　　　$a$——采收率指数。

采收率指数 $a$ 用于表示产能、储层非均质性、井距以及其他影响气体采收率的因素。采收率指数通常在 $0.5 \sim 0.85$ 变化，可根据记录的压力 $p$ 下的油田采收率估算。MBE 计算和采收率动态预测的详细讨论在本章的后面部分介绍。

**例 3.13**　除了例 3.10 给出的数据，其他数据如下：

$$G_c = 330 \text{ft}^3/\text{t}（在 500 \text{psia} 下），a = 0.82$$

估算气体采收率随压力的变化，废弃压力为 100psia。

**解**　步骤 1：把朗格缪尔常数 $V_m$ 和 $b$、采收率指数代入方程（3.96）。

$$RF = 1 - \left[ \left( \frac{660}{330} \right) \times \left( \frac{0.002p}{1 + 0.002p} \right) \right]^{0.82} = 1 - \left( \frac{0.0004p}{1 + 0.002p} \right)^{0.82}$$

步骤 2：设定几个气藏压力，计算采收率并用下列表格形式表示。

| $p$ (psi) | $RF$（%） |
|---|---|
| 450 | 4.3 |
| 400 | 9.2 |
| 350 | 14.7 |
| 300 | 21.0 |
| 250 | 28.3 |
| 200 | 36.8 |
| 150 | 47.0 |
| 100 | 59.4 |

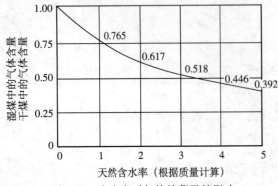

图 3.34　含水率对气体储藏量的影响

有许多因素影响气体含量 $G_c$ 的测量值和等温吸附数据，从而影响气体原始地质储量的确定，这些因素有煤的含水率、温度、煤的质级。下面简要分析这些参数。

（1）含水率：煤的含水率是指煤岩基质中的水的质量，而不是裂缝体系中的自由水。煤中的气体储量明显受含水率的影响，如图 3.34 和图 3.35 所示。图 3.34 朗格缪尔等温线说明含水率从 0.37% 增加到

7.41%，甲烷储量明显减少。图 3.35 显示吸附在煤层的甲烷含量反比于自身的含水率。这两个图证明，含水率增加降低煤储存气体的能力。

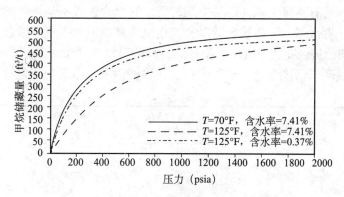

图 3.35　等温吸附温度和含水率的敏感分析

（2）温度：温度既影响储藏在煤中的气体的体积也影响气体解吸速度。大量实验研究证实了下列两个结论：

①气体从煤中的解吸速度与温度的关系是指数关系（温度越高，解吸越快）；

②煤的气体吸附能力与温度成反比（煤的储量随着温度的升高而降低，如图 3.36 所示）。

（3）煤的等级：根据美国材料试验协会，煤级是指通过测量煤的物理性质和化学性质而得到的煤的明显不同的成熟程度。最常用的划分煤级的性质参数包括含碳量、挥发性物质含量、热值以及其他特性。煤级测定是很重要的，因为煤产生气体的能力与煤级有关。图 3.36 显示了气体含量和

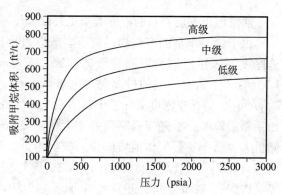

图 3.36　煤级和吸附量的关系

储量随着煤级的增加而增加，煤具有更高的等级就有更大的能力去储存和产生气体。

### 3.4.2　煤的密度

气体地质体积储量 $G$ 是储存在特定的气藏岩石体积内的气体的总量。计算 $G$ 的基本方程是：

$$G = 1359.7Ah\,\rho_B\,G_c \tag{3.97}$$

式中　$G$——气体原始地质储量，$ft^3$；

$A$——开采面积，acre；

$h$——厚度，ft；

$\rho_B$——煤的平均体积密度，$g/cm^3$；

$G_c$——平均气体含量，$ft^3/t$。

Mavor 和 Nelson（1997）指出利用方程（3.97）需要精确确定方程中的四个参数，

即 $A$、$h$、$G_c$ 和 $\rho_B$。参数 $G$ 的估算精度受限于参数的不确定性或误差。Nelson（1999）指出煤的密度是它的组分的强函数。因为煤的矿物质成分的密度明显高于大部分有机质，煤的密度与矿物质含量有直接关系。煤层中煤的密度和综合性质不是均匀的，但纵向和横向上的变化是煤级、含水率、矿物质含量以及其他沉积环境地质变量的函数。为了说明煤的密度在横向和纵向的显著变化，Mavor 和 Nelson（1997）以 San Juan 盆地 Fruitland Formation 煤藏三口井为例说明了密度变化。如下表所示，这些例子列出了灰分含量、气体含量和平均密度的变化。

| 井 | 间隔 | 灰分平均含量<br>（%） | 平均密度<br>（g/cm³） | 气体平均含量<br>（ft³/t） |
| --- | --- | --- | --- | --- |
| 1 | 中级 | 27.2 | 1.49 | 370 |
| | 最小 | 20.4 | 1.44 | 402 |
| 2 | 中级 | 36.4 | 1.56 | 425 |
| | 最小 | 31.7 | 1.52 | 460 |
| 3 | 中级 | 61.3 | 1.83 | 343 |
| | 最小 | 43.3 | 1.63 | 512 |

通常假定夹层岩石的密度大于 $1.75\text{g/cm}^3$，夹层岩石的气体储量可以忽略不计。

由于含有丰富的有机物，与页岩或砂岩相比，煤的体积密度非常低。因此，含煤层的总厚度可以用地球物理测井数据计算。Nelson（1999）指出常用的煤层厚度分析是使用 $1.75\text{g/cm}^3$ 作为含气层的最高测井密度值。作者声明 San Juan 盆地煤中灰的密度是 $2.4 \sim 2.5\text{g/cm}^3$。储存在密度值介于 $1.75 \sim 2.5\text{g/cm}^3$ 的煤藏岩石中的气体的数量非常大。这表明，如果储层厚度分析基于最高测井密度值 $1.75\text{g/cm}^3$，利用方程（3.97）计算的气体地质体积储量大大低于实际气体地质储量。应当指出，反比于煤级的含水率严重影响煤的密度。如方程（3.97）所示，气体原始储量 $G$ 是煤的密度 $\rho_C$ 的函数。Neavel 等（1999）、Unsworth 等（1989）、Pratt 等（1999）和 Nelson（1989）观察到高级煤（沥青煤）含水率低于 10%，而低级煤（亚沥青煤）的含水率很高（> 25%）。作者指出当灰分含量为 5% 时，Power River 盆地亚沥青煤的干燥基质密度为 $1.4\text{g/cm}^3$；而含水率为 27%、灰分含量为 5%，其密度只有 $1.33\text{g/cm}^3$。这种密度值差异表明准确计算含水率是估算气体地质储量的关键。

### 3.4.3 产能和排水效率

最近，利用煤藏大量甲烷气体资源的兴趣正在上升。如前面所述，储层压力作用下甲烷吸附在煤的孔隙表面，该压力必须降低使甲烷从煤表面解吸并最终采出。储层压力源于现存的地下水的静压。因此，与常规气藏不同，从煤层产气首先要排水并降低煤层压力。一般情况下，煤层是天然裂缝的，横向上包含大量、封闭、间隔的垂直裂缝（即内生裂隙）。因为煤基岩本身的渗透率通常非常小，这些裂隙必须发育良好达到经济开发气藏所要求的最低渗透率（通常大于 1mD）。Holditch 等（1988）建议以经济速度从煤层采气，必须满足以下三个标准：

（1）必须存在大量的裂隙系统提供所需的渗透率。

（2）气体含量必须足够大，提供值得开发的气源。

（3）裂隙系统必须与井筒相连。

因此，大规模煤层甲烷气藏的开发，在气体开采之前，需要大量的前期投资。多数煤层甲烷气藏需要：（1）水力裂缝增产措施来补充煤层裂隙并连通裂隙系统与井筒；（2）人工举升气藏水；（3）排水设备；（4）完井方式的发展。

一般而言，适当的井距和增产措施控制着煤层气开发的经济利益。

构建一套完整的煤藏气井产能的理论体系是困难的，因为需要考虑煤层中的气和水两相流。然而，在气藏压力下降到解吸压力前，煤藏气井需产出大量的水。一旦煤藏气井开采面积内的水排出，气体流量出现峰值，产水量常常降到可以忽略不计。气体流量的高峰值是下列因素的函数：

（1）原生孔隙，即煤基岩孔隙，为次生孔隙系统（内生裂隙系统）供气的能力。

（2）裂隙系统对水的导流能力。

不同于常规气藏和油藏，常规油气藏需要井间干扰最小，而有效排水减压系统的设计需要最大的井间干扰以获得最大的采出量。煤藏中井的动态取决于井间压力干扰的数值，它使气藏压力快速降低，从而使气体从煤层基岩中释放出来。这一目标可通过优化下列两个决策变量来完成：

（1）优化井距。

（2）优化布井方式。

Wick 等（1986）用数值模拟检验井距对单井产量的影响。检验 $1676 \times 10^6 \text{ft}^3$ 气体的 160acre 煤层的采收率与井距的函数关系，模拟时间为 15 年。井距为 20acre、40acre、80acre 和 160acre 的计算结果如下。

| 井距<br>（acre） | 160acre 区域<br>内的井数 | 单井气体地质<br>储量（$10^6\text{ft}^3$） | 单井总产气量（$10^6\text{ft}^3$） | | 采收率<br>（%） | 160acre 区域<br>的总产气量<br>（$10^6\text{ft}^3$） |
|---|---|---|---|---|---|---|
| | | | 5 年 | 15 年 | | |
| 160 | 1 | 1676 | 190 | 417 | 25 | 417 |
| 80 | 2 | 838 | 208 | 388 | 46 | 776 |
| 40 | 4 | 419 | 197 | 292 | 70 | 1170 |
| 20 | 8 | 209.5 | 150 | 178 | 85 | 1429 |

这些结果表明 15 年单井总产气量随着井距的增大而增加，而最初 5 年 40acre、80acre 和 160acre 井距的产气量非常接近。这主要是因为在有效生产气体之前，单井控制区域需要排水。气体采收率的范围由 160acre 井距的 25% 到 20acre 井距的 85%。15 年内在 160acre 区域井距 20acre 的总产气量最多，此时，85% 的气体地质储量已被采出，而井距 160acre 只有 25% 的采收率。在确定最佳井距时，经营者必须做包括目前和未来气体价格在内的经济评价，以获得最高采收率和最大利润。

最佳方式选择在很大程度上依赖以下变量：

（1）煤的特性，即各向同性或各向异性的渗透动态；

（2）储层结构；

（3）现有井的位置和井的总数；

（4）水的原始压力和解吸压力；

（5）排出水的体积和需要采出量。

### 3.4.4 渗透率和孔隙度

煤的渗透率基本上由储层的净应力的大小控制，煤层的净应力变化会引起渗透率的局部变化。许多调查显示煤的渗透率随着煤层基岩中气体的解吸而增加。大量的实验室测量结果显示，不同煤层渗透率和孔隙度与煤层应力的关系式不同。产量、裂隙性能的变化源于下列两种截然不同的机理：

（1）由于压实和净应力 $\Delta\sigma$ 减小，裂隙的孔隙度和渗透率减小。

（2）气体解吸，煤的基岩收缩，裂隙孔隙度和渗透率增加。

Walsh（1981）提出净应力的变化 $\Delta\sigma$ 可以用储层压力表示：

$$\Delta\sigma = \sigma - \sigma_{o} = s(p_{o} - p) = s\Delta p \tag{3.98}$$

式中　　$\Delta p$——压力从 $p_{o}$ 降到 $p$，psi；

　　　　$p_{o}$——原始压力，psi；

　　　　$p$——目前压力，psi；

　　　　$\sigma_{o}$——原始有效应力，psia；

　　　　$\sigma$——有效应力，psia；

　　　　$s$——联系压力变化与有效应力变化的常数。

有效应力定义为：总应力减去煤层流体压力。有效应力倾向于关闭裂隙和减小煤的渗透率。如果有效应力 $\sigma$ 未知，可以根据任何给定的深度 $D$ 来推算：

$$\sigma = 0.572D$$

设定恒量 $s = 0.572$，方程（3.98）可以简化为：

$$\Delta\sigma = 0.572\Delta p$$

用下列表达式确定孔隙平均压缩系数：

$$\bar{c}_{p} = \frac{1}{p_{o} - p} \int_{p}^{p_{o}} c_{p} \mathrm{d}p$$

式中　　$\bar{c}_{p}$——孔隙平均压缩系数，psi$^{-1}$；

　　　　$c_{p}$——孔隙体积压缩系数，psi$^{-1}$。

表示孔隙度、渗透率的变化与储层压力的关系式：

$$\phi = \frac{A}{1 + A} \tag{3.99}$$

且

$$A = \frac{\phi_o}{1 + \phi_o} \exp^{-s\bar{c}_p(\Delta p)} \tag{3.100}$$

和

$$K = K_o \left( \frac{\phi}{\phi_o} \right)^3$$

式中　$\phi$——孔隙度；

下标 o——原始条件的值。

Somertonet 等（1975）提出地层渗透率随净应力 $\Delta\sigma$ 的变化而变化的关系式如下：

$$K = K_o \left[ \exp\left( \frac{-0.003\Delta\sigma}{(K_o)^{0.1}} \right) + 0.0002(\Delta\sigma)^{\frac{1}{3}}(K_o)^{\frac{1}{3}} \right]$$

式中　$K_o$——净应力为 0 时的原始渗透率，mD；

$K$——净应力为 $\Delta\sigma$ 时的渗透率，mD；

$\Delta\sigma$——净应力，psia。

### 3.4.5　煤层甲烷的物质平衡方程

MBE 是计算原始气体地质储量 $G$ 和预测常规气藏采收率动态的基本工具。方程（3.92）表示的 MBE：

$$\frac{p}{Z} = \frac{p_i}{Z_i} - \left( \frac{p_{sc}T}{T_{sc}V} \right) G_p$$

$p/Z$ 曲线的大量应用以及对常规气藏来说的易于构建，使许多人尝试把它用于煤层气藏，特别是 King（1993）和 Seidle（1999），把该方法扩展到非常规气藏，如煤层甲烷气藏（CBM）。

CMB 的 MBE 可以用下列广义形态表示：

产气量 $G_p$＝原始气体吸附量 $G$＋原始自由气 $G_F$－目前压力下的气体吸附量 $G_A$－剩余自由气 $G_R$

或

$$G_p = G + G_F - G_A - G_R \tag{3.101}$$

对于无水侵饱和气藏（即原始地层压力 $p_i$＝解吸压力 $p_d$），上述等式右边的四个主要部分分别确定如下。

原始气体吸附量 $G$ 如方程（3.97）所示，原始气体吸附量 $G$ 表示为：

$$G = 1359.7Ah\rho_B G_c$$

式中　$G$——原始气体地质储量，$ft^3$；

$\rho_B$——煤的体积密度，$g/cm^3$；

　　　$G_c$——气体含量，ft³/t；

　　　$A$——开采面积，acre；

　　　$h$——平均厚度，ft。

　　原始自由气 $G_F$：

$$G_F = 7758 Ah\phi \left(1 - S_{wi}\right) E_{gi} \tag{3.102}$$

式中　$G_F$——原始自由气地质储量，ft³；

　　　$S_{wi}$——原始含水饱和度；

　　　$\phi$——孔隙度；

　　　$E_{gi}$——$p_i$ 下气体膨胀系数，$E_{gi} = \dfrac{5.615 Z_{sc} T_{sc}}{p_{sci}} \dfrac{p_i}{TZ_i} = 198.6 \dfrac{p_i}{TZ_i}$，ft³/bbl。

　　目前气体吸附量 $G_A$：在任何压力 $p$ 下的气体吸附量用等温吸附或朗格缪论尔方程 (3.53) 表示为：

$$V = V_m \frac{bp}{1 + bp}$$

式中　$V$——压力 $p$ 下，目前气体吸附体积，ft³/t；

　　　$V_m$——朗格缪尔等温常数，ft³/t；

　　　$b$——朗格缪尔压力常数，psi⁻¹。

　　在气藏压力 $p$ 下，吸附气体的体积 $V$ 用 ft³/t 表示，可以用下列关系式转换为 ft³：

$$G_A = 1359.7 Ah\rho_B V \tag{3.103}$$

式中　$G_A$——压力 $p$ 下气体吸附量，ft³；

　　　$\rho_B$——煤的平均体积密度，g/cm³；

　　　$V$——压力 $p$ 下气体吸附量，ft³/t。

　　剩余自由气 $G_R$：在气藏排水阶段，地层压实（基岩收缩）和水膨胀将会大大影响产水量，而一些解吸气仍留在煤的裂缝系统中并占据一定的 PV，这对水的采出是有益的。King (1993) 推导出下列表达式，用于计算排水阶段煤层裂隙中的平均含水饱和度。

$$S_w = \frac{S_{wi}\left[1 + c_w\left(p_i - p\right)\right] - \dfrac{B_w W_p}{7758 Ah\phi}}{1 - \left(p_i - p\right)c_f} \tag{3.104}$$

式中　$p_i$——原始压力，psi；

　　　$p$——目前气藏压力，psi；

　　　$W_p$——累计产水量，bbl；

　　　$B_w$——水的地层体积系数，bbl/bbl；

　　　$A$——开采面积，acre；

　　　$c_w$——水的等温压缩系数，psi⁻¹；

　　　$c_f$——地层的等温压缩系数，psi⁻¹；

$S_{wi}$——原始含水饱和度。

利用上述估算的平均含水饱和度，建立下列关于裂缝中剩余气的关系式：

$$G_R = 7758Ah\phi \times \left[ \frac{\dfrac{B_w W_p}{7758Ah\phi} + (1-S_{wi}) - (p_i - p)(c_f + c_w S_{wi})}{1 - (p_i - p)c_f} \right] E_g \qquad (3.105)$$

式中　$G_R$——压力 $p$ 下的剩余气，$ft^3$；

　　　$W_p$——累计产水量，bbl；

　　　$A$——开采面积，acre。

气体的膨胀系数表示为：

$$E_g = 198.6\frac{p}{TZ}$$

把上面推导出的四项带入方程（3.101）并整理得：

$$G_p = G + G_F - G_A - G_R$$

或

$$G_p + \frac{B_w W_p E_g}{1 - (c_f \Delta p)} = Ah \left\{ 1359.7\rho_B \left( G_c - \frac{V_m bp}{1+bp} \right) + \frac{7758\phi \left[ \Delta p (c_f + S_{wi} c_{wi}) - (1-S_{wi}) \right] E_g}{1 - (c_f \Delta p)} \right\}$$
$$+ 7758Ah\phi (1-S_{wi}) E_{gi} \qquad (3.106)$$

该方程用气体吸附体积 $V$ 表示为：

$$G_p + \frac{B_w W_p E_g}{1 - (c_f \Delta p)} = Ah \left\{ 1359.7\rho_B \left( G_c - V \right) + \frac{7758\phi \left[ \Delta p (c_f + S_{wi} c_{wi}) - (1-S_{wi}) \right] E_g}{1 - (c_f \Delta p)} \right\}$$
$$+ 7758Ah\phi (1-S_{wi}) E_{gi} \qquad (3.107)$$

广义 **MBE** 的上述两种形式的每一种都可以写成直线方程：

$$y = mx + a$$

且

$$y = G_p + \frac{B_w W_p E_g}{1 - (c_f \Delta p)}$$

$$x = 1359.7\rho_B \left( G_c - \frac{V_m bp}{1+bp} \right)$$
$$+ \frac{7758\phi \left[ \Delta p (c_f + S_{wi} c_{wi}) - (1-S_{wi}) \right] E_g}{1 - (c_f \Delta p)}$$

或等效于：

$$x = 1359.7\rho_{\mathrm{B}}\left(G_{\mathrm{c}} - V\right) + \frac{7758\phi\left[\Delta p\left(c_{\mathrm{f}} + S_{\mathrm{wi}}c_{\mathrm{wi}}\right) - \left(1 - S_{\mathrm{wi}}\right)\right]E_{\mathrm{g}}}{1 - \left(c_{\mathrm{f}}\Delta p\right)}$$

斜率：

$$m = Ah$$

截距：

$$a = 7758Ah\phi\left(1 - S_{\mathrm{wi}}\right)E_{\mathrm{gi}}$$

绘制用产量和压降数据确定的 $y$ 与 $x$ 的曲线，得到一条直线，斜率 $m$，截距 $a$。
利用斜率 $m$ 和截距 $a$ 计算的开采面积必须相同。也就是：

$$A = \frac{m}{h} = \frac{a}{7758h\phi\left(1 - S_{\mathrm{wi}}\right)E_{\mathrm{gi}}}$$

对于分散的点，校正直线必须满足上述等式。
忽视岩石和流体的压缩性，方程（3.107）简化为：

$$G_{\mathrm{p}} + B_{\mathrm{w}}W_{\mathrm{p}}E_{\mathrm{g}} = Ah\left[1359.7\rho_{\mathrm{B}}\left(G_{\mathrm{c}} - V_{\mathrm{m}}\frac{bp}{1 + bp}\right) - 7758\phi\left(1 - S_{\mathrm{wi}}\right)E_{\mathrm{g}}\right]$$
$$+ 7758Ah\phi\left(1 - S_{\mathrm{wi}}\right)E_{\mathrm{gi}} \tag{3.108}$$

该表达式也是一个直线方程，即 $y = mx + a$，其中：

$$y = G_{\mathrm{p}} + B_{\mathrm{w}}W_{\mathrm{p}}E_{\mathrm{g}}$$

$$x = 1359.7\rho_{\mathrm{B}}\left(G_{\mathrm{c}} - V_{\mathrm{m}}\frac{bp}{1 + bp}\right) - 7758\phi\left(1 - S_{\mathrm{wi}}\right)E_{\mathrm{g}}$$

斜率：$m = ah$
截距：$a = 7758Ah\phi\left(1 - S_{\mathrm{wi}}\right)E_{\mathrm{gi}}$
方程（3.108）用吸附气体体积 $V$ 表示为：

$$G_{\mathrm{p}} + B_{\mathrm{w}}W_{\mathrm{p}}E_{\mathrm{g}} = Ah\left[1359.7\rho_{\mathrm{B}}\left(G_{\mathrm{c}} - V\right) - 7758\phi\left(1 - S_{\mathrm{wi}}\right)E_{\mathrm{g}}\right]$$
$$+ 7758Ah\phi\left(1 - S_{\mathrm{wi}}\right)E_{\mathrm{gi}} \tag{3.109}$$

利用 $Ah$ 的计算值，原始气体地质储量 $G$ 可以用下列公式计算：

$$G = 1359.7\left(Ah\right)\rho_{\mathrm{B}}G_{\mathrm{c}}$$

**例 3.14** 一口井在 320acre 均质沉积煤层开采。实际生产数据和相关的煤的数据如下。

| 时间 (d) | $G_p$ ($10^6$ft³) | $W_p$ ($10^3$bbl) | $p$ (psia) | $p/Z$ (psia) |
|---|---|---|---|---|
| 0 | 0 | 0 | 1500 | 1704.5 |
| 730 | 265.086 | 157490 | 1315 | 1498.7 |
| 1460 | 968.41 | 290238 | 1021 | 1135.1 |
| 2190 | 1704.033 | 368292 | 814.4 | 887.8 |
| 2920 | 2423.4 | 425473 | 664.9 | 714.1 |
| 3650 | 2992.901 | 464361 | 571.1 | 607.5 |

朗格缪尔压力常数      $b = 0.00276\text{psi}^{-1}$

朗格缪尔体积常数      $V_m = 428.5\text{ft}^3/\text{t}$

平均体积密度      $\rho_B = 1.70\text{g/cm}^3$

平均厚度      $h = 50\text{ft}$

原始含水饱和度      $S_{wi} = 0.95$

开采面积      $A = 320\text{acre}$

原始压力      $p_i = 1500\text{psia}$

临界（解吸）压力      $p_d = 1500\text{psia}$

温度      $T = 105\ \text{℉}$

原始气体含量      $G_c = 345.1\text{ft}^3/\text{t}$

地层体积系数      $B_w = 1.00\text{bbl/bbl}$

孔隙度      $\phi = 0.01$

水的压缩系数      $c_w = 3 \times 10^{-6}\text{psi}^{-1}$

岩层压缩系数      $c_f = 6 \times 10^{-6}\text{psi}^{-1}$

（1）忽略地层和水的压缩系数，计算井的控制面积和气体原始地质储量。

（2）考虑水和地层的压缩系数，重复上述计算。

**解** 步骤 1：使用下列表达式计算 $E_g$ 和 $V$ 随压力的变化。

$$E_g = 198.6\frac{p}{TZ} = 0.3515\frac{p}{Z}\ (\text{ft}^3/\text{bbl})$$

$$V = V_m\frac{bp}{1+bp} = 1.18266 \times \frac{p}{1+0.00276p}\ (\text{ft}^3/\text{bbl})$$

| $p$ (psi) | $p/Z$ (psi) | $E_g$ (ft³/bbl) | $V$ (ft³/t) |
|---|---|---|---|
| 1500 | 1704.5 | 599.21728 | 345.0968 |
| 1315 | 1498.7 | 526.86825 | 335.903 |
| 1021 | 1135.1 | 399.04461 | 316.233 |
| 814.4 | 887.8 | 312.10625 | 296.5301 |
| 664.9 | 714.1 | 251.04198 | 277.3301 |
| 571.1 | 607.5 | 213.56673 | 262.1436 |

步骤 2：忽略 $c_w$ 和 $c_f$，MBE 由方程（3.109）给出。

$$G_p + B_w W_p E_g = Ah\left[1359.7\rho_B\left(G_c - V\right) - 7758\phi\left(1 - S_{wi}\right)E_g\right]$$
$$+ 7758Ah\phi\left(1 - S_{wi}\right)E_{gi}$$

或

$$G_p + B_w W_p E_g = Ah\left[2322.66\times\left(345.1 - V\right) - 3.879E_g\right] + 2324.64Ah$$

在 MBE 中使用给定的数据并绘制下面的表格。

| $p$ (psi) | $V$ (ft³/t) | $G_p$ (10⁶ft³) | $W_p$ (10⁶bbl) | $E_g$ (ft³/bbl) | $y = c_p + W_p E_g$ (10⁶ft³) | $x = 2322.66\times(345.1-V) - 3.879E_g$ [ft³/(acre·ft)] |
|---|---|---|---|---|---|---|
| 1500 | 345.097 | 0 | 0 | 599.21 | 0 | 0 |
| 1315 | 335.90 | 265.086 | 0.15749 | 526.87 | 348.06 | 19310 |
| 1021 | 316.23 | 968.41 | 0.290238 | 399.04 | 1084.23 | 65494 |
| 814.4 | 296.53 | 1704.033 | 0.368292 | 312.11 | 1818.98 | 111593 |
| 664.9 | 277.33 | 2423.4 | 0.425473 | 251.04 | 2530.21 | 156425 |
| 571.1 | 262.14 | 2992.901 | 0.464361 | 213.57 | 3029.07 | 191844 |

步骤 3：绘制 $G_p + B_w W_p E_g$ 与 $2322.66\times(345.1 - V) - 3.879E_g$ 的直角坐标图形，如图 3.37 所示。

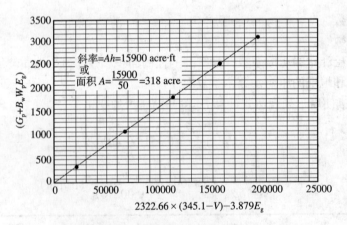

图 3.37 泄油面积的图解确定

步骤 4：通过这些点画最符合的直线，确定斜率。

$$斜率 = Ah = 15900\,\text{acre} \cdot \text{ft}$$

或

$$面积\ A = 15900/50 = 318\text{acre}$$

步骤 5：计算气体原始地质储量。

$$G = 1359.7Ah\,\rho_B\,G_c$$
$$= 1359.7 \times 318 \times 50 \times 1.7 \times 345.1$$
$$= 12.68 \times 10^9 \text{ft}^3$$

$$G_F = 77.58Ah\,\phi\,(1-S_{wi})\,E_{gi}$$
$$= 7758 \times 318 \times 50 \times 0.01 \times 0.05 \times 599.2$$
$$= 0.0369 \times 10^9 \text{ft}^3$$

总气体地质储量 $= G + G_F = 12.68 + 0.0369 = 12.72 \times 10^9 \text{ft}^3$

步骤 1：将给定的 $c_w$，$c_f$ 值代入方程（3.107）计算 $y$ 和 $x$，并将结果绘制成表格。

$$y = G_p + \frac{W_p E_g}{1 - \left[6 \times 10^{-6}\left(1500 - p\right)\right]}$$

$$x = 1359.7 \times 1.7 \times \left(345.1 - V\right)$$
$$+ \frac{7758 \times 0.01 \times \left(1500 - p\right) \times \left(6 \times 10^{-6} + 0.95 c_{wi}\right) - \left(1 - 0.95\right) E_g}{1 - \left[6 \times 10^{-6} \times \left(1500 - p\right)\right]}$$

| $p$ (psi) | $V$ (ft³/t) | $x$ | $y$ |
|---|---|---|---|
| 1315 | 335.903 | $1.90 \times 10^4$ | $3.48 \times 10^8$ |
| 1021 | 316.233 | $6.48 \times 10^4$ | $1.08 \times 10^9$ |
| 814.4 | 296.5301 | $1.11 \times 10^5$ | $1.82 \times 10^9$ |
| 664.9 | 277.3301 | $1.50 \times 10^5$ | $2.53 \times 10^9$ |
| 571.1 | 262.1436 | $1.91 \times 10^5$ | $3.09 \times 10^9$ |

步骤 2：绘制 $x$ 和 $y$ 的直角坐标图形。如图 3.38 所示，连接点画直线。

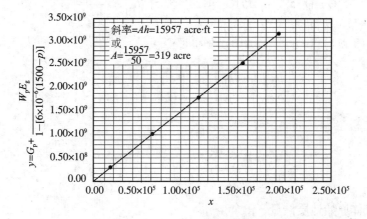

图 3.38　$y$ 与 $x$ 的线性函数关系

步骤 3：计算直线的斜率和截距。

$$斜率 = Ah = 15957 \text{acre} \cdot \text{ft}$$

或

$$A = \frac{15957}{50} = 319 \text{ acre}$$

为了验证上述计算结果，用直线的截距来确定开采面积：

$$截距 = 3.77 \times 10^7 = 7758 Ah \phi \left(1 - S_{\text{wi}}\right) E_{\text{gi}}$$

或

$$A = \frac{3.708 \times 10^7}{7758 \times 50 \times 0.01 \times 0.05 \times 599.2} = 324 \text{acre}$$

步骤 4：计算气体原始地质储量。

$$总储量 = G + G_{\text{F}} = 12.72 + 0.037 = 12.76 \times 10^9 \text{ft}^3$$

满足方程（3.108）所要求的条件并假设原始含水饱和度为 100%，方程的使用可以扩展到根据历史的产量数据 $G_{\text{p}}$ 和 $W_{\text{p}}$ 估算气藏平均压力 $p$，给出方程（3.108）如下：

$$G_{\text{p}} + W_{\text{p}} E_{\text{g}} = \left(1359.7 \rho_{\text{B}} Ah\right) \left[ \left( G_{\text{c}} - V_{\text{m}} \frac{bp}{1 + bp} \right) \right]$$

或者用 $G$ 表示：

$$G_{\text{p}} + W_{\text{p}} E_{\text{g}} = G - \left(1359.7 \rho_{\text{B}} Ah\right) V_{\text{m}} \frac{bp}{1 + bp} \qquad (3.110)$$

在原始气藏压力 $p_{\text{i}}$ 下气体原始地质储量 $G$：

$$G = \left(1359.7 \rho_{\text{B}} Ah\right) G_{\text{c}} = \left(1359.7 \rho_{\text{B}} Ah\right) \left( V_{\text{m}} \frac{bp_{\text{i}}}{1 + bp_{\text{i}}} \right) \qquad (3.111)$$

联合方程（3.111）和方程（3.110）并整理得：

$$\left( \frac{p}{p_{\text{i}}} \right) \left( \frac{1 + bp_{\text{i}}}{1 + bp} \right) = 1 - \left[ \frac{1}{G} \left( G_{\text{p}} + B_{\text{w}} W_{\text{p}} E_{\text{g}} \right) \right]$$

或

$$\left( \frac{p}{p_{\text{i}}} \right) \left( \frac{1 + bp_{\text{i}}}{1 + bp} \right) = 1 - \frac{1}{G} \left( G_{\text{p}} + 198.6 \frac{p}{ZT} B_{\text{w}} W_{\text{p}} \right) \qquad (3.112)$$

式中　$G$——气体原始地质储量，$\text{ft}^3$；

$G_{\text{p}}$——累计产气量，$\text{ft}^3$；

$W_p$——累计产水量，bbl；

$E_g$——气体地层体积系数，ft³/bbl；

$p_i$——原始压力；

$T$——温度，°R；

$Z$——压力 $p$ 下的压缩因子。

方程（3.112）是直线方程，斜率为 $-1/G$，截距为 1.0。以一种更简单的形式表示方程（3.112）：

$$y = 1 + mx$$

其中：

$$y = \left(\frac{p}{p_i}\right)\left(\frac{1 + bp_i}{1 + bp}\right) \tag{3.113}$$

$$x = G_p + 198.6 \frac{p}{ZT} B_w W_p \tag{3.114}$$

$$m = \frac{1}{G}$$

图 3.39 显示了方程（3.112）的线性关系。解线性关系式求气藏平均压力 $p$ 需要一个迭代过程，步骤总结如下。

步骤 1：在直角坐标系画一条直线，起点是 $y$ 轴上的 1，斜率 $-1/G$，如图 3.39 所示。

步骤 2：根据给定的 $G_p$、$W_p$，设定一个气藏压力 $p$，利用方程（3.113）和方程（3.114）分别计算 $y$ 和 $x$。

步骤 3：在图 3.39 上绘制计算点的坐标 $(x, y)$，如果点的坐标落在直线上表明设定的气藏压力是正确的，否则在不同的压力下重复上述过程。这一过程可以很快完成，设定三个不同的压力值，用平滑曲线连接绘制的坐标点与直线相交于 $(x_{corr}, y_{corr})$。在给定 $W_p$、$G_p$ 下，用下面方程计算气藏压力：

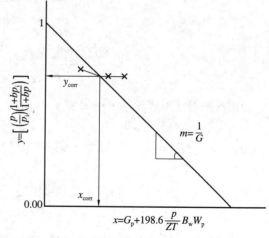

图 3.39    气藏压力的图解确定

$$p = \frac{p_i y_{corr}}{1 + bp_i (1 - y_{corr})}$$

### 3.4.6  预测 CBM 气藏动态

MBE 的各种数学形式，即方程（3.106）到方程（3.109）可用于预测 CBM 气藏随气藏压力变化的未来动态。为了简化，假设水和地层的压缩系数可以忽略，方程（3.106）可以表示为：

$$G_p + B_g W_p E_g = G - (1359.7 Ah \rho_B V_m b) \frac{p}{1+bp}$$
$$- 7758 \phi Ah (1 - S_{wi}) E_g + 7758 Ah \phi (1 - S_{wi}) E_{gi}$$

式中　$G$——气体原始地质储量，$ft^3$；

　　　$A$——开采面积，acre；

　　　$H$——平均厚度，ft；

　　　$S_{wi}$——原始含水饱和度；

　　　$E_g$——气体地层体积系数，$ft^3/bbl$；

　　　$b$——朗格缪尔压力常数，$psi^{-1}$；

　　　$V_m$——朗格缪尔体积常数，$ft^3/t$。

以一种更便捷的形式表示上述表达式：

$$G_p + B_w W_p E_g = G - \frac{a_1 p}{1+bp} + a_2 (E_{gi} - E_g) \tag{3.115}$$

其中系数 $a_1$、$a_2$ 分别为：

$$a_1 = 1359.7 Ahb V_m$$

$$a_2 = 7758 Ah\phi (1 - S_{wi})$$

对压力求导：

$$\frac{\partial (G_p + B_w W_p E_g)}{\partial p} = -\frac{a_1}{(1+bp)^2} - a_2 \frac{\partial E_g}{\partial p}$$

用有限差分形式表示上述导数：

$$G_p^{n+1} + B_w^{n+1} W_p^{n+1} E_g^{n+1} = G_p^n + B_w^n W_p^n E_g^n + \frac{a_1 (p^n - p^{n+1})}{1+bp^{n+1}} + a_2 (E_g^n - E_g^{n+1}) \tag{3.116}$$

式中　$p^n$，$p^{n+1}$——目前和未来的储层压力，psia；

　　　$G_p^n$，$G_p^{n+1}$——目前和未来的累计产气量，$ft^3$；

　　　$W_p^n$，$W_p^{n+1}$——目前和未来的累计产水量，bbl；

　　　$E_g^n$，$E_g^{n+1}$——目前和未来的气体膨胀系数，$ft^3/bbl$。

方程（3.116）包含两个未知项 $G_p^{n+1}$、$W_p^{n+1}$，并需要两个关系式：

（1）生产气水比（GWR）方程；

（2）气体饱和度方程。

气水比关系式为：

$$\frac{Q_g}{Q_w} = GWR = \frac{K_{rg}}{K_{rw}} \frac{\mu_w B_w}{\mu_g B_g} \tag{3.117}$$

式中　　$GWR$——气水比，$ft^3/bbl$；

$\qquad$ $K_{rg}$——气体相对渗透率；

$\qquad$ $K_{rw}$——水的相对渗透率；

$\qquad$ $\mu_w$——水的黏度，$mPa \cdot s$；

$\qquad$ $\mu_g$——气体黏度，$mPa \cdot s$；

$\qquad$ $B_w$——水的地层体积系数，$bbl/bbl$；

$\qquad$ $B_g$——气体地层体积系数，$bbl/bbl$。

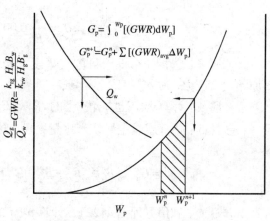

图 3.40　$GWR$，$Q_w$ 和 $W_p$ 的关系

利用下列表达式把累计产气量 $G_p$ 与 $GWR$ 联系起来：

$$G_p = \int_0^{W_p} (GWR) dW_p \qquad (3.118)$$

该表达式表明任一时刻的累计产气量是 $GWR$ 与 $W_p$ 的关系曲线下方的面积，如图 3.40 所示。

另外，$W_p^n$ 和 $W_p^{n+1}$ 之间的累计产气量增量 $\Delta G_p$ 表示为：

$$G_p^{n+1} - G_p^n = \Delta G_p = \int_{W_p^n}^{W_p^{n+1}} (GWR) dW_p \qquad (3.119)$$

该表达式用梯形法则近似表达为：

$$G_p^{n+1} - G_p^n = \Delta G_p = \left[ \frac{(GWR)^{n+1} + (GWR)^n}{2} \right] \left( W_p^{n+1} - W_p^n \right) \qquad (3.120)$$

或：

$$G_p^{n+1} = G_p^n + \sum \left[ (GWR)_{avg} \Delta W_p \right] \qquad (3.121)$$

预测煤层气藏采收率动态所需的其他辅助数学表达式是气体饱和度方程。忽略水和地层压缩性，气体饱和度方程为：

$$S_g^{n+1} = \frac{(1 - S_{wi}) - (p_i - p^{n+1})(c_f + c_w S_{wi}) + \dfrac{B_w^{n+1} W_p^{n+1}}{7758 Ah\phi}}{1 - \left[ (p_i - p^{n+1}) c_f \right]} \qquad (3.122)$$

所需的计算是对一系列压力降进行，该系列压力降从一个已知 $p^n$ 下的储层条件开始到一个新的较低压力 $p^{n+1}$。相应地假设累计产气量和累计产水量从 $G_p^n$ 和 $W_p^n$ 增加到 $G_p^{n+1}$ 和 $W_p^{n+1}$，而流量从 $Q_g^n$ 和 $Q_w^n$ 变化到 $Q_g^{n+1}$ 和 $Q_w^{n+1}$。预测气藏动态的方法包括下列步骤。

步骤 1：利用气—水相对渗透率数据，绘制相对渗透率比值 $K_{rg}/K_{rw}$ 与气体饱和度 $S_g$ 的半对数图形。

步骤 2：在已知气藏温度 $T$ 和气体相对密度 $\gamma_g$ 的情况下，计算并绘制 $E_g$、$B_g$、气体黏度 $\mu_g$ 与压力的函数图形。其中：

$$E_g = 198.6 \frac{p}{ZT} \text{ (ft}^3/\text{bbl)}$$

$$B_g = \frac{1}{E_g} 0.00504 \frac{ZT}{p} \text{ (bbl/ft}^3\text{)}$$

步骤 3：选择一个低于目前气藏压力 $p^n$ 的未来气藏压力 $p^{n+1}$。如果目前气藏压力 $p^n$ 是原始气藏压力，令 $W_p^n$ 和 $G_p^n$ 等于零。

步骤 4：计算选定压力 $p^{n+1}$ 下的 $B_w^{n+1}$，$E_g^{n+1}$，$B_g^{n+1}$。

步骤 5：估算或设定累计产水量 $W_p^{n+1}$，解方程（3.116）求 $G_p^{n+1}$。

$$G_p^{n+1} = G_p^n + \left( B_w^n W_p^n E_g^n - B_w^{n+1} W_p^{n+1} E_g^{n+1} \right) + \frac{a_1 \left( p^n - p^{n+1} \right)}{1 + b p^{n+1}} + a_2 \left( E_g^n - E_g^{n+1} \right)$$

步骤 6：利用方程（3.122），计算 $p^{n+1}$ 和 $W_p^{n+1}$ 下的气体饱和度。

$$S_g^{n+1} = \frac{(1 - S_{wi}) - \left( p_i - p^{n+1} \right)(c_f + c_w S_{wi}) + \dfrac{B_w^{n+1} W_p^{n+1}}{7758 A h \phi}}{1 - \left[ \left( p_i - p^{n+1} \right) c_f \right]}$$

步骤 7：确定 $S_g^{n+1}$ 对应的相对渗透率比值 $K_{rg}/K_{rw}$，并利用方程（3.117）计算 GWR。

$$(GWR)^{n+1} = \frac{K_{rg}}{K_{rw}} \left( \frac{\mu_w B_w}{\mu_g B_g} \right)^{n+1}$$

步骤 8：利用方程（3.120）重新计算累计产气量 $G_p^{n+1}$。

$$G_p^{n+1} = G_p^n + \frac{(GWR)^{n+1} + (GWR)^n}{2} \left( W_p^{n+1} - W_p^n \right)$$

步骤 9：步骤 5 根据 MBE 计算总产气量 $G_p^{n+1}$ 和步骤 8 根据 GWR 计算总产气量 $G_p^{n+1}$ 提供了两个相互独立的确定累计产气量的方法。如果这两个值一致，设定的 $W_p^{n+1}$ 和计算的 $G_p^{n+1}$ 是正确的，否则设定一个新的 $W_p^{n+1}$ 值并重复步骤 5 到步骤 9。为了简化迭代过程，设定 3 个 $W_p^{n+1}$ 值，每个方程（即 MBE 和 GWR 方程）得出 3 个不同的 $G_p^{n+1}$ 值。绘制 $G_p^{n+1}$ 计算值与 $W_p^{n+1}$ 设定值的图形，两条曲线（一条代表步骤 5 的结果，另一条是步骤 8 的结果）相交。交点坐标就是正确的 $G_p^{n+1}$、$W_p^{n+1}$。

步骤 10：计算累计产气量增量 $\Delta G_p$。

$$\Delta G_p = G_p^{n+1} - G_p^n$$

步骤 11：根据方程（3.11）和方程（3.117）计算气体和水的流量。

$$Q_g^{n+1} = \frac{0.703 h K \left( K_{rg} \right)^{n+1} \left( p^{n+1} - p_{wf} \right)}{T \left( \mu_g Z \right)_{avg} \left[ \ln \left( r_e / r_w \right) - 0.75 + s \right]}$$

$$Q_w^{n+1} = \left( \frac{K_{rw}}{K_{rg}} \right)^{n+1} \left( \frac{\mu_g B_g}{\mu_w B_w} \right)^{n+1} Q_g^{n+1}$$

式中   $Q_g$——气体流量，$ft^3/d$ ；

$Q_w$——水的流量，bbl/d ；

$K$——绝对渗透率，mD ；

$T$——温度，°R ；

$r_c$——排泄半径，ft ；

$r_w$——井筒半径，ft ；

$s$——表皮系数。

步骤 12：当气藏压力从 $p^n$ 降到 $p^{n+1}$，计算平均气体流量。

$$\left(Q_g\right)_{avg} = \frac{Q_g^n + Q_g^{n+1}}{2}$$

步骤 13：计算当气藏压力从 $p^n$ 降到 $p^{n+1}$，产气量增量达到 $\Delta G_p$ 所需的时间增量 $\Delta t$。

$$\Delta t = \frac{\Delta G_p}{\left(Q_g\right)_{avg}} = \frac{G_p^{n+1} - G_p^n}{\left(Q_g\right)_{avg}}$$

式中   $\Delta t$——时间增量，d。

步骤 14：计算总时间 $t$。

$$t = \sum \Delta t$$

步骤 15：令 $W_p^n = W_p^{n+1}$、$G_p^n = G_p^{n+1}$、$Q_g^n = Q_g^{n+1}$、$Q_w^n = Q_w^{n+1}$。
重复步骤 3 到步骤 15。

### 3.4.7  裂缝中解吸气流动

常规气藏的流动，依据流动形态，遵循 Darcy 方程。在煤层，气体物理吸附煤层基岩的内表面。煤层气藏的特点是双孔隙系统：原生（基岩）孔隙和次生（裂隙）孔隙。煤层的次生孔隙系统 $\phi_2$ 由气藏自身的天然裂缝（裂隙）系统组成。这些裂隙是原生孔隙的汇集点（煤基岩孔隙），是连接生产井的管道。该系统的孔隙度范围为 2% ~ 4%。因此，煤层甲烷生产经过三个阶段：(1) 从煤层基岩向裂隙的扩散，遵循 Fick 定律；(2) 基岩裂隙表面的解吸；(3) 通过裂隙系统流向井底，遵循达西定律。

煤层中的原生孔隙系统由非常细小的孔隙组成，这些孔隙的内表面很大并吸附着大量的气体。基岩系统的渗透率非常低，导致原生孔隙系统（煤层基岩）既不渗透气体也不渗透水。基岩中没有气体流动，气体的移动依靠浓度梯度，即扩散过程。扩散是分子从高浓度区向较低浓度区随机运动的过程。该过程的流动遵循 Fick 定律：

$$Q_g = -379.4 DA \frac{\mathrm{d}C_m}{\mathrm{d}s} \tag{3.123}$$

式中   $Q_g$——基岩裂缝气体流量，$ft^3/d$ ；

$s$——裂隙间距，ft ；

$D$——扩散系数，ft$^2$/d ；

$C_m$——物质的量浓度，1bm · mol/ft$^3$ ；

$A$——煤基岩的表面积，ft$^2$。

利用下列表达式把吸附气体的体积转换成物质的量浓度 $C_m$ ：

$$C_m = 0.5547 \times 10^{-6} \gamma_g \rho_B V \tag{3.124}$$

式中　$C_m$——物质的量浓度，1bm · mol/ft$^3$ ；

$\rho_B$——煤的体积密度，g/cm$^3$ ；

$V$——吸附气体体积，ft$^3$/t ；

$\gamma_g$——气体相对密度。

Zuber 等（1987）指出扩散系数 $D$ 可以间接地根据罐解吸测试确定。作者建立了扩散系数 $D$ 与煤的裂隙间距 $s$ 及解吸时间 $t$ 的关系。平均裂隙间距根据煤心的视觉观察确定。推荐的表达式为：

$$D = \frac{s^2}{8\pi t} \tag{3.125}$$

式中　$D$——扩散系数，ft$^2$/d ；

$t$——根据罐解吸测试确定的解吸时间，d ；

$s$——煤裂隙间距，ft。

解吸时间 $t$，定义为解吸吸附气总量的 63% 所需要的时间。根据煤样的罐解吸试验确定。

## 3.5　致密气藏

渗透率小于 0.1mD 的气藏被认为"致密"气藏。在应用 MBE 预测气体地质储量和开发动态时，油藏工程师面临着一些独特的问题。

常规物质平衡的 $p/Z$ 图是评价气藏动态比较常用的强有力的工具。对于封闭气藏，MBE 用不同的形式表示，反映 $p/Z$ 和累计产气量 $G_p$ 之间的线性关系。方程（3.59）和方程（3.60）给出了两个这样的线性关系：

$$\frac{p}{Z} = \frac{p_i}{Z_i} - \left[ \left( \frac{p_i}{Z_i} \right) \frac{1}{G} \right] G_p$$

$$\frac{p}{Z} = \frac{p_i}{Z_i} \left( 1 - \frac{G_p}{G} \right)$$

用上述两个方程中任一个表示 MBE，用起来都很简单，因为它与流量、气藏形状、岩石特性或井的详细情况无关。然而，应用方程时下列几项基本假设必须满足：

（1）任何时间整个气藏的饱和度一致；

（2）气藏内有很小或者没有压力差异；

（3）任何时间气藏可以用一个加权平均压力代表；

（4）气藏可以用一个"罐"代表，即排泄面积恒定且均质。

Payne（1996）指出假设压力均匀分布是确保不同井位测量的压力都能代表实际气藏平均压力的需要。这种假设意味着用于 MBE 的平均压力可以用一个压力值描述。在高渗透率气藏，井筒周围压力梯度较小，气藏平均压力可以通过短期关井恢复或静压测量获得。

遗憾的是，常规 MBE 描述的 $p/Z$ 图形直线理论应用于还没有建立恒定的排泄区域的致密气藏不呈现线性动态。Payne（1996）认为 $p/Z$ 图形应用于致密气藏产生误差的根本原因是地层中压力梯度太大，与基本假设相违背。这些梯度使 $p/Z$ 图形表现为点分散、曲线弯曲、随产量变化等。$p/Z$ 图形的非线性动态如图 3.41 所示，当用常规直线法解释时，可能低估气体的原始地质储量。图 3.41（a）揭示了当井筒周围区域被补给的速度低于井的开采速度时，气藏压力快速递减。这种早期压力快速递减的情况经常在致密气藏看到而且表明不适合用 $p/Z$ 图形分析。显然利用早期数据点将明显低估 GIIP。图 3.41（a）显示的Waterton 气田的 GIIP 为 $7.5 \times 10^9 m^3$。而后期的产量和压力数据显示 GIIP 为 $16.5 \times 10^9 m^3$，如图 3.41（b）所示，增长了 1 倍。

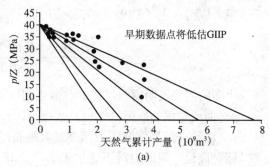

(a)

致密气藏的主要问题是很难准确计算气藏平均压力，该压力是绘制 $p/Z$ 与 $G_p$ 或时间的函数图形必须用到的。如果关井期间得到的压力不能反映气藏平均压力，就会导致分析结果不正确。在致密气藏，为了得到准确的气藏平均压力值，可能需要关井几个月甚至几年。得到能够代表平均压力的气藏压力所需要的最少关井时间必须至少等于达到拟稳态所需要的时间 $t_{pss}$。圆形或正方形泄油区域中心一口井达到拟稳态所需要的时间 $t_{pss}$由方程（3.39）给出，即：

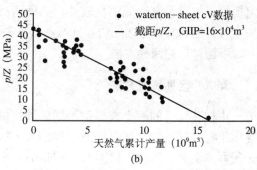

(b)

图 3.41　Waterton 气田 $p/Z$ 曲线的真实例子

$$t_{pss} = \frac{15.8 \phi \mu_{gi} c_{ti} A}{K}$$

且

$$c_{ti} = S_{wi} c_{wi} + S_g c_{gi} + c_t$$

式中　$t_{pss}$——达到拟稳态所需要的时间，d；

　　　$c_{ti}$——原始压力下的总压缩系数，$psi^{-1}$；

　　　$c_{wi}$——原始压力下水的压缩系数，$psi^{-1}$；

　　　$c_f$——地层总压缩系数，$psi^{-1}$；

　　　$c_{gi}$——原始压力下气体的压缩系数，$psi^{-1}$；

$\phi$——孔隙度。

针对多数致密气藏进行过水力压裂，Earlougher（1977）提出下列表达式用来估算达到拟稳态所需要的最小关井时间：

$$t_{pss} = \frac{474\phi\mu_g c_t x_f^2}{K} \tag{3.126}$$

式中　$x_f$——裂缝半长，ft；

　　　$K$——渗透率，mD。

**例 3.15**　一口气井位于正方形区域的中心，开采面积 40acre，估算达到可靠的气藏平均压力所需要的关井时间。其他特性参数如下：

$\phi$ =14%，$\mu_{gi}$= 0.016mPa·s，$c_{ti}$ = 0.0008psi，$A$ = 40acre，$K$ = 0.1mD。

**解**　应用方程（3.39）计算稳定时间：

$$t_{pss} = \frac{15.8 \times 0.14 \times 0.016 \times 0.0008 \times 40 \times 43560}{0.1} = 493\text{d}$$

上面的例子表明得到可靠的气藏平均压力所需要的关井时间大约为 16 个月。

$p/Z$ 曲线弯曲的原因是：(1) 水侵；(2) 油柱；(3) 地层压缩系数；(4) 液体冷凝。

$p/Z$ 曲线分散是气藏压力梯度过大的表现。因此，如果 $p/Z$ 曲线出现明显的分散，违背了"罐"假设，因此曲线不能用于确定 GIIP。致密气藏物质平衡问题的一个解法是使用数值模拟。如果没有油藏模拟软件，另外两种相对较新的方法可用于解物质平衡问题，它们是：(1) 区划气藏方法；(2) 递减曲线方法和典型曲线方法的结合。

下面讨论这两种方法。

### 3.5.1　区划气藏方法

由相互连通的两个或多个不同区域组成的气藏定义为区划气藏。每个区域用它自己的物质平衡描述。气体透过普通边界的流入或流出把一个区域的物质平衡与相邻区域的物质平衡联系起来。Payne（1996）及 Hagoort 和 Hoogstra（1999）提出了两种不同的致密区划气藏 MBE 数解方案。这两种方法的主要区别是：Payne 方法明确地求出每个区域的压力，而 Hagoort 和 Hoogstra 则不明确。然而，两种方案都采用下列基本方法。

(1) 把气藏分为多个区域，每个区域包含一口或多口生产井，这些井情况比较相近，且测量压力与气藏压力一致。最初划分的区域应该尽可能少，且每个区域有不同的尺寸，即长 $L$、宽 $W$ 和高 $H$。

(2) 每个区域必须有不同时间的产量和压力递减的历史数据。

(3) 如果最初的划分不能拟合观察到的压力递减，应该细分之前确定的区域或增加不包含生产井的额外区域。

利用下面两种方法来说明区划气藏方法的实际应用：

(1) Payne 方法；

(2) Hagoort 和 Hoogstra 方法。

### 3.5.1.1    Payne 方法

在描述致密气藏动态时，不是使用常规的单区域 MBE。Payne（1996）提出一种不同的方法，该方法的基础是细分气藏为多个区域，每个区域相互连通。这样的区域可以直接通过井开采，或间接地通过其他区域开采。区域之间的流量与区域压力平方差或拟压力 $m(p)$ 差成比例。为了说明这个理论，考虑含有两个区域 1 和 2 的气藏，如图 3.42 所示。

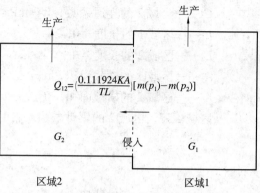

$$Q_{12} = \left(\frac{0.111924KA}{TL}\right)[m(p_1) - m(p_2)]$$

图 3.42    由两个区域组成且区域之间由渗透边界分隔的气藏示意图

最初，即开始生产之前，两个区域由于具有相同的原始气藏压力而保持平衡。可以从任一区域或两个区域同时采出气体。随着气体的采出，气藏各区域的压力将以不同的速度递减，递减速度取决于各区域的产气量和两个区域之间的气体交叉流动的流量。采用常规方法气体流入表示为正，如果气体从区域 1 流入区域 2，两个区域之间的气体线性流速用气体拟压力表示，由第 1 章的方程（1.22）给出：

$$Q_{12} = \left(\frac{0.111924KA}{TL}\right)\left[m(p_1) - m(p_2)\right]$$

式中　$Q_{12}$——两个区域间的流量，ft³/d；

　　　$m(p_1)$ ——区域 1 中的气体拟压力，psi²/（mPa·s）；

　　　$m(p_2)$ ——区域 2 中的气体拟压力，psi²/（mPa·s）；

　　　$K$——渗透率，mD；

　　　$L$——两个区域中心的间距，ft；

　　　$A$——横截面积，即宽 × 高，ft²；

　　　$T$——温度，°R。

通过引入两区域间的连通系数，上述方程可以表示为更紧凑的形态，即：

$$Q_{12} = C_{12}\left[m(p_1) - m(p_2)\right] \tag{3.127}$$

首先分别计算每个区域各自的连通系数，然后利用平均法得到两区域间的连通系数 $C_{12}$。每个区域的连通系数由下列表达式给出。

区域 1：$C_1 = \dfrac{0.111924K_1A_1}{TL_1}$

区域 2：$C_2 = \dfrac{0.111924K_2A_2}{TL_2}$

两区域间连通系数 $C_{12}$ 由下列平均法得出：

$$C_{12} = \frac{2C_1C_2}{C_1 + C_2}$$

式中　$C_{12}$——两区域间的连通系数，$ft^3 \cdot mPa \cdot s/ (d \cdot psi^2)$；

$\quad\quad C_1$——区域 1 的连通系数，$ft^3 \cdot mPa \cdot s/ (d \cdot psi^2)$；

$\quad\quad C_2$——区域 2 的连通系数，$ft^3 \cdot mPa \cdot s/ (d \cdot psi^2)$；

$\quad\quad L_1$——区域 1 的长度，$ft$；

$\quad\quad L_2$——区域 2 的长度，$ft$；

$\quad\quad A_1$——区域 1 的横截面积，$ft^2$；

$\quad\quad A_2$——区域 2 的横截面积，$ft^2$。

从区域 1 流入区域 2 的累计气量 $G_{p12}$ 由 $t$ 时间内流量积分得到：

$$G_{p12} = \int_0^t Q_{12} dt = \sum_0^t (\Delta Q_{12}) \Delta t \tag{3.128}$$

Payne 提出每个区域的压力由假设的 $p/Z$ 与 $G_{pt}$ 的直线关系确定，其中 $G_{pt}$ 是一个区域的总产气量，由下列表达式确定：

$$G_{pt} = G_p + G_{p12}$$

式中　$G_p$——区域中井的累计产气量；

$\quad\quad G_{p12}$——连通区域间流入或流出的累计产气量。

解方程（3.59）求每个区域的压力并假定由区域 1 到区域 2 的流动为正流动，则：

$$p_1 = \left( \frac{p_i}{Z_i} \right) Z_1 \left( 1 - \frac{G_{p1} + G_{p12}}{G_1} \right) \tag{3.129}$$

$$p_2 = \left( \frac{p_i}{Z_i} \right) Z_2 \left( 1 - \frac{G_{p2} - G_{p12}}{G_2} \right) \tag{3.130}$$

且：

$$G_1 = 43560 A_1 h_1 \phi_1 \frac{(1 S_{wi})}{B_{gi}} \tag{3.131}$$

$$G_2 = 43560 A_2 h_2 \phi_2 \frac{(1 S_{wi})}{B_{gi}} \tag{3.132}$$

式中　$G_1$——区域 1 的原始气体地质储量，$ft^3$；

$\quad\quad G_2$——区域 2 的原始气体地质储量，$ft^3$；

$\quad\quad G_{p1}$——区域 1 的实际累计产气量，$ft^3$；

$\quad\quad G_{p2}$——区域 2 的实际累计产气量，$ft^3$；

$\quad\quad A_1$——区域 1 的面积，acre；

$\quad\quad A_2$——区域 2 的面积，acre；

$\quad\quad h_1$——区域 1 的平均厚度，$ft$；

$\quad\quad h_2$——区域 2 的平均厚度，$ft$；

$\quad\quad B_{gi}$——原始气体地层体积系数，$ft^3/ft^3$；

$\phi_1$——区域 1 的平均孔隙度；

$\phi_2$——区域 2 的平均孔隙度。

下标 1、2 表示区域 1 和区域 2，而下标 i 代表原始条件。Payne 法需要的输入数据如下：

(1) 每个区域含有的气体量，也就是区域的尺寸、孔隙度、饱和度；

(2) 区域之间的连通系数 $C_{12}$；

(3) 每一区域内原始压力；

(4) 每个区域生产数据剖面。

Payne 法的运行需要明确的时间。计算每个时间步长内不同区域的压力，产生一个压力剖面并与实际压降拟合。这个迭代法的特定步骤总结如下。

步骤 1：以列表的形式收集有效的气体性质数据。

(1) $Z$ 与 $p$ 的函数。

(2) $\mu_g$ 与 $p$ 的函数。

(3) $2p/(\mu_g Z)$ 与 $p$ 的函数。

(4) $m(p)$ 与 $p$ 的函数。

步骤 2：将气藏划分为若干区域，并确定每个区域的尺寸。

(1) 长度 $L$。

(2) 厚度 $h$。

(3) 宽度 $W$。

(4) 横断面面积 $A$。

步骤 3：确定每个区域的原始气体地质储量 $G$。假设以两个区域为例，然后利用方程（3.131）和方程（3.132）计算 $G_1$ 和 $G_2$：

$$G_1 = 43560 A_1 h_1 \phi_1 \frac{(1 S_{wi})}{B_{gi}}$$

$$G_2 = 43560 A_2 h_2 \phi_2 \frac{(1 S_{wi})}{B_{gi}}$$

步骤 4：对每个区域绘制 $p/Z$ 与 $G_p$ 图形，该图形可通过在两个区域的 $p_i/Z_i$ 与原始气体地质储量 $G_1$ 和 $G_2$ 之间简单地画一条直线而得到。

步骤 5：计算每个区域及区域间的连通系数。对于两区域：

$$C_1 = \frac{0.111924 K_1 A_1}{T L_1}$$

$$C_2 = \frac{0.111924 K_2 A_2}{T L_2}$$

$$C_{12} = \frac{2 C_1 C_2}{C_1 + C_2}$$

步骤 6：选择一个较小的时间步长 $\Delta t$ 并确定每个区域对应的实际累计气体产量 $G_p$。如果区域内没有井则令 $G_p$ 为 0。

步骤 7：假设压力分布遍及选定的区域系统，确定每个压力下的气体压缩因子 $Z$。对于两区域系统，初始压力值表示为 $p_1^k$ 和 $p_2^k$。

步骤 8：运用假定的压力值 $p_1^k$ 和 $p_2^k$，根据步骤 1 的数据确定相应的 $m(p_1)$ 和 $m(p_2)$ 的数值。

步骤 9：分别应用方程（3.127）和方程（3.128），计算气体侵入量 $Q_{12}$ 和累计气体侵入量 $G_{p12}$。

$$Q_{12} = C_{12}\left[m(p_1) - m(p_2)\right]$$

$$G_{p12} = \int_0^t Q_{12}\mathrm{d}t = \sum_0^t (\Delta Q_{12})\Delta t$$

步骤 10：将 $G_{p12}$ 的值、$Z$ 系数、$G_{p1}$ 和 $G_{p2}$ 的实际值代入方程（3.129）和方程（3.130）计算每个区域的压力，用 $p_1^{k+1}$ 和 $p_2^{k+1}$ 表示。

$$p_1^{k+1} = \left(\frac{p_i}{Z_i}\right)Z_1\left(1 - \frac{G_{p1} + G_{p12}}{G_1}\right)$$

$$p_2^{k+1} = \left(\frac{p_i}{Z_i}\right)Z_2\left(1 - \frac{G_{p2} + G_{p12}}{G_2}\right)$$

步骤 11：对比假定值和计算值，即 $\left|p_1^k - p_1^{k+1}\right|$ 和 $\left|p_2^k - p_2^{k+1}\right|$。如果所有压力值在允许偏差 5 ~ 10psi 达到满意的拟合，然后在一个新的时间点及相应的气体历史生产数据重复步骤 3 到步骤 7。如果拟合不满意，重复步骤 4 到步骤 7 的迭代循环并令 $p_1^k = p_1^{k+1}$、$p_2^k = p_2^{k+1}$。

步骤 12：重复步骤 6 到步骤 11 为每个区域构建一个压降剖面，该剖面可与每个区域的实际压力剖面或步骤 4 的压力剖面进行比较。

进行物质平衡历史拟合，包括改变区域的个数、区域的大小、连通系数，直至获得一个可接受的压降拟合。估算原始气体地质储量的精度的提高归因于确定区域的最佳数量和大小、源于提出的方法结合气藏压力梯度的能力，这一点在单区域气藏常规 p/Z 曲线方法中完全被忽略。

### 3.5.1.2 Hagoort 和 Hoogstra 法

在 Payne 法基础上，Hagoort 和 Hoogstra（1999）提出了数值法来求解区划气藏的 MBE，他们使用了隐式迭代法并承认压力与气藏性质相关。该迭代法的基础是调整区域的大小和流动系数值，来拟合每个区域的历史压力数据随时间的变化。参考图 3.42，作者假定了一个流动系数为 $\Gamma_{12}$ 的薄渗透层分隔两区域。Hagoort 和 Hoogatra 用达西方程表示通过薄渗透层的瞬时气体侵入量（单位为 D）：

$$Q_{12} = \frac{\Gamma_{12}\left(P_1^2 - P_2^2\right)}{2P_1\left(\mu_g B_g\right)_{avg}}$$

式中　$\Gamma_{12}$——区域间的流动系数。

在这里，我们提出了一个略微不同的方法估算区域间气体侵入量，通过修正第 1 章方程（1.22）得出：

$$Q_{12} = \frac{0.111924\Gamma_{12}\left(p_1^2 - p_2^2\right)}{TL} \tag{3.133}$$

且

$$\Gamma_{12} = \frac{\Gamma_1\Gamma_2\left(L_1 + L_2\right)}{L_1\Gamma_2 + L_2\Gamma_1} \tag{3.134}$$

$$\Gamma_1 = \left(\frac{KA}{Z\mu_g}\right)_1 \tag{3.135}$$

$$\Gamma_2 = \left(\frac{KA}{Z\mu_g}\right)_2 \tag{3.136}$$

式中　$Q_{12}$——气体侵入量，ft³/d；

　　　$L$——区域 1 和区域 2 中心的间距，ft；

　　　$A$——横截面积，ft²；

　　　$\mu_g$——气体黏度，mPa·s；

　　　$Z$——气体压缩系数；

　　　$K$——渗透率，mD；

　　　$p$——压力，psia；

　　　$T$——温度，°R；

　　　$L_1$——区域 1 的长度，ft；

　　　$L_2$——区域 2 的长度，ft。

应用方程（3.59），两区域的物质平衡可以修正为包括从区域 1 到区域 2 的气体侵入量，如下：

$$\frac{p_1}{Z_1} = \frac{p_i}{Z_i}\left(1 - \frac{G_{p1} + G_{p12}}{G_1}\right) \tag{3.137}$$

$$\frac{p_2}{Z_2} = \frac{p_i}{Z_i}\left(1 - \frac{G_{p2} - G_{p12}}{G_2}\right) \tag{3.138}$$

式中　$p_i$——原始气藏压力，psi；

　　　$Z_i$——原始气体压缩因子；

　　　$G_p$——实际（历史）累计产气量，ft³；

　　　$G_1$，$G_2$——区域 1、2 的原始气体地质储量，ft³；

　　　$G_{p12}$——从区域 1 到区域 2 的累计气体侵入量，ft³。

为了解方程（3.132）和方程（3.135）所示的 MBE 求未知的 $p_1$ 和 $p_2$，整理这两个表达式并等于零，如下所示：

$$F_1(p_1, p_2) = p_1 - \left(\frac{p_i}{Z_i}\right) Z_1 \left(1 - \frac{G_{p1} + G_{p12}}{G_1}\right) = 0 \tag{3.139}$$

$$F_2(p_1, p_2) = p_2 - \left(\frac{p_i}{Z_i}\right) Z_2 \left(1 - \frac{G_{p2} - G_{p12}}{G_2}\right) = 0 \tag{3.140}$$

应用该方法的常用步骤与 Payne 方法十分相似，包含以下特定的步骤。

步骤 1：以列表的形式收集有效的气体性质数据并以图形的形式表示，包括 $Z$ 与 $p$、$\mu_g$ 与 $p$ 的函数图形。

步骤 2：将气藏划分为若干区域，并确定每个区域的大小。

（1）长度 $L$。

（2）厚度 $h$。

（3）宽度 $W$。

（4）横截面积 $A$。

步骤 3：确定每个区域的原始气体地质储量 $G$。以两区域为例，利用方程（3.131）和方程（3.132）计算 $G_1$ 和 $G_2$：

$$G_1 = 43560 A_1 h_1 \phi_1 \frac{(1 S_{wi})}{B_{gi}}$$

$$G_2 = 43560 A_2 h_2 \phi_2 \frac{(1 S_{wi})}{B_{gi}}$$

步骤 4：对每个区域绘制一个 $p/Z$ 与 $G_p$ 曲线，该图形可通过在两个区域的 $p_i/Z_i$ 与原始气体地质储量 $G_1$ 和 $G_2$ 之间简单地画一条直线而得到。

步骤 5：应用方程（3.134）计算流动系数。

步骤 6：选择一个时间步长 $\Delta t$ 并确定相应的实际累计产气量 $G_{p1}$ 和 $G_{p2}$。

步骤 7：分别用方程（3.133）和方程（3.128）计算气体侵入量 $Q_{12}$ 和累计气体侵入量 $G_{p12}$。

$$Q_{12} = \frac{0.111924 \Gamma_{12} (p_1^2 - p_2^2)}{TL}$$

$$G_{p12} = \int_0^t Q_{12} \mathrm{d}t = \sum_0^t (\Delta Q_{12}) \Delta t$$

步骤 8：假定区域 1、2 的压力的初始估算值（即 $p_1^k$ 和 $p_2^k$），开始迭代求解。利用 Newton–Raphson 迭代法，求解下面以矩阵形式表示的线性方程组，计算新设定的压力值 $p_1^{k+1}$ 和 $p_2^{k+1}$：

$$\begin{bmatrix} p_1^{k+1} \\ p_2^{k+1} \end{bmatrix} = \begin{bmatrix} p_1^k \\ p_2^k \end{bmatrix} - \begin{bmatrix} \dfrac{\partial F_1\left(p_1^k, p_2^k\right)}{\partial p_1} & \dfrac{\partial F_1\left(p_1^k, p_2^k\right)}{\partial p_2} \\ \dfrac{\partial F_2\left(p_1^k, p_2^k\right)}{\partial p_1} & \dfrac{\partial F_2\left(p_1^k, p_2^k\right)}{\partial p_2} \end{bmatrix}^{-1} \times \begin{bmatrix} -F_1\left(p_1^k, p_2^k\right) \\ -F_2\left(p_1^k, p_2^k\right) \end{bmatrix}$$

其中上脚标 1 表示矩阵的逆阵。通过方程（3.139）和方程（3.140）对 $p_1$ 和 $p_2$ 求导，上述方程组中的偏导数可以表示为解析形式。在一个迭代周期内，导数由最新压力 $p_1^{k+1}$ 和 $p_2^{k+1}$ 确定。当 $\left| p_1^{k+1} - p_1^k \right|$ 和 $\left| p_2^{k+1} - p_2^k \right|$ 小于压力允许偏差 5 ~ 10psi 时，迭代结束。

步骤 9：对每个区域重复步骤 2 到步骤 3，建立压力剖面与时间的函数图形。

步骤 10：重复步骤 6 到步骤 9，为每个区域建立一个压降剖面图，该剖面可与每个区域的实际压力剖面或步骤 4 的压力剖面进行比较。

比较计算的压力剖面图和实测的压力剖面图。如果不匹配，调整区域的大小和数量（即原始气体地质储量），并重复步骤 2 至步骤 10。

### 3.5.2　递减曲线和典型曲线的综合分析法

产量递减分析是对过去产量递减动态的分析，即井和气藏的产量与时间曲线及产量与累计产量曲线。在过去的 30 年中，已建立了各种用于估算致密气藏天然气储量的方法。这些方法从基础的 MBE 到递减曲线和典型曲线的分析法。这里有两种递减曲线分析法，即：（1）标准曲线与历史生产数据相拟合；（2）典型曲线拟合方法。

一些图解综合运用不同限定条件的递减曲线与典型曲线。典型曲线法以及综合分析法的基本原理都是确定气体储量，简单介绍如下。

#### 3.5.2.1　递减曲线分析

递减曲线在气藏储量估算和产量预测时是最常用的数据分析形式之一。递减曲线分析技术基于如下假设，即过去产量趋势及其控制系数将继续对将来气藏起作用，因此，可以外推并用数学表达式描述。

这种外推一个趋势来估算将来动态的方法必须满足一个条件，即引起过去动态变化的因素，如流量递减，在将来仍以相同的方式运行。这些递减曲线的特性用下列三个因素表示：

（1）原始产量或某一时刻的产量；

（2）递减曲线的曲率；

（3）递减速度。

这些因素是气藏、井筒和地面处理设备内的众多参数的一个复杂函数。

Ikoku（1984）提出了一个全面且精确的产量递减曲线分析法。他指出在进行产量递减曲线分析时，考虑下列三个条件。

（1）在我们能够以一定程度的可靠性分析产量递减曲线之前，某些条件必须满足。在分析期间，产量必须保持稳定，也就是说，自喷井必须保持不变的油嘴大小和稳定的井口压力；泵抽井必须保持恒定液面生产。这些表明井必须以给定条件下的生产能力生产。观测到的产量递减应当真实反映储层产能大小，而不是外在原因导致的结果，如生产条件变化、井筒污染、产量控制及设备故障。

（2）为了使外推递减曲线具有可靠性，必须满足稳定的储层条件。只要生产机制不改变，这种条件通常能够满足。然而，当采取措施提高气体采收率时，如加密钻井、注入流体、压裂和酸化，递减曲线分析可用于估算不发生变化情况下的井或储层的动态，并与变化后的实际动态进行对比。通过对比使我们能够确定所采取的措施在技术和经济上是否成功。

（3）产量递减曲线分析可用于评价新的投资以及审查以往的投入。与此相关的是设备和设施尺寸，如管线、装置及处理设备。另外，与经济分析有关的还有井、租借的矿区或气田的储量确定。这是一个独立的储量估算方法，其结果可与体积或物质平衡估算方法的结果进行对比。

Arps（1945）提出产量与时间的关系曲线可用数学方式表示为双曲线族方程之一。Arps 认为有下列三种类型的产量递减特性：

（1）指数递减；

（2）调和递减；

（3）双曲线递减。

每种类型的递减曲线有不同的曲率，如图 3.43 所示。该图描述了每种类型递减曲线的形状特点，这些曲线包括产量与时间及产量与累计产量的直角坐标、半对数坐标及双对数坐标图形。这些递减曲线的主要特点讨论如下，这些特点可用于选择适用于描述油气系统产量－时间关系的产量递减模型。

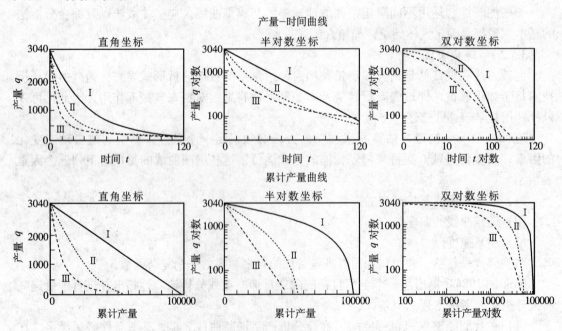

图 3.43　产量递减曲线分类

I—恒定百分递减　II—双曲线递减　III—调和递减

指数递减：产量与时间的半对数坐标图形以及产量与累计产量的直角坐标图形都显示为直线。

调和递减：产量与累计产量的半对数坐标图形是直线，而所有其他类型的递减曲线都有一定的曲率。有几种转换技术可用于矫直产量与时间的双对数坐标曲线。

双曲线递减：对于双曲线递减，直角坐标、半对数坐标和双对数坐标都不能产生直线型关系曲线。但是，如果将产量与时间绘制在双对数坐标上，得到的曲线可以使用转换技术进行矫直。

几乎所有常规递减曲线分析都是基于 Arps（1945）给出的产量与时间的经验关系式：

$$q_t = \frac{q_i}{\left(1 + b D_i t\right)^{\frac{1}{b}}} \tag{3.141}$$

式中　$q_t$——$t$ 时刻天然气产量，$10^6 \mathrm{ft}^3/\mathrm{d}$；

$q_i$——初始天然气产量，$10^6 \mathrm{ft}^3/\mathrm{d}$；

$t$——时间，$\mathrm{d}$；

$D_i$——初始递减速率，$\mathrm{d}^{-1}$；

$b$——Arps 的递减曲线指数。

瞬时递减速率 $D$ 的应用大大简化了产量递减曲线的数学描述。递减速率定义为产量的自然对数 $\ln(q)$ 随时间 $t$ 的变化速度，或为：

$$D = -\frac{\mathrm{d}(\ln q)}{\mathrm{d}t} = -\frac{1}{q}\frac{\mathrm{d}q}{\mathrm{d}t} \tag{3.142}$$

因为 $\mathrm{d}q$ 与 $\mathrm{d}t$ 符号相反且为了方便使 $D$ 总保持为正，所以表达式前加负号。产量递减方程（3.142）描述的不是流量 $q$ 随时间变化 $\mathrm{d}q/\mathrm{d}t$ 的曲线的斜率的瞬时变化。

递减速率 $D$ 和指数 $b$ 由历史数据典型拟合确定，可用于预测将来产量。这类递减曲线分析可以应用于单井或整个气藏。有时应用于整个气藏的精度高于应用于单井，因为整个气藏的产量数据更平滑。根据油气系统产量递减的类型，$b$ 值的变化范围为 0 ~ 1，因此 Arps 方程可以方便地表示为如下三种形式。

| 情况 | $b$ | 产量 – 时间关系式 | |
|---|---|---|---|
| 指数递减 | $b = 0$ | $q_t = q_i \exp(-D_i t)$ | (3.143) |
| 双曲线递减 | $0 < b < 1$ | $q_t = \dfrac{q_i}{\left(1 + b D_i t\right)^{\frac{1}{b}}}$ | (3.144) |
| 调和递减 | $b = 1$ | $q_t = \dfrac{q_i}{\left(1 + D_i t\right)}$ | (3.145) |

图 3.44 说明了三种曲线在不同的可能 $b$ 值时的一般形状。

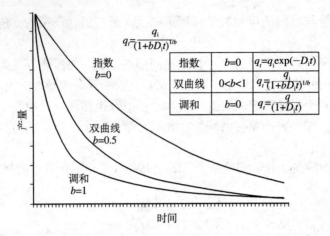

$$q_t = \frac{q_i}{(1+bD_i t)^{1/b}}$$

| 指数 | $b=0$ | $q_t = q_i \exp(-D_i t)$ |
|------|-------|--------------------------|
| 双曲线 | $0<b<1$ | $q_t = \dfrac{q_i}{(1+bD_i t)^{1/b}}$ |
| 调和 | $b=0$ | $q_t = \dfrac{q_i}{(1+D_i t)}$ |

图 3.44　产量－时间递减曲线（指数、调和、双曲线）

应当指出的是上述递减曲线方程的形式只能严格应用于拟稳态（半稳态）流动条件下的井或气藏，即边界支配流动条件。Arps 方程常被错误地应用于不稳定流动条件下的油井和气井。如第 1 章介绍的，当一口井初次打开流动时，它是处于不稳定流条件。这种流动状态一直持续到井的生产影响到整个气藏，然后这口井可以认为是处于拟稳态或边界支配条件下流动。下面列出了在进行产量－时间递减曲线分析之前必须满足的假设：

（1）井的泄油面积恒定，即井处于边界支配流动条件下。

（2）井在生产能力下或生产能力附近生产。

（3）井在恒定井底压力下生产。

另外，在应用任何递减曲线分析方法描述气藏生产动态前，以上条件必须满足。在多数情况下，如果管线压力恒定，那么致密地层气井是在生产能力下且接近于恒定的井底压力下生产。然而，很难确定致密地层气井达到它的泄油面积以及拟稳定流动条件开始的时间。

产量随时间的递减曲线下方在 $t_1 \sim t_2$ 的面积等于这段时间内的累计产气量 $G_p$，数学表达如下：

$$G_p = \int_{t_1}^{t_2} q_t \mathrm{d}t \tag{3.146}$$

分别用描述递减类型的三个表达式，即方程（3.143）到方程（3.145），替换上面方程中的流量 $q_t$，并积分。

指数递减　　　　　　$b=0$　　　　$G_{p(t)} = \dfrac{1}{D_i}(q_i - q_t)$　　　　　　　（3.147）

双曲线递减　　$0<b<1$　　$G_{p(t)} = \left[\dfrac{q_i}{D_i(1-b)}\right]\left[1-\left(\dfrac{q_t}{q_i}\right)^{1-b}\right]$　　　（3.148）

调和递减　　　　　　$b=1$　　　　$G_{p(t)} = \left(\dfrac{q_i}{D_i}\right)\ln\left(\dfrac{q_i}{q_t}\right)$　　　　（3.149）

式中　$G_{p(t)}$——$t$ 时刻累计产气量，$10^6 ft^3$；

　　　$q_i$——时间 $t = 0$ 时的初始气体流量，$10^6 ft^3/$ 时间单位；

　　　$t$——时间，时间单位；

　　　$q_t$——$t$ 时刻气体流量，$10^6 ft^3/$ 时间单位；

　　　$D_i$——初始递减速率，时间单位 $^{-1}$。

　　方程（3.143）到方程（3.145）给出的表达式要求使用统一的单位。任何方便的时间单位都可以使用，但要注意的是确保流量 $q_i$ 和 $q_t$ 的时间单位与递减速率 $D_i$ 的时间单位相匹配，例如，流量 $q$ 以 $ft^3/$ 月为单位，则 $D_i$ 用月 $^{-1}$ 表示。

　　应当注意的是传统的 Arps 递减曲线分析，如方程（3.143）至方程（3.145）所示，对气藏给出了一个合理的储量估计，但是它也有自身的不足，最重要的原因是它完全忽略了流压数据。因此，它会低估或高估气藏储量。这三种常用的递减曲线的实际应用介绍如下。

　　指数递减，$b = 0$。这类递减曲线的图形表明 $q_t$ 与 $t$ 的半对数坐标图形或 $q_t$ 与 $G_{p(t)}$ 的直角坐标图形呈现直线关系，数学表达式如下：

$$q_t = q_i \exp(-D_i t)$$

或表示为线性：

$$\ln(q_t) = \ln(q_i) - D_i t$$

同理有：

$$G_{p(t)} = \frac{q_i - q_t}{D_i}$$

或表示为线性：

$$q_t = q_i - D_i G_{p(t)}$$

　　这类递减曲线应用起来，可能是最简单、最可靠的。它被广泛应用于工业的原因如下：

　　（1）许多井在它们大部分开采期内以恒定的速率递减，并在后期明显偏离这种趋势。

　　（2）数学表示方法，如上述的线性表示，比其他类型的曲线应用起来更简便。

　　假设一口井或气田的历史产量数据显示它的产量动态是指数递减，下列步骤总结了井或气田动态随时间变化的预测过程。

　　步骤 1：绘制 $q_t$ 与 $G_p$ 的直角坐标图形以及 $q_t$ 与 $t$ 的半对数坐标图形。

　　步骤 2：对于两个图形，通过各点画出最优直线。

　　步骤 3：外推 $q_t$ 与 $G_p$ 的直线至 $G_p = 0$，在 $y$ 轴上的截距对应的流量值定为 $q_i$。

　　步骤 4：计算初始递减速率 $D_i$。在直角坐标直线上任选一点坐标 $[q_t, G_{p(t)}]$ 或在半对数坐标直线上任选一点坐标 $(q_t, t)$，应用方程（3.145）或方程（3.147）求 $D_i$。

$$D_i = \frac{\ln(q_i/q_t)}{t} \tag{3.150}$$

或等价于：

$$D_i = \frac{q_i - q_t}{G_{p(t)}} \tag{3.151}$$

如果通过分析全部生产数据，并用最小二乘法用于确定递减速率，那么：

$$D_i = \frac{\sum_t \left[ t\ln(q_i/q_t) \right]}{\sum_t t^2} \tag{3.152}$$

或等价于：

$$D_i = \frac{q_i \sum_t G_{p(t)} - \sum_t q_t G_{p(t)}}{\sum_t \left[ G_{p(t)} \right]^2} \tag{3.153}$$

步骤 5：根据方程（3.143）和方程（3.147）计算达到经济流量 $q_a$（或任何流量）的时间以及对应的累计产气量。

$$t_a = \frac{\ln(q_i/q_a)}{D_i}$$

$$G_{pa} = \frac{q_i - q_a}{t_a}$$

式中　$G_{pa}$——达到经济流量或废弃时的累计产气量，$10^6 ft^3$；

　　　$q_i$——在 $t = 0$ 时初始气体流量，$10^6 ft^3/$ 时间单位；

　　　$t$——废弃时间，时间单位；

　　　$q_a$——气体经济（废弃）流量，$10^6 ft^3/$ 时间单位；

　　　$D_f$——初始递减速率，时间单位 $^{-1}$。

**例 3.16**　下列生产数据来自于一干气田。

| $q_t$ ($10^6 ft^3/d$) | $G_p$ ($10^6 ft^3$) | $q_t$ ($10^6 ft^3/d$) | $G_p$ ($10^6 ft^3$) |
|---|---|---|---|
| 320 | 1600 | 208 | 304000 |
| 336 | 32000 | 197 | 352000 |
| 304 | 48000 | 184 | 368000 |
| 309 | 96000 | 176 | 384000 |
| 272 | 160000 | 184 | 400000 |
| 248 | 240000 | | |

估算：（1）将来气体流量达到 $80 \times 10^6 ft^3/d$ 时累计产气量；（2）达到 $80 \times 10^6 ft^3/d$ 所需时间。

**解** （1）采用以下步骤。

步骤 1：绘制 $G_p$ 与 $q_t$ 的直角坐标图形，如图 3.45 所示，产生了一条直线表明为指数递减。

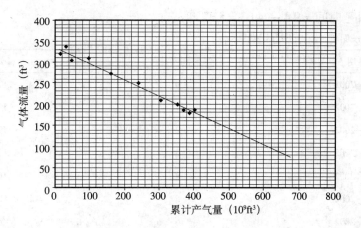

图 3.45　例 3.16 的递减曲线数据

步骤 2：由图 3.45 得，在 $q_t = 80 \times 10^6 \text{ft}^3/\text{d}$ 时的累计产气量为 $633.6 \times 10^9 \text{ft}^3$，表明额外产量为 $633.6 - 400.0 = 233.6 \times 10^9 \text{ft}^3$。

步骤 3：直线在 $y$ 轴上的截距给出 $q_i = 344 \times 10^6 \text{ft}^3/\text{d}$。

步骤 4：计算初始递减速率 $D_i$。在直线上任选一点，并用方程(3.150)求 $D_i$。在 $G_{p(t)} = 352 \times 10^9 \text{ft}^3$ 时，$q_t$ 为 $197 \times 10^6 \text{ft}^3/\text{d}$，则：

$$D_i = (q_i - q_t) / G_{p\,(t)} = (344 - 197)/352000 = 0.000418 \text{d}^{-1}$$

应当指出的是月和年的递减速率确定为：

$$D_{im} = 0.000418 \times 30.4 = 0.0126 \text{ 月 }^{-1}$$

$$D_{iy} = 0.0126 \times 12 = 0.152 \text{ 年 }^{-1}$$

使用最小二乘法，即方程 (3.153)，得：

$$D_i = \frac{0.3255 \times 10^9 - 0.19709 \times 10^9}{0.295 \times 10^{12}} = 0.000425 \text{d}^{-1}$$

（2）计算达到 $80 \times 10^6 \text{ft}^3/\text{d}$ 的外延时间，运用如下步骤。

步骤 1：用方程 (3.150) 计算达到最后记录的流量 $184 \times 10^6 \text{ft}^3$ 所用时间。

$$t = \frac{\ln \left( \dfrac{344}{184} \right)}{0.000425} = 1472 \text{ d} = 4.03 \text{年}$$

步骤 2：计算气体流量达到 $80 \times 10^6 \text{ft}^3/\text{d}$ 所需总时间。

$$t = \frac{\ln\left(\dfrac{344}{80}\right)}{0.000425} = 3432\,\mathrm{d} = 9.4\,年$$

步骤 3：外延时间 = 9.4 − 4.03 = 5.37 年

**例 3.17** 一口气井生产历史如下。

| 日期 | 时间（月） | $q_t$（$10^6\mathrm{ft}^3$/月） |
|---|---|---|
| 1—1—2002 | 0 | 1240 |
| 2—1—2002 | 1 | 1193 |
| 3—1—2002 | 2 | 1148 |
| 4—1—2002 | 3 | 1104 |
| 5—1—2002 | 4 | 1066 |
| 6—1—2002 | 5 | 1023 |
| 7—1—2002 | 6 | 986 |
| 8—1—2002 | 7 | 949 |
| 9—1—2002 | 8 | 911 |
| 10—1—2002 | 9 | 880 |
| 11—1—2002 | 10 | 843 |
| 12—1—2002 | 11 | 813 |
| 1—1—2003 | 12 | 782 |

（1）使用前 6 个月的生产历史数据确定递减曲线方程的系数。

（2）预测由 2002 年 8 月 1 日到 2003 年 1 月 1 日的流量和累计产气量。

（3）假设经济界限为 $30 \times 10^6\mathrm{ft}^3$/月，确定达到经济界限的时间和对应的累计产气量。

**解** （1）采取如下步骤。

步骤 1：绘制 $q_t$ 与 $t$ 的半对数坐标图线，如图 3.46 所示，表明为指数递减。

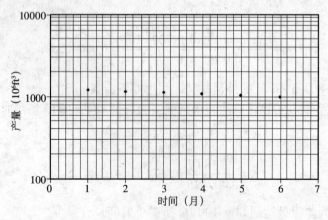

图 3.46　例 3.17 的递减曲线数据

步骤 2：确定初始递减速率 $D_i$。在直线上任选一点并将坐标代入方程（3.150）中或使用最小二乘法，由方程（3.150）得：

$$D_i = \frac{\ln(q_i/q_t)}{t} = \frac{\ln(1240/986)}{6} = 0.0382 月^{-1}$$

同样，由方程（3.152）得：

$$D_i = \frac{\sum_t [t\ln(q_i/q_t)]}{\sum_t t^2} = \frac{3.48325}{91} = 0.0383 月^{-1}$$

（2）应用方程（3.143）和方程（3.147）计算 $q_t$ 和 $G_{p(t)}$，并以表格形式表示如下。

$$q_t = 1240\exp(-0.0383t)$$

$$G_{p(t)} = \frac{q_i - q_t}{0.0383}$$

| 日期 | 时间（月） | 实际 $q_t$<br>（$10^6 ft^3$/月） | 计算 $q_t$<br>（$10^6 ft^3$/月） | $G_{p(t)}$<br>（$10^6 ft^3$/月） |
|---|---|---|---|---|
| 2–1–2002 | 1 | 1193 | 1193 | 1217 |
| 3–1–2002 | 2 | 1148 | 1149 | 2387 |
| 4–1–2002 | 3 | 1104 | 1105 | 3514 |
| 5–1–2002 | 4 | 1066 | 1064 | 4599 |
| 6–1–2002 | 5 | 1023 | 1026 | 4643 |
| 7–1–2002 | 6 | 986 | 986 | 6647 |
| 8–1–2002 | 7 | 949 | 949 | 7614 |
| 9–1–2002 | 8 | 911 | 913 | 8545 |
| 10–1–2002 | 9 | 880 | 879 | 9441 |
| 11–1–2002 | 10 | 843 | 846 | 10303 |
| 12–1–2002 | 11 | 813 | 814 | 11132 |
| 1–1–2003 | 12 | 782 | 783 | 11931 |

（3）应用方程（3.150）和方程（3.151）计算达到经济流量 $30 \times 10^6 ft^3$/月的时间及对应储量：

$$t = \frac{\ln\left(\dfrac{1240}{30}\right)}{0.0383} = 97 月 = 8 年$$

$$G_{p(t)} = \frac{(1240-30) \times 10^6}{0.0383} = 31.6 \times 10^9 ft^3$$

调和递减，$b=1$ 油气系统的生产动态遵循调和递减，即，方程（3.141）中的 $b=1$，可由方程（3.145）和方程（3.149）描述为：

$$q_t = \frac{q_i}{1 + D_i t}$$

$$G_{p(t)} = \left(\frac{q_i}{D_i}\right) \ln\left(\frac{q_i}{q_t}\right)$$

上述两个表达式可以重新整理并分别表示为：

$$\frac{1}{q_t} = \frac{1}{q_i} + \left(\frac{D_i}{q_i}\right) t \tag{3.154}$$

$$\ln(q)_t = \ln(q)_i - \left(\frac{D_i}{q_i}\right) G_{p(t)} \tag{3.155}$$

调和递减曲线分析的两个基本图形以上述两个关系式为基础。方程（3.154）表明 $1/q_t$ 与 $t$ 的直角坐标图形是一条直线，斜率为 $(D_i/q_i)$，截距为 $1/q_i$。方程（3.155）表明 $q_t$ 与 $G_{p(t)}$ 的半对数坐标图形是一条直线，其斜率 $(D_i/q_i)$ 为负，截距为 $q_i$。最小二乘法也可用于计算递减速率 $D_i$。

$$D_i = \frac{\sum_t \left(t \frac{q_i}{q_t}\right) - \sum_t t}{\sum_t t^2}$$

由方程（3.154）和方程（3.155）可以推导出的其他关系式包括达到经济流量 $q_a$（或任何流量）的时间及对应的累计产气量 $G_{p(a)}$：

$$t_a = \frac{q_i - q_a}{q_a D_i} \tag{3.156}$$

$$G_{p(a)} = \left(\frac{q_i}{D_i}\right) \ln\left(\frac{q_a}{q_t}\right)$$

双曲线递减，$0 < b < 1$ 遵循双曲线递减的气藏或井的关系式可由方程（3.146）和方程（3.148）得出，或：

$$q_t = \frac{q_i}{(1 + bD_i t)^{\frac{1}{b}}}$$

$$G_{p(t)} = \left[\frac{q_i}{D_i(1-b)}\right] \left[1 - \left(\frac{q_t}{q_i}\right)^{1-b}\right]$$

下面简化的迭代方法是用来根据历史生产数据确定 $D_i$ 和 $b$。

步骤 1：绘制 $q_t$ 与 $t$ 的半对数坐标图形，通过各点画出平滑曲线。

步骤 2：延长曲线与 $y$ 轴相交，在 $t = 0$ 处读取 $q_i$。

步骤 3：选择平滑曲线的另一个端点，并记录相应坐标表示为 $(t_2, q_2)$。

步骤 4：确定平滑曲线的中点坐标表示为 $(t_1, q_1)$，其中 $q_1$ 值由下列表达式求得。

$$q_1 = \sqrt{q_i q_2} \tag{3.157}$$

$t_1$ 对应的值在平滑曲线上 $q_1$ 处读取。

步骤 5：利用迭代法解下列方程求 $b$。

$$f(b) = t_2 \left( \frac{q_i}{q_1} \right)^b - t_1 \left( \frac{q_i}{q_2} \right)^b - (t_2 - t_1) = 0 \tag{3.158}$$

通过使用下列递归方法，Newton−Raphson 迭代法可用于解上述非线性方程：

$$b^{k+1} = b^k - \frac{f(b^k)}{f'(b^k)} \tag{3.159}$$

其中导数 $f'(b^k)$ 如下：

$$f'(b^k) = t_2 \left( \frac{q_i}{q_1} \right)^{b^k} \ln \left( \frac{q_i}{q_1} \right) - t_1 \left( \frac{q_i}{q_2} \right)^{b^k} \ln \left( \frac{q_i}{q_2} \right) \tag{3.160}$$

以 $b = 0.5$ 为初始值开始，即 $b^k = 0.5$，当设定收敛标准为 $b^{k+1} - b^k \leqslant 10^{-6}$ 时，该方法通常在 4 ～ 5 次循环后收敛。

步骤 6：解方程（3.144）求 $D_i$，利用步骤 5 计算的 $b$ 值及光滑曲线上点的坐标（$t_2$, $q_2$）。

$$D_i = \frac{(q_i / q_2)^b - 1}{b t_2} \tag{3.161}$$

下面例子说明了确定 $b$ 和 $D_i$ 的方法。

**例 3.18**　Ikoku 记录的一口气井的生产数据如下。

| 日期 | 时间（年） | $q_t$ ($10^6$ft³/d) | $G_p(t)$ ($10^9$ft³) |
|---|---|---|---|
| 1−1−1979 | 0.0 | 10.00 | 0.00 |
| 7−1−1979 | 0.5 | 8.40 | 1.67 |
| 1−1−1980 | 1.0 | 7.12 | 3.08 |
| 7−1−1980 | 1.5 | 6.16 | 4.30 |
| 1−1−1981 | 2.0 | 5.36 | 5.35 |
| 7−1−1981 | 2.5 | 4.72 | 6.27 |
| 1−1−1982 | 3.0 | 4.18 | 7.08 |
| 7−1−1982 | 3.5 | 3.72 | 7.78 |
| 1−1−1983 | 4.0 | 3.36 | 8.44 |

确定未来 16 年产量动态。

解 步骤 1：根据历史数据确定递减类型。这可通过绘制下列两条曲线完成。

（1）绘制 $q_t$ 与 $t$ 的半对数坐标图形，如图 3.47 所示。图形不是一条直线，所以不是指数递减。

（2）绘制 $q_t$ 与 $G_{p(t)}$ 的半对数坐标图形，如图 3.48 所示。图形也不是直线，所以不是调和递减。

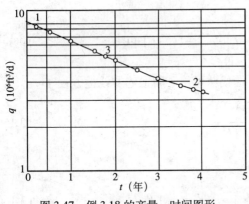 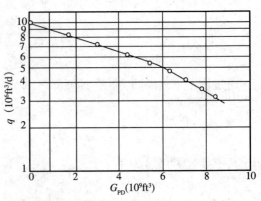

图 3.47　例 3.18 的产量—时间图形　　　　图 3.48　例 3.18 的流量—累计产量曲线

绘制的两条曲线表明一定是双曲线递减。

步骤 2：根据图 3.47，确定初始流量 $q_i$。延长平滑曲线与 $y$ 轴相交，即 $t = 0$。

$$q_i = 10 \times 10^6 \text{ft}^3/\text{d}$$

步骤 3：选取平滑曲线的另一端点坐标 $(t_2, q_2)$。

$$t_2 = 4 \text{ 年}$$

$$q_2 = 3.36 \times 10^6 \text{ft}^3/\text{d}$$

步骤 4：利用方程（3.157）计算 $q_1$ 并确定对应时间。

$$q_1 = \sqrt{q_i q_2} = \sqrt{10 \times 3.36} = 5.8$$

对应时间 $t_1 = 1.719$ 年。

步骤 5：假定 $b = 0.5$，应用迭代法解方程（3.158）求 $b$。

$$f(b) = t_2 \left( \frac{q_i}{q_1} \right)^b - t_1 \left( \frac{q_i}{q_2} \right)^b - (t_2 - t_1)$$

$$f(b) = 4 \times 1.725^b - 1.719 \times 2.976^b - 2.26$$

且

$$f'(b^K) = t_2 \left( \frac{q_i}{q_1} \right)^{b^K} \ln\left( \frac{q_i}{q_1} \right) - t_1 \left( \frac{q_i}{q_2} \right)^{b^K} \ln\left( \frac{q_i}{q_2} \right)$$

$$f'(b) = 2.18 \times 1.725^b - 1.875 \times 2.976^b$$

其中：

$$b^{k+1} = b^k - \frac{f(b^k)}{f'(b^k)}$$

通过建立下列表格使迭代法更便于进行。

| $k$ | $b^k$ | $f(b)$ | $f'(b)$ | $b^{k+1}$ |
|-----|-------|--------|---------|-----------|
| 0 | 0.500000 | $7.57 \times 10^{-3}$ | $-0.36850$ | 0.520540 |
| 1 | 0.520540 | $-4.19 \times 10^{-4}$ | $-0.40950$ | 0.519517 |
| 2 | 0.519517 | $-1.05 \times 10^{-6}$ | $-0.40746$ | 0.519514 |
| 3 | 0.519514 | $-6.87 \times 10^{-9}$ | $-0.40745$ | 0.519514 |

经过三次循环后该方法收敛，得 $b = 0.5195$。

步骤 6：应用方程（3.161）求 $D_i$。

$$D_i = \frac{(q_i/q_2)^b - 1}{bt_2} = \frac{(10/3.36)^{0.5195} - 1}{0.5195 \times 4} = 0.3668 \, 年^{-1}$$

以月为单位：$D_i = 0.3668/12 = 0.0306$ 月$^{-1}$

以 d 为单位：$D_i = 0.3668/365 = 0.001 \mathrm{d}^{-1}$

步骤 7：应用方程（3.144）和方程（3.148）预测未来气井产量动态。注意方程（3.144）的分母包含 $D_i(t)$，因此结果一定是无量纲的，即：

$$q_t = \frac{10 \times 10^6}{\left[1 + 0.5195 D_i(t)\right]^{(1/0.5195)}} = \frac{10 \times 10^6}{\left(1 + 0.5195 \times 0.3668t\right)^{(1/0.5195)}}$$

式中　$q_t$——流量，$10^6 \mathrm{ft}^3/\mathrm{d}$；

　　　$t$——时间，年；

　　　$D_i$——递减速率，年$^{-1}$。

在方程（3.148）中，$q_i$ 的时间以 d 为单位，因此，$D_i$ 必须用 $\mathrm{d}^{-1}$ 表示，即：

$$G_{p(t)} = \left[\frac{q_i}{D_i(1-b)}\right]\left[1 - \left(\frac{q_t}{q_i}\right)^{1-b}\right] = \left[\frac{10 \times 10^6}{0.001 \times (1 - 0.5195)}\right] \times \left[1 - \left(\frac{q_t}{10 \times 10^6}\right)^{1-0.5195}\right]$$

步骤 7 的结果列表如下，并如图 3.49 所示。

| 时间<br>（年） | 实际 $q$<br>（$10^6\text{ft}^3$/d） | 计算 $q$<br>（$10^6\text{ft}^3$/d） | 实际累计产气量<br>（$10^9\text{ft}^3$） | 计算累计产气量<br>（$10^9\text{ft}^3$） |
|---|---|---|---|---|
| 0 | 10 | 10 | 0 | 0 |
| 0.5 | 8.4 | 8.392971 | 1.67 | 1.671857 |
| 1 | 7.12 | 7.147962 | 3.08 | 3.08535 |
| 1.5 | 6.16 | 6.163401 | 4.3 | 4.296641 |
| 2 | 5.36 | 5.37108 | 5.35 | 5.346644 |
| 2.5 | 4.72 | 4.723797 | 6.27 | 6.265881 |
| 3 | 4.18 | 4.188031 | 7.08 | 7.077596 |
| 3.5 | 3.72 | 3.739441 | 7.78 | 7.799804 |
| 4 | 3.36 | 3.36 | 8.44 | 8.44669 |
| 5 | | 2.757413 | | 9.557617 |
| 6 | | 2.304959 | | 10.477755 |
| 7 | | 1.956406 | | 11.252814 |
| 8 | | 1.68208 | | 11.914924 |
| 9 | | 1.462215 | | 12.487334 |
| 10 | | 1.283229 | | 12.987298 |
| 11 | | 1.135536 | | 13.427888 |
| 12 | | 1.012209 | | 13.819197 |
| 13 | | 0.908144 | | 14.169139 |
| 14 | | 0.819508 | | 14.484015 |
| 15 | | 0.743381 | | 14.768899 |
| 16 | | 0.677503 | | 15.027928 |
| 17 | | 0.620105 | | 15.264506 |
| 18 | | 0.569783 | | 15.481464 |
| 19 | | 0.525414 | | 15.681171 |
| 20 | | 0.486091 | | 15.86563 |

Gentry（1972）提出一种图表法计算系数 $b$ 和 $D_i$，如图 3.50 和图 3.51 所示。Arps 递减曲线指数 $b$ 如图 3.50 所示，用比值 $q_i/q$ 与 $G_p/(tq_i)$ 的图形表示，$q_i/q$ 的上限为 100。为了确定指数 $b$，确定 $G_p/(tq_i)$ 对应的横坐标值以及初始产量与最新产量的比值 $q_i/q$ 对应的纵坐标值，指数 $b$ 是这两个值的交点。初始递减速率 $D_i$ 可以根据图 3.51 确定，确定 $q_i/q$ 对应的纵坐标值，并向右平移到 $b$ 值对应的曲线，读取横坐标的值并除以从 $q_i$ 到 $q$ 的时间 $t$，得到初始递减速率 $D_i$。

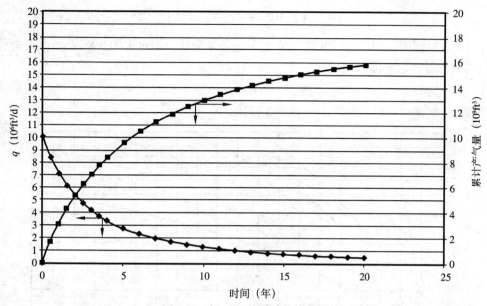

图 3.49　例 3.18 的递减曲线数据

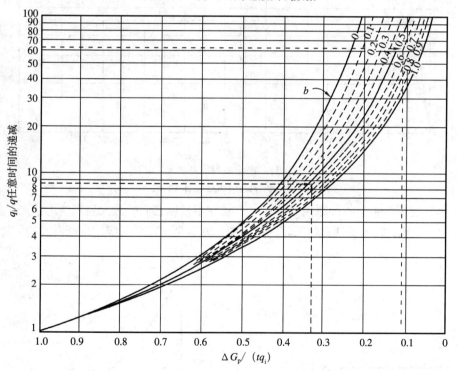

图 3.50　产量和累计产量的关系

**例 3.19**　利用例 3.18 中所给数据，运用 Gentry 的图表重新计算系数 $b$ 和 $D_i$。

**解**　步骤 1：计算比值 $q_i/q$ 和 $G_p/(tq_i)$。

$$\frac{q_i}{q} = \frac{10}{3.36} = 2.98$$

$$\frac{G_p}{tq_i} = 8440/[(4 \times 365) \times 10] = 0.58$$

步骤 2：根据图 3.50，通过 $y$ 轴 2.98 处画一条水平线，通过 $x$ 轴 0.58 处画一条垂直线，在两线的交点处读取 $b$ 值。

$$b = 0.5$$

步骤 3：根据图 3.51，由值 2.98 和 0.5 得出。

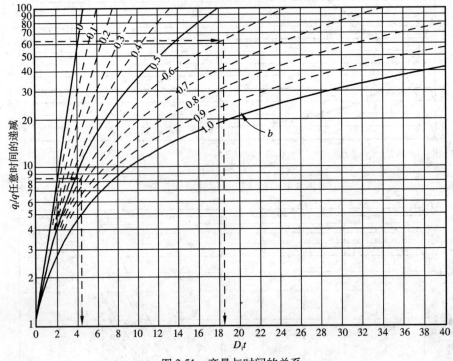

图 3.51　产量与时间的关系

$D_i t = 1.5$ 或 $D_i = 1.5/4 = 0.38$ 年 $^{-1}$

在许多情况下，由于各种原因气井在生产初期不是以它们的最大生产能力生产，如传输管线的能力、运输、需求低或其他限制因素。图 3.52 说明了流量受限的生产时间的估算模型。

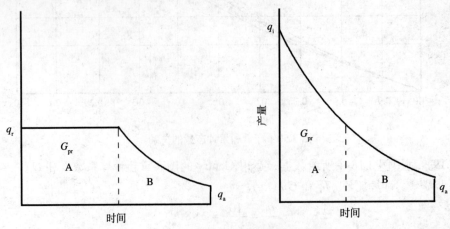

图 3.52　受限最大产量的影响的估算

图 3.52 显示了井在限制流量 $q_r$ 下生成总时间 $t_r$ 对应的累计产量 $G_{pro}$。估算受限时间 $t_r$ 的方法是，设定总累计产量 $G_{p\,(tr)}$ 是井由初始生产能力 $q_i$ 正常递减到 $q_r$ 时的累计产量，等于 $G_{pr}$。最终，井将达到时间 $t_r$，此时它的递减动态开始与同区块其他井的递减动态相似。预测流量受限井的产量递减动态的方法基于以下假设，即下列数据有效且可用于井：

（1）Arps 方程的系数，即 $D_i$ 和 $b$，根据其他井类推；

（2）废弃（经济）气体流量 $q_a$；

（3）最终可采储量 $G_{pa}$；

（4）允许（限制）流量 $q_r$。

方法可总结为如下步骤。

步骤 1：计算无限制条件下井的初始流动能力 $q_i$。

指数递减：
$$q_i = G_{pa}D_i + q_a \tag{3.162}$$

调和递减：
$$q_i = q_r\left[1 + \frac{D_i G_{pa}}{q_r} - \ln\left(\frac{q_r}{q_a}\right)\right] \tag{3.163}$$

双曲线递减：
$$q_i = \left\{(q_r)^b + \frac{D_i b G_{pa}}{(q_r)^{1-b}} - \frac{b(q_r)^b}{1-b} \times \left[1 - \left(\frac{q_a}{q_r}\right)^{1-b}\right]\right\}^{\frac{1}{b}} \tag{3.164}$$

步骤 2：计算限制流量期间的累计产气量。

指数递减：
$$G_{pr} = \frac{q_i - q_r}{D_i} \tag{3.165}$$

调和递减：
$$G_{pr} = \left(\frac{q_i}{D_i}\right)\ln\left(\frac{q_i}{q_r}\right) \tag{3.166}$$

双曲线递减：
$$G_{pr} = \left[\frac{q_i}{D_i(1-b)}\right]\left[1 - \left(\frac{q_r}{q_i}\right)^{1-b}\right] \tag{3.167}$$

步骤 3：与递减类型无关，计算限制流量的总时间。

$$t_r = \frac{G_{pr}}{q_r} \tag{3.168}$$

步骤 4：利用方程（3.143）到方程（3.154）给出的适当的递减关系式，预测井的产量动态随时间的变化。

**例 3.20**　气井体积计算表明气体最终可采储量 $G_{pa}$ 为 $25 \times 10^9 \text{ft}^3$。通过同区块其他井类推，得到该井的下列数据：

（1）指数递减；

（2）允许（限制）产量 = $425 \times 10^6 \text{ft}^3 /$ 月；

（3）经济界限 $=30 \times 10^6 \text{ft}^3 /$ 月；

（4）初始递减速率 $=0.044$ 月 $^{-1}$。

计算井的年产量动态。

**解** 步骤 1：根据方程（3.162）估算初始气体流量 $q_i$。

$$q_i = G_{pa}D_i + q_a = 0.044 \times 25000 + 30 = 1130 \times 10^6 \text{ft}^3 / \text{月}$$

步骤 2：利用方程（3.165）计算限制流动期内累计产气量。

$$G_{pr} = \frac{q_i - q_r}{D_i} = \frac{1130 - 425}{0.044} = 16.023 \times 10^9 \text{ft}^3$$

步骤 3：根据方程（3.168）计算限制流动的总时间。

$$t_r = \frac{G_{pr}}{q_r} = \frac{16023}{425} = 37.7 \text{月} = 3.14 \text{ 年}$$

步骤 4：计算前三年内的年产量。

$$q = 425 \times 12 = 5100 \times 10^6 \text{ft}^3 / \text{年}$$

把第四年划分为 1.68 个月（即 0.14 年）的恒定产量生产，加上 10.32 个月的递减产量生产。

前 1.68 个月：$1.68 \times 425 = 714 \times 10^6 \text{ft}^3$

第四年末：$q = 425 \exp(-0.044 \times 10.32) = 270 \times 10^6 \text{ft}^3 / \text{月}$

后 10.32 个月的累计产气量为：

$$\frac{425 - 270}{0.044} = 3523 \times 10^6 \text{ft}^3$$

第四年的总产量：

$$714 + 3523 = 4237 \times 10^6 \text{ft}^3$$

| 时间（年） | 产量（$10^6 \text{ft}^3 /$ 年） |
|:---:|:---:|
| 1 | 5100 |
| 2 | 5100 |
| 3 | 5100 |
| 4 | 4237 |

令第四年末流量 $270 \times 10^6 \text{ft}^3 /$ 月等于第五年开始时的初始流量。第五年末流量 $q_{end}$ 由方程（3.165）计算得出：

$$q_{end} = q_i \exp(-D_i \times 12) = 270 \exp(-0.044 \times 12) = 159 \times 10^6 \text{ft}^3 / \text{月}$$

累计产气量：

$$G_p = \frac{q_i - q_{end}}{D_i} = \frac{270 - 159}{0.044} = 2523 \times 10^6\,ft^3$$

第六年：

$$q_{end} = 159\exp(-0.044 \times 12) = 94 \times 10^6 ft^3/\text{月}$$

有

$$G_p = \frac{159 - 94}{0.044} = 1482 \times 10^6\,ft^3$$

重复上述步骤得到的结果列表如下。

| $t$ (年) | $q_i$ ($10^6ft^3$/月) | $q_{end}$ ($10^6ft^3$/月) | 年产量 ($10^6ft^3$/年) | 累计产量 ($10^9ft^3$) |
|---|---|---|---|---|
| 1 | 425 | 425 | 5100 | 5.100 |
| 2 | 425 | 425 | 5100 | 10.200 |
| 3 | 425 | 425 | 5100 | 15.300 |
| 4 | 425 | 270 | 4237 | 19.537 |
| 5 | 270 | 159 | 2523 | 22.060 |
| 6 | 159 | 94 | 1482 | 23.542 |
| 7 | 94 | 55 | 886 | 24.428 |
| 8 | 55 | 33 | 500 | 24.928 |

数据的初始化。Fetkovich（1980）指出有几种明显的情况需要初始化产量－时间数据，原因包括：（1）驱动或生产机理已经变化；（2）由于加密钻井、租赁矿区或气田内的井数突然变化；（3）油管尺寸的变化将改变 $q_i$ 和递减系数 $b$。

假设一口井没有油管或设备的限制，增产措施将导致产能 $q_i$ 以及剩余可采气量的变化。然而，递减指数 $b$ 通常可以假定为常数。Fetkovich 等（1996）提出了用于近似计算增产措施增加的产量的经验方程：

$$(q_i)_{new} = \left(\frac{7 + s_{old}}{7 + s_{new}}\right)(q_t)_{old}$$

式中　$(q_t)_{old}$——实施增产措施前的产量；

$s$——表皮系数。

Arps 方程，即方程（3.141），可以表示为：

$$q_t = \frac{(q_i)_{new}}{\left[1 + bt(D_i)_{new}\right]^{\frac{1}{b}}}$$

且

$$(D_i)_{new} = \frac{(q_i)_{new}}{(1-b)G}$$

式中　$G$——气体地质储量，$ft^3$。

### 3.5.2.2　典型曲线分析

正如第 1 章所述，生产数据典型曲线分析是一项技术，该技术将实际产量和时间与理论模型进行历史拟合。生产数据与理论模型通常用无量纲图形的形式表示。任何变量都可以通过乘以一个固定的相反量纲的组而被无量纲化，但是这个组选择取决于待解决的问题类型。例如，为了创建无量纲压降 $p_D$，实际压降的量纲为 psi，乘以量纲为 $pis^{-1}$ 的组 $A$，即：

$$p_D = A \Delta p$$

根据描述储层流体流动的方程推导使变量无量纲化的组 $A$。为了介绍这一理论，回顾不可压缩流体的稳态径向流达西方程，表示为：

$$Q = \left\{ \frac{0.00708Kh}{B\mu \left[ \ln(r_e/r_{wa}) - 0.5 \right]} \right\} \Delta p$$

其中 $r_{wa}$ 为井筒有效半径，由方程（1.151）用表皮系数 $s$ 表示为：

$$r_{wa} = r_w e^{-s}$$

重新整理达西方程，可以确定组 $A$：

$$\ln\left( \frac{r_e}{r_w} \right) - \frac{1}{2} = \left( \frac{0.00708Kh}{QB\mu} \right) \Delta p$$

因为上述方程的左侧无量纲，右侧也一定无量纲。这表明 $0.00708Kh/(QB\mu)$ 就是量纲为 psi⁻¹ 的组 $A$，因此定义无量纲变量 $p_D$ 为：

$$p_D = \left( \frac{0.00708Kh}{QB\mu} \right) \Delta p$$

或 $p_D$ 与 $\Delta p$ 的比值为：

$$\frac{p_D}{\Delta p} = \frac{Kh}{141.2QB\mu}$$

将上述方程的两边取对数得：

$$\lg(p_D) = \lg(\Delta p) + \lg\left( \frac{0.00708Kh}{QB\mu} \right) \tag{3.169}$$

式中   $Q$——流量，bbl/d；

$B$——地层体积系数，bbl/bbl；

$\mu$——黏度，mPa·s。

对于恒定流量，方程（3.169）表明无量纲压降的对数 $\lg(p_D)$ 与实际压降的对数 $\lg(\Delta p)$ 相差一个恒定数量：

$$\lg\left[\frac{0.00708Kh}{QB\mu}\right]$$

同样，无量纲时间 $t_D$ 由第一章方程（1.86）得出，其中时间 $t$ 以 d 为单位：

$$t_D = \left(\frac{0.006328K}{\phi\mu c_t r_w^2}\right)t$$

将方程两边取对数：

$$\lg(t_D) = \lg(t) + \lg\left[\frac{0.006328K}{\phi\mu c_t r_w^2}\right] \tag{3.170}$$

式中   $t$——时间，d；

$c_t$——总压缩系数，$psi^{-1}$；

$\phi$——孔隙度。

因此，$\lg(\Delta p)$ 与 $\lg(t)$ 的函数图形和 $\lg(p_D)$ 与 $\lg(t_D)$ 的函数图形有相同的形状（即平行），曲线在垂向压力轴上相差 $\lg[0.00708Kh/(QB\mu)]$，在水平方向时间轴上相差 $\lg[0.000264K/(\phi\mu c_t r_w^2)]$。这一理论在第 1 章中由图 1.46 表示，为了方便在本章再次介绍。

这两条曲线不仅有相同的形状，而且如果它们相对移动直到重合，需要的水平和垂直位移将与方程（3.169）和方程（3.170）中常数有关。一旦这些常数根据水平及垂直位移确定，就可以估算储层性质，如渗透率和孔隙度。这一通过垂直和水平移动使两条曲线拟合并确定储层或单井性质的过程称为典型曲线拟合。

为了全面了解应用无量纲理论解决工程问题，下面的例子对此进行了说明。

**例 3.21**   一口井在不稳定流动条件下生产。有如下性质：

$p_i$ = 3500psi，$B$=1.44bbl/bbl，$c_t$=17.6×$10^{-6}$$psi^{-1}$，$\phi$ = 15%，$\mu$ = 1.3mPa·s，$h$ = 20ft，$Q$ = 360bbl/d，$K$ = 22.9mD，$s$ = 0。

（1）计算半径为 10ft 和 100ft、流动时间为 0.1h，0.5h，1.0h，2.0h，5.0h，10h，20h，50h，100h 的压力。并绘制 $[p_i-p(r,t)]$ 与 $t$ 的双对数坐标图形。

（2）利用（1）部分中的数据，绘制 $[p_i-p(r,t)]$ 与 $(t/r^2)$ 的双对数坐标图形。

**解**   （1）在不稳定流期间，方程（1.77）用于描述任一半径 $r$、任一时间 $t$ 的压力：

$$p(r,t) = p_i + \left(\frac{70.6QB\mu}{Kh}\right)\text{Ei}\left(\frac{-948\phi\mu c_t r_w^2}{Kt}\right)$$

或

$$p_i - p(r,t) = \left(\frac{-70.6 \times 360 \times 1.44 \times 1.3}{22.9 \times 20}\right) \times \text{Ei}\left[\frac{-948 \times 0.15 \times 1.3 \times (17.6 \times 10^{-6} r^2)}{22.9t}\right]$$

$$p_i - p(r,t) = -104\text{Ei}\left(-0.0001418\frac{r^2}{t}\right)$$

$p_i - p(r,t)$ 的值随时间和半径（即 $r = 10\text{ft}$ 和 $r = 100\text{ft}$）的变化，如下表和图 3.53 所示。

| 假设 $t(\text{h})$ | $r = 10\text{ft}$ | | |
|---|---|---|---|
| | $t/r^2$ | Ei $(-0.0001481r^2/t)$ | $p_i - p(r,t)$ |
| 0.1 | 0.001 | −1.51 | 157 |
| 0.5 | 0.005 | −3.02 | 314 |
| 1.0 | 0.010 | −3.69 | 384 |
| 2.0 | 0.020 | −4.38 | 455 |
| 5.0 | 0.050 | −5.29 | 550 |
| 10.0 | 0.100 | −5.98 | 622 |
| 20.0 | 0.200 | −6.67 | 694 |
| 50.0 | 0.500 | −7.60 | 790 |
| 100.0 | 1.000 | −8.29 | 862 |

| 假设 $t(\text{h})$ | $r = 100\text{ft}$ | | |
|---|---|---|---|
| | $t/r^2$ | Ei $(-0.0001481r^2/t)$ | $p_i - p(r,t)$ |
| 0.1 | 0.00001 | 0.00 | 0 |
| 0.5 | 0.00005 | −0.19 | 2 |
| 1.0 | 0.00010 | −0.12 | 12 |
| 2.0 | 0.00020 | −0.37 | 38 |
| 5.0 | 0.00050 | −0.95 | 99 |
| 10.0 | 0.00100 | −1.51 | 157 |
| 20.0 | 0.00200 | −2.14 | 223 |
| 50.0 | 0.00500 | −3.02 | 314 |
| 100.0 | 0.00100 | −3.69 | 386 |

（2）图 3.53 显示了半径为 10ft 和 100ft 的不同曲线。显然，同样的计算可以在任一半径下重复，并且得到相同数量的曲线。然而，观察图 3.54，求解过程可以很大程度地简化。该图显示了两个半径的压力差 $p_i - p(r,t)$ 与 $t/r^2$ 的函数形成一条曲线。实际上，任一气藏半径的压力差图形都是同一条曲线。

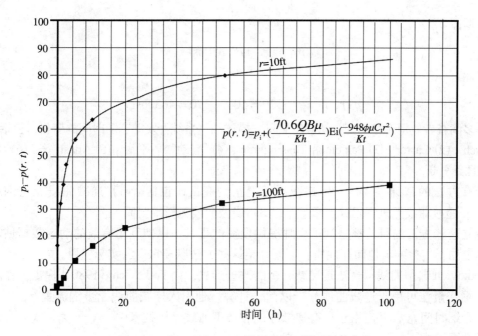

图 3.53　在 10ft 和 100ft 处压力剖面随时间的变化

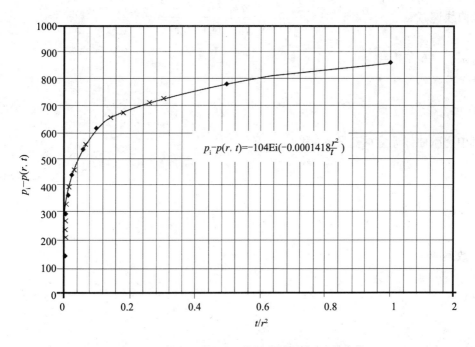

图 3.54　在 10ft 和 100ft 处压力剖面随 $t/r^2$ 的变化

例如，在相同的气藏中计算 150ft 处 200h 后不稳定流的压力，那么：

$$\frac{t}{r^2} = \frac{200}{150^2} = 0.0089$$

根据图 3.54：

$$p_i - p(r, t) = 370\text{psi}$$

因此：

$$p(r, t) = p_i - 370 = 5000 - 370 = 4630\text{psi}$$

许多调查者使用无量纲变量法确定储量并描述油气系统开发动态随时间的变化，包括：(1) Fetkovich；(2) Carter；(3) Palacio 和 Blasingame；(4) 流动物质平衡；(5) Anash 等；(6) 压裂井递减曲线分析。

所有方法的基础是确定一组递减曲线无量纲变量，包括：(1) 递减曲线无量纲产量 $q_{Dd}$；(2) 递减曲线无量纲累计产量 $Q_{Dd}$；(3) 递减曲线无量纲时间 $t_{Dd}$。

建立这些方法的目的都是为工程师提供便捷的工具，以便利用有效的动态数据估算储量和确定油、气井的其他储存性质。下面介绍这些方法以及它们的实际应用。

Fetkovich 典型曲线拟合法是递减分析的改进形式，由 Fetkovich（1980）提出。作者提出无量纲变量法可用于递减曲线分析以简化计算。他引入递减曲线无量纲流量 $q_{Dd}$ 和递减曲线无量纲时间 $t_{Dd}$，并应用于所有递减曲线和典型曲线分析技术中。Arps 关系式可表示为下列无量纲形式。

双曲线递减：

$$\frac{q_t}{q_i} = \frac{1}{\left(1 + bD_i t\right)^{1/b}}$$

表示为无量纲形式：

$$q_{Dd} = \frac{1}{\left(1 + bt_{Dd}\right)^{1/b}} \tag{3.171}$$

其中递减曲线无量纲变量 $q_{Dd}$ 和 $t_{Dd}$ 定义为：

$$q_{Dd} = \frac{q_t}{q_i} \tag{3.172}$$

$$t_{Dd} = D_i t \tag{3.173}$$

指数递减：

$$\frac{q_t}{q_i} = \frac{1}{\exp(D_i t)}$$

同样：

$$q_{Dd} = \frac{1}{\exp(t_{Dd})} \tag{3.174}$$

调和递减：

$$\frac{q_t}{q_i} = \frac{1}{1 + D_i t}$$

或

$$q_{Dd} = \frac{1}{1 + t_{Dd}} \tag{3.175}$$

其中 $q_{Dd}$ 和 $t_{Dd}$ 为递减曲线无量纲变量，分别由方程（3.172）和方程（3.173）确定。在边界支配流动期间，即稳定流或拟稳定流条件下，达西方程可用于描述初始流量 $q_i$：

$$q_i = \frac{0.00708Kh\Delta p}{B\mu\left[\ln\left(r_e/r_{wa}\right) - \dfrac{1}{2}\right]} = \frac{Kh\left(p_i - p_{wf}\right)}{141.2B\mu\left[\ln\left(r_e/r_{wa}\right) - \dfrac{1}{2}\right]}$$

式中　$q$——流量，bbl/d；

　　　$B$——地层体积系数，bbl/bbl；

　　　$\mu$——黏度，mPa·s；

　　　$K$——渗透率，mD；

　　　$h$——厚度，ft；

　　　$r_c$——供给半径，ft；

　　　$r_{wa}$——有效井筒半径，ft。

比值 $r_e/r_{wa}$ 常表示为无量纲供给半径 $r_D$，即：

$$r_D = \frac{r_e}{r_{wa}} \tag{3.176}$$

且

$$r_{wa} = r_w e^{-s}$$

达西方程中的比值 $r_e/r_{wa}$ 可用 $r_D$ 替代，即：

$$q_i = \frac{Kh\left(p_i - p_{wf}\right)}{141.2B\mu\left[\ln\left(r_D\right) - \dfrac{1}{2}\right]}$$

重新整理达西方程：

$$\left(\frac{141.2B\mu}{Kh\Delta p}\right)q_i = \frac{1}{\ln\left(r_D\right) - \dfrac{1}{2}}$$

显然，方程的右侧无量纲，这表明方程的左侧也无量纲。那么上述关系式确定了无量纲产量 $q_D$：

$$q_D = \left(\frac{141.2B\mu}{Kh\Delta p}q_i\right) = \frac{1}{\ln\left(r_D\right) - \dfrac{1}{2}} \tag{3.177}$$

回顾扩散方程的无量纲形式，即方程（1.89）：

$$\frac{\partial^2 p_D}{\partial r_D^2} + \frac{1}{r_D}\frac{\partial p_D}{\partial r_D} = \frac{\partial p_D}{\partial r_D}$$

　　Fetkovich 提出上述不稳定流扩散方程的解析解和拟稳态递减曲线方程，能够结合并用一组双对数无量纲曲线表示。为了建立两种流态间的这种联系，Fetkovich 用不稳定流无量纲产量 $q_D$ 和时间 $t_D$ 表示递减曲线的无量纲变量 $q_{Dd}$ 和 $t_{Dd}$，联立方程（3.172）和方程（3.177）得：

$$q_{Dd}=\frac{q_t}{q_i}=\frac{\dfrac{q_t}{Kh(p_i-p)}}{141.2B\mu\left[\ln(r_D)-\dfrac{1}{2}\right]}$$

或

$$q_{Dd}=q_D[\ln(r_D)-1/2] \tag{3.178}$$

Fetkovich 用不稳定流无量纲时间 $t_D$ 表示递减曲线的无量纲时间 $t_{Dd}$：

$$t_{Dd}=\frac{t_D}{\dfrac{1}{2}(r_D^2-1)\left[\ln(r_D)-\dfrac{1}{2}\right]} \tag{3.179}$$

用方程（1.86）替换无量纲时间 $t_D$：

$$t_{Dd}=\frac{1}{\dfrac{1}{2}(r_D^2-1)\left[\ln(r_D)-\dfrac{1}{2}\right]}\left[\frac{0.006328t}{\phi(\mu c_t)r_{wa}^2}\right] \tag{3.180}$$

　　尽管 Arps 的指数和双曲线方程是根据生产数据凭经验建立的，Fetkovich 能够为 Arps 系数提供实际基础。方程（3.173）和方程（3.180）表明初始递减速率 $D_i$ 可以用下列表达式确定：

$$D_i=\frac{1}{\dfrac{1}{2}(r_D^2-1)\left[\ln(r_D)-\dfrac{1}{2}\right]}\left[\frac{0.006328}{\phi(\mu c_t)r_{wa}^2}\right] \tag{3.181}$$

　　Fetkovich 得出了统一的典型曲线，如图 3.55 所示。图中所有曲线一致并在 $t_{Dt}\approx0.3$ 处变得不可分辨。在 $t_{Dt}=0.3$ 之前的任何数据都显示为指数递减，和 $b$ 的真实值无关，因此，半对数坐标图形为一条直线。

　　关于初始产量 $q_i$，不仅仅是早期的产量；在地面它是一个非常特别的拟稳态产量。它可能非常低以至于实际早期不稳定流量好像是从大的负表皮系数、低渗透井中采出。

　　拟合 Fetkovich 典型曲线与递减产量－时间数据的基本步骤如下。

　　步骤 1：在双对数坐标纸上或透明纸上，用与 Fetkovich 典型曲线相同的对数周期，绘制历史流量 $q_t$ 与时间 $t$ 的函数曲线。

　　步骤 2：把透明纸的数据曲线覆盖在典型曲线上，移动透明纸并保持坐标轴相互平行，直至实际数据点与某一典型曲线拟合，该典型曲线拥有一个 $b$ 的特定值。

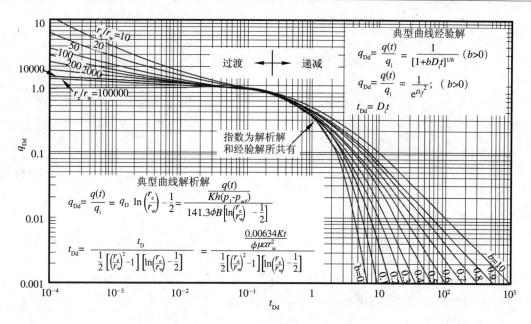

图 3.55　Fetkovich 典型曲线

因为递减典型曲线分析是基于边界支配流动条件，如果只有不稳定流数据可用，就没有为将来的边界支配流动生产选择合适 $b$ 值的基础。另外，因为曲线的形状相似，只有不稳定流数据很难得到唯一的典型曲线拟合。如果有边界支配（即拟稳态）数据，就可以与特定 $b$ 值的曲线拟合，实际曲线可以按照典型曲线的趋势外推到将来。

步骤 3：根据步骤 2 拟合的典型曲线，记录气藏的无量纲半径 $r_e/r_w$ 和参数 $b$ 的值。

步骤 4：在实际数据曲线上任选一个方便的拟合点 $(q_t, t)_{MP}$，以及拟合的典型曲线上对应的重合点 $(q_{Dd}, t_{Dd})_{MP}$。

步骤 5：根据产量拟合点，计算 $t = 0$ 时的地面初始气体流量 $q_i$。

$$q_i = \left( \frac{q_t}{q_{Di}} \right)_{MP} \tag{3.182}$$

步骤 6：根据时间拟合点计算初始递减速率 $D_i$。

$$D_i = \left( \frac{t_{Dd}}{t} \right)_{MP} \tag{3.183}$$

步骤 7：利用步骤 3 的 $r_e/r_{wa}$ 的值以及 $q_i$ 的计算值，用下列达西方程三种形式之一计算地层渗透率 $K$。

拟压力形式：

$$K = \frac{1422 \left[ \ln \left( r_e/r_{wa} \right) - 0.5 \right] q_i}{h \left[ m(p_i) - m(p_{wf}) \right]} \tag{3.184}$$

压力平方形式：

$$K = \frac{1422T\left(\mu_g Z\right)_{avg}\left[\ln\left(r_e/r_{wa}\right) - 0.5\right]q_i}{h\left(p_i^2 - p_{wf}^2\right)} \qquad (3.185)$$

压力近似形式：

$$K = \frac{141.2\times10^3 T\left(\mu_g B_g\right)_{avg}\left[\ln\left(r_e/r_{wa}\right) - 0.5\right]q_i}{h\left(p_i - p_{wf}\right)} \qquad (3.186)$$

式中　$K$——渗透率，mD；

$p_i$——初始压力，psia；

$p_{wf}$——井底流压，psia；

$m(p)$——拟压力，psi²/（mPa·s）；

$q_i$——初始气体流量，$10^3$ft³/d；

$T$——温度，°R；

$h$——厚度，ft；

$\mu_g$——气体黏度，mPa·s；

$Z$——气体压缩因子；

$B_g$——气体体积系数，bbl/ft³。

步骤8：根据下列表达式，确定边界支配流动开始时井的泄油面积内储层的孔隙体积（PV）。

$$PV = \frac{56.54T}{\left(\mu_g c_t\right)_i\left[m(p_i) - m(p_{wf})\right]}\left(\frac{q_i}{D_i}\right) \qquad (3.187)$$

或用压力平方表示为：

$$PV = \frac{28.27T\left(\mu_g Z\right)_{avg}}{\left(\mu_g c_t\right)_i\left(p_i^2 - p_{wf}^2\right)}\left(\frac{q_i}{D_i}\right) \qquad (3.188)$$

且

$$r_c = \sqrt{\frac{PV}{\pi h\phi}} \qquad (3.189)$$

$$A = \frac{\pi r_e^2}{43560} \qquad (3.190)$$

式中　PV——孔隙体积，ft³；

$\phi$——孔隙度，小数；

$\mu$——气体黏度，mPa·s；

$c_t$——总压缩系数，psi$^{-1}$；

$q_i$——初始气体流量，$10^3$ft$^3$/d；

$D_i$——递减速率，d；

$r_e$——井的泄油半径，ft；

$A$——泄油面积，acre。

下标 i 表示初始，avg 表示平均。

步骤 9：根据 $r_e/r_{wa}$ 拟合参数及步骤 8 计算的 $A$ 和 $r_e$ 的值，计算表皮系数 $s$。

$$s = \ln\left[\left(\frac{r_e}{r_{wa}}\right)_{MP}\left(\frac{r_w}{r_e}\right)\right] \tag{3.191}$$

步骤 10：计算气体原始地质储量 $G$。

$$G = \frac{(PV)(1-S_w)}{5.615B_{gi}} \tag{3.192}$$

气体原始地质储量也可根据下列关系式估算：

$$G = \frac{q_i}{D_i(1-b)} \tag{3.193}$$

式中　$G$——气体原始地质储量，ft$^3$；

$S_w$——原始含水饱和度；

$B_{gi}$——$p_i$ 下气体体积系数，bbl/ft$^3$；

PV——孔隙体积，ft$^3$。

当应用递减曲线分析时，一个内在的问题是足够的产量－时间数据来确定 $b$ 值，如 Fetkovich 典型曲线所示。它说明对于较短的生产时间，$b$ 值互相比较接近，这导致很难获得唯一的拟合。应用典型曲线方法，只有 3 年的生产历史对某些储层来说可能太短。遗憾的是，因为时间以对数坐标绘制，使生产历史变得紧缩，以至于即使增加了历史记录也难以区分和清晰识别合适的递减指数 $b$。

下面的例子说明了应用典型曲线方法确定储量和其他气藏性质。

**例 3.22**　井 A 是一口低渗透率气井，坐落于西弗吉尼亚。开采层位进行了 50000ga13% 的稠化酸和 30000lb 砂的水力压裂。井的压力恢复数据常规霍纳分析得到：$p_i = 3268$psi，$m(p_i) = 794.8 \times 10^6$psi$^2$/(mPa·s)，$K = 0.082$mD，$s = -5.4$。

Fetkovich 等（1987）提出了下列附加气井数据：$p_{wf} = 500$psia，$m(p_{wf}) = 20.8 \times 10^6$psi$^2$/(mPa·s)，$\mu_{gi} = 0.0172$mPa·s，$c_{ti} = 177 \times 10^{-6}$psi$^{-1}$，$T = 620°$R，$h = 70$ft，$\phi = 0.06$，$B_{gi} = 0.000853$bbl/ft$^3$，$S_w = 0.35$，$r_w = 0.35$ft。

利用 8 年的历史产量数据作图并拟合得到 $r_e/r_{wa} = 20$ 和 $b = 0.5$，如图 3.56 所示，且有下列拟合点：

$q_t = 1000 \times 10^3$ft$^3$/d，$t = 100$d，$q_{Dd} = 0.58$，$t_{Dd} = 0.126$。

使用以上数据计算：(1) 渗透率 $K$；(2) 泄油面积 $A$；(3) 表皮系数 $s$；(4) 气体地质

储量 $G$。

$$PV = \frac{56.54T}{(\mu_g c_t)_i [m(p_i) - m(p_{wf})]} \left(\frac{q_i}{D_i}\right)$$

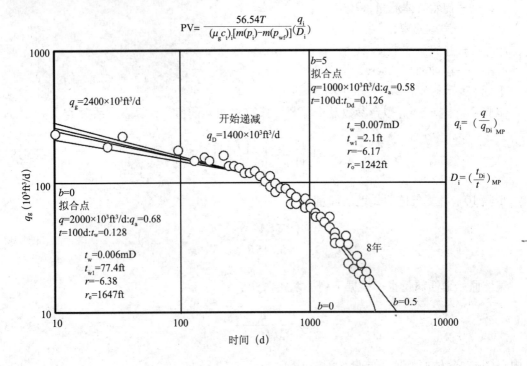

图 3.56  西弗吉尼亚气井 A 的典型曲线拟合

解  步骤 1：利用拟合点，应用方程（3.182）和方程（3.183）分别计算 $q_i$ 和 $D_i$。

$$q_i = \left(\frac{q_t}{q_{Dt}}\right)_{MP} = \frac{1000}{0.58} = 1724 \times 10^3 \, \text{ft}^3/\text{d}$$

和：

$$D_i = \left(\frac{t_{Dd}}{t}\right)_{MP} = \frac{0.126}{100} = 0.00126 \, \text{d}^{-1}$$

步骤 2：根据方程（3.184）计算渗透率 $K$。

$$K = \frac{1422T \left[\ln(r_e/r_{wa}) - 0.5\right] q_i}{h\left[m(p_i) - m(p_{wf})\right]}$$

$$= \frac{1422 \times 620 \times \left[\ln(20) - 0.5\right] \times 1724.1}{70 \times (794.8 - 20.8) \times 10^6}$$

$$= 0.07 \, \text{mD}$$

步骤 3：利用方程（3.187）计算井的泄油面积内储层的 PV。

$$PV = \frac{56.54T}{(\mu_g c_t)_i \left[ m(p_i) - m(p_{wf}) \right]} \left( \frac{q_i}{D_i} \right)$$

$$= \frac{56.54 \times 620}{0.0172 \times 177 \times 10^{-6} \times (794.8 - 20.8) \times 10^6} \times \frac{1724.1}{0.00126}$$

$$= 20.36 \times 10^6 \, \text{ft}^3$$

步骤 4：应用方程（3.189）和方程（3.190）计算泄油半径和泄油面积。

$$r_e = \sqrt{\frac{PV}{\pi h \phi}} = \sqrt{\frac{20.36 \times 10^6}{\pi \times 70 \times 0.06}} = 1242 \text{ft}$$

和：

$$A = \frac{\pi r_e^2}{43560} = \frac{\pi (1242)^2}{43560} = 111 \, \text{acre}$$

步骤 5：根据方程（3.191）确定表皮系数。

$$s = \ln \left[ \left( \frac{r_e}{r_{wa}} \right)_{MP} \left( \frac{r_w}{r_e} \right) \right] = \ln \left[ 20 \times \left( \frac{0.35}{1242} \right) \right] = -5.18$$

步骤 6：利用方程（3.192）计算原始气体地质储量。

$$G = \frac{(PV)[1 - S_w]}{5.615 B_{gi}} = \frac{20.36 \times 10^6 \times (1 - 0.35)}{5.615 \times 0.000853} = 2.763 \times 10^9 \, \text{ft}^3$$

原始气体地质储量 $G$ 可根据方程（3.193）估算：

$$G = \frac{q_i}{D_i (1 - b)} = \frac{1.7241 \times 10^6}{0.00126 \times (1 - 0.5)} = 2.737 \times 10^9 \, \text{ft}^3$$

指数 $b$ 的界限和分层无窜流气藏递减分析：大多数气藏由几个不同性质的油层组成。无窜流气藏也许是最普遍最重要的气藏，气藏的非均质性对长期预测和储量估算有很大的影响。在有窜流的分层气藏，相邻层可以简单地合并为一个等效单层，该层可以描述为均质地层且具有窜流地层的平均储层性质。单一均质地层的递减曲线指数 $b$ 介于 0 和最大值 0.5 之间。对于分层无窜流系统，递减曲线指数 $b$ 的值介于 0.5 ~ 1，因此可用来确定是否分层。这些独立的储层具有增加目前产量和可采储量的最大潜力。

回顾回压方程，即方程（3.20）：

$$q_g = C \left( p_r^2 - p_{wf}^2 \right)^n$$

式中　$n$——回压曲线指数；

$C$——动态系数；

$p_r$——气藏压力。

Fetkovich 等（1996）提出 Arps 递减指数 $b$ 和递减速率用指数 $n$ 表示为：

$$b = \frac{1}{2n}\left[(2n-1) - \left(\frac{p_{wf}}{p_i}\right)^2\right] \tag{3.194}$$

$$D_i = 2n\left(\frac{q_i}{G}\right) \tag{3.195}$$

式中　$G$——气体原始地质储量。

方程（3.194）表明在开发过程中随着内能的消耗，当气藏压力 $p_i$ 接近 $p_{wf}$ 时，所有非指数递减（$b \neq 0$）将转变为指数递减（$b = 0$）。方程（3.194）也反映出如果井以很低的井底流压生产（$p_{wf} = 0$）或 $p_{wf} \ll p_i$，它可简化为下列表达式：

$$b = 1 - \frac{1}{2n} \tag{3.196}$$

气井回压动态曲线的指数 $n$ 可用于计算或估算 $b$ 和 $D_i$。方程（3.196）提供了单层均质系统 $b$ 的实际界限介于 0 ~ 0.5，符合 $n$ 的可接受理论区间 0.5 ~ 1。如下表所示。

| $n$ | $b$ |
| --- | --- |
| （高 $K$）0.50 | 0.0 |
| 0.56 | 0.1 |
| 0.62 | 0.2 |
| 0.71 | 0.3 |
| 0.83 | 0.4 |
| （低 $K$）1.00 | 0.5 |

然而，调和递减指数，$b = 1$，不能根据回压指数得到。当没有实际生产数据可以清晰确定时，$b$ 值为 0.4 应当被认为是气井好的界限值。

下表列出了单层均质或分层有窜流系统的 $b$ 值。

| $b$ | 系统特点及识别 |
| --- | --- |
|  | 气井承受液体载荷 |
|  | 井的回压高 |
|  | 高压气 |
| 0 | 低压气且回压曲线指数 $n \approx 0.5$ |
|  | 不良的水淹动态（油井） |
|  | 没有溶解气的重力驱（油井） |
|  | 溶解气驱且具有不利的 $K_g/K_o$（油井） |

续表

| $b$ | 系统特点及识别 |
|---|---|
| 0.3 | 溶解气驱油藏的典型值 |
| 0.4 ~ 0.5 | 气井的典型值，$p_{wf} \approx 0$，$b = 0$；$p_{wf} \approx 0.1p_i$，$b = 0$ |
| 0.5 | 溶解气驱油藏的重力驱和水驱油藏的重力驱 |
| 无法确定 | 产量恒定或产量增加的生产期间 |
| | 不稳定流或无边界作用期间的流量 |
| $0.5 < b < 0.9$ | 分层或混合油藏 |

单层气藏递减曲线指数 $b$ 值介于 0 ~ 0.5，而分层无窜流动态的 $b$ 值在 0.5 ~ 1。正如 Fetkovich 等（1996）指出，$b$ 值越接近 1，致密低渗透层中未开采储量越多，通过低渗透层增产措施增加产量和可采储量的潜力越大。这表明递减曲线分析只需要稳定可靠的历史生产数据，就可用于识别和确认分层无窜流动态。也可用于识别与其他层相比未被充分开采的地层。低产层的增产措施可以增加产量和储量。图 3.57 显示了标准 Arps 递减曲线，由 Fetkovich 等（1996）提供。显示的十一条曲线的每一条都由 $b$ 值描述，$b$ 值的范围在 0 ~ 1 变化相隔 0.1。所有的值都有意义并且需要全面了解以便正确应用递减曲线分析。当递减曲线分析得到一个 $b$ 值大于 0.5（分层无窜流生产），仅根据拟合点的值进行预测是不精确的。因为拟合点代表地面产量数据的最好拟合，该产量包括所有层的产量。多层产量值的组合可以得到相同的综合曲线，因此后期可能产生不符合实际的预测。

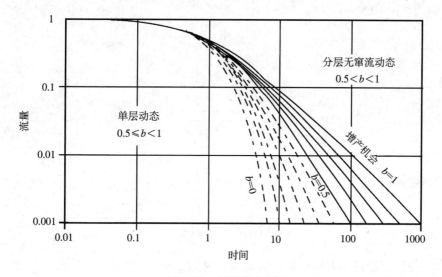

图 3.57　衰竭递减曲线

为了证明分层无窜流体系对指数 $b$ 的影响，Fetkovich 等（1996）评价了不连通的两层气藏产量递减动态。气田有 10 口井，气体原始地质储量 $1.5 \times 10^9 \text{ft}^3$，气藏原始压力为 428psia。气藏累计厚度为 350ft，有平均厚度为 50ft 的页岩隔层。岩心数据表明渗透率为双峰分布，比值在 10 : 1 和 20 : 1 之间。

全气田综合 $\lg(q_i)$ 与 $\lg(t)$ 的典型曲线分析和回归拟合得到 $b = 0.89$，这与所有单井分析得到的值相同。为了提供定量分析和无窜流分层气藏的早期识别，Fetkovich（1980）用回压指数 $n$ 表示气井产量－时间方程且 $p_{wf}$ 恒为 0。推导过程基于 Arps 双曲线方程和 MBE（即 $p/Z$ 与 $G_p$ 函数）及回压方程的结合。

对于 $0.5 < n < 1$，$0 < b < 0.5$：

$$q_t = \frac{q_i}{\left[1+\left(2n-1\right)\left(\dfrac{q_i}{G}\right)t\right]^{\frac{2n}{2n-1}}} \tag{3.197}$$

$$G_{p(t)} = G\left\{1-\left[1+\left(2n-1\right)\left(\dfrac{q_i}{G}\right)t\right]^{\frac{1}{2n-1}}\right\} \tag{3.198}$$

对于 $n = 0.5$，$b = 0$：

$$q_t = q_i \exp\left[-\left(\frac{q_i}{G}\right)t\right] \tag{3.199}$$

$$G_{p(t)} = G\left\{1-\exp\left[-\left(\frac{q_i}{G}\right)t\right]\right\} \tag{3.200}$$

对于 $n = 1$，$b = 0.5$：

$$q_t = \frac{q_i}{\left[1+\left(\dfrac{q_i}{G}\right)t\right]^2} \tag{3.201}$$

$$G_{p(t)} = G - \frac{G}{1+\left(\dfrac{q_i t}{G}\right)} \tag{3.202}$$

以上关系式基于 $p_{wf} = 0$，这意味着 $q_i = q_{max}$，则：

$$q_i = q_{imax} = \frac{Khp_i^2}{1422T\left(\mu_g Z\right)_{avg}\left[\ln\left(r_e/r_w\right)-0.75+s\right]} \tag{3.203}$$

式中　$q_{imax}$——稳定的绝对无阻流量，即 $p_{wf} = 0$ 时的流量，$10^3 ft^3/d$；

$G$——原始气体地质储量，$10^3 ft^3$；

$q_t$——$t$ 时刻气体流量，$10^3 ft^3/d$；

$t$——时间；

$G_p(t)$——$t$ 时刻累计产气量，$10^3 ft^3$。

对于两层合采井恒定 $p_{wf}$ 下的总流量 $(q_t)_{total}$ 是各层流量的总和：

$$(q_t)_{total} = (q_t)_1 + (q_t)_2$$

其中下标 1，2 分别代表高渗透层和低渗透层。对于双曲线指数 $b=0.5$，方程（3.201）可以代入上述表达式：

$$\frac{(q_{max})_{total}}{\left[1+t\left(\dfrac{q_{max}}{G}\right)_{total}\right]^2}=\frac{(q_{max})_1}{\left[1+t\left(\dfrac{q_{max}}{G}\right)_1\right]^2}+\frac{(q_{max})_2}{\left[1+t\left(\dfrac{q_{max}}{G}\right)_2\right]^2} \tag{3.204}$$

方程（3.204）表明只有 $(q_{max}/G)_1=(q_{max}/G)_2$ 时，各层的 $b=0.5$ 能够得到复合产量 – 时间的 $b$ 值为 0.5。

Mattar 和 Anderson（2003）对利用传统和现代典型曲线分析生产数据的方法进行了很好的评价。基本上，现代典型曲线分析法结合了流压数据以及产量数据，而且他们利用解析解计算油气地质储量。

改进了传统技术的现代递减曲线分析的两个重要特征如下。

（1）利用流动压降标准化产量：绘制标准化产量（$q/\Delta p$）曲线，使回压变化的影响适应于储层分析。

（2）考虑气体压缩系数随压力的变化：利用时间的函数拟时间代替真实时间，使气体物质平衡在气藏压力随时间递减时可以被精确使用。

Carter 典型曲线　Fetkovich 最初建立了恒定压力下生产的油气井的典型曲线。Carter（1985）提出了一套新的曲线完全用于气藏产量数据分析。Cater 注意到随压力变化流体性质的变化明显影响气藏动态预测。最重要的是气体黏度和压缩系数的乘积 $\mu_g c_g$ 的变化被 Fetkovich 忽略了。Carter 应用一个新的相关参数 $\lambda$ 代表 $\mu_g c_g$ 在衰竭过程中的变化，建立了另一套边界支配流动的递减曲线。变量 $\lambda$ 被称为无量纲压降相关参数，用于反应压降对 $\mu_g c_g$ 的影响，定义如下：

$$\lambda=\frac{(\mu_g c_g)_i}{(\mu_g c_g)_{avg}} \tag{3.205}$$

或等价于：

$$\lambda=\frac{(\mu_g c_g)_i}{2}\left[\frac{m(p_i)-m(p_{wf})}{\dfrac{p_i}{Z_i}-\dfrac{p_{wf}}{Z_{wf}}}\right] \tag{3.206}$$

式中　$c_g$——气体压缩系数，$psi^{-1}$；

$m(p)$——真实气体拟压力，$psi^2/(mPa \cdot s)$；

$p_i$——原始压力，$psi$；

$\mu_g$——气体黏度，$mPa \cdot s$；

$Z$——气体压缩因子。

当 $\lambda=1$ 时，表明压降影响可以忽略，并且对应的 Fetkovich 指数递减曲线 $b=0$。$\lambda$ 值介于 0.55 ～ 1。Carter 建立的典型曲线基于无量纲参数：（1）无量纲时间 $t_D$；（2）无量纲流

量 $q_D$；（3）无量纲几何参数 $\eta$，代表无量纲半径 $r_{Dd}$ 和流动几何形态；（4）无量纲压降相关参数 $\lambda$。

Carter 使用有限差分气体径向模型生成构建典型曲线的数据，见图 3.58。

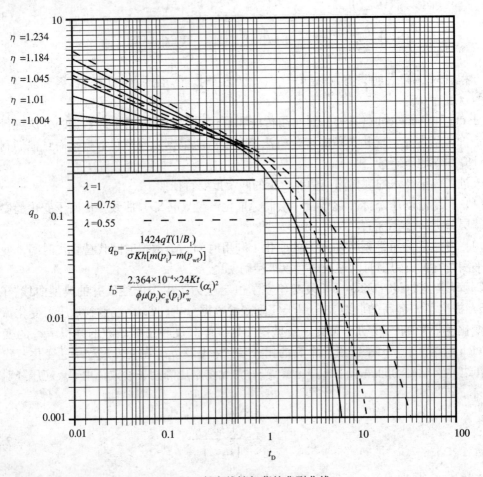

图 3.58　径向线性气藏的典型曲线

下面步骤总结了典型曲线拟合过程。

步骤 1：使用方程（3.205）或方程（3.206），计算参数 $\lambda$。

$$\lambda = \frac{\left(\mu_g c_g\right)_i}{\left(\mu_g c_g\right)_{avg}}$$

或

$$\lambda = \frac{\left(\mu_g c_g\right)_i}{2}\left[\frac{m(p_i) - m(p_{wf})}{\dfrac{p_i}{Z_i} - \dfrac{p_{wf}}{Z_{wf}}}\right]$$

步骤 2：用与典型曲线相同的双对数坐标，绘制气体流量 $q$（$10^3 ft^3/d$ 或 $10^6 ft^3/d$）与时间 $t$（d）的函数图形。如果实际流量数据不稳定或波动，确定连接累计产量与时间的函数曲线上等间距相邻点的直线的斜率，即斜率 = $dG_p/dt = q_g$，来确定流量的平均值。$q_g$ 与 $t$ 的曲线应绘制在透明纸上，以便覆盖在典型曲线进行拟合。

步骤 3：将流量数据与步骤 1 计算的 $\lambda$ 值对应的典型曲线进行拟合。如果 $\lambda$ 的计算值不是典型曲线显示的值，则采用内插法和图形绘制得到需要的曲线。

步骤 4：根据拟合，记录特定的 $(q)_{MP}$ 和 $(t)_{MP}$ 值对应的 $(q_D)_{MP}$ 和 $(t_D)_{MP}$ 的值。另外，无量纲几何参数 $\eta$ 也可通过拟合得到。应该强调的是晚期数据点（边界支配拟稳定流动条件）用于拟合，而不是早期数据点（不稳定流动条件）用于拟合，因为拟合早期数据常常不可能。

步骤 5：利用下列表达式估算气藏平均压力由原始值降到 $p_{wf}$ 时的气体可采量。

$$\Delta G = G_i - G_{pwf} = \frac{(qt)_{MP}}{(q_D t_D)_{MP}} \frac{\eta}{\lambda} \tag{3.207}$$

步骤 6：计算气体原始地质储量 $G_i$。

$$G_i = \left( \frac{\dfrac{p_i}{Z_i}}{\dfrac{p_i}{Z_i} - \dfrac{p_{wf}}{Z_{wf}}} \right) \Delta G \tag{3.208}$$

步骤 7：计算气井泄油面积。

$$A = \frac{B_{gi} G_i}{43560 \phi h \left(1 - S_{wi}\right)} \tag{3.209}$$

式中　$B_{gi}$——$p_i$ 时气体地层体积系数，$ft^3/ft^3$；

　　　$A$——泄油面积，acre；

　　　$h$——厚度，ft；

　　　$\phi$——孔隙度；

　　　$S_{wi}$——原始含水饱和度。

**例 3.23**　以下产量和气藏数据由 Carter 用于说明计算过程。

| $p$ (psia) | $\mu_g$ (mPa·s) | $Z$ |
|---|---|---|
| 1 | 0.0143 | 1.0000 |
| 601 | 0.0149 | 0.9641 |
| 1201 | 0.0157 | 0.9378 |
| 1801 | 0.0170 | 0.9231 |
| 2401 | 0.0188 | 0.9207 |
| 3001 | 0.0208 | 0.9298 |

续表

| $p$ (psia) | $\mu_g$ (mPa·s) | $Z$ |
|---|---|---|
| 3601 | 0.0230 | 0.9486 |
| 4201 | 0.0252 | 0.9747 |
| 4801 | 0.0275 | 1.0063 |
| 5401 | 0.0298 | 1.0418 |

$p_i = 5400\text{psi}$，$p_{wf} = 500\text{psi}$，$T = 726°\text{R}$，$h = 50\text{ft}$，$\phi = 0.070$，$S_{wi} = 0.50$，$\lambda = 0.55$。

| 时间（d） | $q_t$（$10^6\text{ft}^3$/d） |
|---|---|
| 1.27 | 8.300 |
| 10.20 | 3.400 |
| 20.50 | 2.630 |
| 40.90 | 2.090 |
| 81.90 | 1.700 |
| 163.80 | 1.410 |
| 400.00 | 1.070 |
| 800.00 | 0.791 |
| 1600.00 | 0.493 |
| 2000.00 | 0.402 |
| 3000.00 | 0.258 |
| 5000.00 | 0.127 |
| 10000.00 | 0.036 |

计算原始气体地质储量和泄流面积。

**解** 步骤 1：给出 $\lambda$ 的计算值为 0.55，因此图 3.58 中 $\lambda$ 值为 0.55 的典型曲线可直接使用。

步骤 2：取与图 3.55 相同的双对数坐标绘制生产数据图形，如图 3.59 所示，并确定拟合点，即 $(q)_{MP} = 1.0 \times 10^6 \text{ft}^3$/d；$(t)_{MP} = 1000\text{d}$；$(q_D)_{MP} = 0.605$；$(t_D)_{MP} = 1.1$；$\eta = 1.045$。

步骤 3：利用方程（3.207）计算 $\Delta G$。

$$\Delta G = G_i - G_{p_{wf}} = \frac{(qt)_{MP}}{(q_D t_D)_{MP}} \frac{\eta}{\lambda} = \frac{1 \times 1000}{0.605 \times 1.1} \times \frac{1.045}{0.55} = 2860 \times 10^6 \text{ft}^3$$

步骤 4：应用方程（3.108）计算原始气体地质储量。

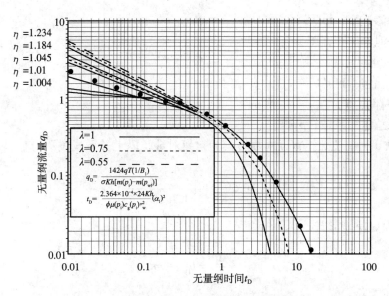

图 3.59　例 3.23 的 Carter 典型曲线

$$G_i = \left( \frac{\dfrac{p_i}{Z_i}}{\dfrac{p_i}{Z_i} - \dfrac{p_{wf}}{Z_{wf}}} \right) \Delta G = \left( \frac{\dfrac{5400}{1.0418}}{\dfrac{5400}{1.0418} - \dfrac{500}{0.970}} \right) \times 2860 = 3176 \times 10^6\, ft^3$$

步骤 5：计算 $p_i$ 下的气体地层体积系数 $B_{gi}$。

$$B_{gi} = 0.0287 \frac{Z_i T}{p_i} = 0.02827 \times \frac{1.0418 \times 726}{5400} = 0.00396\, ft^3 \big/ ft^3$$

步骤 6：由方程（3.109）确定泄油面积。

$$A = \frac{B_{gi} G_i}{43560 \phi h (1 - S_{wi})} = \frac{0.00396 \times 3176 \times 10^6}{43560 \times 0.070 \times 50 \times (1 - 0.50)} = 105\, acre$$

### 3.5.2.3　Palacio–Blasingame 典型曲线

Palacio 和 Blasingame（1993）提出了一种新的方法，把气井变化的产量和井底流压生产数据转换为"等效恒定流量液体数据"，使液体解可以用于气体流动模型。采取这种手段的原因是，液体流动问题的恒定流量典型曲线解已经根据传统试井分析方法建立。气体问题的新解是基于物质平衡的时间函数以及算法，允许：（1）使用专门为液体建立的递减曲线；（2）为变流量－变压降的实际生产条件建模；（3）计算气体地质储量。

在拟稳定流动条件下，第 1 章方程（1.134）描述的微可压缩液体的径向流：

$$p_{wf} = \left[ p_i - \frac{0.23396 QBt}{Ah\phi c_t} \right] - \frac{162.6 QB\mu}{Kh} \lg\left( \frac{4A}{1.781 C_A r_w^2} \right)$$

式中　$K$——渗透率，mD；

　　　$A$——泄油面积，ft$^2$；

　　　$C_A$——形状系数；

　　　$Q$——流量，bbl/d；

　　　$t$——时间，h；

　　　$c_t$——总压缩系数，psi$^{-1}$。

时间 $t$ 以 d 为单位，把普通对数转换为自然对数，以上关系式表示为：

$$\frac{p_i - p_{wf}}{q} = \frac{\Delta p}{q} = 70.6 \frac{B\mu}{Kh} \ln\left(\frac{4A}{1.781 C_A r_{wa}^2}\right) + \left(\frac{5.615B}{Ah\phi C_t}\right)t \tag{3.210}$$

或表示为更便捷形式：

$$\frac{\Delta p}{q} = b_{pss} + mt \tag{3.211}$$

该表达式表明，在拟稳定流动条件下，$\Delta p/q$ 与 $t$ 的直角坐标图形是一条直线，截距为 $b_{pss}$，斜率为 $m$。

截距：
$$b_{pss} = 70.6 \frac{B\mu}{Kh} \ln\left(\frac{4A}{1.781 C_A r_{wa}^2}\right) \tag{3.212}$$

斜率：
$$m = \frac{5.615B}{Ah\phi c_t} \tag{3.213}$$

式中　$b_{pss}$——拟稳态下"pss"方程中的常数；

　　　$t$——时间，d；

　　　$K$——渗透率，mD；

　　　$A$——泄油面积，ft$^2$；

　　　$q$——流量，bbl/d；

　　　$B$——地层体积系数，bbl/bbl；

　　　$C_A$——形状系数；

　　　$c_t$——总压缩系数，psi$^{-1}$；

　　　$r_{wa}$——有效井筒半径，ft。

对于一个拟稳定条件下的气体流动系统，与方程（3.210）相似的方程表示为：

$$\frac{m(p_i) - m(p_{wf})}{q} = \frac{\Delta m(p)}{q} = \frac{711T}{Kh}\left(\ln \frac{4A}{1.781 C_A r_{wa}^2}\right) + \left[\frac{56.54T}{\phi(\mu_g c_g)_i Ah}\right]t \tag{3.214}$$

线性形式为：

$$\frac{\Delta m(p)}{q} = b_{pss} + mt \tag{3.215}$$

与液体系统相似，方程（3.215）表明 $\Delta m(p)/q$ 与 $t$ 的图形是一条直线。

截距：
$$b_{\text{pss}} = \frac{711T}{Kh}\left(\ln \frac{4A}{1.781 C_A r_{\text{wa}}^2}\right)$$

斜率：
$$m = \frac{56.54T}{(\mu_g c_t)_i (\phi h A)} = \frac{56.54T}{(\mu_g c_t)_i (\text{PV})}$$

式中　$q$——流量，bbl/d；

　　　$A$——泄油面积，ft²；

　　　$T$——温度，°R；

　　　$t$——时间，d。

把气体生产数据转换为等效恒定流量液体数据的基础是使用一个新的时间函数，该时间函数被称为"拟等效时间或标准化物质平衡拟时间"，定义为：

$$t_a = \frac{(\mu_g c_g)_i}{q_t}\int_0^t\left[\frac{q_t}{\overline{\mu}_g \overline{c}_g}\right]\mathrm{d}t = \frac{(\mu_g c_g)_i}{q_t}\frac{Z_i G}{2 p_i}\left[m(\overline{p}_i) - \overline{m}(p)\right] \tag{3.216}$$

式中　$t_a$——拟等效（标准化物质平衡）时间，d；

　　　$t$——时间，d；

　　　$G$——原始气体地质储量，10³ft³；

　　　$\overline{q}_t$——$t$ 时刻气体流量，10³ft³/d；

　　　$\overline{p}$——平均压力，psi；

　　　$\overline{\mu}_g$——平均压力 $\overline{p}$ 下气体黏度，mPa·s；

　　　$\overline{c}_g$——平均压力 $\overline{p}$ 下气体压缩系数，psi⁻¹；

　　　$\overline{m}(p)$——标准化气体拟压力，psi²/（mPa·s）。

为了进行变流量和压力下的递减曲线分析，作者导出了一个递减曲线分析的理论表达式，并结合：（1）物质平衡关系式；（2）拟稳态方程；（3）标准化物质平衡时间函数 $t_a$。
得到如下关系式：

$$\left[\frac{q_g}{\overline{m}(p_i) - \overline{m}(p_{\text{wf}})}\right]b_{\text{pss}} = \frac{1}{1 + \left(\dfrac{m}{b_{\text{pss}}}\right)t_a} \tag{3.217}$$

其中 $\overline{m}(p)$ 为标准化拟压力，定义为：

$$\overline{m}(p_i) = \frac{\mu_{gi} Z_i}{p_i}\int_0^{p_i}\left(\frac{p}{\mu_g Z}\right)\mathrm{d}p \tag{3.218}$$

$$\overline{m}(p) = \frac{\mu_{gi} Z_i}{p_i}\int_0^{p}\left(\frac{p}{\mu_g Z}\right)\mathrm{d}p \tag{3.219}$$

并有：

$$m = \frac{1}{Gc_{ti}} \quad (3.220)$$

$$b_{pss} = 70.6 \frac{\mu_{gi} B_{gi}}{K_g h} \left[ \ln\left(\frac{4A}{1.781 C_A r_{wa}^2}\right) \right] \quad (3.221)$$

式中　$G$——原始气体地质储量，$10^3 ft^3$；

　　　$c_{gi}$——$p_i$ 下气体压缩系数，$psi^{-1}$；

　　　$c_{ti}$——$p_i$ 下系统总压缩系数，$psi^{-1}$；

　　　$q_g$——气体流量，$10^3 ft^3/d$；

　　　$K_g$——气体有效渗透率，mD；

　　　$\overline{m}(p)$——标准化拟压力，psia；

　　　$p_i$——原始压力；

　　　$r_{wa}$——有效井筒半径，ft；

　　　$B_{gi}$——$p_i$ 下气体地层体积系数，$bbl/10^3 ft^3$。

注意方程（3.117）可以表示为与 Fetkovich 方程（3.175）相同的无量纲形式：

$$q_{Dd} = \frac{1}{1+(t_a)_{Dd}} \quad (3.222)$$

且

$$q_{Dd} = \left[\frac{q_g}{\overline{m}(p_i) - \overline{m}(p_{wf})}\right] b_{pss} \quad (3.223)$$

$$(t_a)_{Dd} = \left(\frac{m}{b_{pss}}\right) t_a \quad (3.224)$$

必须注意的是现在 $q_{Dd}$ 的定义是用标准化拟压力表示，修正的无量纲递减时间函数 $(t_a)_{Dt}$ 不是用真实时间，而是用物质平衡拟时间表示。

然而，应用方程（3.116）时存在一个计算问题，因为它需要 $G$ 值或平均压力 $\overline{p}$ 的值，而平均压力本身就是 $G$ 的函数。计算方法是自然迭代而且需要重新整理方程（3.117）以下列线性形式表示：

$$\frac{\overline{m}(p_i) - \overline{m}(p)}{q_g} = b_{pss} + m t_a \quad (3.225)$$

计算 $G$ 和 $\overline{p}$ 的迭代步骤描述如下。

步骤 1：应用气藏性质，建立气藏系统 $Z$，$\mu$，$p/Z$，$[p/(Z\mu)]$ 随 $p$ 变化的表格。

| 时间 | $p$ | $Z$ | $\mu$ | $p/Z$ | $p/(Z\mu)$ |
|---|---|---|---|---|---|
| 0 | $p_i$ | $Z_i$ | $\mu_i$ | $p_i/Z_i$ | $p_i/(Z\mu)_i$ |
| . | . | . | . | . | . |
| . | . | . | . | . | . |
| . | . | . | . | . | . |

步骤 2：绘制 $[p/(Z\mu)]$ 与 $p$ 的直角坐标图形，确定几个 $p$ 值对应的曲线下方的面积数值。把每个面积值乘以 $(Z_i\mu_i/p_i)$ 得到标准化拟压力：

$$\overline{m}(p) = \frac{\mu_{gi}Z_i}{p_i}\int_0^p\left(\frac{p}{\mu_g Z}\right)\mathrm{d}p$$

这一步需要的计算可以用下列表格形式进行。

| $p$ | 面积 $=\int_0^p\left(\dfrac{p}{\mu_g Z}\right)\mathrm{d}p$ | $\overline{m}(p)=$ (面积) $\dfrac{\mu_{gi}Z_i}{p_i}$ |
|---|---|---|
| 0 | 0 | 0 |
| . | . | . |
| . | . | . |
| $p_i$ | . | . |

步骤 3：绘制 $\overline{m}(p)$ 及 $p/Z$ 与 $p$ 的直角坐标图形。

步骤 4：假定一个原始气体地质储量 $G$。

步骤 5：对每一个生产数据点 $G_p$ 和 $t$，根据气体 MBE 方程 (3.60)，计算 $\overline{p}/\overline{Z}$。

$$\frac{\overline{p}}{\overline{Z}} = \frac{p_i}{Z_i}\left(1 - \frac{G_p}{G}\right)$$

步骤 6：根据步骤 3 生成的曲线，利用 $\overline{p}$ 与 $\overline{p}/\overline{Z}$ 的函数图形，为每一个 $\overline{p}/\overline{Z}$ 值确定相应的气藏平均压力值 $\overline{p}$。为每个气藏平均压力 $p$ 确定 $\overline{m}(p)$ 值。

步骤 7：应用方程 (3.204) 为每一个生产数据点计算 $t_a$。

$$t_a = \frac{(\mu_g c_g)_i}{q_t}\frac{Z_i G}{2p_i}\left[\overline{m}(p_i) - \overline{m}(\overline{p})\right]$$

$t_a$ 的计算可以下列表格形式进行。

| $t$ | $q_t$ | $G_p$ | $\overline{p}$ | $\overline{m}(p)$ | $t_a = \dfrac{\mu_g c_g}{q_t}\dfrac{Z_i G}{2p_i}\left[\overline{m}(p_i) - \overline{m}(\overline{p})\right]$ |
|---|---|---|---|---|---|
| . | . | . | . | . | . |
| . | . | . | . | . | . |

步骤8：基于方程（3.215）给出的线性关系式，绘制$\left[\overline{m}(p_i)-\overline{m}(\overline{p})\right]/q_g$与$t_a$的直角坐标图形，确定斜率$m$。

步骤9：利用方程（3.210）和步骤8中的$m$值，重新计算原始气体地质储量$G$。

$$G=\frac{1}{c_{ti}m}$$

步骤10：步骤9中$G$的新值用于下一个迭代过程，即步骤4，并且持续进行这一过程直至收敛，满足$G$的允许偏差。

为了给出恒定流量和恒定压力的气体流动动态，源于传统 Arps 曲线，Palacio 和 Blasingame 建立了 Fetkovich-Carter 修正曲线，如图 3.60 所示。为了获得比单独使用流量数据更准确的典型递减曲线拟合，作者引入下列两个辅助绘图方程。

积分函数$(q_{Dd})_i$：

$$(q_{Dd})_i=\frac{1}{t_a}\int_0^{t_a}\left(\frac{q_g}{\overline{m}(p_i)-\overline{m}(p_{wf})}\right)dt_a \tag{3.226}$$

积分函数求导$(q_{Dd})_{id}$：

$$(q_{Dd})_{id}=\left(-\frac{1}{t_a}\right)\frac{d}{dt_a}\left[\frac{1}{t_a}\int_0^{t_a}\left(\frac{q_g}{\overline{m}(p_i)-\overline{m}(p_{wf})}\right)dt_a\right] \tag{3.227}$$

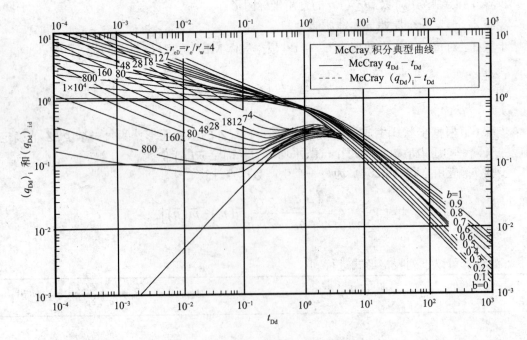

图 3.60 Palacio-Blasingame 典型曲线

两个函数都可以很容易通过简单的数值积分和微分求得。为了分析气体生产数据，使用的方法包括下列基本步骤。

步骤 1：计算原始气体地质储量 $G$。

步骤 2：建立如下表格。

| $t$ | $q_g$ | $t_a$ | $p_{wf}$ | $\bar{m}(p_{wf})$ | $\dfrac{q_g}{\bar{m}(p_i)-\bar{m}(p_{wf})}$ |
|---|---|---|---|---|---|
| · | · | · | · | · | · |
| · | · | · | · | · | · |

绘制 $q_g/\left[\bar{m}(p_i)-\bar{m}(\bar{p})\right]$ 与 $t_a$ 的直角坐标图形。

步骤 3：利用步骤 2 中井的生产数据表格和图形，计算方程（3.226）和方程（3.227）给出的两个辅助绘图 $t_a$ 函数。

$$(q_{Dd})_i = \frac{1}{t_a}\int_0^{t_a}\left(\frac{q_g}{\bar{m}(p_i)-\bar{m}(p_{wf})}\right)dt_a$$

$$(q_{Dd})_{id} = \left(-\frac{1}{t_a}\right)\frac{d}{dt_a}\left[\frac{1}{t_a}\int_0^{t_a}\left(\frac{q_g}{\bar{m}(p_i)-\bar{m}(p_{wf})}\right)dt_a\right]$$

步骤 4：在透明纸上绘制 $(q_{Dd})_i$ 及 $(q_{Dd})_{id}$ 与 $t_a$ 的函数图形，以便于覆盖在图 3.60 的典型曲线上进行拟合。

步骤 5：建立拟合点 MP 及相应的无量纲半径 $r_{eD}$ 值，以确认最终的 $G$ 值并确定其他性质。

$$G = \frac{1}{c_{ti}}\left(\frac{t_a}{t_{Dd}}\right)_{MP}\left[\frac{(q_{Dd})_i}{q_{Dd}}\right]_{MP} \tag{3.228}$$

$$A = \frac{5.615B_{gi}}{h\phi(1-S_{wi})}$$

$$r_e = \sqrt{\frac{A}{\pi}}$$

$$r_{wa} = \frac{r_e}{r_{eD}}$$

$$s = -\ln\left(\frac{r_{wa}}{r_w}\right)$$

$$K = \frac{141.2 B_{gi} \mu_{gi}}{h} \left[ \ln\left(\frac{r_e}{r_w}\right) - \frac{1}{2} \right] \left[ \frac{(q_{Dd})_i}{q_{Dd}} \right]_{MP} \qquad (3.229)$$

式中　$G$——气体地质储量，$10^3 \text{ft}^3$；

　　　$B_{gi}$——$p_i$ 下气体地层体积系数，$\text{bbl}/10^3 \text{ft}^3$；

　　　$A$——泄油面积，$\text{ft}^2$；

　　　$s$——表皮系数；

　　　$r_{eD}$——无量纲供给半径；

　　　$S_{wi}$——原生水饱和度。

　　作者利用西弗吉尼亚气井 A，如例 3.22 中 Fetkovich 给出，说明典型曲线的应用。数值拟合结果如图 3.61 所示。

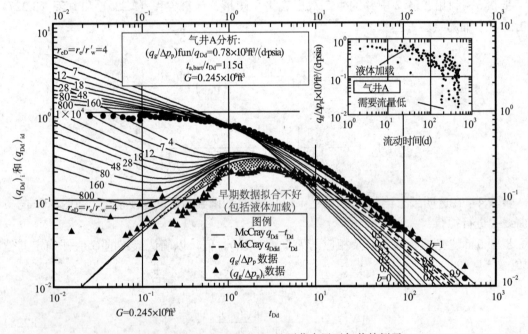

图 3.61　Palacio–Blasingame 西弗吉尼亚气井的例子

### 3.5.2.4　流动物质平衡

　　流动物质平衡方法是一种新技术，它可用于估算原始气体地质储量（OGIP）。该方法由 Mattar 和 Anderson（2003）提出，利用标准化流量和物质平衡拟时间理论，建立了一个简单的线性图形，该图形外推到流体地质储量。

　　物质平衡方法使用生产数据的方式类似于 Palacio–Blasingame 方法。作者显示了一个内能驱动气藏在拟稳定流动条件下流动，流动系统可以描述为：

$$\frac{q}{m(p_i) - m(p_{wf})} = \frac{q}{\Delta m(p)} = \left( \frac{-1}{G b'_{pss}} \right) Q_N + \frac{1}{b'_{pss}}$$

式中　$Q_N$——标准化累计产量，$Q_N = \dfrac{2q_t p_i t_a}{(c_t \mu_i Z_i) \Delta m(p)}$ ；

　　　$t_a$——Palacio –Blasingame 标准化物质平衡拟时间，$t_a = \dfrac{(\mu_g c_g)_i}{q_t} \dfrac{Z_i G}{2p_i} [\bar{m}(p_i) - \bar{m}(\bar{p})]$。

作者定义 $b'_{pss}$ 为生产指数的倒数，用 psi²/（mPa·s·10⁶ft³）表示为：

$$b'_{pss} = \frac{1.417 \times 10^6 T}{Kh} \left[ \ln\left(r_e/r_{wa}\right) - \frac{3}{4} \right]$$

式中　$p_i$——原始压力，psi；

　　　$G$——原始气体地质储量；

　　　$r_e$——供给半径，ft；

　　　$r_{wa}$——有效井筒半径，ft。

因此，上述表达式表明 $q/\Delta m(p)$ 与 $2qp_i t_a/[c_{ti} \mu_i Z_i \Delta m(p)]$ 的直角坐标图形是一条直线且具有下列特点：

（1）$x$ 轴截距是气体地质储量 $G$；

（2）$y$ 轴截距是 $b'_{pss}$；

（3）斜率为 $[-1/(Gb'_{pss})]$。

估算 $G$ 值的特定步骤总结如下。

步骤 1：应用气藏性质，建立气藏系统 $Z$，$\mu$，$p/Z$，$[p/(Z\mu)]$ 随 $p$ 变化的表格。

步骤 2：绘制 $(p/Z\mu)$ 与 $p$ 的直角坐标图形，确定几个 $p$ 值对应的曲线下方的面积并给出每个压力的 $m(p)$。

步骤 3：假定一个原始气体地质储量 $G$。

步骤 4：利用假定的 $G$ 值，为每个生产数据点 $G_p$ 和 $t$，根据气体 MBE 方程（3.60），计算 $\bar{p}/\bar{Z}$。

$$\frac{\bar{p}}{\bar{Z}} = \frac{p_i}{Z_i} \left( 1 - \frac{G_p}{G} \right)$$

步骤 5：为每个生产数据点 $q_t$ 和 $t$，计算 $t_a$ 及标准化累计产量 $Q_N$。

$$t_a = \frac{(\mu_g c_g)_i}{q_t} \frac{Z_i G}{2p_i} [\bar{m}(p_i) - \bar{m}(\bar{p})]$$

$$Q_N = \frac{2q_t p_i t_a}{(c_t \mu_i Z_i) \Delta m(p)}$$

步骤 6：绘制 $q/\Delta p$ 与 $Q_N$ 的直角坐标图形并通过各数据点画最好的直线。延长直线到 $x$ 轴得到原始气体地质储量 $G$。

步骤 7：步骤 6 得到的新 $G$ 值用于下一个迭代过程，即步骤 3，继续这一过程直至收敛于 G 的允许偏差内。

Anash 等的典型曲线：气体性质的变化能够明显影响衰竭过程中的气藏动态。最重要的是 Fetkovich 在建立典型曲线时，忽略了气体黏度和压缩系数的乘积 $\mu_g c_g$ 的变化。Anash 等（2000）提出三个函数形式用于描述乘积 $\mu_g c_t$ 随压力的变化。他们把压力表示为无量纲形式：

$$\frac{p}{Z} = \frac{p_i}{Z_i}\left(1 - \frac{G_p}{G}\right)$$

上述 MBE 用无量纲形式表示为：

$$p_D = (1 - G_{pD})$$

其中：

$$p_D = \frac{p/Z}{p_i/Z_i} \qquad G_{pD} = \frac{G_p}{G} \tag{3.230}$$

Anash 和他的合作者指出，$\mu_g c_t$ 乘积可以表示为无量纲比 $(\mu_g c_t)_i / (\mu_g c_t)$ 与无量纲压力 $p_D$ 的函数，用下列三种形式之一表示。

（1）一级多项式：第一种形式是一级多项式，当气藏压力低于 5000psi 时，即 $p_i <$ 5000psi，它足可以描述 $\mu_g c_t$ 乘积随压力的变化。多项式用无量纲形式表示为：

$$\frac{\mu_i c_{ti}}{\mu c_t} = p_D \tag{3.231}$$

式中　$c_{ti}$——$p_i$ 下系统总压缩系数，$psi^{-1}$；

　　　$\mu_i$——$p_i$ 下气体黏度，$mPa \cdot s$。

（2）指数形式：第二种形式用于描述高压气藏 $\mu_g c_t$ 乘积，即 $p_i > 8000psi$。

$$\frac{\mu_i c_{ti}}{\mu c_t} = \beta_0 \exp(\beta_1 p_D) \tag{3.232}$$

（3）通用多项式形式：作者考虑用三级或四级多项式作为通用模型，用于任何压力范围的所有气藏。

$$\frac{\mu_i c_{ti}}{\mu c_t} = \alpha_0 + \alpha_1 p_D + \alpha_2 p_D^2 + \alpha_3 p_D^3 + \alpha_4 p_D^4 \tag{3.233}$$

方程（3.232）和方程（3.233）中的系数，即 $\beta_0$，$\beta_1$，$\alpha_1$，$\alpha_2$ 等可通过绘制无量纲比 $(\mu_g c_t)_i / (\mu_g c_t)$ 与 $p_D$ 的直角坐标图形，如图 3.62 所示，并用最小二乘法确定系数。

作者也建立了下列稳定气体流动方程的基本形式：

$$\frac{dG_p}{dt} = q_g = \frac{J_g}{c_{ti}} \int_{p_{wD}}^{p_D} \left(\frac{\mu_i c_{ti}}{\mu c_t}\right) dp_D$$

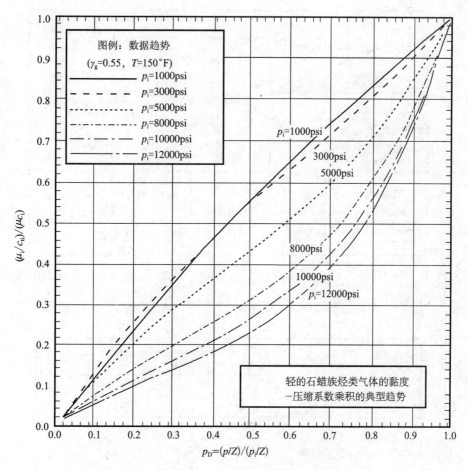

图 3.62　黏度－压缩系数函数的典型分布

无量纲井底流压表示为：

$$p_{wD} = \frac{p_{wf}/Z_{wf}}{p_i/Z_i}$$

式中　　$q_g$——气体流量，ft³/d；

$p_{wf}$——流压，psia；

$Z_{wf}$——$p_{wf}$ 下的气体压缩因子；

$J_g$——生产指数，ft³/（d·psia）。

Anash 等用一组无量纲变量 $q_{Dd}$，$t_{Dd}$，$r_{eD}$ 及新引进的相关参数 $\beta$ 的典型曲线来表示他们的解。$\beta$ 是无量纲压力的函数。他们建立的三组典型曲线，如图 3.63～图 3.65 所示，选择三个函数中的一个来描述 $\mu_g c_t$ 乘积（即一级多项式、指数模型或通用多项式）。

应用 Anash 等典型曲线的方法总结如下。

步骤 1：使用可用的气体特性，绘制 [$\mu_i c_{ti}/(\mu c_t)$] 与 $p_D$ 的函数图形。

$$p_D = \frac{p/Z}{p_i/Z_i}$$

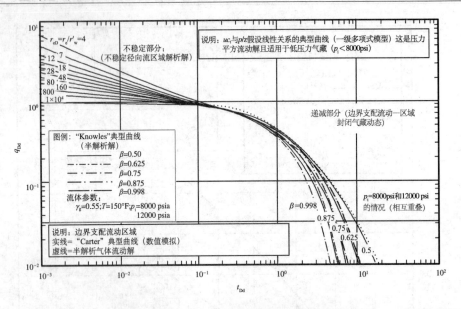

图 3.63　边界支配流动条件下真实气体流动的一级多项式解（假设 $uc_t$ 与 $p_D$ 为线性关系）

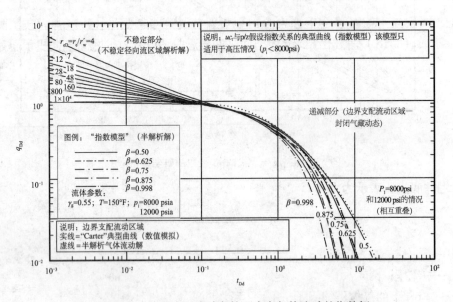

图 3.64　边界支配流动条件下真实气体流动的指数解

步骤 2：根据绘制的曲线，选择合适的函数形式来描述所得的曲线。

一级多项式：

$$\frac{\mu_i c_{ti}}{\mu c_t} = p_D$$

指数模型：

$$\frac{\mu_i c_{ti}}{\mu c_t} = \beta_0 \exp(\beta_1 p_D)$$

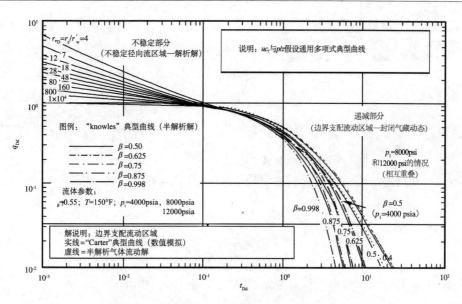

图 3.65    边界支配流动条件下真实气体流动的通用解

通用多项式模型：

$$\frac{\mu_i c_{ti}}{\mu c_t} = \alpha_0 + \alpha_1 p_D + \alpha_2 p_D^2 + \alpha_3 p_D^3 + \alpha_4 p_D^4$$

应用回归模型，即最小二乘法，确定已选择的足以描述 $[\mu_i c_{ti}/(\mu c_t)]$ 随 $p_D$ 变化的函数的系数。

步骤 3：以与选定的典型曲线相同的对数周期，绘制历史流量 $q_g$ 与时间 $t$ 的双对数坐标图形（图 3.63 ~ 图 3.65）。

步骤 4：利用典型曲线拟合方法，选择一个拟合点并记录。

(1) $(q_g)_{MP}$ 和 $(q_{Dd})_{MP}$。

(2) $(t)_{MP}$ 和 $(t_{Dd})_{MP}$。

(3) $(r_{eD})_{MP}$。

步骤 5：利用井底流压计算无量纲压力 $p_{wD}$。

$$p_{wD} = \frac{p_{wf}/Z_{wf}}{p_i/Z_i}$$

步骤 6：根据步骤 2 选择的函数形式，为选定的函数模型计算常数 $\alpha$。

一级多项式：

$$\alpha = \frac{1}{2}\left(1 - p_{wD}^2\right) \tag{3.234}$$

指数模型：

$$\alpha = \frac{\beta_0}{\beta_1}\left[\exp(\beta_1) - \exp(\beta_1 p_{wD})\right] \tag{3.235}$$

式中 $\beta_0$，$\beta_1$——指数模型的系数。

多项式函数（假定为四级多项式）：

$$\alpha = A_0 + A_1 + A_2 + A_3 + A_4 \qquad (3.236)$$

其中：

$$A_0 = -\left(A_1 p_{wD} + A_2 p^2_{wD} + A_3 p^3_{wD} + A_4 p^4_{wD}\right) \qquad (3.237)$$

$$A_1 = \alpha \quad A_2 = \alpha_1/2 \quad A_3 = \alpha_2/3 \quad A_4 = \alpha_3/4$$

步骤 7：利用流量拟合点和步骤 6 中的常数 $\alpha$，用下列关系式计算井的生产指数 $J_g$，用 ft³/（d·psia）表示。

$$J_g = \frac{C_{ti}}{\alpha}\left(\frac{q_g}{q_{Dd}}\right)_{MP} \qquad (3.238)$$

步骤 8：根据时间拟合点，计算原始气体地质储量 $G$，用 ft³ 表示。

$$G = \frac{J_g}{C_{ti}}\left(\frac{t}{t_{Dd}}\right)_{MP} \qquad (3.239)$$

步骤 9：根据下列表达式计算气藏泄油面积 $A$，用 ft² 表示。

$$A = \frac{5.615 B_{gi} G}{\phi h\left(1 - S_{wi}\right)} \qquad (3.240)$$

式中 $A$——泄油面积，ft²；

$B_{gi}$——$p_i$ 下气体地层体积系数，bbl/ft³；

$S_{wi}$——原始含水饱和度。

步骤 10：根据无量纲泄油半径 $r_{eD}$ 的拟合曲线，计算渗透率 $K$，用 mD 表示。

$$K = \frac{141.2 \mu_i B_{gi} J_g}{h}\left[\ln\left(r_{eD}\right)_{MP} - \frac{1}{2}\right] \qquad (3.241)$$

步骤 11：利用下列关系式计算表皮系数。

泄油半径 $$r_e = \sqrt{\frac{A}{\pi}} \qquad (3.242)$$

有效井筒半径 $$r_{wa} = \frac{r_e}{\left(r_{eD}\right)_{MP}} \qquad (3.243)$$

表皮系数 $$s = -\ln\left(\frac{r_{wa}}{r_w}\right) \qquad (3.244)$$

**例 3.24** 西弗吉尼亚油田垂直气井 A，已采取过水力压裂并且正处于产量递减期。生产数据由 Fetkovich 提出并应用于例 3.22。气藏和流体性质如下：

$r_w = 0.354$ft，$h=70$ft，$\phi=0.06$，$T=160^\circ$F，$s=5.17$，$K=0.07$mD，$\gamma_g=0.57$，$B_{gi}=0.00071$bbl/ft³，$\mu_{gi}=0.0225$mPa·s，$c_{ti}=0.000184$psi$^{-1}$，$p_i=4175$psia，$p_{wf}=710$psia，$\alpha=0.4855$（一级多项式），$S_{wi}=0.35$。

解：

步骤 1：图 3.66 显示了生产数据与图 3.63 的典型曲线拟合，给出拟合点。$(q_{Dd})_{MP}=1.0$，$(q_g)_{MP}=1.98\times10^6$ft³/d，$(t_{Dd})_{MP}=1.0$，$(t)_{MP}=695$d，$(r_{eD})_{MP}=28$。

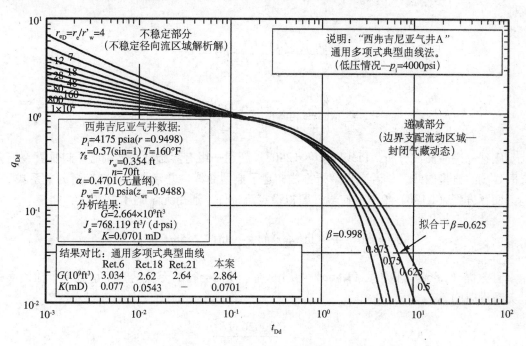

图 3.66　西弗吉尼亚气井 A 的典型曲线分析

步骤 2：根据方程（3.238）计算生产指数。

$$J_g = \frac{c_{ti}}{\alpha}\left(\frac{q_g}{q_{Dd}}\right)_{MP} = \frac{0.000184}{0.4855}\times\left(\frac{1.98\times10^6}{1.0}\right) = 743.758\,\text{ft}^3/(\text{d}\cdot\text{psi})$$

步骤 3：应用方程（3.239）求 $G$。

$$G = \frac{J_g}{c_{ti}}\left(\frac{t}{t_{Dd}}\right)_{MP} = \frac{743.758}{0.000184}\times\left(\frac{695}{1.0}\right) = 2.834\times10^9\,\text{ft}^3$$

步骤 4：根据方程（3.240）计算泄油面积。

$$A = \frac{5.615B_{gi}G}{\phi h(1-S_{wi})} = \frac{5.615\times0.00071\times(2.834\times10^9)}{0.06\times70\times(1-0.35)} = 4.1398\times10^6\,\text{ft}^2 = 95\,\text{acre}$$

步骤 5：根据 $r_{eD} = 28$，利用方程（3.241）计算渗透率。

$$K = \frac{141.2 \times 0.0225 \times 0.00071 \times 743.76}{70}\left(\ln 28 - \frac{1}{2}\right) = 0.0679 \text{ mD}$$

步骤 6：应用方程（3.242）和方程（3.243）计算表皮系数。

$$r_e = \sqrt{\frac{A}{\pi}} = \sqrt{\frac{4.1398 \times 10^6}{\pi}} = 1147.9 \text{ ft}$$

$$r_{wa} = \frac{r_e}{(r_{eD})_{MP}} = \frac{1147.9}{28} = 40.997 \text{ ft}$$

$$s = -\ln\left(\frac{r_{wa}}{r_w}\right) = -\ln\left(\frac{40.997}{0.354}\right) = -4.752$$

压裂井递减曲线分析　Pratikno 等（2003）新建一组有界圆形气藏中心一口垂直裂缝井有限导流的典型曲线。作者应用解析方法构建了典型曲线，并建立了递减变量的关系式。

回顾方程（1.136）给出的有界气藏拟稳定流条件下通用无量纲压力方程：

$$p_D = 2\pi t_{DA} + \frac{1}{2}\left[\ln\left(A/r_w^2\right)\right] + \frac{1}{2}\left[\ln\left(2.2458/C_A\right)\right] + s$$

且方程（1.86a）和方程（1.86b）给出的基于井筒半径的无量纲时间 $t_D$ 或基于泄油面积的无量纲时间 $t_{DA}$：

$$t_D = \frac{0.0002637Kt}{\phi\mu c_t r_w^2}$$

$$t_{DA} = \frac{0.0002637Kt}{\phi\mu c_t A} = t_A\left(\frac{r_w^2}{A}\right)$$

作者采纳了上述形式，并提出对于圆形气藏中拟稳态（pss）条件下以恒定流量生产的有限导流裂缝气井，无量纲压力降表示为：

$$p_D = 2\pi t_{DA} + b_{Dpss}$$

或

$$b_{Dpss} = p_D - 2\pi t_{DA}$$

式中　$b_{Dpss}$——无量纲拟稳态常数，与时间无关。

$b_{Dpss}$ 是下列参数的函数：

（1）无量纲半径 $r_{eD}$；

（2）无量纲裂缝导流能力 $F_{CD}$。

上述两个无量纲变量在第 1 章中定义为：

$$F_{CD} = \frac{K_f}{K} \frac{w_f}{x_f} = \frac{F_C}{Kx_f}$$

$$r_{eD} = \frac{r_e}{x_f}$$

作者注意到在拟稳定流动期间，对于给定的 $r_{eD}$ 和 $F_{CD}$ 值，描述这一期间流动的方程产生一个常数值，该常数由下列关系式近似给出：

$$b_{Dpss} = \ln(r_{eD}) - 0.049298 + \frac{0.43464}{r_{eD}^2} + \frac{a_1 + a_2 u + a_3 u^2 + a_4 u^3 + a_5 u^4}{1 + b_1 u + b_2 u^2 + b_3 u^3 + b_4 u^4}$$

且

$$u = \ln(F_{CD})$$

其中：$a_1 = 0.93626800$      $b_1 = -0.38553900$

$a_2 = -1.0048900$      $b_2 = -0.06988650$

$a_3 = 0.31973300$      $b_3 = -0.04846530$

$a_4 = -0.0423532$      $b_4 = -0.00813558$

$a_5 = 0.00221799$

基于上述方程，Pratikno 等利用 Palacio–Blasingame 之前定义的函数 [ 即 $t_a$，$(q_{Dd})_i$ 和 $(q_{Dd})_{id}$] 以及参数 $r_{eD}$ 和 $F_{CD}$ 构建了一套递减曲线。$F_{CD}$ 值为 0.1，1，10，100，1000 对应的典型曲线如图 3.67 ～ 图 3.71 所示。

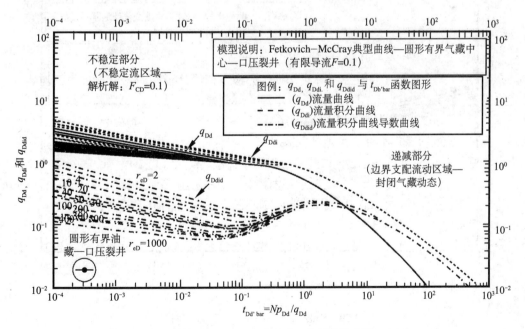

图 3.67 Fetkovich–McCray 典型递减曲线

——有限导流垂直裂缝（$F_{CD} = 0.1$）井流量与物质平衡时间

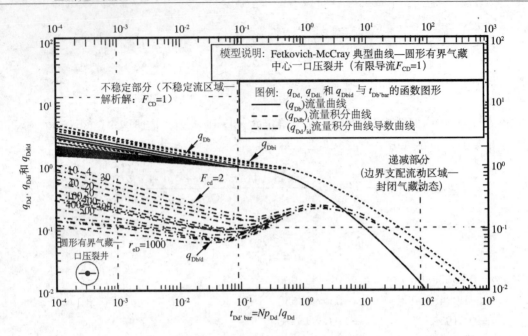

图 3.68　Fetkovich–McCray 典型递减曲线
——有限导流垂直裂缝（$F_{CD}=1$）井流量与物质平衡时间

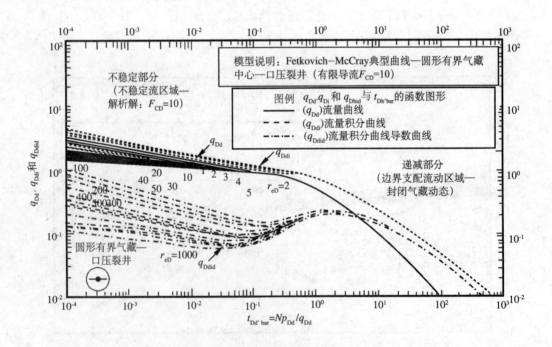

图 3.69　Fetkovich–McCray 典型递减曲线
——有限导流垂直裂缝（$F_{CD}=10$）井流量与物质平衡时间

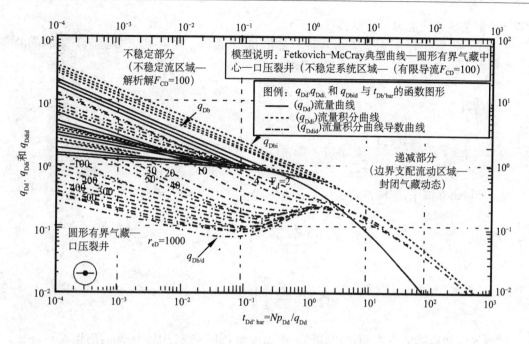

图 3.70　Fetkovich-McCray 典型递减曲线
——有限导流垂直裂缝（$F_{CD} = 100$）井流量与物质平衡时间

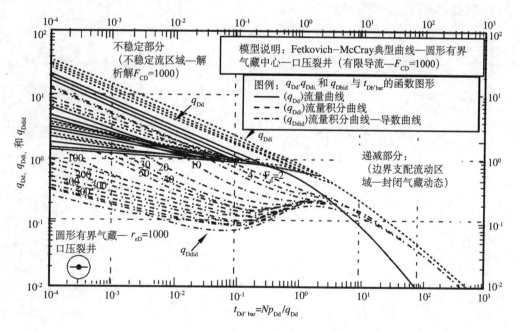

图 3.71　Fetkovich-McCray 典型递减曲线
——有限导流垂直裂缝（$F_{CD} = 1000$）井流量与物质平衡时间

作者推荐下列典型曲线拟合过程，与 Palacio 和 Blasingame 的典型曲线方法相似。

解　步骤 1：利用 Gringarten 或 Cinco-Samaniego 方法分析试井数据，如第 1 章所示，计算无量纲裂缝导流能力 $F_{CD}$ 和裂缝半长 $x_f$。

步骤 2：收集井的井底压力和流量 $q_t$（油用 bbl/d 表示，气用 $10^3 ft^3/d$ 表示）随时间的变化。对于每个给定的数据点计算物质平衡拟时间 $t_a$：

对于油井： $t_a = \dfrac{N_p}{q_t}$

对于气井： $t_a = \dfrac{(\mu_g c_g)_i}{q_t} \dfrac{Z_i G}{2 p_i} \left[ \bar{m}(p_i) - \bar{m}(\bar{p}) \right]$

其中 $\bar{m}(p_i)$ 和 $\bar{m}(p)$ 是标准化拟压力，由方程（3.218）和方程（3.219）定义：

$$\bar{m}(p_i) = \frac{\mu_{gi} Z_i}{p_i} \int_0^{p_i} \left( \frac{p}{\mu_g Z} \right) dp$$

$$\bar{m}(p) = \frac{\mu_{gi} Z_i}{p_i} \int_0^{p} \left( \frac{p}{\mu_g Z} \right) dp$$

原始气体地质储量 $G$ 必须迭代算得，正如前面 Palacio 和 Blasingame 所述。

步骤 3：利用步骤 2 中井的生产数据表和曲线，计算以下三个辅助绘图函数。

（1）压降标准化流量 $q_{Dd}$；

（2）压降标准化流量积分函数 $(q_{Dd})_i$；

（3）压降标准化流量积分 – 微分函数 $(q_{Dd})_{id}$。

对于气井：

$$q_{Dd} = \frac{q_g}{\bar{m}(p_i) - \bar{m}(p_{wf})}$$

$$(q_{Dd})_i = \frac{1}{t_a} \int_0^{t_a} \left[ \frac{q_g}{\bar{m}(p_i) - \bar{m}(p_{wf})} \right] dt_a$$

$$(q_{Dd})_{id} = \left( \frac{-1}{t_a} \right) \frac{d}{dt_a} \left\{ \frac{1}{t_a} \int_0^{t_a} \left[ \frac{q_g}{\bar{m}(p_i) - \bar{m}(p_{wf})} \right] dt_a \right\}$$

对于油井：

$$q_{Dd} = \frac{q_o}{p_i - p_{wf}}$$

$$(q_{Dd})_i = \frac{1}{t_a} \int_0^{t_a} \left( \frac{q_o}{p_i - p_{wf}} \right) dt_a$$

$$(q_{Dd})_{id} = \left( \frac{-1}{t_a} \right) \frac{d}{dt_a} \left[ \frac{1}{t_a} \int_0^{t_a} \left( \frac{q_o}{p_i - p_{wf}} \right) dt_a \right]$$

步骤 4：在透明纸上绘制气井或油井的三个函数，即 $q_{Dd}$，$(q_{Dd})_i$，$(q_{Dd})_{id}$ 与 $t_a$ 的函数，以便于能够覆盖在合适的 $F_{CD}$ 值对应的典型曲线上。

步骤 5：为三个函数中的每一个函数 [$q_{Dd}$，$(q_{Dd})_i$，$(q_{Dd})_{id}$] 建立一个拟合点 "**MP**"。一旦得到拟合点，记录拟合点的时间和流量以及无量纲半径 $r_{eD}$ 值。

（1）流量轴 "拟合点"：任意 $(q/\Delta p)_{MP} - (q_{Dd})_{MP}$ 点集。

（2）时间轴 "拟合点"：任意 $(t)_{MP} - (t_{Dd})_{MP}$ 点集。

（3）不稳定流：选择与瞬时数据拟合最好的 $(q/\Delta p)$，$(q/\Delta p)_i$ 和 $(q/\Delta p)_{id}$ 函数，并记录 $r_{eD}$。

步骤 6：利用 $F_{CD}$ 和 $r_{ed}$ 的值求 $b_{Dpss}$。

$$u = \ln (F_{CD})$$

$$b_{Dpss} = \ln (r_{eD}) - 0.049298 + \frac{0.43464}{r_{eD}^2} + \frac{a_1 + a_2 u + a_3 u^2 + a_4 u^3 + a_5 u^4}{1 + b_1 u + b_2 u^2 + b_3 u^3 + b_4 u^4}$$

步骤 7：利用拟合点的结果，估算下列储层性质。

对于气井：

$$G = \frac{1}{c_{ti}} \left( \frac{t_a}{t_{Dd}} \right)_{MP} \left[ \frac{\left( q_g / \Delta m(\bar{p}) \right)}{q_{Dd}} \right]_{MP}$$

$$K_g = \frac{141.2 B_{gi} \mu_{gi}}{h} \left[ \frac{\left( q_g / \Delta m(\bar{p})_{MP} \right)}{(q_{Dd})_{MP}} \right] b_{Dpss}$$

$$A = \frac{5.615 G B_{gi}}{h \phi (1 - S_{wi})}$$

$$r_e = \sqrt{\frac{A}{\pi}}$$

对于油井：

$$N = \frac{1}{c_t} \left( \frac{t_a}{t_{Dd}} \right)_{MP} \left[ \frac{(q_o / \Delta p)_i}{q_{Dd}} \right]_{MP}$$

$$K_o = \frac{141.2 B_{oi} \mu_{goi}}{h} \left[ \frac{(q_o / \Delta p)_{MP}}{(q_{Dd})_{MP}} \right] b_{Dpss}$$

$$A = \frac{5.615 N B_{oi}}{\phi h (1 - S_{wi})}$$

$$r_e = \sqrt{\frac{A}{\pi}}$$

式中　$G$ ——气体地质储量，$10^3\text{ft}^3$；

　　　$N$——原油地质储量，bbl；

　　　$B_{gi}$——$p_i$ 时气体地层体积系数，$\text{bbl}/10^3\text{ft}^3$；

　　　$A$——泄油面积，$\text{ft}^2$；

　　　$r_e$——泄油半径，ft；

　　　$S_{wi}$——原生水饱和度。

步骤 8：计算裂缝半长 $x_f$，并与步骤 1 对比。

$$x_f = \frac{r_e}{r_{eD}}$$

**例 3.25**　得克萨斯油田垂直气井，已经进行了水力压裂，并且正处于递减阶段。储层和流体特性如下：

$r_w$=0.333ft，$h$=170ft，$\phi$=0.088，$T$=300°F，$\gamma_g$=0.7，$B_{gi}$=0.5498$\text{bbl}/10^3\text{ft}^3$，$\mu_{gi}$=0.0361mPa·s，$c_{ti}$= $5.1032 \times 10^{-5}\text{psi}^{-1}$，$p_i$=9330psia，$p_{wf}$=710psia，$S_{wi}$=0.131，$F_{CD}$=5.0。

图 3.72 显示了 $F_{CD}$=5 的典型曲线拟合，拟合点为：$(q_{Dd})_{MP}$=1.0。

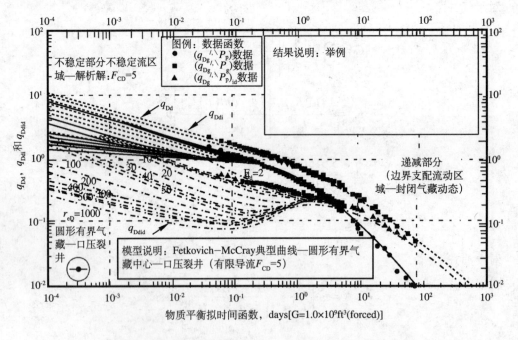

图 3.72　例 3.25 生产数据与 Fetkovich−McCray 典型曲线的拟合

$$\left[ q_g / \Delta m\left(\overline{p}\right) \right]_{MP} = 0.89 \times 10^3 \text{ft}^3 / \text{psi}$$

$$\left(t_{Dd}\right)_{MP} = 1.0$$

$$\left(t_a\right)_{MP} = 58\text{d}$$

$$\left(r_{eD}\right)_{MP} = 2.0$$

对这口气井进行典型曲线分析。

**解** 步骤 1：用 $F_{CD}$ 和 $r_{eD}$ 的值求 $b_{Dpss}$。

$$\mu = \ln\left(F_{CD}\right) = \ln 5 = 1.60944$$

$$
\begin{aligned}
b_{Dpss} &= \ln\left(r_{eD}\right) - 0.049298 + \frac{0.43464}{r_{eD}^2} + \frac{a_1 + a_2 u + a_3 u^2 + a_4 u^3 + a_5 u^4}{1 + b_1 u + b_2 u^2 + b_3 u^3 + b_4 u^4} \\
&= \ln 2 - 0.049298 + \frac{0.43464}{2^2} + \frac{a_1 + a_2 u + a_3 u^2 + a_4 u^3 + a_5 u^4}{1 + b_1 u + b_2 u^2 + b_3 u^3 + b_4 u^4} \\
&= 1.00222
\end{aligned}
$$

步骤 2：利用拟合的结果计算下列气藏特性。

$$
\begin{aligned}
G &= \frac{1}{c_{ti}} \left(\frac{t_a}{t_{Dd}}\right)_{MP} \left[\frac{q_g / \Delta m(\bar{p})}{q_{Dd}}\right]_{MP} \\
&= \frac{1}{5.1032 \times 10^{-5}} \left(\frac{58}{1.0}\right)_{MP} \left(\frac{0.89}{1.0}\right) \\
&= 1.012 \times 10^{12} \, \text{ft}^3
\end{aligned}
$$

$$
\begin{aligned}
K_g &= \frac{141.2 B_{gi} \mu_{gi}}{h} \left[\frac{q_g / \Delta m(\bar{p})_{MP}}{\left(q_{Dd}\right)_{MP}}\right] b_{Dpss} \\
&= \frac{141.2 \times 0.5498 \times 0.0361}{170} \times \left(\frac{0.89}{1.0}\right) \times 1.00222 \\
&= 0.015 \, \text{mD}
\end{aligned}
$$

$$
\begin{aligned}
A &= \frac{5.615 G B_{gi}}{h \phi \left(1 - S_{wi}\right)} \\
&= \frac{5.615 \times \left(1.012 \times 10^6\right) \times 0.5489}{170 \times 0.088 \times \left(1 - 0.131\right)} \\
&= 240195 \, \text{ft}^2 \\
&= 5.51 \, \text{acre}
\end{aligned}
$$

$$
r_e = \sqrt{\frac{A}{\pi}} = \sqrt{\frac{240195}{\pi}} = 277 \, \text{ft}
$$

步骤 3：计算裂缝半长，并与步骤 1 的结果相比较。

$$
x_f = \frac{r_e}{r_{eD}} = \frac{277}{2} = 138 \, \text{ft}
$$

# 3.6　天然气水化物

天然气水化物是固态晶体混合物，是在压力和温度远高于水的冰点情况下由天然气和水物理混合而成。在有游离水存在的情况下，当温度低到某一程度时形成水化物。该温度称为水化温度 $T_h$。天然气水化晶体在外观上类似于冰或湿雪，但没有冰的固体结构。水化晶体的主要构架水分子构成。天然气分子占据水晶体晶格的空隙空间。必须有足够的空隙空间由烃分子填充才能稳定晶体晶格。当把水化物"雪"投掷到地面上，它将发生明显的裂解，这是由于气体分子逸出弄破了水化物分子晶体的晶格。

已知有两种水化物晶体晶格，每一种晶格的空隙空间的大小不同。

(1) 结构Ⅰ：晶格的空隙空间能够容纳小的分子，如甲烷和乙烷。这些气体分子充填物被称为"水化物形成物"。一般情况下，$C_1$，$C_2$ 和 $CO_2$ 等轻组分形成结构Ⅰ水化物。

(2) 结构Ⅱ：晶格具有较大的空隙空间（也就是孔洞），能够截留除甲烷和乙烷以外的中等大小分子的重烃，如 $C_3$，$i-C_4$，及 $n-C_4$ 形成结构Ⅱ水化物。许多研究表明稳定的水化物结构是水化物结构Ⅱ。然而，如果气体非常贫，结构Ⅰ也可看做是水化物稳定结构。

比 $C_4$ 重的组分，即 $C_{5+}$，不能形成水化物，因此被称为"非水化物组分"。

气体水化物给海底管线和处理设备带来操作和安全隐患。石油工业目前防止天然气水化的做法是在水化物稳定区域以外运行。因此，在天然气流动过程中必须明确确定并且避免水化物形成条件。因为水化物可引起如下诸多问题：

(1) 塞满生产管柱，地面管线以及其他设备。

(2) 完全堵塞流程管线和地面设备。

(3) 生产管柱中水化物的形成导致井口测量压力值偏低。

Sloan（2000）列出了气体水化物形成的如下几种条件：

(1) 自由水的出现及气体分子大小的范围从甲烷到丁烷；

(2) $H_2S$ 和 $CO_2$ 的出现是水化物形成的基本因素，因为酸性气体比碳氢化合物更易溶于水；

(3) 在给定压力和气体组分条件下，温度低于水化物形成温度；

(4) 高工作压力能够增加水化物形成的温度；

(5) 通过管线和设备时的高速或搅动；

水化物微小晶粒的出现；

(6) 天然气处于或低于水的露点且有液态水出现。

根据上述水化物形成的必要条件，得到下列四种典型的热力学预防方法：

(1) 排出水能够提供最好的保护；

(2) 在整个流动系统保持高的温度，即绝热、管线包裹或电加热。

(3) 通常注入阻化剂防止水化效果最好，如甲醇或单乙二醇，其作用类似于防冻剂。

(4) 动力阻化剂是低相对分子质量聚合物，溶解于携带溶液中并注入管线水相中。这些阻化剂吸附于水化物表面并阻止晶体长大，其作用时间比自由水在管线中的停留时间长。

### 3.6.1　水化物相位图

水化物在地面气体处理设备中形成的温度和压力条件一般远低于生产和气藏工程中考虑的条件。水化物形成的初始条件由水－碳氢化合物系统的简单 $p$–$T$ 相位图给出。水和轻质烃混合物的典型相位图的示意图如图 3.73 所示。该图显示了一个下四相点 $Q_1$ 和一个上四相点 $Q_2$。四相点确定了四相同时存在的条件。

每个四相点是四条三相线的交点。下四相点 $Q_1$ 代表冰、水化物、水和碳氢化合物气体同时存在的点。当温度低于 $Q_1$ 点对应的温度时，水化物由蒸汽和冰形成。上四相点 $Q_2$ 代表水、液态碳氢化合物、碳氢化合物气体和水化物同时存在的点，标志特定气－水系统水化物形成的温度上限。一些较轻的天然气组分，如甲烷和氮气，没有上四相点，因此没有水化物形成的温度上限。这是高温下（高于 120°F）高压井的地面设施仍有水化物形成的原因。

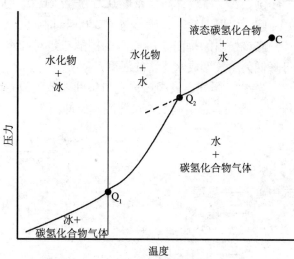

图 3.73　水和轻质烃混合物的典型相位图

$Q_1$–$Q_2$ 线把水和气体形成水化物的区域分隔开。通过 $Q_2$ 的垂直线把水－液态碳氢化合物区域与水化物－水区域分开。

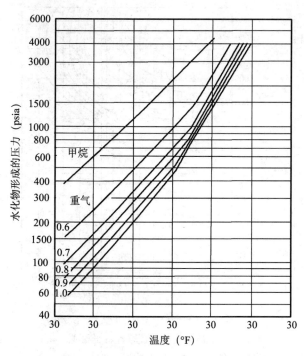

图 3.74　预测水化物形成的压力－温度曲线

水化物的形成分为下列两种类型。

类型 I：水化物的形成源于温度的降低，没有突然的压力降，如生产管柱或地面管线。

类型 II：水化物形成于突然发生膨胀的地方，如孔口、回压调节器或节流器。

图 3.74 显示了一种图解法，用来确定水化物形成的条件，以及确定没有水化物形成的前提下允许天然气膨胀的条件。该图用一组代表各种相对密度天然气的"水化物形成线"描述水化物形成条件。当代表压力和温度的点的坐标位于水化物形成线的左侧时将形成水化物。该图示法可用于确定当沿着生产管柱和地面管线温度降低时，水化物形成的温度，即类型 I。

**例 3.26**　某气体在压力为 1000psia 下相对密度为 0.8。在有自由水存在的情况下，在没有水化物形成的前提下，温度能够降低到什么程度？

**解**　根据图 3.74，在相对密度为 0.8 和压力为 1000psia 时，水化温度 66°F。因此当温度达到或低于 66°F 时水化。

**例 3.27**　某气体相对密度 0.7，温度 60°F。压力高于多少时将形成水化物？

**解**　根据图 3.74，压力高于 680psia 时将形成水化物。

应该指出的是图 3.74 表示的图解法是对纯水－气系统建立的。而水中不溶固体的出现将降低天然气形成水化物的温度。

当水－湿气通过阀门，孔口或其他节流设备时的快速膨胀，可能形成水化物，因为焦耳－汤姆逊膨胀引起气体快速冷却。即：

$$\frac{\partial T}{\partial p} = \frac{RT^2}{pC_p}\left(\frac{\partial Z}{\partial T}\right)_p$$

式中　$T$——温度；

　　　　$p$——压力；

　　　　$Z$——气体压缩系数；

　　　　$C_p$——恒压下比热容。

温度的降低源于压力的突然降低，即 $\partial T/\partial p$，能够引起水蒸气从气体中冷凝出来并且使混合物具备了水化物形成的条件。图 3.75～图 3.79 可用于确定不引起水化物形成的最大压力降。

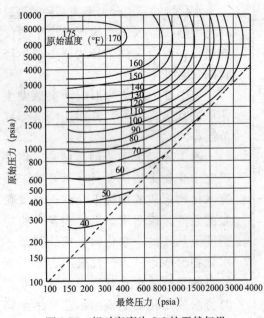

图 3.75　相对密度为 0.6 的天然气没有水化物形成的前提下允许的膨胀

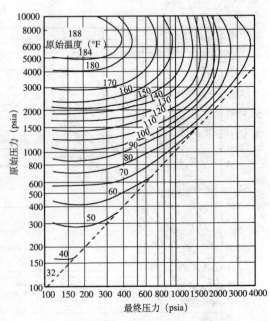

图 3.76　相对密度为 0.7 的天然气没有水化物形成的前提下允许的膨胀

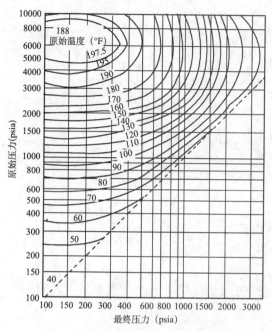

图 3.77 相对密度为 0.8 的天然气没有水化物形成的前提下允许的膨胀

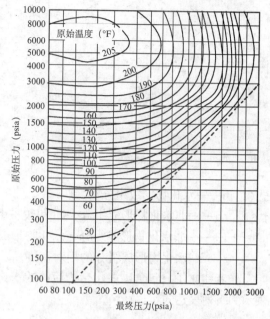

图 3.78 相对密度为 0.9 的天然气没有水化物形成的前提下允许的膨胀

这些图表示的是原始压力和原始温度下的等温线的交点。气体能够膨胀而没有形成水化物的最低压力直接从交点下面的 $x$ 轴读取。

**例 3.28** 在压力 1500psia 和温度 120°F 下相对密度为 0.7 的气体能够膨胀到什么程度而没有水化物形成?

**解** 根据图 3.76,在 $y$ 轴选择原始压力 1500psia 的曲线并向右水平移动与 120°F 温度等温线相交。在 $x$ 轴读取最终压力是 300psia。因此,该气体可以膨胀到最终压力 300psia 而不形成水化物。

Ostergaard 等(2000)提出一个新的相互关系用来预测当气藏流体组分由重质油变为干气系统时没有水化物的区域。作者把碳氢化合物系统的组分分成下列两组:

(1)水化物形成的碳氢化合物"h",包括甲烷、乙烷、丙烷和丁烷。

(2)非水化物形成的碳氢化合物"nh",包括戊烷和更重的组分。

确定下列相关参数:

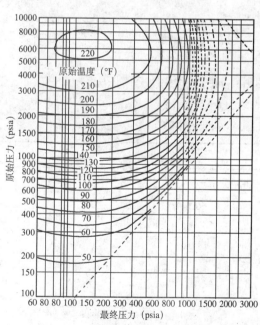

图 3.79 相对密度为 1.0 的天然气没有水化物形成的前提下允许的膨胀

$$f_{\text{h}} = y_{C_1} + y_{C_2} + y_{C_3} + y_{i\text{-}C_4} + y_{n\text{-}C_4} \tag{3.245}$$

$$f_{\text{nh}} = y_{C_{5+}} \tag{3.246}$$

$$F_{\text{m}} = \frac{f_{\text{nh}}}{f_{\text{h}}} \tag{3.247}$$

$$\gamma_{\text{h}} = \frac{m_{\text{h}}}{28.96} = \frac{\sum\limits_{i=C_1}^{n-C_4} y_i m_i}{28.96} \tag{3.248}$$

式中　h——水化物形成组分 $C_1$ 到 $C_4$；

nh——非水化物形成组分，$C_5$ 和较重组分；

$F_{\text{m}}$——非水化物形成组分与水化物形成组分的物质的量比；

$\gamma_{\text{h}}$——水化物形成组分的相对密度。

作者建立了只包含碳氢化合物流体的水化物的分解压力与上面确定的参数之间的关系，表示为下列表达式：

$$p_{\text{h}} = 0.1450377 \exp\left\{\left[\frac{a_1}{\left(\gamma_{\text{h}} + a_2\right)^3} + a_3 F_{\text{m}} + a_4 F_{\text{m}}^2 + a_5\right] T \right.$$

$$\left. + \frac{a_6}{\left(\gamma_{\text{h}} + a_7\right)^3} + a_8 F_{\text{m}} + a_9 F_{\text{m}}^2 + a_{10}\right\} \tag{3.249}$$

式中　$p_{\text{h}}$——水化物分解压力，psi；

$T$——温度，°R；

$a_i$——常数。

| $a_i$ | 数值 |
| --- | --- |
| $a_1$ | $2.5074400 \times 10^{-3}$ |
| $a_2$ | $0.4685200$ |
| $a_3$ | $1.2146440 \times 10^{-2}$ |
| $a_4$ | $-4.6761110 \times 10^{-4}$ |
| $a_5$ | $0.0720122$ |
| $a_6$ | $3.6625000 \times 10^{-4}$ |
| $a_7$ | $-0.4850540$ |
| $a_8$ | $-5.4437600$ |
| $a_9$ | $3.8900000 \times 10^{-3}$ |
| $a_{10}$ | $-29.9351000$ |

方程（3.249）的建立使用了温度范围 32 ～ 68°F 的重质油、挥发油、凝析气和天然气系统的数据，它覆盖了气藏流体运移过程中水化物形成的实际范围。

重新整理方程（3.249）并求解温度，得：

$$T = \frac{\ln\left(6.89476 p_h\right) - \dfrac{a_6}{\left(\gamma_h + a_7\right)^3} + a_8 F_m + a_9 F_m^2 + a_{10}}{\dfrac{a_1}{\left(\gamma_h + a_2\right)^3} + a_3 F_m + a_4 F_m^2 + a_5}$$

作者指出 $N_2$ 和 $CO_2$ 不遵循方程（3.249）给出的碳氢化合物的一般趋势。因此，为了说明碳氢化合物系统中 $N_2$ 和 $CO_2$ 的压力，他们单独处理这两种非水化物形成组分并建立了下列校正因数：

$$E_{CO_2} = 1.0 + \left[\left(b_1 F_m + b_2\right)\frac{y_{CO_2}}{1 - y_{N_2}}\right] \tag{3.250}$$

$$E_{N_2} = 1.0 + \left[\left(b_3 F_m + b_4\right)\frac{y_{N_2}}{1 - y_{CO_2}}\right] \tag{3.251}$$

且

$$b_1 = -2.0943 \times 10^{-4}\left(\frac{T}{1.8} - 273.15\right)^3 + 3.809 \times 10^{-3}$$
$$\times \left(\frac{T}{1.8} - 273.15\right)^2 - 2.42 \times 10^{-2}\left(\frac{T}{1.8} - 273.15\right)$$
$$+ 0.423 \tag{3.252}$$

$$b_2 = 2.3498 \times 10^{-4}\left(\frac{T}{1.8} - 273.15\right)^2$$
$$- 2.086 \times 10^{-3}\left(\frac{T}{1.8} - 273.15\right)^2$$
$$+ 1.63 \times 10^{-2}\left(\frac{T}{1.8} - 273.15\right)$$
$$+ 0.650 \tag{3.253}$$

$$b_3 = 1.1374 \times 10^{-4}\left(\frac{T}{1.8} - 273.15\right)^3$$
$$+ 2.61 \times 10^{-4}\left(\frac{T}{1.8} - 273.15\right)^2$$
$$+ 1.26 \times 10^{-2}\left(\frac{T}{1.8} - 273.15\right)$$
$$+ 1.123 \tag{3.254}$$

$$b_4 = 4.335 \times 10^{-5} \left( \frac{T}{1.8} - 273.15 \right)^3$$
$$- 7.7 \times 10^{-5} \left( \frac{T}{1.8} - 273.15 \right)^2$$
$$+ 4.0 \times 10^{-3} \left( \frac{T}{1.8} - 273.15 \right)$$
$$+ 1.048 \tag{3.255}$$

式中　$y_{N2}$——$N_2$ 的摩尔分数；

　　　$y_{CO_2}$——$CO_2$ 的摩尔分数；

　　　$T$——温度，$^{\circ}R$；

　　　$F_m$——方程（3.247）确定的物质的量比。

总的水化物分解压力，即校正的水化物分解压力 $p_{corr}$ 表示为：

$$p_{corr} = p_h E_{N_2} E_{CO_2} \tag{3.256}$$

为了验证这些校正，Ostergaard 及其合作者列举了下面的例子。

**例 3.29**　一凝析气有下列组分。

| 组分 | $y_i$（%） | $M_i$ |
|---|---|---|
| $CO_2$ | 2.38 | 44.01 |
| $N_2$ | 0.58 | 28.01 |
| $C_1$ | 73.95 | 16.04 |
| $C_2$ | 7.51 | 30.07 |
| $C_3$ | 4.08 | 44.10 |
| $i-C_4$ | 0.61 | 58.12 |
| $n-C_4$ | 1.58 | 58.12 |
| $i-C_5$ | 0.50 | 72.15 |
| $n-C_5$ | 0.74 | 72.15 |
| $C_6$ | 0.89 | 84.00 |
| $C_{7+}$ | 7.18 | — |

计算 $45^{\circ}F$，即 $505^{\circ}R$ 下的水化物分解压力。

**解**　步骤 1：利用方程（3.245）和（3.246）计算 $f_h$ 和 $f_{nh}$。

$$f_h = y_{C_1} + y_{C_2} + y_{C_3} + y_{i-C_4} + y_{n-C_4}$$
$$= 73.95\% + 7.51\% + 4.08\% + 0.61\% + 1.58\% = 87.73\%$$

$$f_{nh} = y_{C5+} = y_{i-C_5} + y_{n-C_5} + y_{C_6} + y_{C_{7+}}$$
$$= 0.5\% + 0.74\% + 0.89\% + 7.18\% = 9.31\%$$

步骤 2：利用方程（3.247）计算 $F_m$。

$$F_m = \frac{f_{nh}}{f_h} = \frac{9.31}{87.73} = 0.1061$$

步骤 3：通过标准化摩尔分数，确定水化物形成组分的相对密度，如下表所示。

| 组分 | $y_i$ | 规格化的 $y_i^*$ | $M_i$ | $M_i y_i^*$ |
|---|---|---|---|---|
| $C_1$ | 0.7395 | 0.8429 | 16.04 | 13.520 |
| $C_2$ | 0.0751 | 0.0856 | 30.07 | 2.574 |
| $C_3$ | 0.0408 | 0.0465 | 44.10 | 2.051 |
| $i-C_4$ | 0.0061 | 0.0070 | 58.12 | 0.407 |
| $n-C_4$ | 0.0158 | 0.0180 | 58.12 | 1.046 |
| | $\sum = 0.8773$ | $\sum = 1.0000$ | $\sum = 19.5980$ | |

$$\gamma_h = \frac{19.598}{28.96} = 0.6766$$

步骤 4：把温度 $T$ 及 $F_m$ 和 $\gamma_h$ 的计算值代入方程（3.249）。

$$p_h = 236.4 \text{psia}$$

步骤 5：利用方程（3.252）和方程（3.253）计算 $CO_2$ 的常数 $b_1$ 和 $b_2$。

$$b_1 = -2.0943 \times 10^{-4} \times \left( \frac{505}{1.8} - 273.15 \right)^3$$
$$+ 3.809 \times 10^{-3} \times \left( \frac{505}{1.8} - 273.15 \right)^2 - 2.42 \times 10^{-2}$$
$$\times \left( \frac{505}{1.8} - 273.15 \right) + 0.423 = 0.368$$

$$b_2 = 2.3498 \times 10^{-4} \times \left( \frac{505}{1.8} - 273.15 \right)^2$$
$$- 2.086 \times 10^{-3} \times \left( \frac{505}{1.8} - 273.15 \right)^2 + 1.63 \times 10^{-2}$$
$$\times \left( \frac{505}{1.8} - 273.15 \right) + 0.650 = 0.752$$

步骤 6：利用方程（3.250）计算 $CO_2$ 的校正系数 $E_{CO_2}$。

$$E_{CO_2} = 1.0 + \left( b_1 F_m + b_2 \right) \frac{y_{CO_2}}{1 - y_{N_2}}$$
$$= 1.0 + \left( 0.368 \times 0.1061 + 0.752 \right) \times \frac{0.0238}{1 - 0.0058}$$
$$= 1.019$$

步骤 7：对 $N_2$ 的出现进行校正。

$$b_3 = 1.1374 \times 10^{-4} \times \left(\frac{505}{1.8} - 273.15\right)^3$$
$$+ 2.61 \times 10^{-4} \times \left(\frac{505}{1.8} - 273.15\right)^2 + 1.26 \times 10^{-2}$$
$$\times \left(\frac{505}{1.8} - 273.15\right) + 1.123 = 1.277$$

$$b_4 = 4.335 \times 10^{-5} \times \left(\frac{505}{1.8} - 273.15\right)^3$$
$$- 7.7 \times 10^{-5} \times \left(\frac{505}{1.8} - 273.15\right)^2 + 4.0 \times 10^{-3}$$
$$\times \left(\frac{505}{1.8} - 273.15\right) + 1.048 = 1.091$$

$$E_{N_2} = 1.0 + \left(b_3 F_m + b_4\right) \frac{y_{N_2}}{1 - y_{CO_2}}$$
$$= 1.0 + \left(1.277 \times 0.1061 + 1.091\right) \times \frac{0.0058}{1 - 0.00238}$$
$$= 1.007$$

步骤 8：利用方程（3.256）计算总的（校正的）水化物分解压力。

$$p_{corr} = p_h E_{N_2} E_{CO_2} = 236.4 \times 1.019 \times 1.007 = 243 \, psia$$

Makogon（1981）建立了水化物形成条件，即压力与温度的关系式，是气体相对密度的函数。该表达式如下：

$$\lg(p) = b + 0.0497\left(T + kT^2\right) \tag{3.257}$$

式中　$T$——温度，℃；

　　　$p$——压力，atm。

系数 $b$ 和 $K$ 是气体相对密度的函数，如图 3.80 所示。

**例** 3.30　天然气相对密度为 0.631，利用方程（3.257）确定温度为 40°F 时水化物形成的压力。

**解**　步骤 1：将给定温度由 °F 变换到 ℃。

$$T = \frac{40 - 32}{1.8} = 4.4℃$$

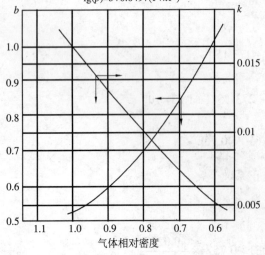

图 3.80　方程（3.258）的系数 $b$ 和 $k$

步骤 2：根据图 3.80 确定系数 $b$ 和 $k$ 的值。

$$b = 0.91$$

$$k = 0.006$$

步骤 3：应用方程（3.257）计算 $p$。

$$\lg(p) = b + 0.0497(T + kT^2)$$
$$= 0.91 + 0.0497 \times (4.4 + 0.006 \times 4.4^2)$$
$$= 1.1368$$

$$p = 10^{1.1368} = 13.7 \text{atm} = 201 \text{psia}$$

Carson 和 Katz（1942）采用平衡比的概念，即 K 值，估算水化物形成条件。他们提出水化物等同于固体溶解，而不是混合晶体。因此，假设水化物形成条件可以根据蒸气－固体平衡比来估算：

$$K_{i(\text{v-s})} = \frac{y_i}{x_{i(\text{s})}} \tag{3.258}$$

式中 $K_{i(\text{v-s})}$——组分 $i$ 的蒸气和固体的平衡比；

$\quad y_i$——组分 $i$ 的蒸气相的摩尔分数；

$\quad x_{i(\text{s})}$——组分 $i$ 的无水固相的摩尔分数。

水化物形成条件的计算，用压力和温度表示，类似于气体混合物的冷凝点计算。一般情况下，有自由水相存在的气体将形成水化物。

$$\sum_{i=1}^{n} \frac{y_i}{K_{i(\text{v-s})}} = 1 \tag{3.259}$$

Whitson 和 Brule（2000）指出蒸气—固体的平衡比不能用于进行快速计算和确定水化物相位分离或平衡相组分，因为 $K_{i(\text{s})}$ 是以无水固相水化物混合物中猜想的组分的摩尔分数为基础。

Carson 和 Katz 建立了水化物形成分子的 $K$ 值图，包括甲烷到丁烷，$CO_2$ 和 $H_2S$，如图 3.81～图 3.87 所示。应该注意非水化物形成分子的 $K_{i(\text{s})}$ 假设为无限大，即 $K_{i(\text{s})} = \infty$。

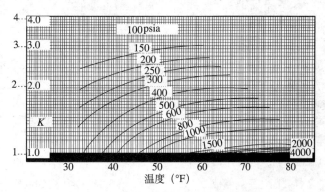

图 3.81　甲烷的蒸气—固体平衡常数

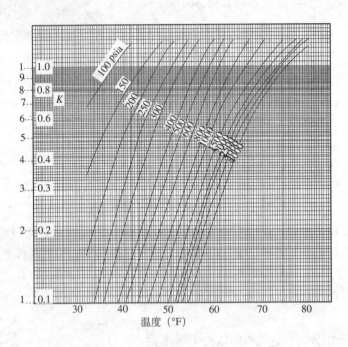

图 3.82　乙烷的蒸气—固体平衡常数

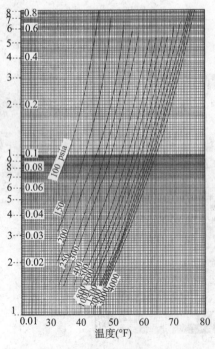

图 3.83　丙烷的蒸气—固体平衡常数

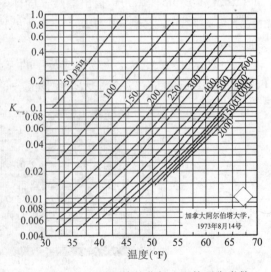

图 3.84　异丁烷的蒸气—固体平衡常数

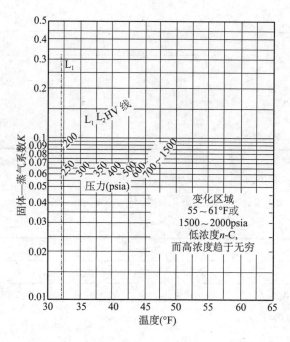

图 3.85    正丁烷的蒸气—固体平衡常数

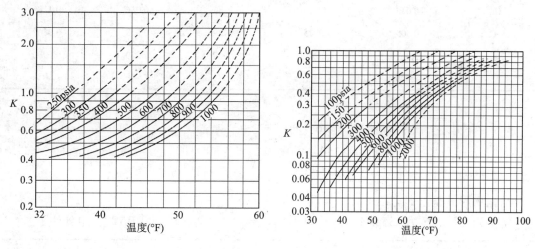

图 3.86   $CO_2$ 的蒸气—固体平衡常数      图 3.87   $H_2S$ 的蒸气—固体平衡常数

方程（3.259）求解水化物形成的压力或温度的过程是迭代过程。该过程包括假设几个 $p$ 或 $T$ 的值并计算每个假设值下的平衡比直到满足方程（3.259）所表示的约束条件，即和等于 1。

**例 3.31**    利用平衡比方法，计算 $50°F$ 下水化物形成压力 $p_h$，气体组分如下。

| 组分 | $y_i$ |
| --- | --- |
| $CO_2$ | 0.002 |
| $N_2$ | 0.094 |

续表

| 组分 | $y_i$ |
|---|---|
| $C_1$ | 0.784 |
| $C_2$ | 0.060 |
| $C_3$ | 0.036 |
| $i-C_4$ | 0.005 |
| $n-C_4$ | 0.019 |

实验观察 50°F 下水化物形成压力 325psia。

**解** 步骤1：为了简单，假设两个不同的压力 300psia 和 350psia，计算这些压力下的平衡比。

| 组分 | $y_i$ | 300psia | | 350psia | |
|---|---|---|---|---|---|
| | | $K_{i\ (v-s)}$ | $y_i/K_{i\ (v-s)}$ | $K_{i\ (v-s)}$ | $y_i/K_{i\ (v-s)}$ |
| $CO_2$ | 0.02 | 3.0 | 0.0007 | 2.300 | 0.0008 |
| $N_2$ | 0.094 | ∞ | 0 | ∞ | 0 |
| $C_1$ | 0.784 | 2.04 | 0.3841 | 1.900 | 0.4126 |
| $C_2$ | 0.060 | 0.79 | 0.0759 | 0.630 | 0.0952 |
| $C_3$ | 0.036 | 0.113 | 0.3185 | 0.086 | 0.4186 |
| $i-C_4$ | 0.005 | 0.0725 | 0.0689 | 0.058 | 0.0862 |
| $n-C_4$ | 0.019 | 0.21 | 0.0900 | 0.210 | 0.0900 |
| Σ | 1.000 | | 0.9381 | | 1.1034 |

步骤2：在 $\sum y_i / K_{i(v-s)} = 1$ 处线性内插。

$$\frac{350-300}{1.1035-0.9381} = \frac{p_h - 300}{1.0 - 0.9381}$$

水化物形成压力 $p_h = 319$psia，与观察值 325psia 比较接近。

**例 3.32** 计算压力 435psia 下水化物形成的温度，气体相对密度 0.728，组分如下。

| 组分 | $y_i$ |
|---|---|
| $CO_2$ | 0.04 |
| $N_2$ | 0.06 |
| $C_1$ | 0.78 |
| $C_2$ | 0.06 |
| $C_2$ | 0.03 |
| $i-C_4$ | 0.01 |
| $C_{5+}$ | 0.02 |

**解**　计算水化物形成温度的迭代过程如下表所示。

| 组分 | $y_i$ | $T = 59°F$ | | $T = 50°F$ | | $T = 54°F$ | |
|------|-------|-----------|-----------|-----------|-----------|-----------|-----------|
| | | $K_{i(v-s)}$ | $y_i/K_{i(v-s)}$ | $K_{i(v-s)}$ | $y_i/K_{i(v-s)}$ | $K_{i(v-s)}$ | $y_i/K_{i(v-s)}$ |
| $CO_2$ | 0.04 | 5.00 | 0.0008 | 1.700 | 0.0200 | 3.000 | 0.011 |
| $N_2$ | 0.06 | $\infty$ | 0 | $\infty$ | 0 | $\infty$ | 0 |
| $C_1$ | 0.78 | 1.80 | 0.4330 | 1.650 | 0.4730 | 1.740 | 0.448 |
| $C_2$ | 0.06 | 1.30 | 0.0460 | 0.475 | 0.1260 | 0.740 | 0.081 |
| $C_3$ | 0.03 | 0.27 | 0.1100 | 0.066 | 0.4540 | 0.120 | 0.250 |
| $i-C_4$ | 0.01 | 0.08 | 0.1250 | 0.026 | 0.3840 | 0.047 | 0.213 |
| $C_{5+}$ | 0.02 | $\infty$ | 0 | $\infty$ | 0 | $\infty$ | 0 |
| 合计 | 1.00 | | | | 1.457 | | 1.00 |

水化物形成的温度大约是 54°F。

Sloan（1984）用下列表达式拟合 Katz–Carson 图表：

$$\ln\left[K_{i(v-s)}\right] = A_0 + A_1 T + A_2 p + \frac{A_3}{T} + \frac{A_4}{p} + A_5 pT$$

$$+ A_6 T^2 + A_7 p^2 + A_8\left(\frac{p}{T}\right) + A_9 \ln\left(\frac{p}{T}\right)$$

$$+ \frac{A_{10}}{p^2} + A_{11}\left(\frac{T}{p}\right) + A_{12}\left(\frac{T^2}{p}\right) + A_{13}\left(\frac{p}{T^2}\right)$$

$$+ A_{14}\left(\frac{T}{p^3}\right) + A_{15}T^3 + A_{16}\left(\frac{p^3}{T^2}\right) + A_{17}T^4$$

式中　$T$——温度，°F；

　　　$p$——压力，psia。

系数 $A_0$ 到 $A_{17}$ 在表 3.2 中给出。

**表 3.2　系数 $A_0$ 到 $A_{17}$ 的取值**

| 成分 | $A_0$ | $A_1$ | $A_2$ | $A_3$ | $A_4$ | $A_5$ |
|------|-------|-------|-------|-------|-------|-------|
| $CH_4$ | 1.63636 | 0.0 | 0.0 | 31.6621 | −49.3534 | $5.31 \times 10^{-6}$ |
| $C_2H_6$ | 6.41934 | 0.0 | 0.0 | −290.283 | 2629.10 | 0.0 |
| $C_3H_8$ | −7.8499 | 0.0 | 0.0 | 47.056 | 0.0 | $-1.17 \times 10^{-6}$ |
| $i-C_4H_{10}$ | −2.17137 | 0.0 | 0.0 | 0.0 | 0.0 | 0.0 |
| $n-C_4H_{10}$ | −37.211 | 0.86564 | 0.0 | 732.20 | 0.0 | 0.0 |
| $N_2$ | 1.78857 | 0.0 | −0.001356 | −6.187 | 0.0 | 0.0 |
| $CO_2$ | 9.0242 | 0.0 | 0.0 | −207.033 | 0.0 | $4.66 \times 10^{-5}$ |
| $H_2S$ | −4.7071 | 0.06192 | 0.0 | 82.627 | 0.0 | $-7.39 \times 10^{-6}$ |

续表

| 成分 | $A_6$ | $A_7$ | $A_8$ | $A_9$ | $A_{10}$ | $A_{11}$ |
|------|------|------|------|------|------|------|
| $CH_4$ | 0.0 | 0.0 | 0.128525 | $-0.78383$ | 0.0 | 0.0 |
| $C_2H_6$ | 0.0 | $9.0 \times 10^{-8}$ | 0.129759 | $-1.19703$ | $-8.46 \times 10^4$ | $-71.0352$ |
| $C_3H_8$ | $7.145 \times 10^{-4}$ | 0.0 | 0.0 | 0.12348 | $1.669 \times 10^4$ | 0.0 |
| $i-C_4H_{10}$ | $1.251 \times 10^{-3}$ | $1.0 \times 10^{-8}$ | 0.166097 | $-2.75945$ | 0.0 | 0.0 |
| $n-C_4H_{10}$ | 0.0 | $9.37 \times 10^{-6}$ | $-1.07657$ | 0.0 | 0.0 | $-66.221$ |
| $N_2$ | 0.0 | $2.5 \times 10^{-7}$ | 0.0 | 0.0 | 0.0 | 0.0 |
| $CO_2$ | $-6.992 \times 10^{-3}$ | $2.89 \times 10^{-6}$ | $-6.223 \times 10^{-3}$ | 0.0 | 0.0 | 0.0 |
| $H_2S$ | 0.0 | 0.0 | 0.240869 | $-0.64405$ | 0.0 | 0.0 |

| 成分 | $A_{12}$ | $A_{13}$ | $A_{14}$ | $A_{15}$ | $A_{16}$ | $A_{17}$ |
|------|------|------|------|------|------|------|
| $CH_4$ | 0.0 | $-5.3569$ | 0.0 | $-2.3 \times 10^{-7}$ | $-2.0 \times 10^{-7}$ | 0.0 |
| $C_2H_6$ | 0.596404 | $-4.7437$ | $7.82 \times 10^4$ | 0.0 | 0.0 | 0.0 |
| $C_3H_8$ | 0.23319 | 0.0 | $-4.48 \times 10^4$ | $5.5 \times 10^{-6}$ | $5.5 \times 10^{-6}$ | 0.0 |
| $i-C_4H_{10}$ | 0.0 | 0.0 | $-8.84 \times 10^2$ | 0.0 | 0.0 | $-1.0 \times 10^{-8}$ |
| $n-C_4H_{10}$ | 0.0 | 0.0 | $9.17 \times 10^5$ | 0.0 | 0.0 | $-1.26 \times 10^{-6}$ |
| $N_2$ | 0.0 | 0.0 | $5.87 \times 10^5$ | 0.0 | 0.0 | $1.1 \times 10^{-7}$ |
| $CO_2$ | 0.27098 | 0.0 | 0.0 | $8.82 \times 10^{-5}$ | $8.82 \times 10^{-5}$ | 0.0 |
| $H_2S$ | 0.0 | $-12.704$ | 0.0 | $-1.3 \times 10^{-6}$ | $-1.3 \times 10^{-6}$ | 0.0 |

**例 3.33**　利用方程（3.257）重新解例 3.32。

**解**　步骤 1：把压力由 psia 转换到 atm。

$$p = 435/14.7 = 29.6atm$$

步骤 2：气体相对密度为 0.728，根据图 3.82 确定系数 $b$ 和 $k$。

$$b = 0.8$$

$$k = 0.0077$$

步骤 3：应用方程（3.257）。

$$(p) = b + 0.0497(T + kT^2)$$

$$\lg(29.6) = 0.8 + 0.0497(T + 0.0077T^2)$$

$$0.000383T^2 + 0.0497T - 0.6713 = 0$$

利用二次式，得：

$$T = \frac{-0.0497 + \sqrt{0.0497^2 - 4 \times 0.000383 \times (-0.6713)}}{2 \times 0.000383}$$

$$= 12.33℃$$

或

$$T = 1.8 \times 12.33 + 32 = 54.2°F$$

### 3.6.2　井下水化物

水化物形成的一个解释是气体分子进入液态水结构的空的晶格空隙中引起水在高于水的冰点温度下固化。一般情况下，乙烷、丙烷和丁烷能够增加甲烷水化物形成的温度。例如在600psia压力下1%的丙烷把水化物形成的温度由41°F增加到49°F。硫化氢和二氧化碳对水化物形成也有明显的作用，而$N_2$和$C_{5+}$就没有明显的作用。这些类似于冰的天然气固体混合物和水已经在沿着美洲大陆的陆缘深水层下面的地层和北极盆地冻土层以下的地层被发现。当平均大气温度低于32°F就会出现冻土层。

Miller（1947）提出地层温度的降低发生在更新世时代早期，大约一百万年以前。在自由水存在的情况下，如果压力降低地层天然气被冷却，在冷却过程中在达到冰的温度之前就会形成水化物。进一步降低温度使地层达到冻土层条件，那么水化物将保持如此。在更冷的气候条件（如阿拉斯加、加拿大北部和西伯利亚）以及海洋的下面，条件适于气体水化物形成。

在给定深度，气体水化物稳定的基本条件是该深度的实际地球温度低于对应的压力和气体组分条件下的水化物形成温度。在钻井作业时，潜在的水化物区域的厚度是一个重要参数，因为钻穿水化物时需要特别的预防措施。在确定水化物存在的区域方面它也很重要，它可能足够厚证明气体开发是合理的。然而，气体水化物稳定条件的存在，不能确保该区域存在水化物，但是只有具备这样的条件，它才能存在。另外，如果气体和水共同存在于水化物稳定区域，那么它们一定以气体水化物形式存在。

阿拉斯加Cape Simpson地区的地球温度曲线如图3.88所示。中途试井（DST）的压力数据和重复式地层测试（RFT）表明压力梯度为0.435psi/ft。假设气体相对密度为0.6，它的水化物形成的温度和压力如图3.74所示，用压力除以0.435psi/ft，该水化物 $p-T$ 曲线可以转换为深度与温度剖面曲线。由Kate（1971）用图3.88表示。这两条曲线相交于2100ft的深度。Kate指出在Cape Simpson地区，我们有望在900ft的深度发现以冰

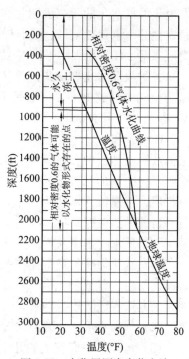

图3.88　水化层厚度定位方法

的形式存在的水，在 900 ~ 2100ft 发现相对密度为 0.6 的气体的水化物。

利用 Prudhoe Bay 气田的温度剖面与深度的函数关系，如图 3.89 所示，Kate（1971）计算了水化物区域的厚度，在 Prudhoe Bay 气田，相对密度为 0.6 的气体在 2000 ~ 4000ft 有可能发生水化。

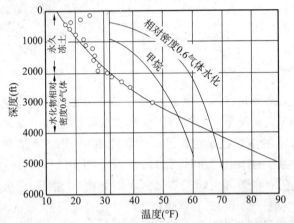

图 3.89  Pradhoe Bay 气田温度梯度对应的水化物区域厚度

Godbole 等（1988）指出在阿拉斯加气体水化物存在的第一个确凿证据是在 1972 年 3 月 25 日，当时阿科和埃克森在 Prudhoe Bay 气田 Northwest Eileen 井 2 回收 1893 ~ 2546ft 几个深度的承压岩心筒内的气体水化物岩样。

Holder 等（1987）和 Godbole 等（1988）对阿拉斯加的 North Slope 和海底下面的原地发生天然气水化的研究表明，在这些地区控制天然气水化区域的深度和厚度并影响它们的稳定性的因素包括：(1) 地温梯度；(2) 压力梯度；(3) 气体组分；(4) 冻土层厚度；(5) 海底温度；(6) 地表年平均温度；(7) 水的矿化度。

各种收获水化物形式的气体的方法已经提出，它们需要加热熔化水化物或降低水化物压力使气体释放出来。特别是：(1) 注蒸气；(2) 注入热盐水；(3) 火烧油层；(4) 化学剂注入；(5) 降压。

Holder 和 Anger（1982）在降压方案中提出压力降低使水化物不稳定。当水化物分解，它们从周围地层中吸收热量。水化物不断分解直到它们产生足够的气体提升气藏的压力来平衡水化物新的温度下的压力，该温度低于原始值。因此在水化物和周围介质之间产生温度梯度，热量流入水化物。水化物分解速度由热量从周围介质侵入的速度控制或由周围岩石基岩的导热性控制。

如果从水化物中采气，有许多问题需要回答。

(1) 水化物在气藏中存在的形式需要知道。水化物以不同类型（全部为水化物，过水，过冰，与自由气或油结合）和不同形式（块状、层状、分散状或结合状）存在。每种情况对开采方法和经济效益有不同的影响。

(2) 气藏中水化物的饱和度。

(3) 与气体生产有关的几个问题，如孔隙被冰堵塞以及在气体流经生产井时再次形成水化物堵塞井筒。

（4）项目的经济效益也许是从井下水化物聚集区成功采气的最重要的影响因素。

尽管存在上述忧虑，井下水化物显示了几个特性，特别是和其他非常规气藏比较，这增加了它们作为潜在能源的重要性并使它们的将来开发成为可能。这些特性包括水化物形式的气体浓度较高，水化物的沉积量大以及它们在世界范围内广泛存在。

# 3.7　浅层气藏

致密浅层气藏在准确确定储量方面表现出许多独特的挑战。传统方法如递减分析和物质平衡，因为地层的渗透率低和压力数据质量差等而变得不精确。低渗透率导致长时间的不稳定流，常规递减分析没有把它与产量递减分开，导致选择影响采收率和剩余储量的适当的递减特性的可信度低。West 和 Cochrane（1994）用加拿大西部的 Medicine Hat 气田作为这类气藏的例子并建立了一种方法，称为扩展物质平衡方法，来评价气体储量和加密钻井的潜力。

Medicine Hat 气田是致密浅层气藏，目的层是多重夹层的粉质砂岩地层，渗透率低于 0.1mD。低渗透率是这类气藏的主要特点，它影响常规递减分析。由于这些低渗透性和多层混合开采的影响，生产井经历长期的不稳定阶段，才能进入代表它们开采过程中递减部分的拟稳定流。当进行递减分析时，常常被忽略的一个重要假设是必须达到拟稳态。一口井或几组井的初始不稳定生产不是井的长期递减的标志。区分不稳定生产和拟稳态生产通常很难，这能够导致错误地确定井的递减特性（指数递减、双曲线递减或调和递减）。图 3.90 显示一口致密浅层气藏气井的生产历史并说明了选择正确的递减特性的困难。致密浅层气藏另一个影响递减分析的特性是恒定气藏条件，常规递减分析需要的一个假设，实际是不存在的，因为增加采出量，操作策略改变，不规则开发以及管理不严格等。

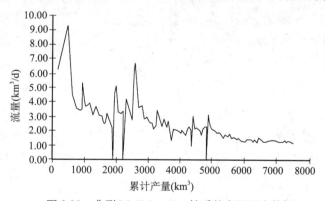

图 3.90　典型 Medicine Hat 性质的产量历史数据

致密浅层气藏影响物质平衡，因为压力数据数量有限、质量不好，并且对大多数井来说没有代表性。在开发浅层气时，因为钻干井的风险很低而中途测井（DSTs）没有成本效益，因此 DSTs 数据非常有限。气藏压力的计量只对政府指定的监测井进行，而这些井只占所有井的 5%。浅层气的开采是对多个地层混合开采，显示出一定的压力均衡。遗憾的是，监测井用油管 / 堵塞器分层，结果监测井的压力数据不能代表多数混采井。另外，压力监测本身的不合理，如变化的测量点（井下或井口）、不合理的关井时间以及不同的分析方法（如压力恢复和静压梯度）使压力定量跟踪很困难。如图 3.91 所示，这两个问题都能导致数据点分散，从而使物质平衡非常困难。

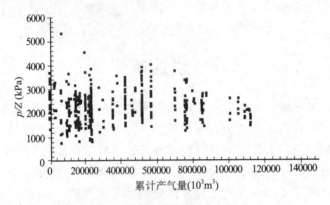

图 3.91　典型 Medicine Hat 的分散压力数据

Medicine Hat 浅层气井一般是一个、两个或三个层全部下套管射孔和压裂完井，随着所有者的变化不仅区域变化，开采层位也变化。Milk River 和 Medicine Hat 层通常混合开采。在历史上，第二个层 White Specks 层与其他两个层分开，而最近三个层全部合采已经被接收。浅层气井的间距是每一部分有二到四口井。

源于气藏的质量差和低压，井的产量非常低。初始产量很少超过 $700 \times 10^3 ft^3/d$。目前三层合采每口井的平均产量大约为 $50 \times 10^3 ft^3/d$。大约有 24000 口井开采阿尔伯塔南部和萨斯喀彻温的 Milk River 地层，气体总储量 $5.3 \times 10^{12} ft^3$。West 和 Cochrane（1994）建立了一种迭代方法，称为扩展物质平衡 "EMB"，来确定 Medicine Hat 气田 2300 口井的气体储量。

在气藏压力数据不足时，EMB 技术是得到气藏适当的 $p/Z$ 与 $G_p$ 的函数曲线的一个基本迭代过程。它把封闭气藏的衰减原理和气体产能方程联合起立。气体径向流产能方程描述了井底压力差与井的气体流量的关系：

$$Q_g = C\left(p_r^2 - p_{wf}^2\right)^n \tag{3.260}$$

由于 Medicine Hat 浅层气田的井产量非常低，流态为层流，可以用指数 $=1$ 来描述。构成方程（3.260）的常数 $C$ 的项既可是气藏的不随时间变化的固定参数（$Kh$，$r_e$，$r_w$ 和 $T$），也可是随压力、温度和气体组分波动的项，即 $\mu_g$ 和 $Z$。动态参数 $C$ 表示为：

$$C = \frac{Kh}{1422T\mu_g Z\left[\ln\left(r_e/r_w\right) - 0.5\right]} \tag{3.261}$$

因为这些浅层的原始地层压力低，原始地层压力与废弃压力之间的差很小，与压力有关的项随时间的变化可以忽略。在给定的 Medicine Hat 浅层气藏的开发中，$C$ 可看做常数。通过这些简化，产能方程变为：

$$Q_g = C\left(p_r^2 - p_{wf}^2\right) \tag{3.262}$$

不同时间的瞬时产量求和将得到 $G_p$ 和气藏压力的关系式，类似于 MBE。利用这个常用关系式，在不知道气藏压力 $p$ 和动态常数 $C$ 的情况下，EMB 法采取迭代法找到 $p/Z$ 与 $G_p$ 的正确关系式并给出不同时间的常数 $C$。迭代方法应用的步骤如下。

步骤 1：为了避免计算 2300 口井每口井储量，West 和 Cochrane（1995）根据开发的层位和日期把井分组。作者在一个试验组通过确保井组储量等于单井的储量和对这个简化进行了验证。这些井组用于计算 10 个性质参数中的每一个，然后把这些组的计算结果联合得到性质参数的预测。为了更准确计算气藏递减特性，规格化产量来反映井底流动压力（BHFP）的变化。

步骤 2：利用气体相对密度和气藏温度，计算气体压缩系数 $Z$ 与压力的函数并绘制 $p/Z$ 与 $p$ 的直角坐标图形。

步骤 3：$p/Z$ 随 $G_p$ 变化的最初计算是通过假定一个原始压力 $p_i$ 和方程（3.59）的线性斜率 $m$ 进行的。

$$\frac{p}{Z} = \frac{p_i}{Z_i} - [m] G_p$$

斜率 $m$ 确定为：

$$m = \left( \frac{p_i}{Z_i} \right) \frac{1}{G}$$

步骤 4：从最初产量开始计算性质参数，因为实际累计产量 $G_p$ 和时间的函数关系已知，把实际累计产量 $G_p$ 和计算的斜率 $m$ 以及 $p_i$ 带入 MBE 建立 $p/Z$ 与时间的关系式。根据步骤 2 中 $p/Z$ 与 $p$ 的函数关系构建气藏压力 $p$ 与时间的函数关系。

步骤 5：已知实际累计产量 $Q_g$、每个月的井底流动压力 $p_{wf}$ 和步骤 3 中的气藏压力计算值，利用方程（3.262）计算每个时间间隔的 $C$。

$$C = \frac{Q_g}{p^2 - p_{wf}^2}$$

步骤 6：绘制 $C$ 与时间的函数曲线。如果 $C$ 不是常数（即曲线不是水平线），假定一个新的 $p/Z$ 与 $G_p$ 的函数关系，重复步骤 3 到步骤 5。

步骤 7：一旦得到常数 $C$，表示计算储量的 $p/Z$ 的关系式已经确定。

在 Medicine Hat 浅层气藏应用 EMB 方法所做的基本假设——气藏封闭开采（没有水侵）和所有井的动态与平均井的动态相近，有相同的产能常数、紊流常数和井底流动压力，在给定该区域的井数、岩石的均质性和观察井的生产趋势的情况下，这是一个合理的假设。

在 EMB 方程，West 和 Cochrane 指出计算每个性质参数的井根据生产间隔组合，因此这些井的实际产量可以和特定的气藏压力趋势联系起来。当按照上述步骤计算系数 $C$ 时，按照组的产量计算一个总的 $C$，然后除以在给定时间间隔内生产的井数，得到 $C$ 的平均值。该值用于计算平均渗透率 / 厚度，即 $Kh$，与气藏压力恢复分析得到的实际 $Kh$ 比较：

$$Kh = 1422T\mu_g Z\left[\ln(r_e/r_w) - 0.5\right]C$$

为此，在该方法中绘制 $Kh$ 与时间的曲线，而不绘制 $C$ 与时间的曲线。图 3.92 显示了 $Kh$ 与时间扁平曲线，表明 $p/Z$ 与 $G_p$ 的函数关系有效。

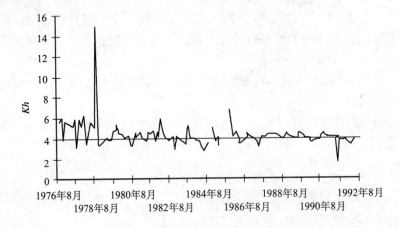

图 3.92　EMB 解的成功例子——扁平的 $Kh$ 分布

## 问　题

（1）密闭气藏的数据如下：

气藏原始温度 $T_i = 155°F$，气藏原始压力 $p_i = 3500\text{psia}$，气体相对密度 $\gamma_g = 0.65$（空气 =1），气藏厚度 $h = 20\text{ft}$，气藏孔隙度 $\phi = 10\%$，原始含水饱和度 $S_{wi} = 25\%$。

生产 $300 \times 10^6\text{ft}^3$ 后，气藏压力降至 2500psia 计算气藏面积。

（2）天然气藏的压力和累计产气量数据如下。

| $p$(psia) | $Z$ | $G_p$ （$10^9\text{ft}^3$） |
| --- | --- | --- |
| 2080 | 0.759 | 0 |
| 1885 | 0.767 | 6.873 |
| 1620 | 0.787 | 14.002 |
| 1250 | 0.828 | 23.687 |
| 888 | 0.866 | 31.009 |
| 645 | 0.900 | 36.207 |

①计算天然气原始地质储量。

②废弃压力为 500psia，计算可采储量，假设 $Z_a = 1.00$。

③废弃压力为 500psia 时的采收率是多少？

(3) 活跃水驱气田10个月内气压从3000psia 降至 2000psia。根据下列生产数据，拟合生产过程并计算气藏原始油气储量，假设在给定气藏压力范围内，$T = 140°F$ 时 $z=0.8$。

| | | | 数值 | | |
|---|---|---|---|---|---|
| $t$（月） | 0 | 2.5 | 5.0 | 7.5 | 10.0 |
| $p$（psia） | 3000 | 2750 | 2500 | 2250 | 2000 |
| $G_p$（$10^6$ft$^3$） | 0 | 97.6 | 218.9 | 355.4 | 500.0 |

(4) 一个封闭气藏，产出相对密度为 0.62 的天然气 $600 \times 10^6$ft$^3$ 后压力由 3600psi 降到 2600psi。气藏温度 140°F。计算：①天然气原始地质储量；②废弃压力为 500psi 时的剩余储量；③废弃压力下的最终产气量。

(5) 水驱气藏的数据如下：

总体积 = 100000acre·ft，气体相对密度 = 0.6，孔隙度 = 15%，$S_{wi} = 25\%$，$T = 140°F$，$p_i = 3500$psi。

产出 $30 \times 10^9$ft$^3$ 的气体后气藏压力降到 3000psi，且无水产出。计算累计水侵量。

(6) Mobile-David 气田的相关数据如下：

$G = 70 \times 10^9$ft$^3$，$p_i = 9507$psi，$f = 24\%$，$S_{wi} = 35\%$，$c_w = 401 \times 10^{-6}$psi$^{-1}$，$c_t = 3.4 \times 10^{-6}$psi$^{-1}$，$\gamma_g = 0.74$，$T = 266°F$。

对于该密闭异常压力气藏，计算并绘制累计产气量与压力的函数关系。

(7) 一口气井在恒定井底流动压力 1000psi 下生产。产出气体的相对密度是 0.65。已知：$p_i = 1500$psi，$r_w = 0.33$ft，$r_e = 1000$ft，$K = 20$mD，$h = 20$ft，$T = 140°F$，$s = 0.40$。

利用下列方法计算气体流量：①真实气体拟压力方法；②压力平方法。

(8) 气井回压试井得到的数据如下。

| $Q_g$（$10^3$ft$^3$/d） | $p_{wf}$（psi） |
|---|---|
| 0 | 481 |
| 4928 | 456 |
| 6479 | 444 |
| 8062 | 430 |
| 9640 | 415 |

①计算 $C$ 和 $n$ 的值。

②确定 $AOF$。

③绘制气藏压力为 481psi 和 300psi 时的 IPR 曲线。

（9）回压试井数据如下。

| $Q_g$ ($10^3$ft³/d) | $p_{wf}$ (psi) |
|---|---|
| 0 | 5240 |
| 1000 | 4500 |
| 1350 | 4191 |
| 2000 | 3530 |
| 2500 | 2821 |

已知：气体相对密度 = 0.78，孔隙度 = 12%，$S_{wi}$ = 15%，$T$ = 281°F。

①利用下列方法绘制目前的 IPR 曲线。

a. 简化的回压方程。

b. 层流 – 惯性 – 紊流（LIT）法：压力平方法、压力法、拟压力法。

②气藏压力为 4000psi 时重复步骤①。

（10）一口水平气井深 3000ft，开采面积大约为 180acre。已知：$p_i$ = 2500psi，$p_{wf}$ = 1500psi，$K$ = 25mD，$T$ = 120°F，$r_w$ = 0.25，$h$ = 20ft，$\gamma_g$ = 0.65。

计算气体流量。

（11）已知 CBM 气田煤样的吸附等温数据如下。

| $p$ (psi) | $V_m$ (ft³/t) |
|---|---|
| 87.4 | 92.4 |
| 140.3 | 135.84 |
| 235.75 | 191.76 |
| 254.15 | 210 |
| 350.75 | 247.68 |
| 579.6 | 318.36 |
| 583.05 | 320.64 |
| 869.4 | 374.28 |
| 1151.15 | 407.4 |
| 1159.2 | 408.6 |

计算朗格缪尔的等温常数 $V_m$ 和朗格缪尔的压力常数 $b$。

（12）一个干气气田的生产数据如下：

| $q_t$ （$10^6$ft³/d） | $G_p$ （$10^6$ft³） | $q_t$ （$10^6$ft³/d） | $G_p$ （$10^6$ft³） |
|---|---|---|---|
| 384 | 19200 | 249.6 | 364800 |
| 403.2 | 38400 | 236.4 | 422400 |
| 364.8 | 57600 | 220.8 | 441600 |
| 370.8 | 115200 | 211.2 | 460800 |
| 326.4 | 192000 | 220.8 | 480000 |
| 297.6 | 288000 | | |

计算：

①当气体流量达到 $100 \times 10^6$ft³/d 未来累计产气量。

②达到 $100 \times 10^6$ft³/d 需要的时间。

（13）一口气井的生产数据如下：

| 时间 | $T$ （月） | $q_t$ （$10^6$ft³/ 月） |
|---|---|---|
| 1/1/2000 | 0 | 1017 |
| 2/1/2000 | 1 | 978 |
| 3/1/2000 | 2 | 941 |
| 4/1/2000 | 3 | 905 |
| 5/1/2000 | 4 | 874 |
| 6/1/2000 | 5 | 839 |
| 6/1/2000 | 6 | 809 |
| 8/1/2000 | 7 | 778 |
| 9/1/2000 | 8 | 747 |
| 10/1/2000 | 9 | 722 |
| 11/1/2000 | 10 | 691 |
| 12/1/2000 | 11 | 667 |
| 1/1/2001 | 12 | 641 |

①利用前六个月的数据确定递减曲线方程的 系数；

②预测从 2000 年 8 月 1 日到 2001 年 1 月 1 日的流量和累计产气量，

③假设经济界限为 $20 \times 10^6 \text{ft}^3/$ 月，计算达到经济界限的时间和对应的累计产气量。

（14）一口气井的体积计算表明天然气最终可采储量 $G_{pa}$ 是 $18 \times 10^6 \text{ft}^3$。通过与同区块其他井类比，得到该井的下列数据：

①指数递减。

②允许产量 $= 425 \times 10^6 \text{ft}^3/$ 月。

③经济界限 $= 20 \times 10^6 \text{ft}^3/$ 月。

④额定递减率 $= 0.034 \text{ft}^3/$ 月。

⑤计算该井的年产量动态。

（15）一口气井的生产数据如下：

$p_i = 4100\text{psi}$，$p_{wf} = 400\text{psi}$，$T = 600°\text{R}$，$h = 40\text{ft}$，$\phi = 0.10$，$S_{wi} = 0.30$，$\gamma_g = 0.65$。

| $T$ (d) | $q_t$ $(10^6\text{ft}^3/\text{d})$ |
|---|---|
| 0.7874 | 5146 |
| 6.324 | 2.108 |
| 12.71 | 1.6306 |
| 25.358 | 1.2958 |
| 50.778 | 1.054 |
| 101.556 | 0.8742 |
| 248 | 0.6634 |
| 496 | 0.49042 |
| 992 | 0.30566 |
| 1240 | 0.24924 |
| 1860 | 0.15996 |
| 3100 | 0.07874 |
| 6200 | 0.02232 |

计算天然气原始地质储量和泄油面积。

（16）800psia 下气体相对密度 0.7。当游离水存在时，在没有水化物形成的前提下，温度能够降低到什么程度？

（17）气体相对密度 0.75，存在温度 70°F。压力高于多少时将会有水化物形成？

（18）相对密度 0.76 的气体压力 1400psia，温度 110°F。气体能够膨胀到什么程度而没有水合物形成？

# 4 油藏动态

每一个油藏都是由几何形状、地质岩石特征、流体特征以及一次采油驱动机理的独特组合构成。尽管没有两个油藏在各方面都相同，但是仍可根据它们一次采油的机理进行分组。通过观察，每一种驱动机理都有某种典型的动态特性：（1）最终采收率；（2）压力递减速度；（3）气油比；（4）产水量。

利用任一天然能量驱动机理进行原油开采被称为"一次采油"。一次采油是指在不采取任何处理方法（如流体注入）来补充油藏的天然能量的情况下，从油藏开采油气。

本章的两个主要宗旨是：（1）介绍并详细讨论各种一次采油机理和它们对所有油藏动态的影响；（2）给出物质平衡方程的基本原理和其他可用于预测油藏体积动态的关系式。

## 4.1 一次采油机理

为了正确掌握油藏动态和预测将来动态，有必要了解控制油藏流体动态的驱动机理。

油藏的所有动态很大程度取决于可获得的、把油驱到井眼的天然能量，即驱动机理。主要有六种为油藏提供天然能量的驱动机理：（1）岩石和液体的膨胀驱动；（2）溶解气驱；（3）气顶驱动；（4）水驱动；（5）重力驱动；（6）混合驱动。下面介绍这六种驱动机理。

### 4.1.1 岩石和液体膨胀

当一个油藏原始压力高于它的饱和压力时，该油藏被称为"不饱和油藏"。在压力高于饱和压力时，现存的物质是原油、原生水和岩石。随着油藏压力的降低，岩石和流体由于它们各自的压缩性而膨胀。油藏岩石压缩性是下面两个因素作用的结果：

（1）每个岩石晶粒的膨胀；

（2）地层压实。

这两个因素都是孔隙内流体压力降低的结果，并且二者都是通过孔隙度的降低来减少孔隙体积。

当随着油藏压力降低出现流体膨胀和孔隙体积减小时，原油和水被迫流出孔隙空间进入井眼。因为液体和岩石只是微可压缩，油藏将会经历一个快速的压力递减。这种驱动机理下的油藏具有气油比恒定的特点，且气油比等于饱和压力下的气体溶解度。

这种驱动机理被认为是效率最低的驱动，并且通常导致采出量占原油总地质储量的百分数很小。

### 4.1.2 溶解气驱动机理

这种类型的油藏，主要能量来源是随着油藏压力的降低气体从原油中逸出以及溶解气膨胀。当压力降到饱和压力以下时，气泡在微孔隙空间内被释放出来。这些气泡膨胀并迫

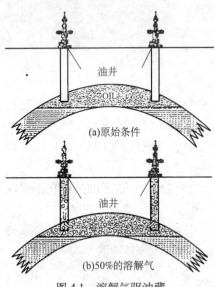

图 4.1　溶解气驱油藏

使原油流出孔隙空间，如图 4.1 所示。

Cole（1969）提出溶解气驱油藏的确定可根据下列特征。

（1）压力动态：油藏压力快速并且连续不断地下降。这种油藏压力动态归因于没有外来流体或气顶补充气体和油的采出。

（2）产水量：没有水驱动意味着在整个油藏开采期将会有很少或没有水量随油产出。

溶解气驱油藏的特点是所有井的气油比快速增加，与它们的结构位置无关。在油藏压力降到饱和压力以下后，整个油藏内的气体从溶液中析出。一旦气体饱和度超过临界气体饱和度，自由气开始流向井眼，并且气油比增加。由于重力作用，气体也将开始垂向移动。它会引起次生气顶的形成。垂向渗透率是次生气顶形成过程中的一个重要因素。

（3）独特的原油开采：溶解气驱开发通常是效率最低的开采方法。这是整个油藏中形成气体饱和的直接结果。溶解气驱油藏的最终原油采收率可能会从小于 5% 到大约 30% 之间变化。这类油藏的低采收率意味着会有大量原油残留在油藏，所以，溶解气驱油藏被认为是二次采油应用的最好选择对象。

在溶解气驱油藏开采过程中出现的上述特征趋势如图 4.2 所示，并总结如下。

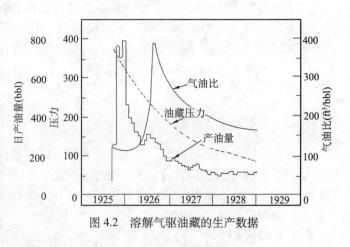

图 4.2　溶解气驱油藏的生产数据

| 特　征 | 趋　势 |
|---|---|
| 油藏压力 | 不断快速下降 |
| 气油比 | 增加到最大值然后下降 |
| 产水量 | 无 |
| 油井动态 | 在早期阶段需要泵抽 |
| 原油采收率 | 5% ~ 30% |

### 4.1.3　气顶驱动

气顶驱动油藏可以根据有气顶存在且有少量水或没有水驱动来确定，如图 4.3 所示。这些油藏的特点是气顶的膨胀能使油藏压力下降缓慢。生产原油可用的天然能量来源于下列两种途径。(1) 气顶气膨胀；(2) 析出的溶解气膨胀。

Cole (1969) 和 Clark (1969) 对气顶驱动油藏相关的特征趋势进行了综合评价。这些特征趋势总结如下。

(1) 油藏压力：油藏压力持续缓慢下降。与溶解气驱油藏比较，压力趋于被维持在较高的水平。压力维持程度取决于气顶气的体积与油的体积比。

(2) 产水量：没有或很少的产水量。

(3) 气油比：构造顶部井的气油比不断增加。当膨胀的气顶到达构造顶部井的开采层段时，受影响的井的气油比将增加到很高的数值。

(4) 油的最终采收率：依靠气顶膨胀采油实际上是一种前缘驱替的驱动机理，它的采收率高于溶解气驱油藏的采收率。这种高采收率也归因于同一时间在整个油藏中没有形成气体饱和的事实。图 4.4 显示了在油藏开发不同时期油气界面的相对位置。预期油的采收率范围介于 20% ~ 40%。

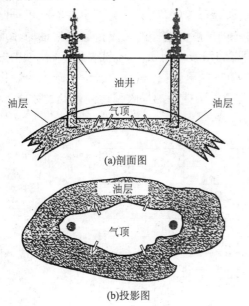

(a)剖面图

(b)投影图

图 4.3　气顶驱动油藏

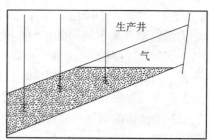

(a)原始流体分布

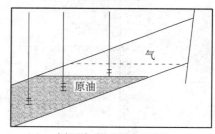

(b)原油采出导致气顶膨胀

图 4.4　气顶驱动油藏

气顶驱动油藏原油最终采收率的变化很大程度上取决于下列六种参数。

(1) 原始气顶的大小：如图 4.5 所示，原油最终采收率随着气顶大小的增加而增加。

(2) 垂向渗透性：好的垂向渗透性允许原油向下移动且绕流气体很少。

(3) 油的黏度：随着油黏度的增加，气体的绕流量也将会增加，这将会导致较低的原油采收率。

(4) 气体合理利用程度：为了合理利用

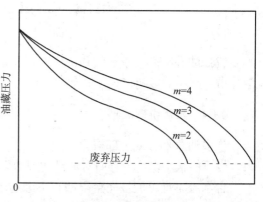

图 4.5　气顶大小对原油最终采收率的影响

气体，从而增加原油最终采收率，有必要关闭产气量过高的油井。

(5) 原油产量：当油藏压力随着开采降低时，溶解气从原油中逸出，气体饱和度不断增加。如果气体饱和度超过临界气体饱和度，逸出的气体在油区中开始流动。因此在油区产生流动的气相，就会出现下面两种情况：①由于气体饱和度增加，原油的有效渗透率将会降低；②气体有效渗透率将会增加，从而气体的流动增加。

如果没有恢复压力的保障措施，那么无法阻止油区中自由气饱和的形成。所以，为了从气顶驱动开采机理中获得最大的效益，必须保持油区中的气体饱和度绝对最小。这将通过利用流体的重力分异来完成。事实上，一个有效开发的气顶驱动油藏也必须有一个有效的重力分异驱动。当含气饱和在油区形成，必须使其向构造顶部移动到气顶。因此，气顶驱动油藏实际是一个混合驱动油藏，尽管人们常常不这样认为。

较低的产量会允许油区中大量的自由气向气顶移动。因此，气顶驱动油藏对速度很敏感，较低的产量通常使采收率增加。

(6) 倾角：气顶大小决定了整个油田的采收率。当气顶被认为是主要驱动机理时，它的大小是衡量原油开采可利用的油藏能量的一种尺度。这样的采出量将是原油原始地质储量的 20% ~ 40%，但是如果出现一些其他的有利因素，例如，较陡的倾角将使油很好地流到结构底部，可获得相当高的采收率（高达 60% 或更多）。相反，无论气顶大小，极小的油流（在生产井发生气顶推进的早期突破）都可能会使原油采收率达到很低的数值。图 4.6 显示了气顶驱动油藏的典型产量和压力数据。

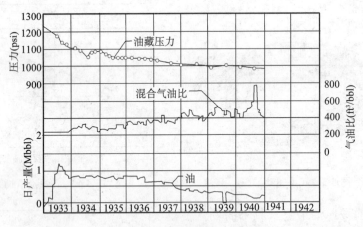

图 4.6　气顶驱动油藏的生产数据

(7) 油井动态：由于气顶膨胀对保持油藏压力的影响，以及液体从井中被采出过程中液柱质量减小的影响，气顶驱动油藏会比溶解气驱油藏流动的时间更长。

### 4.1.4　水驱机理

许多油藏部分或全部被含水层包围。含水层可能很大，与相邻的油藏相比可看做无穷大，也可能很小以至于它们对油藏动态的影响可以忽略。

含水层本身可能被完全限制在不渗透的岩石内，以至于油藏和含水层一起形成一个封闭的单元。相反，油藏可能在一个或多个地方有露头，在这里它会被地表水补给，如图 4.7

所示。

　　在讨论水侵油藏时，常常提到边水和底水。底水直接在油的下面而边水则在原油边缘结构的侧面。如图 4.8 所示。忽略水的来源，水驱源于水流入最初被原油占据的孔隙空间，代替了原油并驱动原油流向生产井。

　　Cole（1969）对一些特性参数进行下列讨论，这些参数可用于确定水驱机理。

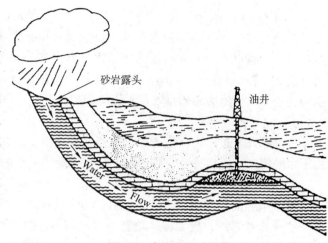

图 4.7　自流水驱动油藏

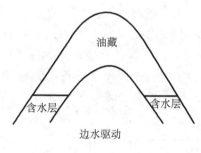

图 4.8　含水层几何形态

#### 4.1.4.1　油藏压力

　　油藏压力的下降通常是循序渐进的。图 4.9 表示了一个典型水驱油藏的压力 – 产量数据。油藏压力下降 1psi，产出几千桶原油是很普遍的。油藏压力递减小的原因是从油藏中采出的油气几乎全部被侵入到油区的等体积的水所替代。在美国 Gulf Coast 地区的几个大型油藏有非常活跃的水驱以至于生产上百万桶原油，油藏压力只降低大约 1psi。尽管经常绘制压力数据与累计产油量的图形，但是应该明白油藏流体的总采出量是油藏压力保持的重要依据。在水驱油藏，油藏中的单位压力降只能使一定数量的水进入油藏。由于主要经济收入来源于原油，如果水和气的采出量能够最小，那么在最小压力降下油藏中油的采出量就能够最大。因此，把水和气的产量降到最小是极其重要的。这可通过关闭生产大量水和气的油井来完成，而把它们可能产的油传送到水油比和气油比很低的生产井。

#### 4.1.4.2　产水量

　　早期产出过多的水量发生在结构底部的油井。这是水驱油藏的特点，假如水以同样

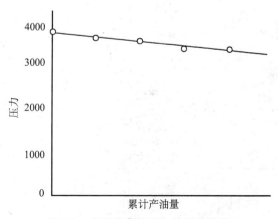

图 4.9　水驱油藏的压力 – 产量数据

的方式侵入，那么没有可能或没有必要限制这种侵入，因为水可能提供最有效的驱替机理。如果油藏中有一个或多个渗透率非常高的透镜体，那么水可能会流过这个渗透性较高的区域。在这种情况下，关闭高渗透区产水井在经济上是可行的补救措施。应该意识到，在多数情况下，被结构底部油井开采的原油将被结构位置较高的油井开采，减少结构底部油井水油比的补救措施的任何投入都是没有必要的开支。

### 4.1.4.3  气油比

在油藏开发过程中，生产气油比通常变化很少。如果油藏没有原始自由气顶更会如此。由于水的侵入，压力将会保持，因此只有少量气体从溶剂中被释放。

### 4.1.4.4  最终原油采收率

通常水驱油藏的最终采收率比其他开采机理的采收率高很多。采收率取决于水驱替原油时的洗油效率。一般而言，随着油藏非均质性的增加，由于驱替水的不均匀突进，采收率将会降低。在高渗透率区域水突进的速度通常较快。这导致早期高水油比以及随之而来的早期经济界限。如果油藏或多或少是均匀的，水突进前缘将会更一致。当由于高水油比而达到经济限制时，油藏的大部分区域已经被突进水扫过。

原油最终采收率也受水驱活跃程度的影响。非常活跃的水驱，压力保持的程度较好，如果开发过程中最大限度利用水的驱替作用，溶解气的作用将会降到几乎为零。这将得到油藏的最大原油采收率。原油最终开采量是原始地质储量的 35% ~ 75%。水驱油藏的特性趋势如图 4.10 所示，总结如下。

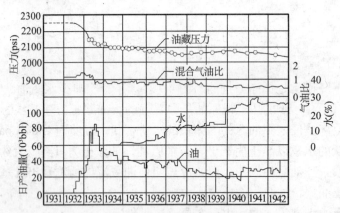

图 4.10  水驱油藏的产量

| 特性参数 | 趋　势 |
| --- | --- |
| 油藏压力 | 保持高 |
| 地面气油比 | 保持低 |
| 产水量 | 开始早并增加到很大量 |
| 油井动态 | 流动直到产水量过高 |
| 预期原油采收率 | 35% ~ 75% |

### 4.1.5  重力驱动

油藏中重力驱动的机理是由于油藏流体密度的不同。重力的影响可以通过把一些原油和一些水放在一个罐子里进行搅拌来简单说明。搅拌后，罐子放置一会，高密度液体（水）将会沉降到罐子的底部，而低密度液体（原油）将会在密度较高的液体上面。由于重力的影响，流体被分开。

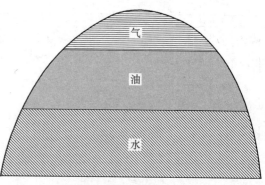

图 4.11    油藏流体原始分布

油藏中的流体由于重力作用已经被分开，流体的相对位置可以证明，即气体在上，油在气体下，而水在油下。油藏流体的相对位置如图 4.11 所示。由于原油积累和运移的时间较长，所以一般假设油藏流体是均衡的。如果油藏流体是均衡的，那么气－油和油－水界面应该基本是水平的。尽管很难准确地确定油藏流体的界面，但最可用的数据表明，大多数油藏流体界面基本是水平的。

流体的重力分异作用在一定程度上可能出现在所有油藏，但它有助于原油开采。

Cole（1969）提出在重力驱动开采机理作用下油藏开发具有以下特点。

### 4.1.5.1    油藏压力

压力递减速度主要取决于气体的有效利用量。严格地说，当气体被有效利用，油藏压力被保持，油藏是在气顶驱和重力驱机理共同作用下开发。因此，只有重力驱作用开发的油藏，油藏压力快速递减。这将使逸出的气体向结构顶部运移，并被结构位置较高油井采出，导致压力快速降低。

### 4.1.5.2    气油比

典型重力驱油藏，构造位置较低的油井气油比较低。这是因为流体重力分异，逸出的气体向结构顶部运移。相反，构造位置较高的油井，由于原油中释放的气体向结构顶部运移，气油比增加。

### 4.1.5.3    次生气顶

在原始不饱和油藏中可以发现次生气顶。很明显，只有油藏压力降到饱和压力以下时，重力驱动机理才起作用。因为在饱和压力以上，油藏中没有自由气。

### 4.1.5.4    产水量

重力驱动油藏有很少或没有产水量。产水基本上是水驱油藏的标志。

### 4.1.5.5    最终原油采收率

重力驱油藏的最终采收率变化很大，主要取决于单一重力驱的内能消耗范围。重力驱效果好的油藏，或控制产量较好能够最大程度利用重力的油藏，采收率会很高。据报道这种情况的重力驱油藏采收率已经超过 80%。在原油开采过程中溶解气驱也起很大作用的油藏，原油采收率将会减小。

在重力驱油藏的开发过程中，井眼附近的原油饱和度必须保持尽可能地高。这样要求有如下两个明显原因：

（1）高的原油饱和度意味着较高的原油流速；

（2）高的原油饱和度意味着较低的气体流速。

如果使释放的溶解气向构造顶部运移而不是流向井眼，那么可以保证井眼附近原油饱

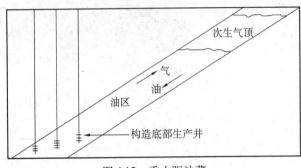

图 4.12　重力驱油藏

和度高。

为了最大限度地利用重力驱开采机理，油井的结构位置应尽可能低。这将使油藏气体得到最有效的利用。图 4.12 显示了一个典型的重力驱油藏。

正如 Cole（1969）讨论的一样，影响重力驱油藏最终采收率的因素有如下 5 种。

（1）倾斜方向的渗透率：良好的渗透性，尤其在垂直方向和原油运移方向，是有效重力驱的先决条件。例如，一个有很少构造起伏的油藏，同时还包含或多或少的连续页岩断点，不可能利用重力驱开发，因为原油不会流到结构底部。

（2）油藏倾角：大多数油藏，在倾斜方向的渗透率要比垂直倾斜方向的渗透率大。因此，随着油藏倾角的增加，原油和气体能够沿着倾斜方向（也是渗透率最大的方向）流动直至到达它们预期的构造位置。

（3）油藏产量：由于重力驱产量受限，油藏产量应该限制在重力驱产量以下，将得到最大的采收率。如果油藏产量超过重力驱产量，溶解气驱开采机理将变得明显，结果最终采收率降低。

（4）原油黏度：原油黏度很重要，因为重力驱产量取决于原油黏度。在流体流动方程中，随着黏度的降低，流量增加。因此，随着油藏原油黏度降低，重力驱产量将会增加。

（5）相对渗透特性：为了有效开发重力驱油藏，气体必须沿结构向上流动而原油沿结构向下流动。虽然这种状态涉及气体和原油的对流，两种流体都在流动，因此地层的相对渗透率特性非常重要。

### 4.1.6　混合驱动机理

最常遇到的驱动机理是水和自由气在一定程度上都驱替原油流向生产井。因此，最普遍的驱动类型是混合驱动机理，如图 4.13 所示。

在混合驱油藏中常出现的两种驱动力组合：（1）溶解驱动和弱水驱动；（2）有小气顶和弱水驱的溶解气驱动。

另外，重力分异也在这两种驱动类型中的一种中扮演重要角色。一般来说，混合驱油藏的识别可以通过下列一些因素的综合发生。

#### 4.1.6.1　油藏压力

这类油藏常常经历相对快速的压力降低。水侵和 / 或外部气顶膨胀不足以维持油藏压力。

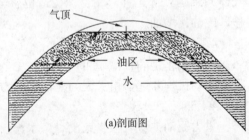

(a)剖面图

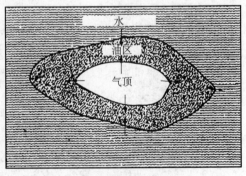

(b)投影图

图 4.13　混合驱动油藏

#### 4.1.6.2  产水量
结构位置接近原始油水界面的生产井，由于相邻含水层的水侵量增加将会慢慢呈现水产量增加。

#### 4.1.6.3  气油比
如果一个小的气顶出现，假设气顶在膨胀，那么结构位置高的油井会显示出气油比不断增加。由于过量的自由气被采出，气顶有可能会收缩，在这种情况下，结构位置高的油井会显示出气油比降低。无论如何都应该避免这种情况，因为气顶收缩会导致大量的原油损失。

#### 4.1.6.4  最终原油采收率
因为总采出油量的大部分可能是源于溶解气驱，随着压力的降低，由于整个油藏内溶解气从原油中逸出，所以结构位置低的油井的气油比也将不断增加。混合驱油藏的最终采收率常常比溶解气驱油藏的采收率大，但要比水驱油藏或气顶驱油藏的小。实际采收率取决于溶解气驱可能降低采收率的程度。大多数混合驱油藏，采取一些压力维持措施在经济上是可行的。注气、注水或气和水都注，这取决于流体的可用性。

## 4.2  物质平衡方程

物质平衡方程（MBE）长期以来被看做是油藏工程师解释和预测油藏动态的基本工具。
（1）计算油气原始地下体积。
（2）预测油藏压力。
（3）计算水侵量。
（4）预测将来油藏动态。
（5）预测各类一次驱动机理下油气的最终采收率。

尽管在多数情况下，可以用 MBE 同时计算油气原始体积和水侵量，但通常一个或另一个必须从不依赖于物质平衡计算的其他数据或方法中得到。计算值的准确程度取决于数据的可靠性和油藏特性是否满足建立 MBE 时所做的假设。建立这个方程是为了计算油藏中注入、采出和积累的量。

MBE 理论由 Schilthuis 在 1936 年提出，以体积平衡理论为基础。它表明油藏流体的累计采出量等于流体膨胀、孔隙体积压实和水侵的综合作用。方程以最简单的体积形式表示为：

$$原始体积 = 剩余体积 + 采出体积$$

由于油、气和水都存在于油藏中，所以 MBE 可以用总流体或任一流体表示。下面详细介绍 MBE 的三种不同形式。
（1）通用的 MBE。
（2）MBE 的直线方程形式。
（3）Tracy 的 MBE 形式。

# 4.3　通用的 MBE

MBE 把油藏看做是单层且岩石性质均匀，可以用平均压力描述，即在开发过程中的任一时刻整个油藏的压力没有变化。因此 MBE 通常被看做是罐形模型或零维模型。这些假设当然是不现实的，因为油藏通常都是不均匀的且整个油藏的压力有很大的变化。然而，已经表明如果准确的平均压力和产量可用，罐型模型多数情况下能准确预测油藏动态。

## 4.3.1　MBE 中基本的假设

MBE 反映油藏开发过程中的某一时期进入、产出或积累在某一区域的所有物质。MBE 计算的薄弱环节是在开发早期当流体移动受限或是压力改变小的时候所做的一些基本假设。不均匀开发和油藏局部开发带来了准确性问题。MBE 的基本假设如下。

### 4.3.1.1　恒温

假设油藏内压力－体积变化，没有任何温度变化。如果温度发生了变化，这种变化通常非常小可以忽略不计，而不会产生明显的误差。

### 4.3.1.2　油藏特性

油藏有均匀的孔隙度、渗透率和厚度特性。另外，整个油藏中气－油界面或油－水界面的移动是均匀的。

### 4.3.1.3　流体采收率

通常认为流体采收率与产量、油井数量或油井位置无关。当用来预测未来油藏动态时，时间因素不用物质平衡表示。

### 4.3.1.4　压力平衡

油藏各部分的压力相同，所以整个油藏的流体性质恒定。井筒附近的微小变化通常可能忽视。油藏中相当大的压力变化可能引起严重的计算错误。

假设 PVT 样本或数据组代表了实际流体组分，而且采用了可靠的和具有代表性的实验室步骤。值得注意的是，大多数物质平衡假设不同的开采数据代表了油藏流动，而且假设分离器闪蒸数据可用来将井眼条件校正到地面条件。重油 PVT 处理方法只将体积变化和温度、压力联系起来。它们不适用于挥发性油藏或凝析气油藏，因为在这样的油藏中组分也很重要。可以采用特殊的实验室程序来改进 PVT 数据以适用于挥发性流体。

### 4.3.1.5　恒定油藏体积

除了岩石和水膨胀或水侵等情况在方程中被特别考虑之外，油藏体积假设是恒定的。地层通常被认为足够强，就是在当油藏内部压力降低、上覆岩层压力使地层移动或再沉积的过程中也不会发生明显的体积变化。体积恒定的假设也与方程应用的区域有关。

### 4.3.1.6　可靠的产量数据

同一时期的所有产量数据都应该记录。如果有可能，气顶和溶解气产量也应该分别记录。

气和油的重力测量应该与流体的体积数据一同记录。有些油藏需要更详细的分析和解物质平衡方程求体积参数。产出流体的重力将有助于选择体积参数，而且也有助于求流体性质参数的平均值。为了应用 MBE 进行可靠的油藏计算，有三种基本产量数据必须记录。

（1）原油产量数据，即使是为了求性质参数而不是为了投资，原油产量数据常常从各种渠道获得且相当可靠。

（2）气体产量数据正变得更加有用和可靠，因为这种商品的市场价值在增加。遗憾的是，在燃气的地方，产量数据将变得更具有争议。

（3）水的净采出量。

### 4.3.1.7　构建 MBE

在推导物质平衡方程之前，用简短的符号表示某一项是很方便的。使用的符号要尽可能与石油工程师学会采用的标准术语一致。

$p_i$——原始油藏压力，psi ；

$p$——油藏体积平均压力；

$\Delta p$——油藏压力的变化 $=p_i-p$，psi ；

$p_b$——饱和压力，psi ；

$N$——原始原油地质储量，bbl ；

$N_p$——累计产油量，bbl ；

$G_p$——累计产气量，ft³ ；

$W_p$——累计水产量；

$R_p$——累计气油比，ft³/bbl ；

$GOR$——瞬时气油比，ft³/bbl ；

$R_{si}$——原始气体溶解度，ft³/bbl ；

$R_s$——气体溶解度，ft³/bbl ；

$B_{oi}$——原始原油地层体积系数，bbl/bbl ；

$B_o$——原油地层体积系数，bbl/bbl ；

$B_{gi}$——原始气体地层体积系数，bbl/ft³ ；

$B_g$——气体地层体积系数，bbl/ft³ ；

$W_{ing}$——累计注水量，bbl ；

$G_{inj}$——累计注气量，ft³ ；

$W_e$——累计水侵量，bbl ；

$m$——气顶气原始油藏体积与原油原始油藏体积之比，bbl/bbl ；

$G$——原始气顶气，ft³ ；

PV——孔隙体积，bbl ；

$c_w$——水压缩系数，psi⁻¹ ；

$c_f$——地层（岩石）压缩系数，psi⁻¹。

有几个物质平衡计算需要把总孔隙体积（PV）用原油原始体积 $N$ 和气顶体积表示。把参数 $m$ 代入下列关系式推导总 PV 表达式。

比值 $m$ 的定义式：

$$m = \frac{\text{气顶的原始体积（bbl）}}{\text{原油的原始地质体积储量（bbl）}} = \frac{GB_{gi}}{NB_{oi}}$$

求解气顶体积。

原始气顶体积（bbl），$GB_{gi}=mNB_{oi}$

那么油气系统的总原始体积为：原始油体积 + 原始气顶体积 = （PV）（$1-S_{wi}$）

$$NB_{oi}+mNB_{oi}= \text{（PV）}（1-S_{wi}）$$

求解 PV 得：

$$PV = \frac{NB_{oi}(1+m)}{1-S_{wi}} \tag{4.1}$$

式中　$S_{wi}$——原始含水饱和度；

　　　$N$——原始原油地质储量，bbl；

　　　PV——总孔隙体积，bbl；

　　　$m$——气顶气原始油藏体积与原油原始油藏体积之比，bbl/bbl。

将油藏 PV 看做一个理想的储罐，如图 4.14 所示。推导体积平衡表达式来说明油藏自然生产期间发生的所有体积变化。MBE 的通用形式表示为：

$p_i$ 下原油原始地质储量占据的 PV+$p_i$ 下气顶气占据的 PV

=$p$ 下的剩余油占据的 PV

+$p$ 下的气顶气占据的 PV

+$p$ 下的逸出的溶解气占据的 PV

+$p$ 下的纯水侵占据的 PV

+ 原生水膨胀引起的 PV 变化

+ 岩石膨胀引起的 PV 减小

+$p$ 下的注入气体占据的 PV

+$p$ 下的注入水占据的 PV
　　　　　　　　　　　　　　　　　　　　　　　　　　（4.2）

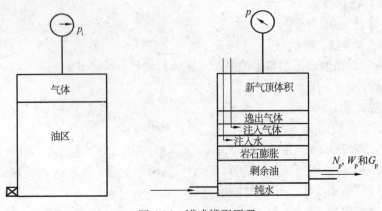

图 4.14　罐式模型原理

上面组成 MBE 的九项可以根据油气 PVT 和岩石性质分别确定如下。

（1）原油原始地质储量占据的 PV。

$$原油原始地质储量占据的体积 = NB_{oi} \qquad (4.3)$$

式中　$N$——原油原始地质储量，bbl；

　　　$B_{oi}$——原始油藏压力 $p_i$ 下的原油地层体积系数，bbl/bbl。

（2）气顶气占据的 PV：

$$气顶体积 = mNB_{oi} \qquad (4.4)$$

式中　$m$——无量纲参数，定义为气顶体积与油区体积之比。

（3）剩余油占据的 PV：

$$剩余油体积 = (N - N_p) B_o \qquad (4.5)$$

式中　$N_p$——累计产油量，bbl；

　　　$B_o$——在油藏压力 $p$ 下的原油地层体积系数，bbl/bbl。

（4）油藏压力 $p$ 下的气顶占据的 PV：

随着油藏压力降低到新的水平 $p$，气顶气膨胀并占据很大的体积。假设在压力下降过程中气顶气没有被采出，气顶新的体积确定为：

$$压力 p 下的气顶体积 = \left( \frac{mNB_{oi}}{B_{gi}} \right) B_g \qquad (4.6)$$

式中　$B_{gi}$——原始油藏压力下气体地层体积系数，bbl/ft³；

　　　$B_g$——目前气体地层体积系数，bbl/ft³。

（5）逸出的溶解气占据的 PV：从原油中逸出的一些溶解气将存留在孔隙空间内并占据一定的体积，该体积可以用下列溶解气物质平衡方程来确定。

　　　[逸出的溶解气存留在 PV 内的体积] = [溶解着的气体的原始体积] −
　　　　　　[产出气体的体积] − [剩余溶解着的气体的体积]

或

$$[逸出的溶解气存留在 PV 内的体积] = [NR_{si} - N_p R_p - (N - N_p) R_s] B_g \qquad (4.7)$$

式中　$N_p$——累计产油量，bbl；

　　　$R_p$——净累计产出气油比，ft³/bbl；

　　　$R_s$——目前气体溶解系数，ft³/bbl；

　　　$B_g$——目前气体地层体积系数，bbl/ft³；

　　　$R_{si}$——原始油藏压力下的气体溶解度，ft³/bbl。

（6）纯水侵占据的 PV：

$$纯水侵量 = W_e - W_p B_w \qquad (4.8)$$

式中　$W_e$——累计水侵量，bbl；

$W_p$——累计产水量，bbl；

$B_w$——水地层体积系数，bbl/bbl。

（7）原生水和岩石膨胀引起的 PV 变化。

描述不饱和油藏由于原生（共生）水和油藏岩石的膨胀引起油气 PV 减少的部分不能忽视不计。水的压缩系数 $c_w$ 和岩石的压缩系数 $c_f$ 通常与原油的压缩系数具有相同的数量级。然而，对于气顶驱动油藏或当油藏压力降到饱和压力以下时，这两部分的影响一般忽视不计。

描述流体或物质体积随压力变化的压缩系数 $c$ 表示为：

$$c = \frac{-1}{V}\frac{\partial V}{\partial p}$$

或

$$\Delta V = Vc\Delta p$$

式中 $\Delta V$——压力变化引起物质体积的净变化或膨胀。

因此，由于油区和气顶中的原生水膨胀引起的 PV 减少表示为：

$$原生水膨胀 = \left[(PV)\ S_{wi}\right]\ c_w\Delta p$$

用方程（4.1）代替 PV 得：

$$原生水膨胀 = \left[\frac{NB_{oi}\left(1+m\right)}{1\text{-}S_{wi}}S_{wi}\right]c_w\Delta p \tag{4.9}$$

式中 $\Delta p$——油藏压力变化，$p_i - p$

$c_w$——水的压缩系数，$psi^{-1}$

$m$——气顶气体积与油藏原油体积之比，bbl/bbl。

同样，随着流体采出和压力降低，整个油藏的 PV 减小（压实），而且 PV 的负改变会排出相等体积的流体被采出。由于油藏岩石膨胀引起的 PV 减小表示为：

$$PV的变化 = \frac{NB_{oi}\left(1+m\right)}{1\text{-}S_{wi}}c_f\Delta p \tag{4.10}$$

联合方程（4.9）和方程（4.10）所表示的原生水和地层的膨胀得：

$$PV的总变化 = NB_{oi}\left(1+m\right)\left(\frac{S_{wi}c_w+c_f}{1\text{-}S_{wi}}\right)\Delta p \tag{4.11}$$

与原油和气体的压缩系数相比，原生水和岩层的压缩系数一般很小。然而 $c_w$ 和 $c_f$ 的值对于不饱和油藏来说是很重要的，并且它们代表饱和压力以上产量的比例。压缩系数的范围：不饱和油，$(5 \sim 50) \times 10^{-6}psi^{-1}$；水，$(2 \sim 4) \times 10^{-6}psi^{-1}$；

地层，$(3 \sim 10) \times 10^{-6}psi^{-1}$；在 1000psi 下的气体，$(500 \sim 1000) \times 10^{-6}psi^{-1}$；在 5000psi 下的气体，$(50 \sim 200) \times 10^{-6}psi^{-1}$。

（8）注入气和水所占据的 PV。假设为了保持压力，注入气体体积 $G_{inj}$ 和水体积 $W_{inj}$，两种注入流体所占据的总 PV 表示如下：

$$总体积 = G_{inj}B_{ginj}+W_{inj}B_w \tag{4.12}$$

式中   $G_{inj}$——累计注气量，$ft^3$；

$\quad\quad B_{ginj}$——注入气体地层体积系数，$bbl/ft^3$；

$\quad\quad W_{ing}$——累计注水量，$bbl$；

$\quad\quad B_w$——水的地层体积系数，$bbl/bbl$。

把方程（4.3）到方程（4.12）与方程（4.2）联合并重新整理得：

$$N = \left[ N_pB_o + \left(G_p - N_pR_s\right)B_g - \left(W_e - W_pB_w\right) - G_{inj}B_{ginj} - W_{inj}B_w \right]/$$
$$\left\{ (B_o - B_{oi}) + (R_{si} - R_s)B_g + mB_{oi}\left[\left(\frac{B_g}{B_{gi}}\right) - 1\right] + B_{oi}(1+m)\left[\frac{(S_{wi}c_w + c_f)}{(1 - S_{wi})}\right]\Delta p \right\} \tag{4.13}$$

式中   $N$——原油原始地质储量，$bbl$；

$\quad\quad G_p$——累计产气量，$ft^3$；

$\quad\quad N_p$——累计产油量，$bbl$；

$\quad\quad R_{si}$——原始压力下气体溶解度，$ft^3/bbl$；

$\quad\quad m$——气顶气体积与原油体积之比，$bbl/bbl$；

$\quad\quad B_{gi}$——$p_i$下的气体地层体积系数，$bbl/ft^3$；

$\quad\quad B_{ginj}$——注入气体的地层体积系数，$bbl/ft^3$。

累计产气量 $G_p$ 可以用累计气油比 $R_p$ 和累计产油量来表示：

$$G_p = R_pN_p \tag{4.14}$$

联立方程（4.14）和方程（4.13）得：

$$N = \left\{ N_p\left[ B_o + \left(R_p - R_s\right)B_g \right] - \left(W_e - W_pB_w\right) - G_{inj}B_{ginj} - W_{inj}B_{wi} \right\}/$$
$$\left\{ (B_o - B_{oi}) + (R_{si} - R_s)B_g + mB_{oi}\left[\frac{B_g}{B_{gi}} - 1\right] + B_{oi}(1+m)\left[\frac{(S_{wi}c_w + c_f)}{(1 - S_{wi})}\right]\Delta p \right\} \tag{4.15}$$

该关系式被称为通用 MBE。在方程中引入总（两相）地层体积系数 $B_t$ 概念，可以得到 MBE 更便捷的形式。原油 PVT 性质定义为：

$$B_t = B_o + (R_{si} - R_s) B_g \tag{4.16}$$

把 $B_t$ 带入方程（4.15）中并假设没有水和气体的注入得：

$$N = \left\{ N_p\left[ B_t + \left(R_p - R_{si}\right)B_g \right] - \left(W_e - W_pB_w\right) \right\}/$$
$$\left\{ (B_t - B_{ti}) + mB_{ti}\left[\left(\frac{B_g}{B_{gi}}\right) - 1\right] + B_{ti}(1+m)\times\left[\frac{(S_{wi}c_w + c_f)}{(1 - S_{wi})}\right]\Delta p \right\} \tag{4.17}$$

式中   $S_{wi}$——原始含水饱和度；

$\quad\quad R_p$——累计生产气油比，$ft^3/bbl$；

$\Delta p$——油藏体积平均压力的变化，psi；

$B_g$——气体地层体积系数，bbl/ft³。

**例 4.1** Anadarko 油田是一个混合驱油藏。目前油藏压力 2500psi，油藏产量数据和 PVT 数据如下。

| | 原始油藏条件 | 目前油藏条件 |
|---|---|---|
| $p$ (psi) | 3000 | 2500 |
| $B_o$ (bbl/bbl) | 1.35 | 1.33 |
| $R_s$ (ft³/bbl) | 600 | 500 |
| $N_p$ ($10^6$bbl) | 0 | 5 |
| $G_p$ ($10^9$ft³) | 0 | 5.5 |
| $B_w$ (bbl/bbl) | 1.00 | 1.00 |
| $W_e$ ($10^6$bbl) | 0 | 3 |
| $W_p$ ($10^6$bbl) | 0 | 0.2 |
| $B_g$ (bbl/ft³) | 0.0011 | 0.0015 |
| $c_f$, $c_w$ | 0 | 0 |

其他数据如下：

油区总体积 =100000acre · ft；气区总体积 =20000acre · ft。

计算原油原始地质储量。

**解** 步骤 1：假设油层和气层具有相同的孔隙度和原生水，计算 $m$。

$$m = \frac{7758\phi(1-S_{wi})(Ah)_{气顶}}{7758\phi(1-S_{wi})(Ah)_{油层}} = \frac{7758\phi(1-S_{wi})\times 20000}{7758\phi(1-S_{wi})\times 100000} = \frac{20000}{100000} = 0.2$$

步骤 2：计算累计气油比 $R_p$。

$$R_p = \frac{G_p}{N_p} = \frac{5.5\times 10^9}{5\times 10^6} = 1100\,\text{ft}^3/\text{bbl}$$

步骤 3：应用方程（4.15）求原油原始地质储量。

$$N = \left\{ N_p\left[ B_o + (R_p - R_s)B_g \right] - (W_e - W_p B_w) \right\}/$$

$$\left\{ (B_o - B_{oi}) + (R_{si} - R_s)B_g + mB_{oi}\left[ \left(\frac{B_g}{B_{gi}}\right) - 1 \right] + B_{oi}(1+m)\times\left[ \frac{(S_{wi}c_w + c_f)}{(1-S_{wi})} \right]\Delta p \right\}$$

$$= \left\{ 5\times 10^6 \times \left[ 1.33 + (1100-500)\times 0.0015 \right] - (3\times 10^6 - 0.2\times 10^6) \right\}/$$

$$\left\{ (1.35-1.33) + (600-500)\times 0.0015 + 0.2\times 1.35\times\left[ (0.0015/0.0011) - 1 \right] \right\}$$

$$= 31.14\times 10^6\,\text{bbl}$$

### 4.3.2　提高一次采收率

显然，可以采取很多措施来提高油藏的最终一次采收率。一些措施可以根据之前的讨论推断，而另外一些措施在进行各类主题讨论时已经提到。严格地讲，我们定义二次采油为利用人工能量从油藏中获得产量的开发过程。这自动地把注水或注气维持压力归入二次采油范畴。习惯上，大多数油藏工程师更喜欢把压力维持看做一次采油的辅助。我们可以把提高一次采收率的措施分为：（1）井控措施；（2）油藏控制措施，即压力维持。

#### 4.3.2.1　井控措施

应该说明的是任何增加油藏或气藏的油或气产量的措施，一般都能增加油藏的采收率。人们认识到存在着某一特定产量，在该产量下生产成本等于运行消费。低于该特定产量的油气生产都将导致净亏损。显然，如果井的生产能力提高，在达到经济产量之前额外的油将被采出。因此，酸化、防蜡、防砂、洗井，以及其他措施都能增加油井的最终产量。

气体和水的采出降低了油藏的天然能量。如果油藏的气体和水的产量能够最小，可以得到较大的最终产量。同样的理论可以应用到减小气藏的产水量。

单井产量的合理控制是控制气体和水锥进的一个重要因素。这个普遍性问题不局限于水驱和气顶驱油藏。对于溶解气驱油藏，从最终采收率的角度考虑，井有可能以过高的产量生产，生产井过大的压力降会导致过高的气油比以及相应的溶解气浪费。工程师应该知道这种可能性并检测溶解气驱油藏的井确认气油比是否变化很大。

过高的产量导致过大的压降常常引起油管中石蜡过量沉积，偶尔也会在油藏中沉积。保持井的压力尽可能高，保持气体溶解在油中，从而减少石蜡沉积。当然，与油藏内石蜡沉积相比较，油管中石蜡沉积并不严重。如果给予足够的时间和金钱，可以从油管和流动管线中清理石蜡。然而，不管井眼周围地层孔隙中沉淀的石蜡能否得到清除，这都是个问题。因此，操作者应该非常谨慎避免地层中发生石蜡沉积。

产量过高可能引起的另一个负面影响是产砂。很多疏松地层，当流量过高时，砂子趋于通过孔隙流动并进入采出系统。用滤砂器、砾石充填或胶结材料有可能改善这种状况。

油藏中油井的位置适当在控制气和水的采出中也起着重要的作用。为了减少不需要的气和水的采出，油井的位置应该尽可能远离原始油 - 气，水 - 油和气 - 水界面。当然，生产井的位置必须结合油藏泄油的需要、油藏总产能以及开发成本。

在确定某一油藏油井的合理间距时，工程师应该确保对油藏的压力分布有全面的了解，当达到经济限制时，压力分布在油井的泄油区域内起主导作用。在连续性油藏，对单井控制的油藏区域没有限制。然而，工程师应该关心的是，在达到经济界限产量之前，通过增加井的泄油体积或泄油半径，能够采出的额外的油量。在非常致密油藏，在很小的油藏体积增量内，我们只能使油藏压力降低很少。这种影响几乎被增加泄油半径引起的油井产量下降所抵消。因此，应该特别谨慎确保尽可能大、最经济的井间距。

#### 4.3.2.2　油藏控制措施

解方程（4.15）求产油量，可以看出水和气体的产量对油藏采收率的影响：

$$N_p = \frac{N\left[B_o - B_{oi} + \left(R_{si} - R_s\right)B_g + \left(c_f + c_w S_{wi}\right)\Delta p B_{oi}/\left(1 - S_{wi}\right)\right]}{B_o - R_s B_g}$$

$$-\frac{B_g G_p - mN B_{oi}\left(\dfrac{B_g}{B_{gi}} - 1\right) - W_e + W_p B_w}{B_o - R_s B_g}$$

应该注意的是，在特定油藏压力下，由于地下气体（$G_p B_g$）和水（$W_p B_w$）的采出，原油的可采量减小。另外，MBE 的推导显示累计产气量 $G_p$ 是净产气量，定义为产气量减去注气量。同样，如果水侵量 $W_e$ 定义为天然水侵量，产水量 $W_p$ 必须代表净产水量，用产水量减去注水量确定。因此，如果产出的水或气可以回注，对水和气的采出量没有不利影响，而能使特定油藏压力下的产油量增加。

众所周知，最有效的天然油藏驱动是水侵。第二有效的是气顶膨胀，而效率最低的是溶解气驱动。因此，对于油藏工程师，重要的是控制油藏生产，以确保尽可能少的原油通过溶解气驱动生产，尽可能多的原油通过水驱生产。然而，当油藏中存在两种或更多的驱动方式时，通常情况下不清楚每种驱动方式生产多少原油。一种最便捷的估算每种驱动方式的产量的方法是利用物质平衡驱动指数。

### 4.3.3  油藏驱动指数

在所有驱动机理同时出现的混合驱动油藏，确定每种驱动机理的相对数量和对产量的贡献具有实际意义。这一目的可以通过重新整理方程（4.15）并以下列通用形式表示来实现：

$$\frac{N\left(B_t - B_{ti}\right)}{A} + \frac{NmB_{ti}\left(B_g - B_{gi}\right)/B_{gi}}{A} + \frac{W_e - W_p B_w}{A}$$

$$+ \frac{NB_{oi}\left(1 + m\right)\left(\dfrac{c_w S_{wi} + c_f}{1 - S_{wi}}\right)\left(p_i - p\right)}{A} + \frac{W_{inj}B_{winj}}{A} + \frac{G_{inj}B_{ginj}}{A} = 1 \tag{4.18}$$

参数 $A$ 确定为：

$$A = N_p \left[B_t + \left(R_p - R_{si}\right)B_g\right] \tag{4.19}$$

方程（4.18）可以缩写并表示为：

$$DDI + SDI + WDI + EDI + WII + GII = 1.0 \tag{4.20}$$

式中   $DDI$——溶解气驱动指数；

$SDI$——重力分异（气顶）驱动指数；

$WDI$——水驱动指数；

$EDI$——膨胀（岩石和水）驱动指数；

$WII$——注水驱动指数；

$GII$——注气驱动指数。

方程（4.18）中的六项的分子代表气顶和流体膨胀、净水侵和流体注入引起的总体积净变化。而分母代表油藏采出油和气的累计亏空。因为总体积增加必须等于总亏空，因此，四个指数的和必须等于 1。另外，每个指数的值必须小于 1 或等于 1，但不能是负值。方程（4.20）左侧的四项代表四个主要的一次驱动机理，通过这些驱动机理原油可以从油藏中采出。就像本章开始提到的，这些驱动力如下。

#### 4.3.3.1　溶解气驱

溶解气驱的机理是通过原始油及其原始溶解气的体积膨胀使油藏中的原油采出。这种驱动机理的数学表示为方程（4.18）中的第一项：

$$DDI=N\,(B_t-B_{ti})\,/A \tag{4.21}$$

式中　$DDI$——溶解气驱动指数。

#### 4.3.3.2　气顶驱

气顶驱的机理是原始自由气顶膨胀将原油从地层中驱替出来。这种驱动力由方程（4.18）中的第二项表示：

$$SDI=\ [\,NmB_{ti}\,(B_g-B_{gi})\,/B_{gi}\,]\ /A \tag{4.22}$$

式中　$SDI$——气顶驱动指数。

应该指出的是，清除气顶气的采出通常是不可能的，因此，导致气顶收缩。气顶收缩的可能性以及由此导致的 $SDI$ 减小可能是随意定位生产井的结果。有必要通过关闭从气顶产气的油井或回注流体到气顶中代替已经产出的气体来消除气顶收缩。为了维持气顶的大小，常返回一些采出气到油藏中。在很多情况下，向气顶中返水要比返气更经济。Cole（1969）指出，这项特殊技能已经成功应用到数个事例中，尽管重力分异的可能性必须考虑。

#### 4.3.3.3　水驱

水驱的机理是原油的驱替由侵入到油区的净水侵完成。这种机理由方程（4.18）中的第三项表示：

$$WDI=\ (W_e-W_pB_w)\ /A \tag{4.23}$$

式中　$WDI$——水驱指数。

#### 4.3.3.4　膨胀驱动指数

没有水侵的不饱和油藏，能量的主要来源是岩石和流体膨胀，由方程（4.18）的第四项表示：

$$EDI=\frac{NB_{oi}(1+m)\left(\dfrac{c_wS_{wi}+c_f}{1-S_{wi}}\right)(p_i-p)}{A}$$

当所有其他三种驱动机理都对油藏的油气生产起作用时，岩石和流体膨胀对原油开采的贡献通常很小，可以忽略不计。

#### 4.3.3.5　注水驱动指数

注水维持压力的相对效率表示为：

$$WII = \frac{W_{inj}B_{winj}}{A}$$

*WII* 的数值表明注水作为提高采收率措施的重要性。

### 4.3.3.6 注气驱动指数

与注水驱动指数相似，它的值的大小表明，与其他指数相比，这种驱动机理的相对重要性。表示为：

$$GII = \frac{G_{inj}B_{ginj}}{A}$$

注意，对于注气维持压力的溶解气驱油藏，方程（4.20）简化为：

$$DDI+EDI+GII=1.0$$

因为溶解气驱动及流体和岩石的膨胀驱动的采收率通常很小，因此有必要保持一个高的注气驱动指数。如果油藏压力能够保持恒定或者以很低的速度下降，DDI 和 EDI 的值将会很小，因为这两项的分子将会接近零。理论上，最高采收率出现在恒定的油藏压力下。然而，经济因素和可操作性需要油藏压力减小。

在没有气和水注入的情况下，Cole（1964）指出因为剩下的四个驱动指数的和等于 1，因此如果一个指数减小，那么剩下的一个或两个一定会相应地增加。有效的水驱通常会获得油藏最大采收率。因此，如果有可能，应该在最大水驱指数和最小溶解气驱指数及气顶驱动指数下开发油藏。应该尽可能利用最有效的驱动方式，如果水驱太弱不能提供有效的驱替，就有可能需要利用气顶的驱动能量。在任何情况下都要尽可能降低溶解气驱动指数，因为这是效率最低的驱动方式。

在任何时候，方程（4.20）都可用于计算各类驱动指数。油藏中驱替油和气的力随时间的改变而改变，因此，应该定期求解方程（4.20）确定驱动指数是否发生任何变化。流体采出量的变化是驱动指数变化的主要原因。例如，在弱水驱油藏，产油量减小会导致水驱指数上升和相应的溶解气驱动指数减小。另外，关闭产水量高的油井，水驱指数也能增加，因为净水侵量（总水侵量减去产水量）是重要因素。

当油藏水驱很弱，但有非常大的气顶时，最有效的油藏开发机理可能是气顶，此时需要大的气顶驱动指数。理论上，气顶驱动采收率与产量无关，因为气体易膨胀。较低的垂向渗透率能够限制气顶膨胀速度，在这种情况下，气顶驱动指数对产量敏感。另外，气体锥进到生产井将减少气顶膨胀的效率，因为有自由气采出。气体锥进通常是速度敏感的现象：产量越高，锥进的气量越大。

决定气顶驱有效性的一个重要因素是气顶气的有效利用程度。因为矿藏开采权的拥有者或租赁协议，完全清除气顶气产出通常是不可能的。在自由气产出的地方，如果关闭高气油比的油井将使气顶驱动指数明显增加，而且，如果可能的话，可以把它们的裕量转移到其他气油比低的油井。

图 4.15 的一组曲线代表混合驱动油藏的各种驱动指数。在 A 点，一些结构位置低的井进行修井，减少了产水量，这有效地增加了水驱指数。在 B 点，修井工作完成，水、气、

油产量相对稳定，驱动指数没有变化。在C点，一些已经产出大量但体积恒定的水的井被关闭，这使水驱指数上升。与此同时，一些结构位置高、气油比高的井已经关闭，而且它们的裕量转移到结构位置低、气油比正常的油井。在D点，气体被返回到油藏，气顶驱动指数增加。水驱动指数相对恒定，尽管有时呈下降趋势，溶解气驱动指数明显下降。这表示油藏更加有效地开发，而且如果溶解气驱动指数能够降到零，油藏能够得到更好的开发。当然，为了使溶解气驱动指数达到零，需要完全保持油藏压力，这通常很难完成。从图4.15可以看出各种驱动指数的和总是等于1。

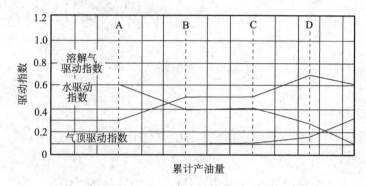

图4.15    混合驱动油藏的驱动指数

**例4.2**    混合驱动油藏油的原始地质储量 $10\times10^6$bbl。原始气顶体积与原始原油体积之比 $m$ 是0.25。150°F下原始油藏压力3000psia。当油藏压力降到2800psia时，油藏产油 $1\times10^6$bbl，产气 $1100\times10^6$ft³，产水50000bbl。气体相对密度0.8。PVT数据如下。

|  | 3000psi | 2800psi |
| --- | --- | --- |
| $B_o$ (bbl/bbl) | 1.58 | 1.48 |
| $R_s$ (ft³/bbl) | 1040 | 850 |
| $B_g$ (bbl/ft³) | 0.00080 | 0.00092 |
| $B_t$ (bbl/bbl) | 1.58 | 1.655 |
| $B_w$ (bbl/bbl) | 1.000 | 1.000 |

还有下列数据：

$$S_{wi}=0.20, \quad C_w=1.5\times10^{-6}\text{psi}^{-1}, \quad c_f=1\times10^{-6}\text{psi}^{-1}。$$

计算：（1）累计水侵量；（2）净水侵量；（3）2800psia下的一次驱动指数。

**解**    因为油藏含有气顶，岩石和流体膨胀可以忽略。即 $c_f$ 和 $c_w$ 等于0。然而，为了说明应用过程，岩石和流体膨胀也将包括在计算中。

（1）累计水侵量。

步骤1：计算累计气油比 $R_p$。

$$R_p=\frac{G_p}{N_p}=\frac{1100\times10^6}{1\times10^6}=1100\text{ft}^3/\text{bbl}$$

步骤 2：整理方程（4.17）求 $W_e$。

$$W_e = N_p \left[ B_t + \left( R_p - R_{si} \right) B_g \right]$$

$$- N \left[ \left( B_t - B_{ti} \right) + m B_{ti} \left( \frac{B_g}{B_{gi}} - 1 \right) + B_{ti} \left( 1 + m \right) \left( \frac{S_{wi} c_w + c_f}{1 - S_{wi}} \right) \Delta p \right] + W_p B_{wp}$$

$$= 10^6 \times \left[ 1.655 + \left( 1100 - 1040 \right) \times 0.00092 \right]$$

$$- 10^7 \times \left\{ \left( 1.655 - 1.58 \right) + 0.25 \times 1.58 \times \left( \frac{0.00092}{0.00080} - 1 \right) + 1.58 \times \left( 1 + 0.25 \right) \times \right.$$

$$\left. \left[ \frac{0.2 \times \left( 1.5 \times 10^{-6} \right)}{1 - 0.2} \right] \times \left( 3000 - 2800 \right) \right\} + 50000$$

$$= 411281 \text{bbl}$$

忽略岩石和流体的膨胀，累计水侵量是 417700bbl。

（2）净水侵量。

$$\text{净水侵量} = W_e - W_p B_w = 411281 - 50000 = 361281 \text{bbl}$$

（3）一次驱动指数。

步骤 1：利用方程（4.19）计算参数 $A$。

$$A = N_p \left[ B_t + \left( R_p - R_{si} \right) B_g \right]$$

$$= \left( 1.0 \times 10^6 \right) \times \left[ 1.655 + \left( 1100 - 1040 \right) \times 0.00092 \right]$$

$$= 1710000$$

步骤 2：利用方程（4.21）到方程（4.23）分别计算 $DDI$、$SDI$ 和 $WDI$。

$$DDI = N \left( B_t - B_{ti} \right) / A = \frac{10 \times 10^6 \times \left( 1.655 - 1.58 \right)}{1710000} = 0.4385$$

$$SDI = \left[ N m B_{ti} \left( B_g - B_{gi} \right) / B_{gi} \right] / A$$

$$= \frac{10 \times 10^6 \times 0.25 \times 1.58 \left( 0.00092 - 0.0008 \right) / 0.0008}{1710000}$$

$$= 0.3465$$

$$WDI = \left( W_e - W_p B_w \right) / A$$

$$= \frac{411281 - 50000}{1710000} = 0.2112$$

因为：

$$DDI + SDI + WDI + EDI = 1$$

那么：

$$EDI=1-0.4385-0.3465-0.2112=0.0038$$

上述计算表明 43.85% 的采出量是通过溶解气驱动获得，34.65% 通过气顶驱动，21.12% 通过水驱动，仅 0.38% 通过原生水和岩石膨胀获得。结果显示在有气顶驱动或油藏压力低于饱和压力情况下，膨胀驱动指数可以忽略不计。然而，在高 PV 压缩系数油藏，如白垩岩和疏松砂岩，岩石和水的膨胀作用不能忽略，尽管气体饱和度很高。

在确定油藏平均压力以及确定单井加权或平均压力时，产生的误差常常影响 MBE 的计算。这样问题的一个例子是产层由两个或更多的不同渗透率的地层组成。这种情况下，渗透率低的地层的压力一般较高，而测得的压力接近于那些高渗透层的压力，测得的静压较低，油藏动态显示好像它含有很少的原油。Schilthuis 解释了这种现象，他把高渗透层的油称为活跃油，通过观察发现计算的活跃油随时间的增加而增加，因为低渗透层的原油和气慢慢膨胀抵消压力下降。不完全发育的油田也是这样，因为平均压力只是发育部分的压力，而不发育部分的压力比较高。Craft 等（1991）指出压力误差对原始油量和水侵量计算值的影响取决于油藏压力递减误差的大小。在确定 PVT 差值时，代入到 MBE 中的压力具有下列形式：

$$(B_o-B_{oi})$$
$$(B_g-B_{gi})$$
$$(R_{si}-R_s)$$

因为水侵量和气顶膨胀趋于抵消压力递减，压力误差比不饱和油藏更严重。在非常活跃水驱或者气顶比油区大的情况下，在确定原油原始地质储量时，因为非常小的压力递减，MBE 通常产生很大的误差。

Dake（1994）指出，为了更好地把 MBE 应用到油藏中，有两个必要条件必须满足：(1) 应该收集足够的生产压力和 PVT 数据，数据收集的频率和质量满足 MBE 的需要；(2) 必须确定油藏平均压力与时间或产量的函数关系。

即使在正常条件下油藏压力存在较大差别，也可以确定油藏平均压力递减趋势。单井平均压力递减可用于确定整个油藏趋势。单井平均压力的概念及其在确定油藏体积平均压力的作用在第 1 章进行了介绍，并用图 1.24 表示。该图显示如果 $(\bar{p})_j$ 和 $V_j$ 代表第 $j$ 口井的压力和控制的体积，整个油藏的体积平均压力可利用下式计算：

$$(\bar{p})_j = \frac{\sum_j(\bar{p}V)_j}{\sum_j V_j}$$

式中　$V_j$——第 $j$ 口井泄油体积的 PV；

$(\bar{p})_j$——第 $j$ 口井泄油体积内的体积平均压力。

实际上，$V_j$ 是很难确定的，因此，在根据单井泄油区域的压力确定油藏平均压力时，常用单井流量 $q_i$。根据等温压缩系数的定义：

$$c = \frac{1}{V}\frac{\partial V}{\partial p}$$

对时间求导：

$$\frac{\partial p}{\partial t} = \frac{1}{cV}\frac{\partial V}{\partial t}$$

或

$$\frac{\partial p}{\partial t} = \frac{1}{cV}(q)$$

该表达式表明在测量时间内合理的常量 $c$ 会得到：

$$V \propto \frac{q}{\partial p / \partial t}$$

因为流量是油田开发过程中定期录取的，油藏平均压力可以用单井平均压力递减速度和流量表示：

$$\overline{p}_r = \frac{\sum_j \left[ (\overline{p}q)_j / (\partial \overline{p} / \partial t)_j \right]}{\sum_j \left[ q_j / (\partial \overline{p} / \partial t)_j \right]}$$

然而，由于 MBE 应用的时间间隔通常在 3～6 个月，即 $\Delta t = 3～6$ 个月，油田开发的整个过程，油藏平均压力可以用地下流体采出量增量的净变化 $\Delta(F)$ 表示：

$$\overline{p}_r = \frac{\sum_j \overline{p}_j \Delta(F)_j / \Delta \overline{p}_j}{\sum_j \Delta(F)_i / \Delta \overline{p}_j}$$

其中时间 $t$ 和 $t + \Delta t$ 的总地下流体采出量表示为：

$$F_t = \int_0^t \left[ Q_o B_o + Q_w B_w + \left( Q_g - Q_o R_s - Q_w R_{sw} \right) B_g \right] dt$$

$$F_{t+\Delta t} = \int_0^{t+\Delta t} \left[ Q_o B_o + Q_w B_w + \left( Q_g - Q_o R_s - Q_w R_{sw} \right) B_g \right] dt$$

且

$$\Delta(F) = F_{t+\Delta t} - F_t$$

式中　$R_s$——气体溶解度，ft$^3$/bbl；

　　　$R_{sw}$——气体在水中的溶解度，ft$^3$/bbl；

　　　$B_g$——气体地层体积系数，bbl/ft$^3$；

　　　$Q_o$——油的流量，bbl/d；

　　　$Q_w$——水的流量，bbl/d；

　　　$Q_g$——气体流量，ft$^3$/d。

对于封闭油藏，总流体产量和原始油藏压力是唯一可用的数据，平均压力可以用下列表达式粗略估算：

$$\overline{p}_{\mathrm{r}} = p_{\mathrm{i}} - \left[ \frac{5.371 \times 10^{-6} F_{\mathrm{t}}}{c_{\mathrm{t}} \left( Ah\phi \right)} \right]$$

流体总产量 $F_{\mathrm{t}}$ 表示为：

$$F_{\mathrm{t}} = \int_0^t \left[ Q_{\mathrm{o}} B_{\mathrm{o}} + Q_{\mathrm{w}} B_{\mathrm{w}} + \left( Q_{\mathrm{g}} - Q_{\mathrm{o}} R_{\mathrm{s}} - Q_{\mathrm{w}} R_{\mathrm{sw}} \right) B_{\mathrm{g}} \right] \mathrm{d}t$$

式中    $A$——井或油藏的泄油面积，acre；

　　　　$h$——厚度，ft；

　　　　$c_{\mathrm{t}}$——总压缩系数，$\mathrm{psi}^{-1}$；

　　　　$\phi$——孔隙度；

　　　　$p_{\mathrm{i}}$——原始油藏压力，psi。

上面的表达式可以表示为增量形式，即从 $t$ 到 $t+\Delta t$：

$$\left( \overline{p}_{\mathrm{r}} \right)_{t+\Delta t} = \left( \overline{p}_{\mathrm{r}} \right)_{\mathrm{t}} - \frac{5.371 \times 10^{-6} \Delta F}{c_{\mathrm{t}} \left( Ah\phi \right)}$$

且

$$\Delta \left( F \right) = F_{t+\Delta t} - F_t$$

## 4.4　直线型物质平衡方程

观察通用 MBE，即方程（4.15），得到组成该方程的各项的物理意义如下：

（1）$N_{\mathrm{p}} \left[ B_{\mathrm{o}} + \left( R_{\mathrm{p}} - R_{\mathrm{s}} \right) B_{\mathrm{g}} \right]$ 代表累计采出油气的地下体积；

（2）$\left[ W_{\mathrm{e}} - W_{\mathrm{p}} B_{\mathrm{w}} \right]$ 指存留在油藏中的纯水侵量；

（3）$\left[ G_{\mathrm{inj}} B_{\mathrm{ginj}} + W_{\mathrm{inj}} B_{\mathrm{w}} \right]$，压力保持项，代表累计注入流体的地下体积；

（4）$\left[ mB_{\mathrm{oi}} \left( B_{\mathrm{g}} / B_{\mathrm{gi}} - 1 \right) \right]$ 代表产出 $N_{\mathrm{p}}$ 标准桶油所引起的气顶净膨胀量。

方程（4.15）中有下列三个未知数：

（1）原油的原始地质储量 $N$；

（2）累计水侵量 $W_{\mathrm{e}}$；

（3）气顶气原始油藏体积与原油原始油藏体积之比 $m$。

在建立确定上述三个未知数的方法时，Havlena 和 Odeh（1963，1964）把方程（4.15）表示为下列形式：

$$N_{\mathrm{p}} \left[ B_{\mathrm{o}} + \left( R_{\mathrm{p}} - R_{\mathrm{s}} \right) B_{\mathrm{g}} \right] + W_{\mathrm{p}} B_{\mathrm{w}} = N \left[ \left( B_{\mathrm{o}} - B_{\mathrm{oi}} \right) + \left( R_{\mathrm{si}} - R_{\mathrm{s}} \right) B_{\mathrm{g}} \right] + mNB_{\mathrm{oi}} \left( \frac{B_{\mathrm{g}}}{B_{\mathrm{gi}}} - 1 \right) +$$

$$N \left( 1 + m \right) B_{\mathrm{oi}} \times \left( \frac{c_{\mathrm{w}} S_{\mathrm{wi}} + c_{\mathrm{f}}}{1 - S_{\mathrm{wi}}} \right) \Delta p + W_{\mathrm{e}} + W_{\mathrm{inj}} B_{\mathrm{w}} + G_{\mathrm{inj}} B_{\mathrm{ginj}} \tag{4.24}$$

Havlena 和 Odeh 把方程（4.24）表示为更简化的形式：

$$F = N\left(E_o + mE_g + E_{f,w}\right) + \left(W_e + W_{inj}B_w + G_{inj}B_{ginj}\right)$$

为了更简化，假设没有水和气体的注入来维持压力，上述关系式可以进一步简化为：

$$F = N\left(E_o + mE_g + E_{f,w}\right) + W_e \tag{4.25}$$

其中的 $F$，$E_o$，$E_g$ 和 $E_{f,w}$ 用下列关系式确定。

（1）$F$ 代表地下采出量，表示为：

$$F = N_p\left[B_o + \left(R_p - R_s\right)B_g\right] + W_pB_w \tag{4.26}$$

用两相地层体积系数 $B_t$ 表示，地下采出量"$F$"可以表示为：

$$F = N_p\left[B_t + \left(R_p - R_{si}\right)B_g\right] + W_pB_w \tag{4.27}$$

（2）$E_o$ 描述油和它的原始溶解气的膨胀，用油的地层体积系数表示为：

$$E_o = \left(B_o - B_{oi}\right) + \left(R_{si} - R_s\right)B_g \tag{4.28}$$

或用 $B_t$ 表示为：

$$E_o = B_t - B_{ti} \tag{4.29}$$

（3）$E_g$ 描述气顶气的膨胀，用下列表达式确定：

$$E_g = B_{oi}\left[\left(B_g / B_{oi}\right) - 1\right] \tag{4.30}$$

用两相地层体积系数 $B_t$，实质上 $B_{ti} = B_{oi}$，或：

$$E_g = B_{ti}\left[\left(B_g / B_{gi}\right) - 1\right]$$

（4）$E_{f,w}$ 代表原始水的膨胀和 PV 的减小，表示为：

$$E_{f,w} = \left(1 + m\right)B_{oi}\left(\frac{c_wS_{wi} + c_f}{1 - S_{wi}}\right)\Delta p \tag{4.31}$$

Havlena 和 Odeh 用方程（4.25）验证了不同类型油藏的几种情况，并指出该关系式可以重新整理成直线形式。例如，油藏没有原始气顶（即 $m=0$）或水侵（即 $W_e=0$）以及忽略地层和水的压缩性（即 $c_f=0$ 和 $c_w=0$）的情况，方程（4.25）可以减化为：

$$F = NE_o$$

该表达式表明参数 $F$ 与油膨胀参数 $E_o$ 的函数图形是一条直线，斜率为 $N$，截距为零。

直线法需要绘制一个变量组与另一个变量组的图形，变量组的选择取决于油藏开发机理。该求解方法最重要的方面是它把有效性与绘制点的时序、绘制的方向和曲线的最终形状联系起来。

直线法的关键是绘制的时序很重要，如果绘制的数据偏离该直线，一定存在着某些原因。这个重要结论为工程师提供了有价值的信息，可用来确定以下未知数：

（1）原油的原始地质储量 $N$；

（2）气顶大小 $m$；

（3）水侵量 $W_e$；

（4）驱动机理；

（5）油藏平均压力。

为了说明该特殊形式的用途，接下来介绍 MBE 的直线形式在解决油藏工程问题时的应用。下面介绍六种应用情况。

情况 1：封闭不饱和油藏 $N$ 的确定。

情况 2：封闭饱和油藏 $N$ 的确定。

情况 3：气顶驱油藏 $N$ 和 $m$ 的确定。

情况 4：水驱油藏 $N$ 和 $W_e$ 的确定。

情况 5：混合驱动油藏 $N$，$m$ 和 $W_e$ 的确定。

情况 6：油藏平均压力 $\bar{p}$ 的确定

### 4.4.1 情况 1：封闭式不饱和油藏

方程（4.25）所示的 MBE 的直线形式可以写为：

$$F = N\left(E_o + mE_g + E_{f,w}\right) + W_e \tag{4.32}$$

假设没有水或气体注入，当把与假设的油藏驱动机理相关的条件施加给上述关系式时，式中的几项就有可能消失。对于封闭不饱和油藏，与驱动机理相关的条件是：$W_e=0$，因为油藏是封闭的；$m=0$，因为油藏是不饱和的；$R_s=R_{si}=R_p$，因为所有产出的气溶解在油中。

把上述条件应用到方程（4.32）中得：

$$F = N\left(E_o + E_{f,w}\right) \tag{4.33}$$

或

$$N = \frac{F}{E_o + E_{f,w}} \tag{4.34}$$

且

$$F = N_0 B_o + W_p B_w \tag{4.35}$$

$$E_o = B_o - B_{oi} \tag{4.36}$$

$$E_{f,w} = B_{oi}\left(\frac{c_w S_w + c_f}{1 - S_{wi}}\right)\Delta p \tag{4.37}$$

$$\Delta p = p_i - \bar{p}_r$$

式中  $N$——原油原始地质储量，bbl；

$p_i$——原始油藏压力，psi ；

$\bar{p}_r$——油藏体积平均压力。

当开发一个新油田，油藏工程师的首要任务之一是确定油藏是否可以归为封闭式油藏，即 $W_e=0$。解决这个问题的方法是收集所有的必要的数据（即产量、压力和 PVT），这些数据用来计算方程（4.34）的右侧。绘制每个压力和时间下的 $F/(E_o+E_{f,w})$ 与累计产量 $N_p$ 或时间 $t$ 的函数图形，如图 4.16 所示。Dake（1994）提出该曲线可以假设两种不同形状。

（1）如果 $F/(E_o+E_{f,w})$ 所有计算点位于一条水平直线上（图 4.16 中的 A 线），它表示油藏可以归为封闭油藏。这是一个纯溶解气驱油藏，它的能量只来源于岩石、水和油的膨胀。另外，水平线的纵坐标值确定为原油原始地质储量 $N$。

（2）相反，如果 $F/(E_o+E_{f,w})$ 计算值上升，如曲线 B 和 C 所示，它表示油藏已经通过水侵，孔隙压实或二者的综合得到能量补充。图 4.16 中曲线 B 表示可能是强水驱油田，其中含水层表现为无边界作用动态，而曲线 C 表示含水层的外边界已经达到，并且含水层与油藏本身一起衰竭。弧线 C 上的点随着时间推移向下的趋势说明了含水层补充能量的递减程度。Dake（1994）指出在水驱油藏，$F/(E_o+E_{f,w})$ 与时间的曲线形状与产量有关。例如，如果油藏的产量大于水侵量，$F/(E_o+E_{f,w})$ 的计算值将会向下倾斜，表明含水层补充能量不足。而如果产量减小，就会出现相反情况，曲线点上升。

同样，方程（4.33）可用来证明油藏驱动机理的特点并确定原油原始地质储量。地下采出量 $F$ 与膨胀系数（$E_o+E_{f,w}$）的函数图形是一条通过原点的直线，斜率为 $N$。应该注意原点是一个必经点。因此，有一个固定点来指导直线的绘制（图 4.17）。

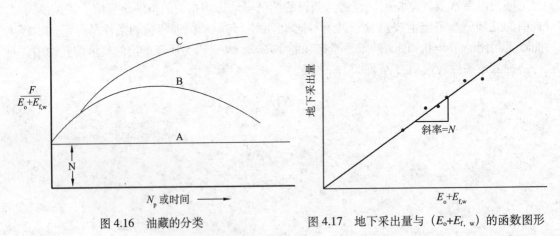

图 4.16　油藏的分类　　　　　图 4.17　地下采出量与（$E_o+E_{f,w}$）的函数图形

该解释技术是很有用的，如果预期线性关系适用于某油藏，而实际得到的图形是非线性，那么这种偏差可以确定油藏实际驱动机理。

地下采出量 $F$ 与（$E_o+E_{f,w}$）的线性图形表明油田在封闭状态下生产，即没有水侵，只依靠压力衰竭和流体膨胀。相反，非线性图形表示油藏应该定性为水驱油藏。

**例 4.3**　弗吉尼亚 Hills Beaverhill Lake 油田是封闭不饱和油藏。体积计算显示原油原始地质储量为 $270.6 \times 10^6$bbl。原始油藏压力 3685psi。其他数据如下：

$S_{wi}=24\%$，$B_w=1.0$bbl/bbl，$c_w=3.62 \times 10^{-6}$psi$^{-1}$，$p_b=1500$psi，$c_f=4.95 \times 10^{-6}$psi$^{-1}$。

油田产量和 PVT 数据总结如下。

| 平均体积压力 | 生产井编号 | $B_o$ (bbl/bbl) | $N_p$ ($10^3$bbl) | $W_p$ ($10^3$bbl) |
|---|---|---|---|---|
| 3685 | 1 | 1.3102 | 0 | 0 |
| 3680 | 2 | 1.3104 | 20.481 | 0 |
| 3676 | 2 | 1.3104 | 34.750 | 0 |
| 3667 | 3 | 1.3105 | 78.557 | 0 |
| 3664 | 4 | 1.3105 | 101.846 | 0 |
| 3640 | 19 | 1.3109 | 215.681 | 0 |
| 3605 | 25 | 1.3116 | 364.613 | 0 |
| 3567 | 36 | 1.3122 | 542.985 | 0.159 |
| 3515 | 48 | 1.3128 | 841.591 | 0.805 |
| 3448 | 59 | 1.3130 | 1273.53 | 2.579 |
| 3360 | 59 | 1.3150 | 1691.887 | 5.008 |
| 3275 | 61 | 1.3160 | 2127.077 | 6.500 |
| 3188 | 61 | 1.3170 | 2575.330 | 8.000 |

利用 MBE 计算原油原始地质储量并与体积估算值 $N$ 对比。

**解**　步骤 1：利用方程（4.37）计算水和岩石的原始膨胀系数 $E_{f,w}$。

$$E_{f,w} = B_{oi}\left(\frac{c_w S_w + c_f}{1 - S_{wi}}\right)\Delta p$$

$$= 1.3102\left(\frac{3.62 \times 10^{-6}(0.24) + 4.95 \times 10^{-6}}{1 - 0.24}\right)\Delta p$$

$$= 10.0 \times 10^{-6}\left(3685 - \overline{p}_r\right)$$

步骤 2：用方程（4.35）和方程（4.36）构建下列表格。

$$F = N_p B_o + W_p B_w$$

$$E_o = B_o - B_{oi}$$

$$E_{f,w} = 10.0 \times 10^{-6} \times \left(3685 - \overline{p}_r\right)$$

| $\overline{p}_r$ (psi) | $F$ ($10^3$bbl) | $E_o$ (bbl/bbl) | $\Delta p$ | $E_{f,w}$ | $E_o + E_{f,w}$ |
|---|---|---|---|---|---|
| 3685 | — | — | 0 | 0 | — |
| 3680 | 26.84 | 0.0002 | 5 | $50 \times 10^{-6}$ | 0.00025 |
| 3676 | 45.54 | 0.0002 | 9 | $90 \times 10^{-6}$ | 0.00029 |
| 3667 | 102.95 | 0.0003 | 18 | $180 \times 10^{-6}$ | 0.00048 |

续表

| $\bar{p}_r$ (psi) | $F$ ($10^3$bbl) | $E_o$ (bbl/bbl) | $\Delta p$ | $E_{f, w}$ | $E_o+E_{f, w}$ |
|---|---|---|---|---|---|
| 3664 | 133.47 | 0.0003 | 21 | $210 \times 10^{-6}$ | 0.00051 |
| 3640 | 282.74 | 0.0007 | 45 | $450 \times 10^{-6}$ | 0.00115 |
| 3605 | 478.23 | 0.0014 | 80 | $800 \times 10^{-6}$ | 0.0022 |
| 3567 | 712.66 | 0.0020 | 118 | $1180 \times 10^{-6}$ | 0.00318 |
| 3515 | 1105.65 | 0.0026 | 170 | $1700 \times 10^{-6}$ | 0.0043 |
| 3448 | 1674.72 | 0.0028 | 237 | $2370 \times 10^{-6}$ | 0.00517 |
| 3360 | 2229.84 | 0.0048 | 325 | $3250 \times 10^{-6}$ | 0.00805 |
| 3275 | 2805.73 | 0.0058 | 410 | $4100 \times 10^{-6}$ | 0.0099 |
| 3188 | 3399.71 | 0.0068 | 497 | $4970 \times 10^{-6}$ | 0.0117 |

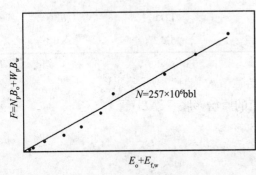

图 4.18　例 4.3 中的 $F$ 与 $(E_o+E_{f, w})$ 的图形

步骤 3：绘制地下采出量 $F$ 与膨胀系数 $(E_o+E_{f, w})$ 的直角坐标图形，如图 4.18 所示。

步骤 4：通过这些点画一条最符合的直线，确定直线的斜率和可采原始地质储量的体积。

$$N=257 \times 10^6 \text{bbl}$$

应该指出的是，由 MBE 确定的原始地质储量值是指有效的或可采的原始地质储量。该值通常小于体积估算值，是因为油被圈闭在不发育的断层间隔内或油藏的低渗透区域。

### 4.4.2　情况 2：封闭饱和油藏

原始地层压力等于饱和压力的油藏被称为饱和油藏。当压力低于饱和压力时，该类油藏的主要驱动机理源于溶解气的逸出与膨胀。在封闭饱和油藏中唯一的未知数是原始油藏地质储量 $N$。正常情况下，与溶解气的膨胀相比，水和岩石的膨胀 $E_{f, w}$ 可以忽略不计。然而，建议计算时包含该项。公式（4.32）可以简化并以与方程（4.33）相同的形式表示，即：

$$F = N\left(E_o + E_{f,w}\right) \tag{4.38}$$

组成上述表达式的参数 $F$ 和 $E_o$ 用展开的形式表示，为了反映压力降到饱和压力以下时的油藏条件。地下采出量 $F$ 和膨胀项 $(E_o+E_{f, w})$ 定义如下。

用 $B_o$ 表示 $F$：$F = N_p\left[B_o + \left(R_p - R_s\right)B_g\right] + W_p B_w$

或用 $B_t$ 表示：$F = N_p\left[B_t + \left(R_p - R_{si}\right)B_g\right] + W_p B_w$

用 $B_o$ 表示 $E_o$：$E_o = \left(B_o - B_{oi}\right) + \left(R_{si} - R_s\right)B_g$

或用 $B_t$ 表示：$E_o = B_t - B_{ti}$

且

$$E_{f,w} = B_{oi}\left(\frac{c_w S_w + c_f}{1 - S_{wi}}\right)\Delta p$$

方程（4.38）表明用实际油藏生产数据估算的地下采出量 $F$ 与流体膨胀（$E_o + E_{f,w}$）的函数图形应该是一条通过原点的直线，斜率为 $N$。

上面的解释技术是有用的，如果一个简单的线性关系式，如方程（4.38）用于油藏，而得到的实际曲线是非线性的，那么这种偏离在确定油藏实际驱动机理时就能够被识别出来。例如，方程（4.38）可能是非线性的，因为有意料之外的水侵入油藏帮助维持压力。

**例 4.4**  封闭不饱和油藏饱和压力 4500psi。原始油藏压力 7150psia，而且体积计算表明油藏原始地质储量 $650 \times 10^6$ bbl。该油层是致密、有天然裂缝的白垩岩油层。在没有注水保持压力的情况下开发。其他数据如下：

$S_{wi}$=43%，$c_f$=3.3×10$^{-6}$psi$^{-1}$，$B_w$=1.0bbl/bbl，$c_w$=3.00×10$^{-6}$psi$^{-1}$，$p_b$=4500psi。

油田的生产数据和 PVT 数据总结如下。

| $p$ (psia) | $Q_o$ (bbl/d) | $Q_g$ ($10^6$ft$^3$/d) | $B_o$ (bbl/bbl) | $R_s$ (ft$^3$/bbl) | $B_g$ (bbl/ft$^3$) | $N_p$ ($10^6$bbl) | $R_p$ (ft$^3$/bbl) |
|---|---|---|---|---|---|---|---|
| 7150 | — | — | 1.743 | 1450 | — | 0 | 1450 |
| 6600 | 44230 | 64.110 | 1.760 | 1450 | — | 8.072 | 1450 |
| 5800 | 79326 | 115.616 | 1.796 | 1450 | — | 22.549 | 1455 |
| 4950 | 75726 | 110.192 | 1.830 | 1450 | — | 36.369 | 1455 |
| 4500 | — | — | 1.850 | 1450 | — | 43.473 | 1447 |
| 4350 | 70208 | 134.685 | 1.775 | 1323 | 0.000797 | 49.182 | 1576 |
| 4060 | 50416 | 147.414 | 1.670 | 1143 | 0.000840 | 58.383 | 1788 |
| 3840 | 35227 | 135.282 | 1.611 | 1037 | 0.000881 | 64.812 | 1992 |
| 3600 | 26027 | 115.277 | 1.566 | 958 | 0.000916 | 69.562 | 2158 |
| 3480 | 27452 | 151.167 | 1.523 | 882 | 0.000959 | 74.572 | 2383 |
| 3260 | 20975 | 141.326 | 1.474 | 791 | 0.001015 | 78.400 | 2596 |
| 3100 | 15753 | 125.107 | 1.440 | 734 | 0.001065 | 81.275 | 2785 |
| 2940 | 14268 | 116.970 | 1.409 | 682 | 0.001121 | 83.879 | 2953 |
| 2800 | 13819 | 111.792 | 1.382 | 637 | 0.001170 | 86.401 | 3103 |

用 MBE 计算原始地质储量并且与 $N$ 的体积估算值比较。

**解**  步骤 1：对于不饱和动态，原始地质储量用方程（4.34）表示。

$$N = \frac{F}{E_o + E_{f,w}}$$

其中：

$$F = N_p B_o$$

$$E_o = B_0 - B_{oi}$$

$$E_{f,w} = B_{oi}\left(\frac{c_w S_{wi} + c_f}{1 - S_{wi}}\right)\Delta p$$

$$= 1.743 \times \left(\frac{3.00 \times 10^{-6} \times 0.43 + 3.30 \times 10^{-6}}{1 - 0.43}\right)\Delta p$$

$$= 8.05 \times 10^{-6} \times \left(7150 - \overline{p}_r\right)$$

步骤 2：用不饱和油藏数据计算 $N$。

$$F = N_p B_o$$

$$E_o = B_0 - B_{oi} = B_0 - 1.743$$

$$E_{f,w} = 8.05 \times 10^{-6} \times \left(7150 - \overline{p}_r\right)$$

| $\overline{p}_r$ (psi) | $F$ ($10^6$bbl) | $E_o$ (bbl/bbl) | $\Delta p$ (psi) | $E_{f, w}$ (bbl/bbl) | $N=F/(E_o+E_{f, w})$ ($10^6$bbl) |
|---|---|---|---|---|---|
| 7150 | — | — | 0 | 0 | — |
| 6600 | 14.20672 | 0.0170 | 550 | 0.00772 | 574.7102 |
| 5800 | 40.49800 | 0.0530 | 1350 | 0.018949 | 562.8741 |
| 4950 | 66.55527 | 0.0870 | 2200 | 0.030879 | 564.6057 |
| 4500 | 80.42505 | 0.1070 | 2650 | 0.037195 | 557.752 |

上述计算表明利用不饱和油藏动态数据计算的原始地质储量是 $558 \times 10^6$bbl，比体积估算值 $650 \times 10^6$bbl 低 14%。

步骤 3：用整体油藏数据计算 $N$。

$$F = N_p\left[B_o + \left(R_p - R_s\right)B_g\right]$$

$$E_o = \left(B_0 - B_{oi}\right) + \left(R_{si} - R_s\right)B_g$$

| $\overline{p}_r$ (psi) | $F$ ($10^6$bbl) | $E_o$ (bbl/bbl) | $\Delta p$ (psi) | $E_{f, w}$ (bbl/bbl) | $N=F/(E_o+E_{f, w})$ ($10^6$bbl) |
|---|---|---|---|---|---|
| 7150 | — | — | 0 | 0 | — |
| 6600 | 14.20672 | 0.0170 | 550 | 0.00772 | 574.7102 |
| 5800 | 40.49800 | 0.0530 | 1350 | 0.018949 | 562.8741 |
| 4950 | 66.55527 | 0.0870 | 2200 | 0.030879 | 564.6057 |
| 4500 | 80.42505 | 0.1070 | 2650 | 0.037195 | 557.752 |
| 4350 | 97.21516 | 0.133219 | 2800 | 0.09301 | 563.5015 |

续表

| $\bar{p}_r$ (psi) | $F$ ($10^6$bbl) | $E_o$ (bbl/bbl) | $\Delta p$ (psi) | $E_{f,w}$ (bbl/bbl) | $N=F/(E_o+E_{f,w})$ ($10^6$bbl) |
|---|---|---|---|---|---|
| 4060 | 129.1315 | 0.184880 | 3090 | 0.043371 | 565.7429 |
| 3840 | 158.9420 | 0.231853 | 3310 | 0.046459 | 571.0827 |
| 3600 | 185.3966 | 0.273672 | 3550 | 0.048986 | 574.5924 |
| 3480 | 220.9165 | 0.324712 | 3670 | 0.051512 | 587.1939 |
| 3260 | 259.1963 | 0.399885 | 3890 | 0.054600 | 570.3076 |
| 3100 | 294.5662 | 0.459540 | 4050 | 0.056846 | 570.4382 |
| 2940 | 331.7239 | 0.526928 | 4210 | 0.059092 | 566.0629 |
| 2800 | 368.6921 | 0.590210 | 4350 | 0.061057 | 566.1154 |
| 平均 | | | | | 570.0000 |

应该指出的是，随着油藏压力不断降低到饱和压力以下，以及随着逸出气体体积的增加，当逸出气体的饱和度超过临界气体饱和度时，导致气体开始以与油量不成比例的量被采出。在一次采油阶段，对于该衰竭阶段，几乎没有什么办法来扭转这个局面。正如前面提到的，这类油藏的一次采收率很少超过 30%。然而，在相当有利的条件下，油气分开后，气体在油藏中沿着上倾结构向上运移使油藏天然能源得到储存，从而提高整体原油采收率。石油工业习惯用注水来保持油藏压力在饱和压力以上或增加油藏压力达到饱和压力。在这类油藏，当油藏压力降到饱和压力以下，一些逸出的气体将作为自由气留存在油藏中。存留气体的体积，用 ft³ 表示，由方程 (4.30) 给出：

$$\left[\text{自由气总体积，用ft}^3\text{表示}\right] = NR_{si} - \left(N - N_p\right)R_s - N_p N_p$$

然而，任一衰竭压力下逸出的气体的总体积表示为：

$$\left[\text{逸出的气体总体积，用ft}^3\text{表示}\right] = NR_{si} - \left(N - N_p\right)R_s$$

因此，任一衰竭阶段作为自由气存留在油藏的溶解气的总比例 $\alpha_g$ 为：

$$\alpha_g = \frac{NR_{si} - \left(N - N_p\right)R_s - N_p R_p}{NR_{si} - \left(N - N_p\right)R_s} = 1 - \frac{N_p R_p}{NR_{si} - \left(N - N_p\right)R_s}$$

另外，还可以表示为总原始溶解气的分数：

$$\alpha_{gi} = \frac{NR_{si} - \left(N - N_p\right)R_s - N_p R_p}{NR_{si}} = 1 - \frac{\left(N - N_p\right)R_s + N_p R_p}{NR_{si}}$$

随着油藏压力降低流体饱和度变化的计算是应用 MBE 的一部分。每一相的剩余体积可通过计算不同相的溶解度来确定，回顾：

$$\text{含油饱和度} S_o = \frac{\text{油的体积}}{\text{孔隙体积}}$$

$$含水饱和度 S_w = \frac{水的体积}{孔隙体积}$$

$$气体饱和度 S_g = \frac{气的体积}{孔隙体积}$$

且

$$S_o + S_w + S_g = 1.0$$

如果封闭饱和油藏在原始油藏压力 $p_i$，即 $p_b$ 下的地质储量为 $N$ 标准桶，饱和压力下的原始含油饱和度表示为：

$$S_{oi} = 1 - S_{wi}$$

根据含油饱和度的定义：

$$\frac{油的体积}{孔隙体积} = \frac{NB_{oi}}{孔隙体积} = 1 - S_{wi}$$

或

$$孔隙体积 = \frac{NB_{oi}}{1 - S_{wi}}$$

如果油藏已经生产了 $N_p$ 标准桶的原油，剩余油体积为：

$$剩余油体积 = (N - N_p) B_o$$

这表明对于封闭型油藏，饱和压力以下的任一衰竭阶段的含油饱和度表示为：

$$S_o = \frac{油的体积}{孔隙体积} = \frac{(N - N_p) B_o}{\dfrac{NB_{oi}}{1 - S_{wi}}}$$

重新整理得：

$$S_o = \left(1 - S_{wi}\right)\left(1 - \frac{N_p}{N}\right)\frac{B_o}{B_{oi}}$$

当随着油藏压力的降低溶解气从原油中逸出，气体饱和度（假设含水饱和度 $S_{wi}$ 恒定）简单表示为：

$$S_g = 1 - S_{wi} - S_o$$

或

$$S_g = 1 - S_{wi} - \left(1 - S_{wi}\right)\left(1 - \frac{N_p}{N}\right)\frac{B_o}{B_{oi}}$$

简化为：

$$S_g = \left(1 - S_{wi}\right)\left[1 - \left(1 - \frac{N_p}{N}\right)\frac{B_o}{B_{oi}}\right]$$

MBE 的另一个重要功能是历史拟合单井的产量—压力数据。一旦油藏压力降到饱和压力以下，需要进行下列任务：

(1) 生成整个油藏或单井泄油面积内的拟相对渗透率比 $K_{rg}/K_{ro}$。

(2) 评价溶解气驱油效率。

(3) 与实验室溶解气的溶解度相比，检验现场的气油比，来确定饱和压力和临界气体饱和度。

瞬时气油比（GOR），将在第 5 章进行详细讨论，表示为：

$$GOR = \frac{Q_g}{Q_o} = R_s + \left(\frac{K_{rg}}{K_{ro}}\right)\left(\frac{\mu_o B_o}{\mu_g B_g}\right)$$

整理并求解相对渗透率比 $K_{rg}/K_{ro}$：

$$\frac{K_{rg}}{K_{ro}} = (GOR - R_s)\left(\frac{\mu_g B_g}{\mu_o B_o}\right)$$

MBE 最具有实际意义的应用是它能够确定现场相对渗透率比与气体饱和度的函数，这可用来调整实验室岩心相对渗透率数据。现场或井上的相对渗透率比的主要优点是它包含了油藏非均质的复杂性以及油和逸出气的分异程度。

应该注意的是实验室相对渗透率数据适用于未分异的油藏，即流体饱和度不随高度变化。实验室相对渗透率最适用于零维模型。对于完全重力分异的油藏，有可能得到拟相对渗透率比 $K_{rg}/K_{ro}$。完全分异意味着油藏的上部分包含气体和束缚油，即残余油 $S_{or}$，而较低部分包含油和存在于临界饱和度 $S_{gc}$ 下的束缚气。垂向窜流意味着当气体在较低区域逸出后，任何饱和度高于 $S_{gc}$ 的气体快速上移，离开这个区域，而在上部区域，高于 $S_{or}$ 的原油向下移动进入较低区域。基于这些假设，Poston 建立了下面两个关系式：

$$\frac{K_{rg}}{K_{ro}} = \frac{(S_g - S_{gc})(K_{rg})_{or}}{(S_o - S_{or})(K_{ro})_{gc}}$$

$$K_{ro} = \left[\frac{S_o - S_{or}(K_{rg})_{or}}{1 - S_w - S_{gc} - S_{or}}\right](K_{ro})_{gc}$$

式中    $(K_{ro})_{gc}$——临界气体饱和度下油的相对渗透率；

$(K_{rg})_{or}$——残余油饱和度下气体的相对渗透率。

如果油藏是原始不饱和，$p_i > p_b$，随着开发油藏压力将不断下降直至最终达到饱和压力。建议物质平衡计算应该分两个阶段进行：第一个阶段从 $p_i$ 到 $p_b$，第二个阶段从 $p_b$ 到不同的衰竭压力 $p$。当压力从 $p_i$ 降到 $p_b$，将会发生下列变化：

(1) 由于水的压缩系数 $c_w$，原生水将膨胀，从而使原生水饱和度增加（假设没有水产出）。

(2) 由于地层的压缩系数 $c_f$，整个油藏的孔隙体积减小（压实）。

因此，有几种体积计算必须进行以反映饱和压力下的油藏条件。这些计算基于下列参数的确定。

（1）$p_i$ 下的原始地质储量 $N_i$，原始含油、含水饱和度 $S'_{oi}$ 和 $S'_{wi}$。

（2）饱和压力下累计产油量 $N_{pb}$。

（3）饱和压力下的剩余油，即饱和压力下的原始油量：

$$N_b = N_i - N_{pb}$$

（4）饱和压力下的总孔隙体积。

$(PV)_b =$ 剩余油体积 + 原生水体积 + 原生水膨胀量 − 压实作用导致的孔隙体积减少量

简化为：

$$\left(PV\right)_b = \left(N_i - N_{pb}\right)B_{ob} + \left(\frac{N_i B_{oi}}{1 - S'_{wi}}\right)S'_{wi} + \left(\frac{N_i B_{oi}}{1 - S'_{wi}}\right)\left(p_i - p_b\right)\left(-c_f + c_w S'_{wi}\right)$$

$$\left(PV\right)_b = \left(N_i - N_{pb}\right)B_{ob} + \left(\frac{N_i B_{oi}}{1 - S'_{wi}}\right) \times \left[S'_{wi} + \left(p_i - p_b\right)\left(-c_f + c_w S'_{wi}\right)\right]$$

（5）饱和压力下的原始含油、含水饱和度，即 $S_{oi}$ 和 $S_{wi}$。

$$S_{oi} = \frac{\left(N_i - N_{pb}\right)B_{ob}}{\left(PV\right)_b}$$

$$= \frac{\left(N_i - N_{pb}\right)B_{ob}}{\left(N_i - N_{pb}\right)B_{ob} + \left(\frac{N_i B_{oi}}{1 - S'_{wi}}\right) \times \left[S'_{wi} + \left(p_i - p_b\right)\left(-c_f + c_w S'_{wi}\right)\right]}$$

$$S_{wi} = \frac{\left(\frac{N_i B_{oi}}{1 - S'_{wi}}\right) \times \left[S'_{wi} + \left(p_i - p_b\right)\left(-c_f + c_w S'_{wi}\right)\right]}{\left(N_i - N_{pb}\right)B_{ob} + \left(\frac{N_i B_{oi}}{1 - S'_{wi}}\right) \times \left[S'_{wi} + \left(p_i - p_b\right)\left(-c_f + c_w S'_{wi}\right)\right]}$$

$$= 1 - S_{oi}$$

（6）任一低于 $p_b$ 压力下的含油饱和度 $S_o$：

$$S_o = \frac{\left(N_i - N_p\right)B_o}{\left(PV\right)_b}$$

$$= \frac{\left(N_i - N_p\right)B_o}{\left(N_i - N_{pb}\right)B_{ob} + \left(\frac{N_i B_{oi}}{1 - S'_{wi}}\right) \times \left[S'_{wi} + \left(p_i - p_b\right)\left(-c_f + c_w S'_{wi}\right)\right]}$$

（7）任一低于 $p_b$ 压力下的气体饱和度 $S_g$，假设没有水采出：

$$S_g = 1 - S_o - S_{wi}$$

式中　$N_i$——在 $p_i$ 时的原始地质储量，即 $p_i > p_b$，bbl ；

$N_b$——在饱和压力下的原始地质储量，bbl ；

$N_{pb}$——饱和压力下的累计产油量，bbl ；

$S'_{oi}$——在 $p_i$ 时的含油饱和度，$p_i > p_b$ ；

$S_{ob}$——在 $p_b$ 时的原始含油饱和度；

$S'_{wi}$——在 $p_i$ 时的含水饱和度，$p_i > p_b$ ；

$S_{wi}$——在 $p_b$ 时的原始含水饱和度。

用气泡图理论来定性表示流体产量图也是非常方便的。气泡图基本上说明了生产井泄油面积大小的增加。每口井的泄油面积用一个半径为油泡半径 $r_{ob}$ 的圆来表示：

$$r_{ob} = \sqrt{\dfrac{5.615 N_p}{\pi \phi h \left( \dfrac{1 - S_{wi}}{B_{oi}} - \dfrac{S_o}{B_o} \right)}}$$

式中　$r_{ob}$——油泡半径，ft ；

$N_p$——油井目前累计产油量，bbl ；

$S_o$——目前含油饱和度。

该表达式是基于假设均质泄油面积内饱和度均匀分布，同样，油藏中自由气不断增加的气泡可以通过计算气泡半径 $r_{gb}$ 来用图形表示：

$$r_{gb} = \sqrt{\dfrac{5.615 \left[ N R_{si} - \left( N - N_p \right) R_s - N_p R_p \right] B_g}{\pi \phi h \left( 1 - S_o - S_{wi} \right)}}$$

式中　$r_{gb}$——气泡半径，ft ；

$N_p$——油井目前累计产油量，bbl ；

$B_g$——目前气体地层体积系数，bbl/ft³ ；

$S_o$——目前含油饱和度。

**例 4.5**　除例 4.4 中所给的白垩岩油藏数据以外，油气黏度比随压力的变化以及 PVT 数据如下。

| $p$ (psia) | $Q_o$ (bbl/d) | $Q_g$ ($10^6$ft³/d) | $B_o$ (bbl/bbl) | $R_s$ (ft³/bbl) | $B_g$ (bbl/ft³) | $\mu_o / \mu_g$ | $N_p$ ($10^6$bbl) | $R_p$ (ft³/bbl) |
|---|---|---|---|---|---|---|---|---|
| 7150 | — | — | 1.743 | 1450 | — | — | 0 | 1450 |
| 6600 | 44230 | 64.110 | 1.760 | 1450 | — | — | 8.072 | 1450 |
| 5800 | 79326 | 115.616 | 1.796 | 1450 | — | — | 22.549 | 1455 |
| 4950 | 75726 | 110.192 | 1.830 | 1450 | — | — | 36.369 | 1455 |
| 4500 | — | — | 1.850 | 1450 | — | 5.60 | 43.473 | 1447 |
| 4350 | 70208 | 134.685 | 1.775 | 1323 | 0.000797 | 6.02 | 49.182 | 1576 |
| 4060 | 50416 | 147.414 | 1.670 | 1143 | 0.000840 | 7.24 | 58.383 | 1788 |
| 3840 | 35227 | 135.282 | 1.611 | 1037 | 0.000881 | 8.17 | 64.812 | 1992 |

续表

| $p$ (psia) | $Q_o$ (bbl/d) | $Q_g$ ($10^6\text{ft}^3$/d) | $B_o$ (bbl/bbl) | $R_s$ ($\text{ft}^3$/bbl) | $B_g$ (bbl/$\text{ft}^3$) | $\mu_o/\mu_g$ | $N_p$ ($10^6$bbl) | $R_p$ ($\text{ft}^3$/bbl) |
|---|---|---|---|---|---|---|---|---|
| 3600 | 26027 | 115.277 | 1.566 | 958 | 0.000916 | 9.35 | 69.562 | 2158 |
| 3480 | 27452 | 151.167 | 1.523 | 882 | 0.000959 | 9.95 | 74.572 | 2383 |
| 3260 | 20975 | 141.326 | 1.474 | 791 | 0.001015 | 11.1 | 78.400 | 2596 |
| 3100 | 15753 | 125.107 | 1.440 | 734 | 0.001065 | 11.9 | 81.275 | 2785 |
| 2940 | 14268 | 116.970 | 1，409 | 682 | 0.001121 | 12.8 | 83.879 | 2953 |
| 2800 | 13819 | 1111.792 | 1.382 | 637 | 0.001170 | 13.5 | 86.401 | 3103 |

利用所给的油田压力—产量历史数据进行下列计算。

（1）当压力降到饱和压力以下时，逸出的溶解气残留在油藏中的百分比。用总逸出气体 $\alpha_g$ 的百分比和原始溶解气 $\alpha_{gi}$ 的百分比表示残留气体的体积百分数。

（2）含油饱和度和气体饱和度。

（3）相对渗透率比 $K_{rg}/K_{ro}$。

**解** 步骤 1：用下列表达式计算 $\alpha_g$ 和 $\alpha_{gi}$ 的值，并列表。

$$\alpha_g = 1 - \frac{N_p R_p}{N R_{si} - (N - N_p) R_s}$$

$$= 1 - \frac{N_p R_p}{570 \times 1450 - (570 - N_p) R_s}$$

$$\alpha_{gi} = 1 - \frac{(N - N_p) R_s + N_p R_p}{N R_{si}}$$

$$= 1 - \frac{(570 - N_p) R_s + N_p R_p}{570 \times 1450}$$

| $p$ (psia) | $R_s$ ($\text{ft}^3$/bbl) | $N_p$ ($10^6$bbl) | $R_p$ ($\text{ft}^3$/bbl) | $\alpha_g$ (%) | $\alpha_{gi}$ (%) |
|---|---|---|---|---|---|
| 7150 | 1450 | 0 | 1450 | 0.00 | 0.00 |
| 6600 | 1450 | 8.072 | 1450 | 0.00 | 0.00 |
| 5800 | 1450 | 22.549 | 1455 | 0.00 | 0.00 |
| 4950 | 1450 | 36.369 | 1455 | 0.00 | 0.00 |
| 4500 | 1450 | 43.473 | 1447 | 0.00 | 0.00 |
| 4350 | 1323 | 49.182 | 1576 | 43.6 | 7.25 |
| 4060 | 1143 | 58.383 | 1788 | 56.8 | 16.6 |
| 3840 | 1037 | 64.812 | 1992 | 57.3 | 21.0 |
| 3600 | 958 | 69.562 | 2158 | 56.7 | 23.8 |

续表

| $p$<br>(psia) | $R_s$<br>(ft³/bbl) | $N_p$<br>(10⁶bbl) | $R_p$<br>(ft³/bbl) | $\alpha_g$<br>(%) | $\alpha_{gi}$<br>(%) |
|---|---|---|---|---|---|
| 3480 | 882 | 74.572 | 2383 | 54.4 | 25.6 |
| 3260 | 791 | 78.400 | 2596 | 53.5 | 28.3 |
| 3100 | 734 | 81.275 | 2785 | 51.6 | 29.2 |
| 2940 | 682 | 83.879 | 2953 | 50.0 | 29.9 |
| 2800 | 637 | 86.401 | 3103 | 48.3 | 30.3 |

步骤2：计算饱和压力下的PV。

$$(PV)_b = (N_i - N_{pb})B_{ob} + \left(\frac{N_i B_{oi}}{1 - S'_{wi}}\right) \times \left[S'_{wi} + (p_i - p_b)(-c_f + c_w S'_{wi})\right]$$

$$= (570 - 43.473) \times 1.85 + \frac{570 \times 1.743}{1 - 0.43}$$

$$\times \left[0.43 + (7150 - 4500) \times (-3.3 \times 10^{-6} + 3.0 \times 10^{-6} \times 0.43)\right]$$

$$= 1.71 \times 10^9 \, bbl$$

步骤3：计算饱和压力下的原始含油饱和度和原始含水饱和度。

$$S_{oi} = \frac{(N_i - N_{pb})B_{ob}}{(PV)_b}$$

$$= \frac{(570 - 43.473) \times 10^6 1.85}{1.71 \times 10^9}$$

$$= 0.568$$

$$S_{wi} = 1 - S_{oi} = 0.432$$

步骤4：计算$p_b$以下含油、气饱和度随压力的变化。

$$S_o = \frac{(N_i - N_p)B_o}{(PV)_b}$$

$$= \frac{(570 - N_p) \times 10^6 B_o}{1.71 \times 10^9}$$

低于$p_b$的任一压力下的气体饱和度$S_g$表示为：

$$S_g = 1 - S_o - 0.432$$

| $p$<br>(psia) | $N_p$<br>(10⁶bbl) | $S_o$<br>(%) | $S_g$<br>(%) |
|---|---|---|---|
| 4500 | 43.473 | 56.8 | 0.00 |
| 4350 | 49.182 | 53.9 | 2.89 |

续表

| $p$<br>(psia) | $N_p$<br>($10^6$bbl) | $S_o$<br>(%) | $S_g$<br>(%) |
|---|---|---|---|
| 4060 | 58.383 | 49.8 | 6.98 |
| 3840 | 64.812 | 47.5 | 9.35 |
| 3600 | 69.562 | 45.7 | 11.1 |
| 3480 | 74.572 | 44.0 | 12.8 |
| 3260 | 78.400 | 42.3 | 14.6 |
| 3100 | 81.275 | 41.1 | 15.8 |
| 2940 | 83.879 | 40.0 | 16.9 |
| 2800 | 86.401 | 39.0 | 17.8 |

步骤 5：计算气油比随压力的变化，$p < p_b$。

$$GOR = \frac{Q_g}{Q_o}$$

| $p$<br>(psia) | $Q_o$<br>(bbl/d) | $Q_g$<br>($10^6$ft$^3$/d) | $GOR = Q_g/Q_o$<br>(ft$^3$/bbl) |
|---|---|---|---|
| 4500 | — | — | 1450 |
| 4350 | 70208 | 134.685 | 1918 |
| 4060 | 50416 | 147.414 | 2923 |
| 3840 | 35227 | 135.282 | 3840 |
| 3600 | 26027 | 115.277 | 4429 |
| 3480 | 27452 | 151.167 | 5506 |
| 3260 | 20975 | 141.326 | 6737 |
| 3100 | 15753 | 125.107 | 7942 |
| 2940 | 14268 | 116.970 | 8198 |
| 2800 | 13819 | 111.792 | 8090 |

步骤 6：计算相对渗透率比 $K_{rg}/K_{ro}$。

$$\frac{K_{rg}}{K_{ro}} = (GOR - R_s)\left(\frac{\mu_g B_g}{\mu_o B_o}\right)$$

| $p$<br>(psi) | $N_p$<br>($10^6$bbl) | $S_o$<br>(%) | $S_g$<br>(%) | $R_s$<br>(ft$^3$/bbl) | $\mu_o/\mu_g$ | $B_o$<br>(bbl/bbl) | $B_g$<br>(bbl/ft$^3$) | $GOR = Q_g/Q_o$<br>(ft$^3$/bbl) | $K_{rg}/K_{ro}$ |
|---|---|---|---|---|---|---|---|---|---|
| 4500 | 43.473 | 56.8 | 0.00 | 1450 | 5.60 | 1.850 | — | 1450 | — |
| 4350 | 49.182 | 53.9 | 2.89 | 1323 | 6.02 | 1.775 | 0.000797 | 1918 | 0.0444 |
| 4060 | 58.383 | 49.8 | 6.98 | 1143 | 7.24 | 1.670 | 0.000840 | 2923 | 0.1237 |

| $p$ (psi) | $N_p$ ($10^6$bbl) | $S_o$ (%) | $S_g$ (%) | $R_s$ (ft³/bbl) | $\mu_o/\mu_g$ | $B_o$ (bbl/bbl) | $B_g$ (bbl/ft³) | $GOR=Q_g/Q_o$ (ft³/bbl) | $K_{rg}/K_{ro}$ |
|---|---|---|---|---|---|---|---|---|---|
| 3840 | 64.812 | 47.5 | 9.35 | 1037 | 8.17 | 1.611 | 0.000881 | 3840 | 0.1877 |
| 3600 | 69.562 | 45.7 | 11.1 | 958 | 9.35 | 1.566 | 0.000916 | 4429 | 0.21715 |
| 3480 | 74.572 | 44.0 | 12.8 | 882 | 9.95 | 1.523 | 0.000959 | 5506 | 0.29266 |
| 3260 | 78.400 | 42.3 | 14.6 | 791 | 11.1 | 1.474 | 0.001015 | 6737 | 0.36982 |
| 3100 | 81.275 | 41.1 | 15.8 | 734 | 11.9 | 1.440 | 0.001065 | 7942 | 0.44744 |
| 2940 | 83.879 | 40.0 | 16.9 | 682 | 12.8 | 1.409 | 0.001121 | 8198 | 0.46807 |
| 2800 | 86.401 | 39.0 | 17.8 | 637 | 13.5 | 1.382 | 0.001170 | 8090 | 0.46585 |

如果实验室相对渗透率数据可用，建议用下列步骤来生成现场相对渗透率数据：

(1) 尽量使用油藏历史产量和压力数据计算相对渗透率比 $K_{rg}/K_{ro}$ 随 $S_o$ 的变化，如例 4.5 所示。

(2) 绘制渗透率比 $K_{rg}/K_{ro}$ 与液体饱和度 $S_L$ 的半对数图形，$S_L=S_o+S_{wc}$。

(3) 在步骤 2 的同一个图上绘制实验室相对渗透率数据。延长现场计算的渗透率数据平行于实验室数据。

(4) 步骤 3 中的外推现场数据可看做是油藏的相对渗透率特性，并且应该用于预测未来油藏动态。

应该指出的是大多数溶解气驱油藏的特点是只有一小部分原油地质储量被一次采油方法采出。然而，油藏中释放出的溶解气要比油流得更顺畅。释放出的气体膨胀驱替原油是这类油藏的主要驱动机理。一般情况下，可以估算一次采油期间采出的气体量，这有助于我们确定结束点，即原油采收率动态曲线的最大值。累计产气量（在 $y$ 轴）和累计产油量（在 $x$ 轴）的双对数坐标图提供了开采油气的采收率趋势。生成的曲线可以外推得到总气体可采量，即（$NR_{si}$）并读取废弃压力下的采收率上限。

**例 4.6** 用例 4.5 中所给的数据，计算产生 50% 的溶解气时的原油采收率和累计产油量。

**解** 步骤 1：用例 4.5 中的储量值，并根据采收率的定义构建下表。

原油地质储量       $N=570 \times 10^6$bbl

溶解的气量       $G=NR_{si}=570 \times 1450=826.5 \times 10^9$ft³

累计产气量       $G_p=N_pR_p$

原油采收率       $RF=N_p/N$

气体采收率       $RF=G_p/G$

| 时间 (月) | $p$ (psia) | $N_p$ ($10^6$bbl) | $R_p$ (ft³/bbl) | $G_p=N_pR_p$ ($10^9$ft³) | 原油采收率 $RF$ (%) | 气体采收率 $RF$ (%) |
|---|---|---|---|---|---|---|
| 0 | 7150 | 0 | 1450 | 0 | 0 | |
| 6 | 6600 | 8.072 | 1450 | 11.70 | 1.416 | 1.411 |
| 12 | 5800 | 22.549 | 1455 | 32.80 | 4.956 | 3.956 |

续表

| 时间<br>（月） | $p$<br>(psia) | $N_p$<br>($10^6$bbl) | $R_p$<br>(ft³/bbl) | $G_p=N_pR_p$<br>($10^9$ft³) | 原油采收率 $RF$<br>（%） | 气体采收率 $RF$<br>（%） |
|---|---|---|---|---|---|---|
| 18 | 4950 | 36.369 | 1455 | 52.92 | 6.385 | 6.380 |
| 21 | 4500 | 43.473 | 1447 | 62.91 | 7.627 | 7.585 |
| 24 | 4350 | 49.182 | 1576 | 77.51 | 8.528 | 9.346 |
| 30 | 4060 | 58.383 | 1788 | 104.39 | 10.242 | 12.587 |
| 36 | 3840 | 64.812 | 1992 | 129.11 | 11.371 | 15.567 |
| 42 | 3600 | 69.562 | 2158 | 150.11 | 12.204 | 18.100 |
| 48 | 3480 | 74.572 | 2383 | 177.71 | 13.083 | 21.427 |
| 54 | 3260 | 78.400 | 2596 | 203.53 | 13.754 | 24.540 |
| 60 | 3100 | 81.275 | 2785 | 226.35 | 14.259 | 27.292 |
| 66 | 2940 | 83.879 | 2953 | 247.69 | 14.716 | 29.866 |
| 72 | 2800 | 86.401 | 3103 | 268.10 | 15.158 | 32.327 |

步骤 2：根据 $N_p$ 和 $G_p$ 的双对数坐标图形以及原油采收率与气体采收率的直角坐标图形，如图 4.19 和图 4.20 所示。

原油采收率 =17%

累计产油量 $N_p$=0.17×570=96.9×$10^6$bbl

累计产气量 $G_p$=0.50×826.5=413.25×$10^6$ft³

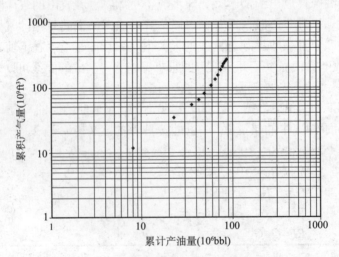

图 4.19 例 4.6 中 $G_p$ 和 $N_p$ 的函数关系

### 4.4.3 情况 3：气顶驱油藏

对于气顶气膨胀是主要驱动机理的油藏来说，与高压缩性气体相比，水和孔隙压缩性的影响对驱动机理的贡献可以忽略不计。然而，Havlena 和 Odeh（1963，1964）认识到只要有气顶存在或确定它的大小，就需要更加准确的压力数据。在气顶驱油藏，油藏压力的一个特殊问题是下伏油层的原始压力就接近于饱和压力。因此，流动压力明显低于饱和压力，这增加了常规压力恢复解释确定油藏平均压力的难度。

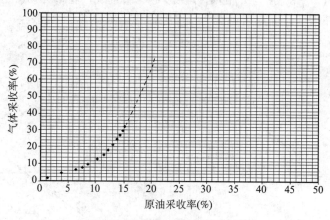

图 4.20　气体采收率和原油采收率

假设没有天然水侵入或可以忽略不计（即 $W_e=0$），Havlena 和 Odeh 的物质平衡可以表示为：

$$F = N\left(E_o + mE_g\right) \tag{4.39}$$

其中参数 $F$，$E_o$ 和 $E_g$ 表示为：

$$F = N_p\left[B_o + \left(R_p - R_s\right)B_g\right] + W_pB_w$$
$$= N_p\left[B_t + \left(R_p - R_{si}\right)B_g\right] + W_pB_w$$

$$E_o = \left(B_o - B_{oi}\right) + \left(R_{si} - R_s\right)B_g = B_t - B_{ti}$$

$$E_g = B_{oi}\left[\left(B_g/B_{gi}\right) - 1\right]$$

方程（4.39）的应用取决于方程中未知数的数量。方程（4.39）中的未知数可能有下列三种情况。

（1）$N$ 未知，$m$ 已知。

（2）$m$ 未知，$N$ 已知。

（3）$N$ 和 $m$ 都未知。

应用方程（4.39）确定三种情况的未知数的过程如下。

（1）未知 $N$ 已知 $m$。方程（4.39）表明 $F$ 与（$E_o+mE_g$）的直角坐标图形是一条通过原点的直线，斜率为 $N$，如图 4.21 所示。在绘图过程中，不同时间的地下采出量 $F$ 可以作为生产数据 $N_p$ 和 $R_p$ 的函数计算出来。

结论：$N=$ 斜率。

（2）未量 $m$ 已知 $N$。方程（4.39）可以重新整理为直线方程，得：

$$\left(\frac{F}{N} - E_o\right) = mE_g \tag{4.40}$$

该关系式表明 $(F/N - E_o)$ 与 $E_g$ 的函数图形是一条直线，斜率为 $m$。这样整理的优点是直线一定经过原点，因此，原点可以作为一个控制点。如图 4.22 所示。

结论：$m =$ 斜率。

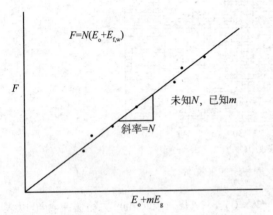

图 4.21 $F$ 与 $(E_o + mE_g)$ 的函数图形

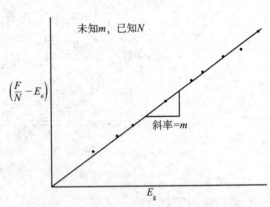

图 4.22 $(F/N - E_o)$ 与 $E_g$ 的函数图形

另外，方程（4.39）可以重新整理求解 $m$，得：

$$m = \frac{F - NE_o}{NE_g}$$

（3）$N$ 和 $m$ 都未知。如果 $N$ 值和 $m$ 值都不确定，那么方程（4.39）可以重新表示为：

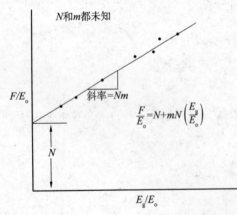

图 4.23 $F/E_o$ 与 $E_g/E_o$ 的函数图形

$$\frac{F}{E_o} = N + mN\left(\frac{E_g}{E_o}\right) \tag{4.41}$$

$F/E_o$ 与 $E_g/E_o$ 的图形是线性的，截距 $N$ 和斜率 $mN$。如图 4.23 所示。

结论：$N =$ 截距，$mN =$ 斜率，$m =$ 斜率 / 截距 = 斜率 /$N$。

**例 4.7** 一口开采气顶驱油藏的井的体积计算显示下列结果：

$N = 736 \times 10^6 \text{bbl}$　　　$G = 320 \times 10^9 \text{ft}^3$，

$p_i = 2808 \text{psia}$，　　　$B_{oi} = 1.39 \text{bbl/bbl}$，

$B_{gi} = 0.000919 \text{bbl/bbl}$，　$R_{si} = 755 \text{ft}^3/\text{bbl}$。

产量数据用参数 $F$ 表示和 PVT 数据如下。

| $\bar{p}$ (psi) | $F$ $(10^6 \text{ft}^3)$ | $B_t$ (bbl/bbl) | $B_g$ (bbl/ft³) |
|---|---|---|---|
| 2803 | 7.8928 | 1.3904 | 0.0009209 |

续表

| $\bar{p}$ (psi) | $F$ ($10^6\text{ft}^3$) | $B_t$ (bbl/bbl) | $B_g$ (bbl/ft³) |
|---|---|---|---|
| 2802 | 7.8911 | 1.3905 | 0.0009213 |
| 2801 | 7.8894 | 1.3906 | 0.0009217 |
| 2800 | 7.8877 | 1.3907 | 0.0009220 |
| 2799 | 7.8860 | 1.3907 | 0.0009224 |
| 2798 | 7.8843 | 1.3908 | 0.0009228 |

估算气油体积比 $m$ 并与计算值对比。

**解** 步骤 1：根据体积计算结果计算实际 $m$。

$$m=\frac{GB_{gi}}{NB_{oi}}=\frac{\left(3200\times10^9\right)\times0.000919}{\left(736\times10^6\right)\times1.390}\approx2.9$$

步骤 2：利用生产数据计算 $E_o$，$E_g$ 和 $m$。

$$E_o=B_t-B_{ti}$$

$$E_g=B_{ti}\left[\left(B_g/B_{gi}\right)-1\right]$$

$$m=\frac{F-NE_o}{NE_g}$$

| $\bar{p}$ (psi) | $F$ ($10^6$bbl) | $E_o$ (bbl/bbl) | $E_g$ (bbl/ft³) | $m=\left(F-NE_o\right)/\left(NE_g\right)$ |
|---|---|---|---|---|
| 2803 | 7.8928 | 0.000442 | 0.002874 | 3.58 |
| 2802 | 7.8911 | 0.000511 | 0.003479 | 2.93 |
| 2801 | 7.8894 | 0.000581 | 0.004084 | 2.48 |
| 2800 | 7.8877 | 0.000650 | 0.004538 | 2.22 |
| 2799 | 7.8860 | 0.000721 | 0.005143 | 1.94 |
| 2798 | 7.8843 | 0.000791 | 0.005748 | 1.73 |

上表显示的结果证实了 $m$ 值为 2.9，然而，结果也显示了 $m$ 值对记录的油藏平均压力的敏感。

**例 4.8** 气顶驱油藏的产量变化情况和 PVT 数据如下。

| 日期 | $\bar{p}$ (psi) | $N_p$ ($10^3$bbl) | $G_p$ ($10^3$ft³) | $B_t$ (bbl/bbl) | $B_g$ (bbl/ft³) |
|---|---|---|---|---|---|
| 5-1-1989 | 4415 | — | — | 1.6291 | 0.00077 |
| 1-1-1991 | 3875 | 492.5 | 751.3 | 1.6839 | 0.00079 |

续表

| 日期 | $\overline{p}$ (psi) | $N_p$ ($10^3$bbl) | $G_p$ ($10^3$ft$^3$) | $B_t$ (bbl/bbl) | $B_g$ (bbl/ft$^3$) |
|------|------|------|------|------|------|
| 1-1-1992 | 3315 | 1015.7 | 2409.6 | 1.7835 | 0.00087 |
| 1-1-1993 | 2845 | 1322.5 | 3901.6 | 1.9110 | 0.00099 |

气体原始溶解度 $R_{si}$ 是 975ft$^3$/bbl。估算原始油、气储量。

**解**　步骤1：计算累计生产气油比 $R_p$。

| $\overline{p}$ | $G_p$ ($10^3$ft$^3$) | $N_p$ ($10^3$bbl) | $R_p=G_p/N_p$ (ft$^3$/bbl) |
|------|------|------|------|
| 4415 | — | — | — |
| 3875 | 751.3 | 492.5 | 1525 |
| 3315 | 2409.6 | 1015.7 | 2372 |
| 2845 | 3901.6 | 1322.5 | 2950 |

步骤2：利用下式计算 $F$，$E_o$ 和 $E_g$。

$$F=N_p\ [B_t+\ (R_p-R_{si})\ B_g]\ +W_pB_w$$

$$E_0=B_t-B_{ti}$$

$$E_g=B_{ti}\ [(B_g/B_{gi})\ -1]$$

| $\overline{p}$ | $F$ | $E_o$ | $E_g$ |
|------|------|------|------|
| 3875 | $2.04\times10^6$ | 0.0548 | 0.0529 |
| 3315 | $8.77\times10^6$ | 0.1540 | 0.2220 |
| 2845 | $17.05\times10^6$ | 0.2820 | 0.4720 |

步骤3：计算 $F/E_o$ 和 $E_g/E_o$。

| $\overline{p}$ | $F/E_o$ | $E_g/E_o$ |
|------|------|------|
| 3875 | $3.72\times10^7$ | 0.96 |
| 3315 | $5.69\times10^7$ | 0.44 |
| 2845 | $6.00\times10^7$ | 0.67 |

步骤4：绘图 $F/E_o$ 与 $E_g/E_o$ 的图形，如图4.24所示。
截距 $=N=9\times10^6$bbl，斜率 $=Nm=3.1\times10^7$。
步骤5：计算 $m$。

$$m=3.1\times10^7/\ (9\times10^6)\ =3.44$$

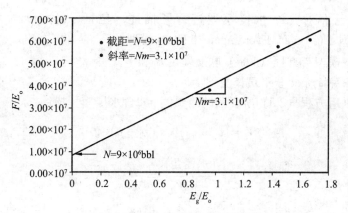

图 4.24    例 4.8 中 $m$ 和 $N$ 的计算

步骤 6：根据 $m$ 的定义式，计算原始气顶气体积 $G$。

$$m = \frac{GB_{gi}}{NB_{oi}}$$

或

$$G = \frac{mNB_{io}}{B_{gi}} = \frac{3.44 \times 9 \times 10^{6} \times 1.6291}{0.00077} = 66 \times 10^{9} \, \text{ft}^{3}$$

### 4.4.4    情况 4：水驱油藏

在水驱油藏，确定含水层类型和性质，也许是油藏工程研究项目中最具挑战性的任务。然而，没有精确的含水层描述，未来油藏动态和管理水平都不能适当评价。MBE 表示为：

$$F = N\left(E_{o} + mE_{g} + E_{f, w}\right) + W_{e}$$

Dake（1978）指出在水驱油藏中，$E_{f, w}$ 经常忽略不计，不仅是因为水和孔隙的压缩系数很小，还因为水侵有助于保持油藏压力，因此，出现在 $E_{f, w}$ 项中的 $\Delta p$ 可以忽略掉，或：

$$F = N\left(E_{o} + mE_{g}\right) + W_{e} \qquad (4.42)$$

另外，如果油藏有原始气顶，那么方程（4.41）可进一步简化为：

$$F = NE_{o} + W_{e} \qquad (4.43)$$

用上述两个方程模拟油藏产量和压力变化，最大的不确定性就是水侵量 $W_{e}$ 的确定。实际上，为了计算水侵量，工程师们面临着所有油藏工程科目中最大的不确定因素。原因是计算 $W_{e}$ 需要一个数学模型，该模型本身依赖于含水层性能的认识。而这些很少能测量出来，因为井不会轻易钻到含水层来获取这些信息。

对于没有气顶的水驱油藏，整理方程（4.43）并表示为：

$$\frac{F}{E_{o}} = N + \frac{W_{e}}{E_{o}} \qquad (4.44)$$

在第 2 章中已经对几个水侵模型进行了描述，包括：（1）pot 含水层模型；（2）Schilthuis 稳态模型；（3）van Everdingen 和 Hurst 模型。

下面介绍这些模型与方程（4.44）联立确定 $N$ 和 $W_e$。

### 4.4.4.1 MBE 中的 pot 含水层模型

假设水侵可以用方程（2.5）所表示的简单的 pot 含水层模型描述。

$$W_e = (c_w + c_f) W_i f (p_i - p) \tag{4.45}$$

$$f = \frac{(水侵角)^\circ}{360^\circ} = \frac{\theta}{360^\circ}$$

$$W_i = \frac{\pi (r_a^2 - r_e^2) h \phi}{5.615}$$

式中　$r_a$——含水层半径，ft；

　　　$r_e$——油藏半径，ft；

　　　$h$——含水层厚度，ft；

　　　$\phi$——含水层孔隙度；

　　　$\theta$——水侵角；

　　　$c_w$——水的压缩系数，$psi^{-1}$；

　　　$c_f$——含水层岩石压缩系数，$psi^{-1}$；

　　　$W_i$——含水层水的原始体积，bbl。

方程（4.45）的应用情况依赖于含水层性能参数的掌握，即 $c_w$，$c_f$，$h$，$r_a$ 和 $\theta$，在方程（4.45）中，这些性能参数可以合并为一个未知量 $K$，或：

$$W_e = K \Delta p \tag{4.46}$$

式中水侵常数 $K$ 表示合并的含水层性能参数：

$$K = (c_w + c_f) W_i f$$

把方程（4.46）和方程（4.44）联立得：

$$\frac{F}{E_o} = N + K \left( \frac{\Delta p}{E_o} \right) \tag{4.47}$$

方程（4.47）显示 $F/E_o$ 与 $\Delta p/E_o$ 的函数图形是一条直线，截距为 $N$，斜率为 $K$，如图 4.25 所示。

如果气顶有一个已知量 $m$ 存在，方程（4.42）可以表示为下列线性形式：

$$\frac{F}{E_o + m E_g} = N + K \left( \frac{\Delta p}{E_o + m E_g} \right)$$

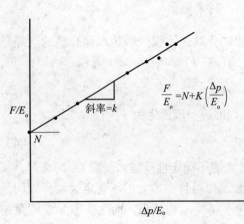

图 4.25　$F/E_o$ 与 $\Delta p/E_o$ 的函数图形

该形式表明 $F/(E_o+mE_g)$ 与 $\Delta p/(E_o+mE_g)$ 的函数图形是一条直线，截距为 $N$，斜率为 $K$。

#### 4.4.4.2　MBE 中的稳态模型

稳态含水层模型由 Schilthuis（1936）提出并表示为：

$$W_e = C\int_0^t (p_i - p)\mathrm{d}t \tag{4.48}$$

式中　$W_e$——累计水侵量，bbl；

　　　$C$——水侵常数，bbl/（d·psi）；

　　　$t$——时间，d；

　　　$p_i$——原始油藏压力，psi；

　　　$p$——$t$ 时刻油水界面的压力，psi。

联立方程（4.48）和方程（4.44）得：

$$\frac{F}{E_o} = N + C\left(\frac{\int_0^t (p_i - p)\mathrm{d}t}{E_o}\right) \tag{4.49}$$

$F/E_o$ 与 $\int_0^t (p_i - p)\mathrm{d}t / E_o$ 的函数图形是一条直线，截距表示原油原始地质储量 $N$，斜率表示水侵常数 $C$，如图 4.26 所示。

对于一个已知的气顶，方程（4.49）可以表示为下列线性形式：

$$\frac{F}{E_o + mE_g} = N + C\left[\frac{\int_0^t (p_i - p)\mathrm{d}t}{E_o + mE_g}\right]$$

$F/(E_o+mE_g)$ 与 $\int_0^t (p_i - p)\mathrm{d}t / (E_o + mE_g)$ 的函数图形是一条直线，截距表示原油原始地质储量 $N$，斜率表示水侵常数 $C$。

#### 4.4.4.3　MBE 中的不稳定状态模型

van Everdingen 和 Hurst 不稳定状态模型为：

$$W_e = B\sum\Delta p W_{eD} \tag{4.50}$$

且：

$$B = 1.119\phi c_t r_e^2 hf$$

van Everdingen 和 Hurst 提出无量纲水侵量 $W_{eD}$ 与无量纲时间 $t_D$ 和无量纲半径 $r_D$ 的函数关系如下：

$$t_D = 6.328\times10^{-3}\frac{Kt}{\phi\mu_w c_t r_e^2}$$

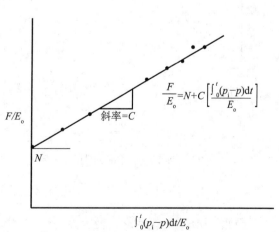

图 4.26　$N$ 和 $C$ 的图解法

$$r_{\mathrm{D}} = \frac{r_{\mathrm{a}}}{r_{\mathrm{e}}}$$

$$c_{\mathrm{t}} = c_{\mathrm{w}} + c_{\mathrm{f}}$$

式中　$t$——时间，d；

　　　$k$——含水层渗透率，mD；

　　　$\phi$——含水层孔隙度；

　　　$\mu_{\mathrm{w}}$——含水层中水的黏度，mPa·s；

　　　$r_{\mathrm{a}}$——含水层半径，ft；

　　　$r_{\mathrm{e}}$——油藏半径，ft；

　　　$c_{\mathrm{w}}$——水的压缩系数，psi$^{-1}$。

联立方程（4.50）和方程（4.44）得：

$$\frac{F}{E_{\mathrm{o}}} = N + B\left(\frac{\sum \Delta p W_{\mathrm{eD}}}{E_{\mathrm{o}}}\right) \tag{4.51}$$

解上述线性关系的适用步骤概括如下。

步骤 1：根据油田历史产量和压力数据计算地下采出量 $F$ 和油的膨胀系数 $E_{\mathrm{o}}$。

步骤 2：设定含水层的外形轮廓，即线性或径向。

步骤 3：设定含水层半径 $r_{\mathrm{a}}$，计算无量纲半径 $r_{\mathrm{D}}$。

步骤 4. 绘制 $F/E_{\mathrm{o}}$ 与 $\left(\sum \Delta p W_{\mathrm{eD}}\right) /E_{\mathrm{o}}$ 的直角坐标图形。如果设定的含水层参数正确，图形将是一条直线，截距是 $N$，斜率是水侵常数 $B$。应该注意可能得到其他四种不同的曲线，它们是：(1) 单个点完全随机分散，意味着计算过程和 / 或基础数据错误。(2) 向上弯曲的线，表示设定的含水层半径（或无量纲半径）太小。(3) 向下弯曲的线，表示选定的含水层半径（或无量纲半径）太大。(4) S 形曲线，表示如果假设为线性水侵能够得到更适合的参数。

图 4.27 说明了 Havlena 和 Odeh 法确定含水层合适参数。

应该注意在很多大型油田，可以用无限线性水驱描述产量－压力动态。对于一个单位压力降，无限线性情况下的累计水侵量简单地正比于 $\sqrt{t}$，而不需要估算无量纲时间 $t_{\mathrm{D}}$。因此，方程（4.50）中的 van Everdingen 和 Hurst 无量纲水侵量 $W_{\mathrm{eD}}$ 可以用时间的平方根代替，得：

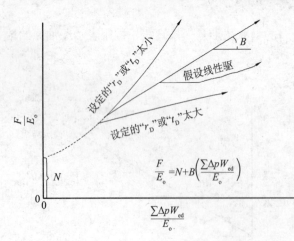

图 4.27　Havlena 和 Odeh 的直线图形

$$W_{\mathrm{w}} = B \sum \left[ \Delta p_n \sqrt{(t - t_n)} \right]$$

因此，MBE 的线性形式表示为：

$$\frac{F}{E_o} = N + B\left(\frac{\sum \Delta p \sqrt{t - t_n}}{E_o}\right)$$

**例 4.9** 一饱和油藏的物质平衡参数，地下采出量 $F$，油的膨胀系数 $E_o$ 如下。

| $\bar{p}$ | $F$ | $E_o$ |
|---|---|---|
| 3500 | — | — |
| 3488 | $2.04 \times 10^6$ | 0.0548 |
| 3162 | $8.77 \times 10^6$ | 0.1540 |
| 2782 | $17.05 \times 10^6$ | 0.2840 |

假设岩石和水的压缩系数可以忽略不计，计算原油原始地质储量。

**解**　步骤 1：应用 MBE 最重要的步骤是证明没有水侵存在。假设油藏是封闭的，利用方程（4.38）和每一个生产数据点计算原油原始地质储量，或：

$$N = F/E_o$$

| $F$ | $E_o$ | $N = F/E_o$ |
|---|---|---|
| $2.04 \times 10^6$ | 0.0548 | $37 \times 10^6 \text{bbl}$ |
| $8.77 \times 10^6$ | 0.1540 | $57 \times 10^6 \text{bbl}$ |
| $17.05 \times 10^6$ | 0.2820 | $60 \times 10^6 \text{bbl}$ |

步骤 2：上面的计算显示原油原始地质储量的计算值是增加的，如图 4.28 所示，这表明有水侵，即水驱油藏。

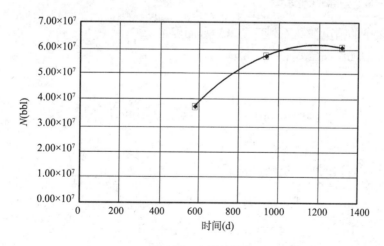

图 4.28　水侵的标志

步骤 3：为了简单，选择方程（4.47）给出的 MBE 中的 pot 含水层模型代表水侵计算。

$$\frac{F}{E_o} = N + K\left(\frac{\Delta p}{E_o}\right)$$

步骤 4：计算方程（4.47）中的 $F/E_o$ 和 $\Delta p/E_o$ 项。

| $\bar{p}$ | $\Delta p$ | $F$ | $E_o$ | $F/E_o$ | $\Delta p/E_o$ |
|---|---|---|---|---|---|
| 3500 | 0 | — | — | — | — |
| 3488 | 12 | $2.04 \times 10^6$ | 0.0548 | $37.23 \times 10^6$ | 219.0 |
| 3162 | 338 | $8.77 \times 10^6$ | 0.1540 | $56.95 \times 10^6$ | 2194.8 |
| 2782 | 718 | $17.05 \times 10^6$ | 0.2820 | $60.46 \times 10^6$ | 2546 |

步骤 5：制 $F/E_o$ 和 $\Delta p/E_o$ 的图形，如图 4.29 所示，确定交点和斜率。
交点 $=N=35 \times 10^6$ bbl，斜率 $=K=9983$。

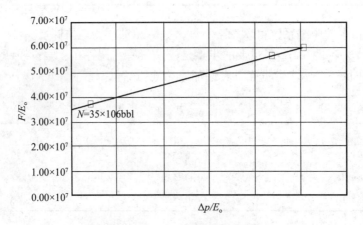

图 4.29 $F/E_o$ 和 $\Delta p/E_o$ 的函数图形

### 4.4.5 情况 5：混合驱动油藏

这个相对复杂的情况涉及下列三个未知数的确定：
（1）原油原始地质储量 $N$；
（2）气顶大小 $m$；
（3）水侵量 $W_e$。
包括上述三个未知数的通用 MBE 由方程（4.32）给出：

$$F=N\left(E_o+mE_g\right)+W_e$$

其中组成上述表达式的变量确定如下：

$$F = N_p\left[B_o+\left(R_p-R_s\right)B_g\right]+W_pB_w$$
$$= N_p\left[B_t+\left(R_p-R_{si}\right)B_g\right]+W_pB_w$$

$$E_o = \left(B_o-B_{oi}\right)+\left(R_{si}-R_s\right)B_g = B_t-B_{ti}$$

$$E_g = B_{oi}\left[\left(\frac{B_g}{B_{gi}}\right)-1\right]$$

Havlena 和 Odeh 将方程（4.32）对压力求导，并重新整理方程消去 $m$，得：

$$\frac{FE_g' - F'E_g}{E_o E_g' - E_o' E_g} = N + \frac{W_e E_g' - W_e' E_g}{E_o E_g' - E_o' E_g} \tag{4.52}$$

其中对压力的一阶导数为：

$$E_g' = \frac{\partial E_g}{\partial p} = \left(\frac{B_{oi}}{B_{gi}}\right)\frac{\partial B_g}{\partial p} \approx \left(\frac{B_{oi}}{B_{gi}}\right)\frac{\Delta B_g}{\Delta p}$$

$$E_o' = \frac{\partial E_o}{\partial p} = \frac{\partial B_t}{\partial p} \approx \frac{\Delta B_t}{\Delta p}$$

$$F' = \frac{\partial F}{\partial p} \approx \frac{\Delta F}{\Delta p}$$

$$W_e' = \frac{\partial W_e}{\partial p} \approx \frac{\Delta W_e}{\Delta p}$$

对于选定的含水层模型，如果选择正确，方程（4.52）的左侧与右侧第二项的函数图形应该是一条斜率为 1 的直线，它与纵坐标的交点给出了原油原始地质储量 $N$。在正确确定 $N$ 和 $W_e$ 之后，方程（4.32）可直接用于确定 $m$，得：

$$m = \frac{F - NE_o - W_e}{NE_g}$$

注意上面所有的导数的数值都可以用有限差分法中的一种确定，如向前、向后或中间差分公式。

### 4.4.6  情况 6：油藏平均压力

为了掌握一个有自由气的油藏，如溶解气驱或气顶驱油藏的动态，需要确定油藏压力准确值。在缺少可靠的压力数据的情况下，如果体积计算得到的 $m$ 和 $N$ 值准确可用，那么 MBE 可用来估算油藏平均压力。方程（4.39）给出的通用 MBE 表示为：

$$F = N（E_o + mE_g）$$

利用油田的产量解方程（4.39）求平均压力涉及下列图解过程。

步骤 1：选择时间，确定该时间对应的油藏平均压力和相应的产量数据，即 $N_p$，$G_p$ 和 $R_p$。

步骤 2：设定几个油藏平均压力值并确定每个压力值对应的方程（4.39）的左侧 $F$。即：

$$F = N_p\left[B_o + \left(R_p - R_s\right)B_g\right] + W_p B_w$$

步骤 3：用步骤 2 中设定的油藏平均压力值，计算方程（4.39）的右侧（RHS）。

$$RHS = N（E_o + mE_g）$$

其中：

$$E_o = (B_o - B_{oi}) + (R_{si} - R_s) B_g$$

$$E_g = B_{oi} \left[ \left( \frac{B_g}{B_{gi}} \right) - 1 \right]$$

步骤 4：绘制 MBE 的左侧和右侧，即步骤 2 和步骤 3 的计算值，与设定的平均压力的直角坐标图形。交点给出了对应于步骤 1 选择的时间的油藏平均压力。如图 4.30 所示。

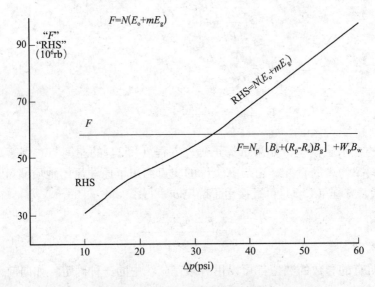

图 4.30　解物质平衡方程求压力

步骤 5：重复步骤 1 到步骤 4 来估算每个选定的枯竭时间对应的油藏压力。

## 4.5　MBE 的 Tracy 形式

忽略地层和水的压缩性，方程（4.13）所示的通用 MBE 可以简化为：

$$N = \frac{N_p B_o + (G_p - N_p R_s) B_g - (W_e - W_p B_w)}{(B_o - B_{oi}) + (R_{si} - R_s) B_g + m B_{oi} \left( \frac{B_g}{B_{gi}} - 1 \right)} \tag{4.53}$$

Tracy（1955）建议上面的关系式可以重新整理成更有用的形式：

$$N = N_p \Phi_o + G_p \Phi_g + (W_p B_w - W_e) \Phi_w \tag{4.54}$$

其中 $\Phi_o$，$\Phi_g$ 和 $\Phi_w$ 与 PVT 数据有关，是压力的函数，且表示为：

$$\Phi_o = \frac{B_o - R_s B_g}{\text{Den}} \tag{4.55}$$

$$\Phi_{\mathrm{g}} = \frac{B_{\mathrm{g}}}{\mathrm{Den}} \tag{4.56}$$

$$\Phi_{\mathrm{w}} = \frac{1}{\mathrm{Den}} \tag{4.57}$$

且

$$\mathrm{Den} = \left(B_{\mathrm{o}} - B_{\mathrm{oi}}\right) + \left(R_{\mathrm{si}} - R_{\mathrm{s}}\right)B_{\mathrm{g}} + mB_{\mathrm{oi}}\left(\frac{B_{\mathrm{g}}}{B_{\mathrm{gi}}} - 1\right) \tag{4.58}$$

式中　$\Phi_{\mathrm{o}}$——原油 PVT 函数；

　　　$\Phi_{\mathrm{g}}$——气体 PVT 函数；

　　　$\Phi_{\mathrm{w}}$——水 PVT 函数。

图 4.31 显示了 Tracy 的 PVT 函数的动态随压力的变化。

注意低压时 $\Phi_{\mathrm{o}}$ 是负的且所有 $\Phi$ 函数在饱和压力都接近于无穷大，因为方程（4.55）到方程（4.57）中的分母"Den"值都接近于零。Tracy 的形式仅当原始压力等于饱和压力时才有效，在压力大于饱和压力时不能用。另外，$\Phi$ 函数曲线的形状说明在压力接近饱和压力时，压力和/或产量的小错误能够引起计算原油地质储量的大错误。Steffensen（1987）指出 Tracy 方程用饱和压力时的原油地层体积系数 $B_{\mathrm{ob}}$ 代替原始 $B_{\mathrm{oi}}$，使所有的 PVT 函数 $\Phi$ 在饱和压力时变得无穷大。Steffensen 建议扩展 Tracy 方程以适用于饱和压力以上，即适用于不饱和油藏，就是在原始油藏压力下使用 $B_{\mathrm{o}}$ 值。他总结 Tracy 方法可以预测从原始压力到废弃压力整个压力范围内的油藏动态。

应该指出的是由于岩石和水的压缩性在饱和压力以下相对不重要，所以它们不包含在 Tracy 的物质平衡方程中。然而，在压力低于原始地层压力时，使用原油地层系数的拟值，就直接包含了岩石和水的压缩性，这些拟值 $B_{\mathrm{o}}^{*}$ 确定为：

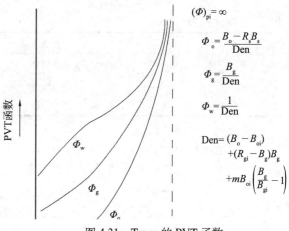

图 4.31　Tracy 的 PVT 函数

$$B_{\mathrm{o}}^{*} = B_{\mathrm{o}} + B_{\mathrm{oi}}\left(\frac{S_{\mathrm{wi}}c_{\mathrm{w}} + c_{\mathrm{f}}}{1 - S_{\mathrm{wi}}}\right)\left(p_{\mathrm{i}} - p\right)$$

在物质平衡计算中，这些拟值包括水和岩石压缩性的附加压力支持。

$$g_{\text{气}} < \frac{\mathrm{d}p}{\mathrm{d}z} < g_{\text{油}}$$

且

$$g_{\text{气}} = \frac{p_{\text{g}}}{144}$$

$$g_{\text{油}} = \frac{p_{\text{o}}}{144}$$

式中  $g_{\text{油}}$——油柱压力梯度，psi/ft；

  $\rho_{\text{o}}$——油密度，lb/ft³；

  $g_{\text{气}}$——气体压力梯度，psi/ft；

  $\rho_{\text{g}}$——气体密度，lb/ft³；

  d$p$/d$z$——油藏压力梯度，psi/ft。

Tracy（1955）给出下列例子来说明他提出的方法的应用。

**例 4.10**  饱和油藏的生产情况如下。

| $\bar{p}$ (psia) | $N_{\text{p}}$ ($10^3$bbl) | $G_{\text{p}}$ ($10^6$ft³) |
|---|---|---|
| 1690 | 0 | 0 |
| 1600 | 398 | 38.6 |
| 1500 | 1570 | 155.8 |
| 1100 | 4470 | 803 |

PVT 函数计算值如下。

| $p$ | $\Phi_{\text{o}}$ | $\Phi_{\text{g}}$ |
|---|---|---|
| 1600 | 36.60 | 0.400 |
| 1500 | 14.30 | 0.1790 |
| 1100 | 2.10 | 0.0508 |

计算原油地质储量 $N$。

**解**：用下列表格形式可以很方便地进行计算：

$$N = N_{\text{p}}\Phi_{\text{o}} + G_{\text{p}}\Phi_{\text{g}} + 0$$

| $\bar{p}$ (psia) | $N_{\text{p}}$ ($10^3$bbl) | $G_{\text{p}}$ ($10^6$ft³) | $N_{\text{p}}/\Phi_{\text{o}}$ | $G_{\text{p}}/\Phi_{\text{g}}$ | $N$ (bbl) |
|---|---|---|---|---|---|
| 1600 | 398 | 38.6 | $14.52 \times 10^6$ | $15.42 \times 10^6$ | $29.74 \times 10^6$ |
| 1500 | 155.8 | 155.8 | $22.45 \times 10^6$ | $27.85 \times 10^6$ | $50.30 \times 10^6$ |
| 1100 | 803.0 | 803.0 | $9.39 \times 10^6$ | $40.79 \times 10^6$ | $50.18 \times 10^6$ |

上面的结果表明，这个油藏原始地质储量接近 $50 \times 10^6$bbl。在 1600psia 时的计算是饱和压力附近计算的敏感性很好例子。由于原始地质储量的最后两个值非常符合，所以第一个计算可能是错的。

## 问　　题

（1）某一油藏有下列的数据。

| | 油层 | 含水层 |
|---|---|---|
| 几何形状 | 圆形 | 半圆形 |
| 水侵角 | — | 180º |
| 半径（ft） | 4000 | 80000 |
| 流动形态 | 拟稳定流 | 不稳定流 |
| 孔隙度 | — | 0.20 |
| 厚度（ft） | — | 30 |
| 渗透率（mD） | 200 | 50 |
| 黏度（mPa·s） | 1.2 | 0.36 |
| 原始压力 | 3800 | 3800 |
| 目前压力 | 3600 | — |
| 原始体积系数 | 1.300 | — |
| 目前体积系数 | 1.303 | 1.04 |
| 饱和压力 | 3000 | — |

油田已经生产了 1120 天，且已经产了 800000bbl 原油和 60000bbl 水。水和地层的压缩系数都是 $3 \times 10^{-6} psi^{-1}$。计算原油原始地质储量。

（2）某一油田的岩石和流体特性数据如下：

油藏面积 =1000acre，孔隙度 =10%，厚度 =20ft，$T$=140 ℉，$S_{wi}$=20%，$p_i$=4000psi，$p_b$=4000psi。

气体压缩系数和相对渗透率比的表达式如下：

$$Z = 0.8 - 0.00002\ (p - 4000)$$

$$\frac{K_{rg}}{K_{ro}} = 0.00127 \exp\left(17.2695g\right)$$

油田的生产数据如下：

| | 4000psi | 3500psi | 3000psi |
|---|---|---|---|
| $\mu_o$（mPa·s） | 1.3 | 1.25 | 1.2 |
| $\mu_g$（mPa·s） | — | 0.0125 | 0.0120 |
| $B_o$（bbl/bbl） | 1.4 | 1.35 | 1.30 |
| $R_s$（ft³/bbl） | — | — | 450 |
| $GOR$（ft³/bbl） | 600 | — | 1573 |

地下信息表明没有含水层和没有产水量。

计算：① 3000psi 时的原油剩余地质储量；② 3000psi 时的累计产气量。

（3）得克萨斯州西部的一个油藏的 PVT 和生产数据如下：

原油原始地质储量 $=10 \times 10^6$ bbl，原始含水饱和度 $=22\%$，原始油藏压力 $=2496$ psi，饱和压力 $=2496$ psi，累计气油比在 1302psi 时为 953ft³/bbl。

| 压力<br>(psi) | $B_o$<br>(bbl/bbl) | $R_s$<br>(ft³/bbl) | $B_g$<br>(bbl/ft³) | $\mu_o$<br>(mPa·s) | $\mu_g$<br>(mPa·s) | $GOR$<br>(ft³/bbl) |
|---|---|---|---|---|---|---|
| 2496 | 1.325 | 650 | 0.000796 | 0.906 | 0.016 | 650 |
| 1498 | 1.250 | 486 | 0.001335 | 1.373 | 0.015 | 1360 |
| 1302 | 1.233 | 450 | 0.001616 | 1.437 | 0.014 | 2080 |

计算：①在 1302psia 时的原油饱和度；②在 1302psia 时油藏中自由气的体积；（3）在 1302psia 时的相对渗透率比（$K_g/K_o$）。

（4）某一油田是未饱和油藏。原油系统和岩石类型表明油藏是可压缩的。油藏和产量数据如下：

$S_{wi}=0.25$，$\phi=20\%$，面积 $=1000$ acre，$h=70$ ft，$T=150°F$，饱和压力 $=3500$ psi。

| | 原始条件 | 目前条件 |
|---|---|---|
| 压力（psi） | 5000 | 4500 |
| $B_o$（bbl/bbl） | 1.905 | 1.920 |
| $R_s$（ft³/bbl） | 700 | 700 |
| $N_p$（10³bbl） | 0 | 610.9 |

计算在 3900psi 时的原油累计产量。PVT 数据表明原油地层体积系数在 3900psia 时等于 1.938bbl/bbl。

（5）一个气顶驱动油藏的可用数据如下。

| 压力<br>(psi) | $N_p$<br>(10⁶bbl) | $R_p$<br>(ft³/bbl) | $B_o$<br>(RB/bbl) | $R_s$<br>(ft³/bbl) | $B_g$<br>(RB/ft³) |
|---|---|---|---|---|---|
| 3330 | | | 1.2511 | 510 | 0.00087 |
| 3150 | 3.295 | 1050 | 1.2353 | 477 | 0.00092 |
| 3000 | 5.903 | 1060 | 1.2222 | 450 | 0.00096 |
| 2850 | 8.852 | 1160 | 1.2122 | 425 | 0.00101 |
| 2700 | 11.503 | 1235 | 1.2022 | 401 | 0.00107 |
| 2550 | 14.513 | 1265 | 1.1922 | 375 | 0.00113 |
| 2400 | 17.730 | 1300 | 1.1822 | 352 | 0.00120 |

计算原始原油和自由气体体积。

（6）如果从 Calgary 油藏已经生产原油 $1 \times 10^6$ bbl，累计生产气油比 $GOR$ 2700ft³/bbl，使油藏压力由原始油藏压力降到 2400psi，下降了 400psi。原始原油地质储量是多少标准桶？

（7）一个没有原始气顶和水驱动的油藏的数据如下：

油藏原油的孔隙体积 $=75 \times 10^6 \text{ft}^3$，气体在原油中的溶解度 $=0.42\text{ft}^3/$（bbl·psi），原始井底压力 $=3500\text{psi}$，井底温度 $=140°\text{F}$，油藏的饱和压力 $=3000\text{psi}$，3500psi 时的地层体积系数 $=1.333\text{bbl/bbl}$，在 1000psi 和 $140°\text{F}$ 时的气体压缩系数 $=0.95$，当压力是 2000psi 时产出原油 $=1.0 \times 10^6\text{bbl}$，净累计生产 $GOR=2800\text{ft}^3/\text{bbl}$。

计算：（1）油藏原始原油地质储量；（2）油藏原始气体量；（3）油藏原始溶解 $GOR$。（4）2000psi 时油藏中剩余气量；（5）2000psi 时油藏中自由气量；（6）2000psi 时逸出的气体在标准条件 14.7psia 和 $60°\text{F}$ 下的体积系数；（7）2000psi 时自由气的油藏体积；（8）2000psi 时整个油藏 $GOR$；（9）2000psi 时的溶解 $GOR$；（10）2000psi 时原油的体积系数；（11）总的或两相原油体积系数以及 2000psi 时溶解气的原始补给。

（8）一个不饱和油藏的生产数据以及油藏和流体数据如下：

气体相对密度 $= 0.78$，油藏温度 $= 160°\text{F}$，原始含水饱和度 $= 25\%$，原油原始地质储量 $= 180 \times 10^6\text{bbl}$，饱和压力 $= 2819\text{psi}$。没有水产出，而且可以假设油藏中没有自由气流动。确定：（1）油藏压力是 2258psi 时油、气和水的饱和度；（2）是否有水侵发生？如果发生，体积是多少？

下面 $B_o$ 和 $R_{so}$ 与压力的函数表达式可以是根据实验室数据确定的：

$$B_o \text{（bbl/bbl）} =1.00+0.00015p$$

$$R_{so} \text{（ft}^3\text{/bbl）} =50+0.42p$$

| 压力 <br> （psia） | 累计产油量 <br> （$10^6$bbl） | 累计产气量 <br> （$10^6$ft$^3$） | 瞬时 <br> $GOR$ （ft$^3$/bbl） |
|---|---|---|---|
| 2819 | 0 | 0 | 1000 |
| 2742 | 4.38 | 4.380 | 1280 |
| 2639 | 10.16 | 10.360 | 1480 |
| 2506 | 20.09 | 21.295 | 2000 |
| 2403 | 27.02 | 30.260 | 2500 |
| 2258 | 34.29 | 41.150 | 3300 |

（9）Wildcat 油藏是在 1970 年发现的。原始油藏压力 3000psi 且实验室数据表明饱和压力 2500psi。原生水饱和度 22%。计算从原始条件降到压力 2300psia 时的部分开采，$N_p/N_o$ 并列出计算过程中的假设。

孔隙度 $=0.165$，地层压缩系数 $=2.5 \times 10^{-6}\text{psia}^{-1}$，油藏温度 $=150°\text{F}$。

| 压力 <br> （psia） | $B_o$ <br> （bbl/bbl） | $R_{so}$ <br> （ft$^3$/bbl） | $Z$ | $B_g$ <br> （bbl/ft$^3$） | 黏度比 <br> $\mu_o/\mu_g$ |
|---|---|---|---|---|---|
| 3000 | 1.315 | 650 | 0.745 | 0.000726 | 53.91 |
| 2500 | 1.325 | 650 | 0.680 | 0.000796 | 56.60 |
| 2300 | 1.311 | 618 | 0.663 | 0.000843 | 61.46 |

# 5 油藏动态预测

大多数油藏工程计算都涉及物质平衡方程（MBE）的应用。MBE 一些最有效的应用需要和流体流动方程，如达西方程同时使用。两个理论的结合使工程师能够预测油藏将来生产动态随时间的变化。如果没有流体流动理论，MBE 只能提供油藏动态与油藏平均压力的函数关系。油藏将来动态的预测通常按照下面三个阶段进行。

阶段 1：第一阶段是在预测模型中使用 MBE 来估算油气累计产量和部分采收率随油藏压力递减和气油比上升的变化。然而，这些结果并不完全，因为它们没有给出任一开发阶段开采原油所需的时间。另外，这一阶段的计算没有考虑以下因素：

（1）实际井数；

（2）油井位置；

（3）单井产量；

（4）开发油藏所需要的时间。

阶段 2：为了确定开采剖面随时间的变化，需要确定单井动态剖面随油藏压力递减的变化。该阶段采用不同技术模拟垂直井和水平井的生产动态。

阶段 3：第三阶段是时间 – 产量阶段。在这些计算中，建立了油藏和油井的动态数据与时间的联系。这一阶段需要考虑油井的数量和单井产能。

## 5.1 阶段 1：油藏动态预测方法

在第 4 章中介绍的 MBE 的各种数学形式是用来计算原油原始地质储量 $N$、气顶的大小 $m$ 和水侵量 $W_e$。为了使用 MBE 预测油藏将来动态，需要另外两个关系式：

（1）生产（瞬时）GOR 方程；

（2）饱和度和累计产油量的关系式。

这些辅助的数学表达式介绍如下。

### 5.1.1 瞬时 GOR

任何特定时间的生产 GOR 是任一时间标准立方英尺的总产气量与相同时间内标准桶的产油量的比值。因此，称为瞬时 GOR。第 1 章方程（1.53）描述的气油比的数学表达式如下：

$$GOR = R_s + \left(\frac{K_{rg}}{K_{ro}}\right)\left(\frac{\mu_o B_o}{\mu_g B_g}\right) \tag{5.1}$$

式中 $GOR$——瞬时气油比，$ft^3/bbl$；

$R_s$——气体溶解度，$ft^3/bbl$；

$K_{rg}$——气体相对渗透率；

$K_{ro}$——油的相对渗透率；

$B_o$——油的地层体积系数，bbl/bbl；

$B_g$——气体地层体积系数，bbl/bbl；

$\mu_o$——油的黏度，mPa·s；

$\mu_g$——气体黏度，mPa·s。

在油藏分析中，瞬时气油比方程相当重要。方程（5.1）的重要性可以结合图 5.1 和图 5.2 进行讨论。这些图显示了一个假想溶解气驱油藏的气油比历史数据，该油藏在下列各点的典型特征如下。

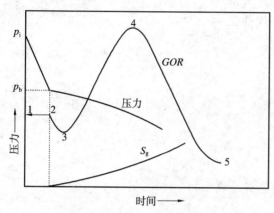

图 5.1　溶解气驱动油藏的特点

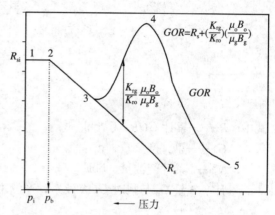

图 5.2　溶解气驱油藏的 GOR 和 $R_s$ 的历史数据

点 1：此时油藏压力 $p$ 高于饱和压力 $p_b$，地层中没有自有气，即 $K_{rg}=0$。

$$GOR=R_{si}=R_{sb} \tag{5.2}$$

GOR 保持恒定直至压力达到点 2 的饱和压力值。

点 2：当油藏压力降到 $p_b$ 以下时，气体开始从原油中逸出，它的饱和度增加。然而，只有气体饱和度 $S_g$ 达到点 3 的临解气体饱和度 $S_{gc}$ 时，这些自由气才能流动。从点 2 到点 3，瞬时 GOR 用逐渐降低的气体溶解度描述。

$$GOR=R_s \tag{5.3}$$

点 3：在该点，自由气开始随着原油流动，并且 GOR 的值随着油藏压力递减而不断增加到点 4。在压力递减过程中，GOR 用方程（5.1）表示，或：

$$GOR = R_s + \left(\frac{K_{rg}}{K_{ro}}\right)\left(\frac{\mu_o B_o}{\mu_g B_g}\right)$$

点 4：在该点，达到最大 GOR，因为气体的供应达到最大值并且标志排气阶段的开始，持续到点 5。

点 5：该点表明所有可生产的自由气已经产出，而且 GOR 基本上和气体溶解度相等，并且沿着 $R_s$ 曲线继续下降。

有三类气油比都用 $ft^3/bbl$ 表示，必须分辨清楚，它们是：（1）瞬时 GOR［方程（5.1）

定义的]；（2）溶解 $GOR$，即气体溶解度 $R_s$；（3）累计 $GOR$，$R_p$。

溶解 $GOR$ 是原油系统的一个 PVT 性质。通常指气体溶解度并表示为 $R_s$。它衡量随着压力的变化气体溶解于油和从油中逸出的趋势。应该指出的是只要逸出的气体不流动，即气体饱和度 $S_g$ 低于临界含气饱和度，瞬时 $GOR$ 等于气体溶解度。也就是：

$$GOR=R_s$$

累计 $GOR$（$R_p$），如先前在 MBE 中定义的那样，应该和生产（瞬时）$GOR$ 清晰地区分开。累计 $GOR$ 定义为：

$$R_p = \frac{累计产气量}{累计产油量}$$

或

$$R_p = \frac{G_p}{N_p} \tag{5.4}$$

式中　$R_p$——累计 $GOR$，$\mathrm{ft^3/bbl}$；
　　　$G_p$——累计产气量，$\mathrm{ft^3}$；
　　　$N_p$——累计产油量，$\mathrm{bbl}$。

累计产气量 $G_p$ 与瞬时 $GOR$ 及累计产油量的关系表示为：

$$G_p = \int_0^{N_p} (GOR)\mathrm{d}N_p \tag{5.5}$$

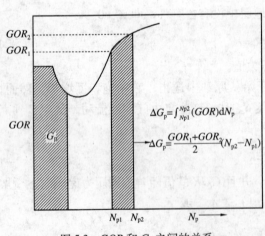

图 5.3　$GOR$ 和 $G_p$ 之间的关系

方程（5.5）表明了任何时刻的累计产气量基本上是 $GOR$ 与 $N_p$ 关系曲线下方的面积。如图 5.3 所示。

在 $N_{p1}$ 和 $N_{p2}$ 之间累计产气量的增量 $\Delta G_p$ 表示为：

$$\Delta G_p = \int_{N_{p1}}^{N_{p2}} (GOR)\mathrm{d}N_p \tag{5.6}$$

该积分式可以用梯形法则近似求解，得：

$$\Delta G_p = \left[\frac{(GOR)_1 - (GOR)_2}{2}\right](N_{p2} - N_{p1})$$

或

$$\Delta G_p = (GOR)_{\mathrm{avg}} \Delta N_p$$

那么方程（5.5）可以近似表示为：

$$\Delta G_p = \sum_0 (GOR)_{\mathrm{avg}} \Delta N_p \tag{5.7}$$

**例 5.1**　溶解气驱油藏生产数据如下。

| $p$ (psi) | $GOR$ (ft³/bbl) | $N_p$ (10⁶bbl) |
|---|---|---|
| | 1340 | 0 |
| 2600 | 1340 | 1.380 |
| 2400 | 1340 | 2.260 |
| | 1340 | 3.445 |
| 1800 | 1936 | 7.240 |
| 1500 | 3584 | 12.029 |
| 1200 | 6230 | 15.321 |

原始油藏压力 2925psia，饱和压力 2100psia。计算每个压力下累计产气量 $G_p$ 和累计 $GOR$。

**解**　步骤 1：利用方程（5.4）和方程（5.7）构建下列表格。

$$R_p = \frac{G_p}{N_p}$$

$$\Delta G_p = \left[ \frac{(GOR)_1 + (GOR)_2}{2} \right](N_{p2} - N_{p1}) = (GOR)_{avg} \Delta N_p$$

$$G_p = \sum_0 (GOR)_{avg} \Delta N_p$$

| $p$ (psi) | $GOR$ (ft³/bbl) | $(GOR)_{avg}$ (ft³/bbl) | $N_p$ (10⁶bbl) | $\Delta N_p$ (10⁶bbl) | $\Delta G_p$ (10⁶ft³) | $G_p$ (10⁶ft³) | $R_p$ (ft³/bbl) |
|---|---|---|---|---|---|---|---|
| 2925 | 1340 | 1340 | 0 | 0 | 0 | 0 | — |
| 2600 | 1340 | 1340 | 1.380 | 1.380 | 1849 | 1849 | 1340 |
| 2400 | 1340 | 1340 | 2.260 | 0.880 | 1179 | 3028 | 1340 |
| 2100 | 1340 | 1340 | 3.445 | 1.185 | 1588 | 4616 | 1340 |
| 1800 | 1936 | 1638 | 7.240 | 3.795 | 6216 | 10832 | 1496 |
| 1500 | 3584 | 2760 | 12.029 | 4.789 | 13618 | 24450 | 2033 |
| 1200 | 6230 | 4907 | 15.321 | 3.292 | 16154 | 40604 | 2650 |

应该指出用在 MBE 中的原油 PVT 性质适合于中等偏低挥发性的黑油系统，当生产到地面时，黑油分成原油和溶解气。下面定义的这些性质的数学表达式是用来把地面体积和油藏体积联系起来，反之亦然。

$$R_s = \frac{\text{油藏条件下原油中释放出的溶解气的体积}}{\text{地面条件下油的体积}}$$

$B_o$= 地层条件下的原油体积 / 地面条件下原油体积

$B_g$= 地层条件下的自由气体体积 / 地面条件下自由气体体积

Whitson 和 Brule 指出上面三个特性组成典型的（稠油）PVT 数据，满足 MBE 各类应用的需要。然而，在构建物质平衡方程时，当使用重油 PVT 数据时，需要做下列假设。

（1）到达地面时油藏气体不产生液体。

（2）油藏原油由两个地面成分组成：地面脱气原油和地面分离气体。

（3）地面脱气原油的性质（用 API 重度表示）和地表气体的性质不随衰竭压力而改变。

（4）从油藏原油中释放出的地面气体和油藏气体有着相同的性质。

当处理挥发油时这种情况更加复杂。这类原油系统的特点是从它们采出的油藏气体中回收大量的碳氢化合物液体。当油藏压力降到饱和压力以下时，逸出的溶解气包含足够多的重组分，在分离器内产生凝析油，并与地面脱气原油结合。这与重油相反，采出气体中回收的碳氢化合物液体可以忽略的假设对重油产生很小的误差。另外，当压力降到饱和压力以下时，油藏中挥发油释放气体和形成自由气饱和要比常规重油快。这导致井口 GOR 相对较高。因此，动态预测不同于重油的预测，主要原因是需要考虑液体从采出气体中的回收。常规的物质和标准的实验室 PVT（重油）数据低估了原油采收率。该误差随着油的挥发性的增加而增加。

结果，挥发性油藏饱和压力以下的衰竭动态受原油快速收缩和大量气体逸出的影响。这导致相对高的气体饱和度、高生产 GOR 以及低到中等产油量。采出的气体可以在处理设备中产生大量的碳氢化合物液体。这些地面回收的液体可以等于或超过从油藏中以液态形式采出的地面脱气原油的体积。溶解气驱油藏的原油采收率在 15% ~ 30%。

挥发性油藏的一次采油动态预测方法的关键是正确处理原油收缩、气体逸出、油藏中气油流动以及地面的液体回收。如果：$Q_o$= 稠油流量，bbl/d；$Q_o'$= 总流量，包括凝析油，bbl/d；$R_s$= 气体溶解度，$ft^3/bbl$；$GOR$= 测量的总气油比，$ft^3/bbl$；$r_s$= 凝析油产量，$bbl/ft^3$。

那么：

$$Q_o = Q_o' - (Q_o'GOR - Q_oR_s)r_s$$

求解 $Q_o$ 得

$$Q_o = Q_o'\left[\frac{1-(r_sGOR)}{1-(r_sR_s)}\right]$$

为了计算凝析油的产量，上面的表达式可用来调整"稠油"的累计产量 $N_p$。稠油累计产量利用下式计算：

$$N_p = \int_0^t Q_o dt \approx \sum_0^t (\Delta Q_o \Delta t)$$

累计总产气量 $G_p$ 和调整后的稠油累计产量 $N_p$ 用在方程（5.4）中计算累计气油比：

$$R_p = \frac{G_p}{N_p}$$

### 5.1.2　油藏饱和度方程和它们的调整

油藏流体（气、油和水）饱和度定义为流体的体积除以孔隙体积，或：

$$S_o = \frac{油的体积}{孔隙体积} \tag{5.8}$$

$$S_w = \frac{水的体积}{孔隙体积} \tag{5.9}$$

$$S_g = \frac{气体体积}{孔隙体积} \tag{5.10}$$

$$S_o + S_w + S_g = 1 \tag{5.11}$$

考虑没有气顶的封闭油藏，原始油藏压力 $p_i$ 下包含 $N$ 标准桶的原油。假设没有水侵得：

$$S_{oi} = 1 - S_{wi}$$

其中下标 i 表示原始油藏条件。根据原油饱和度定义：

$$1 - S_{wi} = \frac{NB_{oi}}{孔隙体积}$$

或

$$孔隙体积 = \frac{NB_{oi}}{1 - S_{wi}} \tag{5.12}$$

如果油藏已经产出 $N_p$ 标准桶原油，那么剩余油体积为：

$$剩余油体积 = (N - N_p) B_o \tag{5.13}$$

将方程（5.13）和方程（5.12）代入方程（5.8）中得：

$$S_o = \frac{剩余油体积}{孔隙体积} = \frac{(N - N_p)B_o}{\dfrac{NB_{oi}}{1 - S_{wi}}} \tag{5.14}$$

或

$$S_o = \left(1 - S_{wi}\right)\left(1 - \frac{N_p}{N}\right)\frac{B_o}{B_{oi}} \tag{5.15}$$

所以：

$$S_g = 1 - S_o - S_{wi} \tag{5.16}$$

**例 5.2**　一个封闭溶解气驱油藏的原始含水饱和度 20%。原始原油地层体积系数 1.5bbl/bbl。当 10% 的原始原油被采出，$B_o$ 值降到 1.38。计算含油饱和度和气体饱和度。

**解**：根据方程（5.15）和方程（5.16）：

$$S_o = \left(1 - S_{wi}\right)\left(1 - \frac{N_p}{N}\right)\frac{B_o}{B_{oi}}$$

$$= \left(1 - 0.2\right) \times \left(1 - 0.1\right) \times \left(\frac{1.38}{1.50}\right) = 0.662$$

$$S_g = 1 - S_o - S_{wi}$$
$$= 1 - 0.662 - 0.20 = 0.138$$

应该指出的是，相对渗透性比 $K_{rg}/K_{ro}$ 的值与原油饱和度的函数关系的建立可以用实际油田生产数据 $N_p$、$GOR$ 和 PVT。推荐的方法涉及以下步骤。

步骤 1：给定实际油田累计产油量 $N_p$ 及 PVT 数据与压力的函数关系，利用方程（5.15）和方程（5.16）计算油、气饱和度。

$$S_o = \left(1 - S_{wi}\right)\left(1 - \frac{N_p}{N}\right)\frac{B_o}{B_{oi}}$$

$$S_g = 1 - S_o - S_{wi}$$

步骤 2：用实际油田瞬时 $GOR$ $R_s$，解方程（5.11）求相对渗透率比。

$$\frac{K_{rg}}{K_{ro}} = \left(GOR - R_s\right)\left(\frac{\mu_g B_g}{\mu_o B_o}\right)$$

步骤 3：相对渗透率比的传统表示方法是 $K_{rg}/K_{ro}$ 与 $S_o$ 的半对数图形。这明显不是重力驱油的情况，且将导致含油饱和度不正常地低。

注意方程（5.14）表示在任何衰竭阶段，所有剩余油饱和度在整个油藏均匀分布。在处理重力驱油藏、水驱油藏或气顶驱动油藏时，当用方程（5.14）进行计算时，必须对原油饱和度进行调整，以说明：（1）逸出的气体向构造顶部运移；（2）水侵区域圈闭的油；（3）气顶膨胀区域圈闭的油；（4）气顶收缩区域原油饱和度的损失。

#### 5.1.2.1　重力驱动油藏原油饱和度的调整

在这类油藏中，重力影响导致生产 $GOR$ 低于没有重力驱动的油藏的预期值。这是因为气体向结构顶部运移和随之而来的生产井完井井段附近的原油饱和度较高，这在计算原油相对渗透率 $K_{ro}$ 时要用到。调整方程（5.14）反映气体向结构顶部运移的推荐过程步骤总结如下。

步骤 1：利用下列关系式计算从原油中逸出并向地层顶部运移组成次生气顶的气体的体积。

$$(气体)_{运移} = \left[NR_{si} - \left(N - N_p\right)R_s - N_p R_p\right]B_g - \left[\frac{NB_{oi}}{1 - S_{wi}} - (PV)_{SCG}\right]S_{gc}$$

式中　$(PV)_{SGC}$——次生气顶的孔隙体积，bbl；

$S_{gc}$——临界气体饱和度；

$B_g$——目前气体地层体积系数，bbl/ft$^3$。

步骤 2：用下列关系式重新计算从原油中逸出并向地层顶部运移组成次生气顶的气体的体积。

$$ (气体)_{运移} = \left(1 - S_{wi} - S_{org}\right)(PV)_{SGC} $$

式中　$(PV)_{SGC}$——次生气顶的孔隙体积，bbl；

　　　$S_{org}$——气体运移后的剩余油饱和度；

　　　$S_{wi}$——原生水饱和度。

步骤 3：令两个推导出的关系式相等并求次生气顶的孔隙体积。

$$ (PV)_{SGC} = \frac{[NR_{si} - \left(N - N_p\right)R_s - N_p R_p]B_g - \left(\dfrac{NB_{oi}}{1 - S_{wi}}\right)S_{gc}}{1 - S_{wi} - S_{org} - S_{gc}} $$

步骤 4：为了说明逸出气体运移形成次生气顶，调整方程（5.14）。

$$ S_o = \frac{\left(N - N_p\right)B_o - (PV)_{SGC} S_{org}}{\left(\dfrac{NB_{oi}}{1 - S_{wi}}\right) - (PV)_{SGC}} \tag{5.17} $$

应该注意的是重力驱动的原油采收率涉及两个基本机理：(1) 方程（5.17）所表示的次生气顶的形成；(2) 重力驱动产量。

对于有效的重力驱动机理，气体必须向结构顶部流动而原油向结构底部流动，即两相以相反的方向移动，这被称为油气对流。由于两种流体都在流动，地层气－油相对渗透率性质非常重要。由于气体饱和度在整个原油体系内是不均匀的，现场计算必须用基于物质平衡计算的 $K_{rg}/K_{ro}$。由于对流的产生，实际油藏压力梯度必须介于油和气体的静压梯度之间。也就是：

$$ \rho_{气体} < \left(\frac{dp}{dz}\right) < \rho_{油} $$

式中　$\rho_{油}$——原油梯度，psi/ft；

　　　$\rho_{气}$——气体梯度，psi/ft；

　　　$dp/dz$——油藏压力梯度，psi/ft。

Terwilliger 等（1951）指出重力驱动的原油采收率对速度灵敏，并且当产量高于重力驱动的最大产量时采收率急剧降低，因此，产量不能超过这个特定的最大产量。重力驱动的最大产量定义为"完全对流的产量"，并且数学表达式如下：

$$ q_o = \frac{7.83 \times 10^{-6} KK_{ro} A\left(\rho_o - \rho_g\right)\sin\alpha}{\mu_o} $$

式中　$q_o$——产油量，bbl/d；

　　　$\rho_o$——油的密度，lb/ft³；

　　　$\rho_g$——气体密度，lb/ft³；

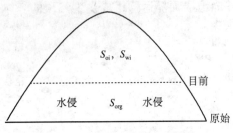

图 5.4  水侵的含油饱和度调整

$A$——流动的横截面积，ft$^2$；

$K$——绝对渗透率，mD；

$\alpha$——倾斜角。

$q_o$ 的计算值代表最大产油量，为了不引起气体向下流动，不应该超过最大产量。

**5.1.2.2  水侵的含油饱和度调整**

建议的含油饱和度调整方法如图 5.4 所示，并且步骤描述如下。

步骤 1：计算水侵区域的 PV 值。

$$W_e - W_p B_w = (PV)_{water}(1 - S_{wi} - S_{orw})$$

求解水侵区域的 PV 值 $(PV)_{water}$，得：

$$(PV)_{water} = \frac{W_e - W_p B_w}{1 - S_{wi} - S_{orw}} \tag{5.18}$$

式中 $(PV)_{water}$——水侵区域的孔隙体积，bbl；

$S_{orw}$——束缚水－油系统的剩余油饱和度。

步骤 2：计算水侵区域的原油体积。

$$\text{油的体积} = (PV)_{water} S_{orw} \tag{5.19}$$

步骤 3：为了说明被圈闭的油，用方程（5.18）和方程（5.19）调整方程（5.14）。

$$S_o = \frac{(N - N_p)B_o - \left(\dfrac{W_e - W_p B_w}{1 - S_{wi} - S_{orw}}\right)S_{orw}}{\left(\dfrac{NB_{oi}}{1 - S_{wi}}\right) - \left(\dfrac{W_e - W_p B_w}{1 - S_{wi} - S_{orw}}\right)} \tag{5.20}$$

**5.1.2.3  气顶膨胀的含油饱和度调整**

含油饱和度的调整过程如图 5.5 所示并总结如下。

步骤 1：假设没有气体从气顶产出，计算气顶净膨胀。

$$\text{气顶膨胀} = mNB_{oi}\left(\frac{B_g}{B_{gi}} - 1\right) \tag{5.21}$$

步骤 2：求解下面简单的物质平衡方程，计算气体侵入区域的 PV 值 $(PV)_{gas}$。

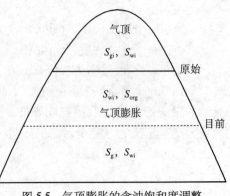

图 5.5  气顶膨胀的含油饱和度调整

$$mNB_{oi}\left(\frac{B_g}{B_{gi}} - 1\right) = (PV)_{gas}(1 - S_{wi} - S_{org})$$

或：

$$(PV)_{\text{gas}} = \frac{mNB_{\text{oi}}\left(\dfrac{B_{\text{g}}}{B_{\text{gi}}} - 1\right)}{1 - S_{\text{wi}} - S_{\text{org}}} \tag{5.22}$$

式中   $(PV)_{\text{gas}}$——气体侵入区域的孔隙体积；

  $S_{\text{org}}$——气 – 油系统的剩余油饱和度；

  步骤 3：计算气体侵入区域的原油体积。

$$原油体积 = (PV)_{\text{gas}} S_{\text{org}} \tag{5.23}$$

  步骤 4：为了说明气体膨胀区域圈闭的油，用方程（5.22）和方程（5.23）调整方程（5.14）。

$$S_{\text{o}} = \frac{\left(N - N_{\text{p}}\right)B_{\text{o}} - \left[\dfrac{mNB_{\text{oi}}\left(\dfrac{B_{\text{g}}}{B_{\text{gi}}} - 1\right)}{1 - S_{\text{wi}} - S_{\text{org}}}\right]S_{\text{org}}}{\left(\dfrac{NB_{\text{oi}}}{1 - S_{\text{wi}}}\right) - \left(\dfrac{mNB_{\text{oi}}}{1 - S_{\text{wi}} - S_{\text{org}}}\right)\left(\dfrac{B_{\text{g}}}{B_{\text{gi}}} - 1\right)} \tag{5.24}$$

#### 5.1.2.4  混合驱动的含油饱和度调整

对于水侵和气顶的混合驱动油藏，调整方程（5.14）所示的含油饱和度方程用来说明混合驱动机理：

$$S_{\text{o}} = \frac{\left(N - N_{\text{p}}\right)B_{\text{o}} - \left[\dfrac{mNB_{\text{oi}}\left(\dfrac{B_{\text{g}}}{B_{\text{gi}}} - 1\right)S_{\text{org}}}{1 - S_{\text{wi}} - S_{\text{org}}} + \dfrac{\left(W_{\text{e}} - B_{\text{w}}W_{\text{p}}\right)S_{\text{orw}}}{1 - S_{\text{wi}} - S_{\text{orw}}}\right]}{\left(\dfrac{NB_{\text{oi}}}{1 - S_{\text{wi}}}\right) - \left[\dfrac{mNB_{\text{oi}}\left(\dfrac{B_{\text{g}}}{B_{\text{gi}}} - 1\right)}{1 - S_{\text{wi}} - S_{\text{org}}} + \dfrac{W_{\text{e}} - W_{\text{p}}B_{\text{w}}}{1 - S_{\text{wi}} - S_{\text{orw}}}\right]} \tag{5.25}$$

#### 5.1.2.5  气顶收缩的含油饱和度调整

气顶尺寸的控制通常能够指导油藏的有效开发。气顶收缩引起大量的油损失，否则这部分油将被采出。一般情况下，气顶中有很少或者没有含油饱和度，如果原油运移到原始气体区域，那么在废弃压力下，必然会有残余的含油饱和度仍留在这部分气顶中。Cole（1961）指出损失油的数量可能会相当大，并且取决于：（1）油气界面的面积；（2）气顶收缩的速度；（3）相对渗透率；（4）垂向渗透率。

气顶收缩可以通过关闭生产大量气顶气的油井，或把一些采出的气体返回到油藏的气顶部分来控制。在许多情况下，关闭油井不能完全消除气顶收缩，因为可关油井数量是有实际限制的。气顶收缩损失的油量是工程师决定是否安装气体回注装置的最重要的经济依据。

任何时候，气顶的原始体积与气顶占据的体积之差是运移到气顶中的油的体积。如果气顶原始大小是 $mNB_{oi}$，那么压力从 $p_i$ 降到 $p$ 导致的原始自由气膨胀：

$$原始气顶膨胀 = mNB_{oi}[(B_g/B_{gi}) - 1]$$

式中　$mNB_{oi}$——原始气顶体积，bbl；

　　　$B_g$——气体地层体积系数，bbl/ft³。

如果气顶正在收缩，那么采出气体的体积一定大于气顶膨胀体积。运移到气顶中的所有原油将不会损失，因为这部分原油也将受到各种驱动机理作用。假设在气顶区域没有原始含油饱和度，那么废弃压力下损失的原油基本上是残余油饱和度。如果气顶的累计产气量为 $G_{pc}$，用 ft³ 表示，那么气顶收缩的体积用 bbl 表示为：

$$气顶收缩 = G_{pc}B_g - mNB_{oi}[(B_g/B_{gi}) - 1]$$

根据体积方程得：

$$G_{pc}B_g - mNB_{oi}\left[\left(\frac{B_g}{B_{gi}}\right) - 1\right] = 7758Ah\phi\left(1 - S_{wi} - S_{gr}\right)$$

式中　$A$——气-油界面的平均横截面积，acre；

　　　$h$——气-油界面深度的平均变化，ft；

　　　$S_{gr}$——收缩区域的残余气饱和度。

原油运移到气顶中损失的油的体积也可以用下面的体积方程计算：

$$损失的油 = 7758Ah\phi S_{org}/B_{oa}$$

式中　$S_{org}$——气顶收缩区域的残余油饱和度；

　　　$B_{oa}$——废弃压力下油的地层体积系数。

联立上述关系式并消除 $7758Ah\phi$ 项，得到计算气顶中损失的油体积的表达式，用 bbl 表示：

$$损失的油 = \frac{\left[G_{pc}B_g - mNB_{oi}\left(\frac{B_g}{B_{gi}} - 1\right)\right]S_{org}}{\left(1 - S_{wi} - S_{gr}\right)B_{oa}}$$

式中　$G_{pc}$——气顶的累计产气量，ft³；

　　　$B_g$——气体的地层体积系数，bbl/ft³。

所有已经建立的、用来预测油藏将来动态的方法基本上都是基于使用和结合上述关系式，包括：（1）MBE；（2）饱和度方程；（3）瞬时 $GOR$；（4）累计 $GOR$ 与瞬时 $GOR$ 的关系式。

利用以上信息，就有可能预测随着油藏压力降低的一次采收率动态。在石油工业广泛使用下列三种方法进行油藏研究：

（1）Tracy 方法；

（2）Muskat 方法；

（3）Tarner 方法。

当使用很小的压力间隔或时间间隔时，三种方法产生的结果基本相同。这些方法可用于预测任何驱动机理下的油藏动态。包括：（1）溶解气驱动；（2）气顶驱动；（3）水驱动；（4）混合驱动。

用预测封闭型溶解气驱油藏一次采收率动态来说明所有方法的实际应用。选择适当的饱和度方程，如水驱油藏选用方程（5.20），任何油藏预测技术可用于不同驱动机理的油藏的预测。

下面考虑溶解气驱油藏的两种情况：

（1）不饱和油藏；

（2）饱和油藏。

### 5.1.3  不饱和油藏

当油藏压力高于原油系统的饱和压力时，油藏可看做是不饱和的。第 4 章方程（4.15）表示的通用物质平衡方程：

$$N = \frac{N_\mathrm{p}\left[B_\mathrm{o} + \left(R_\mathrm{p} - R_\mathrm{s}\right)B_\mathrm{g}\right] - \left(W_\mathrm{e} - W_\mathrm{p}B_\mathrm{w}\right) - G_\mathrm{inj}B_\mathrm{ginj} - W_\mathrm{inj}B_\mathrm{wi}}{\left(B_\mathrm{o} - B_\mathrm{oi}\right) + \left(R_\mathrm{si} - R_\mathrm{s}\right)B_\mathrm{g} + mB_\mathrm{oi}\left[\dfrac{B_\mathrm{g}}{B_\mathrm{gi}} - 1\right] + B_\mathrm{oi}\left(1 + m\right)\left(\dfrac{S_\mathrm{wi}c_\mathrm{w} + c_\mathrm{f}}{1 - S_\mathrm{wi}}\right)\Delta P}$$

对于封闭、没有流体注入的不饱和的油藏，可以得到下列条件：

（1）$m=0$；

（2）$W_\mathrm{e}=0$；

（3）$R_\mathrm{s}=R_\mathrm{si}=R_\mathrm{po}$

把上述条件应用于 MBE，将方程简化为下列简略形式：

$$N = \frac{N_\mathrm{p}B_\mathrm{o}}{\left(B_\mathrm{o} - B_\mathrm{oi}\right) + B_\mathrm{oi}\left(\dfrac{S_\mathrm{wi}c_\mathrm{w} + c_\mathrm{f}}{1 - S_\mathrm{wi}}\right)\Delta P} \tag{5.26}$$

且

$$\Delta p = p_\mathrm{i} - p$$

式中    $p_\mathrm{i}$——原始油藏压力；

　　　　$p$——目前油藏压力。

Hawkins（1955）为了进一步简化方程，在 MBE 中引入了原油压缩系数 $c_\mathrm{o}$。原油压缩系数定义为：

$$c_o = \frac{1}{B_{oi}} \frac{\partial B_o}{\partial p} \approx \frac{1}{B_{oi}} \frac{B_o - B_{oi}}{\Delta p}$$

重新整理：

$$B_o - B_{oi} = c_o B_{oi} \Delta p$$

将上面的表达式与方程（5.26）联立得：

$$N = \frac{N_p B_o}{c_o B_{oi} \Delta p + B_{oi} \left( \dfrac{S_{wi} c_w + c_f}{1 - S_{wi}} \right) \Delta p} \tag{5.27}$$

上述方程的分母可以重新组合：

$$N = \frac{N_p B_o}{B_{oi} \left( c_o + \dfrac{S_{wi} c_w}{1 - S_{wi}} + \dfrac{c_f}{1 - S_{wi}} \right) \Delta P} \tag{5.28}$$

由于油藏中仅有两种流体，即油和水，则：

$$S_{oi} = 1 - S_{wi}$$

重新整理方程（5.28）引入原始含油饱和度得：

$$N = \frac{N_p B_o}{B_{oi} \left( \dfrac{S_{oi} c_o + S_{wi} c_w + c_f}{1 - S_{wi}} \right) \Delta P} \tag{}$$

括号中的项被称为有效压缩系数，并由 Hawkins（1955）定义为：

$$c_e = \frac{S_{oi} c_o + S_{wi} c_w + c_f}{1 - S_{wi}} \tag{5.29}$$

因此，饱和压力以上的 MBE 表示为：

$$N = \frac{N_p B_o}{B_{oi} c_e \Delta P} \tag{5.30}$$

方程（5.30）可以表示为直线方程形式：

$$P = P_i - \left( \frac{1}{N B_{oi} c_e} \right) N_p B_o \tag{5.31}$$

图 5.6 表明油藏压力随着油藏累计空隙量 $N_p B_o$ 线性递减。

重新整理方程（5.31）并求解累计产油量 $N_p$ 得：

$$N_p = N c_e \left( \frac{B_o}{B_{oi}} \right) \Delta p \tag{5.32}$$

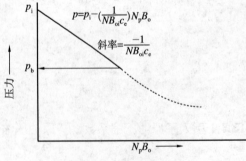

图 5.6　压力与孔隙的关系

因此，将来油藏产量的计算不需要反复试算，可以直接从上述表达式获得。

**例 5.3** 封闭不饱和油藏的数据如下：

$p_i$=4000psi，$c_o$=15×10⁻⁶psi⁻¹，$p_b$=3000psi，$c_w$=3×10⁻⁶psi⁻¹，$N$=85×10⁶bbl，$S_{wi}$=30%，$c_f$=5×10⁻⁶psi⁻¹，$B_{oi}$=1.40bbl/bbl。

计算当油藏压力降到 3500psi 时的累计产油量。3500psi 时的原油地层体积系数是 1.414bbl/bbl。

**解** 步骤 1：根据方程（5.29）确定有效压缩系数。

$$c_e = \frac{S_{oi}c_o + S_{wi}c_w + c_f}{1 - S_{wi}}$$

$$= \frac{0.7 \times \left(15 \times 10^{-6}\right) + 0.3 \times \left(3 \times 10^{-6}\right) + 5 \times 10^{-6}}{1 - 0.3}$$

$$= 23.43 \times 10^{-6}\,\text{psi}^{-1}$$

步骤 2：根据方程（5.32）计算 $N_p$。

$$N_p = N c_e \left(\frac{B_o}{B_{oi}}\right) \Delta p$$

$$= \left(85 \times 10^{-6}\right) \times \left(23.43 \times 10^{-6}\right) \times \left(\frac{1.411}{1.400}\right) \times \left(4000 - 3500\right)$$

$$= 985.18 \times 10^3\,\text{bbl}$$

### 5.1.4 饱和油藏

如果油藏的原始压力等于它的饱和压力，那么这个油藏就称为饱和油藏。这类油藏被看做是第二类溶解气驱油藏。当油藏压力降到饱和压力以下时，气体开始从原油中析出。假设气体的膨胀远大于原油和原生水的膨胀，而且原油和原生水的膨胀可以忽略，通用 MBE 可能简化。对于封闭、没有流体注入的饱和油藏，MBE 可以表示为：

$$N = \frac{N_p B_o + \left(G_p - N_p R_s\right) B_g}{\left(B_o - B_{oi}\right) + \left(R_{si} - R_s\right) B_g} \tag{5.33}$$

这个 MBE 包含如下两个未知数：

（1）累计产油量 $N_p$；

（2）累计产气量 $G_p$。

为了预测溶解气驱油藏的一次开采动态，用 $N_p$ 和 $G_p$ 表示，下面的油藏和 PVT 数据必须可用。

原油原始地质储量 $N$：一般情况下，在计算动态特性参数时要用到原油地质储量的体积估算值。然而，在有足够的溶解气驱动历史数据的情况下，这个估算值可以通过物质平衡计算来检测。

油气 PVT 数据：因为气体逸出的微分量被认为是油藏条件的最好体现，所以实验室 PVT 微分数据应该用到油藏物质平衡中。瞬时 PVT 数据常用来把油藏条件转换到地面条件。

如果实验室数据不可用，那么合理的估算有时可以从已出版的相互关系式获得。如果微分数据不可用，那么瞬时数据可用来替代；然而对于高溶解度原油，这可能导致很大的误差。

原始流体饱和度：从实验室岩心分析获得的流体饱和度数据更可用；然而，如果这些数据不可用，那么某些情况下的估算值可以从测井分析中得到或者从其他油藏相同或相似的地层中获得。

相对渗透率数据：一般情况下，实验室确定的 $K_g/K_o$ 和 $K_{ro}$ 数据求平均得到一组代表油藏的数据。如果实验室数据不可用，那么某些情况下的估算值可以从其他油藏相同或相似的地层中获得。

如果油藏有足够的溶解气驱历史数据，根据 $K_g/K_o$ 值与饱和度的关系计算：

$$S_o = \left(1 - S_{wi}\right)\left(1 - \frac{N_p}{N}\right)\frac{B_o}{B_{oi}}$$

$$\frac{K_{rg}}{K_{ro}} = \left(GOR - R_s\right)\left(\frac{\mu_g B_g}{\mu_o B_o}\right)$$

上面的结果应该与实验室平均的相对渗透率值进行比较。这可能表明早期数据需要调整或有可能是所有数据都需要调整。

所有用来预测油藏将来动态的方法都是基于利用适当的饱和度方程，把适当的 MBE 与瞬时 GOR 结合起来。计算是在一系列设定的油藏压力降情况下不断重复。这些计算通常是以饱和压力下 1bbl 地质原油储量，即 $N=1$ 为基础。这避免了计算过程中处理大的数字。

正如上面提到的，有几种广泛应用的方法用来预测溶解气驱油藏动态，包括 Tracy 方法、Muskat 方法和 Tarner 方法

下面介绍这些方法。

### 5.1.4.1 Tracy 方法

Tracy（1955）建议通用 MBE 能够重新整理并表示为 PVT 变量的三个函数。Tracy 的整理在第 4 章的方程（4.54）中已给出，在这里为了方便再次提出：

$$N = N_p\phi_o + G_p\phi_g + \left(W_p B_w - W_e\right)\phi_w \tag{5.34}$$

其中 $\phi_o$，$\phi_g$ 和 $\phi_w$ 被认为是和 PVT 相关的性质，是压力的函数，定义为：

$$\phi_o = \frac{B_o - R_s B_g}{\text{Den}}$$

$$\phi_g = \frac{B_g}{\text{Den}}$$

$$\phi_w = \frac{1}{\text{Den}}$$

且

$$\text{Den} = \left(B_o - B_{oi}\right) + \left(R_{si} - R_s\right)B_g + mB_{oi}\left(\frac{B_g}{B_{gi}} - 1\right) \tag{5.35}$$

对于溶解气驱油藏，方程（5.34）和方程（5.35）可以分别简化为下列表达式：

$$N = N_p \phi_o + G_p \phi_g \tag{5.36}$$

和

$$\text{Den} = (B_o - B_{oi}) + (R_{si} - R_s) B_g \tag{5.37}$$

Tracy 的计算是在一系列压力降下进行的，该系列压力降从已知油藏条件的油藏压力 $p^*$ 开始到设定的新的较低压力 $p$。新油藏压力下的计算结果在下一个设定的较低的压力上变成了已知。

从任一压力 $p^*$ 下的条件到较低的油藏压力 $p$ 下的条件，原油和气体的产量增量 $\Delta N_p$ 和 $\Delta G_p$：

$$N_p = N_p^* + \Delta N_p \tag{5.38}$$

$$G_p = G_p^* + \Delta G_p \tag{5.39}$$

式中    $N_p^*$，$G_p^*$——在压力 $p^*$ 下已知的累计产油量和累计产气量；

$N_p$，$G_p$——在新压力 $p$ 下未知的累计产油量和累计产气量。

用方程（5.38）和方程（5.39）代替方程（5.36）中的 $N_p$ 和 $G_p$：

$$N = (N_p^* + \Delta N_p)\phi_o + (G_p^* + \Delta G_p)\phi_g \tag{5.40}$$

确定两个压力 $p^*$ 和 $p$ 之间的平均瞬时 $GOR$：

$$(GOR)_{avg} = \frac{GOR^* + GOR}{2} \tag{5.41}$$

累计产气量的增量 $\Delta G_p$ 可以近似地用方程（5.6）表示：

$$\Delta G_p = (GOR)_{avg} \Delta N_p \tag{5.42}$$

用方程（5.42）代替方程（5.40）中的 $\Delta G_p$ 得：

$$N = (N_p^* + \Delta N_p)\phi_o + [G_p^* + \Delta N_p (GOR)_{avg}]\phi_g \tag{5.43}$$

如果方程（5.43）中 $N=1$，累计产油量 $N_p$ 和累计产气量 $G_p$ 将是原始地质储量的分数。重新整理方程（5.43）得：

$$\Delta N_p = \frac{1 - (N_p^* \phi_o + G_p^* \phi_g)}{\phi_o + (GOR)_{avg} \phi_g} \tag{5.44}$$

方程（5.44）中有两个未知数：（1）累计产油量增量 $\Delta N_p$；（2）平均气油比 $GOR_{avg}$。

解方程（5.44）的方法基本上是一种迭代法，目的是求将来气油比 $GOR$。在下面的计算中，在任何设定的油藏压力下都包括下列三个气油比 $GOR$。

（1）目前（已知）油藏压力 $p^*$ 下的目前（已知）气油比 $GOR$；

（2）选定的新的油藏压力 $p$ 下估算的气油比 $GOR_{est}$。

（3）在同一选定的新的油藏压力 $p$ 下计算的气油比 $GOR_{cal}$。

解方程（5.44）的特定步骤如下。

步骤 1：在油藏压力 $p^*$ 以下选择一个新的油藏平均压力 $p$。

步骤 2：计算选定的新的油藏压力 $p$ 下的 PVT 函数 $\phi_o$ 和 $\phi_g$ 的值。

步骤 3：估算选定的新的油藏压力 $p$ 下的 GOR，并用 $GOR_{est}$ 表示。

步骤 4：计算平均瞬时 GOR。

$$(GOR)_{avg} = \frac{GOR^* + (GOR)_{est}}{2}$$

式中　$GOR^*$——压力 $p^*$ 下已知的 GOR 值。

步骤 5：利用方程（5.44）计算累计产油量的增量 $\Delta N_p$。

$$\Delta N_p = \frac{1 - \left(N_p^* \phi_o + G_p^* \phi_g\right)}{\phi_o + (GOR)_{avg} \phi_g}$$

步骤 6：计算累计产油量 $N_p$。

$$N_p = N_p^* + \Delta N_p$$

步骤 7：利用方程（5.15）和方程（5.16）计算选定油藏平均压力下的原油和气体饱和度。

$$S_o = \left(1 - S_{wi}\right)\left(1 - \frac{N_p}{N}\right)\frac{B_o}{B_{oi}}$$

因为计算是基于 $N=1$，那么：

$$S_o = \left(1 - S_{wi}\right)\left(1 - N_p\right)\frac{B_o}{B_{oi}}$$

气体饱和度：

$$S_g = 1 - S_o - S_{wi}$$

步骤 8：利用实验室或现场相对渗透率数据计算 $S_L$（$S_o + S_{wi}$）下的 $K_{rg}/K_{ro}$ 的值。

步骤 9：利用相对渗透率比 $K_{rg}/K_{ro}$，根据方程（5.1）计算瞬时 GOR，并表示为 $(GOR)_{cal}$。

$$(GOR)_{cal} = R_s + \frac{K_{rg}}{K_{ro}}\left(\frac{\mu_o B_o}{\mu_g B_g}\right)$$

步骤 10：比较步骤 3 估算的 $(GOR)_{est}$ 和步骤 9 计算的 $(GOR)_{cal}$。如果值是在可接受的范围内：

$$0.999 \leqslant \frac{(GOR)_{cal}}{(GOR)_{est}} \leqslant 1.001$$

进行下一步。如果不在范围内，令估算的 $(GOR)_{est}$ 等于计算的 $(GOR)_{cal}$ 并重复步骤 4 到步骤 10 的计算。直到二者一致。

步骤 11：计算累计产气量。

$$G_p = G_p^* + \Delta N_p (GOR)_{avg}$$

步骤 12：因为计算的结果是以原油原始地质储量 1bbl 为基础，所以预测结果准确性的最终检查应该用 MBE 或下式。

$$0.999 \leqslant (N_p \phi_o + G_p \phi_g) \leqslant 1.001$$

步骤 13：从步骤 1 开始重复新的压力。并令：

$$p^* = p$$

$$GOR^* = GOR$$

$$G_p^* = G_p$$

$$N_p^* = N_p$$

在计算的过程中，坚持绘制 $GOR$ 与压力的图形，并用外推法帮助估算每个新压力下的 $GOR$。

**例 5.4** 溶解气驱油藏的 PVT 数据如下。

| $p$ (psi) | $B_o$ (bbl/bbl) | $B_g$ (bbl/ft³) | $R_s$ (ft³/bbl) |
|---|---|---|---|
| 4350 | 1.43 | $6.9 \times 10^{-4}$ | 840 |
| 4150 | 1.420 | $7.1 \times 10^{-4}$ | 820 |
| 3950 | 1.395 | $7.4 \times 10^{-4}$ | 770 |
| 3750 | 1.380 | $7.8 \times 10^{-4}$ | 730 |
| 3550 | 1.360 | $8.1 \times 10^{-4}$ | 680 |
| 3350 | 1.345 | $8.5 \times 10^{-4}$ | 640 |

其他数据如下：

$N = 15 \times 10^6$ bbl，$p^* = 4350$ psia，$p_i = 4350$ psia，$GOR^* = 840$ ft³/bbl，$p_b = 4350$ psia，$G_p^* = 0$，$S_{wi} = 30\%$，$Np^* = 0$

相对渗透率数据如图 5.7 所示。

预测压力达到 3350psi 时的累计产油量和累计产气量。

**解** Tracy 计算过程的例子是 4150psi。

步骤 1：计算 4150psia 下的 Tracy 的 PVT 函数。首先利用方程（5.37）计算 "Den" 项：

$$\begin{aligned} \text{Den} &= (B_o - B_{oi}) + (R_{si} - R_s) B_g \\ &= (1.42 - 1.43) + (840 - 820) \times (7.1 \times 10^{-4}) \\ &= 0.0042 \end{aligned}$$

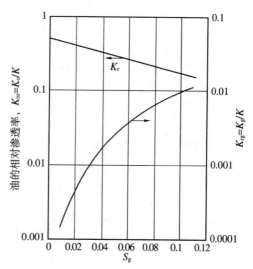

图 5.7　例 5.4 中的相对渗透率数据

然后计算 4150psi 下的 $\phi_o$ 和 $\phi_g$：

$$\phi_o = \left(B_o - R_s B_g\right) / \mathrm{Den}$$
$$= \left[1.42 - 820 \times \left(7.1 \times 10^{-4}\right)\right] / 0.0042 = 199$$

$$\phi_g = B_g / \mathrm{Den}$$
$$= 7.1 \times 10^{-4} / 0.0042 = 0.17$$

同样，计算所有压力下 PVT 变量得到下列数据。

| $p$ | $\phi_o$ | $\phi_g$ |
|---|---|---|
| 4350 | — | — |
| 4150 | 199 | 0.17 |
| 3950 | 49 | 0.044 |
| 3750 | 22.6 | 0.022 |
| 3550 | 13.6 | 0.014 |
| 3350 | 9.42 | 0.010 |

步骤 2：估算 4150psi 时的 GOR 值。

$$\left(GOR\right)_{est} = 850 \mathrm{ft}^3/\mathrm{bbl}$$

步骤 3：计算平均 GOR。

$$\left(GOR\right)_{avg} = \frac{840 + 850}{2} = 845 \mathrm{ft}^3/\mathrm{bbl}$$

步骤 4：计算累计产油量增量 $\Delta N_{po}$

$$\Delta N_p = \frac{1 - \left(N_p^* \phi_o + G_p^* \phi_g\right)}{\phi_o + \left(GOR\right)_{avg} \phi_g}$$
$$= \frac{1 - 0}{199 + 845 \times 0.17} = 0.00292 \mathrm{bbl}$$

步骤 5：计算 4150psi 时的累计产油量 $N_{po}$。

$$N_p = N_p^* + \Delta N_p$$
$$= 0 + 0.00292 = 0.00292$$

步骤 6：计算油和气饱和度。

$$S_o = \left(1 - S_{wi}\right)\left(1 - \frac{N_p}{N}\right)\frac{B_o}{B_{oi}}$$
$$= \left(1 - 0.3\right) \times \left(1 - 0.00292\right) \times \left(\frac{1.42}{1.43}\right) = 0.693$$

$$S_g = 1 - S_{wi} - S_o = 1 - 0.3 - 0.693 = 0.007$$

步骤 7：根据图 5.7 确定相对渗透率比 $K_{rg}/K_{ro}$。

$$K_{rg}/K_{ro} = 1.7 \times 10^{-4}$$

步骤 8：用 $\mu_o$=1.7mPa·s 和 $\mu_g$=0.023mPa·s，计算瞬时 $GOR$。

$$
\begin{aligned}
(GOR)_{cal} &= R_s + \frac{K_{rg}}{K_{ro}}\left(\frac{\mu_o B_o}{\mu_g B_g}\right) \\
&= 820 + \left(1.7 \times 10^{-4}\right) \times \frac{1.7 \times 1.42}{0.023 \times \left(7.1 \times 10^{-4}\right)} \\
&= 845 \text{ft}^3/\text{bbl}
\end{aligned}
$$

它与设定的 850ft³/bbl 一致。

步骤 9：计算累计产气量。

$$G_p = 0 + 0.00292 \times 850 = 2.48$$

该方法的计算结果如下：

| $\bar{p}$ | $\Delta N_p$ | $N_p$ | $(GOR)_{avg}$ | $\Delta G_p$ | $G_p$ (ft³/bbl) | $N_p$=15×10⁶N (bbl) | $G_p$=15×10⁶N (ft³) |
|---|---|---|---|---|---|---|---|
| 4350 | — | — | — | — | — | — | |
| 4150 | 0.00292 | 0.00292 | 845 | 2.48 | 2.48 | $0.0438 \times 10^6$ | — |
| 3950 | 0.00841 | 0.0110 | 880 | 7.23 | 9.71 | $0.165 \times 10^6$ | $37.2 \times 10^6$ |
| 3750 | 0.0120 | 0.0230 | 1000 | 12 | 21.71 | $0.180 \times 10^6$ | $145.65 \times 10^6$ |
| 3550 | 0.0126 | 0.0356 | 1280 | 16.1 | 37.81 | $0.534 \times 10^6$ | $325.65 \times 10^6$ |
| 3350 | 0.011 | 0.0460 | 1650 | 18.2 | 56.01 | $0.699 \times 10^6$ | $567.15 \times 10^6$ |

#### 5.1.4.2 Muskat 方法

Muskat（1945）把溶解气驱油藏的 MBE 用下列形式表示：

$$
\frac{\mathrm{d}S_o}{\mathrm{d}p} = \frac{\dfrac{S_o B_g}{B_o}\dfrac{\mathrm{d}R_s}{\mathrm{d}p} + \dfrac{S_o}{B_o}\dfrac{K_{rg}}{K_{ro}}\dfrac{\mu_o}{\mu_g}\dfrac{\mathrm{d}B_o}{\mathrm{d}p} - \dfrac{\left(1 - S_o - S_{wi}\right)}{B_g}\dfrac{\mathrm{d}B_g}{\mathrm{d}p}}{1 + \dfrac{\mu_o}{\mu_g}\dfrac{K_{rg}}{K_{ro}}}
\tag{5.45}
$$

且

$$
\begin{aligned}
\Delta S_o &= S_o^* - S_o \\
\Delta p &= p^* - p
\end{aligned}
$$

式中　$S_o^*$, $p^*$——压力步长开始时油的饱和度与油藏平均压力（已知）；

　　　$S_o$, $p$——时间步长结束时油的饱和度与油藏平均压力；

　　　$R_s$——压力 $p$ 下的气体溶解度，ft³/bbl；

　　　$B_g$——气体地层体积系数，bbl/ft³；

　　　$S_{wi}$——原始含水饱和度。

Craft 等（1991）建议用图解形式提前计算和准备下列与压力有关的组，可以使计算变得很灵活：

$$X(p) = \frac{B_g}{B_o} \frac{dR_s}{dp} \tag{5.46}$$

$$Y(p) = \frac{1}{B_o} \frac{\mu_o}{\mu_g} \frac{dB_o}{dp} \tag{5.47}$$

$$Z(p) = \frac{1}{B_g} \frac{dB_g}{dp} \tag{5.48}$$

把上面与压力有关的项代入方程（5.45）中得：

$$\frac{\Delta S_o}{\Delta p} = \frac{S_o X(p) + S_o \dfrac{K_{rg}}{K_{ro}} Y(p) - (1 - S_o - S_{wi}) Z(p)}{1 + \dfrac{\mu_o}{\mu_g} \dfrac{K_{rg}}{K_{ro}}} \tag{5.49}$$

已知：原油原始地质储量 $N$；目前（已知）压力 $p^*$；目前累计产油量 $N_p^*$；目前累计产气量 $G_p^*$；目前 $GOR^*$；目前含油饱和度 $S_o^*$；原始含水饱和度 $S_{wi}$。

方程（5.49）可用于预测给定压力降 $\Delta p$，即（$p^*-p$）下的累计产量和流体饱和度，计算步骤如下。

步骤 1：准备 $K_{rg}/K_{ro}$ 与气体饱和度的函数图形。

步骤 2：绘制 $R_s$，$B_o$，$B_g$ 与压力的函数图形并确定几个压力下 PVT 性质的斜率 [即 $dB_o/dp$，$dR_s/dp$ 和 d（$B_g$）/$dp$]。将计算值作为压力的函数制成表。

步骤 3：在步骤 2 选定的每个压力下，计算与压力有关的项 $X(p)$，$Y(p)$ 和 $Z(p)$。即：

$$X(p) = \frac{B_g}{B_o} \frac{dR_s}{dp}$$

$$Y(p) = \frac{1}{B_o} \frac{\mu_o}{\mu_g} \frac{dB_o}{dp}$$

$$Z(p) = \frac{1}{B_g} \frac{dB_g}{dp}$$

步骤 4：绘制与压力有关的项 $X(p)$，$Y(p)$ 和 $Z(p)$ 与压力的函数图形，如图 5.8 所示。

步骤 5：假设油藏压力已经从原始（已知）油藏平均压力 $p^*$ 降到选定的油藏压力 $p$。从图上确定与压力 $p$ 对应的 $X(p)$，$Y(p)$ 和 $Z(p)$ 的值。

步骤 6：利用压力 $p^*$ 对应的目前含油饱和度 $S_p^*$，解方程（5.49）求（$\Delta S_o/\Delta p$）。

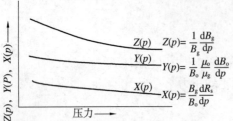

图 5.8　与压力有关的项与 $p$ 的函数图形

$$\frac{\Delta S_o}{\Delta p} = \frac{S_o^* X(p^*) + S_o^* \dfrac{K_{rg}}{K_{ro}} Y(p^*) - (1 - S_o^* - S_{wi}) Z(p^*)}{1 + \dfrac{\mu_o}{\mu_g} \dfrac{K_{rg}}{K_{ro}}}$$

步骤 7：确定设定油藏平均压力 $p$ 下的含油饱和度 $S_o$。

$$S_o = S_o^* - (p^* - p)\left(\frac{\Delta S_o}{\Delta p}\right) \tag{5.50}$$

步骤 8：用步骤 7 中计算的含油饱和度 $S_o$ 及其对应的最新相对渗透率比值 $K_{rg}/K_{ro}$，以及设定压力 $p$ 时的 PVT 值，用方程（5.49）重新计算（$\Delta S_o/\Delta p$）。

$$\frac{\Delta S_o}{\Delta p} = \frac{S_o X(p) + S_o \dfrac{K_{rg}}{K_{ro}} Y(p) - (1 - S_o - S_{wi}) Z(p)}{1 + \dfrac{\mu_o}{\mu_g} \dfrac{K_{rg}}{K_{ro}}}$$

步骤 9：根据步骤 6 和步骤 8 得到的两个值，计算（$\Delta S_o/\Delta p$）的平均值。

$$\left(\frac{\Delta S_o}{\Delta p}\right)_{avg} = \frac{1}{2}\left[\left(\frac{\Delta S_o}{\Delta p}\right)_{步骤6} + \left(\frac{\Delta S_o}{\Delta p}\right)_{步骤8}\right]$$

步骤 10：用（$\Delta S_o/\Delta p$）$_{avg}$ 求含油饱和度 $S_o$。

$$S_o = S_o^* - (p^* - p)\left(\frac{\Delta S_o}{\Delta p}\right)_{avg} \tag{5.51}$$

步骤 11：计算气体饱和度和 $GOR$。

$$S_g = 1 - S_{wi} - S_o$$

$$GOR = R_s + \frac{K_{rg}}{K_{ro}}\left(\frac{\mu_o}{\mu_g}\frac{B_o}{B_g}\right)$$

步骤 12：用饱和度方程（5.15）求累计产油量。

$$N_p = N\left[1 - \left(\frac{B_{oi}}{B_o}\right)\left(\frac{S_o}{1 - S_{wi}}\right)\right] \tag{5.52}$$

累计产油量的增量：

$$\Delta N_p = N_p - N_p^*$$

步骤 13：用方程（5.40）和方程（5.41）计算累计产气量增量。

$$(GOR)_{avg} = \frac{GOR^* + GOR}{2}$$

$$\Delta G_p = (GOR)_{avg} \Delta N_p$$

总累计产气量：

$$G_p = \sum \Delta G_p$$

步骤14：对所有压力降重复步骤5到步骤13。并令：

$$p^* = p$$

$$N_o^* = N_p$$

$$G_p^* = G_p$$

$$GOR^* = GOR$$

$$S_o^* = S_o$$

**例5.5**  封闭溶解气驱油藏在饱和压力2500psi下。流体的性质数据由Craft及合作者列出，在这里仅给出两种压力下的流体性质。

| 流体性质 | $p^* = 2500$psi | $p = 2300$psi |
|---|---|---|
| $B_o$（bbl/bbl） | 1.498 | 1.463 |
| $R_s$（ft³/bbl） | 721 | 669 |
| $B_g$（bbl/ft³） | 0.001048 | 0.001155 |
| $\mu_o$（mPa·s） | 0.488 | 0.539 |
| $\mu_g$（mPa·s） | 0.0170 | 0.0166 |
| $X$（p） | 0.00018 | 0.00021 |
| $Y$（p） | 0.00328 | 0.00380 |
| $Z$（P） | 0.00045 | 0.00050 |

其他信息：$N = 56 \times 10^6$bbl，$S_{wi} = 20\%$，$S_{oi} = 80\%$。

| $S_g$ | $K_{rg}/K_{ro}$ |
|---|---|
| 0.10 | 0.010 |
| 0.20 | 0.065 |
| 0.30 | 0.200 |
| 0.50 | 2.000 |
| 0.55 | 3.000 |
| 0.57 | 5.000 |

计算压力降为200psi，即压力降到2300psi时的累计产油量。

**解**  步骤1：利用压力间隔开始时的含油饱和度，即$S_o^* = 0.8$，计算$K_{rg}/K_{ro}$。

$$K_{rg}/K_{ro} = 0.0 \text{（原始地层没有自由气）}$$

步骤2：用方程（5.49）计算$\Delta S_o/\Delta p$。

$$\frac{\Delta S_o}{\Delta p} = \frac{S_o^* X(p^*) + S_o^* \frac{K_{rg}}{K_{ro}} Y(p^*) - (1 - S_o^* - S_{wi}) Z(p^*)}{1 + \frac{\mu_o}{\mu_g} \frac{K_{rg}}{K_{ro}}}$$

$$= \frac{0.8 \times 0.00018 + 0 - (1 - 0.8 - 0.2) \times 0.00045}{1 + 0} = 0.000146$$

步骤 3：用方程（5.51）估算 $p$=2300psi 时的含油饱和度。

$$S_o = S_o^* - (p^* - p)\left(\frac{\Delta S_o}{\Delta p}\right)_{avg}$$

$$= 0.8 - 200 \times 0.000146 = 0.7709$$

步骤 4：用 $S_o$=0.7709 及其对应的相对渗透率比 $K_{rg}/K_{ro}$，以及 2300psi 时与压力有关的 PVT 项的值，重新计算 $\Delta S_o/\Delta p$。

$$\frac{\Delta S_o}{\Delta p} = \frac{S_o X(p) + S_o \frac{K_{rg}}{K_{ro}} Y(p) - (1 - S_o - S_{wi}) Z(p)}{1 + \frac{\mu_o}{\mu_g} \frac{K_{rg}}{K_{ro}}}$$

$$= 0.7709 \times 0.00021 + 0.7709 \times 0.00001 \times 0.0038$$

$$- (1 - 0.2 - 0.7709) \times 0.0005 / 1 + \left(\frac{0.539}{0.0166}\right) \times 0.00001$$

$$= 0.000173$$

步骤 5：计算 $\Delta S_o/\Delta p$ 平均值。

$$\left(\frac{\Delta S_o}{\Delta p}\right)_{avg} = \frac{0.000146 + 0.000173}{2} = 0.000159$$

步骤 6：用方程（5.51）计算 2300psi 时的含油饱和度。

$$S_o = S_o^* - (p^* - p)\left(\frac{\Delta S_o}{\Delta p}\right)_{avg}$$

$$= 0.8 - (2500 - 2300) \times 0.000159 = 0.7682$$

步骤 7：计算气体饱和度。

$$S_g = 1 - 0.2 - 0.7682 = 0.0318$$

步骤 8：用方程（5.52）计算 2300psi 时的累计产油量。

$$N_p = N\left[1 - \left(\frac{B_{oi}}{B_o}\right)\left(\frac{S_o}{1 - S_{wi}}\right)\right]$$

$$= 56 \times 10^6 \times \left[1 - \left(\frac{1.498}{1.463}\right) \times \left(\frac{0.7682}{1 - 0.2}\right)\right]$$

$$= 939500 bbl$$

步骤 9：计算 2300psi 时的 $K_{rg}/K_{ro}$，得 $K_{rg}/K_{ro}=0.00001$。

步骤 10：计算 2300psi 时的瞬时 $GOR$。

$$GOR = R_s + \frac{K_{rg}}{K_{ro}}\left(\frac{\mu_o B_o}{\mu_g B_g}\right)$$

$$= 669 + 0.00001 \times \frac{0.539 \times 1.463}{0.0166 \times 0.001155}$$

$$= 670 \text{ft}^3/\text{bbl}$$

步骤 11：计算累计产气量的增量。

$$\left(GOR\right)_{avg} = \frac{GOR^* + GOR}{2} = \frac{669 + 670}{2}$$

$$= 669.5 \text{ft}^3/\text{bbl}$$

$$\Delta G_p = \left(GOR\right)_{avg} \Delta N_p = 669.5 \times \left(939500 - 0\right) = 629 \times 10^6 \text{ft}^3$$

应该强调的是该方法基于整个油藏含油饱和度分布均匀的假设，当地层中有明显的气体分异时，该方法将不成立。因此，该方法只适用于渗透率相对较低的情况。

### 5.1.4.3 Tarner 方法

Tarner（1944）提出了一种预测累计产油量 $N_p$ 及累计产气量 $G_p$ 与油藏压力函数关系的迭代方法。这种方法的基础是，对于给定的油藏压力降，即从已知的压力 $p^*$ 降到设定的（新的）压力 $p$，同时解 MBE 和瞬时 $GOR$ 方程。假设累计产油量和累计产气量已经从油藏压力 $p^*$ 时的 $N_p^*$ 和 $G_p^*$ 的已知值增加到设定油藏压力 $p$ 时的 $N_p$ 和 $G_p$ 的将来值。为了简单，以封闭饱和油藏为例说明迭代方法的计算步骤。这个方法可用于不同驱动机理的油藏的动态预测。

步骤 1：选择（设定）一个将来的油藏压力 $p$，低于原始（目前）油藏压力 $p^*$，获得必要的 PVT 数据。假设累计产油量已经从 $N_p^*$ 增加到 $N_p$。注意在原始油藏压力下 $N_p^*$ 和 $G_p^*$ 都设定为 0。

步骤 2：估算步骤 1 中选择（设定）的油藏压力 $p$ 下的累计产油量 $N_p$。

步骤 3：重新整理 MBE 方程，即方程（5.33），计算累计产气量 $G_p$。

$$G_p = N\left[\left(R_{si} - R_s\right) - \frac{B_{oi} - B_o}{B_g}\right] - N_p\left[\frac{B_o}{B_g} - R_s\right] \tag{5.53}$$

另外，上述关系式可以用两相（总）地层体积系数 $B_t$ 表示：

$$G_p = \frac{N\left(B_t - B_{ti}\right) - N_p\left(B_t - R_{si}B_g\right)}{B_g} \tag{5.54}$$

式中　$B_{oi}$——原油原始地层体积系数，bbl/bbl；

　　　$R_{si}$——原始气体溶解度，ft³/bbl；

　　　$B_o$——在设定的油藏压力 $p$ 下，原油地层体积系数，bbl/bbl；

$B_g$——在设定的油藏压力 $p$ 下，气体地层体积系数，bb1/ft³；

$B_t$——在设定的油藏压力 $p$ 下，两相地层体积系数，bb1/bbl；

$N$——原油原始地质储量，bbl。

步骤 4：在设定的累计产油量 $N_p$ 和选定的油藏压力 $p$ 下，用方程（5.15）和方程（5.16）分别计算含油饱和度与气体饱和度。

$$S_o = \left(1 - S_{wi}\right)\left(1 - \frac{N_p}{N}\right)\left(\frac{B_o}{B_{oi}}\right)$$

$$S_g = 1 - S_o - S_{wi}$$

$$S_L = S_o + S_{wi}$$

式中　$S_L$——总液体饱和度；

$B_{oi}$——$p_i$ 下的原油原始地层体积系数，bb1/bbl；

$B_o$——$p$ 下的原油地层体积系数，bb1/bbl；

$S_g$——在设定的油藏压力 $p$ 下的气体饱和度；

$S_o$——在设定的油藏压力 $p$ 下的含油饱和度。

步骤 5：利用相对渗透率数据，确定相对渗透率比 $K_{rg}/K_{ro}$，这个比值要和步骤 4 中计算的总液体饱和度 $S_L$ 相对应，利用方程（5.1）计算压力 $p$ 下的瞬时 GOR。

$$GOR = R_s + \left(\frac{K_{rg}}{K_{ro}}\right)\left(\frac{\mu_o B_o}{\mu_g B_g}\right) \tag{5.55}$$

应该注意的是表达式中的所有 PVT 数据必须是在设定的油藏压力 $p$ 下计算的。

步骤 6：应用方程（5.7）再一次计算压力 $p$ 下的累计产气量 $G_p$：

$$G_p = G_p^* + \left(\frac{GOR^* + GOR}{2}\right)\left(N_p - N_p^*\right) \tag{5.56}$$

方程中 $GOR^*$ 代表在 $p^*$ 下的瞬时 GOR。注意如果 $p^*$ 代表原始油藏压力 $p_i$，那么 $GOR^*=R_{si}$。

步骤 7：步骤 3 和步骤 6 的计算给出了设定（将来）压力 $p$ 下的两个累计产气量 $G_p$ 的估算值。

（1）根据 MBE 计算的 $G_p$。

（2）根据 GOR 方程计算的 $G_p$。

这两个 $G_p$ 值是用两种独立的方法计算得到的，所以，如果步骤 3 计算的累计产气量 $G_p$ 和步骤 6 的值相符，那么假定的 $N_p$ 值是正确的，可以选择一个新的压力，重复步骤 1 到步骤 6。否则，设定另一个 $N_p$ 值重复步骤 2 到步骤 6。

步骤 8：为了简化迭代步骤，可以设定三个 $N_p$ 值，每个方程（即 MBE 和 GOR 方程）得到三个不同的累计产气量解。绘制 $G_p$ 的计算值与 $N_p$ 的设定值的图形，得到两条曲线（一个代表步骤 3 的结果，一个代表步骤 5 的结果）相交。交点对应的累计产油量和累计产气量将满足两个方程。

应该指出的是如果设定 $N_p$ 的值是原油原始地质储量 $N$ 的一个分数可能会更方便。例如，可设定 $N_p$ 为 $0.01N$，而不是 1000bbl。对于该方法，不需要 $N$ 的真实值。因此，计算结果将用每标准桶的原油原始地质储量中采出的标准桶油量和每标准桶的原油原始地质储量中采出的标准立方英尺气量表示。

为了说明 Tarner 方法的应用，Cole（1969）列举了下面的例子。

**例 5.6** 一个饱和油藏，在 175°F 的饱和压力为 2100psi。原始油藏压力是 2400psi。下面数据总结了油田岩石和流体的性质：

原油原始地质储量 $=10 \times 10^6$bbl，原生水饱和度 $=15\%$，孔隙度 $=12\%$，$c_w=3.2 \times 10^{-6}$psi$^{-1}$，$c_f=3.1 \times 10^{-6}$psi$^{-1}$。

基本的 PVT 数据如下。

| $p$<br>(psi) | $B_o$<br>(bbl/bbl) | $B_t$<br>(bbl/bbl) | $R_s$<br>(ft³/bbl) | $B_g$<br>(bbl/ft³) | $\mu_o/\mu_g$ |
|---|---|---|---|---|---|
| 2400 | 1.464 | 1.464 | 1340 | — | — |
| 2100 | 1.480 | 1.480 | 1340 | 0.001283 | 34.1 |
| 1800 | 1.468 | 1.559 | 1280 | 0.001518 | 38.3 |
| 1500 | 1.440 | 1.792 | 1150 | 0.001853 | 42.4 |

相对渗透率比：

| $S_L$（%） | $K_{rg}/K_{ro}$ |
|---|---|
| 96 | 0.018 |
| 91 | 0.063 |
| 75 | 0.850 |
| 65 | 3.350 |
| 55 | 10.200 |

预测 2100psi，1800psi 和 1500psi 时的累计产油量和累计产气量。

**解** 在下面两个不同的驱动机理下进行计算：

（1）当油藏压力从原始油藏压力 2400psi 降到饱和压力 2100psi 时，油藏可看做是不饱和的，MBE 可以直接应于累计产量计算，没有迭代过程。

（2）当油藏压力低于饱和压力时，油藏可看做是饱和油藏，并且 Tarner 方法可用。

从原始压力到饱和压力原油采出量预测如下。

步骤 1：不饱和油藏的 MBE 由方程（4.33）给出。

$$F = N\left(E_o + E_{f,w}\right)$$

其中：

$$F = N_p B_o + W_p B_w$$

$$E_o = B_o - B_{oi}$$

$$E_{f,w} = B_{oi}\left(\frac{c_w S_w + c_f}{1 - S_{wi}}\right)\Delta p$$

$$\Delta p = p_i - \overline{p}_r$$

由于没有产水量，方程（4.33）可以求累计产油量：

$$N_p = \frac{N(E_o + E_{f,w})}{B_o} \tag{5.57}$$

步骤 2：当油藏压力从原始油藏压力 2400psi 降到饱和压力 2100psi 时，计算两个膨胀系数 $E_o$ 和 $E_{f,w}$。

$$E_o = B_o - B_{oi}$$
$$= 1.480 - 1.464 = 0.016$$

$$E_{f,w} = B_{oi}\left(\frac{c_w S_w + c_f}{1 - S_{wi}}\right)\Delta p$$

$$= 1.464 \times \left[\frac{\left(3.2 \times 10^{-6}\right) \times 0.15 + \left(3.1 \times 10^{-6}\right)}{1 - 0.5}\right] \times \left(2400 - 2100\right)$$

$$= 0.0018$$

步骤 3：当油藏压力从 2400psi 降到 2100psi 时，用方程（5.57）计算累计产油量和累计产气量。

$$N_p = \frac{N(E_o + E_{f,w})}{B_o}$$

$$= \frac{10 \times 10^6 \times (0.016 + 0.0018)}{1.480} = 120270 \text{bbl}$$

压力大于或等于饱和压力时，生产 *GOR* 等于饱和压力时的气体溶解度，因此，累计产气量为：

$$G_p = N_p R_{si} = 120270 \times 1340 = 161 \times 10^6 \text{ft}^3$$

步骤 4：确定 2100psi 时的剩余油储量。

$$剩余油储量 = 10000000 - 120270 = 9.880 \times 10^6 \text{bbl}$$

该剩余油地质储量可看做饱和压力以下的油藏动态的原油原始地质储量。也就是：

$$N = 9.880 \times 10^6 \text{bbl}$$

$$N_p = N_p^* = 0.0 \text{bbl}$$

$$G_p = G_p^* = 0.0 \text{ft}^3$$

$$R_{si} = 1340 \text{ft}^3/\text{bbl}$$

$$B_{oi} = 1.489 \text{bbl/bbl}$$

$$B_{ti}=1.489bbl/bbl$$

$$B_{gi}=0.001283bbl/ft^3$$

饱和压力以下的原油采出量预测如下。

在1800psi时的采出量预测，PVT性质如下：

$$B_o=1.468bbl/bbl$$

$$B_t=1.559bbl/bbl$$

$$B_g=0.001518bbl/ft^3$$

$$R_s=1280ft^3/bbl$$

步骤1：当油藏压力降到1800psi时，假设产出1%的饱和原油。也就是：

$$N_p=0.01N$$

利用方程（5.54）计算对应的累计产气量 $G_p$：

$$
\begin{aligned}
G_p &= \frac{N\left(B_t - B_{ti}\right) - N_p\left(B_t - R_{si}B_g\right)}{B_g} \\
&= \frac{N\left(1.559 - 1.480\right) - \left(0.01N\right) \times \left(1.559 - 1340 \times 0.001518\right)}{0.001518} \\
&= 55.17N
\end{aligned}
$$

步骤2：计算含油饱和度。

$$
\begin{aligned}
S_o &= \left(1 - S_{wi}\right)\left(1 - \frac{N_p}{N}\right)\frac{B_o}{B_{oi}} \\
&= \left(1 - 0.15\right) \times \left(1 - \frac{0.01N}{N}\right) \times \frac{1.468}{1.480} = 0.835
\end{aligned}
$$

步骤3：根据表中总液体饱和度 $S_L$ 对应的数据确定相对渗透率比 $K_{rg}/K_{ro}$。

$$S_L=S_o+S_{wi}=0.835+0.15=0.985$$

$$K_{rg}/K_{ro}=0.0100$$

步骤4：应用方程（5.55）计算1800psi时的瞬时 $GOR$ 值。

$$
\begin{aligned}
GOR &= R_s + \left(\frac{K_{rg}}{K_{ro}}\right)\left(\frac{\mu_o B_o}{\mu_g B_g}\right) \\
&= 1280 + 0.0100 \times 38.3 \times \left(\frac{1.468}{0.001518}\right) \\
&= 1650ft^3/bbl
\end{aligned}
$$

步骤5：用平均 $GOR$ 和方程（5.56）再一次求累计产气量。

$$G_p = G_p^* + \left[\frac{GOR^* + GOR}{2}\right]\left(N_p - N_p^*\right)$$

$$= 0 + \frac{1340 + 1650}{2}(0.01N - 0)$$

$$= 14.95N$$

步骤 6：由于两种独立的方法（步骤 1 和步骤 5）计算出的累计产气量不相符，所以必须设定一个不同的 $N_p$ 值，重复计算并绘制计算结果。重复计算开始于：

$$N_p = 0.0393N \text{ bbl/bbl}（饱和油）$$

$$G_p = 64.34N \text{ ft}^3/\text{bbl}（饱和油）$$

或

$$N_p = 0.0393 \times（9.88 \times 10^6）= 388284\text{bbl}$$

$$G_p = 64.34 \times（9.88 \times 10^6）= 635.679 \times 10^6\text{ft}^3$$

应该指出的是当记录总累计产油量和产气量时必须包括饱和压力以上的累计产量。当压力从原始压力降到饱和压力时的累计产油量和产气量：

$$N_p = 120270\text{bbl}$$

$$G_p = 161 \times 10^6\text{ft}^3$$

所以，1800psi 时实际累计采出量：

$$N_p = 120270 + 388284 = 508554\text{bbl}$$

$$G_p = 161 + 635.679 = 799.679 \times 10^6\text{ft}^3$$

下表总结了当压力从饱和压力下降时的累计产油量和累计产气量的最终计算结果。

| 压力 | $N_p$ | 实际 $N_p$ (bbl) | $G_p$ | 实际 $G_p$ ($10^6\text{ft}^3$) |
|---|---|---|---|---|
| 1800 | 0.0393N | 508554 | 64.34N | 799.679 |
| 1500 | 0.0889N | 998602 | 136.6N | 1510.608 |

从三种预测原油采出量的方法，即 Tracy，Muskat 和 Tarner 法，可以很明显地看出相对渗透率比 $K_{rg}/K_{ro}$ 是控制原油采出量的最重要的因素。针对没有油藏岩石物理特性 $K_{rg}/K_{ro}$ 详细数据的情况，Wahl 等（1958）提出了经验表达式用来预测砂岩的相对渗透率：

$$\frac{K_{rg}}{K_{ro}} = \zeta\left(0.0435 + 0.4556\xi\right)$$

且

$$\xi = \frac{1 - S_{gc} - S_{wi} - S_o}{S_o - 0.25}$$

式中    $S_{gc}$——临界气体饱和度；

$S_{wi}$——原始含水饱和度；

$S_o$——含油饱和度。

Torcaso 和 Wyllie（1958）提出了一个用于砂岩的类似的关系式，表示如下：

$$\frac{K_{rg}}{K_{ro}} = \frac{(1-S^*)^2\left[1-(S^*)^2\right]}{(S^*)^4}$$

且

$$S^* = \frac{S_o}{1-S_{wi}}$$

## 5.2　阶段 2：油井动态

所有油藏动态预测方法表明累计产油量 $N_p$，累计产气量 $G_p$ 和瞬时 GOR 的关系式是递减的油藏平均压力的函数，没有把产量和时间联系起来。然而，预测油藏单井流量动态的关系式可以将油藏动态和时间联系起来。这样的流量关系式习惯用下列形式表示：

(1) 油井采油指数；

(2) 油井流入动态关系式（IPR）。

下面介绍垂直井和水平井的这些关系式。

### 5.2.1　垂直油井动态

#### 5.2.1.1　采油指数和 IPR

采油指数是常用的衡量油井生产能力的指标，用符号 $J$ 表示。采油指数是总液体流量与压力降的比值。对于无水原油生产，采油指数表示为：

$$J = \frac{Q_o}{\overline{p}_r - p_{wf}} = \frac{Q_o}{\Delta p} \tag{5.58}$$

式中　$Q_o$——油流量，bbl/d；

　　　$J$——采油指数，bbl/（d·psi）；

　　　$\overline{p}_r$——泄油面积内的体积平均压力（静压）；

　　　$p_{wf}$——井底流压；

　　　$\Delta p$——压差，psi。

采油指数一般是在油井生产测井期间测得的。关井直至达到油藏静压。然后开井以一个恒定流量 $Q$ 和一个稳定井底流压 $p_{wf}$ 生产。由于地面上的稳定压力不代表稳定的 $p_{wf}$，所以井底流压应该从油井流动开始连续记录。采油指数可以用方程（5.1）计算。

注意，只有当油井在拟稳态条件下流动时，采油指数是油井产能潜力的有效衡量。所以，为了准确测量油井的采油指数，必须使油井以恒定流量流动足够长的时间以达到拟稳态，如图 5.9 所示。该图显示在不稳定流期间，采油指数的计算值随着 $p_{wf}$ 的测量时间的变化而变化。

采油指数能够通过数值计算得到，但必须确保 $J$ 是在拟稳定流条件下确定。回顾方程 (1.148)：

$$Q_o = \frac{0.00708K_o h \left( \overline{p}_r - p_{wf} \right)}{\mu_o B_o \left[ \ln \left( \dfrac{r_e}{r_w} \right) - 0.75 + s \right]} \qquad (5.59)$$

把上面的方程与方程 (5.58) 结合得：

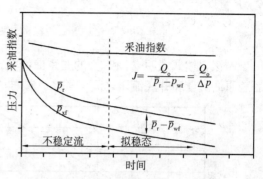

图 5.9    不同流动形态的采油指数

$$J = \frac{0.00708K_o h}{\mu_o B_o \left[ \ln \left( \dfrac{r_e}{r_w} \right) - 0.75 + s \right]} \qquad (5.60)$$

式中    $J$——采油指数，bbl/（d·psi）；

$K_o$——原油的有效渗透率，mD；

$s$——表皮系数；

$h$——厚度，ft。

把原油相对渗透率的概念代入方程 (5.60) 得：

$$J = \frac{0.00708hK}{\left[ \ln \left( \dfrac{r_e}{r_w} \right) - 0.75 + s \right]} \frac{K_{ro}}{\mu_o B_o} \qquad (5.61)$$

由于油井大部分开采时间的流动形态都接近拟稳态，因此采油指数是预测油井将来动态的有效方法。另外，通过监测油井开采期间的采油指数，可以确定油井是否由于完井、修井、采油、注入操作或机械故障等而损坏。如果测得的 $J$ 意外地降低，应该调查具体原因。同一油藏不同油井采油指数的对比也能表明一些油井可能已经出现问题或者是完井期间的污染。由于油藏厚度的变化，采油指数可能会因井而异，所以通过除以油井的厚度来归一化采油指数是很有帮助的。这可以定义为比采油指数 $J_s$，或：

$$J_s = \frac{J}{h} = \frac{Q_o}{h \left( \overline{p}_r - p_{wf} \right)} \qquad (5.62)$$

假设油井的采油指数是恒定的，方程 (5.58) 可以写为：

$$Q_o = J \left( \overline{p}_r - p_{wf} \right) = J \Delta p \qquad (5.63)$$

式中    $\Delta p$——压差，psi；

$J$——采油指数。

方程 (5.63) 表明 $\Delta p$ 和 $Q_o$ 的关系式是一条通过原点的直线，斜率为 $J$，如图 5.10 所示。另外，方程 (5.58) 可以表示为：

$$p_{wf} = \overline{p}_r - \left(\frac{1}{J}\right)Q_o \qquad (5.64)$$

该表达式表明 $p_{wf}$ 和 $Q_o$ 的关系曲线是一条直线，斜率为 $-1/J$，如图 5.11 所示。该图代表原油流量和井底流压之间的关系，被称为"流入动态关系"，用 IPR 表示。

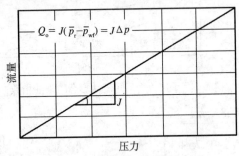
图 5.10　$Q_o$ 与 $\Delta p$ 的关系曲线

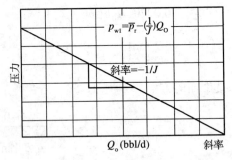
图 5.11　IPR 曲线

从图 5.11 可以看出直线 IPR 具体如下几个重要特点。

（1）当 $p_{wf}$ 等于油藏平均压力时，由于不存在任何压差，所以流量为零。

（2）当 $p_{wf}$ 等于零时产生最大流量。这个最大流量被称为"绝对无阻流量"，用 $AOF$ 表示。尽管油井实际生产可能不会出现这种情况，但它是一个非常有用的定义，已经在石油工业得到广泛应用（如油田不同油井的流动潜力的比较）。$AOF$ 表示为：

$$AOF = J\,\overline{p}_r$$

（3）直线的斜率等于采油指数的倒数。

**例 5.7**　在一口油井上进行产能测试。测试结果表明油井以稳定流量 110bbl/d 生产，井底流压为 900psi。关井 24h 后，井底压力达到静压值 1300psi。

计算：（1）采油指数；（2）$AOF$；（3）井底流压为 600psi 时的流量；（4）流量为 250bbl/d 时所需的井底流压。

**解**

（1）用方程（5.58）计算 $J$：

$$J = \frac{Q_o}{\overline{p}_r - p_{wf}} = \frac{Q_o}{\Delta p}$$

$$= \frac{110}{1300 - 900} = 0.275\,\text{bbl/psi}$$

（2）确定 $AOF$：

$$AOF = J\left(\overline{p}_r - 0\right)$$

$$= 0.275 \times (1300 - 0) = 375.5\,\text{bbl/d}$$

（3）用方程（5.58）求原油流量：

$$Q_o = J\left(\overline{p}_r - p_{wf}\right)$$

$$= 0.275 \times (1300 - 600) = 192.5\,\text{bbl/d}$$

（4）用方程（5.64）求 $p_{wf}$：

$$p_{wf} = \bar{p}_r - \left(\frac{1}{J}\right)Q_o$$

$$= 1300 - \left(\frac{1}{0.275}\right) \times 250 = 390.0\text{psi}$$

之前的讨论表明井的流量直接正比于压差并且比例常数是采油指数。Muskat 和 Evinger（1942）以及 Vogel（1968）观察得到当压力降到饱和压力以下时，IPR 偏离简单的直线关系，如图 5.12 所示。

回顾方程（5.61）：

$$J = \frac{0.00708hK}{\ln\left(\dfrac{r_e}{r_w}\right) - 0.75 + s}\frac{K_{ro}}{\mu_o B_o}$$

把括号内的项看做常数 $c$，上面的方程可以表示为下列形式：

$$J = c\left(\frac{K_{ro}}{\mu_o B_o}\right) \tag{5.65}$$

系数 $c$ 定义为：

$$c = \frac{0.00708hK}{\ln\left(\dfrac{r_e}{r_w}\right) - 0.75 + s}$$

方程（5.65）揭示了影响采油指数的变量基本上都与压力有关，它们是：（1）油的黏度 $\mu_o$；（2）原油地层体积系数 $B_o$；（3）原油的相对渗透率 $K_{ro}$。

图 5.13 显示了这些变量动态随压力的变化。图 5.14 显示了压力变化对 $K_{ro}/(\mu_o B_o)$ 的总体影响。高于饱和压力 $p_b$ 时，油的相对渗透率 $K_{ro}$ 等于 1（$K_{ro}=1$）以及 $[K_{ro}/(\mu_o B_o)]$ 几乎是常数。当压力降到 $p_b$ 以下时，气体从原油中释放出来，这能够引起 $K_{ro}$ 和 $K_{ro}/(\mu_o B_o)$ 的大幅度下降。图 5.15 定性地显示了油藏衰竭对 IPR 的影响。

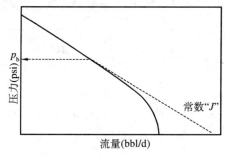

图 5.12　$p_b$ 以下的 IPR 曲线

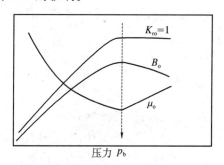

图 5.13　压力对 $B_o$，$\mu_o$ 和 $K_{ro}$ 的影响

有几种经验方法用来预测溶解气驱油藏 IPR 的非线性动态。大多数方法要求至少有一

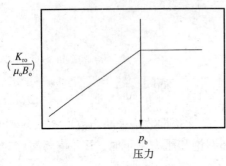

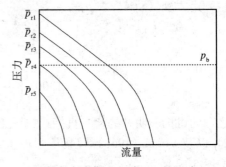

图 5.14 $K_{ro}/(\mu_o B_o)$ 与压力的函数关系　　图 5.15 油藏压力对 IPR 的影响

个稳定的流动测试，在测试中测量 $Q_o$ 和 $p_{wf}$。所有的方法包括下面两个计算步骤：

(1) 用稳定流动测试数据，构建目前油藏平均压力 $\overline{p}_r$ 下的 IPR 曲线；

(2) 作为油藏平均压力的函数，预测将来 IPR。

下面的经验方法用于构建目前和将来流入动态关系：

(1) Vogel 方法；

(2) Wiggins 方法；

(3) Standing 方法；

(4) Fetkovich 方法；

(5) Klins 和 Clark 方法。

### 5.2.1.2　Vogel 方法

Vogel（1968）用计算模型构建了几个假想饱和油藏的 IPR。这些油藏生产的条件范围很广。Vogel 标准化计算的 IPR 并把关系式表示为无量纲形式。他通过引入下列无量纲参数来使 IPR 标准化：

$$无量纲压力 = \frac{p_{wf}}{\overline{p}_r}$$

$$无量纲流量 = \frac{Q_o}{(Q_o)_{max}}$$

式中　$(Q_o)_{max}$——井底压力为零时的流量，即 $AOF$。

Vogel 绘制了所有情况油藏的无量纲 IPR 曲线并建立了上述无量纲参数之间的下列关系式：

$$\frac{Q_o}{(Q_o)_{max}} = 1 - 0.2\left(\frac{p_{wf}}{\overline{p}_r}\right) - 0.8\left(\frac{p_{wf}}{\overline{p}_r}\right)^2 \tag{5.66}$$

式中　$Q_o$——$p_{wf}$ 对应的流量；

　　　$(Q_o)_{max}$——在井底压力为零时的最大流量，即 $AOF$；

　　　$\overline{p}_r$——目前油藏平均压力，psig；

　　　$p_{wf}$——井底压力，psig。

注意 $p_{wf}$ 和 $\overline{p}_r$ 必须是用 psig 表示。

Vogel 方法可扩展到表示水的生产，用 $Q_L/(Q_L)_{max}$ 代替无量纲流量，其中 $Q_L = Q_o + Q_w$。

已经证明在含水高达 97% 的油井生产中，该方法是有效的。该方法需要下列数据：

（1）目前油藏平均压力 $\bar{p}_r$；

（2）饱和压力 $p_b$；

（3）稳定流动试井数据，包括 $Q_o$ 及对应的 $p_{wf}$。

Vogel 方法能够用来预测下面两种类型油藏的 IPR 曲线。

（1）饱和油藏：$\bar{p}_r \leqslant p_b$。

（2）不饱和油藏：$\bar{p}_r > p_b$。

### 5.2.1.2.1 饱和油藏垂直井的 IPR

当油藏压力等于饱和压力时，油藏被称为饱和油藏。对于饱和油藏，应用 Vogel 方法绘制有稳定流动数据点（即 $Q_o$ 及其对应的 $p_{wf}$ 的记录值）的单井 IPR 曲线的计算过程总结如下。

步骤 1：利用稳定流动数据，即 $Q_o$ 和 $p_{wf}$，用方程（5.66）计算 $(Q_o)_{max}$。

$$(Q_o)_{max} = \frac{Q_o}{1 - 0.2\left(\dfrac{p_{wf}}{\bar{p}_r}\right) - 0.8\left(\dfrac{p_{wf}}{\bar{p}_r}\right)^2}$$

步骤 2：设定不同的 $p_{wf}$ 值并用方程（5.66）计算对应的 $Q_o$ 值，绘制 IPR 曲线。

$$\frac{Q_o}{(Q_o)_{max}} = 1 - 0.2\left(\frac{p_{wf}}{\bar{p}_r}\right) - 0.8\left(\frac{p_{wf}}{\bar{p}_r}\right)^2$$

或

$$Q_o = (Q_o)_{max}\left[1 - 0.2\left(\frac{p_{wf}}{\bar{p}_r}\right) - 0.8\left(\frac{p_{wf}}{\bar{p}_r}\right)^2\right]$$

**例 5.8**　一口油井正从一个平均压力为 2500psi 的饱和油藏中生产。稳定产量试井数据表明稳定流量和井底压力分别为 350bbl/d 和 2000psi。

（1）计算 $p_{wf}$=1850psig 时油的流量。

（2）计算油的流量，假设 $J$ 恒定。

（3）用 Vogel 方法和采油指数恒定方法绘制 IPR。

**解**

（1）计算 $p_{wf}$=1850psig 时油的流量。

步骤 1：计算 $(Q_o)_{max}$。

$$\begin{aligned}
(Q_o)_{max} &= \frac{Q_o}{1 - 0.2\left(\dfrac{p_{wf}}{\bar{p}_r}\right) - 0.8\left(\dfrac{p_{wf}}{\bar{p}_r}\right)^2} \\
&= \frac{350}{1 - 0.2\times\left(\dfrac{2000}{2500}\right) - 0.8\times\left(\dfrac{2000}{2500}\right)^2} \\
&= 1067.1\text{bbl}/\text{d}
\end{aligned}$$

步骤 2：用 Vogel 方程计算 $p_{wf}=1850$psig 时的 $Q_o$ 值。

$$Q_o = (Q_o)_{max} \left[ 1 - 0.2 \left( \frac{p_{wf}}{\bar{p}_r} \right) - 0.8 \left( \frac{p_{wf}}{\bar{p}_r} \right)^2 \right]$$

$$= 1067.1 \times \left[ 1 - 0.2 \times \left( \frac{1850}{2500} \right) - 0.8 \times \left( \frac{1850}{2500} \right)^2 \right]$$

$$= 441.7 \text{bbl} / \text{d}$$

（2）计算油的流量。

步骤 1：用方程（5.59）确定 $J$ 值。

$$J = \frac{Q_o}{\bar{p}_r - p_{wf}}$$

$$= \frac{350}{2500 - 2000} = 0.7 \text{bbl} / (\text{d} \cdot \text{psi})$$

步骤 2：计算 $Q_o$。

$$Q_o = J(\bar{p}_r - p_{wf}) = 0.7 \times (2500 - 1850)$$

$$= 455 \text{bbl} / \text{d}$$

（3）设定几个 $p_{wf}$ 值并计算对应的 $Q_o$ 值。

| $p_{wf}$ | Vogel | $Q_o = J(\bar{p}_r - p_{wf})$ |
| --- | --- | --- |
| 2500 | 0 | 0 |
| 2200 | 218.2 | 210 |
| 1500 | 631.7 | 700 |
| 1000 | 845.1 | 1050 |
| 500 | 990.3 | 1400 |
| 0 | 1067.1 | 1750 |

#### 5.2.1.2.2　不饱和油藏垂直井的 IPR

Beggs 指出在不饱和油藏使用 Vogel 方法时，记录的稳定流动试井数据有两种可能的结果必须考虑，如图 5.16 所示。

（1）记录的稳定井底流压大于或等于饱和压力，即 $p_{wf} \geqslant p_b$。

（2）记录的稳定的井底流压小于饱和压力即 $p_{wf} < p_b$。

情况 1：$p_{wf} \geqslant p_b$。Beggs 总结了稳定井底流压大于或等于饱和压力（图 5.16）时确定 IPR 的过程。

步骤 1：用稳定试井数据点（$Q_o$ 和 $p_{wf}$）计算采油指数 $J$。

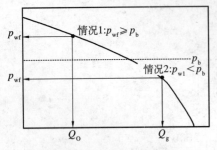

图 5.16　稳定流动试井数据

$$J = \frac{Q_o}{\overline{p}_r - p_{wf}}$$

步骤 2：计算饱和压力时的流量。

$$Q_{ob} = J\left(\overline{p}_r - p_b\right) \tag{5.67}$$

式中　$Q_{ob}$——原油在 $p_b$ 时的流量。

步骤 3：设定不同的 $p_{wf} < p_b$ 值并用下列关系式计算对应的原油流量，生成饱和压力以下的 IPR 数值。

$$Q_o = Q_{ob} + \frac{Jp_b}{1.8}\left[1 - 0.2\left(\frac{p_{wf}}{p_b}\right) - 0.8\left(\frac{p_{wf}}{p_b}\right)^2\right] \tag{5.68}$$

原油最大流量 $\left[(Q_o)_{max}\right.$ 或 $AOF]$ 是井底流压为零，即 $p_{wf}=0$ 时的流量，可以根据上面的表达式确定：

$$(Q_o)_{max} = Q_{ob} + \frac{Jp_b}{1.8}$$

应该指出的是，当 $p_{wf} \geqslant p_b$ 时，IPR 为线性并表示为：

$$Q_o = J\left(\overline{p}_r - p_{wf}\right)$$

**例 5.9**　一口油井正从一个不饱和油藏中生产，该不饱和油藏的饱和压力为 2130psig。目前油藏平均压力是 3000psig。可用的流动试井数据显示该井在稳定 $p_{wf}=2500$psi 时产量 250bbl/d。计算 IPR 数据。

**解**　题中条件表明流动试井数据是在饱和压力以上，即 $p_{wf} \geqslant p_b$ 记录的，因此，对于不饱和油藏，必须用"情况 1"列出的计算步骤。

步骤 1：用流动试井数据计算 $J$。

$$J = \frac{Q_o}{\overline{p}_r - p_{wf}} = \frac{250}{3000 - 2500} = 0.5\text{bbl}/\left(\text{d} \cdot \text{psi}\right)$$

步骤 2：用方程（5.67）计算饱和压力时的原油流量。

$$Q_{ob} = J\left(\overline{p}_r - p_b\right) = 0.5 \times \left(3000 - 2130\right) = 435\text{bbl}/\text{d}$$

步骤 3：用恒定 $J$ 方法计算所有大于 $p_b$ 的压力对应的 IPR 数据，用方程（5.68）计算所有低于 $p_b$ 的压力对应的 IPR 数据。

$$Q_o = Q_{ob} + \frac{Jp_b}{1.8}\left[1 - 0.2\left(\frac{p_{wf}}{p_b}\right) - 0.8\left(\frac{p_{wf}}{p_b}\right)^2\right]$$

$$= 435 + \frac{0.5 \times 2130}{1.8} \times \left[1 - 0.2\left(\frac{p_{wf}}{2130}\right) - 0.8\left(\frac{p_{wf}}{2130}\right)^2\right]$$

| $p_{wf}$ | $Q_o$ |
|---|---|
| $p_i=3000$ | 0 |
| 2800 | 100 |
| 2600 | 200 |
| $p_b=2130$ | 435 |
| 1500 | 709 |
| 1000 | 867 |
| 500 | 973 |
| 0 | 1027 |

情况 2：$p_{wf}<p_b$。当稳定流动试井记录的 $p_{wf}$ 在饱和压力以下时，如图 5.16 所示，适合用下面的步骤产生 IPR 数据。

步骤 1：用稳定流动试井数据并结合方程（5.67）和方程（5.68），求采油指数 $J$。

$$J=\frac{Q_o}{\left(\bar{p}_r-p_b\right)+\dfrac{p_b}{1.8}\left[1-0.2\left(\dfrac{p_{wf}}{p_b}\right)-0.8\left(\dfrac{p_{wf}}{p_b}\right)^2\right]} \tag{5.69}$$

步骤 2：用方程（5.10）计算 $Q_{ob}$。

$$Q_{ob}=J\left(\bar{p}_r-p_b\right)$$

步骤 3：设定几个高于饱和压力的 $p_{wf}$ 值并计算对应的 $Q_o$，生成 $p_{wf}\geqslant p_b$ 时的 IPR 数据。

$$Q_o=J\left(\bar{p}_r-p_{wf}\right)$$

步骤 4：用方程（5.68）计算低于 $p_b$ 的不同 $p_{wf}$ 值时的 $Q_o$ 值。

$$Q_o=Q_{ob}+\frac{Jp_b}{1.8}\left[1-0.2\left(\frac{p_{wf}}{p_b}\right)-0.8\left(\frac{p_{wf}}{p_b}\right)^2\right]$$

**例 5.10**  例 5.8 描述的油井重新试井结果如下：

$p_{wf}=1700$psig，$Q_o=630.7$bbl/d。

用新的试井结果产生 IPR 数据。

**解**  注意稳定 $p_{wf}$ 小于 $p_b$。

步骤 1：用方程（5.69）计算 $J$。

$$J=\frac{Q_o}{\left(\bar{p}_r-p_b\right)+\dfrac{p_b}{1.8}\left[1-0.2\left(\dfrac{p_{wf}}{p_b}\right)-0.8\left(\dfrac{p_{wf}}{p_b}\right)^2\right]}$$

$$=\frac{630.7}{\left(3000-2130\right)+\dfrac{2130}{1.8}\times\left[1-0.2\times\left(\dfrac{1700}{2130}\right)-0.8\times\left(\dfrac{1700}{2130}\right)^2\right]}$$

$$=0.5\text{bbl}/(\text{d}\cdot\text{psi})$$

步骤 2：确定 $Q_{ob}$。

$$Q_{ob} = J(\overline{p}_r - p_b)$$
$$= 0.5 \times (3000 - 2130) = 435\,\text{bbl/d}$$

步骤 3：当 $p_{wf} > p_b$ 时，用方程（5.63）；当 $p_{wf} < p_b$ 时，用方程（5.68）计算 IPR 数据。

$$Q_o = J(\overline{p}_r - p_{wf}) = J\Delta p$$
$$= Q_{ob} + \frac{Jp_b}{1.8}\left[1 - 0.2\left(\frac{p_{wf}}{p_b}\right) - 0.8\left(\frac{p_{wf}}{p_b}\right)^2\right]$$

| $p_{wf}$ | 方程 | $Q_o$ |
|---|---|---|
| 3000 | (5.63) | 0 |
| 2800 | (5.63) | 100 |
| 2600 | (5.63) | 200 |
| 2130 | (5.63) | 435 |
| 1500 | (5.68) | 709 |
| 1000 | (5.68) | 867 |
| 500 | (5.68) | 973 |
| 0 | (5.68) | 1027 |

经常需要预测随着油藏压力降低油井的将来流入动态。油井将来动态计算需要建立关系式用于预测将来最大原油流量。

有几种方法可以解决随着油藏压力递减 IPR 值怎样移动问题。一些预测方法需要应用 MBE 来生成将来含油饱和度与油藏压力的函数关系。在缺少这样数据的情况下，有两种简单的近似方法可以和 Vogel 方法联合预测将来 IPR。

（1）第一个近似方法。这个方法提供了在特定将来油藏平均压力 $(\overline{p}_r)_f$ 时的将来最大原油流量 $(Q_{o\,max})_f$ 的粗略近似值。这个将来最大原油流量 $(Q_{o\,max})_f$ 可以用在 Vogel 方程中预测在 $(\overline{p}_r)_f$ 时将来流入动态关系。该方法的步骤总结如下。

步骤 1：计算 $(\overline{p}_r)_f$ 时的 $(Q_{o\,max})_f$。

$$(Q_{o\,max})_f = (Q_{o\,max})_p\left[\frac{(\overline{p}_r)_f}{(\overline{p}_r)_p}\right]\left[0.2 + 0.8\frac{(\overline{p}_r)_f}{(\overline{p}_r)_p}\right] \tag{5.70}$$

其中下标 $f$ 和 $p$ 分别代表将来和目前情况。

步骤 2：根据 $(Q_{o\,max})_f$ 和 $(\overline{p}_r)_f$ 的新计算值，用方程（5.66）计算 IPR 值。

（2）第二个近似方法。由 Fetkovich（1973）提出的，估算 $(\overline{p}_r)_f$ 时的将来 $(Q_{o\,max})_f$ 的一个简单近似法。这个关系有下列数学形式：

$$(Q_{o\,max})_f = (Q_{o\,max})_p\left[\frac{(\overline{p}_r)_f}{(\overline{p}_r)_p}\right]^{3.0}$$

其中下标 f 和 p 分别代表将来和目前情况。提出上面方程仅仅是为了提供将来 $(Q_{o\,max})_f$ 的一个粗略估算。

**例 5.11**　用例 5.8 给出的数据，预测当油藏平均压力从 2500psig 降到 2200psig 时的 IPR。

**解**　例 5.8 显示下列信息：

(1) 目前油藏平均压力 $(\bar{p}_r)_f = 2500$psig

(2) 目前最大原油产量 $(Q_{o\,max})_p = 1067.1$bbl/d。

步骤 1：用方程 (5.70) 求 $(Q_{o\,max})_f$。

$$
\begin{aligned}
\left(Q_{o\,max}\right)_f &= \left(Q_{o\,max}\right)_p \left[\frac{(\bar{p}_r)_f}{(\bar{p}_r)_p}\right]\left[0.2 + 0.8\frac{(\bar{p}_r)_f}{(\bar{p}_r)_p}\right] \\
&= 1067.1 \times \left(\frac{2200}{2500}\right) \times \left(0.2 + 0.8 \times \frac{2200}{2500}\right) \\
&= 849\text{bbl/d}
\end{aligned}
$$

步骤 2：用方程 (5.66) 计算 IPR 数据。

$$
\begin{aligned}
Q_o &= \left(Q_o\right)_{max}\left[1 - 0.2\left(\frac{p_{wf}}{\bar{p}_r}\right) - 0.8\left(\frac{p_{wf}}{\bar{p}_r}\right)^2\right] \\
&= 849 \times \left[1 - 0.2\left(p_{wf}/2200\right) - 0.8\left(p_{wf}/2200\right)^2\right]
\end{aligned}
$$

| $p_{wf}$ | $Q_o$ |
|---|---|
| 2200 | 0 |
| 1800 | 255 |
| 1500 | 418 |
| 500 | 776 |
| 0 | 849 |

应该指出的是 Vogel 方法的主要缺点在于它对拟合点的敏感性，拟合点即稳定流动试井数据点，用来产生油井的 IPR 曲线。

对于多层完井的采油井，有可能需要用下面方程来分配单层的产量：

$$
\left(Q_o\right)_i = Q_{oT}\frac{\left[1 - \left(\bar{S}_i f_{wT}\right)\right]\dfrac{\left(K_o\right)_i\left(h\right)_i}{\left(\mu_o\right)_i}}{\sum_{i=1}^{n\text{层}}\left[1 - \left(\bar{S}_i f_{wT}\right)\right]\dfrac{\left(K_o\right)_i\left(h\right)_i}{\left(\mu_o\right)_i}}
$$

$$
\left(Q_w\right)_i = Q_{wT}\frac{\left(\bar{S}_i f_{wT}\right)\dfrac{\left(K_w\right)_i\left(h\right)_i}{\left(\mu_w\right)_i}}{\sum_{i=1}^{n\text{层}}\left(\bar{S}_i f_{wT}\right)\dfrac{\left(K_w\right)_i\left(h\right)_i}{\left(\mu_w\right)_i}}
$$

且

$$\overline{S}_i = \frac{(S_w)_i}{\sum_{i=1}^{n层}(S_w)_i}$$

式中　$(Q_o)_i$——$i$ 层分配的产油量；

　　　$(Q_w)_i$——$i$ 层分配的产水量；

　　　$f_{wT}$——总含水率；

　　　$(K_o)_i$——$i$ 层原油有效渗透率；

　　　$(K_w)_i$——$i$ 层水的有效相渗透率；

　　　$n$ 层——层数。

### 5.2.1.3　Wiggins 方法

Wiggins（1993）用四组相对渗透率和流体性质数据，输入电脑模型来构建预测流入动态的方程。得到的关系式受限于初始油藏就处于饱和压力的假设。Wiggins 提出了适合预测三相流动的 IPR 的通用关系式。他提出的表达式类似于 Vogel 表达式并表示如下：

$$Q_o = (Q_o)_{max}\left[1 - 0.52\left(\frac{p_{wf}}{\overline{p}_r}\right) - 0.48\left(\frac{p_{wf}}{\overline{p}_r}\right)^2\right] \tag{5.71}$$

$$Q_w = (Q_w)_{max}\left[1 - 0.72\left(\frac{p_{wf}}{\overline{p}_r}\right) - 0.28\left(\frac{p_{wf}}{\overline{p}_r}\right)^2\right] \tag{5.72}$$

式中　$Q_w$——水的流量，bbl/d；

　　　$(Q_w)_{max}$——$p_{wf}=0$ 时的最大产水量，bbl/d。

与 Vogel 方法一样，为了确定 $(Q_o)_{max}$ 和 $(Q_w)_{max}$，油井稳定流动试井数据必须可用。

Wiggins 通过提供估算将来最大流量表达式，把上述关系式的应用扩展到预测将来动态。他把将来最大流量表示为下列参数的函数：

（1）目前平均压力 $(\overline{p}_r)_p$；

（2）将来平均压力 $(\overline{p}_r)_f$；

（3）目前最大原油流量 $(Q_{o\,max})_p$；

（4）目前最大水流量 $(Q_{w\,max})_p$。

Wiggins 提出了下列关系式：

$$(Q_{o\,max})_f = (Q_{o\,max})_p\left\{0.15\frac{(\overline{p}_r)_f}{(\overline{p}_r)_p} + 0.84\left[\frac{(\overline{p}_r)_f}{(\overline{p}_r)_p}\right]^2\right\} \tag{5.73}$$

$$(Q_{w\,max})_f = (Q_{w\,max})_p\left\{0.59\frac{(\overline{p}_r)_f}{(\overline{p}_r)_p} + 0.36\left[\frac{(\overline{p}_r)_f}{(\overline{p}_r)_p}\right]^2\right\} \tag{5.74}$$

**例 5.12** 例 5.8 和例 5.11 所提供的信息为了方便重复如下：

（1）目前平均压力 2500psig；

（2）稳定原油流量 =350bbl/d；

（3）稳定井底压力 =2000psig。

当油藏压力从 2500psig 降到 2000psig 时，用 Wiggins 方法生成目前 IPR 数据并预测将来 IPR。

**解** 步骤 1：用稳定流动试井数据，利用方程（5.71）计算目前最大原油流量。

$$Q_o = (Q_o)_{max} \left[ 1 - 0.52 \left( \frac{p_{wf}}{\bar{p}_r} \right) - 0.48 \left( \frac{p_{wf}}{\bar{p}_r} \right)^2 \right]$$

求目前 $(Q_o)_{max}$ 得：

$$(Q_{o\ max})_p = \frac{350}{1 - 0.52 \times \left( \frac{2000}{2500} \right) - 0.48 \times \left( \frac{2000}{2500} \right)^2}$$

$$= 1264 \text{bbl} / \text{d}$$

步骤 2：用 Wiggins 方法计算目前 IPR 数据并和 Vogel 的计算结果比较。两种方法的结果用图 5.17 表示：

| $p_{wf}$ | Wiggins | Vogel |
|---|---|---|
| 2500 | 0 | 0 |
| 2200 | 216 | 218 |
| 1500 | 651 | 632 |
| 1000 | 904 | 845 |
| 500 | 1108 | 990 |
| 0 | 1264 | 1067 |

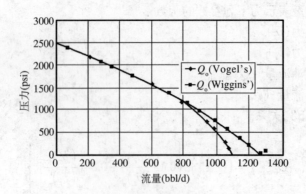

图 5.17　IPR 曲线

步骤 3：用方程（5.73）计算将来最大原油流量。

$$\left(Q_{\text{o max}}\right)_{\text{f}} = \left(Q_{\text{o max}}\right)_{\text{p}} \left\{ 0.15 \frac{\left(\overline{p}_{\text{r}}\right)_{\text{f}}}{\left(\overline{p}_{\text{r}}\right)_{\text{p}}} + 0.84 \left[ \frac{\left(\overline{p}_{\text{r}}\right)_{\text{f}}}{\left(\overline{p}_{\text{r}}\right)_{\text{p}}} \right]^2 \right\}$$

$$= 1264 \times \left[ 0.15 \times \left( \frac{2200}{2500} \right) + 0.84 \times \left( \frac{2200}{2500} \right)^2 \right]$$

$$= 989 \text{bbl} / \text{d}$$

步骤 4：用方程（5.71）计算将来 IPR 数据。

$$Q_{\text{o}} = \left(Q_{\text{o}}\right)_{\text{max}} \left[ 1 - 0.52 \left( \frac{p_{\text{wf}}}{\overline{p}_{\text{r}}} \right) - 0.48 \left( \frac{p_{\text{wf}}}{\overline{p}_{\text{r}}} \right)^2 \right]$$

$$= 989 \times \left[ 1 - 0.52 \left( p_{\text{wf}} / 2200 \right) - 0.48 \left( p_{\text{wf}} / 2200 \right)^2 \right]$$

| $p_{\text{wf}}$ | $Q_{\text{o}}$ |
|---|---|
| 2200 | 0 |
| 1800 | 250 |
| 1500 | 418 |
| 500 | 848 |
| 0 | 989 |

#### 5.2.1.4　Standing 方法

Standing（1970）扩展了 Vogel 方法的应用来预测油井将来 IPR 随油藏压力的变化。他指出 Vogel 方程［方程（5.66）］可以重新整理为：

$$\frac{Q_{\text{o}}}{\left(Q_{\text{o}}\right)_{\text{max}}} = \left( 1 - \frac{p_{\text{wf}}}{\overline{p}_{\text{r}}} \right) \left[ 1 + 0.8 \left( \frac{p_{\text{wf}}}{\overline{p}_{\text{r}}} \right) \right] \tag{5.75}$$

Standing 在方程（5.75）中引入了方程（5.1）定义的采油指数 $J$ 得：

$$J = \frac{\left(Q_{\text{o}}\right)_{\text{max}}}{\overline{p}_{\text{r}}} \left[ 1 + 0.8 \left( \frac{p_{\text{wf}}}{\overline{p}_{\text{r}}} \right) \right] \tag{5.76}$$

然后，Standing 定义了一个"零压差"采油指数：

$$J_{\text{p}}^* = 1.8 \left[ \frac{\left(Q_{\text{o}}\right)_{\text{max}}}{\overline{p}_{\text{r}}} \right] \tag{5.77}$$

式中　$J_{\text{p}}^*$——目前零压差采油指数。

$J_{\text{p}}^*$ 和采油指数 $J$ 的关系为：

$$\frac{J}{J_{\text{p}}^*} = \frac{1}{1.8} \left[ 1 + 0.8 \left( \frac{p_{\text{wf}}}{\overline{p}_{\text{r}}} \right) \right] \tag{5.78}$$

根据已测得的 $J$ 值，可以利用方程（5.78）计算 $J_p^*$：

$$J_p^* = \frac{1.8J}{1 + 0.8\left(\dfrac{p_{wf}}{\overline{p}_r}\right)}$$

为了得到预测 IPR 的最终表达式，Standing 把方程（5.77）和方程（5.75）结合起来并消除 $(Q_o)_{max}$ 得：

$$Q_o = \frac{J_f^*(\overline{p}_r)_f}{1.8}\left\{1 - 0.2\frac{p_{wf}}{(\overline{p}_r)_f} - 0.8\left[\frac{p_{wf}}{(\overline{p}_r)_f}\right]^2\right\} \tag{5.79}$$

其中下标 f 指将来条件。

Standing 提出利用下列表达式，根据目前 $J_p^*$ 值可以估算 $J_f^*$：

$$J_f^* = J_p^* \frac{\left(\dfrac{K_{ro}}{\mu_o B_o}\right)_f}{\left(\dfrac{K_{ro}}{\mu_o B_o}\right)_p} \tag{5.80}$$

其中下标 p 指目前条件。

如果相对渗透率数值不可用，$J_f^*$ 可以用下面表达式粗略估算：

$$J_f^* = J_p^*\left[\frac{(\overline{p}_r)_f}{(\overline{p}_r)_p}\right]^2 \tag{5.81}$$

Standing 预测将来 IPR 的方法步骤总结如下。

步骤 1：利用目前条件和可用的流动试井数据，用方程（5.75）计算 $(Q_o)_{max}$。

$$(Q_o)_{max} = \frac{Q_o}{\left(1 - \dfrac{p_{wf}}{\overline{p}_r}\right)\left[1 + 0.8\left(\dfrac{p_{wf}}{\overline{p}_r}\right)\right]}$$

步骤 2：在目前条件下，即 $J_p^*$，用方程（5.77）计算 $J^*$。注意方程（5.75）到方程（5.78）的结合可用于估算 $J_p^*$。

$$J_p^* = 1.8\left[\frac{(Q_o)_{max}}{\overline{p}_r}\right]$$

或根据：

$$J_p^* = \frac{1.8J}{1 + 0.8\left(\dfrac{p_{wf}}{\overline{p}_r}\right)}$$

步骤 3：用流体性质，饱和度和相对渗透率数据，计算 $[K_{ro}/(\mu_o B_o)]_p$ 和 $[K_{ro}/(\mu_o B_o)]_f$。

步骤 4：用方程（5.80）计算 $J_f^*$。如果原油相对渗透率数据不可用，则用方程（5.81）。

$$J_f^* = J_p^* \frac{\left(\dfrac{K_{ro}}{\mu_o B_o}\right)_f}{\left(\dfrac{K_{ro}}{\mu_o B_o}\right)_p}$$

或

$$J_f^* = J_p^* \left[\frac{(\bar{p}_r)_f}{(\bar{p}_r)_p}\right]^2$$

步骤 5：用方程（5.79）计算将来 IPR 值。

$$Q_o = \left[\frac{J_f^*(\bar{p}_r)_f}{1.8}\right]\left\{1 - 0.2\frac{p_{wf}}{(\bar{p}_r)_f} - 0.8\left[\frac{p_{wf}}{(\bar{p}_r)_f}\right]^2\right\}$$

**例 5.13**  一个饱和油藏处在饱和压力 4000psig 下，一口油井以稳定流量 600bbl/d 和 3200psig 的 $p_{wf}$ 生产。物质平衡计算提供了目前和预测的将来原油饱和度及 PVT 特性如下。

| | 目前 | 将来 |
|---|---|---|
| $\bar{p}_r$ | 4000 | 3000 |
| $\mu_o$（mPa·s） | 2.40 | 2.20 |
| $B_o$（bbl/bbl） | 1.20 | 1.15 |
| $K_{ro}$ | 1.00 | 0.66 |

用 Standing 方法计算 3000psig 时油井的将来 IPR。

**解**  步骤 1：利用方程（5.75）计算目前 $(Q_o)_{max}$。

$$(Q_o)_{max} = \frac{Q_o}{\left(1 - \dfrac{p_{wf}}{\bar{p}_r}\right)\left[1 + 0.8\left(\dfrac{p_{wf}}{\bar{p}_r}\right)\right]}$$

$$= \frac{600}{\left(1 - \dfrac{3200}{4000}\right) \times \left[1 + 0.8 \times \left(\dfrac{3200}{4000}\right)\right]}$$

$$= 1829 \text{bbl/d}$$

步骤 2：利用方程（5.78）计算 $J_p^*$。

$$J_p^* = 1.8 \left[ \frac{(Q_o)_{max}}{\bar{p}_r} \right]$$

$$= 1.8 \times \left( \frac{1829}{4000} \right) = 0.823$$

步骤 3：计算下列压力函数。

$$\left( \frac{K_{ro}}{\mu_o B_o} \right)_p = \frac{1}{2.4 \times 1.20} = 0.3472$$

$$\left( \frac{K_{ro}}{\mu_o B_o} \right)_f = \frac{0.66}{2.2 \times 1.15} = 0.2609$$

步骤 4：用方程（5.80）计算 $J_f^*$。

$$J_f^* = J_p^* \frac{\left( \frac{K_{ro}}{\mu_o B_o} \right)_f}{\left( \frac{K_{ro}}{\mu_o B_o} \right)_p}$$

$$= 0.823 \times \left( \frac{0.2609}{0.3472} \right) = 0.618$$

步骤 5：用方程（5.79）计算 IPR。

$$Q_o = \frac{J_f^* (\bar{p}_r)_f}{1.8} \left\{ 1 - 0.2 \frac{p_{wf}}{(\bar{p}_r)_f} - 0.8 \left[ \frac{p_{wf}}{(\bar{p}_r)_f} \right]^2 \right\}$$

$$= \left( \frac{0.618 \times 3000}{1.8} \right) \times \left\{ 1 - 0.2 \times \frac{p_{wf}}{3000} - 0.8 \left[ \frac{p_{wf}}{3000} \right]^2 \right\}$$

| $p_{wf}$ | $Q_o$ (bbl/d) |
| --- | --- |
| 3000 | 0 |
| 2000 | 527 |
| 1500 | 721 |
| 1000 | 870 |
| 500 | 973 |
| 0 | 1030 |

应该注意的是 Standing 方法的主要缺点之一是它需要可信的渗透率信息；另外，它还需要物质平衡计算来预测将来油藏平均压力下的含油饱和度。

5.2.1.5    Fetkovich 方法

Muskat 和 Evinger（1942）试图根据拟稳态流动方程计算理论采油指数，来说明观察到的油井非线性流入动态（即 IPR）。他们把 Darcy 方程表示为：

$$Q_o = \frac{0.00708Kh}{\left[\ln\left(\dfrac{r_e}{r_w}\right) - 0.75 + s\right]} \int_{P_{wf}}^{\bar{p}_r} f(p)\mathrm{d}p \tag{5.82}$$

其中压力函数 $f(p)$ 定义为：

$$f(p) = \frac{K_{ro}}{\mu_o B_o} \tag{5.83}$$

式中　$K_{ro}$——原油相对渗透率；

　　　$K$——绝对渗透率，mD；

　　　$B_o$——原油地层体积系数；

　　　$\mu_o$——油的黏度，mPa·s。

Fetkovich（1973）提出压力函数 $f(p)$ 基本上可以落在下面两个区域中的一个。

区域1：不饱和区域。如果 $p > p_b$，压力函数 $f(p)$ 落在这个区域。因为在这个区域原油相对渗透率等于 1（即 $K_{ro}=1$），那么：

$$f(p) = \left(\frac{1}{\mu_o B_o}\right)_p \tag{5.84}$$

Fetkovich 观察到 $f(p)$ 的变化很小，因此压力函数可看做恒定，如图 5.18 所示。

区域2：饱和区域。在饱和区域，$p < p_b$，Fetkovich 表示 $K_{ro}/(\mu_o B_o)$ 随着压力的变化呈线性变化，而且直线通过原点。这个线性图形如图 5.18 所示，数学表达式为：

$$f(p) = 0 + (斜率)p$$

或

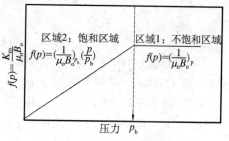

图 5.18    压力函数概念

$$f(p) = 0 + \left[\frac{1/(\mu_o B_o)}{p_b}\right]_{p_b} p$$

简化：

$$f(p) = \left(\frac{1}{\mu_o B_o}\right)_{p_b}\left(\frac{p}{p_b}\right) \tag{5.85}$$

其中 $\mu_o$ 和 $B_o$ 都是在饱和压力下计算的。在应用直线压力函数时，有三种情况必须考虑：（1）$\bar{p}_r$ 和 $p_{wf}$ 大于 $p_b$；（2）$\bar{p}_r$ 和 $p_{wf}$ 小于 $p_b$；（3）$\bar{p}_r > p_b$ 和 $p_{wf} < p_b$。

下面介绍这三种情况。

情况 1：$\bar{p}_r$ 和 $p_{wf}$ 都大于 $p_b$ 这种情况是油井在一个不饱和油藏中生产，此时 $\bar{p}_r$ 和 $p_{wf}$ 都大于饱和压力。这种情况下的压力函数 f（$p$）由方程（5.84）描述。把方程（5.84）代入方程（5.82）得：

$$Q_o = \frac{0.00708Kh}{\left[\ln\left(\dfrac{r_e}{r_w}\right) - 0.75 + s\right]} \int_{p_{wf}}^{\bar{p}_r} \left(\frac{1}{\mu_o B_o}\right) dp$$

因为 $\left(\dfrac{1}{\mu_o B_o}\right)$ 恒定，那么：

$$Q_o = \frac{0.00708Kh}{\mu_o B_o \left[\ln\left(\dfrac{r_e}{r_w}\right) - 0.75 + s\right]} \left(\bar{p}_r - p_{wf}\right) \tag{5.86}$$

根据采油指数的定义：

$$Q_o = J\left(\bar{p}_r - p_{wf}\right) \tag{5.87}$$

采油指数用油藏参数表示为：

$$J = \frac{0.00708Kh}{\mu_o B_o \left[\ln\left(\dfrac{r_e}{r_w}\right) - 0.75 + s\right]} \tag{5.88}$$

其中 $B_o$ 和 $\mu_o$ 是在（$\bar{p}_r + p_{wf}$）/2 时计算的。

**例 5.14** 一口油井在一个不饱和油藏中生产，油藏平均压力是 3000psi，150°F 时的饱和压力是 1500psi。其他数据如下：

稳定流量 =280bbl/d，稳定井筒压力 =2200psi，$h$=20ft，$r_w$=0.3ft，$r_e$=660ft，$s$=−0.5，$K$=65mD，在 2600psi 时 $\mu_o$=2.4mPa·s，在 2600psi 时 $B_o$=1.4bbl/bbl。

用油藏特性［即方程（5.88）］和流动试井数据［即方程（5.58）］计算采油指数。

**解** 根据方程（5.88）：

$$J = \frac{0.00708Kh}{\mu_o B_o \left[\ln\left(\dfrac{r_e}{r_w}\right) - 0.75 + s\right]}$$

$$= \frac{0.00708 \times 65 \times 20}{2.4 \times 1.4 \times \left[\ln\left(\dfrac{660}{0.3}\right) - 0.75 - 0.5\right]}$$

$$= 0.42\text{bbl/}\left(\text{d}\cdot\text{psi}\right)$$

根据生产数据：

$$J = \frac{Q_o}{\overline{p}_r - p_{wf}} = \frac{Q_o}{\Delta p}$$

$$= \frac{280}{3000 - 2200} = 0.35 \, bbl/(d \cdot psi)$$

结果表明两个方法有合理的匹配。然而，应该注意的是方程（5.88）用来确定采油指数的几个参数的值存在不确定性。例如，表皮系数 *s* 或泄油面积的变化将改变 *J* 的计算值。

情况2：$\overline{p}_r$ 和 $p_{wf}$ 小于 $p_b$。当油藏压力 $\overline{p}_r$ 和井底流压 $p_{wf}$ 都低于饱和压力 $p_b$ 时，压力函数 $f(p)$ 可以用方程（5.85）所示的直线关系来表示。结合方程（5.85）和方程（5.82）得：

$$Q_o = \frac{0.00708Kh}{\left[\ln\left(\dfrac{r_e}{r_w}\right) - 0.75 + s\right]} \int_{p_{wf}}^{\overline{p}_r} \frac{1}{(\mu_o B_o)_{p_b}} \left(\frac{p}{p_b}\right) dp$$

因为 $\left[1/(\mu_o B_o)\right]_{p_b}(1/p_b)$ 恒定，那么：

$$Q_o = \left[\frac{0.00708Kh}{\ln\left(\dfrac{r_e}{r_w}\right) - 0.75 + s}\right] \frac{1}{(\mu_o B_o)_{p_b}} \left(\frac{1}{p_b}\right) \int_{p_{wf}}^{\overline{p}_r} p \, dp$$

积分：

$$Q_o = \frac{0.00708Kh}{(\mu_o B_o)_{p_b}\left[\ln\left(\dfrac{r_e}{r_w}\right) - 0.75 + s\right]} \left(\frac{1}{2p_b}\right)\left(\overline{p}_r^2 - p_{wf}^2\right) \tag{5.89}$$

将方程（5.88）中定义的采油指数代入上面方程得：

$$Q_o = J\left(\frac{1}{2p_b}\right)\left(\overline{p}_r^2 - p_{wf}^2\right) \tag{5.90}$$

$[J/(2p_b)]$ 项通常被称为动态系数 *C*：

$$Q_o = C\left(\overline{p}_r^2 - p_{wf}^2\right) \tag{5.91}$$

为了说明油井非达西流（紊流）的可能性，Fetkovich 在方程（5.91）中引入指数 *n* 得：

$$Q_o = C\left(\overline{p}_r^2 - p_{wf}^2\right)^n \tag{5.92}$$

*n* 值的范围从完全层流的 1.0 到高度紊流的 0.5。

方程（5.92）中有两个未知数，动态系数 *C* 和指数 *n*。为了确定这两个参数，至少需要两次试井，假设 $\overline{p}_r$ 已知。

对方程（5.92）的两侧取对数，求 $\lg\left(\overline{p}_r^2 - p_{wf}^2\right)$，表达式可以表示为：

$$\lg\left(\overline{p}_r^2 - p_{wf}^2\right) = \frac{1}{n}\lg Q_o - \frac{1}{n}\lg C$$

绘制 $\left(\overline{p}_r^2 - p_{wf}^2\right)$ 和 $Q_o$ 的双对数坐标图形，得到一条直线，斜率为 $1/n$，$\left(\overline{p}_r^2 - p_{wf}^2\right) = 1$ 时的截距为 $C$。一旦 $n$ 值确定，$C$ 值也可以用直线上任一点坐标来计算：

$$C = \frac{Q_o}{\left(\overline{p}_r^2 - p_{wf}^2\right)^n}$$

一旦 $C$ 和 $n$ 的值根据试井数据确定，方程（5.92）可以用来生成完整的 IPR。

为了计算当油藏平均压力降到 $(\overline{p}_r)_f$ 时的将来 IPR，Fetkovich 假设动态系数 $C$ 是油藏平均压力的线性函数，所以，$C$ 值可以调整为：

$$(C)_f = (C)_p \frac{(\overline{p}_r)_f}{(\overline{p}_r)_p} \tag{5.93}$$

其中下标 f 和 p 代表将来和目前条件。

Fetkovich 假设指数 $n$ 的值不随压力的降低而改变。Beggs（1991）综合评价了构建油井和气井 IPR 曲线的不同方法。

Beggs（1991）用下面的例子说明生成目前和将来 IPR 值的 Fetkovich 方法。

**例 5.15**　一个四点稳定流动试井在一口油井上进行，该井在一个饱和油藏中生产，油藏的平均压力为 3600psi。

| $Q_o$（bbl/d） | $p_{wf}$（psi） |
|---|---|
| 263 | 3170 |
| 383 | 2890 |
| 497 | 2440 |
| 640 | 2150 |

（1）用 Fetkovich 方法构建完整的 IPR。

（2）构建当油藏压力降到 2000psi 时的 IPR。

**解**

（1）用 Fetkovich 方法构建完整的 IPR。

步骤 1：构造下表。

| $Q_o$（bbl/d） | $p_{wf}$（psi） | $\left(\overline{p}_r^2 - \overline{p}_{wf}^2\right) \times 10^{-6}$（psi$^2$） |
|---|---|---|
| 263 | 3170 | 2.911 |
| 383 | 2897 | 4.567 |
| 497 | 2440 | 7.006 |
| 640 | 2150 | 8.338 |

步骤 2：绘制 $\left(\overline{p}_{\mathrm{r}}^2 - p_{\mathrm{wf}}^2\right)$ 和 $Q_{\mathrm{o}}$ 的双对数坐标图形，如图 5.19 所示，确定指数 $n$。

$$n = \frac{\lg(750) - \lg(105)}{\lg(10^7) - \lg(10^6)} = 0.854$$

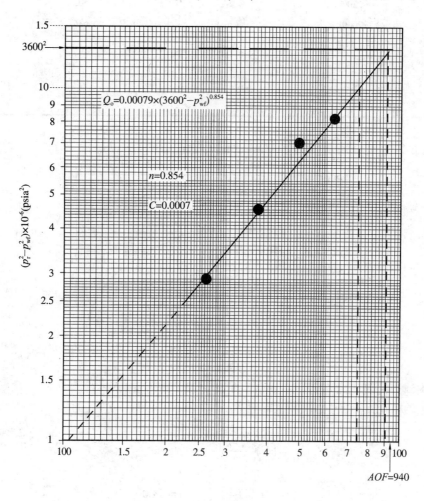

图 5.19　例 5.15 的流量逐次更替试井数据

步骤 3：在直线上选择任一点，例如 $(745，10 \times 10^6)$，并用方程（5.92）求动态系数 $C$。

$$Q_{\mathrm{o}} = C\left(\overline{p}_{\mathrm{r}}^2 - p_{\mathrm{wf}}^2\right)^n$$

$$745 = C\left(10 \times 10^6\right)^{0.854}$$

$$C = 0.00079$$

步骤 4：设定多个不同的 $p_{\mathrm{wf}}$ 值，用方程（5.92）计算对应的流量，从而生成 IPR 数据。

$$Q_{\mathrm{o}} = 0.00079 \times \left(3600^2 - p_{\mathrm{wf}}^2\right)^{0.854}$$

| $p_{wf}$ | $Q_o$ (bbl/d) |
|---|---|
| 3600 | 0 |
| 3000 | 340 |
| 2500 | 503 |
| 2000 | 684 |
| 1500 | 796 |
| 1000 | 875 |
| 500 | 922 |
| 0 | 937 |

IPR 曲线如图 5.20 所示。注意 AOF，即 $(Q_o)_{max}$ 为 937bbl/d。

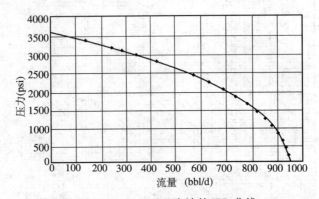

图 5.20　Fetkovich 方法的 IPR 曲线

（2）构建当油藏压力降到 2000psi 时的 IPR。

步骤 1：利用方程（5.93）计算将来 $C$。

$$(C)_f = (C)_p \frac{(\bar{p}_r)_f}{(\bar{p}_r)_p}$$

$$= 0.00079 \times \left(\frac{2000}{3600}\right) = 0.000439$$

步骤 2：用新计算的 $C$ 和流入动态方程计算 2000psi 时的新 IPR 曲线。

$$Q = 0.000439 \times \left(2000^2 - p_{wf}^2\right)^{0.854}$$

| $p_{wf}$ | $Q_o$ (bbl/d) |
|---|---|
| 2000 | 0 |
| 1500 | 94 |
| 1000 | 150 |
| 500 | 181 |
| 0 | 191 |

目前和将来 IPR 值都绘制在图 5.21 中。

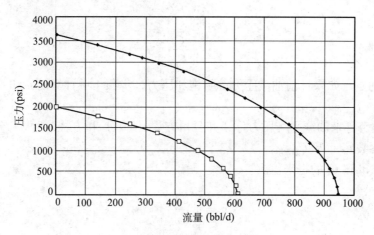

图 5.21　2000psi 时的将来 IPR 曲线

Klins 和 Clark（1993）建立了经验关系式，该关系式把 Fetkovich 动态系数 $C$ 的变化及流动指数 $n$ 与油藏压力递减联系起来。作者注意到指数 $n$ 随着油藏压力的变化而有相当大的改变。Klins 和 Clark 总结了压力$(\bar{p}_r)_f$下的 $n_f$ 和 $C$ 的将来值都与饱和压力时 $n$ 和 $C$ 的值有关。用 $C_b$ 和 $n_b$ 表示饱和压力 $p_b$ 时的动态系数和流动指数，Klins 和 Clark 引入了下列无量纲的参数：

（1）无量纲动态系数 $=C/C_b$；

（2）无量纲流动指数 $=n/n_b$；

（3）无量纲油藏平均压力 $=\bar{p}_r/p_b$；

作者用下列两个表达式将 $C/C_b$ 及 $n/n_b$ 与无量纲压力联合起来：

$$\frac{n}{n_b}=1+0.0577\left(1-\frac{\bar{p}_r}{p_b}\right)-0.2459\left(1-\frac{\bar{p}_r}{p_b}\right)^2+0.503\left(1-\frac{\bar{p}_r}{p_b}\right)^3 \tag{5.94}$$

和

$$\frac{C}{C_b}=1-3.5718\left(1-\frac{\bar{p}_r}{p_b}\right)+4.7981\left(1-\frac{\bar{p}_r}{p_b}\right)^2-2.3066\left(1-\frac{\bar{p}_r}{p_b}\right)^3 \tag{5.95}$$

式中　$C_b$——饱和压力时的动态系数；

$\quad\quad n_b$——饱和压力时的流动指数。

应用上面的关系式，随油藏压力的变化，调整系数 $C$ 和 $n$ 的过程总结如下。

步骤 1：用流动试井数据，并结合 Fetkovich 方程，即方程（5.92），计算目前平均压力 $\bar{p}_r$ 下的目前 $C$ 和 $n$ 的值。

步骤 2：用目前 $\bar{p}_r$ 值，利用方程（5.94）和方程（5.95）分别计算无量纲 $n/n_b$ 和 $C/C_b$ 值。

步骤 3：计算常数 $n_b$ 和 $C_b$。

$$n_b=\frac{n}{\dfrac{n}{n_b}} \tag{5.96}$$

和

$$C_b = \frac{C}{\dfrac{C}{C_b}} \tag{5.97}$$

应该指出的是，如果目前油藏压力等于饱和压力，步骤 1 中计算的 $n$ 和 $C$ 的值就是 $n_b$ 和 $C_b$。

步骤 4：设定将来油藏平均压力 $(\bar{p}_r)_f$ 并且用方程（5.94）和方程（5.95）分别计算对应的将来无量纲参数 $n_f/n_b$ 和 $C_f/C_b$。

步骤 5：求 $n_f$ 和 $C_f$ 的将来值。

$$n_f = n_b \left( \frac{n}{n_b} \right)$$

$$C_f = C_b \left( \frac{C_f}{C_b} \right)$$

步骤 6：把 $n_f$ 和 $C_f$ 的值代入 Fetkovich 方程，计算将来油藏平均压力 $(\bar{p}_r)_f$ 下的油井将来 IPR。应该注意的是 $(\bar{p}_r)_f$ 下的最大原油流量 $(Q_o)_{max}$ 由下列表达式给出：

$$(Q_o)_{max} = C_f \left[ \left( \bar{p}_r \right)^2 \right]^{n_f} \tag{5.98}$$

**例 5.16** 用例 5.15 给出的数据，当油藏压力降到 3200psi 时，计算将来 IPR 数据。

**解** 步骤 1：由于油藏处于饱和压力，$p_b$=3600psi，则

$$n_b=0.854 \qquad C_b=0.00079$$

步骤 2：用方程（5.94）和方程（5.95）计算 3200psi 时的将来无量纲参数。

$$\frac{n}{n_b} = 1 + 0.0577 \times \left( 1 - \frac{3200}{3600} \right) - 0.2459 \times \left( 1 - \frac{3200}{3600} \right)^2 + 0.5030 \times \left( 1 - \frac{3200}{3600} \right)^3$$
$$= 1.0041$$

$$\left( \frac{C}{C_b} \right) = 1 - 3.5718 \times \left( 1 - \frac{3200}{3600} \right) + 4.7981 \times \left( 1 - \frac{3200}{3600} \right)^2 - 2.3066 \times \left( 1 - \frac{3200}{3600} \right)^3 = 0.6592$$

步骤 3：求 $n_f$ 和 $C_f$。

$$n_f = n_b \times 1.0041 = 0.854 \times 1.0041 = 0.8575$$

$$C_f = C_b \times 0.6592 = 0.00079 \times 0.6592 = 0.00052$$

因此，流量表示为：

$$Q_o = C \left( \bar{p}_r^2 - p_{wf}^2 \right)^n = 0.00052 \times \left( 3200^2 - p_{wf}^2 \right)^{0.8575}$$

最大流量，即 AOF 出现在 $p_{wf}$=0 时，表示为：

$$(Q_o)_{max} = 0.00052 \times \left(3200^2 - 0^2\right)^{0.8575} = 534 \text{bbl/d}$$

步骤 4：设定几个 $p_{wf}$ 值，构建下表。

| $p_{wf}$ | $Q_o$ |
| --- | --- |
| 3200 | 0 |
| 2000 | 349 |
| 1500 | 431 |
| 5000 | 523 |
| 0 | 534 |

图 5.22 对比了例 5.10 和例 5.11 计算的目前和将来 IPR。

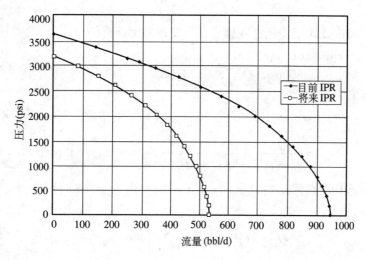

图 5.22　IPR 曲线

情况 3：$\bar{p}_r > p_b$ 和 $p_{wf} < p_{b\circ}$ 图 5.23 显示了情况 3 的简图，在图中假设 $p_{wf} < p_b$ 和 $\bar{p}_r > p_{b\circ}$ 方程（5.82）中积分可以展开为：

$$Q_o = \frac{0.00708Kh}{\left[\ln\left(\dfrac{r_e}{r_w}\right) - 0.75 + s\right]} \left[\int_{p_{wf}}^{p_b} f(p)\mathrm{d}p + \int_{p_b}^{\bar{p}_r} f(p)\mathrm{d}p\right]$$

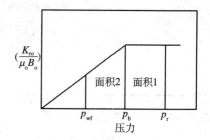

图 5.23　情况 3 的 [$K_{ro}/(\mu_o B_o)$] 和压力关系

把方程（5.84）和方程（5.85）代入上面表达式中，得：

$$Q_o = \frac{0.00708Kh}{\left[\ln\left(\dfrac{r_e}{r_w}\right) - 0.75 + s\right]} \times \left[\int_{p_{wf}}^{p_b}\left(\frac{1}{\mu_o B_o}\right)\left(\frac{p}{p_b}\right)\mathrm{d}p + \int_{p_b}^{\bar{p}_r}\left(\frac{1}{\mu_o B_o}\right)\mathrm{d}p\right]$$

其中 $\mu_o$ 和 $B_o$ 是在饱和压力 $p_b$ 下计算的。重新整理上面表达式得：

$$Q_o = \frac{0.00708Kh}{\mu_o B_o \left[ \ln\left(\dfrac{r_e}{r_w}\right) - 0.75 + s \right]} \times \left[ \frac{1}{p_b} \int_{p_{wf}}^{p_b} p \,\mathrm{d}p + \int_{p_b}^{\bar{p}_r} \mathrm{d}p \right]$$

积分并在上面的关系式中引入采油指数 $J$ 得：

$$Q_o = J \left[ \frac{1}{2p_b}\left(p_b^2 - p_{wf}^2\right) + \left(\bar{p}_r - p_b\right) \right]$$

或

$$Q_o = J\left(\bar{p}_r - p_b\right) + \frac{J}{2p_b}\left(p_b^2 - p_{wf}^2\right) \tag{5.99}$$

**例 5.17** 下面油藏和流动试井数据是在一口油井上获得的。

压力数据：$\bar{p}_r = 4000\text{psi}$，$p_b = 3200\text{psi}$。

流动试井数据：$p_{wf} = 3600\text{psi}$，$Q_o = 280\text{bbl/d}$。

计算油井的 IPR 数据。

**解** 步骤 1：由于 $p_{wf} < p_b$，用方程（5.58）计算采油指数。

$$J = \frac{Q_o}{\bar{p}_r - p_{wf}} = \frac{Q_o}{\Delta p} = \frac{280}{4000 - 3600} = 0.7\text{bbl}/\left(\text{d} \cdot \text{psi}\right)$$

步骤 2：计算 IPR 数据。当设定的 $p_{wf} > p_b$ 时，用方程（5.87）；当 $p_{wf} < p_b$ 时，用方程（5.99）。即：

$$Q_o = J\left(\bar{p}_r - p_{wf}\right) = 0.7 \times \left(4000 - p_{wf}\right)$$

和

$$Q_o = J\left(\bar{p}_r - p_b\right) + \frac{J}{2p_b}\left(p_b^2 - p_{wf}^2\right)$$

$$= 0.7 \times \left(4000 - 3200\right) + \frac{0.7}{2 \times 3200} \times \left(3200^2 - p_{wf}^2\right)$$

| $p_{wf}$ | 方程 | $Q_o$ |
|---|---|---|
| 4000 | (5.87) | 0 |
| 3800 | (5.87) | 140 |
| 3600 | (5.87) | 280 |
| 3200 | (5.87) | 560 |
| 3000 | (5.99) | 696 |
| 2600 | (5.99) | 941 |
| 2200 | (5.99) | 1151 |
| 2000 | (5.99) | 1243 |
| 1000 | (5.99) | 1571 |
| 500 | (5.99) | 1653 |
| 0 | (5.99) | 1680 |

计算的结果用图 5.24 表示。

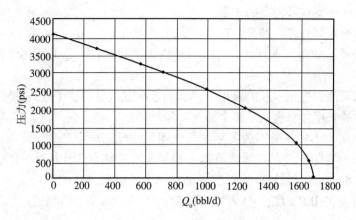

图 5.24  Fetkovich 方法的 IPR 曲线

应该指出的是，与 Standing 方法相比，Fetkovich 方法有个优点就是它不需要繁琐的物质平衡计算来预测将来油藏平均压力下的原油饱和度。

#### 5.2.1.6  Klins 和 Clark 方法

Klins 和 Clark（1993）提出了一个流入动态表达式，在形式上它与 Vogel 方程相似，可用来预测将来 IPR 数据。为了提高 Vogel 方程的预测能力，作者引入了一个新的指数 $d$ 到 Vogel 方程中。作者提出了下列关系式：

$$\frac{Q_o}{(Q_o)_{max}} = 1 - 0.295 \left( \frac{p_{wf}}{\bar{p}_r} \right) - 0.705 \left( \frac{p_{wf}}{\bar{p}_r} \right)^d \tag{5.100}$$

其中：

$$d = \left[ 0.28 + 0.72 \left( \frac{\bar{p}_r}{p_b} \right) \right] (1.24 + 0.001 p_b) \tag{5.101}$$

Klins 和 Clark 方法的计算步骤总结如下。

步骤 1：已知饱和压力和目前油藏压力，用方程（5.101）计算指数 $d$。

步骤 2：根据已知的稳定流量数据，即 $Q_o$ 及对应的 $p_{wf}$，解方程（5.100）求 $(Q_o)_{max}$。

$$(Q_o)_{max} = \frac{Q_o}{1 - 0.295 \left( \dfrac{p_{wf}}{\bar{p}_r} \right) - 0.705 \left( \dfrac{p_{wf}}{\bar{p}_r} \right)^d}$$

步骤 3：构建目前 IPR。在方程（5.100）中设定几个 $p_{wf}$ 值并求 $Q_o$。

### 5.2.2  水平油井动态

从 1980 年起，水平井开采油气产量的份额就开始不断增加。与垂直井相比，水平井有以下优点：

（1）每口水平井控制的油藏体积很大。

（2）能从薄的油层获得较高的产量。

（3）水平井使水气分区问题最小化。

（4）在强渗透性油藏，垂直井的井眼附近流体流速高，水平井可用于降低近井流速和紊流。

（5）在二次采油和强化采油的应用中，长的水平注入井提供了较高的注入速度。

（6）水平井的长度能够提供和多个裂缝接触的界面，并且很大程度提高产能。

与垂直井相比，水平井周围的实际生产机理和油藏流动形态要更复杂，尤其是如果井的水平段相当长。实际上，存在线性流和平面径向流的结合，并且井的动态方式类似于大范围压裂的井。Sherrad 等（1987）报道水平井测量的 IPR 曲线的形状类似于 Vogel 方法和 Fetkovich 方法预测的 IPR 曲线。作者指出钻 1500ft 长的水平井得到的产量是垂直井产量的 2 ~ 4 倍。

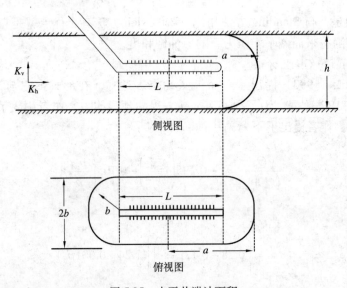

图 5.25　水平井泄油面积

一口水平井可以看成是许多垂直井，这些垂直井互相紧挨着并且在有限的生产层厚度内完井。图 5.25 显示了一口长度为 $L$ 的水平井在油层厚度为 $h$ 的油藏内的泄油面积。水平井每一个末端的泄油区域是半径为 $b$ 的半圆，水平段的泄油区域是矩形。

假设水平井的每一个末端由一口垂直井代替，它的泄油区域是半径为 $b$ 的半圆。Joshi（1991）提出了下面两个方法计算水平井的泄油面积。

#### 5.2.2.1　方法 I

Joshi 提出泄油面积由两端的两个半径为 $b$（等于垂直油井的半径 $r_{ev}$）半圆和一个位于中间的大小为 $2b \times L$ 的矩形组成。那么，水平井的泄油面积表示为：

$$A = \frac{L(2b) + \pi b^2}{43560} \tag{5.102}$$

式中　$A$——泄油面积，acre；

$L$——水平井长，ft；

$b$——椭圆形短轴半长，ft。

**5.2.2.2　方法 II**

Joshi 假设水平井的泄油区域是一个椭圆并给出：

$$A = \frac{\pi ab}{43560} \tag{5.103}$$

且

$$a = \frac{L}{2} + b \tag{5.104}$$

式中　$a$——椭圆的长轴半长。

Joshi 注意到两种方法给出的泄油面积 $A$ 的值不同，并建议取水平井泄油面积的平均值。大多数流量方程需要水平井的泄油半径的值，可以表示为：

$$r_{eh} = \sqrt{\frac{43560A}{\pi}}$$

式中　$r_{eh}$——水平井的泄油半径，ft；

$A$——水平油井的泄油面积，acre。

**例 5.18**　480acre 的租地用 12 口垂直井开采。假设每口垂直井有效泄油面积 40acre，计算如果要有效控制租地需长为 1000ft 或 2000ft 的水平井的数量。

**解**　步骤 1：计算垂直油井的泄油半径。

$$r_{ev} = b = \sqrt{\frac{40 \times 43560}{\pi}} = 745\text{ft}$$

步骤 2：用 Joshi 的两种方法计算长为 1000ft 或 2000ft 的水平井的泄油面积。

（1）方法 I。

对于 1000ft 长的水平井用方程（5.102）：

$$A = \frac{L(2b) + \pi b^2}{43560}$$

$$= \frac{1000 \times (2 \times 745) + \pi \times 745^2}{43560} = 74 \text{ acre}$$

对于 2000ft 长的水平井：

$$A = \frac{L(2b) + \pi b^2}{43560}$$

$$= \frac{2000 \times (2 \times 745) + \pi \times 745^2}{43560} = 108 \text{ acre}$$

（2）方法 II。

对于 1000ft 长的水平井用方程（5.103）：

$$a = \frac{L}{2} + b$$

$$= \frac{1000}{2} + 745 = 1245 \, \text{ft}$$

$$A = \frac{\pi ab}{43560}$$

$$= \frac{\pi \times 1245 \times 745}{43560} = 67 \, \text{acre}$$

对于 2000ft 长的水平井：

$$a = \frac{2000}{2} + 745 = 1745 \, \text{ft}$$

$$A = \frac{\pi \times 1745 \times 745}{43560} = 94 \, \text{acre}$$

步骤 3：取两种方法的平均值，长 1000ft 水平井的泄油面积。

$$A = \frac{74 + 67}{2} = 71 \, \text{acre}$$

长 2000ft 水平井泄油面积：

$$A = \frac{108 + 94}{2} = 101 \, \text{acre}$$

步骤 4：计算长 1000ft 的水平井的数量。

$$长 1000\text{ft} 的水平井的总井数 = \frac{总面积}{单井泄油面积} = \frac{480}{71} = 7 \, 口井$$

步骤 5：计算长 2000ft 的水平井的数量。

$$长 2000\text{ft} 的水平井的总井数 = \frac{总面积}{单井泄油面积} = \frac{480}{101} = 5 \, 口井$$

从实际角度，下面介绍两种流动条件下的水平井流入动态计算：

（1）稳态单相流；

（2）拟稳态双相流。

Joshi 的参考书（1991）详细介绍了水平井技术和生成 IPR 的最新方法。

### 5.2.3 稳态流条件下水平井产能

稳态分析解是水平井解的最简单形式。稳态解要求油藏中任何点的压力不随时间而改变。稳态条件下的流量方程表示为：

$$Q_{\text{oh}} = J_{\text{h}} \left( p_{\text{r}} - p_{\text{wf}} \right) = J_{\text{h}} \Delta p \tag{5.105}$$

式中　$Q_{\text{oh}}$——水平井流量，bbl/d；

　　　$\Delta p$——从泄油边界到井筒的压力降，psi；

$J_h$——水平井的采油指数，bbl/（d·psi）。

水平井的采油指数 $J_h$ 通常用流量 $Q_{oh}$ 除以压力降 $\Delta p$ 来获得。即：

$$J_h = \frac{Q_{oh}}{\Delta p}$$

有几种方法可以根据流体和油藏特性预测采油指数。这些方法包括：（1）Borisov 方法；（2）Giger，Reiss 和 Jourdan 方法；（3）Joshi 方法；（4）Renard 和 Dupuy 方法。

### 5.2.3.1　Borisov 方法

Borisov（1984）提出了下列表达式用来预测均质油藏，即 $K_v = K_h$，水平井的采油指数：

$$J_h = \frac{0.00708 h K_h}{\mu_o B_o \left[ \ln\left(\dfrac{4r_{eh}}{L}\right) + \left(\dfrac{h}{L}\right) \ln\left(\dfrac{h}{2\pi r_w}\right) \right]} \tag{5.106}$$

式中　$H$——厚度，ft；

$K_h$——水平渗透率，mD；

$K_v$——垂直渗透率，mD；

$L$——水平井的长度，ft

$r_{eh}$——水平井的泄油半径，ft；

$r_w$——井筒半径，ft；

$J_h$——采油指数，bbl/（d·psi）。

### 5.2.3.2　Giger，Reiss 和 Jourdan 方法

对于均质油藏，它的垂直渗透率 $K_v$ 等于水平渗透率 $K_h$，Giger 等（1984）提出了下列确定 $J_h$ 的表达式：

$$J_h = \frac{0.00708 L K_h}{\mu_o B_o \left[ \left(\dfrac{L}{h}\right) \ln(X) + \ln\left(\dfrac{h}{2r_w}\right) \right]} \tag{5.107}$$

其中：

$$X = \frac{1 + \sqrt{1 + \left[\dfrac{L}{2r_{eh}}\right]^2}}{\dfrac{L}{(2r_{eh})}} \tag{5.108}$$

为了说明油藏的非均质性，作者提出了下列关系式：

$$J_h = \frac{0.00708 K_h}{\mu_o B_o \left[ \left(\dfrac{1}{h}\right) \ln(X) + \left(\dfrac{\beta^2}{L}\right) \ln\left(\dfrac{h}{2r_w}\right) \right]} \tag{5.109}$$

参数 $\beta$ 定义如下：

$$\beta = \sqrt{\frac{K_h}{K_v}} \tag{5.110}$$

式中 $K_v$——垂直渗透率，mD；

$L$——水平井的长度，ft。

### 5.2.3.3 Joshi 方法

Joshi（1991）提出了下列表达式来预测均质油藏中水平井采油指数：

$$J_h = \frac{0.00708hK_h}{\mu_o B_o \left[ \ln(R) + \left(\dfrac{h}{L}\right) \ln\left(\dfrac{h}{2r_w}\right) \right]} \tag{5.111}$$

且

$$R = \frac{a + \sqrt{a^2 - \left(\dfrac{L}{2}\right)^2}}{\dfrac{L}{2}} \tag{5.112}$$

$a$ 是椭圆形泄油区域的长轴半长并表示为：

$$a = \left(\frac{L}{2}\right) \left[ 0.5 + \sqrt{0.25 + \left(\frac{2r_{eh}}{L}\right)^4} \right]^{0.5} \tag{5.113}$$

Joshi 通过引入垂直渗透率 $K_v$ 到方程（5.111）中来说明油藏各向异性的影响，即：

$$J_h = \frac{0.00708hK_h}{\mu_o B_o \left[ \ln(R) + \left(\dfrac{B^2 h}{L}\right) \ln\left(\dfrac{h}{2r_w}\right) \right]} \tag{5.114}$$

其中参数 $\beta$ 和 $R$ 分别由方程（5.110）和方程（5.112）确定。

### 5.2.3.4 Renard 和 Dupuy 方法

对于均质油藏，Renard 和 Dupuy 提出了下列表达式：

$$J_h = \frac{0.00708hK_h}{\mu_o B_o \left[ \cosh^{-1}\left(\dfrac{2a}{L}\right) + \left(\dfrac{h}{L}\right) \ln\left(\dfrac{h}{2\pi r_w}\right) \right]} \tag{5.115}$$

其中 $a$ 是椭圆形泄油区域的长轴半长，由方程（5.113）给出。

对于各向异性油藏，作者提出下列关系式：

$$J_h = \frac{0.00708hK_h}{\mu_o B_o \left[ \cosh^{-1}\left(\dfrac{2a}{L}\right) + \left(\dfrac{\beta h}{L}\right) \ln\left(\dfrac{h}{2\pi r_w'}\right) \right]} \tag{5.116}$$

其中：

$$r_w' = \frac{(1+\beta)r_w}{2\beta} \tag{5.117}$$

参数 $\beta$ 由方程（5.116）确定。

**例5.19** 一口水平井长 2000ft，泄油面积大约为 120acre。油藏为均质油藏，特性参数如下：

$K_v=K_h=100$mD， $h=60$ft， $B_o=1.2$bbl/bbl， $\mu_o=0.9$mPa·s， $p_e=3000$psi， $p_{wf}=2500$psi， $r_w=0.30$ft。

假设为稳定流，用下列方法计算流量：

（1）Borisov 方法；

（2）Giger，Reiss；和 Jourdan 方法；

（3）Joshi 方法；

（4）Renard 和 Dupuy 方法。

**解**

（1）Borisov 方法。

步骤1：计算水平井的泄油半径。

$$r_{eh}=\sqrt{\frac{43560A}{\pi}}=\sqrt{\frac{43560\times120}{\pi}}=1290\text{ft}$$

步骤2：利用方程（5.106）计算 $J_h$。

$$
\begin{aligned}
J_h &= \frac{0.00708hK_h}{\mu_o B_o\left[\ln\left(\dfrac{4r_{eh}}{L}\right)+\left(\dfrac{h}{L}\right)\ln\left(\dfrac{h}{2\pi r_w}\right)\right]} \\[2mm]
&= \frac{0.00708\times60\times100}{0.9\times1.2\left[\ln\left(\dfrac{4\times1290}{2000}\right)+\left(\dfrac{60}{2000}\right)\ln\left(\dfrac{60}{2\pi\times0.3}\right)\right]} \\[2mm]
&= 37.4\,\text{bbl}/(\text{d}\cdot\text{psi})
\end{aligned}
$$

步骤3：利用方程（5.105）计算流量。

$$
\begin{aligned}
Q_{oh} &= J_h\Delta p \\
&= 37.4\times(3000-2500)=18700\text{bbl/d}
\end{aligned}
$$

（2）Giger，Reiss 和 Jourdan 方法。

步骤1：利用方程（5.108）计算参数 $X$。

$$
\begin{aligned}
X &= \frac{1+\sqrt{1+\left(\dfrac{L}{2r_{eh}}\right)^2}}{\dfrac{L}{2r_{eh}}} \\[3mm]
&= \frac{1+\sqrt{1+\left(\dfrac{2000}{2\times1290}\right)^2}}{\dfrac{2000}{2\times1290}}=2.105
\end{aligned}
$$

步骤 2：利用方程（5.107）计算 $J_h$。

$$J_h = \frac{0.00708LK_h}{\mu_o B_o\left[\left(\dfrac{h}{L}\right)\ln(X) + \ln\left(\dfrac{h}{2r_w}\right)\right]}$$

$$= \frac{0.00708 \times 2000 \times 100}{0.9 \times 1.2\left[\left(\dfrac{2000}{60}\right)\ln(2.105) + \ln\left(\dfrac{60}{2 \times 0.3}\right)\right]}$$

$$= 44.57 \text{ bbl/d}$$

步骤 3：计算流量。

$$Q_{oh} = 44.57 \times (3000 - 2500) = 22286 \text{bbl/d}$$

（3）Joshi 方法。

步骤 1：利用方程（5.113）计算椭圆的长轴半长。

$$a = \left(\frac{L}{2}\right)\left[0.5 + \sqrt{0.25 + \left(\frac{2r_{eh}}{L}\right)^4}\,\right]^{0.5}$$

$$= \left(\frac{2000}{2}\right) \times \left[0.5 + \sqrt{0.25 + \left(\frac{2 \times 1290}{2000}\right)^2}\,\right]^{0.5}$$

$$= 1372 \text{ ft}$$

步骤 2：利用方程（5.112）计算参数 $R$。

$$R = \frac{a + \sqrt{a^2 - \left(\dfrac{L}{2}\right)^2}}{\dfrac{L}{2}}$$

$$= \frac{1372 + \sqrt{1372^2 - \left(\dfrac{2000}{2}\right)^2}}{\dfrac{2000}{2}} = 2.311$$

步骤 3：利用方程（5.111）计算 $J_h$。

$$J_h = \frac{0.00708hK_h}{\mu_o B_o\left[\ln(R) + \left(\dfrac{h}{L}\right)\ln\left(\dfrac{h}{2r_w}\right)\right]}$$

$$= \frac{0.00708 \times 60 \times 100}{0.9 \times 1.2\left[\ln(2.311) + \left(\dfrac{60}{2000}\right)\ln\left(\dfrac{60}{2 \times 0.3}\right)\right]}$$

$$= 40.3 \text{ bbl/}(\text{d} \cdot \text{psi})$$

步骤 4：计算流量。

$$Q_{oh} = J_h \Delta p$$
$$= 40.3 \times (3000 - 2500) = 20150 \text{ bbl/d}$$

（4）Renard 和 Dupuy 方法。

步骤 1：用方程（5.113）计算 $a$。

$$a = \left(\frac{L}{2}\right)\left[0.5 + \sqrt{0.25 + \left(\frac{2r_{eh}}{L}\right)^4}\right]^{0.5}$$

$$= \left(\frac{2000}{2}\right)\left[0.5 + \sqrt{0.25 + \left(\frac{2 \times 1290}{2000}\right)^2}\right]^{0.5}$$

$$= 1372 \text{ ft}$$

步骤 2：用方程（5.115）确定 $J_h$。

$$J_h = \frac{0.00708 h K_h}{\mu_o B_o\left[\cosh^{-1}\left(\frac{2a}{L}\right) + \left(\frac{h}{L}\right)\ln\left(\frac{h}{2\pi r_w'}\right)\right]}$$

$$= \frac{0.00708 \times 60 \times 100}{0.9 \times 1.2\left[\cosh^{-1}\left(\frac{2 \times 1372}{2000}\right) + \left(\frac{60}{2000}\right)\ln\left(\frac{60}{2\pi \times 0.3}\right)\right]}$$

$$= 41.77 \text{bbl}/(\text{d} \cdot \text{psi})$$

步骤 3：计算流量。

$$Q_{oh} = 41.77 \times (3000 - 2500) = 20885 \text{bbl/d}$$

**例 5.20**　用例 5.19 中的数据并假设各向异性油藏 $K_h = 100 \text{mD}$ 和 $K_v = 10 \text{mD}$，用下列方法计算流量：

（1）Giger，Reiss 和 Jourdan 方法；

（2）Joshi 方法；

（3）Renard 和 Dupuy 方法。

**解**　（1）Giger，Reiss 和 Jourdan 方法。

步骤 1：用方程（5.110）求相对渗透率比 $\beta$。

$$\beta = \sqrt{\frac{K_h}{K_v}}$$

$$= \sqrt{\frac{100}{10}} = 3.162$$

步骤 2：如例 5.19 所示计算参数 $X$。

$$X = \frac{1+\sqrt{1+\left(\dfrac{L}{2r_{eh}}\right)^2}}{\dfrac{L}{(2r_{eh})}} = 2.105$$

步骤 3：利用方程（5.109）确定 $J_h$。

$$J_h = \frac{0.00708K_h}{\mu_o B_o\left[\left(\dfrac{1}{h}\right)\ln(X)+\left(\dfrac{\beta^2}{L}\right)\ln\left(\dfrac{h}{2r_w}\right)\right]}$$

$$= \frac{0.00708\times100}{0.9\times1.2\left[\left(\dfrac{1}{60}\right)\ln(2.105)+\left(\dfrac{3.162^2}{2000}\right)\ln\left(\dfrac{60}{2\times0.3}\right)\right]}$$

$$= 18.50\ \text{bbl}/(\text{d}\cdot\text{psi})$$

步骤 4：计算 $Q_{oh}$。

$$Q_{oh} = 18.50\times(3000-2500) = 9252\text{bbl/d}$$

（2）Joshi 方法。

步骤 1：计算相对渗透率比 $\beta$。

$$\beta = \sqrt{\frac{K_h}{K_v}} = 3.162$$

步骤 2：计算参数 $a$ 和 $R$，由例 5.19 给出。

$$a=1372\text{ft} \qquad R=2.311$$

步骤 3：用方程（5.111）计算 $J_h$。

$$J_h = \frac{0.00708hK_h}{\mu_o B_o\left[\ln(R)+\left(\dfrac{h}{L}\right)\ln\left(\dfrac{h}{2r_w}\right)\right]}$$

$$= \frac{0.00708\times60\times100}{0.9\times1.2\left[\ln(2.311)+\left(\dfrac{3.162^2\times60}{2000}\right)\ln\left(\dfrac{60}{2\times0.3}\right)\right]}$$

$$= 17.73\ \text{bbl}/(\text{d}\cdot\text{psi})$$

步骤 4：计算流量。

$$Q_{oh} = 17.73\times(3000-2500) = 8863\text{bbl/d}$$

（3）Renard 和 Dupuy 方法。

步骤 1：利用方程（5.117）计算 $r'_w$。

$$r_{w}^{'} = \frac{(1+\beta) r_{w}}{2\beta}$$

$$r_{w}^{'} = \frac{(1+3.162) \times 0.3}{2 \times 3.162} = 0.1974$$

步骤 2：利用方程（5.116）进行计算。

$$J_{h} = \frac{0.00708 \times 60 \times 100}{0.9 \times 1.2 \left\{ \cosh^{-1} \left( \frac{2 \times 1372}{2000} \right) + \left( \frac{3.162 \times 60}{2000} \right) \ln \left( \frac{60}{2\pi \times 0.1974} \right) \right\}}$$

$$= 19.65 \text{bbl} / (\text{d} \cdot \text{psi})$$

步骤 3：计算流量。

$$Q_{oh} = 19.65 \times (3000 - 2500) = 9825 \text{bbl/d}$$

### 5.2.4 拟稳态下的水平井产能

由于水平井眼周围的复杂流动形态，构建溶解气驱油藏水平井 IPR 时，不能使用像 Vogel 方程一样简单的方法。然而，如果至少两次稳定流动试井资料可用，那么 Fetkovich 方程 [ 即方程（5.92）] 中的参数 $J$ 和 $n$ 能够确定并可以用来构建水平井的 IPR。在这种情况下，$J$ 和 $n$ 的值不仅说明了井眼周围紊流和气体饱和度的影响，而且说明了油藏中非径向流动形态的影响。

Bendakhlia 和 Aziz（1989）用油藏模型为许多井生成 IPR 并且发现 Vogel 方程和 Fetkovich 方程结合将与产生的数据符合，表达式为：

$$\frac{Q_{oh}}{(Q_{oh})_{max}} = \left[ 1 - V \left( \frac{p_{wf}}{\overline{p}_{r}} \right) - (1-V) \left( \frac{p_{wf}}{\overline{p}_{r}} \right)^{2} \right]^{n} \tag{5.118}$$

式中　$(Q_{oh})_{max}$——水平井最大流量，bbl/d ；

　　　$n$——Fetkovich 方程中的指数 ；

　　　$V$——可变参数。

为了应用该方程，至少需要三次稳定流动试井资料来计算任一给定的油藏平均压力 $\overline{p}_{r}$ 下的三个未知数 $(Q_{oh})_{max}$，$n$ 和 $V$。然而，Bendakhlia 和 Aziz 指出参数 $n$ 和 $V$ 是油藏压力或采收率的函数，因此方程（5.118）不便用于预测方法中。

Cheng（1990）提出了水平井的一种 Vogel 方程形式，该形式以数值模拟结果为基础。提出的表达式形式如下：

$$\frac{Q_{oh}}{(Q_{oh})_{max}} = 0.9885 + 0.2055 \left( \frac{p_{wf}}{\overline{p}_{r}} \right) - 1.1818 \left( \frac{p_{wf}}{\overline{p}_{r}} \right)^{2} \tag{5.119}$$

Petnanto 和 Economides（1998）为溶解气驱油藏的水平井和多支井建立了一个通用 IPR 方程。提出的表达式形式如下：

$$\frac{Q_{oh}}{(Q_{oh})_{max}} = 1 - 0.25\left(\frac{p_{wf}}{\overline{p}_r}\right) - 0.75\left(\frac{p_{wf}}{\overline{p}_r}\right)^n \tag{5.120}$$

其中：

$$n = \left[-0.27 + 1.46\left(\frac{\overline{p}_r}{p_b}\right) - 0.96\left(\frac{\overline{p}_r}{p_b}\right)^2\right] \times \left(4 + 1.66 \times 10^{-3} p_b\right) \tag{5.121}$$

且

$$(Q_{oh})_{max} = \frac{J\,\overline{p}_r}{0.25 + 0.75n}$$

**例 5.21**　溶解气驱油藏一口水平井长 1000ft。油井在稳定流量为 760bbl/d 和井底压力为 1242psi 的情况下生产。目前油藏平均压力是 2145psi。用 Cheng 方法生成该水平井的 IPR 数据。

**解**　步骤 1：用给定的稳定流动数据计算水平井的最大流量。

$$\frac{Q_{oh}}{(Q_{oh})_{max}} = 1.0 + 0.2055\left(\frac{p_{wf}}{\overline{p}_r}\right) - 1.1818\left(\frac{p_{wf}}{\overline{p}_r}\right)^2$$

$$\frac{760}{(Q_{oh})_{max}} = 1 + 0.2055 \times \left(\frac{1242}{2145}\right) - 1.1818 \times \left(\frac{1242}{2145}\right)^2$$

$$(Q_{oh})_{max} = 1052 \text{bbl/d}$$

步骤 2：利用方程（5.120）生成 IPR 数据。

$$Q_{oh} = (Q_{oh})_{max}\left[1.0 + 0.2055\left(\frac{p_{wf}}{\overline{p}_r}\right) - 1.1818\left(\frac{p_{wf}}{\overline{p}_r}\right)^2\right]$$

| $p_{wf}$ | $(Q_{oh})_{max}$ |
|---|---|
| 2145 | 0 |
| 1919 | 250 |
| 1580 | 536 |
| 1016 | 875 |
| 500 | 1034 |
| 0 | 1052 |

## 5.3　阶段 3：把油藏动态和时间联系起来

所有油藏动态方法表明累计产油量及瞬时 GOR 是油藏平均压力的函数。然而，这些方法没有把累计产油量 $N_p$ 和累计产气量 $G_p$ 与时间联系起来。图 5.26 说明了累计产油量随油藏平均压力降低的变化。

产量所需要的时间可以通过 IPR 理论与 MBE 预测方法结合起来计算。例如，Vogel（1968）用方程（5.66）表示油井的 IPR：

$$Q_{\mathrm{oh}} = (Q_{\mathrm{oh}})_{\mathrm{max}} \left[ 1 - 0.2\left( \frac{p_{\mathrm{wf}}}{\bar{p}_{\mathrm{r}}} \right) - 0.8\left( \frac{p_{\mathrm{wf}}}{\bar{p}_{\mathrm{r}}} \right)^2 \right]$$

下列方法可用来将油田的预测累计产量和时间 $t$ 联系起来。

步骤 1：绘制预测累计产油量 $N_{\mathrm{p}}$ 与油藏平均压力 $P$ 的函数图像，见图 5.26。

步骤 2：假设目前油藏压力为 $p^*$，目前累计产油量为 $(N_{\mathrm{p}})^*$ 以及油田总流量为 $(Q_{\mathrm{o}})_{\mathrm{T}}^*$。

步骤 3：选择一个将来油藏平均压力 $p$ 并由图 5.26 确定将来累计产油量 $N_{\mathrm{p}}$。

步骤 4：用选定的将来油藏平均压力 $p$，为油田中的每口油井构建 IPR 曲线（图 5.27 显示了两口假设油井的示意图）。通过计算任一时间所有油井的流量和来建立油田总的 IPR 曲线。

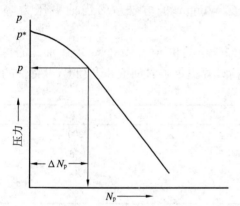

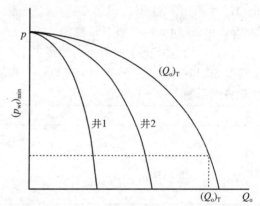

图 5.26　累计产量与油藏平均压力的函数关系压力　　图 5.27　将来平均压力下的整个油田的 IPR 曲线井

步骤 5：用最小井底流压 $(p_{\mathrm{wf}})_{\mathrm{min}}$，确定油田总流量 $(Q_{\mathrm{o}})_{\mathrm{T}}$。

$$(Q_{\mathrm{o}})_{\mathrm{T}} = \sum_{i=1}^{\#\mathrm{wells}} (Q_{\mathrm{o}})_i$$

步骤 6：计算油田平均产量 $(\bar{Q}_{\mathrm{o}})_{\mathrm{T}}$。

$$\left( \bar{Q}_{\mathrm{o}} \right)_{\mathrm{T}} = \frac{(Q_{\mathrm{o}})_{\mathrm{T}} + (Q_{\mathrm{o}})_{\mathrm{T}}^*}{2}$$

步骤 7：计算在第一个压力降期间，从 $p$ 到 $p^*$，产油量增量 $\Delta N_{\mathrm{p}}$ 所需要的时间 $\Delta t$。

$$\Delta t = \frac{N_{\mathrm{p}} - N_{\mathrm{p}}^*}{(\bar{Q}_{\mathrm{o}})_{\mathrm{T}}} = \frac{\Delta N_{\mathrm{p}}}{(\bar{Q}_{\mathrm{o}})_{\mathrm{T}}}$$

步骤 8：重复上面步骤并计算达到油藏平均压力 $p$ 所需要的总时间 $t$。

$$t = \sum \Delta t$$

## 问　题

（1）一口油井在稳定流条件下以 300bbl/d 生产。井底流压 2500psi。已知：$h$=23ft，$K$=50mD，$\mu_o$=2.3mPa·s，$B_o$=1.4bbl/bbl，$r_e$=660ft，$s$=0.5。

计算：①油藏压力；②$AOF$；③采油指数。

（2）一口油井正在一个饱和油藏中生产，油藏平均压力 3000psi。稳定流动试井数据表明油井产量 400bbl/d，对应井底流压 2580psi。

计算在 3000psi 时的剩余油地质储量。

①在 $p_{wf}$=1950psig 时的油流量。

②在目前平均压力下构建 IPR 曲线。

③假设一个恒定的 $J$ 值，构建 IPR 曲线。

④当油藏压力为 2700psi 时绘制 IPR 曲线。

（3）一口油井正在一个未饱和油藏中生产，油藏的饱和压力是 2230psi。目前油藏平均压力是 3500psig。可用的流动试井数据表明油井在稳定的 $p_{wf}$ 为 2800psig 时的产量为 350 bbl/d，计算 IPR 数据，用：① Vogel 关系式；② Wiggins 的方法；③当油藏压力降到 2230psi 和 2000psi 时生成 IPR 曲线。

（4）一口油井正在一个饱和油藏中生产，油藏处于饱和压力 4500psig 下。油井的稳定流量为 800bbl/d，对应的 $p_{wf}$ 为 3700psi。物质平衡计算提供了含油饱和度和 PVT 特性的现在和将来预测，如下所示。

| | 现在 | 将来 |
|---|---|---|
| $\bar{p}_r$ | 4500 | 3300 |
| $\mu_o$（mPa·s） | 1.45 | 1.25 |
| $B_o$（bbl/STB） | 1.23 | 1.18 |
| $K_{ro}$ | 1.00 | 0.86 |

用 Standing 方法生成 3300psi 时的井的将来 IPR。

（5）一个四点稳定流试井在一个饱和油藏中的一口正生产的油井中进行，油藏平均压力是 4320psi。

| $Q_o$（bbl/d） | $p_{wf}$（psi） |
|---|---|
| 342 | 3804 |
| 498 | 3468 |
| 646 | 2928 |
| 832 | 2580 |

①用 Fetkovich 方法构建完整的 IPR。

②当油藏压力降到 2500psi 时构建 IPR。

（6）油藏和流动试井数据如下。

压力数据：$\bar{p}_r$=3280psi，$p_b$=2624psi。

流动试井数据：$p_{wf}$=2952psi，$Q_o$=bbl/d。

生成油井的 IPR 数据。

（7）一口水平井长 2500ft，泄油面积 120acre。油藏为均质油层，具有下列特性：

$K_v = K_h = 60mD$，$h = 70ft$，$B_o = 1.4bbl/bbl$，$\mu_o = 1.9mPa \cdot s$，$p_e = 3900psi$，$p_{wf} = 3250psi$，$r_w = 0.30ft$。

假设为稳定流，利用下列方法计算流量：

① Borisov 方法；

② Giger，Reiss，和 Jourdan 方法；

③ Joshi 方法；

④ Renard 和 Dupuy 方法。

（8）一口水平井长 2000ft，在溶解气驱油藏中生产。油井在稳定流量 900bbl/d 和井底压力 1000psi 下生产。目前油藏平均压力是 2000psi。用 Cheng 方法生成该水平井的 IPR 数据。

（9）犹他州 Aneth 油田的 PVT 数据如下。

| 压力<br>（psia） | $B_o$<br>（bbl/bbl） | $R_{so}$<br>（ft³/bbl） | $B_g$<br>（bbl/ft³） | $\mu_o/\mu_g$ |
|---|---|---|---|---|
| 2200 | 1.383 | 727 | — | — |
| 1850 | 1.388 | 727 | 0.00130 | 35 |
| 1600 | 1.358 | 654 | 0.00150 | 39 |
| 1300 | 1.321 | 563 | 0.00182 | 47 |
| 1000 | 1.280 | 469 | 0.00250 | 56 |
| 700 | 1.241 | 374 | 0.00375 | 68 |
| 400 | 1.199 | 277 | 0.00691 | 85 |
| 100 | 1.139 | 143 | 0.02495 | 130 |
| 40 | 1.100 | 78 | 0.05430 | 420 |

原始油藏温度是 133°F，原始压力是 2200psi，饱和压力是 1850psi。没有活跃水驱。压力从 1850psi 降到 1300psi 的总产油量为 $720 \times 10^6 bbl$，总产气量为 $590.6 \times 10^9 ft^3$。

①在 1850psi 时原油地质储量是多少地下桶？

②平均孔隙度为 10%，原生水饱和度为 28%。油田覆盖 50000acre。平均地层厚度是多少英尺？

（10）一个油藏在饱和压力 3150psi 下的原油原始地质储量为 $4 \times 10^6 bbl$，气体溶解度为 600ft³/bbl。当油藏平均压力降到 2900psi 时，气体溶解度为 550ft³/bbl。$B_{oi}$ 为 1.34bbl/bbl，且压力为 2900psi 时 $B_o$ 为 1.32bbl/bbl。其他数据：压力为 2900psia 时 $R_p = 600ft^3/bbl$，$S_{wi} = 0.25$，压力为 2900psia 时 $B_g = 0.0011bbl/ft^3$。

封闭油藏没有原始气顶。

①当压力降到 2900psia 时，可以生产多少标准桶原油？

②计算在 2900psi 时的自由气饱和度。

（11）下列数据是从实验室的岩心测试中得到的，生产数据和试井信息：井间距 =320acre，产层有效厚度 =50ft 且气油界面距离顶部 10ft，孔隙度 =0.17，原始含水饱和度 =

0.26，原始气体饱和度 =0.15，饱和压力 =3600psia，原始油藏压力 =3000psi，油藏温度 = 120°F，$B_{oi}$=1.26bbl/bbl，饱和压力下 $B_o$=1.37bbl/bbl，压力 2000psia 下 $B_o$=1.19bbl/bbl，压力 2000psia 下 $N_p$=2.00×10⁶bbl，压力 2000psia 下 $G_p$=2.4×10⁹ft³，气体压缩因子 $Z$=1.0−0.0001$p$，溶解度 $GOR$ $R_{so}$=0.2$p$。

计算水侵量和压力 2000psia 时的驱动指数。

（12）溶解气驱油藏的生产数据如下。

| $p$ (psi) | $GOR$ (ft³/bbl) | $N_p$ (10⁶bbl) |
|---|---|---|
| 3276 | 1098.8 | 0 |
| 2912 | 1098.8 | 1.1316 |
| 2688 | 1098.8 | 1.8532 |
| 2352 | 1098.8 | 2.8249 |
| 2016 | 1587.52 | 5.9368 |
| 1680 | 2938.88 | 9.86378 |
| 1344 | 5108.6 | 12.5632 |

计算每个压力下的累计产气量 $G_p$ 和累计 $GOR$。

（13）一个封闭溶解气驱油藏的原始含水饱和度为 25%。原油的原始地层体积系数为 1.35bbl/bbl。当采出 8% 的原始油时，$B_o$ 的值降到 1.28。计算含油饱和度和气体饱和度。

（14）封闭不饱和油藏的数据如下：

$p_i$=4400psi，$p_b$=3400psi，$N$=120×10⁶bbl，$c_f$=4×10⁻⁶psi⁻¹，$c_o$=12×10⁻⁶psi⁻¹，$c_w$=2×10⁻⁶psi⁻¹，$S_{wi}$=25%，$B_{oi}$=1.35bbl/bbl。

当油藏压力降到 4000psi 时，估算累计产油量。原油地层体积系数在 4000psi 时是 1.38bbl/bbl。

# 6    油田经济学简介

本章的目标是介绍投资决策的基本原理，重点是石油工业最普遍使用的方法。

为了成功评价与油气性质相关的投资方案，必须掌握投资决策知识和石油工程评价方法。许多用来预测将来油气产量和可采储量的石油工程评价方法在本书的前几章已经介绍。将这些投资决策方法与本章所介绍的评价方法结合，将为在众多油气投资机会中确定具有相对经济优势的机会提供依据。

## 6.1    经济等值理论和评价方法

资金具有时间价值。资金的时间价值取决于许多因素，而且对于不同的个体或公司资金的时间价值不同。资金的时间价值理论可以通过分析某人是宁愿今天接受一定数量的钱还是从现在起一年后接受这些钱来说明。多数人愿意今天接受它。然而，如果从现在起一年后所接受的钱的数量增加到某一数量足以引起此人改变他的选择时，对于这个人，资金的时间价值就形成了。影响资金时间价值的因素包括今天接受钱的可供选择的投资机会，将来接受钱的可察觉到的风险以及在涉及的时间内的通货膨胀率。

资金的时间价值在市场上由资金的供需双方建立。供方建立贷款市场价格（贷款利率），而需求方则建立借款市场价格（借款利率）。差值就是贷方或借方的边际值。这些利率通常表示为单位时间内本金的百分数。知道了利率，你就可以计算出一定数量的资金在不同时间点的价值。只要资金的持有者按照协定的利率不计较是现在还是将来接受支付，那么不同时间点的价值就被认为"等值"。这是经济等值概念。正是这个概念为比较不同投资方案提供了理论基础，当比较具有不同成本表和支付表的投资方案时，"等值"概念也是必需的。（图 6.1）。

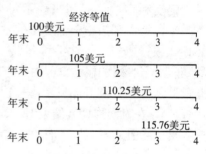

图 6.1    经济等值支付表

（上面付款表的每一个都可以说是等价的。假设资金的时间价值按年复利利率 5% 计算）

对于所有经济评价方法，时间是相对的，而时间的方向非常重要。当确定目前一定数量的资金的将来值时，时间的方向是向前的，并且资金的时间价值是按复利计算的。这是因为第一个时间段所得的利息被加到原始本金上形成第二个时间段的本金。复利的概念通常被用来确定经济上的等价将来值。相反，当确定将来一定数量的资金的现值时，时间方向是向后的，并且资金的时间价值被称作贴现。这是因为将来支付的一定数量的资金和现在支付的同等数量的资金的价值不一样。所以，将来的资金总量必须贴现使其等于现在的资金数量。贴现利息概念通常用来确定等价现值且被认为是最重要的，因为大多数投资者都用现值计算来说明资金的时间价值。

现金流是用来描述在特定的时间段，如一个月、一个季度或一年的净现金流入和流出的术语。例如，某一投资方案可能在单个日历年内产生收入（流入）和经营费用、税及附加资本投资等成本支出（流出）。投资的现金流量可以定义为一年期内获得的收入减去支付的费用。现金流量可以为负，也可以为正：

$$现金流量 = 收入 - 费用 \tag{6.1}$$

术语"贴现流"描述一种方法，该方法利用现值计算来评价某一投资方案的正现金流和负现金流。这种方法需要一个系统的和定量的分析，用来评价所有影响投资经济潜力的因素。这种方法在石油工业中被普遍用于评价不同的投资方案。

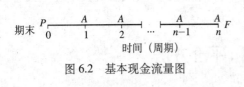

图 6.2　基本现金流量图

现金流量图用来描述某一项目现金流及相应发生的时间。为了说明资金的时间价值，应用现金流量图有助于简化现金流评价的复杂性。图 6.2 表示的是本节中用于推导经济等价公式和解决相关问题的基本现金流量图。

本节中用到的基本现金流量图符号如下。

$P$———一次支付现值；

$F$———一次支付终值；

$A$——分期等额支付的资金值；

$n$——复利计息的期数；

$i$——定期利率（每个复利计息期的利率）。

定期利率（$i$）是用来表示每个复利计息期（$n$）的利率。它通常表示为本金的百分数。本金是用来描述资金总量的术语，在特定的时间段根据本金计算利率。例如，100 美元存入银行账户，付款年利率 5%，一年后挣 5 美元。这个例子中的本金是 100 美元。单利是一个很少用的概念。但由于它为复利公式的理解、推导以及等价应用奠定了基础，因此最好从介绍单利开始。考虑一次支付现值 $P$ 以单利率 $i$ 投资了时间周期 $n$，那么利息为 $P \times i \times n$。在时间周期 $n$ 结束时一次支付终值 $F$ 将是一次支付现值 $P$ 加上利息（$P \times i \times n$）。一次支付终值 $F$ 可以用下面的公式计算：

$$F = P(1+in) \tag{6.2}$$

### 6.1.1　等值公式

本节介绍的公式以经济等值理论为基础。这些公式在数值上使现值（$P$）、终值（$F$）和分期等额支付资金（$A$）等值。本节推导了六个双变量关系式或系数，它们用来描述三种基本类型的资金价值计算。这些系数在附录中给出并且可用于下面的基本公式中来简化经济等值计算：

$$计算的数额 = 给定的数额 \times 适当的资金时间价值系数 \tag{6.3}$$

本文中的符号是用来描述和简化这些系数的。系数符号的第一个字母表示要计算值或数额。第二个字母表示给定的数额，然后是两个下标项。第一个下标项是定期利率（$i$），表示为百分数，然后跟着一个逗号。符号中的第二个下标项表示复利计息期数（$n$）。

#### 6.1.1.1　终值

正如上面提到的,复利的概念是将一个周期所得的利息加到原始本金中形成下一个周期的本金。将这个概念和单利一次支付终值公式(6.2)结合,就可以推导出终值公式。首先,用符号 $F$ 和一个下标表示复利计息期数末的一次支付终值,下标表示复利计息期数。如果考虑一次支付资金现值($P$)以定期利率($i$)投资,那么在第一个期末一次支付终值可以用下列公式计算:

$$F_1 = P \ (1+i) \tag{6.4}$$

如果用 $F_1$ 代替第二个周期开始时的本金,那么在第二个期末的一次支付终值可以用下列公式计算:

$$F_2 = F_1 \ (1+i) \tag{6.5}$$

如果用 $F_2$ 代替第三个周期开始时的本金,那么在第三个期末的一次支付终值可以用下列公式计算:

$$F_3 = F_2 \ (1+i) \tag{6.6}$$

这个替代过程可以一直继续到周期 $n$。为了完成推导,如果用方程(6.5)代替 $F_2$,那么方程(6.6)变为:

$$F_3 = F_1 \ (1+i) \ (1+i) \tag{6.7}$$

如果用方程(6.4)代替 $F_1$,那么方程(6.7)变为:

$$F_3 = P \ (1+i) \ (1+i) \ (1+i) \tag{6.8}$$

方程(6.8)可以简化为:

$$F_3 = P \ (1+i)^3 \tag{6.9}$$

因为终值的下标和复利周期数相同,所以终值的下标可以省略。从而得到确定资金现值 $P$ 以定期利率 $i$ 复利计息在周期 $n$ 末的等价终值的通用方程:

$$F = P \ (1+i)^n \tag{6.10}$$

通用方程(6.10)中,$(1+i)^n$ 项被称为一次支付终值系数,并且在本节中用 $F/P_{i,n}$ 表示。

**例 6.1**　一次支付终值,如果存入储蓄账户 500 美元,年复利利率 5%,那么 5 年后账户上会有多少钱?

**解**　已知 $P$ 计算 $F$(图 6.3),从附录表中查出利率 5% 和复利周期 5 年对应的 $F/P_{i,n}$ 并将适当的值代入方程(6.3)得:

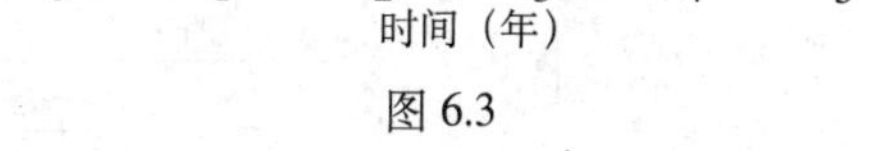

图 6.3

$$F = P \left( \frac{F}{P_{i,n}} \right)$$
$$= 500 \times 1.27628 = 638.14 \text{美元}$$

另外，终值可以用方程（6.10）进行数学计算：

$$F=P(1+i)^n=500\times(1+0.05)^5=638.14 \text{ 美元}$$

#### 6.1.1.2 现值

如上所述，贴现利率一般用于确定一次支付终值的等价现值，并且被认为是最重要的。由于大多数投资者都用现值或现值计算来说明资金的时间价值。回顾一下，确定一次支付终值和一次支付现值的主要区别是时间的方向。因此现值公式只是终值公式（6.10）的另一种形式。求解 $P$ 得：

$$P=\frac{F}{(1+i)^n} \tag{6.11}$$

如果资金终值（$F$）是从现在开始 $n$ 个周期后收回，这笔资金的现值可以根据给定的利率 $i$ 用方程（6.11）确定。方程中的 $(1+i)^{-n}$ 项通常被称为一次支付贴现系数或一次支付现值系数，在本节中用 $P/F_{i,n}$ 表示。

**例 6.2** 一次支付贴现系数，500 美元从现在起 5 年后收回，如果资金的时间价值由年复利利率 5% 确定，那么现在它值多少钱？

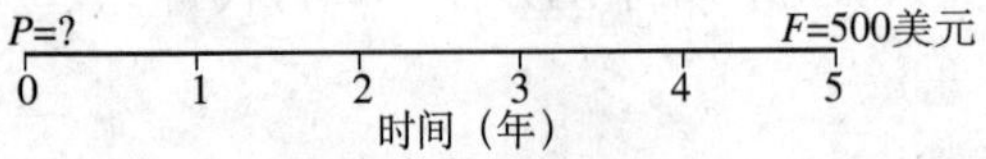

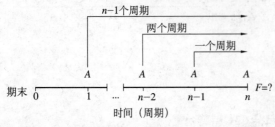

图 6.4 $P$ 计算图

**解** 已知 $F$ 计算 $P$（图 6.4），从附录表中查出利率 5% 和复利周期 5 年对应的 $P/F_{i,n}$ 并将适当的值代入方程（6.3）得：

$$P=F\left(\frac{F}{P_{i,n}}\right)$$
$$=500\times0.78353=391.77 \text{ 美元}$$

另外，现值可以利用方程（6.11）进行数学计算。小的差别是附录表中的数据取整的结果。

$$P=\frac{F}{(1+i)^n}$$
$$=\frac{500}{(1+0.05)^5}=391.76 \text{ 美元}$$

#### 6.1.1.3 等额分付终值

本节中介绍的公式称为等额分付终值公式。它是一个等值公式，用来确定一系列复利周期（$n$）的每个周期期末发生的分期等额支付资金（$A$）的终值（$F$），给定定期利率 $i$，如图 6.5 所示。这个公式可用来确定一项投资如存款或退休基金的终值，这些项目是在特定的时间周期内，在特定利率 $i$ 下，进行定期等额存款。由于不同的复利周期数支付的利息不同，因此，必须用终

图 6.5 用于推导等额分付终值公式的现金流量图

值公式（6.10）确定每一笔支付资金的终值，然后把单个结果累加来推导计算公式。

值得一提的是分期等额支付中的最后一次支付时间与终值确定时间相同，因此最后一次支付没有利息。

在方程（6.10）中用 $A$ 代替 $P$ 并计算图 6.5 所示的每笔支付的终值，确定等值系列终值的公式如下：

$$F=A（1）+A（1+i）+A（1+i）^2+\cdots+A（1+i）^{n-1} \tag{6.12}$$

为了进一步推导，如果把公式两侧都乘以（1+i），那么方程（6.12）成为：

$$F（1+i）=A（1+i）+A（1+i）^2+A（1+i）^3+\cdots+A（1+i）^n \tag{6.13}$$

然后用方程（6.13）减方程（6.12）得：

$$F（1+i）-F=A（1+i）^n-A \tag{6.14}$$

进一步简化得：

$$F[（1+i）-1]=A[（1+i）^n-1] \tag{6.15}$$

方程的最终形式：

$$F = \frac{A[(1+i)^n - 1]}{i} \tag{6.16}$$

等额分付终值公式方程（6.16），用于确定分期等额支付终值。方程中，$[（1+i）^n-1]/i$ 被称为年均终值系数，本文中用 $F/A_{i,\,n}$ 表示。

**例 6.3**　年均终值系数，如果在 5 年内每年年末存入银行账户 500 美元，如果年复利利率为 5%，那么 5 年后账户内的终值是多少？

**解**　已知 $A$ 计算 $F$（图 6.6），从附录表中查出利率为 5%、复利周期为 5 年的 $F/A_{i,\,n}$ 系数，并把适当的值代入方程（6.3）中：

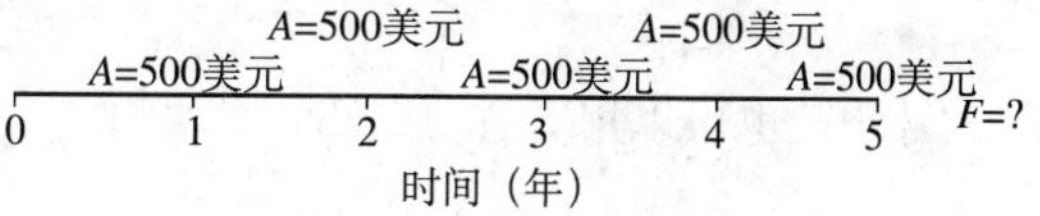

图 6.6

$$F = A\left(\frac{F}{A_{i,n}}\right) = 500 \times 5.52563 = 2762.82 美元$$

另外，也可以用方程（6.16）计算终值，表示如下：

$$F = \frac{A[(1+i)^n - 1]}{i}$$

$$= \frac{500[(1+0.05)^5 - 1]}{0.05} = 2762.82 美元$$

#### 6.1.1.4　等额分付现值

该公式被称为等额分付现值公式。它是一个等值公式，用来确定一系列复利周期（$n$）的每个周期期末发生的分期等额支付资金（$A$）在给定的定期利率 $i$ 下的现值（$P$），如图 6.7 所示。该公式可用于计算在特定的时间周期内固定数量的年金的现值。

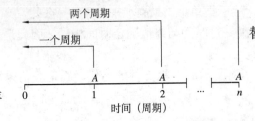

图 6.7　描述等额分付现值的现金流量图

把方程（6.16）中的 $F$ 用方程（6.10）代替，可以推导出等额分付现值公式，如下：

$$P(1+i)^n = \frac{A[(1+i)^n - 1]}{i} \quad (6.17)$$

求解 $P$，方程（6.17）变为：

$$P = \frac{A[(1+i)^n - 1]}{i(1+i)^n} \quad (6.18)$$

方程（6.18）中，$[(1+i)^n - 1] / [i(1-i)^n]$ 通常被称为等额分付现值系数，在本文中用 $P/A_{i,n}$ 表示。

**例 6.4**　等额分付现值系数，5 年内每年年末存入银行账户 500 美元，如果年复利利率为 5%，计算现值。

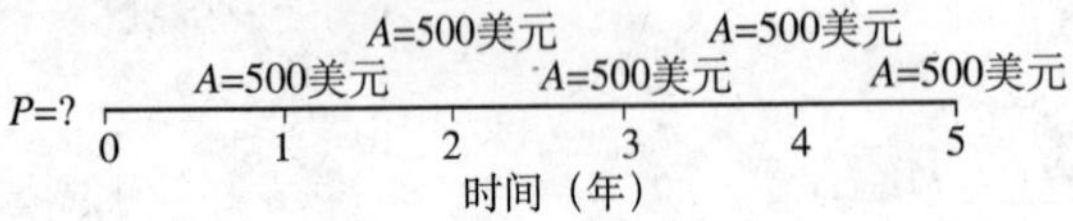

**解**　已知 $A$ 计算 $P$（图 6.8），从附录表中查出利率为 5%、复利周期为 5 年的 $P/A_{i,n}$ 系数，并把适当的值代入方程（6.3）中，如下：

图 6.8

$$P = A\left(\frac{P}{A_{i,n}}\right)$$

$$= 500 \times 4.32948 = 2164.74 \text{美元}$$

另外，也可以用方程（6.18）计算现值，表示如下：

$$P = \frac{A[(1+i)^n - 1]}{i(1+i)^n}$$

$$= \frac{500 \times [(1+0.05)^5 - 1]}{0.05 \times (1+0.05)^5} = 2164.74 \text{美元}$$

#### 6.1.1.5　终值的等额分付

终值的等额分付被称为等额分付偿债基金公式，它只是等额分付终值公式（6.16）的逆运算。用于计算在给定的定期利率 $i$ 下，在指定的复利周期（$n$）之后，积累指定的一次支付终值资金（$F$）需要的分期等额支付资金（$A$）。该公式可用于计算存储退休基金达到某一次支付资金终值所需的定期存款数量。

$$A = F\left[\frac{i}{(1+i)^n - 1}\right] \quad (6.19)$$

方程（6.19）中，$i/[(1+i)^n - 1]$ 通常被称为等额分付偿债基金系数，在本文中用 $A/F_{i,n}$ 表示。

**例 6.5** 等额分付偿债基金系数，如果年复利利率为 5%，且最后一次存款后账户里的目标值是 500 美元，那么 5 年内每年年末应该向储蓄账户内存多少钱？

**解** 已知 $F$ 计算 $A$（图 6.9），从附录表中查出利率为 5%、复利周期为 5 年的 $A/F_{i, n}$ 系数，并把适当的值代入方程（6.3）中，如下：

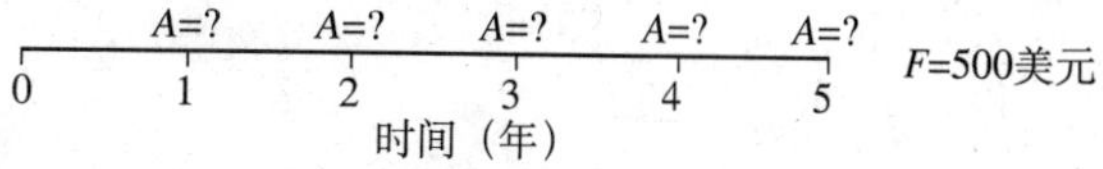

图 6.9

$$A = F\left(\frac{A}{F_{i,n}}\right)$$
$$= 500 \times 0.18097 = 90.49 \text{美元}$$

另外，也可以用方程（6.19）计算分期等额支付资金，表示如下：

$$A = F\left[\frac{i}{(1+i)^n - 1}\right]$$
$$= 500 \times \left[\frac{0.05}{(1+0.05)^5 - 1}\right] = 90.49 \text{美元}$$

#### 6.1.1.6  现值的等额回收

现值的等额回收称为资金回收公式，它只是等额分付现值公式（6.18）的逆运算。它的作用是在给定的定期利率 $i$ 下，使一特定系列复利周期（$n$）的每个周期期末发生的分期等额支付资金（$A$）等于给定的一次支付资金现值。该公式可用于确定为了偿还贷款需要定期支付的资金。

$$A = \frac{P\left[i(1+i)^n\right]}{(1+i)^n - 1} \tag{6.20}$$

方程（6.20）中，$[i\,(1+i)^n]\,/\,[(1+i)^n - 1]$ 通常被称为资金回收系数，在本文中用 $A/P_{i, n}$ 表示。

**例 6.6** 资金回收系数如果年复利利率为 5%，为了偿还 500 美元的贷款，5 年内每年年末应该偿还多少？

**解** 已知 P 计算 A（图 6.10），从附录表中查出利率为 5%、复利周期为 5 年的 $A/P_{i, n}$ 系数，并把适当的值代入方程（6.3）中，如下：

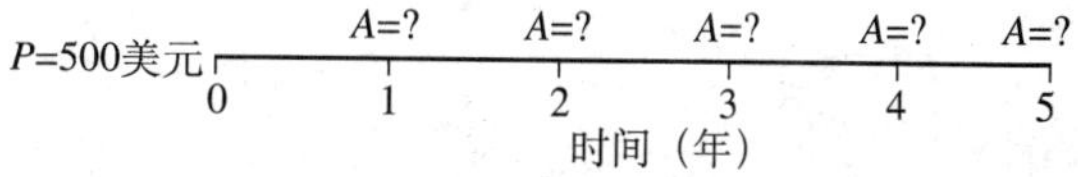

图 6.10

$$A = P\left(\frac{A}{P_{i,n}}\right)$$
$$= 500 \times 0.23097 = 115.49 \text{美元}$$

另外，也可以用方程（6.20）计算分期等额偿还资金，表示如下：

$$A = \frac{P[i(1+i)^n]}{(1+i)^n - 1}$$

$$= \frac{500 \times [0.05 \times (1+0.05)^5]}{(1+0.05)^5 - 1} = 115.49 美元$$

### 6.1.1.7　期初、期末和期中的时间点（贴现）

到目前为止，本文中所有的复利公式都是用期末作为时间点。根据情况，期初和期中的时间点也可以选择。下面的例子说明了这些时间点的设定对确定值的影响。

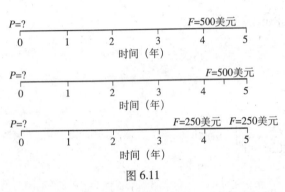

图 6.11

**例 6.7**　期初、期末和期中贴现，从现在起第 5 年的年初收回资金 500 美元，计算现值。设定年复利率为 5%。计算在第 5 年的中期收回相同数量的资金的现值。最后，计算分两次收回资金的现值，一次是第 5 年的年初收回 250 美元，另一次是第 5 年的年末收回 250 美元，假设复利利率相同。并把计算结果与例 6.2 计算的现值作比较。

**解**　参照图 6.11。

步骤 1：第 5 年年初与第 4 年年末相同，把给定的值代入方程（6.11）。

$$P = \frac{F}{(1+i)^n} = \frac{500}{(1+0.05)^4} = 411.35 美元$$

步骤 2：第 5 年中期是从现在开始的 4.5 年，把给定的值代入方程（6.11）。

$$P = \frac{F}{(1+i)^n} = \frac{500}{(1+0.05)^{4.5}} = 401.44 美元$$

步骤 3：把所给的值代入方程（6.11），并把两次支付的 250 美元的现值累加。

$$P = \frac{250}{(1+0.05)^4} + \frac{250}{(1+0.05)^5}$$

$$= 205.68 + 195.88 = 401.56 美元$$

在例 6.2 中，在年复利利率为 5% 的情况下，在第 5 年年末收到 500 美元的现值等于 391.76 美元。

这个练习的结果表明不同的时间点的现值不同。依据现金流动的时间，选择适当的时间点来解决简单的资金的时间价值问题。应该记住的是计算中尽可能把成本支出和收入的时间点选在它们确实发生的时间。通常，油田的经济评价是非常复杂的并且涉及了投资、收入和成本，这些发生在一年中的不同时间并且分多年进行。有时，对于长期项目或财产，现金流的准确时间点很难确定，这使得计算结果毫无意义。然而，大多数工业上接受的经济评价软件包为使用者提供了一个选择时间点的机会。时间点的选择，无论是选择期中还是选择期末（通常称为期中或期末贴现）都不如确保所做的经济评价使用相同的时间点重要。大多数公司建立了准则来使时间点的设定标准化，而且如果某个评价使用的时间点不同于标准，要确保时间点信息和评价结果一并提供。

### 6.1.1.8　名义利率和实际利率

金融机构通常表示利率是以年度为单位，并且普遍把它们称为"年度百分利率"或"APRS"。名义利率也是最普遍使用的利率——当某人说支付 5% 的利息时，这通常意味着他支付的 5% 的利息是以年为单位。本文中，名义利率 $(i_n)$ 用来表示年利率或 APR，且利用下列公式可确定定期利率 $(i)$，式中 $m$ 是一年中复利周期数：

$$i_n=i \times m \tag{6.21}$$

实际利率 $(i_e)$ 用来表示有效的年利率，由每年内计息 $m$ 次的结果得到。计算实际利率的公式可以根据方程（6.10）推导。为了推导，用 $F$ 和一个下标表示终值并假设投资 $P$ 美元，周期 $m$ 的定期利率为 $i$。方程（6.10）变为：

$$F_1=P\ (1+i)^{\ m} \tag{6.22}$$

如果假设同样的 $P$ 美元在实际利率 $i_e$ 下投资，计算一年后的终值 $(F_2)$ 得：

$$F_2=P\ (1+i_e)^{\ 1} \tag{6.23}$$

因为在两种情况下 $P$ 是相同的，那么 $F_2=F_1$，即方程（6.23）的右侧等于方程（6.22）的右侧：

$$(1+i_e)^{\ 1}=\ (1+i)^{\ m} \tag{6.24}$$

求解 $i_e$ 得：

$$i_e=\ (1+i)^{\ m}-1 \tag{6.25}$$

**例 6.8**　名义利率和实际利率——计息频率的影响　名义利率为 5%，计算季度、月、日的有效复利利率 $(i_e)$。

**解**　用方程（6.25），代入所给的信息：

$$i_e=\ (1+i)^{\ m}-1$$

季度实际复利利率 $i_e=\ (1+0.05/4)^{\ 4}-1=0.050945$ 或 5.0945%

月度实际复利利率 $i_e=\ (1+0.05/12)^{\ 12}-1=0.051162$ 或 5.1162%

日实际复利利率 $i_e=\ (1+0.05/365)^{\ 365}-1=0.051267$ 或 5.1267%

正如例 6.8 所示，每年的复利周期数增加使实际利率增加。然而，在上面的例子中，如果计算不断增加的年复利周期数的实际利率，我们将会发现对应于增加的实际利率，回报在减少。实践证明，计息频率高于月度，对大多数油田经济评价结果的影响可以忽略。

### 6.1.1.9　资金的时间价值对投资决定分析的影响

记住经济等值的假设，即按照协定的定期利率计算资金的时间价值，以及资金的持有者不计较是现在还是将来接受协定利率的报酬是非常重要的。同时资金的时间价值取决于很多因素而且对于不同的个体或公司是不同的。事实上，确定资金的时间价值是非常重要的，能够影响投资决策分析的结果，尤其当分析长期项目时。下面的例子说明了不同的定期利率对投资决策分析的影响。

**例 6.9** 资金的时间价值对投资决策分析的影响 假设要你在两个不同的分期等额支付间做出选择：5 年中每年接收 500 美元（选项 A）或 15 年中每年接收 250 美元（选项 B）。如果用年复利利率 5% 计算资金的时间价值，你会选择哪一个？如果用不同的年复利利率，即 10% 或 15% 计算资金的时间价值，你更喜欢选哪一个？

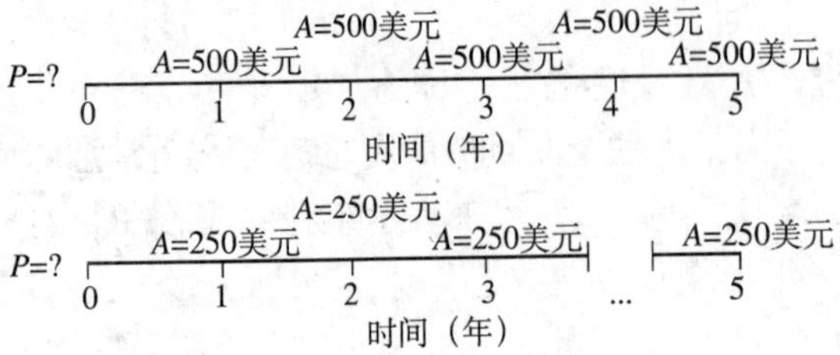

图 6.12

**解** 从附录表中查与两个分期等额支付选项（图 6.12）及三个不同定期利率相对应的 6 个不同的 $P/A_{i,n}$ 系数：

$$\frac{P}{A_{5,5}} = 4.32948, \quad \frac{P}{A_{10,5}} = 3.79079, \quad \frac{P}{A_{15,5}} = 3.35216,$$

$$\frac{P}{A_{5,15}} = 10.37966, \quad \frac{P}{A_{10,15}} = 7.60608, \quad \frac{P}{A_{15,15}} = 5.84737。$$

把适当的值代入方程（6.3）中并计算 6 个现值。表 6.1 列出了正确的结果。

表 6.1

| 选项 | $A$ | $n$ | $P$ ($i$=5%)（美元） | $P$ ($i$=10%)（美元） | $P$ ($i$=15%)（美元） |
|---|---|---|---|---|---|
| A | 500 | 5 | 2164.74 | 1895.40 | 1676.08 |
| B | 250 | 15 | 2594.92 | 1901.52 | 1461.84 |

根据这些结果，如果你用 5% 确定资金的时间价值，选项 B 是较好的选择，因为选项 B 的现值比选项 A 的现值几乎高 20%。而如果用 10% 确定资金的时间价值，两个选项的现值彼此相差不超过 1%，所以在选择之前可能需要考虑其他因素。如果用 15% 确定资金的时间价值，那么选项 A 可能是你喜欢选择的，因为它的现值高于选项 B 的现值 15%。

尽管例 6.9 比较简单，但它说明了表面上看起来相似的个体或公司对于同一个项目，能确定出不同的经济价值。不仅是不同的评价者使用的不同费用，收益和时间点设定对结果有影响，而且选择不同的利率来确定资金的时间价值也会对结果产生重大影响。因为投资决策分析中使用的定期利率能够代表借款的费用、投资资本的回收率或最小收益率。大多数公司都建立了准则以使这个假设标准化。

### 6.1.1.10 收益率分析

本文中到现在为止都是给定定期利率（$i$）的值，计算等价值。有时，费用和收入已知而定期利率未知。在这类问题上，定期利率通常被称为收益率。我们可以建立一个方程来解决这类问题，该方程令已知量彼此相等并用试算过程求解收益率。为了说明计算过程，让我们以例 6.6 为例并改变一下表示方式。

**例 6.10** 回收 500 美元的贷款，如果贷方要求每年年末等额偿还 115.49 美元 5 年还完，那么年复利利率应该是多少？

**解** 已知 $A$ 和 $P$ 计算 $i$（图 6.13），将已知量代入方程（6.3）并求解 $A/P_{i,n}$ 系数如下：

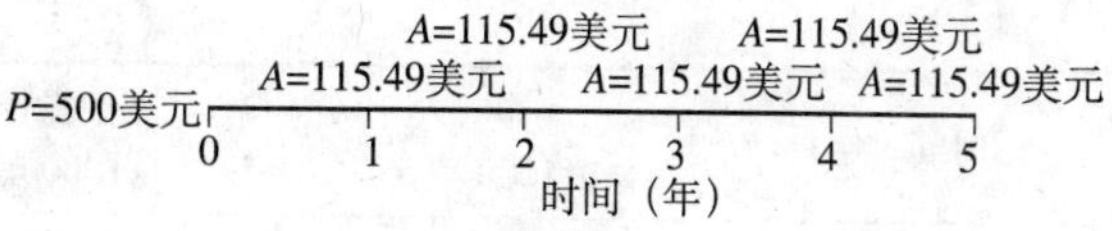

图 6.13

$$A = P\left(\frac{A}{P_{i,n}}\right)$$

$$115.49 = 500\left(\frac{A}{P_{i,5}}\right)$$

$$\frac{A}{P_{i,5}} = \frac{115.49}{500} = 0.23098$$

在附录表中查找等于 0.23098 的 $A/P_{i,n}$ 系数。正如我们预期，我们在 5% 的利息表上找到了 0.23097，表明贷方对他们资金的 5% 的收益率表示满意。$A/P_{i,n}$ 系数 0.23098 和 0.23097 之间的差异是因为取整。

通常，计算的 $A/P_{i,n}$ 系数会介于附录表中的两个值之间。在这种情况下，需要采取内插法求收益率。

### 6.1.2　油田评价方法

有四种经济评价方法用来计算不同投资方案的等价值：现值、终值、年值和收益率。尽管当正确应用时，所有这些方法都会得到相同的经济结论，但本文的重点放在石油工业最常用的两种经济评价方法——现值和收益率。其他两种方法，终值和年值，很少用在典型的油田评价中，所以本节不予介绍。

#### 6.1.2.1　现值法

现值法通常被称为净现值（NPV）法或贴现现金流量法。它是利用现值计算公式来计算某一投资方案的正现金流量和负现金流量的一种方法。该方法需要系统定量分析评价所有影响投资经济潜力的经济因素。通过计算所有将来净现金流量的现值并求和，来确定投资方案的 NPV。它是基于本文较早介绍的经济等值理论，而且更依赖于确定资金时间价值所选择的利率（通常指贴现率）。通常计算"税前"和"税后"的 NPV。下面的例子说明了投资决策分析的 NPV 法。

**例 6.11**　净现值（NPV），假设你有机会花 500000 美元钻一口油井。16 年内油井期望产生的收益和发生的费用如表 6.2 所示。贴现率为 10%，你投资这口油井的税前 NPV 是多少？

表 6.2

| 时间（年） | 净收入<br>（1000 美元） | 直接操作成本<br>（1000 美元） | 资本成本<br>（1000 美元） | 税前净现金流量<br>（1000 美元） |
|---|---|---|---|---|
| 0 | | | 1500.0 | −1500.0 |
| 1 | 1107.8 | 179.7 | 0.0 | 928.2 |
| 2 | 886.3 | 146.1 | 0.0 | 740.1 |

续表

| 时间（年） | 净收入<br>（1000 美元） | 直接操作成本<br>（1000 美元） | 资本成本<br>（1000 美元） | 税前净现金流量<br>（1000 美元） |
|---|---|---|---|---|
| 3 | 709.0 | 119.3 | 0.0 | 589.7 |
| 4 | 567.2 | 97.8 | 0.0 | 469.4 |
| 5 | 453.8 | 80.7 | 0.0 | 373.1 |
| 6 | 363.0 | 66.9 | 0.0 | 296.1 |
| 7 | 290.4 | 56.0 | 0.0 | 234.5 |
| 8 | 232.3 | 47.2 | 0.0 | 185.2 |
| 9 | 185.9 | 40.1 | 0.0 | 145.7 |
| 10 | 148.7 | 34.5 | 0.0 | 114.2 |
| 11 | 123.7 | 30.0 | 0.0 | 93.7 |
| 12 | 102.8 | 26.4 | 0.0 | 76.4 |
| 13 | 85.3 | 23.5 | 0.0 | 61.7 |
| 14 | 70.6 | 21.2 | 0.0 | 49.4 |
| 15 | 58.5 | 19.4 | 0.0 | 39.1 |
| 16 | 0.0 | 0.0 | 0.0 | 0.0 |
| | 5385.3 | 988.9 | 1500.0 | 2896.4 |

**解** 从附录表中查周期 1 ~ 15 年的 $P/F_{10, n}$ 系数。把表 6.2 中每个时间周期的税前现金流量值（$F$）和附录表中适当的 $P/F_{10, n}$ 系数代入（6.3）并求解。对于每个时间周期重复这个过程并将结果求和。正确的结果如表 6.3 所示。

表 6.3

| 时间（年） | 税前净现金流量<br>（1000 美元） | $P/F_{10, n}$ 系数 | NPV 贴现<br>（10%）（1000 美元） |
|---|---|---|---|
| 0 | −1500.0 | 1.00000 | −1500.0 |
| 1 | 928.2 | 0.90909 | 843.8 |
| 2 | 740.1 | 0.82645 | 611.7 |
| 3 | 589.7 | 0.75131 | 443.1 |
| 4 | 469.4 | 0.68301 | 320.6 |
| 5 | 373.1 | 0.62092 | 231.7 |
| 6 | 296.1 | 0.56447 | 167.1 |
| 7 | 234.5 | 0.51316 | 120.3 |
| 8 | 185.2 | 0.46651 | 86.4 |
| 9 | 145.7 | 0.42410 | 61.8 |
| 10 | 114.2 | 0.38554 | 44.0 |

续表

| 时间（年） | 税前净现金流量<br>（1000 美元） | $P/F_{10, n}$ 系数 | NPV 贴现<br>（10%）（1000 美元） |
|---|---|---|---|
| 11 | 93.7 | 0.35049 | 32.8 |
| 12 | 76.4 | 0.31863 | 24.3 |
| 13 | 61.7 | 0.28966 | 17.9 |
| 14 | 49.4 | 0.26333 | 13.0 |
| 15 | 39.1 | 0.23939 | 9.4 |
| 16 | 0.0 | | |
| | 2896.0 | | 1527.8 |

#### 6.1.2.2 收益率法

收益率法经常被称为贴现现金流收益率（DCFROR）法。它是一种广泛用于衡量收益性的方法，因为它不要求在计算之前确定贴现率和资金的时间价值。通过贴现投资方案的现金流量，直到现金流量的总和等于零，来计算贴现现金流收益率（ROR）。在进行 NPV 计算时，通常计算税前和税后的贴现现金流量 ROR。下面的例子说明了投资决策分析的 DCFROR 法。

**例 6.12** 贴现现金流收益率（DCFROR）为例 6.11 中的油井投资机会计算税前贴现收益率（BTAX DCFROR）。

**解** 通过反复试算，使将来净现金流量总和等于零的贴现率如表 6.4 所示，大约为 41.5%。

表 6.4

| 时间（年） | 税前净现金流量<br>（1000 美元） | NPV 贴现<br>（10%）（1000 美元） | NPV 贴现<br>（41.5%）（1000 美元） |
|---|---|---|---|
| 0 | −1500.0 | −1500.0 | −1500.0 |
| 1 | 928.2 | 843.8 | 655.9 |
| 2 | 740.1 | 611.7 | 369.6 |
| 3 | 589.7 | 443.1 | 208.1 |
| 4 | 469.4 | 320.6 | 117.1 |
| 5 | 373.1 | 231.7 | 65.8 |
| 6 | 296.1 | 167.1 | 36.9 |
| 7 | 234.5 | 120.3 | 20.6 |
| 8 | 185.2 | 86.4 | 11.5 |
| 9 | 145.7 | 61.8 | 6.4 |
| 10 | 114.2 | 44.0 | 3.5 |
| 11 | 93.7 | 32.8 | 2.1 |
| 12 | 76.4 | 24.3 | 1.2 |
| 13 | 61.7 | 17.9 | 0.7 |

| 时间（年） | 税前净现金流量<br>（1000 美元） | NPV 贴现<br>（10%）（1000 美元） | NPV 贴现<br>（41.5%）（1000 美元） |
|---|---|---|---|
| 14 | 49.4 | 13.0 | 0.4 |
| 15 | 39.1 | 9.4 | 0.2 |
| 16 | 0.0 | | 0 |
| | 2896.4 | 1527.8 | 0.0 |

# 6.2　储量定义和分类

在任何数量的油气资源被划分为储量之前，它们必须满足两个基本条件。首先，它们必须可生产。其次，它们必须是经济可生产。一旦油气资源满足了这两个条件，它们的进一步分类是基于储量拥有者的要求。例如，一个私人所有的独立的油气公司可能需要确定它的储量以满足拥有者的需要或其合作的财政机构的需要。然而，一个油气公司已经发行股票且股票在交易所公开交易，将被要求按照交易调节机构建立的定义确定它的储量。

各种组织机构使用的关于储量分类和定义的许多术语都是相同的。然而，和术语有关的定义可能会不同。重点是储量评价者明白哪一个储量定义在计算中用到并且严格地应用该定义。

下面，我们将讨论三个机构出版的、与储量的分类和定义有关的定义。其中的两个机构，世界石油大会和石油工程师协会，使用同样的定义。第三个机构是证券交易委员会（SEC），是一个调节机构，为美国的公开贸易公司定义这样的术语。还有其他广泛使用的定义能够证明我们的讨论是合理的，但是由于篇幅的限制，本文不作介绍。

## 6.2.1　世界石油大会和石油工程师协会

在 20 世纪 80 年代末期，世界石油大会和石油工程师协会分别独立出版了一套相似的储量定义。在 1997 年 3 月，两个组织共同合作建立了一套完整的定义，该定义可以广泛应用以消除储量估算的一些主观性，同时也为储量对比提供了衡量的尺度。下面的定义摘录于石油工程协会。

### 6.2.1.1　证实储量

证实储量（WPC/SPE），是根据已知油藏条件、目前经济条件、操作方法以及政府调节等，通过地质和工程数据分析，估算得到的石油数储量并可合理判定为工业上可开采。证明储量分为开发和未开发。

如果应用定性的方法，术语"合理判定"表示可开采的数量高度可信。如果应用概率方法，实际采出量等于或超出估算值的概率应该至少为 90%。

目前经济条件应该包括相关历史油价以及相关的费用，可能会涉及一个平均期限，它和储量估算的目的、合同约定、公司的管理程序以及在报告这些储量时的政府调节是一致的。

一般情况下，如果油藏的工业生产能力被产量和地层的实际数据所支持，那么储量被认为是证实储量。在这种情况下，证实储量是指原油储量的实际数量，而不仅仅是油井或油藏的生产能力。在某种情况下，证实储量可能是依据测井资料和／或岩心分析而认定的。这些资料显示目的层含油气，并且与同一区域正在生产或地层测试显示有生产能力的油层类似。如果油藏区域包括下列情况则认为是证实储量：

（1）已经通过钻井探边和流体界面确定的区域。

（2）根据可用的地质和工程数据，油藏的未钻井部分可以合理判定为具有工业生产能力。

在缺少流体界面数据的情况下，除非另有决定性的地质、工程或动态数据表明，否则最低的已知油气出现控制着证实储量的边界。

如果处理及运输这些储量的设备在储量估算时可以运行，或者有一个合理的预期这些设备能被安装，那么这样的储量可以划分为证实储量。如果满足下列条件，未开发位置的储量可以划分为证实未开发储量。

（1）这些位置是目的层内已经表明有工业产量的油井的直接补充。

（2）可以合理确定这些位置在目的层已证实的开采边界以内。

（3）这些位置符合现存油井的井距调节。

（4）可以合理确定这些位置为可开发。其他位置的储量已划分为证实未开发储量，其上的油井地质和工程数据解释表明目的层是连续的且包含工业上可开采的原油。这些位置又不是直接补充位置。

通过应用已建立的提高采收率方法能够开采出来的储量，也包括在证实储量内。

（1）在一个具有相同岩石和流体性质的相同或相似油藏上，连续进行的先导性试验方案测井或已建项目的有利响应测井，为工程项目的分析提供了支持。

（2）可以合理确定项目将会进行。

### 6.2.1.2　未证实储量

未证实储量（WPC/SPE）所依据的地质和／或工程数据与估算证实储量所用的数据相同，但技术上的、合同上的或调节上的不确定性使这些储量不能划分为证实储量。未证实储量可以进一步分为概算储量和可能储量。

估算未证实储量时假设将来经济条件与估算时的条件不同。将来可能的经济条件改善和技术进步的影响可以通过把适当数量的储量分为概算储量和可能储量来表示。

### 6.2.1.3　概算储量

概算储量（WPC/SPE）就是那些地质和工程数据表明很有可能不被开采的未证实储量。在这种情况下，当用概率方法时，实际采出的数量等于或超过估算的证实储量与概算储量之和的概率至少为50%。

通常，概算储量可以包括：（1）常规探边钻井预测为证实储量，而地下的控制不足以把这些储量划分为证实储量的储量；（2）一些储层中的储量，这些储层测井特性资料显示具有生产能力，但缺少岩心数据或确定性测试，与正生产的或已证实的油藏不相似；（3）加密钻井导致的储量增量，如果在估算时，较近的法定区域已经被列为证实储量，那么这部分储量增量也本应该划为证实储量；（4）由工业上反复成功应用而建立的提高采收率方法增加的储量，当一个项目或先导性试验有计划但没有进行和岩石、流体及油藏的特性为工业应用提供支持；（5）地层某一区域的储量，该区域和已证实区域被断层分开，而且地质解释表明该区域的结构位置高于已证实区域；（6）由将来的修井、处理作业、重复处理作业、更换设备或其他机械过程增加的储量，而这些过程还没有在油井中被证明是成功的，这些井在类似的油藏中显示出了相似的动态；（7）已证实油藏的储量增量，在这里，动态和体积数据解释得到的储量高于已证实的储量。

### 6.2.1.4　可能储量

可能储量（WPC/SPE）是那些未证实储量，即地质和工程数据分析表明可开采的可能性小于概算储量的储量。在这种情况下，当应用概率法时，实际开采的数量等于或超过估算的证实储量、概算储量和可能储量三者和的概率应该至少为10%。

一般情况下，可能储量包括：（1）根据地质解释，在概算储量的区域以外可能存在的储量；（2）测井和岩心分析显示含有油气，但可能达不到工业产量的地层的储量；（3）钻加密井增加的储量，但面临着技术的不确定性；（4）提高采收率法增加的储量，当一个项目或先导性试验有计划但没有进行和岩石、流体及油藏的特性对项目的工业性提出合理的质疑；（5）地层某一区域的储量，该区域和已证实区域被断层分开，而且地质解释表明该区域的结构位置低于已证实区域。

### 6.2.1.5　储量状态分类

储量状态分类（WPC/SPE）定义了油井和油藏的开发和生产状态。

开发储量是有望利用现存油井采出的储量，包括管外储量。通过提高采收率方法采出的储量，只有在所需的设备已经安装的情况下，或者当开发成本相对较小时，才予以考虑开发。开发储量可进一步划分为生产和非生产。

生产储量生产储量是有望从完井层段中采出的储量，该完井层段在估算时是打开的或正在生产。通过提高采收率方法采出的储量，只有提高采收率方法正在进行时，才可看做生产储量。

非生产储量非生产储量包括关井和管外储量。关井储量有望通过下列方式采出：

（1）估算时已经打开但还没有开始生产的完井层段。

（2）因市场条件和管线连接被关闭的油井。

（3）由于机械原因不能生产的油井。

管外储量有望通过现存油井的层段采出，但它将需要额外的完井作业或开始生产前的二次完井作业。

未开发储量有望通过下列方式开发。

（1）未钻开区域的新井。

（2）现存油井加深到不同的储层。

（3）需要相对较大的费用支出：现存井再完井；为一次或提高采收率项目安装生产和运输设备。

## 6.2.2　证券管理委员会

证券管理委员会（SEC）依据一个简单的概念——所有投资者，在投资之前，都应该了解有关投资的基本情况。为了实现这一点，SEC 建立了定义和条例，要求公开交易公司向公众披露有意义的财政和其他信息。关于公开交易的油气公司，储量被认为是有意义的信息，而且要求报告的储量用 SEC 的定义。因为 SEC 只要求报告证实储量，所有 SEC 只提供了证实储量的定义。所有其他储量被划分为未证实。下列定义是从 SEC 条例中摘出的。

### 6.2.2.1　证实储量

证实的储量（SEC）是石油、天然气、液态天然气的估算数量，地质和工程数据很合理地确定，在现行的经济和运行条件下，即进行估算时的价格和成本，这些储量在将来几年里可以从已知的油藏中采出。

（1）如果实际产量或地层测试结论支持经济生产能力，那么储量被认为是证实储量。储量可看做证实储量的区域如下。

①通过钻井划定边界的区域和通过油－气和／或油－水界面确定的区域。

②直接连通还没有钻井的区域，但根据可用的地质和工程数据，可以合理地判断这些区域具有经济生产能力。

（2）通过应用提高采收率技术（如流体注入）可以经济开采的储量划分为证实储量。先导性试验项目的连续测试或油藏中已建项目的运行，为项目依据的工程分析提供了支持。

（3）证实储量的估算不包括以下部分：

①已知油藏中可能会成为可利用的原油，但被单独划分为附加储量。

②由于地理特性、油藏特征或者经济因素的不确定性，原油、天然气和天然气液体的开采受到合理的质疑。

③在未钻井的勘探区可能出现的原油、天然气和天然气液体。

④可以从油页岩、煤、沥青和其他类似的资源中采出的原油、天然气和天然气液体。

### 6.2.2.2　证实开发储量

证实开发储量（SEC）是通过现存油井、现有设备和开采方法可以采出的储量。只有当先导性试验测试或已建项目的运行已经证实能够增加储量时，应用液体注入或其他提高采收率技术补充天然能量获得的附加油气，可以划分为证实开发储量。

### 6.2.2.3　证实未开发储量

证实未开发储量（SEC），即有望通过未钻开区域的新井或现存井采出的储量。现存井需要相对较高的投入进行二次完井。未钻开区域的储量应该局限于远离富产区域的单元。其他未钻开单元的证实储量，只有当能够合理证明现存的有生产能力的地层能够连续生产时，才能定为证实未开发储量。无论如何，通过应用注水或其他提高采收率方法增加的储量不应计为证实未开发储量，除非这些技术已经被该区域和同一油藏的实际测井证明有效。

# 6.3　会计原则

应用于油气工业活动的会计实践由有司法权的税务机构建立。例如，在美国，国会通过法律设立联邦税率并建立了会计实践，用来确定油气所有权收益的应该征税部分和不该征税部分。简单的说，州和地方立法者利用他们的司法权设立油气工业的税率。美国国税局（IRS）和州及地方税收当局监督这些法律的执行情况。以法律形式建立并由美国国税局监督的会计实践，通常是基于美国财务会计准则委员会（FASB）出版的通用会计原则

(GAAP)。不同的 GAAP 标准在国际上使用并且可能有很大不同。按照现行法律和 GAAP，美国的税务机构承认所有权收入的一部分代表投资资本的回收，一部分代表与操作和维修有关的费用支出的回收，一部分代表收益。这种区分很重要，因为美国尝试只对收入中的收益部分征税。确定所有权年收入的哪一部分是收益、哪一部分是投资资本和费用支出的回收，是非常复杂的事情且因税务机构的不同而不同，但这不是本文要调查研究的内容。研究一些工业上常用的基本术语和相关的定义并掌握如何应用于油田经济评价和投资决策分析是非常重要的。

有两类成本与公认的油田会计实践有关——资本成本和费用成本。资本成本用来支付在将来时间内能够产生收入的项目。如购置土地、设备、钻井或者生产油井的设备安装。这类资产在购置、建造或投入运行的时间以外有能力产生收益。资本化项目被认为是拥有它们的个人或公司的资产。

费用成本用于支付在会计结算期内终止或确信能够终止的项目。这些项目的发生是试图在结算期内产生收入。费用成本包括劳动力、动力以及连续运行所需要的消费项目等的费用支出。这些项目被列为费用成本，是因为它们在成本发生期以外的任何时候都不产生任何效益。

记住资本成本与费用成本的主要区别是费用成本在成本发生期内用产生的收入回收，而资本成本在成本发生期内只有部分资本成本由产生的收入回收。按照税务机构的规定，资本成本余下的未收回的部分由将来时间内的收入回收。下面介绍与回收资本成本的会计方法有关的术语和定义。

### 6.3.1　折旧、消耗和摊销

折旧是一种通用的会计方法，该方法用于回收与油气工业活动有关的"固定资产"或"有形资产"的投资成本。固定资产或有形资产和它们的称呼一样：它们是有形的资产，是人们通常能够看到或触及的有形资产。有形资产包括油田管线、井口装置、抽油设备、罐和罐组设备、建筑物、车辆等。与有形资产有关的成本被认为是投资资本，并且允许用目前或将来的所有权收益回收。回收率通常由税务机构依据可预见资产有效期建立。然而，在一些特定的环境下，权威机构将会用回收率激励快速回收。记住两件事是非常重要的。第一，税务机关根据设备的有效寿命以及有效寿命可能与所有权实际年限不同的情况，为不同类型的有形设备建立了不同的回收率或折旧率。第二，税务机构会不时地改变折旧率，导致相同类型的有形资产的折旧表不同。建立不同折旧表的原因是不同的，但常常是根据税法的改变，或者是资产的购置或投入运行。从一个评价者的角度来看，必须了解折旧表。

折旧的概念可以应用到矿产资源，如原油和天然气储量，而且用财务术语称为消耗。消耗是一种会计方法，用于回收与自然资源价值有关的成本。例如，超过折旧设备（有形设备）值的租金成本或油气所有权购置成本。自然资源价值的回收通常与自然资源预测的寿命有关。

当这个概念应用到有形项目的回收时，财务术语称为摊销。有形项目的例子就是与有形资产的安装或构建有关的项目，如钻机费用、钻井或完井承包人或顾问的人工费、固井服务费、测井或取样服务费、试井费、设备租金等。和折旧表及消耗表一样，税务机构建立了有形项目的摊销表。

总之，折旧、消耗和摊销都可以称为 DD & A。基于本文的目的，摊销可以包括并表示所有的三个。正如前面提到的，评价人员必须掌握与所有权有关的摊销（DD & A）表，因为在确定联邦、州或省的税收目标时，常常会从收入中减去 DD & A 费用。或者在国际合作中，如产品分成合同（PSC），用来确定成本回收。

### 6.3.2 摊销表

正如前面陈述的，与油气工业活动有关的资本成本用目前或将来的收益收回。在会计期内收回的数量取决于回收表或更常见的称呼是折旧表或摊销表。本文介绍回收资本成本的四个摊销表。两个摊销表被分类为加速回收法。第四个表取决于拥有资产的公司所选择的会计方法。

#### 6.3.2.1 直线法

被认为是最简单的摊销表，直线摊销法在资产的有效期内均匀支出资本成本。如某一资产在它的 4 年有效期末没有残值，这将允许它的所有者 4 年中每年用收益收回 1/4（25%）的资产值。国际交流常常使用直线成本回收表，而且用百分比或年率如 25% 来确定它们。在这种情况下，4 年中每年将收回成本的 25%。

**例 6.13**　直线摊销　计算 500 美元资产的摊销表，假设直线摊销，5 年有效期。

**解**　500 美元除以 5 年，得到 5 年中平均每年摊销 100 美元。

#### 6.3.2.2 加倍余额递减法

加倍余额递减法（DDB）是一种加速回收成本的形式，它摊销资本成本的比例是直线法的两倍。应用 DDB 方法，每年两倍的直线摊销率用于剩余未摊销资产值。例如，某一资产需要 4 年加倍余额递减摊销，第一年将摊销资产值的 50%。第二年的余额是资产值的 50%，因此第二年的摊销是 50% 的 50% 或简化为 25% 的资产值。第三年的余额是资产值的 25%，所以第三年的摊销是 25% 的 50% 或 12.5% 的资产值。第四年的余额是资产值的 12.5%，所以第四年的摊销是 12.5% 的 50% 或 6.25% 的资产值。

**例 6.14**　加倍余额递减摊销　计算 500 美元资产的摊销表，假设加倍余额递减摊销（DDB），有效期 5 年。

**解**　有效期 5 年的直线（SL）摊销率是 1/5 或 20%。所以，DDB 的摊销率是 40%（$2 \times 20\%$）。第一年的摊销额是 500 美元的 40% 或 200 美元。第二年的余额是 300 美元（500 美元 −200 美元），所以第二年的摊销额是 300 美元的 40% 或 120 美元。第三年的余额是 180 美元（500 美元 −200 美元 −120 美元），所以第三年的摊销额是 180 美元的 40% 或 72 美元。第四年的余额是 108 美元（500 美元 −200 美元 −120 美元 −72 美元），所以第四年的摊销额是 108 美元的 40% 或 43.20 美元。第五年的余额是 64.80 美元（500 美元 −200 美元 −120 美元 −72 美元 −43.20 美元），所以第五年即最后一年的摊销额是 64.80 美元的 40% 或 25.92 美元。注意 38.88 美元的资产原值没有收回。

#### 6.3.2.3 逐年指数法

逐年指数法（SYD）为另一个成本加速回收的方法，SYD 以折旧期内年限的数字和的倒转比例为基础。例如，假设资本摊销期 4 年，4 年中每一年的数字是 1，2，3 和 4，相加和为 10。由于 SYD 根据倒转比例计算，那么第一年的比例是资本值的 4/10（40%），第二年是 3/10（30%），第三年是 2/10（20%），第四年是 1/10（10%）。

**例 6.15**  逐年指数法摊销  计算资本为 500 美元的摊销额，假设采用 SYD 摊销法和 5 年的有效期。

**解**  逐年数字和是 15（1+2+3+4+5）。因此，第一年的摊销额是 500 美元资本值的 5/15（33.33%），或简化为 166.67 美元。剩余的第 2，3，4 和 5 年的摊销率分别是 4/15（26.67%），3/15（20%）.2/15（13.33%），1/15（6.67%）。相应的第 2，3，4，5 年的摊销额分别是 133.33 美元，100 美元，66.67 美元和 33.33 美元。

#### 6.3.2.4  单位产量法

该油气工业活动相关资本成本的摊销方法，取决于拥有资本的公司所选择的会计方法。在本节的稍后部分将更多地讨论不同的会计方法。下面的通用公式说明了单位产量摊销的概念：

$$[期内摊销额] = [期末未摊销的成本] \times 期内产量 / 期初的储量 \qquad (6.26)$$

期末未摊销的成本等于本期期末的总资本成本减去之前各期的累计摊销额。期初的储量应该是估算的本期期末的剩余可采储量加上本期内的产量，以至于在本期内确定的储量校正能够包括在内。

当油和气的储量都用来确定摊销额时，它们的计算应该依据油或气的总能量等价单位。尽管这样确定油和气的实际能源的等价含量是很准确的，但是使用通用的近似方法，即一桶油等价于 6CF 气体是可以接受的。

**例 6.16**  单位产量摊销  假设期末的总资本成本等于 1500000 美元，之前各期的累计摊销额为 500000 美元，估算的期末剩余可采储量等于 440000BOE，期间的产量是 60000BOE，利用单位产量法计算期间的摊销额。

**解**

$$期间的摊销额 = （1500000 美元 - 500000 美元） \times 60000/（440000+60000）$$

$$=120000 美元$$

### 6.3.3  成功成本会计法和总成本会计法

选择成功成本法的公司，对于同一项活动，能够报告不同的利润、财产所得和账面价值，要比选择总成本法成功。两个方法之间的主要区别是成本中心的大小和使用、勘探的资本成本、单位产量摊销的确定。这些差别的根源是关于什么样的资本有助于公司发展的观点不同。总成本法借鉴了勘探和开发会计理论，该理论认为所有的资本成本，不管成功与否，都有助于公司的发展。一些较小的上游油气公司及一些大的独立公司愿意使用总成本法。成功成本法则主张只有成功项目的投资才有利于公司的发展。成功成本法是 SEC 的首选方法，被所有大型的综合油气公司所使用。

#### 6.3.3.1  成本中心

为了形成成本中心和计算摊销，成功成本法允许记入普通地质结构中的证实储量。因为地质结构的确定具有主观性，所以成本中心的确定也具有主观性。大部分使用成功成本法的公司会通过记入油井、所有权、油藏或油田的成本来确定他们的成本中心。

总成本法要求成本中心建立在国与国的基础上，除了极少的情况，即一个公司购置的所有权的使用期与成本中心的综合有效期相比非常短。结果，一个国家与油气活动有关的所有勘探、开发和购置成本都集中摊销。

### 6.3.3.2　勘探成本

成功成本法允许带来油气工业开发量的勘探成本记入资本。所有其他的勘探费用记入消耗或注销，因为那些开支没有带来更多的利益。例如，用成功成本法，所有勘查干井的费用在它们发生期内就记入消耗。

总成本法则相反，它允许所有的勘探费用都记入资本，不管成功与否，因为它们最终都有利于储量的开采。因此，在应用总成本法时，没有必要建立成本发生和明确的储量发现之间的直接关系。

### 6.3.3.3　单位产量摊销

正如本文前面提到的，单位产量摊销的确定取决于公司选择的会计方法。单位产量摊销的通用方程（6.26）对于两个方法是相同的。两个方法之间的差别与资本及对应的储量定义有关。下面单位产量摊销的计算方程及相应的定义总结了成功成本法和总成本法之间的主要差别：

$$摊销 = \frac{UC \times PP}{PP + R} \tag{6.27}$$

式中　$UC$——期末未摊销的成本；

　　　$PP$——期内产量（常确定为油气销售量）；

　　　$R$——期初的储量。

对于成功成本法，未摊销成本（$UC$）用下面公式确定：

$$UC = ICC - AA + (DR \& A) - SV - EC \tag{6.28}$$

式中　$ICC$——油井和开发设备或矿产权利息的资本成本；

　　　$AA$——之前各期的累计摊销；

　　　$DR \& A$——估算的未贴现的将来拆除、修复和放弃的成本（$P \& A$成本）；

　　　$SV$——估算的未贴现的将来油井和出租借设备的残值；

　　　$EC$——在特定条件下允许不包括的资本化开发费用。

对于总成本法，未摊销成本（$UC$）用下面公式确定：

$$UC = ICC - AA + (DR \& A) - SV - EUC + FDC \tag{6.29}$$

式中　$ICC$——勘探、开发和购置活动的资本成本；

　　　$AA$——之前各期的累计摊销；

　　　$DR \& A$——估算的未贴现的将来拆除、修复和放弃的成本（$P \& A$成本）；

　　　$SV$——估算的未贴现的将来油井和出租借设备的残值；

　　　$EUC$——不应包含的未证实所有权的资本成本，与未证实所有权的购置和某些允许的资本化开发费用有关；

　　　$FDC$——估算的未贴现的将来开发成本，与证实未开发储量有关。

对于成功成本法，储量（R）＝期末的证实储量，对于井和设备的摊销用证实的开发（PD）储量，对于所有权购置的摊销用总证实储量。

对于总成本法，储量（R）＝期末的总证实储量

# 附　录

### 表 6A.1　定期利率（$i$）＝0.5%

| $n$ | $F/P_{i,n}$ | $P/F_{i,n}$ | $F/A_{i,n}$ | $P/A_{i,n}$ | $A/F_{i,n}$ | $A/P_{i,n}$ |
|---|---|---|---|---|---|---|
| 1 | 1.00500 | 0.99502 | 1.00000 | 0.99502 | 1.00000 | 1.00500 |
| 2 | 1.01003 | 0.99007 | 2.00500 | 1.98510 | 0.49875 | 0.50375 |
| 3 | 1.01508 | 0.98515 | 3.01502 | 2.97025 | 0.33167 | 0.33667 |
| 4 | 1.02015 | 0.98025 | 4.03010 | 3.95050 | 0.24813 | 0.25313 |
| 5 | 1.02525 | 0.97537 | 5.05025 | 4.92587 | 0.19801 | 0.20301 |
| 6 | 1.03038 | 0.97052 | 6.07550 | 5.89638 | 0.16460 | 0.16960 |
| 7 | 1.03553 | 0.96569 | 7.10588 | 6.86207 | 0.14073 | 0.14573 |
| 8 | 1.04071 | 0.96089 | 8.14141 | 7.82296 | 0.12283 | 0.12783 |
| 9 | 1.04591 | 0.95610 | 9.18212 | 8.77906 | 0.10891 | 0.11391 |
| 10 | 1.05114 | 0.95135 | 10.22803 | 9.73041 | 0.09777 | 0.10277 |
| 11 | 1.05640 | 0.94661 | 11.27917 | 10.67703 | 0.08866 | 0.09366 |
| 12 | 1.06168 | 0.94191 | 12.33556 | 11.61893 | 0.08107 | 0.08607 |
| 13 | 1.06699 | 0.93722 | 13.39724 | 12.55615 | 0.07464 | 0.07964 |
| 14 | 1.07232 | 0.93256 | 14.46423 | 13.48871 | 0.06914 | 0.07414 |
| 15 | 1.07768 | 0.92792 | 15.53655 | 14.41662 | 0.06436 | 0.06936 |
| 16 | 1.08307 | 0.92330 | 16.61423 | 15.33993 | 0.06019 | 0.06519 |
| 17 | 1.08849 | 0.91871 | 17.69730 | 16.25863 | 0.05651 | 0.06151 |
| 18 | 1.09393 | 0.91414 | 18.78579 | 17.17277 | 0.05323 | 0.05823 |
| 19 | 1.09940 | 0.90959 | 19.87972 | 18.08236 | 0.05030 | 0.05530 |
| 20 | 1.10490 | 0.90506 | 20.97912 | 18.98742 | 0.04767 | 0.05267 |
| 21 | 1.11042 | 0.90056 | 22.08401 | 19.88798 | 0.04528 | 0.05028 |
| 22 | 1.11597 | 0.89608 | 23.19443 | 20.78406 | 0.04311 | 0.04811 |
| 23 | 1.12155 | 0.89162 | 24.31040 | 21.67568 | 0.04113 | 0.04613 |
| 24 | 1.12716 | 0.88719 | 25.43196 | 22.56287 | 0.03932 | 0.04432 |
| 25 | 1.13280 | 0.88277 | 26.55912 | 23.44564 | 0.03765 | 0.04265 |
| 26 | 1.13846 | 0.87838 | 27.69191 | 24.32402 | 0.03611 | 0.04111 |
| 27 | 1.14415 | 0.87401 | 28.83037 | 25.19803 | 0.03469 | 0.03969 |
| 28 | 1.14987 | 0.86966 | 29.97452 | 26.06769 | 0.03336 | 0.03836 |
| 29 | 1.15562 | 0.86533 | 31.12439 | 26.93302 | 0.03213 | 0.03713 |
| 30 | 1.16140 | 0.86103 | 32.28002 | 27.79405 | 0.03098 | 0.03598 |
| 35 | 1.19073 | 0.83982 | 38.14538 | 32.03537 | 0.02622 | 0.03122 |
| 40 | 1.22079 | 0.81914 | 44.15885 | 36.17223 | 0.02265 | 0.02765 |

| $n$ | $F/P_{i, n}$ | $P/F_{i, n}$ | $F/A_{i, n}$ | $P/A_{i, n}$ | $A/F_{i, n}$ | $A/P_{i, n}$ |
|---|---|---|---|---|---|---|
| 45 | 1.25162 | 0.79896 | 50.32416 | 40.20720 | 0.01987 | 0.02487 |
| 50 | 1.28323 | 0.77929 | 56.64516 | 44.14279 | 0.01765 | 0.02265 |
| 55 | 1.31563 | 0.76009 | 63.12577 | 47.98145 | 0.01584 | 0.02084 |
| 60 | 1.34885 | 0.74137 | 69.77003 | 51.72556 | 0.01433 | 0.01933 |
| 65 | 1.38291 | 0.72311 | 76.58206 | 55.37746 | 0.01306 | 0.01806 |
| 70 | 1.41783 | 0.70530 | 83.56611 | 58.93942 | 0.01197 | 0.01697 |
| 75 | 1.45363 | 0.68793 | 90.72650 | 62.41365 | 0.01102 | 0.01602 |
| 80 | 1.49034 | 0.67099 | 98.06771 | 65.80231 | 0.01020 | 0.01520 |
| 85 | 1.52797 | 0.65446 | 105.59430 | 69.10750 | 0.00947 | 0.01447 |
| 90 | 1.56655 | 0.63834 | 113.31094 | 72.33130 | 0.00883 | 0.01383 |
| 95 | 1.60611 | 0.62262 | 121.22243 | 75.47569 | 0.00825 | 0.01325 |
| 100 | 1.64667 | 0.60729 | 129.33370 | 78.54264 | 0.00773 | 0.01273 |

### 表 6A.2　定期利率 $(i)$ =1%

| $n$ | $F/P_{i, n}$ | $P/F_{i, n}$ | $F/A_{i, n}$ | $P/A_{i, n}$ | $A/F_{i, n}$ | $A/P_{i, n}$ |
|---|---|---|---|---|---|---|
| 1 | 1.01000 | 0.99010 | 1.00000 | 0.99010 | 1.00000 | 1.01000 |
| 2 | 1.02010 | 0.98030 | 2.01000 | 1.97040 | 0.49751 | 0.50751 |
| 3 | 1.03030 | 0.97059 | 3.03010 | 2.94099 | 0.33002 | 0.34002 |
| 4 | 1.04060 | 0.96098 | 4.06040 | 3.90197 | 0.24628 | 0.25628 |
| 5 | 1.05101 | 0.95147 | 5.10101 | 4.85343 | 0.19604 | 0.20604 |
| 6 | 1.06152 | 0.94205 | 6.15202 | 5.79548 | 0.16255 | 0.17255 |
| 7 | 1.07214 | 0.93272 | 7.21354 | 6.72819 | 0.13863 | 0.14863 |
| 8 | 1.08286 | 0.92348 | 8.28567 | 7.65168 | 0.12069 | 0.13069 |
| 9 | 1.09369 | 0.91434 | 9.36853 | 8.56602 | 0.10674 | 0.11674 |
| 10 | 1.10462 | 0.90529 | 10.46221 | 9.47130 | 0.09558 | 0.10558 |
| 11 | 1.11567 | 0.89632 | 11.56683 | 10.36763 | 0.08645 | 0.09645 |
| 12 | 1.12683 | 0.88745 | 12.68250 | 11.25508 | 0.07885 | 0.08885 |
| 13 | 1.13809 | 0.87866 | 13.80933 | 12.13374 | 0.07241 | 0.08241 |
| 14 | 1.14947 | 0.86996 | 14.94742 | 13.00370 | 0.06690 | 0.07690 |
| 15 | 1.16097 | 0.86135 | 16.09690 | 13.86505 | 0.06212 | 0.07212 |
| 16 | 1.17258 | 0.85282 | 17.25786 | 14.71787 | 0.05794 | 0.06794 |
| 17 | 1.18430 | 0.84438 | 18.43044 | 15.56225 | 0.05426 | 0.06426 |
| 18 | 1.19615 | 0.83602 | 19.61475 | 16.39827 | 0.05098 | 0.06098 |
| 19 | 1.20811 | 0.82774 | 20.81090 | 17.22601 | 0.04805 | 0.05805 |
| 20 | 1.22019 | 0.81954 | 22.01900 | 18.04555 | 0.04542 | 0.05542 |
| 21 | 1.23239 | 0.81143 | 23.23919 | 18.85698 | 0.04303 | 0.05303 |
| 22 | 1.24472 | 0.80340 | 24.47159 | 19.66038 | 0.04086 | 0.05086 |
| 23 | 1.25716 | 0.79544 | 25.71630 | 20.45582 | 0.03889 | 0.04889 |
| 24 | 1.26973 | 0.78757 | 26.97346 | 21.24339 | 0.03707 | 0.04707 |
| 25 | 1.28243 | 0.77977 | 28.24320 | 22.02316 | 0.03541 | 0.04541 |
| 26 | 1.29526 | 0.77205 | 29.52563 | 22.79520 | 0.03387 | 0.04387 |

续表

| $n$ | $F/P_{i,\,n}$ | $P/F_{i,\,n}$ | $F/A_{i,\,n}$ | $P/A_{i,\,n}$ | $A/F_{i,\,n}$ | $A/P_{i,\,n}$ |
|---|---|---|---|---|---|---|
| 27 | 1.30821 | 0.76440 | 30.82089 | 23.55961 | 0.03245 | 0.04245 |
| 28 | 1.32129 | 0.75684 | 32.12910 | 24.31644 | 0.03112 | 0.04112 |
| 29 | 1.33450 | 0.74934 | 33.45039 | 25.06579 | 0.02990 | 0.03990 |
| 30 | 1.34785 | 0.74192 | 34.78489 | 25.80771 | 0.02875 | 0.03875 |
| 35 | 1.41660 | 0.70591 | 41.66028 | 29.40858 | 0.02400 | 0.03400 |
| 40 | 1.48886 | 0.67165 | 48.88637 | 32.83469 | 0.02046 | 0.03046 |
| 45 | 1.56481 | 0.63905 | 56.48107 | 36.09451 | 0.01771 | 0.02771 |
| 50 | 1.64463 | 0.60804 | 64.46318 | 39.19612 | 0.01551 | 0.02551 |
| 55 | 1.72852 | 0.57853 | 72.85246 | 42.14719 | 0.01373 | 0.02373 |
| 60 | 1.81670 | 0.55045 | 81.66967 | 44.95504 | 0.01224 | 0.02224 |
| 65 | 1.90937 | 0.52373 | 90.93665 | 47.62661 | 0.01100 | 0.02100 |
| 70 | 2.00676 | 0.49831 | 100.67634 | 50.16851 | 0.00993 | 0.01993 |
| 75 | 2.10913 | 0.47413 | 110.91285 | 52.58705 | 0.00902 | 0.01902 |
| 80 | 2.21672 | 0.45112 | 121.67152 | 54.88821 | 0.00822 | 0.01822 |
| 85 | 2.32979 | 0.42922 | 132.97900 | 57.07768 | 0.00752 | 0.01752 |
| 90 | 2.44863 | 0.40839 | 144.86327 | 59.16088 | 0.00690 | 0.01690 |
| 95 | 2.57354 | 0.38857 | 157.35376 | 61.14298 | 0.00636 | 0.01636 |
| 100 | 2.70481 | 0.36971 | 170.48138 | 63.02888 | 0.00587 | 0.01587 |

表 6A.3　定期利率（$i$）=2%

| $n$ | $F/P_{i,\,n}$ | $P/F_{i,\,n}$ | $F/A_{i,\,n}$ | $P/A_{i,\,n}$ | $A/F_{i,\,n}$ | $A/P_{i,\,n}$ |
|---|---|---|---|---|---|---|
| 1 | 1.02000 | 0.98039 | 1.00000 | 0.98039 | 1.00000 | 1.02000 |
| 2 | 1.04040 | 0.96117 | 2.02000 | 1.94156 | 0.49505 | 0.51505 |
| 3 | 1.06121 | 0.94232 | 3.06040 | 2.88388 | 0.32675 | 0.34675 |
| 4 | 1.08243 | 0.92385 | 4.12161 | 3.80773 | 0.24262 | 0.26262 |
| 5 | 1.10408 | 0.90573 | 5.20404 | 4.71346 | 0.19216 | 0.21216 |
| 6 | 1.12616 | 0.88797 | 6.30812 | 5.60143 | 0.15853 | 0.17853 |
| 7 | 1.14869 | 0.87056 | 7.43428 | 6.47199 | 0.13451 | 0.15451 |
| 8 | 1.17166 | 0.85349 | 8.58297 | 7.32548 | 0.11651 | 0.13651 |
| 9 | 1.19509 | 0.83676 | 9.75463 | 8.16224 | 0.10252 | 0.12252 |
| 10 | 1.21899 | 0.82035 | 10.94972 | 8.98259 | 0.09133 | 0.11133 |
| 11 | 1.24337 | 0.80426 | 12.16872 | 9.78685 | 0.08218 | 0.10218 |
| 12 | 1.26824 | 0.78849 | 13.41209 | 10.57534 | 0.07456 | 0.09456 |
| 13 | 1.29361 | 0.77303 | 14.68033 | 11.34837 | 0.06812 | 0.08812 |
| 14 | 1.31948 | 0.75788 | 15.97394 | 12.10625 | 0.06260 | 0.08260 |
| 15 | 1.34587 | 0.74301 | 17.29342 | 12.84926 | 0.05783 | 0.07783 |
| 16 | 1.37279 | 0.72845 | 18.63929 | 13.57771 | 0.05365 | 0.07365 |
| 17 | 1.40024 | 0.71416 | 20.01207 | 14.29187 | 0.04997 | 0.06997 |
| 18 | 1.42825 | 0.70016 | 21.41231 | 14.99203 | 0.04670 | 0.06670 |
| 19 | 1.45681 | 0.68643 | 22.84056 | 15.67846 | 0.04378 | 0.06378 |
| 20 | 1.48595 | 0.67297 | 24.29737 | 16.35143 | 0.04116 | 0.06116 |
| 21 | 1.51567 | 0.65978 | 25.78332 | 17.01121 | 0.03878 | 0.05878 |

| $n$ | $F/P_{i,n}$ | $P/F_{i,n}$ | $F/A_{i,n}$ | $P/A_{i,n}$ | $A/F_{i,n}$ | $A/P_{i,n}$ |
|---|---|---|---|---|---|---|
| 22 | 1.54598 | 0.64684 | 27.29898 | 17.65805 | 0.03663 | 0.05663 |
| 23 | 1.57690 | 0.63416 | 28.84496 | 18.29220 | 0.03467 | 0.05467 |
| 24 | 1.60844 | 0.62172 | 30.42186 | 18.91393 | 0.03287 | 0.05287 |
| 25 | 1.64061 | 0.60953 | 32.03030 | 19.52346 | 0.03122 | 0.05122 |
| 26 | 1.67342 | 0.59758 | 33.67091 | 20.12104 | 0.02970 | 0.04970 |
| 27 | 1.70689 | 0.58586 | 35.34432 | 20.70690 | 0.02829 | 0.04829 |
| 28 | 1.74102 | 0.57437 | 37.05121 | 21.28127 | 0.02699 | 0.04699 |
| 29 | 1.77584 | 0.56311 | 38.79223 | 21.84438 | 0.02578 | 0.04578 |
| 30 | 1.81136 | 0.55207 | 40.56808 | 22.39646 | 0.02465 | 0.04465 |
| 35 | 1.99989 | 0.50003 | 49.99448 | 24.99862 | 0.02000 | 0.04000 |
| 40 | 2.20804 | 0.45289 | 60.40198 | 27.35548 | 0.01656 | 0.03656 |
| 45 | 2.43785 | 0.41020 | 71.89271 | 29.49016 | 0.01391 | 0.03391 |
| 50 | 2.69159 | 0.37153 | 84.57940 | 31.42361 | 0.01182 | 0.03182 |
| 55 | 2.97173 | 0.33650 | 98.58653 | 33.17479 | 0.01014 | 0.03014 |
| 60 | 3.28103 | 0.30478 | 114.05154 | 34.76089 | 0.00877 | 0.02877 |
| 65 | 3.62252 | 0.27605 | 131.12616 | 36.19747 | 0.00763 | 0.02763 |
| 70 | 3.99956 | 0.25003 | 149.97791 | 37.49862 | 0.00667 | 0.02667 |
| 75 | 4.41584 | 0.22646 | 170.79177 | 38.67711 | 0.00586 | 0.02586 |
| 80 | 4.87544 | 0.20511 | 193.77196 | 39.74451 | 0.00516 | 0.02516 |
| 85 | 5.38288 | 0.18577 | 219.14394 | 40.71129 | 0.00456 | 0.02456 |
| 90 | 5.94313 | 0.16826 | 247.15666 | 41.58693 | 0.00405 | 0.02405 |
| 95 | 6.56170 | 0.15240 | 278.08496 | 42.38002 | 0.00360 | 0.02360 |
| 100 | 7.24465 | 0.13803 | 312.23231 | 43.09835 | 0.00320 | 0.02320 |

### 表 6A.4　定期利率（$i$）=3%

| $n$ | $F/P_{i,n}$ | $P/F_{i,n}$ | $F/A_{i,n}$ | $P/A_{i,n}$ | $A/F_{i,n}$ | $A/P_{i,n}$ |
|---|---|---|---|---|---|---|
| 1 | 1.03000 | 0.97087 | 1.00000 | 0.97087 | 1.00000 | 1.03000 |
| 2 | 1.06090 | 0.94260 | 2.03000 | 1.91347 | 0.49261 | 0.52261 |
| 3 | 1.09273 | 0.91514 | 3.09090 | 2.82861 | 0.32353 | 0.35353 |
| 4 | 1.12551 | 0.88849 | 4.18363 | 3.71710 | 0.23903 | 0.26903 |
| 5 | 1.15927 | 0.86261 | 5.30914 | 4.57971 | 0.18835 | 0.21835 |
| 6 | 1.19405 | 0.83748 | 6.46841 | 5.41719 | 0.15460 | 0.18460 |
| 7 | 1.22987 | 0.81309 | 7.66246 | 6.23028 | 0.13051 | 0.16051 |
| 8 | 1.26677 | 0.78941 | 8.89234 | 7.01969 | 0.11246 | 0.14246 |
| 9 | 1.30477 | 0.76642 | 10.15911 | 7.78611 | 0.09843 | 0.12843 |
| 10 | 1.34392 | 0.74409 | 11.46388 | 8.53020 | 0.08723 | 0.11723 |
| 11 | 1.38423 | 0.72242 | 12.80780 | 9.25262 | 0.07808 | 0.10808 |
| 12 | 1.42576 | 0.70138 | 14.19203 | 9.95400 | 0.07046 | 0.10046 |
| 13 | 1.46853 | 0.68095 | 15.61779 | 10.63496 | 0.06403 | 0.09403 |
| 14 | 1.51259 | 0.66112 | 17.08632 | 11.29607 | 0.05853 | 0.08853 |
| 15 | 1.55797 | 0.64186 | 18.59891 | 11.93794 | 0.05377 | 0.08377 |
| 16 | 1.60471 | 0.62317 | 20.15688 | 12.56110 | 0.04961 | 0.07961 |

| $n$ | $F/P_{i,n}$ | $P/F_{i,n}$ | $F/A_{i,n}$ | $P/A_{i,n}$ | $A/F_{i,n}$ | $A/P_{i,n}$ |
|---|---|---|---|---|---|---|
| 17 | 1.65285 | 0.60502 | 21.76159 | 13.16612 | 0.04595 | 0.07595 |
| 18 | 1.70243 | 0.58739 | 23.41444 | 13.75351 | 0.04271 | 0.07271 |
| 19 | 1.75351 | 0.57029 | 25.11687 | 14.32380 | 0.03981 | 0.06981 |
| 20 | 1.80611 | 0.55368 | 26.87037 | 14.87747 | 0.03722 | 0.06722 |
| 21 | 1.86029 | 0.53755 | 28.67649 | 15.41502 | 0.03487 | 0.06487 |
| 22 | 1.91610 | 0.52189 | 30.53678 | 15.93692 | 0.03275 | 0.06275 |
| 23 | 1.97359 | 0.50669 | 32.45288 | 16.44361 | 0.03081 | 0.06081 |
| 24 | 2.03279 | 0.49193 | 34.42647 | 16.93554 | 0.02905 | 0.05905 |
| 25 | 2.09378 | 0.47761 | 36.45926 | 17.41315 | 0.02743 | 0.05743 |
| 26 | 2.15659 | 0.46369 | 38.55304 | 17.87684 | 0.02594 | 0.05594 |
| 27 | 2.22129 | 0.45019 | 40.70963 | 18.32703 | 0.02456 | 0.05456 |
| 28 | 2.28793 | 0.43708 | 42.93092 | 18.76411 | 0.02329 | 0.05329 |
| 29 | 2.35657 | 0.42435 | 45.21885 | 19.18845 | 0.02211 | 0.05211 |
| 30 | 2.42726 | 0.41199 | 47.57542 | 19.60044 | 0.02102 | 0.05102 |
| 35 | 2.81386 | 0.35538 | 60.46208 | 21.48722 | 0.01654 | 0.04654 |
| 40 | 3.26204 | 0.30656 | 75.40126 | 23.11477 | 0.01326 | 0.04326 |
| 45 | 3.78160 | 0.26444 | 92.71986 | 24.51871 | 0.01079 | 0.04079 |
| 50 | 4.38391 | 0.22811 | 112.79687 | 25.72976 | 0.00887 | 0.03887 |
| 55 | 5.08215 | 0.19677 | 136.07162 | 26.77443 | 0.00735 | 0.03735 |
| 60 | 5.89160 | 0.16973 | 163.05344 | 27.67556 | 0.00613 | 0.03613 |
| 65 | 6.82998 | 0.14641 | 194.33276 | 28.45289 | 0.00515 | 0.03515 |
| 70 | 7.91782 | 0.12630 | 230.59406 | 29.12342 | 0.00434 | 0.03434 |
| 75 | 9.17893 | 0.10895 | 272.63086 | 29.70183 | 0.00367 | 0.03367 |
| 80 | 10.64089 | 0.09398 | 321.36302 | 30.20076 | 0.00311 | 0.03311 |
| 85 | 12.33571 | 0.08107 | 377.85695 | 30.63115 | 0.00265 | 0.03265 |
| 90 | 14.30047 | 0.06993 | 443.34890 | 31.00241 | 0.00226 | 0.03226 |
| 95 | 16.57816 | 0.06032 | 519.27203 | 31.32266 | 0.00193 | 0.03193 |
| 100 | 19.21863 | 0.05203 | 607.28773 | 31.59891 | 0.00165 | 0.03165 |

表 6A.5　定期利率（$i$）=4%

| $n$ | $F/P_{i,n}$ | $P/F_{i,n}$ | $F/A_{i,n}$ | $P/A_{i,n}$ | $A/F_{i,n}$ | $A/P_{i,n}$ |
|---|---|---|---|---|---|---|
| 1 | 1.04000 | 0.96154 | 1.00000 | 0.96154 | 1.00000 | 1.04000 |
| 2 | 1.08160 | 0.92456 | 2.04000 | 1.88609 | 0.49020 | 0.53020 |
| 3 | 1.12486 | 0.88900 | 3.12160 | 2.77509 | 0.32035 | 0.36035 |
| 4 | 1.16986 | 0.85480 | 4.24646 | 3.62990 | 0.23549 | 0.27549 |
| 5 | 1.21665 | 0.82193 | 5.41632 | 4.45182 | 0.18463 | 0.22463 |
| 6 | 1.26532 | 0.79031 | 6.63298 | 5.24214 | 0.15076 | 0.19076 |
| 7 | 1.31593 | 0.75992 | 7.89829 | 6.00205 | 0.12661 | 0.16661 |
| 8 | 1.36857 | 0.73069 | 9.21423 | 6.73274 | 0.10853 | 0.14853 |
| 9 | 1.42331 | 0.70259 | 10.58280 | 7.43533 | 0.09449 | 0.13449 |
| 10 | 1.48024 | 0.67556 | 12.00611 | 8.11090 | 0.08329 | 0.12329 |
| 11 | 1.53945 | 0.64958 | 13.48635 | 8.76048 | 0.07415 | 0.11415 |

| $n$ | $F/P_{i,n}$ | $P/F_{i,n}$ | $F/A_{i,n}$ | $P/A_{i,n}$ | $A/F_{i,n}$ | $A/P_{i,n}$ |
|---|---|---|---|---|---|---|
| 12 | 1.60103 | 0.62460 | 15.02581 | 9.38507 | 0.06655 | 0.10655 |
| 13 | 1.66507 | 0.60057 | 16.62684 | 9.98565 | 0.06014 | 0.10014 |
| 14 | 1.73168 | 0.57748 | 18.29191 | 10.56312 | 0.05467 | 0.09467 |
| 15 | 1.80094 | 0.55526 | 20.02359 | 11.11839 | 0.04994 | 0.08994 |
| 16 | 1.87298 | 0.53391 | 21.82453 | 11.65230 | 0.04582 | 0.08582 |
| 17 | 1.94790 | 0.51337 | 23.69751 | 12.16567 | 0.04220 | 0.08220 |
| 18 | 2.02582 | 0.49363 | 25.64541 | 12.65930 | 0.03899 | 0.07899 |
| 19 | 2.10685 | 0.47464 | 27.67123 | 13.13394 | 0.03614 | 0.07614 |
| 20 | 2.19112 | 0.45639 | 29.77808 | 13.59033 | 0.03358 | 0.07358 |
| 21 | 2.27877 | 0.43883 | 31.96920 | 14.02916 | 0.03128 | 0.07128 |
| 22 | 2.36992 | 0.42196 | 34.24797 | 14.45112 | 0.02920 | 0.06920 |
| 23 | 2.46472 | 0.40573 | 36.61789 | 14.85684 | 0.02731 | 0.06731 |
| 24 | 2.56330 | 0.39012 | 39.08260 | 15.24696 | 0.02559 | 0.06559 |
| 25 | 2.66584 | 0.37512 | 41.64591 | 15.62208 | 0.02401 | 0.06401 |
| 26 | 2.77247 | 0.36069 | 44.31174 | 15.98277 | 0.02257 | 0.06257 |
| 27 | 2.88337 | 0.34682 | 47.08421 | 16.32959 | 0.02124 | 0.06124 |
| 28 | 2.99870 | 0.33348 | 49.96758 | 16.66306 | 0.02001 | 0.06001 |
| 29 | 3.11865 | 0.32065 | 52.96629 | 16.98371 | 0.01888 | 0.05888 |
| 30 | 3.24340 | 0.30832 | 56.08494 | 17.29203 | 0.01783 | 0.05783 |
| 35 | 3.94609 | 0.25342 | 73.65222 | 18.66461 | 0.01358 | 0.05358 |
| 40 | 4.80102 | 0.20829 | 95.02552 | 19.79277 | 0.01052 | 0.05052 |
| 45 | 5.84118 | 0.17120 | 121.02939 | 20.72004 | 0.00826 | 0.04826 |
| 50 | 7.10668 | 0.14071 | 152.66708 | 21.48218 | 0.00655 | 0.04655 |
| 55 | 8.64637 | 0.11566 | 191.15917 | 22.10861 | 0.00523 | 0.04523 |
| 60 | 10.51963 | 0.09506 | 237.99069 | 22.62349 | 0.00420 | 0.04420 |
| 65 | 12.79874 | 0.07813 | 294.96838 | 23.04668 | 0.00339 | 0.04339 |
| 70 | 15.57162 | 0.06422 | 364.29046 | 23.39451 | 0.00275 | 0.04275 |
| 75 | 18.94525 | 0.05278 | 448.63137 | 23.68041 | 0.00223 | 0.04223 |
| 80 | 23.04980 | 0.04338 | 551.24498 | 23.91539 | 0.00181 | 0.04181 |
| 85 | 28.04360 | 0.03566 | 676.09012 | 24.10853 | 0.00148 | 0.04148 |
| 90 | 34.11933 | 0.02931 | 827.98333 | 24.26728 | 0.00121 | 0.04121 |
| 95 | 41.51139 | 0.02409 | 1012.78465 | 24.39776 | 0.00099 | 0.04099 |
| 100 | 50.50495 | 0.01980 | 1237.62370 | 24.50500 | 0.00081 | 0.04081 |

表 6A.6　定期利率 ($i$) =5%

| $n$ | $F/P_{i,n}$ | $P/F_{i,n}$ | $F/A_{i,n}$ | $P/A_{i,n}$ | $A/F_{i,n}$ | $A/P_{i,n}$ |
|---|---|---|---|---|---|---|
| 1 | 1.05000 | 0.95238 | 1.00000 | 0.95238 | 1.00000 | 1.05000 |
| 2 | 1.10250 | 0.90703 | 2.05000 | 1.85941 | 0.48780 | 0.53780 |
| 3 | 1.15763 | 0.86384 | 3.15250 | 2.72325 | 0.31721 | 0.36721 |
| 4 | 1.21551 | 0.82270 | 4.31013 | 3.54595 | 0.23201 | 0.28201 |
| 5 | 1.27628 | 0.78353 | 5.52563 | 4.32948 | 0.18097 | 0.23097 |
| 6 | 1.34010 | 0.74622 | 6.80191 | 5.07569 | 0.14702 | 0.19702 |

| $n$ | $F/P_{i,\ n}$ | $P/F_{i,\ n}$ | $F/A_{i,\ n}$ | $P/A_{i,\ n}$ | $A/F_{i,\ n}$ | $A/P_{i,\ n}$ |
|---|---|---|---|---|---|---|
| 7 | 1.40710 | 0.71068 | 8.14201 | 5.78637 | 0.12282 | 0.17282 |
| 8 | 1.47746 | 0.67684 | 9.54911 | 6.46321 | 0.10472 | 0.15472 |
| 9 | 1.55133 | 0.64461 | 11.02656 | 7.10782 | 0.09069 | 0.14069 |
| 10 | 1.62889 | 0.61391 | 12.57789 | 7.72173 | 0.07950 | 0.12950 |
| 11 | 1.71034 | 0.58468 | 14.20679 | 8.30641 | 0.07039 | 0.12039 |
| 12 | 1.79586 | 0.55684 | 15.91713 | 8.86325 | 0.06283 | 0.1.1283 |
| 13 | 1.88565 | 0.53032 | 17.71298 | 9.39357 | 0.05646 | 0.10646 |
| 14 | 1.97993 | 0.50507 | 19.59863 | 9.89864 | 0.05102 | 0.10102 |
| 15 | 2.07893 | 0.48102 | 21.57856 | 10.37966 | 0.04634 | 0.09634 |
| 16 | 2.18287 | 0.45811 | 23.65749 | 10.83777 | 0.04227 | 0.09227 |
| 17 | 2.29202 | 0.43630 | 25.84037 | 11.27407 | 0.03870 | 0.08870 |
| 18 | 2.40662 | 0.41552 | 28.13238 | 11.68959 | 0.03555 | 0.08555 |
| 19 | 2.52695 | 0.39573 | 30.53900 | 12.08532 | 0.03275 | 0.08275 |
| 20 | 2.65330 | 0.37689 | 33.06595 | 12.46221 | 0.03024 | 0.08024 |
| 21 | 2.78596 | 0.35894 | 35.71925 | 12.82115 | 0.02800 | 0.07800 |
| 22 | 2.92526 | 0.34185 | 38.50521 | 13.16300 | 0.02597 | 0.07597 |
| 23 | 3.07152 | 0.32557 | 41.43048 | 13.48857 | 0.02414 | 0.07414 |
| 24 | 3.22510 | 0.31007 | 44.50200 | 13.79864 | 0.02247 | 0.07247 |
| 25 | 3.38635 | 0.29530 | 47.72710 | 14.09394 | 0.02095 | 0.07095 |
| 26 | 3.55567 | 0.28124 | 51.11345 | 14.37519 | 0.01956 | 0.06956 |
| 27 | 3.73346 | 0.26785 | 54.66913 | 14.64303 | 0.01829 | 0.06829 |
| 28 | 3.92013 | 0.25509 | 58.40258 | 14.89813 | 0.01712 | 0.06712 |
| 29 | 4.11614 | 0.24295 | 62.32271 | 15.14107 | 0.01605 | 0.06605 |
| 30 | 4.32194 | 0.23138 | 66.43885 | 15.37245 | 0.01505 | 0.06505 |
| 35 | 5.51602 | 0.18129 | 90.32031 | 16.37419 | 0.01107 | 0.06107 |
| 40 | 7.03999 | 0.14205 | 120.79977 | 17.15909 | 0.00828 | 0.05828 |
| 45 | 8.98501 | 0.11130 | 159.70016 | 17.77407 | 0.00626 | 0.05626 |
| 50 | 11.46740 | 0.08720 | 209.34800 | 18.25593 | 0.00478 | 0.05478 |
| 55 | 14.63563 | 0.06833 | 272.71262 | 18.63347 | 0.00367 | 0.05367 |
| 60 | 18.67919 | 0.05354 | 353.58372 | 18.92929 | 0.00283 | 0.05283 |
| 65 | 23.83990 | 0.04195 | 456.79801 | 19.16107 | 0.00219 | 0.05219 |
| 70 | 30.42643 | 0.03287 | 588.52851 | 19.34268 | 0.00170 | 0.05170 |
| 75 | 38.83269 | 0.02575 | 756.65372 | 19.48497 | 0.00132 | 0.05132 |
| 80 | 49.56144 | 0.02018 | 971.22882 | 19.59646 | 0.00103 | 0.05103 |
| 85 | 63.25435 | 0.01581 | 1245.08707 | 19.68382 | 0.00080 | 0.05080 |
| 90 | 80.73037 | 0.01239 | 1594.60730 | 19.75226 | 0.00063 | 0.05063 |
| 95 | 103.03468 | 0.00971 | 2040.69353 | 19.80589 | 0.00049 | 0.05049 |
| 100 | 131.50126 | 0.00760 | 2610.02516 | 19.84791 | 0.00038 | 0.05038 |

表 6A.7 定期利率 $(i)$ =6%

| $n$ | $F/P_{i, n}$ | $P/F_{i, n}$ | $F/A_{i, n}$ | $P/A_{i, n}$ | $A/F_{i, n}$ | $A/P_{i, n}$ |
|---|---|---|---|---|---|---|
| 1 | 1.06000 | 0.94340 | 1.00000 | 0.94340 | 1.00000 | 1.06000 |
| 2 | 1.12360 | 0.89000 | 2.06000 | 1.83339 | 0.48544 | 0.54544 |
| 3 | 1.19102 | 0.83962 | 3.18360 | 2.67301 | 0.31411 | 0.37411 |
| 4 | 1.26248 | 0.79209 | 4.37462 | 3.46511 | 0.22859 | 0.28859 |
| 5 | 1.33823 | 0.74726 | 5.63709 | 4.21236 | 0.17740 | 0.23740 |
| 6 | 1.41852 | 0.70496 | 6.97532 | 4.91732 | 0.14336 | 0.20336 |
| 7 | 1.50363 | 0.66506 | 8.39384 | 5.58238 | 0.11914 | 0.17914 |
| 8 | 1.59385 | 0.62741 | 9.89747 | 6.20979 | 0.10104 | 0.16104 |
| 9 | 1.68948 | 0.59190 | 11.49132 | 6.80169 | 0.08702 | 0.14702 |
| 10 | 1.79085 | 0.55839 | 13.18079 | 7.36009 | 0.07587 | 0.13587 |
| 11 | 1.89830 | 0.52679 | 14.97164 | 7.88687 | 0.06679 | 0.12679 |
| 12 | 2.01220 | 0.49697 | 16.86994 | 8.38384 | 0.05928 | 0.11928 |
| 13 | 2.13293 | 0.46884 | 18.88214 | 8.85268 | 0.05296 | 0.11296 |
| 14 | 2.26090 | 0.44230 | 21.01507 | 9.29498 | 0.04758 | 0.10758 |
| 15 | 2.39656 | 0.41727 | 23.27597 | 9.71225 | 0.04296 | 0.10296 |
| 16 | 2.54035 | 0.39365 | 25.67253 | 10.10590 | 0.03895 | 0.09895 |
| 17 | 2.69277 | 0.37136 | 28.21288 | 10.47726 | 0.03544 | 0.09544 |
| 18 | 2.85434 | 0.35034 | 30.90565 | 10.82760 | 0.03236 | 0.09236 |
| 19 | 3.02560 | 0.33051 | 33.75999 | 11.15812 | 0.02962 | 0.08962 |
| 20 | 3.20714 | 0.31180 | 36.78559 | 11.46992 | 0.02718 | 0.08718 |
| 21 | 3.39956 | 0.29416 | 39.99273 | 11.76408 | 0.02500 | 0.08500 |
| 22 | 3.60354 | 0.27751 | 43.39229 | 12.04158 | 0.02305 | 0.08305 |
| 23 | 3.81975 | 0.26180 | 46.99583 | 12.30338 | 0.02128 | 0.08128 |
| 24 | 4.04893 | 0.24698 | 50.81558 | 12.55036 | 0.01968 | 0.07968 |
| 25 | 4.29187 | 0.23300 | 54.86451 | 12.78336 | 0.01823 | 0.07823 |
| 26 | 4.54938 | 0.21981 | 59.15638 | 13.00317 | 0.01690 | 0.07690 |
| 27 | 4.82235 | 0.20737 | 63.70577 | 13.21053 | 0.01570 | 0.07570 |
| 28 | 5.11169 | 0.19563 | 68.52811 | 13.40616 | 0.01459 | 0.07459 |
| 29 | 5.41839 | 0.18456 | 73.63980 | 13.59072 | 0.01358 | 0.07358 |
| 30 | 5.74349 | 0.17411 | 79.05819 | 13.76483 | 0.01265 | 0.07265 |
| 35 | 7.68609 | 0.13011 | 111.43478 | 14.49825 | 0.00897 | 0.06897 |
| 40 | 10.28572 | 0.09722 | 154.76197 | 15.04630 | 0.00646 | 0.06646 |
| 45 | 13.76461 | 0.07265 | 212.74351 | 15.45583 | 0.00470 | 0.06470 |
| 50 | 18.42015 | 0.05429 | 290.33590 | 15.76186 | 0.00344 | 0.06344 |
| 55 | 24.65032 | 0.04057 | 394.17203 | 15.99054 | 0.00254 | 0.06254 |
| 60 | 32.98769 | 0.03031 | 533.12818 | 16.16143 | 0.00188 | 0.06188 |
| 65 | 44.14497 | 0.02265 | 719.08286 | 16.28912 | 0.00139 | 0.06139 |
| 70 | 59.07593 | 0.01693 | 967.93217 | 16.38454 | 0.00103 | 0.06103 |
| 75 | 79.05692 | 0.01265 | 1300.94868 | 16.45585 | 0.00077 | 0.06077 |
| 80 | 105.79599 | 0.00945 | 1746.59989 | 16.50913 | 0.00057 | 0.06057 |
| 85 | 141.57890 | 0.00706 | 2342.98174 | 16.54895 | 0.00043 | 0.06043 |

续表

| $n$ | $F/P_{i,n}$ | $P/F_{i,n}$ | $F/A_{i,n}$ | $P/A_{i,n}$ | $A/F_{i,n}$ | $A/P_{i,n}$ |
|---|---|---|---|---|---|---|
| 90 | 189.46451 | 0.00528 | 3141.07519 | 16.57870 | 0.00032 | 0.06032 |
| 95 | 253.54625 | 0.00394 | 4209.10425 | 16.60093 | 0.00024 | 0.06024 |
| 100 | 339.30208 | 0.00295 | 5638.36806 | 16.61755 | 0.00018 | 0.06018 |

表 6A.8　定期利率（$i$）=7%

| $n$ | $F/P_{i,n}$ | $P/F_{i,n}$ | $F/A_{i,n}$ | $P/A_{i,n}$ | $A/F_{i,n}$ | $A/P_{i,n}$ |
|---|---|---|---|---|---|---|
| 1 | 1.07000 | 0.93458 | 1.00000 | 0.93458 | 1.00000 | 1.07000 |
| 2 | 1.14490 | 0.87344 | 2.07000 | 1.80802 | 0.48309 | 0.55309 |
| 3 | 1.22504 | 0.81630 | 3.21490 | 2.62432 | 0.31105 | 0.38105 |
| 4 | 1.31080 | 0.76290 | 4.43994 | 3.38721 | 0.22523 | 0.29523 |
| 5 | 1.40255 | 0.71299 | 5.75074 | 4.10020 | 0.17389 | 0.24389 |
| 6 | 1.50073 | 0.66634 | 7.15329 | 4.76654 | 0.13980 | 0.20980 |
| 7 | 1.60578 | 0.62275 | 8.65402 | 5.38929 | 0.11555 | 0.18555 |
| 8 | 1.71819 | 0.58201 | 10.25980 | 5.97130 | 0.09747 | 0.16747 |
| 9 | 1.83846 | 0.54393 | 11.97799 | 6.51523 | 0.08349 | 0.15349 |
| 10 | 1.96715 | 0.50835 | 13.81645 | 7.02358 | 0.07238 | 0.14238 |
| 11 | 2.10485 | 0.47509 | 15.78360 | 7.49867 | 0.06336 | 0.13336 |
| 12 | 2.25219 | 0.44401 | 17.88845 | 7.94269 | 0.05590 | 0.12590 |
| 13 | 2.40985 | 0.41496 | 20.14064 | 8.35765 | 0.04965 | 0.11965 |
| 14 | 2.57853 | 0.38782 | 22.55049 | 8.74547 | 0.04434 | 0.11434 |
| 15 | 2.75903 | 0.36245 | 25.12902 | 9.10791 | 0.03979 | 0.10979 |
| 16 | 2.95216 | 0.33873 | 27.88805 | 9.44665 | 0.03586 | 0.10586 |
| 17 | 3.15882 | 0.31657 | 30.84022 | 9.76322 | 0.03243 | 0.10243 |
| 18 | 3.37993 | 0.29586 | 33.99903 | 10.05909 | 0.02941 | 0.09941 |
| 19 | 3.61653 | 0.27651 | 37.37896 | 10.33560 | 0.02675 | 0.09675 |
| 20 | 3.86968 | 0.25842 | 40.99549 | 10.59401 | 0.02439 | 0.09439 |
| 21 | 4.14056 | 0.24151 | 44.86518 | 10.83553 | 0.02229 | 0.09229 |
| 22 | 4.43040 | 0.22571 | 49.00574 | 11.06124 | 0.02041 | 0.09041 |
| 23 | 4.74053 | 0.21095 | 53.43614 | 11.27219 | 0.01871 | 0.08871 |
| 24 | 5.07237 | 0.19715 | 58.17667 | 11.46933 | 0.01719 | 0.08719 |
| 25 | 5.42743 | 0.18425 | 63.24904 | 11.65358 | 0.01581 | 0.08581 |
| 26 | 5.80735 | 0.17220 | 68.67647 | 11.82578 | 0.01456 | 0.08456 |
| 27 | 6.21387 | 0.16093 | 74.48382 | 11.98671 | 0.01343 | 0.08343 |
| 28 | 6.64884 | 0.15040 | 80.69769 | 12.13711 | 0.01239 | 0.08239 |
| 29 | 7.11426 | 0.14056 | 87.34653 | 12.27767 | 0.01145 | 0.08145 |
| 30 | 7.61226 | 0.13137 | 94.46079 | 12.40904 | 0.01059 | 0.08059 |
| 35 | 10.67658 | 0.09366 | 138.23688 | 12.94767 | 0.00723 | 0.07723 |
| 40 | 14.97446 | 0.06678 | 199.63511 | 13.33171 | 0.00501 | 0.07501 |
| 45 | 21.00245 | 0.04761 | 285.74931 | 13.60552 | 0.00350 | 0.07350 |
| 50 | 29.45703 | 0.03395 | 406.52893 | 13.80075 | 0.00246 | 0.07246 |
| 55 | 41.31500 | 0.02420 | 575.92859 | 13.93994 | 0.00174 | 0.07174 |
| 60 | 57.94643 | 0.01726 | 813.52038 | 14.03918 | 0.00123 | 0.07123 |

| n | $F/P_{i, n}$ | $P/F_{i, n}$ | $F/A_{i, n}$ | $P/A_{i, n}$ | $A/F_{i, n}$ | $A/P_{i, n}$ |
|---|---|---|---|---|---|---|
| 65 | 81.27286 | 0.01230 | 1146.75516 | 14.10994 | 0.00087 | 0.07087 |
| 70 | 113.98939 | 0.00877 | 1614.13417 | 14.16039 | 0.00062 | 0.07062 |
| 75 | 159.87602 | 0.00625 | 2269.65742 | 14.19636 | 0.00044 | 0.07044 |
| 80 | 224.23439 | 0.00446 | 3189.06268 | 14.22201 | 0.00031 | 0.07031 |
| 85 | 314.50033 | 0.00318 | 4478.57612 | 14.24029 | 0.00022 | 0.07022 |
| 90 | 441.10298 | 0.00227 | 6287.18543 | 14.25333 | 0.00016 | 0.07016 |
| 95 | 618.66975 | 0.00162 | 8823.85354 | 14.26262 | 0.00011 | 0.07011 |
| 100 | 867.71633 | 0.00115 | 12381.66179 | 14.26925 | 0.00008 | 0.07008 |

表 6A.9  定期利率 （*i*）=8%

| n | $F/P_{i, n}$ | $P/F_{i, n}$ | $F/A_{i, n}$ | $P/A_{i, n}$ | $A/F_{i, n}$ | $A/P_{i, n}$ |
|---|---|---|---|---|---|---|
| 1 | 1.08000 | 0.92593 | 1.00000 | 0.92593 | 1.00000 | 1.08000 |
| 2 | 1.16640 | 0.85734 | 2.08000 | 1.78326 | 0.48077 | 0.56077 |
| 3 | 1.25971 | 0.79383 | 3.24640 | 2.57710 | 0.30803 | 0.38803 |
| 4 | 1.36049 | 0.73503 | 4.50611 | 3.31213 | 0.22192 | 0.30192 |
| 5 | 1.46933 | 0.68058 | 5.86660 | 3.99271 | 0.17046 | 0.25046 |
| 6 | 1.58687 | 0.63017 | 7.33593 | 4.62288 | 0.13632 | 0.21632 |
| 7 | 1.71382 | 0.58349 | 8.92280 | 5.20637 | 0.11207 | 0.19207 |
| 8 | 1.85093 | 0.54027 | 10.63663 | 5.74664 | 0.09401 | 0.17401 |
| 9 | 1.99900 | 0.50025 | 12.48756 | 6.24689 | 0.08008 | 0.16008 |
| 10 | 2.15892 | 0.46319 | 14.48656 | 6.71008 | 0.06903 | 0.14903 |
| 11 | 2.33164 | 0.42888 | 16.64549 | 7.13896 | 0.06008 | 0.14008 |
| 12 | 2.51817 | 0.39711 | 18.97713 | 7.53608 | 0.05270 | 0.13270 |
| 13 | 2.71962 | 0.36770 | 21.49530 | 7.90378 | 0.04652 | 0.12652 |
| 14 | 2.93719 | 0.34046 | 24.21492 | 8.24424 | 0.04130 | 0.12130 |
| 15 | 3.17217 | 0.31524 | 27.15211 | 8.55948 | 0.03683 | 0.11683 |
| 16 | 3.42594 | 0.29189 | 30.32428 | 8.85137 | 0.03298 | 0.11298 |
| 17 | 3.70002 | 0.27027 | 33.75023 | 9.12164 | 0.02963 | 0.10963 |
| 18 | 3.99602 | 0.25025 | 37.45024 | 9.37189 | 0.02670 | 0.10670 |
| 19 | 4.31570 | 0.23171 | 41.44626 | 9.60360 | 0.02413 | 0.10413 |
| 20 | 4.66096 | 0.21455 | 45.76196 | 9.81815 | 0.02185 | 0.10185 |
| 21 | 5.03383 | 0.19866 | 50.42292 | 10.01680 | 0.01983 | 0.09983 |
| 22 | 5.43654 | 0.18394 | 55.45676 | 10.20074 | 0.01803 | 0.09803 |
| 23 | 5.87146 | 0.17032 | 60.89330 | 10.37106 | 0.01642 | 0.09642 |
| 24 | 6.34118 | 0.15770 | 66.76476 | 10.52876 | 0.01498 | 0.09498 |
| 25 | 6.84848 | 0.14602 | 73.10594 | 10.67478 | 0.01368 | 0.09368 |
| 26 | 7.39635 | 0.13520 | 79.95442 | 10.80998 | 0.01251 | 0.09251 |
| 27 | 7.98806 | 0.12519 | 87.35077 | 10.93516 | 0.01145 | 0.09145 |
| 28 | 8.62711 | 0.11591 | 95.33883 | 11.05108 | 0.01049 | 0.09049 |
| 29 | 9.31727 | 0.10733 | 103.96594 | 11.15841 | 0.00962 | 0.08962 |
| 30 | 10.06266 | 0.09938 | 113.28321 | 11.25778 | 0.00883 | 0.08883 |
| 35 | 14.78534 | 0.06763 | 172.31680 | 11.65457 | 0.00580 | 0.08580 |

续表

| $n$ | $F/P_{i, n}$ | $P/F_{i, n}$ | $F/A_{i, n}$ | $P/A_{i, n}$ | $A/F_{i, n}$ | $A/P_{i, n}$ |
|---|---|---|---|---|---|---|
| 40 | 21.72452 | 0.04603 | 259.05652 | 11.92461 | 0.00386 | 0.08386 |
| 45 | 31.92045 | 0.03133 | 386.50562 | 12.10840 | 0.00259 | 0.08259 |
| 50 | 46.90161 | 0.02132 | 573.77016 | 12.23348 | 0.00174 | 0.08174 |
| 55 | 68.91386 | 0.01451 | 848.92320 | 12.31861 | 0.00118 | 0.08118 |
| 60 | 101.25706 | 0.00988 | 1253.21330 | 12.37655 | 0.00080 | 0.08080 |
| 65 | 148.77985 | 0.00672 | 1847.24808 | 12.41598 | 0.00054 | 0.08054 |
| 70 | 218.60641 | 0.00457 | 2720.08007 | 12.44282 | 0.00037 | 0.08037 |
| 75 | 321.20453 | 0.00311 | 4002.55662 | 12.46108 | 0.00025 | 0.08025 |
| 80 | 471.95483 | 0.00212 | 5886.93543 | 12.47351 | 0.00017 | 0.08017 |
| 85 | 693.45649 | 0.00144 | 8655.70611 | 12.48197 | 0.00012 | 0.08012 |
| 90 | 1018.91509 | 0.00098 | 12723.93862 | 12.48773 | 0.00008 | 0.08008 |
| 95 | 1497.12055 | 0.00067 | 18701.50686 | 12.49165 | 0.00005 | 0.08005 |
| 100 | 2199.76126 | 0.00045 | 27484.51570 | 12.49432 | 0.00004 | 0.08004 |

表 6A.10　定期利率（$i$）=9%

| $n$ | $F/P_{i, n}$ | $P/F_{i, n}$ | $F/A_{i, n}$ | $P/A_{i, n}$ | $A/F_{i, n}$ | $A/P_{i, n}$ |
|---|---|---|---|---|---|---|
| 1 | 1.09000 | 0.91743 | 1.00000 | 0.91743 | 1.00000 | 1.09000 |
| 2 | 1.18810 | 0.84168 | 2.09000 | 1.75911 | 0.47847 | 0.56847 |
| 3 | 1.29503 | 0.77218 | 3.27810 | 2.53129 | 0.30505 | 0.39505 |
| 4 | 1.41158 | 0.70843 | 4.57313 | 3.23972 | 0.21867 | 0.30867 |
| 5 | 1.53862 | 0.64993 | 5.98471 | 3.88965 | 0.16709 | 0.25709 |
| 6 | 1.67710 | 0.59627 | 7.52333 | 4.48592 | 0.13292 | 0.22292 |
| 7 | 1.82804 | 0.54703 | 9.20043 | 5.03295 | 0.10869 | 0.19869 |
| 8 | 1.99256 | 0.50187 | 11.02847 | 5.53482 | 0.09067 | 0.18067 |
| 9 | 2.17189 | 0.46043 | 13.02104 | 5.99525 | 0.07680 | 0.16680 |
| 10 | 2.36736 | 0.42241 | 15.19293 | 6.41766 | 0.06582 | 0.15582 |
| 11 | 2.58043 | 0.38753 | 17.56029 | 6.80519 | 0.05695 | 0.14695 |
| 12 | 2.81266 | 0.35553 | 20.14072 | 7.16073 | 0.04965 | 0.13965 |
| 13 | 3.06580 | 0.32618 | 22.95338 | 7.48690 | 0.04357 | 0.13357 |
| 14 | 3.34173 | 0.29925 | 26.01919 | 7.78615 | 0.03843 | 0.12843 |
| 15 | 3.64248 | 0.27454 | 29.36092 | 8.06069 | 0.03406 | 0.12406 |
| 16 | 3.97031 | 0.25187 | 33.00340 | 8.31256 | 0.03030 | 0.12030 |
| 17 | 4.32763 | 0.23107 | 36.97370 | 8.54363 | 0.02705 | 0.11705 |
| 18 | 4.71712 | 0.21199 | 41.30134 | 8.75563 | 0.02421 | 0.11421 |
| 19 | 5.14166 | 0.19449 | 46.01846 | 8.95011 | 0.02173 | 0.11173 |
| 20 | 5.60441 | 0.17843 | 51.16012 | 9.12855 | 0.01955 | 0.10955 |
| 21 | 6.10881 | 0.16370 | 56.76453 | 9.29224 | 0.01762 | 0.10762 |
| 22 | 6.65860 | 0.15018 | 62.87334 | 9.44243 | 0.01590 | 0.10590 |
| 23 | 7.25787 | 0.13778 | 69.53194 | 9.58021 | 0.01438 | 0.10438 |
| 24 | 7.91108 | 0.12640 | 76.78981 | 9.70661 | 0.01302 | 0.10302 |
| 25 | 8.62308 | 0.11597 | 84.70090 | 9.82258 | 0.01181 | 0.10181 |
| 26 | 9.39916 | 0.10639 | 93.32398 | 9.92897 | 0.01072 | 0.10072 |

续表

| n | $F/P_{i, n}$ | $P/F_{i, n}$ | $F/A_{i, n}$ | $P/A_{i, n}$ | $A/F_{i, n}$ | $A/P_{i, n}$ |
|---|---|---|---|---|---|---|
| 27 | 10.24508 | 0.09761 | 102.72313 | 10.02658 | 0.00973 | 0.09973 |
| 28 | 11.16714 | 0.08955 | 112.96822 | 10.11613 | 0.00885 | 0.09885 |
| 29 | 12.17218 | 0.08215 | 124.13536 | 10.19828 | 0.00806 | 0.09806 |
| 30 | 13.26768 | 0.07537 | 136.30754 | 10.27365 | 0.00734 | 0.09734 |
| 35 | 20.41397 | 0.04899 | 215.71075 | 10.56682 | 0.00464 | 0.09464 |
| 40 | 31.40942 | 0.03184 | 337.88245 | 10.75736 | 0.00296 | 0.09296 |
| 45 | 48.32729 | 0.02069 | 525.85873 | 10.88120 | 0.00190 | 0.09190 |
| 50 | 74.35752 | 0.01345 | 815.08356 | 10.96168 | 0.00123 | 0.09123 |
| 55 | 114.40826 | 0.00874 | 1260.09180 | 11.01399 | 0.00079 | 0.09079 |
| 60 | 176.03129 | 0.00568 | 1944.79213 | 11.04799 | 0.00051 | 0.09051 |
| 65 | 270.84596 | 0.00369 | 2998.28847 | 11.07009 | 0.00033 | 0.09033 |
| 70 | 416.73009 | 0.00240 | 4619.22318 | 11.08445 | 0.00022 | 0.09022 |
| 75 | 641.19089 | 0.00156 | 7113.23215 | 11.09378 | 0.00014 | 0.09014 |
| 80 | 986.55167 | 0.00101 | 10950.57409 | 11.09985 | 0.00009 | 0.09009 |
| 85 | 1517.93203 | 0.00066 | 16854.80033 | 11.10379 | 0.00006 | 0.09006 |
| 90 | 2335.52658 | 0.00043 | 25939.18425 | 11.10635 | 0.00004 | 0.09004 |
| 95 | 3593.49715 | 0.00028 | 39916.63496 | 11.10802 | 0.00003 | 0.09003 |
| 100 | 5529.04079 | 0.00018 | 61422.67546 | 11.10910 | 0.00002 | 0.09002 |

### 表 6A.11　定期利率（$i$）=10%

| n | $F/P_{i, n}$ | $P/F_{i, n}$ | $F/A_{i, n}$ | $P/A_{i, n}$ | $A/F_{i, n}$ | $A/P_{i, n}$ |
|---|---|---|---|---|---|---|
| 1 | 1.10000 | 0.90909 | 1.00000 | 0.90909 | 1.00000 | 1.10000 |
| 2 | 1.21000 | 0.82645 | 2.10000 | 1.73554 | 0.47619 | 0.57619 |
| 3 | 1.33100 | 0.75131 | 3.31000 | 2.48685 | 0.30211 | 0.40211 |
| 4 | 1.46410 | 0.68301 | 4.64100 | 3.16987 | 0.21547 | 0.31547 |
| 5 | 1.61051 | 0.62092 | 6.10510 | 3.79079 | 0.16380 | 0.26380 |
| 6 | 1.77156 | 0.56447 | 7.71561 | 4.35526 | 0.12961 | 0.22961 |
| 7 | 1.94872 | 0.51316 | 9.48717 | 4.86842 | 0.10541 | 0.20541 |
| 8 | 2.14359 | 0.46651 | 11.43589 | 5.33493 | 0.08744 | 0.18744 |
| 9 | 2.35795 | 0.42410 | 13.57948 | 5.75902 | 0.07364 | 0.17364 |
| 10 | 2.59374 | 0.38554 | 15.93742 | 6.14457 | 0.06275 | 0.16275 |
| 11 | 2.85312 | 0.35049 | 18.53117 | 6.49506 | 0.05396 | 0.15396 |
| 12 | 3.13843 | 0.31863 | 21.38428 | 6.81369 | 0.04676 | 0.14676 |
| 13 | 3.45227 | 0.28966 | 24.52271 | 7.10336 | 0.04078 | 0.14078 |
| 14 | 3.79750 | 0.26333 | 27.97498 | 7.36669 | 0.03575 | 0.13575 |
| 15 | 4.17725 | 0.23939 | 31.77248 | 7.60608 | 0.03147 | 0.13147 |
| 16 | 4.59497 | 0.21763 | 35.94973 | 7.82371 | 0.02782 | 0.12782 |
| 17 | 5.05447 | 0.19784 | 40.54470 | 8.02155 | 0.02466 | 0.12466 |
| 18 | 5.55992 | 0.17986 | 45.59917 | 8.20141 | 0.02193 | 0.12193 |
| 19 | 6.11591 | 0.16351 | 51.15909 | 8.36492 | 0.01955 | 0.11955 |
| 20 | 6.72750 | 0.14864 | 57.27500 | 8.51356 | 0.01746 | 0.11746 |
| 21 | 7.40025 | 0.13513 | 64.00250 | 8.64869 | 0.01562 | 0.11562 |

续表

| $n$ | $F/P_{i,\,n}$ | $P/F_{i,\,n}$ | $F/A_{i,\,n}$ | $P/A_{i,\,n}$ | $A/F_{i,\,n}$ | $A/P_{i,\,n}$ |
|---|---|---|---|---|---|---|
| 22 | 8.14027 | 0.12285 | 71.40275 | 8.77154 | 0.01401 | 0.11401 |
| 23 | 8.95430 | 0.11168 | 79.54302 | 8.88322 | 0.01257 | 0.11257 |
| 24 | 9.84973 | 0.10153 | 88.49733 | 8.98474 | 0.01130 | 0.11130 |
| 25 | 10.83471 | 0.09230 | 98.34706 | 9.07704 | 0.01017 | 0.11017 |
| 26 | 11.91818 | 0.08391 | 109.18177 | 9.16095 | 0.00916 | 0.10916 |
| 27 | 13.10999 | 0.07628 | 121.09994 | 9.23722 | 0.00826 | 0.10826 |
| 28 | 14.42099 | 0.06934 | 134.20994 | 9.30657 | 0.00745 | 0.10745 |
| 29 | 15.86309 | 0.06304 | 148.63093 | 9.36961 | 0.00673 | 0.10673 |
| 30 | 17.44940 | 0.05731 | 164.49402 | 9.42691 | 0.00608 | 0.10608 |
| 35 | 28.10244 | 0.03558 | 271.02437 | 9.64416 | 0.00369 | 0.10369 |
| 40 | 45.25926 | 0.02209 | 442.59256 | 9.77905 | 0.00226 | 0.10226 |
| 45 | 72.89048 | 0.01372 | 718.90484 | 9.86281 | 0.00139 | 0.10139 |
| 50 | 117.39085 | 0.00852 | 1163.90853 | 9.91481 | 0.00086 | 0.10086 |
| 55 | 189.05914 | 0.00529 | 1880.59142 | 9.94711 | 0.00053 | 0.10053 |
| 60 | 304.48164 | 0.00328 | 3034.81640 | 9.96716 | 0.00033 | 0.10033 |
| 65 | 490.37073 | 0.00204 | 4893.70725 | 9.97961 | 0.00020 | 0.10020 |
| 70 | 789.74696 | 0.00127 | 7887.46957 | 9.98734 | 0.00013 | 0.10013 |
| 75 | 1271.89537 | 0.00079 | 12708.95371 | 9.99214 | 0.00008 | 0.10008 |
| 80 | 2048.40021 | 0.00049 | 20474.00215 | 9.99512 | 0.00005 | 0.10005 |
| 85 | 3298.96903 | 0.00030 | 32979.69030 | 9.99697 | 0.00003 | 0.10003 |
| 90 | 5313.02261 | 0.00019 | 53120.22612 | 9.99812 | 0.00002 | 0.10002 |
| 95 | 8556.67605 | 0.00012 | 85556.76047 | 9.99883 | 0.00001 | 0.10001 |

表 6A.12　定期利率 $(i)$ =11%

| $n$ | $F/P_{i,\,n}$ | $P/F_{i,\,n}$ | $F/A_{i,\,n}$ | $P/A_{i,\,n}$ | $A/F_{i,\,n}$ | $A/P_{i,\,n}$ |
|---|---|---|---|---|---|---|
| 1 | 1.11000 | 0.90090 | 1.00000 | 0.90090 | 1.00000 | 1.11000 |
| 2 | 1.23210 | 0.81162 | 2.11000 | 1.71252 | 0.47393 | 0.58393 |
| 3 | 1.36763 | 0.73119 | 3.34210 | 2.44371 | 0.29921 | 0.40921 |
| 4 | 1.51807 | 0.65873 | 4.70973 | 3.10245 | 0.21233 | 0.32233 |
| 5 | 1.68506 | 0.59345 | 6.22780 | 3.69590 | 0.16057 | 0.27057 |
| 6 | 1.87041 | 0.53464 | 7.91286 | 4.23054 | 0.12638 | 0.23638 |
| 7 | 2.07616 | 0.48166 | 9.78327 | 4.71220 | 0.10222 | 0.21222 |
| 8 | 2.30454 | 0.43393 | 11.85943 | 5.14612 | 0.08432 | 0.19432 |
| 9 | 2.55804 | 0.39092 | 14.16397 | 5.53705 | 0.07060 | 0.18060 |
| 10 | 2.83942 | 0.35218 | 16.72201 | 5.88923 | 0.05980 | 0.16980 |
| 11 | 3.15176 | 0.31728 | 19.56143 | 6.20652 | 0.05112 | 0.16112 |
| 12 | 3.49845 | 0.28584 | 22.71319 | 6.49236 | 0.04403 | 0.15403 |
| 13 | 3.88328 | 0.25751 | 26.21164 | 6.74987 | 0.03815 | 0.14815 |
| 14 | 4.31044 | 0.23199 | 30.09492 | 6.98187 | 0.03323 | 0.14323 |
| 15 | 4.78459 | 0.20900 | 34.40536 | 7.19087 | 0.02907 | 0.13907 |
| 16 | 5.31089 | 0.18829 | 39.18995 | 7.37916 | 0.02552 | 0.13552 |
| 17 | 5.89509 | 0.16963 | 44.50084 | 7.54879 | 0.02247 | 0.13247 |

续表

| n | $F/P_{i,n}$ | $P/F_{i,n}$ | $F/A_{i,n}$ | $P/A_{i,n}$ | $A/F_{i,n}$ | $A/P_{i,n}$ |
|---|---|---|---|---|---|---|
| 18 | 6.54355 | 0.15282 | 50.39594 | 7.70162 | 0.01984 | 0.12984 |
| 19 | 7.26334 | 0.13768 | 56.93949 | 7.83929 | 0.01756 | 0.12756 |
| 20 | 8.06231 | 0.12403 | 64.20283 | 7.96333 | 0.01558 | 0.12558 |
| 21 | 8.94917 | 0.11174 | 72.26514 | 8.07507 | 0.01384 | 0.12384 |
| 22 | 9.93357 | 0.10067 | 81.21431 | 8.17574 | 0.01231 | 0.12231 |
| 23 | 11.02627 | 0.09069 | 91.14788 | 8.26643 | 0.01097 | 0.12097 |
| 24 | 12.23916 | 0.08170 | 102.17415 | 8.34814 | 0.00979 | 0.11979 |
| 25 | 13.58546 | 0.07361 | 114.41331 | 8.42174 | 0.00874 | 0.11874 |
| 26 | 15.07986 | 0.06631 | 127.99877 | 8.48806 | 0.00781 | 0.11781 |
| 27 | 16.73865 | 0.05974 | 143.07864 | 8.54780 | 0.00699 | 0.11699 |
| 28 | 18.57990 | 0.05382 | 159.81729 | 8.60162 | 0.00626 | 0.11626 |
| 29 | 20.62369 | 0.04849 | 178.39719 | 8.65011 | 0.00561 | 0.11561 |
| 30 | 22.89230 | 0.04368 | 199.02088 | 8.69379 | 0.00502 | 0.11502 |
| 35 | 38.57485 | 0.02592 | 341.58955 | 8.85524 | 0.00293 | 0.11293 |
| 40 | 65.00087 | 0.01538 | 581.82607 | 8.95105 | 0.00172 | 0.11172 |
| 45 | 109.53024 | 0.00913 | 986.63856 | 9.00791 | 0.00101 | 0.11101 |
| 50 | 184.56483 | 0.00542 | 1668.77115 | 9.04165 | 0.00060 | 0.11060 |
| 55 | 311.00247 | 0.00322 | 2818.20424 | 9.06168 | 0.00035 | 0.11035 |
| 60 | 524.05724 | 0.00191 | 4755.06584 | 9.07356 | 0.00021 | 0.11021 |
| 65 | 883.06693 | 0.00113 | 8018.79027 | 9.08061 | 0.00012 | 0.11012 |
| 70 | 1488.01913 | 0.00067 | 13518.35574 | 9.08480 | 0.00007 | 0.11007 |
| 75 | 2507.39877 | 0.00040 | 22785.44339 | 9.08728 | 0.00004 | 0.11004 |
| 80 | 4225.11275 | 0.00024 | 38401.02500 | 9.08876 | 0.00003 | 0.11003 |
| 85 | 7119.56070 | 0.00014 | 64714.18815 | 9.08963 | 0.00002 | 0.11002 |
| 90 | 11996.87381 | 0.00008 | 109053.39829 | 9.09015 | 0.00001 | 0.11001 |

### 表 6A.13　定期利率 $(i)$ =12%

| n | $F/P_{i,n}$ | $P/F_{i,n}$ | $F/A_{i,n}$ | $P/A_{i,n}$ | $A/F_{i,n}$ | $A/P_{i,n}$ |
|---|---|---|---|---|---|---|
| 1 | 1.12000 | 0.89286 | 1.00000 | 0.89286 | 1.00000 | 1.12000 |
| 2 | 1.25440 | 0.79719 | 2.12000 | 1.69005 | 0.47170 | 0.59170 |
| 3 | 1.40493 | 0.71178 | 3.37440 | 2.40183 | 0.29635 | 0.41635 |
| 4 | 1.57352 | 0.63552 | 4.77933 | 3.03735 | 0.20923 | 0.32923 |
| 5 | 1.76234 | 0.56743 | 6.35285 | 3.60478 | 0.15741 | 0.27741 |
| 6 | 1.97382 | 0.50663 | 8.11519 | 4.11141 | 0.12323 | 0.24323 |
| 7 | 2.21068 | 0.45235 | 10.08901 | 4.56376 | 0.09912 | 0.21912 |
| 8 | 2.47596 | 0.40388 | 12.29969 | 4.96764 | 0.08130 | 0.20130 |
| 9 | 2.77308 | 0.36061 | 14.77566 | 5.32825 | 0.06768 | 0.18768 |
| 10 | 3.10585 | 0.32197 | 17.54874 | 5.65022 | 0.05698 | 0.17698 |
| 11 | 3.47855 | 0.28748 | 20.65458 | 5.93770 | 0.04842 | 0.16842 |
| 12 | 3.89598 | 0.25668 | 24.13313 | 6.19437 | 0.04144 | 0.16144 |
| 13 | 4.36349 | 0.22917 | 28.02911 | 6.42355 | 0.03568 | 0.15568 |
| 14 | 4.88711 | 0.20462 | 32.39260 | 6.62817 | 0.03087 | 0.15087 |

| $n$ | $F/P_{i, n}$ | $P/F_{i, n}$ | $F/A_{i, n}$ | $P/A_{i, n}$ | $A/F_{i, n}$ | $A/P_{i, n}$ |
|---|---|---|---|---|---|---|
| 15 | 5.47357 | 0.18270 | 37.27971 | 6.81086 | 0.02682 | 0.14682 |
| 16 | 6.13039 | 0.16312 | 42.75328 | 6.97399 | 0.02339 | 0.14339 |
| 17 | 6.86604 | 0.14564 | 48.88367 | 7.11963 | 0.02046 | 0.14046 |
| 18 | 7.68997 | 0.13004 | 55.74971 | 7.24967 | 0.01794 | 0.13794 |
| 19 | 8.61276 | 0.11611 | 63.43968 | 7.36578 | 0.01576 | 0.13576 |
| 20 | 9.64629 | 0.10367 | 72.05244 | 7.46944 | 0.01388 | 0.13388 |
| 21 | 10.80385 | 0.09256 | 81.69874 | 7.56200 | 0.01224 | 0.13224 |
| 22 | 12.10031 | 0.08264 | 92.50258 | 7.64465 | 0.01081 | 0.13081 |
| 23 | 13.55235 | 0.07379 | 104.60289 | 7.71843 | 0.00956 | 0.12956 |
| 24 | 15.17863 | 0.06588 | 118.15524 | 7.78432 | 0.00846 | 0.12846 |
| 25 | 17.00006 | 0.05882 | 133.33387 | 7.84314 | 0.00750 | 0.12750 |
| 26 | 19.04007 | 0.05252 | 150.33393 | 7.89566 | 0.00665 | 0.12665 |
| 27 | 21.32488 | 0.04689 | 169.37401 | 7.94255 | 0.00590 | 0.12590 |
| 28 | 23.88387 | 0.04187 | 190.69889 | 7.98442 | 0.00524 | 0.12524 |
| 29 | 26.74993 | 0.03738 | 214.58275 | 8.02181 | 0.00466 | 0.12466 |
| 30 | 29.95992 | 0.03338 | 241.33268 | 8.05518 | 0.00414 | 0.12414 |
| 35 | 52.79962 | 0.01894 | 431.66350 | 8.17550 | 0.00232 | 0.12232 |
| 40 | 93.05097 | 0.01075 | 767.09142 | 8.24378 | 0.00130 | 0.12130 |
| 45 | 163.98760 | 0.00610 | 1358.23003 | 8.28252 | 0.00074 | 0.12074 |
| 50 | 289.00219 | 0.00346 | 2400.01825 | 8.30450 | 0.00042 | 0.12042 |
| 55 | 509.32061 | 0.00196 | 4236.00505 | 8.31697 | 0.00024 | 0.12024 |
| 60 | 897.59693 | 0.00111 | 7471.64111 | 8.32405 | 0.00013 | 0.12013 |
| 65 | 1581.87249 | 0.00063 | 13173.93742 | 8.32807 | 0.00008 | 0.12008 |
| 70 | 2787.79983 | 0.00036 | 23223.33190 | 8.33034 | 0.00004 | 0.12004 |
| 75 | 4913.05584 | 0.00020 | 40933.79867 | 8.33164 | 0.00002 | 0.12002 |
| 80 | 8658.48310 | 0.00012 | 72145.69250 | 8.33237 | 0.00001 | 0.12001 |

表 6A.14　定期利率（$i$）=13%

| $n$ | $F/P_{i, n}$ | $P/F_{i, n}$ | $F/A_{i, n}$ | $P/A_{i, n}$ | $A/F_{i, n}$ | $A/P_{i, n}$ |
|---|---|---|---|---|---|---|
| 1 | 1.13000 | 0.88496 | 1.00000 | 0.88496 | 1.00000 | 1.13000 |
| 2 | 1.27690 | 0.78315 | 2.13000 | 1.66810 | 0.46948 | 0.59948 |
| 3 | 1.44290 | 0.69305 | 3.40690 | 2.36115 | 0.29352 | 0.42352 |
| 4 | 1.63047 | 0.61332 | 4.84980 | 2.97447 | 0.20619 | 0.33619 |
| 5 | 1.84244 | 0.54276 | 6.48027 | 3.51723 | 0.15431 | 0.28431 |
| 6 | 2.08195 | 0.48032 | 8.32271 | 3.99755 | 0.12015 | 0.25015 |
| 7 | 2.35261 | 0.42506 | 10.40466 | 4.42261 | 0.09611 | 0.22611 |
| 8 | 2.65844 | 0.37616 | 12.75726 | 4.79877 | 0.07839 | 0.20839 |
| 9 | 3.00404 | 0.33288 | 15.41571 | 5.13166 | 0.06487 | 0.19487 |
| 10 | 3.39457 | 0.29459 | 18.41975 | 5.42624 | 0.05429 | 0.18429 |
| 11 | 3.83586 | 0.26070 | 21.81432 | 5.68694 | 0.04584 | 0.17584 |
| 12 | 4.33452 | 0.23071 | 25.65018 | 5.91765 | 0.03899 | 0.16899 |
| 13 | 4.89801 | 0.20416 | 29.98470 | 6.12181 | 0.03335 | 0.16335 |

| n | $F/P_{i,n}$ | $P/F_{i,n}$ | $F/A_{i,n}$ | $P/A_{i,n}$ | $A/F_{i,n}$ | $A/P_{i,n}$ |
|---|---|---|---|---|---|---|
| 14 | 5.53475 | 0.18068 | 34.88271 | 6.30249 | 0.02867 | 0.15867 |
| 15 | 6.25427 | 0.15989 | 40.41746 | 6.46238 | 0.02474 | 0.15474 |
| 16 | 7.06733 | 0.14150 | 46.67173 | 6.60388 | 0.02143 | 0.15143 |
| 17 | 7.98608 | 0.12522 | 53.73906 | 6.72909 | 0.01861 | 0.14861 |
| 18 | 9.02427 | 0.11081 | 61.72514 | 6.83991 | 0.01620 | 0.14620 |
| 19 | 10.19742 | 0.09806 | 70.74941 | 6.93797 | 0.01413 | 0.14413 |
| 20 | 11.52309 | 0.08678 | 80.94683 | 7.02475 | 0.01235 | 0.14235 |
| 21 | 13.02109 | 0.07680 | 92.46992 | 7.10155 | 0.01081 | 0.14081 |
| 22 | 14.71383 | 0.06796 | 105.49101 | 7.16951 | 0.00948 | 0.13948 |
| 23 | 16.62663 | 0.06014 | 120.20484 | 7.22966 | 0.00832 | 0.13832 |
| 24 | 18.78809 | 0.05323 | 136.83147 | 7.28288 | 0.00731 | 0.13731 |
| 25 | 21.23054 | 0.04710 | 155.61956 | 7.32998 | 0.00643 | 0.13643 |
| 26 | 23.99051 | 0.04168 | 176.85010 | 7.37167 | 0.00565 | 0.13565 |
| 27 | 27.10928 | 0.03689 | 200.84061 | 7.40856 | 0.00498 | 0.13498 |
| 28 | 30.63349 | 0.03264 | 227.94989 | 7.44120 | 0.00439 | 0.13439 |
| 29 | 34.61584 | 0.02889 | 258.58338 | 7.47009 | 0.00387 | 0.13387 |
| 30 | 39.11590 | 0.02557 | 293.19922 | 7.49565 | 0.00341 | 0.13341 |
| 35 | 72.06851 | 0.01388 | 546.68082 | 7.58557 | 0.00183 | 0.13183 |
| 40 | 132.78155 | 0.00753 | 1013.70424 | 7.63438 | 0.00099 | 0.13099 |
| 45 | 244.64140 | 0.00409 | 1874.16463 | 7.66086 | 0.00053 | 0.13053 |
| 50 | 450.73593 | 0.00222 | 3459.50712 | 7.67524 | 0.00029 | 0.13029 |
| 55 | 830.45173 | 0.00120 | 6380.39789 | 7.68304 | 0.00016 | 0.13016 |
| 60 | 1530.05347 | 0.00065 | 11761.94979 | 7.68728 | 0.00009 | 0.13009 |
| 65 | 2819.02434 | 0.00035 | 21677.11035 | 7.68958 | 0.00005 | 0.13005 |
| 70 | 5193.86962 | 0.00019 | 39945.15096 | 7.69083 | 0.00003 | 0.13003 |
| 75 | 9569.36811 | 0.00010 | 73602.83163 | 7.69150 | 0.00001 | 0.13001 |

**表 6A.15  定期利率 ($i$) =14%**

| n | $F/P_{i,n}$ | $P/F_{i,n}$ | $F/A_{i,n}$ | $P/A_{i,n}$ | $A/F_{i,n}$ | $A/P_{i,n}$ |
|---|---|---|---|---|---|---|
| 1 | 1.14000 | 0.87719 | 1.00000 | 0.87719 | 1.00000 | 1.14000 |
| 2 | 1.29960 | 0.76947 | 2.14000 | 1.64666 | 0.46729 | 0.60729 |
| 3 | 1.48154 | 0.67497 | 3.43960 | 2.32163 | 0.29073 | 0.43073 |
| 4 | 1.68896 | 0.59208 | 4.92114 | 291371 | 0.20320 | 0.34320 |
| 5 | 1.92541 | 0.51937 | 6.61010 | 3.43308 | 0.15128 | 0.29128 |
| 6 | 2.19497 | 0.45559 | 8.53552 | 3.88867 | 0.11716 | 0.25716 |
| 7 | 2.50227 | 0.39964 | 10.73049 | 4.28830 | 0.09319 | 0.23319 |
| 8 | 2.85259 | 0.35056 | 13.23276 | 4.63886 | 0.07557 | 0.21557 |
| 9 | 3.25195 | 0.30751 | 16.08535 | 4.94637 | 0.06217 | 0.20217 |
| 10 | 3.70722 | 0.26974 | 19.33730 | 5.21612 | 0.05171 | 0.19171 |
| 11 | 4.22623 | 0.23662 | 23.04452 | 5.45273 | 0.04339 | 0.18339 |
| 12 | 4.81790 | 0.20756 | 27.27075 | 5.66029 | 0.03667 | 0.17667 |
| 13 | 5.49241 | 0.18207 | 32.08865 | 5.84236 | 0.03116 | 0.17116 |

| $n$ | $F/P_{i,\,n}$ | $P/F_{i,\,n}$ | $F/A_{i,\,n}$ | $P/A_{i,\,n}$ | $A/F_{i,\,n}$ | $A/P_{i,\,n}$ |
|---|---|---|---|---|---|---|
| 14 | 6.26135 | 0.15971 | 37.58107 | 6.00207 | 0.02661 | 0.16661 |
| 15 | 7.13794 | 0.14010 | 43.84241 | 6.14217 | 0.02281 | 0.16281 |
| 16 | 8.13725 | 0.12289 | 50.98035 | 6.26506 | 0.01962 | 0.15962 |
| 17 | 9.27646 | 0.10780 | 59.11760 | 6.37286 | 0.01692 | 0.15692 |
| 18 | 10.57517 | 0.09456 | 68.39407 | 6.46742 | 0.01462 | 0.15462 |
| 19 | 12.05569 | 0.08295 | 78.96923 | 6.55037 | 0.01266 | 0.15266 |
| 20 | 13.74349 | 0.07276 | 91.02493 | 6.62313 | 0.01099 | 0.15099 |
| 21 | 15.66758 | 0.06383 | 104.76842 | 6.68696 | 0.00954 | 0.14954 |
| 22 | 17.86104 | 0.05599 | 120.43600 | 6.74294 | 0.00830 | 0.14830 |
| 23 | 20.36158 | 0.04911 | 138.29704 | 6.79206 | 0.00723 | 0.14723 |
| 24 | 23.21221 | 0.04308 | 158.65862 | 6.83514 | 0.00630 | 0.14630 |
| 25 | 26.46192 | 0.03779 | 181.87083 | 6.87293 | 0.00550 | 0.14550 |
| 26 | 30.16658 | 0.03315 | 208.33274 | 6.90608 | 0.00480 | 0.14480 |
| 27 | 34.38991 | 0.02908 | 238.49933 | 6.93515 | 0.00419 | 0.14419 |
| 28 | 39.20449 | 0.02551 | 272.88923 | 6.96066 | 0.00366 | 0.14366 |
| 29 | 44.69312 | 0.02237 | 312.09373 | 6.98304 | 0.00320 | 0.14320 |
| 30 | 50.95016 | 0.01963 | 356.78685 | 7.00266 | 0.00280 | 0.14280 |
| 35 | 98.10018 | 0.01019 | 693.57270 | 7.07005 | 0.00144 | 0.14144 |
| 40 | 188.88351 | 0.00529 | 1342.02510 | 7.10504 | 0.00075 | 0.14075 |
| 45 | 363.67907 | 0.00275 | 2590.56480 | 7.12322 | 0.00039 | 0.14039 |
| 50 | 700.23299 | 0.00143 | 4994.52135 | 7.13266 | 0.00020 | 0.14020 |
| 55 | 1348.23881 | 0.00074 | 9623.13434 | 7.13756 | 0.00010 | 0.14010 |
| 60 | 2595.91866 | 0.00039 | 18535.13328 | 7.14011 | 0.00005 | 0.14005 |
| 65 | 4998.21964 | 0.00020 | 35694.42601 | 7.14143 | 0.00003 | 0.14003 |
| 70 | 9623.64498 | 0.00010 | 68733.17846 | 7.14211 | 0.00001 | 0.14001 |

表 6A.16  定期利率（$i$）=15%

| $n$ | $F/P_{i,\,n}$ | $P/F_{i,\,n}$ | $F/A_{i,\,n}$ | $P/A_{i,\,n}$ | $A/F_{i,\,n}$ | $A/P_{i,\,n}$ |
|---|---|---|---|---|---|---|
| 1 | 1.15000 | 0.86957 | 1.00000 | 0.86957 | 1.00000 | 1.15000 |
| 2 | 1.32250 | 0.75614 | 2.15000 | 1.62571 | 0.46512 | 0.61512 |
| 3 | 1.52088 | 0.65752 | 3.47250 | 2.28323 | 0.28798 | 0.43798 |
| 4 | 1.74901 | 0.57175 | 4.99338 | 2.85498 | 0.20027 | 0.35027 |
| 5 | 2.01136 | 0.49718 | 6.74238 | 3.35216 | 0.14832 | 0.29832 |
| 6 | 2.31306 | 0.43233 | 8.75374 | 3.78448 | 0.11424 | 0.26424 |
| 7 | 2.66002 | 0.37594 | 11.06680 | 4.16042 | 0.09036 | 0.24036 |
| 8 | 3.05902 | 0.32690 | 13.72682 | 4.48732 | 0.07285 | 0.22285 |
| 9 | 3.51788 | 0.28426 | 16.78584 | 4.77158 | 0.05957 | 0.20957 |
| 10 | 4.04556 | 0.24718 | 20.30372 | 5.01877 | 0.04925 | 0.19925 |
| 11 | 4.65239 | 0.21494 | 24.34928 | 5.23371 | 0.04107 | 0.19107 |
| 12 | 5.35025 | 0.18691 | 29.00167 | 5.42062 | 0.03448 | 0.18448 |
| 13 | 6.15279 | 0.16253 | 34.35192 | 5.58315 | 0.02911 | 0.17911 |
| 14 | 7.07571 | 0.14133 | 40.50471 | 5.72448 | 0.02469 | 0.17469 |

续表

| $n$ | $F/P_{i,\,n}$ | $P/F_{i,\,n}$ | $F/A_{i,\,n}$ | $P/A_{i,\,n}$ | $A/F_{i,\,n}$ | $A/P_{i,\,n}$ |
|---|---|---|---|---|---|---|
| 15 | 8.13706 | 0.12289 | 47.58041 | 5.84737 | 0.02102 | 0.17102 |
| 16 | 9.35762 | 0.10686 | 55.71747 | 5.95423 | 0.01795 | 0.16795 |
| 17 | 10.76126 | 0.09293 | 65.07509 | 6.04716 | 0.01537 | 0.16537 |
| 18 | 12.37545 | 0.08081 | 75.83636 | 6.12797 | 0.01319 | 0.16319 |
| 19 | 14.23177 | 0.07027 | 88.21181 | 6.19823 | 0.01134 | 0.16134 |
| 20 | 16.36654 | 0.06110 | 102.44358 | 6.25933 | 0.00976 | 0.15976 |
| 21 | 18.82152 | 0.05313 | 118.81012 | 6.31246 | 0.00842 | 0.15842 |
| 22 | 21.64475 | 0.04620 | 137.63164 | 6.35866 | 0.00727 | 0.15727 |
| 23 | 24.89146 | 0.04017 | 159.27638 | 6.39884 | 0.00628 | 0.15628 |
| 24 | 28.62518 | 0.03493 | 184.16784 | 6.43377 | 0.00543 | 0.15543 |
| 25 | 32.91895 | 0.03038 | 212.79302 | 6.46415 | 0.00470 | 0.15470 |
| 26 | 37.85680 | 0.02642 | 245.71197 | 6.49056 | 0.00407 | 0.15407 |
| 27 | 43.53531 | 0.02297 | 283.56877 | 6.51353 | 0.00353 | 0.15353 |
| 28 | 50.06561 | 0.01997 | 327.10408 | 6.53351 | 0.00306 | 0.15306 |
| 29 | 57.57545 | 0.01737 | 377.16969 | 6.55088 | 0.00265 | 0.15265 |
| 30 | 66.21177 | 0.01510 | 434.74515 | 6.56598 | 0.00230 | 0.15230 |
| 35 | 133.17552 | 0.00751 | 881.17016 | 6.61661 | 0.00113 | 0.15113 |
| 40 | 267.86355 | 0.00373 | 1779.09031 | 6.64178 | 0.00056 | 0.15056 |
| 45 | 538.76927 | 0.00186 | 3585.12846 | 6.65429 | 0.00028 | 0.15028 |
| 50 | 1083.65744 | 0.00092 | 7217.71628 | 6.66051 | 0.00014 | 0.15014 |
| 55 | 2179.62218 | 0.00046 | 14524.14789 | 6.66361 | 0.00007 | 0.15007 |
| 60 | 4383.99875 | 0.00023 | 29219.99164 | 6.66515 | 0.00003 | 0.15003 |
| 65 | 8817.78739 | 0.00011 | 58778.58258 | 6.66591 | 0.00002 | 0.15002 |
| 70 | 17735.72004 | 0.00006 | 118231.46693 | 6.66629 | 0.00001 | 0.15001 |

表 6A.17　定期利率（$i$）=20%

| $n$ | $F/P_{i,\,n}$ | $P/F_{i,\,n}$ | $F/A_{i,\,n}$ | $P/A_{i,\,n}$ | $A/F_{i,\,n}$ | $A/P_{i,\,n}$ |
|---|---|---|---|---|---|---|
| 1 | 1.20000 | 0.83333 | 1.00000 | 0.83333 | 1.00000 | 1.20000 |
| 2 | 1.44000 | 0.69444 | 2.20000 | 1.52778 | 0.45455 | 0.65455 |
| 3 | 1.72800 | 0.57870 | 3.64000 | 2.10648 | 0.27473 | 0.47473 |
| 4 | 2.07360 | 0.48225 | 5.36800 | 2.58873 | 0.18629 | 0.38629 |
| 5 | 2.48832 | 0.40188 | 7.44160 | 2.99061 | 0.13438 | 0.33438 |
| 6 | 2.98598 | 0.33490 | 9.92992 | 3.32551 | 0.10071 | 0.30071 |
| 7 | 3.58318 | 0.27908 | 12.91590 | 3.60459 | 0.07742 | 0.27742 |
| 8 | 4.29982 | 0.23257 | 16.49908 | 3.83716 | 0.06061 | 0.26061 |
| 9 | 5.15978 | 0.19381 | 20.79890 | 4.03097 | 0.04808 | 0.24808 |
| 10 | 6.19174 | 0.16151 | 25.95868 | 4.19247 | 0.03852 | 0.23852 |
| 11 | 7.43008 | 0.13459 | 32.15042 | 4.32706 | 0.03110 | 0.23110 |
| 12 | 8.91610 | 0.11216 | 39.58050 | 4.43922 | 0.02526 | 0.22526 |
| 13 | 10.69932 | 0.09346 | 48.49660 | 4.53268 | 0.02062 | 0.22062 |
| 14 | 12.83918 | 0.07789 | 59.19592 | 4.61057 | 0.01689 | 0.21689 |
| 15 | 15.40702 | 0.06491 | 72.03511 | 4.67547 | 0.01388 | 0.21388 |

续表

| $n$ | $F/P_{i,\,n}$ | $P/F_{i,\,n}$ | $F/A_{i,\,n}$ | $P/A_{i,\,n}$ | $A/F_{i,\,n}$ | $A/P_{i,\,n}$ |
|---|---|---|---|---|---|---|
| 16 | 18.4，8843 | 0.05409 | 87.44213 | 4.72956 | 0.01144 | 0.21144 |
| 17 | 22.18611 | 0.04507 | 105.93056 | 4.77463 | 0.00944 | 0.20944 |
| 18 | 26.62333 | 0.03756 | 128.11667 | 4.81219 | 0.00781 | 0.20781 |
| 19 | 31.94800 | 0.03130 | 154.74000 | 4.84350 | 0.00646 | 0.20646 |
| 20 | 38.33760 | 0.02608 | 186.68800 | 4.86958 | 0.00536 | 0.20536 |
| 21 | 46.00512 | 0.02174 | 225.02560 | 4.89132 | 0.00444 | 0.20444 |
| 22 | 55.20614 | 0.01811 | 271.03072 | 4.90943 | 0.00369 | 0.20369 |
| 23 | 66.24737 | 0.01509 | 326.23686 | 4.92453 | 0.00307 | 0.20307 |
| 24 | 79.49685 | 0.01258 | 392.48424 | 4.93710 | 0.00255 | 0.20255 |
| 25 | 95.39622 | 0.01048 | 471.98108 | 4.94759 | 0.00212 | 0.20212 |
| 26 | 114.47546 | 0.00874 | 567.37730 | 4.95632 | 0.00176 | 0.20176 |
| 27 | 137.37055 | 0.00728 | 681.85276 | 4.96360 | 0.00147 | 0.20147 |
| 28 | 164.84466 | 0.00607 | 819.22331 | 4.96967 | 0.00122 | 0.20122 |
| 29 | 197.81359 | 0.00506 | 984.06797 | 4.97472 | 0.00102 | 0.20102 |
| 30 | 237.37631 | 0.00421 | 1181.88157 | 4.97894 | 0.00085 | 0.20085 |
| 35 | 590.66823 | 0.00169 | 2948.34115 | 4.99154 | 0.00034 | 0.20034 |
| 40 | 1469.77157 | 0.00068 | 7343.85784 | 4.99660 | 0.00014 | 0.20014 |
| 45 | 3657.26199 | 0.00027 | 18281.30994 | 4.99863 | 0.00005 | 0.20005 |
| 50 | 9100.43815 | 0.00011 | 45497.19075 | 4.99945 | 0.00002 | 0.20002 |
| 55 | 22644.80226 | 0.00004 | 113219.01129 | 4.99978 | 0.00001 | 0.20001 |

表 6A.18　定期利率（$i$）=25%

| $n$ | $F/P_{i,\,n}$ | $P/F_{i,\,n}$ | $F/A_{i,\,n}$ | $P/A_{i,\,n}$ | $A/F_{i,\,n}$ | $A/P_{i,\,n}$ |
|---|---|---|---|---|---|---|
| 1 | 1.25000 | 0.80000 | 1.00000 | 0.80000 | 1.00000 | 1.25000 |
| 2 | 1.56250 | 0.64000 | 2.25000 | 1.44000 | 0.44444 | 0.69444 |
| 3 | 1.95313 | 0.51200 | 3.81250 | 1.95200 | 0.26230 | 0.51230 |
| 4 | 2.44141 | 0.40960 | 5.76563 | 2.36160 | 0.17344 | 0.42344 |
| 5 | 3.05176 | 0.32768 | 8.20703 | 2.68928 | 0.12185 | 0.37185 |
| 6 | 3.81470 | 0.26214 | 11.25879 | 2.95142 | 0.08882 | 0.33882 |
| 7 | 4.76837 | 0.20972 | 15.07349 | 3.16114 | 0.06634 | 0.31634 |
| 8 | 5.96046 | 0.16777 | 19.84186 | 3.32891 | 0.05040 | 0.30040 |
| 9 | 7.45058 | 0.13422 | 25.80232 | 3.46313 | 0.03876 | 0.28876 |
| 10 | 9.31323 | 0.10737 | 33.25290 | 3.57050 | 0.03007 | 0.28007 |
| 11 | 11.64153 | 0.08590 | 42.56613 | 3.65640 | 0.02349 | 0.27349 |
| 12 | 14.55192 | 0.06872 | 54.20766 | 3.72512 | 0.01845 | 0.26845 |
| 13 | 18.18989 | 0.05498 | 68.75958 | 3.78010 | 0.01454 | 0.26454 |
| 14 | 22.73737 | 0.04398 | 86.94947 | 3.82408 | 0.01150 | 0.26150 |
| 15 | 28.42171 | 0.03518 | 109.68684 | 3.85926 | 0.00912 | 0.25912 |
| 16 | 35.52714 | 0.02815 | 138.10855 | 3.88741 | 0.00724 | 0.25724 |
| 17 | 44.40892 | 0.02252 | 173.63568 | 3.90993 | 0.00576 | 0.25576 |
| 18 | 55.51115 | 0.01801 | 218.04460 | 3.92794 | 0.00459 | 0.25459 |
| 19 | 69.38894 | 0.01441 | 273.55576 | 3.94235 | 0.00366 | 0.25366 |

| $n$ | $F/P_{i,\,n}$ | $P/F_{i,\,n}$ | $F/A_{i,\,n}$ | $P/A_{i,\,n}$ | $A/F_{i,\,n}$ | $A/P_{i,\,n}$ |
|---|---|---|---|---|---|---|
| 20 | 86.73617 | 0.01153 | 342.94470 | 3.95388 | 0.00292 | 0.25292 |
| 21 | 108.42022 | 0.00922 | 429.68087 | 3.96311 | 0.00233 | 0.25233 |
| 22 | 135.52527 | 0.00738 | 538.10109 | 3.97049 | 0.00186 | 0.25186 |
| 23 | 169.40659 | 0.00590 | 673.62636 | 3.97639 | 0.00148 | 0.25148 |
| 24 | 211.75824 | 0.00472 | 843.03295 | 3.98111 | 0.00119 | 0.25119 |
| 25 | 264.69780 | 0.00378 | 1054.79118 | 3.98489 | 0.00095 | 0.25095 |
| 26 | 330.87225 | 0.00302 | 1319.48898 | 3.98791 | 0.00076 | 0.25076 |
| 27 | 413.59031 | 0.00242 | 1650.36123 | 3.99033 | 0.00061 | 0.25061 |
| 28 | 516.98788 | 0.00193 | 2063.95153 | 3.99226 | 0.00048 | 0.25048 |
| 29 | 646.23485 | 0.00155 | 2580.93941 | 3.99381 | 0.00039 | 0.25039 |
| 30 | 807.79357 | 0.00124 | 3227.17427 | 3.99505 | 0.00031 | 0.25031 |
| 35 | 2465.19033 | 0.00041 | 9856.76132 | 3.99838 | 0.00010 | 0.25010 |
| 40 | 7523.16385 | 0.00013 | 30088.65538 | 3.99947 | 0.00003 | 0.25003 |
| 45 | 22958.87404 | 0.00004 | 91831.49616 | 3.99983 | 0.00001 | 0.25001 |

**表 6A.19  定期利率 ($i$) =30%**

| $n$ | $F/P_{i,\,n}$ | $P/F_{i,\,n}$ | $F/A_{i,\,n}$ | $P/A_{i,\,n}$ | $A/F_{i,\,n}$ | $A/P_{i,\,n}$ |
|---|---|---|---|---|---|---|
| 1 | 1.30000 | 0.76923 | 1.00000 | 0.76923 | 1.00000 | 1.30000 |
| 2 | 1.69000 | 0.59172 | 2.30000 | 1.36095 | 0.43478 | 0.73478 |
| 3 | 2.19700 | 0.45517 | 3.99000 | 1.81611 | 0.25063 | 0.55063 |
| 4 | 2.85610 | 0.35013 | 6.18700 | 2.16624 | 0.16163 | 0.46163 |
| 5 | 3.71293 | 0.26933 | 9.04310 | 2.43557 | 0.11058 | 0.41058 |
| 6 | 4.82681 | 0.20718 | 12.75603 | 2.64275 | 0.07839 | 0.37839 |
| 7 | 6.27485 | 0.15937 | 17.58284 | 2.80211 | 0.05687 | 0.35687 |
| 8 | 8.15731 | 0.12259 | 23.85769 | 2.92470 | 0.04192 | 0.34192 |
| 9 | 10.60450 | 0.09430 | 32.01500 | 3.01900 | 0.03124 | 0.33124 |
| 10 | 13.78585 | 0.07254 | 42.61950 | 3.09154 | 0.02346 | 0.32346 |
| 11 | 17.92160 | 0.05580 | 56.40535 | 3.14734 | 0.01773 | 0.31773 |
| 12 | 23.29809 | 0.04292 | 74.32695 | 3.19026 | 0.01345 | 0.31345 |
| 13 | 30.28751 | 0.03302 | 97.62504 | 3.22328 | 0.01024 | 0.31024 |
| 14 | 39.37376 | 0.02540 | 127.91255 | 3.24867 | 0.00782 | 0.30782 |
| 15 | 51.18589 | 0.01954 | 167.28631 | 3.26821 | 0.00598 | 0.30598 |
| 16 | 66.54166 | 0.01503 | 218.47220 | 3.28324 | 0.00458 | 0.30458 |
| 17 | 86.50416 | 0.01156 | 285.01386 | 3.29480 | 0.00351 | 0.30351 |
| 18 | 112.45541 | 0.00889 | 371.51802 | 3.30369 | 0.00269 | 0.30269 |
| 19 | 146.19203 | 0.00684 | 483.97343 | 3.31053 | 0.00207 | 0.30207 |
| 20 | 190.04964 | 0.00526 | 630.16546 | 3.31579 | 0.00159 | 0.30159 |
| 21 | 247.06453 | 0.00405 | 820.21510 | 3.31984 | 0.00122 | 0.30122 |
| 22 | 321.18389 | 0.00311 | 1067.27963 | 3.32296 | 0.00094 | 0.30094 |
| 23 | 417.53905 | 0.00239 | 1388.46351 | 3.32535 | 0.00072 | 0.30072 |
| 24 | 542.80077 | 0.00184 | 1806.00257 | 3.32719 | 0.00055 | 0.30055 |

| $n$ | $F/P_{i,\ n}$ | $P/F_{i,\ n}$ | $F/A_{i,\ n}$ | $P/A_{i,\ n}$ | $A/F_{i,\ n}$ | $A/P_{i,\ n}$ |
|---|---|---|---|---|---|---|
| 25 | 705.64100 | 0.00142 | 2348.80334 | 3.32861 | 0.00043 | 0.30043 |
| 26 | 917.33330 | 0.00109 | 3054.44434 | 3.32970 | 0.00033 | 0.30033 |
| 27 | 1192.53329 | 0.00084 | 3971.77764 | 3.33054 | 0.00025 | 0.30025 |
| 28 | 1550.29328 | 0.00065 | 5164.31093 | 3.33118 | 0.00019 | 0.30019 |
| 29 | 2015.38126 | 0.00050 | 6714.60421 | 3.33168 | 0.00015 | 0.30015 |
| 30 | 2619.99564 | 0.00038 | 8729.98548 | 3.33206 | 0.00011 | 0.30011 |
| 35 | 9727.86043 | 0.00010 | 32422.86808 | 3.33299 | 0.00003 | 0.30003 |
| 40 | 36118.86481 | 0.00003 | 120392.88269 | 3.33324 | 0.00001 | 0.30001 |

表 6A.20　定期利率（$i$）=40%

| $n$ | $F/P_{i,\ n}$ | $P/F_{i,\ n}$ | $F/A_{i,\ n}$ | $P/A_{i,\ n}$ | $A/F_{i,\ n}$ | $A/P_{i,\ n}$ |
|---|---|---|---|---|---|---|
| 1 | 1.40000 | 0.71429 | 1.00000 | 0.71429 | 1.00000 | 1.40000 |
| 2 | 1.96000 | 0.51020 | 2.40000 | 1.22449 | 0.41667 | 0.81667 |
| 3 | 2.74400 | 0.36443 | 4.36000 | 1.58892 | 0.22936 | 0.62936 |
| 4 | 3.84160 | 0.26031 | 7.10400 | 1.84923 | 0.14077 | 0.54077 |
| 5 | 5.37824 | 0.18593 | 10.94560 | 2.03516 | 0.09136 | 0.49136 |
| 6 | 7.52954 | 0.13281 | 16.32384 | 2.16797 | 0.06126 | 0.46126 |
| 7 | 10.54135 | 0.09486 | 23.85338 | 2.26284 | 0.04192 | 0.44192 |
| 8 | 14.75789 | 0.06776 | 34.39473 | 2.33060 | 0.02907 | 0.42907 |
| 9 | 20.66105 | 0.04840 | 49.15262 | 2.37900 | 0.02034 | 0.42034 |
| 10 | 28.92547 | 0.03457 | 69.81366 | 2.41357 | 0.01432 | 0.41432 |
| 11 | 40.49565 | 0.02469 | 98.73913 | 2.43826 | 0.01013 | 0.41013 |
| 12 | 56.69391 | 0.01764 | 139.23478 | 2.45590 | 0.00718 | 0.40718 |
| 13 | 79.37148 | 0.01260 | 195.92869 | 2.46850 | 0.00510 | 0.40510 |
| 14 | 111.12007 | 0.00900 | 275.30017 | 2.47750 | 0.00363 | 0.40363 |
| 15 | 155.56810 | 0.00643 | 386.42024 | 2.48393 | 0.00259 | 0.40259 |
| 16 | 217.79533 | 0.00459 | 541.98833 | 2.48852 | 0.00185 | 0.40185 |
| 17 | 304.91347 | 0.00328 | 759.78367 | 2.49180 | 0.00132 | 0.40132 |
| 18 | 426.87885 | 0.00234 | 1064.69714 | 2.49414 | 0.00094 | 0.40094 |
| 19 | 597.63040 | 0.00167 | 1491.57599 | 2.49582 | 0.00067 | 0.40067 |
| 20 | 836.68255 | 0.00120 | 2089.20639 | 2.49701 | 0.00048 | 0.40048 |
| 21 | 1171.35558 | 0.00085 | 2925.88894 | 2.49787 | 0.00034 | 0.40034 |
| 22 | 1639.89781 | 0.00061 | 4097.24452 | 2.49848 | 0.00024 | 0.40024 |
| 23 | 2295.85693 | 0.00044 | 5737.14232 | 2.49891 | 0.00017 | 0.40017 |
| 24 | 3214.19970 | 0.00031 | 8032.99925 | 2.49922 | 0.00012 | 0.40012 |
| 25 | 4499.87958 | 0.00022 | 11247.19895 | 2.49944 | 0.00009 | 0.40009 |
| 26 | 6299.83141 | 0.00016 | 15747.07853 | 2.49960 | 0.00006 | 0.40006 |
| 27 | 8819.76398 | 0.00011 | 22046.90994 | 2.49972 | 0.00005 | 0.40005 |
| 28 | 12347.66957 | 0.00008 | 30866.67392 | 2.49980 | 0.00003 | 0.40003 |
| 29 | 17286.73740 | 0.00006 | 43214.34349 | 2.49986 | 0.00002 | 0.40002 |

表 6A.21 定期利率（*i*）=50%

| *n* | *F/P$_{i, n}$* | *P/F$_{i, n}$* | *F/A$_{i, n}$* | *P/A$_{i, n}$* | *A/F$_{i, n}$* | *A/P$_{i, n}$* |
|---|---|---|---|---|---|---|
| 1 | 1.50000 | 0.66667 | 1.00000 | 0.66667 | 1.00000 | 1.50000 |
| 2 | 2.25000 | 0.44444 | 2.50000 | 1.11111 | 0.40000 | 0.90000 |
| 3 | 3.37500 | 0.29630 | 4.75000 | 1.40741 | 0.21053 | 0.71053 |
| 4 | 5.06250 | 0.19753 | 8.12500 | 1.60494 | 0.12308 | 0.62308 |
| 5 | 7.59375 | 0.13169 | 13.18750 | 1.73663 | 0.07583 | 0.57583 |
| 6 | 11.39063 | 0.08779 | 20.78125 | 1.82442 | 0.04812 | 0.54812 |
| 7 | 17.08594 | 0.05853 | 32.17188 | 1.88294 | 0.03108 | 0.53108 |
| 8 | 25.62891 | 0.03902 | 49.25781 | 1.92196 | 0.02030 | 0.52030 |
| 9 | 38.44336 | 0.02601 | 74.88672 | 1.94798 | 0.01335 | 0.51335 |
| 10 | 57.66504 | 0.01734 | 113.33008 | 1.96532 | 0.00882 | 0.50882 |
| 11 | 86.49756 | 0.01156 | 170.99512 | 1197688 | 0.00585 | 0.50585 |
| 12 | 129.74634 | 0.00771 | 257.49268 | 1.98459 | 0.00388 | 0.50388 |
| 13 | 194.61951 | 0.00514 | 387.23901 | 1.98972 | 0.00258 | 0.50258 |
| 14 | 291.92926 | 0.00343 | 581.85852 | 1.99315 | 0.00172 | 0.50172 |
| 15 | 437.89389 | 0.00228 | 873.78778 | 1.99543 | 0.00114 | 0.50114 |
| 16 | 656.84084 | 0.00152 | 1311.68167 | 1.99696 | 0.00076 | 0.50076 |
| 17 | 985.26125 | 0.00101 | 1968.52251 | 1.99797 | 0.00051 | 0.50051 |
| 18 | 1477.89188 | 0.00068 | 2953.78376 | 1.99865 | 0.00034 | 0.50034 |
| 19 | 2216.83782 | 0.00045 | 4431.67564 | 1.99910 | 0.00023 | 0.50023 |
| 20 | 3325.25673 | 0.00030 | 6648.51346 | 1.99940 | 0.00015 | 0.50015 |
| 21 | 4987.88510 | 0.00020 | 9973.77019 | 1.99960 | 0.00010 | 0.50010 |
| 22 | 7481.82764 | 0.00013 | 14961.65529 | 1.99973 | 0.00007 | 0.50007 |
| 23 | 11222.74146 | 0.00009 | 22443.48293 | 1.99982 | 0.00004 | 0.50004 |
| 24 | 16834.11220 | 0.00006 | 33666.22439 | 1.99988 | 0.00003 | 0.50003 |
| 25 | 25251.16829 | 0.00004 | 50500.33659 | 1.99992 | 0.00002 | 0.50002 |

表 6A.22 定期利率（*i*）=70%

| *n* | *F/P$_{i, n}$* | *P/F$_{i, n}$* | *F/A$_{i, n}$* | *P/A$_{i, n}$* | *A/F$_{i, n}$* | *A/P$_{i, n}$* |
|---|---|---|---|---|---|---|
| 1 | 1.70000 | 0.58824 | 1.00000 | 0.58824 | 1.00000 | 1.70000 |
| 2 | 2.89000 | 0.34602 | 2.70000 | 0.93426 | 0.37037 | 1.07037 |
| 3 | 4.91300 | 0.20354 | 5.59000 | 1.13780 | 0.17889 | 0.87889 |
| 4 | 8.35210 | 0.11973 | 10.50300 | 1.25753 | 0.09521 | 0.79521 |
| 5 | 14.19857 | 0.07043 | 18.85510 | 1.32796 | 0.05304 | 0.75304 |
| 6 | 24.13757 | 0.04143 | 33.05367 | 1.36939 | 0.03025 | 0.73025 |
| 7 | 41.03387 | 0.02437 | 57.19124 | 1.39376 | 0.01749 | 0.71749 |
| 8 | 69.75757 | 0.01434 | 98.22511 | 1.40809 | 0.01018 | 0.71018 |
| 9 | 118.58788 | 0.00843 | 167.98268 | 1.41652 | 0.00595 | 0.70595 |
| 10 | 201.59939 | 0.00496 | 286.57056 | 1.42149 | 0.00349 | 0.70349 |
| 11 | 342.71896 | 0.00292 | 488.16995 | 1.42440 | 0.00205 | 0.70205 |
| 12 | 582.62224 | 0.00172 | 830.88891 | 1.42612 | 0.00120 | 0.70120 |
| 13 | 990.45780 | 0.00101 | 1413.51115 | 1.42713 | 0.00071 | 0.70071 |
| 14 | 1683.77827 | 0.00059 | 2403.96895 | 1.42772 | 0.00042 | 0.70042 |

续表

| $n$ | $F/P_{i,n}$ | $P/F_{i,n}$ | $F/A_{i,n}$ | $P/A_{i,n}$ | $A/F_{i,n}$ | $A/P_{i,n}$ |
|---|---|---|---|---|---|---|
| 15 | 2862.42305 | 0.00035 | 4087.74722 | 1.42807 | 0.00024 | 0.70024 |
| 16 | 4866.11919 | 0.00021 | 6950.17027 | 1.42828 | 0.00014 | 0.70014 |
| 17 | 8272.40262 | 0.00012 | 11816.28946 | 1.42840 | 0.00008 | 0.70008 |
| 18 | 14063.08445 | 0.00007 | 20088.69207 | 1.42847 | 0.00005 | 0.70005 |
| 19 | 23907.24357 | 0.00004 | 34151.77653 | 1.42851 | 0.00003 | 0.70003 |
| 20 | 40642.31407 | 0.00002 | 58059.02009 | 1.42854 | 0.00002 | 0.70002 |

表 6A.23  定期利率（$i$）=90%

| $n$ | $F/P_{i,n}$ | $P/F_{i,n}$ | $F/A_{i,n}$ | $P/A_{i,n}$ | $A/F_{i,n}$ | $A/P_{i,n}$ |
|---|---|---|---|---|---|---|
| 1 | 1.90000 | 0.52632 | 1.00000 | 0.52632 | 1.00000 | 1.90000 |
| 2 | 3.61000 | 0.27701 | 2.90000 | 0.80332 | 0.34483 | 1.24483 |
| 3 | 6.85900 | 0.14579 | 6.51000 | 0.94912 | 0.15361 | 1.05361 |
| 4 | 13.03210 | 0.07673 | 13.36900 | 1.02585 | 0.07480 | 0.97480 |
| 5 | 24.76099 | 0.04039 | 26.40110 | 1.06624 | 0.03788 | 0.93788 |
| 6 | 47.04588 | 0.02126 | 51.16209 | 1.08749 | 0.01955 | 0.91955 |
| 7 | 89.38717 | 0.01119 | 98.20797 | 1.09868 | 0.01018 | 0.91018 |
| 8 | 169.83563 | 0.00589 | 187.59514 | 1.10457 | 0.00533 | 0.90533 |
| 9 | 322.68770 | 0.00310 | 357.43078 | 1.10767 | 0.00280 | 0.90280 |
| 10 | 613.10663 | 0.00163 | 680.11847 | 1.10930 | 0.00147 | 0.90147 |
| 11 | 1164.90259 | 0.00086 | 1293.22510 | 1.11016 | 0.00077 | 0.90077 |
| 12 | 2213.31492 | 0.00045 | 2458.12769 | 1.11061 | 0.00041 | 0.90041 |
| 13 | 4205.29835 | 0.00024 | 4671.44261 | 1.11085 | 0.00021 | 0.90021 |
| 14 | 7990.06686 | 0.00013 | 8876.74095 | 1.11097 | 0.00011 | 0.90011 |
| 15 | 15181.12703 | 0.00007 | 16866.80781 | 1.11104 | 0.00006 | 0.90006 |

表 6A.24  定期利率（$i$）=110%

| $n$ | $F/P_{i,n}$ | $P/F_{i,n}$ | $F/A_{i,n}$ | $P/A_{i,n}$ | $A/F_{i,n}$ | $A/P_{i,n}$ |
|---|---|---|---|---|---|---|
| 1 | 2.10000 | 0.47619 | 1.00000 | 0.47619 | 1.00000 | 2.10000 |
| 2 | 4.41000 | 0.22676 | 3.10000 | 0.70295 | 0.32258 | 1.42258 |
| 3 | 9.26100 | 0.10798 | 7.51000 | 0.81093 | 0.13316 | 1.23316 |
| 4 | 19.44810 | 0.05142 | 16.77100 | 0.86235 | 0.05963 | 1.15963 |
| 5 | 40.84101 | 0.02449 | 36.21910 | 0.88683 | 0.02761 | 1.12761 |
| 6 | 85.76612 | 0.01166 | 77.06011 | 0.89849 | 0.01298 | 1.11298 |
| 7 | 180.10885 | 0.00555 | 162.82623 | 0.90404 | 0.00614 | 1.10614 |
| 8 | 378.22859 | 0.00264 | 342.93509 | 0.90669 | 0.00292 | 1.10292 |
| 9 | 794.28005 | 0.00126 | 721.16368 | 0.90795 | 0.00139 | 1.10139 |
| 10 | 1667.98810 | 0.00060 | 1515.44373 | 0.90855 | 0.00066 | 1.10066 |
| 11 | 3502.77501 | 0.00029 | 3183.43182 | 0.90883 | 0.00031 | 1.10031 |
| 12 | 7355.82751 | 0.00014 | 6686.20683 | 0.90897 | 0.00015 | 1.10015 |
| 13 | 15447.23777 | 0.00006 | 14042.03434 | 0.90903 | 0.00007 | 1.10007 |
| 14 | 32439.19933 | 0.00003 | 29489.27211 | 0.90906 | 0.00003 | 1.10003 |
| 15 | 68122.31858 | 0.00001 | 61928.47144 | 0.90908 | 0.00002 | 1.10002 |

### 表 6A.25　定期利率（$i$）=130%

| $n$ | $F/P_{i, n}$ | $P/F_{i, n}$ | $F/A_{i, n}$ | $P/A_{i, n}$ | $A/F_{i, n}$ | $A/P_{i, n}$ |
|---|---|---|---|---|---|---|
| 1 | 2.30000 | 0.43478 | 1.00000 | 0.43478 | 1.00000 | 2.30000 |
| 2 | 5.29000 | 0.18904 | 3.30000 | 0.62382 | 0.30303 | 1.60303 |
| 3 | 12.16700 | 0.08219 | 8.59000 | 0.70601 | 0.11641 | 1.41641 |
| 4 | 27.98410 | 0.03573 | 20.75700 | 0.74174 | 0.04818 | 1.34818 |
| 5 | 64.36343 | 0.01554 | 48.74110 | 0.75728 | 0.02052 | 1.32052 |
| 6 | 148.03589 | 0.00676 | 113.10453 | 0.76403 | 0.00884 | 1.30884 |
| 7 | 340.48254 | 0.00294 | 261.14042 | 0.76697 | 0.00383 | 1.30383 |
| 8 | 783.10985 | 0.00128 | 601.62296 | 0.76825 | 0.00166 | 1.30166 |
| 9 | 1801.15266 | 0.00056 | 1384.73282 | 0.76880 | 0.00072 | 1.30072 |
| 10 | 4142.65112 | 0.00024 | 3185.88548 | 0.76905 | 0.00031 | 1.30031 |
| 11 | 9528.09758 | 0.00010 | 7328.53660 | 0.76915 | 0.00014 | 1.30014 |
| 12 | 21914.62443 | 0.00005 | 16856.63418 | 0.76920 | 0.00006 | 1.30006 |
| 13 | 50403.63619 | 0.00002 | 38771.25861 | 0.76922 | 0.00003 | 1.30003 |
| 14 | 115928.36325 | 0.00001 | 89174.89480 | 0.76922 | 0.00001 | 1.30001 |
| 15 | 266635.23546 | 0.00000 | 205103.25805 | 0.76923 | 0.00000 | 1.30000 |

### 表 6A.26　定期利率（$i$）=150%

| $n$ | $F/P_{i, n}$ | $P/F_{i, n}$ | $F/A_{i, n}$ | $P/A_{i, n}$ | $A/F_{i, n}$ | $A/P_{i, n}$ |
|---|---|---|---|---|---|---|
| 1 | 2.50000 | 0.40000 | 1.00000 | 0.40000 | 1.00000 | 2.50000 |
| 2 | 6.25000 | 0.16000 | 3.50000 | 0.56000 | 0.28571 | 1.78571 |
| 3 | 15.62500 | 0.06400 | 9.75000 | 0.62400 | 0.10256 | 1.60256 |
| 4 | 39.06250 | 0.02560 | 25.37500 | 0.64960 | 0.03941 | 1.53941 |
| 5 | 97.65625 | 0.01024 | 64.43750 | 0.65984 | 0.01552 | 1.51552 |
| 6 | 244.14063 | 0.00410 | 162.09375 | 0.66394 | 0.00617 | 1.50617 |
| 7 | 610.35156 | 0.00164 | 406.23438 | 0.66557 | 0.00246 | 1.50246 |
| 8 | 1525.87891 | 0.00066 | 1016.58594 | 0.66623 | 0.00098 | 1.50098 |
| 9 | 3814.69727 | 0.00026 | 2542.46484 | 0.66649 | 0.00039 | 1.50039 |
| 10 | 9536.74316 | 0.00010 | 6357.16211 | 0.66660 | 0.00016 | 1.50016 |
| 11 | 23841.85791 | 0.00004 | 15893.90527 | 0.66664 | 0.00006 | 1.50006 |
| 12 | 59604.64478 | 0.00002 | 39735.76318 | 0.66666 | 0.00003 | 1.50003 |
| 13 | 149011.61194 | 0.00001 | 99340.40796 | 0.66666 | 0.00001 | 1.50001 |

### 表 6A.27　定期利率（$i$）=200%

| $n$ | $F/P_{i, n}$ | $P/F_{i, n}$ | $F/A_{i, n}$ | $P/A_{i, n}$ | $A/F_{i, n}$ | $A/P_{i, n}$ |
|---|---|---|---|---|---|---|
| 1 | 3.00000 | 0.33333 | 1.00000 | 0.33333 | 1.00000 | 3.00000 |
| 2 | 9.00000 | 0.11111 | 4.00000 | 0.44444 | 0.25000 | 2.25000 |
| 3 | 27.00000 | 0.03704 | 13.00000 | 0.48148 | 0.07692 | 2.07692 |
| 4 | 81.00000 | 0.01235 | 40.00000 | 0.49383 | 0.02500 | 2.02500 |
| 5 | 243.00000 | 0.00412 | 121.00000 | 0.49794 | 0.00826 | 2.00826 |
| 6 | 729.00000 | 0.00137 | 364.00000 | 0.49931 | 0.00275 | 2.00275 |
| 7 | 2187.00000 | 0.00046 | 1093.00000 | 0.49977 | 0.00091 | 2.00091 |
| 8 | 6561.00000 | 0.00015 | 3280.00000 | 0.49992 | 0.00030 | 2.00030 |

续表

| $n$ | $F/P_{i,\ n}$ | $P/F_{i,\ n}$ | $F/A_{i,\ n}$ | $P/A_{i,\ n}$ | $A/F_{i,\ n}$ | $A/P_{i,\ n}$ |
|---|---|---|---|---|---|---|
| 9 | 19683.00000 | 0.00005 | 9841.00000 | 0.49997 | 0.00010 | 2.00010 |
| 10 | 59049.00000 | 0.00002 | 29524.00000 | 0.49999 | 0.00003 | 2.00003 |
| 11 | 177147.00000 | 0.00001 | 88573.00000 | 0.50000 | 0.00001 | 2.00001 |
| 12 | 531441.00000 | 0.00000 | 265720.00000 | 0.50000 | 0.00000 | 2.00000 |

## 问　题

（1）1000 美元存入银行帐户，支付 6% 年率。假设以复利按月计息，如果第二年年末取出 200 元，那么到第六年账户中有多少钱？

（2）假设以每股 50 美元的价钱购买普通股份 10 股，并且股票价格以 5% 的年复利利率增长了两年，又以 2% 的年复利利率降了一年半，又以 11% 的年复利利率增长了两年半。计算下列数值：

①两年后股票值；

②两年半后股票值；

③五年后股票值；

④五年投资的名义利率。

（3）如果年复利利率为 7%，且目标是在最后一次支付之后拥有 50000 美元，那么 10 年内每月必须存入账户多少钱？

（4）每月存入公司 100 美元，如果公司支付 4% 的年复利利率 2 年，支付 6% 的年复利利率 3 年，5 年之后的存款额是多少？

（5）假设一个购房者花 150000 美元购买了一套住宅，一次支付了 10%。如果贷款 15 年，年利率为 6%，那么按月支付的本金和利息是多少？假设月复利计息。

（6）假设一个投资者相信钱每年按复利计算值 11%，且有两项投资选择一项的机会。第一项投资（A 选项）支付 5000 美元，得到分期等额支付 1318.99 美元 5 年。第二项投资（B 选项）是支付相同的钱，得到分期等额支付 1318.99 美元 3 年和 5 年后一次性支付 3370.12 美元。两项投资选择哪项更好？

（7）20000 美元的贷款，如果借款者要求每月偿还贷款 386.66 美元，60 个月还完，假设按月复利计息，那么年利率是多少？

（8）假设一个投资者估算一口气井的生产收益将产生下列年现金流量。如果资金的时间价值是 10% 的年复利利率，那么生产费用是多少？

| 时间（年） | 现金流 |
|---|---|
| 1 | 4685 美元 |
| 2 | 3820 美元 |
| 3 | 3085 美元 |
| 4 | 2740 美元 |
| 5 | 1955 美元 |
| 6 | −9000 美元 |

（9）假设一个投资者花 5000 美元购买一口气井，该井的生产收益同问题 8，那么贴现收益率是多少？

（10）假设 20000 美元的资产有效期 5 年，假设采用直线摊销法、加倍余额递减法、逐年指数法，计算摊销表。

（11）假设期末的总资本成本等于 2000000 美元，之前各期的累计摊销等于 800000 万元，前一个周期期末估算的剩余可采储量 480000BOE，期内产量等于 70000BOE，本期内修正储量下降了 28800BOE，利用单位产量法计算本期摊销。如果储量没有下降，本期摊销是多少？

# 参 考 文 献

AGARWAL, R.G. (1980) .A new method to account for producing time effects when drawdown type curves are used to analyze pressure buildup and other test data. SPE Paper 9289, Presented at SPE−AIME 55th Annual Technical Conference, Dallas, Texas, Sept.21−24

AGARWAL, R.G., AL−HUSSAINY, R, and RAMEY, H.J., JR. (1970) .An investigation of wellbore storage and skin effect in unsteady liquid flow: I. Analytical treatment. *SPE J.*, Spet., 279−290

AGARWAL, R.G., CARTER, R.D., and POLLOCK, C.B. (1979) . Evaluation and performance prediction of low−permeability gas wells stimulated by massive hydraulic fracturing.*J.Pet.Technol.*, Mar., 362−372; also in SPE Reprint Series No.9

AL−GHAMDI, A. and ISSAKA, M. (2001) . SPE Paper 71589, Presented at the SPE Annual Conference, New Orleans, LA, 30 Sept.−3 Oct.

AL−HUSSAINY, R, RAMEY, H.J., JR. and CRAWFORD, P.B. (1966) . The flow of real gases through porous media. *Trans.* AIME, 237, 624

ALLARD, D.R. and CHEN, S.M. (1988) . Calculation of water influx for bottomwater drive reservoirs. *SPE Reservoir Eng.*, May, 369−379

ANASH, J., BLASINGAME, T.A., and KNOWLES, R.S. (2000) .A semianalytic (p/Z) rate−time relation for the analysis and prediction of gas well performance.*SPE Reservoir Eng.*, 3, Dec.

ANCELL, K, LAMBERTS, S., and JOHNSON, F. (1980) . Analysis of the coalbed degasification process. SPE/DPE Paper 8971, Presented at 1980 Unconvetional Gas Recovery Symposium, Pittsburgh, PA, May 18−12, 1980

ARPS, J. (1945) . Analysis of decline curve. *Trans. AIME*, 160, 228−231

BEGGS, D. (1991) .*Production Optimization Using Nodal Analysis* (Tulsa, OK:OGCI)

BEGLAND, T. and WHITEHEAD, W. (1989) . Depletion performance of volumetric high−pressured gas reservoirs. *SPE Reservoir Eng*, Aug., 279−282

BENDAKHLIA, H. and AZIZ, K. (1989) . IPR for solution−gas drive horizontal wells. Paper SPE 19823, Presented at the 64th SPE Annual Meeting, San Antonio, TX, Oct. 8−11

BORISOV, JU.P. (1984) . *Oil Production Using Horizontal and Multiple Deviation Wells*, trans. J. Strauss and S.D.Joshi (ed.) (Bartlesville, OK:Phillips Petroleum Co., the R&D Library Translation)

BOSSIE−CODREANU, D. (1989) . A simple buildup analysis method to determine well drainage area and drawdown pressure for a stabilized well. *SPE Form. Eval.*, Sept., pp. 418−420

BOURDET, D. (1985) . SPE Paper 13628, Presented at the SPE Regional Meeting, Bakersfield, CA, Mar. 27−29

BOURDET, D. and GRINGARTEN, A.C. (1980) .Determination of fissure volume and block size in fractured reservoirs by type−curve analysis. SPE Paper 9293, Presented at the 1980 Annual Technical Conference and Exhibition, Dallas, Sept.21−24

BOURDET, D., WHITTLE, T.M., DOUGLAS, A.A., and PIRARD, Y.M. (1983) .A new set of type curves simplifies well test analysis. *World Oil*, May, 95−106

BOURDET, D., ALAGOA, A., AYOUB, J.A., and PIRARD, Y.M. (1984) .New type curves aid analysis of fissured zone well tests. *World Oil*, Apr., 111−124

BOURGOYNE, A. (1990) . Shale water as a pressure support mechanism. *J. Pet. Sci.*, 3, 305

CARSON, D. and KATZ, D. (1942) . Natural gas hydrates. *Trans. AIME*, 146, 150−159

CARTER, R. (1985) . Type curves for finite radial and linear gas−floe systems. *SPE J.*, Oct., 719−728

CARTER, R. and TRACY, G. (1960) . An improved method for calculations of water influx. *Trans. AIME*, 152

CHATAS, A.T. (1953). A practical treatment of nonsteady−state flow problems in reservoir systems. *Pet. End.*, Aug, B−44−56

CHAUDHRY, A. (2003). *Gas Well Testing Handbook* (Houston, TX: Gulf Publishing)

CHENG, AM. (1990). IPR for solution gas−drive horizontal wells. Paper SPE 20720, Presented at the 65th SPE Annual Meeting, New Orleans, Sept. 23−26

CINCO, H. LEY and SAMANIEGO, F. (1981). Transient pressure analysis for finite conductivity fracture case versus damage fracture case. SPE Paper 10179

CLARK, N. (1969). *Elements of Petroleum Reservoirs* (Dallas, TX: Society of Petroleum Engineers)

COATS, K. (1962). A mathematical model for water movement about bottom−water−drive reservoirs. *SPE J.*, Mar., 44−52

COLE, F.W. (1969). *Reservoir Engineering Manual* (Houston, TX: Gulf Publishing)

CRAFT, B. and HAWKINS, M. (1959). *Applied Petroleum Reservoir Engineering* (Englewood Cliffs, NJ: Prentice Hall)

CRAFT, B.C. and HAWKINS, M. (Revised by terry, r.e.) (1991). *Applied Petroleum Reservoir Engineering*, 2nd ed. (Englewood Cliffs, NJ: Prentice Hall)

CULHAM, W.E. (1974). Pressure buildup equations for spherical flow regime problems. *SPE J.*, Dec. 545−555

CULLENDER, M. and SMITH, R. (1956). Practical solution of gas flow equations for wells and pipelines. *Trans. AIME*, 207, 281−287

DAKE, L. (1978). *Fundamentals of Reservoir Engineering* (Amsterdam: Elsevier)

DAKE, L.P. (1994). *The Practice of Reservoir Engineering* (Amsterdam: Elsevier)

DIETZ, D.N. (1965). Determination of average reservoir pressure from buildup surveys. *J. Pet. Technol.*, Aug., 955−959

DONOHUE, D. and ERKEKIN, T. (1982). *Gas Well Testing, Theory and Practice* (Boston: International Human Resources Development Corporation)

DUGGAN, J.O. (1972). The Anderson 'L' −an abnormally pressured gas reservoir in South Texas. *J. Pet. Technol.*, 24, No.2, 132−138

EARLOUGHER, ROBERT C., JR. (1977) *Advances in Well Test Analysis*, Monograph Vol.5 (Dallas, TX: Society of Petroleum Engineers of AIME)

ECONOMIDES, C. (1988). Use of the pressure derivative for diagnosing pressure−transient behavior., *J.Pet. Technol.*, Oct.

ECONOMIDES, M., HILL, A., and ECONOMIDES, C. (1994). *Petroleum Production Systems* (Englewood Cliffs, NJ: Prentice Hall)

EDWARDSON, M. et al. (1962). Calculation of formation temperature disturbances caused by mud circulation. *J. Pet. Technol.*, Apr., 416−425

ERCB (1975). *Theory and Practice of the Testing of Gas Wells*, 3 ed. (Calgary: Energy Resources Conservation Board)

FANCHI, J. (1985). Analytical representation of the van Everdingen−Hurst influence functions. *SPE J.*, June, 405−425

FETKOVICH, E.J., FETKOVICH, M.J., and FETKOVICH, M.D. (1996). Useful concepts for decline curve forecasting, reserve estimation, and analysis. *SPE Reservoir Eng.*, Feb.

FETKOVICH, M., REESE, D., and WHITSON, C. (1998). Application of a general material balance for high−pressure gas reservoirs. *SPE J.*, Mar., 923−931

FETKOVICH, M.J. (1971). A simplified approach to water influx calculations−finite aquifer systems. *J.Pet.*

*Technol.*, July, 814–828

FETKOVICH, M.J. (1973) . The isochronal testing of oil wells. Paper SPE 4529, Presented at the SPE Annual Meeting, Las Vegas, Nevada, Sept. 30–Oct. 3

FETKOVICH, M.J. (1980) . Decline curve analysis using type curves. SPE4629, *SPE J.*, June

FETKOVICH, M.J., VIENOT, M.E., BRADLEY, M.D., and KIESOW, U.G. (1987) . Decline curve analysis using type curves–case histories. SPE13169, *SPE Form. Eval.*, Dec.

GENTRY, R.W. (1972) . Decline curve analysis.*J. Pet. Technol.*, Jan., 38

GIGER, F.M., REISS, L.H., and JOURDAN, A.P. (1984) . The reservoir engineering aspect of horizontal drilling. Paper SPE 13024, Presented at the 59th SPE Annual Technical Conference and Exhibition, Houston, TX, Sept. 16–19

GODBOLE, S., KAMATH, V., and ECONOMIDES, C. (1988) . Natural gas hydrates in the Alaskan Arctic, *SPE Form. Eval.*, Mar.

GOLAN, M. and WHITSON, C. (1986) . *Well Performance*, 2nd ed. (Englewood Cliffs, NJ: Prentice Hall)

GRAY, K. (1965) . Approximating well–to–fault distance. *J. Pet. Technol.*, July, 761–767

GRINGARTEN, A. (1984) . Interpretations of tests in fissured and multilayered reservoirs with double–porosity behavior. *J. Pet. Technol.*, Apr., 549–554

GRINGARTEN, A. (1987) . Type curve analysis. *J. Pet. Technol.*, Jan., 11–13

GRINGARTEN, A.C., RAMEY, H.J., JR., and RAGHAVAN, R. (1974) . Unsteady–state pressure distributions created by a well with a single infinite–conductivity vertical fracture. *SPE J.*, Aug., 347–360

GRINGARTEN, A.C., RAMEY, H.J., JR., and RAGHAVAN, R. (1975) . Applied pressure analysis for fractured wells. *J. Pet. Technol.*, July, 887–892

GRINGARTEN, A.C., BOUDET, D.P., LANDEL, P.A., and KNIAZEFF, V.J.
(1979) . Comparison between different skin and well–bore storage type–curves for early time transient analysis. SPE Paper 8205, Presented at SPE–AIME 54th Annual Technical Conference, Las Vegas, Nevada, Sept. 23–25

GUNAWAN GAN, RONALD and BLASINGAME, T.A. (2001) . A semi–analytic (p/Z) technique for the analysis of reservoir Perfromance from abnormall Pressured gas reservios. SPE Paper 71514, Presented at SPE Annual Technical Conference & Exhibition, New Orleans, LA, Sept.

HAGOORT, JACQUES and HOOGSTRA, ROB (1999) . Numerical solution of the material balance equations of compartmented gas reservoirs. *SPE Reservoir Eng.*, 2, Aug.

HAMMERLINDL, D.J. (1971) . Predicting gas reserves in abnormally pressure reservoirs. Paper SPE 3479 presented at the 46th Annual Fall Meeting of SPE–AIME. New Orleans, LA, Oct.

HARVILLE, D. and HAWKINS, M. (1969) . Rock compressibility in geopressured gas reservoirs. *J. Pet. Technol.*, Dec., 1528–1532

HAVLENA, D. and ODEH, A.S. (1963) . The material balance as an equation of a straight line: Part 1. *Trans. AIME*, 228, I–896

HAVLENA, D. and ODEH, A.S. (1964) . The material balance as an equation of a straight line: Part 2. *Trans. AIME*, 231, I–815

HAWKINS, M. (1955) .*Material Balances in Expansion Type Reservoirs Above Bubble–Point.*SPE Transactions Reprint Series No. 3, pp. 36–40

HAWKINS, M. (1956) . A note on the skin factor. *Trans. AIME*, 207, 356–357

HOLDER, G. and ANGER, C. (1982) . A thermodynamic evaluation of thermal recovery of gas from hydrates in the earth. *J. Pet. Technol.*, May, 1127–1132

HOLDER, G. et al. (1987) . Effect of gas composition and geothermal properties on the thickness of gas hydrate

Zones. *J. Pet. Technol.*, Sept., 1142—1147

HOLDITCH, S. et al. (1988) . Enhanced recovery of coalbed methane through hydraulic fracturing. SPE Paper 18250, Presented at the SPE Annual Meeting, Houston, TX, Oct. 2—5

HORN, R. (1995) . *Modern Test Analysis* (Palo Alto, CA: Petroway)

HORNER, D.R. (1951) . Pressure build-up in wells. Proceedings of the Third World Petroleum Congress, The Hague, Sec Ⅱ, 503—523. Also *Pressure Analysis Methods*, Reprint Series, No.9 (Dallas, TX: Society of Petroleum Engineers of AIME), pp. 25—43

HUGHES, B. and LOGAN, T. (1990) . How to design a coalbed methane well. *Pet. Eng. Int.*, May, 16—23

HURST, W. (1943) . Water influx into a reservoir. *Trans. AIME*, 151

IKOKU, C. (1984) . *Natural Gas Reservoir Engineering* (New York: John Wiley & Sons)

JONES, S.C. (1987) . Using the inertial coefficient, b, to characterize heterogeneity in reservoir rock, SPE Paper 16949, Presented at the SPE Conference, Dallas, TX, Sept. 27—30

JOSHI, S. (1991) . *Horizontal Well Technology* (Tulsa, OK: Penn Well)

KAMAL, M. (1983) . Interference and pulse testing – a review. *J. Pet. Technol.*, Dec., 2257—2270

KAMAL, M. and BIGHAM, W.E. (1975) . Pulse testing response for unequal pulse and shut-in periods. *SPE J.*, Oct., 399—410

KAMAL, M., FREYDER, D., and MURRAY, M. (1995) . Use of transient testing in reservoir management. *J. Pet. Technol.*, Nov.

KATZ, D. (1971) . Depths to which frozen gas fields may be expected. *J. Pet. Technol.*, Apr.

KAZEMI, H. (1969) . Pressure transient analysis of naturally fractured reservoirs with uniform fracture distribution. *SPE J.*, Dec., 451—462

KAZEMI, H. (1974) . Determining average reservoir pressure. SPE J., Feb., 55—62

KAZEMI, H. and SETH, M. (1969) . Effects of anisotropy on pressure transient analysis. *J. Pet. Technol.*, May, 639—647

KING, G. (1992) .Material balance tec for coal seam and Devonian shale gas reservoirs with limited water influx. *SPE Reservoir Eng.*, Feb., 61—75

KLINS, G., ERTEKIN, T., and SCHWERER, F. (1986) . Numerical simulation of the transient behavior of coal seam wells. .*SPE Form. Eval.*, Apr., 165—183

KLINS, M., and CLARK, L. (1993) . An improved method to predict future IPR curves. .*SPE Reservoir Eng.*, Nov., 243—248

LANGMUIR, I (1918) . The constitution and fundamental properties of solids and liquids. *J. Am. Chem. Soc.*, 38, 1918

LEE, J. (1982) *Well Testing* (Dallas, TX: Society of Petroleum Engineers of AIME)

LEE, J. and WATTENBARGER, R. (1996) . *Gas Reservoir Engineering*, SPE Textbook Series, Vol. 5 (Dallas, TX: Society of Petroleum Engineers)

LEFKOVITS, H., HAZEBROEK, P., ALLEN, E., and MATTHEWS, C. (1961) .A study of the behavior of bounded reservoirs. *SPE J.*, Mar., 43—58LEVINE, J. (1991) . The impact of oil formed during coalification on generating natural gas in coalbed reservoirs. The 1991 Coalbed Methane Symposium, The University of Alabama—Tuscaloosa, May 13—16

MAKOGON, Y. (1981) . *Hydrates of Natural Gas* (Tulsa, OK: Penn Well)

MATTAR, L. and ANDERSON, D. (2003) . A systematic and comprehensive methodology for advanced analysis of production data. SPE Paper 84472, Presented at the SPE Conference, Denver, CO, Oct. 5—8

MATTHEWS, C.S. and RUSSELL, D.G. (1967) . *Pressure Buildup and Flow Tests in Wells*, Monograph Vol.1 (Dallas, TX: Society of Petroleum Engineers of AIME)

MATTHEWS, C.S., BRONS, F., and HAZEBROEK, P. (1954) . A method for determination of average pressure in a bounded reservoir. *Trans. AIME*, 201, 182–191; also in SPE Reprint Series, No.9

MAVOR, M. and NELSON, C. (1997) . Coalbed reservoirs gas–in–place analysis. Gas Research Institute Report GRI 97/0263, Chicago

MAVOR, M., CLOSE, J., and MCBANE, R. (1990) . Formation evaluation of coalbed methane wells. *Pet. Soc. CIM*, CIM/SPE Paper 90–101

MCLENNAN, J. and SCHAFER, P. (1995) . A guide to coal bed gas content determination. Gas Research Institute Report GRI 94/0396, Chicago

MCLEOD, N. and COULTER, A. (1969) . The simulation treatment of pressure record. *J. Pet. Technol.*, Aug, 951–960

MERRILL, L.S., KAZEMI, H., and COGARTY, W.B. (1974) . Pressure falloff analysis in reservoirs with fluid banks. *J. Pet. Technol.*, July, 809–818

MEUNIER, D., WITTMANN, M.J., and STEWART, G. (1985) . Interpretation of pressure buildup test using in–situ measurement of afterflow. *J. Pet. Technol.*, Jan., 143–152

MULLER, S. (1947) . *Permafrost* (Ann Arbor, MI: J.W. Edwards)

MUSKAT, M. (1945) . The production histories of oil producing gas–drive reservoirs. *J. Appl. Phys.*, 16, 167

MUSKAT, M. and EVINGER, H.H. (1942) . Calculations of theoretical productivity factor. *Trans.* AIME, 146, 126–139

NAJURIETA, H.L. (1980) . A theory for pressure transient analysis in naturally fractured reservoirs. *J. Pet. Technol.*, July, 1241–1250

NEAVEL, R. et al. (1986) . Interrelationship between coal compositional parameters. *Fuel*, 65, 321–320 1999

NELSON, C. (1989) . *Chemistry of coal weathering* (New York: Elsevier Science)

NELSON, R. (1999) . Effects of coalbed reservoir property analysis methods on gas–in–place estimates. SPE Paper 57443, Presented at SPE Regional Meeting, Charleston, WV, 21–22 Oct.

OSTERGAARD, K. et al. (2000) . Effects of reservoir fluid production on gas hydrate phase boundaries. SPE Paper 50689, Presented at the SPE European Petroleum Conference, The Hague, The Netherlands, Oct. 20–22

PALACIO, C. and BLASINGAME, T. (1993) . Decline–curve analysis using type–curves analysis of gas well production data. SPE Paper 25909, Presented at the 1993 SPE Rocky Mountain Regional Meeting, Denver, CO, Apr.26–28

PAPADOPULOS, I. (1965) . Unsteady flow to a well in an infinite aquifer. *Int. Assoc. Sci. Hydrol.*, I, 21–31

PAYNE, DAVID A. (1996) . Material balance calculations in tight gas reservoirs: the pitfalls of p/Z plots and a more accurate technique. *SPE Reservoir Eng.*, Nov.

PERRINE, R. (1956) . Analysis of pressure buildup curves. *Dill. Prod. Prac. API*, 482–509

PETNANTO, A. and ECONOMIDES, M. (1998) . Inflow performance relationships for horizontal wells. SPE Paper 50659, Presented at the SPE European Conference held in The Hague, The Netherlands, Oct. 20–22

PINSON, A. (1972) . Convenience in analysing two–rate flow tests. *J. Pet. Technol.*, Sept., 1139–1143

PLETCHER, J. (2000) . Improvements to reservoir material balance methods. SPE 62882, SPE Annual Technical Conference, Dallas, TX, 1–4 Oct.

POSTON, S. (1987) . The simultaneous determination of formation compressibility and gas in place. Presented at the 1987 Production Operation Symposium, Oklahoma City, OK

POSTON, S. and BERG, R. (1997) . *Overpressured Gas reservoirs* (Richardson, TX: Society of Petroleum Engineers)

PRATIKNO, H., RUSHING, J., and BLASINGAME, T.A. (2003) . Decline curve analysis using type curves—fractured wells. SPE 84287, SPE Annual Technical Conference, Denver, CO, 5—8 Oct.

PRATT, T., MAVOR, M., and DEBRUYN, R. (1999) . Coal gas resources and production potential in the Powder River Basin. Paper SPE 55599, Presented at the 1999 Rocky Mountain Meeting; Gillette, WY, May 15—18

RAMEY, H. (1975) . Interference analysis for anisotropic formations. *J. Pet. Technol.*, Oct., 1290—1298

RAMEY, H. and COBB, W. (1971) . A general buildup theory for a well located in a closed drainage area. *J. Pet. Technol.*, Dec.

RAWLINS, E.L. and SCHELLHARDT, M.A. (1936) . *Back-pressure Data on Natural Gas Wells and Their Application to Production Practices* (US Bureau of Mines Monograph 7)

REMNER, D. et al. (1986) . A parametric stuffy of the effects of coal seam properties on gas drainage. *SPE Reservoir Eng.*, Nov., 633

RENARD, G.I. and DUPUY, J.M. (1990) . Influence of formation damage on the flow efficiency of horizontal wells. Paper SPE 19414, Presented at the Formation Damage Control Symposium, Lafayette, LA, Feb.22—23

ROACH, R.H. (1981) . Analyzing geopressured reservoirs—a material balance technique. SPE Paper 9968, Society of Petroleum Engineers of AIME, Dallas, TX, Dec.

RUSSELL, D. and TRUITT, N. (1964) . Transient pressure behaviour in vertically fractured reservoirs. *J. Pet. Technol.*, Oct., 1159—1170

SABET, M. (1991) . *Well Test Analysis* (Dallas, TX: Gulf Publishing)

SAIDIKOWSKI, R. (1979) . SPE Paper 8204, Presented at the SPE Annual Conference, Las Vegas, NV, Sept. 23—25

SCHILTHUIS, R. (1936) . Active oil and reservoir energy. *Trans. AIME*, 118, 37

SEIDLE, J. (1999) . A modified p/Z method for coal wells. SPE Paper 55605, Presented at the 1999 Rocky Mountain Meeting, Gillette, WY, May15—18

SEIDLE, J. and ARRL, A. (1990) . Use of the conventional reservoir model for coalbed methane simulation. CIM/ SPE Paper No. 90—118

SHERRAD, D., BRICE, B., and MacDONALD, D. (1987) . Application of horizontal wells in Prodhoe Bay. *J. Pet. Technol.*, May, 1417—1421

SLIDER, H.C. (1976) . *Practical Petroleum Reservoir Engineering Methods.* (Tulsa, OK: Petroleum Publishing)

SLOAN, D. (1984) . Phase equilibria of natural gas hydrates. Paper Presented at the 1984 Gas Producers Association Annual Meeting, New Orleans, LA, Mar. 19—21

SLOAN, E. (2000) . *Hydrate Engineering* (Richardson, TX: Society of Petroleum Engineers)

SMITH, J. and COBB, W. (1979) . Pressure buildup tests in bounded reservoirs. *J. Pet. Technol.*, Aug.

SOMERTON, D. et al. (1975) . Effects of stress on permeability of coal. *Int. J. Rock Mech.*, *Min. Sci. Geomech*, *Abstr.*, 12, 129—145

STANDING, M.B. (1970) . Inflow performance relationships for damaged wells producing by solution—gas drive. *J. Pet. Technol.*, Nov., 1399—1400

STEFFENSEN, R. (1987) . Solution—gas—drive reservoirs. *Petroleum Engineering Handbook*, Chapter37 (Dallas, TX: Society of Petroleum Engineers)

STEGEMEIER, G. and MATTHEWS, C. (1958) . A study of anomalous pressure buildup behavior. *Trans. AIME*, 213, 44—50

STROBEL, C., GULATI, M., and RAMEY, H. (1976) . Reservoir limit tests in a naturally fractured reservoir. *J. Pet. Technol.*, Sept., 1097—1106

TARNER, J. (1944). How different size gas caps and pressure maintenance affect ultimate recovery. *Oil Wkly*, June12, 32—36

TERWILLIGER, P. et al. (1951). An experimental and theoretical investigation of gravity drainage performance. *Trans. AIME*, 192, 285—296

TIAB, D. and KUMAR, A. (1981). Application of the $p_D$ fuction to interference tests. *J. Pet. Technol.*, Aug., 1465—1470

TRACY, G. (1955). Simplified form of the MBE. *Trans.* AIME, 204, 243—246

UNSWORTH, J., FOWLER, C., and JUNES, L. (1989). Moisture in coal. *Fuel*, 68, 18—26

VAN EVERDINGEN, A.F. and HURST, W. (1949). The application of the Laplace transformation to flow problems in reservoirs. *Trans. AIME*, 186, 305—324

VOGEL, J.V. (1968). Inflow performance relationships for solution—gas drive wells. *J. Pet. Technol.*, Jan. 86—92

WALSH, J. (1981). Effect of pore pressure on fracture permeability. *Int. J. Rock Mech.*, *Min. Sci. Geomech. Abstr.*, 18, 429—435

WARREN, J.E. and ROOT, P.J. (1963). The behavior of naturally fractured reservoirs. *SPE J.*, Sept., pp. 245—255

WATTENBARGER, ROBERT A. and RAMEY, H.J., JR. (1968). Gas well testing with turbulence damage and wellbore storage. *J. Pet. Technol.*, 877—887

WEST, S. and COCHRANE, P. (1994). Reserve determination using type curve matching and extended material balance methods in The Medicine Hat Shallow Gas Field. SPE Paper 28609, Presented at the 69th Annual Technical Conference, New Orleans, LA, Sept. 25—28

WHITSON, C. and BRULE, M. (2000). *Phase Behavior* (Richardson, TX: Society of Petroleum Engineers)

WICK, D. et al. (1986). Effective production strategies for coalbed methane in the Warrior Basin. SPE Paper 15234, Presented at the SPE Regional Meeting, Louisville, KY, May 18—21

WIGGINS, M.L. (1993). Generalized inflow performance relationships for three—phase flow. Paper SPE 25458, Presented at the SPE Production Operations Symposium, Oklahoma City, OK, Mar. 21—23

YEH, N. and AGARWAL, R. (1989). Pressure transient analysis of injection wells. SPE Paper 19775, Presented at the SPE Annual Conference, San Antonio, TX, Oct. 8—11

ZUBER, M. et al. (1987). The use of simulation to determine coalbed methane reservoir properties. Paper SPE 16420, Presented at the 1987 Reservoir Symposium, Denver, CO, May 18—19

# 国外油气勘探开发新进展丛书（一）

书号：3592
定价：56.00 元

书号：3663
定价：120.00 元

书号：3700
定价：110.00 元

书号：3718
定价：145.00 元

书号：3722
定价：90.00 元

# 国外油气勘探开发新进展丛书（二）

书号：4217
定价：96.00 元

书号：4226
定价：60.00 元

书号：4352
定价：32.00 元

书号：4334
定价：115.00 元

书号：4297
定价：28.00 元

# 国外油气勘探开发新进展丛书（三）

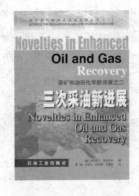

书号：4539
定价：120.00 元

书号：4725
定价：88.00 元

书号：4707
定价：60.00 元

书号：4681
定价：48.00 元

书号：4689
定价：50.00 元

书号：4764
定价：78.00 元

# 国外油气勘探开发新进展丛书(四)

书号：5554
定价：78.00 元

书号：5429
定价：35.00 元

书号：5599
定价：98.00 元

书号：5702
定价：120.00 元

书号：5676
定价：48.00 元

书号：5750
定价：68.00 元

# 国外油气勘探开发新进展丛书(五)

书号：6449
定价：52.00 元

书号：5929
定价：70.00 元

书号：6471
定价：128.00 元

书号：6402
定价：96.00 元

书号：6309
定价：185.00 元

书号：6718
定价：150.00 元

# 国外油气勘探开发新进展丛书（六）

书号：7055
定价：290.00 元

书号：7000
定价：50.00 元

书号：7035
定价：32.00 元

书号：7075
定价：128.00 元

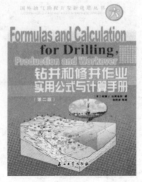

书号：6966
定价：42.00 元

书号：6967
定价：32.00 元

# 国外油气勘探开发新进展丛书（七）

书号：7533
定价：65.00元

书号：7802
定价：110.00元

书号：7555
定价：60.00元

书号：7290
定价：98.00元

书号：7088
定价：120.00元

书号：7690
定价：93.00元

# 国外油气勘探开发新进展丛书（八）

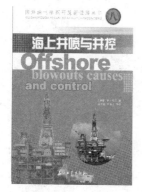

书号：7446
定价：38.00元

书号：8065
定价：98.00元

书号：8356
定价：98.00元

书号：8092
定价：38.00 元

书号：8804
定价：38.00 元